Déjà parus dans la collection Archives

Billard (Roland) & Jarry (Isabelle) (sous la dir.), *Hommage à Théodore Monod, naturaliste d'exception*, Paris : Muséum national d'Histoire naturelle, 1997, 183 p.
ISBN 2-85653-509-7 / Épuisé / *Out of print*

Roque (Georges), Bodo (Bernard) & Viénot (Françoise) (sous la dir.), *Michel-Eugène Chevreul : un savant des couleurs !*, Paris : Muséum national d'Histoire naturelle, 1997, 277 p.
ISBN 2-85653-503-8 / Épuisé / *Out of print*

Blanckaert (Claude), Cohen (Claudine), Corsi (Pietro) & Fischer (Jean-Louis) (sous la dir.), *Le Muséum au premier siècle de son histoire*, Paris : Muséum national d'Histoire naturelle, 1997, 687 p.
ISBN 2-85653-516-X / 45,12 € TTC

Jaussaud (Philippe), *Pharmaciens au Muséum : chimistes et naturalistes*, Paris : Muséum national d'Histoire naturelle, 1998, 259 p.
ISBN 2-85653-519-4 / 28,20 € TTC

Dayrat (Benoît), *Les Botanistes et la flore de France : trois siècles de découvertes*, Paris : Muséum national d'Histoire naturelle, 2003, 690 p.
ISBN 2-85653-548-8 / 45 € TTC

Schmitt (Stéphane), *Histoire d'une question anatomique : la répétition des parties*, Paris : Muséum national d'Histoire naturelle, 2004, 700 p.
ISBN 2-85653-556-9 / 42 € TTC

Jaussaud (Philippe), Brygoo (Édouard-Raoul), *Du Jardin au Muséum en 516 biographies*, Paris : Muséum national d'Histoire naturelle, 2004, 632 p.
ISBN 2-85653-565-8 / 39 € TTC

Spary (Emma C.), *Le Jardin d'utopie : l'histoire naturelle en France de l'Ancien Régime à la Révolution* [trad. de l'anglais par Dabbak Claude], Paris : Muséum national d'Histoire naturelle, 2005, 407 p.
ISBN 2-85653-566-6 / 39 € TTC

Hureau (Jean-Claude) & Escudier (Denis), *Théodore Monod : 90 années de publications*, Paris : Muséum national d'Histoire naturelle, 2005, 357 p.
ISBN 2-85653-576-3 / 35 € TTC

Cambefort (Yves), *Des Coléoptères, des collections & des hommes*, Paris : Muséum national d'Histoire naturelle, 2006, 375 p.
ISBN 2-85653-594-3 / 39 € TTC

Hoquet (Thierry), *Buffon illustré : les gravures de l'Histoire naturelle (1749-1767)*, Paris : Muséum national d'Histoire naturelle, 2007, 816 p.
ISBN 978-2-85653-601-8 / 59 € TTC

Laurière (Christine), *Paul Rivet : le savant et le politique*, Paris : Muséum national d'Histoire naturelle, 2008, 723 p.
ISBN 978-2-85653-615-5 / 49 € TTC

Daugeron (Bertrand), *Collections naturalistes entre science et empires (1763-1804)*, Paris : Muséum national d'Histoire naturelle, 2009, 635 p.
ISBN 978-2-85653-641-4 / 42 € TTC

Delord (Julien), *L'extinction d'espèce : histoire d'un concept et enjeux éthiques* [préface de Bouchet Philippe ; postface de Dubois Alain], Paris : Muséum national d'Histoire naturelle, 2010, 691 p.
ISBN 978-2-85653-656-8 / 45 € TTC

Hurel (Arnaud) & Coye (Noël) (sous la dir.), *Dans l'épaisseur du temps. Archéologues et géologues inventent la préhistoire*, Paris : Muséum national d'Histoire naturelle, 2011, 442 p.
ISBN 978-2-85653-666-7 / 35 € TTC

ISBN : 978-2-85653-684-1

Cuvier's History of the Natural Sciences

twenty-four lessons from Antiquity to the Renaissance

Edited and annotated by
Theodore W. **Pietsch**

Foreword by Philippe ***Taquet***
Translated by Abby J. ***Simpson***

L'histoire des sciences naturelles de Cuvier

vingt-quatre leçons de l'Antiquité à la Renaissance

Nouvelle édition de
Theodore W. **Pietsch**

*Préface de Philippe **Taquet***

Traduction de l'appareil critique par
*Beatrice D. **Marx** & Éric **Andret***

Contents / *sommaire*

Foreword

Georges Cuvier became famous worldwide when in 1797, at the age of 27, he published his first book *Elementary Survey of the Natural History of Animals* ("Tableau Élémentaire de l'Histoire Naturelle des Animaux"), which was an abridgement of his lectures taught at the *École Centrale du Pantheon* in Paris. This acclaimed volume was published in Danish, German, and Spanish. Subsequently, the first two volumes of his *Lessons on Comparative Anatomy* ("Leçons d'Anatomie Comparée") were collected and edited by his collaborator Constant Duméril in 1800, followed by three additional volumes in collaboration with George Louis Duvernoy in 1805. These works were later translated into English and German. These acclaimed publications made of him one of the highest regarded scholars in the field of comparative anatomy.

Cuvier's scholarship did not remain confined to comparative anatomy. His research and knowledge of fossils led him to the publication in 1812 of four volumes on the *Research on fossil bones of quadrupeds that describes the characters of several animal species that became extinct by the revolutions of the earth.* The preliminary survey of this amazing work became known as the *Discourse on the revolutions that occurred on the surface of the earth and its consequences on the animal kingdom* ("Discours sur les révolutions de la surface du globe, et sur les changements qu'elles ont produits dans le règne animal"). This discourse was a huge success, with 18 successive editions in the second half of the 19th century, with translations in English, German, Russian, Swedish, Czech and Italian. Cuvier's scholarship on quadruped fossils and his ability to reconstruct extinct worlds helped assert paleontology's noble reputation. In addition to his research on paleontology, Cuvier also published in 1808 with his friend Alexandre Brongniart a survey of the mineral geography of the surroundings of Paris. This survey was later developed in 1822 into an essential work that established the foundation of geohistory, *Geological Description of the Surroundings of Paris.*

Unwearied, Cuvier followed with a five-volume work entitled *The Animal Kingdom arranged in conformity with its organization, forming a natural history of animals and an introduction to comparative anatomy* ("Règne animal distribué d'après son organisation, pour servir de base à l'histoire naturelle des animaux et d'introduction à l'anatomie comparée"). The first volume was published in 1816 and also soon became a great success with several translated editions in English, German, Hungarian, Italian, and Gallic. In 1817, he collected his memoirs on bivalves and gastropods and published his *Memoirs to serve history and mollusca's anatomy* ("Mémoires pour servir à l'histoire et à l'anatomie des mollusques"). Starting in 1827, Cuvier, with the help of his collaborator Achille Valenciennes, began the titanic job of writing twenty two volumes on the *Natural History of Fishes*. The first eight volumes were published during his lifetime.

Cuvier's immense work was not only confined to memorable monographs on natural history. In addition to a scientific career, Cuvier also led an active academic and administrative career. He wrote several reports such as the *Historical report of the progress of the natural sciences since 1789 and their current state*, which was presented to Emperor Napoléon-Bonaparte, and the *Report on the institutions of public education in the new departments of Lower Germany* in 1810.

These monographs and reports represent untold hours of work and one wonders how a single man could take charge of such a heavy load of duties on top of his teaching career at the *Muséum* and the *Collège de France* and of his duties as perpetual Secretary of the *Académie des sciences*. Fortunately, a very valuable testimony on Cuvier's work methodology and efficiency in his writing work is available to us. Charles Lyell, the famous English geologist who wrote *Principles of Geology*, visited Cuvier's office at the *Muséum* on February 22, 1829. Lyell described to his sister his visit to the *Sanctum sanctorum* in a letter he sent her the next day from Paris. According to Lyell, this sanctuary was distinctive of the persona. Each section of the sanctuary attests Cuvier's extraordinary methodic power which is the main secret to the prodigious achievements he reached every year without showing the faintest trouble. Lyell explains in his letter that the natural history exhibits are located next to Cuvier's house and the museum of anatomy directly connects to his house. His house also has a library organized in a succession of rooms. Each room is dedicated to a field of research. There is a room assigned to research related to ornithology, another one on ichthyology, one on osteology, one on law, etc. When Cuvier worked on a specific topic that required constant reference to a large number of authors, a heater was set up in one of the rooms and everything related to the topic was carefully organized and set up in the room. He thus used the resources of several rooms for the study of one topic. But his regular study room did not have any bookshelves. It was a long room lit from the ceiling and furnished with comfortable furniture including eleven high desks so that you could stand in front of them, and two lower tables, like in a public office where several administrative clerks would be working. But the whole room was for a single man who orchestrated his work and movements the way he deemed it necessary for the sole purpose of research and scholarship. He did not let anyone in. Each desk had an inkwell, ink pens, and pins to attach the handwritten pages of a same work together, the papers to read, and the manuscript in process. Shelves along the wall behind the tables held all the papers related to the same topic of research. There was a different bell on each desk. Cuvier used the lower tables as a seat when he was tired. He did not have many collaborators, but those he had were carefully chosen. They helped him with any repetitive task or to find references. They were rarely admitted into the office, received orders and did not speak.

Cuvier's ultimate work was the lessons he taught at the Collège de France starting in 1829 on the *History of the natural sciences, since their origin up to the present time, in all known civilizations*. Cuvier did not plan on publishing his lessons on the history of sciences.

Fortunately Monsieur Magdeleine de Saint-Agy published them, based on the notes he took in class. This *History of the natural sciences* is not only amazing in the testimony it offers on the extraordinary erudition and the amazing critical analysis Cuvier possessed, but it is also highly significant in that it was the first large-scale synthesis of the history of the natural sciences. In addition to the historical interest it represents, this work shows the amazing will of a man who wanted to gather during his lifetime all the scholarship available on specific topics. These topics were as varied as the history of sciences, all the scholarship on fossils of quadrupeds, or the natural history of fishes. Cuvier wanted to be a modern Aristotle and the praise he wrote about his predecessor perfectly applies to our great naturalist who died at the age of 63: "Everything surprises, everything is amazing and colossal in Aristotle. He only lived 62 years yet he made thousands of extremely precise and meticulous observations that the most critical scholarship has not been able to prove wrong."

Thus the very valuable and useful texts based on Cuvier's lessons on the *History of the natural sciences* deserved to be published again. We are fortunate that the Scientific Publications of the *Muséum national d'Histoire naturelle* made the decision to do so. To present it and annotate it, there was no better choice than Theodore W. Pietsch. Theodore Pietsch is a renowned ichthyologist who is a Professor at the School of Aquatic and Fishery Sciences at the University of Washington in Seattle. A biologist expert in the systematics and evolution of fishes, he has described 12 genera and 65 new species of fishes, most of them belonging to the teleost order of Lophiiformes. He is also a paleoichthyologist having published descriptions of numerous fossil fishes. Pietsch is also passionate about the history of ichthyology and about the history of the natural sciences. He studied among other works the manuscripts of Cuvier's *Natural History of Fishes*, and those written by Charles Plumier, naturalist and explorer. In 1995, he published an English translation of Cuvier's *Historical Portrait of the Progress of Ichthyology from its origin until now*, a portrait that introduces the volumes of Cuvier and Valenciennes' *Natural History of Fishes*, accompanied with a fascinating, scholarly and useful commentative critic.

The Scientific Publications of the *Muséum* are fortunate to have Theodore Pietsch as editor for this edition. His work will make Georges Cuvier's fascinating lessons on the *History of the natural sciences* accessible to all, especially those whose native language is not French.

Philippe Taquet
Professor Emeritus at the *Muséum national d'Histoire naturelle*
Vice-President of the *Académie des sciences*

Georges Cuvier s'est acquis une gloire universelle en publiant en 1797, à l'âge de 27 ans, un premier ouvrage qui fit sensation, son Tableau élémentaire de l'Histoire naturelle des Animaux, *qui était le fruit de ses leçons faites à l'École centrale du Panthéon au cours de l'an 5. Ce manuel sera traduit en danois, allemand et espagnol; puis l'édition des deux premiers tomes de ses* Leçons d'anatomie comparée, *recueillies et publiées sous ses yeux par son collaborateur Constant Duméril en 1800, suivie en 1805 de celle de trois autres tomes grâce à la collaboration de Georges Louis Duvernoy vont consacrer la célébrité de l'un des plus grands maîtres de l'anatomie comparée. Elles seront traduites en anglais et en allemand.*

Mais Cuvier ne s'arrête pas en si bon chemin; ses travaux et ses connaissances sur les espèces animales fossiles lui permettent de se lancer dans l'édition en 1812 de quatre volumes consacrés aux Recherches sur les ossemens fossiles de quadrupèdes, où l'on rétablit les caractères de plusieurs espèces d'animaux que les révolutions du globe paroissent avoir détruites. *Le discours préliminaire de cette œuvre monumentale fera, en 1821, l'objet d'un volume à part intitulé* Discours sur les révolutions de la surface du globe, et sur les changemens qu'elles ont produits dans le règne animal. *Ce discours sera un immense succès de librairie avec 18 éditions successives au cours de la deuxième moitié du XIX*e *siècle et des traductions en anglais, allemand, russe, suédois, tchèque et italien. Avec ses recherches sur les quadrupèdes fossiles, Cuvier, qui est capable de reconstituer des mondes disparus, donne à la paléontologie des vertébrés ses lettres de noblesse. Parallèlement à ses travaux paléontologiques, Cuvier entreprend également de publier en 1808 avec son ami Alexandre Brongniart un* Essai sur la géographie minéralogique des environs de Paris, *essai qui sera enrichi en 1822 pour donner une* Description géologique des environs de Paris, *ouvrage essentiel qui pose les fondements de la géohistoire.*

Infatigable, Cuvier se lance ensuite dans l'édition des cinq volumes du Règne animal distribué d'après son organisation, pour servir de base à l'histoire naturelle des animaux et d'introduction à l'anatomie comparée *dont le premier tome paraît en 1816. Là encore, c'est un succès avec la publication de plusieurs éditions anglaises, allemandes, auxquelles s'ajoutent des éditions en hongrois, italien et gallois. L'année 1817 voit la réalisation d'un volume rassemblant ses* Mémoires pour servir à l'histoire et à l'anatomie des mollusques. *À partir de 1827, Cuvier se lance avec l'aide de son collaborateur Achille Valenciennes dans un travail titanesque, celui des 22 volumes d'une* Histoire naturelle des poissons, *dont les 8 premiers seront publiés de son vivant.*

L'œuvre de Cuvier, immense, ne se limite pas à ces mémorables monographies qui relèvent toutes de l'histoire naturelle. En plus d'une carrière scientifique, Cuvier mène une vie académique et administrative qui le conduisent à rédiger de nombreux rapports, tel le Rapport historique sur les progrès des sciences naturelles depuis 1789, et sur leur état actuel, *présenté à l'Empereur Napoléon Bonaparte, les* Rapports sur les établissements d'instruction publique des départemens au-delà des Alpes *en 1809 et 1810 ou le* Rapport sur l'instruction publique dans les nouveaux départements de la basse Allemagne *en 1810.*

Ces travaux et ces rapports représentent des milliers d'heures de travail et l'on s'est demandé comment un seul homme avait pu assumer d'aussi lourdes tâches, en plus de son enseignement au Muséum et au Collège de France, de ses activités de Secrétaire perpétuel de l'Académie des Sciences. Mais on possède un témoignage précieux sur les méthodes de travail et sur l'efficacité de Cuvier dans la rédaction de ses textes. C'est celui du célèbre Britannique Charles Lyell, le géologue auteur des Principes de Géologie, *qui visita les bureaux de Cuvier au Muséum le 22 février 1829. Dans une lettre envoyée de Paris le lendemain, Lyell a décrit à sa sœur son passage dans le* Sanctum sanctorum. *Pour Lyell, ce sanctuaire est vraiment caractéristique de l'homme. Chacune de ses parties témoigne de cette extraordinaire puissance méthodique qui est le grand secret des prodigieux tours de force qu'il réussit annuellement sans laisser paraître lui-même le moindre trouble. Lyell explique qu'à côté de sa maison se trouvent les galeries d'histoire naturelle et que le musée d'anatomie communique directement avec son domicile. Dans celui-ci, une bibliothèque est disposée dans une suite de pièces, chacune contenant des travaux sur un sujet. Il y a une pièce pour tous les travaux sur l'ornithologie, une autre pour tous ceux sur l'ichthyologie, une autre sur l'ostéologie, une autre sur les livres de droit ! etc. etc. Lorsque Cuvier est engagé dans des travaux qui requièrent des références continuelles à une grande variété d'auteurs, il a un calorifère qui est installé dans l'une de ces pièces, dans laquelle tout ce qui concerne le sujet est méthodiquement rangé, si bien que pour un même travail, il fait souvent le tour de plusieurs appartements. Mais le studio normal ne contient aucun rayonnage de livres. C'est une pièce en longueur, meublée confortablement, éclairée par le haut, et pourvue de onze bureaux devant lesquels on peut se tenir debout et de deux tables basses, comme dans un office public où travailleraient de nombreux clercs. Mais l'ensemble est pour un seul homme, qui se multiplie comme auteur, et qui, ne laissant entrer personne dans cette pièce, se déplace, s'il l'estime nécessaire ou si la fantaisie lui prend, d'une occupation à une autre. Chaque bureau est pourvu d'un nécessaire composé d'un encrier, de plumes et d'épingles pour attacher les pages manuscrites d'une même œuvre, les ouvrages à lire et le manuscrit en cours, et derrière sur des étagères tous les manuscrits relatifs au même travail. Il y a une sonnette différente sur chaque bureau. Les tables basses servent de siège quand il est fatigué. Les collaborateurs ne sont pas nombreux, mais toujours bien choisis. Ils lui évitent toute tâche mécanique, trouvent les références, sont rarement admis dans le bureau, reçoivent des ordres et ne parlent pas.*

*L'œuvre ultime de Cuvier concerne ses cours professés au Collège de France à partir de 1829 sur l'*Histoire des sciences naturelles, depuis leur origine jusqu'à nos jours, chez tous les peuples connus. *Cuvier n'avait pas prévu de publier ces leçons d'histoire des sciences ; elles le furent heureusement par Monsieur Magdeleine de Saint-Agy d'après des notes prises lors des cours. Cette histoire est non seulement remarquable, car elle témoigne de l'extraordinaire* *érudition et de la qualité du regard critique de Cuvier, mais elle marque aussi d'une pierre blanche la première grande synthèse sur l'histoire des sciences naturelles. En plus de son grand intérêt historique, elle montre l'incroyable volonté d'un homme qui voulait de son vivant rassembler toutes les connaissances dans un domaine donné, ici l'histoire des sciences, ailleurs toutes les connaissances sur les ossements fossiles de quadrupèdes ou sur l'histoire naturelle des poissons. Cuvier voulait être l'Aristote des temps modernes et l'éloge qu'il a écrit de son lointain prédécesseur s'applique parfaitement à notre grand naturaliste, mort à l'âge de 63 ans : « Tout étonne, tout est prodigieux, tout est colossal dans Aristote. Il ne vit que soixante-deux ans, et il peut faire des milliers d'observations d'une minutie extrême, et dont la critique la plus sévère n'a pu infirmer l'exactitude ».*

Le texte des leçons de Cuvier sur l'histoire des sciences naturelles très précieux et très utile, méritait donc d'être réédité. Il est heureux que les Publications scientifiques du Muséum national d'Histoire naturelle se soient chargées de cette entreprise. Pour la présenter et la commenter, il ne pouvait y avoir de meilleur choix que celui de Theodore Pietsch. Theodore Pietsch est un ichthyologiste renommé qui exerce ses talents de chercheur au Collège des sciences de l'océan et des pêcheries de l'Université de Washington à Seattle. Biologiste, spécialiste de la systématique et de l'évolution des poissons, grand connaisseur du groupe des poissons pêcheurs ou poissons grenouilles, Theodore Pietsch a décrit 12 genres et 65 espèces nouvelles de poissons, la plupart faisant partie du groupe des Lophiiformes. Theodore Pietsch est également paléoichthyologiste et il a publié la description de plusieurs poissons pêcheurs fossiles. Mais Theodore Pietsch se passionne aussi pour l'histoire de l'ichthyologie et plus largement pour l'histoire des sciences naturelles. Il a étudié, entre autres, les manuscrits de l'Histoire naturelle des poissons *de Cuvier, ceux du naturaliste et explorateur Charles Plumier ; il a publié en 1995, en langue anglaise,* Le tableau historique des progrès de l'Ichtyologie, depuis son origine jusqu'à nos jours *de Cuvier, tableau qui introduit les volumes de* l'Histoire naturelle des poissons de Cuvier et Valenciennes*, accompagnée d'un passionnant commentaire critique, aussi érudit qu'utile.*

C'est dire si les Publications scientifiques du Muséum ont la chance de pouvoir bénéficier d'un commentateur aussi avisé que Theodore Pietsch. Son travail va permettre de rendre accessible à tous, mais particulièrement à ceux dont la langue française n'est pas la langue usuelle, les magnifiques leçons de Georges Cuvier sur l'histoire des sciences naturelles.

Philippe Taquet
Professeur émérite au Muséum national d'Histoire naturelle
Vice-Président de l'Académie des sciences

Much has been written about Jean Léopold Nicolas Frédéric Cuvier (born 23 August 1769, died 13 May 1832), better known by his adopted name, Georges Cuvier. Numerous authors[1] have described his early years at Montbéliard, his birthplace in the present French department of Doubs, close to the Swiss border; his education at the Academy of Stuttgart; his employment as tutor to the sons of the Count d'Héricy, who resided in Normandy; and his meteoric rise at the Muséum National d'Histoire Naturelle, Paris, under the initial sponsorship of Étienne Geoffroy Saint-Hilaire (born 15 April 1772, died 19 June 1844). But his service and expertise as a public lecturer are topics yet to be fully explored. Certainly Cuvier, well before mid-career, was a notably effective speaker no matter what the venue, whether it was before his colleagues at the Jardin des Plantes or the Académie des Sciences, or in his role as professor at the Collège de France. But it wasn't always that way. According to Jean Baptiste Isidore Bourdon (born 1796, died 1861), from December 1795, when Cuvier offered his first course of lectures in comparative anatomy at the Jardin des Plantes, he was a conscientious lecturer,

1. *e.g.* Coleman (William), *Georges Cuvier, Zoologist*, Cambridge (Mass.): Harvard University Press, 1964, 212 p.; Appel (Toby A.), *The Cuvier-Geoffroy Debate: French Biology in the Decades before Darwin*, New York; Oxford Oxford: University Press, 1987, 305 p.; Bauchot (Marie-Louise), Daget (Jacques) & Bauchot (Roland), "L'ichtyologie en France au début du XIXe siècle: L'*Histoire Naturelle des Poissons* de Cuvier et Valenciennes", *Bulletin du Muséum national d'Histoire naturelle*, 4e série, section A, Zoologie, Biologie et Écologie animales, Paris, suppl. no. 1, 1990, 142 p.; Bauchot (Marie-Louise), Daget (Jacques), Bauchot (Roland), "Ichthyology in France in the beginning of the 19th century: the *Histoire Naturelle des Poissons* of Cuvier (1769-1832) and Valenciennes (1794-1865)", *in* Pietsch (Theodore W.), Anderson (William D. Jr.) (editors), "Collection Building in Ichthyology and Herpetology", *American Society of Ichthyologists and Herpetologists*, Special Publication, no. 3, 1997, pp. 27-80; Taquet (Philippe), "Georges Cuvier, ses liens scientifiques européens", *in Montbéliard sans Frontières, colloque International de Montbéliard (France), 8 et 9 Octobre 1993*, Montbéliard: Société d'Émulation de Montbéliard, 1993, pp. 287-309; Taquet (Philippe), *Georges Cuvier: naissance d'un génie*, Paris: Odile Jacob, 2006, 539 p.

but he was hardly inspiring[2]. Realizing early on that his audience was deserting him for more entertaining, but certainly less scrupulous speakers –offering such rival attractions as phrenological analyses and demonstrations of animal magnetism– he resolved to improve his performance. From his many visits to the theater, he developed a great admiration for the actor François Joseph Talma (born 15 January 1763, died 1826), star of the Comédie Française and founder of the Théâtre de la République. Talma had revolutionized theater in France. What had been barely more than recitations of texts by an actor in modern dress, became, when performed by Talma, powerful, highly emotional portrayals of characters in an appropriate costume and setting. He shocked Parisian high society when he became the first actor in Paris to perform Julius Caesar wearing nothing but a toga. Cuvier made a careful study of Talma's voice, which was one of enormous power and faultless articulation, and of his passionate delivery, and tried with much success to deliver his lectures in a similarly intense style. Bourdon[3], who attended his lectures, recalled that Cuvier spoke slowly and solemnly, and everyone in the large hall could hear him distinctly. He had a massive range of pitch and used pace skillfully to emphasis the important points so that they were easy to remember. He used few gestures, but, like Talma, restricted himself to carefully timed waving of the arm. He knew the value of eye contact, and the captivating

2. see Bourdon (Jean-Baptiste Isidore), *Illustres médecins et naturalistes des temps modernes*, Paris: Au comptoir des Imprimeurs-Unis, 1844, ij + [v]-ix + 467 + [1] p.

3. *Idem.*

power of the Cuverian stare is well documented, although this may have been less a device to entrance undergraduates and more a consequence of his poor eyesight[4].

Throughout his career, Cuvier's energy and attention were drawn toward three great occupations: education, administration, and science. The last of these is of greatest importance to his legacy today, but his work in education and administration at the time was formidable. Particularly in public instruction, he saw "an opportunity both to improve the intellectual qualities of the French nation and to impress upon the yet ignorant masses the ideals of respect for the law, acquiescence to the demands of the constituted authorities, and regular and attentive fulfillment of social responsibilities"[5]. Over a 40-year period, while producing more than 300 scientific articles and serving as principal author of at least five major multivolume monographs, he lectured regularly on a wide range of subjects, from comparative anatomy to paleontology, physiology, plant and animal classification, and the origins and geological history of the earth.

In 1829, at age 60, Cuvier embarked on his last series of lectures, on the history of the natural sciences, designed for students and the general public. Such an undertaking, at one of the busiest times in his life, is remarkable. The second edition of his *Règne animal* had just been printed in five volumes[6]. Work on the monumental *Histoire naturelle des poissons*, in collaboration with his

4. Gregory (Jane), *Georges Cuvier: Science, the State and the People*, Unpublished manuscript, 1987, 24 p.

5. Coleman (William), *Georges Cuvier, Zoologist*, *op. cit.*, p. 10.

6. Cuvier (Georges), *Le régne animal distribué d'après son organisation, pour servir de base à l'histoire naturelle des animaux et d'introduction à l'anatomie comparée* [new ed., revised and dev.], Paris: Déterville, 1829, 5 vols.

student Achille Valenciennes (1794-1865), was well underway, with the first and second of 22 volumes having been published in 1828, and two additional volumes appearing every year thereafter[7]. Various scientific papers and eulogies were being read before the Académie on a regular basis (the latter alone filled three volumes, published between 1819 and 1827, with a fourth volume in preparation at the time of Cuvier's death that was never printed; see Outram, 1978). Adding to his duties were the numerous educational and administrative responsibilities to universities and to the State, not to mention the enormous time commitment that the Cuvier-Geoffroy debate must have required, a controversy that was raging at the time, and which did not come to a close until after Cuvier's death in 1832[8].

Judging by the dates of extracts published in *Le Temps* and *Le Globe*[9], the lecture series began in mid-December 1829 and continued on a more-or-less weekly basis through July 1830, and running again in the winter and spring of 1831 and 1832. From the beginning, the lectures were immensely successful. In those days, fashionable Parisians would spend their evenings attending scientific lectures, and when it came to famous personalities like the Baron Cuvier, the events were very well attended. Sarah Lee (the former Sarah Bowdich, born Wallis, and later Mrs. Robert Lee), in her biography of Cuvier, described the events as follows:

> The charms of his flexible and sonorous voice, which could be heard everywhere in its sweetest tones, the benignity and animation of his countenance, attracted each sex and

7. Pietsch (Theodore W.), "The manuscript materials for the *Histoire Naturelle des Poissons*, 1828-1849: Sources for understanding the fishes described by Cuvier and Valenciennes", *Archives of Natural History*, vol. 12, no. 1, 1985, pp. 59-108; Bauchot (Marie-Louise), Daget (Jacques) & Bauchot (Roland), "L'ichtyologie en France au début du XIXe siècle ...", *op. cit.*; Bauchot (Marie-Louise), Daget (Jacques) & Bauchot (Roland), "Ichthyology in France in the beginning of the 19th century: ...", *op. cit.*

8. Coleman (William), *Georges Cuvier, Zoologist*, *op. cit.*; Appel (Toby A.), *The Cuvier-Geoffroy Debate*..., *op. cit.*

9. Smith (Jean Chandler), *Georges Cuvier: An Annotated Bibliography of His Published Works*, Washington; London: Smithsonian Institution Press, 1993, xx + 251 p.

> various ages. In the coldest weather, the audience assembled an hour before the time, and some were contented to remain on the stair-case, provided they could catch some of his melodious words; and the enthusiasm with which he was received, while it endangered his personal convenience, called forth that benevolent smile which was calculated rather to encourage than repress these marks of admiration. [10]

On 8 May 1832, Cuvier mounted the podium to deliver his last lecture, on *Naturphilosophie*, evolution, and the idea of unity of the animal kingdom, which was said to have been one of his most impressive performances:

> Never had he spoken with more fire, nor with more ease to himself: he "could have continued for two or three hours longer," he said, "had he not been afraid of tiring his audience." But they had heard him for the last time... [11]

Soon after this lecture, Cuvier began to feel a slight pain and numbness in his right arm. Two days later both his arms were paralyzed and he lost the ability to swallow. The paralysis then spread rapidly and on 13 May he died apparently without pain and without a struggle [12].

Cuvier never intended that his lectures on the history of the natural sciences be published. In fact, they were never written out in full by him; the narrative was presented orally without notes and, for the most part, delivered from memory. The newspaper accounts, which provided only abstracts of the lectures, were based on notes taken by reporters or other interested parties in attendance at the public gatherings. As such, they were filled with inaccuracies. Cuvier himself expressed concern. In a letter sent to the editor of the *Moniteur*, he requested publication of the following statement:

10. Lee (Sarah), *Mémoirs of Baron Cuvier* [By Mrs. R. Lee (formerly Mrs. T. Ed. Bowdich)], London: Longman, Rees, Orme, Brown, Green & Longman, 1833, 351 p. [p. 216].

11. *Ibid.*, p. 222.

12. Jardine (William), "Memoir of Cuvier", *in* Jardine (William) (ed.), *The Natural History of the Felidae* [illustrated by thirty-eight plates, coloured, and numerous woodcuts; with memoir of Cuvier], Edinburgh: W. H. Lizars and Stirling and Kenny, 1834, pp. 17-58.

> The manner in which the printing of my lectures at the Collège de France has been announced in all the newspapers necessitates that I let the public know that I take no part either in the editing or in the revising of these lecture notes, and that I can in no way answer for any errors that such a method of publication must render inevitable...[13]

13. *Le Moniteur*, 22 April 1830, no. 112, p. 442.

On this same subject, Sarah Lee wrote:

> It is forever to be regretted, that the last course of lectures delivered by M. Cuvier has been comparatively lost to mankind in general. The hall at the Collège de France resounded with these luminous discourses, taken at the moment from mere memoranda, and now only existing in the memory of his auditors. He [Cuvier] was extremely averse to short-hand notes, because he thought them very inadequate to the purposes of publication; and he had no time, he said, either to edit them himself or correct the editions of others. The glimpses (for they can only be called such) given in the feuilletons [supplements] of the *Temps*, and in the pamphlets compiled by M. Magdeleine de Saint-Agy, were then published entirely without his sanction, and the latter even without his knowledge; but imperfect as they are, they yet assist in giving a general idea of the plan that was followed.[14]

14. Lee (Sarah), *Mémoirs of Baron Cuvier op. cit.*, p. 215.

But in his own defense, Magdeleine de Saint-Agy stated explicitly, in his preface to the first volume of the *Histoire*, that he had secured permission from Cuvier prior to publication of the lectures:

> Two or three months after the course began, people –men famous for their works– spoke to me about satisfying that desire, urged me to it even forcefully, and so I wrote to Monsieur le Baron Cuvier about it. On 10 April 1830, he honored me with a response: "that he had no personal reason for preventing me from publishing his lectures, but that it would be necessary to avoid the mass of errors in chronology and names of authors that had slipped into the newspaper articles; for otherwise my work would have little usefulness."[15]

15. Cuvier (Georges), *Histoire des Sciences Naturelles, depuis leur Origine jusqu'à nos Jours, chez tous les Peuples connus, Professée au Collège de France, par Georges Cuvier [Completed, edited, and annotated by Monsieur Magdeleine de Saint-Agy]*, Paris: Fortin, Masson et Cie, 1841, vol. 1, 441 p. [p. i].

At the same time, Magdeleine de Saint-Agy freely admitted that parts of the five-volume *Histoire* are based on the work of others:

> The first volume of this work, and a part of the third, fourth, and fifth, are my own personal work [by this he means that the text is based on his own first-hand interpretation of Cuvier]. Stenographers have put together the second and a part of the third. But they have done their work with such inexactitude that I have been obliged to revise it thoroughly, and there remain so few of the phrases pronounced by our famous professor... that loyalty obliges me to accept all responsibility for it. [16]

Whether or not we have the precise words of Cuvier, Magdeleine de Saint-Agy's edited version of the *Histoire des sciences naturelles* is all we have of this monumental effort: a detailed chronological survey of the natural sciences spanning more than three millennia. The work is an affirmation of Cuvier's vast encyclopedic knowledge, his complete command of the scientific and historical literature, and his incomparable memory (it was widely believed that Cuvier had a preternatural capacity for memory [17]). The "lessons" are remarkable also for providing a set of useful references to a vast ancient literature that is not easily available elsewhere. They provide us furthermore with unique insight into Cuvier's concept of the natural sciences, their breadth and their way of progress. The title of the work itself is meaningful: the phrase "sciences naturelles" – instead of "histoire naturelle" – is rather unusual for the time. It is reminiscent of Cuvier's *Rapport historique sur les progrès des sciences naturelles*

16. Cuvier (Georges), *Histoire des Sciences Naturelles, depuis leur Origine jusqu'à nos Jours, chez tous les Peuples connus, Commencée au Collège de France par Georges Cuvier [Completed by Monsieur Magdeleine de Saint-Agy]*, Paris: Fortin, Masson et Cie, 1845, vol. 5, 440 p. [p. 434].

17. see Eigen (Edward A.), "Overcoming first impressions: Georges Cuvier's types", *Journal of the History of Biology*, vol. 30, 1997, pp. 179-209.

depuis 1789, et sur leur état actuel[18] (written in compliance with an order from Napoléon to prepare reports on progress since 1789 in the arts and sciences, which the author later complained cost him a full year's work[19]). At the same time too, this contribution of Cuvier to the history of science can be viewed in terms of historiography. In the first half of the nineteenth century, the history of science had been only recently established as a self-conscious discipline. In fact, the obituaries of deceased academicians were, up until this time, practically the only source of information on the history of science. One notable exception, is the pioneering work of Jean-Étienne Montucla (1725-1799) on the history of mathematics issued in 1758, a landmark publication often referred to by historians of science. Maurice Daumas (1910-1984), for example, in the preface of his *Histoire de la science*[20], credits Montucla's work for being the first great historical work on science. Likewise, Daumas considers Cuvier's "lessons" to be "la première grande histoire des sciences naturelles."[21]

Published in five volumes from 1841 to 1845, the first volume of the *Histoire des sciences naturelles* traces the sciences from the beginning of recorded time, through the Middle Ages and early Renaissance, to the close of the sixteenth century; the second deals with events and discoveries of the sixteenth and seventeenth centuries; the third covers the first half of the eighteenth century; the fourth, the second half of the 18th century; and the

18. Cuvier (Georges), *Rapport historique sur les progrès des sciences naturelles depuis 1789, et sur leur état actuel, présenté à Sa Majesté l'Empereur et Roi, en son Conseil d'État, le 6 Février 1808, par la Classe des Sciences physiques et mathématiques de l'Institut, conformément à l'arrêté du gouvernement du 13 Ventôse an X. Rédigé par M. Cuvier*, Paris: L'Imprimerie Impériale, 1810, vi + 395 pp.

19. see Smith (Jean Chandler), *Georges Cuvier: An Annotated Bibliography of His Published Works*, *op. cit.*; Drouin (Jean-Marc), "Un espace 'aussi vaste que fertile': les sciences naturelles dans le rapport de Cuvier", *Annales historiques de la Révolution française*, vol. 320, 2000, pp. 21-31.

20. Daumas (Maurice) (ed.), *Histoire de la science*, Paris: Gallimard, 1957, p. xv (Encyclopédie de la Pléiade; 5).

21. *Ibid.*, p. xix.

fifth, the close of the eighteenth century and a part of the early nineteenth century.

But it is the first volume of the *Histoire* that is the focus here. It consists of twenty-four lessons that correspond to Cuvier's lectures given from mid-December 1829 through July 1830. Originally a continuous sequence of numbered chapters, each is here given a descriptive title, and the volume as a whole is divided for greater convenience into eight parts. Following a brief preface by Magdeleine de Saint-Agy, which explains his purpose in making the lectures available to the public, Part One, by way of introduction, divides the history of science into three great epochs: *the religious*, primarily emanating from the Egyptians and Hebrews; *the philosophical*, which began in Greece; and the third, *specialization*, the distribution of the sciences into several branches, which can be traced back to Aristotle. In addition to discussing the age of the world, the evidence for the great deluge, and the value of the astronomical records left by primitive peoples, Cuvier provides a review of four great civilizations that developed prior to the advent of Christianity: the Chinese, Indian, Babylonian, and Egyptian. Part Two tells of the Greek world and the various schools of philosophy, focusing on Socrates and his disciples. Part Three is devoted primarily to Aristotle, the father of the science of natural history, and his great book, the *Historia animalium*. It was here, according to Lee, that the professor "became, if possible, more eloquent, more fascinating than ever. The subject was likely to inspire him, and his audience were not disappointed; they left the lecture-room forgetting their favorite professor [Cuvier] for the moment, in his description of his great predecessor [Aristotle]."[22] Part Four focuses on the Roman world, the foundations of the Empire, the Golden Age, and the Empire itself, giving ample attention throughout to the history of the Ptolemies. Part Five describes the contributions of Pliny, the Roman poets, Aelian of Praeneste, Oppian of Anazarbus, and Galen of Pergamum. Part Six tells of the last centuries and final fall of the Roman Empire, relating in detail the elaborate feasts and animal combats that marked the decadence and decline of this period. Part Seven traces the state of science during the Middle Ages: the Byzantine Empire and the great struggles that finally established Christianity, the contributions of the Arabs and the Latin-speaking nations, the Crusades, and ending with an evaluation of the inventions and discoveries of the Early Renaissance by men such as Albert the Great and Roger Bacon. Finally, Part Eight serves as a summary, a reiteration of all the important points made in the preceding chapters.

In preparing the translation, for which Abby Simpson has taken full responsibility, every effort was made to portray Cuvier (as interpreted by Magdeleine de Saint-Agy) as accurately as possible; yet, at the same time, it was felt necessary throughout to strike a balance between the often convoluted, sometimes flowery, writing style and one more palatable to modern tastes – but in the body of the text, nothing has been knowingly

22. Lee (Sarah), *Mémoirs of Baron Cuvier*, *op. cit.*, pp. 218-219.

altered or added. For ease of reading we have inserted part titles and chapter titles. Except for these added titles, and minor insertions that do not add content or alter the meaning of Cuvier's text, all additions are placed within brackets; minor corrections, however – such as misspellings, erroneous dates, missing or incorrect volume or page numbers – are made without indication.

To provide context and greater breadth to the book, the 82 footnotes provided by Magdeleine de Saint-Agy (all indicated as such by his name placed within brackets) have been augmented with 931 additional notes, gathered together as endnotes behind the appropriate narrative of each lesson. A chronological listing of the kings of the Ptolemaic dynasty, with dates and commentary, is placed as a table at the appropriate point in Lesson 7. Reference material added to this volume includes a bibliography, illustration credits, and an index.

Il a été beaucoup écrit au sujet de Jean Léopold Nicolas Frédéric Cuvier, né le 23 août 1769, mort le 13 mai 1832, et mieux connu sous son nom d'emprunt, Georges Cuvier.

Les biographes [1] ont été nombreux à retracer ses jeunes années à Montbéliard dans le Doubs, où il vit le jour, non loin de la frontière suisse; son éducation à l'Académie de Stuttgart; sa charge de tuteur auprès des fils du Comte d'Héricy, à Caen; son ascension météorique, enfin, au Muséum national d'Histoire naturelle, à Paris, grâce au soutien initial d'Étienne Geoffroy Saint Hilaire (15 avril 1772-19 juin 1844).

Son travail de conférencier et l'expertise qu'il développa en tant que tel, cependant, restent encore à explorer tout à fait. Bien avant d'avoir atteint le milieu de sa carrière, Cuvier était connu pour ses qualités oratoires, qu'il s'exprimât devant ses collègues du Jardin des plantes ou de l'Académie des sciences, ou bien au Collège de France. Il n'en alla pourtant pas toujours ainsi. Si l'on en croit Jean-Baptiste Isidore Bourdon (1796-1861), les premiers cours d'anatomie comparée dispensés au Jardin des plantes, à partir de décembre 1795, révélèrent un

1. *e.g.* Coleman (William), *Georges Cuvier, Zoologist*, Cambridge (Mass.): Harvard University Press, 1964, 212 p.; Appel (Toby A.), *The Cuvier-Geoffroy Debate: French Biology in the Decades before Darwin*, New York; Oxford: Oxford University Press, 1987, 305 p.; Bauchot (Marie-Louise), Daget (Jacques) & Bauchot (Roland), « L'ichtyologie en France au début du XIXe siècle: L'*Histoire Naturelle des Poissons* de Cuvier et Valenciennes », *Bulletin du Muséum national d'Histoire naturelle*, 4e série, section A, Zoologie, Biologie et Écologie animales, Paris, suppl. n° 1, 1990, 142 p.; Bauchot (Marie-Louise), Daget (Jacques), Bauchot (Roland), « Ichthyology in France in the beginning of the 19th century: the *Histoire Naturelle des Poissons* of Cuvier (1769-1832) and Valenciennes (1794-1865) », *in* Pietsch (Theodore W.), Anderson (William D. Jr.) (sous la dir.), « Collection Building in Ichthyology and Herpetology », *American Society of Ichthyologists and Herpetologists*, Special Publication, n° 3, 1997, pp. 27-80; Taquet (Philippe), « Georges Cuvier, ses liens scientifiques européens », *in Montbéliard sans Frontières, colloque International de Montbéliard (France), 8 et 9 Octobre 1993*, Montbéliard: Société d'Émulation de Montbéliard, 1993, pp. 287-309; Taquet (Philippe), *Georges Cuvier: naissance d'un génie*, Paris: Odile Jacob, 2006, 539 p.

Cuvier certes consciencieux mais fort peu exaltant.[2] De fait, il s'avisa rapidement que son auditoire le délaissait au profit d'orateurs autrement divertissants quoique certainement moins scrupuleux. Confronté aux attractions qui lui faisaient concurrence, comme les analyses phrénologiques ou les démonstrations du magnétisme animal, Cuvier se résolut donc à améliorer sa prestation. De ses fréquentes sorties au théâtre, il avait gardé une grande admiration pour l'acteur François-Joseph Talma (15 janvier 1763-19 octobre 1826). Acteur vedette de la Comédie-Française et fondateur du Théâtre de la République, Talma avait révolutionné l'art théâtral français. Avant lui, le public devait se satisfaire de vers déclamés sans guère d'efforts scéniques, interprétés en habit de ville. Or Talma s'était fait une règle d'incarner avec une ferveur sans précédent des rôles à forte charge émotionnelle, dans un décor et des costumes appropriés ; ainsi fit-il scandale auprès de la bonne société parisienne en osant jouer Jules César vêtu d'une simple toge. Cuvier étudia attentivement la performance sonore de Talma, caractérisée par la puissance extraordinaire de sa voix et une irréprochable articulation. L'anatomiste, inspiré par cette passion débordante, s'évertua à donner ses cours dans le même style tout en intensité. Bourdon[3], qui y assista, raconte que Cuvier parlait avec lenteur et solennité, et que chacun, dans la vaste salle, pouvait l'entendre distinctement. Il disposait d'une gamme

2. Voir Bourdon (Jean-Baptiste Isidore), *Illustres médecins et naturalistes des temps modernes*, Paris : Au comptoir des Imprimeurs-Unis, 1844, ij + [v]-ix + 467 + [1] p.

3. *Idem.*

de tonalités impressionnante et excellait à choisir la juste cadence pour souligner les points importants de son exposé, afin qu'ils fussent faciles à retenir. Sa gestuelle était économe mais à l'exemple de Talma ses effets de manche, soigneusement étudiés, tombaient toujours à point nommé. Il savait l'importance du contact visuel: le pouvoir pénétrant du regard de Cuvier a suscité de nombreux témoignages, même s'il s'agissait peut-être moins d'un dispositif destiné à intimider ses jeunes étudiants, qu'une séquelle de sa mauvaise vue [4].

Tout au long de sa carrière, Cuvier consacra son énergie et son attention à trois activités principales: l'éducation, l'administration et la science. Cette dernière est d'une importance primordiale dans l'héritage qu'il nous a laissé, mais son œuvre d'alors, en matière éducative et administrative, fut elle aussi tout à fait remarquable. Il considérait notamment l'instruction publique comme «une occasion d'améliorer les qualités intellectuelles de la nation française tout en insufflant à des masses encore ignorantes l'idéal du respect de la loi, l'assentiment aux exigences des autorités constituées et l'exercice attentif des responsabilités sociales» [5].

Sur une période de quarante ans, alors qu'il rédigea plus de 300 articles scientifiques et participa, comme auteur principal, à au moins cinq monographies majeures (en plusieurs volumes), Cuvier continua d'enseigner les disciplines les plus variées, de l'anatomie comparée à la paléontologie, la physiologie,

4. Gregory (Jane), *Georges Cuvier: Science, the State and the People*, manuscrit inédit, 1987, 24 p.

5. Coleman (William), *Georges Cuvier, Zoologist*, *op. cit.*, p. 10.

la classification végétale et animale, les origines et l'histoire géologique de la Terre...

En 1829, âgé de 60 ans, il se lança dans une dernière série de cours consacrés à l'histoire des sciences naturelles, à l'intention des étudiants et du grand public. Une telle initiative, à un moment de sa vie parmi les plus actifs, mérite d'être saluée. La deuxième édition de son *Règne animal* venait d'être imprimée en cinq volumes[6]. Le travail sur la monumentale *Histoire naturelle des poissons*, en collaboration avec son élève Achille Valenciennes (1794-1865), était bien avancé: deux premiers volumes (sur 22) déjà publiés en 1828, et deux autres à paraître ensuite chaque année[7]. L'Académie accueillait également la lecture régulière de ses communications scientifiques et éloges les plus divers – lesquels rempliront à eux seuls trois volumes publiés entre 1819 et 1827, et un quatrième, en préparation au moment de sa mort (1832), qui ne sera jamais imprimé (voir Outram 1978). Sur les épaules de Cuvier pesaient aussi de nombreuses responsabilités éducatives et administratives contractées auprès de l'Université et de l'État, sans oublier le débat l'opposant à Geoffroy Saint-Hilaire, une controverse alors furieuse à laquelle il sacrifia une part considérable de son temps et qui ne s'éteignit qu'après sa mort[8].

À en juger d'après les dates des extraits publiés dans *Le Temps* et *Le Globe*[9], cette série de cours débuta à la mi-décembre 1829 pour se prolonger, à un rythme plus ou moins hebdomadaire, jusqu'à juillet 1830, et

6. Cuvier (Georges), *Le règne animal distribué d'après son organisation, pour servir de base à l'histoire naturelle des animaux et d'introduction à l'anatomie comparée* [Nouvelle édition, revue et augmentée], Paris: Déterville, 1829, 5 vols.

7. Pietsch (Theodore W), «The manuscript materials for the *Histoire Naturelle des Poissons*, 1828-1849: Sources for understanding the fishes described by Cuvier and Valenciennes», *Archives of Natural History*, vol. 12, n° 1, 1985, pp. 59-108; Bauchot (Marie-Louise), Daget (Jacques) & Bauchot (Roland), «L'ichtyologie en France au début du XIXe siècle ...», *op. cit.*; Bauchot (Marie-Louise), Daget (Jacques) & Bauchot (Roland), «Ichthyology in France in the beginning of the 19th century: ...», *op. cit.*

8. Coleman (William), *Georges Cuvier, Zoologist*, *op. cit.*; Appel (Toby A.), *The Cuvier-Geoffroy Debate*..., *op. cit.*

9. Smith (Jean Chandler), *Georges Cuvier: An Annotated Bibliography of His Published Works*, Washington; Londres: Smithsonian Institution Press, 1993, xx + 251 p.

reprendre à l'hiver et au printemps des années 1831 et 1832. Ces cours connurent dès le départ un immense succès. Il faut dire qu'à cette époque, assister, le soir, à une conférence scientifique relevait du meilleur chic parisien, surtout s'il s'agissait d'aller entendre une personnalité aussi célèbre que le baron Cuvier. Sarah Lee (précédemment Sarah Bowdich, née Wallis, qui deviendra Mme Robert Lee) décrit ainsi, dans sa biographie de Cuvier, les prestations du maître :

> Le charme de sa voix flexible et sonore, qui se faisait entendre distinctement même dans ses tons les plus bas, la bienveillance et le jeu animé de sa physionomie, attiraient des auditeurs de tout sexe et de tout âge. Même dans la saison la plus rigoureuse, l'auditoire se réunissait une heure avant l'ouverture du cours, et beaucoup se montraient satisfaits de rester à l'entrée de la salle, pourvu qu'ils pussent saisir quelques-unes de ses éloquentes paroles. L'enthousiasme avec lequel il était toujours accueilli, s'il compromettait son confort personnel, n'en suscitait pas moins chez lui ce sourire bienveillant propre à encourager, plutôt qu'à réprimer, les marques d'admiration. [10]

10. Lee (Sarah), *Mémoires sur M. Le Baron Georges Cuvier par Mistress Lee* [traduits de l'anglais par M. Théodore Lacordaire], Paris: Fournier, 1833, 369 p. [pp. 118-119].

Le 8 mai 1832, Cuvier monta en chaire pour dispenser son ultime leçon, sur la *Naturphilosophie*, l'évolution et l'idée de l'unité du règne animal. Ce fut, dit-on, l'une de ses performances les plus impressionnantes :

> Jamais il n'avait parlé avec plus de feu, et avec moins de fatigue. « J'aurais pu, disait-il, continuer encore pendant deux ou trois heures, si je n'avais craint de fatiguer mon auditoire. » Mais c'était la dernière fois que cet auditoire devait l'entendre. [11]

11. *Ibid.*, p. 122.

Peu après ce cours, Cuvier commença à ressentir une légère douleur et une raideur au bras droit. Deux jours plus tard ses deux bras étaient paralysés, et il perdait la capacité de déglutir. La paralysie se diffusa rapidement. Il mourut le 13 mai, sans avoir apparemment souffert, ni combattu [12].

12. Jardine (William), «Memoir of Cuvier», *in* Jardine (William) (sous la dir.), *The Natural History of the Felidae* [illustré par trente-huit planches en couleur et de nombreuses gravures sur bois; avec une biographie de Cuvier], Édimbourg: W.H. Lizars, Stirling & Kenny, 1834, pp. 17-58.

Cuvier n'avait jamais prévu de publier ses leçons sur l'histoire des sciences naturelles. En fait, jamais il ne les retranscrivit dans leur totalité. Leur narration se déroulait oralement, sans notes et pour l'essentiel, de mémoire. Les comptes-rendus publiés dans la presse, composés d'extraits de ces cours, reposaient sur les notes prises par les journalistes ou par d'autres témoins intéressés, présents dans l'auditoire. Ils étaient, dès lors, truffés d'inexactitudes. Cuvier lui-même s'en inquiéta. Dans une lettre adressée au rédacteur en chef du *Moniteur*, il exigea la publication de la mise au point suivante:

> La manière avec laquelle a été annoncée dans tous les journaux la publication de mes leçons au Collège de France m'impose de faire savoir au public que je ne prends part ni à l'édition ni à la révision de ces notes, et que je ne peux en aucune manière répondre des erreurs qu'une telle méthode de publication doit rendre inévitables... [13]

13. *Le Moniteur*, 22 avril 1830, n° 112, p. 442.

Sur le même sujet, Sarah Lee écrivait:

> On doit regretter à jamais que les dernières leçons faites par M. Cuvier, soient en quelque sorte perdues pour les amis des sciences et l'humanité en général. Ces brillants discours, dont a retenti l'enceinte du Collège de France, étaient improvisés sur de simples notes et n'existent plus maintenant que dans la mémoire de ceux qui les ont entendus. M. Cuvier éprouvait une aversion prononcée pour les notes prises à la hâte sur ses leçons, et les regardait comme tout à fait impropres à être publiées. Il n'avait pas le temps, disait-il, de les mettre en ordre lui-même, ni de surveiller la publication

> que d'autres en faisaient. Les fragments imparfaits donnés dans les feuilletons du *Temps* et dans les sténographies de M. Magdeleine de Saint-Agy ont été publiés sans son autorisation, et même sans qu'il eût connaissance des dernières; mais tout tronqués qu'ils sont, ils peuvent donner une idée générale du plan qu'il avait suivi. [14]

14. Lee (Sarah), *Mémoires sur M. Le Baron Georges Cuvier par Mistress Lee, op. cit.*, p. 118.

Pour sa défense, Magdeleine de Saint-Agy précisa explicitement, dans sa préface au premier volume de l'*Histoire*, qu'il s'était assuré l'autorisation de Cuvier avant la publication des leçons :

> Deux ou trois mois après l'ouverture du cours, on me parla de satisfaire ce désir; des hommes célèbres par leurs travaux m'y engagèrent même fortement. J'en écrivis à M. le baron Cuvier. Le 10 avril 1830, il me fit l'honneur de me répondre : qu'il n'avait aucun motif personnel d'empêcher que je publiasse ses leçons; mais qu'il faudrait éviter la foule d'anachronismes et d'altérations de noms d'auteurs qui s'était glissée dans les articles des journaux; car autrement mon travail serait peu utile. [15]

15. Cuvier (Georges), *Histoire des sciences naturelles, depuis leur origine jusqu'à nos jours, chez tous les peuples connus, professée au Collège de France, par Georges Cuvier* [complétée, rédigée, annotée et publiée par M. Magdeleine de Saint-Agy], Paris : Fortin, Masson & Cie, 1841, vol. 1, 441 p. [p. i].

Dans le même temps, Magdeleine de Saint-Agy reconnaissait volontiers que certaines parties de l'*Histoire* en cinq volumes empruntaient au travail d'autres auteurs :

> Je crois devoir répéter que le premier volume de cet ouvrage, une partie du troisième, le quatrième et le cinquième, sont mon travail personnel. [Il veut dire que le texte est fondé sur son interprétation de première main du travail de Cuvier]. Des sténographes ont recueilli le deuxième et une partie du troisième; mais ils les ont recueillis si inexactement, j'ai été obligé de les remanier si profondément, et il y est resté si peu des phrases prononcées par le célèbre professeur dont le nom est associé au mien sur le titre de cette histoire, que la loyauté m'oblige d'en prendre aussi toute la responsabilité vis-à-vis du monde savant. [16]

16. Cuvier (Georges), *Histoire des sciences naturelles, depuis leur origine jusqu'à nos jours, chez tous les peuples connus, commencée au Collège de France par Georges Cuvier* [complétée par M. Magdeleine de Saint-Agy], Paris : Fortin, Masson & Cie, 1845, vol. 5, 440 p. [p. 434].

Qu'il s'agisse ou non des paroles exactes de Cuvier, la version de l'*Histoire des sciences naturelles* éditée par Magdeleine de Saint-Agy est tout ce qu'il nous reste de cet effort monumental: une étude chronologique détaillée des sciences naturelles couvrant plus de trois millénaires. Ce travail atteste des connaissances encyclopédiques de Cuvier, de sa parfaite maîtrise de la littérature scientifique et historique, ainsi que de sa mémoire incomparable (beaucoup pensaient alors qu'il jouissait de capacités mémorielles surnaturelles [17]).

17. Voir Eigen (Edward A.), «Overcoming first impressions: Georges Cuvier's types», *Journal of the History of Biology*, vol. 30, 1997, pp. 179-209.

Ces «leçons» sont également remarquables par les précieuses références qu'elles recèlent, et qui nous donnent accès à des textes très anciens, difficilement disponibles par ailleurs. Elles nous offrent aussi un éclairage sans pareil de l'idée que Cuvier se faisait des sciences naturelles, de leur importance et de leur mode d'évolution. Le titre du travail lui-même est édifiant: l'expression «sciences naturelles» –au lieu d'«histoire naturelle»– tranche avec les usages de l'époque. Elle rappelle le *Rapport historique sur les progrès des sciences naturelles depuis 1789, et sur leur état actuel* [18] rédigé par Cuvier à la demande de Napoléon, qui souhaitait faire évaluer les progrès artistiques et scientifiques enregistrés depuis 1789; une mission dont l'auteur se plaindra plus tard qu'elle lui coûta une pleine année de labeur [19].

18. Cuvier (Georges), *Rapport historique sur les progrès des sciences naturelles depuis 1789, et sur leur état actuel, présenté à Sa Majesté l'Empereur et Roi, en son Conseil d'État, le 6 Février 1808, par la Classe des Sciences physiques et mathématiques de l'Institut, conformément à l'arrêté du gouvernement du 13 Ventôse an X. Rédigé par M. Cuvier* [Imprimé par ordre de sa Malesté], Paris: L'Imprimerie Impériale, 1810, vi + 395 pp.

19. voir Smith (Jean Chandler), *Georges Cuvier: An Annotated Bibliography of His Published Works*, *op. cit.*; Drouin (Jean-Marc), «Un espace "aussi vaste que fertile": les sciences naturelles dans le rapport de Cuvier», *Annales historiques de la Révolution française*, vol. 320, 2000, pp. 21-31.

Cet apport de Cuvier à l'histoire de la science peut aussi se contempler sous l'angle historiographique.

En cette première partie du XIXe siècle, l'histoire de la science venait tout juste d'être reconnue comme une discipline à part entière. Jusqu'alors les nécrologies d'académiciens disparus constituaient pratiquement la seule source d'information disponible sur l'histoire scientifique. Une exception notable : le travail de pionnier de Jean-Étienne Montucla (1725-1799), dédié à l'histoire des mathématiques et publié en 1758 ; une parution qui fit date et à laquelle se réfèrent souvent les spécialistes. Ainsi Maurice Daumas (1910-1984), dans la préface de son *Histoire de la science*[20], assimile l'œuvre de Montucla au premier travail historique d'envergure consacré à la science. De la même manière, Daumas considère les « leçons » de Cuvier comme « la première grande histoire des sciences naturelles ».[21]

Publié en cinq tomes entre 1841 et 1845, le premier volume de l'*Histoire des sciences naturelles* retrace le cheminement des sciences, depuis les origines accessibles à la mémoire humaine jusqu'à la fin du XVIe siècle, à travers le Moyen Âge et les débuts de la Renaissance. Le second volume traite des événements et découvertes des XVIe et XVIIe siècles ; le troisième et le quatrième volumes se partagent, en deux moitiés, le XVIIIe siècle ; le cinquième enfin aborde le passage d'un siècle à l'autre et les prémices du XIXe.

Mais seul le premier volume de l'*Histoire*, à ce stade, nous intéresse. Il est constitué de vingt-deux leçons qui correspondent aux cours donnés par Georges Cuvier entre le milieu du mois de décembre 1829

20. Daumas (Maurice) (sous la dir.), *Histoire de la science*, Paris : Gallimard, 1957, p. XV (Encyclopédie de la Pléiade ; 5).

21. *Ibid.*, p. XIX.

et juillet 1830. Les chapitres qui se succédaient à l'origine selon leur seule numérotation sont ici affectés d'un intitulé descriptif. Pour des raisons pratiques, le volume est divisé en huit parties. Après une brève préface de Magdeleine de Saint-Agy, qui explique pourquoi il a souhaité rendre ces leçons accessibles au public, la première partie, à titre d'introduction, sépare l'histoire de la science en trois grandes époques : l'époque *religieuse*, à l'initiative des Égyptiens et des Hébreux ; l'époque *philosophique*, amorcée en Grèce ; et l'époque de la *spécialisation*, la division de la science en plusieurs branches, qu'on peut faire remonter à Aristote. Cuvier ne se contente pas de discuter de l'âge du monde, des vestiges du grand déluge et de la valeur des observations astronomiques transmises par les peuplades primitives ; il passe en revue quatre grandes civilisations qui se développèrent avant l'avènement du christianisme : la chinoise, l'indienne, la babylonienne et l'égyptienne.

La deuxième partie du volume évoque le monde grec et les différentes écoles philosophiques, soulignant la contribution de Socrate et de ses disciples. La troisième partie est pour l'essentiel dédiée à Aristote, le père de l'histoire naturelle en tant que science, et à son grand ouvrage, *Historia animalium*. C'est là, si l'on en croit Sarah Lee, que le professeur se montra, « si c'était possible, plus éloquent, plus fascinant que jamais ; le sujet devait l'inspirer, et ses auditeurs ne furent pas trompés dans leur attente. Ils quittaient la salle oubliant pour un temps leur professeur favori [Cuvier] au profit du grand prédécesseur [Aristote] qu'il évoquait. »[22]

22. Lee (Sarah), *Mémoires sur M. Le Baron Georges Cuvier par Mistress Lee*, *op. cit.*, p. 120.

La quatrième partie s'attache au monde romain : fondations de l'Empire, Âge d'or, l'Empire lui-même, consacrant une attention suivie à la dynastie ptolémaïque. La cinquième partie évoque Pline, les poètes romains, Élien le Sophiste, Oppien d'Anazarbe, Galien de Pergame. La sixième partie relate les derniers siècles et la chute de l'Empire romain, retraçant avec soin les célébrations grandioses et les combats d'animaux qui marquèrent cette phase de décadence et de déclin. La septième partie suit les pas de la science au cours du Moyen Âge : l'Empire byzantin et les grandes crises qui favoriseront *in fine* l'installation du christianisme, les contributions du monde arabe et des nations latines, les croisades, jusqu'à l'évaluation des inventions et découvertes des tout débuts de la Renaissance, grâce à des hommes tels qu'Albert le Grand et Roger Bacon. La huitième partie, enfin, fait office de récapitulation et reprend tous les points importants soulignés dans les chapitres précédents.

Le corps du texte n'a subi ni altérations ni ajouts délibérés. Pour en faciliter l'accès, nous avons donné des titres aux différents chapitres et parties composant l'ouvrage. À l'exception de ces titres et d'insertions mineures qui ne modifient en rien le sens du texte de Cuvier, toutes les adjonctions ont été incluses entre crochets. Des corrections mineures, cependant – fautes d'orthographe, erreurs de dates, numéros de page ou de volume absents ou erronés – ont été effectuées sans notification.

Afin de présenter le livre dans le respect de son contexte et de son ampleur exceptionnelle, les 82 notes de bas de page rédigées par Magdeleine de Saint-Agy (identifiées par son nom placé entre crochets) sont désormais accompagnées de 931 notes additionnelles. Un tableau chronologique consacré aux souverains de la dynastie des Ptolémées, pourvu des dates et commentaires afférents, a été inséré dans le passage correspondant de la leçon 7. Une bibliographie générale, un crédit iconographique et un index complètent l'état des éléments de référence ajoutés à ce volume.

Introduction to the first edition

It was generally desired that someone –other than the professor, who did not have the time– take charge of publishing this methodical exposition of the development of the natural sciences from the beginning up to the present time. Two or three months after the course began, people –men famous for their works– spoke to me about satisfying that desire, urged me to it even forcefully, and so I wrote to Monsieur le Baron Cuvier about it. On 10 April 1830, he honored me with a response: *that he had no personal reason for preventing me from publishing his lectures, but that it would be necessary to avoid the mass of errors in chronology and names of authors that had slipped into the newspaper articles* [*cf.* the bibliography at the end of this volume]; *for otherwise my work would have little usefulness.*

I had made the same observations as Monsieur Cuvier, while reading the newspapers, and it had seemed to me entirely possible to avoid giving rise to such errors. Therefore, I took it upon myself to re-examine the transcription made of each of his lectures. The printing of the second part of the course has just been finished, and has proved –or at least I believe it proves, and this is the opinion of those of Monsieur Cuvier's students with whom I am acquainted– that I was not mistaken in thinking it possible to reproduce accurately the lectures of this professor, renowned for his many honors.

I hope that the first part, which is brought to light today, will present the words of this public sage with the same fidelity. In the second part I almost always kept Monsieur Cuvier's phraseology, his locutions, his terms, and even some of the repetitions that he had used as transitions; I made no change in his impromptu passages –which were somewhat careless for a man of his talent but always quite clear– except when it was impossible to do otherwise, in order that they be equally comprehensible whether reading the course or hearing it. In the third part, which will be published at the same time as the first part, I shall proceed likewise. I shall give a portrait, if one may speak thus, of the professor's impromptus.

In the lectures that cover Antiquity and the Middle Ages, however, this fidelity of expression was not possible for me because, as is well known in Paris, these lectures were not taken down in writing: I have done them according to analytical notes and in drawing upon the same sources as the professor. Using my liberty as editor I have even compressed the expression of thought, I have written the notes in a more concise style, and as a result they are somewhat shorter than the others. In saying that these lectures are written with more conciseness, I do not mean to claim them as superior to those that have already been published –I wish simply to give the reason for their relative brevity.

Magdeleine de Saint-Agy

HISTOIRE

DES

SCIENCES NATURELLES,

DEPUIS LEUR ORIGINE JUSQU'A NOS JOURS,

CHEZ TOUS LES PEUPLES CONNUS,

PROFESSÉE AU COLLÉGE DE FRANCE,

PAR

M. LE BARON CUVIER,

ciller d'Etat, Membre du Conseil de l'Instruction publique, Secré-
re perpétuel de l'Académie des Sciences, Membre de l'Académie
nçaise, etc., etc., etc.,

RÉDIGÉE, ANNOTÉE ET PUBLIÉE

PAR M. MAGDELEINE DE SAINT-AGY,

NATURALISTE.

PREMIÈRE PARTIE,

MPRENANT LES SIÈCLES ANTÉRIEURS AU 16e DE
NOTRE ÈRE.

A PARIS,

CHEZ B... AIRE

R...

1831

NOTE DE L'ÉDITEUR

La traduction en français de l'appareil critique reprend la bibliographie établie en anglais par T. W. Pietsch lorsque les ouvrages anglais cités n'ont pas fait à notre connaissance l'objet de traduction en langue française. La rédaction remercie Bénédicte Bilodeau pour son travail de mise à jour bibliographique.

Cette traduction est l'œuvre de Éric Andret pour l'introduction et les notes du début (jusqu'à la note 5 de la leçon 8). Les notes suivantes ainsi que le tableau des pages 258-259 ont été traduits par Beatrice Marx qui a par ailleurs traduit en anglais la préface de Philippe Taquet.

Introduction à la première édition

Tout le monde désirait qu'à défaut du professeur qui n'en avait pas le temps, quelqu'un prît le soin de livrer à l'impression cette exposition raisonnée du développement des sciences naturelles depuis leur origine jusqu'à nos jours.

Deux ou trois mois après l'ouverture du cours, on me parla de satisfaire ce désir ; des hommes célèbres par leurs travaux m'y engagèrent même fortement.

J'en écrivis à M. le baron Cuvier.

Le 10 avril 1830, il me fit l'honneur de me répondre : qu'il n'avait aucun motif personnel d'empêcher que je publiasse ses leçons ; mais qu'il faudrait éviter la foule d'anachronismes et d'altérations de noms d'auteurs qui s'était glissée dans les articles des journaux *[*cf. *la Bibliographie en fin d'ouvrage]* ; car autrement mon travail serait peu utile.

J'avais fait les mêmes remarques que M. Cuvier, en lisant les journaux, et il m'avait paru très-possible de n'y pas donner lieu. Je m'engageai donc à revoir la sténographie qui serait faite de chacune de ses leçons.

La deuxième partie du cours, dont l'impression vient d'être terminée, a prouvé, je le crois du moins, et c'est aussi l'opinion de ceux des auditeurs de M. Cuvier qui me sont connus, que je ne m'étais pas trompé en jugeant qu'il était possible de reproduire exactement les leçons de ce professeur, célèbre à divers titres.

J'espère que la première partie qui paraît aujourd'hui, présentera la même exactitude au public savant.

Dans la deuxième partie, j'ai conservé presque toujours la phraséologie de M. Cuvier, ses locutions, ses termes, et même quelques-unes des répétitions qu'il avait employées comme transitions ; je n'ai apporté de changement à son improvisation, un peu négligée pour un homme de son talent, mais toujours très-claire, que lorsqu'il y a eu impossibilité de faire autrement, afin que ce fût une même chose pour l'intelligence de lire ce cours ou de l'entendre.

Dans la troisième partie, qui sera livrée en même temps que la première, j'agirai de même. Je donnerai le portrait, si l'on peut ainsi parler, de l'improvisation du professeur.

Mais, dans les leçons qui embrassent l'Antiquité et le Moyen Âge, cette fidélité d'expression ne m'a pas été possible, parce que, comme on le sait très-bien à Paris, ces leçons n'ont pas été sténographiées : je les ai faites d'après des notes analytiques et en puisant aux mêmes sources que le professeur. Usant de la liberté que j'avais dans leur rédaction, j'y ai même resserré l'expression de la pensée, je les ai écrites d'un style plus concis, et il en est résulté qu'elles sont un peu plus courtes que les autres.

En disant que ces leçons sont écrites avec plus de concision, je n'entends pas leur reconnaître de supériorité sur celles qui ont déjà paru : je veux seulement rendre raison de leur brièveté relative.

Magdeleine de Saint-Agy

1 The Earliest Beginning

Les origines

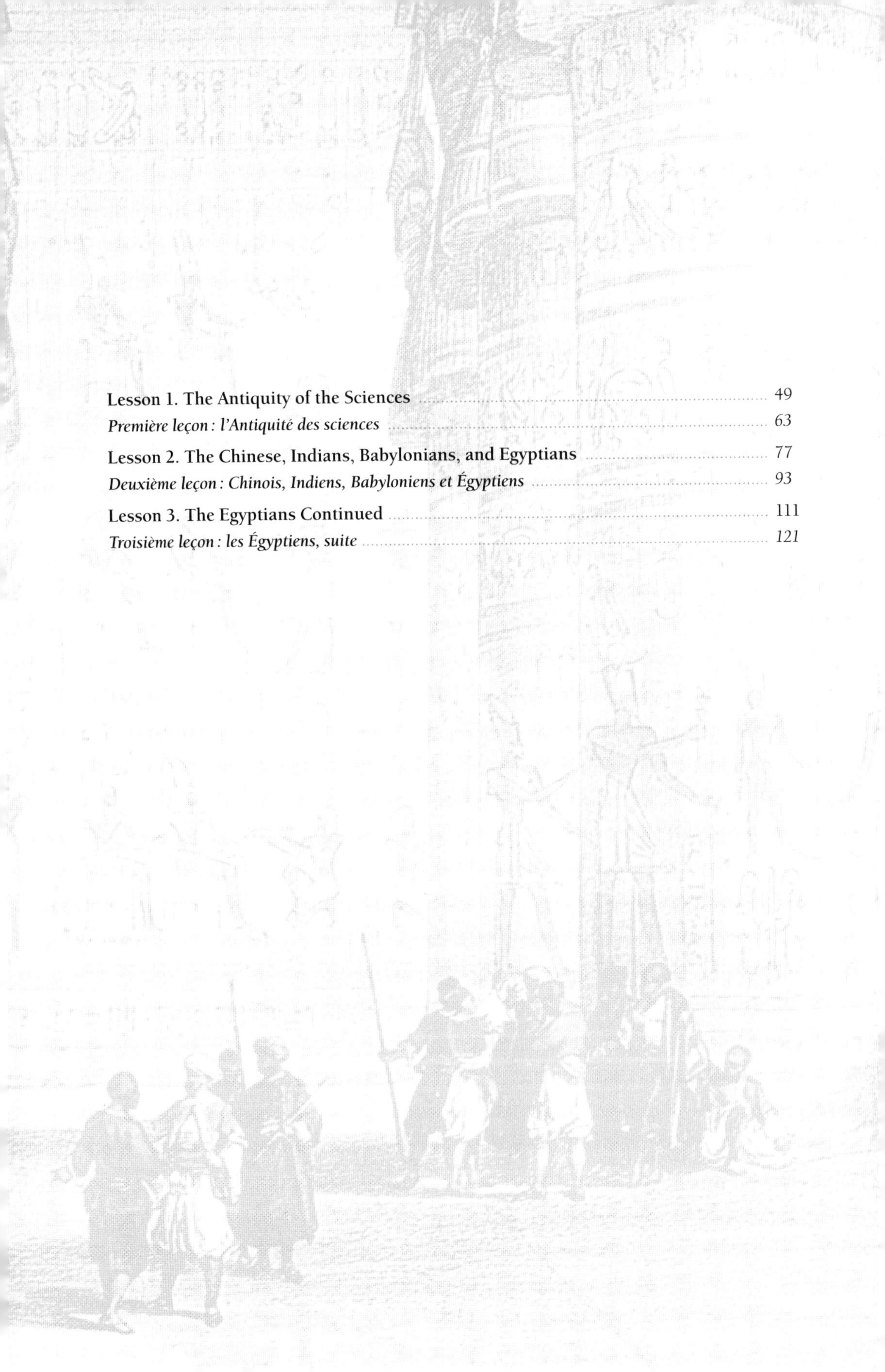

1 The Antiquity of the Sciences

Messieurs,

The courses of the Collège de France constitute normal instruction, that is, they are meant to guide instruction everywhere in France. The professors who have the responsibility for these courses ought consequently to deal especially with the generalities that can introduce the best method to follow in the study and development of each branch of our knowledge. I shall follow this rule in the exposition that I intend to present of the origin and progress of the natural sciences among the different peoples of the globe.

There is no science the history of which is useless to the men who pursue it; but the history of the natural sciences is indispensable to naturalists. In fact, the ideas composing these sciences cannot possibly be the result of theories made *a priori*. They are based on an almost infinite number of facts that cannot be known except through observation. Now, our personal experience is so limited by the brevity of our existence that we would know almost nothing if we knew only that which we are able to learn for ourselves. Therefore, we are obliged to have recourse to history, where are stored the observations of men who have preceded us. But to the history of facts we must join the history of learned men, for the value of their testimony very often depends on the circumstances of place, of time, and of the position in which they found themselves.

Knowing the history of the sciences is also useful in that it prevents consuming ourselves by superfluous efforts to reproduce facts already stated.

Finally, two other advantages result from the study of this history, that of generating new ideas that multiply our acquired knowledge, and that of teaching the mode of investigation that leads most surely to discoveries.

The latter is of the highest importance, for so great is the influence of method in the natural sciences, that during the thirty or forty centuries that have already been spent in their development, all the *a priori* systems, all the pure hypotheses have mutually destroyed themselves and have left with them in the obscurity of the past the names of those who have thought them up. Whereas, on the contrary, the observations, the facts that have been described with precision and clarity have come down to us and will continue to exist as long as the sciences, accompanied by the names of their authors, to whom they give the right of men's eternal gratitude. It will be all the more useful to demonstrate this truth once again, as men still frequently substitute hypothesis for observation.

Man succeeds only by hard and constant labor in penetrating the veils of nature, in understanding her phenomena, which understanding he then applies to the amelioration of his own condition. It must be in the designs of providence, however, that he will succeed, for otherwise he would be one of the most pitiful beings of all creation. Deprived as he is of natural arms for offense or defense, of great speed and superior physical strength, even of coverings to protect him from the inclemency of the seasons, scarcely might he live and propagate his species, had he not received in compensation a special endowment.

These natural gifts that place him at the top of the ladder of beings are the instinct for *sociability*, the instinct for *language*,[1] and the instinct for *abstraction*.

The first of these is the base and origin of society, the second has produced the indispensable tool for all the perfections of this society, and the third is the ability to generalize, to simplify. It is to this last gift that we owe our methods, our rules of reasoning and of conduct.

The activity made up of these three instincts has produced all the knowledge we possess. The activity has led us through successive labors to the state in which we find ourselves, because whatever is commonplace today, Messieurs, was in earlier times an important discovery and had a marked influence on the social order. Each progressive step of the human species towards civilization is in fact so closely tied to some discovery that humans have made in the natural sciences that one might easily trace the entire history of society by following the history of observations of the natural world.

Thus, it is the observation of animals, distinguishing those that man can increase and use for his benefit, that has produced the pastoral life, prime source of the idea of ownership and even of more gentle manners, for from this, instead of slaughtering prisoners of war, one came to treat them with the same care required by the flocks.

Knowledge acquired about the growing of plants, and determining which of these offered to man, and to the animals he held in servitude, the best and most abundant nourishment, gave birth to agriculture, which in turn engendered the idea of territorial property.

The study of the movements of the stars gave man a means of directing his travel in distant regions.

The observation of certain hydrostatic facts enabled him to surmount the obstacle to his travel posed by the liquidity of the waves.

The discovery of the characteristics of the magnet uncovered a New World. That of gunpowder did away with bodily inequality between men; it gave states the means of subduing anything that opposed the unity of their power, and of subjecting with a small number of armed men all the members of the social body to the rule of the laws.

The printing press has greatly helped the diffusion of enlightened knowledge and has made our discoveries imperishable for all time.

Upon the knowledge of the properties of fire depend all the metallurgic arts.

Finally, in our own day, what a change has been brought about by the application of the elastic force of steam in the useful arts: it is not possible to assign a limit to its power!

But facts, however important, do not constitute a science. To arrive at this result we must coordinate all observations, discover the links among them, deduce their consequences, apply our faculty of abstraction, and thus form a body of doctrine. Therefore, it is speculative minds, men given to thinking, that have formed science.

The first ones who took on this task presented to the people their own discoveries, and those handed down, as if they were inspirations from heaven. Whether their contemporaries considered them to be, in fact, inspired, or whether it was merely the people's gratitude that honored their memory, we can see that in every country they were deified: Brahma in India,[2] Hermes in Egypt,[3] Ceres and Triptolemus in Greece,[4] and a host of others.

Let us not hasten to reproach them for the illusion in which they held their fellow men; they would perhaps have been useful without this disguising of the truth.[5] In our day, it is only with the aid of religious ideas that missionaries succeed in leading savage peoples to accept useful truths drawn from science, and thus to exchange their wretched life for the more gentle customs of civilized people. It is likely that this was so in the early ages of the world; in order to have an effect upon men whose reason was so little developed, whose customs were still savage, it was necessary to appeal to their passions by introducing the divine. But these well-intentioned lies were promptly followed by abuse.

Moreover, being of celestial origin, science and its instruction had to be invariable and so its progress was arrested at the very beginning. The physicians in Egypt could not under pain of death deviate from treatments prescribed by religious law. India still follows the astronomy of the ancients.

Another obstacle to the progress of the sciences springs from their being inherited, their concentration within a small number of families, which circumstance one can consider the origin of the castes. Such truths were not at the level of the vulgar; but had they been, it would have been necessary for the privileged families to hide some truths in order to preserve the superiority of intelligence that was indispensable for maintaining their high pretensions. And so they did not hand down their sacred trust except in mysterious form and language. Hence the allegories, hieroglyphs, sacred tongues, symbols, the basis and origin of the mythology that, after having deceived and enslaved men, amuse forgetful humanity today.

If the sciences had continued to pass from one generation to the next like a piece of property, ignorance and slavery would have weighed eternally upon mankind; but, with time, which always brings changes since nothing is ever perfect, science found elsewhere more favorable arrangements.

It is among the people originating in Egyptian colonies that one sees the sciences beginning to be cultivated for their own sake, without being shut up in temples and veiled by symbols. The first of these colonies is that of the Hebrews, which Moses led out of Egypt. This ancient lawgiver doubtless wished to avoid the harm of allegories when he forbade his colony to make images; and, using this wise measure, he would have contributed powerfully to the propagation and advancement of the natural sciences if his people had found themselves in less unfavorable circumstances. But, soon conquered by barbarous neighboring peoples, the Hebrews were not able to take that leap forward communicated to them by the laws of the author of Genesis.

Egyptian colonies that were established in Asia Minor and Greece were in a position to accomplish what the Hebrews had not been able to do. The leaders of these colonies did not know the meaning of the Egyptian emblems under which they communicated knowledge. They took these emblems seriously and presented them to their people as real objects of worship. But if the science of the Egyptian priests was at first unknown, its practical results (that is, the arts) passed into society, and later science itself reappeared there, this time leaving the sanctuaries and belonging forever to the human race.

It was not until after a lapse of almost a thousand years that this new appearance of the sciences took place in Greece, when Thales[6] upon returning from a voyage to Egypt spoke openly about what he had learned in the mysterious temples of the priests in that country. Despite the distance of time, the wise men of Greece maintained respect from of old for the knowledge possessed by the priests of the mother country, and they made it a duty to go and consult them. These voyages were in fact considered the principal means of instruction at that time. But Greek philosophers had less to learn in Egypt than was imagined by their compatriots. Science, enclosed in the temples and cultivated by a necessarily small number of men, was not able to make great progress there. In fact, science marched in retrograde; the priests who had wanted to make science a mystery and an object of monopoly, themselves lost the meanings of their emblems. They were dupes like the common people of their own fables, and they remained in a shameful ignorance that was punishment for their blameworthy ambition.

Like the Greeks, the Etruscans and the Romans accepted religious fables that they took for the truth; and again it was not until after a long interval that the sciences came to them disengaged from the mysterious forms that had arrested their progress.

It was reserved for the Christians to bring the sciences to the highest degree of perfection that they have ever attained. Preserved by the clergy after the invasion of the barbarian tribes, the sciences actually became its exclusive portion. When Pope Gregory[7] promulgated the celibacy of priests, not only was the inheriting of science effectively stopped, but also this act of ecclesiastical discipline contributed almost immediately to spreading outside the clergy the enlightened knowledge that it alone had possessed. Thus, a great number of clerics, not being able to obtain ecclesiastical employment, embraced another career, the career of professor.

From what I have just said about the advance of the sciences, it may be seen that their history may be divided into three main periods.

The first is the *religious*. In this period, knowledge is secret and the privilege of a few men who transmit it to one another through inheritance. This obscure period begins and ends in the Orient.

The second is the *philosophical*. In this period, the sciences are isolated from religion and cultivated as one science by wise men who no longer communicate learning, as did the priests, by means of emblems but who openly convey it to all their pupils. This period dates from Thales and is characteristic of the Occident.

The third period, which is that of our own time, is especially characterized by the *division of labor*, or the distribution of the sciences into several branches.

One may trace this latest period back to Aristotle,[8] for this vast and prodigious genius distinguished very well the overlapping branches of learning; he methodically classed them with an admirable superiority of insight, and he gave excellent rules for studying them. Indeed, several sciences were greatly extended by his discoveries; and he would have given his name to the third period of the history of the sciences if he had had successors able to follow in his swift footsteps.

But by a fate too often recurring when a wise man is more advanced than his century, Aristotle had no pupils capable of finishing the scientific monument he had started. The school that he founded, called the Peripatetic, even came to be scorned. It was not until the 16th century of our era that his method came into use – namely, that scholars devoted themselves specifically to pure mathematics, astronomy, mechanics, chemistry, physics, etc. – and that the sciences despite some wrong turns made progress rather rapidly.

Thus, the total number of years that have been devoted to the sciences is far from being equal to the period of time that we are to examine, for, as you see, that total comprises actually only three and a half centuries of work properly directed. But because in such a short space of time the sciences have been raised to the point where we see them now, what new progress can we not expect?

As for the first period, which I call the religious, it was doubtless much shorter than some people think. Geology and history are in accord to prove it.

The globe everywhere offers proof of many revolutions. Organic remains buried in its layers carry visible characteristics of the different epochs. Accordingly, as formations are more or less distant from the surface of the earth, and consequently more or less ancient, their fossils belong to different species and are more or less changed. If the memory of upheavals, coming earlier than those noted by tradition, has not come down to us, it is probably because the human species was at the time not numerous and lived in areas where the effects were not felt. On the other hand, it may be because those places were completely destroyed and consequently their inhabitants as well, with the exception of a small number. One might even doubt that man existed then,[9] for no remains have yet been found in typical layers of the globe.

The undamaged state of animal remains found in marine layers nearest to the earth's surface is proof that the latest terrestrial revolution happened in an epoch not long ago; the observation of the crumbling of mountains and that of the growth of dunes and alluvions lead to the same result.

We have noted for several years the increase in alluvial deposits experienced by certain rivers, and by comparing the quantity observed with the total of past alluvions, results were obtained showing that these alluvions do not go back more than five or six thousand years.

Similar observations and calculations have been made for mountain talus and it is also recognized that its origin cannot go back further than five or six thousand years.

The late Monsieur Brémontier, inspector in the department of roads and bridges, who published a memoir on the fixation of dunes, estimated their annual advance at sixty feet and in some places at seventy-two. [10] According to his calculations, it would take only two thousand years for them to reach Bordeaux if no obstacle were placed in their way, and according to their present size, they must have begun to form about five thousand years ago.

The effects of the wind from the west upon arable land in Egypt are the same sort of phenomenon as the dunes. The barren sands of Libya chased by this wind have, since the Muhammadan conquest of the country, [11] invaded towns and villages of Egypt, and their ruins are still visible. One can see piercing through these sands the tops of minarets of several mosques. [12] If these sands had been thrown over Egypt for an indefinite period of time, there would be nothing left between the mountains of western Libya and the Nile. Their rapid advance would no doubt have filled in all the narrow parts of the valley.

Peat bogs, produced generally in the north of Europe by the deposits of *sphagnum* (peat moss) and other aquatic mosses, can also serve as chronometers. They arise in proportions according to each location, they enclose the small mounds of the ground upon which they form, and some of these mounds have been buried thus in living memory. In other places, peat bogs occur on the slopes of valleys where they advance like glaciers, the only difference being that glaciers melt at their lower margin, whereas peat bogs are stopped by nothing. By sounding them down to solid ground one may determine their antiquity, but it has been found that they cannot date back to an indefinitely early epoch.

Thus, nature everywhere uses the same language for us; and always tells us that the present order of things has its origin in the not too distant past.

History, as I have said, confirms the results obtained through the examination of natural phenomena.

In fact, although the traditions of some ancient peoples seem to contradict the newness of the present world, when one examines more closely these traditions, one soon recognizes that there is nothing historical about them. True history and what has been preserved for us in the actual documents regarding the earliest establishments of nations show such establishments as dating back to an era long since traditional times.

The chronology of none of the peoples of the Occident dates back without interruption earlier than three thousand years. None of these peoples offer us, before the present era, a rope has no history before its conversion to Christianity. The history of England, Gaul, and

Spain does not go back earlier than the Roman conquests. That of northern Italy, before the foundation of Rome, is still almost unknown. The Greeks knew the art of writing only after the Phoenicians taught it to them thirty-three or thirty-four centuries ago. Long after, their history is still full of fables, and they date the first signs of their formation into a body of peoples to only three hundred years before that. Of the history of western Asia we have only a few contradictory extracts that cover scarcely twenty-five centuries in anything like a coherent manner, and accepting as true what remains from ancient times along with a few historical details, one would end up at barely four thousand years.

Herodotus,[13] the first secular historian whose works are extant, dates from only 2,300 years ago. Earlier historians whose works he was able to consult came only a century before him, and the extravagant stories that we have as extracts from Aristeas of Proconnesus[14] and several others permit us to judge of their worth. Before them we had only the poets. Homer,[15] the most ancient that we know of, dates only from 2,700 or 2,800 years ago.

When these first historians speak of the ancient events of their nation or those of neighboring peoples, they do not cite a written record, but only oral tradition. It was not until a long time afterwards that quotations from the annals of the Egyptians, Phoenicians, and Babylonians appeared. Berosus[16] wrote no earlier than during the reign of Seleucus Nicator,[17] about four hundred years before Jesus Christ; Hieronymus[18] only during that of Antiochus Soter,[19] who is closer to us in time; and Manetho[20] only under the reign of Ptolemy Philadelphus,[21] closer yet to our time.

Sanchuniathon,[22] a Phoenician author, real or supposed, was unknown before Philo of Byblos[23] produced a translation of his work under Hadrian[24] in the 2nd century A.D. Once known, however, he, like all authors of that era, was found to offer nothing about ancient times but a puerile theogony or a metaphysic difficult to comprehend because it is so disguised by allegory.

Only one people left us written annals, in prose, before the era of Cyrus[25] the Jews.

The first five books of the Bible, which we call the Pentateuch, have most certainly existed in their present form for more than 2,800 years, since the Samaritans received them as well as the Jews.

Attributing the writing of Genesis to Moses himself, which nothing prevents, makes it 500 years older, that is, thirty-three centuries ago; one need only read it to realize that it was composed in part by pieces of earlier works. Thus, there is no doubt but that this is the most ancient writing that the Western world possesses.

Now this work and others that have appeared since, however foreign their authors were to Moses and his people, present the nations bordering the Mediterranean as new. The writings show them as being still half-savage some centuries before and they all speak of a general catastrophe, an irruption of waters that occasioned a nearly total regeneration of mankind.

The Hebrew text of Genesis dates the Deluge at 4,174 years ago; the Samaritan text, at 4,869 years ago; and the translation by the seventy-two men that is called the *Septuagint*,[26] at 5,345 years ago. The poetic traditions of the Greeks, source of all our secular history for these ancient times, accord with the Jewish annals: they place the deluge in Ogyges's[27] time at 2376 B.C., or 4,206 years ago.

The Vedas, or sacred books of India,[28] which were composed at about the same time as Genesis, place the beginning of what they call the *Age of Misfortune*, that is, the present time, at 4,932 years ago, which is within a few years of the epoch indicated in the Samaritan text.

The *Shu Ching*,[29] the most authentic book of the Chinese, and which is affirmed to have been written by Confucius,[30] along with fragments of earlier writings, about 2,255 years ago, begins the history of China with an emperor named *Yao*[31] represented as busy draining off waters *that had risen to the heavens, still bathing the foot of the highest mountains, covering the lower hills, and rendering the plains impassable.*[32] This Yao, according to several authors, dates from 4,175 years ago. It is, as one can see, the same date assigned to the deluge in the Hebrew text. And finally, the deluge of the Assyrians goes back to 2200 B.C., or 4,030 years ago.[33]

It was not until long after this great disaster that the sciences began to take shape. Astronomy, the oldest of all sciences, which came into being at several places in the world almost at the same time, has left us no incontestable observation earlier than the 8th century B.C. The earliest observation of an eclipse, by the Chinese, dates from the year 776 B.C.[34] The Chaldeans,[35] who also were early observers of the sky, have left no authentic record of observation earlier than 721 B.C.

Simplicius,[36] one of the commentators on Aristotle's four books on the heavens, says that Alexander the Great[37] had found in Babylon observations of eclipses made by the Chaldeans covering a period of 1,900 years, and that these observations were sent to Greece by Callisthenes[38] upon the express recommendation of Aristotle. But no other author speaks of this supposed fact, and what utterly destroys Simplicius's assertion is that Aristotle makes no mention of it.[39]

Mention has been made of an observation of the noonday shadow cast by the sun, made in China by Tcheou-Kong,[40] about eleven centuries B.C. But it is recognized that this observation lacked precision;[41] besides, including it would not change the age of the world.

There has been recourse to arguments of another kind. It was claimed that the ancient peoples of Asia and Africa had left monuments that indicated, in representing the sky at the time of their construction, a fixed and very early date. The zodiacs sculpted in two temples of Upper Egypt have especially been thought to furnish irrefutable proof of this assertion.[42]

But the discoveries of Monsieur Champollion[43] about hieroglyphs have destroyed these errors. We now know, among other facts, that the temples in which these zodiacs were carved were built during Roman rule. The portico of the Temple of Dendera,[44] according to a Greek inscription on its principal face, was dedicated to the health of Tiberius.[45] On the planisphere of this same temple is found the title of *Autocrat*, written in hieroglyphic characters, probably referring to Nero.[46] The small Temple of Esneh,[47] reckoned to have been built between 2,700 and 3,000 years B.C., has a column carved and painted in the tenth year of Antoninus,[48] A.D. 147, and the style of painting and sculpting is the same as that of the zodiac nearby.

Thus, invariably, early peoples did not begin to cultivate the sciences until an era rather near our own time. One may even follow the development of their knowledge by the development of the colonies they successively established. For example, when Cecrops[49] and his colony left Egypt in 1556 B.C., the Egyptian priests still had knowledge only of the lunar year. The Hebrew colonists led by Moses, who departed in 1491 B.C., also knew only that inexact year. A thousand years later, Herodotus, on his travels, found Egypt using the solar year; but their solar year contained only 365 days, and it was not until later that a year was known to have 365 ¼ days.

Using this method, we can judge the level of science among the Egyptians, who have left us not a single book.

We shall determine in the same manner the state of the sciences in India.

This history of the sciences in India and Egypt will be the subject of the next lecture.

NOTES

1. [Jean-Jacques] Rousseau [born 28 June 1712, Geneva; died 2 July 1778, Ermenonville, France] and several other philosophers -who could not explain to themselves how it happened that, before knowing how to speak, men had come upon the conventions necessitated by the creation of a language– accepted as true that man had appeared on earth with ready-formed language [see Rousseau (Jean-Jacques), *The first and second discourses together with the replies to critics and Essay on the origin of languages* [edited, translated, and annotated by Gourevitch Victor], New York: Perennial Library, *c.* 1986, ix + 390 p.] The expression instinct *for* language used by Monsieur Cuvier implies the opposite opinion, that man formed a primitive language bit by bit. I say a primitive language because, as will be seen further on, Monsieur Cuvier hypothesizes a people that is also primitive. [M. de St.-Agy.]
2. [Brahma, in the late Vedic period of India (*c.* 800-500 B.C.), one of the major gods of Hinduism; with the rise of sectarian worship, he was gradually eclipsed by Vishnu and Shiva. Brahma (a masculine form not to be confused with Brahman, the neuter gender, which is the supreme power, or ultimate reality, of the universe) is associated with the Vedic creator god Prajapati, whose identity he came to assume. Brahma is said to have been born from a golden egg and in turn to have created the Earth and all things on it. Later sectarian myths describe him as having come forth from a lotus that issued from Vishnu's navel.]
3. [Hermes, Greek god, son of Zeus and Maia; often identified with the Roman Mercury and with Casmilus or Cadmilus, one of the Cabeiri. His name is probably derived from *herma*, the Greek word for a heap of stones, such as was used in the country to indicate boundaries or as a landmark. The earliest center of his cult was probably Arcadia, where Mt. Cyllene was reputed to be his birthplace. There he was especially worshipped as the god of fertility.]
4. [Ceres, in Roman religion, goddess of the growth of food plants (*i.e.*, agriculture), worshiped either alone or in association with the earth goddess Tellus. Triptolemus was the first priest of Demeter and the inventor of agriculture, said in some legends to be the son of Polymnia, in Greek religion, one of the nine Muses, patron of dancing or geometry; and of Celeus, king of Eleusis, or of Cheimarrhus, son of Ares, god of war.]
5. I think one ought neither rail against the priests of antiquity, as have done [Marie-Jean-Antoine-Nicolas de Caritat] the Marquis de Condorcet [born 17 September 1743, Ribemont, France; died 29 March 1794, Bourg-la-Reine; French philosopher of the Enlightenment and advocate of educational reform (for his collected works, see Condorcet (Jean-Antoine-Nicolas de Caritat), *Œuvres de Condorcet - publiées par A. Condorcet, A. O'Connor & M. F. Arago*, Paris: Firmin Didot frères, 1847-1849, 12 vols)] and most of the other writers of the 18th century, nor seek to excuse them, as it seems to me that Monsieur Cuvier does, for their conduct is the result of man's very nature. In fact, give a certain number of any sort of men an interest different from the general interest: these men, united by a particular bond, will be by that bond separated from everything that is not their corporation, their caste. They will regard it a legitimate and meritorious act to subject all to the influence of that caste. Gather them about

a flag, and you will have soldiers; about an altar, and you will have priests. [M. de St.-Agy.]

6. [Thales of Miletus (fl. 6th century B.C.), philosopher remembered for his cosmology based on water as the essence of all matter. According to the Greek thinker Apollodorus (fl.140 B.C.; Greek scholar of wide interests who is best known for his *Chronicle* of Greek history; see Hornblower (Simon) & Spawforth (Antony) (eds), «Apollodorus of Athens», *The Oxford Classical Dictionary*, 3rd ed., Oxford; New York: Oxford University Press, 1996, p. 124), he was born in 624; the Greek historian Diogenes Laërtius (fl. 3rd century; Greek author noted for his history of Greek philosophy) placed his death in the 58th Olympiad (548-545) at the age of 78. No writings by Thales survive, and no contemporary sources exist; thus, his achievements are difficult to assess. Inclusion of his name in the canon of the legendary Seven Wise Men led to his idealization, and numerous acts and sayings, many of them no doubt spurious, were attributed to him.]

7. [Saint Gregory VII, original name Hildebrand, Italian Ildebrando (born about 1020, near Soana, Papal States; died 25 May 1085, Salerno, Principality of Salerno; canonized 1606; feast day May 25), was one of the great reform popes of the Middle Ages (reigned 1073-1085). Mainly a spiritual rather than a political leader, he attacked various abuses in the church. From 1075 onward he was engrossed in a contest with Emperor Henry IV over lay investiture (the right of lay rulers to grant church officials the symbols of their authority).]

8. [Aristotle, see Lessons 7 and 8, below.]

9. Traditions, when they are known to be accurate, remove all doubt in this regard; for it is quite clear that one remembers only what one has seen. [M. de St.-Agy.]

10. [Nicolas Thomas Brémontier (born 30 July 1738, Quevilly, near Rouen, France; died 16 August 1809, Paris), French engineer and author of *Mémoire sur les dunes, et particulièrement sur celles qui se trouvent entre Bayonne et la pointe de Grave, à l'embouchure de la Gironde*, Paris: De l'imprimerie de la République, an V [1797], 73 p. He also wrote *Recherches sur le Mouvement des Ondes*, Paris: Firmin Didot, 1809, VIII + 122 p. an early work on the formation of waves and their causes, methods of measuring the height of waves, and their effects on beaches.]

11. [Muhammad, see Lesson 20, note 26.]

12. [Described by Baron Dominique Vivant] Denon [in his] Voyage en Égypte. [Denon (born 4 January 1747, Chalon-sur-Saône, France; died 27 April 1825, Paris) was a French artist, archaeologist, and museum official who played an important role in the development of the Louvre collection. In 1798 he accompanied Napoleon Bonaparte (born 15 August 1769, Ajaccio, Corsica; died 5 May 1821, Saint Helena) on the latter's expedition to Egypt and there made numerous sketches of the ancient monuments, sometimes under the very fire of the enemy. The results were published in his *Voyage dans la basse et la haute Égypte pendant les campagnes du général Bonaparte*, Paris: Didot, 1802 (322 p. + atlas); an English edition appeared in 1803: *Travels in Upper and Lower Egypt, in Company With Several Division of the French Army, During the Campaigns of General Bonaparte in the Country; and Published Under His Immediate Patronage* [tr. by Aikin Arthur], London: T. N. Longman, O. Rees & Richard Phillips, 3 vols). In 1804 Napoleon made Denon director general of museums, a post he retained until 1815.]

13. [Herodotus, see Lesson 7, below.]

14. [Aristeas, an official of Ptolemy II Philadelphus (reigned 285-246 B.C., see note 21, below), author of a famous letter addressed to his brother Philocrates that gives an account of the translation of the Pentateuch (first five books of the Old Testament) into Greek, by order of Ptolemy. According to the legend, reflected in the letter, the translation was made by 72 elders, brought from Jerusalem, in 72 days. The letter, in reality written by an Alexandrian Jew about 100 B.C., attempts to show the superiority of Judaism both as religion and as philosophy. It also contains interesting descriptions of Palestine, of Jerusalem with its Temple, and of the royal gifts to the Temple.]

15. [Homer, the Greek epic poet, 8th century B.C., who according to legend, is the author of the *Iliad* and the *Odyssey* (Homer, *The Odyssey* [tr. by Lawrence T. E. under the pseudonym of Shaw T. E.], New York: Oxford University Press, 1932); see Lesson 4, below.]

16. [Berosus, also spelled Berossus, Berossos, or Berosos, Akkadian Bel-Usur (fl. *c.* 290 B.C.), Chaldean priest of Bel in Babylon who wrote a work in three books (in Greek) on the history and culture of Babylonia; it was widely used by later Greek compilers, whose versions in turn were quoted by religious historians such as Eusebius and Josephus. Thus Berosus, though his work survives only in fragmentary citations, is remembered for his passing on knowledge of the origins of Babylon to the ancient Greeks (see Verbrugghe (Gerald P.) & Wickersham (John M.), *Berossos and Manetho Introduced and Translated: Native Traditions in Ancient Mesopotamia and Egypt*, Ann Arbor: University of Michigan Press, 1996, x + 239 p.)]

17. [Seleucus I Nicator (born 358/354 B.C., Europus, Macedonia; died August or September 281, near Lysimachia, Thrace), was a Macedonian army officer, founder of the Seleucid kingdom. In the struggles following the death of Alexander the Great, he rose from governor of Babylon to king of an empire centering on Syria and Iran.]

18. [Hieronymus of Cardia, Greek general and historian, contemporary of Alexander the Great. He wrote a history of the Diadochi and their descendants, from the death of Alexander to the war with Pyrrhus (323-272 B.C.), which was used by Diodorus Siculus and by Plutarch in his life of Pyrrhus. He made use of official papers and was careful in his

investigation of facts, but no significant amount of his work has survived. He died at the court of Antigonus Gonatas at the age of 104.]

19. [Antiochus I Soter (born 324 B.C., died 262 or 261), king of the Seleucid kingdom of Syria, ruled about 292-281 B.C. in the east and 281-261 over the whole kingdom. Under great external pressures, he consolidated his kingdom and encouraged the founding of cities.]

20. [Manetho, see Lesson 2, note 10.]

21. [Ptolemy II Philadelphus (born 308 B.C., at Cos; died 246), king of Egypt (285-246 B.C.), second king of the Ptolemaic dynasty, who extended his power by skillful diplomacy, developed agriculture and commerce, and made Alexandria a leading center of the arts and sciences.]

22. [Sanchuniathon (fl. in the 14th or 13th century B.C.), ancient Phoenician writer. All information about him is derived from the works of Philo of Byblos (fl. A.D. 100; see note 23, below). Excavations at Ras Shamra (ancient Ugarit) in Syria in 1929 revealed Phoenician documents supporting much of Sanchuniathon's information on Phoenician mythology and religious beliefs. Schaeffer discussed the tablets in Schaeffer (Claude F. A.), *The cuneiform texts of Ras Shamra-Ugarit, by Claude F. A. Schaeffer ...*, London: Oxford University Press, 1939, xv + 100 p.]

23. [Philo Byblius, born 63 A.D.; died after 141, was a grammarian from Byblus in Phoenicia, a younger contemporary of Plutarch, whose works, if extant in a complete form, would have furnished important contributions to the history and mythology of the ancient Phoenicians. Philo, a native of Byblos, at the foot of Mount Lebanon, obtained a considerable reputation as a learned grammarian at the end of the first and at the beginning of the 2nd century of our era. He was born, it seems, in the reign of Nero, and lived long enough to write about Hadrian. It is probable that he was established at Rome, as a client of Severus Herennius, who obtained the consulship, probably as *consul suffectus*, about the year 124 A.D.; for Philo bore the name of Herennius, and is apparently confused with this noble Roman by Suidas or one of his authorities. Besides works on history, rhetoric, and local celebrities, he engaged in labors not unlike those of Manetho and Berosus, and made known to the literary world in general the contents of the historical books of his own nation. Eusebius, in the epochal work in which he endeavors to show that all the heathen nations borrowed their traditional learning from the Jews, gives an account of the ancient mythology of the Phoenicians, on the authority of a translation in nine books by Philo of Byblos from the Phoenician history of Sanchuniathon of Berytus, who was placed in the time of Semiramis and before the Trojan war (fragments collected by Müller (Karl Otfried) & Müller (Theodor) (eds), *Fragmenta historicorum graecorum: Apollodori Bibliotheca cum fragmentis / auxerunt, notis et prolegomenis illustrarunt, indice plenissimo instruxerunt Car. et Theod. Mulleri; accedunt Marmora Parium et Rosettanum, hoc cum Letronnii, illud com C. Mulleri commentariis*, Paris: Firmin Didot, 1841-1870, 5 vols).]

24. [Hadrian, also spelled Adrian, his full Latin name was Caesar Traianus Hadrianus Augustus; his original name (until A.D. 117) was Publius Aelius Hadrianus (born 24 January A.D. 76, apparently at Italica, Baetica, now in Spain; died 10 July 138, Baiae, near Naples), Roman emperor (A.D. 117-138), the emperor Trajan's nephew and successor, who was a cultivated admirer of Greek civilization and who unified and consolidated Rome's vast empire.]

25. [Cyrus I (fl. late 7th century B.C.), Achaemenian king, the son of Teispes and grandfather of Cyrus II the Great (see Lesson 6, note 26).]

26. [Septuagint, the earliest extant Greek translation of the Old Testament from the original Hebrew, presumably made for the use of the Jewish community in Egypt when Greek was the *lingua franca* throughout the region (see Dines (Jennifer M.), *The Septuagint* [ed. by Knibb Michael A.], London; New York: T & T Clark, 2005, XVII + 196 p.) Analysis of the language has established that the Torah, or Pentateuch (the first five books of the Old Testament), was translated near the middle of the 3rd century B.C. and that the rest of the Old Testament was translated in the 2nd century B.C. The name Septuagint (from the Latin *septuaginta*, meaning "70") was derived later from the legend that there were 72 translators, six from each of the 12 tribes of Israel, who worked in separate cells, translating the whole, and in the end all their versions were identical. In fact there are large differences in style and usage between the Septuagint's translation of the Torah and its translations of the later books in the Old Testament.]

27. [Ogyges or Ogygus, in Greek mythology, the first king of Thebes, during whose reign came a great deluge, one of the two Greek versions of the widespread flood-legend. Ogyges is variously described as a Boeotian autochthon, as the son of Cadmus (see Lesson 4, note 1) or of Poseidon.]

28. [The Veda is the product of the Aryan invaders of the Indian subcontinent and their descendants, although the original inhabitants may very well have exerted an influence on the final product. The Veda represents the particular interests of two classes of Aryan society, the priests (Brahmans) and the warrior-kings (Ksatriyas), who together ruled over the far more numerous peasants (Vaishyas). Vedic literature ranges from the Rigveda (or Rgveda, *c.* 1400 B.C.) to the Upanishads (or Upanisads, *c.* 1000-500 B.C.) This literature provides the sole documentation for all Indian religion before Buddhism and the early texts of classical Hinduism (see Shrava (Satya), *A comprehensive history of Vedic literature*, New Delhi: Pranava Prakashan, 1977, 5 vols). The most important texts are the four collections (Samhitas) known as the Veda or Vedas (*i.e.*, "Books of Knowledge"): the Rigveda ("Wisdom of

the Verses"), the Yajurveda ("Wisdom of the Sacrificial Formulas"), the Samaveda ("Wisdom of the Chants"), and the Atharvaveda ("Wisdom of the Atharvan Priests"). Of these, the Rigveda is the oldest.]

29. [*Shu Ching* ("Classic of History"), one of the Five Classics (*Wu Ching*) of Chinese antiquity. The *Shu Ching* is a compilation of documentary records related to events in China's ancient history. Though it has been demonstrated that certain chapters are forgeries, the authentic parts constitute the oldest Chinese writing of its kind (see *The Sacred books of China: The texts of Confucianism* [translated by Legge James], 2nd ed., Delhi (India): Motilal Banarsidass, 1988, 6 vols).]

30. [Confucius, the famous Sage of China, was born in the twenty-second year of the reign of Duke Hsiang of Lu (551 B.C.) in Ch'ü-fu in the small feudal state of Lu in what is now Shantung Province. He served in minor government posts managing stables and keeping books for granaries before he married a woman of similar background when he was 19. It is not known who his teachers were, but he made a conscientious effort to find the right masters to teach him, among other things, ritual and music. His mastery of the six arts – ritual, music, archery, charioteering, calligraphy, and arithmetic – and his familiarity with the classical traditions, notably poetry and history, enabled him to start a brilliant teaching career in his 30s. Confucius is known as the first teacher in China who wanted to make education available to all men and who was instrumental in establishing the art of teaching as a vocation, indeed as a way of life. Before Confucius, aristocratic families had hired tutors to educate their sons in specific arts, and government officials had instructed their subordinates in the necessary techniques, but Confucius was the first person to devote his whole life to learning and teaching for the purpose of transforming and improving society. In his late 40s and early 50s, he served first as a magistrate, then as an assistant minister of public works, and eventually as minister of justice in the state of Lu. His political career was, however, short-lived. His loyalty to the King alienated him from the power holders of the time, the large Chi families; and his moral rectitude did not sit well with the King's inner circle, who enraptured the King with sensuous delight. At 56, when he realized that his superiors were uninterested in his policies, Confucius left the country in an attempt to find another feudal state to which he could render his service. Despite his political frustration he was accompanied by an expanding circle of students during this self-imposed exile of almost 12 years. His reputation as a man of vision and mission spread, perceived as the heroic conscience who knew realistically that he might not succeed but, fired by a righteous passion, continuously did the best he could. At the age of 67, he returned home to teach and to preserve his cherished classical traditions by writing and editing (for a literal translation of works attributed to Confucius, see *The Analects of Confucius* [original title: *lunyu*; translation with introd. and notes by Huang Chichung], New York: Oxford University Press, 1997, viii + 216 p.) He died in 479 B.C. at the age of 73.]

31. [Yao, formally T'ang Ti Yao, in Chinese mythology, a legendary emperor (*c.* 24th century B.C.) of the golden age of antiquity, exalted by Confucius as an inspiration and perennial model of virtue, righteousness, and unselfish devotion.]

32. [Originating from the] French translation of the *Shu Ching* [see note 29, above].

33. The difference between the dates given in the Pentateuch and in the Septuagint version [see note 26, above] arises from the difference in age attributed to some of the patriarchs when their children were born. The differences found among the other dates cited by Monsieur Cuvier are not surprising when one considers that for a long time these dates were not handed down except by oral tradition. [M. de St.-Agy.]

34. It was mentioned by Confucius in his book *Ch'un-ch'iu*. [M. de St.-Agy.] [Chinese chronology can be confirmed accurately by eclipses from the 8th century B.C. (during the Chou dynasty) onward. The *Ch'un-ch'iu* ("Spring and Autumn Annals"), a chronicle covering the period from 722 to 481 B.C., notes the occurrence of 36 solar eclipses during this interval. This is the earliest surviving series of eclipse observations from any part of the world.]

35. [Chaldeans, originating from Chaldea in southern Babylonia (modern southern Iraq), frequently mentioned in the Old Testament. Strictly speaking, the name should be applied to the land bordering the head of the Persian Gulf between the Arabian Desert and the Euphrates delta. "Chaldean" was used by several ancient authors to denote the priests and other persons educated in the classical Babylonian literature, especially in traditions of astronomy and astrology.]

36. [Simplicius of Cilicia (fl. *c.* 530), Greek philosopher whose learned commentaries on Aristotle's *De caelo* ("On the Heavens"), *Physics*, *De anima* ("On the Soul"), and *Categories* are considered important, both for their original content and for the fact that they contain many valuable fragments of pre-Socratic philosophers (Simplicius, *On Epictetus*' [transl. by Brennan Tad & Brittain Charles], London: Duckworth; Ithaca: Cornell University Press, 2002, 2 vols [vol. 1: *Handbook 1-26*, 184 p.; vol. 2: *Handbook 27-53*, 240 p.])]

37. [Alexander the Great, see Lesson 7, below.]

38. [Callisthenes, see Lesson 7, below.]

39. *Le Globe*, *Le Temps*, and other good journals have Monsieur Cuvier saying that it is in [the works of] Synesius [of Cyrene (born *c.* 373, died *c.* 414), a pupil of Hypatia (born *c.* 370, Alexandria, Egypt; died March 415, Alexandria; mathematician and philosopher who became the recognized head of the Neoplatonist school of philosophy at Alexandria) and later (after 410) bishop of Ptolemais] that mention is found

of these 1,900 years of astronomical observations. If in fact Monsieur Cuvier said this, it must have been by inadvertence; for he very well knows that it is Simplicius [see note 36, above] who reports the so-called fact according to a work by Porphyry [the Phoenician; born *c.* 234, died *c.* 305] that is no longer extant. The proof of this is in Cuvier's discourse on the Révolutions de la surface du globe [1825], p. 232. However, there the number is 2,200 instead of 1,900. I have the Greek edition [of Simplicius] before me, dated Venice, 1526, which says on page 123 that the observations sent by Callisthenes were for a period of 1,903 years. Perhaps Monsieur Cuvier consulted a different edition, or his copyists perhaps changed his numbers. [M. de St.-Agy.]

40. [Tcheou-Kong, a Chinese astronomer (fl. about 1100 B.C.) who some claim invented the mariner's compass (see Biot (Jean-Baptiste), *Études sur l'astronomie indienne et sur l'astronomie chinoise*, Paris: Michel Lévy frères, 1862, LII + 398 p.)]
41. See Delambre [Jean-Baptiste-Joseph] [Lesson 2, note 17], *Histoire de l'astronomie ancienne* [Paris: Courcier, 1817], vol. 1, pp. 391 ff. [M. de St.-Agy.]
42. [The temples of Dendera and Esneh; see notes 44 and 47, below.]
43. [Jean-François Champollion, see Lesson 2, note 27.]
44. [Temple of Dendera, also spelled Dandarah, dedicated to the sky and fertility goddess Hathor, is one of the best preserved in Egypt, located at Dendera, an agricultural town on the west bank of the Nile, in Qina *muhafazah* (governorate), Upper Egypt (Brockedon 1842-1849). The present building dates to the Ptolemaic Period (305-330 B.C.) and was completed by the Roman emperor Tiberius (A.D. 14-37), but it rests on the foundations of earlier buildings dating back at least as far as Khufu (Cheops; second king of the fourth dynasty, *c.* 2613-2494 B.C.)]
45. See [Antoine-Jean] Letronne [born 1787; died 1848], *Recherches pour servir à l'histoire de l'Égypte* [... *pendant la domination des Grecs et des Romains, tirées des inscriptions grecques et latines*, Paris: Chez Boulland-Tardieu, 1823, 524 p.] [M. de St.-Agy.] [Tiberius, in full Tiberius Caesar Augustus, or Tiberius Julius Caesar Augustus (born 16 November 42 B.C.; died 16 March A.D. 37, Capreae [Capri], near Naples), second Roman emperor, the son of Tiberius Claudius Nero (*c.* 85-33 B.C.), and adopted son of Augustus whose imperial institutions and imperial boundaries he sought to preserve. In his last years he became a tyrannical recluse, inflicting a reign of terror against the major personages of Rome.]
46. [For Nero, see Lesson 12, note 2.]
47. [Temple of Esneh or Esnè, a small temple, part of the Dendera complex; see note 44, above.]
48. [Antoninus is Marcus Aurelius, see Lesson 11, note 72.]
49. [Cecrops, traditionally the first king of Attica in ancient Greece. He was said to have instituted the laws of marriage and property and a new form of worship. The introduction of bloodless sacrifice, the burial of the dead, and the invention of writing were also attributed to him. He acted as arbiter during the dispute between the deities Athena and Poseidon for the possession of Attica. As one of the aborigines of Attica, Cecrops was represented as human in the upper part of his body, while the lower part was shaped like a snake.]

TEMPLE DE DENDERA EN ÉGYPTE
Vue depuis le portique du grand temple d'Hathor. Planche extraite de Roberts (David), *Egypt & Nubia / From drawings made on the spot by David Roberts* [with historical descriptions by the Rev. Croly George ; Lithographed by Hage Louis], Londres : F.G. Moon, 1846, vol. 1, p. 169.

1 L'Antiquité des sciences

Messieurs,

Les cours du Collège de France constituent un enseignement normal, destiné à diriger celui de toute la France. Les professeurs qui sont chargés de ces cours doivent par conséquent traiter surtout des généralités qui peuvent faire connaître la meilleure méthode à suivre pour l'étude et le développement de chaque branche de nos connaissances. Je suivrai cette règle dans l'exposition que je me propose de faire de l'origine et des progrès des sciences naturelles chez les divers peuples du globe.

Il n'est pas de science dont l'histoire ne soit utile aux hommes qui la cultivent; mais l'histoire des sciences naturelles est indispensable aux naturalistes. En effet, les notions dont ces sciences se composent ne sauraient être le résultat de théories faites *a priori*. Elles sont fondées sur un nombre presque infini de faits qui ne peuvent être connus que par l'observation. Or, notre expérience personnelle est tellement limitée par la brièveté de notre existence, que nous ne saurions presque rien si nous ne connaissions que ce que nous pouvons apprendre nous-mêmes. Nous sommes donc obligés de recourir à l'histoire, où sont consignées les observations des hommes qui nous ont précédés. Mais à cette histoire des faits il faut joindre celle des savans, car la valeur de leur témoignage dépend souvent beaucoup des circonstances de lieux, de temps et de position dans lesquelles ils se sont trouvés.

La connaissance de l'histoire des sciences est encore utile en ce qu'elle empêche de se consumer en efforts superflus pour reproduire des faits déjà constatés.

Enfin, il résulte de l'étude de cette histoire deux autres avantages, celui de faire naître des idées nouvelles qui multiplient les connaissances acquises, et celui d'enseigner le mode d'investigation qui conduit le plus sûrement aux découvertes.

Ce dernier enseignement est de la plus haute importance, car telle est l'influence de la méthode dans les sciences naturelles que pendant les trente ou quarante siècles qui ont déjà été employés à leur développement, tous les systèmes *a priori*, toutes les pures hypothèses se sont détruits réciproquement et ont laissé avec eux dans les obscurités du passé les noms de ceux qui les avaient imaginés; tandis que, au contraire, les observations, les faits qui ont été décrits avec exactitude et avec clarté, sont venus jusqu'à nous et subsisteront aussi long-temps que les sciences, accompagnés du nom de leurs auteurs pour lesquels ils sont des titres éternels à la reconnaissance des hommes. Cette vérité sera d'autant plus utile à démontrer de nouveau, que déjà l'on substitue fréquemment l'hypothèse à l'observation.

L'homme n'arrive que par une succession de travaux pénibles et assidus à la pénétration des voiles de la nature, à l'intelligence de ses phénomènes qu'ensuite il applique à l'amélioration de son état; mais il devait être dans les desseins de la providence qu'il y parvînt, car autrement il eût été l'un des êtres les plus misérables de la création. Dépourvu qu'il est d'armes naturelles pour attaquer ou se défendre, de grande vîtesse et de forces physiques supérieures, d'enveloppes même propres à se garantir des intempéries des saisons, à peine eût-il pu vivre et propager son espèce, s'il n'avait pas reçu en compensation un apanage particulier.

Ces dons naturels qui le placent au sommet de l'échelle des êtres sont l'instinct de *sociabilité*, l'instinct du *langage*[1] et celui de l'*abstraction*.

Le premier est le fondement et l'origine de la société.

Le second a produit l'instrument indispensable de tous les perfectionnemens de cette société.

Le troisième est la faculté de généraliser, de simplifier; c'est à lui que nous devons les méthodes, les règles de raisonnement et de conduite.

L'action combinée de ces trois instincts a produit toutes les connaissances que nous possédons; elle nous a conduits par des travaux successifs à l'état où nous sommes, car ce qui est aujourd'hui vulgaire, fut, messieurs, dans les premiers temps, une découverte importante, et a eu une influence marquée sur l'ordre social. Chacun des progrès de l'espèce humaine vers la civilisation est même si bien lié à l'une des découvertes qu'elle a faites dans les sciences naturelles, qu'on pourrait facilement tracer l'histoire entière de la société en suivant celle des observations physiques.

Ainsi, ce sont les observations sur les animaux, la distinction de ceux que l'homme peut multiplier et employer à son usage, qui ont produit la vie pastorale, première source de l'idée de propriété et même de la douceur des mœurs, car alors au lieu d'égorger les prisonniers de guerre, on prit l'habitude de les garder pour les soins qu'exigeaient les troupeaux.

Les connaissances acquises sur la multiplication des végétaux, et la distinction en ceux qui offraient à l'homme et aux animaux qu'il tenait en esclavage, une nourriture meilleure et plus abondante, ont donné naissance à l'agriculture, d'où naquit l'idée de la propriété territoriale.

L'étude du mouvement des astres a fourni à l'homme un moyen de diriger sa marche dans des régions lointaines.

L'observation de quelques faits d'hydrostatique l'a conduit à surmonter l'obstacle qu'opposait à sa marche la liquidité des ondes.

La découverte de la propriété de l'aimant a enfanté un nouveau monde.

Celle de la poudre à canon a fait disparaître l'inégalité physique des hommes entr'eux; elle a fourni aux gouvernemens le moyen de réduire tout ce qui s'opposait à l'unité de leur pouvoir, et de soumettre, avec un petit nombre d'hommes armés, tous les membres du corps social à l'empire des lois.

L'imprimerie a prodigieusement facilité la diffusion des lumières, et a rendu les découvertes à tout jamais impérissables.

De la connaissance des propriétés du feu dépendent tous les arts métallurgiques.

Enfin, de nos jours, quelle révolution l'emploi de la force élastique de la vapeur n'a-t-il pas occasionnée dans les arts utiles, sans qu'il soit possible d'assigner la limite de sa puissance!

Mais des faits, quelqu'importans qu'ils soient, ne constituent pas la science. Pour arriver à ce résultat, il faut coordonner toutes les observations, les lier entre elles, en déduire les conséquences qu'elles renferment, y appliquer notre faculté d'abstraction, et former ainsi un corps de doctrine. Ce sont donc les esprits spéculatifs, les hommes livrés à la méditation qui ont formé la science.

Les premiers qui s'étaient livrés à ce travail présentèrent aux peuples leurs propres découvertes, et celles qu'ils avaient recueillies, comme des inspirations du ciel; et, soit que leurs contemporains les aient en effet considérés comme des êtres inspirés, soit que la reconnaissance des peuples ait seulement voulu honorer leur mémoire, nous voyons que, dans tous les pays, ils furent divinisés: Brahma le fut dans l'Inde [2]; Hermès en Égypte [3]; Cérès et Triptolème dans la Grèce [4], et une foule d'autres ailleurs.

Qu'on ne se hâte pas de leur reprocher l'illusion dans laquelle ils ont tenu leurs semblables; peut-être n'auraient-ils pu leur être utiles sans ce déguisement de la vérité [5]. De nos jours, ce n'est qu'à l'aide des idées religieuses que les missionnaires parviennent à déterminer les nations sauvages à accepter les vérités utiles tirées de la science, et à échanger ainsi leur vie misérable contre les habitudes plus douces des peuples civilisés: il est vraisemblable qu'il en fut de même dans les premiers âges du monde; que, pour agir sur des hommes dont la raison était si peu développée, dont les habitudes étaient encore féroces, il faut s'adresser à leurs passions en faisant intervenir la divinité.

Mais ces bienfaisans mensonges furent promptement suivis d'abus.

La science d'ailleurs étant d'origine céleste, ses enseignemens devaient être invariables, et sa marche fut ainsi arrêtée dès ses premiers pas. Les médecins ne pouvaient, en Égypte, sous peine de mort, s'écarter des traitemens prescrits par la loi religieuse. Les Indiens suivent encore l'ancienne astronomie.

Un autre obstacle à l'avancement des sciences naquit de leur hérédité, de leur concentration dans un petit nombre de familles, que l'on peut considérer comme l'origine des castes. Toutes les vérités n'étaient pas à la portée du vulgaire; mais elles y auraient été, qu'il eût fallu que ces familles privilégiées en cachassent quelques-unes pour conserver la supériorité d'intelligence qui était indispensable au maintien de leurs hautes prétentions. Elles ne transmettaient donc leur dépôt sacré que sous des formes et avec un langage mystérieux. De là, les allégories, les hiéroglyphes, les langues sacrées, les emblêmes, fondement et origine de la mythologie qui, après avoir trompé et asservi les hommes, amuse maintenant l'humanité oublieuse.

Si les sciences eussent continué de passer d'une génération à l'autre, comme une propriété, l'ignorance et l'esclavage auraient pesé éternellement sur le genre humain; mais, avec le temps qui amène toujours des changemens, parce que rien n'est jamais parfait, les sciences trouvèrent ailleurs des dispositions plus favorables.

C'est parmi les peuples qui doivent leur origine à des colonies égyptiennes, qu'on les voit commencer à être cultivées pour elles-mêmes, sans être renfermées dans les temples et voilées sous des emblêmes.

La première de ces colonies est celle des Hébreux qui sortit de l'Égypte sous la conduite de Moïse. Cet antique législateur voulut sans doute éviter les inconvéniens des allégories lorsqu'il défendit à sa colonie de faire des images ; et, par cette sage mesure, il aurait puissamment contribué à la propagation et à l'avancement des sciences naturelles, si son peuple eût été placé dans des circonstances moins défavorables. Mais bientôt conquis par les nations barbares qui les avoisinaient, les Hébreux ne purent prendre l'essor que la législation de l'auteur de la Genèse tendait à leur imprimer.

Les colonies égyptiennes qui s'établirent dans l'Asie Mineure et en Grèce, furent en position de réaliser ce que n'avaient pu faire les Hébreux. Les chefs de ces colonies ignoraient le sens des emblêmes égyptiens sous lesquels ils communiquaient la science. Ils prirent ces emblêmes au sérieux, et les présentèrent à leurs peuples comme des objets réels d'adoration. Mais, si la science des prêtres égyptiens fut primitivement ignorée, ses résultats pratiques, c'est-à-dire les arts, passèrent dans la société, et plus tard la science elle-même y reparut, sortie cette fois des sanctuaires et acquise pour toujours au genre humain.

Ce ne fut guère qu'après un laps de mille années que cette nouvelle apparition des sciences eut lieu dans la Grèce, lorsque Thalès[6], de retour du voyage qu'il avait fait en Égypte, communiqua sans déguisement ce qu'il avait appris dans les temples mystérieux des prêtres de ce pays. Malgré la distance des temps, les sages de la Grèce conservaient tout le respect primitif pour le savoir des prêtres de leur métropole, et ils se faisaient un devoir de les aller consulter. Ces voyages étaient même considérés comme le principal moyen d'instruction qu'on eût alors. Mais les philosophes grecs avaient moins à apprendre en Égypte que ne se l'imaginaient leurs compatriotes. La science, renfermée dans les temples, et cultivée nécessairement par un très-petit nombre d'hommes, ne pouvait y faire de grands progrès. Elle finit même par rétrograder ; les prêtres qui avaient voulu en faire un mystère et un objet de monopole, perdirent eux-mêmes le sens de leurs emblêmes ; ils furent dupes comme le vulgaire de leurs propres fables, et ils restèrent enfin dans une ignorance honteuse qui fut le châtiment de leur coupable ambition.

Les Étrusques et les Romains reçurent comme les Grecs, des fables religieuses qu'ils prirent pour des vérités ; et ce ne fut aussi qu'après un long intervalle que les sciences leur arrivèrent dégagées des formes mystiques qui en avaient arrêté les progrès.

Il était réservé aux chrétiens de porter les sciences au plus haut degré de perfection qu'elles eussent jamais atteint. Cultivées par le clergé après l'invasion des barbares, elles étaient devenues dans la réalité son partage exclusif. Lorsque le pape Grégoire admit le célibat des prêtres[7], non-seulement l'hérédité des sciences fut ainsi empêchée, mais cet acte de discipline ecclésiastique contribua encore presque immédiatement à répandre en dehors du clergé les lumières qu'il possédait seul ; car un grand nombre de clercs ne pouvant obtenir d'emplois ecclésiastiques, embrassèrent une autre carrière, et ce fut celle du professorat qu'ils choisirent.

D'après ce que je viens de dire de la marche des sciences, on voit que leur histoire peut être divisée en trois époques principales.

La première est *religieuse*. La science y est secrète et le privilége de quelques hommes qui se la transmettent héréditairement. Cette époque obscure commence et finit dans l'Orient.

La deuxième est *philosophique*. Les sciences y sont isolées de la religion et cultivées toutes ensemble par des sages qui ne les communiquent plus comme les prêtres sous des emblêmes, mais les livrent avec franchise à tous leurs disciples. Cette époque date de Thalès, et est propre à l'Occident.

La troisième, qui est celle où nous sommes, est plus particulièrement caractérisée par la *division du travail*, ou la distribution des sciences en plusieurs branches.

On pourrait faire remonter cette dernière époque à Aristote[8], car ce vaste et prodigieux génie a très-bien distingué les branches entrelacées des sciences ; il les a classées méthodiquement avec une supériorité de vues admirable, et il a donné des règles excellentes pour leur étude. Plusieurs d'entre elles ont aussi été fort étendues par ses découvertes ; et il aurait donné son nom à la troisième époque de l'histoire des sciences, s'il avait eu des successeurs en état de le suivre dans sa marche rapide.

Mais, par une fatalité qui se reproduit trop souvent lorsqu'un homme est de beaucoup supérieur à son siècle, Aristote n'eut point de disciples capables d'achever le monument scientifique qu'il avait commencé. La secte qu'il fonda, et qui fut désignée par le nom de péripatéticiens, tomba même dans le mépris, et ce n'est qu'au XVIe siècle de notre ère que sa méthode fut employée, c'est-à-dire que des hommes se consacrèrent spécialement aux mathématiques pures, à l'astronomie, à la mécanique, à la chimie, à la physique, etc., et que ces sciences, malgré de fausses directions, firent des progrès assez rapides.

Ainsi, la totalité des années qui ont été consacrées aux sciences est loin d'égaler la période de temps que nous avons à examiner, car, comme vous le voyez, elles ne comptent réellement que trois siècles et demi de travaux convenablement dirigés. Mais puisque, dans un espace de temps aussi circonscrit, elles se sont élevées au point où nous les voyons, quels nouveaux progrès ne peut-on pas espérer ?

Quant à la première époque, celle que j'ai nommée religieuse, elle a, sans doute, été beaucoup moins longue que quelques hommes l'ont pensé. La géologie et l'histoire s'accordent pour le prouver.

Le globe offre partout des témoignages de plusieurs révolutions. Les débris organiques, ensevelis dans ses couches, portent des caractères visibles d'époques différentes. Suivant que les formations sont plus ou moins distantes de la surface de la terre, et par conséquent plus ou moins anciennes, leurs fossiles appartiennent à des espèces diverses et sont plus ou moins altérés. Si la mémoire des bouleversements antérieurs à celui dont parlent les traditions n'est pas venue jusqu'à nous, c'est probablement parce que l'espèce humaine était alors peu nombreuse et qu'elle habitait des lieux où leurs effets ne furent pas sensibles ; ou bien parce que ces lieux furent entièrement abîmés, et par conséquent aussi leurs habitans, à l'exception d'un petit nombre. On pourrait même douter que l'homme existât alors[9], car on n'en a encore trouvé aucun débris dans les couches régulières du globe.

L'état de fraîcheur que présentent les débris animaux renfermés dans les couches marines les plus rapprochées de la superficie, prouve que la dernière révolution terrestre ne remonte pas à une époque bien éloignée.

L'observation des éboulemens des montagnes et celle de l'accroissement des dunes et des alluvions, conduisent au même résultat.

On a noté pendant quelques années l'augmentation qu'éprouvent les alluvions de certains fleuves, et en comparant la quantité observée à la totalité des alluvions antérieures, on a obtenu des résultats qui n'ont pas fait remonter ces alluvions à plus de cinq ou six mille ans.

Des observations et des calculs semblables ont été faits pour les talus des montagnes, et on a aussi reconnu que leur origine ne pouvait pas remonter à plus de cinq ou six mille ans.

Feu M. Bremontier, inspecteur des ponts et chaussées, qui a publié un mémoire sur la fixation des dunes, estimait leur marche annuelle à soixante pieds, et sur certains points à soixante-douze [10]. Selon ses calculs, il ne leur faudrait que deux mille ans pour arriver à Bordeaux, si on ne leur opposait pas d'obstacle, et d'après leur étendue actuelle, il doit y avoir à peu près cinq mille ans qu'elles ont commencé à se former.

Les effets du vent d'ouest sur les terreins cultivables de l'Égypte, sont un phénomène du même genre que les dunes. Les sables stériles de la Libye, chassés par ce vent, ont envahi, depuis la conquête du pays par les mahométans [11], des villes et des villages d'Égypte dont les ruines paraissent encore. On voit percer au travers de ces sables les sommités des minarets de quelques mosquées [12]. S'ils étaient jetés sur l'Égypte depuis un temps indéfini, il ne -resterait plus rien entre la chaîne lybique et le Nil; leur marche rapide aurait sans doute rempli toutes les parties étroites de la vallée.

Les tourbières, produites si généralement dans le nord de l'Europe par l'accumulation des débris de *sphagnum* (sphaigne) et d'autres mousses aquatiques, peuvent aussi servir de chronomètres. Elles s'élèvent dans des proportions déterminées pour chaque lieu ; elles enveloppent ainsi les petites buttes des terreins sur lesquels elles se forment; plusieurs de ces buttes ont été enterrées de mémoire d'hommes. En d'autres endroits les tourbières suivent la pente des vallons ; elles avancent comme les glaciers, avec cette différence que les glaciers fondent par leur bord inférieur et que les tourbières ne sont arrêtées par rien ; en les sondant jusqu'au terrein solide, on juge de leur ancienneté ; or, on a trouvé qu'elles ne peuvent remonter aussi à une époque indéfiniment reculée.

Ainsi, partout la nature nous tient le même langage ; toujours elle nous répond que l'ordre actuel des choses n'a pas une origine bien éloignée.

L'histoire, comme je l'ai dit, confirme les résultats obtenus par l'examen des phénomènes naturels.

En effet, bien que d'abord les traditions de quelques anciens peuples semblent contredire la nouveauté du monde actuel, lorsqu'on examine de plus près ces traditions, on a bientôt reconnu qu'elles n'ont rien d'historique, et que la véritable histoire, et tout ce qu'elle nous a conservé le documens positifs sur les premiers établissemens des nations, ne les fait remonter qu'une époque qui est de beaucoup en deçà des temps traditionnels.

La chronologie d'aucun des peuples de l'occident ne remonte sans interruption à plus de trois mille ans. Aucun d'eux ne nous offre, avant cette époque, une suite de faits enchaînés les uns aux autres avec quelque vraisemblance. Le nord de l'Europe n'a d'histoire que depuis sa conversion au christianisme. L'histoire de l'Angleterre, de la Gaule, de l'Espagne, ne remonte pas plus haut que les conquêtes des Romains. Celle de l'Italie septentrionale, avant la fondation de Rome, est encore à peu près ignorée. Les Grecs avouent ne savoir l'art d'écrire que depuis que les Phéniciens le leur ont enseigné, il y a trente-trois ou trente-quatre siècles. Long-temps après, leur histoire est encore pleine de fables, et ils ne placent pas à trois cents ans plus haut les premiers vestiges de leur formation en corps de peuples. Nous n'avons de l'histoire de l'Asie occidentale que quelques extraits contradictoires qui ne comprennent guère que vingt-cinq siècles d'une manière un peu suivie, et en admettant ce qu'on en rapporte de plus ancien avec quelques détails historiques, on arriverait à peine à quatre mille ans.

Le premier historien profane dont il nous reste des ouvrages, Hérodote[13], n'a pas deux mille trois cents ans d'ancienneté. Les historiens antérieurs qu'il a pu consulter ne datent pas d'un siècle avant lui, et les extravagances qui nous restent extraites d'Aristée de Proconnèse et de quelques autres[14], peuvent même nous faire juger de ce qu'ils étaient. Avant eux on n'avait que des poètes. Homère[15], le plus ancien de ceux que nous connaissons, n'a précédé notre âge que de deux mille sept cents ou deux mille huit cents ans.

Quand ces premiers historiens parlent des anciens événemens de leur nation ou de ceux des nations voisines, ils ne citent point d'ouvrages publics, mais seulement des traditions orales. Ce n'est que long-temps après eux que l'on a vu paraître de prétendus extraits des annales égyptiennes, phéniciennes et babyloniennes. Berose[16] n'écrivit que sous le règne de Séleucus Nicator[17], environ quatre cents ans avant Jésus-Christ ; Hiéronyme[18], que sous celui d'Antiochus Soter[19], qui est plus rapproché de nous ; et Manéthon[20], que sous le règne de Ptolémée Philadelphe[21], plus voisin encore de nos temps.

Sanchoniathon[22], auteur phénicien, qu'il soit véritable ou supposé, n'était point connu avant que Philon de Byblos[23] en eût publié une traduction, sous Adrien[24], dans le IIe siècle après Jésus-Christ ; et, quand on l'aurait connu, il n'aurait présenté pour les premiers temps, comme tous les auteurs de cette époque, qu'une théogonie puérile, ou une métaphysique méconnaissable à force d'être déguisée sous des allégories.

Un seul peuple nous a laissé des annales écrites en prose avant l'époque de Cyrus[25] : c'est le peuple juif.

Les cinq premiers livres de la Bible que nous nommons le Pentateuque, existent très-certainement sous leur forme actuelle depuis plus de deux mille huit cents ans, puisque les Samaritains les reçoivent comme les Juifs.

En attribuant la rédaction de la Genèse à Moïse lui-même, ce que rien n'empêche, on la ferait remonter à cinq cents ans plus haut, c'est-à-dire à trente-trois siècles ; et il suffit de la lire pour s'apercevoir qu'elle a été composée en partie de morceaux d'ouvrages antérieurs : on ne peut donc aucunement douter que ce ne soit l'écrit le plus ancien dont notre occident soit en possession.

Or, cet ouvrage et tous ceux qui ont paru depuis, quelque étrangers que leurs auteurs fussent à Moïse et à son peuple, nous présentent les nations des bords de la Méditerranée comme nouvelles ; ils nous les montrent encore demi-sauvages quelques siècles auparavant ;

et enfin, ils nous parlent tous d'une catastrophe générale, d'une irruption des eaux, qui occasionna une régénération presque totale du genre humain.

Le texte hébreu de la Genèse fait remonter le déluge à quatre mille cent soixante-quatorze ans avant nous ; le texte samaritain, à quatre mille huit cent soixante-neuf ans, et la traduction des soixante-douze hommes qu'on appelle *Septante*[26], à cinq mille trois cent quarante-cinq.

Les traditions poétiques des Grecs, sources de toute notre histoire profane pour ces époques reculées, s'accordent avec les annales des juifs : elles placent le déluge d'Ogygès[27] à deux mille trois cent soixante-seize ans avant Jésus-Christ, c'est-à-dire à quatre mille deux cent six ans avant nous.

Les Vedas, ou livres sacrés des Indiens[28], qui ont été composés à peu près dans le même temps que la Genèse, placent le commencement de ce qu'ils nomment l'*âge de malheur*, c'est-à-dire l'âge actuel, à quatre mille neuf cent trente-deux ans avant nous. C'est à quelques années près l'époque indiquée par le texte samaritain.

Le *Chou-King*[29], le livre le plus authentique des Chinois, et qu'on assure avoir été écrit par Confucius[30], avec des fragmens d'ouvrages antérieurs, il y a à peu près deux mille deux cent cinquante-cinq ans, commence l'histoire de la Chine par un empereur nommé *Yao*[31], qu'il représente occupé à faire écouler les eaux, *qui, s'étant élevées jusqu'au ciel, baignaient encore le pied des plus hautes montagnes, couvraient les collines moins élevées et rendaient les plaines impraticables*[32]. Cet Yao, suivant quelques auteurs, date de 4 175 années avant notre temps. C'est, comme on voit, l'époque même assignée au déluge par le texte hébreu.

Enfin le déluge des Assyriens remonte à l'an 2 200 avant Jésus-Christ, c'est-à-dire à quatre mille trente ans avant nous[33].

Or, ce ne fut que long-temps après ce grand désastre que les sciences commencèrent à se former. L'astronomie, dont l'antiquité dépasse celle de toutes les autres sciences, et qui prit naissance à peu près en même temps sur plusieurs points du globe, ne nous a laissé aucune observation incontestable qui remonte plus haut que le VIIIe siècle avant notre ère. La plus ancienne observation d'éclipse, faite par les Chinois, date de l'année 776 avant J.-C.[34] Les Chaldéens[35], qui ont aussi observé le ciel de bonne heure, ne fournissent pas d'observation authentique qui soit antérieure à l'année 721 avant l'ère chrétienne.

Simplicius[36], l'un des commentateurs des quatre livres d'Aristote sur le ciel, dit bien qu'Alexandre-le-Grand[37] avait trouvé à Babylone des observations d'éclipses faites par ces mêmes Chaldéens, qui embrassaient un espace de mille neuf cents ans, et que ces observations furent envoyées en Grèce par Callisthènes[38], sur la recommandation expresse d'Aristote. Mais aucun autre auteur ne parle de ce prétendu fait ; et ce qui ruine complètement l'assertion de Simplicius, c'est qu'Aristote ne fait aucune mention de ce qu'il rapporte[39].

On a parlé d'une observation de l'ombre méridienne du soleil, faite en Chine par Tcheou-Kong[40], environ onze siècles avant J.-C. Mais il a été reconnu que cette observation manquait de précision[41] ; et d'ailleurs, en l'admettant, elle ne changerait rien à l'âge du monde actuel.

On a eu recours à des argumens d'un autre genre. On a prétendu que les anciens peuples de l'Asie et de l'Afrique avaient laissé des monumens qui indiquaient, par la représentation de l'état du ciel, à l'époque de leur construction, une date certaine et très-éloignée. Les zodiaques, sculptés dans deux temples de la Haute-Égypte, ont été surtout présentés comme fournissant des preuves irrécusables de cette assertion [42].

Mais les découvertes de M. Champollion [43] sur les hiéroglyphes ont détruit ces erreurs. On sait maintenant, entre autres faits, que les temples dans lesquels furent sculptés ces zodiaques ont été construits sous la domination des Romains. Le portique du temple de Dendera [44], d'après l'inscription grecque que porte son frontispice, fut consacré au salut de Tibère [45]. Sur le planisphère de ce même temple, on lit le titre d'*Autocrator*, écrit en caractères hiéroglyphiques; et il est vraisemblable que ce titre se rapporte à Néron [46]. Le petit temple d'Esné [47], dont on plaçait l'origine entre deux mille sept cents et trois mille ans avant J.-C, présente une colonne sculptée et peinte la dixième année d'Antonin [48], cent quarante-sept ans après le commencement de notre ère, et le style de la peinture et de la sculpture est le même que celui du zodiaque qui est auprès.

Ainsi, il est constant que les nations n'ont commencé à cultiver les sciences qu'à une époque assez rapprochée de nos jours. On peut même suivre le développement de leurs connaissances par celles des colonies qui sortirent successivement de leur sein. Quand Cécrops et sa colonie [49], par exemple, partirent d'Égypte mille cinq cent cinquante-six ans avant J.-C., les prêtres égyptiens ne connaissaient encore que l'année lunaire. La colonie des Hébreux, partie en 1491, avant J.-C., sous la conduite de Moïse, ne connaissait aussi que cette année inexacte. Mille ans après, Hérodote, voyageant en Égypte, y trouva une année solaire; mais elle n'était composée que de trois cent soixante-cinq jours; et ce ne fut que plus tard qu'on y connut l'année de trois cent soixante-cinq jours un quart.

En suivant cette méthode indirecte, on peut apprécier l'état des sciences chez les Égyptiens, dont nous ne possédons aucun livre.

Nous rechercherons de la même manière l'état des sciences dans l'Inde.

Cette histoire des sciences dans l'Inde et dans l'Égypte sera le sujet de la prochaine leçon.

NOTES

1. Jean-Jacques Rousseau [28 juin 1712, Genève-2 juillet 1778, Ermenonville] et plusieurs autres philosophes, qui ne pouvaient s'expliquer comment les hommes, avant de savoir parler, auraient fait entre eux les conventions que nécessite la création d'une langue, ont admis que l'homme avait paru sur la terre avec un langage tout fait [*cf.* Rousseau (Jean-Jacques), *Essai sur l'origine des langues* [introd. et notes de Kremer-Marietti Angèle; reprod. en *facsimile*, avec bibliogr. mise à jour], Paris: L'Harmattan, 2009, 192 p.] Les deux expressions *instinct* du *langage* qu'emploie M. Cuvier, impliquent l'opinion opposée, c'est-à-dire que l'homme a formé de toutes pièces une langue primitive. Je dis une langue primitive parce que, comme on le verra plus loin, M. Cuvier admet l'hypothèse d'un peuple également primitif [M. de St.-Agy].
2. [En Inde, lors de la dernière phase de l'ère védique (*c.* 800-500 av. J.-C.), Brahma était l'une des principales divinités de l'hindouisme. Il fut progressivement éclipsé par Vishnou et Shiva. Brahma (forme masculine à ne pas confondre avec Brahman, qui est neutre et représente le soi suprême ou l'ultime réalité de l'univers) est associé au dieu védique créateur Prajapati, dont il fut conduit à assumer l'identité. On dit de Brahma qu'il naquit d'un œuf d'or, créa la Terre et tout ce qui l'habite. D'autres mythes diront plus tard de lui qu'il est né d'une fleur de lotus issue du nombril de Vishnou.]
3. [Hermès, divinité grecque, est le fils de Zeus et de Maïa. Souvent identifié au Mercure des Romains, et à Casmilos ou Kadmylos, l'un des Cabires. Son nom est probablement dérivé de *herma*, le mot qui désigne, en grec, un amas de

pierres, de ceux qu'on utilisait alors pour tracer des frontières ou marquer un point de repère. Le premier lieu de culte d'Hermès fut probablement l'Arcadie, où il aurait vu le jour (sur le mont Cylène). Il était plus particulièrement vénéré là-bas comme le dieu de la fertilité.]

4. [Cérès, dans le Panthéon romain, est la déesse des moissons et de la fécondité (autrement dit, de l'agriculture), adorée seule ou associée à la déesse de la terre, Gaïa (ou Tellus). Triptolème fut le premier prêtre de Déméter et l'inventeur de l'agriculture. Les légendes disent qu'il était le fils de Polymnie, l'une des neuf muses, mère de la danse ou de la géométrie, et de Céléos roi d'Eleusis, ou de Cheimarros, fils d'Arès, dieu de la guerre.]

5. Je pense qu'il ne faut ni déclamer contre les prêtres de l'Antiquité, comme l'ont fait [Marie-Jean-Antoine-Nicolas de Caritat] le marquis de Condorcet [17 septembre 1743, Ribemont-29 mars 1794, Bourg-la-Reine; philosophe français des Lumières, avocat d'une réforme de l'éducation (pour l'ensemble de ses œuvres, *cf.* Condorcet (Jean-Antoine-Nicolas de Caritat), *Œuvres de Condorcet - publiées par A. Condorcet, A. O'Connor & M. F. Arago*, Paris: Firmin Didot frères, 1847-1849, 12 vol.] et la plupart des autres écrivains du XVIIIe siècle, ni chercher à les excuser, comme me semble le faire M. Cuvier, car leur conduite est le résultat de la nature même de l'homme. En effet, donnez à un certain nombre d'hommes, quels qu'ils soient, un intérêt distinct de l'intérêt général : ces hommes, unis entre eux par un lien particulier, seront par là même séparés de tout ce qui n'est pas leur corporation, leur caste. Ils regarderont comme un acte légitime et méritoire de faire tout plier sous l'influence de cette caste. Rassemblez-les autour d'un drapeau, vous aurez des soldats ; autour d'un autel, vous aurez des prêtres [M. de St.-Agy].

6. [Thalès de Millet (*fl.* VIe siècle av. J.-C.) est resté dans les mémoires pour sa cosmogonie selon laquelle l'eau serait l'essence de toutes choses. Selon le penseur grec Apollodore (*fl.* 140 av. J.-C., lettré grec aux curiosités multiples, surtout connu pour sa *Chronique* de l'histoire grecque, *cf.* Hornblower (Simon) & Spawforth (Antony) (sous la dir.), «Apollodorus of Athens», *The Oxford Classical Dictionary*, 3ème éd., Oxford ; New York: Oxford University Press, 1996, p. 124), Thalès naquit en 624. L'historien Diogène Laërce (*fl.* IIIe siècle ; auteur grec célèbre pour son histoire de la philosophie grecque) situe sa mort pendant la 58e Olympiade (548-545), à l'âge de 78 ans. Les écrits de Thalès ne lui ont pas survécu, ni de témoignages qui lui fussent contemporains. C'est pourquoi il est difficile d'établir avec certitude ses réalisations. La présence de son nom parmi les légendaires Sept Sages, ou *Sophoi*, de l'Antiquité, a conduit à son idéalisation. Nombre d'actes et de paroles, dans l'ensemble apocryphes, lui ont été attribués.]

7. [Saint Grégoire VII, dont le nom de baptême était Hildebrand, en italien Ildebrando (né vers 1020 près de Soane, dans les États pontificaux, mort le 25 mai 1085 à Salerne. Canonisé en 1606. Fêté le 25 mai) fut l'un des grands papes réformateurs du Moyen Âge (il régna de 1073 à 1085). Dirigeant spirituel plus que politicien, il s'attaqua à un certain nombre d'abus cléricaux. Il livra à partir de 1075 un conflit acharné au Saint-Empereur Henri IV à propos de l'investiture royale des évêques («Querelle des investitures»). Henri IV excommunié consentira à faire pénitence dans la ville italienne de Canossa.]

8. [Aristote, *cf.* Leçons 7 et 8.]

9. Les traditions, quand on les reconnaît exactes, lèvent tout doute à cet égard ; car il est bien clair qu'on ne se souvient que de ce qu'on a vu [M. de St.-Agy].

10. [Nicolas Thomas Brémontier (30 juillet 1738, Quevilly-16 août 1809, Paris), ingénieur et auteur de Brémontier (Nicolas-Thomas), *Mémoire sur les dunes, et particulièrement sur celles qui se trouvent entre Bayonne et la pointe de Grave, à l'embouchure de la Gironde*, Paris: De l'imprimerie de la République, an V [1797], 73 p. Il publia aussi *Recherches sur le Mouvement des Ondes*, Paris: Firmin Didot, 1809, VIII + 122 p., un travail sans précédent dédié à la formation des vagues et à leurs causes, aux méthodes de mesure de leur hauteur, et à leurs effets sur les rivages.]

11. [Mahomet, *cf.* Leçon 20, note 26.]

12. [Décrit par le baron Dominique Vivant] Denon, [dans son] *Voyage en Égypte* Denon (4 janvier 1747, Chalon-sur-Saône-27 avril 1825, Paris) était à la fois artiste, archéologue et administrateur de musée : il joua à ce titre un rôle majeur dans le développement des collections du Louvre. En 1798 il accompagna Napoléon Bonaparte (15 août 1769, Ajaccio-5 mai 1821, Sainte-Hélène) dans son ultime expédition en Égypte et réalisa là-bas de nombreux croquis des vestiges de l'Antiquité, parfois même sous le feu nourri de l'ennemi. Ils furent publiés dans son Denon (Vivant), *Voyage dans la basse et la haute Égypte pendant les campagnes du général Bonaparte*, Paris: Didot, 1802, 322 p. + atlas (une édition anglaise parut en 1803). Napoléon le nomma directeur général des musées en 1804, poste qu'il conserva jusqu'en 1815.]

13. [Hérodote, *cf.* Leçon 7.]

14. [Aristée, dignitaire de la cour de Ptolémée II Philadelphe (qui régna de 285 à 246 av. J.-C., *cf.* note 21), est l'auteur d'une lettre célèbre adressée à son frère Philocrate dans laquelle apparaît une traduction grecque du Pentateuque – les cinq premiers livres de l'Ancien Testament –, commandée par Ptolémée. Si l'on en croit la légende telle que la lettre la reflète, la traduction fut exécutée par 72 anciens ramenés de Jérusalem, en 72 jours. La lettre, en fait, avait été écrite par un Juif d'Alexandrie autour de 100 av. J.-C., dans l'intention de démontrer la supériorité du judaïsme en tant que religion ou que philosophie. Elle contient également d'intéressantes descriptions de la Palestine, de Jérusalem avant la destruction du Temple et d'offrandes royales adressées au Temple.]

15. [Homère, le grand poète épique grec du VIIIe siècle av. J.-C., auteur, selon la légende, de *l'Iliade* et de *l'Odyssée*. Voir Leçon 4 (*cf.* l'édition française de référence : Homère, *Iliade - Odyssée* [trad. par Bérard Victor & Flacelière Robert ; éd. par Bérard

Jean & Flacelière Robert], Paris : Gallimard, 1955, 1152 p. (Bibliothèque de la Pléiade ; 115).]

16. [Bérose ou Bérossos (également appelé Berossus), Bel-re-ušu en akkadien – sa langue –, prêtre chaldéen de Babylone, astrologue et astronome, auteur d'une œuvre en trois volumes sur l'histoire et la culture babyloniennes. Il servit largement aux futurs compilateurs grecs, dont les versions, à leur tour, furent reprises par des théologiens tels qu'Eusèbe de Césarée et Flavius Josèphe. Ainsi Bérose, dont l'œuvre n'a pourtant survécu qu'au travers de citations fragmentaires, est reconnu pour avoir transmis aux Grecs de l'Antiquité la connaissance des origines de Babylone (*cf.* Verbrugghe (Gerald P.) & Wickersham (John M.), *Berossos and Manetho Introduced and Translated: Native Traditions in Ancient Mesopotamia and Egypt*, Ann Arbor : University of Michigan Press, 1996, x + 239 p.)]

17. [Séleucus Ier Nicator (*c.* 358/354 av. J.-C., Europos, Macédoine-août ou septembre 281 près de Lysimacheia, Thrace), officier supérieur de l'armée macédonienne qui fonda le Royaume des Séleucides. Satrape de Babylone, les affrontements consécutifs à la mort d'Alexandre le Grand lui vaudront d'accéder à la souveraineté d'un empire couvrant le territoire de la Syrie et de l'Iran actuels.]

18. [Hieronymus de Cardie, général et historien grec contemporain d'Alexandre le Grand. Il rédigea une histoire des diadoques (successeurs d'Alexandre) et de leurs descendants, de la mort d'Alexandre à la guerre avec Pyrrhus (323-272 av. J.-C.); un texte sur lequel s'appuieront Diodore de Sicile et Plutarque (dans sa vie de Pyrrhus). Hieronymus utilisa des documents officiels et fit preuve de prudence dans ses recherches factuelles ; toutefois ne lui a survécu qu'une proportion négligeable de son œuvre. Il mourut à la cour d'Antigone II Gonatas à l'âge de 104 ans.]

19. [Antioche Ier Soter (324 av. J.-C.-262/261), souverain du royaume des Séleucides de Syrie, régna vers 292-291 av. J.-C. à l'est du royaume, puis entre 281 et 261 sur son intégralité. Soumis à d'importantes pressions extérieures, il consolida son royaume et favorisa la fondation de cités nouvelles.]

20. [Manéthon, *cf.* Leçon 2, note 10.]

21. [Ptolémée II Philadelphe (308 av. J.-C., Kos-246), pharaon d'Égypte (285-246 av. J.-C.), second roi de la dynastie des Ptolémées, étendit son pouvoir grâce à une diplomatie habile, à une agriculture développée et au commerce. Il fit d'Alexandrie une capitale des arts et des sciences.]

22. [Sanchoniathon (qui vécut au XIVe ou au XIIIe siècle av. J.-C.) est un auteur de l'antiquité phénicienne. Tout ce qu'on sait de lui provient des travaux de Philon de Byblos (qui vécut à la croisée des deux premiers siècles de notre ère, *cf.* note 23). Les fouilles réalisées en Syrie en 1929, à Ras Shamra (l'ancienne Ougarit), ont mis à jour des documents phéniciens qui confirment la plupart des informations fournies par Sanchoniathon à propos de la mythologie et des croyances religieuses des Phéniciens. *cf.* Schaeffer (Claude F. A.), *The cuneiform texts of Ras Shamra-Ugarit, by Claude F. A. Schaeffer...*, London : Oxford University Press, 1939, xv + 100 p.]

23. [Philon Byblos (63-après 141), grammairien et lexicologue phénicien, jeune contemporain de Plutarque. Son œuvre, si nous en disposions dans son intégralité, pourrait fournir d'importantes contributions à l'histoire et à la mythologie phéniciennes. Natif de Byblos, au pied du mont Liban, Philon se fit une grande réputation en tant que grammairien à la fin du premier et au début de IIe siècle de notre ère. Il semble qu'il ait vu le jour pendant le règne de Néron et vécu assez longtemps pour écrire sur Hadrien. Il est probable qu'il s'est établi à Rome comme client de Sévère Herrenius (qui y fut nommé consul), vraisemblablement en tant que *consul suffectus*, vers l'année 124. Philon porta en effet le nom d'Herrenius, et fait apparemment l'objet d'une confusion avec le noble Romain de la part de Suidas ou de l'une de ses sources. Outre ses travaux sur l'histoire, la rhétorique et les célébrités de l'époque, il s'engagea dans des recherches assez proches de celles de Manéthon et de Bérose. Il porta à la connaissance du monde littéraire en général le contenu des ouvrages historiques de sa nation. Eusèbe, dans l'œuvre historique où il s'évertua à démontrer que toutes les nations idolâtres empruntaient leur enseignement traditionnel aux Juifs, étudie la mythologie phénicienne en se fondant sur les neuf volumes de la traduction réalisée par Philon de Byblos à partir de l'histoire phénicienne de Sanchoniathon de Bérythe. Ce dernier vivait au temps de Sémiramis et avant la Guerre de Troie (fragments rassemblés par Müller (Karl Otfried) & Müller (Theodor) (sous la dir.), *Fragmenta historicorum graecorum : Apollodori Bibliotheca cum fragmentis / auxerunt, notis et prolegomenis illustrarunt, indice plenissimo instruxerunt Car. et Theod. Mulleri; accedunt Marmora Parium et Rosettanum, hoc cum Letronnii, illud com C. Mulleri commentariis*, Paris : Firmin Didot, 1841-1870, 5 vol.)]

24. [Hadrien (ou Adrien) portait le nom latin complet de Caesar Traianus Hadrianus Augustus. Son nom de naissance (jusqu'à l'année 117) était Publius Aelius Hadrianus. Il vit le jour le 24 janvier 76, probablement à Italica, en Bétique (aujourd'hui espagnole), et mourut le 10 juillet 138 à Baïes, près de Naples. Empereur de Rome de 117 à 138, le neveu et successeur de Trajan était un admirateur érudit de la civilisation grecque. Il unifia et consolida l'immense empire romain.]

25. [Cyrus Ier (vers la fin du VIIe av. J.-C.), roi des Achéménides, fils de Teispès et grand-père de Cyrus II le Grand (*cf.* Leçon 6, note 26).]

26. [La Septante, la plus ancienne traduction grecque de l'Ancien Testament rédigée à partir du texte hébreu originel, a été vraisemblablement réalisée à l'usage de la communauté juive en Égypte lorsque le grec était la *lingua franca* de toute la région (Dines (Jennifer M.), *The Septuagint* [éd. par Knibb Michael A.], London ; New York : T & T Clark, 2005, XVII + 196 p.). Une analyse lexicale a permis de déterminer que la Torah, ou le Pentateuque (les cinq premiers volumes de l'Ancien Testament) ont été traduits vers le milieu du IIIe siècle avant

notre ère, et que le reste de l'Ancien Testament a été traduit au IIe siècle av. J.-C. Le mot Septante (du latin *septuaginta*, signifiant « 70 ») sera plus tard emprunté à la légende selon laquelle 72 traducteurs, six pour chacune des 12 tribus d'Israël, traduisirent dans des cellules séparées l'ensemble du texte : au terme de leur labeur, toutes les traductions étaient identiques. En réalité, il demeure de grandes différences de style et d'usage entre cette traduction de la Torah dite Septante et les traductions des livres suivants de l'Ancien Testament.]

27. [Ogygès, ou Ogygus dans la mythologie grecque, premier roi de Thèbes. Au cours de son règne survint un grand déluge, l'une des deux versions grecques de la légende du déluge biblique. Ogygès est aussi identifié au roi de Béotie, au fils de Cadmos (*cf.* Leçon 4, note 1) ou à celui de Poséidon.]

28. [Le Véda provient des envahisseurs aryens du sous-continent indien, et de leurs descendants, quoique les premiers habitants aient pu très bien, eux aussi, contribuer à son élaboration. Le Véda représente les intérêts particuliers de deux classes de la société des Aryens : les prêtres (*brahmanes*) et les princes ou guerriers (*ksatriyas*), qui régnaient ensemble sur la masse bien plus nombreuse des paysans (*vaisyas*). La littérature védique va du *Rig-Véda* (*c.* 1400 av. J.-C.) aux *Upanishads* (*c.* 1000-500 av. J.-C.). Elle constitue l'unique documentation relative à l'ensemble de la religion indienne avant le bouddhisme, et propose les premiers textes de l'hindouisme classique (*cf.* Shrava 1977). Les textes les plus importants composent les quatre collections (*samhitas*) connues comme le Véda ou les Védas (« Les Livres de la Connaissance ») : *le Rig-Véda* (« Sagesse des Hymnes »), le *Yajurvéda* (« Sagesse des Formules Sacrificielles »), le *Samavéda* (« Sagesse des Mélodies »), et l'*Atharvavéda* (« Sagesse des incantations rituelles »). Des quatre Védas, le *Rig-Véda* est le plus ancien.]

29. [Le *Chou-King* (« Le Classique des Documents ») est l'un des Cinq Classiques (*Wou King*) de l'antiquité chinoise. Le *Chou-King* est une compilation de récits et de documents relatifs à l'histoire de la Chine antique. Il a été prouvé que certains chapitres sont pure invention, mais leurs parties authentiques constituent le plus ancien texte chinois de ce type (*cf. The Sacred books of China: The texts of Confucianism* [tr. en anglais par Legge James], 2nde éd., Delhi (India) : Motilal Banarsidass, 1988, 6 vol.)]

30. [Confucius, le célèbre sage chinois, naquit pendant la vingt-deuxième année de règne du duc Hsiang de Lu (551 av. J.-C.) à Qufu dans l'ancienne principauté de Lu, aujourd'hui sur le territoire de la province de Shandong. Il occupa plusieurs postes administratifs mineurs (directeur des écuries ou gérant des réserves de céréales) avant d'épouser une femme de même extraction à l'âge de 19 ans. On ignore le nom de ses professeurs mais il s'évertua à trouver ceux qui lui enseigneraient le mieux, entre autres disciplines, la liturgie et la musique. Sa maîtrise des six arts – rites, musique, tir à l'arc, conduite du char, science des nombres, calligraphie – et sa connaissance des traditions classiques, particulièrement la poésie et l'histoire, lui permirent d'entamer une brillante carrière d'enseignant autour de sa trentième année. Confucius est considéré comme le premier enseignant chinois à avoir voulu rendre l'éducation accessible à tous les hommes. Il contribua de manière décisive à conférer à l'art d'éduquer la dimension d'une vocation, et même d'un art de vivre. Avant lui, les familles nobles recrutaient des tuteurs chargés d'instruire leurs fils dans chaque discipline particulière et les fonctionnaires du gouvernement enseignaient à leurs subordonnés les techniques indispensables. Confucius fut le premier à dédier sa vie entière à s'instruire et à enseigner dans le dessein de transformer et d'améliorer la société. Approchant la cinquantaine, il devint d'abord magistrat, puis ministre délégué aux travaux publics, enfin ministre de la justice de l'État de Lu. Sa carrière politique, toutefois, fut de courte durée. Sa loyauté à l'égard du roi lui aliéna ceux qui détenaient alors le véritable pouvoir, les membres de la famille Qi. Sa droiture morale, par ailleurs, détonait parmi les proches courtisans du roi, qui berçaient celui-ci d'illusions gratifiantes. À 56 ans, réalisant que ses supérieurs ne s'intéressaient pas à sa politique, il quitta la principauté dans l'espoir de se mettre au service d'un autre État. Sa frustration politique ne découragea pas un cercle croissant d'étudiants qui l'accompagnèrent pendant l'exil de presque douze années qu'il s'imposa. Dès lors se propagea sa renommée de visionnaire doublé d'un missionnaire. Il figurait l'héroïsme de l'être conscient et réaliste qui sait son projet voué à l'échec, mais qui, habité par le feu passionné de la vertu, continue sans relâche à donner le meilleur de lui-même. À l'âge de 67 ans il retourna sur sa terre pour y enseigner et y préserver, par l'écriture et l'édition, les précieuses traditions classiques (pour une traduction littérale des œuvres attribuées à Confucius, *cf. Les entretiens de Confucius* [titre original : *lunyu* ; trad., intr. et notes par Ryckmans Pierre], Paris : Gallimard, 2004, 139 p.) Il mourut en 479 av. J.-C., âgé de 73 ans.]

31. [Yao – Tang Ti Yao –, empereur légendaire de l'âge d'or de l'Antiquité chinoise (*c.* XXIVe siècle av. J.-C.), fut célébré par Confucius comme une source d'inspiration et un modèle éternel de vertu, de droiture et de piété désintéressée.]

32. [D'après une traduction française du *Chou-King* (*cf.* note 29).]

33. La différence des dates tirées des textes du Pentateuque et de la version des Septante, résulte de l'inégalité de l'âge attribué à quelques patriarches lorsqu'ils engendrèrent. Quant aux différences observées entre les autres dates citées par M. Cuvier, elles n'ont rien d'étonnant, quand on considère que pendant long-temps ces dates n'ont été transmises que par voie de tradition orale [M. de St.-Agy].

34. Elle a été mentionnée par Confucius, dans son livre nommé *Tchun-Tsreou* [M. de St.-Agy]. [La chronologie chinoise peut être vérifiée précisément à l'aide des éclipses à partir du VIIIe siècle avant notre ère (sous le règne de la dynastie Zhou). Le

Ch'un-ch'iu («Annales du printemps et de l'automne»), chronique couvrant la période 722-481 (av. J.-C.), relève 36 éclipses solaires. Il s'agit de la plus ancienne série d'observations d'éclipses jamais retrouvée en quelque partie du monde.]

35. [Originaire de Chaldée, au sud de Babylone (la partie méridionale de l'Irak contemporain), le peuple chaldéen est souvent mentionné dans la Bible. Littéralement, le terme chaldéen devrait s'appliquer strictement à la terre bordant le haut du Golfe persique, entre le désert d'Arabie et le delta de l'Euphrate. Plusieurs auteurs de l'Antiquité ont appelé «Chaldéens» les prêtres et les érudits instruits dans la littérature babylonienne classique, et plus particulièrement dans les traditions de l'astronomie et de l'astrologie.]

36. [Simplicius de Cilicie (*fl. c.* 530), philosophe grec dont les commentaires avisés sur les traités (*Du ciel*, *La physique*, *De l'âme*) et les *Catégories* d'Aristote sont jugés importants, à la fois pour leur substance originale et parce qu'ils contiennent beaucoup de fragments dignes d'intérêt attribués aux philosophes présocratiques (*cf.* Simplicius, *Commentaire sur le Manuel d'Épictète* [texte établi & trad. par Hadot Ilsetraut], Paris: Les Belles Lettres, 2001, CLXXII + 184 p.)]

37. [Alexandre le Grand. *cf.* Leçon 7.]

38. [Callisthène. Voir Leçon 7.]

39. *Le Globe*, *le Temps* et autres journaux meilleurs font dire à M. Cuvier, que c'est dans [*les travaux de*] Synesius [de Cyrène (*c.* 373-*c.* 414), élève d'Hypatie (*c.* 370, Alexandrie-mars 415, Alexandrie, mathématicienne et philosophe devenue la figure dominante de l'école philosophique néoplatonicienne d'Alexandrie) et ultérieurement, après 410, évêque de Ptolemaïs] que se trouve la mention de ces mille neuf cents années d'observations astronomiques. Si M. Cuvier l'a dit en effet, ce ne peut être que par inadvertance; car il sait très-bien que c'est Simplicius [*cf.* note 36] qui a rapporté ce prétendu fait d'après un ouvrage de Porphyre [*le Phénicien*, *c.* 234-*c.* 305], que nous ne possédons plus. La preuve en est dans son discours sur les *Révolutions de la surface du globe* [1825], pag. 232. Seulement, il y donne le nombre de deux mille deux cents au lieu de celui de mille neuf cents. L'édition grecque [de Simplicius] que j'ai sous les yeux, et qui est de Venise, 1526, dit, page 123, que les observations envoyées par Callisthènes, comprenaient un espace de mille neuf cent trois ans. M. Cuvier aura peut-être consulté une autre édition, ou bien ses copistes auront altéré ses chiffres [M. de St.-Agy].

40. [Tcheou-Kong, astronome chinois (*fl. c.* 1100 av. J.-C.), dont certains assurent qu'il inventa le compas de marine (*cf.* Biot (Jean-Baptiste), *Études sur l'astronomie indienne et sur l'astronomie chinoise*, Paris: Michel Lévy frères, 1862, LII + 398 p.)]

41. *Voy.* [Jean-Baptiste-Joseph] Delambre [Leçon 2, note 17], *Histoire de l'astronomie ancienne* [Paris: Courcier, 1817], 1er vol., page 391 et suivantes [M. de St.-Agy].

42. [Les temples de Dendérah (ou du Sistre) et d'Esneh. Voir notes 44 et 47.]

43. [Jean-François Champollion, *cf.* Leçon 2, note 27.]

44. [Le temple de Dendérah, dédié à Hathor, déesse du ciel et de la fertilité, est l'un des mieux préservés d'Égypte. Il est situé à Dendérah, une cité agricole sur la rive occidentale du Nil, à 5 km au sud de Kenah, en Haute Égypte (Brockedon 1842-1849). L'édifice actuel remonte à la période ptolémaïque (305-330 av. J.-C.) et fut achevé par l'empereur romain Tibère (14-37). Il repose cependant sur les fondations anciennes qui remontent au moins à Khéops, deuxième pharaon de la quatrième dynastie (*c.* 2613-2494 av. J.-C.)]

45. Voir [Antoine Jean] Letronne [1787-1848], *Recherches pour servir à l'histoire de l'Égypte [... pendant la domination des Grecs et des Romains, tirées des inscriptions grecques et latines*, Paris: Chez Boulland-Tardieu, 1823, 524 p.]. [M. de St.-Agy] [Tibère (Tiberius Caesar Augustus, ou Tiberius Julius Caesar Augustus (16 novembre 42 av. J.-C.-16 mars 37 de notre ère, Capri). Second empereur romain, fils de Tiberius Claudius Nero (*c.* 85-33 av. J.-C.) et fils adoptif d'Auguste dont il chercha à préserver les institutions et les frontières impériales. Dans ses dernières années, il se transforma en ermite tyrannique, terrorisant la plupart des grands personnages de Rome.]

46. [Pour Néron, *cf.* Leçon 12, note 2.]

47. [Le petit temple d'Esneh ou Esné, fait partie du site de Dendérah. Voir note 44.]

48. [Antonin est Marc Aurèle, *cf.* Leçon 11, note 72.]

49. [Cécrops, dans la mythologie grecque, premier roi d'Attique. On dit de lui qu'il créa une législation dédiée au mariage et à la propriété, et encouragea de nouveaux modes de vénération des dieux. L'introduction de sacrifices sans effusion de sang, l'inhumation des morts et l'invention de l'écriture lui ont aussi été attribuées. Il arbitra la dispute opposant les divinités Athéna et Poséidon pour la possession de l'Attique. Autochtone, Cécrops était représenté avec un corps mi-homme, mi-serpent.]

ASHURBANIPAL

The last great king of Assyria (born 685, died 627 B.C.), in his chariot. From ancient Nineveh near the present-day city of Mosul, Iraq, and now in the Louvre, Paris. After Perrot (Georges) & Chipiez (Charles), *Histoire de l'Art dans l'antiquité, tome II: Chaldée et Assyrie*, Paris: Hachette et Cie, 1884, pl. 10.

2 The Chinese, Indians, Babylonians, and Egyptians

We saw in the previous meeting that the antiquity of the real world goes back to five or six thousand years. But history proper, true history, goes back no further than Cyrus, that is, 600 years before the birth of Christ. Before that time, we find only fabulous tales and poets for historians.

Nevertheless, a very long time before that, four famous peoples were already firmly established over vast areas of Asia and Africa. These peoples were the Chinese, the Indians, the Babylonians, and the Egyptians. None of them, it is true, have left us regular annals of the early times of their existence; but from their monuments, it has been possible to ascertain their organization as a society of people to about the 15th century B.C.

The first of these peoples, the Chinese, have remained in such isolation that even today they are almost unknown to the rest of the world. If they made progress in the sciences, the use of it did not go beyond the ramparts of their empire. Thus, we need not place this people among the number of those furthering the civilizing of the world, and we shall occupy ourselves only with the three other peoples, who communicated their science to the Greeks and who in turn communicated it to us.

When one compares the history of India, Babylon, and Egypt, one cannot doubt but that there existed continuous communication between them as early as their origin, and that their origins are the same. In all three, in fact, one sees identical metaphysical and religious beliefs, a similar political establishment, the same style of architecture, and symbols for cloaking their beliefs that are clearly analogous. The symbols of the Babylonians are less familiar to us than those of Egypt and India; those of Egypt, handed down to us by the Greeks, and those of India, transmitted in written works, are thoroughly familiar to us. [1]

However, I shall not lay much stress on these resemblances. The subject of metaphysics being the same for all men, it might appear quite natural that some peoples arrived independently at the same system of religious philosophy. And again, one might easily imagine these peoples adopting identical symbols, because, in general, symbols are the representation of beings that always and everywhere surround men.

But identical political establishment is more surprising and cannot have come about except by frequent communication.

In India, the people were divided into four main castes. The first was the Brahman, the most respected and most powerful. Its members were the trustees of science and the ministers of religion and the law, and to them alone belonged the right to read the sacred books[2].The second caste was the warrior class. Its duty was the defense of the country, and it had the privilege of hearing the sacred books read[3]. The merchants made up the third caste, which contained as many subdivisions as there were types of commerce. Finally, the fourth caste comprised artisans, laborers, and others of low status, and it too contained as much hereditary subdivision as there were occupations and types of work[4].

This social distribution, which could not have been established except by a powerful mind and with the help of extraordinary means, is found also in Egypt and in perfect conformity. The Egyptian priests were like the Brahmans, trustees of science and religion, and like the Brahmans employed a special language the knowledge of which procured for them great respect; their reputation was so widespread that their learning was praised in every country.

The political establishment of the Babylonians, according to what we know about it, was very like the social organization in India.

The pyramidal shape of the ancient monuments of these three peoples perhaps proves better than the conformity of their religious and political organizations the ties they had with one another, or their common origin; for nothing is less fixed, nothing is more arbitrary, than the shape of an edifice. It would be impossible to think that the recurrence of this form was the result of the natural development of human faculties.

True, the slender and graceful architecture of the column, which the Greeks and the Romans borrowed from these three peoples, might have come into being simultaneously in the artificial caverns of Upper Egypt and in the subterranean pagodas of India, because it would have been natural to leave here and there vertical masses to hold up the roof of the excavations hollowed in the rock. But the similarity of edifices that have been built above ground cannot be explained by the use of similar materials, because in Assyria only sun-hardened bricks were used for lack of granite or syenite.

The monuments made of these bricks were susceptible to erosion by time, and that is why few Babylonian constructions are extant. However, the pyramids of a temple to Venus have recently been discovered in the ruins of Babylon[5], and thus a proof has been obtained of early communication between Babylon, India, and Egypt, all of which used the pyramid in architecture.

And finally, these three peoples resemble each other in their geographical position. They settled in wide and fertile plains near great rivers that favored commercial traffic.

History shows us India, first, in the rich valley of the river Ganges and on the fair plains of Bengal. Then history shows her people spreading into the valleys of the river Indus; and it is the latter that is most particularly spoken of in our Western world.

The Babylonians colonized the plains of the Euphrates delta.

The Egyptians peopled a rather narrow valley, upon the banks of the Nile; but their country was nonetheless the center of an immense commerce. It was through Egypt that all trade was effected between the northern parts of Africa, Ethiopia, and the eastern provinces of Asia.

Oddly enough, religion protected the commerce of the three nations: a part of their temples was consecrated for use as a wayside station for caravans and as a depot for merchandise. The inhabitants of the country came there to trade.

Despite all these elements of progress, these peoples remained at a standstill in the sciences and even became retrograde.

The reason for this lack of progress in the sciences is especially to be found in the numerous invasions to which these peoples were subjected. The countries they inhabited formed a rich belt around vast plateaus of sand fit only to sustain nomadic or pastoral peoples. Such peoples hardly arrive at the degree of civilization of people who practice agriculture, not to mention people who devote themselves to commerce; but they are singularly qualified for war: they are more vigorous, more muscular, less fastidious about food, and less wedded to their native soil. When an enterprising chief arises among them, they are always ready, led by a taste for pillaging, to launch themselves upon their rich neighbors. In every age, history shows us civilized nations being attacked by nomadic people and even being controlled by them. China was conquered several times by the Tatars; for example, in the 17th century, the chief of the Manchurian Tatars was seated upon the imperial throne and founded a new dynasty that still reigns.

India was subjected to Mongolian rule. The Mongols came down from the high plains that extend to the north of the Ganges basin and its tributaries.

Babylon was conquered by the Assyrians, and later by the Persians.

Egypt was invaded several times by nomadic people from another country. The first occupation, by herdsmen kings, lasted two hundred years, from 1750 to 1550 B.C. In that time, the priestly order lost its influence; it was entirely subdued and the march of science and art was completely halted. But under the dynasty that delivered Egypt from her conquerors, the priests regained their ascendancy.

The second invasion of Egypt took place under Cambyses[6]. The Medes and the Persians committed great ravages there.

Finally, after the beginning of our era, Egypt underwent conquest by the Saracens, the Turks, and the Arabs.

I have not mentioned Alexander's victories because, far from having been contrary to civilization, they could only have brought elements of progress, since the Greeks were at the time far ahead of the Egyptians in the arts and sciences[7].

Continually interrupted in the Orient by barbarian invasions, the sciences could not be developed there. They did not have conditions favorable for their advance until they penetrated the West, through Greeks who had visited Egypt.

India did not directly contribute to civilization in general. Although this country is readily encountered after one doubles the Cape of Good Hope, the ancient state and the development of her knowledge have been known to us for only the past twenty years, that is, since we succeeded in explaining her sacred books, which moreover are quite difficult to obtain because of religious interdict.

However, it is likely that the sciences were born in India. Various considerations support this opinion.

For one thing, India is in some parts very elevated. It contains the highest mountains known, those of the Himalayas and Tibet, which permit cultivation at a higher elevation than anywhere else. And so, during the last cataclysm, people could find refuge only in these mountains, for Babylonian lands were much too low and were submerged. Egypt, with an even lower elevation, scarcely yet existed; the whole lower part was nothing but alluvial plains of the Nile, and it was not until the time of Menes[8], 2200 to 2400 B.C., that it could have been inhabited. One may verify this by observing the rising of the soil each year and comparing this with the totality of earlier layers, which are distinct one from another. The priests knew well how their country was formed, for they told Herodotus that Egypt was a gift of the Nile.

Historical traditions that we seem not to have mentioned yet also lead us to regard India as being the first people and the creator of the sciences[9]. One sees in fragments from the works of Manetho[10] that during the reign of Amenophis[11], about 1600 B.C., a group of colonists left the banks of the Indus and settled in Ethiopia. Now, Diodorus of Sicily[12] and all other historians who have written about the Egyptian religion claim that it came from Ethiopia or Upper Nubia. According to them, it was from this area that the priests who civilized Egypt came and who became the dominate caste. Thebes itself was a colony of Meroë[13], the sacerdotal city of the Ethiopians. Thus, civilization must have come from India into Ethiopia and from there into Egypt. One may even follow it from the latter country into Babylon, for the same Diodorus, cited above, states that the Chaldeans, who made up the sacred caste in Babylonia, had their origin in a colony of Egyptian priests[14].

Because the Indians appear to be the first men to cultivate the sciences and because they are still the same as they were in Alexander's time – despite the conquests to which they were subjected – one might have hoped to find among them abundant information on the origin and development of the sciences. But this hope has not been realized. It is not because these people have not written many books, and over a very long span of time, but rather with them there exists no historical writing. They do not even have lists of their kings and great men. Perhaps this resulted from the policy of the Brahmans, who intended to draw popular attention to their own caste; with this in mind they caused people to neglect to record the deeds of heroes or the great discoveries – both extraneous to their order – that improved the lot of mankind.

What is certain is that, to this day, it is a point of doctrine among them not to write history. For this they give the reason that none of the events of the miserable era, that is, the present age, deserve to be perpetuated in the memory of men. Therefore, we have for this singular country neither facts nor events that might serve as guides through the dark ages. In the absence of chronicles or annals, we have no means of deriving any ideas about the Indians other than their monuments and various sorts of books, in which we search for some basis for induction, some indirect information.

The monuments give only feeble aid, for they carry no dates. However, we are sure that they came after the time of Alexander or Ptolemy[15] because of the silence of the Greeks on the subject. For, had the monuments existed at that time, they doubtless would have been mentioned, their gigantic dimensions being proof that those writers would have noticed them.

Moreover, the symbols represented on the monuments allow us to a certain point to determine their antiquity. All these symbols are related to present-day religion; therefore, the Indian temples known to us were built after the Vedas. Indian mythology, the result of the corruption of their ancient symbols, also was developed only in books written after the Vedas, since its metaphysic is wholly pantheistic.

As for these works themselves, which are the oldest that India possesses, we have come to know their age by means of a calendar appended to one of them indicating the position of a vernal equinox. With the indication of this position and the help of the laws governing the precession of the equinoxes, astronomers know that this calendar was developed in about 1500 B.C.

The Vedas contain moral precepts, prayers, and a pantheistic metaphysic. The Oupavedas, a part of the Vedas, contain various writings about the sciences, medicine, war, architecture, music, and the mechanical arts that were then very little known. These two works, and some very important poems, are written in Sanskrit. This language, which is not used by the people, and is so perfectly regular that it is supposed never to have been spoken, is quite remarkable in that it contains the roots of Greek, Latin, Slavonian, and modern European languages. As a result of this fact, we must again go back to India to find language, the first instrument of the sciences.

The part of the Vedas that treats of astronomy contains very few rules. Those that the Indians use in calculating the eclipses are set forth in verse, bearing a date long after that assigned to the Vedas. Brahmans, who make up the astronomer caste, are obliged to learn by heart these works in verse.

Bailly[16], as is well known, maintained in the 18th century that long ago Indian astronomy was much more advanced than it is now and even that another people must have preceded the Indians. He based this mainly on the existence of certain astronomical tables that seemed to him to prove that the Brahmans possessed more advanced methods of calculation than seemed possible given the state of mathematics among them at the time. But supposing this were true, all that can be legitimately concluded is that the Indians of ancient times were slightly less ignorant than they are today.

One might also claim, with Monsieur Delambre[17], that the Indians did not invent their formulas, and that they received them from the Arabs. But whatever their origin, these formulas are far from the perfection ascribed to them by Bailly. If the Brahmans are to be believed, they possessed a series of astronomical observations dating from four thousand years before the Christian era, and at that distant time there was a conjunction of all the planets. If this conjunction actually took place, it is possible with mathematics to know exactly its past occurrence. Now, Bentley[18] has studied the era of this extraordinary phenomenon and he has come to the conclusion that it did not occur at the time indicated by the Indian tables. Authentic documents, which Bailly could not have consulted in his time, have proved the error of his method and also given the key to the Indian fable. It was noticed that, if in back-calculation one used the faulty formulas of the Indians instead of the correct formulas we use today, one got an erroneous result which gave – for precisely the epoch mentioned by the Indians, namely, for the four thousandth year before our era – the occurrence of a conjunction of all the planets. It was no doubt in order to make us believe in the extreme antiquity of their science that the Brahmans had thus given as an observation a phenomenon that they had calculated only *a posteriori*.

From these facts and several others that we owe to the researches of an English scholar, it is clearly seen that ancient India had neither an advanced astronomy nor an exact geometry.

But about 2,000 years before Christ, a time when one of their colonies was civilized, trade already existed among them; they traded in gemstones, precious metals, plants, and perfumes. We have some proof of their knowledge of natural history. They also had some rough knowledge of chemistry. But their institutions did not permit the development of their knowledge. For example, their religion forbade them to touch cadavers; hence, the horror for killing and even for hides opposed any progress they might make in zoology.

These obstacles to the development of the sciences exist even today in all their power. Recently a Brahman permitted a book of the Vedas to be given to an Englishman only on the express condition that he not have it bound in morocco leather or calf-skin, that it be bound only in silk. With such prejudices it is impossible to form zoological collections, and the science is suppressed forever.

Although they were civilized by the Indians, as we have seen, it is thus probable that the Egyptians might have received from them only their social organization, the shape of several of their architectural monuments, and their knowledge of minerals and Indian plants and of customs relative to domestic life.

But in Egypt much more than in India were united circumstances favorable to the development of the sciences and arts. Her soil, made fertile by the flooding of the Nile, required but little work on the part of agriculture; and during the two months of flooding, the Egyptians, prisoners in their own towns, necessarily were devoted to meditation and study, as well as to pleasures devoid of important results. Thus they made many useful discoveries. To reestablish the boundaries of properties destroyed or changed by the overflowing of the Nile, they invented a land measurement that led by necessity to the study of geometry. Urged by the need to drain or spread the floodwaters, they succeeded in learning the complex art of digging canals. The flooding of the Nile was important for Egypt in that it led the inhabitants to seek a means of knowing in advance the season of its recurrence. The periodic regularity of the movement of the stars furnished them this means; moreover, since the extreme rarity of rain in this country, the perfect clarity of the atmosphere, especially favored the observation of celestial events, astronomy was developed there earlier and more rapidly that anywhere else. For example, the Egyptians were the first to have a solar year of 365 days, and then of 365 ¼ days.

Architecture was promoted by them in various ways: first, by the numerous quarries of granite, hard sandstone, and calcareous rock that the country possesses; second, by the ease of transport by the Nile River along the whole valley; and finally, by the same -circumstance that hastened the development of astronomy, namely, a dry, pure atmosphere. Thus it is that extant Egyptian monuments are perfectly preserved and very numerous. We shall see later on another reason for their great number.

Mineralogy commences usually with the exploitation of quarries or the formation of caverns. In Egypt it began more readily than anywhere else because minerals in that region are so close to the surface as to seem to offer themselves to the observer for study. Thus, they were known very early on, and not only their appearance but also their chemical properties.

Not that chemistry was very advanced in Egypt – far from it – but some processes were known. Through the action of fire, Egyptians knew how to transform minerals into glass; they prepared colors. And one might remark in passing that the name given to this science, once it began to be known in Europe, is the same as its place of origin. *Chim*, from which we get *chimie*, is the ancient name of Egypt in the Coptic language; and the word *chim* itself, if we trace its etymology as far as possible, comes from *Cham*, one of Noah's sons, as everyone knows. Thus, chemistry originally signified Egyptian science. But we must not conclude from this that what afterwards was called Egyptian science, the hermetic or secret art of transmuting metals, was known in antiquity. This so-called transmutation was completely unknown; its origin goes no further back than the Middle Ages, a time of musings or practices of all sorts; and the books of Hermes are obviously counterfeit: they were written at Constantinople by Greeks of the Late Roman Empire.

Of all the sciences whose origins we are seeking, natural history, properly speaking, and anatomy owe the most to Egypt. Indeed, the religion of that country was not the obstacle to their progress that it was in India. Far from being an obstacle, it required that men cultivate the sciences, up to a certain point; for it had adopted most of its symbols from the animal kingdom and had made several individuals from that kingdom the objects of worship.

To explain this difference in religion one may suppose with some probability that the Ethiopian priests, who were of Indian origin, found peoples in Egypt devoted to the superstitions of fetishism, as certain Negroes still are. In order to gain the confidence of these barbarians, the priests adopted their religious beliefs. In fact, otherwise, they would have been exposed to enmity both open and covert, and they were too prudent and too adroit not to avoid this. And so they united the Egyptian divinities with their own, and thus it was that Osiris had the head of a hawk; Isis, an ibis or a cow; Jupiter Ammon, a ram; Saturn, a crocodile; Anubis, a dog; etc.[19]

The various animals that partook of divine honors inhabited, as is reasonable, the temples of the gods to which they were allied; to that end, aviaries, fish-ponds, and all other buildings necessary for their protection were constructed within the temple precincts. In these temples, the bull Apis was a special object of singular attention and respect.

Because of these religious arrangements, there was always the opportunity to observe the outward characteristics of animals that were sacred, their form, their ways or habits, and they could be drawn with accuracy. Thus, the representations made of them on the walls of monuments are of a satisfactory fidelity. [20]

There is a second difference, more important for the sciences, between the Indian and Egyptian religions. The latter not only prescribed the embalming of sacred animals when they died, but even allowed the embalming of the cadavers of humans and of animals not belonging to the deified species [21]. Now, this custom necessarily procured knowledge for the men who executed its tasks, about the form and position of the viscera contained in the thorax and abdomen, about the muscles, membranes, and the bony and cartilaginous elements that compose these cavities. In fact, it is in Egypt that anatomy was first developed. It is under this fair sky that the Greeks, who burned their cadavers, and consequently could not attain any notions about anatomy, were instructed in this science that is so important to us today, for there is no good medical treatment possible without it and it is the basis of all our philosophical ideas about animal economy. The Greeks were so ignorant of anatomical science that they did not even know the osteology of man, for Galen [22] himself traveled to Egypt expressly to see a human skeleton represented in bronze.

It would be extremely interesting to study the development of the sciences in this country where they made such rapid progress. But none of the numerous works written by the ancient Egyptians are extant: all are destroyed or lost; and so we have perhaps even less information about the advance of the sciences in Egypt than we have for pursuing their history in India.

However, we know what subjects were treated in their books. Clement of Alexandria has preserved for us in his *Stromateis* [23] a catalog of the sacred books of Hermes. These books were particularly venerated in Egypt. They were carried in procession at religious ceremonies, and every priest was obliged to know by heart at least the part relative to the ceremonies. They were about theology and philosophy, ritual, the teaching of priests, the priestly discipline, laws, arts, the structure of man, his maladies, therapies, the eyes, and finally women.

As one can see, none of these books are about history, and thus we have no annals of Egypt.

It seems that we may justifiably conclude that Egyptian priests, like those in India and for the same motives, followed systematically the custom of not recording for the future the remembrance of events they had witnessed or that had occurred in their lifetime.

Nevertheless, we possess some lists of Egyptian kings, preserved for us by Eusebius, bishop of Caesarea [24], by Manetho, keeper of the sacred archives at the temple of Heliopolis [25], and by Eratosthenes, second director of the library at Alexandria [26]. Although these lists do not agree with one another, it can be useful to consult them, if one remembers the changes that Egypt has gone through in its political geography.

It appears that this country was formerly divided into small independent states, each governed by a prince. The names of these sovereigns, instead of being listed by historians in parallel series, have been written one after another, as if the kings who bore the names had succeeded one another. As a result, the number of Egyptian kings was irreconcilable with what we knew about the length of the reigns, and thus, some authors made Egypt excessively ancient.

The conquest by the shepherd-kings abolished all the small kings in Egypt, and reunited their states under the rule of one chief.

After expelling the conquerors, the victorious dynasty was to continue to rule the whole of Egypt. It was only after this reuniting of the separate parts of Egypt into one state that the country became truly powerful and executed those immense works that are still objects of wonder.

Monsieur Champollion's discoveries have placed these facts beyond doubt[27]. He realized that none of the names of Egyptian princes inscribed on the monuments in hieroglyphics belonged to dynasties earlier than the seventeenth and eighteenth, that is to say, to dynasties earlier than those that, around 1500 B.C., delivered Egypt from domination by the nomadic conquerors.

One might even claim that the monuments that seem to have been raised to honor these dynasties, since they bear their names, came long afterwards, for the gratitude of men is not always contemporaneous with those who have earned it. The monuments might not have been built until centuries after their death, as in our day for example we erect memorials to Louis XII[28], Montesquieu[29], Henri IV[30], Vincent de Paul[31], and other notable persons.

As for the famous pyramids of Egypt, which belong to the infancy of the art and are certainly earlier than architecture with columns and elegant proportions, it is Manetho's opinion that they were constructed after the reign of Sesostris[32], who conquered the shepherd-kings. There is other evidence for this: the emigration of the Jews took place during the last years of the shepherd-kings' rule, or shortly after their expulsion. Now, nowhere in the Bible are the pyramids mentioned, nor did the Hebrews imitate them.

It even seems that before the emigration of this people the Egyptians used brick in building their monuments, for the Hebrews complained about the enormous quantity they had to fabricate and the quantity of straw they had to gather in order to fire these bricks. But we no longer find ancient edifices constructed with this material; they have disappeared through the action of time.

Neither did the Greek colonies that came from Egypt, with Cecrops[33] and Danaus[34], have any knowledge of the pyramids, for the Greeks never imitated that form.

Homer was the first who spoke of the gigantic monuments of Egypt. He mentions Thebes, which he calls the city of a Hundred Gates, probably alluding to the enormous propylaea that exist before the numerous temples that this city contains[35].

Like considerations might be useful in determining the dates before which one cannot claim construction for the other monuments in Egypt.

We shall continue with the history of this country in our next meeting.

NOTES

1. See Kreutzer [M. de St.-Agy]. [Kreutzer is Georg Friedrich Creuzer (born 10 March 1771; died 6 February 1858), a German philologist and archaeologist, best known for his *Symbolik und Mythologie der alten Völker, besonders der Griechen, von Dr. Friedrich Creuzer*, 2nd ed., Leipzig und Darmstadt: Heyer & Leske, 6 vols, 1819-1828 (first published 1810-1812), in which he maintained that the mythology of Homer and Hesiod came from an Eastern source through the Pelasgians (see Lesson 4, note 4), and reflected the symbolism of an ancient revelation.]
2. This caste was for Indians what the Levites were for the Jews [M. de St.-Agy].
3. This caste, called Ratpujes [Rajputs], was altered; it became necessary to go against ancient customs, as often happens, and raise soldiers elsewhere [M. de St.-Agy].
4. Subdivision was so rigorous that the servant, for example, who swept up garbage, was never the one who took it away [M. de St.-Agy].
5. [Babylon, one of the most famous cities of antiquity (at one time the largest city in the world), capital of southern Mesopotamia (Babylonia) from the early second millennium to the early first millennium B.C. and capital of the Neo-Babylonian (Chaldean) Empire in the 7th and 6th centuries B.C., when it was at the height of its splendour. Its extensive ruins on the Euphrates River about 55 miles (88 kilometers) south of Baghdad lie near the modern town of al-Hillah, Iraq.
The present site, an extensive field of ruins, contains several prominent mounds. The main mounds are (1) Babil, the remains of Nebuchadrezzar's palace in the northern corner of the outer rampart; (2) Qasr, comprising the palace complex (with a building added in Persian times), the Ishtar Gate, and the Emakh temple; (3) Amran ibn Ali, the ruins of Esagila; (4) Merkez, marking the ancient residential area east of Esagila; (5) Humra, containing rubble removed by Alexander from the ziggurat in preparation for rebuilding, and a theater he built with material from the ziggurat; and (6) Ishin Aswad, where there are two further temples, one of which has been attributed to Venus. An over-life-size basalt lion, probably of Hittite origin and brought to Babylon in antiquity, stands north of the Ishtar Gate.]
6. [Cambyses II (fl. 7th century B.C.), Achaemenid king of Persia (reigned 529-522 B.C.), who conquered Egypt in 525; he was the eldest son of King Cyrus II the Great by Cassandane, daughter of a fellow Achaemenid. During his father's lifetime Cambyses was in charge of Babylonian affairs. In 538 he performed the ritual duties of a Babylonian king at the important New Year festival, and in 530, before Cyrus set out on his last campaign, he was appointed regent in Babylon. The conquest of Egypt, planned by Cyrus, was the major achievement of Cambyses's reign.]
7. Thus, the latest conquests, by the French, have been favorable for European civilization, and they have perhaps compensated for the ravages that always result from the conflict of men armed for destruction [M. de St.-Agy].
8. [Menes, also spelled Mena, Meni, or Min (fl. *c.* 2925 B.C.), first king of unified Egypt, who, according to tradition, joined Upper and Lower Egypt in a single, centralized monarchy. Manetho, a 3rd century-B.C. Egyptian historian (see note 10, below), called him Menes; the 5th-century-B.C. Greek historian Herodotus referred to him as Min; and two native-king lists of the nineteenth dynasty (13th century B.C.) call him Meni.]
9. This opinion is held by Monsieur F[riedrich von] Schlegel [born 10 March 1772, Hanover; died 12 January 1829, Dresden, Saxony; German writer and critic, originator of many of the philosophical ideas that inspired the early German Romantic movement; see Schlegel (Friedrich von), *The Aesthetic and Miscellaneous Works of Friedrich von Schlegel* [tr. from the German by Millington E. J.], London: H. G. Bohn, 1849, xxiii + 533 p. It is also close to that of [Jean-Sylvain] Bailly [see note 16, below], who thought that a people had existed who taught other peoples everything, except its name and the fact that it existed, as [Jean Le Rond] d'Alembert [born 17 November 1717, Paris; died 29 October 1783, Paris; French mathematician, philosopher, scientist, and writer] says in his correspondence with Voltaire, vol. 2 [see Pappas (John Nicholas), *Voltaire and d'Alembert*, Bloomington: Indiana University Press, 1962, 183 p. (Indiana university Humanities series; 50)]. But in general, scholars think otherwise: Despite Monsieur [Georges] F[rédéric] Cuvier's [younger brother of Georges Cuvier, born 28 June 1773, Montbéliard; died 24 July 1838, Strasbourg; head keeper of the ménagerie at the Muséum d'Histoire Naturelle in Paris from 1804 to 1838] interesting work on dog breeds [Cuvier (Frédéric), "Recherches sur les caractères ostéologiques qui distinguent les principales races du chien domestique", *Annales du Muséum d'Histoire Naturelle*, vol. 18, 1811, pp. 333-353], they believe there are several species of human beings. For example, those having nasal bones joined in such a way as to form a single piece, as in the orangutan and the macaque; or those in whom the olecranial depression of the humerus instead of being a simple cavity is perforated, as in the Guanches [indigenous population of the Canary Islands]; or those whose wool-like hair is unchanging under all climatic conditions are considered to form a species distinct from the Caucasian species. Messieurs [Étienne] Geoffroy Saint-Hilaire [born 15 April 1772, Étampes, France; died 19 June 1844, Paris], [Henri Marie Ducrotay] de Blainville [born 1777; died 1850], [Julien-Joseph] Virey [born 1775; died 1846], and other first-order naturalists are of the same opinion, and I say frankly that persons who reject this opinion seem to me less influenced by the facts of science than by considerations alien to it [M. de St.-Agy].
10. [Manetho, also spelled Manethos or Manethon (fl. *c.* 300 B.C.), native of Sebennytus, Lower Egypt, historian and

priest who wrote a history of Egypt in Greek, probably for Ptolemy Ier Soter (see Lesson 7, note 18). Manetho's history has not survived except for some fragments of narrative in Josephus's (see Lesson 9, note 42) treatise "Contra Apionem" (Josephus (Flavius), *Against Apion* [translation and commentary by Barclay John M. G.], Leiden; Boston: Brill, 2007 + lxxi + 430 p.); and tables of dynasties, kings, and lengths of reigns in the works of Sextus Julius Africanus (born *c.* A.D. 180, Jerusalem; died *c.* 250; first Christian historian known to produce a universal chronology; see Africanus (Sextus Julius), *Chronographiae: the extant fragments / Iulius Africanus* [ed. by Wallraff Martin; translation by Adler William (greek-english), Berlin: N. de Gruyter, 2007, lxxxix + 350 p.); Eusebius (see note 24, below); and George the Syncellus (fl. late 8th century, died after 810; Byzantine historian and author of a world chronicle of events from the creation to the reign of the Roman emperor Diocletian who reigned 284-305, see George the Syncellus, *Georgii Syncelli Ecloga chronographica* [ed. by Mosshammer Alden A.; text in greek, foreword in latin], Leipzig: B. G. Teubner, 1984, xxxvii + 507 p. (Bibliotheca scriptorum Graecorum et Romanorum Teubneriana). The fragments thus preserved showed that Manetho's work was based on good native sources. These fragments have been of much service to scholars in confirming the succession of kings where the archaeological evidence was inconclusive, and Manetho's division of the rulers of Egypt into 30 dynasties is still accepted.]

11. [Amenophis, also called Akhnaton (sometimes spelled Ikhnaton), Amenhotep IV, or Neferkheperure Amenhotep (fl. 14th century B.C.), king of Egypt (1353-1336 B.C.) of the eighteenth dynasty, who established a new monotheistic cult of Aton.]
12. [Diodorus Siculus, see note 14, below, and Lesson 12, note 26.]
13. [Meroë, city of ancient Cush (Kush) the ruins of which are located on the east bank of the Nile about 4 miles (6.4 km) north of Kabushiyah in the present-day Sudan; Meroë is also the name of the area surrounding the city.]
14. The following historical objections have been made to this opinion of Monsieur Cuvier, an opinion, moreover, that he seems not to hold very firmly. The objections sometimes verge on the false, but they contain ideas on the primitive distribution of societies and their governance conformable to those that I myself would bring up to Monsieur Cuvier, and it is for that reason that I bring them forward here.

Monsieur Cuvier holds that men, at first confined upon the slopes of the Himalayas, must have descended with the beginnings of culture, with laws, institutions, beliefs, which they carried with them wherever they migrated, and thus is explained the astonishing similarity of the social forms of the most ancient nations. But how can we explain the savage conditions under which Greeks, Sicilians, and many other peoples of Europe and Asia lived for so long? We would have to say that colonists from India were able to preserve their civilization only in Ethiopia and everywhere else they sank into the deepest savagery. But that is not likely. When the New World was discovered, there existed in America three or four populous empires; but there were also small tribes the length of the continent, from Cape Horn to the icy regions of the Arctic Pole. This must have happened also in the ancient world. There too the necessities of life must have driven the populations to disperse as soon as global conditions permitted [following the great Flood] and perhaps Spain had inhabitants before any society was regularly established. One fact to be noticed is that wherever ancient sailors traveled they found men already there; even the islands were populated, as they are today in the Southern Ocean; and because of this distribution of humanity, many seats of civilization came into being simultaneously.

This in fact is what happened. Through the night of time a few lights pierce, allowing us to glimpse mankind coming to life and taking social shape in various loci: on one hand, in Bactria [or Bactriana, ancient country of southwest Asia between Hindu Kush and the Oxus river] and Upper Armenia, the Eden of the Aramean races; on the other, upon the two coasts of the Red Sea, at Meroë, Axum [in what is now Ethiopia], Saba [ancient kingdom in southwestern Arabia]. Surely, as Monsieur Cuvier says, communication took place between the peoples, war and trade brought them together; there was mutual borrowing; but they grew up by themselves, and if we must name the elder brothers of civilization, we would say first the Ethiopians, then the Chaldeans. From the north, probably from Bactria, tribes descended into the valleys of the Indus and the Ganges that subjugated India. It is not in one day that they reached the shores of the Ocean, nor was it a day's work to construct vessels and learn enough about navigation to discover Ethiopia and settle there. Now, from earliest centuries the name of wise Ethiopia resounds and the tower or pyramid of Belus arises. The Egyptian priests did not forget their Ethiopian origins. Why would they not remember that their ancestors had come from India? Monsieur Cuvier relies on a passage, preserved by [George the] Syncellus [fl. late 8th century, died after 810; Byzantine historian and author of a world chronicle of events from the creation to the reign of the Roman emperor Diocletian (reigned 284-305)], in which Manetho [see note 10, above] writes about a colony that left the banks of the Indus and arrived in Egypt during the reign of Amenophis [see note 11, above]. (Here is the exact sense of the passage in Syncellus [translated from the Latin]: *The Ethiopians, having set forth from the river Indus, chose a home for themselves above Egypt.* We must remember that the ancients called all black or swarthy people Ethiopians, and accordingly an Ethiopia existed between the Persian Gulf and the mouth of the Indus.) This passage is far from confirming his opinion. Under Amenophis, Thebes was in all its splendor, but Thebes was but the creature of Meroë. Certainly, it was not the Indians of Manetho who brought to Ethiopia the institutions, laws, the social organization into castes, which long before had been established and already transported to Thebes. See how old Ethiopia is! From her bosom came Egypt, and Egypt had realms when Abraham visited her.

Diodorus of Sicily [see Lesson 12, note 26] says, if we have properly understood Monsieur Cuvier, that the Chaldeans [see Lesson 1, note 35] came from Ethiopia. All that Diodorus tells us, it seems to me, is that the Chaldeans were descended from the oldest families of Babylon and they lived like the Egyptian priests. In any case, there are better reasons for believing that the Chaldeans were of Ethiopian origin than that the Ethiopians were of Indian origin. Diodorus, agreeing in this matter with the Arab annalists, asserts that Ariaeus, an Arab prince, assisted Ninus [in Greek mythology, Ninus was king of Assyria, said to have conquered in 17 years all of western Asia with the help of Ariaeus, king of Arabia] in the wars that subjected the Babylonians to him, and it is also certain that the Arabs had always traveled the banks of the Euphrates and even ruled there from time to time. Now, the Arabs and the masters of Ethiopia are most likely people of the same family. Judging by the name *Habesh,* which designated the countries on both shores of the Red Sea, and by Oriental tradition, it must have been Arab tribes that first subjugated the Nubian populations and founded the states of Meroë, Axum, and Arkek. From these states, colonists must have returned to the mother country and there in their turn have set up the celebrated rule of the Homerite [Homeric] kings. At any rate, populations from the north fought with the Arabs over Mesopotamia, and presumably the Chaldeans were descended from one of these peoples. Men from the East found in the country of Shinar [Babylonia] a land where they settled and they built the Tower of Babel: this would hardly pertain to the Ethiopians.

Is the similarity in social organizations, and especially the division of the country into castes, enough to prove that the Indians, Egyptians, and Chaldeans had a common origin? Not in our opinion. However extraordinary the caste system seems to us, it was nevertheless the organization used by most societies in the infancy of civilization. Like the Indians and Egyptians, the nations of Iran and Bactria chose it in the Old World; in America, the Spaniards found three regularly established empires and all three were organized like the old Chaldean society and the present-day society in India. In Mexico, the priests, without being yet entirely separate from the nobility, held sway over the nation, and beneath the ruling class were two others – the laborers, and the lowest the enslaved bearers of burdens, virtual Sudras [the fourth and lowest of the traditional varnas, or social classes, of Hindu India, traditionally artisans and laborers]. In Peru the system was complete: the children of the sun would have been defiled by contact with the children of the earth, and the nobles considered their yanaónas impure.

Africa is still in our day a country of castes. At Ardra, Juida, the Gold Coast, everywhere, one finds a hereditary priesthood and social classes completely separated from each other by inequality of rights and the occupations of the families that compose them. Among the Ashantis, [Thomas Edward] Bowdich [born 20 June 1791, Bristol, Gloucestershire, England; died 10 January 1824, Bathurst, Gambia; British traveler and scientific writer who in 1817 completed peace negotiations with the kingdom of Ashanti (now in Ghana)] was struck by the resemblance between their priestly hierarchy and that of ancient Egypt [see Bowdich (Thomas Edward), *Mission from Cape Coast Castle to Ashantee* [ed. with notes and an introd. by Ward W. E. F.], 3rd ed., [London]: Frank Cass & co, 1966, 512 p.] At Loango in the Congo, the head of the priests is the veritable master of the country; he affirms or nullifies the election of kings, and, amazingly, the high priest is chosen and put to death with ceremonies that recall in detail what we know about the sovereigns of Meroë. In these countries, the division of castes is complete. After the priests, who alone, as in India and ancient Egypt, practice medicine and who own land that they hand down from father to son, come the nobles, then the courtiers and merchants, finally the people, beneath whom are the slaves. Only Vedas [books of knowledge; see Lesson 1, note 28] are lacking to establish and confirm what already exists as fact. In Africa, not even Mohammedanism can save the people from priestly sway. Almost everywhere the marabout-priests [members of a Muslim religious community living in a fortified monastery, serving both religious and military functions] have become a sacred caste; their children succeed them; there are cities inhabited by them alone; and often they govern the states. Events are remembered that raised them to power, or that sometimes led to their downfall. In Bambuk [in Mali], for example, the Manding [or Malinke, a negroid Sudanese people who in 1230 founded the great Mali Empire, which reached the height of its power in the 14th century] marabouts [or murabits, originally, in North Africa, members of a Muslim religious community living in a *ribat*, a fortified monastery, serving both religious and military functions] fought against the nobility, whom they meant to plunder, but they were defeated and exterminated, and ever since, any priest that enters the country is put to death.

All this has a natural explanation: in the age of ignorance, everything is marveled at, a subject for men's awe, they see the intervention of the gods everywhere, and soon the soothsayers appear, the tricksters that exploit men's fears. Sickness, accidents, predictions, are all within their province; they are physicians, priests; they know how to make the good gods favorable and conjure up the bad gods; they are consulted about the future; and in order to impress the people's imagination, they devise a multitude of bizarre ceremonies, secret formulas, expiations, which they use whenever anyone seeks their aid. Usually full of faith in their own science, they use it as a weapon, as a means of domination; they keep it secret, communicating it only to their children. In this way, a fearsome force remains in the hands of a single class, and as temples are built and embellished, this class, united by a common interest, becomes detached, isolated from the rest of the population, and ceases to mingle with it. At the same time arises a warrior aristocracy that rules the population and ends up completely separate from it. Thus, the three castes. Let a nation so constituted go off to conquer, the conquered will fall into servitude and soon will form a lowest caste, kept down by its masters' contempt. Thus are born the states of India and Chaldea. Time, the cleverness of the sacerdotal castes, and human pride, always avid for preference and distinctions, have widened the original distance and little by little multiplied the subdivisions, which elsewhere are called the development of arts and industry. New combinations then take place in social hierarchies, and the laws perfect the operation of circumstances.

Nor is there any need of a sacerdotal body in order for such arrangements to take place in society. Successive conquests by different races suffice to produce them. In present-day Khiva [Uzbekistan], the vicissitudes of war have created warrior, trader, and farmer castes. There the Karakalpaks, a subjected people in former times, have become serfs bound to the soil. The Sarty, their former masters, disarmed and despoiled by new conquerors, remained in the towns where they were the only people conducting trade. Finally, the Nobeks, the latest conquerors, and their allies the Turkomans, have reserved for themselves the exclusive right to bear arms. These populations of different origins have never mingled; the Nobeks are profoundly disdainful of the Sarty and their occupations, who in turn disdain the Karakalpaks. If there were a religious caste, which the Moslem religion forbids, Khiva would offer a sample of India.

Therefore, it would not be in a system of social organization, given to so many different peoples by the spread of civilization, that we might look for the proof of Indian origin for the Chaldeans and Egyptians.

Do architectural forms in the three countries offer less equivocal clues? We do not believe so. Like the architecture of India, that of Egypt began in subterranean constructions to which caves in mountains lend themselves, and that suffices to explain their similarity. As for Babylonian architecture, the nature of the materials used must set it apart, and the fact that we know so little about it proves that this must be so. The Tower or temple of Babel was a stepped pyramid like those in Mexico, and certainly nothing in surviving descriptions of the works of Semiramis [or Sammu-ramat, Assyrian queen (fl. late 9th century B.C.) who built Babylon] is reminiscent of Egyptian taste.

There were, however, in India and Egypt some characteristics of a truly surprising similarity. Monsieur Cuvier has indicated them; but might there not also exist between these countries some differences so characteristic that they exclude any idea of family relationship between these peoples? First, in India, no trace of hieroglyphics – the most ancient inscriptions that have been found there are strictly alphabetical – and certainly, it is not to be supposed that the Indians forgot whilst in Ethiopia their native country's system of writing and dreamed up one more imperfect and less convenient. And then, whereas the Indians burn their dead, the Egyptians embalm theirs and place them in necropolises; a fact all the more important since it is proof of different ideas about the afterlife. And that is not all. At Meroë, the priestesses had a share in all the honors enjoyed by the priestly caste; priestesses mounted the throne, even commanded armies, if one can believe history and the monuments. Now, nothing is more contrary to the principles of India. There, the women are kept in a degrading dependence; and the women who serve in the temples are at the orders of brahmans who do not even choose them from their own caste. In addition there is the difference between languages; neither Chaldea's nor Egypt's belongs to a Sanskrit root.

But if we cannot claim that Egypt and Chaldea owe their institutions to India, we shall certainly agree with Monsieur Cuvier on the communications between the peoples of antiquity. Communications were in fact more active and more frequent than is ordinarily supposed. In the shade of the temples at Axum and Meroë flourished a wide commerce, the ramifications of which were spread over the whole ancient world; to Babylon came numerous caravans from every point in Asia and Africa. There the banyans [merchants] of India and the merchants of Ethiopia would meet and exchange ideas and products; from there were exported traditions, myths, civic and political principles of the most distant nations; and yet, if one judges from the known character of the people and from several other indications, the Indians must not have thronged there; they were to await in their own country the visits of Arabian sailors and of traders in the Persian Gulf.

A long discussion like this, on the sole point of Monsieur Cuvier's historical doctrines that seem to us to be mistaken, well shows the importance we attach to all the opinions of the great professor. May he continue a course that demands so much and so rare knowledge: for, the history of natural sciences, as he treats of it, is also a magnificent history of humanity; intellectual development has always determined the advance of these sciences, and humanity, in exchange for labors consecrated to the sciences, has received the means of action to which are due the marvels of civilization [M. de St.-Agy].

15. [Alexander the Great (see Lesson 7, below) died in 323 B.C.; Ptolemy I (see Lesson 7, note 18) in 282 B.C.]

16. [Jean-Sylvain Bailly (born 15 September 1736, Paris; died 12 November 1793, Paris), French astronomer noted for his computation of an orbit for Halley's Comet (1759) and for his studies of the four satellites of Jupiter then known. He

began his study of Halley's Comet in 1759. One year later he established an observatory where he could undertake observations of Jupiter's satellites. He was elected to the Académie des Sciences in 1763. His major works include *Essai sur la théorie des satellites de Jupiter,* Paris: Nyon, 1766 and "Mémoires sur les inégalités de la lumière des satellites de Jupiter, sur la mesure de leurs diamètres et sur un moyen aussi simple que commode de rendre les observations comparables, en remediant a la diffèrence des vues et des lunettes." *Mémoire de l'Académie des Sciences*, 1771, pp. 580-667.]

17. [Jean-Baptiste-Joseph Delambre (born 19 September 1749, Amiens; died 19 August 1822, Paris), French astronomer who prepared tables that plot the location of Uranus. In 1788, with an observatory built for his own use, he observed and computed almost uninterruptedly and published *Tables de Jupiter, de Saturne, d'Uranus,* Paris: Imprimerie de Poutard, 1789. He was admitted to the Institut de France upon its organization in 1795 and became, in 1803, perpetual secretary to its mathematical section. From 1792 to 1799 he was occupied with the measurement of the arc of the meridian extending from Dunkirk to Barcelona, and published a detailed account of the operations in *Base du système métrique decimal, ou, Mesure de l'arc du méridien compris entre les parallèles de Dunkerque et Barcelone, exécutée en 1792 et années suivantes... par MM. Méchain et Delambre. Rédigée par M. Delambre,* Paris: Baudouin, 1806-1810, 3 vols. In 1807 he became professor of astronomy at the Collège de France in Paris and was treasurer to the Imperial University from 1808 until its suppression in 1815. Delambre also wrote histories of ancient, medieval, and modern astronomy (1817). His *Tables écliptiques des satellites de Jupiter* was republished by the Bureau of Longitudes in 1817 (Paris: Veuve Coursier Imprimeur, 132 p.) A large crater on the Moon is named in his honor.]

18. [Richard Bentley (born 27 January 1662, Oulton, Yorkshire, England; died 14 July 1742, Cambridge, Cambridgeshire), British clergyman, one of the great figures in the history of classical scholarship who combined wide learning with critical acuteness. Gifted with a powerful and logical mind, he was able to do much to restore ancient texts and to point the way to new developments in textual criticism and scholarship.]

19. According to [Charles François] Dupuis [born 1742, Trye-Château, France; died 29 September 1809; French author and politician], I think, [in his] *Origine de tous les cultes* [*ou Religion universelle*, Paris: H. Agasse, 1795 [An III], 3 vols], the first Christians used analogous methods for abolishing paganism. For example, they are supposed to have added to Hercules's statue a small statue of Christ, and they called Hercules *Christophore*, or "Christ-bearer," and then later made him into Saint Christopher [M. de St.-Agy].

20. This opinion on the ability of the Egyptians in the imitative arts is perhaps a bit generous. When I examine the figures extant on the tombs of Egyptian mummies, the only monuments of this sort that we have, it seems to me that their artists were quite weak in painting; the drawings of these figures seem stiff and heavy. And I have no better opinion of Egyptian sculpture. Their statues, sometimes swaddled to the shoulders and ending in a sheath, to my way of thinking – and I imagine everybody else's – are merely the products of an art in its infancy. I know that these people, as a consequence of their religious ideas, usually took only still-life as a model; but, again, if they had been clever at imitation, they would have left us less imperfect representations of cadavers; their hieratic art would have been more lifelike. See Vinckelmann [Johann (Joachim) Winckelmann (born 9 December 1717, Stendal, Prussia; died 8 June 1768, Trieste), German archaeologist and art historian (see Winckelmann (Johann Joachim), *Geschichte der Kunst des Alterthums*, Dresden: In der Waltherischen Hof-Buchhandlung, 1764-1767, 2 vols; *History of the Art of Antiquity* [introduction by Potts Alex, translation by Mallgrave Harry Francis], Los Angeles: Getty Research Institute, 2006, 446 p.)], [Désiré] Raoul Rochette [born 9 March 1790, at Saint Amand, Cher; died 3 June 1854, Paris; French archaeologist (Rochette (Désiré-Raoul), *Histoire critique de l'établissement des colonies grecques*, Paris: Treuttel & Würtz, 1815, 4 vols; *Cours d'archéologie, professé par M. Raoul-Rochette, à la Bibliothèque du roi, tous les mardis; publié par la sténographie, avec l'autorisation et la révision du professeur*, Paris: Eugène Renduel, 1828, in-8, 2 f.)], etc. [M. de St.-Agy].

21. Monsieur [Étienne] Pariset [5 August 1770, Village des Vosges; died 6 July 1847, Paris], a celebrated physician, especially for his great devotedness, is of opinion that the appearance of the plague in Egypt had no other cause than the cessation of embalming [see Sussman (Georges D.), "Étienne Pariset: A medical career in government under the Restoration", *Journal of the History of Medicine and Allied Sciences*, vol. 26, 1971, pp. 52-74]. This supposition has as yet no proof, and does not seem to lend itself to proof [M. de St.-Agy].

22. [Galen of Pergamum, see Lesson 16, below.]

23. [Clement's *Stromateis*], sixth book, p. 757. The number of books by Hermes, mentioned in the *Stromateis* or "Tapestries" [usually translated as "Miscellanies"], is forty-two (Clement of Alexandria, *Stromateis: Books 1-3* [translated by Ferguson John], Washington D. C.: Catholic University of America Press, 1991, 354 p.) [M. de St.-Agy]. [Clement is Clement of Alexandria or Titus Flavius Clemens, a Greek Christian theologian, born about A.D. 150, probably in Athens, died about A.D. 212 (see Osborn (Eric Francis), *Clement of Alexandria*, Cambridge; New York: Cambridge University Press, 2005, xviii + 324 p.)]

24. [Eusebius (born *c.* 260, probably in Palestine; died *c.* 340, Caesarea), bishop of Caesarea in Palestine and ecclesiastical historian, best known for his *History of the Christian Church*, completed in 324 or early 325. It is the most important ecclesiastical history of ancient times, and is written in the belief that the old order of things was passing away and with

the apologetic purpose of exhibiting the history of Christianity as a proof of its divine origin and efficacy (Eusebius, *An Ecclesiastical History to the Twentieth Year of the Reign of Constantine, Being the 324th of the Christian Era* [translated by Cruse C. F.; 4th ed. carefully revised, to which is prefixed, the *Life of Eusebius*, by Valesius; translated by Parker S. E.], London: S. Bagster, 1847, 451 p.)]

25. [For Manetho, see note 10, above. The "temple of Heliopolis" is the cult temple of the sun god Re at Heliopolis, generally thought of as the architectural precursor to Egyptian temples of the Dynastic Period. Heliopolis, one of the most ancient Egyptian cities, capital of the fifteenth nome of Lower Egypt, was more important as a religious rather than as a political center. Its great temple of Re was second in size only to that of Amon at Thebes, and its priesthood wielded great influence, particularly during the fifth dynasty, when the worship of Re became the state cult. In the New Kingdom, the temple of Re-Horakhte became the repository of royal records.]

26. [Eratosthenes of Cyrene (born *c.* 276 B.C., Cyrene, Libya; died *c.* 194, Alexandria, Egypt), Greek scientific writer, astronomer, and poet, was the first man known to have calculated the Earth's circumference (Eratosthenes of Cyrene, *Star myths of the Greeks and Romans: A sourcebook containing the Constellations of Pseudo-Eratosthenes and the Poetic astronomy of Hyginus* [translation and commentary by Condos Theony], Grand Rapids (Michigan): Phanes Press, 1997, 287 p.) After study in Alexandria and Athens, he settled in Alexandria about 255 B.C. and became director of the great library there. He worked out a calendar that included leap years, and he tried to fix the dates of literary and political events since the siege of Troy. His writings include a poem inspired by astronomy, as well as works on the theatre and on ethics. Afflicted by blindness in his old age, he is said to have committed suicide by voluntary starvation.]

27. [Jean-François Champollion (born 23 December 1790, Figeac, France; died 4 March 1832, Paris), French historian and linguist who founded scientific Egyptology and played a major role in the deciphering of Egyptian hieroglyphics. Following the modest success of the English physicist Thomas Young [born 13 June 1773, Milverton, Somerset, England; died 10 May 1829, London] in attempting to decipher the Rosetta Stone, which was engraved with a Greek text along with hieroglyphic and demotic translations, Champollion at last began to piece together the puzzle of the hieroglyphics. In 1821-1822 he started publishing papers on the hieroglyphic and hieratic elements of the Rosetta Stone, and he went on to establish an entire list of hieroglyphic signs and their Greek equivalents (see Champollion (Jean-François), *Lettre à M. Dacier, Secrétaire Perpétuel de l'Académie Royale Des Inscriptions et Belles-Lettres, Relative à l'Alphabet des Hiéroglyphes Phonétiques Employés par les Égyptiens pour Inscrire leurs Monuments les Titres, les Noms et les Surnoms des Souverains Grecs et Romains*, Paris: Didot Père & Fils, 1822; *Précis du système hiéroglyphique des anciens égyptiens, ou, Recherches sur les élemens premiers de cette écriture sacrée, sur leurs diverses combinaisons, et sur les rapports de ce système avec les autres méthodes graphiques égyptienne*, Paris: Chez Treuttel & Würtz, 1824).]

28. [Louis XII, also called (until 1498) Duc d'Orléans, byname Father of the People (born 27 June 1462, Blois, France; died 1st January 1515, Paris), king of France from 1498, noted for his disastrous Italian wars and his domestic popularity.]

29. [Charles-Louis de Secondat, see Lesson 7, note 1.]

30. [Henri IV, also called (until 1572) Prince de Béarn, byname Henry of Navarre, or of Bourbon, French Henri de Navarre, or de Bourbon (born 13 December 1553, Pau, Béarn, Navarre, France; died 14 May 1610, Paris), king of Navarre (as Henry III, 1572-1589) and first Bourbon king of France (1589-1610), who, at the end of the Wars of Religion, abjured Protestantism and converted to Roman Catholicism (1593) in order to win Paris and reunify France. With the aid of such ministers as Maximilien de Béthune, Duke de Sully (1560-1641), he brought new prosperity to France.]

31. [Saint Vincent de Paul (born 24 April 1581, Pouy, now Saint-Vincent-de-Paul, France; died 27 September 1660, Paris; canonized 1737; feast day September 27), French saint, founder of the Congregation of the Mission (Lazarists, or Vincentians) for preaching missions to the peasantry and for educating and training a pastoral clergy.]

32. [Sesostris I (fl. 20th century B.C.), king of Egypt (reigned 1908-1875 B.C.) who succeeded his father after a ten-year co-regency and brought Egypt to a peak of prosperity.]

33. [Cecrops, see Lesson 1, note 49.]

34. [Danaus, in Greek legend, son of Belus, king of Egypt, and twin brother of Aegyptus. Driven out of Egypt by his brother, he fled with his 50 daughters (the Danaïds) to Argos, where he became king. Soon thereafter the 50 sons of Aegyptus arrived in Argos, and Danaus was forced to consent to their marriage with his daughters. Danaus, however, commanded each daughter to slay her husband on the marriage night. They all obeyed except Hypermestra, who spared Lynceus. Being unable to find suitors for the other daughters, Danaus offered them in marriage to the youths of the district. In punishment for their crime the Danaïds were condemned to the endless task of filling with water a vessel that had no bottom. The murder of the sons of Aegyptus by their wives is thought to represent the drying up of the rivers and springs of Argolis in summer.]

35. [See the *Iliad*, book 9, ff. 381-382 (Prendergast (Guy Lushington), *A complete concordance to the Iliad of Homer* [completely revised and enlarged by Marzullo Benedetto], Hildesheim (Germany); New York: G. Olms Verlag, 1983, vii + 427 p.)]

ASSURBANIPAL
Le dernier grand roi d'Assyrie (685-627 av. J.-C.). Détail de la planche 10 extraite de Perrot (Georges) & Chipiez (Charles), *Histoire de l'Art dans l'Antiquité, tome II : Chaldée et Assyrie*,1884, Paris : Hachette et Cie, 825 p.

2 Chinois, Indiens, Babyloniens et Égyptiens

Nous avons vu dans la séance précédente que l'ancienneté du monde actuel s'élève à cinq ou six mille ans. Mais l'histoire proprement dite, l'histoire positive, ne remonte pas au-delà de Cyrus, c'est-à-dire six cents ans plus haut que la naissance de Jésus-Christ. Avant cette époque, on ne rencontre que des récits fabuleux et que des poètes pour historiens.

Cependant, bien long-temps auparavant, quatre peuples fameux étaient déjà régulièrement constitués sur de vastes contrées de l'Asie et de l'Afrique. Ces peuples sont les Chinois, les Indiens, les Babyloniens et les Égyptiens. Aucun d'eux, il est vrai, ne nous a laissé d'annales régulières des temps primitifs de son existence ; mais, au moyen de leurs monumens, il a été possible de constater leur organisation en corps de peuples jusqu'au XVe environ, des siècles qui ont précédé l'ère chrétienne.

Le premier de ces peuples, le peuple chinois, est tellement resté dans l'isolement, qu'aujourd'hui encore il est presque inconnu au reste des hommes. S'il a fait des progrès dans les sciences, l'utilité n'en a pas dépassé les remparts de son empire. Ainsi, nous n'avons point à le placer au nombre des promoteurs de la civilisation du monde ; nous ne nous occuperons que des trois autres peuples qui ont communiqué leur science aux Grecs, par l'intermédiaire desquels elle est arrivée jusqu'à nous.

Lorsqu'on compare l'histoire des Indiens, des Babyloniens et des Égyptiens, il est impossible de mettre en doute qu'il n'ait existé entre eux des communications suivies dès leur origine, ou que cette origine ne soit la même. Chez tous trois, en effet, on remarque des croyances métaphysiques et religieuses identiques, une constitution politique semblable, un même style d'architecture, et des emblèmes, pour voiler leurs croyances, dont l'analogie est évidente. Les emblêmes des Babyloniens nous sont moins connus que ceux des Égyptiens et des Indiens ; mais ceux-ci, qui nous ont été transmis, les uns par les Grecs, les autres par les ouvrages de l'Inde, nous le sont parfaitement.[1]

Toutefois, j'insisterai peu sur ces rapports. Le sujet de la métaphysique étant le même pour tous les hommes, il pourrait paraître naturel que plusieurs peuples fussent arrivés séparément au même système de philosophie religieuse. On pourrait encore concevoir aisément que ces peuples eussent adopté des emblèmes identiques, parce qu'en général ils sont la représentation des êtres qui entourent les hommes le plus habituellement.

Mais l'identité de constitution politique est plus étonnante et ne peut avoir été produite que par de fréquentes communications.

Or, dans l'Inde, le peuple était divisé en quatre castes principales. La première était celle des brames, qui était la plus respectée et la plus puissante. Ses membres étaient les dépositaires de la science et les ministres de la religion ou de la loi, et à eux seuls appartenait le droit de lire les livres sacrés.[2] La seconde caste était celle des guerriers. Son devoir était la défense du pays, et elle avait le privilège d'entendre la lecture des livres sacrés.[3] Les marchands composaient la troisième caste, et il y existait autant de subdivisions que d'espèces de commerce. Enfin, la quatrième caste était formée des artisans, laboureurs et autres gens de bas étage, et il y existait aussi autant de subdivisions héréditaires qu'il y avait de métiers ou d'espèces de travaux.[4]

Cette distribution sociale, qui ne peut avoir été établie que par un génie puissant, et à l'aide de moyens extraordinaires, se retrouve en Égypte avec une parfaite conformité. Les prêtres égyptiens, dépositaires, comme les brames, des sciences et de la religion, employaient de plus, comme eux, une langue particulière dont la connaissance leur avait procuré une haute considération; leur réputation était même si étendue, que chez toutes les nations on a vanté la sagesse de ces prêtres.

Ce que nous savons de la constitution politique des Babyloniens est aussi en rapport exact avec l'organisation de la société indienne.

La forme pyramidale des anciens monumens de ces trois peuples prouve peut-être, encore mieux que la conformité de leur organisation religieuse et politique, les relations qu'ils ont entretenues ensemble, ou la communauté de leur origine; car rien n'est moins fixe, rien n'est plus arbitraire que la forme d'un édifice: il serait impossible d'admettre que la ressemblance de cette forme fût le résultat du développement naturel des facultés humaines.

La svelte et gracieuse architecture colonnaire, que les Grecs et les Romains ont empruntée aux trois peuples dont je parle, pourrait, il est vrai, avoir pris naissance à la fois dans les cavernes artificielles de la Haute-Égypte et dans les pagodes souterraines de l'Inde, puisqu'il eût été naturel de laisser d'espace en espace des masses verticales pour soutenir le plafond des excavations creusées dans le roc. Mais la conformité des édifices qui ont été élevés sur le sol ne peut être expliquée par l'emploi des mêmes matériaux, car dans l'Assyrie on ne se servait, à défaut de granit ou de syénite, que de briques durcies au soleil.

Les monumens formés de ces briques n'étaient pas susceptibles d'une longue résistance à l'action du temps, et c'est pourquoi il nous reste fort peu de constructions babyloniennes. Cependant, on a découvert récemment, dans les ruines de Babylone[5], les pyramides du temple de Vénus; et on a ainsi acquis une preuve des relations primitives des Babyloniens avec les Indiens et les Égyptiens, chez lesquels on observe l'architecture pyramidale.

Enfin ces trois peuples se ressemblaient par leur position géographique. Ils s'étaient établis dans de vastes et fertiles plaines, près de grands fleuves favorables à la circulation commerciale.

L'histoire nous montre d'abord les Indiens dans la riche vallée du Gange et les belles plaines du Bengale. Ensuite elle nous les fait voir se répandant dans les vallées de l'Indus ; et c'est de ces derniers qu'il est plus particulièrement parlé dans notre occident.

Les Babyloniens s'étaient fixés dans les plaines du Delta de l'Euphrate.

Les Égyptiens s'étaient placés dans une vallée plus étroite, sur les bords du Nil ; mais leur pays n'en était pas moins le centre d'un immense commerce. C'était par l'Égypte que s'effectuaient tous les échanges des parties septentrionales de l'Afrique, de l'Éthiopie et des provinces orientales de l'Asie.

La religion protégeait, d'ailleurs, singulièrement le commerce de ces trois peuples : une partie de leurs temples était consacrée à servir de lieu de station aux caravanes et d'entrepôt pour les marchandises. Les habitants du pays y venaient faire des échanges.

Malgré tous leurs élémens de progrès, ces peuples sont restés stationnaires dans les sciences, et y ont même fait des pas rétrogrades.

La cause en est surtout dans les invasions nombreuses que chacun d'eux a subies. Les pays qu'ils habitaient forment une riche ceinture autour de vastes plateaux en grande partie sablonneux et propres seulement à nourrir des peuples nomades ou pasteurs. Ces derniers peuples n'arrivent jamais au degré de civilisation de ceux qui se livrent à l'agriculture, et encore moins à la civilisation des peuples commerçants ; mais ils sont singulièrement propres à la guerre : ils sont plus actifs, plus nerveux, moins difficiles à nourrir et peu attachés au sol qui les a vus naître. Lorsqu'un chef entreprenant se présente à eux, ils sont toujours prêts, guidés par l'appât du pillage, à s'élancer sur leurs riches voisins. L'histoire nous montre à toutes les époques les nations civilisées attaquées par ces peuples nomades, et même soumises par eux. Ainsi la Chine a été plusieurs fois conquise par les Tartares, et, au XVIIe siècle, par exemple, le chef des Tartares Mantchoux s'est assis sur le trône impérial et a fondé une nouvelle dynastie qui règne encore aujourd'hui.

L'Inde a été soumise par les Mongols, descendus des plaines élevées qui s'étendent jusqu'au nord du bassin du Gange et de ses affluens.

Babylone a été conquise par les Assyriens, et plus tard par les Perses.

L'Égypte a été envahie plusieurs fois par des peuples nomades d'une autre contrée. La première occupation de ce pays, celle dite des rois pasteurs, se prolongea deux cents ans, de 1750 à 1550 avant Jésus-Christ. Durant cette période, l'ordre des prêtres perdit toute son influence ; il fut entièrement soumis, et la marche des sciences et des arts fut complètement arrêtée. Mais, sous la dynastie qui délivra l'Égypte de ses conquérants, les prêtres reprirent leur ascendant.

La seconde invasion de l'Égypte eut lieu sous Cambyse[6]. Les Perses et les Mèdes y firent de grands ravages.

Enfin, postérieurement à notre ère, l'Égypte eut à subir la conquête des Sarrasins, des Turcs et des Arabes.

Je n'ai pas parlé des victoires d'Alexandre, parce que loin d'avoir été contraires à la civilisation, elles n'ont pu que lui procurer des élémens de progrès, puisque les Grecs précédaient alors de beaucoup les Égyptiens dans la carrière des arts et des sciences.[7]

Continuellement arrêtées dans l'Orient par les irruptions des Barbares, les sciences ne purent donc s'y développer. Elles ne se trouvèrent dans des conditions favorables à leur progrès que lorsqu'elles eurent pénétré dans l'Occident, par l'intermédiaire des Grecs qui étaient allés visiter l'Égypte.

Les Indiens n'ont pas directement contribué à la civilisation générale, car, bien que retrouvés après qu'on eut doublé le cap de Bonne-Espérance, l'état ancien et le développement de leurs connaissances ne nous sont un peu connus que depuis environ vingt ans, c'est-à-dire depuis qu'on est parvenu à expliquer leurs livres sacrés, dont la communication seule est même fort difficile à obtenir parce qu'elle est interdite par leur loi religieuse.

Cependant, c'est de l'Inde vraisemblablement que les sciences sont originaires. Diverses considérations appuient cette opinion.

D'abord l'Inde est un pays très élevé en certains points; elle renferme les plus hautes montagnes connues, les chaînes de l'Himalaya et du Thibet, qui permettent la culture à une plus grande élévation que partout ailleurs. Les hommes, lors du dernier cataclysme, ne purent donc trouver d'asyle que sur ces montagnes; car les terres de la Babylonie étant de beaucoup plus basses, devaient être submergées. L'Égypte, beaucoup moins élevée encore n'existait même pas entièrement; toute la partie basse n'a été formée que par les alluvions du Nil, et ce n'est guère qu'au temps de Ménès[8], 2 200 ou 2 400 ans avant l'ère chrétienne qu'elle a pu être habitée. On peut s'assurer de ce fait important en observant l'exhaussement que le sol éprouve chaque année, et en le comparant à la totalité des couches antérieures, qui sont très distinctes entre elles. Les prêtres de l'Égypte connaissaient bien le mode de formation de leur pays, car ils dirent à Hérodote que l'Égypte était un présent du Nil.

Des traditions historiques auxquelles on ne paraît pas jusqu'ici avoir fait attention, déterminent encore à regarder les Indiens comme le peuple primitif et créateur des sciences[9]. On observe dans les extraits qui nous restent des ouvrages de Manéthon[10] que, sous Aménophis[11], environ 1 600 ans avant Jésus-Christ, une colonie partie des rives de l'Indus vint se fixer dans l'Éthiopie. Et d'un autre côté, Diodore de Sicile[12] et tous les autres historiens qui ont traité de la religion égyptienne, la font dériver de l'Éthiopie ou Haute-Nubie. C'est de cette contrée suivant eux, que seraient venus les prêtres qui ont civilisé l'Égypte et y ont formé la caste dominante. Thèbes même ne formait qu'une colonie de Méroé[13], qui était la ville sacerdotale des Éthiopiens. La civilisation serait donc venue de l'Inde dans l'Éthiopie, et de cette région dans l'Égypte. On pourrait même la suivre de cette dernière contrée jusqu'à Babylone, car le même Diodore que je viens de citer, rapporte que les Chaldéens, qui formaient la caste sacrée de la Babylonie, avaient pour origine une colonie de prêtres égyptiens[14].

Puisque les Indiens paraissent être les premiers hommes qui cultivèrent les sciences, et que, malgré les conquêtes qu'ils ont subies, ils sont encore ce qu'ils étaient au temps d'Alexandre, on pouvait espérer de trouver chez eux d'abondantes lumières sur l'origine et le développement des sciences; mais cet espoir ne s'est point réalisé. Ce n'est pas que ce peuple n'ait écrit beaucoup de livres et depuis fort long-temps; mais c'est que chez lui il n'existe point d'histoire. Les Indiens n'ont pas même de listes de leurs rois et de leurs grands hommes. Peut-être est-ce le résultat de la politique des bramines, qui devait tendre à concentrer tout l'intérêt populaire sur leur caste, et dans ce but leur faisait négliger d'enregistrer les belles actions des héros ou les grandes découvertes, étrangères à leur ordre, qui amendaient l'état de l'espèce humaine. Ce qu'il y a de certain, c'est qu'aujourd'hui encore c'est un point de doctrine parmi eux de ne point écrire l'histoire. Ils en donnent pour raison qu'aucun des événements du méprisable âge de terre, c'est-à-dire de l'âge actuel, ne mérite d'être perpétué dans le souvenir des hommes.

Ainsi, on n'a pour ce singulier pays ni faits ni époques qui puissent servir de guides dans l'obscurité des âges. Dans cette absence de chroniques ou d'annales, nous n'avons de ressources pour obtenir quelques notions sur les Indiens, que leurs monumens et leurs livres de diverses natures, dans lesquels nous cherchons quelques principes d'induction, quelques renseignements indirects.

Les monumens ne sont que d'un faible secours, car ils ne portent aucune date. Cependant on est assuré qu'ils sont postérieurs au temps d'Alexandre ou de Ptolomée[15], par le silence que les écrivains grecs gardent à leur égard. En effet, s'ils eussent existé du temps de ces écrivains, il est hors de doute qu'ils en auraient fait quelque mention, car leurs dimensions gigantesques sont une preuve qu'ils auraient été remarqués.

D'ailleurs, les emblêmes qui y sont représentés permettent jusqu'à un certain point de reconnaître leur ancienneté. Tous ces emblèmes sont relatifs à la religion actuelle; les temples indiens que nous connaissons sont donc postérieurs aux védas. La mythologie des Indiens, qui est le résultat de la corruption de leurs emblêmes primitifs, n'est développée que dans des ouvrages également postérieurs aux védas dont la métaphysique rentre toute dans le panthéisme.

Pour ces ouvrages eux-mêmes, qui sont les plus anciens que l'Inde possède, nous sommes arrivés à la connaissance de leur âge au moyen d'un calendrier annexé à l'un d'eux, qui indique la position de l'équinoxe du printemps. Avec l'indication de cette position et le secours des lois qui régissent la précession des équinoxes, les astronomes ont reconnu que ce calendrier avait été formé dans la quinze centième année antérieure à la naissance de Jésus-Christ.

Les védas contiennent des préceptes de morale, des prières et une métaphysique panthéistique. Les oupavédas, qui dépendent des védas, sont composés de divers traités sur les sciences, la médecine, la guerre, l'architecture, la musique et les arts mécaniques qui étaient alors peu connus. Ces deux ouvrages, de même que quelques poèmes fort considérables, sont écrits en sanscrit. Cette langue, qui n'est nulle part populaire, et présente une régularité si parfaite, qu'on suppose qu'elle n'a jamais été parlée, est encore singulièrement remarquable en ce qu'elle contient les racines du grec, du latin, de l'esclavon et des langues modernes de l'Europe. Il résulte de ce dernier fait que c'est encore dans l'Inde qu'il faut remonter pour trouver le langage, c'est-à-dire, l'instrument primitif des sciences.

La partie des védas qui traite de l'astronomie, contient fort peu de règles. Celles que les Indiens emploient pour le calcul des éclipses, sont exposées dans des traités en vers qui portent une date de beaucoup postérieure à celle qu'on attribue aux védas. Les brames composant la caste astronome, sont obligés d'apprendre par cœur ces ouvrages versifiés.

Bailly[16], comme on le sait sans doute, soutenait dans le XVIIIe siècle, qu'autrefois l'astronomie indienne avait été beaucoup plus avancée qu'elle ne l'est aujourd'hui, et même que les Indiens devaient avoir été précédés par un autre peuple. Il s'appuyait principalement sur l'existence de certaines tables astronomiques, qui lui semblaient prouver que les brames possédaient des méthodes de calcul beaucoup plus parfaites que ne semble le comporter l'état actuel des mathématiques parmi eux. Mais, en admettant ce prétendu fait, tout ce qu'on en pourrait conclure légitimement, ce serait que les Indiens des temps primitifs étaient un peu moins ignorans qu'ils ne le sont aujourd'hui.

On pourrait aussi admettre, avec M. Delambre[17], que les Indiens n'ont point inventé leurs formules, et qu'ils les ont reçues des Arabes. Mais quelle que soit leur origine, ces formules sont loin de la perfection que Bailly leur avait attribuée. À en croire les brames, ils posséderaient une série d'observations astronomiques antérieures à l'ère chrétienne de quatre mille années, et à cette époque éloignée il y aurait eu une conjonction de toutes les planètes. Si effectivement cette conjonction a eu lieu, il est possible, au moyen du calcul, d'en reconnaître exactement l'existence passée. Or, Bentley[18] a recherché l'époque de ce phénomène extraordinaire, et il a acquis la certitude qu'il n'avait point existé à l'époque indiquée par les tables indiennes. Des documens authentiques, que Bailly ne pouvait pas consulter de son temps, ont même prouvé à la fois la fausseté de son système et donné la clef de la fable indienne. On a remarqué que, si dans le calcul rétrograde, on employait les formules fautives des Indiens, au lieu des formules exactes qui sont en usage chez nous, on obtenait un résultat erroné qui donnait précisément pour l'époque mentionnée par les Indiens, c'est-à-dire, pour la 4000e année antérieure à notre ère, l'apparence d'une conjonction de toutes les planètes. C'était sans doute pour faire croire à l'extrême antiquité de leurs sciences, que les brames avaient ainsi donné pour une observation un phénomène qu'ils n'avaient que calculé *a posteriori*.

De ces faits et de plusieurs autres que nous devons aux recherches d'un savant anglais, il résulte clairement que les anciens Indiens n'avaient ni astronomie un peu avancée ni géométrie exacte.

Mais environ 2000 ans avant Jésus-Christ, époque où une de leurs colonies fut civilisée, le commerce existait déjà chez eux; ils trafiquaient de pierreries, de métaux précieux, de plantes, de parfums; et nous avons aussi la preuve qu'ils avaient quelques notions d'histoire naturelle. Ils avaient encore en chimie quelques connaissances grossières. Mais leurs institutions ne permirent pas que ces connaissances se développassent. La défense, par exemple, que leur faisait la religion de toucher les cadavres, l'horreur qui en résultait pour le meurtre et même pour le cuir, s'opposèrent à ce qu'ils fissent le moindre progrès en zoologie.

Ces obstacles au développement des sciences subsistent encore aujourd'hui dans toute leur énergie ; car dernièrement un brame n'a consenti à céder un livre des védas à un Anglais, qu'à la condition expresse qu'il ne le ferait relier ni en maroquin ni en veau, et qu'il n'aurait jamais qu'une couverture de soie. Avec de pareils préjugés, il est impossible de former des collections zoologiques, et la science est enrayée pour jamais.

Quoique civilisés par les Indiens, comme nous l'avons vu, il est donc probable que les Égyptiens n'ont pu recevoir d'eux que leur constitution politique, la forme de plusieurs de leurs monumens d'architecture, la connaissance des minéraux et des végétaux indiens, et celle des coutumes relatives à la vie domestique.

Mais l'Égypte réunissait beaucoup plus que l'Inde, de circonstances favorables au développement des sciences et des arts. Son sol, fertilisé par les inondations du Nil, n'exigeait que fort peu de travail de la part de l'agriculteur ; et pendant les deux mois que duraient ces inondations, les Égyptiens, prisonniers dans leurs villes, devaient nécessairement se livrer à la méditation et à l'étude, aussi bien qu'à des plaisirs dénués de résultats importants. Aussi, ce peuple fit-il beaucoup de découvertes utiles. Pour pouvoir rétablir les délimitations des propriétés, détruites ou altérées par le débordement du Nil, il inventa l'arpentage qui conduit nécessairement à l'étude de la géométrie. Sollicité par le besoin de faciliter l'écoulement des eaux de l'inondation, ou de les distribuer également, il parvint à savoir l'art complexe de creuser les canaux. L'importance dont le débordement du Nil est pour l'Égypte, porta aussi ses habitants à chercher un moyen de reconnaître à l'avance, et avec exactitude, l'époque de son retour. La régularité périodique du mouvement des astres lui fournit ce moyen ; et comme d'ailleurs, l'extrême rareté des pluies dans cette contrée, la parfaite transparence de l'atmosphère, favorisaient singulièrement l'observation des phénomènes célestes, l'astronomie s'y développa plus tôt et plus rapidement que partout ailleurs : les Égyptiens ont eu par exemple, les premiers, une année solaire de trois cent soixante-cinq jours et ensuite ; de trois cent soixante-cinq jours et un quart.

L'architecture fut favorisée parmi eux, de diverses manières, premièrement par les nombreuses carrières de granit, de grès fort durs, et de pierres calcaires que possède le pays ; ensuite par la facilité de transport qui résulte du cours du Nil à travers toute la vallée ; enfin, par la même circonstance qui hâta le développement de l'astronomie, c'est-à-dire, la sécheresse et la pureté de l'atmosphère. Aussi les monumens égyptiens sont-ils parfaitement conservés et très nombreux. Nous verrons plus tard une autre raison de leur grand nombre.

La minéralogie naît ordinairement de l'exploitation des carrières ou de la formation des souterrains. En Égypte, sa création fut encore plus facile que partout ailleurs ; car les minéraux y sont tellement rapprochés de la superficie du sol qu'ils semblent se présenter eux-mêmes à l'étude de l'observateur ; aussi y furent-ils connus de très-bonne heure, non seulement par leurs caractères extérieurs, mais encore par leurs caractères chimiques.

Ce n'est pas que la chimie fût très avancée chez les Égyptiens : il s'en faut de beaucoup ; mais ils en connaissaient quelques procédés. Ainsi ils savaient, par l'action du feu, transformer des minéraux en verre ; ils préparaient des couleurs ; et on peut même remarquer en passant que le nom qu'on donna à cette science quand on commença de s'en occuper en Europe, est le même que celui du lieu de son origine. *Chim*, dont on a fait *chimie*, est, dans la langue cophte, l'ancien nom de l'Égypte ; et ce mot *chim*, lui-même, pour suivre aussi loin que possible l'étymologie, est tiré de *Cham*, l'un des fils de Noé, comme chacun sait. Chimie signifiait donc originairement, science de l'Égypte. Mais il ne faut pas conclure de ce fait que ce que depuis lors on a nommé science de l'Égypte, art hermétique ou secret de transmuer les métaux, fût connu de l'antiquité : elle ignorait complètement cette prétendue transmutation ; sa naissance ne remonte pas au-delà du Moyen Âge, temps de rêveries ou d'efforts en tous genres ; et les livres d'Hermès sont évidemment supposés : ils ont été écrits à Constantinople par des Grecs du Bas-Empire.

De toutes les sciences dont nous cherchons l'origine, l'histoire naturelle, proprement dite, et l'anatomie, sont celles qui doivent le plus à l'Égypte. En effet, la religion de ce pays n'était point, comme celle de l'Inde, un empêchement à leurs progrès. Bien loin de là, elle exigeait qu'on les cultivât jusqu'à un certain point ; car elle avait emprunté la plupart de ses emblèmes au règne animal, et avait fait de plusieurs individus de ce règne des objets d'adoration.

Pour expliquer cette différence religieuse, on suppose, avec assez de vraisemblance, que les prêtres éthiopiens, qui étaient d'origine indienne, trouvèrent en Égypte des peuplades livrées aux superstitions du fétichisme, comme le sont encore certains nègres, et que pour obtenir la confiance de ces barbares, ils adoptèrent leurs croyances religieuses. Autrement, en effet, ils auraient été exposés à des inimitiés ouvertes ou secrètes, et les prêtres éthiopiens étaient trop prudens et trop habiles pour ne pas les éviter. Ils joignirent donc à leurs divinités celles des Égyptiens ; et c'est ainsi qu'Osiris eut une tête d'épervier ; Isis, celle d'un ibis ou d'une vache ; Jupiter Ammon, celle d'un bélier ; Saturne, celle d'un crocodile ; Anubis, celle d'un chien etc.[19]

Les divers animaux qui partageaient les honneurs divins, habitaient, comme de raison, les temples mêmes des divinités auxquelles ils étaient associés ; on y avait construit à cet effet des volières, des viviers, et tous les bâtiments nécessaires à leur conservation. Le bœuf Apis était surtout, dans ces temples, l'objet de soins et de respects particuliers.

De ces dispositions religieuses, il résultait qu'on avait sans cesse l'occasion d'observer les caractères extérieurs des animaux sacrés, leurs formes, leurs mœurs, leurs habitudes, et qu'il pouvait les dessiner avec exactitude. Aussi les représentations qui en ont été faites sur les murs des monumens, sont-elles d'une fidélité satisfaisante.[20]

Il existait une seconde différence plus importante pour les sciences, entre la religion indienne et la religion égyptienne : c'est que celle-ci, non-seulement prescrivait l'embaumement des animaux sacrés après leur mort, mais encore permettait d'embaumer des cadavres humains et des animaux autres que ceux qui appartenaient aux espèces divinisées[21].

Or, cet usage devait nécessairement procurer aux hommes qui étaient chargés de son accomplissement, des connaissances sur la forme et la position des viscères que renferment le thorax et l'abdomen, sur les muscles, les membranes, et les élémens osseux et cartilagineux qui composent ces cavités. En effet, c'est en Égypte que l'anatomie se développa d'abord ; c'est sous ce beau ciel que les Grecs qui brûlaient leurs cadavres, et par conséquent ne pouvaient pas acquérir de notions en anatomie, furent s'instruire de cette science si importante de nos jours, puisqu'il n'y a pas de bonne médecine possible sans elle, et qu'elle est la base de toutes nos idées philosophiques sur l'économie animale. La science anatomique était tellement ignorée des Grecs, qu'ils ne connaissaient pas même l'ostéologie de l'homme, car Gallien[22] lui-même, fit exprès un voyage en Égypte, pour y voir un squelette humain représenté en bronze.

Ce serait une étude extrêmement intéressante que celle du développement des sciences dans ce pays où elles firent de si rapides progrès. Mais aucun des nombreux ouvrages écrits par les anciens Égyptiens n'a subsisté jusqu'à nous ; tous sont détruits ou égarés ; et ainsi, nous avons peut-être encore moins de ressources pour connaître la marche des sciences en Égypte, que pour en suivre l'histoire chez les Indiens.

Nous savons cependant quelles étaient les matières que traitaient plusieurs de leurs livres. Clément d'Alexandrie nous a conservé, dans ses stromates[23], un catalogue des livres sacrés d'Hermès. Ces livres étaient singulièrement vénérés en Égypte : ils y étaient portés en procession dans les cérémonies religieuses, et chaque prêtre était obligé d'en savoir de mémoire au moins la partie qui était relative à ses attributions. Il y était traité de théologie et de philosophie, du rite, de l'enseignement et de la discipline des prêtres, de la législation, des arts, de la structure de l'homme, de ses maladies, de la thérapeutique, des yeux, et enfin des femmes.

Aucun de ces livres, comme on le voit, ne traitait d'histoire ; et nous n'avons ainsi aucune annale de l'Égypte.

Il paraît légitime d'en conclure que les prêtres égyptiens, comme ceux de l'Inde, et par les mêmes motifs, avaient l'usage systématique de ne point transmettre à l'avenir la mémoire des événemens dont ils avaient été témoins ou contemporains.

Toutefois, nous possédons quelques listes des rois égyptiens, qui nous ont été conservées par Eusèbe, évêque de Césarée[24] ; par Manéthon, garde des archives sacrées dans le temple d'Héliopolis[25] ; par Eratosthène, deuxième directeur de la bibliothèque d'Alexandrie[26] ; et quoique ces listes ne soient pas d'accord entre elles, il peut être utile de les consulter, si l'on tient compte des changemens que l'Égypte a éprouvés dans sa géographie politique.

Il paraît que ce pays était anciennement divisé en petits états indépendans qui étaient gouvernés par autant de princes. Les noms de ces souverains, au lieu d'avoir été classés par les historiens en séries parallèles, ont été inscrits à la suite les uns des autres, comme si les rois qui les avaient portés s'étaient succédé. Il en résultait que le nombre des rois égyptiens était inconciliable avec ce que nous savions de leur durée, et que quelques auteurs faisaient ainsi remonter l'existence de l'Égypte à une antiquité démesurée.

La conquête des rois pasteurs aurait aboli tous les petits rois de l'Égypte, et réuni leurs états sous l'empire d'un seul chef.

Après l'expulsion des conquérans, la dynastie victorieuse aurait continué de régir seule la totalité de l'Égypte; et ce serait seulement depuis cette réunion des divers fragmens de l'Égypte en un seul état, que ce pays serait devenu réellement puissant, et aurait exécuté ces immenses travaux qui sont encore des objets d'étonnement.

Les découvertes de M. Champollion ont mis ces faits hors de doute[27]; car il a reconnu qu'aucun des noms des princes égyptiens, inscrits sur les monumens en caractères hiéroglyphiques, n'appartient à des dynasties antérieures aux XVIIe et XVIIIe, c'est-à-dire à des dynasties antérieures à celles qui, environ 1 500 ans avant Jésus-Christ, ont délivré l'Égypte de la domination des conquérans scéniques ou nomades.

On pourrait même admettre que les monumens qui paraissent avoir été élevés à l'honneur de ces dynasties, puisqu'ils en portent les noms, leur sont de beaucoup postérieurs, car la reconnaissance des hommes n'est pas toujours contemporaine de ceux qui l'ont méritée. On leur aurait érigé ces monumens quelques siècles seulement après leur mort, comme de nos jours, par exemple, on en élève à Louis XII[28], à Montesquieu[29], à Henri IV[30], à Vincent de Paul[31], et autres hommes mémorables.

Quant aux fameuses pyramides d'Égypte, qui appartiennent à l'enfance de l'art, et sont certainement antérieures aux édifices colonnaires et à proportions élégantes; elles n'ont été construites, de l'aveu de Manéthon, qu'après le règne de Sésostris[32], vainqueur des pasteurs.

Il existe d'autres preuves historiques de ce fait. L'émigration des Juifs eut lieu dans les derniers temps de la domination des rois pasteurs, ou peu après leur expulsion. Or, nulle part, dans la Bible, il n'est parlé des pyramides, et les Hébreux ne les ont point imitées.

Il paraît même qu'avant l'émigration de ce peuple, les Égyptiens employaient la brique pour leurs constructions monumentales, car les Hébreux se plaignaient de l'énorme quantité qu'ils leur en faisaient fabriquer, et de celle du chaume qu'ils étaient obligés d'arracher pour cuire ces briques. Mais on ne trouve plus d'anciens édifices construits avec ces matériaux: ils ont disparu sous l'action du temps.

Les colonies grecques sorties de l'Égypte, avec Cécrops[33] et Danaüs[34], n'ont pas, plus que les Juifs, connu les pyramides; car jamais elles n'en ont imité la forme.

Homère est le premier qui ait parlé des gigantesques monumens de l'Égypte: il mentionne Thèbes qu'il nomme la ville aux Cent-Portes, sans doute par allusion aux énormes propylées qui existent au-devant des temples nombreux que renferme cette ville[35].

Des considérations analogues pourraient servir à reconnaître les dates au-delà desquelles on ne peut placer la construction des autres monumens de l'Égypte.

Nous continuerons dans la prochaine séance l'histoire de ce pays.

NOTES

1. Voyez Kreutzer [M. de St.-Agy]. [Kreutzer n'est autre que Georg Friedrich Creuzer (10 mars 1771-6 février 1858), philologue et archéologue allemand, surtout connu pour son *Symbolik und Mythologie der alten Völker, besonders der Griechen, von Dr. Friedrich Creuzer*, 2nde éd., Leipzig und Darmstadt: Heyer & Leske, 6 vols, 1819-1828 (« Symbolique et mythologie des peuples de l'Antiquité, principalement les Grecs » ; première publication : 1810-1812), dans laquelle il affirme que les légendes d'Homère et d'Hésiode, provenant d'une source orientale par l'intermédiaire des Pélasges (*cf.* Leçon 4, note 4), ne font que réfléchir le symbolisme d'une révélation antérieure.]
2. Cette caste était parmi les Indiens ce qu'était la tribu de Lévi chez les Juifs [M. de St.-Agy].
3. Cette caste qu'on appelle Ratpujes, a été altérée ; il a fallu déroger aux vieux usages, comme partout, et lever des soldats ailleurs [M. de St.-Agy].
4. La subdivision y était telle, et si rigoureuse, que le domestique, par exemple, qui balayait les ordures, n'était jamais celui qui les enlevait [M. de St.-Agy].
5. [Babylone était l'une des villes les plus importantes de l'Antiquité et à l'époque la plus grande du monde. Elle fut la capitale de la basse Mésopotamie depuis le début du deuxième millénaire jusqu'au début du premier (av. J.-C.), puis la capitale de l'empire néo-babylonien (chaldéen) aux VIIe et VIe siècles avant notre ère, période qui coïncide avec son apogée. Ses vastes ruines au bord de l'Euphrate, près de 88 km au sud de Bagdad, reposent à proximité de la ville d'Al-Hilla, en Irak. Le site, composé d'importants champs de ruines, contient plusieurs points surélevés. Les principaux sont (1) Babil, ce qui reste du palais de Nabuchodonosor dans l'angle nord du mur d'enceinte ; (2) le Qasr, qui comprend les bâtiments constituant le palais (dont l'un qui fut ajouté à l'époque perse), la Porte d'Ishtar et le temple d'Emakh ; (3) Amran ibn Ali, les ruines d'Esaggil ; (4) le Merkès, qui marque l'ancien quartier résidentiel oriental d'Esaggil ; (5) Humra, qui abrite des décombres déplacés par Alexandre depuis la ziggourat en vue d'une reconstruction, et un théâtre qu'il bâtit avec les matériaux provenant de la ziggourat ; (6) Ishin Aswad, où l'on trouve deux autres temples, dont l'un a été consacré à Vénus. Un lion de basalte plus grand que nature, probablement d'origine hittite et porté à Babylone dans l'Antiquité, se tient au nord de la Porte d'Ishtar.]
6. [Cambyse II (*fl.* VIe siècle av. J.-C.), roi achéménide de Perse, régna de 529 à 522 avant notre ère. Il conquit l'Égypte en 525. Il était le fils aîné du roi Cyrus II le Grand et de Cassandane, elle aussi fille d'Achéménide. Cambyse, du vivant de son père, était en charge de Babylone. De fait, alors que la ville venait d'être conquise par Cyrus (en 538), Cambyse présida aux cérémonies funéraires du dernier roi puis en 530, avant que Cyrus n'eût lancé son ultime campagne, fut nommé vice-roi de Babylone. Planifiée par Cyrus, la conquête de l'Égypte représente l'accomplissement majeur du règne de Cambyse.]
7. C'est ainsi que les dernières conquêtes des Français ont été favorables à la civilisation de l'Europe, et qu'elles ont peut-être compensé les ravages qui résultent toujours du conflit d'hommes armés pour la destruction [M. de St.-Agy].
8. [Ménès, également appelé Mena, Meni ou Min (*fl.* *c.* 2925 av. J.-C.), premier pharaon de l'Égypte unifiée. D'après la tradition, il réunit Haute et Basse Égypte en une monarchie unie et centralisée. Manéthon, historien égyptien du IIIe siècle avant notre ère (*cf.* note 10) l'appelle Ménès. Deux siècles plus tôt, Hérodote, historien grec, se référait à lui sous le nom de Min ; et c'est le nom de Meni qui revient dans deux listes de rois de la dix-neuvième dynastie (XIIIe siècle av. J.-C.).]
9. Cette opinion est admise par M. F[riedrich von] Schlegel [né le 10 mars 1772 à Hanovre, mort le 12 janvier 1829 à Dresde ; écrivain et critique allemand, à l'origine de la plupart des idées philosophiques qui inspirèrent le premier mouvement romantique allemand; *cf.* Schlegel (Friedrich von), *Histoire de la littérature ancienne et moderne Friedrich* [tr. de l'allemand par Duckett William], Paris : Th. Ballimore ; Genève : Cherbuliez, 1829, 2 vol. ; *Essai sur la langue et la philosophie des Indiens* [trad. de l'Allemand par Mazure M. A. ; suivi d'un appendice contenant une dissertation sur la philosophie des temps primitifs, dans laquelle sont controversés plusieurs points de la partie du livre de Schlegel qui traite de la philosophie de l'Inde], Paris : Parent-Desbarres, 1837, LI + 396 p. ; *Friedrich Schlegel : descriptions de tableaux* [éd. établie et présentée par Savoy Bénédicte], Paris : École nationale supérieure des beaux-arts, 2001, 247 p. ; *Symphilosophie : F. Schlegel à Iéna ; avec la traduction de la Philosophie transcendantale (Introduction-Philosophie de la philosophie)* [éd. par Thouard Denis], Paris : J. Vrin, 2002, 224 p. C'est aussi à peu près celle de [Jean-Sylvain] Bailly [*cf.* note 16], qui voulait qu'il eut existé un peuple qui avait tout enseigné aux autres peuples, excepté son nom et son existence, comme dit [Jean Le Rond] d'Alembert [17 novembre 1717, Paris-29 octobre 1783, Paris ; mathématicien, philosophe, savant et écrivain français] dans sa correspondance avec Voltaire, tome 2 [*cf.* Pappas (John Nicholas), *Voltaire and d'Alembert*, Bloomington : Indiana University Press, 1962, 183 p. (Indiana university Humanities series ; 5)]. Mais généralement les savans pensent autrement ; malgré l'intéressant travail de M. [Georges] F[rédéric] Cuvier [frère cadet de Georges Cuvier, 28 juin 1773, Montbéliard-24 juillet 1838, Strasbourg ; garde de la ménagerie du Muséum d'Histoire Naturelle à Paris de 1804 à 1838] sur les races de chiens [Cuvier (Frédéric), « Recherches sur les caractères osteologiques qui distinguent les principales races du chien domestique », *Annales du Muséum d'Histoire Naturelle*, vol. 18, 1811, pp. 333-353], ils admettent

plusieurs espèces d'hommes. Ceux, par exemple, dont les os du nez sont soudés de manière à ne former qu'une seule pièce, comme dans les orangs et les macaques; dont la fosse olécrane de l'humérus, au lieu d'être une simple cavité, est trouée comme dans les Guanches [population indigène des îles Canaries]; enfin, dont les cheveux laineux sont inaltérables par toutes espèces d'influences climatériques, sont considérés comme formant une espèce distincte de l'espèce caucasique. MM. [Étienne] Geoffroi Saint-Hilaire [15 avril 1772, Étampes-19 juin 1844, Paris], [Henri Marie Ducrotay] de Blainville [1777-1850], [Julien-Joseph] Virey [1775-1846] et autres naturalistes de premier ordre, professent cette opinion, et je dirai franchement que les personnes qui la rejettent me semblent moins déterminées par les données de la science que par des considérations qui lui sont étrangères [M. de St.-Agy].

10. [Manéthon, également appelé Manethos (*fl. c.* 300 av. J.-C.), historien et prêtre né à Sebennytos, en Basse Égypte. Il rédigea une histoire de l'Égypte en langue grecque, probablement à la demande de Ptolémée I Soter (*cf.* Leçon 7, note 18). Cette histoire n'a pas survécu, à l'exception de quelques fragments narratifs dans le traité «Contra Apionem» (Josèphe (Flavius), *Contre Apion* [éd. de Reinach Théodore; trad. du Grec ancien par Blum Léon], Paris: Les Belles Lettres, 2003, XXXIX + 243 p.), *cf.* Leçon 9, note 42. On retrouve également des tableaux présentant les dynasties, les rois et la durée de leur règne dans les travaux de Sextus Julius Africanus (*c.* 180-*c.* 250, Jérusalem, qui serait le premier historien chrétien à avoir réalisé une chronologie universelle (*cf.* Africanus (Sextus Julius), *Chronographiae: the extant fragments / Iulius Africanus* [éd. par Wallraff Martin; tr. du grec en anglais par Adler William], Berlin: N. de Gruyter, 2007, lxxxix + 350 p.) d'Eusèbe (*cf.* note 24) et de Georges le Syncelle (*fl.* fin du XIIIe siècle, mort après 810; historien byzantin auteur d'une chronographie des événements du monde depuis la Création jusqu'au règne (284-305) de l'empereur romain Dioclétien, *cf.* Georges le Syncelle, *Georgii Syncelli Ecloga chronographica* [éd. par Mosshammer Alden A.; texte en grec ancien, préface en latin], Leipzig: B.G. Teubner, 1984, xxxvii + 507 p. (Bibliotheca scriptorum Graecorum et Romanorum Teubneriana). Les fragments ainsi préservés ont révélé que le travail de Manéthon s'appuyait sur des sources autochtones dignes de foi. Quand les indices archéologiques manquaient, ces fragments ont été d'un grand secours aux experts pour valider la chronologie royale. La division en trente dynasties des différents souverains de l'Égypte, telle que l'a opérée Manéthon, est toujours prise en compte.]

11. [Aménophis IV, également appelé Akhénaton (parfois Ikhnaton), Amenhotep IV ou Neferkheperure Amenhotep (*fl.* XIVe siècle av. J.-C.), neuvième pharaon de la dix-huitième dynastie, régna sur l'Égypte de 1353 à 1336 av. J.-C. Il institua un nouveau culte monothéiste dédié au disque solaire, Aton.]

12. [Diodore de Sicile, *cf.* note 14 et Leçon 12, note 26.]

13. [Méroé, cité nubienne en aval du Nil, à l'est de l'ancienne Koush, six kilomètres au nord de la ville de Kabushiyah, aujourd'hui soudanaise. On nomme également Méroé la région entourant la cité.]

14. On a fait à cette opinion de M. Cuvier, à laquelle, du reste, il paraît qu'il ne tient pas beaucoup, les objections historiques suivantes. Elles portent quelquefois à faux; mais elles renferment, sur la distribution primitive des sociétés et leur gouvernement, des idées qui sont conformes à celles que j'aurais opposées moi-même à M. Cuvier, et c'est pour cela surtout que je les reproduis.

M. Cuvier part de l'idée que les hommes, d'abord retenus sur les pentes de l'Himalaya, ont dû n'en descendre qu'avec un commencement de culture, qu'avec des lois, des institutions, des croyances qu'ils transportèrent dans les contrées où ils émigrèrent, et qu'ainsi se trouve expliquée l'étonnante similitude des formes sociales des nations les plus anciennes. Mais, d'où serait venu alors l'état sauvage dans lequel vécurent si long-temps les Grecs, les Sicules et tant d'autres peuples de l'Europe et de l'Asie? Faudrait-il admettre que les groupes partis de l'Inde ne purent conserver leur civilisation que dans l'Éthiopie, et que partout ailleurs ils retombèrent dans la barbarie la plus profonde. La chose est peu probable. En Amérique existaient, lors de sa découverte, trois ou quatre empires populeux; mais il y avait en même temps des tribus éparses sur toute la longueur du sol, depuis le cap Horn jusqu'aux régions glacées du pôle arctique. Voilà ce qui a dû arriver dans l'ancien mode. Là aussi les besoins de la subsistance durent engager les populations à se disperser aussitôt que l'état du globe le leur permit, et peut-être l'Espagne avait-elle ses habitans avant qu'aucune société fût régulièrement constituée. Un fait à remarquer, c'est que, partout, les plus anciens navigateurs trouvèrent des hommes qui les avaient devancés; les îles même étaient peuplées comme le sont aujourd'hui celles de la mer du Sud; et, grâce à cette distribution de l'humanité, bien des foyers de civilisation ont pu se former simultanément.

Voilà, en effet, ce qui arriva. À travers la nuit des temps, percent quelques lueurs qui laissent entrevoir l'espèce humaine prenant vie et forme sociale sur divers points; d'une part, dans la Bactriane [ou Bactrie, ancien pays du sud-ouest asiatique, entre les montagnes de l'Hindu Kush et le fleuve Amou-Daria (ou Oxus)] et la Haute Arménie, l'Eden des races araméennes; de l'autre, sur les deux bords de la mer Rouge, à Méroé, à Axum [dans ce qui est aujourd'hui l'Éthiopie], à Saba [ancien royaume au sud-ouest de l'Arabie]. Assurément, comme l'a dit M. Cuvier, des communications eurent lieu entre les peuples; la guerre et le commerce les mirent en relations; ils se firent des emprunts réciproques; mais ils grandirent d'eux-mêmes, et s'il fallait nommer les aînés de la civilisation, nous désignerions d'abord les Éthiopiens, puis les Chaldéens. Du nord, et vraisemblablement de la Bactriane, descendirent dans les vallées de l'Indus et du Gange les tribus qui subjuguèrent l'Inde. Ce n'est pas en un jour qu'elles atteignirent les rives de l'Océan, et ce n'est pas eu un jour non plus qu'elles construisirent des vaisseaux et surent assez de navigation pour découvrir l'Éthiopie et s'y établir. Or, dès les siècles les plus reculés. retentit le nom de la sage Éthiopie, et s'élève la tour ou pyramide de Belus. Les prêtres de l'Égypte n'avaient pas oublié leur origine éthiopienne. Pourquoi ne se seraient-ils pas souvenus que leurs aïeux étaient venus de l'Inde? M. Cuvier s'appuie d'un passage, conservé par [George le] Syncelle [*fl.* fin du VIIIe siècle, mort après 810 ; historien byzantin auteur d'une chronique des événements du monde depuis la Création jusqu'au règne (284-305) de l'empereur romain Dioclétien], dans lequel Manéthon [*cf.* note 10] raconte qu'une colonie partie des rives de d'Indus arriva au pays d'Égypte sous le règne d'Aménophis [*cf.* note 11] (Voici le sens exact du passage du Syncelle: *Æthiopes, ab Indo fluvio profecti, suprà Ægyptum sedem sibi eligerunt* [*Les Éthiopiens, après avoir progressé à partir de la rivière Indus, se choisirent un foyer au-dessus de l'Égypte*]. Il faut se rappeler que les anciens appelaient Éthiopiens tous les peuples noirs ou basanés, et qu'il y avait d'après cela, une Éthiopie entre le golfe Persique et les bouches de l'Indus.) Ce passage est bien loin de confirmer son opinion. Sous Aménophis, Thèbes était dans toute sa splendeur, et Thèbes n'était cependant qu'une création de Méroé. À coup sûr, ce ne sont pas les Indiens de Manéthon qui auraient apporté dans l'Éthiopie des institutions, des lois, une organisation de castes depuis longtemps établies et déjà transportées sous le ciel de la Thébaïde. Voyez combien l'Éthiopie est vieille! De son sein était sortie l'Égypte, et l'Égypte avait des royaumes lorsque Abraham la visita.

Diodore de Sicile [*cf.* Leçon 12, note 26] dit, si nous avons bien compris M. Cuvier, que les Chaldéens [*cf.* Leçon 1, note 35] venaient de l'Éthiopie. Tout ce que nous dit Diodore, ce nous semble, c'est que les Chaldéens descendaient des plus anciennes familles de Babylone, et qu'ils vivaient à la manière des prêtres égyptiens. Dans tous les cas, il y aurait de meilleures raisons pour croire les Chaldéens d'origine éthiopienne, que pour croire les Éthiopiens d'origine indienne. Diodore, d'accord en cela avec les annalistes arabes, assure qu'Ariæus, prince arabe, seconda Ninus [dans la mythologie grecque, Ninus ou Ninos, roi d'Assyrie, est censé avoir conquis en dix-sept ans l'ensemble de l'Asie occidentale avec l'aide d'Ariaeus, roi d'Arabie] dans les guerres qui lui soumirent les peuples de la Babylonie, et il est certain, de plus, que de tout temps les Arabes parcoururent les rives de l'Euphrate, et y régnèrent même à plusieurs reprises. Or, les Arabes et les maîtres de l'Éthiopie étaient vraisemblablement des peuples de la même famille. À en juger par le nom d'*Habesh*, qui désignait également les contrées des deux bords de la mer Rouge, et par quelques traditions orientales, ce seraient des tribus arabes qui auraient subjugué d'abord les peuplades nubiennes, et fondé les états de Méroé, d'Axum, d'Arkeko, états d'où seraient revenus dans la mère-patrie des colonies qui y auraient à leur tour élevé la domination si célèbre des rois Homérites [les Homérites]. Quoi qu'il en soit, des peuples du nord disputèrent aux Arabes la Mésopotamie, et il est à présumer que les Chaldéens descendaient de quelqu'un de ces peuples. Les hommes partis d'Orient trouvèrent au pays de Schingar [Babylone] une terre où ils se fixèrent, et bâtirent la tour de Babel: ceci s'appliquerait difficilement à des Éthiopiens.

La ressemblance des formes sociales, et surtout la division du pays en castes, suffisent-elles pour attester qu'il y eut communauté d'origine entre les Indiens, les Égyptiens et les Chaldéens? Ce n'est pas notre avis. Quelque extraordinaire que nous semble l'organisation des castes, telle est cependant la forme que revêtent la plupart des sociétés dans l'enfance de la civilisation. Comme les Indiens et les Égyptiens, les nations de l'Iran et de la Bactriane la prirent dans l'ancien monde; en Amérique, les Espagnols trouvèrent trois empires régulièrement constitués, et tous trois l'étaient comme l'avaient été la Chaldée et comme l'est encore l'Inde. Au Mexique, les prêtres, sans être encore tout à fait séparés de la noblesse, régnaient sur la nation, et, au-dessous de la classe dominante, en existaient deux autres, l'une de laboureurs, la dernière de porte-faix asservis, véritables Sudras [la quatrième et la plus basse des classes sociales traditionnelles de l'Inde hindouiste, ou *varnas*, était généralement composée d'artisans et d'ouvriers]. Au Pérou, l'œuvre était consommée. Les enfans du soleil se seraient souillés en s'alliant aux enfans de la terre, et les nobles, de leur côté, considéraient comme impurs leurs yanaónas.

L'Afrique est encore de nos jours le pays des castes. À Ardra, à Juida, à la Côte-d'Or, partout on trouve un sacerdoce héréditaire et des classes sociales tout à fait séparées des autres par l'inégalité des droits et les occupations des familles qui les composent. Chez les Ashantis, [Thomas Edward] Bowdich [20 juin 1791, Bristol, Gloucestershire, Angleterre-10 janvier 1824, Bathurst, Gambie ; voyageur et auteur scientifique britannique qui mena à bien des négociations de paix avec le royaume ashanti (aujourd'hui au Ghana) en 1817] fut frappé de la ressemblance que présentait la hiérarchie sacerdotale avec la hiérarchie de l'ancienne Égypte [*cf.* Bowdich (Thomas Edward), *Mission from Cape Coast Castle to Ashantee* [éd. de Ward W. E. F.], 3ème éd., [Londres]: Frank Cass & co, 1966, 512 p.] À Loango, au Congo, le chef des prêtres est le véritable maître du pays; il confirme ou casse l'élection des rois, et, chose étonnante, le grand-prêtre est choisi et mis à mort avec des cérémonies qui rappellent trait pour trait ce que nous savons des souverains de Méroé. Dans ces contrées, la division des castes est complète. Après les prêtres, qui, comme dans L'inde et l'ancienne Égypte, exercent seuls la médecine, et ont leurs terres qu'ils se transmettent de père en fils, viennent les nobles, puis les courtiers et les marchands, puis enfin le peuple, au-dessous duquel sont encore les esclaves. Il ne manque que des védas [livres de la connaissance; *cf.* Leçon 1, note 28] pour constater et régulariser les faits existans.

En Afrique, où l'état de la civilisation appelle la domination sacerdotale, le mahométisme même ne peut en préserver les peuples. Presque partout les marabouts [ou *murabits*, alors membres d'une communauté religieuse islamique, moines-guerriers vivant dans un monastère fortifié, ou *ribat*] sont devenus une caste sacrée; leurs enfans leur succèdent; il y a des villes qu'ils habitent seuls, et souvent ils gouvernent les états. On garde le souvenir des entreprises qui les ont élevés à la tête des nations, ou qui parfois leur ont été funestes. Dans le Bambouk [au Mali], entre autres, les marabouts mandingues [ou malinkés, peuple soudanais de type négroïde, fondateur en 1230 du grand empire du Mali, qui connaîtra son apogée au XIVe siècle] luttèrent contre la noblesse, qu'ils voulaient dépouiller; ils furent vaincus et exterminés, et depuis lors, tout prêtre qui entre dans le pays est mis à mort.

Tout cela s'explique naturellement: dans les âges d'ignorance, tout est merveille, tout est sujet d'effroi pour les hommes, partout ils voient l'intervention des dieux, et bientôt paraissent des devins, des jongleurs qui exploitent leurs craintes. Maladies, accidents, prédictions, tout est de leur ressort; ils sont médecins, prêtres; ils savent rendre les puissances bienfaisantes favorables; et conjurer les puissances ennemies; on les consulte sur l'avenir, et, pour frapper l'imagination du peuple, ils inventent une foule de cérémonies bizarres, de formules secrètes, d'expiations, dont ils font usage toutes les fois qu'on requiert leur ministère. Pleins de foi d'ordinaire dans leur propre science, elle devient pour eux une arme, un moyen de domination; ils la tiennent secrète, et ne la communiquent qu'à leurs enfants. Ainsi, une force redoutable reste aux mains d'une seule classe, et à mesure que les temples s'élèvent et s'enrichissent, cette classe, unie par un intérêt commun, se détache, s'isole du reste de la population, et cesse de se mêler à elle. En même temps, s'élève une aristocratie guerrière qui règne sur la multitude, et finît par s'en séparer complètement. Voilà trois castes. Qu'un peuple ainsi constitué sorte de chez lui pour conquérir, les vaincus tomberont en servitude, et bientôt formeront une dernière caste accablée du mépris de ses maîtres. Ainsi sont nés les états de l'Inde et de la Chaldée. Le temps, l'habileté de la caste sacerdotale, l'orgueil humain, toujours avide de préférences et de distinctions, y ont élargi les distances originaires, et multiplié peu à peu les sous-divisions, qu'appelait d'ailleurs le développement des arts et de l'industrie. De nouvelles combinaisons alors ont pris place dans les hiérarchies sociales, et les lois ont achevé l'ouvrage des circonstances.

Il n'est pas même besoin de corporation sacerdotale pour que de tels arrangements aient lieu dans le sein des sociétés. Des conquêtes faites successivement par des races diverses suffisent pour les enfanter. Dans la Khiovie actuelle [Uzbekistan], les vicissitudes de la guerre ont créé de véritables castes guerrières, marchandes et agricoles. Les Kara Kalpaks, peuple anciennement assujéti, sont devenus des serfs de glèbe; les Sarty, leurs anciens maîtres, désarmés et dépouillés par de nouveaux vainqueurs, sont restés dans les villes où seuls ils font le commerce; enfin, les Nobeks, derniers conquérans, et leurs alliés les Turcomans, se sont réservé le droit exclusif de porter les armes. Jamais ces peuples d'origine différente ne se mêlent; les Nobeks témoignent aux Sarty et à leurs occupations un dédain profond que ceux-ci rendent aux Kara Kalpaks. S'il y avait une caste religieuse, ce que la religion musulmane ne permet pas, la Khiovie (le Khiva) offrirait un échantillon de l'Inde.

Ce ne serait donc pas dans un système d'organisation sociale que la marche de la civilisation a donné à tant de peuples divers, que nous pourrions chercher la preuve de l'origine indienne des Chaldéens et des Égyptiens.

Les formes architecturales des trois pays offriraient-elles des indices moins équivoques? Nous ne le croyons pas. Comme l'architecture de l'Inde, celle de l'Égypte naquit dans les constructions souterraines auxquelles prêtaient les cavernes des montagnes, et cela suffit pour expliquer leur ressemblance. Quant à l'architecture babylonienne, la nature des matériaux qu'elle employait devait la classer à part, et le peu que nous en savons atteste qu'il en est ainsi. La tour ou le temple de Babel était une pyramide à étages semblables à ceux des pyramides du Mexique; et certes rien dans les descriptions qui nous restent des ouvrages de Sémiramis [ou Sammuramat, reine assyrienne (*fl.* fin du IXe siècle av. J.-C.) qui édifia Babylone], ne rappelle le goût égyptien.

Il y eut toutefois, entre l'Inde et l'Égypte, des traits d'une ressemblance vraiment surprenante. M. Cuvier les a indiqués; mais n'exista-t-i1 pas aussi entre ces pays des différences tellement caractéristiques, qu'elles excluent toute idée de parenté entre ces peuples. D'abord, dans l'Inde, nulle trace des hiéroglyphes; les plus anciennes inscriptions qu'on y ait trouvées sont toutes alphabétiques; et certes, il n'est pas supposable que les Indiens aient oublié dans l'Éthiopie le système d'écriture de leur patrie pour en imaginer un plus imparfait et moins commode. D'un autre côté, tandis que les Indiens brûlaient leurs morts, les Égyptiens embaumaient et déposaient les leurs dans des nécropoles; fait d'autant plus important, qu'il atteste d'autres idées sur la vie à venir. Ce n'est pas tout. À Méroé, les prêtresses partageaient tous les honneurs dont jouissait

la caste sacerdotale ; elles montaient sur le trône, elles commandaient même les armées, ainsi qu'en font foi l'histoire et les monumens ; or, rien n'est plus contraire aux principes de l'Inde. Là, les femmes sont tenues dans une dépendance humiliante ; et celles d'entre elles qui desservent les temples restent aux ordres des brahmes qui ne les choisissent pas même dans leur propre caste. Ajoutez la différence des langues ; ni celle de la Chaldée, ni celle de l'Égypte, n'appartenaient à la souche samskrite.
Mais si nous ne pouvons pas admettre que l'Égypte et la Chaldée doivent leurs institutions à l'Inde, nous rentrons tout à fait dans l'opinion de M. Cuvier sur les communications des peuples de l'antiquité. Les communications furent, en effet, plus actives et plus fréquentes qu'on ne le suppose d'ordinaire. À l'ombre des temples d'Axum et de Méroé florissait un vaste commerce, dont les ramifications s'étendaient dans tout l'ancien monde ; à Babylone se rendaient de nombreuses caravanes venues de tous les points de l'Asie et de l'Afrique. Là, se rencontraient les banyans [commerçants] de l'Inde et les marchands de l'Éthiopie ; là s'échangeaient les idées et les produits ; de là s'exportaient les traditions, les mythes, les principes civils et politiques des nations les plus éloignées ; et pourtant, s'il fallait en juger par le caractère connu des populations et sur quelques autres indices, les Indiens n'y auraient pas afflué, ils auraient attendu dans leur propre pays les visites des navigateurs de l'Arabie et des trafiquants du golfe Persique.
Une discussion aussi longue, sur le seul point des doctrines historiques de M. Cuvier qui nous ait paru erroné, montre assez quelle importance nous attachons à toutes les opinions de l'illustre professeur. Puisse-t-il continuer un cours qui demande tant et de si rares connaissances : car, l'histoire des sciences naturelles, tel qu'il la traite, est aussi une magnifique histoire de l'humanité, dont le développement intellectuel a déterminé de tout temps la marche de ces sciences, et qui, en échange des travaux qu'elle leur a consacrés, en a reçu les moyens d'action auxquels sont dues les merveilles de la civilisation [M. de St.-Agy].

15. [Alexandre le Grand (*cf.* Leçon 7) mourut en 323 av. J.-C., Ptolémée I (*cf.* Leçon 7, note 18) en 282 av. J.-C.]

16. [Jean-Sylvain Bailly (15 septembre 1736, Paris-12 novembre 1793, Paris). Astronome français remarqué pour son calcul d'une orbite de la comète de Halley (1759) et pour ses travaux sur les quatre satellites de Jupiter alors connus. Il commença son étude de la comète de Halley en 1759. Un an plus tard il fit construire un observatoire d'où il pouvait se consacrer à l'observation des satellites de Jupiter. Il fut élu à l'Académie des Sciences en 1763 puis à l'Académie française en 1783. Son œuvre principale comprend notamment l'*Essai sur la théorie des satellites de Jupiter*, Paris : Nyon, 1766 et le « Mémoire sur les inégalités de la lumière des satellites de Jupiter, sur la mesure de leurs diamètres et sur un moyen aussi simple que commode de rendre les observations comparables, en remèdiant a la diffèrence des vues et des lunettes », *Mémoires de l'Académie des Sciences*, 1771, pp. 580-667. Élu député de Paris en 1789 puis président de l'Assemblée nationale et maire de Paris, il fut guillotiné en 1793.]

17. [Jean-Baptiste Joseph Delambre (19 septembre 1749, Amiens-19 août 1822, Paris), astronome français. Il construisit les tables qui permirent de localiser Uranus. En 1788, grâce à un observatoire édifié à son usage exclusif, il se livra à des observations et calculs quasi ininterrompus et publia ses *Tables de Jupiter, de Saturne, d'Uranus*, Paris : Imprimerie de Poutard, 1789. Il fut élu à l'Académie des Sciences, section Géométrie, en 1795, avant de devenir le Secrétaire perpétuel de la section Mathématiques en 1803. De 1792 à 1799, il s'était consacré à la mesure de l'arc de méridien Dunkerque-Barcelone, travail dont il publia le rapport complet dans *Base du système métrique decimal, ou, Mesure de l'arc du méridien compris entre les parallèles de Dunkerque et Barcelone, exécutée en 1792 et années suivantes... par MM. Méchain et Delambre. Rédigée par M. Delambre*, Paris : Baudouin, 1806-1810, 3 vol. En 1807 il devint professeur d'astronomie au Collège de France, à Paris, occupant également les fonctions de trésorier de l'Université impériale de 1808 jusqu'à sa fermeture en 1815. Delambre rédigea également plusieurs manuels d'histoire de l'astronomie antique, médiévale et moderne (1817). Ses *Tables elliptiques des satellites de Jupiter* furent rééditées par le Bureau des longitudes en 1817 (Paris : Veuve Coursier Imprimeur, 132 p.) Un grand cratère, sur la Lune, porte son nom.]

18. [Richard Bentley (27 janvier 1662, Oulton, Yorkshire, Angleterre-14 juillet 1742, Cambridge). Ecclésiastique et théologien britannique, il est l'une des grandes figures de l'histoire des sciences classiques. Il fondait son acuité critique sur une grande soif de connaissance. Doté d'un esprit aussi performant que logique, il sut prendre une large part à la restauration de textes anciens, et contribua à rénover l'activité critique et érudite de son temps.]

19. Suivant [Charles François] Dupuis [1742, Trye-Château-29 septembre 1809; auteur et homme politique français], je crois [dans son], *Origine de tous les cultes* [*ou Religion universelle*, Paris : H. Agasse, 1795 [An III], 3 vol.], les premiers chrétiens auraient employé des moyens analogues pour parvenir à l'abolition du paganisme. Par exemple, ils auraient ajouté à la statue d'Hercule une statuette du Christ, et ils auraient appelé Hercule, *Christophore*, c'est-à-dire, porte-christ, dont ensuite, le peuple aurait fait Saint-Christophe [M. de St.-Agy].

20. Cette opinion sur l'habileté des Égyptiens dans les arts d'imitation, est peut-être un peu généreuse. Lorsque j'examine les figures qui existent sur les cercueils des momies égyptiennes, les seuls monumens de cette espèce que nous

possédions, il me semble que leurs auteurs étaient bien faibles en peinture; les dessins de ces figures me paraissent raides et lourds. Je ne me forme pas une plus haute opinion de la sculpture des Égyptiens. Leurs statues, quelquefois emmaillotées jusqu'aux épaules et finissant en gaine, ne sont à mes jeux, comme à ceux de tout le monde, j'imagine, que les produits d'un art dans l'enfance. Je sais bien que ce peuple, conséquemment à ses idées religieuses, ne prenait ordinairement que la nature morte pour modèle; mais, encore un coup, s'il avait été habile à imiter, il nous aurait laissé des représentations cadavériques moins imparfaites; son type hiératique eût été plus rapproché de la réalité. Voyez Vinckelmann [Johann (Joachim) Winckelmann (9 décembre 1717, Stendal, Prusse-8 juin 1768, Trieste), archéologue et historien d'art allemand (*cf.* Winckelmann (Johann Joachim), Geschichte der Kunst des Alterthums, Dresden: In der Waltherischen Hof-Buchhandlung, 1764-1767, 2 vol.; *Histoire de l'art chez les anciens, par M. Winckelmann* [trad. de l'Allemand par Huber Michael], Paris: chez Barrois l'aîné; chez Savoye, 1789, 3 vol.)], [Désiré] Raoul-Rochette [9 mars 1790, Saint Amand, Cher-3 juin 1854, Paris; archéologue français (Rochette (Désiré-Raoul), *Histoire critique de l'établissement des colonies grecques*, Paris: Treuttel & Würtz, 1815, 4 vol.; *Cours d'archéologie, professé par M. Raoul-Rochette, à la Bibliothèque du roi, tous les mardis; publié par la sténographie, avec l'autorisation et la révision du professeur*, Paris: Eugène Renduel, 1828, in-8, 2 feuillets)], etc. [M. de St.-Agy]

21. M. [Étienne] Pariset [5 août 1770, Grand, Vosges-6 juillet 1847, Paris, psychiatre et fondateur de la Société Protectrice des Animaux], médecin célèbre, surtout par son grand dévoûment, a émis l'opinion que l'apparition de la peste en Égypte, n'avait pas, d'autre cause que la cessation des embaumemens [*cf.* Sussman (Georges D.), «Étienne Pariset: A medical career in government under the Restoration», *Journal of the History of Medicine and Allied Sciences*, vol. 26, 1971, pp. 52-74]. Cette supposition n'a point été prouvée jusqu'à présent, et ne paraît pas pouvoir l'être [M. de St.-Agy].

22. [Galien de Pergame, *cf.* Leçon 16.]

23. [*Stromates* de Clément] VIe livre, page 757. Le nombre des livres d'Hermès mentionnés dans les *stromates* ou «tapisseries» [habituellement traduite par «miscellanées»], de Clément, est de quarante-deux [Clément d'Alexandrie, *Stromate I.* [introduction de Mondésert Claude; traduction et notes de Caster Marcel], Paris: Les Éditions du Cerf, 1951, 180 p.; *Stromate V. Tome II* [commentaire, bibliographie et index par Le Boulluec Alain; 1ère éd. 2006], Paris: Les Éditions du Cerf, 2009, 409 p.)] [M. de St.-Agy]. [Il s'agit de Clément d'Alexandrie ou Titus Flavius Clemens, théologien grec et chrétien, né vers 150, probablement à Athènes, mort vers 212 (*cf.* Osborn (Eric Francis), *Clement of Alexandria*, Cambridge; New York: Cambridge University Press, 2005, xviii + 324 p.; Cognat (Joseph), *Clément d'Alexandrie, sa doctrine et sa polémique / par l'abbé J. Cognat*, Paris: E. Dentu, 1859, VI + 510 p.)]

24. [Eusèbe (*c.* 260 probablement en Palestine-*c.* 340, Césarée). Evêque de Césarée en Palestine, connu surtout pour son *Histoire de l'Église chrétienne*, achevée en 324 ou au début de 325. Il s'agit de la plus importante histoire ecclésiastique des premiers siècles, écrite avec la conviction d'un changement d'ère et dans le dessein apologétique de démontrer l'origine manifestement divine du christianisme, ainsi que son efficience (Eusèbe de Césarée, *Histoire ecclésiastique / Eusèbe Pamphile*, Paris: Éditions du Cerf, 1958, VIII-178 p.; *Histoire ecclésiastique, tome IV* [introduction par Bardy Gustave; index par Périchon Pierre; 2e éd. revue et corrigée avec addenda et corrigenda aux tomes I-IV], Paris: Éditions du Cerf, 1971, 340 p.)]

25. [Pour Manéthon, *cf.* plus haut, note 10. Le «temple d'Héliopolis» est le siège du culte du dieu soleil Rê (ou Râ), à Héliopolis. On le considère généralement comme l'anticipation architecturale des temples égyptiens de la période dynastique. Héliopolis est l'une des villes égyptiennes les plus anciennes, capitale du quinzième nome (subdivision administrative) de Basse-Égypte et plus importante d'un point de vue religieux que politique. Seul le temple d'Amon, à Thèbes, dépassait en volume le temple de Rê. Son clergé exerça une grande influence, particulièrement pendant la cinquième dynastie lorsque l'adoration de Rê devint culte d'État. À cette époque, c'est dans le temple de Rê-Hor-Ahkty que furent déposées les archives royales.]

26. [Eratosthène de Cyrène (*c.* 276 av. J.-C., Cyrène, Libye-*c.* 194 av. J.-C., Alexandrie, Égypte), savant, astronome et poète grec. Il serait le premier à avoir calculé la circonférence de la Terre (Eratosthène, *Le ciel: Mythes et histoire des constellations / les Catastérismes d'Eratosthène* [édition dirigée par Char Marie-Claude; texte traduit, présenté et commenté par Charvet Pascal et Zucker Arnaud; postface et commentaire astronomique par Brunet Jean-Pierre et Nadal Robert; illustrations de Schenk Robert], Paris: NiL Éditions, 2001, 238 p.) Après avoir étudié à Alexandrie et à Athènes, il s'installa à Alexandrie vers 255 av. J.-C. et y prit la direction de la grande bibliothèque. Il travailla à un calendrier intégrant les années bissextiles et tenta également de retracer les dates précises des événements littéraires et politiques postérieurs au siège de Troie. Ces écrits comprennent notamment un poème inspiré par l'astronomie, des travaux sur le théâtre et sur l'éthique. Devenu aveugle avec l'âge, il se serait laissé mourir en cessant de s'alimenter.]

27. [Jean-François Champollion (23 décembre 1790, Figeac-4 mars 1832, Paris), historien et linguiste français, fondateur de l'égyptologie scientifique. Il joua un rôle majeur dans le déchiffrage des hiéroglyphes égyptiens. Champollion s'engagea à la suite du modeste succès du physicien anglais Thomas Young (13 juin 1773, Milverton, Somerset-10 mai 1829,

Londres) qui avait tenté de déchiffrer la Pierre de Rosette – sur laquelle étaient gravés un texte grec, des hiéroglyphes et des traductions démotiques. Champollion parvint enfin à commencer à assembler les pièces du puzzle et en 1821-1822, publia ses premiers articles sur les fragments hiéroglyphiques et démotiques de la Pierre de Rosette. Il élabora ensuite une liste complète de caractères hiéroglyphiques, avec leur équivalent grec (*cf.* Champollion (Jean-François), *Lettre à M. Dacier, Secrétaire Perpétuel de l'Académie Royale Des Inscriptions et Belles-Lettres, Relative à l'Alphabet des Hiéroglyphes Phonétiques Employés par les Égyptiens pour Inscrire leurs Monuments les Titres, les Noms et les Surnoms des Souverains Grecs et Romains*, Paris : Didot Père & Fils, 1822 ; *Précis du système hiéroglyphique des anciens égyptiens, ou, Recherches sur les élemens premiers de cette écriture sacrée, sur leurs diverses combinaisons, et sur les rapports de ce système avec les autres méthodes graphiques égyptienne*, Paris : Chez Treuttel & Würtz, 1824).]

28. [Louis XII (27 juin 1462, Blois-1er janvier 1515, Paris), duc d'Orléans jusqu'en 1498, année de son accession au trône de France. Aussi populaire à l'intérieur de son royaume (il était surnommé le « père du peuple ») que malheureux dans ses aventures militaires italiennes, désastreuses.]

29. [Charles-Louis de Secondat, voir Leçon 7, note 1.]

30. [Henri IV (13 décembre 1553, Pau, Béarn-14 mai 1610, Paris), prince de Béarn jusqu'en 1572, surnommé Henri de Navarre, ou de Bourbon, roi de Navarre (sous le nom d'Henri III, 1572-1589) et premier Bourbon roi de France (1589-1610). Il abjura le protestantisme à la fin des guerres de religion pour se convertir au catholicisme (1593) afin de se rallier Paris et de réunifier la France. Avec l'aide de ministres tels que Maximilien de Béthune, duc de Sully (1560-1641), il rendit à la France sa prospérité.]

31. [Saint Vincent de Paul (24 avril 1581, Pouy, aujourd'hui Saint-Vincent-de-Paul, 27 septembre 1660, Paris, canonisé en 1737, fêté le 27 septembre). Saint homme français, fondateur de la Congrégation de la Mission (lazaristes, ou vincentiens), vouée à évangéliser les campagnes pauvres et à former un clergé pastoral.]

32. [Sésostris Ier (*fl.* XXe siècle av. J.-C.), roi d'Égypte (pharaon), régna de 1908 à 1875 av. J.-C. Il succéda à son père après une régence partagée de dix ans, et conduisit l'Égypte à un sommet de prospérité.]

33. [Cécrops, *cf.* Leçon 1, note 49.]

34. [Danaüs ou Danaos, selon la mythologie grecque, fils de Bélos, roi d'Égypte, et frère jumeau d'Egypteos. Chassé d'Égypte par son frère, il s'enfuit avec ces cinquante filles (les Danaïdes) vers Argos, dont il devint le roi. Les cinquante fils d'Egypteos arrivés à Argos, Danaüs dut consentir à leur mariage avec ses filles. Il ordonna toutefois à chacune de ses filles de tuer son mari lors de la nuit de noces. Elles accepteront toutes à l'exception d'Hypermnestre, qui épargnera Lyncée. Incapable de trouver des époux à ses autres filles, Danaüs les offrira en mariage aux jeunes hommes de la région. Après le retour vengeur de Lyncée, qui tuera Danaüs, ses filles, en châtiment du crime infligé à leurs cousins, seront condamnées à remplir sans fin des tonneaux percés. Sur le plan symbolique, le meurtre des fils d'Egypteos représenterait l'assèchement des rivières et des sources d'Argos en été.]

35. [Voir *L'Iliade*, livre 9, ff. 381-382 (Prendergast (Guy Lushington), *A complete concordance to the Iliad of Homer* [completely revised and enlarged by Marzullo Benedetto], Hildesheim (Germany) ; New York : G. Olms Verlag, 1983, vii + 427 p.)]

Vol. I.

EGYPTIAN LANDSCAPES
Engraving by Girardet and Sellier displayed in frontispiece of volume 1 of *Description de l'Égypte: ou Recueil des observations et des recherches qui ont été faites en Égypte pendant l'expédition de l'Armée française publié sous les ordres de Napoléon Bonaparte.* Paris: Imprimerie impériale, 1809.

3 The Egyptians Continued

We have seen at the end of the preceding lecture that none of the great Egyptian monuments date from before the seventeenth or eighteenth dynasty and that the books of Moses are silent about the architectural marvels of Egypt. It was ascertained also from the complaints of the Jews that before their exodus all the large buildings, instead of being built of granite or sienite, had been built of bricks hardened by fire fueled by straw.

From these various facts we conclude that the principal Egyptian monuments were built between 1200-1000 B.C. and 600-550 B.C., which was about the time of the Persian invasion[1].

After that invasion, the Egyptian style of construction was continued, and the result was a profusion of edifices that is still the wonder of the world.

However, when one thinks of the location of Egypt and considers that monuments built in granite under a pure sky have an almost unlimited duration, one need not suppose that the laws of the country had some extraordinary power, in order to explain the kind of architectural fairyland of which this country offers us numerous proofs.

Egypt served as a means of communication with many parts of the civilized world; it was the center of all commerce at the time. Consequently, its prosperity was developed rapidly. The narrow valley, surrounded by arid desert sands, that forms its territory did not permit that its wealth be used for gardens and spacious parks. Wealth instead was used in works of architecture, and it seems that a sort of competitiveness was maintained for 600 years in creating, in this field, the spectacular excess that has made Egypt famous.

What supports us in this opinion is that circumstances like those found in Egypt produced elsewhere the same phenomenon.

Thus, on the distant stages of the great panorama of history, we see Palmyra[2], a green oasis, which owed to the several springs it possessed in the middle of the desert, the traversing of caravans going from the Euphrates to the Mediterranean. These caravans made its fortune, and like Egypt, the city spent it only on temples and palaces. Its architectural magnificence was even more astonishing than Egypt's, since there, in a more circumscribed territory, the marvels of the arts were more concentrated.

At a distance not so far from us, the coast of Genoa, confined by the Apennines and also enriched by commerce, offers us the same profusion of architectural monuments as Egypt and Palmyra. In this respect one might almost say that Genoa is the Egypt of modern times.

But the Egyptian constructions are more solid than the Italian: built of granite or sandstone, the former would subsist yet in all their integrity if wars and civil disturbance had not destroyed or altered them.

It was especially around 600 B.C. that the tranquility of Egypt was disturbed on account of an oracle that seems to have been carried out in the person of Psammetichus [3]. Forced to flee, this governor had recourse to foreigners to defend himself. It was the first time, since the conquest by the nomadic kings, that foreigners had been able to penetrate the land of Egypt. The auxiliaries that Psammetichus employed came from Asia Minor, and since they procured for him the defeat of his enemies, from that time on he allowed foreigners, which had been prohibited in Egypt, as they still are in China, to enter freely. The most cultured minds of Greece profited from this right: Thales [4], Pythagoras [5], and other Greek philosophers were successively instructed in the colleges of the priests, and they brought back a part of the knowledge that had been kept secret up until then.

In order to appreciate the extent of the instruction that the Greeks were able to add to their own, one must determine what progress the sciences had made in Egypt by then.

We know that knowledge of hydraulics was already quite advanced, because the Egyptians practiced with some skill the art of digging canals. They also had rather extensive knowledge of mechanics, for, without very powerful machines, it would have been impossible for them to raise their obelisks, and to lift the enormous monoliths that contribute to the composition of some of their monuments. Also they had nearly perfect graphic and stereotomic procedures: the precision one sees in the cutting of stones used in the construction of their buildings is proof of this. Finally, we know that they were fine land-surveyors, because, after the Nile withdrew, they reestablished the boundaries of properties as they had existed before the inundation.

From all these facts, one might conclude that mathematical theories were fairly advanced in Egypt.

However, some historical documents contradict this conclusion. It is reported that it was from Thales that the Egyptian priests learned to measure the height of the pyramids from the length of the shadow they projected. History tells us also that Pythagoras immolated a hecatomb [6] when he discovered the theorem of the square on the hypotenuse. Therefore, he did not receive this proof in the priestly colleges of Egypt, and consequently, those people who were so lauded were actually ignorant about geometry since they did not even know its primary elements. One might be justified in believing that their geometry was entirely practical, somewhat like that of our field surveyors.

At the time of the first emigrations out of Egypt into Greece, astronomy was at a low level of development in the former country, since the lunar year was the only year known. But the need to predict with certainty the return of the inundation of the Nile led the

Egyptians to study astronomy in a consistent manner. Their progress was swift enough that the Greeks, when allowed under the reign of Psammetichus to travel in Egypt, would find them using the solar year of 365 days. Shortly afterwards, they even added a quarter day to their year, and thus they came very close to the true duration of the revolution of the earth around the sun. But this latter solar year was followed only for civil uses, and for that reason was called the *civil* year. The former solar year was called the *religious* year because it continued to be used for fixing feasts, although it was observed that feasts thus fixed became further and further away from the sidereal times established for them. It was not until after a period of more than 1,900 years that the two years would coincide and that religious feasts would be celebrated in the same season as that of their origin. The Egyptians called this period of 1,900 years the great year or the year of Syrius. Their respect for all things religious prevented them from abandoning the religious year for the civil year, that is, for the year of 365 and a quarter days. It is the same respect for rites that later made the Greeks continue to use the Julian year despite the advantages of the Gregorian year.

Presumably the Egyptians had not even the simplest astronomical instrument, no precise way of making observations, and it was only by the heliacal[7] rising and setting of the principal stars that they succeeded in discovering the approximate length of the year. Also, we do not know whether they had any instrument other than the gnomon[8] for measuring the sun's altitude.

The Egyptians' ideas about certain areas of geology were much more exact than their astronomical observations. Living in a country formed by alluvions, they readily arrived at an explanation for the superposition of terrestrial strata; in the time of Herodotus[9], they could give an account for the stratification of the Delta just as we do today. The Egyptians also knew of the existence of fossils in loose ground and in rocks where elements are strongly aggregated. Thus it would appear that Thales was only generalizing the opinion of the Egyptian priests, who had said that the earth had come from water, when he taught the Greeks that water was the first principle of all things.

The Egyptians were no less knowledgeable about minerals than they were about the laws of alluvial accretion. The disposition of the soil also particularly facilitated this study. The walls of the Nile valley presented mineral masses laid bare and close by, which elsewhere are dispersed in the mountains. At the base of these walls was the limestone used in constructing the pyramids, higher up was sandstone, and towards Syene[10] were granite and porphyry. The valley of the Nile thus formed a sort of mineralogical gallery set up by nature for the benefit of the Egyptians, already specially privileged in other regards.

Their need to travel through the small valleys leading to the Red Sea caused them to discover, between the sea and the Upper Egyptian shore facing it, other minerals of groups that are still scarce compared with granite. It was principally emeralds that fed the love of splendor in antiquity, the mines for which Monsieur Cailliaud[11] has discovered quite recently. The Egyptians' exploitation of these mines removes any doubt that metallurgy had been rather highly developed. In fact, they must have known the art of fabricating and tempering cutting implements in order to carve the fine stones and the great quantity of granite and porphyry that are extant. Today, it is only by means of emery and a great deal of time that we are able to give the latter mineral a form proper for our use. Although Egyptian towns and tombs have revealed to our research but few objects made of iron, we must not conclude that this metal was rare in Egypt; rather, this fact is satisfactorily explained by the rapid oxidation of iron. Moreover, many objects in bronze, and some in gold of an extreme purity, have been discovered in Egyptian towns and tombs.

They also knew most of the applications of chemistry that we make today to the arts. The Egyptians made enamel like ours, in addition to faience and porcelain, and knew how to compound the most solid and most brilliant colors – one finds even ultramarine pigment on their most ancient tombs. The Greeks and the Romans are very far from ever having been as advanced as the Egyptians in the chemical arts. In spite of this rather remarkable development in science, it seems they did not go so far as to derive a theory about all the chemical facts known to them. The lack of books and of frequent communication no doubt limited their progress in this regard.

We have seen that in Egypt, zoology owed its development to the custom of raising sacred animals in the temples and painting or sculpting them on certain parts of these temples or on other monuments. I have examined more than fifty of these representations relating to different classes of vertebrates – mammals, birds, reptiles, etc. – and I was always readily able to recognize the species they belonged to, even when the figures were small in scale and consisted only of the outline of the animal. In this way I have distinguished with ease the great antelope, the giraffe, the great hare of Egypt, the sparrow hawk, the vulture, the Egyptian goose, the lapwing, the ibis, etc. [12] Monsieur Gau in his work on Nubia [13] has made a copy of a bas-relief depicting the triumphal parade of an Egyptian king; one sees the vanquished peoples presenting gifts to the monarch of the various animals that their land produces; it is easy to recognize that these animals are the giraffe, the tiger (*tigre chasseur*), the asp, the crocodile, etc. True, these representations do not express zoological characteristics, but the general posture and the overall appearance of the animal are so well represented that it leaves the naturalist in no doubt, even when it is a question of insects and fishes. Relative to the latter, Monsieur Cailliaud also describes in his work a painting of the fishes of the Nile in which one may distinguish at first glance at least twenty fish species, such as for example catfishes, minnows, and other individuals of curious shape [14].

Anatomy was better known in Egypt than anywhere else, since, as we have seen, Galen [15] traveled there expressly to see the human skeleton that had been fashioned in bronze.

Medicine, which cannot exist without anatomy, was also practiced in Egypt and is even thought to have originated there [16].

General natural philosophy seems to be the science that was developed with the least success in this country: fire was thought to be an all-devouring animal. Perhaps we may suppose this to be the opinion only of the masses and not at all subscribed to by the educated caste; but we have no proof of such a benevolent supposition [17].

Likewise we do not know the name of the authors of various discoveries made in Egypt. The custom of the country was for the learned to publish all their works under Hermes's name [18].

To summarize, the Egyptians possessed, in spite of many errors, a rather large body of knowledge; and it is difficult to believe that people who had so often successfully observed nature did not compare the facts of various kinds that they had gathered in order to deduce general laws. It is likely that there existed in the priestly colleges in addition to philosophical and religious theories, special theories about physical science. Internal wars and the suppression of the sacerdotal caste during the disastrous conquest by Cambyses [19] were no doubt the reason for the disappearance of such theories. After these events, Egyptian priestly science regressed constantly to such a degree that under Roman rule the priests sank to the lowest social rank.

To end this examination of the condition of the sciences in Egypt, we are going to see what the Egyptian emigrants and a few other Mediterranean peoples knew.

The leading Egyptian emigrants possessed in general only a superficial knowledge of the sciences that were the province of the priestly caste; they brought away with them only the practical results of these sciences, namely, the arts. Only Moses was better educated. Raised by the priests [20], he knew not only their arts but also the hidden meaning of their philosophical doctrines. Witness to the troubles arising from the use of symbols, he had forbidden his colonists the cult of images so that he might destroy the odious idolatry that it produced. This wise proscription impeded the development of the graphic arts among the Jews; for the cultivation of the arts is the indispensable condition of their improvement and even of their preservation. But the Jews derived from this the advantage of maintaining in all its abstract purity the idea of the one God [21].

The laws of Moses were of a nature to produce many other useful results, but the unfavorable circumstances in which the Jews constantly found themselves prevented the laws from having their natural effect.

What we naturalists find most remarkable in the books of Moses is his cosmogony, which is very much superior to that of the Egyptians', and which Deluc [22] thought so perfect that he based upon this cosmogony his belief in the reality of a revelation received by Moses. According to Genesis, as everyone knows, after the heavens and the earth were created and were made manifest by light, plants received their being, and after them the animals and finally man.

Now, this Biblical order of the different creations is precisely the order that geology assigns to them [23]. In earliest formed rocks, and consequently lying deepest, one finds no remains of organic beings. The earth was then without inhabitants, or at least without visible inhabitants. But as one ascends from the primitive soils to the surface of the globe, one encounters vestiges or fragments of animals and plants, their organization becoming more complex from the simplest mollusks and acotyledons to the most complicated quadrupeds and plants.

Never – to our knowledge, at least – have human bones been found in typical layers of the globe, as bones belonging to quadrupeds have been encountered. Human remains that have been discovered were lying either in soft ground, or in caves where they might have been carried by carnivorous animals, or in osseous pits, in the crevices of rocks where probably they had been trapped by landslides or by other accidents. Therefore, it is reasonable to suppose that man did not appear on earth until after the other species of mammals, as is written in Moses's book.

The Phoenicians, who came from the Mediterranean, must have possessed, like the Egyptians, rather extensive knowledge. They were navigators and traders, and must have had some notion of mechanics, geometry, arithmetic, and astronomy. Their discovery of purple dye is evidence that they had made observations of animal products. The heavy trade they conducted in salted fish, and which Carthage continued after them, confirms our belief that they had made observations on the different species of fishes. Now, these observations had been generalized, they had given rise to some general principles, some theories, since facts are not learned as isolated instances in nature; their attendant circumstances, their causes are more or less apparent and serve as a basis for doctrines. These doctrines were in part communicated to the Greeks who preserved the memory of them for us; but we have nothing more, since nothing remains of the books or monuments of the Phoenicians and Carthaginians. The destruction of Tyre [24] annihilated Phoenician knowledge, as the destruction of Jerusalem put an end to the scientific development of the Hebrews.

Also there remain for us very few things about the Chaldeans [25]; their astronomy is all that we have, and it was not very advanced.

In the next session, we shall discuss the state of the sciences in Greece and its colonies [26].

NOTES

1. Other authors place this invasion in 350 B.C. [M. de St.-Agy].
2. [Palmyra, also called Tadmur, Tadmor, or Tudmur, ancient Syrian city, now in south-central Syria. The name Palmyra is the Greek and Latin form of Tadmur, Tadmor, or Tudmur, the pre-Semitic name of the site, which is still in use in modern times. The city attained prominence in the 3rd century B.C., when the Seleucids probably made the road through Palmyra one of the routes of east-west trade. The city lay approximately halfway between the Mediterranean Sea (west) and the Euphrates River (east) and helped connect the Roman world with Mesopotamia and the East.]
3. [Psammetichus II, or Psamtik II, Egyptian king (ruled 595-589 B.C.) who sponsored a campaign through the Napatan kingdom involving the use of Greek and Carian mercenaries who left their inscriptions at Abu Simbel; at the same time, the names of the long-dead Cushite rulers were erased from their monuments in Egypt. Psammetichus II also made an expedition to Phoenicia accompanied by priests; whether it was a military or a goodwill mission is unknown.]
4. [Thales of Miletus, see Lesson 1, note 6.]
5. [Pythagoras (born *c.* 580 B.C., at Samos, Ionia; died *c.* 500, at Metapontum, Lucania), Greek philosopher, mathematician,

and founder of the Pythagorean brotherhood that, although religious in nature, formulated principles that influenced the thought of Plato and Aristotle and contributed to the development of mathematics and Western rational philosophy.]

6. [Hecatomb, in ancient Mesopotamia, a large-scale sacrifice, often of many retainers who followed their king and queen to the grave.]
7. [Heliacal, pertaining to, or near, the sun; said especially of the last setting of a star before, and its first rising after, invisibility due to conjunction with the sun.]
8. [Gnomon, probably the earliest known device for indicating the time of day, dating from about 3500 B.C. It consisted of a vertical stick or pillar; the length of the shadow that it cast gave an indication of the time of day. By the 8th century B.C., more precise devices were in use; the earliest known sundial still preserved is an Egyptian shadow clock of green schist dating at least from this period. It consists of a straight base with a raised crosspiece at one end. The base, on which is inscribed a scale of six time divisions, is placed in an east-west direction with the crosspiece at the east end in the morning and the west end in the afternoon. The shadow of the crosspiece on this base indicates the time. Clocks of this kind are still in use in primitive parts of Egypt.]
9. [Herodotus was born about 484 B.C. and died 430-420; see Lesson 7.]
10. [Syene, modern Aswan, Egypt.]
11. [Frédéric Cailliaud, French explorer, was born at Nantes in 1787. In 1815, he was commissioned to explore the deserts to the east and west of the Nile. Departing from Edfou, he went towards the Red Sea, and in the desert found the emerald mines of Mount Labarah, then returned to Egypt by the ancient route of Coptos to Berenice. In June 1818, he visited the Great Oasis, where he made some important archaeological discoveries; then he explored all the known oases to the west of Egypt and ascended the Nile to 10 degrees north latitude. Soon afterward, he returned to France taking residence in his native city of Nantes where he became conservator of the city's museum, and where he died in 1869 (see Cailliaud (Frédéric), *Voyage à Méroé, au fleuve blanc, au delà de Fâzoql dans le midi du Royaume de Sennâr, à Syouah et dans cinq autres oasis; fait dans les années 1819, 1820, 1821 et 1822* [plates only], Paris: Imprimerie de Rignoux, 1823, 2 vols in 1; *Voyage à Méroé, au fleuve blanc, au delà de Fâzoql dans le midi du Royaume de Sennâr, à Syouah et dans cinq autres oasis; fait dans les années 1819, 1820, 1821 et 1822* [text only], [Paris]: Par autorisation du Roi, Imprimerie royale, 1826-1827, 4 vols].
12. See the *Description de l'Égypte* compiled under the auspices of Napoleon [*Description de l'Égypte: ou, Recueil des observations et des recherches qui ont été faites en Égypte pendant l'expédition de l'armée française - publié par les ordres de Sa Majesté l'empereur Napoléon le Grand* [Edited by Jomard Edme François; historical preface by Fourier Jean-Baptiste-Joseph], Paris: Imprimerie Impériale, 1809-1822, text, 9 vols; atlas, 11 vols] [M. de St.-Agy].
13. [Nubia, ancient region in northeastern Africa, extending approximately from the Nile River valley (near the first cataract in Upper Egypt) eastward to the shores of the Red Sea, southward to about Khartoum (in what is now The Sudan), and westward to the Libyan Desert. Gau is François Chrétien Gau (born 15 June 1790, at Cologne; died January 1854 at Paris), architect and archaeologist who, in 1809, entered the Académie des Beaux-Arts, Paris, and in 1815 visited Italy and Sicily. In 1817 he went to Nubia, and while there he made drawings and measurements of all the more important monuments of that country, his ambition being to produce a work that should supplement the great work of the French expedition in Egypt. The result of his labors appeared in a folio volume titled *Antiquités de la Nubie, ou, Monumens inédits des bords du Nil, situés entre la première et la seconde cataracte, dessinés et mesurés, en 1819 - par F. C. Gau...*, Stuttgart: J. G. Cotta, 1822, consisting of sixty-eight plates, of plans, sections, and views. His next publication was the completion of Charles François Mazois's (1783-1826) work on the ruins of Pompeii (Mazois (Charles-François), *Les ruines de Pompéi*, Paris: F. Didot, 1824-1838, 4 vols). In 1825 Gau was naturalized as a French citizen, and later became architect to the city of Paris. He directed the restoration of the churches of Sain-Julien-le-Pauvre, and Saint-Séverin, and built the great prison of La Roquette, etc. With his name also is associated the revival of Gothic architecture in Paris – he having designed and commenced, in 1846, the erection of the church of Sainte-Clotilde, the first modern church erected in the capital in that style. Illness compelled him to relinquish the care of supervising the work, and he died before its completion.]
14. [Cailliaud (see note 11, above), *Voyage à Méroé* (1823), vol. 2, pl. 75, paintings from the ancient tombs of Gournah at Thebes, showing scenes of hunting, fishing, harvesting, music, etc.; for further explanation of the plate, see Cailliaud (Frédéric), *op. cit.*, vol. 3, p. 292.]
15. [Galen of Pergamum, see Lesson 16, below.]
16. In Egypt medicine could make no progress. A physician could treat only one kind of illness, nor could he apply to that illness but one treatment over and over. If he changed the legitimate treatment and the patient died, he was put to death. Moreover, physicians, like our priests, were paid by the public treasury, which was another reason for not seeking to be innovative. Finally, according to Diodorus [Siculus, in his *Bibliotheca historica*; see Lesson 12, note 26] (vol. 1, p. 81), any discoveries were forbidden in Egypt as being sacrilegious [see Diodorus Siculus, *Diodorus "On Egypt": Bibliotheca historica, Book I* [translated from the ancient Greek by Murphy

Edwin], London; Jefferson (North Carolina): McFarland, 1985, xiv + 178 p.] Degraded by this servitude, physicians in Egypt descended to the rank of tricksters. Their science was composed of incantations, conjurations, and prayers. Predicting diseases, attributing them to the influence of the stars, to the malevolence of demons (Origen, *Contra Celsus*, vol. 8 [translation with an introd. & notes by Chadwick Henry, Cambridge: Cambridge University Press, 1953, xl + 530 p.]), the physicians begged for miraculous cures from Isis, who appeared, it was said, to sick people while they slept. Darius's physicians were not able to deliver this prince in seven days from a sickness that the Greek Democedes [Greek physician, born at Crotona, Magna Graecia (Italy), lived in the second half of the 6th century B.C.] did in one hour (Herodotus, vol. 3, p. 129; [Godolphin (Francis Richard Borroum) (ed.), *The Greek historians* [The complete and unabridged historical works of Herodotus, translated by Rawlinson George; Thucydides, translated by Jowett Benjamin; Xenophon, translated by Dakyns Henry G. [and] Arrian, translated by Chinnock Edward J.; edited, with an introduction, revisions and additional notes, by Godolphin Francis R. B.], New York: Random house, [1942], 2 vols]).

Well, when one has the courage to read [Jacques-Bénigne] Bossuet's [born 25 September 1627, Dijon, France; died 12 April 1704, Paris] *History of the Egyptians* [see Bossuet (Jacques-Bénigne), *Discourse on Universal History* [translated by Forster Elborg, edited with an introduction by Ranum Orest], Chicago: University of Chicago Press, 1976, 422 p.], one finds the whole organization of Egypt vaunted as a model of perfection. But Bossuet was a priest, and a priest usually loves Ammonium and Heliopolis [cities in ancient Egypt], as a soldier usually prefers a government by the military to all others [M. de St.-Agy].

17. Because this belief was universal in Egypt, it is likely that it had been, at least for a while, that of the priests, for almost all popular errors are recorded in the writings of some of the savants, that is, of men less ignorant than their contemporaries [M. de St.-Agy].
18. This way, religion would take credit for all scientific discoveries and interpret them in its own way (see Iamblichus [*On the Pythagorean life* [translated, with notes and introduction by Clark Gillian], Liverpool: Liverpool University Press, 1989, xxi + 122 p.]) [M. de St.-Agy].
19. [Cambyses II, see Lesson 2, note 6.]
20. Moses was the son-in-law of an Egyptian priest [M. de St.-Agy].
21. Some authors attribute to the Jews this result of our ability to compare and to abstract; others deny this – e.g., [Charles François] Dupuis [1742-1809; see Lesson 2, note 19] in his great work on the origin of the cults [*Origines de tous les cultes; ou Religion universelle*, Paris: H. Agasse, An III [1795], 3 vols.] [M. de St.-Agy].
22. [Jean André Deluc (born 8 February 1727 at Geneva, Switzerland; died 7 November 1817, at Windsor, Berkshire, England), Swiss-born British geologist and meteorologist whose theoretical work was influential on 19th-century writing about meteorology (see Deluc (Jean-André), *Idées sur la météroIogie*, Paris: chez la veuve Duchesne, 1787, 2 vols). Deluc's keenest personal interest was his quest to reconcile the Creation story of Genesis with the evidence of geology, and to this end he interpreted each day of the Creation as an epoch.]
23. It is incontestable that some passages in Genesis are to a certain point in agreement with our secular sciences. But it cannot be denied that there are other passages that at present are destitute of scientific proof. For example, according to Moses's book, *light* was created first (*Fiat lux*, the Vulgate [the Latin Bible used by the Roman Catholic Church, primarily translated by St. Jerome] says), then heaven and earth, then the sea, the planets, the *sun*, the moon, etc.; now, science is not yet able to prove that nature's light could exist without the sun, but which would be the case if one adopted Moses's cosmogony, since the sun, according to this cosmogony, was not created until four days after the light.

Moreover, we can criticize Moses only with a great deal of caution, since his books were destroyed several times – namely, during the fall of Jerusalem and the Babylonian captivity – and were rewritten from memory by the priests, one of whom was Esdras, and we cannot be sure that some errors did not slip into his books: "Esdras, priest of God, restored the law, which had been burned by the Chaldeans in the temple archives" [quote translated from the Latin] (St. Augustine, *On Miracles*, Book 2, Kings, 4, 25: 9 [cited from the Douay-Rheims Bible, an English translation of the Latin Vulgate Bible produced by Roman Catholic scholars in exile from England at the English College in Douai. The New Testament translation was published in 1582 at Rheims, where the English College had temporarily relocated in 1578 (see Bible, *The New Testament of Jesus Christ, faithfully translated into English out of the authentic Latin. Diligently conferred with the Hebrew, Greek and other Editions in Diverse Languages*, Rheims: John Fogny, 1582). The Old Testament was translated shortly afterward but was not published until 1609-1610, in Douai; see *The Holie Bible, faithfully translated into English out of the authentic Latin. Diligently conferred with the Hebrew, Greek and other Editions in Diverse Languages,* Douai: Lawrence Kellam, 2 vols]) [M. de St.-Agy].

24. [Tyre, modern Sur, a coastal town in southern Lebanon. It was a major Phoenician seaport from about 2000 B.C. onwards through the Roman period. Probably the most famous episode in the history of Tyre was its resistance to the army of the Macedonian conqueror Alexander the Great,

who took it after a seven-month siege in 332 B.C., using floating batteries and building a causeway to gain access to the island. After its capture, 10,000 of the inhabitants were put to death, and 30,000 were sold into slavery.]

25. [Chaldeans, see Lesson 1, note 35.]

26. In a note on page 19 of the first lesson, I [the editor, M. de St.-Agy] remarked that Monsieur Cuvier, in his discussion on the revolution of the surface of the globe [Cuvier (Georges), *Discours sur les révolutions de la surface du globe, et sur les changemens qu'elles ont produits dans le règne animal*, 3rd ed., Paris: Chez G. Dufour & Ed. d'Ocagne, 1825, 400 p. + 6 pl. + tabl.], referring to the astronomical observations that Callisthenes sent from Babylon to Greece, gave the number 2,200 instead of 1,903. Subsequently, I have read [again] the sentence containing Monsieur Cuvier's number and realized that this learned naturalist was referring to the era before Christ, to which the Chaldean observations go back, whereas I had given the number of years covered by these observations. It follows that we are both correct [M. de St.-Agy].

PAYSAGES ÉGYPTIENS
Détail de la gravure de Girardet et Sellier placée en frontispice du tome premier de la *Description de l'Égypte : ou Recueil des observations et des recherches qui ont été faites en Égypte pendant l'expédition de l'Armée française publié sous les ordres de Napoléon Bonaparte*. Paris : Imprimerie impériale, 1809.

3 Les Égyptiens, suite

Nous avons vu à la fin de la précédente séance, qu'aucun des grands monumens égyptiens n'est antérieur à la dix-septième ou dix-huitième dynastie ; que les livres de Moïse sont muets sur les merveilles architecturales de l'Égypte, et qu'il est constaté, par les plaintes des Juifs, qu'avant leur départ de ce pays tous les grands édifices, au lieu d'être composés de granit ou de siénite, étaient construits en briques durcies par l'action d'un feu de chaume.

De ces divers faits nous concluons que les principaux monumens égyptiens ont été élevés depuis l'an 1000 ou 1200 avant Jésus-Christ, jusqu'à l'an 600 ou 550, temps vers lequel eut lieu l'invasion des Perses [1].

Après cette invasion, on continua de bâtir dans le goût égyptien, et il en résulta une profusion d'édifices qui fait encore l'étonnement du monde.

Cependant, lorsqu'on réfléchit à la position de l'Égypte, et que l'on considère que des monumens construits en granit, sous un ciel toujours pur ont une durée presque illimitée, on n'a pas besoin de supposer aux lois de ce pays une puissance extraordinaire pour s'expliquer l'espèce de féerie architecturale dont cette contrée nous offre des témoignages nombreux.

L'Égypte servait de moyen de communication aux diverses parties du monde civilisé ; elle était le centre de tout le commerce qui se faisait alors. Sa prospérité se développa par conséquent avec rapidité. La vallée étroite et entourée de sables arides, qui forme son territoire, ne permettait pas que ses richesses fussent employées en jardins et en parcs spacieux ; elle les appliqua à des travaux d'architecture, et il semble qu'une sorte d'émulation s'y soit maintenue pendant 600 ans pour créer, en ce genre, le luxe prodigieux qui l'a rendue célèbre.

Ce qui appuie notre opinion à cet égard, c'est que des circonstances semblables à celles que réunissait l'Égypte, ont produit ailleurs le même phénomène.

Ainsi, sur les plans lointains du grand panorama de l'histoire, nous voyons Palmyre [2], oasis de verdure, devoir à quelques sources qu'elle possédait au milieu du désert, le passage des caravanes qui se rendaient de l'Euphrate à la Méditerranée ; ces caravanes firent sa richesse, et, comme l'Égypte, elle ne l'employa qu'en temples et en palais. Sa magnificence architecturale était même plus étonnante que celle de ce pays parce que, plus circonscrite dans son territoire, les merveilles des arts y étaient plus accumulées.

À une distance moins éloignée de nous, la côte de Gênes, resserrée par les Apennins, et enrichie également par le commerce, nous offre la même profusion de monumens d'architecture que l'Égypte et Palmyre. Sous ce rapport, on pourrait presque dire qu'elle est l'Égypte des temps modernes.

Mais les constructions égyptiennes sont plus solides que celles de l'Italie : composées de granit ou de grès, celles-là subsisteraient encore dans toute leur intégrité, si des guerres et des troubles civils ne les avaient détruites ou altérées.

Ce fut surtout environ 600 ans avant Jésus-Christ, que la tranquillité de l'Égypte fut troublée, au sujet d'un oracle qui parut s'accomplir dans la personne de Psammitichus [3]. Obligé de fuir, ce gouvernant eut recours à des étrangers pour se défendre. Depuis la conquête des rois scéniques ou nomades, c'était la première fois que des étrangers avaient pu pénétrer sur le sol égyptien. Les auxiliaires que Psammitichus employa, venaient de l'Asie mineure ; et comme ils lui procurèrent la défaite de ses ennemis, il permit, à partir de cette époque, que les étrangers qui étaient frappés de prohibition en Égypte, comme ils le sont encore en Chine, pussent y entrer librement. Les intelligences les plus cultivées de la Grèce profitèrent de cette faculté : Thalès [4], Pythagore [5], et d'autres philosophes grecs, furent successivement s'instruire dans les collèges des prêtres égyptiens, et ils en rapportèrent une partie des connaissances qui, jusqu'alors, y avaient été tenues secrètes.

Pour apprécier l'étendue de l'instruction que les Grecs purent ainsi ajouter à la leur, il est nécessaire de s'assurer des progrès que les sciences avaient alors faits en Égypte.

Nous savons que les connaissances hydrauliques y étaient déjà assez avancées, puisque les Égyptiens pratiquaient l'art de creuser des canaux avec une certaine habileté. Ils avaient aussi des notions de mécanique assez étendues, car, sans de très puissantes machines, il leur eût été impossible d'élever leurs obélisques, et de soulever les énormes monolithes qui concourent à la composition de quelques-uns de leurs monumens. Ils avaient encore des procédés graphiques et de stéréotomie assez parfaits ; la précision qu'on remarque dans la coupe des pierres employées à la construction de leurs édifices en est une preuve évidente. Nous savons, enfin, qu'ils étaient arpenteurs exacts, puisque après la retraite du Nil, ils rétablissaient la délimitation des propriétés telle qu'elle existait avant l'inondation.

De tout ces faits on pourrait conclure que les théories mathématiques étaient assez avancées chez les Égyptiens.

Cependant quelques documents historiques contredisent ce résultat. On rapporte que ce fut de Thalès que les prêtres égyptiens apprirent à mesurer la hauteur des pyramides d'après la longueur de l'ombre qu'elles projetaient. L'histoire nous fait connaître aussi que Pythagore immola un hécatombé [6] lorsqu'il eut découvert le théorème du carré de l'hypoténuse. Il n'en avait donc pas reçu la démonstration dans les collèges des prêtres égyptiens, et par conséquent ces gens si vantés étaient bien ignorans en géométrie puisqu'ils n'en savaient pas même les premiers élémens. On serait fondé à croire que leur géométrie était toute pratique, à peu près comme celle de nos arpenteurs de campagne.

Au temps des premières émigrations qui se firent de l'Égypte vers la Grèce, l'astronomie n'avait atteint qu'un faible développement dans le premier de ces pays, puisque l'année lunaire était la seule qu'on y connût. Mais le besoin de prévoir avec sûreté le retour du débordement du Nil porta les Égyptiens à étudier l'astronomie d'une manière suivie. Ils y firent des progrès assez rapide pour que les Grecs trouvassent en usage chez eux l'année solaire de trois cent soixante-cinq jours, lorsque, sous le règne de Psammitichus, il leur fut permis de voyager en Égypte. Peu de temps après, ils ajoutèrent même un quart de jour à leur année, et ils se rapprochèrent ainsi beaucoup de la véritable durée de la révolution de la terre autour du soleil. Mais cette dernière année solaire ne fut suivie que pour les usages civils, et reçut pour cette raison le nom d'année *civile*. L'autre année fut nommée *religieuse* parce qu'on continua de l'employer pour la fixation des fêtes, bien qu'on eût observé que ces fêtes, ainsi fixées, s'éloignaient de plus en plus des époques sidérales de leur institution. Ce n'était qu'après une période de plus de 1 900 ans que les deux années devaient se rencontrer, et que les fêtes religieuses se seraient célébrées dans la même saison qu'à leur origine. Les Égyptiens nommaient cette période de 1 900 ans la grande année ou l'année de Syrius. Le respect qu'ils avaient pour tout ce qui se rattachait à la religion, les empêcha d'abandonner l'année religieuse pour l'année civile, c'est-à-dire pour l'année de trois cent soixante-cinq jours et un quart. C'est le même respect pour le rit qui, plus tard, détermina les Grecs à continuer de se servir de l'année julienne malgré les avantages que présente l'année grégorienne.

Il est présumable que les Égyptiens n'avaient aucun instrument astronomique un peu compliqué, aucun moyen précis d'observation, et que ce fut seulement d'après le lever et le coucher héliaque[7] des principales étoiles qu'ils parvinrent à découvrir approximativement la longueur de l'année. Nous ne sachions pas non plus qu'ils aient eu d'autre instrument que le gnomon[8] pour mesurer la hauteur du soleil.

Les Égyptiens avaient sur quelques-unes des parties de la géologie des notions beaucoup plus exactes que leurs observations astronomiques. Habitant un pays formé d'alluvions, ils étaient arrivés promptement à s'expliquer la superposition des couches terrestres ; au temps d'Hérodote[9], on se rendait raison de la stratification du Delta comme nous le faisons maintenant. Les Égyptiens avaient aussi reconnu l'existence des fossiles dans les terrains meubles et dans les roches dont les éléments sont fortement agrégés. Il paraîtrait donc que Thalès ne faisait que généraliser l'opinion des prêtres égyptiens, qui prétendaient que la terre était sortie de l'eau, lorsqu'il enseignait aux Grecs que cette même substance était le premier principe de toutes choses.

Les Égyptiens ne connaissaient pas moins bien les minéraux que les lois des attérissemens. La disposition du sol facilitait aussi singulièrement ce genre d'étude. Les parois de la vallée du Nil présentaient, à nu et rapprochées, les masses minérales qui, ailleurs, sont dispersées dans les montagnes : à la base de ces parois existait le calcaire dont on s'est servi pour la construction des pyramides ; plus haut paraissait le grès ; enfin, vers Syène[10] se trouvaient le granit et le porphyre. La vallée du Nil formait ainsi une sorte de galerie minéralogique instituée par la nature en faveur des Égyptiens, déjà privilégiés à tant d'autres égards.

Le besoin qu'ils avaient eu de parcourir les petites vallées qui aboutissent à la mer Rouge, leur avait fait découvrir, entre cette mer et le côté opposé de la Haute-Égypte, d'autres minéraux dont les groupes sont toujours beaucoup moins considérables que ceux du granit : c'étaient principalement les émeraudes qui ont alimenté le luxe de l'antiquité, et dont M. Caillaud [11] a retrouvé les mines tout récemment. L'exploitation de ces mines ne permet pas de douter que la métallurgie ne fût déjà parvenue à un assez grand développement chez les Égyptiens. En effet, il fallait qu'ils connussent parfaitement l'art de fabriquer et de tremper les instrumens tranchans, pour tailler les pierres fines et la grande quantité de granit et de porphyre qu'ils ont laissées. De nos jours, ce n'est qu'au moyen de l'émeril et avec beaucoup de temps, que nous donnons à ce dernier minéral une forme appropriée à nos usages. De ce que les villes et les tombeaux égyptiens n'ont présenté à nos recherches que peu d'objets de fer, il ne faudrait pas conclure que ce dernier métal était rare en Égypte : ce fait s'explique d'une manière satisfaisante par la rapide oxydation du fer. Du reste, on a découvert dans les villes et les tombeaux égyptiens beaucoup d'objets de bronze, et quelques autres en or d'une extrême pureté.

Les Égyptiens connaissaient aussi la plupart des applications que nous faisons de la chimie aux arts. Ils fabriquaient nos émaux, notre faïence, nos porcelaines, et savaient composer toutes les couleurs les plus solides et les plus brillantes : on a reconnu jusqu'à l'outremer sur leurs tombeaux les plus anciens. Les Grecs et les Romains sont bien loin d'avoir jamais été aussi avancés qu'eux dans les arts chimiques. Malgré ce développement scientifique assez remarquable, il paraît qu'ils ne s'élevèrent pas jusqu'à abstraire une théorie de tous les faits chimiques qu'ils connaissaient. Le défaut de livres et de communications fréquentes fut sans doute ce qui limita leurs progrès à cet égard.

Nous avons vu qu'en Égypte la zoologie devait son développement à l'usage d'élever dans les temples les animaux sacrés, et de les peindre ou de les sculpter sur quelques parties de ces temples, ou sur d'autres monumens. J'ai examiné plus de cinquante de ces représentations qui sera portaient aux diverses classes des vertébrés, aux mammifères, aux oiseaux, aux reptiles, etc., et il m'a toujours été très-facile de reconnaître à quelles espèces et les appartenaient, même lorsque les figures étaient de petite proportion et consistaient seulement dans la ligne extérieure qui limite l'animal ainsi j'ai parfaitement distingué la grande antilope, la giraffe, le grand lièvre d'Égypte, l'épervier, le vautour, l'oie d'Égypte, le vanneau, la caille, l'ibis, etc. [12] M. Gau, dans son ouvrage sur la Nubie [13], a donné une copie d'un bas-relief représentant le triomphe d'un roi d'Égypte ; on y voit les peuples vaincus faisant hommage au monarque des divers animaux que leur sol produit ; il est aisé de reconnaître que ces animaux sont la giraffe, le tigre chasseur, l'aspic, le crocodile, etc. Il est vrai que dans ces représentations les caractères zoologiques ne sont pas exprimés ; mais l'habitude générale, l'ensemble de l'animal est si bien reproduit qu'il est impossible à un naturaliste de se tromper, même lorsqu'il s'agit d'insectes et de poissons ; car M. Caillaud rapporte également dans son ouvrage un tableau, représentant des pêches de poissons du Nil, où l'on distingue, du premier regard, plus de vingt espèces de ces poissons, tels par exemple que des silures, des cyprins et autres individus de forme singulière [14].

L'anatomie était mieux connue en Égypte que partout ailleurs, puisque, comme nous l'avons vu, Galien [15] y fit un voyage exprès pour voir le squelette humain qu'on y avait formé en bronze.

La médecine, qui ne peut exister sans l'anatomie, était aussi pratiquée en Égypte, et passe même pour y avoir pris naissance [16].

La physique générale paraît être la science qui se soit développée avec le moins de succès dans ce pays : le feu y était considéré comme un animal qui dévorait tout. Peut-être cette opinion n'était-elle que celle du vulgaire, et n'était-elle point admise par la caste savante ; mais nous n'avons aucune preuve de cette supposition bienveillante [17].

Nous ignorons également le nom des auteurs des diverses découvertes qui furent faites en Égypte. L'usage de ce pays était de mettre sous le nom d'Hermès tous les ouvrages que les savants publiaient [18].

En résumé, vous voyez, Messieurs, que les Égyptiens possédaient, malgré beaucoup d'erreurs, une assez grande masse de connaissances ; et il est difficile de croire qu'un peuple qui avait si souvent observé la nature avec succès, n'ait pas comparé les faits de divers ordres qu'il avait recueillis, pour en déduire des lois générales. Il est vraisemblable qu'il existait dans les collèges des prêtres égyptiens, non-seulement des théories philosophiques et religieuses, mais aussi des théories physiques particulières. Les guerres intestines et l'oppression que la caste sacerdotale eut à subir au temps de la désastreuse conquête de Cambyse [19], furent sans doute les causes de la perte de ces théories. Depuis ces événemens, la science des prêtres égyptiens alla sans cesse en rétrogradant, de telle sorte que, sous la domination romaine, ces prêtres étaient descendus à l'état le plus abject.

Pour terminer cet examen de l'état des sciences en Égypte, nous allons voir ce que savaient les émigrés égyptiens et quelques autres peuples de la Méditerranée.

Les chefs des émigrans égyptiens ne possédaient, en général, qu'une connaissance superficielle des sciences dont la caste sacerdotale était dépositaire : ils n'avaient emporté avec eux que les résultats pratiques de ces sciences, c'est-à-dire, les arts. Moïse seul était plus instruit. Élevé par les prêtres [20], il connaissait non-seulement leurs arts, mais aussi le sens caché de leurs doctrines philosophiques. Témoin des inconvéniens qui étaient résultés de l'usage des emblêmes, il avait prescrit dans sa colonie le culte des images, pour détruire l'odieuse idolâtrie qu'il avait produite. Cette sage prescription entrava parmi les Juifs le développement des arts graphiques ; car leur culture est la condition indispensable de leur perfectionnement et même de leur maintien ; mais les Juifs en retirèrent l'avantage de conserver dans toute sa pureté abstraite le dogme de l'unité de Dieu [21].

La législation de Moïse était de nature à produire beaucoup d'autres résultats utiles ; mais les circonstances défavorables dans lesquelles le peuple juif se trouva successivement placé, empêchèrent que cette législation n'eût ses effets naturels.

Ce qu'il y a de plus remarquable pour nous, naturalistes, dans les livres de Moïse, c'est sa cosmogonie qui est de beaucoup supérieure à celle des Égyptiens, et que Deluc[22] trouvait si parfaite qu'il y fondait sa croyance à la réalité d'une révélation reçue par Moïse. Suivant la Genèse, comme tout le monde sait, après que le ciel et la terre eurent été créés et qu'ils eurent été manifestés par la lumière, les plantes reçurent l'existence, après elles les animaux et enfin l'homme.

Or, cet ordre biblique des diverses créations est précisément celui que leur assigne la géologie[23]. Dans les roches le plus anciennement formées et par conséquent situées le plus profondément, on ne remarque aucun débris d'êtres organiques. La terre était alors sans habitans, du moins, sans habitans visibles. Mais à mesure qu'on remonte des terrains primitifs à la superficie du globe, on rencontre des vestiges ou des fragmens d'animaux et de végétaux, dont l'organisation va se compliquant depuis les mollusques et les acotylédones les plus simples jusqu'aux quadrupèdes et aux plantes les plus composées.

Jamais, à notre connaissance du moins, on n'a trouvé d'ossemens humains dans les couches régulières du globe, comme on en a rencontré qui avaient appartenu à des quadrupèdes. Les débris d'homme, qui ont été découverts, gisaient soit dans des terrains meubles, soit dans des cavernes, où ils avaient pu être portés par des animaux carnassiers, soit enfin dans des brèches osseuses, dans des fentes de rochers où sans doute ils avaient été entraînés par des éboulemens de terrains ou d'autres causes accidentelles. Il est donc rationnel de penser que l'homme n'a paru sur la terre qu'après les autres espèces de mammifères, ainsi que l'exprime le livre de Moïse.

Les Phéniciens, qui sortaient de la Méditerranée, devaient posséder, comme les Égyptiens, des connaissances assez étendues. Navigateurs et commerçans, ils avaient sans doute des notions de mécanique, de géométrie, d'arithmétique, d'astronomie. La découverte qu'ils firent de la pourpre témoigne qu'ils avaient fait des observations sur les productions animales. Le grand commerce qu'ils faisaient de poissons salés, et que Carthage continua après eux, autorise encore à croire qu'ils avaient fait quelques observations sur les diverses espèces de poissons. Or, ces remarques avaient été généralisées, elles avaient fait naître quelques principes généraux, quelques théories, car les faits ne s'apprennent pas isolés dans la nature ; leurs circonstances occasionnelles, leurs causes apparaissent plus ou moins, et servent de bases à des doctrines. Ces doctrines furent en partie communiquées aux Grecs qui nous en ont conservé la mémoire ; mais nous n'avons rien de plus, car il ne reste des Phéniciens et des Carthaginois ni livres ni monumens. La destruction de Tyr[24] anéantit les connaissances des Phéniciens, comme la destruction de Jérusalem mit fin au développement scientifique des Hébreux.

Il ne nous est resté aussi que fort peu de choses des Chaldéens[25] ; leur astronomie est tout ce que nous possédons : encore est-elle extrêmement peu avancée.

Dans la prochaine séance, nous nous occuperons de l'état des sciences dans la Grèce et ses colonies[26].

NOTES

1. D'autres auteurs placent cette invasion à 350 avant Jésus-Christ [M. de St.-Agy].
2. [Palmyre, ancienne cité syrienne, encore aujourd'hui appelée Tadmor et située au centre du territoire de la Syrie moderne : le mot Palmyre est la forme gréco-latine de Tadmur, Tadmor ou Tudmur, dénominations présémitiques du site. La ville eut une certaine importance au IIIe siècle avant notre ère, probablement parce qu'elle se trouvait sur l'une des routes choisies par les Séleucides pour le commerce est-ouest. Située approximativement à mi-chemin de la mer Méditerranée (à l'ouest) et de l'Euphrate (à l'est), Palmyre favorisa les échanges du monde romain avec la Mésopotamie et l'Orient.]
3. [Psammétique II, ou Psammetikus II, pharaon d'Égypte (il régna entre 595 et 589 av. J.-C.). Il finança une expédition vers le royaume de Koush (Nubie), dont les rois avaient conquis l'Égypte avant d'en être chassés par les Assyriens en 660. Cette fois les mercenaires grecs et cariens de Psammétique II gravèrent leurs noms sur les jambes de l'un des colosses d'Abou Simbel. Au même moment les noms des anciens souverains nubiens étaient effacés des monuments qui en gardaient encore la trace en Égypte. Psammétique organisa une autre expédition en Phénicie, accompagné de prêtres, dont on ignore si elle fut militaire ou pacifique.]
4. [Thalès de Milet, *cf.* Leçon 1, note 6.]
5. [Pythagore (*c.* 580 av. J.-C., Samos, Ionie-*c.* 500, Métaponte, Lucanie), philosophe et mathématicien grec, fondateur de l'école pythagoricienne qui, bien que d'essence religieuse, formula des principes qui influencèrent les pensées de Platon et Aristote, contribuèrent au développement des mathématiques et du rationalisme philosophique occidental.]
6. [Une hécatombe, en Grèce antique, consistait en un sacrifice religieux de cent bœufs. En Mésopotamie, il impliquait souvent des serviteurs qui suivaient leur roi ou leur reine dans la tombe.]
7. [Héliaque : proche du soleil ; se dit plus particulièrement du dernier coucher précédant et du dernier lever suivant l'invisibilité d'une étoile provoquée par sa conjonction avec le soleil.]
8. [Le gnomon (*équerre*, en grec) est probablement l'instrument le plus ancien qui ait indiqué l'heure, autour de 3 500 av. J.-C. Il est composé d'une tige verticale ou style. La longueur de l'ombre portée donne une indication de l'heure du jour. À partir du VIIIe siècle av. J.-C., l'usage se répandit d'instruments plus précis. Le plus vieux cadran solaire connu et conservé est une horloge à ombre égyptienne en schiste vert remontant au moins à cette époque. Elle était constituée d'une barre transversale en T et sur sa base d'une échelle graduée qui divisait le jour en six périodes ; la base était positionnée est-ouest, le T tourné vers l'est le matin, et vers l'ouest l'après-midi. L'ombre du T sur la base indiquait l'heure. Des horloges de ce type sont toujours en usage dans certaines régions reculées d'Égypte.]
9. [Hérodote est né autour de 484 av. J.-C. et mort entre 430 et 420 ; *cf.* Leçon 7.]
10. [Syène, ou aujourd'hui Assouan, en Égypte.]
11. [Frédéric Cailliaud, explorateur français, est né à Nantes en 1787. En 1815, il fut envoyé explorer les déserts situés à l'est et à l'ouest du Nil. Parti d'Edfou, il se dirigea vers la mer Rouge et découvrit en plein désert les mines d'émeraude du Djebel Zabarah (ou mont des Émeraudes). Il repartit en Égypte par l'ancienne route de Coptos à Bérénice. En juin 1818, il visita la Grande Oasis, où il fit d'importantes découvertes archéologiques. Il explora ensuite toutes les oasis connues vers l'ouest du pays et remonta le Nil jusqu'au dixième degré de latitude nord. Il retourna peu après en France habiter sa ville natale où il occupa les fonctions de conservateur du musée jusqu'à sa mort en 1869 (*cf.* Cailliaud (Frédéric), *Voyage à Méroé, au fleuve blanc, au delà de Fâzoql dans le midi du Royaume de Sennâr, à Syouah et dans cinq autres oasis ; fait dans les années 1819, 1820, 1821 et 1822*, Paris : Imprimerie de Rignoux, 1823, 2 vol. de pl. ; *Voyage à Méroé, au fleuve blanc, au delà de Fâzoql dans le midi du Royaume de Sennâr, à Syouah et dans cinq autres oasis ; fait dans les années 1819, 1820, 1821 et 1822*, [Paris] : Par autorisation du Roi, Imprimerie royale, 1826-1827, 4 vol. de texte]).]
12. Voyez la *Description de l'Égypte* faite sous les auspices de Napoléon [*Description de l'Égypte : ou, Recueil des observations et des recherches qui ont été faites en Égypte pendant l'expédition de l'armée française - publié par les ordres de Sa Majesté l'empereur Napoléon le Grand* [édité sous la direction de Jomard Edme François ; préface de Fourier Jean-Baptiste-Joseph], Paris : Imprimerie Impériale, 1809-1822, 9 vol. (texte) + 11 vol. (planches)]. [M. de St.-Agy].
13. [La Nubie, ancienne région du Nord-Est de l'Afrique, s'étendait approximativement de la vallée du Nil (à proximité de la première cataracte en Haute Égypte), à l'est des bords de la mer Rouge, au sud de la zone de Khartoum (dans ce qui est aujourd'hui le Soudan) et à l'ouest du désert de Libye. François Chrétien Gau (15 juin 1790, Cologne-janvier 1854, Paris), architecte et archéologue, fut reçu à l'Académie des Beaux-Arts de Paris en 1809. En 1815 il visita l'Italie et la Sicile. Il voyagea en Nubie en 1817 où il réalisa croquis et mesures de tous les monuments importants de la région, dans le dessein de produire un travail susceptible d'enrichir le grand œuvre de l'expédition française en Égypte. Le fruit de ses efforts parut dans un in-folio intitulé *Antiquités de la Nubie, ou, Monumens inédits des bords du Nil, situés entre la première et la seconde cataracte, dessinés et mesurés, en 1819 - par F. C. Gau ...*, Stuttgart : J. G. Cotta, 1822, composé de soixante-huit planches, de plans, de coupes et de vues. Il publia

ensuite l'achèvement du travail de Charles-François Mazois (1783-1826) sur les ruines de Pompéi (Mazois (Charles-François), *Les ruines de Pompéi*, Paris : F. Didot, 1824-1838, 4 vol.) Gau fut naturalisé français en 1825 et devint par la suite architecte de la Ville de Paris. Il dirigea la restauration des églises de Saint-Julien-le-Pauvre et Saint-Séverin et construisit entre autres la grande prison de La Roquette. Son nom est également associé à la renaissance de l'architecture gothique à Paris : il dessina et entama, en 1846, l'édification de l'église Sainte-Clotilde, la première église moderne du genre à Paris. La maladie l'obligea à renoncer à superviser l'ouvrage. Il mourut avant son achèvement.]

14. [Cailliaud (*cf.* note 11, ci-dessus), *Voyage à Méroé* (1823), vol. 2, pl. 75, peintures provenant de la nécropole de Gourna à Thèbes, et montrant des scènes de chasse, de pêche, de moissons, de musique… Pour plus de détails à propos de la planche, *cf.* Cailliaud (Frédéric), *op. cit.*, vol. 3, p. 292.]

15. [Galien de Pergame, *cf.* Leçon 16.]

16. En Égypte, la médecine ne pouvait faire de progrès. Un médecin ne devait s'occuper que d'un genre de maladie, est y appliquer constamment le même remède. S'il changeait le traitement légal, et que le malade mourût, il était puni de mort. Les médecins d'ailleurs étaient, comme les prêtres chez nous, payés par le trésor public, ce qui était une nouvelle raison pour qu'ils ne cherchassent pas à innover. Enfin, suivant Diodore [de Sicile, dans sa *Bibliotheca historica*; *cf.* Leçon 12, note 2] (t. 1, p. 81.), toute découverte était interdite en Égypte comme sacrilége [*cf.* Diodore de Sicile, *Bibliothèque historique. Fragments. Tome II. Livres XXI-XXVI* [texte établi, traduit et commenté par Goukowsky Paul], Paris : Les Belles Lettres, 2006, XXXIV + 296 p.] Dégradés par cette servitude, les médecins de l'Égypte étaient descendus au rang des jongleurs. Leur science se composait d'évocations, de conjurations et de prières. Prédisant les maladies, les attribuant à l'influence des astres, à la malfaisance des démons (*Orig. contr. Celse*, t. VIII. [Origène, *Contre Celse* [Intro., texte critique, trad. et notes par Borret Marcel], Paris : Éditions du Cerf, 1967-1976, 5 vol.]), ils imploraient les cures miraculeuses d'Isis, qui se montrait, disaient-ils, aux malades pendant leur sommeil. Les médecins de Darius ne purent délivrer ce prince, en sept jours, d'un mal que le Grec Démocède [médecin grec, né à Crotone, Grande Grèce (Italie), il vécut dans la seconde moitié du VIe siècle av. J.-C.] fit disparaître en une heure. (Hérodote, t. III, p. 129; [Hérodote, *Œuvres complètes* [introduction de Romilly Jacqueline de ; texte présenté, traduit et annoté par Barguet Andrée], Paris : Gallimard, 1964, 1904 p. (Bibliothèque de la Pléiade ; 176)]).
Eh bien! lorsqu'on a le courage de lire l'Histoire des Égyptiens [dans le *Discours sur l'histoire universelle* de 1681 ; voir Bossuet (Jacques-Bénigne), *Discours sur l'histoire universelle* [avec une préface, un essai sur la philosophie de l'histoire et des notes par Nettement Alfred], Paris : V. Lecoffre, 1880, XXXVI + 456 p.] par [Jacques-Bénigne] Bossuet [25 septembre 1627, Dijon - 12 avril 1704, Paris], on y trouve toute la constitution de l'Égypte vantée comme un modèle de perfection. C'est que Bossuet était prêtre, et qu'un prêtre aime ordinairement Ammonium et Héliopolis [villes de l'Égypte antique], comme les militaires préfèrent généralement le gouvernement d'un guerrier à tout autre [M. de St.-Agy].

17. Puisque cette opinion était générale en Égypte, il est vraisemblable que, pendant quelque temps, du moins, elle avait été celle des prêtres égyptiens, car, presque toutes les erreurs populaires sont consignées dans les écrits de quelques savants, c'est-à-dire d'hommes moins ignorans que leurs contemporains [M. de St.-Agy].

18. La religion voulait ainsi se faire honneur de toutes les découvertes scientifiques, et les interpréter à sa manière (Voyez Jamblique [*Vie de Pythagore* [Introduction, traduction et notes par Brisson Luc et Segonds Alain Philippe], Paris : Les Belles Lettres, 2011, -LXXVII + 247 p.]) [M. de St.-Agy].

19. [Cambyse II, *cf.* Leçon 2, note 6.]

20. Moïse était gendre d'un prêtre égyptien [M. de St.-Agy].

21. Quelques auteurs attribuent aux Juifs ce résultat de notre faculté de comparer et d'abstraire ; d'autres le leur refusent ; [Charles François] Dupuis [1742-1809 ; *cf.* Leçon 2, note 19], par exemple, dans son grand ouvrage sur l'origine de tous les cultes [*Origines de tous les cultes ; ou Religion universelle*, Paris : H. Agasse, An III [1795], 3 vol.] [M. de St.-Agy].

22. [Jean-André Deluc (8 février 1727, Genève, Suisse-7 novembre 1817, Windsor, Berkshire, Angleterre). Géologue et climatologue britannique né en Suisse dont l'œuvre théorique eut une grande influence sur l'évolution de la météorologie au XIXe siècle (*cf.* Deluc (Jean-André), *Idées sur la métérologie*, Paris : chez la veuve Duchesne, 1787, 2 vol.) Deluc était surtout motivé par l'ambition de réconcilier le récit de la Création tel que l'a transmis la Genèse avec les réalités manifestes de la géologie. À cette fin il considéra que chaque jour de la Création correspondait à une époque précise.]

23. Il est incontestable que quelques passages de la Genèse s'accordent jusqu'à un certain point avec nos sciences profanes. Mais on ne saurait nier que quelques autres passages sont, jusqu'à présent, dépourvus de preuves scientifiques. Ainsi, par exemple, suivant le livre de Moïse, la *lumière* fut d'abord créée : (*Fiat lux*, dit la Vulgate [la Bible en latin utilisée par l'Église catholique romaine, traduite à l'origine par Saint Jérôme]), puis le ciel et la terre, puis la mer, les planètes, le *soleil*, la lune, etc.; or, la science n'est point encore en état de prouver que la lumière naturelle ait pu exister sans le soleil, ce qui serait pourtant, si l'on adoptait la cosmogonie de Moïse, puisque le soleil, d'après cette cosmogonie, n'a été créé que quatre jours après la lumière.
Au surplus, nous ne pouvons critiquer Moïse qu'avec beaucoup de précaution, parce que ses livres ayant été détruits plusieurs fois, nommément lors de la prise de Jérusalem et de

la captivité de Babylone et ayant été recomposés de mémoire par des prêtres, entre autres par Esdras, nous n'avons pas la certitude que des erreurs ne s'y soient pas glissées : « Esdras, Dei sacerdos, combustam a Chaldæis in archivis templi restituit legem. » (*August. de Mirabilibus*, livre II. *Rois*, IV, 25 : 9. [Citation de la Bible de Douai-Reims, une traduction Anglaise de la vulgate latine réalisée au Collège Anglais de Douai par les clercs catholiques romains exilés d'Angleterre. La traduction du Nouveau Testament fut publiée en 1582 à Reims, où le Collège Anglais avait été provisoirement déplacé. L'Ancien Testament fut traduit peu après mais publié seulement en 1609-1610 à Douai] [M. de St.-Agy].)

24. [Tyr, Sour en arabe, ville côtière du Sud-Liban, fut un port phénicien important de *c.* 2000 av. J.-C. jusqu'à la période romaine. L'épisode probablement le plus célèbre de l'histoire de Tyr reste sa résistance à l'armée macédonienne d'Alexandre le Grand, qui l'enleva après un siège de sept mois en 332 av. J.-C., non sans avoir dû user de béliers flottants et construire avec les débris de la ville continentale une digue pour rallier l'île abritant la ville neuve. Tyr tombera, 10 000 de ses habitants seront exécutés et 30 000 autres vendus comme esclaves.]

25. [Chaldéens, *cf.* Leçon 1, note 35.]

26. Dans une note de la page 19 de la première leçon, j'ai [l'éditeur, M. de St.-Agy] remarqué que M. Cuvier, dans son discours sur les révolutions de la surface du globe [Cuvier (Georges), *Discours sur les révolutions de la surface du globe, et sur les changemens qu'elles ont produits dans le règne animal*, 3e éd., Paris : Chez G. Dufour & Ed. d'Ocagne, 1825, 400 p. + 6 pl. + tabl.], avait donné, en parlant des observations astronomiques envoyées par Callisthènes, de Babylone en Grèce, le nombre de 2 200 au lieu de celui de 1,903. Depuis lors, j'ai lu [à nouveau] la phrase qui renferme le chiffre de M. Cuvier, et j'ai reconnu que ce profond naturaliste avait exprimé l'époque antérieure à Jésus-Christ, à laquelle remontaient les prétendues observations des Chaldéens, tandis que moi j'ai énoncé le nombre d'années qu'embrassaient ces mêmes observations. Il s'ensuit que nous avons raison tous deux [M. de St.-Agy].

2 The greek world
Le monde grec

4 The Greeks

The Greeks did not imbibe their enlightenment and their science from Egypt alone: they are thought to have had contact with the Phoenicians and the Chaldeans; over the Caucasus they communicated with the peoples of the north of Europe and of Asia; and it is from these peoples, native to India, that the Greeks received religious rites and symbols different from those of Egypt. But actually, what we know about this is scarcely more than the result of conjecture and interpretation. Our certain knowledge about Greece does not go back beyond the time when Cadmus[1] made known the Phoenician alphabet. It was only then that the chain of our knowledge had its beginning, not to be broken again, and that the history of the sciences, instead of being founded as in India and Egypt upon likelihood and supposition, acquired monuments and a continuous series of written documents for its foundation.

As soon as the sciences were introduced in Greece, they became developed there with much greater speed than among the peoples we have been discussing. There are two reasons for this accelerated development: the geographic location and physical characteristics of the country, and the absence of a dominating sacerdotal caste.

India, Egypt, and Babylon are composed of plains or long valleys where the undulations of the ground afford no means of natural defense; thus, we have seen that these countries were often invaded, ravaged, and entirely subjugated by nomadic tribes. The physical characteristics of Greece are, on the other hand, completely favorable to the defense of its territory: the central part is almost completely mountainous; there, each population was separated from the others by deep gorges, the rocky sides of which served as ramparts. A conqueror could not get beyond these obstacles except over piles of dead bodies, and no sooner might he succeed in doing so at a few circumscribed points than the conquered would throw off the yoke of his victory. The small islands were equally defended by their geographical position. Moreover, this varied topography, so cut up by islands, mountains, and seas, nourished the spirit of independence in the different parts of Greece, and always forbade that they remain united for very long under the same laws. Perhaps this physical arrangement impedes yet today the establishment of a central government.

The colonies established by the Greeks in Asia Minor and Italy were not, in respect to defending them against foreign invasion, so favorably situated as central Greece: it was rather easy to conquer them. But when they were invaded, civilization in Greece received no harm;

far from that, such an invasion was a new cause for progress in Greece, for then the scholars in the colonies, who had been born there or had moved there, took refuge in the mother-country, which they enriched with their learning.

In the Orient, mythological forms were the symbolic expression of a general system of philosophy, and so the priests held a monopoly over both religion and the sciences. The leaders of the colonies that were established in Greece did not know the meaning of the symbols they were using: in that regard they were as ignorant as the multitude [2].Thus they lacked the ascendancy that comes with superiority of learning, and so it was impossible for them to form a religious caste having political power anywhere else but within the limits of the colony. They merely practiced their cult alongside that of the country, and the Greeks after a time came to admire some of those deities; however, the Greeks did not preserve their form, but only the names [3] and the mode of worship. The Egyptian and Indian gods lost their hideous attributes and became for the Greeks mere mortals superior to human beings in power and beauty.

The sciences at the time of their rebirth in Greece were therefore completely isolated from religion and met with no obstacle in their development; whereas, among peoples whose science was joined with religion, and thus believed to have a divine origin, it could make no progress, since the essence of divine notions is unchangeableness.

In looking over the whole history of the sciences in ancient Greece, one observes four distinct epochs.

The first begins with the settling of the Pelasgi [4] on Greek soil and ends with the arrival of Egyptian emigrants, which took place 1,400 or 1,500 years B.C.

The second extends from the arrival of the Egyptian emigrants up to about 1100 B.C., when the Greek colonies were founded on the coasts of Asia Minor.

The third epoch covers the time after the establishment of these colonies, and those set up later in Italy, until the renewing of communications between Greece and Egypt under Psammetichus [5] about the year 600 B.C.

And the fourth, which begins with the travels of Thales [6] in Egypt, is the most brilliant of all; it was especially remarkable for the great number of philosophical schools succeeding each other up to the time of Socrates and Aristotle.

If one were to accept as true the accounts of the writers in the school at Alexandria, the history of Greece during the last of these four epochs would be perfectly known to us. Those writers claim to give the genealogy of the kings who ruled in the time of the Pelasgi, with all the scope and detail that modern history gives for the royal families of Europe whose origin and affiliation are the best known to us. But it is impossible to trust such royal successions as the Alexandrine explicitly; it is clear that genealogies beginning with mythological characters such as Jupiter or Neptune were fabricated long after the beginning date that they claim. The history of Greece before the time that Cadmus brought alphabetical writing relies on scarcely more than conjecture. We know only that the Pelasgi originated in India; the abundance of Sanskrit roots in their language permits no doubt of this. It is likely that these people penetrated through Persia up to the Caucasus, and instead of continuing their way over land they embarked upon the Pontus Euxinus, or Black Sea [7], and came down to the shores of Greece.

Their civilization was not at all advanced; however, they already knew some of the arts and they built towns in their new land. At Mycenae, Tiryns, etc. [8], some ruins of their buildings, known as the Cyclopean walls [9], have been discovered. Pausanias [10] mentions these walls, which, even in his time, were considered as belonging to earliest antiquity. Tradition had it that they had been constructed by the Pelasgi, before the establishment of the Egyptian colonies. Several other gigantic works were also attributed to them, such as, for example, the treasures of Minias [11], and the canals excavated through Mount Ptous [12] as an outlet for the waters of Lake Kopaïs [13] so as to prevent flooding, which was much feared in Boeotia [14].

The religion of the Pelasgi was probably more primitive, more unrefined than the religion of Greece was, later on. Divinities were likely to be personifications of the forces of nature, as in India and as in Egypt.

About the fourteenth or 15th century before Christ, disturbances in Egypt caused several successive emigrations. Most of them went to Greece.

The most remarkable ones were those of Cecrops, Danaus, and Cadmus.

Cecrops brought to Attica in 1556 B.C. [15] the mysteries of Isis or Ceres.

Danaus, in 1485 [16], brought to Argolis the Thesmophoria [17].

In 1493 [18], that is, in the interval between the two preceding emigrations, Cadmus communicated the Phoenician alphabet [19], the Sanskrit origin of which is clear from the shape of the letters and the name they have kept; thus, again, we are brought back to India, which several other indications already have caused us to consider the cradle of the human species and civilization.

The leaders of these Egyptian colonies exerted great influence over the Pelasgi, whom they surpassed in skill; but since they were untaught generally and ignorant of the metaphysical meaning of Egyptian rites and symbols, they formed no caste – if we make an exception of the family of the Asclepiades [20], whose members were hereditary grand-priests of Eleusis [21] – and therefore Greece received from the Egyptians only the visible forms of their divinities. Only the least repulsive of these forms must have been adopted, and from then on, the divinities appeared in human shape only. In the graphic arts, this anthropomorphism resulted in a singularly remarkable perfection. One cannot be too grateful for the service the Greeks have rendered to the arts, for what would have happened to sculpture and painting if they had been confined to representing the hideous shapes of the symbolic beings by which the Egyptian priests depicted the attributes of divinity; if it had been necessary, for example, for them to reproduce forevermore a god with four heads and a hundred arms, as in India, or a god with the head of a wolf or a sparrow hawk, as in ancient Egypt?

Taste in art and the sciences is especially remarkable in the tribe of the Hellenes [22], which ruled over the Pelasgi and the Egyptian colonies, and which ended up giving its name to the country of Homer. This tribe, led by Deucalion [23], settled in the environs of Parnassus and established the cult of Apollo there. It probably came from the Caucasus, since the poets claim that Prometheus[24], Deucalion's father, was chained upon this mountain. Doubtless these people from the Caucasus knew Indian doctrines, since they had frequent contact with Colchis[25], which for a long time was like a counting-house for the great trade the Indians carried out in the seas of Europe[26].

The Greek religion had undergone the influence of Egyptian religion; it was also modified by Indian religion. Orpheus[27], for example, instituted on the island of Samothrace certain religious forms that differed little from those of the Orient. But, as I have said, anthropomorphism prevailed and was generally established. Attributed to Orpheus, who was both priest and poet, are a collection of hymns and some other works in which plants and objects of another kingdom are dealt with in their role in theurgy. Chiron[28] is thought to have known, at about the same time, the use of plants in medicine.

These two men, Orpheus and Chiron, are placed among the heroes who went to Colchis in search of the Golden Fleece. But that expedition seems to me to be nothing more than a fable. I believe that one ought to consider it the poetic expression of the commerce that was established at the time on the Black Sea between Greece, the peoples of the Caucasus, and the tribes from the interior of Asia. Chiron, too, might well be just the personification of the first success in medicine by the family of Aesculapius or the Asclepiades[29], who date back to about 1300 B.C., and whose works furnished the material for the admirable writings of Hippocrates[30], 900 years later.

About the 12th century before our era, the famous Trojan War broke out, in which Europe and Asia took part, and which, 200 years later, Homer celebrated in immortal verses. We see by the poems of this sort in the West that by then the arts and sciences had already made great progress. Trade in Colchis had procured for the Greeks various riches, metals, materials for dyeing, procedures of various sorts: they knew how to forge and temper metals, to emboss and gild their arms, fabricate textiles and dye them with vivid colors. Sculpture, architecture, and painting had also been invented. Natural history was not totally unknown, and what was known was apparently rather extensive, for one encounters in Homer's poetry a rather large number of ideas on the medicinal properties of plants, and quite accurate observations on the customs and habits of animals. For example, the comparison Homer makes between Ajax[31] pursued by brutish warriors and a lion harassed by jackals is perfectly conformable to what we know now about the nature of these animals[32].

The *Iliad* and the *Odyssey* contain generalizations on morals; but no trace can be found of a philosophical doctrine, nor even of a religious doctrine, properly speaking[33]. In these poems, the gods are but humans who are more beautiful and gifted with more powerful abilities than other mortals; for, although they can disappear and can fly through the air, they are vulnerable like mortals[34].

Hesiod can be considered a contemporary of Homer[35]. In his *Theogony*, one sees mythological anthropomorphism in all his characters: a few traits of pantheism in the history of the Giants and Titans can be discerned, but only with difficulty. In his Works and Days[36], a Georgics style of poem, Hesiod writes of agricultural tasks and teaches the recognition of the proper time for each of them by the heliacal rise of the stars, which proves that, if the lunar year was established in Greece, it was very little observed in domestic use, by reason of the inconvenience of its mode of division. Hesiod names elsewhere in his book a certain number of planets with their characteristics.

Such, then, in the 9th century before the Christian era, was the state of the sciences and the arts in Greece.

But in the interval between the Trojan War and the birth of Homer and Hesiod, there were events that would later especially favor the progress of civilization.

The princes of Hercules's family, the Heraclides[37], were claiming to have exclusive rights to the governing of the Peloponnesus; they conquered it, and the Ionians, Dorians, and Aeolians emigrated to the coasts of Asia Minor. These peoples founded many towns there, some of which acquired great importance, such as Miletus, Smyrna, and Ephesus.

The presence of these towns on the Asiatic shores of the Aegean Sea, the close communications that were established between one side of that sea and the other, marked Greek trade with a new impetus that caused all the riches of the East to flow in with abundance. In turn, the towns of Asia Minor were enabled to found their own colonies, and several populations from their midst became established on the shores of the Black Sea.

A little over two centuries after the conquest of the Peloponnesus by the Heraclides, Greece became the theater of new troubles. Almost everywhere there occurred the substitution of republican government for royalty. These violent changes brought about more emigrations, which ended up in places different from those chosen or accepted by the first Greek fugitives; it was in Italy, where Syracuse, Crotona, Locri, etc., were founded, that these new colonies became established. The area became known as Magna Graecia. The Italian colonies soon became the equal of their Asian sisters; they were extremely rich and refined, and the mother country found in them additional powerful means of civilization and wealth.

Now we have come to the last and most important of the four epochs in the history of the sciences in Greece. There were several events at the time that brought together in this country the knowledge that was scattered about in different parts of the civilized world.

About 600 years before our era, Cyrus conquered Media. His son Cambyses[38] took the army to Egypt, subdued the whole country, and crushed and persecuted its priests with such violence that some of them took refuge in the Greek colonies of Asia Minor, which became enriched with their knowledge. Ordinarily, conquest has a less rigorous effect; the conquerors, either in order to obtain more easily the moral submission of their disarmed enemies, or because their civilization is less advanced than that of the conquered, adopt a portion of their customs and habits, or at least let them enjoy their customs and habits in tranquility.

In Egypt, such conciliation was not practicable. The religion of the Persians, which was based on the doctrine of the two principles, was superior to the Egyptian religion. In addition, the Persians had a horror of the cult of images found in the latter religion, and since the customs and institutions of a people are always subordinate to its religious principles, the Persians rejected all Egyptian ways.

The same ideas ruled their conduct when, under Darius[39], successor to Cambyses, they conquered the Greek colonies of Asia Minor. Their oppressive rule arrested the rise of art and poetry there, as in Egypt it had annihilated religious and philosophical doctrines. But a multitude of emigrants, noted for their learning, proceeded towards central Greece and enriched it with knowledge gained in Egypt; for Thales, Pythagoras[40], and many other wisemen or philosophers had flocked to visit the sacerdotal colleges of Egypt, as soon as Psammetichus[41] had allowed entry to foreigners. Thus, if Persian victories in Asia alarmed the Greeks and hindered for some time their material interests, at least their intellectual progress was not stopped; indeed, to the contrary, perhaps the development of art and of learning of all sorts was accelerated.

After Darius, his successor Xerxes[42] tried to capture central Greece; but, defeated first at Salamis, then at Plataea, and even in a sense at Thermopylae where the courage of the Spartans intimidated his soldiers, he ended up being driven out of Greece entirely, and it was then that human intellectual faculties were developed with the greatest brilliance. Until then, philosophy had been dispersed in the colonies of Asia Minor and Italy; soon it became concentrated in Athens and rapidly attained a high degree of perfection there.

Greek philosophy, the mother of our sciences, was not born all at once, nor did it have uniformity. However, it was derived entirely from Egyptian philosophy; but borrowings from this source were modified by each philosopher, according to his opinions and personal studies[43]; hence resulted the various schools, different from, and even completely opposite to, each other.

The most ancient was the Ionian school, which was founded in Ionia by Thales about 600 B.C. Thales had a great number of followers living in the larger cities of Asia Minor, such as Miletus and Ephesus. Anaxagoras[44], his most famous disciple, was forced by the Persian victory to leave his country; he took refuge in Athens about the year 500 and taught his master's principles there, after having modified them.

There is some debate about his philosophy that goes back to very ancient times. He is credited with the sentence: *Know thyself* [italics translated from the Greek].

The second school is that of Pythagoras, who flourished about the year 550 B.C. He established himself first at Samos; from there he went to Crotona in Italy, whence the name *Italic* given to his school. He remained more loyal than Thales did to the doctrines of Egypt; he even tried to re-establish them, setting up secret societies in Crotona that caused trouble for the majority of his followers.

The third sect or school was the Eleans or Eleatics, and takes its name from the town of Elea in Magna Graecia where it was first established. Its founder was Xenophanes of Colophon[45], a contemporary of Pythagoras. Xenophanes does not seem to have derived his philosophy from the Egyptians. It is very similar to the Indians' doctrines, being characterized by a pure idealism. In our day, Spinoza[46] and Fichte[47] have to some degree revived his system.

The fourth school was called the atomist and was founded by Leucippus [48] whose country of origin is unknown. His system is totally opposite to that of the Eleatics. The atomist school recognized only corporeal objects in the universe. Despite the falsity of its principle, the school, always brought back to the observation of nature, made progress in the sciences that are the object of our research.

Beside these four schools, which were purely speculative, the latter being no exception, stood the family of Aesculapius, or the Asclepiades, which was never connected with the schools. It cultivated the sciences for a practical purpose only, and was interested particularly in facts. Its method, which was used later, obtained great progress for the sciences.

Up to the time of Socrates, the four schools – Ionian, Pythagorean, Eleatic, and Atomist – existed separately. Socrates united them eclectically and formed from their fusion a new school, which, spread abroad by Plato and being soon divided into several branches, gave birth to all the sciences that have since then been cultivated in the West.

Before considering the history of the school, or rather of the Socratic method, we shall examine in detail in our next meeting the works of the four schools that I have just characterized in a general way.

NOTES

1. [Cadmus, in Greek mythology, the son of Phoenix or Agenor (king of Phoenicia) and brother of Europa. Europa was carried off by Zeus, king of the gods, and Cadmus was sent out to find her. Unsuccessful, he consulted the Delphic oracle, which ordered him to give up his quest, follow a cow, and build a town on the spot where she lay down. The cow guided him to Boeotia (Cow Land), where he founded the city of Thebes (in Greece). Later, Cadmus sowed in the ground the teeth of a dragon he had killed. From these sprang a race of fierce, armed men, called Sparti (meaning Sown). Five of them assisted him to build the Cadmea, or citadel, of Thebes and became the founders of the noblest families of that city. Cadmus later took as his wife Harmonia, daughter of the divinities Ares and Aphrodite, by whom he had a son, Polydorus, and four daughters, Ino, Autonoë, Agave, and Semele. Cadmus and Harmonia finally retired to Illyria. But when the Illyrians later angered the gods and were punished, Cadmus and Harmonia were saved, being changed into black serpents and sent by Zeus to the Islands of the Blessed. According to tradition Cadmus brought the alphabet to Greece.]
2. The leaders of the colonies were not Egyptian priests. The latter nursed a great horror of the sea; the sea was for them the evil principle (Plutarch, *Isis and Osiris* [*Plutarchi De Iside et Osiride liber; graece et anglice. Graeca recensuit, emendavit, commentario auxit, versionem novam anglicanam adjecit Samuel Squire ... Accesserunt Xylandri, Baxteri, Bentleii, Marklandi conjecturae et emendationes*, Cambridge: typis Academicis, 1744]). No member of the superior castes would trust to navigation. Any maritime voyage was formally forbidden to priests. It is still the same in India. Traces of this interdiction are found in Diodorus [see Lesson 12, note 26], and we know of two Brahmans degraded for crossing the Indus (*Asiatic Researches*, vol. 6, pp. 535-539). [M. de St.-Agy.]
3. There were some exceptions; some names were taken from the Pelasgian language [see note 4, below], for example the *Charides* and the *Nereids* (see [Christian Gottlob] Heyne, [*de*] *Theog*[*onia*] *Hes*[*iodea. Textu subinde reficto in usum praelectionum seorsum edita a Frid. Aug. Wolf.* Halle: J. J. Gebauer, 1783, 166 p.]) [M. de St.-Agy.]
4. [Pelasgi, also called Pelasgians, the people who occupied Greece before the 12th century B.C. The name was used only by ancient Greeks. The Pelasgi were mentioned as a specific people by several Greek authors, including Homer, Herodotus, and Thucydides, and were said to have inhabited various areas, such as Thrace, Argos, Crete, and Chalcidice. In the 5th century B.C. the surviving villages apparently preserved a common non-Greek language. It is uncertain whether any ancient people actually called themselves Pelasgi. In later Greek usage their name was applied to all "aboriginal" Aegean populations.]
5. [Psammetichus, see Lesson 3, note 3, above.]
6. [Thales of Miletus, see Lesson 1, note 6, above.]

7. [In ancient Greek myths, the Black Sea – then on the fringe of the Mediterranean world – was named Pontus Axeinus, meaning "Inhospitable Sea". Later explorations made the region more familiar, and, as colonies were established along the shores of a sea the Greeks came to know as more hospitable and friendly, its name was changed to Pontus Euxinus, the opposite of the earlier designation. It was across its waters that Jason and the Argonauts set out, according to legend, to find the Golden Fleece in the land of Colchis, a kingdom at the sea's eastern tip (now Georgia).]
8. [Mycenae and Tiryns, prehistoric cities in the Peloponnese: Mycenae, celebrated by Homer, and according to legend, the home of Agamemnon, the Achaean king who sacked the city of Troy; Tiryns on the Greek island of Crete, noted for its architectural remains of the Homeric period – from the huge stones of the walls of its citadel, supposedly built by the Cyclopes for the legendary king Proteus, the expression Cyclopean masonry is derived (see note 9, below).]
9. [Cyclopean masonry, wall constructed without mortar, using enormous blocks of uncut stone. This technique was employed in fortifications where use of large stones reduced the number of joints and thus reduced the walls' potential weakness. Such walls are found on Crete, and in Italy and Greece. Ancient fable attributed them to a Thracian race of giants, the Cyclopes, named after their one-eyed king, Cyclops. Similar walls, though not called cyclopean, are found at Machu Picchu, Peru, and at several other pre-Columbian sites in the New World. The citadel of Tiryns (*c.* 1300 B.C.) on Crete features such walls. They range in thickness from approximately 24 feet (7 meters) to as much as 57 feet (17 meters) where chambers are incorporated within them. Though formed without mortar, clay may have been used for bedding.]
10. [Pausanias (died probably between 470 and 465 B.C., at Sparta, Greece), Spartan commander during the Greco-Persian Wars who was accused of treasonous dealings with the enemy. The Cyclopean walls are mentioned in his *Description of Greece* [with an English translation by Jones William Henry Samuel & Ormerod Henry Arderne], London: W. Heinemann; New York: G.P. Putnam's Sons, 1926, vol. 2. On the life and works of Pausanias, see *Description of Greece* [with an English translation by Jones William Henry Samuel], London: W. Heinemann; New York: G.P. Putnam's Sons, 1918, vol. 1.]
11. [The Treasures of Minias, may be a reference to the Treasury of Atreus, also called the Tomb of Agamemnon, Beehive Tomb, or Tholos, a tomb built c. 1300 to 1250 B.C. at Mycenae, Greece. This surviving architectural structure of the Mycenaean civilization is a pointed dome built up of overhanging (*i.e.*, corbeled) blocks of conglomerate masonry cut and polished to give the impression of a true vault. The diameter of the tomb is almost 50 feet (15 meters); its height is slightly less. The enormous monolithic lintel of the doorway weighs 120 tons and is 29 1/2 ft long, 16 1/2 ft deep, and 3 ft high. It is surmounted by a relieving triangle decorated with relief plaques. A small side chamber hewn out of the rock contained the burials, whereas the main chamber was probably reserved for ritual use. Two engaged columns of Minoan type (now in the British Museum, London) were secured to the facade, which was approached by a *dromos*, or ceremonial passageway, riveted with cyclopean blocks of masonry and open to the sky.]
12. [Mount Ptous, a mountain in Boeotia (see note 14, below).]
13. [Lake Kopaïs, in the modern department of Boeotia, once the largest lake in Greece, it was drained in the late 19th century and is now a fertile plain growing cereals and cotton and supporting pedigreed cattle.]
14. Monsieur [Louis Charles François] Petit-Radel [born 22 July 1740, Paris; died 7 November 1818, Paris; French architect] has recently discovered in Italy some cyclopean constructions that could prove that this country was inhabited early on by people who had the same origin as the Pelasgi [see Petit-Radel (Louis-Charles François), *Recherches sur les monuments Cyclopéens et description de la collection des modèles en relief composant la galerie pélasgique de la bibliothèque Mazarine*, Paris: Imprimerie Royale, 1841, xxxviii + 352 p.; see also, note 4, above] [M. de St.-Agy]. [Boeotia, modern Greek Voiotía, district of ancient Greece with a distinctive military, artistic, and political history. In classical times the much-reorganized Boeotian defensive league figured prominently in the rivalry between Athens and Sparta. The league led an uprising against Sparta during the Corinthian War (395-387 B.C.) and in the Battle of Chaeronea (338) was thoroughly decimated in the struggle to preserve Greek independence from Macedonia. When Boeotia rose again (335) against Alexander III the Great, it was destroyed and thereafter was of little consequence.]
15. According to the Abbé [Jean-Jacques] Barthélemy [born 20 January 1716, Cassis, France; died 30 April 1795, Paris; archaeologist and author whose novel about ancient Greece was one of the most widely read books in 19th-century France (see Barthélemy (Jean-Jacques), *Charité and Polydorus, a romance. Translated from the French of the Abbé Barthélemy... With an abridgement of the life of the author, by the late Duke of Nivernois*, London: Charles Dilly, 1799, lxiv + 189 p.)], in 1657. [M. de St.-Agy.] [For Cecrops, see Lesson 1, note 49.]
16. According to Barthélemy [see note 15, above], in 1586. [M. de St.-Agy.] [For Danaus, see Lesson 2, note 34.]
17. [Argolís, *nomós* (department), northeastern Peloponnese, southern Greece, a narrow, mountainous peninsula projecting eastward into the Aegean Sea between the Saronic Gulf (to the northeast) and the Gulf of Argolis (to the southwest). Thesmophoria is Greek for "laying down the law": an ancient Greek festival with mysteries, celebrated by

married women in honor of Demeter (Ceres) as the "mother of beautiful offspring". It was especially observed at Athens and Eleusis.]

18. According to the same author [Barthélemy, see note 15, above], in 1594. [M. de St.-Agy.]

19. There is much dispute about this question. Herodotus attributes alphabetic writing to Cadmus [see note 1, above]; but Herodotus believed everything he was told, without proof [Godolphin (Francis Richard Borroum) (ed.), *The Greek historians* [The complete and unabridged historical works of Herodotus, translated by Rawlinson George; Thucydides, translated by Jowett Benjamin; Xenophon, translated by Dakyns Henry G. [and] Arrian, translated by Chinnock Edward J.; edited, with an introduction, revisions and additional notes, by Godolphin Francis R. B.], New York: Random house, [1942], 2 vols]; besides, he says this is only a rumor for which he in no way vouches, *so they tell me* [italics translated from the Greek]. Aeschylus [born in 525 B.C., the first of classical Athens' three great writers of tragedy] names Prometheus [in Greek religion, one of the Titans, the supreme trickster, and a god of fire] as the inventor of writing; others go back as far as Orpheus [ancient Greek legendary hero endowed with superhuman musical skills; he became the patron of a religious movement based on sacred writings said to be his own], Cecrops, or Linus [in Greek mythology, the personification of lamentation]. The Greeks liked to place the origin of the arts in the very earliest centuries and did not take notice of their subsequent progress. Euripides [probably born in 484 B.C., the youngest of classical Athens' three great tragedians], in a fragment preserved by Stobaeus [Greek anthologist of the 5th century A.D.], calls Palamedes [in Greek legend, the son of Nauplius, king of Euboea, and a prominent figure in post-Homeric legends about the siege of Troy] the creator of the alphabet, which would make this discovery contemporaneous with the Trojan War. It is not likely that Euripides would have substituted Palamedes for Cadmus in his plays before his spectators if this hypothesis were generally contrary to received opinion. The Greeks were so little advanced in Cadmus's time that the fable of Amphion building the walls of Thebes with the sound of his lute came later by a century. [Amphion and his brother Zethus, in Greek mythology, were the twin sons of Zeus by Antiope. When children, they were left to die on Mount Cithaeron but were found and brought up by a shepherd. Amphion became a great singer and musician, Zethus a hunter and herdsman. After rejoining their mother, they built and fortified Thebes, huge blocks of stone forming themselves into walls at the sound of Amphion's lyre.] This fable is clearly symbolic of the first efforts of civilized society to call together the uncivilized. In Homer are several details that seem to indicate that writing did not yet exist: all treaties are concluded orally; remembrance of them and their conditions is through signs; and in the two passages that imply the use of letters, the first may refer to hieroglyphics carved in wood and the second may be used as contrary evidence. [To Lycia the devoted youth he sent, / With tablets seal'd, that told his dire intent. / Now bless'd by every power who guards the good, / The chief arrived at Xanthus' silver flood: / There Lycia's monarch paid him honors due, / Nine days he feasted, and nine bulls he slew. / But when the tenth bright morning orient glow'd, / The faithful youth his monarch's mandate show'd: / The fatal tablets, till that instant seal'd, / The deathful secret to the king reveal'd] (*Iliad*, 6: 167, 168). About this passage, see [Christian Gottlob] Heyne's [born 25 September 1729, died 14 July 1812] notes [*De antiquis Virgilii interpretibus. Publius Virgilius Mario varietate lectionis et perpetua adnotatione illustratus a Christ. Gottl. Heyne* [edited by Heyne Christian Gotlob, 4th ed., revised by Wagner Georg P. E.], Leipzig: Libraria Hahniana; London: Black, Young and Young, 1830-1841, 5 vols.], and the *Prolegomena* [*ad Homerum sive de operum Homericorum prisca et genuina forma variisque mutationibus et probabili ratione emendandi*, 1st edition, Halis Saxonum: Orphanotr, 1795, vol. 1] by [Friedrich August] Wolf [born 15 February 1759; died 8 August 1824], page 76. Apollodorus [of Athens (fl. 140 B.C.), Greek scholar of wide interests who is best known for his *Chronicle* of Greek history written in verse (Hornblower (Simon) & Spawforth (Antony) (eds), «Apollodorus of Athens», *The Oxford Classical Dictionary*, 3rd ed., Oxford; New York: Oxford University Press, 1996, p. 124)], in telling the anecdote of Bellerophon [one of the greatest of the Greek heroes (*Iliad*, 6: 144-221 ff)], uses the word επιςολη, *mandatum* [Latin for commission, charge, or order], and επιγνωγαι, which is never used in Greek for *to read*. The word επιγραφας, found in this passage, proves absolutely nothing. The meaning of words changes with progress in the arts. The word γραφειν [the Greek word for "to write"] in Homer's time meant *to sculpt*: not at all unexpected. Since the warriors who put a token in Agamemnon's helmet – so that lots could be drawn to decide who would fight Hector – did not recognize the token that the herald held up to them, it stands to reason that the token was not a written name, for each one would have been able to read the name of his competitor as readily as his own, but rather it was an arbitrary token recognizable only to him who had placed it. Eustathius [of Thessalonica (born early 12th century, at Constantinople; died c. 1194, in Thessalonica, Greece), metropolitan (archbishop) of Thessalonica (c. 1175-1194), humanist scholar, author, and Greek Orthodox reformer whose chronicles, oratory, and pedagogy show him to be one of medieval Byzantium's foremost men of learning] asserts that, in Homer's time, the discovery of letters was quite recent. Moreover, there is among all early peoples, as the celebrated scholar [Friedrich August] Wolf [1759-1824] remarks in his *Prolegomena* [*ad Homerum*], p. 69 [see Wolf (Friedrich August), *Prolegomena ad Homerum sive De operum*

Homericorum prisca et genuina forma variisque mutationibus et probabili ratione emandandi [scripsit Frid. Aug. Wolfius; ed. noca cum notis ineditis Immanuelle Bekkeri], Berlin: S. Calvary & soc, 1872, in-8 [not paginated]; Wolf (Friedrich August), *Prolegomena to Homer* [translation with introduction and notes by Grafton Anthony, Most Glenn W. & Zetzel James E. G.], Princeton, New Jersey: Princeton University Press, 1985, XIV + 265 p.], one proof that fixes the epoch in which the use of writing becomes general: it is the composition of works in prose; as long as these do not exist, it is proof that writing is still little used. In the absence of materials for writing, verse is easier to remember than prose, and easier to carve. Prose is born straightway after men have acquired the possibility of trusting, for the continuance of their compositions, an instrument other than their memory; the first authors in prose – Pherecydes [of Syros (fl. 6th century B.C.), a Greek philosopher, sometimes reckoned among the seven wise men; fragments of his work on cosmogony and theogony are extant], Cadmus of Miletus, Hellanicus [eminent Greek logographer, a native of Mytilene, Lesbos, who lived about 450 B.C.; a prolific writer, held in high esteem by the ancients] – came well after Homer, since they are of the century of Pisistratus. [M. de St.-Agy.]

20. [Asclepius or Aesculapius, Greco-Roman god of medicine, son of Apollo (god of healing, truth, and prophecy) and the nymph Coronis. The Centaur Chiron taught him the art of healing. At length Zeus (the king of the gods), afraid that Asclepius might render all men immortal, slew him with a thunderbolt. Homer, in the *Iliad,* mentions him only as a skillful physician; in later times, however, he was honored as a hero and eventually worshiped as a god. The cult began in Thessaly but spread to many parts of Greece. Because it was supposed that Asclepius effected cures of the sick in dreams, the practice of sleeping in his temples became common.]
21. [Eleusis, ancient Greek city famous as the site of the Eleusinian Mysteries. Situated in the fertile plain of Thria about 14 miles (23 km) west of Athens, opposite the island of Salamis, Eleusis was independent until the 7th century B.C., when Athens annexed the city and made the Eleusinian Mysteries a major Athenian religious festival.]
22. [Hellen, in Greek mythology, king of Phthia (at the northern end of the Gulf of Euboea) and grandson of the god Prometheus; he was the eponymous ancestor of all true Greeks, called Hellenes in his honor. The Hellenes consisted of the Aeolians, Dorians, Ionians, and Achaeans, traditionally descended from and named for Hellen's sons, Aeolus and Dorus, and grandsons, Ion and Achaeus.]
23. [Deucalion, in Greek legend, the son of Prometheus (the creator of mankind), king of Phthia in Thessaly, and husband of Pyrrha; he was also the father of Hellen, the mythical ancestor of the Hellenic race (see note 22, above).]
24. [Prometheus, in Greek religion, one of the Titans, the supreme trickster, and a god of fire. His intellectual side was emphasized by the apparent meaning of his name, Forethinker. In common belief he developed into a master craftsman, and in this connection he was associated with fire and the creation of man.]
25. [Colchis, ancient region at the eastern end of the Black Sea south of the Caucasus, in the western part of modern Georgia. It consisted of the valley of the Phasis (modern Riuni) River. In Greek mythology Colchis was the home of Medea and the destination of the Argonauts, a land of fabulous wealth and the domain of sorcery. Historically, Colchis was colonized by Milesian Greeks to whom the native Colchians supplied gold, slaves, hides, linen cloth, agricultural produce, and such shipbuilding materials as timber, flax, pitch, and wax. The ethnic composition of the Colchians, who were described by Herodotus as black Egyptians, is unclear. After the 6th century B.C. they lived under the nominal suzerainty of Achaemenidian Persia and passed into the kingdom of Mithradates VI (1st century B.C.) and, then, under the rule of Rome.]
26. The identity of Apollo with Krishna is evident (see *Asiatic Researches*, vol. 8, p. 65). [M. de St.-Agy.]
27. [Orpheus, ancient Greek legendary hero endowed with superhuman musical skills. He became the patron of a religious movement based on sacred writings said to be his own. Orpheus joined the expedition of the Argonauts, saving them from the music of the Sirens by playing his own, more powerful music.]
28. [Chiron, in Greek mythology, one of the Centaurs, the son of the god Cronus and Philyra, a sea nymph. Chiron lived at the foot of Mount Pelion in Thessaly and was famous for his wisdom and knowledge of medicine. Many Greek heroes, including Heracles, Achilles, Jason, and Asclepius, were instructed by him. Accidentally pierced by a poisoned arrow shot by Heracles, he renounced his immortality in favor of Prometheus and was placed among the stars as the constellation Sagittarius.]
29. [Aesculapius or Asclepius, see note 20, above.]
30. [Hippocrates, see Lesson 5, note 36.]
31. [Ajax, in Greek legend, son of Oileus, king of Locris. In spite of his small stature, he held his own among the other heroes before Troy; but he was also boastful, arrogant, and quarrelsome. For his crime of dragging King Priam's daughter Cassandra from the statue of the goddess Athena and violating her, he barely escaped being stoned to death by his Greek allies. Voyaging homeward, his ship was wrecked, but Ajax was saved. Then, boasting of his escape, he was cast by Poseidon into the sea and drowned.]
32. It appears that even anatomy at the time was not completely unknown, for Homer indicates with some precision the effects of the wounds received by the heroes in his poem. [M. de St.-Agy.]

33. In the poetry of Homer, one finds no definite system of religion, no fixed rules; no connection joins this world and the next. In general, heaven's protection is acquired through the sacrifices, independently of virtue and vice. If the gods punish the perjurer, it is because of the outrage against them, not because of the crime against men. Left to themselves, men find in their own heart all motives for actions that regard other mortals. The gods sometimes persecute humanity with no motives other than their passions, and these same passions keep them divided among themselves: They deceive one another and spend their days in rivalries and quarrels. In the poetry of Homer, priests occupy a very subordinate place; the leaders of the nations, the armies' generals, preside over religious rites; and in private life with their families, the same functions are carried out and the same privileges claimed by the fathers and elders. Agamemnon always carries along with his sword the blade used for sacrifices (*Iliad*, 3: 271-272; 19: 251-252). He immolates the victims with his own hand (*Iliad*, 2: 293). Nestor and Peleus do the same, and the poet adds that all this happens according to custom (*Odyssey*, 3: 436-463; *Iliad*, 11: 771-774). Alcinoüs presides over religious ceremonies among the Phoenicians (*Odyssey*, 12: 24-25). In any description of religious rites, the name of the priest is not even given, but rather that of the people's leader. It is heralds, before priests, who sprinkle holy water on the hands of suppliants (*Iliad*, 9: 174). No priest intervenes in the purification of the Greek army (*Iliad*, 1: 314-317). After victory, it is the army that decides whether sacrifices will be offered. The opinion of the leaders is divided. Some perform this religious duty, others dispense with it. Each man consults only his own feelings and wishes. Three verses in the *Odyssey* indicate in a very remarkable way the priests' inferior rank. They are represented as men in public service and are placed on a equal footing with physicians, architects, and singers, to whom one offers hospitality and who live on the charity of those who employ them. The poet includes cooks (*Odyssey*, 17: 384-386). Eminent men among the people and in the army frequently read the future. The gods appear to these mortals surrounded in glory (*Iliad*, 2, 12, 16, 17, 18). Each individual, on his own authority, can declare himself in communication with heaven. Actually, there existed in Greece numerous sacerdotal families, and the ideas the Greeks had about the gift of prophecy appear to have been somewhat similar to the ridiculous prejudices of modern people about the nobility; they thought that the favor of the gods could be transmitted only from father to son. Calchas [in Greek mythology, the son of Thestor (a priest of Apollo) and the most famous soothsayer among the Greeks at the time of the Trojan War] was descended from a family that had enjoyed this favor for three generations (Apollonius of Rhodes, *Scholia in Apollonium Rhodium vetera. Recensuit Carolus Wendel* [editio altera ex editione anni MCMXXXV lucis ope expressa], Berlin: apud Weidmannos, 1958, p. 139; see also Jackson (Steven B.), *Mainly Apollonius: collected studies / Steven Jackson*, Amsterdam: Hakkert, 2004, 141 p.) Mopsus [in Greek legend, an emigrant from Ionia and founder of nearby Cilician Mopsuestia (modern Misis)] owed his light to Manto, daughter of Tiresias [in Greek mythology, a blind Theban seer; in the *Odyssey* he retained his prophetic gifts even in the underworld, where the hero Odysseus was sent to consult him] (Strabo, book 14; see *The geography of Strabo* [with an English translation by Jones Horace Leonard. Based in part upon the unfinished version of Sterrett John Robert Sitlington], New York: Putnam's Sons, 1917, 8 vols). Amphilochus [in Greek legend, a famous seer, son of Amphiaraus and Eriphyle and brother of Alcmaeon, said to have been killed by Apollo] was a prophet, as was his father Amphiaraus [in Greek mythology, a celebrated seer and prince of Argos, son of Olcles (or Apollo) and Hypermestra, and through his father descended from the prophet Melampus]. But all these families were of foreign origin and they never formed a legal establishment; theirs was not the public religion; their monopoly was in the mysteries, and mysteries were separate from the public religion. (See Kreutzer [i.e., Creuzer (Georg Friedrich), *Symbolik und Mythologie der alten Völker, besonders der Griechen, von Dr. Friedrich Creuzer*, 2nd ed., Leipzig und Darmstadt: Heyer & Leske, 1819-1828, 6 vols]). If priests had an influence of their own in Greece, if they ever governed the country, as the priests in India, in Egypt, and in Persia dominated their respective countries, it was before the brilliant fictions of Homer. One finds, in fact, in the traditions that have come down to us about the customs of the first Pelasgi, certain dogmas and rites that are characteristic of sacerdotal cults. Herodotus speaks of a Hermes with phallus, not Egyptian but Pelasgian. Several authors testify that phalluses were seen in bas-reliefs on the walls of Mycenae, Tiryns, and other Greek cities, as at Bubastis in Egypt (Herodotus 2 [see Godolphin (Francis Richard Borroum) (ed.), *The Greek historians..., op cit.*]). The Pelasgi offered human sacrifices (Sainte-Croix, *des Mystères* [*Mémoires pour servir à l'histoire de la religion secrète des anciens peuples, ou recherches historiques et critiques sur les mystères du paganisme*, Paris: Nyon l'aîné, 1784, XVI + 584 p.; Sainte-Croix (1746-1809), alias le baron Guilherm de Clermont-Lodève]). Vestiges of cults of the elements and the stars are seen in certain ancient temples in Greece: A sacred fire burned perpetually in the Prytaneum [town hall of a Greek city-state, normally housing the chief magistrate and the common altar or hearth of the community] at Athens; also at Athens an altar was raised dedicated to the Earth (Thucydides, 2: 16 [see Godolphin (Francis Richard Borroum) (ed.), *The Greek historians..., op cit.*]). Elsewhere, the sea was worshiped as a divinity distinct from Neptune; Cleomenes [Cleomenes I, king of Sparta, died c. 489 B.C.]

sacrificed a bull to him by having it thrown into the sea (Herodotus 6: 76). The people of Argos drove horses into a lake in Argolis in honor of the Hours [goddesses of the seasons, hence of orderliness] (Pausanias, *Arcad.* [*Description of Greece, op. cit.*, Book 8]); and Titania, worshiper of the winds, was long famous for her quadruple holocausts and her magic invocations that dated back to Medea (Pausanias, *Corinth.*, 55 [*Description of Greece, op. cit.*, Book 2]). The Arcadians' cult was especially marked by astronomical notions (Creuzer 4: 90-91 [i.e., Creuzer (Georg Friedrich), *Symbolik und Mythologie der alten Völker, op. cit.*]). The hideous shapes of some divinities in very ancient times differed greatly from the elegance of the deities gracing the temples and celebrated by the poets of Greece. But how did the Greeks, formerly the slaves of priests, become independent of them? How did this revolution, which was so favorable to the arts and sciences, come about? How did the priests, elsewhere triumphant, become completely subdued in Greece? We do not know. Till now, erudition and the shrewdest criticism have offered only conjectures on this question. Some writers think that the priestly caste was massacred or driven out by the warrior caste; others, that it was done away with by the people, tired of its crushing oppression; still others, that it was destroyed by internal strife. One tradition, likely enough despite its obscurity, tells of struggles at Argos between the priests of Apollo and of Bacchus. Very often, it is through internal dissension between those holding power that power comes to an end. This hypothesis about the destruction of the sacerdotal caste in Greece would explain the incongruity between the language of Homer and the state of society depicted in the Iliad. We would be less surprised to see a dialect that can be regarded as the masterpiece of civilization being used to depict the ways of a half-savage people. We would go back to the origin of these unusual stories of mythology, which are in contrast with the usual mythology of the early Greek poets, where we can unmistakably see similarities with the dogmas and fables of all countries subjected to priestly rule. These scattered stories would then be seen as fragments of a lost whole, unconnected fragments, preserved by men surviving the whole that was lost. Peculiarities that strike us in some of the priestly institutions of Greece, and especially in the most ancient, which are the most foreign to popular religion, would become easy to explain. Finally, the savage condition of the Greeks, made clear by historical researches, would be explained by the same hypothesis about the destruction of the priestly caste; for the tendency of this class has always been to keep the people in ignorance, and the annihilation of the priesthood, in a country where it had reigned without rivals, must have brought about the loss of all earlier civilization. This effect is seen among all peoples subjected to priests – among the Hebrews, in Egypt, in Phoenicia. There, the sciences always followed the fate of the priestly order. The Greeks, free and ignorant, after the suppression of their priests, fell back upon fetichism, the secret dogmas of religion being unknown to them. But results prove that this retrograde movement must not be deplored, and that freedom in poverty is worth more, a thousand times more, than monopoly. [M. de St.-Agy.]

34. In many respects, the Homeric gods are inferior to men. For example, compare the domestic life of Jupiter and Juno with the mortal home life of Penelope and Ulysses; or the conjugal quarrels of Venus and Vulcan with the touching and pure affection of Hector and Andromache. The mortals surpassed their idols in perfection; but soon, thanks to the nature of mortals, the idols took their revenge, and, gaining on their worshipers, they left them far behind. [M. de St.-Agy.]
35. Perhaps he [Hesiod] comes after Homer, for in his work we find many moral ideas, more than in Homer. In Hesiod's time, philosophy or reason began to enter into religion [Hesiod (fl. c. 700 B.C.) was one of the earliest Greek poets, often called the "father of Greek didactic poetry." Two of his complete epics have survived, the *Theogony*, relating the myths of the gods, and the *Works and Days*, describing peasant life (see *Hesiod* [translation by Way A. S.], London: Macmillan and Co., 1934, 68 p.)]
36. *Works and Days* is a work on agronomy that embraces the entire social condition and in which religion is more applicable to human life than in his *Theogony* [see *Hesiod, op. cit.*] Both poems were composed of more or less long rhapsodies, each one forming a whole. This is a precious monument of earliest civilization. One finds in it the human spirit in its infancy, so to speak, developing with peaceable and increasing activity within the narrow limits assigned to it by labors that were still new and property that was precarious, at home and hearth only recently constructed. [M. de St.-Agy.]
37. [Heraclides, family originating with Hercules or Heracles, most famous Greco-Roman legendary hero. Behind his very complicated mythology there was probably a real man, perhaps a chieftain-vassal of the kingdom of Argos. Traditionally, however, Heracles was the son of Zeus and Alcmene, granddaughter of Perseus. Zeus swore that the next son born of the Perseid house should become ruler of Greece, but by a trick of Zeus's jealous wife, Hera, another child, the sickly Eurystheus, was born first and became king; when Heracles grew up, he had to serve him and also suffer the vengeful persecution of Hera.]
38. [Cambyses II, see Lesson 2, note 6.]
39. [Darius I, called Darius the Great (born 550 B.C., died 486), king of Persia in 522-486 B.C., one of the greatest rulers of the Achaemenid dynasty, who was noted for his administrative genius and for his great building projects. Darius attempted several times to conquer Greece; his fleet was destroyed by a storm in 492, and the Athenians defeated his army at Marathon in 490.]

40. [Pythagoras, see Lesson 3, note 5, above.]
41. [Psammetichus II, see Lesson 3, note 3, above.]
42. [Xerxes I, called Xerxes the Great (born c. 519 B.C.; died 465, at Persepolis), Persian king (486-465 B.C.), the son and successor of Darius I (see note 39, above). He is best known for his massive invasion of Greece from across the Hellespont (480 B.C.), a campaign marked by the battles of Thermopylae, Salamis, and Plataea. His ultimate defeat spelled the beginning of the decline of the Achaemenid Empire.]
43. In addition, the Egyptian priests would give initiates and foreigners explications that varied according to their knowledge or their disposition. Thus, they satisfied the credulity of Herodotus by pointing out the similarity between Egyptian and Greek fables; they catered to Plato's inclination by presenting to him, as if it were their own thinking, the ideas of a most subtle metaphysics; with Diodorus [see Lesson 12, note 26] they descended to completely human interpretations, and according to them, historical events, traced back under symbolic forms, had served as the basis for religion, which the people revered without comprehending it. Thus, each cherished his favorite ideas, according to his attachment to such ideas or his ability to change them. And thus, completely opposite hypotheses coexisted under the same veil, designated by the same name, within the sacerdotal corporations. Alongside the atheistic or pantheistic systems, theism, dualism, emanation, perhaps even skepticism, are given a place and each of these systems is divided into several branches. It was the same in India. Actually, the priests in these countries, although darkly monopolistic and pitilessly privileged, were nonetheless men for all that, and nature forced its way through in the shackles they imposed upon the disinherited class and which they tried to impose upon themselves. Thus they wondered what beings had presided at creation, at the ordering of the universe; why did these beings have the will, how were they invested with creative force, what was their substance? Whence did they obtain life? Are they one, or several? Dependent on each other, or independent? Movers of themselves, or agents at the behest of necessary laws? In this way, priests, without leaving the priestly role, took on that of the metaphysician and the philosopher; and now, on one hand, although they would not give up the immutable public religion, on the other, neither would they give up the personal satisfaction of making abstract and bold speculations. In France, in the religious communities, the same phenomena have taken place: some members of these communities have created philosophical systems, and even religious systems, varying from those that were professed by their order. So true is it that thought cannot be kept a slave and everywhere reacts against the agent that suppresses it [M. de St.-Agy].
44. [Anaxagoras (born c. 500 B.C., at Clazomenae, Anatolia [now in Turkey]; died c. 428, Lampsacus), Greek philosopher of nature remembered for his cosmology and for his discovery of the true cause of eclipses. He was associated with the Athenian statesman Pericles.]
45. [Xenophanes, see Lesson 5, note 26.]
46. [Benedict (Baruch) Spinoza or Benedictus de Spinoza (born 24 November 1632, at Amsterdam; died 21 February 1677, The Hague), Dutch philosopher, best known for *The Ethics* (*Ethica ordine geometrico demonstrata*) published posthumously in 1677; *cf. Ethics* [translated by Boyle Andrew, and revised by Parkinson G. H. R.; with an introduction and notes by Parkinson G. H. R.], London: J. M. Dent, 1989, xxv + 259 p.]
47. [Johann Gottlieb Fichte (born 19 May 1762, at Rammenau, Upper Lusatia, Saxony [now in Germany]; died 27 January 1814, Berlin), German philosopher and patriot, one of the great transcendental idealists.]
48. [Leucippus (fl. 5th century B.C., probably at Miletus, on the west coast of Asia Minor), Greek philosopher credited by Aristotle and by Theophrastus with having originated the theory of atomism. It has been difficult to distinguish his contribution from that of his most famous pupil, Democritus. Only fragments of Leucippus's writings remain, but two works believed to have been written by him are *The Great World System* and *On the Mind* (see Leucippus, *The atomists: Leucippus and Democritus. Fragments* [a text and translation, with a commentary by Taylor Christopher Charles Whiston], Toronto: University of Toronto Press, 1999, 308 p.) His theory stated that matter is homogeneous but consists of an infinity of small indivisible particles. These atoms are constantly in motion, and through their collisions and regroupings form various compounds. A cosmos is formed by the collision of atoms that gather together into a "whirl," and the drum-shaped Earth is located in the center of man's cosmos.]

BASE DES CINQ ORDRES EN ARCHITECTURE Planche VI extraite de l'*Encyclopédie* de Diderot & d'Alembert (volume 1 de 1762).

4 Les Grecs

Les Grecs n'ont pas puisé leurs lumières et leur science en Égypte seulement: ils passent pour avoir eu des communications avec les Phéniciens et les Chaldéens; ils en ont eu par le Caucase avec quelques peuples du nord de l'Europe et de l'Asie; et c'est de ces peuples, originaires de l'Inde, qu'ils ont reçu des rites et des emblêmes religieux différens de ceux de l'Égypte. Mais, à vrai dire, ce que nous savons à cet égard n'est guère que le résultat de conjectures et d'interprétations. Nos renseignemens positifs sur la Grèce ne remontent pas au-delà de l'époque où Cadmus[1] y fit connaître l'alphabet phénicien. C'est alors seulement que commence, pour ne plus s'interrompre, la chaîne de nos connaissances, et que l'histoire des sciences, au lieu d'être fondée, comme pour l'Inde et l'Égypte, sur des vraisemblances et des suppositions, reçoit, pour bases, des monumens et une série continue de documens écrits.

Dès que les sciences furent introduites en Grèce, elles s'y développèrent avec beaucoup plus de rapidité que chez les peuples où nous avons essayé jusqu'à présent de les apprécier. Deux causes concoururent à ce développement accéléré: 1° La position géographique et la disposition physique du pays; 2° l'absence d'une caste sacerdotale dominatrice.

L'Inde, l'Égypte, la Babylonie, sont formées de plaines ou de longues vallées où les accidens du sol ne présentent aucun moyen de défense naturel; aussi avons-nous vu que ces contrées furent souvent envahies, ravagées, et entièrement subjuguées par des peuples nomades. La disposition physique de la Grèce est, au contraire, parfaitement favorable à la défense de son territoire: la partie centrale est presque toute montagneuse; chaque peuplade y était séparée des autres par de profondes gorges, dont les parois, formées de rochers, lui servaient de remparts. Un conquérant ne pouvait franchir ces obstacles que sur des -monceaux de cadavres, et encore à peine y était-il parvenu sur quelques points très-circonscrits, que les vaincus jetaient le joug de sa victoire. Les petites îles étaient également défendues par leur position géographique. Cette topographie si variée, si coupée d'îles, de montagnes et de mers, entretenait d'ailleurs l'esprit d'indépendance dans les diverses parties de la Grèce, et s'opposa toujours à ce qu'elles restassent long-temps unies sous la même législation. Peut-être cette disposition physique empêchera-t-elle encore qu'on y établisse de nos jours un gouvernement central.

Les établissemens que les Grecs avaient fondés dans l'Asie Mineure et en Italie, n'étaient pas, sous le rapport de leur défense contre des invasions étrangères, aussi favorablement placés que la Grèce centrale : il était assez facile d'en faire la conquête. Mais lorsqu'ils furent envahis, la civilisation de la Grèce n'en reçut aucune atteinte : loin de là, cet envahissement fut pour elles une nouvelle cause de progrès, car alors, les savans qui étaient nés ou qui s'étaient fixés dans les colonies, se réfugièrent dans la mère-patrie, qu'ils enrichirent de leur lumières.

Dans l'Orient, les formes mythologiques étaient l'expression emblématique d'un système de philosophie générale, et ainsi, les prêtres avaient tout à la fois le monopole de la religion et celui des sciences. Les chefs des colonies qui s'établirent en Grèce ignoraient la signification des emblêmes qu'il s'employaient : ils étaient à cet égard aussi ignorans que le vulgaire [2]. Ils manquèrent donc de l'ascendant que procure la supériorité des lumières, et furent ainsi dans l'impossibilité de former une caste religieuse qui disposât du pouvoir politique, ailleurs que dans les limites de leur colonie. Ils exercèrent seulement leur culte à côté de celui du pays, et les Grecs admirent même, après quelque temps, plusieurs de leurs divinités ; mais ils n'en conservèrent point la forme ; ils n'en retinrent que les noms [3] et le mode d'adoration. Les dieux égyptiens ou indiens perdirent leurs attributs difformes, et ils devinrent pour les Grecs de simples mortels supérieurs aux autres hommes en puissance et en beauté.

Les sciences, lors de leur renaissance dans la Grèce, furent donc complètement isolées de la religion, et purent s'étendre sans obstacle, tandis que, chez les peuples où elles étaient unies à la religion, où on les croyait d'origine divine, elles ne pouvaient faire aucun progrès, puisqu'il est de l'essence des notions divines d'être immuables.

En considérant l'ensemble de l'histoire des sciences dans l'ancienne Grèce, on y remarque quatre époques distinctes.

La première commence à l'établissement des Pelages sur le sol de la Grèce [4], et finit à l'arrivée des émigrans égyptiens, qui eut lieu quatorze ou quinze cents ans avant notre ère.

La seconde s'étend depuis cette arrivée des émigrans égyptiens, jusque vers l'an 1100 avant Jésus-Christ, temps où se formèrent les colonies grecques sur les côtes de l'Asie Mineure.

La troisième embrasse le temps qui s'écoula depuis l'établissement de ces colonies et de celles d'Italie, formées plus tard, jusqu'au renouvellement des communications de la Grèce avec l'Égypte, sous Psammitichus [5], vers l'an 600 avant l'ère chrétienne.

La dernière époque, commence au voyage de Thalès en Égypte [6], et est la plus brillante de toutes ; elle se fait surtout remarquer par le grand nombre des écoles philosophiques qui se succédèrent jusqu'à Socrate et Aristote.

Si l'on admettait comme véritables les récits des écrivains de l'école d'Alexandrie, l'histoire de la Grèce, pendant la première des quatre époques que je viens de déterminer, nous serait parfaitement connue. Ces écrivains exposent la généalogie des rois qui, suivant eux, ont régné au temps des Pélages, avec toute l'étendue et tous les détails que nous présente l'histoire moderne sur les familles royales de l'Europe dont l'origine et la filiation sont le mieux établies. Mais il est impossible d'avoir une foi explicite à ces successions de princes; il est évident que des généalogies qui commencent par des êtres mythologiques, tels que Jupiter ou Neptune, ont été fabriquées long-temps après leur prétendu point de départ. L'histoire de la Grèce, avant le temps où Cadmus y apporta l'écriture alphabétique, ne repose guère que sur des conjectures. Nous savons seulement que les Pélages étaient originaires de l'Inde; les racines sanscrites que leur langue présente en abondance ne permettent pas d'en douter. Il est vraisemblable que ces hommes pénétrèrent à travers la Perse, jusqu'au Caucase, et qu'au lieu de continuer leur route par terre, ils s'embarquèrent sur le Pont-Euxin ou la mer Noire [7], et allèrent descendre sur les plages de la Grèce.

Leur civilisation était peu avancée; cependant, ils connaissaient déjà quelques arts, et ils élevèrent plusieurs villes dans leur nouvelle patrie. L'on a découvert à Mycènes, à Thyrinthe, etc. [8], des ruines de leurs constructions, qui sont connues sous le nom de murs cyclopéens [9]. Pausanias fait mention de ces murs [10], qui, de son temps, étaient déjà considérés comme appartenant à une haute antiquité. La tradition enseignait qu'ils avaient été élevés par les Pélages, antérieurement à l'établissement des colonies égyptiennes, et que c'était aussi à ces émigrés indiens que devaient être rapportés quelques ouvrages gigantesques, tels, par exemple, que les trésors de Minias [11], et les canaux creusés à travers le mont Ptoüs [12], pour donner issue aux eaux du lac Copaïs [13] qui faisaient craindre l'inondation de la Béotie [14].

La religion des Pélages devait être beaucoup plus simple, beaucoup plus grossière que le fut postérieurement celle de la Grèce. Ses divinités étaient vraisemblablement les forces de la nature personnifiées, comme aux Indes, comme en Égypte.

Vers le XIVe ou le XVe siècle antérieur à la naissance de Jésus-Christ, il survint en Égypte des troubles qui occasionnèrent plusieurs émigrations successives. Le plus grand nombre d'entr'elles se dirigea vers la Grèce.

Les plus remarquables sont celles de Cécrops, de Danaüs et de Cadmus.

Cécrops apporta dans l'Attique, 1556 ans avant notre ère [15], les mystères d'Isis ou Cérès.

Danaüs, en 1485 [16], apporta dans l'Argolide, les thesmophories [17].

En 1493 [18], c'est-à-dire, dans l'intervalle qui sépare les deux émigrations précédentes, Cadmus fit connaître l'alphabet des Phéniciens [19], dont l'origine sanscrite est clairement indiquée par la forme des lettres et le nom qui leur a été conservé; de sorte que par là encore, nous sommes reportés vers l'Inde, que déjà, quelques autres indications nous ont fait considérer comme le berceau de l'espèce humaine et de la civilisation.

Les chefs de ces colonies égyptiennes exercèrent beaucoup d'influence sur les Pélages, qu'ils surpassaient en industrie; mais, comme ils ignoraient, ainsi que nous l'avons dit d'une manière générale, la signification métaphysique des rites et des emblèmes égyptiens, ils ne formèrent point une caste, si l'on excepte la famille des Asclépiades [20], où la charge de grand-prêtre d'Éleusis [21] était héréditaire, et la Grèce ne reçut ainsi d'eux que les formes sensibles de leurs divinités. Les moins repoussantes de ces formes purent être exclusivement adoptées, et, dès lors, les divinités commencèrent à n'apparaître qu'avec l'extérieur de l'humanité. De cet anthropomorphisme il résulta, dans les arts graphiques, un perfectionnement singulièrement remarquable. On ne saurait trop reconnaître le service que les Grecs ont ainsi rendu aux arts, car que fussent devenues la sculpture et la peinture si elles avaient été réduites à reproduire les formes hideuses des êtres emblématiques par lesquels les prêtres égyptiens représentaient les attributs de la divinité ; s'il avait fallu, par exemple, qu'elles reproduisissent éternellement un dieu à quatre têtes et à cent bras, comme dans l'Inde, ou une divinité à tête de loup ou d'épervier, comme dans l'antique Égypte ?

Le goût des arts et des sciences est surtout remarquable dans la tribu des Hellènes[22], qui domina les Pélages et les colonies égyptiennes, et qui finit par donner son nom à la patrie d'Homère. Cette tribu, conduite par Deucalion[23], se fixa aux environs du Parnasse, et y établit le culte d'Apollon. Elle venait probablement du Caucase, car c'est sur cette montagne que les poètes ont représenté enchaîné Prométhée[24], le père de Deucalion. Or, les peuples du Caucase connaissaient, sans aucun doute, les doctrines indiennes, puisqu'ils avaient de fréquentes relations avec la Colchide[25], qui, pendant long-temps, fut comme un comptoir du grand commerce que les Indiens faisaient dans les mers de l'Europe[26].

La religion grecque avait subi l'influence de celle de l'Égypte ; elle fut aussi modifiée par celle de l'Inde. Orphée[27], par exemple, institua, dans l'île de Samothrace, des formes religieuses qui différaient peu de celles de l'Orient. Mais, comme je l'ai dit, l'anthropomorphisme prévalut et s'établit généralement. On attribue à Orphée, qui était tout à la fois prêtre et poète, un recueil d'hymnes et quelques autres ouvrages où les plantes et des objets d'un autre règne, sont considérés dans leurs rapports avec théurgie. Chiron[28] passe pour avoir connu, à peu près dans le même temps, l'utilité des végétaux en médecine.

Ces deux hommes, Orphée et Chiron, sont placés parmi les héros qui allèrent en Colchide à la conquête de la Toison-d'Or. Mais cette expédition me paraît complètement fabuleuse. Suivant moi, on ne doit la considérer que comme l'expression poétique du commerce qui s'établit alors, par la mer Noire, entre la Grèce, les peuplades du Caucase et les tribus venues de l'intérieur de l'Asie. Chiron pourrait bien n'être aussi que la personnification des premiers succès obtenus en médecine par la famille d'Esculape ou les Asclépiades[29], qui remonte environ à 1300 ans avant Jésus-Christ, et dont les travaux fournirent, 900 ans plus tard, la matière des admirables écrits d'Hippocrate[30].

Vers le XIIe siècle antérieur à notre ère, éclata la fameuse guerre de Troie où l'Europe et l'Asie étaient en présence, et que, deux cents ans après Homère chanta dans des vers immortels. Nous voyons, par les poèmes de ce modèle de l'Occident, que, de son temps, les arts et les sciences avaient déjà fait de grands progrès. Le commerce de la Colchide avait procuré aux Grecs des richesses diverses, des métaux, des matières tinctoriales, des procédés de différens genres : ils savaient forger et tremper les métaux, ciseler et dorer les armes, fabriquer des tissus et les teindre de brillantes couleurs. La sculpture, l'architecture et la peinture avaient aussi été inventées. L'histoire naturelle n'était point totalement ignorée, et ce qu'on en savait était apparemment assez répandu, car on rencontre, dans les poèmes d'Homère, un assez grand nombre de notions sur les propriétés médicinales des plantes, et d'observations fort justes sur les mœurs et les habitudes des animaux. Par exemple, la comparaison que fait Homère, d'Ajax [31] poursuivi par des guerriers vulgaires, avec un lion harcelé par des chacals, est parfaitement conforme à ce que nous savons maintenant du naturel de ces animaux [32].

L'*Iliade* et l'*Odyssée* contiennent quelques maximes morales ; mais on n'y remarque aucune trace d'une doctrine philosophique, ni même d'une doctrine religieuse proprementdite [33]. Les dieux n'y sont que des hommes plus beaux et doués de facultés plus puissantes que les autres mortels ; car, bien qu'ils puissent se dérober à la vue et parcourir les airs, ils sont comme eux vulnérables [34].

Hésiode peut être considéré comme contemporain d'Homère [35]. Dans sa *Théogonie*, on reconnaît l'anthropomorphisme mythologique avec tous ses caractères : à peine distingue-t-on, dans l'histoire des Géants et des Titans, quelques traits du panthéisme. Dans son poème des *Œuvres* et des *Jours* [36] qui est une espèce de géorgiques, Hésiode traite des travaux de l'agriculture, et il enseigne à reconnaître le temps convenable pour chacun d'eux, par le lever héliaque des étoiles, ce qui prouve que si l'année lunaire était établie en Grèce, on s'en servait peu dans l'usage domestique, à raison de l'incommodité de son mode de division. Hésiode nomme d'ailleurs dans son livre un certain nombre de plantes dont il fait connaître les propriétés.

Tel était, au IXe siècle avant l'ère chrétienne, l'état des sciences et des arts dans la Grèce.

Mais dans l'intervalle qui sépare la guerre de Troie de la naissance d'Homère et de celle d'Hésiode, il était survenu des événemens qui, plus tard, favorisèrent singulièrement les progrès de la civilisation.

Les princes de la famille d'Hercule, les Héraclides [37], prétendaient avoir des droits exclusifs au gouvernement du Péloponèse ; ils en firent la conquête, et il en résulta l'émigration des Ioniens, des Doriens et des Eoliens sur les côtes de l'Asie Mineure. Ces peuples y élevèrent un grand nombre de villes dont plusieurs, telles que Milet, Smyrne, Éphèse, acquirent une importance remarquable.

L'existence de ces villes sur les plages asiatiques de la mer Égée, les fréquentes communications qui s'établirent d'un côté de cette mer à l'autre, imprimèrent au commerce grec une nouvelle impulsion qui fit affluer avec abondance toutes les richesses de l'Orient. Les villes de l'Asie Mineure devinrent en état de fonder à leur tour des colonies, et plusieurs peuplades, sorties de leur sein, allèrent s'établir aux bords de la mer Noire.

Un peu plus de deux siècles après la conquête du Péloponèse par les Héraclides, la Grèce devint le théâtre de nouveaux troubles. Presque partout il en résulta la substitution du gouvernement républicain à la royauté. Ces changemens violens occasionnèrent encore des émigrations ; mais elles eurent lieu sur des points opposés à ceux que les premiers fugitifs grecs avaient choisis ou acceptés ; ce fut dans l'Italie, où elles élevèrent Syracuse, Crotone,

Locres, etc., que ces nouvelles colonies s'établirent. Le pays dont elles s'emparèrent a porté, pour cette raison, le nom de Grande-Grèce. Les colonies italiques égalèrent bientôt leurs sœurs de l'Asie; elles devinrent extrêmement riches et policées; et la mère-patrie y trouva encore de puissans moyens de civilisation et de richesse.

Nous voici arrivés à la dernière et à la plus importante des quatre époques de l'histoire des sciences en Grèce. Plusieurs événemens concoururent alors à concentrer dans ce pays les connaissances éparses dans les différentes parties du monde civilisé.

Six cents ans à peu près avant notre ère, Cyrus conquit la Médie. Son fils Cambyse [38] porta ses armes vers l'Égypte, soumit tout ce pays, et en opprima et persécuta les prêtres avec tant de violence, que plusieurs d'entre eux se réfugièrent dans les colonies grecques de l'Asie Mineure, qu'ils enrichirent de leurs connaissances. Ordinairement l'effet des conquêtes est moins rigoureux; les vainqueurs, soit pour obtenir plus facilement la soumission morale de leurs ennemis désarmés, soit parce qu'ils sont moins avancés que ceux-ci en civilisation, adoptent une partie de leurs mœurs et de leurs coutumes, ou du moins les en laissent jouir tranquillement.

En Égypte, cette conciliation n'était pas praticable. La religion des Perses, qui avait pour base la doctrine des deux principes, était très supérieure à celle des Égyptiens. Les Perses avaient d'ailleurs en horreur le culte des images, qui existait dans cette dernière religion, et comme les usages et les institutions d'un peuple sont toujours subordonnés à ses principes religieux, les Perses durent repousser toutes les coutumes égyptiennes.

Les mêmes idées réglèrent leur conduite lorsque, sous Darius [39], successeur de Cambyse, ils firent la conquête des colonies grecques de l'Asie Mineure. Leur oppression y arrêta l'essor des arts et de la poésie, comme en Égypte elle avait anéanti les doctrines religieuses et philosophiques. Mais une foule d'émigrans, distingués par leurs connaissances, se dirigèrent vers la Grèce centrale, et l'enrichirent des lumières qu'ils avaient recueillies en Égypte; car Thalès, Pythagore [40], et beaucoup d'autres sages ou philosophes s'étaient empressés de visiter les colléges sacerdotaux de ce pays, aussitôt que Psammitichus [41] en avait permis l'entrée aux étrangers. Ainsi, si les succès des Perses en Asie, inquiétèrent les Grecs et nuisirent pour quelque temps à leurs intérêts matériels, du moins n'arrêtèrent-ils pas leurs progrès intellectuels; peut-être même, au contraire, hâtèrent-ils le développement de leurs arts et de leurs connaissances de toutes natures.

Après Darius, son successeur Xerxès [42] essaya de s'emparer de la Grèce centrale; mais, vaincu successivement à Salamine, à Platée, et même aux Thermopyles, où le courage des Spartiates avait intimidé ses soldats, il finit par être repoussé entièrement du sol de la Grèce, et c'est alors que les facultés humaines se développèrent avec le plus d'éclat. La philosophie avait été dispersée, jusques-là, dans les colonies de l'Asie Mineure et de l'Italie; elle se concentra bientôt dans Athènes, et y atteignit rapidement un haut degré de perfection.

Cette philosophie grecque, qui est la mère de nos sciences, n'est pas née simultanément et n'a point eu d'uniformité. Cependant elle dérive toute de la philosophie égyptienne; mais les emprunts faits à cette source commune ont été modifiés par chaque philosophe, suivant ses opinions et ses études personnelles[43], et il en est résulté des écoles diverses et même tout à fait opposées.

La plus ancienne est l'école ionienne, qui fut fondée en Ionie par Thalès, vers l'an 600 avant Jésus-Christ. Thalès avait un grand nombre de sectateurs qui habitaient les villes importantes de l'Asie Mineure, telles que Milet, Ephèse, etc. Anaxagore[44], le plus célèbre de ces sectateurs, fut forcé par les conquêtes des Perses d'abandonner sa patrie ; il se réfugia à Athènes vers l'an 500, et y enseigna, après les avoir modifiés, les principes de son maître.

Il existe sur la philosophie de ce dernier un débat qui remonte à une époque très ancienne. On lui attribue la sentence : ννϖθι σδαυτοY.

La seconde école est celle de Pythagore, qui florissait vers l'an 550 avant l'ère chrétienne. Pythagore s'était d'abord fixé à Samos ; il se transporta ensuite à Crotone, en Italie, d'où est venu le nom d'*italique* donné à son école. Il resta plus fidèle que Thalès aux doctrines de l'Égypte ; il essaya même de rétablir sa constitution, et dans cette vue il avait formé à Crotone des sociétés secrètes qui causèrent des troubles dont le plus grand nombre de ses partisans fut victime.

La troisième secte, ou école, est celle des Éléens ou Éléates, qui tire son nom de la ville d'Éléa, située dans la grande Grèce, où elle fut d'abord établie. Elle eut pour fondateur Xénophane de Colophon[45], qui était contemporain de Pythagore. Xénophane ne paraît pas avoir tiré de l'Égypte sa philosophie. Elle ressemble beaucoup aux doctrines indiennes, et constitue un idéalisme pur. Dans nos temps, Spinosa[46] et Fichte[47] ont en quelque sorte ressuscité son système.

La quatrième école a reçu la dénomination d'atomistique, et a été fondée par Leucippe[48] dont la patrie est inconnue. Son système est totalement opposé à celui des Eléates. L'école atomistique ne reconnaissait dans l'univers que des objets corporels. Malgré la fausseté de son principe, ramenée sans cesse qu'elle était à l'observation de la nature, elle a fait faire des progrès aux sciences qui sont l'objet de nos recherches.

À côté de ces quatre écoles, purement spéculatives, sans en excepter la dernière, subsistait la famille d'Esculape, ou les Asclépiades, qui ne se fondit jamais avec elles. Elle cultivait les sciences uniquement dans un but pratique, et s'attachait surtout aux faits. Sa méthode, employée plus tard, a procuré aux sciences beaucoup de progrès.

Jusqu'au temps de Socrate, les quatre écoles ionienne, pythagoricienne, éléatique et atomistique subsistèrent séparées. Socrate les réunit éclectiquement, et forma de leur fusion une école nouvelle, qui propagée par Platon, et bientôt divisée en plusieurs branches, donna naissance à toutes les sciences qui depuis ont été cultivées dans l'Occident.

Avant d'exposer l'histoire de l'école, ou plutôt de la méthode de Socrate, nous reverrons avec détail dans la prochaine séance, les travaux des quatre écoles que je viens de caractériser d'une manière générale.

NOTES

1. [Cadmos, dans la mythologie grecque fils de Phoenix ou Agénor (roi de Phénicie) et frère d'Europe. Europe fut enlevée par Zeus, le plus puissant des Dieux, et Cadmos envoyé à sa recherché. Il consulta sans succès l'oracle de Delphes qui lui conseilla d'abandonner sa quête, de suivre une génisse et de fonder une ville à l'endroit même où celle-ci se coucherait. La génisse conduisit Cadmos jusqu'en Béotie («Pays du bœuf») où il fonda Thèbes (en Grèce). Plus tard, Cadmos sema les dents d'un dragon qu'il avait tué; à cet endroit jaillit une race d'hommes armés et redoutables appelés les Spartes (ce qui signifie «sortis du sol»). Cinq d'entre eux l'aidèrent à construire la Cadmée, ou citadelle, de Thèbes; ils sont en l'espèce les ancêtres de la plus haute noblesse de cette cité. Plus tard Cadmos prit pour femme Harmonie, fille de deux divinités, Arès et Aphrodite. Elle lui donna un fils, Polydore, et quatre filles, Ino, Antinoé, Agavé et Sémélé. Cadmos et Harmonie finirent par se retirer en Illyrie; mais lorsque les Illyriens encoururent un châtiment pour avoir suscité la colère des dieux, Cadmos et Harmonie furent épargnés. Zeus les expédia, changés en serpents noirs, dans l'Elysée – le paradis. On dit que Cadmos apporta l'alphabet aux Grecs.]
2. Les chefs de ces colonies n'étaient point des prêtres égyptiens. Ceux-ci nourrissaient contre la mer une grande horreur; elle était pour eux le mauvais principe (Plutarque, *de Is. et Osir* [*Traité d'Isis et d'Osiris* [présentation et notes de Rachet Guy], Paris: Sand, 1995, 94 p.]) Aucun membre des castes supérieures ne se livrait à la navigation. Tout voyage maritime était formellement interdit aux prêtres. Il en est encore de même dans l'Inde. Des traces de cette interdiction se trouvent dans Diodore [voir Leçon 12, note 26], et nous voyons deux bramines dégradés pour avoir traversé l'Indus. (*Asiatic Researches*, vol. 6, pp. 535-539) [M. de St.-Agy].
3. Il y eut quelques exceptions: plusieurs noms furent tirés de la langue pélagique [voir note 4, ci-dessous], par exemple les *charides*, les *néréides*. (Voyez [Christian Gottlob] Heyne, [*de*] *Theog*[*onia*] *Hes*[*iodea. Textu subinde reficto in usum praelectionum seorsum edita a Frid. Aug. Wolf.* Halle: J. J. Gebauer, 1783, 166 p.]) [M. de St.-Agy].
4. [Les Pélages, également nommés Pélagiens, ont occupé la Grèce jusqu'au XIIe siècle av. J.-C. Cette appellation ne fut utilisée que dans l'Antiquité grecque. Les Pélages sont mentionnés comme peuple à part entière par plusieurs auteurs grecs, y compris Homère, Hérodote et Thucydide. On dit qu'ils ont vécu dans différentes régions telles la Thrace, Argos, la Crète, et en Chalcidice. Au Ve siècle av. J.-C., certains villages avaient apparemment préservé une langue commune autre que le grec. Il n'est pas certain qu'un peuple ait vraiment porté ce nom de «pélage». L'usage grec plus tardif désigna par ce terme toutes les populations «aborigènes» d'Égée.]
5. [Psammétique, voir Leçon 3, note 3.]
6. [Thalès de Milet, voir Leçon 1, note 6.]
7. [Les mythes de la Grèce antique nommaient la mer Noire – alors aux confins du monde méditerranéen – Pontus Axeinus, «mer inhospitalière». Les explorations permirent par la suite de mieux connaître cette région. Une fois leurs colonies établies sur ses côtes, les Grecs découvrirent que cette mer était plus accueillante qu'ils ne l'avaient cru. Son nom fut donc remplacé par Pontus Euxinus, l'exact antonyme de la première appellation. La légende dit que Jason et les Argonautes se seraient embarqués sur ses eaux à la recherche de la Toison d'Or, dans le pays de Colchide, un royaume situé sur la pointe Est de la mer (aujourd'hui la Géorgie).]
8. [Mycènes et Tirynthe, cités préhistoriques du Péloponnèse: Mycènes, célébrée par Homère et, d'après la légende, ville d'Agamemnon, le roi achéen qui saccagea la ville de Troie; Tirynthe sur l'île de Crète, remarquable pour ses vestiges datant de l'époque homérique. L'expression «maçonnerie cyclopéenne» provient de ces gigantesques pierres qu'on trouve sur les murs de sa citadelle, supposée avoir été construite par les Cyclopes pour le légendaire roi Portos (voir note 9, ci-dessous).]
9. [Maçonnerie cyclopéenne, mur construit sans mortier à l'aide d'énormes blocs de pierre non taillée. Cette technique était employée pour les fortifications sur lesquelles l'utilisation de grosses pierres permettait de réduire le nombre de joints et de réduire ainsi les faiblesses potentielles du mur. On trouve de tels murailles en Crète, en Italie et en Grèce. La légende attribue leur construction à la race des géants de Thrace, les Cyclopes, qui tirent leur nom de leur père, Cyclope, le roi qui n'avait qu'un œil au milieu du front. Des murs similaires, bien que ne portant pas le nom de cyclopéens, se trouvent à Machu Picchu, au Pérou, et sur plusieurs autres sites précolombiens du Nouveau Monde. La citadelle de Tirynthe (1300 av. J.-C.) en Crète comporte de tels murs. Leur épaisseur est variable; elle peut aller de 7 à 17 mètres, permettant l'aménagement de cavités à l'intérieur des pierres. Bien que ces murs soient construits sans mortier, il est possible qu'on ait utilisé de l'argile pour en caler les pierres.]
10. [Pausanias (probablement mort entre 470 et 465 av. J.-C. à Sparte, en Grèce), général spartiate accusé, au cours des guerres médiques, d'avoir pactisé avec l'ennemi. Les murs cyclopéens sont mentionnés dans sa Description de la Grèce. *Tome VII. Livre VII: L'Achaïe* [texte établi par Casevitz Michel; traduit et commenté par Lafond Yves], Paris: Les Belles Lettres, 1999, LXXXVI + 261 p. Sur la vie et l'œuvre de Pausanias, voir Description de la Grèce: *Tome I. Livre I, L'Attique* [texte établi par Casevitz Michel; introduit et traduit

par Pouilloux Jean; commenté par Chamoux François], Paris: Les Belles Lettres, 2002, XLVI + 311 p.]

11. [Les trésors de Minias font peut-être référence au Trésor d'Atrée, également appelé Tombeau d'Agamemnon, une tombe à tholos construite entre 1300 et 1250 av. J.-C. à Mycènes, en Grèce. Cette structure architecturale, vestige de la civilisation mycénienne, est en forme de dôme. La pièce principale est construite à l'aide de pierres taillées et poncées posées en encorbellement les unes au-dessus des autres afin de donner l'impression d'une vraie voûte. Cette pièce circulaire mesure un peu moins de quinze mètres de diamètre et presque autant de hauteur. Une petite chambre adjacente taillée dans la roche renfermait les dépouilles; la chambre principale était sans doute réservée aux services rituels. La porte d'entrée du tombeau est surmontée d'une dalle sculptée dont l'énorme linteau monolithique pèse 120 tonnes, mesure 9 mètres de long, 5 mètres de large et un peu plus de 90 cm de haut. Ce triangle formé de plaques ornementales soutient l'édifice. Deux demi-colonnes de style minoen (aujourd'hui au British Museum à Londres) précédaient les pilastres qui encadraient la porte à laquelle on accédait par un dromos, ou passage cérémoniel, construit à ciel ouvert à l'aide de blocs de pierre cyclopéens.]

12. [Le mont Ptoüs, montagne de Béotie (voir note 14).]

13. [Le lac Copaïs, aujourd'hui dans le département de Béotie. Jadis le plus grand lac de Grèce, drainé à la fin du XIXe siècle. C'est aujourd'hui une plaine fertile où poussent des céréales, du coton et paissent des bœufs de pure race.]

14. M. [Louis Charles François] Petit-Radel [22 juillet 1740, Paris - 7 novembre 1818, Paris; architecte français] a récemment découvert en Italie des constructions cyclopéennes qui pourraient prouver que ce pays fut habité primitivement par des peuples qui avaient la même origine que les Pélages [voir Petit-Radel (Louis-Charles François), *Recherches sur les monuments Cyclopéens et description de la collection des modèles en relief composant la galerie pélasgique de la bibliothèque Mazarine* [publiées d'après les manuscrits de l'auteur], Paris: Imprimerie Royale, 1841, xxxviii + 352 p.; voir également la note 4 ci-dessus] [M. de St.-Agy]. [La Béotie, en grec moderne Viotía, est un district de la Grèce antique à l'histoire militaire, artistique et politique particulière. La Ligue béotienne réorganisée joua un rôle majeur dans la rivalité entre Athènes et Sparte et mena une insurrection contre les Spartiates lors de la Guerre de Corinthe (395-387 av. J.-C.). Elle fut décimée à la bataille de Chéronée (338) alors qu'Athènes tentait de préserver son indépendance à l'égard de la Macédoine. Lorsque les Béotiens se soulevèrent à nouveau contre Alexandre III le Grand (335), ils furent écrasés et perdirent pour de bon leur influence.]

15. Suivant l'abbé [Jean-Jacques] Barthélemy [20 janvier 1716, Cassis, France- 30 avril 1795, Paris; archéologue et auteur dont le roman situé dans la Grèce antique fut l'un des grands succès de lecture français au XIXe siècle (voir Barthélemy (Jean-Jacques), *Les amours de Carité et Polydore, roman traduit du grec par l'abbé J.-J. Barthélemy*, Lausanne; Paris: Chez les marchands de nouveautés, 1796, XXIII + 154 p.)], en 1657 [M. de St.-Agy]. [Pour Cécrops, voir Leçon 1, note 49].

16. Suivant Barthélemy [voir note 15, ci-dessus], en 1586 [M. de St.-Agy]. [Pour Danaos, voir Leçon 2, note 34].

17. [L'Argolide est une région administrative (nomos) du nord-est du Péloponnèse, au sud de la Grèce; c'est une étroite péninsule montagneuse s'avançant à l'est dans la mer Égée entre le golfe Saronique – ou golfe de Salamine, ou golfe d'Egine (au nord-est) – et le golfe d'Argolide (au sud-ouest). Les Thesmophories viennent du grec thesmophoria, «qui établit les lois». Ces fêtes accompagnées de mystères étaient célébrées par les femmes mariées en l'honneur de Déméter (Cérès), la «mère de magnifiques enfants». Les thesmophories étaient surtout observées à Athènes et à Eleusis.]

18. Suivant le même auteur [Barthélemy, voir note 15, ci-dessus], en 1594 [M. de St.-Agy].

19. On diffère beaucoup sur cette question. Hérodote attribue à Cadmus l'écriture alphabétique [voir note 1]; mais on sait qu'Hérodote adoptait sans examen tout ce qui lui était raconté [Hérodote, *Œuvres complètes* [introduction de Romilly Jacqueline de; texte présenté, traduit et annoté par Barguet Andrée], Paris: Gallimard, 1964, 1904 p. (Bibliothèque de la Pléiade; 176)]; d'ailleurs, il ne rapporte ce fait que comme un bruit qu'il ne garantit en aucune manière, ως εμοί δοχειυ. Eschyle [né en 525 av. J.-C., premier des trois grands tragédiens d'Athènes] indique Prométhée [dans la religion grecque, l'un des Titans, joueur de tours par excellence et dieu du feu] comme ayant inventé l'écriture; d'autres remontent jusqu'à Orphée [héros légendaire de l'Antiquité grecque à qui étaient attribués des dons musicaux surhumains; il fonda un mouvement religieux (l'orphisme) basé sur des textes sacrés dont il aurait été l'auteur], à Cécrops ou à Linus [qui personnifie la lamentation dans la mythologie grecque]. Les Grecs aimaient à placer dans les siècles les plus reculés l'origine des arts, et ne distinguaient point leurs progrès successifs. Euripide [probablement né en 484 av. J.-C., le plus jeune des trois grands tragédiens athéniens], dans un fragment qui nous a été conservé par Stobée [compilateur grec du Ve siècle de notre ère], appelle Palamède [dans la mythologie grecque, fils de

Nauplius ou Nauplios, roi d'Eubée et figure éminente des légendes post-homériques consacrées au siège de Troie] l'auteur de l'alphabet, ce qui rendrait cette découverte contemporaine de la guerre de Troie. Il n'est pas vraisemblable qu'Euripide eût, en plein théâtre, substitué Palamède à Cadmus, si cette Hypothèse eût été contraire à l'opinion généralement reçue. Les Grecs étaient si peu avancés du temps de Cadmus, que la fable d'Amphion, bâtissant les murs de Thèbes au son de la lyre, lui est postérieure d'un siècle [Amphion et son frère Zéthos ou Zéthus, selon la mythologie grecque, étaient les fils jumeaux qu'Antiope avait donnés à Zeus. Enfants, ils furent abandonnés sur le mont Cythère pour y mourir mais un berger les y recueillit. Amphion devint un grand poète et musicien, Zéthos un chasseur et un berger. Après avoir retrouvé leur mère, ils édifièrent et fortifièrent la ville de Thèbes : d'énormes blocs de pierre se transformèrent spontanément en murailles au son de la lyre d'Amphion.] Or, cette fable est évidemment l'emblème des premiers efforts du génie social pour rassembler des sauvages. On remarque dans Homère plusieurs détails qui semblent annoncer que l'écriture n'existait pas de son temps : tous les traités sont conclus verbalement ; on n'en conserve le souvenir et les conditions que par des signes ; et, s'il existe deux passages d'où l'on a prétendu inférer l'usage des lettres, le premier peut s'entendre des caractères hiéroglyphiques gravés sur le bois, et le second servirait au besoin de preuve contraire [Mais il l'envoya en Lykiè avec des tablettes où il avait tracé des signes de mort, afin qu'il les remît à son beau-père et que celui-ci le tuât. Et Bellérophontès alla en Lykiè sous les heureux auspices des dieux. Et quand il y fut arrivé, sur les bords du rapide Xanthos, le roi de la grande Lykiè le reçut avec honneur, lui fut hospitalier pendant neuf jours et sacrifia neuf bœufs. Mais quand Eôs aux doigts rosés reparut pour la dixième fois, alors il l'interrogea et demanda à voir les signes envoyés par son gendre Proitos. Et, quand il les eut vus, il lui ordonna d'abord de tuer l'indomptable Khimaira. Celle-ci était née des dieux et non des hommes, lion par devant, dragon par l'arrière, et chèvre par le milieu du corps. Et elle soufflait des flammes violentes. Mais il la tua, s'étant fié aux prodiges des dieux.]. (Iliade VI, 167, 168.) Voyez sur ce passage les notes [*De antiquis Virgilii interpretibus. Publius Virgilius Mario varietate lectionis et perpetua adnotatione illustratus a Christ. Gottl. Heyne* [édité par Heyne Christian Gotlob, 4e éd. revue par Wagner Georg P. E.], Leipzig : Libraria Hahniana ; London : Black, Young and Young, 1830-1841, 5 vol.] de [Christian Gottlob] Heyne [25 septembre 1729-14 Juillet 1812] et les Prolégomènes [*ad Homerum sive de operum Homericorum prisca et genuina forma variisque mutationibus et probabili ratione emendandi*, 1ère éd., Halis Saxonum : Orphanotr, 1795, vol. 1] de [Friedrich August] Wolff [15 février 1759-8 août 1824], page 76. Apollodore [d'Athènes (*fl.* 140 av. J.-C.), érudit grec éclectique, surtout connu pour sa Chronique de l'histoire grecque écrite en vers (Hornblower (Simon) & Spawforth (Antony) (sous la dir.), «Apollodorus of Athens», *The Oxford Classical Dictionary*, 3ème éd., Oxford ; New York : Oxford University Press, 1996, p. 124)], en parlant de l'anecdote de Bellérophon [l'un des plus grands héros grecs (Iliade, VI : 144-221)], en parlant de l'anecdote de Bellérophon [l'un des plus grands héros grecs (Iliade, VI : 144-221)], se sert du mot επιϛολη, *mandatum* [charge ou mandat, en latin], *et* επιγνωγαι, qui ne se prend jamais en grec pour le verbe lire. Le mot επιγραφας, qui se trouve dans ce passage, ne prouve absolument rien. La signification des mots change avec le progrès des arts. Le mot γραφειν [écrire en grec], du temps d'Homère, signifiait sculpter : rien de plus naturel. Les guerriers qui ont mis un signe dans le casque d'Agamemnon, pour que le sort décide de celui qui combattra contre Hector, ne reconnaissant pas le signe que le héraut leur présente, il est clair que ce n'était pas un nom écrit, car chacun aurait pu lire le nom de son compétiteur aussi bien que le sien, mais un signe arbitraire que celui-là seul qui l'avait déposé pouvait reconnaître. Eustathe [de Thessalonique (né au début du XIIe siècle à Constantinople, mort autour de 1194 à Thessalonique, Grèce), métropolite (archevêque) de Thessalonique (*c.* 1175-1194), érudit humaniste, grammairien et réformateur de l'orthodoxie grecque dont les commentaires, les oraisons et la pédagogie firent l'un des hommes de savoir les plus en vue dans la Byzance médiévale] dit formellement que, du temps d'Homère, la découverte des lettres était très-récente. Au reste, il y a chez tous les peuples, comme le remarque un érudit célèbre ([Friedrich August] Wolff [1759-1824], Prolégomènes [*ad Homerum*], p. 69 [voir Wolf (Friedrich August), *Prolegomena ad Homerum sive De operum Homericorum prisca et genuina forma variisque mutationibus et probabili ratione emandandi* [scripsit Frid. Aug. Wolfius; ed. noca cum notis ineditis Immanuelle Bekkeri], Berlin : S. Calvary & soc, 1872, in-8 [non paginé] ; Wolf (Friedrich August), *Prolegomena to Homer* [trad. en Anglais avec introduction et notes par Grafton Anthony, Most Glenn W. & Zetzel James E. G.], Princeton, New Jersey : Princeton University Press, 1985, XIV + 265 p.]), un fait qui constate l'époque à laquelle l'usage de l'écriture devint général : c'est la composition d'ouvrages en prose ; aussi longtemps qu'il n'en existe point, c'est une preuve que l'écriture est encore peu usitée. Dans le dénuement de matériaux pour écrire, les vers sont plus faciles à retenir que la prose, et ils sont aussi plus faciles à graver. La prose naît immédiatement de la possibilité que les hommes se procurent de se confier, pour la durée de leurs compositions, à un autre instrument que leur mémoire ; or, les premiers auteurs en prose, Phérécyde [de Syros (*fl.* VIe siècle av. J.-C.), philosophe grec, parfois placé parmi les Sept Sages de l'Antiquité ; des fragments de ses travaux de cosmogonie et de théogonie ont été conservés], Cadmus de Milet, Hellanicus [éminent logographe (chroniqueur) et historien grec, né à Mytilène, Lesbos, qui vivait autour de 450 av. J.-C. ; auteur prolifique, tenu en haute estime par les anciens], sont bien postérieurs à Homère, puisqu'ils sont du siècle de Pisistrate [M. de St.-Agy].

20. [Asclépios or Esculape, divinité gréco-romaine de la médecine, fils d'Apollon (dieu de la guérison, de la vérité et des prophéties) et de la nymphe Coronis. Le centaure Chiron lui enseigna l'art de guérir. À la longue, Zeus (le plus puissant des dieux), craignit qu'Asclépios ne rendît tous les hommes immortels et il le foudroya. Dans son Iliade, Homère le mentionne seulement comme un habile docteur ; il fut cependant honoré par la suite en vrai héros et finalement vénéré comme un dieu. Le culte commença en Thessalie mais s'étendit à bien d'autres parties de la Grèce. Esculape était censé faire agir ses remèdes pendant les rêves des malades, aussi vit-on se répandre la pratique consistant à dormir dans ses temples.]

21. [Eleusis, ancienne cité grecque célèbre pour avoir été le théâtre des Mystères d'Eleusis. Située dans la plaine fertile de Thria, à 23 km à l'ouest d'Athènes et face à l'île de Salamine, Eleusis est restée indépendante jusqu'au VIIe siècle av. J.-C., lorsque la ville fut annexée par Athènes et que les Mystères d'Eleusis devinrent l'une des principales fêtes religieuses athéniennes.]

22. [Hellen, dans la mythologie grecque, roi de Phthie (à l'extrémité nord du Golf d'Eubée) et petit-fils du dieu Prométhée ; il est l'ancêtre éponyme de tous les Grecs véritables, appelés Hellènes en son honneur. Les Hellènes comprenaient les Éoliens, les Doriens, les Ioniens et les Achéens, que la tradition désigne comme les descendants des deux fils d'Hellen, Éole et Doros, et de ses deux petits-fils, Ion and Achaïos, à qui ils doivent leur nom.]

23. [Deucalion, fils de Prométhée (le créateur du genre humain), roi de Phthie en Thessalie et époux de Pyrrha ; il est également le père d'Hellen, fondateur de la race hellénique (voir note 22, ci-dessus).]

24. [Prométhée, un des Titans de la mythologie grecque, le plus grand joueur de tours, et dieu du feu. Sa dimension intellectuelle est accentuée par la signification vraisemblable de son nom, « celui qui pense avant ». La légende veut qu'il ait été un artisan génial et l'associa en conséquence au feu et à la création de l'homme.]

25. [La Colchide ou Colchis, ancienne région située à l'extrémité est de la mer Noire, au sud du Caucase et à l'ouest de l'actuelle Géorgie. Elle comprenait la vallée de la rivière Phase (actuelle Rioni). Dans la mythologie grecque, Colchis était le royaume de Médée et la destination des Argonautes, région d'une fabuleuse richesse et terre de prédilection de la sorcellerie. Historiquement, Colchis fut colonisée par les Grecs de Milet à qui les Colches natifs procuraient de l'or, des esclaves, des peaux, de la toile de lin, des produits agricoles et du matériel pour la construction des navires (bois, lin, poix et cire). On ne connaît pas précisément la composition ethnique des Colches ; ils sont décrits par Hérodote comme des Égyptiens noirs. Après le VIe siècle av. J.-C. ils vécurent sous la suzeraineté nominale de la Perse achéménide puis furent rattachés au royaume de Mithridate VI (Ier siècle av. J.-C.) avant de se retrouver sous l'autorité de Rome.]

26. L'identité d'Apollon avec Crischna est évidente (*cf. Asiatic Researches*, vol. 8, p. 65) [M. de St.-Agy].

27. [Orphée, héros de la légende grecque doué de talents musicaux surhumains. Il devint le chef de file d'un mouvement religieux reposant sur des écrits sacrés qui, dit-on, seraient les siens. Orphée se joignit à l'expédition des Argonautes ; il les sauva du chant des sirènes en jouant sa propre musique, plus puissante encore.]

28. [Chiron, un des Centaures de la mythologie grecque, fils du dieu Cronos et de Philyra, une Océanide (fille d'Océan). Chiron résidait au pied du mont Pélion en Thessalie ; il était célèbre pour sa sagesse et sa connaissance de la médecine. Un grand nombre de héros grecs, y compris Héraclès, Achille, Jason et Esculape, reçurent son instruction. Accidentellement transpercé par une flèche empoisonnée envoyée par Héraclès, il renonça à son immortalité qu'il céda à Prométhée et trouva sa place parmi les étoiles en tant que constellation du Sagittaire.]

29 [Asclépios ou Esculape, voir note 20, ci-dessus.]

30. [Hippocrate, voir Leçon 5, note 36.]

31. [Ajax, fils d'Oïlée, roi de Locride. Malgré sa petite stature il sut tenir son rang parmi les autres héros face à Troie ; mais il était également vantard, arrogant et querelleur. Il échappa de justesse à la lapidation à mort par ses alliés grecs pour avoir arraché Cassandre, la fille du roi Priam, à la statue de la déesse Athéna, et pour l'avoir ensuite violée. Durant le voyage du retour son navire fut englouti mais Ajax fut sauvé. Se vantant alors d'avoir échappé au naufrage, il se vit jeter dans la mer par Poséidon et s'y noya.]

32. Il paraît même qu'alors l'anatomie n'était pas tout à fait inconnue, car Homère indique avec assez de précision

l'effet des blessures reçues par les héros de son poëme [M. de St.-Agy].

33. Dans les poëmes d'Homère, on ne remarque aucun système religieux positif, aucune règle fixe ; nulle liaison ne s'étend de ce monde à l'autre. En général, la protection céleste s'acquiert par des sacrifices, indépendamment des vices et des vertus. Si les dieux punissent le parjure, c'est comme un outrage envers eux, non comme un crime contre les hommes. Ceux-ci, abandonnés à eux-mêmes, tirent de leur propre cœur tous les motifs des actions qui ne regardent que leurs semblables. Les dieux persécutent quelquefois les mortels sans autres motifs que leurs passions, et ces mêmes passions les tiennent divisés entre eux : ils se trompent mutuellement ; ils passent leurs jours dans les rivalités, et les querelles. Dans les poésies d'Homère, les prêtres n'occupent aussi qu'un rang très-subalterne ; les chefs des nations, les généraux des armées y président aux rites de la religion ; et, dans l'intérieur des familles, les mêmes fonctions s'exercent, et le même privilège est réclamé par les pères et les vieillards. Agamemnon porte constamment à côté de son épée le glaive destiné aux sacrifices (*Iliade*, III, 271-272 ; XIX, 251-252). Il immole les victimes de sa propre main (*Iliade*, II, 293), Nestor et Pélée en agissent de même, et le poète ajoute que tout se passe suivant l'usage (*Odyssée*, III, 436-463 ; *Iliade*, XI, 771-774). Alcinoüs préside aux cérémonies religieuses chez les Phéniciens (*Odyssée*, XII, 24-25). Dans toutes les descriptions de ces cérémonies, le nom de prêtre n'est pas même prononcé, mais bien celui de chef des peuples. Ce sont les hérauts qui, avant les prières, répandent l'eau sacrée sur les mains des suppliants (*Iliade*, IX, 174). Aucun prêtre n'intervient dans la purification de l'armée des Grecs (*Iliade*, I, 314-317). Après la victoire, l'armée délibère pour savoir si l'on offrira des sacrifices. L'avis des chefs est partagé. Les uns s'acquittent de ce devoir religieux, d'autres s'en dispensent. Chacun ne consulte que son sentiment et sa volonté. Trois vers de l'Odyssée indiquent, d'une manière très-remarquable, le rang inférieur que les prêtres occupaient. Ils sont représentés comme des hommes au service du public, et mis de pair avec les médecins, les architectes et les chanteurs, auxquels on accorde l'hospitalité, et qui subsistent de la charité de ceux qui les emploient. Le poète ajoute les cuisiniers (Odyssée, XVII, 384-386). Les hommes éminens, dans le peuple et dans l'armée, lisent fréquemment dans l'avenir. Les dieux apparaissent à ces mortels entourés de gloire. (Iliade, II, XII, XVI, XVII, XVIII.) Chaque individu peut se déclarer, de son autorité propre, en commerce avec le ciel. À la vérité, il existait en Grèce, de nombreuses familles sacerdotales et les idées des Grecs sur le don de prophétie paraissent avoir eu quelque analogie avec les absurdes préjugés des peuples modernes sur la noblesse ; ils pensaient que la faveur des dieux ne pouvait se transmettre que du père au fils. Calchas [dans la mythologie grecque, fils de Thestor (prêtre d'Apollon) et plus célèbre devin grec au temps de la Guerre de Troie] descendait d'une famille qui avait joui de cette faveur depuis trois générations (Apollonius de Rhodes, *Scholia in Apollonium Rhodium vetera. Recensuit Carolus Wendel* [editio altera ex editione anni MCMXXXV lucis ope expressa], Berlin : apud Weidmannos, 1958, p. 139 ; voir également *Scholies à Apollonios de Rhodes* [trad. en Français et commentées par Lachenaud Guy], Paris : Les Belles Lettres, 2010, XLV + 578 p.) Mopsus [selon la légende grecque, émigrant de Ionie et fondateur de la ville de Mopsueste (Cilicie), l'actuelle Misis] devait le jour à Manto, fille de Tirésias [devin aveugle de Thébès ; dans l'Odyssée il conserve ses dons prophétiques jusque dans les Enfers où Ulysse est envoyé pour le consulter] (Strabon, lib. XIV [voir *Géographie. Tome IV, Livre VII / Strabon* [texte établi et traduit par Baladié Raoul], Paris : Les Belles Lettres, 2003, VIII + 335 p.]). Amphiloque [célèbre devin, selon la légende grecque, fils d'Amphiaraos et d'Eriphyle, et frère d'Alcméon qu'Apollon aurait tué] était prophète comme son père Amphiaraüs [devin célèbre et prince d'Argos, fils d'Oïcles (ou d'Apollon) et d'Hypermnestre, et descendant par son père du prophète Mélampe]. Mais toutes ces familles étaient d'origine étrangère, et jamais elles ne formèrent une institution légale ; la religion publique ne leur appartenait point ; leur monopole était dans les mystères, et les mystères étaient séparés de la religion publique. (Voyez Creutzer [*i.e.* Creuzer (Georg Friedrich), *Symbolik und Mythologie der alten Völker, besonders der Griechen, von Dr. Friedrich Creuzer*, 2nde éd., Leipzig und Darmstadt : Heyer & Leske, 1819-1828, 6 vol.]) Si les prêtres ont eu une influence exclusive en Grèce, s'ils ont gouverné ce pays, comme ceux de l'Inde, de l'Égypte et de la Perse ont dominé dans leurs contrées respectives, ç'a été avant les brillantes fictions d'Homère. On retrouve, en effet, dans les traditions qui nous sont parvenues sur les coutumes des premiers Pélages, des dogmes et des rites qui caractérisent les cultes sacerdotaux, Hérodote parle d'un Hermès à phallus, non pas égyptien, mais pélagique. Plusieurs auteurs attestent qu'on voyait des phallus sur les bas-reliefs des murs de Mycènes, de Tirinthe et d'autres villes grecques, comme à Bubastis, en Égypte. (Hérodote, II [voir Hérodote, *Œuvres complètes, op. cit.*]) Les Pélages avaient offert des sacrifices humains. (Sainte-Croix, des Mystères [*Mémoires pour servir à l'histoire de la religion secrète des anciens peuples, ou recherches historiques et critiques sur les mystères du paganisme*, Paris : Nyon l'aîné,

1784, XVI + 584 p.; Sainte-Croix (1746-1809), alias le baron Guilherm de Clermont-Lodève]). Des vestiges du culte des élémens et des astres s'aperçoivent dans quelques temples anciens de la Grèce: le feu sacré brûlait perpétuellement au prytanée [en Grèce, bâtiment de la cité-État, abritant en principe le premier magistrat de la ville et l'autel ou foyer commun] d'Athènes; dans la même ville s'élevait un autel dédié jadis à la Terre. (Thucydide, II, 16 [voir Thucydide, *Œuvres complètes* [introduction de Romilly Jacqueline de; texte présenté, traduit et annoté par Roussel Denis], Paris: Gallimard, 1964, 1904 p. (Bibliothèque de la Pléiade; 176)]) Ailleurs, la mer était adorée comme une divinité distincte de Neptune; Cléomène [roi de Sparte, mort vers 489 av. J.-C.] lui sacrifia un taureau en le faisant jeter dans les ondes. (Hérodote, VI, 76.) Les Argiens précipitaient des chevaux dans un lac de l'Argolide, en l'honneur des Heures [déesses des saisons et par voie de conséquence de la continuité] (Pausanias, Arcad. [*Description de la Grèce, op. cit., Livre 8*]); et Titane, adoratrice des vents, fut long-temps célèbre par ses quadruples holocaustes et par des invocations magiques qui remontaient jusqu'à Médée. (Pausanias, Corinth., 55 [*Description de la Grèce, op. cit., Livre 2*]). Le culte des Arcadiens nommément était empreint de notions astronomiques. (Creutzer, IV, 90-91 [*i.e.*, Creuzer (Georg Friedrich), *Symbolik und Mythologie der alten Völker, op. cit.*]). Les formes hideuses de quelques divinités de temps fort reculés différaient de l'élégance de celles qui ornaient les temples et que célébraient les poètes de la Grèce. Mais, comment, autrefois esclaves des prêtres, les Grecs en sont-ils devenus indépendants? Comment cette révolution, devenue si favorable aux sciences et aux arts, s'est-elle opérée? Comment, triomphans dans tous les autres pays, les prêtres ont-ils complètement succombé en Grèce? On l'ignore. Jusqu'ici, l'érudition et la critique la plus subtile n'ont pu offrir, sur cette question, que des conjectures. Quelques écrivains pensent que la caste des prêtres fut massacrée ou chassée par celle des guerriers; d'autres, qu'elle fut, anéantie par le peuple en masse, fatigué de son oppression accablante; d'autres encore, qu'elle fut détruite par ses propres divisions. Une tradition assez vraisemblable, malgré son obscurité, raconte des combats livrés à Argos entre les prêtres d'Apollon et de Bacchus. Or, c'est le plus souvent par les dissensions qui se déclarent entre les possesseurs du pouvoir que le pouvoir succombe. Cette hypothèse de la destruction de la caste sacerdotale de la Grèce expliquerait la disproportion qui sépare la langue d'Homère de l'état social dont l'Iliade nous offre le tableau. On s'étonnerait moins de voir un idiôme, qu'on peut regarder comme le chef-d'œuvre de la civilisation, employé à peindre des mœurs à demi-barbares. On remonterait à l'origine de ces portions bizarres de mythologie, qui contrastent avec la mythologie habituelle des premiers poètes grecs, et dans lesquelles on ne peut méconnaître de l'analogie avec les dogmes et les fables de tous les pays où le sacerdoce a régné. Ces portions éparses paraîtraient alors des fragmens d'un ensemble détruit, fragmens sans liaison, conservés par des hommes qui auraient survécu à cet ensemble. Des singularités qui nous frappent dans quelques instituts sacerdotaux de la Grèce, et précisément dans les plus anciens, les plus étrangers à la religion populaire, deviendraient faciles à expliquer. Enfin, l'état sauvage des Grecs, constaté par les renseignemens historiques, serait expliqué par la même hypothèse de la destruction de la caste sacerdotale; car la tendance de cette caste ayant toujours été de tenir le peuple dans l'ignorance, l'anéantissement du sacerdoce, dans un pays où il avait régné sans rivaux, dut occasionner la perte de toute la civilisation antérieure. Ce résultat se remarque chez tous les peuples soumis aux prêtres, chez les Hébreux, en Égypte, en Phénicie. Les sciences y ont toujours suivi le sort de l'ordre sacerdotal. Les Grecs, libres et ignorans, après la destruction de leurs prêtres, retombèrent dans le fétichisme, la doctrine secrète de la religion leur étant inconnue. Mais les résultats prouvent qu'il ne faut pas déplorer ce mouvement rétrograde, et que la libre pauvreté vaut mieux, mille fois mieux, que le monopole [M. de St.-Agy].

34. à beaucoup d'égards, les dieux homériques sont inférieurs aux hommes. Comparez, par exemple, la vie domestique de Jupiter et de Junon au ménage mortel de Pénélope et d'Ulysse; rapprochez les querelles conjugales de Vénus et de Vulcain, et l'affection si touchante et si pure d'Hector et d'Andromaque. Les mortels surpassent leurs idoles en perfectionnement; mais bientôt, grâce aux mortels, les idoles prirent leur revanche, et, gagnant de vitesse leurs adorateurs, elles les laissèrent loin derrière elles [M. de St.-Agy].

35. Peut-être est-il [Hésiode] postérieur à Homère, car il présente beaucoup plus de notions morales que celui-ci. La philosophie ou la raison commençaient de son temps à entrer dans la religion [Hésiode (*fl.* c. 700 B.C.) fut l'un des premiers poètes grecs, souvent appelé le «père de la poésie didactique». Deux de ses œuvres complètes ont survécu, *Théogonie*, récit sur l'origine mythologique des dieux, et *Les Œuvres et les Jours,* une description de la vie paysanne (*cf.* Hésiode, *Théogonie - Les Travaux et les Jours - Bouclier* [texte établi et traduit par Mazon Paul], Paris: Les Belles Lettres, 2002, XXX + 242 p.)]

36. Les *Œuvres* et les *Jours*, sont un ouvrage agronomique qui embrasse l'état social tout entier, et où la religion est

bien plus appliquée à la vie humaine que dans la *Théogonie* du même auteur [*cf.* Hésiode, *Théogonie...*, *op. cit.*] Cet ouvrage était composé, ainsi que ce dernier poème, de rhapsodies plus ou moins longues, dont chacune formait un tout. C'est un monument précieux de la plus ancienne civilisation. On y voit, pour ainsi dire, l'esprit humain dans son enfance, se développer, avec une activité paisible et croissante, dans les bornes étroites que lui assignent ses travaux encore récens et sa propriété précaire, auprès de ses foyers tout nouvellement construits [M. de St.-Agy].

37. [Les Héraclides, famille qui naît avec Hercule ou Héraclès, le plus célèbre des héros de la légende gréco-romaine. Derrière son mythe extrêmement complexe, il y a probablement un homme, peut-être un chef parmi les vassaux du royaume d'Argos. La tradition le désigne toutefois comme le fils de Zeus et d'Alcmène, la petite-fille de Persée. Zeus avait juré que le prochain fils qui naîtrait dans la famille de Persée deviendrait le plus puissant des Grecs, mais sa femme Héra, jalouse, le mystifia et un autre enfant, le chétif Eurysthée, vit le jour le premier et devint roi. Devenu adulte, Héraclès fut obligé de le servir et de subir les persécutions vengeresses d'Héra.]

38. [Cambyse II, voir Leçon 2, note 6.]

39. [Darius Ier, appelé Darius le Grand (né en 550 av. J.-C.; mort en 486), roi de Perse de 522 à 486 av. J.-C., il fut l'un des plus grands dirigeants de la dynastie achéménide et marqua l'histoire par son génie administratif et ses grands projets de constructions. Darius tenta plusieurs fois de conquérir la Grèce : sa flotte fut détruite par une tempête en 492, et les Athéniens écrasèrent son armée à Marathon en 490.]

40. [Pythagore, voir Leçon 3, note 5.]

41. [Psammétique II, voir Leçon 3, note 3.]

42. [Xerxès Ier, appelé Xerxès le Grand (né vers 519 av. J.-C.; mort en 465, à Persépolis), roi de Perse (486-465 av. J.-C.), fils et successeur de Darius Ier (voir note 39, ci-dessus). Il est surtout célèbre pour son invasion massive de la Grèce depuis la rive opposée du Hellespont (480 av. J.-C.), et sa campagne marquée par les batailles des Thermopyles, de Salamine et de Platée. Cette ultime défaite sonne le début du déclin de l'empire achéménide.]

43. Les prêtres égyptiens donnaient d'ailleurs, aux initiés et aux étrangers, des explications variées suivant leurs connaissances ou leurs dispositions. Ainsi, ils satisfaisaient le crédule Hérodote en lui montrant l'analogie de leurs fables avec celles de la Grèce ; ils séduisaient le penchant de Platon en lui présentant comme leur pensée intime les notions de la plus subtile métaphysique ; ils descendaient, avec Diodore [voir Leçon 12, note 26], à des interprétations purement humaines, et, suivant eux, les événemens de l'histoire, retracés sous, les formes symboliques, avaient servi de base à la religion que le peuple révérait sans la comprendre. Ils caressaient ainsi dans chacun ses idées favorites, suivant sa ténacité dans ces idées on sa facilité à les modifier. Les hypothèses les plus opposées co-existaient donc sous le même voile, et désignées par le même nom, dans les corporations sacerdotales. Tout à côté des systèmes athées ou panthéistiques, le théisme, le dualisme, l'émanation, peut-être même le scepticisme, avaient leur place, et chacun de ces systèmes se partageait encore en plusieurs branches. Il en était de même dans l'Inde. Les prêtres de ces pays, en effet, quoique monopoleurs ombrageux et privilégiés impitoyables, n'en étaient pas moins des hommes, et la nature se faisait jour à travers les entraves qu'ils imposaient à la classe déshéritée, et qu'ils tâchaient de s'imposer à eux-mêmes. Ils se demandaient donc quels êtres avaient présidé à la création, à l'ordonnance de l'univers ; pourquoi ces êtres ont eu la volonté, comment ils ont été investis de la force créatrice ; de quelle substance sont ces êtres ? D'où ont-ils tiré la vie ? Sont-ils un ou plusieurs ? Dépendans ou indépendans les uns des autres ? Moteurs spontanés, ou agens forcés de lois nécessaires ? Les prêtres, sans quitter le caractère sacerdotal, prenaient ainsi celui de métaphysiciens et de philosophes ; et, bien que maintenant, d'une part, la religion publique immuable, de l'autre, ils ne s'en livraient pas moins, pour leur satisfaction personnelle, aux spéculations les plus abstraites et les plus hardies. En France, dans les congrégations religieuses, les mêmes phénomènes se sont manifestés : des membres de ces congrégations, ont créé des systèmes philosophiques, et même religieux, différens de ceux qui étaient professés par leur ordre. Tant il est vrai que la pensée ne peut être asservie, et qu'elle réagit partout contre l'agent qui la déprime [M. de St.-Agy].

44. [Anaxagore (né vers 500 av. J.-C., à Clazomènes, Anatolie [aujourd'hui en Turquie] ; mort vers 428, à Lampsaque), philosophe grec de la nature. Il a marqué l'histoire par sa cosmologie et sa découverte des véritables causes des éclipses. Il était en relation avec l'homme d'État athénien Périclès.]

45. [Xénophane, voir Leçon 5, note 26.]

46. [Benedict (Baruch) Spinoza ou Benedictus de Spinoza (24 novembre 1632, Amsterdam - 21 février 1677, La Haye), philosophe néerlandais surtout connu pour son Éthique (Ethica ordine geometrico demonstrata) dont la publication posthume date de 1677 ; *cf.* Spinoza (Baruch de), *Éthique* [introduction, traduction, notes et commentaires, index de Misrahi Robert], Paris ; Tel-Aviv : Éditions de l'Éclat, 2005, 502 p.]

47. [Johann Gottlieb Fichte (19 mai 1762, Rammenau, Saxe [Allemagne actuelle] - 27 janvier 1814, Berlin), philosophe

et patriote allemand, l'un des grands noms de l'idéalisme transcendantal.]

48. [Leucippe (né au ve siècle av. J.-C., probablement à Milet, sur la côte ouest de l'Asie Mineure), philosophe grec qui d'après Aristote et Théophraste aurait été le fondateur de la théorie atomique. Il est difficile de distinguer sa contribution de celle de son célèbre élève, Démocrite. Il ne nous reste que des fragments des travaux de Leucippe, mais on lui attribue deux œuvres majeures, Le Grand Système du Monde et un traité Sur l'Esprit (voir Leucippe, *The atomists: Leucippus and Democritus. Fragments* [commentaires et trad. en Anglais par Taylor Christopher Charles Whiston], Toronto: University of Toronto Press, 1999, 308 p.) Sa théorie établit que la matière est homogène mais qu'elle se compose d'une infinité de minuscules particules indivisibles. Ces atomes sont constamment en mouvement, et de leurs collisions et regroupements naissent les différentes compositions (molécules). Un cosmos est selon sa théorie formé par la collision des atomes qui forment un «tourbillon» en se rapprochant les uns des autres, et la Terre en forme de tambour est située au centre du cosmos des hommes.]

PYTHAGORAS

From the painting "School of Athens", a 1511 fresco that adorns the Signature Room at the Vatican. Drawing in pen and brown ink (*ca*. 1509-1510) by Sanzio Raffaello, known as Raphael (1483-1520) preserved at the Pinacoteca Ambrosiana in Milan.

5 The Greek Schools

We have seen that the advance of the human spirit began in India and Egypt; that, by a series of communications established with the latter country, thought took a new impetus on the coasts of Asia Minor; and that from this resulted four great philosophical schools, which political events drew together in Athens.

Rivalry hastened their progress, and their works, later to be brought together by Socrates [1], produced a new philosophical sect, which, by a judicious method that it followed, obtained for science numerous elements of development. But before we tell you of this remarkable epoch, we must explain to you in some detail the works of the great primitive schools that we have just mentioned.

The Ionian school, the earliest, gave rise to the greatest number of accurate insights into the natural sciences, although its most distinguished members were little advanced in the art of studying nature. It claimed, first, that the stuff of the universe was material (which proves, as we might say in passing, that the Egyptian priests whom Thales visited were still almost entirely unaware of the meaning of the metaphysical doctrines preserved by them in their colleges). This school was engaged in discovering the material stuff that it professed. According to Thales, the founder, this principle was water. Very likely he imbibed this idea in Egypt; but he subjected it to modifications that resulted in a special doctrine. Water, which he considered the primary material that makes up the world, was according to him susceptible to different degrees of density, and at each of these degrees it became a secondary element or stuff. The combination of these elements in their various proportions produced all the bodies in nature. These bodies, the animals, the plants, had a soul, as well as the world as a whole; but Thales did not attach to the word soul the meaning that it has for us; this expression, in his thought, meant only the internal cause of movement.

Anaximander [2], a resident of Miletus, as was Thales, and a friend of that philosopher, claimed that the primary stuff was the *infinite*. Water was only a secondary principle. But it is difficult to determine precisely what he meant by the *infinite*. One does not understand how the infinite was able to give rise to water. One can only think that he wished to express by this term the idea that unlimited space had existed before matter, for the ancient philosophers all had assumed the eternity of matter [3].

Be that as it may, Anaximander, having assumed water as the secondary principle of nature, claimed that men had originally been fishes, then reptiles, then mammals, and finally, what they are now. We find this philosophy in times closer to our own and even in the 19th century.

Anaximenes of Miletus[4], who is thought to have been Anaximander's friend and disciple, modified, or rather rendered more specific, the doctrine of his master, by substituting air for the infinite. This air-principle, susceptible of different condensations and various combinations, was, according to him, the source of all beings and even of the gods. This system is perhaps the germ for the idea of gases[5].

Heracleitus[6], famous for his misanthropy, and who can also be considered as belonging to the Ionian school, claimed that fire was the universal principle; but he may have perhaps considered it rather the source of existence than the material of things. His system seems to bear some resemblance to that of physiologists who have placed the basis of animal life in the heat that is generated by respiration. But these resemblances are so distant that they exist less in the things themselves than in our mind[7].

Yet, none of the early philosophers of the Ionian school raised his ideas above the existence of material bodies: we do not see among them the least distinction between matter and spirit. Also in vain do we search for the idea of creation. They had merely glimpsed the ideas of unity and infinity.

Anaxagoras[8], the reviver of the Ionian school, had much saner notions than his predecessors on almost all areas of the physical sciences. One might consider his writings as the reservoir of the first seeds of science. He was the first to make a clear distinction between spirit and matter. One might also consider this philosopher the author of the second epoch in the philosophy of Greece, for he was the teacher of Socrates, who adopted his ideas. And it is these ideas, embellished with all the charms of Plato's style, that are found in the works that, propagated throughout Greece, gave birth to the second philosophic era.

The founder of the Italic school, Pythagoras[9], was a contemporary of the conqueror Cambyses and of Anaximander, Anaximenes, and Heracleitus; it is said that he had been, like them, a disciple of Thales. But this report is anything but proven. After long travels in Egypt, Magna Graecia[10], and perhaps India, he returned to Samos, the country of his origin. Discontented with the changes wrought there by the tyrant Polycrates[11], he went to Italy and settled in Crotona, a town that had been constructed a hundred years earlier by a colony of Achaeans[12]. Here he established a secret society modeled on the sacerdotal caste of Egypt. In order to be a member, one had to submit to a long novitiate, to undergo fastings and various abstinences, and to observe singular practices the object of which was not known exactly. This society was a nest of superstitions and the source of a swarm of fables about the life and thought of Pythagoras. Soon the society was accused of ambitious designs, and on that ground it was broken up. It was not until long after the death of its founder that the society could be restored.

It is not known if Pythagoras ever wrote anything: no work attributed to him has come down to us. It was in Egypt that he acquired his knowledge of geometry and arithmetic. He is said to have tried to use them in explaining all natural phenomena. He thought that number was the essence of things [13]; but this part of his doctrine is only imperfectly known; we are only guessing at its nature. Besides, his ideas have been so altered by the men who revived his school that it is difficult to determine which are his and which theirs. We can only suppose that his mysterious theory consisted in valuing all forces or magnitudes according to number in order to render them comparable and susceptible of being calculated. In that case, he would have had the idea that is the present-day basis of mathematical physics.

According to him, all beings are like even or uneven numbers. The latter were composed of *monads* or unities, the former were *dyads* or dualities. It was thought that some resemblance resided in this opinion with the ideas that serve as basis for the theory of definite proportions; this is most assuredly an error.

Pythagoras conceived of the universe as a harmonic whole, using as an example the number of the planets, which at that time corresponded exactly with the number of tones in the musical scale. At the center of this harmonic whole, which he compared to a great animal, was the sun, the soul of the world and basis of motion. All other souls, of men, of animals, and even of the gods, emanated from and participated in the nature of this cosmic soul. According to this system, the gods were but animals of a superior order [14].

Pythagoras carried the language of mathematics into morality. He said that justice was a number divisible by two. It is evident that we have here a figurative expression, by which he meant to indicate the equality of apportionment resulting from distributive justice [15]. Probably, in many other instances, people have attributed ideas to Pythagoras that he never professed, by taking literally what he had said only figuratively. And, in spite of his eccentricities, we cannot refuse to give credit to the Italic school for having caused philosophy to make important progress: the Ionian school was completely materialist; it had seen in the universe no ruling intelligence; the first Pythagoreans rose above that school in searching for and naming a cause superior to matter.

Moreover, the Pythagorean school, founded on mathematics, could not remain long in vagueness; by dint of its fundamental procedure it soon applied itself to observation and experience. In fact, several observers came out of this school not long after. As early as 520 B.C., Alcmeon of Crotona [16], a direct disciple of Pythagoras, devoted himself to anatomical research on animals. Because he claimed that goats breathed through their ears, it was thought that he had discovered the Eustachian tubes, through which air penetrates from the back part of the mouth into the inner ear. If so, in the 16th century, these tubes were merely discovered once again [17].

Alcmeon had rather correct ideas about embryology; he claimed that the head of animals was formed first, which is in agreement with the perfectly known fact that, during the first period of fetal life, the head is more voluminous in proportion to the other parts of the body.

He assumed less correctly that the fetus was nourished through the skin.

He thought that the seat of the sense of smell was in the brain, and he compared the onset of puberty in man to the onset of flowering in plants.

We know the thoughts of this philosopher only through Chalcidius [18], a commentator on Plato. In general it is good to be on one's guard against everything relating to these ancient philosophers who have left no writings; for, that which tradition has preserved is so imprecise that one can almost equally attribute to them the most important discoveries or the most extravagant imaginings.

Timaeus of Locri [19], a student of Pythagoras, is supposed to have written a work on the soul of the world; but he is less known as the author of that work than as interlocutor in the dialogue that Plato entitled with his name.

Ocellus Lucanus [20], who was probably younger than the foregoing Pythagoreans, is the presumed author of *On the Nature of the Universe*, in which he upholds the unity of the world, and its eternity and that of the species. He claims, for the first time, that the world is composed of four elements combined in different ways, a doctrine that reigned in all the schools until the end of the past century. Like Pythagoras, Ocellus considered the gods to be animals of a superior class, and he placed between gods and men intermediate beings called daemons. But he thought the whole of the universe was a supreme divinity.

This system is attributed by other authors to Empedocles [21], who was born at Agrigentum [22] about 444 B.C., and composed a didactic poem on nature, of which we have only fragments. In those times, there was no concern about details; every doctrine tended towards a universal explanation.

Empedocles said that none of the four elements was particularly primary, as was thought by all the other Pythagoreans, but rather the pre-existent substance was the mixed combination of all the elements – in a word, chaos [23].

But this philosopher did better than devote himself to speculations; he observed nature in its details, as Alcmeon had done before him. He perceived the analogy between the egg of an animal and the seed of a plant; he discovered the amnion; and one might assume, from a surviving line of his poetry, that he had also discovered the cochlea of the ear, a discovery that became unquestionable only after very delicate observations made in the 16th century [24].

Empedocles made useful applications of the knowledge he gathered: he made his country more salubrious by preventing standing water. It is said that he also got rid of epidemic influences by closing an opening in a rock through which noxious vapors were spreading into the atmosphere.

Epicharmus of Cos [25], who seems to have been highly esteemed by the ancients, wrote about medicine, morals, and the physical sciences, works that have not come down to us.

But his comedies furnish some details upon various plants and fishes, and other alimentary substances used in his time. However, the date and place of his birth are not known for certain.

Such, then, gentlemen, are the philosophers of the Italic school who applied their mental activity to the sciences. This school led a tormented existence; the secret societies that it formed brought about grave troubles in certain towns; the people rose up against the school and nearly all its members perished. But Pythagorean doctrine survived until the time of Plato, who adopted a part of it for composing his philosophical system.

Parallel with the Pythagorean school rose the Eleatic school, thus named because its founder, Xenophanes[26], who came from Colophon, a city in Asia Minor, about the year 536 went to live at *Elea* or *Velia*, which belonged to Sicily. Xenophanes revealed his doctrine in a poem about nature, of which we have only a few fragments[27]. His system is more metaphysical than physical; it is based on absolute unity: it is an idealistic pantheism having some resemblance to the German philosophy known as the *Philosophy of nature*. Xenophanes is the first who attacked, in Greece, popular anthropomorphism; he included divinity itself in his absolute unity, and explained the multiplicity of mutable things by apparently taking water and earth as principle elements.

Parmenides of Elea[28], his direct disciple, developed this system with more precision. According to him, reason alone recognizes reality and truth; the senses, on the other hand, witness only misleading appearance. From this results a twofold system of knowledge, that of true notion and that of apparent knowledge, the first being based on reason, the second on the senses[29]. The poem by Parmenides[30] on nature in which these two systems were explained has not come down to us complete; according to the surviving fragments, we know more about the first system than the second. In the first, the author starts with the idea of pure being, which he identifies with thought and knowledge. He concludes that non-being cannot be possible; that every existing thing is one and identical; that whatever exists had no beginning; that it is invariable, indivisible; that it fills space entirely and is limited only by itself; and, consequently, all change, all movement, is merely appearance.

This doctrine has the greatest resemblance with certain opinions professed in our day by priests in India, who designate by a special name the so-called illusion in our mind regarding the outside world.

But Parmenides claimed that this illusion was subject to fixed laws, in such a way that it was possible to use the variations in this illusion as a basis for reasoning, just as if they were realities. Thus, the Eleatic school came close to entering upon the method of observation and widening the domain of the sciences, but it gave itself over to vague speculations and did not follow this route strewn with riches. It assumed two world-essences, fire or light, and cold or earth. Fire was the essence of life and movement; earth was the inert essence against which fire ceaselessly struggled. From the combat between these two principles resulted all living beings.

The sophist Zeno[31] was a friend and disciple of Parmenides.

It was in fact in the school of the Eleatics that the dialectic would be born: not being based on observation, their doctrine needed, in order to uphold it, very subtle reasoning and a great ability in the art of linking ideas. But in their hands this art degenerated very soon and its object was singularly altered; it was used equally for proving the truth and sustaining the false. In this way, quite ingenious men succeeded, after many an effort, in obscuring what was clear and casting doubt on what was certain. They even went so far as to deny change and the possibility of change, by means of arguments that, moreover, were often difficult to refute.

About 460 B.C., Parmenides and Zeno traveled to Athens. There they applied themselves to demonstrating through reason the absurdity of the philosophy of empirical realism. The Ionian Anaxagoras arrived in Athens shortly afterwards; as a consequence, Socrates, who was ten years old then, and whom we shall touch on later, could have received lessons from these three philosophers.

Leucippus[32], the founder of the Atomist school, was their contemporary and perhaps also the disciple of Parmenides. But he professed a doctrine diametrically opposed to theirs. Struck by the falsity of the Eleatic speculations, he rushed into the contrary excess and fell into a pure materialism. He rejected both the intelligent unity of Xenophanes and Parmenides, the *all* which is neither material nor immaterial, and the Italic school's theory of numbers. Atoms, or indivisible molecules, and the void alone were assumed in his system; he even deprived atoms of the properties previously allowed them, and accorded them only movement and form.

The color of bodies, their consistency, their specific temperature – in a word, all their properties – were, according to him, the result of the form and relative disposition of atoms. The eternal circle of the destruction and the reproduction of beings had no other cause than the motion of atoms; the soul itself was merely an aggregation of atoms combined in a particular way.

The most famous follower of Leucippus is Democritus of Abdera[33], who is attributed with a mocking spirit, contrary to that of Heracleitus. Some say he was born in 494 or 490 B.C., others in 470 or 460. He died very old, in 399, the same year as Socrates. He developed the philosophy of atoms. In order to prove their existence, he pointed to the impossibility of a division of matter to infinity. Leucippus thought atoms had only difference of form; Democritus allows them also motion varying in a specific way. He distinguishes between direct or primary motion, oblique motion or motion derived from reaction, and motion in a vortex. From these divers motions of the different atoms all worlds come into being. The soul is composed of round atoms of fire. As a consistent atomist he maintained that objects make an impression on our senses by means of corpuscles emanating from these objects and having the same shape as the objects. From this impression come sensation and idea.

As I have said, Alcmeon had dissected certain animals; but Democritus is really the first that we can call a comparative anatomist. He assiduously studied the organization of a great number of animals, and by the diversity of such organization, he explained the variety of their habits and ways.

Democritus knew about bile ducts and the role that bile played in digestion. He searched for the source of mania and believed he had discovered it in changes in the viscera of the abdomen, an opinion that was sustained down to our own time.

Democritus was not properly appreciated by his compatriots. Often wandering among tombs, probably looking for osteological bits, he was considered by the Abderans to be mentally alienated, and they summoned Hippocrates to look after him; but this great man thought Democritus was anything but a fool and declared him the wisest and most learned of men.

The Italic and Eleatic sects are but derivations from that of Thales and the three resemble each other in several regards. But the atomist sect has its own distinctly separate character.

The four great philosophical sects I have just spoken to you about contributed in highly unequal ways to the progress of the natural sciences. The idealism and pantheism of the Eleatics were much less favorable to them than the mathematical method of the Pythagoreans, and still less favorable than the atomists' materialism and observation.

The medical cult that existed side by side with these philosophical schools, and which borrowed from all of them because of its practical spirit, was much more ancient than they. Since time immemorial, it perpetuated itself in the family of the Asclepiades, whose origin goes back in a series of myths to Aesculapius[34]. As early as the siege of Troy, we find medicine being practiced by the son of Aesculapius. Homer, who himself was perhaps a member of the Asclepiades, shows evidence of rather precise medical knowledge in the judgment he expresses about the wounds of the heroes in the *Iliad*. The Asclepiades officiated in most of the temples consecrated to Aesculapius. The most famous of these temples were at Cos and Gnidos[35]. The sick from everywhere were received there; they underwent certain religious practices; note was made of the symptoms they showed upon arrival and the effect of the medications administered to them. The sick that had been cured at a distance from these temples often sent as an *ex-voto* [votive offering] the account of their suffering and their return to health. Perfectly complete nosographies were the result, which singularly contributed to the improvement of medicine.

It is in one of these enormous collections, carried on during nearly eight hundred years, that Hippocrates[36] delved when around 400 B.C. he wrote his works: his works are a résumé of all previous observations; and that is why they contain so many medical truths.

But it must be said that works bearing Hippocrates's name were not written by one man. It is generally believed that three physicians named Hippocrates, and from the same family, labored at them successively. This opinion is founded on the differences in style and on some contradictions in the various essays known under the name of Hippocrates.

The book on *Fractures*[37] is attributed to the first Hippocrates, who lived in the time of Miltiades[38], 500 B.C., and who consequently came before Herodotus and was the first writer in prose. The most celebrated of the three Hippocrateses was a contemporary of Socrates and Plato, who mention him often with praise, and lived for 110 years. He is, along with Democritus, who was also a centenarian, of all the famous men of his time the one who had the longest career. I shall not bring up his writings now, seeing that they belong to the second philosophical era. I shall treat of his writings at the same time as Plato's.

But before starting on the second philosophical epoch, we are going to look at the works of Anaxagoras, who ties the school of Thales to that of Socrates, of which Anaxagoras was the master.

Anaxagoras, born 500 B.C., came to Athens from Clazomenae[39] at the time of the Persian conquest of the Greek colonies in Asia Minor. He was intimately associated with Pericles[40], who was about his age, and shared with him the unpopularity that arose against that clever ruler. Himself accused of hostility towards religion by the persecutors of Pericles, he was obliged to withdraw to Lampsacus[41] where he died at the age of 72 in 428 B.C.

Anaxagoras was the first to make a clear distinction between spirit and matter, divinity and mankind, and mind and body. Before Anaxagoras, philosophers had considered motion as inherent in matter, or, like the Eleatics, had considered bodies to be only pure illusions. He assumed the reality of matter and of spirit; he attributed to the latter the power of ordering and governing the former. These principles are those of natural theology, which is the basis of all religions in Europe; they constitute a clearly pronounced theism. Therefore, nothing is further from the truth than the accusation of atheism leveled against Anaxagoras and which was the cause of his being condemned to death.

This philosopher did not claim the essence of things to be either water or fire – or even the combining of the four elements, as was thought by Empedocles and Ocellus of Lucania, and after them, all natural philosophers and modern chemists up until the end of the 18th century. Rather, he thought that various kinds of matter existed; each one of these kinds was formed of particles that resembled each other and the matter they composed. Thus, gold was composed of particles of gold; iron, particles of iron. It would seem from the particular objections expressed by the ancients against the philosophy of *homoeomeries*, or composing particles, that Anaxagoras was not well understood: Lucretius[42], for example, asked if it was reasonable to claim that a man is composed of little men, a tree of little trees. These questions are absurd nonsense, for Anaxagoras did not intend his doctrine to include complex bodies, and, applied to simple bodies it is perfectly rational.

None of the writings of the first Greek theist are extant.

We have only some apothegms, which are the epitome of his opinions. For example: *Nothing comes into being from nothing, all things exist in all things, and all things can produce all things*. By these general propositions he probably meant that matter is eternal and that all bodies were composed of the same elements, combined in different proportions.

Anaxagoras was often a poor observer but it was always from observation that he demanded the reason for facts. Thus, a ram was born at Athens with only one horn; the people looked upon this as a prodigy, and indeed, in accordance with the prejudices of all ancient peoples, as a presage of disastrous events. Anaxagoras dissected the animal and showed that the peculiar conformation of its bones and cranium was the sole cause of the so-called prodigy that had frightened the Athenians.

He was less successful in other instances, for it is said that he believed that weasels brought forth their young through the mouth, and ibises and crows through the beak.

Also he had only very inaccurate ideas about the heavens. When a meteorite of very great bulk fell upon Mount Athos [43] before the battle of Aegospotami [44], he concluded that the vault of heaven that is apparent to us is made up of rocks like the one that had been found. He thought that the moon and planets were inhabited [45], and that the sun was a flaming mass of metal. The sun being at that time a popular god, this latter opinion was what brought about his being condemned for atheism.

Anaxagoras was the master and precursor of Socrates, who in turn gave a more rational direction to philosophy and exerted through his ironic method a great influence on the advance of the natural sciences, although he did not especially cultivate them.

At the beginning of the next meeting, I shall treat of Socrates. After that, we shall examine the works of the different sects that came out of his school.

NOTES

1. [Socrates, see Lesson 6.]
2. [Anaximander (born in 610 B.C., at Miletus, now in Turkey; died 546/545 B.C.), Greek philosopher often called the founder of astronomy, the first thinker to develop a cosmology, or systematic philosophical view of the world. Anaximander is thought to have been a pupil of Thales of Miletus.]
3. According to some authors, Anaximander [see note 2, above] must have considered the infinite to be some intermediate thing between water and air. According to Anaximander, the perpetual changes in things cannot take place except in the infinite; pairs of opposites detach themselves in a continual movement from, and return ceaselessly to, the infinite. In this way sky and earth exist, regarding which Anaximander conducted extensive research. In the infinite, everything is subject to change; but the infinite is unchangeable. This doctrine was close to that of his contemporary Pherecydes of Syros [fl. *c.* 550 B.C., Greek mythographer and cosmogonist traditionally associated with the Seven Wise Men of Greece (especially Thales)]. Anaximander and Pherecydes are the first two philosophers who have written. (Aristotle, *Physics*, and Simplicius, *Commentaries* [see Lesson 1, note 36; Simplicius, *On Epictetus'* [trad. by Brennan Tad & Brittain Charles], London: Duckworth; Ithaca: Cornell University Press, 2002, 2 vols (vol. 1: Handbook 1-26, 184 p.; vol. 2: Handbook 27-53, 240 p.)].) [M. de St.-Agy.]
4. [Anaximenes of Miletus (fl. *c.* 545 B.C.), Greek philosopher of nature and one of three thinkers of Miletus traditionally considered to be the first philosophers in the Western world. Of the other two, Thales held that water is the basic building block of all matter, whereas Anaximander chose to call the essential substance "the unlimited."]
5. Later, Diogenes of Apollonia revived this system under a more complete form. [M. de St.-Agy.] [Diogenes of Apollonia (fl. 5th century B.C.), a Greek philosopher remembered for his cosmology and for his efforts to synthesize ancient views and new discoveries.]

6. [Heracleitus, also spelled Heraclitus (born *c.* 540 B.C., at Ephesus, in Anatolia; died *c.* 480), Greek philosopher remembered for his cosmology, in which fire forms the basic material principle of an orderly universe. Little is known about his life, and the one book he apparently wrote is lost. His views survive in the short fragments quoted and attributed to him by later authors.]
7. According to Heracleitus [see note 6, above], the world is the work neither of the gods nor of humans, it is an everlasting fire that is lit and extinguished according to a certain order. He seems to have deduced from these fundamental ideas the following opinions: (1) the perpetual variation or *flowing* of things, which is the basis of life, also; (2) the formation and dissolution of all things by fire, the ascending and descending movements, the evaporation and burning of the world; (3) the cause of all changes through discord and concord, and through their opposition according to fixed and immutable laws; (4) that the basis of all force is also that of thought or the primitive thinking force. The whole world is full of souls and daemons that participate in fire. The dry soul is the best. By studying, the soul, because of its relationship with divine reason, recognizes the universal and the real. In this system, which has come down to us but only imperfectly, and from which Plato, the Stoics, and Aenesidemus [born 1st century B.C., at Knossos, Crete; philosopher and dialectician of the Greek Academy who revived the Pyrrhonian principle of "suspended judgment" as a practical solution to the vexing and "insoluble" problem of knowledge] drew a great number of consequences, Heracleitus included several ideas that were new and remarkable for his time, which he applied even to politics and morals. [M. de St.-Agy.]
8. [Anaxagoras, see Lesson 4, note 44.]
9. [Pythagoras, see Lesson 3, note 5.]
10. [Magna Graecia, Latin meaning "Great Greece," a group of ancient Greek cities along the coast of southern Italy; the people of this region were known to the Greeks as Italiotai and to the Romans as Graeci. The site of extensive trade and commerce, Magna Graecia was the seat of the Pythagorean and Eleatic systems of philosophy.]
11. [Polycrates (fl. 6th century B.C.), tyrant (*c.* 535-522 B.C.) of the island of Samos, in the Aegean Sea, who established Samian naval supremacy in the eastern Aegean and strove for control of the archipelago and mainland towns of Ionia.]
12. [Achaean, any of the ancient Greek people, identified in Homer, along with the Danaoi and the Argeioi, as the Greeks who besieged Troy. Their area as described by Homer – the mainland and western isles of Greece, Crete, Rhodes, and adjacent isles, except the Cyclades – is precisely that covered by the activities of the Mycenaeans in the fourteenth and thirteenth centuries B.C., as revealed by archaeology. From this and other evidence, some authorities have identified the Achaeans with the Mycenaeans.]
13. Aristotle, *Metaphysics*, 1: 3; Iamblichus [neoplatonic philosopher, born *c.* 250 in Chalcis, Coele-Syria; died *c.* 330], *De vita Pythagorica* [see Iamblichus, *On the Pythagorean life* [translated, with notes and introduction by Clark Gillian], Liverpool: Liverpool University Press, 1989, xxi + 122 p.] [M. de St.-Agy.]
14. Pythagoras thought that the soul issued from the central fire and was composed of hot and cold ether, susceptible of being united to any body, but obliged by fate to go through a certain series of bodies. This doctrine of the migration of souls, which was borrowed from the Egyptians, was not yet ennobled by any ideas on morality. [M. de St.-Agy.]
15. [That is, "to each man his due."]
16. [Alcmeon of Crotona, also spelled Alcmaeon (fl. 6th century B.C.), Greek philosopher and physiologist of the academy at Croton (now Crotona, southern Italy), the first person recorded to have practiced dissection of human bodies for research purposes. He may also have been the first to attempt vivisection. Alcmaeon inferred that the brain was the center of intelligence and that the soul was the source of life. Applying the Pythagorean principle of cosmic harmony between pairs of contraries, he posited that health consists in the isonomy (equilibrium) of the body's component contraries (*e.g.*, dry-humid, warm-cold, sweet-bitter), thus anticipating Hippocrates' similar teaching.]
17. [Although Aristotle mentioned a duct passing from the ear to the mouth, which must have been the Eustachian tube, this discovery, wrongly attributed to Alcmeon, was not confirmed until the 16th century by Giovanni Filippo Ingrassias (born 1510, Palermo; died 6 November 1580, Palermo), Andreas Vesalius (born 1514, at Brussels; died 1564, on the Greek island of Zante), and Bartholomaeus Eustachius (born 1524, at San Severino Marche, Italy; died 1574, Rome). See Cole (Francis Joseph), *A History of Comparative Anatomy, from Aristotle to the Eighteenth Century*, London: Macmillan and Co Ltd, 1949, viii + 524 p.]
18. [Chalcidius or Calcidius, 4th century Christian exegete who wrote a commentary on Plato's *Timaeus* (see Boeft (Jan den), *Calcidius on demons*, Leiden: E. J. Brill, 1977, ix + 70 p.), which exerted an important influence on the medieval interpretation of the latter work.]
19. [Timaeus of Locri (born *c.* 356 B.C., at Tauromenium, Sicily; died *c.* 260), Greek historian whose writings shaped the tradition of western Mediterranean history (Timaeus of Locri, *De natura mundi et animae. Überlieferung, Testimonia, Text, und Übersetzung [uit het Grieks] von Walter Marg* [transl. into German by Marg Walter], Leiden: Brill, 1972, IX + 151 p.]

20. [Ocellus Lucanus (born in the 5th century B.C., at Lucania) a Pythagorean philosopher, perhaps a pupil of Pythagoras himself. The only one of his alleged works that is extant is a short treatise in four chapters in the Ionic dialect generally known as *On the Nature of the Universe* (see Ocellus Lucanus, *On the nature of the universe. Taurus, the Platonic philosopher, On the eternity of the world. Julius Firmicus Maternus Of the thema mundi; in which the positions of the stars at the commencement of the several mundane periods is given* [translated by Taylor Thomas], London: Printed for the translator, 1831, xi + 96 p.) It maintains the doctrine that the universe is uncreated and eternal; that to its three great divisions correspond the three kinds of beings – gods, men and demons; and, finally, that the human race with all its institutions (the family, marriage and the like) must be eternal. It advocates an ascetic mode of life with a view to the perfect reproduction of the race and its training in all that is noble and beautiful.]

21. [Empedocles, a Greek philosopher, statesman, poet, religious teacher, and physiologist who argued that all matter was composed of four essential ingredients, fire, air, water, and earth, and that nothing either comes into being or is destroyed but that things are merely transformed, depending on the ratio of basic substances, to one another. Nothing remains of the various writings attributed to him other than 400 lines from his poem *Peri physeos* ("On Nature") and fewer than 100 verses from his poem *Katharmoi* ("Purifications") (*The poem of Empedocles* [a text and translation in English with an introduction by Inwood Brad; revised edition], Toronto; Buffalo: University of Toronto Press, 2001, x + 334 p.) According to modern sources, Empedocles was born c. 490 B.C.; he died 430 in the Peloponnese, Greece.]

22. [Agrigentum, Latin for Agrigento (before 1927 Girgenti, Greek Acragas), the capital of Agrigento *provincia,* near the southern coast of Sicily, Italy.]

23. It goes without saying, that chaos is an impossible state of things; for, elective affinities and differences in weight have never abandoned matter. [M. de St.-Agy.]

24. [The cochlea, at least that of mammals, was known to Empedocles (see note 21, above) and Gabriello Fallopius (Italian anatomist, born about 1523, at Modena; died 9 October 1562, at Padua), but Eustachius (see note 17, above) was the first to figure it in 1552, although his drawings were not published until 1714 (see Eustachius (Bartholomaeus), *Tabulæ anatomicæ. Bartholomæi Eustachii quas è tenebris tandem vindicatas et Sanctissimi Domini Clermentis XI. Pont. Max. munificentiâ dono acceptas praefatione, notisque illustravit, ac ipso saae bibliothecae dedicationis dic publici juris fecit Jo. Maria Lancisius,* Geneva: Coloniae Allobrogum sumptibus Cramer & Perachon, 1717, XVI + 34 p.)]

25. [Epicharmus of Cos (born c. 530 B.C., died *c.* 440 B.C.), Greek poet who, according to the *Suda* lexicon of the 10th century A.D., was the originator of Sicilian (or Dorian) comedy. He was born in a Dorian colony, either Megara Hybaea or Syracuse, both on Sicily, or Cos, one of the Dodecanese islands. He has been credited with more than 50 plays written in the Sicilian dialect; titles of 35 of his works survive, but the remains are scanty (see Ridgeway (William), "Epicharmus", *in The dramas and dramatic dances of non-European races in special reference to the origin of Greek tragedy, with an appendix on the origin of Greek comedy,* Cambridge: The University press, 1915, pp. 406-407).]

26. [Xenophanes (born probably *c.* 560 B.C., at Colophon, Ionia; died probably *c.* 478), Greek poet, religious thinker, and reputed precursor of the Eleatic school of philosophy, which stressed unity rather than diversity and viewed the separate existences of material things as apparent rather than real.]

27. A few years ago, Monsieur V. Cousin, an eloquent philosopher, collected them [the poems of Xenophanes] and translated them into French. [M. de St.-Agy.] [Victor Cousin (born 28 November 1792, at Paris; died 13 January 1867, at Cannes, France), a French philosopher, educational reformer, and historian whose systematic eclecticism made him one of the best known French thinkers in his time (see Fairbanks (Arthur), *The first philosophers of Greece* [an edition and translation of the remaining fragments of the pre-Sokratic philosophers, together with a translation of the more important accounts of their opinions contained in the early epitomes of their works by Fairbanks Arthur], London: K. Paul, Trench, Trübner and Co ltd, 1898, vii + [2] + 300 p.)]

28. [Parmenides (born *c.* 515 B.C.), Greek philosopher of Elea in southern Italy who founded Eleaticism, one of the leading pre-Socratic schools of Greek thought. His general teaching has been diligently reconstructed from the few surviving fragments of his principal work, a lengthy three-part verse composition titled *On Nature* (see Parmenides, *The fragments of Parmenides* [a critical text with introduction, and translation, the ancient testimonia and a commentary by Coxon A.H.], Assen (Netherlands); Dover (N.H.): Van Gorcum, 1986, vii + 277 p.; Dusapin (Pascal), *Semino: chant à six voix (1984-1985): XVIIIe fragment du poème de Parménide* [partition], Paris: Salabert, 1997, 21 p.; and note 30, below).]

29. Sextus, *Adversus Mathematicos*, 7: 3. Aristotle, *Metaphysics*, 1: 5. Diogenes Laërtius, 9: 22. [M. de St.-Agy.] [Sextus Empiricus (fl. early 3rd century), ancient Greek philosopher-historian who produced the only extant comprehensive account of Greek Skepticism in his *Outlines of Pyrrhonism* and *Against the Ethicists* (see Sextus Empiricus, *The skeptic way: Sextus Empiricus's Outlines of Pyrrhonism* [translated, with

introduction and commentary by Mates Benson], New York: Oxford University Press, 1996, x + 335 p.; *Against the ethicists (Adversus mathematicos XI)* [translation, commentary, and introduction by Bett Richard], Oxford: Clarendon Press; New York: Oxford University Press, 1997, xxxiv + 302 p.; *Gegen die Wissenschaftler, Buch 1-6* [aus dem Griechischen übersetzt, eingeleitet und kommentiert von Jürss Fritz], Würzburg: Königshausen & Neumann, 2001, 164 p.); for Diogenes Laërtius, see Lesson, 7, note 31]

30. [In his poem on nature (see note 28, above), Parmenides held that the multiplicity of existing things, their changing forms and motion, are but an appearance of a single eternal reality ("Being"), thus giving rise to the Parmenidean principle that "all is one." From this concept of Being, he went on to say that all claims of change or of non-Being are illogical. Because he introduced the method of basing claims about appearances on a logical concept of Being, he is considered one of the founders of metaphysics.]

31. [Zeno of Elea (born c. 495 B.C., died *c.* 430 B.C.), Greek philosopher and mathematician, whom Aristotle called the inventor of dialectic. He is especially known for his paradoxes that contributed to the development of logical and mathematical rigor and that were insoluble until the development of precise concepts of continuity and infinity (see Grünbaum (Adolf), *Modern science and Zeno's paradoxes* [1st ed.], Middletown (Connecticut): Wesleyan University Press, 1967, x + 148 p.; Salmon (Wesley C.), *Zeno's paradoxes* [edited by Salmon Wesley C.], Indianapolis: Bobbs-Merrill, 1970, x + 309 p.)]

32. [Leucippus (fl. 5th century B.C., probably at Miletus, on the west coast of Asia Minor), Greek philosopher credited by Aristotle and by Theophrastus with having originated the theory of atomism. It has been difficult to distinguish his contribution from that of his most famous pupil, Democritus. Only fragments of Leucippus's writings remain, but two works believed to have been written by him are *The Great World System* and *On the Mind* (see Leucippus, *The atomists: Leucippus and Democritus. Fragments* [a text and translation, with a commentary by Taylor Christopher Charles Whiston], Toronto: University of Toronto Press, 1999, 308 p.) His theory stated that matter is homogeneous but consists of an infinity of small indivisible particles. These atoms are constantly in motion, and through their collisions and regroupings form various compounds. A cosmos is formed by the collision of atoms that gather together into a "whirl," and the drum-shaped Earth is located in the center of man's cosmos.]

33. [Democritus of Abdera (born *c.* 460 B.C., died *c.* 370), Greek philosopher, a central figure in the development of the atomic theory of the universe. Knowledge of Democritus's life is largely limited to untrustworthy tradition: it seems that he was a wealthy citizen of Abdera, in Thrace; that he traveled widely in the East; and that he lived to a great age. According to Diogenes Laërtius [see Lesson 7, note 31], his works numbered 73 (see Diogenes Laertius, *Lives of eminent philosophers* [with an English translation by Hicks R. D.], London: W. Heinemann; New York: G. P. Putnam's sons, 1925, 2 vols); only a few hundred fragments have survived, mostly from his treatises on ethics (Cole (Thomas), *Democritus and the Sources of Greek Anthropology*, Cleveland (Ohio): Press of Western Reserve University, 1967, xii + 225 p.)]

34. [Aesculapius, see Lesson 4, note 19.]

35. [Gnidos or Cnidus, ancient Greek city on the Carian Chersonese, on the southwest coast of Anatolia. The city was an important commercial center, the home of a famous medical school, and the site of the observatory of the astronomer Eudoxus. Cnidus was one of six cities in the Dorian Hexapolis and hosted the Dorian games every four years. The Cnidians claimed they were of Spartan origin.]

36. [Hippocrates (born *c.* 460 B.C., on the island of Cos, Greece; died *c.* 377, at Larissa, Thessaly), Greek physician of antiquity who is traditionally regarded as the father of medicine. His name has long been associated with the so-called Hippocratic Oath – certainly not written by him – which in modified form is still often required to be taken by medical students on graduating.]

37. [*On Fractures* by Hippocrates (*c.* 400 B.C.), a treatise on the nature and treatment of bone fractures and dislocations, one of the writings that comprise what is now referred to as the Hippocratic Collection (see Hippocrates, *The genuine works of Hippocrates* [translated from the Greek with a preliminary discourse and annotations by Adams Francis], London: Sydenham Society, 1849, 2 vols).]

38. [Miltiades, the Younger (born *c.* 554 B.C., at Athens; died probably 489 B.C., Athens), Athenian general who led Athenian forces to victory over the Persians at the Battle of Marathon in 490.]

39. [Clazomenae, ancient Ionian Greek city, located about 20 miles west of Izmir (Smyrna) in modern Turkey.]

40. [Pericles (born *c.* 495 B.C., at Athens; died 429, Athens), Athenian statesman largely responsible for the full development, in the later 5th century B.C., of both the Athenian democracy and the Athenian empire, making Athens the political and cultural focus of Greece. His achievements included the construction of the Acropolis, begun in 447.]

41. [Lampsacus, ancient Greek city on the Asiatic shore of the Hellespont, best known for its wines, and the chief seat of the worship of Priapus, a god of procreation and fertility.]

42. [Lucretius, see Lesson 11, note 5.]

43. [Mount Athos, a mountain in northern Greece (maximum elevation 2,033 m), site of a semiautonomous republic of Greek Orthodox monks inhabiting 20 monasteries and

dependencies, some of which are larger than the parent monasteries.]

44. [Battle of Aegospotami (405 B.C.), naval victory of Sparta over Athens, final battle of the Peloponnesian War. The fleets of the two Greek rival powers faced each other in the Hellespont for four days without battle, until on the fifth day the Spartans under Lysander (died 395 B.C., at Haliartus, Boeotia), surprised the Athenians in their anchorage off Aegospotami. Conon (died *c.* 390 B.C.), the Athenian commander, escaped with only 20 of his 180 ships, and the 3,000-4,000 Athenians who were captured were put to death. The victory at Aegospotami enabled Lysander to proceed against Athens itself, forcing the Athenians to surrender in April 404.]

45. Why not? I am in agreement with Anaxagoras here. Many scholars share this opinion. I would even say with Monsieur [Dominique-François-Jean] Arago [born 26 February 1786, at Estagel, Roussillon, France; died 2 October 1853, at Paris] that I do not think it an impossibility that the center of the sun is inhabited; but since animals and plants on our globe vary from one climate to another, it is likely that they will vary even more from one planet to another. [M. de St.-Agy.] [Arago was a French physicist who discovered the principle of the production of magnetism by rotation of a nonmagnetic conductor. He also devised an experiment that proved the wave theory of light and engaged with others in research that led to the discovery of the laws of light polarization.]

PYTHAGORE
Étude pour *L'École d'Athènes*, fresque de 1511 ornant la Chambre de la Signature au Vatican. Dessin à l'encre brune (vers 1509-1510) de Sanzio Raffaello dit Raphaël (1483-1520) conservé à la pinacothèque Ambrosienne de Milan.

5 Les écoles grecques

Nous avons vu que la marche de l'esprit humain commença dans l'Inde et dans l'Égypte; que, par suite des communications qui s'établirent avec ce dernier pays, la pensée prit un nouvel essor sur les côtes de l'Asie Mineure, et qu'il en résulta quatre grandes écoles philosophiques que des événemens politiques concentrèrent à Athènes.

Il s'établit entre ces écoles une émulation qui hâta leurs progrès, et leurs travaux, résumés ensuite par Socrate [1], produisirent une nouvelle secte de philosophes, qui, par la méthode judicieuse qu'elle suivit, procura aux sciences de nombreux élémens de développement. Mais, avant de vous faire connaître cette époque remarquable, nous devons vous exposer, avec quelques détails, les travaux des grandes écoles primitives que nous n'avons fait qu'indiquer.

L'école ionienne, la première de toutes, est celle qui a donné naissance au plus grand nombre de vues exactes sur les sciences naturelles, quoique ses membres les plus distingués fussent peu avancés dans l'art d'étudier la nature. Elle admit d'abord que le principe de l'univers était tout matériel, ce qui prouve, pour le dire en passant, que les prêtres égyptiens, visités par Thalès, ignoraient déjà presque entièrement le sens des doctrines métaphysiques qu'ils conservaient dans leurs colléges. Cette école s'attacha à découvrir le principe physique qu'elle admettait. Suivant Thalès, son fondateur, ce principe était l'eau. Il est vraisemblable qu'il avait puisé cette idée en Égypte; mais il lui fit subir des modifications telles qu'il en résulta une doctrine particulière. L'eau, qu'il considérait comme la matière première dont le monde avait été formé, était, selon lui, susceptible de différens degrés de densité, et, à chacun de ces degrés, elle constituait un élément ou principe secondaire. La combinaison des élémens, dans des proportions diverses, produisait tous les corps de la nature. Ces corps, les animaux, les plantes, avaient une âme, ainsi que le monde, pris dans son ensemble; mais Thalès n'attachait pas au mot âme le sens qu'il a pour nous; cette expression, dans sa pensée, signifiait seulement cause interne de mouvement.

Anaximandre [2], de Milet comme Thalès, et ami de ce philosophe, admettait pour premier principe l'*infini*. L'eau n'était qu'un principe secondaire, Mais il est difficile de démêler, d'une manière précise, ce qu'il entendait par l'*infini*. On ne comprend pas comment l'infini a pu donner naissance à l'eau. On ne saurait penser qu'il ait voulu exprimer, par ce terme, l'idée que l'espace illimité avait préexisté à la matière, car les philosophes anciens ont tous admis l'éternité de la matière [3].

Quoi qu'il en soit, Anaximandre, ayant admis l'eau comme le second principe de la nature, prétendait que les hommes avaient primitivement été poissons, puis reptiles, puis mammifères, et, enfin, ce qu'ils sont maintenant. Nous retrouverons ce système dans des temps très-rapprochés des nôtres, et même dans le XIXe siècle.

Anaximènes de Milet[4], qui passe pour avoir été l'ami et le disciple d'Anaximandre, modifia ou plutôt précisa la doctrine de son maître, en substituant l'air à l'infini. Ce principe aériforme, susceptible de condensations différentes et de combinaisons variées, était, selon lui, la source de tous les êtres et même des dieux. Ce système est peut-être le germe de l'idée des gaz[5].

Héraclite[6], célèbre par sa misanthropie, et qui peut aussi être considéré comme appartenant à l'école ionienne, admettait le feu pour principe universel; mais peut-être le considérait-il plutôt comme la source de l'existence des êtres et du mouvement, que comme la matière même des corps. Son système semble offrir quelques rapports avec celui des physiologistes qui ont placé le principe de la vie animale dans la chaleur développée par la respiration. Mais ces rapports sont si éloignés qu'ils existent moins dans les choses elles-mêmes que dans notre esprit[7].

Du reste, aucun des premiers philosophes de l'école ionienne n'éleva ses idées au-dessus de l'existence des corps matériels: chez eux, on n'aperçoit pas la moindre distinction entre la matière et l'esprit. C'est en vain qu'on y cherche aussi l'idée de création. Ils avaient seulement entrevu les idées d'unité et d'infini.

Anaxagore[8], le restaurateur de l'école ionienne, eut des notions beaucoup plus saines que ses prédécesseurs sur presque toutes les parties des sciences physiques. On pourrait considérer ses écrits comme le dépôt des premiers germes scientifiques. Il distingua nettement, pour la première fois, l'esprit de la matière. On pourrait aussi considérer ce philosophe comme l'auteur de la deuxième époque philosophique de la Grèce; car il fut le maître de Socrate, qui adopta ses opinions, et ce sont elles qu'on retrouve ornées de tous les charmes du style de Platon, dans les ouvrages qui, propagés dans la Grèce, donnèrent naissance à la seconde ère philosophique.

Le fondateur de l'école italique, Pythagore[9] était contemporain du conquérant Cambyse, d'Anaximandre, d'Anaximènes et d'Héraclite; on rapporte même qu'il avait été, comme eux, disciple de Thalès. Mais ce fait n'est rien moins que prouvé. Après de longs voyages dans l'Égypte, dans la grande Grèce[10] et peut-être dans l'Inde, il revint à Samos, sa patrie. Mécontent des changemens que le tyran Polycrate[11] y avait introduits, Il alla en Italie et se fixa à Crotone, ville qui avait été construite cent vingt ans auparavant par une colonie d'Achéens[12]. Il fonda dans ce pays une société secrète modelée sur la caste sacerdotale de l'Égypte. Pour en être membre, il fallait se soumettre à un long noviciat, subir des jeûnes, des abstinences de diverses natures et observer des pratiques singulières, dont le but n'est pas bien connu. Cette société fut un foyer de superstitions, et la source d'une foule de fables sur la vie et les opinions de Pythagore. Elle ne tarda pas à être taxée de vues ambitieuses, et, à ce titre, elle fut entièrement dissoute. Ce ne fut que long-temps après la mort de son auteur qu'elle put être renouvelée.

On ignore si Pythagore a jamais rien écrit: aucun ouvrage, qui lui soit attribué, n'est parvenu jusqu'à nous. C'est en Égypte qu'il avait recueilli ses connaissances géométriques et arithmétiques. Il essaya, rapporte-t-on, de les faire servir à l'explication de tous les phénomènes naturels. Suivant lui, les nombres étaient les principes des choses [13]; mais cette partie de sa doctrine est très-imparfaitement connue; nous ne faisons qu'en conjecturer la nature. D'ailleurs, ses idées ont tellement été altérées par les hommes qui ont renouvelé son école, qu'il est difficile de les démêler de celles de ses continuateurs; on peut seulement supposer que sa théorie mystérieuse consistait à évaluer en nombres toutes les forces, toutes les grandeurs, afin de les rendre ainsi comparables et susceptibles d'être soumises au calcul. Dans ce cas, il aurait eu l'idée qui, de nos jours, sert de base à la physique mathématique.

Suivant lui, tous les êtres sont comme les nombres pairs ou impairs. Ceux-ci sont composés de *monades* ou unités, les autres de *diades* ou dualités. On a cru reconnaître, dans cette opinion, quelque ressemblance avec les idées qui servent de base à la théorie des proportions définies; c'est assurément une erreur.

Pythagore concevait l'univers comme un tout harmonique, et il en prenait pour exemple le nombre des planètes qui, de son temps, correspondait exactement à celui des tons de la gamme. Au centre de ce tout harmonique, qu'il comparait à un grand animal, était le soleil, qui était l'âme du monde et le principe du mouvement. Toutes les autres âmes, celles des hommes, des animaux et même des dieux, émanaient et participaient de la nature de cette âme cosmique. Les dieux n'étaient, dans ce système, que des animaux d'un ordre supérieur [14].

Pythagore portait le langage mathématique jusque dans la morale. Il disait que la justice était un nombre divisible par deux. Il est évident que c'est là une expression figurée, par laquelle il se proposait d'indiquer l'égalité de partage résultant de la justice distributive [15]. On peut croire, qu'à beaucoup d'autres égards, on a attribué à Pythagore des idées qu'il n'avait point professées, en entendant à la lettre ce qu'il n'avait dit que dans un sens figuré. Au reste, malgré toutes ses singularités, on ne peut refuser à l'école italique le mérite d'avoir fait faire un progrès important à la philosophie: l'école ionienne était toute matérialiste; elle n'avait vu dans l'univers aucune intelligence régulatrice; les premiers Pythagoriciens s'élevèrent au-dessus d'elle, en cherchant et en indiquant une cause supérieure à la matière.

Cette école, d'ailleurs, fondée sur les mathématiques, ne pouvait pas rester long-temps dans le vague; elle devait bientôt, par un résultat inévitable de son procédé fondamental, s'appliquer à l'observation et à l'expérience. En effet, plusieurs observateurs ne tardèrent pas à sortir de son sein. Dès l'an 520 avant Jésus-Christ, Alcméon de Crotone [16], disciple immédiat de Pythagore, se livra à des recherches anatomiques sur les animaux. Comme il prétendait que les chèvres respiraient par les oreilles, on a pensé qu'il avait découvert les trompes d'Eustachi, par lesquelles l'air pénètre de l'arrière-bouche dans l'oreille interne. Ces trompes n'auraient ainsi été que retrouvées au XVIe siècle [17].

Alcméon avait sur l'embryologie des idées assez exactes; il assurait que la tète des animaux se formait la première, ce qui est conforme à ce fait parfaitement connu que, pendant la première période de la vie fœtale, la tête est proportionnellement plus volumineuse que les autres parties du corps.

Il affirmait un fait moins exact, lorsqu'il disait que le fœtus se nourrit par la peau.

Il pensait que le siége de l'odorat était dans le cerveau, et il comparait l'époque de la puberté, chez l'homme, à celle de la floraison chez les plantes.

Nous ne connaissons les opinions de ce philosophe que par Chalcidius [18], commentateur de Platon. En général, il est bon de se tenir en garde contre tout ce que l'on rapporte de ces anciens philosophes, qui n'ont laissé aucun écrit; car ce que la tradition en a conservé est si peu précis qu'on peut presque également leur attribuer les plus importantes découvertes ou les rêveries les plus extravagantes.

Timée de Locres [19], élève de Pythagore, passe pour avoir écrit un ouvrage sur l'âme du monde; mais il est moins connu comme auteur de cet ouvrage que comme interlocuteur du dialogue auquel Platon a donné son nom pour titre.

Ocellus Lucanus [20], qui était probablement plus jeune que les précédens pythagoriciens, est auteur présumé d'un *Traité de l'Univers*, dans lequel il soutient l'unité du monde, son éternité, et celle des espèces. Il admet, pour la première fois, que le monde est composé de quatre élémens combinés de diverses manières, doctrine qui régna dans toutes les écoles, jusqu'à la fin du siècle dernier. Ocellus ne considérait les dieux, ainsi que l'avait fait Pythagore, que comme des animaux d'une classe supérieure, et plaçait entre eux et les hommes des êtres intermédiaires appelés démons. Mais il professait que l'ensemble de l'univers était une divinité suprême.

Ce système est attribué par d'autres auteurs à Empédocle [21], né à Agrigente [22], vers la 444e année antérieure à la naissance de Jésus-Christ, et qui composa un poëme didactique sur la nature, dont il ne nous reste que des fragmens. À cette époque, on s'occupait peu des détails; toutes les doctrines tendaient à une explication universelle.

Aucun des quatre élémens, en particulier, suivant Empédocle, n'est un principe, comme l'avaient déjà pensé tous les autres pythagoriciens. Selon lui, la substance préexistante était le mélange confus de tous les élémens, en un mot, le chaos [23].

Mais ce philosophe fit mieux que de se livrer à des spéculations; il observa la nature dans ses détails, comme Alcméon l'avait fait avant lui. Il reconnut de l'analogie entre l'œuf des animaux et la semence des plantes; il découvrit l'amnios; et on pourrait admettre, d'après un vers de son poëme qui est arrivé jusqu'à nous, qu'il avait aussi découvert le limaçon de l'oreille, découverte qui n'est due incontestablement qu'à des observations très-délicates faites dans le XVIe siècle [24].

Empédocle fit des applications utiles des connaissances qu'il avait recueillies: il assainit son pays en empêchant que les eaux n'y séjournassent; il fit aussi, rapporte-t-on, disparaître des influences épidémiques, en fermant une ouverture de rocher par laquelle se répandaient dans l'atmosphère des vapeurs nuisibles.

Épicharme de Cos[25], qui paraît avoir été fort estimé des anciens, avait écrit, sur la médecine, la morale et la physique, des ouvrages qui ne sont pas parvenus jusqu'à nous. Mais ses comédies ont fourni quelques détails sur diverses plantes et divers poissons, et sur les autres substances alimentaires qui étaient employées de son temps. On ne sait, du reste, avec certitude, ni le lieu, ni la date de sa naissance.

Tels sont, messieurs, les philosophes de l'école italique qui appliquèrent aux sciences l'activité de leur esprit. Cette école eut une existence fort tourmentée; les associations secrètes qu'elle forma suscitèrent des troubles graves dans plusieurs villes; le peuple se souleva contre elle, et ses membres périrent presque tous. Cependant, les doctrines pythagoriciennes survécurent jusqu'au temps de Platon, qui en adopta une partie pour la composition de son système de philosophie.

Parallèlement à l'école de Pythagore s'était élevée l'école éléatique, ainsi nommée parce que son fondateur, Xénophane[26], venu de Colophon, ville de l'Asie Mineure, s'était fixé, vers l'an 536, à *Elea* ou *Velia*, dépendant de la Sicile. Xénophane a exposé sa doctrine dans un poëme sur la nature, dont il ne nous est resté que quelques fragmens[27]. Son système est plus métaphysique que physique; il a pour base l'unité absolue: c'est un panthéisme idéalistique qui offre quelques rapports avec la doctrine allemande, connue sous le nom de *Philosophie de la nature*. Xénophane est le premier qui ait attaqué, en Grèce, l'antropomorphisme populaire; il absorba la divinité elle-même dans son unité absolue, et expliqua la multiplicité des choses variables en prenant, à ce qu'il paraît, pour élémens primitifs, l'eau et la terre.

Parménide d'Élée[28], son disciple immédiat, développa le même système avec plus de précision. Suivant lui, la raison seule reconnaît la réalité et la vérité; les sens, au contraire, ne témoignent que d'une apparence trompeuse. Il résulte de là un double système de connaissance, celui de la notion véritable et celui de la connaissance apparente; le premier fondé sur la raison, l'autre sur les sens[29]. Le poëme de Parménide[30], sur la nature, où ces deux systèmes étaient exposés, ne nous est pas parvenu complet; d'après les fragmens qui ont été conservés, nous connaissons mieux le premier système que le second. Dans le premier, l'auteur part de l'idée de l'être pur, qu'il identifie avec la pensée et la connaissance, et il conclut que le non-être ne saurait être possible; que toute chose existante est une et identique; qu'ainsi, ce qui existe n'a point eu de commencement; qu'il est invariable, indivisible; qu'il remplit l'espace tout entier et n'est limité que par lui-même; que, par conséquent, tout changement, tout mouvement est une simple apparence.

Cette doctrine a le plus grand rapport avec quelques opinions professées de nos jours par les prêtres de l'Inde, qui désignent par un nom particulier la prétendue illusion de notre esprit à l'égard du monde extérieur.

Mais Parménide admettait que cette illusion était soumise à des lois fixes, de sorte qu'il était possible de prendre les variétés de cette illusion pour bases de raisonnemens, tout aussi bien que si elles eussent été des réalités. L'école éléatique aurait pu ainsi entrer dans la méthode d'observation, et étendre beaucoup le domaine des sciences; mais, livrée à de vagues spéculations, elle ne sut pas suivre cette route parsemée de richesses. Elle admettait deux principes du monde, le feu ou la clarté, et le froid ou la terre. Le feu était le principe de la vie et du mouvement; la terre, le principe inerte contre lequel le feu luttait sans cesse. Du combat de ces deux principes résultaient tous les êtres vivans.

Parménide avait pour ami et pour disciple le sophiste Zénon[31].

C'était en effet dans l'école des Éléates que devait naître la dialectique: leur doctrine n'étant point fondée sur l'observation, ils avaient besoin, pour la soutenir, de raisonnemens très-subtils et d'une grande habileté dans l'art d'enchaîner les idées. Mais cet art dégénéra bientôt entre leurs mains; sa destination fut singulièrement altérée; on s'en servit également pour prouver le vrai et pour soutenir le faux. Des hommes très-ingénieux arrivèrent ainsi, après de nombreux efforts, à obscurcir ce qui était clair et à rendre douteux ce qui était certain. On en vint même jusqu'à nier le mouvement et sa possibilité, au moyen d'argumens qui, du reste, étaient souvent assez difficiles à réfuter.

Vers 460 avant Jésus-Christ, Parménide et Zénon firent un voyage à Athènes; ils s'y appliquèrent à démontrer, par le raisonnement, l'absurdité du système du réalisme empyrique. L'ionien Anaxagore arriva à Athènes à peu près à la même époque; par conséquent, Socrate, qui alors était âgé de dix ans, et dont nous parlerons bientôt, put recevoir des leçons de ces trois philosophes.

Leucippe[32], fondateur de l'école atomistique, fut leur contemporain, et, peut-être aussi, le disciple de Parménide. Mais il professa une doctrine diamétralement opposée à la leur. Frappé de la fausseté des spéculations éléatiques, il se jeta dans l'excès contraire, et tomba dans un pur matérialisme. Il repoussa tout à la fois l'unité intelligente de Xénophane et de Parménide, ce *tout* qui n'est ni matériel ni immatériel, et la théorie des nombres de l'école italique. Des atômes ou molécules indivisibles, et le vide, furent seuls admis dans son système; encore dépouilla-t-il les atômes des propriétés qui leur avaient été reconnues antérieurement, et ne leur accorda-t-il que le mouvement et la figure.

La couleur des corps, leur consistance, leur température spécifique, en un mot, toutes leurs propriétés étaient, selon lui, le résultat de la forme et de la disposition relative des atômes. Le cercle éternel de la destruction et de la reproduction des êtres n'avait aussi d'autre cause que le mouvement des atômes; l'âme, elle-même, n'était qu'une agrégation d'atômes particulièrement combinés.

Le plus célèbre continuateur de Leucippe est Démocrite d'Abdère[33], auquel on attribue un caractère moqueur, en opposition à celui d'Héraclite. Selon les uns, il est né en 494 ou 490; selon les autres, en 470 ou 460. Il mourut fort âgé, en 399, la même année que Socrate. Il développa le système des atômes. Pour prouver leur existence, il invoqua l'impossibilité d'une division de la matière à l'infini. Leucippe n'avait reconnu aux atômes qu'une différence de forme; Démocrite leur attribua aussi un mouvement spécifiquement varié. Il distingua le mouvement direct ou primitif, le mouvement oblique ou dérivé de la réaction, et le mouvement en tourbillon. De ces divers mouvemens des différens atômes, il fit résulter tous les mondes. L'âme, suivant lui, est composée d'atômes de feu ronds.

En atomiste conséquent, il soutint que les objets font impression sur nos sens au moyen de corpuscules émanés de ces objets et ayant la même forme qu'eux. De cette impression résultent la sensation et l'idée.

Alcméon avait bien déjà disséqué, comme je l'ai dit, quelques animaux; mais Démocrite est réellement le premier qu'on puisse appeler anatomiste comparateur. Il étudia avec persévérance l'organisation d'un grand nombre d'animaux, et expliqua, par la diversité de cette organisation, la variété de leurs mœurs et de leurs habitudes.

Démocrite connut les voies de la bile et le rôle qu'elle joue dans la digestion. Il chercha la source de la manie, et crut l'avoir découverte dans l'altération des viscères de l'abdomen, opinion qui a été soutenue jusqu'à nos jours.

Démocrite ne fut pas convenablement apprécié par ses compatriotes. Errant souvent parmi les tombeaux, probablement pour y chercher quelques pièces ostéologiques, les Abdéritains imaginèrent qu'il avait l'esprit aliéné, et firent venir Hippocrate pour lui donner ses soins; mais ce grand homme ne vit rien moins qu'un fou dans Démocrite, et le déclara le plus sage et le plus savant des hommes.

Les sectes italique et éléatique n'étant que des dérivations de celle de Thalès, ces trois sectes se ressemblent à plusieurs égards. Mais la secte atomistique a un caractère propre et nettement tranché.

Les quatre grandes sectes philosophiques dont je viens de vous entretenir, contribuèrent fort inégalement aux progrès des sciences naturelles. L'idéalisme et le panthéisme des Eléates leur furent beaucoup moins favorables que la méthode mathématique des pythagoriciens, et bien moins encore que le matérialisme et l'observation des atomistes.

La secte médicale qui subsistait à côté de ces écoles philosophiques, et qui emprunta à toutes, à cause de son esprit pratique, était beaucoup plus ancienne qu'elles. Depuis un temps immémorial, elle se perpétuait dans la famille des Asclépiades, dont l'origine remonte par une série mythologique jusqu'à Esculape[34]. Dès le temps du siège de Troie, on voit la médecine exercée par les fils d'Esculape. Homère, qui peut-être était lui-même un Asclépiade, montre des connaissances médicales assez exactes dans le jugement qu'il exprime sur les blessures des héros de l'*Iliade*. Les Asclépiades desservaient la plupart des temples consacrés à Esculape. Les plus célèbres de ces temples étaient ceux de Cos et de Gnide[35]. Les malades y étaient reçus de toutes parts; ils y étaient soumis à certaines pratiques religieuses; on tenait note des symptômes qu'ils avaient présentés à leur arrivée, et de l'effet des médicamens qui leur avaient été administrés. Les malades qui avaient été guéris loin de ces temples y envoyaient souvent, comme *ex-voto*, le récit de leurs souffrances et de leur rétablissement, et il en résulta des nosographies parfaitement complètes qui contribuèrent singulièrement au perfectionnement de la médecine.

C'est dans une de ces énormes collections, continuées pendant près de huit cents ans, que puisa Hippocrate[36], lorsqu'environ quatre cents ans avant Jésus-Christ, il écrivit ses ouvrages: ils sont le résumé de toutes les observations antérieures; et c'est pour cela qu'ils présentent tant de vérités médicales.

Mais il faut remarquer que tous les ouvrages portant le nom d'Hippocrate n'ont pas été composés par un seul homme. On pense généralement que trois médecins, du nom d'Hippocrate, et de la même famille, y ont travaillé successivement. On fonde cette opinion sur les différences de style et sur quelques contradictions que présentent les divers traités connus sous le nom d'Hippocrate. Le livre des *Fractures*[37] est attribué au premier Hippocrate, qui vivait du temps de Miltiade[38], 500 ans avant Jésus-Christ, et qui, par conséquent, serait antérieur à Hérodote, et le premier écrivain en prose. Le plus célèbre des trois Hippocrate était contemporain de Socrate et de Platon, qui le cite souvent avec éloge, et vécut cent dix ans. Il est, avec Démocrite, qui fut aussi plus que centenaire, celui de tous les hommes célèbres de son temps qui parcourut la plus longue carrière. Je ne parlerai pas de ses écrits maintenant, attendu qu'ils appartiennent à la seconde ère philosophique. J'en traiterai en même temps que de ceux de Platon.

Mais, avant d'entrer dans la seconde époque philosophique, nous allons exposer les travaux d'Anaxagore, qui lient l'école de Thalès à celle de Socrate, dont Anaxagore fut le maître.

Anaxagore, né 500 ans avant Jésus-Christ, était venu de Clazomènes[39] à Athènes, lors de la conquête des colonies grecques de l'Asie Mineure par les Perses. Il se lia intimement avec Périclès[40], qui était à peu près de son âge, et partagea les haines qui s'élevèrent contre cet habile gouvernant. Accusé lui-même d'hostilité à la religion par les persécuteurs de Périclès, il fut obligé de se retirer à Lampsaque[41], où il mourut âgé de 72 ans, la 428e année antérieure à la naissance de Jésus-Christ.

Anaxagore distingua le premier, d'une manière nette, l'esprit de la matière, la divinité du monde, et l'âme du corps. Avant lui, les philosophes avaient considéré le mouvement comme inhérent à la matière, ou bien, comme les Eléates, ils n'avaient vu, dans les corps, que de pures illusions. Anaxagore admit la réalité de la matière et celle de l'esprit, auquel il attribua la puissance d'ordonner et de diriger la première. Ces principes sont ceux de la théologie naturelle, qui sert de base à toutes les religions d'Europe ; ils constituent un théisme nettement prononcé. Rien n'était donc moins fondé que l'accusation d'athéisme qui fut dirigée contre Anaxagore, et par suite de laquelle il fut condamné au dernier supplice.

Ce philosophe n'admettait, pour premier principe de toutes choses, ni l'eau, ni le feu, ni même la réunion des quatre élémens, tels que les concevaient Empédocle, Ocellus de Lucanie, et que les ont conçus, après eux, tous les physiciens et chimistes modernes jusqu'à la fin du XVIIIe siècle. Selon lui, il existait diverses espèces de matière ; chacune de ces espèces était composée de particules semblables entre elles et au tout qu'elles formaient. Ainsi, l'or était composé de particules d'or, le fer de particules de fer. Il paraît, d'après les singulières objections que les anciens ont exprimées contre le système des *homœoméries* ou particules composantes, qu'il n'a pas été bien entendu : Lucrèce[42], par exemple, demande s'il est raisonnable d'admettre qu'un homme soit composé de petits hommes, un arbre de petits arbres. Ces questions sont niaisement ridicules, car Anaxagore ne prétendait pas étendre sa doctrine aux corps composés ; et, appliquée aux corps simples, elle est parfaitement rationnelle.

Aucun des ouvrages du premier théiste de la Grèce n'est parvenu jusqu'à nous.

On a seulement retenu quelques apophtegmes, qui sont le résumé de ses opinions. Par exemple : *Rien ne naît de rien, tout est dans tout, et tout peut tout produire.* Par ces propositions générales, il entendait sans doute que la matière était éternelle, et que tous les corps étaient composés des mêmes élémens, combinés dans des proportions différentes.

Anaxagore observait souvent fort mal, mais c'était toujours à l'observation qu'il demandait la raison des faits. Ainsi, de son temps, un bélier était né à Athènes avec une seule corne ; le peuple regardait cette singularité comme un prodige, et il y voyait même, suivant les préjugés de toute l'antiquité, le présage d'événemens funestes. Anaxagore disséqua l'animal, et fit voir que la conformation singulière des os de son crâne était la seule cause du prétendu prodige qui avait effrayé le peuple athénien.

Il fut moins heureux à d'autres égards, car on rapporte qu'il croyait que les belettes faisaient leurs petits par la bouche, et les ibis et les corneilles par le bec.

Il n'avait aussi que des idées fort inexactes sur le ciel. Une aérolithe très-volumineuse étant tombée sur le mont Athos[43], avant la bataille d'œgos-Potamos[44], il en conclut que la voûte apparente que nous présente le ciel, était formée de pierres de la nature de celle qui avait été recueillie. Il pensait que la lune et les planètes étaient habitées[45], et considérait le soleil comme une masse métallique enflammée. Le soleil étant alors un dieu populaire, ce fut cette dernière opinion qui détermina sa condamnation pour athéisme.

Anaxagore fut le maître et le précurseur de Socrate qui donna une direction plus rationnelle à la philosophie, et exerça par sa méthode ironique une grande influence sur la marche des sciences naturelles, bien qu'il ne les eût pas cultivées d'une manière spéciale.

Au commencement de la prochaine séance je traiterai de Socrate. Nous verrons ensuite les travaux des diverses sectes qui sortirent de son école.

NOTES

1. [Socrate, voir Leçon 6.]
2. [Anaximandre (610 av. J.-C., Milet, actuelle Turquie-546/545 av. J.-C.), philosophe grec souvent considéré comme le fondateur de l'astronomie, premier penseur à avoir élaboré une cosmologie – une vision philosophique systématique du monde. Anaximandre aurait été l'un des disciples de Thalès de Milet.]
3. Suivant quelques auteurs, Anaximandre [voir note 2, ci-dessus] aurait considéré l'infini comme quelque chose d'intermédiaire à l'eau et à l'air. Les changemens perpétuels des choses ne peuvent, selon lui, se produire que dans l'infini ; les contraires s'en détachent par un continuel mouvement, et retournent sans cesse en lui. Ainsi subsistent le ciel et la terre, à l'égard desquels Anaximandre fit des recherches très-étendues. Dans l'infini, tout est sujet à changement ; mais l'infini est immuable. Cette doctrine fut aussi à peu près celle de son contemporain Phérécyde de Syros [*fl. c.* 550 av. J.-C., philosophe et mythographe grec habituellement associé aux Sept Sages de Grèce, plus particulièrement à Thalès)]. Anaximandre et Phérécyde sont les deux premiers philosophes qui aient écrit. (Aristote, *Physic.*, et Simplicius, *Comment* [voir Leçon 1, note 36 ; Simplicius, *Commentaire sur le Manuel d'Épictète* [texte établi & trad. par Hadot Ilsetraut], Paris : Les Belles Lettres, 2001, CLXXII + 184 p.]) [M. de St.-Agy].
4. [Anaximène de Milet (545 av. J.-C.), philosophe grec de la nature et l'un des trois penseurs de Milet traditionnellement considérés comme fondateurs de la philosophie occidentale. Les deux autres sont Thalès, qui considère l'eau comme l'élément essentiel de toute matière, et Anaximandre qui nomme la substance essentielle « l'infini ».]

5. Plus tard, Diogène d'Apollonie renouvela ce système sous une forme plus complète. [M. de St.-Agy.] [Diogène d'Apollonie (*fl.* ᴠ^e siècle av. J.-C.), philosophe grec remarqué pour sa cosmologie et ses efforts de synthèse entre visions anciennes et nouvelles découvertes].
6. [Héraclite (540 av. J.-C. Éphèse, Anatolie - 480 av. J.-C.), philosophe grec connu pour sa cosmologie, dans laquelle le feu est la matière de base du principe d'univers ordonné. On sait peu de choses sur sa vie, et on a perdu le seul livre qu'il ait jamais écrit. Ses idées subsistent dans les courts extraits et citations qui lui sont attribués par des auteurs qui lui ont succédé.]
7. Suivant Héraclite [voir note 6, ci-dessus], le monde n'est l'ouvrage ni des dieux, ni des hommes, c'est un feu toujours vivant qui s'allume et s'éteint suivant un certain ordre. Il paraît avoir déduit de ces idées fondamentales les opinions suivantes : 1° la variation ou l'*écoulement* perpétuel des choses, ce qui constitue aussi la vie ; 2° la formation et la dissolution de toutes choses par le feu, le mouvement ascendant et descendant, l'évaporation et l'incendie du monde ; 3° la cause de tous changemens par la discorde et la concorde, et par leur opposition d'après des lois fixes immuables ; 4° que le principe de toute force est aussi celui de la pensée ou la force pensante primitive. Le monde entier est rempli d'âmes et de démons qui participent du feu. L'âme sèche est la meilleure. Dans la veille, l'âme reconnaît, par son rapport avec la raison divine, l'universel et le vrai ; par les sens, elle connaît le variable et l'individuel. Dans ce système, qui ne nous est connu que fort imparfaitement, et dont Platon, les stoïciens et Ænésidême [né au ɪ^er siècle av. J.-C. à Cnossos, Crète ; philosophe et dialecticien de l'Académie grecque qui ranima le principe pyrrhonien de « suspension du jugement », en tant que solution pratique au problème contrariant et « insoluble » de la connaissance] tirèrent un grand nombre de conséquences, Héraclite rassembla plusieurs idées supérieures et nouvelles pour son temps, qu'il appliqua même à des objets politiques et moraux [M. de St.-Agy].
8. [Anaxagore, voir Leçon 4, note 44.]
9. [Pythagore, voir Leçon 3, note 5.]
10. [Magna Graecia, qui signifie en latin « la Grande Grèce », un groupe d'anciennes cités grecques longeant la côte sud de la péninsule italienne ; les habitants de cette région étaient connus sous le nom d'Italiotes pour les Grecs et de Graecis pour les Romains. Théâtre d'échanges et de commerce, la Grande Grèce accueillit les écoles philosophiques pythagoricienne et éléatique.]
11. [Polycrate (*fl.* ᴠɪ^e siècle av. J.-C.), tyran (535-522 av. J.-C.) de l'Île de Samos, en mer Égée, qui instaura la suprématie navale samienne en Égée orientale et lutta pour le contrôle de l'archipel et des principales cités d'Ionie.]
12. [Achéens, peuple de l'Antiquité grecque. Ils sont, d'après Homère, les Grecs qui assiégèrent Troie aux côtés des Danéens et des Argiens. Leur région, telle que la décrit Homère – le continent et les îles occidentales de la Grèce, la Crète, Rhodes, ainsi que les îles adjacentes, hors Cyclades – abrita précisément les activités des Mycéniens aux xɪᴠ^e et xɪɪɪ^e siècles av. J.-C., comme le révèle l'archéologie. C'est pourquoi certains auteurs ont identifié les Achéens aux Mycéniens.]
13. Aristote, *Métaph.*, I, 3 ; Jamblich [philosophe néoplatonicien, 250 à Chalcis, Coelé – Syrie – 330], *Vit. Pythag.* [voir Jamblique, *Vie de Pythagore* [Introduction, traduction et notes par Brisson Luc et Segonds Alain Philippe], Paris : Les Belles Lettres, 2011, LXXVII + 247 p.] [M. de St.-Agy].
14. Suivant Pythagore, l'âme était une émanation du feu central et un composé d'éther chaud et froid, susceptible de s'unir à quelque corps que ce soit, mais obligé par le destin de traverser une certaine série de corps. Cette doctrine de la migration des âmes, qui avait été empruntée aux Égyptiens, n'était point encore ennoblie par des idées morales [M. de St.-Agy].
15. [Autrement dit, « à chacun son dû ».]
16. [Alcméon de Crotone, également écrit Alcmaeon (ᴠɪ^e siècle av. J.-C.), philosophe et physiologiste grec de l'académie de Croton (aujourd'hui Crotona, en Italie méridionale). Le premier, autant qu'on puisse le savoir, à avoir pratiqué la dissection de corps humains à des fins scientifiques. Peut-être aussi le premier chercheur à avoir pratiqué la vivisection. Alcméon a conclu de ses recherches que le cerveau était le centre de l'intelligence et l'âme la source de la vie. Appliquant le principe pythagoricien de l'harmonie cosmique entre les contraires, il a posé en principe que la santé consistait en isonomie (équilibre) des composants opposés du corps (par exemple sec-humide, chaud-froid, doux-amer), anticipant ainsi l'enseignement similaire d'Hippocrate.]
17. [Bien qu'Aristote ait mentionné un conduit reliant l'oreille à la bouche – sans doute la trompe d'Eustache –, cette découverte, attribuée à tort à Alcméon, n'a été confirmée qu'au xᴠɪ^e siècle par Giovanni Filippo Ingrassias (1510, Palerme-6 novembre 1580, Palerme), Andreas Vesalius (1514, Bruxelles-1564, île grecque de Zante), et Bartholomaeus Eustachius (1524, San Severino Marche, Italie-1574, Rome). Voir Cole (Francis Joseph), *A History of Comparative Anatomy, from Aristotle to the Eighteenth Century*, London : Macmillan and Co Ltd, 1949, viii + 524 p.]
18. [Chalcidius ou Calcidius, exégète chrétien du ɪᴠ^e siècle qui commenta le Timée de Platon (voir Boeft (Jan den), *Calcidius on demons*, Leiden : E. J. Brill, 1977, ix + 70 p.) et exerça ainsi une influence importante sur l'interprétation médiévale de ce texte.]
19. [Timée de Locres (356 av J.-C., Taormina, Sicile-260 av. J.-C.), historien grec dont les écrits ont forgé la tradition de l'histoire méditerranéenne occidentale (Timée de Locres, *De natura mundi et animae. Überlieferung, Testimonia, Text, und*

Übersetzung [uit het Grieks] von Walter Marg [trad. en Allemand de Marg Walter], Leiden : Brill, 1972, IX + 151 p.)]

20. [Ocellus de Lucanie (Ve siècle av. J.-C., Lucanie) philosophe pythagoricien, peut-être un élève de Pythagore lui-même. On lui attribue l'écriture d'un court traité en quatre chapitres, écrit dans le dialecte ionique, généralement connu sous le nom de *Sur la nature de l'univers* (voir Ocellus de Lucanie, *Sur la nature de l'univers* [avec la traduction françoise & des remarques / par M. l'abbé Batteux], Paris : Chez Saillant, 1768, VIII + 118 p.) Il soutient la doctrine selon laquelle l'univers, qui n'a pas été créé, est éternel ; qu'à ses trois grandes divisions correspondent les trois genres d'êtres - dieux, hommes et démons ; et, en conclusion, que la race humaine avec toutes ses institutions (la famille, le mariage et ce qui en découle) doit être éternelle. Il préconise un mode de vie ascétique en vue de la reproduction parfaite de la race et d'une éducation reponsant sur tout ce qui est noble et beau.]

21. [Empédocle, philosophe grec, homme d'État, poète, maître spirituel et physiologiste qui affirme que toute matière est composée de quatre éléments essentiels ; le feu, l'air, l'eau, et la terre, et que rien ne naît ou n'est détruit mais que les choses sont simplement transformées, en fonction des proportions respectives des substances premières. Il ne reste rien des divers écrits qui lui sont attribués, hormis quatre cents lignes de son poème *Physeos de Peri* (« Sur la nature ») et moins de cent vers de son poème *Katharmoi* (« Purifications ») (voir Empédocle, *Légende et œuvre* [Texte grec et trad. Française, présentation et notes par Battistini Yves], Paris : Imprimerie Nationale ; Arles : Actes Sud, 1997, 174 p. (La salamandre)). Selon des sources modernes, Empédocle est né en 490 av. J.-C., et mort en 430 av. J.-C. dans le Péloponnèse, en Grèce.]

22. [Agrigente/Agrigentum, terme latin pour Agrigente (Girgenti avant 1927, Acragas en grec), capitale de la province d'Agrigente, proche de la côte méridionale de la Sicile.]

23. Il va sans dire que le chaos est un état de choses impossible ; car les affinités électives et les différences de pesanteur n'ont jamais abandonné la matière [M. de St.-Agy].

24. [Le limaçon de l'oreille, ou cochlée, du moins celui des mammifères, était connu par Empédocle (voir note 21, ci-dessus) et Gabriele Fallope (anatomiste italien, 1523, Modène-9 octobre 1562, Padoue), mais Eustache (voir note 17, ci-dessus) est le premier à l'avoir découvert en 1552, bien que ses schémas n'aient pas été publiés avant 1714 (voir Eustachi (Bartolommeo), *Tabulæ anatomicæ. Bartholomæi Eustachii quas è tenebris tandem vindicatas et Sanctissimi Domini Clermentis XI. Pont. Max. munificentiâ dono acceptas praefatione, notisque illustravit, ac ipso saae bibliothecae dedicationis dic publici juris fecit Jo. Maria Lancisius,* Genève : Coloniae Allobrogum sumptibus Cramer & Perachon, 1717, XVI + 34 p.)]

25. [Epicharme de Kos (530 av. J.-C., 440 av. J.-C.) poète grec qui, selon l'encyclopédie de la *Souda* – xe siècle av. J.-C. –, créa la comédie sicilienne (ou dorienne). Il est né dans une colonie dorienne, soit celle de Megara Hyblaea soit celle de Syracuse, toutes deux en Sicile, ou bien à Kos, une des îles du Dodécanèse. On lui attribue plus de 50 pièces écrites dans le dialecte sicilien ; 35 de ses ouvrages ont survécu, mais ils ont été très abîmés (voir Ridgeway (William), « Epicharmus », *in The dramas and dramatic dances of non-European races in special reference to the origin of Greek tragedy, with an appendix on the origin of Greek comedy*, Cambridge : The University press, 1915, pp. 406-407).]

26. [Xénophane (*c.* 560 av. J.-C., Colophon, Ionie-478 av. J.-C.), poète grec, penseur religieux et précurseur supposé de l'école philosophique éléatique, qui prônait l'unité plus que la diversité et considérait l'existence distincte des choses de la matière comme apparente plutôt que réelle.]

27. Un philosophe éloquent, M. V. Cousin, les a rassemblés [les poèmes de Xénophane] et traduits en français, il y a quelques années [M. de St.-Agy] [Victor Cousin (28 novembre 1792, Paris-13 janvier 1867, Cannes), philosophe français, réformateur de l'éducation, historien, dont l'éclectisme parfait fit l'un des penseurs français les plus réputés de son temps (voir Fairbanks (Arthur), *The first philosophers of Greece* [an edition and translation of the remaining fragments of the pre-Sokratic philosophers, together with a translation of the more important accounts of their opinions contained in the early epitomes of their works by Fairbanks Arthur], London : K. Paul, Trench, Trübner & Co ltd, 1898, vii, [2], 300 p.)]

28. [Parménide d'Élée (*c.* 515 av. J.-C.), philosophe grec d'Elée, en Italie du Sud. Il fonda l'éléatisme, une des principales écoles de pensée présocratiques. Son enseignement général a été minutieusement reconstruit a partir des quelques fragments retrouvés de son œuvre principale, un exposé en trois parties en vers intitulé *Sur la nature* (voir Parménide, *Le poème : fragments* [texte grec, traduction, présentation et commentaire par Conche Marcel], 3e éd., Paris : Presses universitaires de France, 2009, 288 p. ; Dusapin (Pascal), *Semino : chant à six voix (1984-1985) : XVIIIe fragment du poème de Parménide* [partition], Paris : Salabert, 1997, 21 p. ; et note 30, ci-dessous).]

29. Sextus, *Adv. Mathém.*, VII, 3. Aristote, *Métaph.*, I, 5. Diog. Laert, IX, 22 [M. de St.-Agy]. [Sextus Empiricus (début du IIIe siècle), philosophe et grec qui rédigea l'unique récit complet existant sur le scepticisme grec dans Esquisses pyrrhoniennes et Contre les Professeurs (voir Sextus Empiricus, *Esquisses pyrrhoniennes* [introduction, traduction et commentaires par Pellegrin Pierre], Paris : Éditions du Seuil, 1997, 570 p. ; *Les Sceptiques : Pyrrhon, Sextus Empiricus ; Les Cyniques : Diogène de Sinope, Télès, Dion Chrysostome... ; Les Stoïciens : Zénon de Citium, Sénéque, Épictète...* [textes trad. du grec et du latin,

choisis et préf. par Chouraqui Pierre], Paris: Éditions France Loisirs, 2000, 489 p.; *Contre les professeurs* [introduction, glossaire et index par Pellegrin Pierre; traduction par Dalimier Catherine, Delattre Daniel, Delattre Joëlle & Pérez B.; sous la direction de Pellegrin Pierre], Paris: Éditions du Seuil, 2002, 486 p.; *Gegen die Wissenschaftler, Buch 1-6* [aus dem Griechischen übersetzt, eingeleitet und kommentiert von Jürss Fritz], Würzburg: Königshausen & Neumann, 2001, 164 p.); pour Diogène Laërce, voir Leçon 7, note 31].

30. [Dans son poème sur la nature (voir note 28, ci-dessus), Parménide soutient que la multiplicité des choses existantes, leurs formes changeantes ainsi que leurs mouvements ne sont qu'un aspect d'une réalité éternelle unique («Être»), aboutissant ainsi au principe parménidéen selon lequel «tout est un». Partant de ce concept d'Être, il déduit que toutes affirmations de changement ou de non-être sont illogiques. Pour avoir introduit la méthode d'après laquelle toute affirmation sur les apparences repose sur un concept logique d'Être, il est considéré comme l'un des fondateurs de la métaphysique.]

31. [Zénon d'Élée (*c.* 495 av. J.-C. - *c.* 430 av. J.-C.), philosophe et mathématicien grec qu'Aristote considérait comme l'inventeur de la dialectique. Il est particulièrement connu pour ses paradoxes qui ont contribué au développement de la rigueur mathématique et logique – et demeurèrent insolubles jusqu'au développement des concepts précis de continuité et d'infini (voir Grünbaum (Adolf), *Modern science and Zeno's paradoxes* [1ère éd.], Middletown (Connecticut): Wesleyan University Press, 1967, x + 148 p.; Salmon (Wesley C.), *Zeno's paradoxes* [éd. par Salmon Wesley C.], Indianapolis: Bobbs-Merrill, 1970, x + 309 p.)]

32. [Leucippe (*fl.* ve siècle av. J.-C., probablement né à Milet, sur la côte occidentale d'Asie Mineure), philosophe grec reconnu par Aristote et Théophraste pour avoir fondé la théorie de l'atomisme. Il est difficile de distinguer sa contribution de celle de son élève le plus célèbre, Démocrite. Il ne reste que des fragments des écrits de Leucippe, mais deux des œuvres qu'on lui attribue sont *La Grande Cosmologie et Sur l'Intellect* (voir Leucippe, *The atomists: Leucippus and Democritus. Fragments* [commentaires et trad. en Anglais par Taylor Christopher Charles Whiston], Toronto: University of Toronto Press, 1999, 308 p.) D'après sa théorie, la matière est homogène mais consiste en une infinité de petites particules indivisibles. Ces atomes sont constamment en mouvement, et de par leurs collisions et regroupements, forment divers composants. Un cosmos est constitué par la collision des atomes qui se rassemblent en une spirale et la Terre en forme de tambour est située au centre du cosmos de l'homme.]

33. [Démocrite d'Abdère (*c.* 460 av. J.-C. - *c.* 370 av. J.-C.), philosophe grec, figure centrale dans le développement de la théorie atomique de l'univers. Le peu d'informations qu'on ait sur la vie de Démocrite émane de la tradition orale: il semble qu'il ait été un citoyen riche d'Abdère, ville de Thrace, qu'il ait beaucoup voyagé en Occident et vécu âgé. Selon Diogène Laërce [voir Leçon 7, note 31], il a écrit 37 ouvrages (voir Diogène Laërce, *Vies et doctrines des philosophes illustres* [traduction française sous la direction de Goulet-Cazé Marie-Odile; introduction, traduction et notes de Balaudé Jean-François, Brisson Luc, Brunschwig Jacques *et al.*; avec la collab. de Patillon Michel; 2e éd., revue et corrigée], Paris: Librairie générale française, 1999, 1398 p.) dont quelques fragments seulement ont survécu, surtout parmi ses traités d'éthique (Cole (Thomas), *Democritus and the Sources of Greek Anthropology*, Cleveland (Ohio): Press of Western Reserve University, 1967, xii + 225 p.)]

34. [Esculape, voir Leçon 4, note 19.]

35. [Cnide, ancienne cité grecque d'Asie Mineure située sur les côtes de Carie, au sud-ouest de l'Anatolie. La ville était un centre commercial important, foyer d'une école de médecine célèbre, et l'emplacement de l'observatoire de l'astronome Eudoxe. L'une des six villes de l'hexapole dorienne, Cnide accueillait à ce titre les jeux Doriens, tous les quatre ans. Les Cnidiens se disaient d'origine spartiate.]

36. [Hippocrate (*c.* 460 av. J.-C. île de Kos, Grèce - *c.* 377 av. J.-C. Larissa, Thessalie), physicien grec traditionnellement considéré comme le père de la médecine. Son nom a été longtemps associé au célèbre Serment d'Hippocrate – qu'il n'a probablement pas rédigé – que prêtent aujourd'hui encore les étudiants en médecine avant qu'ils ne commencent à exercer.]

37. [*Des Fractures* par Hippocrate (c. 400 av. J.-C.), traité sur la nature et le traitement des fractures et dislocations osseuses. Ce texte est l'un de ceux qui renferment ce qu'on désigne désormais sous le nom de canon d'Hippocrate (voir Hippocrate, *Œuvres. 4* [éd. de Grmek Mirko & Jouanna Jacques], Paris: Les Belles Lettres, 2000, CXLVIII + 349 p.)]

38. [Miltiade le Jeune (*c.* 554 av. J.-C., Athènes-*c.* 489 av. J.-C., Athènes), général athénien qui mena sa ville à la victoire sur les Perses lors de la bataille de Marathon en 490.]

39. [Clazomènes, cité grecque d'Ionie, située à 32 km à l'ouest d'Izmir (golfe de Smyrne), aujourd'hui en Turquie.]

40. [Périclès (*c.* 495 av. J.-C., Athènes - *c.* 429 av. J.-C., Athènes), homme d'État athénien à l'origine de l'essor démocratique et impérial d'Athènes, au ve siècle av. J.-C. Il fit ainsi d'Athènes le foyer politique et culturel de la Grèce. Parmi ses accomplissements figure la construction de l'Acropole, initiée en 447.]

41. [Lampsaque, ancienne cité grecque d'Asie Mineure, située sur la rive sud de l'Hellespont (détroit des Dardanelles), renommée pour ses vins, et berceau du culte de Priape, dieu de la procréation et de la fertilité.]

42. [Lucrèce, voir Leçon 11, note 5.]

43. [Mont Athos, péninsule montagneuse au nord de la Grèce (qui culmine à 2033 m d'altitude), emplacement d'une république semi-autonome de moines orthodoxes grecs résidant dans vingt monastères et autres dépendances parfois plus vastes encore que l'établissement auquel elles sont rattachées. L'accès à toute créature femelle y est interdit.]

44. [Bataille d'Aigos-Potamos/Aegospotami (405 av. J.-C.), victoire navale de Sparte sur Athènes, ultime bataille de la guerre du Péloponnèse. Les flottes des deux puissances rivales grecques se firent face dans le détroit des Dardanelles, sans s'affronter, pendant quatre jours ; au cinquième jour, la flotte spartiate, placée sous le commandement du navarque Lysandre (mort en 395 av. J.-C. à Haliarte, en Béotie), surprit les Athéniens ancrés au large d'Aigos-Potamos. Le général athénien, Conon (mort vers 390 av. J.-C.), réussit à s'échapper avec seulement 20 de ses 180 navires. Les 3000 à 4000 Athéniens capturés furent mis à mort. La victoire d'Aigos-Potamos permit à Lysandre de continuer sa marche vers Athènes, qui capitula en avril 404.]

45. Pourquoi non ? Je pense à cet égard comme Anaxagore. Beaucoup de savans partagent aussi cette opinion. Je dirai même avec M. [Dominique-François-Jean] Arago [26 février 1786, Estagel, Pyrénées Orientales - 2 octobre 1853, Paris], que je ne vois pas d'impossibilité à ce que le centre du soleil soit habité ; mais, comme les animaux et les plantes varient sur notre globe d'un climat à l'autre, il est vraisemblable qu'ils offrent encore plus de différence d'une planète à l'autre [M. de St.-Agy]. [Physicien français, Arago découvrit le principe de la production de magnétisme induite par rotation d'un corps conducteur non magnétique. Il imagina aussi une expérience qui permit d'appliquer la théorie ondulatoire à la lumière et participa aux recherches qui menèrent aux lois de la polarisation de la lumière.]

RUINES OF PERSEPOLIS
Detail of a 1663 engraving by Wenceslas Hollar (1607-1667), etcher and engraver from Bohemia. Original format: 26 x 33 cm.

6 Socrates and His Disciples

We have seen that, shortly after its birth in the Greek colonies of Asia Minor, the philosophical spirit produced four great sects or schools more or less opposed to one another. The first, that of Thales, had for the basis of its speculations only vague and obscure ideas about the general physical world. The second or Italic school rose above this in seeking something beyond matter; by assimilating the system of bodies with that of numbers, and by considering the universe as a harmonic whole, it had a glimpse of some of the laws essential to matter. The Eleatic school was completely opposed to Thales; it made an abstraction of matter, denied its existence, and thought that bodies were only various manifestations of mind, assuming it to be the only universal essence. The fourth school, through a natural reaction against the Eleatics, rejected all metaphysical essence and claimed there was only matter and motion in the universe. But Anaxagoras opened a new era by promoting the idea of an intelligence that orders the universe and was thus Greece's first theist.

Of the disciples of this philosopher, the most famous was Socrates[1], the son of a sculptor and a sculptor himself. His mother was a midwife. He was born at Athens in 470 B.C. The most famous men of Greece were his contemporaries. Anaxagoras and Pericles were 30 years older than he; Hippocrates was 10 years older; Alcibiades[2], a follower of his, was 16 years younger; Xenophon, who was also his follower, was one year older than Alcibiades; Plato[3], the youngest disciple of Socrates, and who tried to defend him against the accusation on account of which he was executed, was 40 years younger than his master. Political circumstances had a powerful influence on the condemnation of Socrates. Athens had succumbed to attacks made by the Peloponnesian League[4]; thirty tyrants had ruled her with cruelty; Socrates was accused of having been one of their party and of not revering the gods[5]. The accusation was false. Socrates had been merely a friend of Critias[6], one of the thirty tyrants of Athens, before Critias had abused his power, and Socrates had ceased relations with him, which had been occasioned only by love of the sciences, from the beginning of his tyranny, a tyranny in which Socrates did not wish to participate. No one, moreover, before Socrates had understood divinity better than he.

Unjustly condemned, he had the right to escape death, as his master Anaxagoras had done; every facility was offered him in this regard. But, after having been a model of virtue, he wished still to teach, by his death, the respect that one owes to the laws of one's country, even when they are unjustly applied. He drank the hemlock with the calm of a wise man.

Socrates did not cultivate the physical sciences. His teachings had, as their sole object, ideas about the moral and religious order. However, he contributed much to establishing the more intelligent method used by the sciences not long after him. The Eleatic school, introduced into Athens, in its degeneration had produced there numerous sophists, including Zeno and Parmenides, who held all the philosophy chairs. They were undermining all the principles assumed up till then, and by dint of subtleties they had succeeded in casting doubt on the most undoubted notions. Everything was on the point of being led into the vanity of their doctrine. Socrates strove to combat the sophists, and to do it to some purpose, he obliged them to define the terms they used. Thus he fixed the language, rendered impossible every sophism based on the double meaning of expressions, and procured for the sciences their most indispensable tool. Somewhat as Descartes[7] did in the 17th century in the case of the scholastics, he rejected every *a priori*, every speculation that had been assumed true, and sought to bring metaphysics back to common sense and morality back to inward feeling, to the conscience. His reform may be considered the seed of the experimental method. It had little influence at first; but later, immense results were obtained when Aristotle applied it and developed it.

The sciences are obliged to Socrates for another advantage. It is he who introduced the principle of *final causes*, or, as we say now, *conditions of existence*.

Socrates admitted that it was from the writings of Anaxagoras that he borrowed the idea of this principle rich in useful results. He said to himself that if the universe is, as Anaxagoras thinks, the work of an intelligent being, all its parts must be related and must be united in a common goal. Each organism must, as a consequence, be connected to other organisms, forming the links of a great chain that extends from divinity down to the simplest being; moreover, each being must include within itself the means of carrying out the role that is its portion.

Socrates attached such great importance to the principle of final causes, which were for him the basis for the form of beings, that one sees him in Plato expressing regret that he did not possess enough knowledge of the physical world to be able to make detailed applications of it.

The principle of final causes has sometimes deluded certain speculative minds that imagine that it dispenses them from observing directly; but also we must realize that more often it has led to remarkable discoveries. And it has brought about and sustained researches that perhaps otherwise would have been abandoned on account of their unproductiveness.

After the death of Socrates, his students left Athens, where philosophy was being persecuted and certain soothsayers were maintained, with distinction, in the Prytaneum[8]. They withdrew to Megara[9] and several other cities where they founded various philosophical schools. The most important and famous are the Megarics, the Cynics, the Cyrenaics, and finally the Academy, founded by Plato.

The first, which goes back to Euclid of Megara[10], was mostly occupied in perfecting a dialectic modified according to the ideas of the Eleatics and those of Socrates. Its subtleties seem aimed at showing up the difficulties contained in rationalism and empiricism.

The Cynics, founded by Antisthenes [11], proclaimed that the sovereign good was virtue; virtue consisted in privations, which ensure our liberty and place us beyond dependence upon exterior things, and which thus permit us to attain the highest perfection, the most perfect happiness.

The Cyrenaics [12], who go back to Aristippus of Cyrene [13], a colonial city in Africa, occupied themselves, like the preceding, in searching for true happiness; but they claimed it consisted in the exercise of our natural inclinations, with moderation and freedom of spirit.

Plato, the founder of the Academy, was the youngest of Socrates's disciples. He was only 29 years old [14] when his master was brought up on charges. He hurried to the court of justice to defend his master but he was prevented from doing so. After Socrates's death, he withdrew to Megara where he practiced the dialectic under Euclid, Socrates's student; then he went to Cyrene and used his fortune, which was considerable, in traveling to various countries. He went first to Egypt where he visited what remained of the ancient sacerdotal castes, oppressed and degraded by the Persians. He became their student in order to learn the vestiges of their sacred sciences. From Egypt he went to Magna Graecia where he studied the Pythagorean doctrines under Timaeus of Locri [15] and Archytas of Tarentum [16]. So, when he returned to Athens to open a new school, he knew all the ideas, all the systems that were able to support his own philosophy.

Nature had not destined Plato for the sciences of observation and calculation. His genius inclined him to fiction and poetry. And yet, following on his relations with the Pythagoreans, he always held geometry in high regard and thought it should be taught as an introduction to philosophy. It was as a consequence of this opinion that he caused to be inscribed above the door of his school, *Let no one enter here who knows not geometry*.

His principles are sometimes difficult to determine, and we know only by conjecture the whole of his system, because he had a secret philosophy. He usually introduces into his works several interlocutors –sophists, statesmen, philosophers– and among the various opinions they express we do not know precisely which one is his own. But as Socrates is usually one of the interlocutors in these writings, we may think with some likelihood that Plato's personal opinion is the one he has his master maintaining.

Plato's metaphysics, although the result of his own labors, has some similarity to that of the Eleatics, the Pythagoreans, and Anaxagoras.

In some of his dialogues, Plato applies himself to the study of the faculties of our intelligence, and it is this study that serves as basis for the *logic* of his students. In other dialogues, he treats of the nature of the soul and the origin of ideas. According to him, our soul is an emanation of the divine. This emanation has a recollection of general ideas that it had before becoming separated, and thus the abstract principles that we consider the result of the operations of our intelligence upon the givens furnished by experience are simple recollections. It was when the divine ideas, which are real beings, penetrated matter that particular souls and the universal soul were born.

This metaphysic could only cause us to neglect observation and lead us down the false and obscure path of *a priori* deductions. Its results, as regards the natural sciences, are contained in Plato's *Timaeus*[17]. This work is somewhat complex but it rewards examination since it is the earliest of the Greek philosophers' writings on the sciences of interest to us. Moreover, it was written by Plato himself, whereas, until now, we have not been able to offer you the opinions of the ancients except on the evidence of their students or successors.

The interlocutors in the *Timaeus* are the Pythagorean Timaeus, Socrates, Critias, and Hermocrates[18].

The dialogue begins with a conversation that Critias supposes to have taken place between Solon[19] and a priest in Saïs, a city in Lower Egypt. According to this priest, Athens had been founded by a colony from Saïs led by Cecrops, which conforms generally with received opinion; but he also says that ten thousand years before that, Saïs itself had been built by a colony from Greece. The priest explains his opinion thus: there came to pass, after the establishment of Saïs, numerous floods that destroyed all of men's monuments and most of mankind. Egypt alone escaped these disasters, and so, the sacerdotal college in Saïs keeps in its archives the annals of the world covering more than ten thousand years. This assertion is absurd, for everyone knows that if any country is susceptible to flooding, it is most certainly Lower Egypt, where the ground is scarcely above sea-level, and which was still a marsh over two thousand years before Christ. But this fable at least proves that, at the time it was conceived, the memory of the great revolutions that convulsed the globe had not been lost. The same proof comes from the fabulous story of Atlantis, which was submerged by the waters, and which, in recent times, we have sought for and believe to have found in the island of Malta, in the Canaries, etc. We doubtless would have possessed many other indications of the upheavals of the globe, if Plato, in following his penchant for fiction, had not masked the original story with ornaments of pure invention. For example, when he recounts the wars undergone by the inhabitants of this island, it is clear he is not writing from the standpoint of a historian or scholar but rather he is submitting to the impulse of his poetic imagination.

When Critias ends his narration, Timaeus speaks and sets forth a system of cosmogony according to which the divinity has formed matter, eternal like itself, upon the model of the *ideas*, the uncreated types of all things. The world is thus the representation of God. In this doctrine of one intelligence that directs or gives the model, of another intelligence that executes in compliance with this model, and of the product, *i.e.*, the world, some people believe they see the Christian Trinity.

Plato, in positing the eternity of matter, is at any rate in agreement with all the ancient philosophers, even with those who assume a divinity distinct from the physical world. According to him, when the idea-types penetrate matter in order to give form to matter, the soul of the world results, which thus contains the principle of its motion. From the saturation of matter by divinity result all the other particular creatures. The world, like the creatures, possesses all the conditions of existence and constitutes a great animal, the same as in Pythagorean doctrine.

Timaeus next sets forth his physics, and, as it were, his mineralogy. He assumes the four elements of Empedocles[20]: air, earth, fire, and water, and he explains the form of bodies by the mixing of and the shape of the molecules of these elements. The molecules of water are octahedral, those of fire pyramidal, those of earth cubical, and those of air icosahedral. When the interlocutor remarks that all these forms might be reduced to tetrahedrons, he concludes that the universe is composed of triangular molecules.

One may see in this doctrine the seed of crystallography; but if one wished to fasten upon such subtle analogies, there would be scarcely a single one of our sciences not found mentioned in some confused way by the philosophers of antiquity. Vague and obscure notions, as the notions of these philosophers nearly always are, are without value and can produce nothing as long as they are not supported by observations and multiple experiments.

In Timaeus's doctrine, psychology and physiology, which today seem to us so perfectly distinct, are completely confounded. This was the state of things until Aristotle, who was the first to give rules for the classification of human knowledge and whose own work was an example of their application.

The soul of the world, according to Timaeus, was the result of the penetration of unformed matter by the *ideas*, and particular souls were born from what was left over from the mixture. These souls are, relative to the cosmic soul, what droplets suspended from the outside of a vase are, compared with the volume of liquid contained within the vase.

Human souls were distributed among the various planets; those that had the earth for their portion are in a state of testing. Genies, or gods of an inferior order, were charged with surrounding them with matter, of composing bodies for them, which, until then, were not at all necessary to them.

Timaeus claims there are three souls in the human body: the rational soul, the sensitive soul, and the vegetative soul. These three souls occupy different areas in man. The head is the seat of the rational soul. This soul is placed here in order to be less distant from heaven, its origin; and the head is round because the circle is the most perfect shape: also, the world and God are round.

The sensitive soul occupies the breast, and the heart is its principal seat.

To prevent the sensitive soul from acting too impetuously for the rational soul, which must be imagined as naturally weaker than the sensitive soul, the communication between the two souls have been made difficult by the narrowing of the neck.

The vegetative soul, or the coarsest of the three, resides in the abdomen. This soul and the one that presides over the passions, that is, the sensitive soul, each have a moderator. The sensitive soul's moderator is the lungs, which receive the air destined for refreshing the heart, the seat of the sensitive soul. The liver performs the same function for the vegetative soul; for this purpose it has been placed near the stomach, principal residence of the gross soul. The spleen is placed near the liver so as to receive the impurities that might come to disturb its functions. These ideas are so ridiculous that one might suppose they had an allegorical meaning meant to conceal truths that, if expressed more clearly, would have exposed Plato to persecution [21].

After this singular system, Timaeus develops a zoology that is no less peculiar, and to which some modern philosophers seem to have returned. This zoology rests on a metempsychosis borrowed from Egypt and Pythagoras.

At first, there were only men; in the first transformation, men who were weak and unjust were changed into women. In the second, men who were frivolous and haughty were metamorphosed into birds; men coarse in their passions into quadrupeds; and the stupid ones and the dirtiest ones – those who, having denied their divine nature, were unworthy of breathing pure air – became fishes.

By means of this migration of souls, Timaeus explains the resemblance that has been noticed between the various classes of animals; for each soul, in changing its material envelope, always keeps something from its earlier slough. Such a view of the general organization of animals can, however ridiculous, be considered the result of a first attempt at comparative zoology.

Although animals are transformed men, they have only two souls, the sensitive or passionate and the vegetative. Plants possess only the latter. The word *soul*, meaning, for the philosophers of ancient times, any internal cause of motion, it is not surprising that they used it to express the cause of quite different phenomena.

Moreover, the three souls, or three causes of motion, expressed in the Timaeus correspond perfectly to what we subsequently have called organic life, animal life, and intellectual life.

Plato's whole *physical science* has the defect of having been drawn up *a priori*, and as a consequence, it is no science at all; but his metaphysics could not lead him to any other result. If the ideas in the human mind are, as he says, nothing but memories, the best way of recalling these memories is to isolate oneself from the exterior world and give oneself up to meditation, in preference to observation. This method has especially harmed the development of the natural sciences by being opposed to the prompt adoption of the excellent teachings of Aristotle.

The great general principles of Plato, analogous to Socrates's final causes, can be reduced to three:

1° everything is formed for a particular end and for a special destination;

2° everything is connected in the universe, from the most imperfect being, to the divine;

3° and there is no effect without a cause.

Later we shall see these principles of the Platonic school applied profoundly by Leibnitz [22].

We recognize from the form of the dialogue that Plato has expounded his own opinions in the Timaeus. If he sometimes hides behind allegories in his various treatises, it is in order to escape his master's dangers. Nevertheless, despite this precaution, he was, like his master, accused of impiety. But he succeeded in justifying himself, and taught in Athens until a ripe old age, as he died in 348 B.C. at the age of 81 or 82.

Plato's successor and most famous student is Aristotle. But before going into the works of this giant of Greek science, we shall examine the works of some authors whom we have not yet had the opportunity of mentioning to you, and in whom Aristotle must have found some enlightenment. Some, like Herodotus and Xenophon, were attached to Socrates's school; others –Hippocrates and Ctesias[23]– belonged to the medical school or the Asclepiades, who, as I have said, cultivated the sciences solely for the purpose of applying them.

Herodotus, the most ancient prose writer whose works have come down to us, was born in 484 at Halicarnassus in Asia Minor. He traveled widely; he visited Egypt, Greece, and a part of the Orient. Preserved in his writings are the first positive facts on natural history. Egyptian science is known only through tradition, and one must not greatly believe in it. But Herodotus inspires much more confidence, for he claims to have seen with his own eyes some of the things he reports. He thus describes with sufficient accuracy the Egyptian crocodile[24] and several other productions of that country and of Babylonia. He also describes the hippopotamus, but much less accurately. Aristotle found these various descriptions helpful and sometimes even copied them textually without citing their author.

Xenophon[25], who applied himself to natural history more specifically than did Herodotus, was born about 450 B.C., 15 years after Socrates; he was his student and published a defense of him. He did not consecrate all his time to the study of the natural sciences and he professed no philosophy; he was, for part of his life, a military man and statesman. He was one of the 10,000 auxiliaries sent by Greece to Cyrus the Younger[26] to help defend him against his brother Artaxerxes[27] in a civil war. At the Battle of Cunaxa[28], Cyrus was defeated, and the Greeks had to make their way back to their country. Deprived of their leaders one after another, the command was given to Xenophon, who, by marching along the Euphrates and crossing the mountains of Armenia, succeeded in bringing his compatriots back to Greece. He wrote a well-known history of this perilous retreat under the title of *The Retreat of the Ten Thousand*[29]; he also composed various works on ethics and history, as well as a treatise on hunting called *Cynegeticus*[30].Of all his works the latter is the most interesting for naturalists. Xenophon's aim in this work is to attract the Greeks to hunting, which has many similarities with war and keeps one prepared for war during peace. The author enumerates the many races of dogs and the arms that, in his time, were used in hunting. Among the types of game found in Greece, he names two kinds of hares inhabiting the Peloponnesus. He indicates the usual haunts of wild animals, their means of defense and the tricks they use to escape pursuit. He mentions, as existing in Macedonia and in the north of Greece, the lion, the panther, the jackal, and other animals that today are found only in Africa. Without Xenophon's book we would not be aware of the extinction of these species in Europe. This idea is the most important one of those that the ancient authors have directly given us on natural history.

Now we shall run through the works of the two Asclepiades, Hippocrates and Ctesias.

The ideas that Aristotle derived from the school of the Asclepiades are far more important than those he found in Herodotus and Xenophon, because all the experience acquired by the Asclepiades over several centuries is recorded in an admirable work known under the name of *Hippocratic Collection*.[31]

We have already observed that these writings are not the work of one man, and that several physicians bearing the same name participated in gathering them.

The most celebrated of these physicians is the second Hippocrates, seventeenth descendant of Aesculapius, according to his mythological genealogy. He was born at Cos ten years after Socrates and died in Thessaly at the age of 104. His long life enabled him to know Socrates, Plato, and probably Aristotle, who does not mention him but who was living at the court of the Macedonian king when he was summoned there to attend Perdiccas[32]. Otherwise, the biography of this famous physician is mingled with many fables. It is known from his works that after studying under his father, he traveled widely, but he does not seem to have gone to Egypt. He remained for a long time in Athens where he studied philosophy; there he practiced medicine with great courage during a deadly plague – probably not the one of 430, since Thucydides[33] makes no mention of Hippocrates in his account of the ravages of that pestilence. However, it is at this time that Hippocrates is said to have refused gifts from Artaxerxes intended to draw him to Persia where the same plague was raging.

Hippocrates is, after Herodotus, the first writer to use prose, for it is likely that Plato deferred his writing till a later time. His personal writings are difficult to distinguish, but all those writings known under the name of Hippocrates are notable for a quite advanced knowledge of diseases, their determination or diagnostics, and the proper medicaments for each malady; in this regard, they are still classics. One finds in the *Hippocratic Collection* another characteristic that one would prefer not to see there, that is, an astonishing ignorance of almost everything relating to anatomy and physiology. The weakness in this regard is nearly equal to that of Plato, and all the more striking since Hippocrates could not, like the author of the Timaeus, confine himself to generalities. What he knew about anatomy did not go beyond the domain of osteology; the practice of amputating and treating the disease of the bones had given him an opportunity of acquiring some knowledge of their conformation.

It appears that he had also operated on some craniums, for he considered the brain, or, to speak more accurately, the encephalon, to be a spongy organ intended for absorbing the body's humidity. He did not know the nerves or extensions of the brain – when he used that expression, he meant tendons, ligaments, and all such analogous tissues. The notion of particular organs for sensibility and for the contraction of muscles, which had been observed by painters and sculptors, was absolutely foreign to him. Yet, in his time, it was nearly impossible to acquire any accurate knowledge of the systems in the human body. The religious respect the Greeks had for cadavers was such that any man who dared touch them for any reason other than to render last rites to them would have incurred the penalty of proscription. In Egypt, anatomy, as a result of the practice of embalming, was much more advanced than in Greece; but as I have said, Hippocrates did not visit that country, and his ignorance proves it.

However, the impossibility of sufficiently observing is not the only reason for the errors presented by the doctor of Cos; one finds others in his writings that have no other source than his imagination. His description of the veins is an irrefragable example of this. According to him, eight veins come from the head: one goes from the forehead to the anterior face of the arm, another goes from the lateral parts of the head towards the posterior part of the same arm, a third one descends to the loins, and so forth; this whole description from start to finish is but an anatomical fiction, and yet it was in conformity with this imagined course of the veins that he carried out his bleedings, for the chosen points of blood-letting were varied by him according to the symptoms displayed by the illnesses.

His physiology is based on the theory of the four elements of Empedocles and their properties, heat, cold, dry, and moist; it is, like his description of the veins, a work of the imagination, a system constructed entirely *a priori*.

One rediscovers the superiority of Hippocrates when one comes to hygiene; in this part of the science he shows himself an excellent observer, expressing reflections as appropriate as they are profound on the influence of nutrition, seasons, and climates.

Ctesias[34] was, like Hippocrates, from the guild of the Asclepiades, but he belonged to the branch established at Cnidus. He followed, as physician, the 10,000 Greeks sent to the aid of Cyrus the Younger and led back home by Xenophon. Less fortunate than these, Ctesias could not return to Greece; taken prisoner at the Battle of Cunaxa, he was detained for seventeen years at the court of Artaxerxes as his physician. After finally returning to Athens, he published a history of Persia and Assyria, and claimed to have delved into documents kept in the archives at Ecbatana[35] for his history. He also published an account of travels in India, of which only a few fragments have come down to us, found in the library of Photius[36], and which are very curious and of great interest to naturalists. Ctesias gives in them for the first time an accurate description of elephants. Certainly, at the time, the Greeks were using the ivory of these animals; but they did not know its origin, and would not know it until Alexander's conquests.

Ctesias is also the first to give a fair description of the parrot. He adds to his description that this animal easily speaks all the languages that it hears, even Greek. Also, he mentions an Indian reed that grows to the height of a ship's mast and is so thick that two men cannot embrace it. Bamboo is recognizable from this exaggerated description.

But among some truths, Ctesias tells many stories more or less distant from the reality. Some are altered traditions, others are poorly observed facts or figures poorly interpreted. One of the latter is his story of the martichore[37], an animal with the head of a lion, a triple row of teeth, and the tail of a scorpion; its allegorical image is graven on the monuments of Persepolis[38]. Among fables of this order must be placed that of the unicorn, an animal also often represented in the sculptures at Persepolis, but which is nothing more than a poor approximation of the rhinoceros.

What he reports about an oil floating on the surface of certain lakes, and the yellow amber that some rivers carry along periodically, are poorly interpreted natural facts. The floating oil is naphtha, which covers the surface of several lakes, and the yellow amber is nothing more than gum-lac[39] falling from the trees in particles. It is possible to explain in an analogous manner the story of the insects and flowers that give purple dye, and the one about asses that are wild, white, and have horns.

But Ctesias reports stories that cannot be connected with anything in nature, such as the ones about dog-headed men that expel their excrement through the mouth, women who give birth only once, infants born with all their teeth, men whose hair, contrariwise to nature, is white first and turns dark only with age, griffins that guard gold, and so forth. All fables of this sort that are found again in subsequent authors were imbibed with credulity from the doctor-companion of the Ten Thousand.

Among the writers from whom Aristotle drew some enlightenment may be mentioned the Pythagoreans Alcmeon, Democritus, Empedocles, Anaxagoras, and several other authors whom we know of only through citations by Alexander's tutor.

In our next meeting we shall embark upon the history of the life and immense works of this great philosopher.

NOTES

1. [Socrates of Athens (born in or about 470 B.C., died in 399?) was the first of the great trio of ancient Greeks – Socrates, Plato, and Aristotle – who laid the philosophical foundations of Western culture. As Cicero said, Socrates "brought down philosophy from heaven to earth"– that is, from the nature speculation of the Ionian and Italian cosmologists to analyses of the character and conduct of human life, which he assessed in terms of an original theory of the soul. Living during the chaos of the Peloponnesian War, with its erosion of moral values, Socrates felt called to shore up the ethical dimensions of life by the admonition to "know thyself" and by the effort to explore the connotations of moral and humanistic terms.]
2. [Alcibiades (born *c.* 450 B.C. at Athens; died 404 at Phrygia, now in Turkey), brilliant but unscrupulous Athenian politician and military commander who provoked the sharp political antagonisms at Athens that were the main causes of Athens' defeat by Sparta in the Peloponnesian War (431-404 B.C.)]
3. [Plato, see note 14, below.]
4. [Peloponnesian League, also called Spartan Alliance, a military coalition of Greek city-states led by Sparta, formed in the 6th century B.C. League policy, usually decisions on questions of war, peace, or alliance, was determined by federal congresses, summoned by the Spartans when they thought fit; each member state had one vote. The league was a major force in Greek affairs, forming the nucleus of resistance to the Persian invasions (480-479) and fighting against Athens in the Peloponnesian War (431-404). Spartan power declined after the defeat at Leuctra (371), and the league disintegrated in 366-365 B.C.]
5. [The Thirty Tyrants or the Board of Thirty, an aristocratic body that after the overthrow of democracy in 404 B.C. usurped the government of Athens and had many people arbitrarily executed. When the oligarchy of the Thirty Tyrants, wishing to implicate honorable men in their proceedings, instructed Socrates and four others to arrest Leon, one of their victims, Socrates disobeyed – he says in Plato's *Apology* that this might have cost him his life but for the counterrevolution of the next year (Plato, *The Apology of Plato* [with a revised text and English notes, and a digest of Platonic idioms, by Riddell James], New York: Arno Press, 1973, 252 p.)]
6. [Critias, together with Charmides, leaders among the extremists of the oligarchic terror of 404 B.C., were, respectively, cousin and brother of Perictione (Plato's mother); both were friends of Socrates, and through them Plato must have known the philosopher from boyhood.]
7. [René Descartes (born on 31 March 1596 in La Haye (now Descartes), France; died on 11 February 1650 in Stockholm) is known as the father of modern philosophy. A 17th-century French mathematician, scientist, and philosopher, he was one of the first to oppose scholastic Aristotelianism. He began by methodically doubting knowledge based on authority, the senses, and reason, then found certainty in the intuition that, when he is thinking, he exists; this he expressed in the famous statement "I think, therefore I am." He developed a dualistic system in which he distinguished radically between mind, the essence of which is thinking, and matter, the essence of which is extension in three dimensions. Descartes's metaphysical system is intuitionist,

derived by reason from innate ideas, but his physics and physiology, based on sensory knowledge, are mechanistic and empiricist.]

8. [Prytaneum, Greek Prytaneion, town hall of a Greek city-state, normally housing the chief magistrate and the common altar or hearth of the community.]

9. [Megara, modern Greek Mégara, ancient and modern settlement on the Saronic Gulf within Attica *nomós* (department) of Greece. Modern Megara sits on the southern slopes of two hills that served as the acropolises (citadels) of the ancient town.]

10. He [Euclid] flourished about 400 B.C. [M. de St.-Agy.] [Euclid or Eucleides of Megara, Greek philosopher, not to be confused with Euclid (fl. *c.* 300 B.C., Alexandria), the most prominent mathematician of Greco-Roman antiquity.]

11. He [Antisthenes] flourished about 380 B.C. [M. de St.-Agy.] [Antisthenes (born *c.* 445 B.C., died *c.* 365), Greek philosopher, of Athens, who was a disciple of Socrates and is considered the founder of the Cynic school of philosophy, though Diogenes of Sinope (died *c.* 320 B.C., probably at Corinth, Greece) often is given that credit.]

12. [Cyrenaics, adherents of a Greek school of moral philosophy, active around the turn of the 3rd century B.C., which held that the pleasure of the moment is the criterion of goodness and that the good life consists in rationally manipulating situations with a view to their hedonistic (or pleasure-producing) utility.]

13. He [Aristippus] flourished about 380 B.C. [M. de St.-Agy.] [Aristippus (born *c.* 435 B.C. at Cyrene, Libya; died 366 in Athens), philosopher who was one of Socrates's disciples and the founder of the Cyrenaic school of hedonism, the ethic of pleasure. The first of Socrates's disciples to demand a salary for teaching philosophy, Aristippus believed that the good life rests upon the belief that among human values pleasure is the highest and pain the lowest (and one that should be avoided). He also warned his students to avoid inflicting as well as suffering pain. Like Socrates, Aristippus took great interest in practical ethics. While he believed that men should dedicate their lives to the pursuit and enjoyment of pleasure, he also believed that they should use good judgment and exercise self-control to temper powerful human desires. His motto was, "I possess, I am not possessed." None of his writings survives.]

14. He [Plato] was born in 430 or 429 B.C. [in Athens, or perhaps in Aegina; he died in 348/347]. [M. de St.-Agy.] [Plato was the second of the great trio of ancient Greeks – Socrates, Plato, and Aristotle – who between them laid the philosophical foundations of Western culture. Building on the life and thought of Socrates, Plato developed a profound and wide-ranging system of philosophy. His thought has logical, epistemological, and metaphysical aspects; but its underlying motivation is ethical. It sometimes relies upon conjectures and myth, and it is occasionally mystical in tone; but fundamentally Plato is a rationalist, devoted to the proposition that reason must be followed wherever it leads. Thus the core of Plato's philosophy is a rationalistic ethics.]

15. [Timaeus of Locri, see Lesson 5, note 19.]

16. [Archytas of Tarentum (fl. 400-350 B.C. at Tarentum, Magna Graecia, now Taranto, Italy), Greek scientist, philosopher, and major Pythagorean mathematician, who is sometimes called the founder of mathematical mechanics. Plato, a close friend, made use of his work in mathematics, and there is evidence that Euclid borrowed from him for Book 8 of his *Elements* (see Euclid, *Euclid's Elements: all thirteen books complete in one volume* [edited by Densmore Dana; translated by Heat Thomas L.], Santa Fe (New Mexico): Green Lion Press, 2007, xxix + 499 p.) Archytas was also an influential figure in public affairs, and he served for seven years as commander in chief of his city.]

17. [Plato's *Timaeus* is an exposition of cosmology, physics, and biology that first draws the distinction between eternal being and temporal becoming and insists that it is only of the former that one can have exact and final knowledge (Plato, *Timaeus, Critias, Cleitophon, Menexenus [and] Epistles* [with an English translation by Bury Robert Gregg], Cambridge (Massachusetts): Harvard University Press, 1966, 635 p.) The visible, mutable world had a beginning; it is the work of God, who had its Forms before him as eternal models in terms of which he molded the world as an imitation. God first formed its soul out of three constituents: identity, difference, being. The world soul was placed in the circles of the heavenly bodies, and the circles were animated with movements. Subsequently the various subordinate gods and the immortal and rational element in the human soul were formed. The human body and the lower components of its soul were generated through the intermediacy of the "created gods" (*i.e.*, the stars).]

18. [Hermocrates (died 408/407 B.C.), leader of the moderate democrats of Syracuse, Sicily; he played an important role in saving the city from conquest by the Athenians between 415 and 413 B.C.]

19. [Solon (born *c.* 630 B.C., died *c.* 560), Athenian statesman, known as one of the Seven Wise Men of Greece. He ended exclusive aristocratic control of the government, substituted a system of control by the wealthy, and introduced a new and more humane law code. He was also a noted poet.]

20. [Empedocles, see Lesson 5, note 21.]

21. Monsieur de Montlosier has reproduced approximately this system in his *Mystères de la Vie humaine* [see Montlosier (François Dominique Raynaud de), *Des mystères de la vie humaine* [précédés d'une notice sur la vie de l'auteur par M. F. de Montrol.], Paris: Pichon & Didier, 1829, 238 p.] [M. de St.-Agy.] [François Dominique de Reynaud, Comte de

Montlosier, French politician and spy, was born at Clermont-Ferrand (Puy-de-Dôme) on 16 April 1755, the youngest of a large family belonging to the poorer nobility. His most famous work is *Mémoires sur la Révolution française, le Consulat, l'Empire, la Restoration, et les principaux évènements qui l'ont suivie*, Paris: Dufay, 1830, 2 vols, 420 p. + 426 p. He died at Blois on 9 December 1838.]

22. [Baron Gottfried Wilhelm von Leibnitz (born 21 June 1646, at Leipzig; died 14 November 1716, Hanover), one of the most profound philosopher-scientists of modern times, but probably best known as Isaac Newton's antagonist in an ill-fated priority battle over the invention of the differential calculus. A philosopher of the Enlightenment, he put great stress on the importance of pure reason, and thought that by it man could transcend the material universe.]

23. [For Ctesias, see note 34, below.]

24. Persons who are not naturalists should not conclude from this statement that there exists in Egypt only one species of crocodile. Monsieur [Étienne] Geoffroy Saint-Hilaire [(born 15 April 1772 at Étampes, France; died 19 June 1844 at Paris), French naturalist who established the principle of "unity of composition," postulating a single consistent structural plan basic to all animals as a major tenet of comparative anatomy, and who founded teratology, the study of animal malformation] has written a report in which he proves that Egypt produces several species of crocodiles, and that the sacred crocodile, for example, constitutes a particular species [Geoffroy Saint-Hilaire (Étienne), "Description de deux crocodiles qui existent dans le Nil, comparés au crocodile de Saint-Domingue", *Annales du Muséum d'Histoire Naturelle*, Paris, vol. 10, 1807, pp. 67-86; "Détermination des pièces qui composent le crane des crocodiles", *Annales du Muséum d'Histoire Naturelle*, Paris, vol. 10, 1807, pp. 249-264; "Recherches sur l'Organisation des Gavials", *Mémoires du Muséum d'Histoire Naturelle*, Paris, vol. 12, 1825, pp. 97-155; "De l'état de l'histoire naturelle chez les Égyptiens avant Hérodote, principalement en ce qui concerne le crocodile", *Séance générale des Académies de l'Institut*, 1828, pp. 21-38; see also Le Guyader (Hervé), *Geoffroy Saint-Hilaire 1772-1844: a visionary naturalist*, Chicago: University of Chicago Press, 2004, 302 p.] [M. de St.-Agy.]

25. [Xenophon (born 431 B.C., Attica, Greece; died shortly before 350, Attica), Greek historian, author of the *Anabasis* (see Xenophon, *Anabasis* [with an English translation by Brownson Carleton L.; revised by Dillery John], Cambridge (Massachusetts): Harvard University Press, 1998, 666 p.), an account in seven books of the campaign of Cyrus the Younger against his brother Artaxerxes II (see note 27, below). Its prose was highly regarded by literary critics in antiquity and had strong influence on Latin literature (Godolphin (Francis Richard Borroum) (ed.), *The Greek historians* [The complete and unabridged historical works of Herodotus, translated by Rawlinson George; Thucydides, translated by Jowett Benjamin; Xenophon, translated by Dakyns Henry G. [and] Arrian, translated by Chinnock Edward J.; Edited, with an introduction, revisions and additional notes, by Godolphin Francis R. B.], New York: Random house, [1942], 2 vols).]

26. [Cyrus the Younger (born after 423 B.C., died 401, Cunaxa, Babylonia, now in Iraq), younger son of the Achaemenian king Darius II and his wife, Parysatis (see notes 27 and 28, below).]

27. [Artaxerxes II (fl. late 5th and early 4th centuries B.C.), Achaemenid king of Persia (reigned 404-359/358). He was the son and successor of Darius II and was surnamed (in Greek) Mnemon, meaning "the mindful." When Artaxerxes took the Persian throne, the power of Athens had been broken in the Peloponnesian War (431-404), and the Greek towns across the Aegean Sea in Ionia were again subjects of the Achaemenid Empire. In 404, however, Artaxerxes lost Egypt, and in the following year his brother Cyrus the Younger began preparations for his rebellion. Although Cyrus was defeated and killed at Cunaxa (401), the rebellion had dangerous repercussions, for it not only demonstrated the superiority of the Greek hoplites used by Cyrus but also led the Greeks to believe that Persia was vulnerable.]

28. [Battle of Cunaxa (401 B.C.), battle fought between Cyrus the Younger, satrap of Anatolia, and his brother -Artaxerxes II over the Achaemenian throne. Attempting to overthrow Artaxerxes, Cyrus massed his forces and marched inland from Sardis against his brother. The two armies met unexpectedly at Cunaxa, on the left bank of the Euphrates River north of Babylon. Greek mercenaries under Clearchus, nearly 13,000 strong and the best trained and equipped troops in Cyrus's army, routed the Persian left with few casualties, while Cyrus himself charged Artaxerxes's center with 600 cavalry. Cyrus succeeded in wounding his brother but was killed. When the Greeks returned, they found that the rest of Cyrus's troops had been routed and his camp plundered. They formed ranks again, thus discouraging Artaxerxes from attacking them, and, in their famous "Retreat of the Ten Thousand" under Xenophon, they succeeded in marching through hostile country to the Black Sea.]

29. [*The Retreat of the Ten Thousand*, contained within Xenophon's *Anabasis* (see notes 25 and 28, above).]

30. [Xenophon's *Cynegeticus* (*On Hunting*), a short treatise, regarded by some as spurious, contains a wealth of technical information and seeks to justify hunting as a training for war and for all that requires quick thinking and quick action (Godolphin (Francis Richard Borroum) (ed.), *The Greek historians, op. cit.*)]

31. [Although little is known of the life of Hippocrates – or, indeed, if he was the only practitioner of the time using this name – a body of manuscripts, called the Hippocratic Collection (*Corpus Hippocraticum*), survived until modern

times (Hippocrates, *The genuine works of Hippocrates* [translated from the Greek, with a preliminary discourse and annotations, by Adams Francis], London: Printed for the Sydenham society, 1849, 2 vols). In addition to containing information on medical matters, the collection embodied a code of principles for the teachers of medicine and for their students. This code, or a fragment of it, has been handed down in various versions through generations of physicians as the Hippocratic oath (Hippocrates, *On Ancient Medicine* [translated, with introduction and commentary by Schiefsky Mark J.], Leiden; Boston: Brill, 2005, 415 p.) The text of the oath itself is divided into two major sections. The first sets out the obligations of the physician to students of medicine and the duties of pupil to teacher. In the second section the physician pledges to prescribe only beneficial treatments, according to his abilities and judgment; to refrain from causing harm or hurt; and to live an exemplary personal and professional life.]

32. [Perdiccas (born *c.* 365 B.C., died 321), general under Alexander the Great who became regent of the Macedonian empire after Alexander's death (323).]

33. [Thucydides (born 460 B.C. or earlier; died after 404 B.C.?), greatest of ancient Greek historians and author of the *History of the Peloponnesian War,* which recounts the struggle between Athens and Sparta in the 5th century B.C. His work was the first recorded political and moral analysis of a nation's war policies (see Thucydides, *The Complete Writings of Thucydides. The Peloponnesian War* [The unabridged Crawley translation; with an introduction by Gavorse Joseph], New York: The Modern Library, 1934, xxviii + 516 p.)]

34. [Ctesias (born *c.* 416 B.C., Cnidus, Caria), Greek physician and historian of Persia and India whose works were the only historical writings of his time based on official Persian sources. Ctesias traveled to the Persian court, where he remained as physician for 17 years under the rulers Darius II and Artaxerxes Mnemon. He apparently accompanied the latter to the Battle of Cunaxa in 401. Returning to Greece in 398, Ctesias began writing his *Persica,* a history of Assyria-Babylonia in 23 books covering the period of the ancient Assyrian monarchy, the founding of the Persian kingdom, and the history of Persia down to 398 B.C. Although his material was gathered from Persian archives and state records, its credibility is dubious because of its legendary quality and the fact that Ctesias was writing expressly to contradict the chronology of the Greek historian Herodotus. The work no longer exists, except in an abstract compiled by the patriarch Photius of Constantinople (fl. *c.* 860; see Photius, *The library of Photius* [translated by Freese John Henri], London: Society for promoting Christian knowledge; New York: Macmillan Co, 1920, 243 p.) Ctesias also wrote a history of India based on reports of Persian visitors and of Indian merchants and envoys to the Persian court (Ctesias, *La Perse; L'Inde; Autres fragments, Ctésias de Cnide* [edited and translated in French by Lenfant Dominique], Paris: Les Belles Lettres, 2004, CCVII + 399 p.) Although legendary and fabulous, it was the only systematic account of India until Alexander the Great's invasion of that country.]

35. [Ecbatana, ancient city on the site of which stands the modern city of Hamadan, Iran. Ecbatana was the capital of Media and was subsequently the summer residence of the Achaemenian kings and one of the residences of the Parthian kings.]

36. [Photius, see Lesson 20, note 6.]

37. [The martichore or manticore, a kind of tiger with a human face and three rows of teeth, is the subject of only one of several fables that originate with Ctesias – others include the *Cynoscephalae,* a mountain tribe of people with dog's heads, probably stemming from a translation of the Indian word *svapâka,* meaning people who live and eat with the dogs, an indication of people belonging to a very low caste; a people with one big foot, probably a misunderstanding of the practice of certain holy men who stand in unusual poses for a long time, usually on one foot; and the *Pygmees,* who are 90 centimeters high, have large genitals, and very long beards, which they use as coat – all fairy-tale beings who were later to become popular in ancient and medieval bestiaries.]

38. [Persepolis, an ancient capital of the Achaemenian kings of Iran (Persia), located about 32 miles (51 km) northeast of Shiraz in the region of Fars in southwestern Iran. The site lies near the confluence of the small river Pulvar (Rudkhaneh-ye Sivand) with the Rud-e Kor.]

39. [Gum-lac or lac, also spelled lack, sticky, resinous secretion of the tiny lac insect, *Laccifer lacca,* a species of scale insect. This insect deposits lac on the twigs and young branches of several varieties of soapberry and acacia trees and particularly on the sacred fig, *Ficus religiosa,* in India, Thailand, Myanmar (Burma), and elsewhere in Southeast Asia. The lac is harvested predominantly for the production of shellac and lac dye, a red dye widely used in India and other Asian countries. Forms of lac, including shellac, are the only commercial resins of animal origin.]

RUINES DE PERSÉPOLIS
Détail d'une gravure de 1663 réalisée par Wenceslas Hollar (1607-1667), dessinateur et graveur originaire de Bohême. Format original : 26 x 33 cm.

6 Socrate et ses disciples

Nous avons vu que, peu de temps après sa naissance dans les colonies grecques de l'Asie Mineure, l'esprit philosophique produisit quatre grandes sectes ou écoles plus ou moins opposées. La première, c'est-à-dire celle de Thalès, n'avait pour base de ses spéculations que de vagues et obscures idées de physique générale. La seconde, ou l'école italique, s'éleva au-dessus d'elle en cherchant quelque chose au-delà de la matière ; elle entrevit quelques-unes des lois qui lui sont essentielles, en assimilant le système des corps à celui des nombres, et en considérant l'univers comme un tout harmonique. L'école éléatique s'opposa tout à fait à celle de Thalès ; elle fit abstraction de la matière, en nia l'existence, et ne considéra les corps que comme des manifestations diverses de l'intelligence, seul principe qu'elle admît dans le monde. La dernière école, par une réaction naturelle contre la doctrine éléatique, rejeta tout principe métaphysique, et n'admit, dans l'univers, que de la matière et du mouvement. Mais Anaxagore ouvrit une nouvelle ère en s'élevant à l'idée d'une intelligence ordonnatrice de l'univers, et il fut ainsi le premier théiste de la Grèce.

Des disciples de ce philosophe, le plus célèbre est Socrate [1], fils d'un sculpteur, et sculpteur lui-même. Sa mère était sage-femme. Il naquit, à Athènes, l'an 470 avant Jésus-Christ. Les hommes les plus célèbres de la Grèce furent ses contemporains. Anaxagore et Périclès avaient trente ans de plus que lui ; Hippocrate était son aîné de dix ans ; Alcibiade [2], son disciple, avait seize ans de moins que lui ; Xénophon qui suivait aussi ses leçons, avait seulement une année de plus qu'Alcibiade ; Platon [3], le plus jeune des disciples de Socrate, et qui voulut le défendre contre l'accusation à laquelle il succomba, était de quarante ans moins âgé que son maître. Les circonstances politiques influèrent puissamment sur la condamnation de Socrate. Athènes avait succombé sous les attaques de la ligue du Péloponèse [4] ; trente tyrans l'avaient gouvernée avec cruauté ; on accusa Socrate d'avoir été leur partisan et de ne pas révérer les dieux [5]. L'accusation était fausse, Socrate avait seulement été l'ami, de Critias [6], l'un des trente tyrans d'Athènes, avant qu'il abusât de son pouvoir, et il avait cessé d'entretenir avec lui des relations, que l'amour seul des sciences avait occasionnées, dès le commencement de sa tyrannie à laquelle il ne voulait pas participer. Personne d'ailleurs, avant Socrate, n'avait mieux compris que lui la divinité.

Condamné injustement, il était donc en droit de se soustraire à la mort, comme l'avait fait son maître Anaxagore ; toute facilité lui avait même été offerte à cet égard. Mais, après avoir été un modèle de vertu, il voulut encore enseigner, par sa mort, le respect que l'on doit aux lois de son pays, même lorsqu'elles sont injustement appliquées. Il but la ciguë avec le calme d'un sage.

Socrate ne cultiva point les sciences physiques. Ses doctrines avaient exclusivement pour objet les idées de l'ordre moral et religieux. Toutefois, il contribua beaucoup à l'établissement de la méthode mieux entendue que les sciences ne tardèrent pas à suivre après lui. L'école éléatique, introduite à Athènes, y avait produit, par sa dégénération, de nombreux sophistes, entre autres Zénon et Parménide, qui occupaient toutes les chaires de philosophie. Ils sapaient tous les principes admis jusqu'à eux, et, à force de subtilités, ils étaient parvenus à rendre douteuses les notions les plus claires. Tout allait être entraîné dans le vague de leur doctrine. Socrate s'efforça de les combattre, et, pour le faire utilement, il les obligea à définir les termes dont ils se servaient. Il fixa ainsi le langage, rendit impossible tout sophisme fondé sur le double sens des expressions, et procura aux sciences leur instrument le plus indispensable. À peu près comme Descartes[7] l'a fait au XVIIe siècle, pour la scholastique, il rejeta tous les *à priori*, toutes les spéculations qu'on avait admises, chercha à ramener la métaphysique au bon sens et la morale au sentiment intime, à la conscience. Cette réforme peut être considérée comme le germe de la méthode expérimentale. Elle eut d'abord peu d'influence ; mais elle procura, plus tard, des résultats immenses, lorsque Aristote en fit l'application en la développant.

Les sciences sont redevables à Socrate d'un autre avantage. C'est lui qui y a introduit le principe des *causes finales*, ou comme nous disons maintenant, *des conditions d'existence*.

Socrate reconnaissait que c'était dans les écrits d'Anaxagore qu'il avait puisé l'idée de ce principe fécond en utiles résultats. Si l'univers, s'était-il dit, est, comme le pense Anaxagore, l'œuvre d'un être intelligent, toutes ses parties doivent être en rapport, et concourent à un but commun. Chaque être organisé doit, par conséquent, être lié aux autres êtres, former un des anneaux de la vaste chaîne qui, de la divinité, descend jusqu'à l'être le plus simple ; en outre, chaque être doit renfermer en soi les moyens de remplir le rôle qui est son partage.

Socrate attachait tant d'importance au principe des causes finales, qui lui rendait raison de la forme des êtres, qu'on le voit, dans Platon, exprimant le regret de ne pas posséder des connaissances physiques assez étendues pour pouvoir en faire des applications détaillées.

Le principe des causes finales a quelquefois fait errer des esprits spéculatifs qui s'étaient imaginés qu'il dispensait d'observer directement ; mais on doit reconnaître aussi que, plus souvent, il a conduit à des découvertes remarquables. D'ailleurs, il a déterminé et soutenu des recherches qu'autrement leur aridité aurait peut-être fait abandonner.

Après la mort de Socrate, ses élèves quittèrent Athènes où la philosophie était persécutée, et des devins entretenus, avec distinction, dans le Prytanée[8]. Ils se retirèrent à Mégare[9] et dans plusieurs autres villes, où ils fondèrent diverses écoles philosophiques. Les plus importantes et les plus connues sont : l'école mégarique, l'école cynique, l'école cyrénaïque, et enfin l'école académique, fondée par Platon.

La première, qui remonte à Euclide de Mégare[10], s'occupa principalement à perfectionner une dialectique modifiée d'après les idées des Éléates et celles de Socrate. Ses subtilités semblent avoir eu pour but de mettre en relief les difficultés que renferment le rationalisme et l'empirisme.

L'école cynique, fondée par Antisthène[11], professait que le souverain bien était la vertu ; elle faisait consister celle-ci dans les privations qui assurent, suivant elle, notre liberté en nous plaçant hors de la dépendance des choses extérieures, et qui nous font ainsi atteindre la plus hante perfection, la félicité la plus parfaite.

L'école cyrénaïque[12], qui remonte à Aristippe de Cyrène[13], ville coloniale d'Afrique, s'occupa, comme la précédente de la recherche du vrai bonheur ; mais elle le faisait consister dans l'exercice de nos penchants naturels, avec modération et liberté d'esprit.

Platon, fondateur de l'école académique, était le plus jeune des disciples de Socrate. Il n'avait que vingt-neuf ans[14] lorsque son maître fut accusé. Il se précipita à la tribune pour le défendre ; mais il en fut empêché. Après la mort de Socrate, il se retira à Mégare où il s'exerça à la dialectique sous Euclide, élève de Socrate ; puis il fut à Cyrène, et employa sa fortune, qui était considérable, à voyager dans diverses contrées. Il alla d'abord en Égypte où il visita les débris des anciennes castes sacerdotales opprimées et dégradées par les Perses. Il se fit. leur élève pour connaître les vestiges de leurs sciences sacrées. D'Égypte il vint dans la Grande Grèce, où il s'instruisit des doctrines pythagoriciennes sous Timée de Locres[15], et Archytas de Tarente[16]. Ainsi, lorsqu'il revint à Athènes pour ouvrir une nouvelle école, il connaissait toutes les idées, tous les systèmes qui pouvaient appuyer sa propre doctrine.

La nature n'avait pas destiné Platon aux sciences d'observation et de calcul. Son génie l'entraînait à la fiction et à la poésie. Cependant, depuis ses relations avec les Pythagoriciens, il conserva toujours un grand respect pour la géométrie, et il pensait qu'elle devait être enseignée comme une introduction à la philosophie. C'était conséquemment à cette opinion qu'il avait fait inscrire sur la porte de son école : *Que personne n'entre ici sans savoir la géométrie.*

Ses principes sont quelquefois difficiles à déterminer, et nous ne connaissons que par conjecture la totalité de son système, parce qu'il avait une philosophie secrète. Ordinairement il introduit dans ses ouvrages plusieurs interlocuteurs, des sophistes, des hommes d'état, des philosophes, et, parmi les opinions diverses qu'ils expriment, on ne sait pas précisément laquelle est la sienne. Cependant comme Socrate est communément l'un des interlocuteurs de ses écrits, on pense, avec assez de vraisemblance, que son opinion personnelle est celle qu'il fait soutenir à son maître.

La métaphysique de Platon, bien qu'elle soit le résultat de ses propres travaux, présente plusieurs rapports avec celles des Eléates, des Pythagoriciens et d'Anaxagore.

Dans quelques-uns de ses dialogues, Platon se livre à l'étude des facultés de notre intelligence, et c'est cette étude qui a servi de base à la *logique* de ses élèves. Dans d'autres dialogues, il traite de la nature de l'âme et de l'origine des idées. Suivant lui, notre âme est une émanation de la divinité ; cette émanation se souvient des idées générales qu'elle avait avant sa séparation, et ainsi les principes abstraits que nous considérons comme le résultat d'opérations de notre intelligence sur les données fournies par l'expérience, ne sont que de simples réminiscences. Ce fut lorsque les idées divines, qui sont des êtres réels, pénétrèrent la matière, que naquirent les âmes particulières et l'âme du monde.

Cette métaphysique ne pouvait que faire négliger l'observation, et conduire dans la voie fausse ou obscure des déductions *à priori*. Ses résultats, relativement aux sciences naturelles, sont consignés dans celui des écrits de Platon qui porte le titre de *Timée*[17]. Cet ouvrage est assez obscur, mais il est intéressant à examiner, parce qu'il est le plus ancien de ceux que les philosophes grecs aient composés sur les sciences qui nous occupent. De plus, il est écrit par Platon lui-même, tandis que, jusqu'à présent, nous n'avons pu vous entretenir des opinions des anciens que sur la fois de leurs disciples ou de leurs successeurs.

Les interlocuteurs du *Timée* sont le pythagoricien Timée, Socrate, Critias et Hermocrate[18].

Le dialogue commence par un récit que Critias suppose avoir été fait à Solon[19] par un prêtre de Saïs, ville de la Basse-Égypte. Suivant ce prêtre, Athènes a été fondée par une colonie partie de Saïs sous la conduite de Cécrops, ce qui est conforme à l'opinion généralement adoptée ; mais il ajoute que dix mille ans auparavant, Saïs elle-même avait été élevée par une colonie venue de la Grèce. Ce prêtre explique ainsi son opinion : Il est survenu, dit-il, depuis l'établissement de Saïs, de nombreux déluges qui ont détruit tous les monuments des hommes et la plus grande partie de leur espèce. L'Égypte seule a échappé à ces désastres, et le collège sacerdotal de Saïs possède ainsi dans ses archives les annales du monde depuis plus de dis mille ans. Cette explication est absurde, car chacun sait que s'il existe un pays susceptible d'être inondé, c'est à coup sûr la Basse-Égypte, dont le sol est à peine supérieur au niveau de la mer, et qui, plus de deux mille ans avant Jésus-Christ, était encore un marais. Mais cette fable prouve du moins qu'on n'avait pas entièrement perdu au temps où elle a été faite, le souvenir des grandes révolutions qui ont bouleversé le globe. La même preuve résulte dans la fabuleuse histoire de l'Atlantide submergée par les eaux, et que, dans ces derniers temps on a recherché sérieusement et cru reconnaître dans l'île de Malte, dans les Canaries, etc. Nous posséderions, sans aucun doute, beaucoup d'autres indications des révolutions du globe, si Platon, en se livrant à son penchant pour la fiction, n'eût travesti l'histoire originelle par des ornements de pure invention. Lors, par exemple, qu'il raconte les combats que se sont livrés les habitants de l'île dont il parle, il est évident qu'il n'écrit point en historien ou en savant, mais qu'il suit l'impulsion de sa poétique imagination.

Timée prend la parole après que Critias a terminé son récit, et expose un système de cosmogonie suivant lequel la divinité a formé la matière, éternelle comme elle, sur le modèle des *idées*, types increés de toutes choses. Le monde est ainsi la représentation de Dieu, Dans cette doctrine d'une intelligence qui dirige ou donne le modèle, d'une autre qui exécute conformément à ce modèle, et du produit, c'est-à-dire du monde, quelques hommes ont cru reconnaître la trinité chrétienne.

Platon, en supposant l'éternité de la matière, est du reste d'accord avec tous les philosophes anciens, même avec ceux qui admettaient une divinité distincte du monde physique. Selon lui, lorsque les idées-types pénétrèrent la matière pour lui donner la forme qu'elle n'avait point, il en résulta l'âme du monde, lequel contient ainsi le principe de son mouvement. De la saturation de la matière par la divinité, résultèrent toutes les autres créatures particulières. Le monde possède comme elles toutes les conditions d'existence, et constitue un grand animal, de même que dans la doctrine pythagorique.

Timée expose ensuite sa physique et, si l'on veut, sa minéralogie. Il admet les quatre éléments d'Empédocle[20] : l'air, la terre, le feu et l'eau, et il explique la forme des corps par le mélange et la forme des molécules de ces éléments. Les molécules de l'eau sont octaèdres; celles du feu, pyramidales, celles de la terre, cubiques, et celles de l'air, icosaèdres. Comme l'interlocuteur remarque que toutes ces formes sont susceptibles de se résoudre en tétraèdres, il en conclut que l'univers est composé de molécules triangulaires.

On pourrait voir, dans cette doctrine, le germe de la cristallographie; mais, si on voulait s'arrêter à des analogies si subtiles, il n'y aurait presque aucune de nos sciences qu'on ne trouvât confusément mentionnée dans les philosophes de l'antiquité. De vagues et obscures idées, comme le sont presque toujours celles de ces philosophes, sont sans valeur et ne peuvent rien produire tant qu'elles ne sont pas appuyées d'observations et d'expériences multipliées.

Dans la doctrine de Timée, la psychologie et la physiologie, qui nous semblent aujourd'hui si parfaitement distinctes, sont entièrement confondues. Cet état de choses a subsisté jusqu'à Aristote qui, le premier, a donné des préceptes pour le classement des connaissances humaines et a fait voir, dans ses ouvrages, un exemple de leur application.

L'âme du monde, suivant Timée, étant le résultat de sa pénétration de la matière informe par les idées, les âmes particulières naquirent du reste du mélange. Ces âmes sont, relativement à l'âme cosmique, ce que des gouttelettes suspendues aux parois d'un vase sont par rapport à la masse liquide que ce vase renferme.

Les âmes humaines furent distribuées entre les diverses planètes; celles qui eurent la terre pour partage sont dans un état d'épreuve. Des génies, espèces de dieux d'un ordre inférieur, furent chargés de les entourer de matières, de leur composer des corps, qui, auparavant, ne leur étaient point nécessaires.

Timée admet trois âmes dans le corps humain l'âme raisonnable, l'âme sensitive et l'âme végétative. Ces trois âmes occupent, dans l'homme, des régions diverses. La tète est le siège de l'âme raisonnable. Cette âme est ainsi placée pour être moins éloignée du ciel, son origine; et la tête est ronde, parce que le cercle est la figure la plus parfaite: aussi le monde et Dieu sont-ils ronds.

L'âme sensitive occupe la poitrine, et le cœur est son principal siège. Pour prévenir une action trop impétueuse de sa part sur l'âme raisonnable qui, il faut l'imaginer, est naturellement plus faible qu'elle, les communications entre les deux âmes ont été rendues difficiles par le rétrécissement du cou.

L'âme végétative, ou la plus grossière de toutes, réside dans le ventre.

Cette dernière âme et celle qui préside aux passions, c'est-à-dire l'âme sensitive, ont chacune un modérateur. Celui de l'âme sensitive est le poumon qui reçoit l'air destiné à rafraîchir le cœur, où elle siége. Le foie remplit la même fonction à l'égard de l'âme végétative; c'est dans ce but qu'il a été placé près de l'estomac, principale résidence de l'âme grossière. La rate est placée près du foie pour recevoir les impuretés qui viendraient troubler ses fonctions.

Ces idées sont si ridicules qu'il est permis de supposer qu'elles avaient un sens allégorique, et qu'elles cachaient des vérités qui, exprimées plus clairement, auraient exposé Platon à des persécutions[21].

Après ce système singulier, Timée développe une zoologie qui ne l'est pas moins, et que quelques philosophes modernes semblent avoir retournée. Cette zoologie repose sur la métempsychose empruntée à l'Égypte et à Pythagore.

D'abord, il n'existait que des hommes ; à la première transformation, les hommes faibles et injustes furent changés en femmes ; à la seconde, les hommes légers et orgueilleux furent métamorphosés en oiseaux, les hommes grossièrement passionnés en quadrupèdes, et les stupides et les plus souillés, ceux qui, ayant fait abnégation de leur nature divine, étaient indignes de respirer l'air pur, devinrent des poissons.

Au moyen de cette migration des âmes, Timée explique la ressemblance que l'on remarque entre les diverses classes d'animaux ; car chaque âme, en changeant d'enveloppe matérielle, conservait toujours quelque chose de sa dépouille antérieure. Cette vue si ridicule sur l'organisation générale des animaux, peut, cependant, être considérée comme le résultat d'un premier essai de zoologie comparée.

Les animaux, bien qu'ils ne soient que des hommes transformés, n'ont que deux âmes, l'âme sensitive ou passionnée, et l'âme végétative. Celle-ci existe seule dans les plantes. Le mot *âme* signifiant, pour les philosophes de l'antiquité, tout principe interne de mouvement, il n'est pas étonnant qu'ils l'aient employé pour exprimer la cause de phénomènes fort différens.

Du reste, les trois âmes ou les trois principes de mouvement exprimés dans le Timée, correspondent parfaitement à ce que, depuis, nous avons nommé vie organique, vie animale et vie intellectuelle.

Toute la *physique* de Platon a le défaut d'avoir été faite *à priori*, et par conséquent, elle n'est point de la science ; mais sa métaphysique ne pouvait pas le conduire à un autre résultat. Si les notions de l'esprit humain ne sont, comme il le dit, que des souvenirs, le meilleur moyen de rappeler ces réminiscences est de s'isoler du monde extérieur et de se livrer à la méditation de préférence à l'observation. Cette méthode a singulièrement nui au développement des sciences naturelles en s'opposant à la prompte adoption des excellentes doctrines d'Aristote.

Les grands principes généraux de Platon, analogues à celui des causes finales de Socrate, peuvent se réduire à trois :

1° Tout est formé dans un but particulier et pour une destination spéciale ;

2° Tout est lié dans l'univers depuis l'être le plus imparfait jusqu'à la divinité ;

3° Il n'y a pas d'effet sans cause.

Nous verrons, plus tard, ces principes de l'école platonicienne profondément appliqués par Leibnitz[22].

On reconnaît, à la forme du dialogue, que Platon a exposé dans le Timée ses opinions personnelles. S'il s'enveloppe quelquefois d'allégorie dans ses divers traités, c'est afin d'échapper aux dangers de son maître. Cependant il fut comme lui, malgré cette précaution, accusé d'impiété. Mais il parvint à se justifier, et enseigna, à Athènes, jusqu'à un âge avancé, puisqu'il ne mourut qu'en l'an 348 avant Jésus-Christ, c'est-à-dire âgé de quatre-vingt-un ou quatre-vingt-deux ans.

Le successeur et l'élève le plus célèbre de Platon est Aristote. Mais avant d'exposer les travaux de ce géant de la science grecque, nous allons examiner ceux de quelques auteurs dont nous n'avons pas encore eu occasion de vous entretenir, et dans lesquels il a pu puiser des lumières. Les uns, comme Hérodote et Xénophon, se rattachaient à l'école de Socrate ; les autres, Hippocrate et Ctésias[23], appartenaient à l'école médicale ou des Asclépiades qui, comme nous l'avons dit, ne cultivait les sciences que dans un but d'application.

Hérodote, le plus ancien des prosateurs dont les ouvrages soient parvenus jusqu'à nous, était né en l'an 484, à Halycarnasse, dans l'Asie Mineure. Il voyagea beaucoup ; il visita l'Égypte, la Grèce et une partie de l'Orient. Ses écrits sont ceux où l'on trouve consignés les premiers faits positifs d'histoire naturelle. La science des Égyptiens n'est connue que par tradition, et on ne doit y ajouter que peu de foi. Mais Hérodote inspire beaucoup plus de confiance, parce qu'il déclare avoir vu de ses propres yeux plusieurs des choses qu'il raconte. Ainsi il décrit, avec assez d'exactitude, le crocodile d'Égypte[24] et plusieurs autres productions du même pays et de la Babylonie. Il décrit aussi l'hippopotame, mais d'une manière beaucoup moins parfaite. Aristote s'est aidé de ces diverses descriptions, et quelquefois même les a copiées textuellement sans citer leur auteur.

Xénophon[25], qui s'est occupé d'histoire naturelle plus spécialement qu'Hérodote, était né vers 450 avant Jésus-Christ, c'est-à-dire environ quinze ans après Socrate dont il fut l'élève et dont il publia l'apologie. Il ne consacra pas tout son temps à l'étude des sciences naturelles et ne professa point la philosophie ; il fut, une partie de sa vie, militaire et homme d'état. Il était un des dix mille auxiliaires que la Grèce envoya au jeune Cyrus[26] pour se défendre contre son frère Artaxerce[27] dans une guerre civile. À la bataille de Cunaxa[28] Cyrus ayant été vaincu, les Grecs furent forcés de reprendre la route de leur patrie. Successivement privés de leurs chefs, le commandement fut conféré à Xénophon qui, en remontant l'Euphrate et en traversant les montagnes de l'Arménie, parvint à ramener ses compatriotes dans la Grèce. Il a écrit l'histoire de cette retraite périlleuse, qui est si connue sous le nom de *Retraite des Dix mille*[29], et, de plus, il a composé divers ouvrages de morale et d'histoire, ainsi qu'un traité sur la chasse qui porte le titre de *Cynégétiques*[30]. De toutes ses compositions celle-ci est la plus intéressante pour les naturalistes. Le but de Xénophon, dans cet ouvrage, est d'exciter les Grecs à l'exercice de la chasse qui a beaucoup de rapports avec la guerre et y tient préparé pendant la paix. L'auteur énumère les diverses races de chiens et les armes qui, de son temps, étaient employées à la chasse. Parmi les espèces de gibier que l'on trouvait en Grèce, il fait remarquer deux sortes de lièvres, habitant le Péloponèse. Il indique les repaires habituels des bêtes fauves, leurs moyens de défense et les ruses qu'elles emploient pour échapper aux poursuites. Enfin il mentionne, comme existant dans la Macédoine et dans les parties septentrionales de la Grèce, le lion, la panthère, le chacal et quelques autres animaux qui, aujourd'hui, n'existent plus qu'en Afrique. Sans le livre de Xénophon, nous ignorerions l'extinction de ces espèces en Europe. Cette notion est la plus importante de celles que les auteurs anciens nous ont fournies directement sur l'histoire naturelle.

Nous allons maintenant parcourir les travaux des deux Asclépiades, Hippocrate et Ctésias.

Les notions qu'Aristote avait recueillies dans l'école des Asclépiades sont bien autrement importantes que celles qu'il puisa dans Hérodote et Xénophon, car toute l'expérience acquise par les Asclépiades pendant plusieurs siècles se trouve résumée dans l'admirable collection connue sous le nom d'*œuvres d'Hippocrate*[31].

Nous avons déjà fait observer que ces écrits ne sont pas le travail d'un seul homme, et que plusieurs médecins du même nom ont participé à leur rédaction.

Le plus célèbre de ces médecins est le second Hippocrate, dix-septième descendant d'Esculape, suivant sa généalogie mythologique. Il naquit à Cos, dix ans après Socrate, et mourut en Thessalie âgé de cent quatre ans. Sa longue existence lui permit de connaître Socrate, Platon et sans doute Aristote, qui n'en parle point, mais qui vivait à la cour du roi de Macédoine lorsque lui-même y fut appelé pour donner ses soins à Perdiccas[32]. Du reste, la biographie de ce médecin célèbre est mêlée de beaucoup de fables. On sait, par ses ouvrages, que, après avoir étudié sous son père, il avait beaucoup voyagé, mais il ne paraît pas qu'il soit allé en Égypte. Il séjourna long-temps à Athènes, où il étudia la philosophie; il y exerça la médecine avec courage lors d'une peste meurtrière, qui, probablement, n'était pas celle de 430, car Thucydide[33] ne parle aucunement d'Hippocrate dans sa relation des ravages de cette maladie. Cependant c'est à la même époque qu'Hippocrate passe pour avoir refusé les présens qu'Artaxerce lui faisait offrir pour le déterminer à se rendre en Perse, où sévissait la même peste.

Hippocrate est, après Hérodote, le premier écrivain qui ait employé la prose, car il est vraisemblable que Platon n'a écrit qu'à une époque plus reculée. Ses écrits personnels sont difficiles à distinguer, mais tous ceux qui sont connus sous le nom d'Hippocrate sont remarquables par une connaissance très-avancée des maladies, de leur détermination, ou du diagnostic, et des médicamens convenables pour chaque affection; sous ce rapport, ils sont encore classiques. On rencontre, dans les *œuvres d'Hippocrate*, un autre trait de ressemblance qu'on eût mieux aimé n'y pas voir, c'est une ignorance étonnante dans presque tout ce qui se rapporte à l'anatomie et à la physiologie. La faiblesse, à cet égard, y égale presque celle de Platon, et elle est beaucoup plus frappante, parce que Hippocrate ne pouvait pas, comme l'auteur du Timée, se renfermer dans des généralités. Ce qu'il savait d'anatomie ne sortait pas du domaine de l'ostéologie; la pratique des amputations et le traitement des maladies des os lui avaient donné occasion d'acquérir quelques connaissances sur leur conformation.

Il paraît qu'il avait aussi opéré sur quelques crânes, car il considérait le cerveau, ou plus exactement l'encéphale, comme un organe spongieux destiné à absorber l'humidité du corps. Il ne connaissait point les nerfs ou prolongements du cerveau; lorsqu'il emploie cette expression, c'est pour désigner les tendons, les ligaments et tous les autres tissus analogues. L'idée d'organes particuliers pour la sensibilité et pour la contraction des muscles, qui avaient été observés par les peintres et les statuaires, lui était absolument étrangère. De son temps, du reste il était presque impossible d'acquérir une connaissance un peu exacte de chacun des systèmes du corps humain. Le respect religieux que les Grecs avaient pour les cadavres était tel qu'un homme qui eût osé y toucher autrement que pour leur rendre les derniers devoirs aurait encouru la peine de la proscription. En Égypte, l'anatomie, par suite de la pratique des embaumements, était beaucoup plus avancée qu'en Grèce ; mais nous avons dit qu'Hippocrate ne visita point ce pays, et son ignorance le prouve.

Toutefois, l'impossibilité d'observer suffisamment n'est pas la seule cause des erreurs que présente le médecin de Cos ; on en remarque quelques-unes dans ses écrits qui n'ont d'autre source que son imagination. Sa description des veines en est un exemple irréfragable. Ainsi, suivant lui, huit veines partent de la tête ; l'une va du front à la face antérieure du bras, une autre se dirige des parties latérales de la tête vers la partie postérieure du même bras, une troisième descend dans les reins, etc., etc. ; toute cette description n'est, du commencement à la fin, qu'un roman anatomique, et pourtant c'était d'après ce trajet imaginaire des veines qu'il pratiquait ses saignées, car, pour lui, leur point d'élection variait suivant les symptômes qu'offraient les maladies.

Sa physiologie est basée sur la théorie des quatre éléments d'Empédocle, et sur leurs propriétés, le chaud, le froid, le sec et l'humide ; elle est, comme sa description des veines, une œuvre d'imagination, un système construit tout *a priori*.

On retrouve la supériorité d'Hippocrate lorsqu'on arrive à l'hygiène ; dans cette partie de la science, il se montre observateur excellent, et exprime des réflexions aussi justes que profondes sur l'influence des alimens, des saisons et des climats.

Ctésias[34] était, comme Hippocrate, de la famille des Asclépiades, mais il appartenait à la branche établie à Gnide. Il suivit, en qualité de médecin, les dix mille Grecs qui furent envoyés au secours du jeune Cyrus, et que Xénophon ramena dans leur patrie. Moins heureux qu'eux, Ctésias ne put revenir en Grèce ; fait prisonnier à la bataille de Cunaxa, il fut retenu dix-sept ans à la cour d'Artaxercès, dont il devint le médecin. Ayant enfin pu revenir à Athènes, il y publia une histoire de Perse et d'Assyrie, dont il disait avoir puisé les documens dans les archives conservées à Ecbatane[35]. Il fit paraître aussi une relation de voyages dans l'Inde, dont il ne nous reste que quelques fragments contenus dans la bibliothèque de Vossius[36], et qui sont très curieux et fort intéressans pour les naturalistes. Ctésias y donne, pour la première fois, une description assez exacte les éléphants. Les Grecs employaient bien alors l'ivoire de ces animaux ; mais ils ignoraient son origine, et ne la connurent que lors des conquêtes d'Alexandre.

Ctésias est aussi le premier qui ait assez bien décrit le perroquet. Il ajoute à sa description, que cet animal parle facilement toutes les langues qu'on lui fait entendre, même le grec. Il mentionne encore un roseau indien qui s'élève à la hauteur d'un mât de vaisseau, et qui est si gros que deux hommes ne peuvent l'embrasser. On reconnaît le bambou dans cette description exagérée.

Mais Ctésias, parmi des vérités, raconte beaucoup de fables plus ou moins éloignées de la réalité. Quelques-unes sont des traditions altérées, d'autres, des faits mal observés, ou des figures mal interprétées. Du nombre de celles-ci est l'histoire de la martichore[37], animal à tête de lion, à triple rang de dents et à queue de scorpion, dont l'image allégorique est sculptée sur les monuments de Persépolis[38]. Parmi les fables du même ordre, il faut placer celle de la licorne, animal qui est aussi souvent représenté dans les sculptures de Persépolis, et n'est autre chose qu'une mauvaise appréciation du rhinocéros.

Ce qu'il rapporte d'une huile nageant sur la surface de certains lacs, et de l'ambre jaune que quelques fleuves charrient périodiquement, sont des faits naturels mal appréciés; dans l'huile qui surnage on reconnaît le naphte dont est recouverte la surface de plusieurs lacs, et dans l'ambre jaune, on ne doit voir que la gomme laque[39] tombée des arbres par parcelles. Il est possible d'expliquer d'une manière analogue l'histoire des insectes et des fleurs qui teignent en pourpre, et celle des ânes sauvages, blancs, et porteurs de cornes.

Mais Ctésias rapporte des fables qu'on ne peut rattacher à rien que ce soit dans la nature. Telles sont celles d'hommes à tête de chien, rendant leurs excréments par la bouche, de femmes qui n'enfantent qu'une fois, d'enfans qui naissent avec toutes leurs dents, d'hommes dont les cheveux, contrairement à ce qui arrive toujours, sont d'abord blancs et ne noircissent que dans la vieillesse, de griffons qui gardent l'or, etc.

Toutes les fables de ce genre que l'on rencontre dans les auteurs postérieurs, ont été crédulement puisées dans le médecin compagnon des Dix mille.

Parmi les écrivains dont Aristote a tiré quelques lumières, on pourrait encore citer les pythagoriciens Alcméon, Démocrite, Empédocle, Anaxagore, et quelques auteurs qui ne nous sont connus que par les citations du précepteur d'Alexandre.

Dans la prochaine séance nous entamerons l'histoire de la vie et des immenses travaux de ce grand philosophe.

NOTES

1. [Socrate d'Athènes (*c.* 470 av. J.-C.-399?) fut le premier des trois grands penseurs de l'Antiquité grecque – avant Platon et Aristote – à poser les fondements philosophiques de la civilisation occidentale. Comme le disait Cicéron, Socrate «a fait descendre la philosophie du ciel pour l'amener sur la terre»; autrement dit, de la spéculation sur la nature menée par la cosmologie ionienne et italienne, Socrate est passé à l'analyse des caractéristiques et des conduites de la vie humaine, évaluées suivant une théorie originale de l'âme. Socrate vécut pendant la Guerre du Péloponnèse, qui s'accompagna d'une érosion des valeurs morales. Il se sentit dès lors appelé à affermir la dimension éthique de l'existence en poussant l'homme à se «connaître lui-même» et en explorant toutes les nuances de la morale et de l'humanisme.]
2. [Alcibiade (*c.* 460 av. J.-C., Athènes-404, Phrygie, dans l'actuelle Turquie). Athénien brillant mais sans scrupules, homme public et chef militaire, Alcibiade provoqua les violents antagonismes politiques auxquels Athènes doit sa défaite face à Sparte lors de la Guerre du Péloponnèse (431-404 av. J.-C.)]
3. [Platon, voir note 14, ci-dessous.]
4. [La Ligue du Péloponnèse, qu'on appelle aussi Alliance de Sparte, coalition militaire formée au VIe siècle av. J.-C. par plusieurs cités-états grecques et conduite par Sparte. La politique de la Ligue, consacrée le plus souvent à des décisions d'ordre martial – guerre, paix, alliances –, était déterminée par les congrès fédéraux convoqués à leur guise par les Spartiates. La Ligue joua un rôle majeur dans les affaires grecques; elle forma le noyau de résistance face aux invasions perses (480-479) et s'opposa à Athènes dans la Guerre du Péloponnèse (431-404). La puissance spartiate déclina après la défaite de Leuctres (371), puis la Ligue se désintégra en 366-365 av. J.-C.]
5. [Les Trente ou Trente Tyrans, groupe de magistrats qui usurpa le gouvernement d'Athènes après le renversement de la démocratie en 404 av. J.-C. et ordonna de nombreuses d'exécutions arbitraires. Lorsque l'oligarchie des Trente Tyrans, qui souhaitait impliquer d'honorables citoyens dans sa politique répressive, exigea de Socrate et de quatre autres Athéniens qu'ils lui livrent Léon de Salamine, Socrate désobéit: dans *l'Apologie* de Platon, il raconte que ce refus aurait pu lui coûter la vie si n'avait éclaté, l'année suivante, la contre-révolution (Platon, *œuvres Complètes*, Tome 1 [éd. et trad. par Croiset Alfred), Paris: Les Belles Lettres, 2002, 398 p.)]
6. [Critias était avec Charmide l'un des meneurs les plus extrémistes de la terreur oligarchique de 404 av. J.-C. L'un était le cousin, l'autre le frère de Perictione (la mère de Platon). Tous deux étaient des amis de Socrate. Platon a sans doute fait la connaissance du philosophe par leur intermédiaire, pendant son enfance.]
7. [René Descartes est né le 31 mars 1596 à La Haye en Touraine (aujourd'hui La Haye-Descartes); il est mort le 11 février 1650

à Stockholm (Suède). Descartes est connu comme le père de la philosophie moderne. Mathématicien, homme de science et philosophe du XVIIe, il fut l'un des premiers à s'opposer à la scolastique aristotélicienne. Il commença par mettre en doute, de façon méthodique, toute connaissance fondée sur l'autorité, les sens et la raison. Il forgea ensuite sa conviction sur une intuition simple : au moment où il pense, il existe. Certitude exprimée dans sa célèbre formule, « Je pense, donc je suis ». Il développa un système dualiste au sein duquel il établit une distinction radicale entre l'esprit, dont l'essence est la pensée, et la matière, dont l'essence est son étendue en trois dimensions. Le système métaphysique de Descartes est intuitionniste – la raison le construit à partir de connaissances innées – mais sa physique et sa physiologie, basées sur l'expérience des sens, sont en revanche mécanistes et empiriques.]

8. [Le Prytanée, du grec *prytanéion*, présidence. Bâtiments publics des cités-états grecques, les prytanées en abritaient les premiers magistrats, ainsi que l'autel ou foyer de la communauté.]
9. [Mégare, Mégara en grec moderne, est une colonie à la fois ancienne et moderne située sur le golfe Saronique (ou golfe de Salamine, ou golfe d'Egine) dans le *nomós* (département) d'Attique. La Mégare de la Grèce moderne est installée sur les flancs sud des deux collines qui servaient d'acropoles (citadelles) dans la ville antique.]
10. Il [Euclide] florissait vers 400 avant Jésus-Christ. [M. de St.-Agy.] [Euclide ou Euclide de Mégare, philosophe grec, à ne pas confondre avec Euclide (*fl. c.* 300 av. J.-C., Alexandrie), le plus grand mathématicien de l'Antiquité gréco-romaine.]
11. Il [Antisthène] florissait vers 380 avant Jésus-Christ [M. de St.-Agy] [Antisthène (*c.* 445 av. J.-C.-*c.* 365), philosophe grec, athénien, disciple de Socrate, considéré comme le fondateur de l'école philosophique cynique, titre dont on crédite plus souvent Diogène de Sinope (mort vers 320 av. J.-C., probablement à Corinthe, Grèce).].
12. [Le cyrénaïsme était une école de philosophie grecque du début du IIIe siècle avant J.C. qui considérait que le plaisir du moment présent était une fin en soi et un bien, et que la recherche du plaisir individuel dans toutes les situations que la vie offrait était l'objectif d'une vie heureuse. Ses adeptes s'appelaient les cyrénaïques.]
13. Il [Aristippe] florissait vers 380 avant Jésus-Christ [M. de St.-Agy] [Aristippe (né vers 435 av. J. C. à Cyrène, en Libye ; mort en 366 à Athènes), philosophe, disciple de Socrate et fondateur de l'école cyrénaïque de l'hédonisme, ou éthique du plaisir. Premier parmi les disciples de Socrate à exiger un salaire pour son enseignement de la philosophie, Aristippe est convaincu que toute vie réussie exige que l'on place le plaisir au sommet de l'échelle des valeurs humaines, et la douleur au plus bas (à éviter absolument). Il met en garde ses étudiants et les enjoint d'éviter le mal, infligé ou enduré. Comme Socrate, Aristippe s'intéresse beaucoup à l'éthique appliquée. Il pense certes que les hommes devraient consacrer leur vie à poursuivre et à goûter les plaisirs qu'elle procure, mais en faisant preuve de jugement et en pratiquant le contrôle d'eux-mêmes afin de tempérer les puissants désirs humains. « Je possède, je ne suis pas possédé », telle est sa devise. Aucun des écrits d'Aristippe n'a survécu.]
14. Il [Platon] était né en 429 ou 430 avant Jésus-Christ [à Athènes, ou peut-être à Egine ; il est mort en 348/347]. [M. de St.-Agy] [Platon vient en second parmi les trois grands penseurs grecs – Socrate, Platon, Aristote – qui ont posé les fondements philosophiques de la civilisation occidentale. À partir de la vie et de la pensée de Socrate, Platon élabora un système philosophique à la fois ample et profond. Sa pensée comporte des aspects logiques, épistémologiques et métaphysiques ; mais la motivation sous-jacente en est éthique. Platon s'appuie parfois sur des conjectures ou des mythes, et adopte occasionnellement un ton mystique ; cependant il reste fondamentalement rationaliste, fidèle à la proposition selon laquelle il convient de suivre la raison où qu'elle nous mène. L'éthique rationaliste est donc au cœur de la philosophie de Platon].
15. [Timée de Locres, voir Leçon 5, note 19.]
16. [Archytas de Tarente (*fl.* 400-350 av. J.-C. à Tarente, Grande Grèce, aujourd'hui en Italie), scientifique grec, philosophe, il est également l'un des grands mathématiciens pythagoriciens, parfois désigné comme le fondateur des mathématiques mécaniques. Platon, son ami intime, se servit de son travail mathématique, et il a été prouvé qu'Euclide lui est également redevable de quelques emprunts pour le livre 8 de ses *Éléments* (voir Euclide, *Les Éléments. Volume IV, Livres XI-XIII : Géométrie des solides* [traduits du texte de Heiberg ; traduction et commentaires par Vitrac Bernard], Paris : Presses universitaires de France, 2001, 482 p.) Archytas était par ailleurs un personnage influent dans les affaires publiques, qui exerça sept ans durant le commandement en chef de sa cité.]
17. [Le *Timée* de Platon est un exposé consacré à la cosmologie, la physique et la biologie, qui établit d'abord la distinction entre l'être éternel et le devenir temporel : du premier, seulement, il est possible d'avoir une connaissance exacte et ultime (Platon, *Œuvres Complètes, Tome X : Timée, Critias* [éd. et trad. par Rivaud Albert), Paris : Les Belles Lettres, 1925, 430 p.) Le monde visible et changeant a un début ; c'est l'œuvre du démiurge, ou dieu-ouvrier : ses formes étaient devant lui comme d'éternels modèles à partir desquels il façonna le monde, à leur imitation. Le démiurge forma d'abord son âme à partir de trois constituants : l'identité, la différence et l'être. L'âme du monde fut placée dans les cercles des corps célestes, et les cercles entraînés par son mouvement. Par la suite Il créa les différentes divinités subalternes ainsi que l'élément rationnel et immortel de l'âme humaine. Le corps humain et les composants les moins nobles de son âme furent conçus par l'intermédiaire des « dieux engendrés » (c'est-à-dire les étoiles).]
18. [Hermocrate (mort en 408/407 av. J.-C.), stratège et chef des démocrates modérés de Syracuse, en Sicile ; il joua un rôle

important en sauvant la cité des Athéniens qui tentaient de la conquérir entre 415 et 413 av. J.-C.]

19. [Solon (*c.* 630 av. J.-C.-*c.* 560), homme d'État athénien connu comme l'un des Sept Sages de la Grèce. Il mit fin au contrôle exclusif du gouvernement par l'aristocratie, qu'il remplaça par un système de contrôle par les riches, et introduisit un nouveau code légal plus humain. Il fut également un poète remarqué.]

20. [Empédocle, voir Leçon 5, note 21.]

21. M. de Montlosier a reproduit à peu près ce système dans ses *Mystères de la vie humaine* [voir Montlosier (François Dominique Raynaud de), *Des mystères de la vie humaine* [précédés d'une notice sur la vie de l'auteur par M. F. de Montrol.], Paris: Pichon & Didier, 1829, 238 p.] [M. de St.-Agy] [François Dominique de Reynaud, comte de Montlosier, homme politique et espion français, né à Clermont-Ferrand (Puy-de-Dôme) le 16 avril 1755. Il est le dernier d'une famille nombreuse appartenant à la petite noblesse. *Mémoires sur la Révolution française* est son œuvre la plus célèbre (voir Montlosier (François Dominique Raynaud de), *Mémoires sur la Révolution française, le Consulat, l'Empire, la Restoration, et les principaux évènements qui l'ont suivie*, Paris: Dufay, 1830, 2 vol., 420 p. + 426 p.) Il est mort à Blois le 9 décembre 1838.]

22. [Le baron Gottfried Wilhelm Leibniz (21 juin 1646, Leipzig-14 novembre 1716, Hanovre) est l'un des savants-philosophes les plus inspirés des temps modernes, mais il est probablement mieux connu comme l'adversaire d'Isaac Newton dans la querelle de paternité tristement célèbre qui les opposa à propos de l'invention du calcul différentiel. Philosophe des Lumières, il insista sur l'importance de la raison pure, considérant que l'homme pouvait, grâce à elle, transcender l'univers matériel

23. [Pour Ctésias, voir note 34, ci-dessous.]

24. Il ne faudrait pas que les personnes qui ne sont point naturalistes conclussent de cette expression qu'il n'existe en Égypte qu'une espèce de crocodile. M. [Étienne] Geoffroy-Saint-Hilaire [15 avril 1772, Étampes-19 juin 1844, Paris), naturaliste français dont la loi d'«unité de composition» postulait, comme dogme majeur de l'anatomie comparée, une base structurelle unique et cohérente, commune à tous les animaux. Il fonda la tératologie, l'étude des malformations animales] a écrit un mémoire dans lequel il prouve que l'Égypte produit plusieurs espèces de crocodiles, et que le crocodile sacré, par exemple, constitue une espèce particulière [Geoffroy Saint-Hilaire (Étienne), «Description de deux crocodiles qui existent dans le Nil, comparés au crocodile de Saint-Domingue», *Annales du Muséum d'Histoire Naturelle*, Paris, vol. 10, 1807, pp. 67-86; «Détermination des pièces qui composent le crane des crocodiles», *Annales du Muséum d'Histoire Naturelle*, Paris, vol. 10, 1807, pp. 249-264; «Recherches sur l'Organisation des Gavials», *Mémoires du Muséum d'Histoire Naturelle*, Paris, vol. 12, 1825, pp. 97-155; «De l'état de l'histoire naturelle chez les Égyptiens avant Hérodote, principalement en ce qui concerne le crocodile», *Séance générale des Académies de l'Institut*, 1828, pp. 21-38; voir aussi Le Guyader (Hervé), *Étienne Geoffroy Saint-Hilaire, 1772-1844: un naturaliste visionnaire*, Paris: Belin, 1998, 351 p.] [M. de St.-Agy].

25. [Xénophon (né en 431 av. J.-C., en Attique, Grèce; mort peu avant 350, en Attique), est un historien grec, auteur d'*Anabase* (voir Xénophon, *Anabase* [texte établi et traduit par Masqueray Paul], Paris: Les Belles Lettres, 2009, 2 tomes, xx + 292 p.; 374 p. + index), un récit en sept livres sur la campagne de Cyrus le Jeune contre son frère Artaxerxès II (voir note 27, ci-dessous). Sa prose était tenue en grande estime par les critiques littéraires de l'antiquité et eut une grande influence sur la littérature latine.]

26. [Cyrus le Jeune (né après 423 av. J.-C., mort en 401 à Counaxa, aujourd'hui en Irak) est le fils cadet du roi achéménide Darius II et de son épouse Parysatis (voir notes 27 et 28, ci-dessous).]

27. [Artaxerxès II (né vers la fin du Ve, mort au début du IVe siècle av. J.-C.), roi achéménide de Perse (404-359/358). Fils et successeur de Darius II. On le surnomma Mnemon, en grec «qui a de la mémoire». Lorsqu'Artaxerxès accéda au trône perse, la puissance d'Athènes avait été brisée par la guerre du Péloponnèse (431-404), et les villes grecques de l'autre côté de la mer Égée, en Ionie, étaient de nouveau assujetties à l'Empire achéménide. Artaxerxès perdit toutefois l'Égypte en 404, et l'année suivante son frère Cyrus le Jeune commença à fomenter sa révolte. Bien que Cyrus ait été vaincu et tué à Counaxa (401), la rébellion eut de redoutables répercussions, car non seulement elle démontra la supériorité des hoplites grecs qu'avait recrutés Cyrus, mais elle révéla par ailleurs, aux yeux des Grecs, la vulnérabilité perse.]

28. [La bataille de Counaxa ou Cunaxa (401 av. J.-C.) opposa Cyrus le Jeune, satrape d'Anatolie, à son frère Artaxerxès II pour le trône achéménide. Dans le but de renverser son aîné, Cyrus rassembla ses forces et marcha vers lui en partant de Sardes. Les deux armées se rencontrèrent de manière inopinée à Counaxa, sur la rive gauche de la rivière Euphrate, au nord de Babylone. Les quelque 13000 mercenaires grecs, que commandait Cléarque, étaient parmi les mieux entraînés et les mieux équipés de l'armée de Cyrus; ils mirent l'aile gauche perse en déroute sans subir trop de pertes, tandis que Cyrus donnait lui-même l'assaut au centre avec 600 cavaliers. Cyrus parvint à blesser son frère mais fut tué. Lorsque les Grecs se replièrent, ils découvrirent que le reste des troupes de Cyrus avait été mis en déroute et son camp pillé. Ils reformèrent alors leurs rangs, dissuadant ainsi Artaxerxès de les attaquer. Sous le commandement de Xénophon, ils réussirent à regagner les rives de la mer Noire à travers une contrée hostile dans leur célèbre «retraite des Dix Mille».]

29. [*La retraite des Dix Mille*, figure dans l'Anabase de Xénophon (voir notes 25 et 28, ci-dessus).]

30. [*Le Cynégétique* (*Sur la chasse*) de Xénophon est un court traité dont l'authenticité est parfois mise en doute; il contient une mine d'informations techniques et s'efforce de justifier

la chasse comme forme d'entraînement, tant pour la guerre que pour tout ce qui requiert réflexion rapide et prompte réaction (voir Xénophon, *L'art de la chasse* [édité et traduit par Delebecque Édouard], Paris: Les Belles Lettres, 2003, 207 p.)]

31. [Bien qu'on sache très peu de choses de la vie d'Hippocrate – ni s'il était bien le seul praticien de cette époque à porter ce nom –, un corpus de manuscrits nommé canon ou collection hippocratique (*Corpus Hippocraticum*), a survécu jusqu'à l'époque moderne (Hippocrate, *Œuvres complètes* [introduction de Duhamel Georges; édition revue et corrigée sur la traduction de Littré, reclassée selon un plan logique et suivie d'un glossaire], Paris: Union Littéraire & Artistique, 1955, 5 vol. in-8). Outre les informations qu'il recèle sur les questions médicales, le canon se pose en code de conduite à destination des professeurs de médecine et de leurs étudiants. Ce code, ou l'un de ses fragments, s'est transmis sous différentes versions à travers des générations de médecins en tant que serment d'Hippocrate (Hippocrate, *Œuvres complètes: l'ancienne médecine* [éd. et trad. par Jouanna Jacques], Paris: Les Belles Lettres, 2003, 272 p.) Le texte même du serment est divisé en deux grandes sections. La première énonce les devoirs réciproques du maître et de ses élèves. Dans la seconde section, le médecin s'engage à ne prescrire que des traitements bénéfiques, suivant ses compétences et son jugement, à s'abstenir de causer du mal ou de la douleur et à mener une vie personnelle et professionnelle exemplaire.]

32. [Perdiccas (*c.* 365 av. J.-C.-*c.* 321), général d'Alexandre le Grand. Il exerça la régence de l'empire macédonien après la mort d'Alexandre (323).]

33. [Thucydide (né en 460 av. J.-C. ou avant, mort après 404) est le plus grand des historiens de l'Antiquité grecque, auteur de l'*Histoire de la Guerre du Péloponnèse*, qui retrace le conflit entre Athènes et Sparte au ve siècle av. J.-C. L'œuvre de Thucydide est la première analyse politique et morale des choix militaires d'une nation à nous être parvenue (voir Thucydide, *La guerre du Péloponnèse* [texte établi et traduit par Romilly Jacqueline de; introduction et notes par Mossé Claude], Paris: Les Belles Lettres, 2009, 3 vol., XXVIII + 404; XXVIII + 532; XXVII + 553 p.)]

34. [Ctésias (né vers 416 av. J.-C., Cnide, Carie), médecin grec, historien de la Perse et de l'Inde. Ses travaux sont les seuls écrits historiques de l'époque reposant sur des sources officielles perses. Ctésias voyagea jusqu'à la cour de Perse où il exerça une activité de médecin pendant dix-sept ans sous l'autorité de Darius II et d'Artaxerxès Mnemon. Il accompagna vraisemblablement celui-ci à la bataille de Counaxa en 401. De retour en Grèce en 398, Ctésias entama la rédaction de ses *Persica*, une histoire de Perse en 23 livres qui couvre la période de l'ancienne monarchie assyrienne, la naissance du royaume perse et l'évolution de la Perse jusqu'en 398 av. J.-C. Bien que la matière en soit extraite des archives perses et des registres de l'État, la crédibilité de l'ouvrage reste douteuse en raison de sa dimension légendaire, et aussi parce que Ctésias écrit expressément dans le dessein de contredire la chronologie de l'historien Hérodote. L'œuvre n'existe plus que dans un résumé compilé par le patriarche Photius de Constantinople (*c.* 860; voir Photius, *Bibliothèque* [texte établi et traduit par Henry René], Paris: Les Belles Lettres, 1959-1977, 8 vol. + 1 vol. d'index). Ctésias rédigea également une histoire de l'Inde à partir des récits de voyageurs perses, de marchands indiens ou de visiteurs reçus à la cour de Perse (Ctesias, *La Perse; L'Inde; Autres fragments, Ctésias de Cnide* [texte établi, traduit et commenté par Lenfant Dominique], Paris: Les Belles Lettres, 2004, CCVII + 399 p.) Quoique légendaire et fabuleuse, cette histoire demeura l'unique récit consacré à l'Inde jusqu'à l'invasion du pays par Alexandre le Grand.]

35. [Ecbatane, ou Hangmatana, ancienne cité où se dresse aujourd'hui – sur son site –la ville iranienne d'Hamadan. Ecbatane fut la capitale de Médie puis la résidence d'été des souverains achéménides et l'une des résidences des rois parthes.]

36. [Photius, voir Leçon 20, note 6.]

37. [La martichore, ou manticore, une sorte de tigre avec un visage d'homme et trois rangées de dents, n'est l'objet que de l'une des fables auxquelles Ctésias donna naissance. Les autres présentent notamment les Cynocéphales, une tribu montagnarde d'hommes à tête de chien, probablement inspirée par une traduction du mot indien *svapâka* qui signifie «peuple qui vit et mange avec les chiens» et désigne de la sorte une caste très basse. On retrouve également dans ces fables un peuple pourvu d'un pied de grande taille: il s'agit probablement d'un malentendu lié aux pratiques de certains sages qui peuvent tenir en équilibre dans des pauses peu communes pendant de longs moments. Il y est également question de *Pygmées* qui mesurent 90 centimètres de haut, arborent de grands sexes et de très longues barbes dont ils se servent comme manteaux; tous êtres féériques que les bestiaires, jusqu'au Moyen Âge compris, vont populariser.]

38. [Persépolis, ancienne capitale du royaume achéménide (Perse), située à 51 km au nord-est de Chiraz (Shirâz) dans la province du Fars (sud-ouest de l'Iran actuel). Le site est proche du confluent des rivières Pulwar et Rud-e Kor.]

39. [La gomme-laque tombée des arbres, ou laque, sécrétion résineuse collante d'un insecte minuscule, *Laccifer lacca*, une espèce d'insecte à écailles. Il dépose la laque sur les brindilles et les jeunes pousses de certaines variétés d'arbres savonniers et d'acacias, en particulier le figuier sacré, *Ficus religiosa*, en Inde, Thaïlande, Myanmar (Birmanie) et ailleurs dans le sud-ouest asiatique. La laque est principalement récoltée pour la production de vernis, de gomme-laque (shellac) et de teinture rouge fréquemment utilisée en Inde et dans les autres pays d'Asie. Les différents dérivés de la laque, y compris le shellac, sont les seules résines d'origine animale à être commercialisées.]

3 Aristotle and his disciples
Aristote et ses disciples

7 *Aristotle and His* History of Animals

Philosophy, before Aristotle, was entirely speculative, losing itself in abstractions deprived of foundations; science did not exist. Science seems to have sprung full-blown from the mind of Aristotle, like Minerva fully armed from the mind of Jupiter. In fact, alone, without antecedents, borrowing nothing from the centuries preceding him, since they produced nothing solid, the disciple of Plato discovered and demonstrated more truths, carried out more scientific works in his lifetime of 62 years, than 20 centuries after him were able to do with the aid of his ideas, assisted by the increase of mankind over the habitable surface of the globe, by the printing press, engraving, the compass, gunpowder, alcohol, and by the cooperation of so many men of genius who have been able to glean scarcely anything from his tracks in the vast field of science.

Aristotle was the first, after Socrates, to teach and follow, but on a more extensive scale, the method of observation, and in this way he placed the sciences in their true terrain. This method, in spite of the admirable results he produced with it, was disregarded for a long time; but at last the seventeenth century rehabilitated it and forever made of it the tool that is the most productive and the most certain to advance the natural sciences.

All human learning before Aristotle was confounded in one sole science called "philosophy," and the objects of this learning composed one great whole called "nature." Aristotle subjected this one great whole to several divisions of great importance, and so, with him, analysis had its beginning. The sciences known in his time – natural philosophy, metaphysics, natural history, chemistry, political science, poetics, theory of the arts – were classed separately and became specialties. These specialties were each subdivided according to analogies as natural as those that had served as bases for the first divisions, and thus Aristotle could devote himself with precision to the deepest and most detailed studies. He then reunited the various parts of his work and made of them the greatest body of doctrine, the most comprehensive system that had ever been produced. This is a unique result from the almighty power of the patience that gathers details, and from the genius for generalizing that brings forth from the comparison of these details the most exalted methods and theories.

Everything in Aristotle is astonishing, prodigious, and colossal. He lived only 62 years and was able to make thousands of observations in extreme detail, the accuracy of which has not been nullified by the severest criticism. Public professor for a third of his life, – responsible for a prince's education that lasted seven years, usually living in the midst of the tumult of teaching, he wrote hundreds of works on the most diverse subjects, and all are rich in facts and fertile in ideas that surpass the imagination.

Aristotle had the gift of inexhaustible invention; his genius is revealed in every manner.

The innumerable quantity of his notes and scientific documents hardly permitted him to find his bearings in them; he had the idea of classifying them in an order corresponding to the letters of the alphabet, and thus he invented the dictionary method.

Realizing that simple anatomical descriptions would be unclear, he added drawings, and again, he was the first to have the idea of showing with the help of illustration the details of animal organization that could scarcely in fact be perfectly understood otherwise.

Every time this unique man opens up a new path, it is a scientific path, rich in important results, which shows the soundness of his incomparable spirit. Thus, when he wishes to study the science of the relations between the citizens and their government and to establish a political theory, he leaves speculation alone and consults experience. He collects and compares the constitutions of 158 states that existed in his time. This is the excellent method that has given us Montesquieu's *Esprit des Lois* [1].

In short, one must think of Aristotle as one of the greatest observers that ever lived; without any doubt, he is the most extraordinary classifier-genius that nature has produced.

The favorable circumstances in which he was placed can alone explain how he could be equal to the immense works we owe him. Therefore, we shall enter into some details about his life.

Aristotle was born at Stagira, a small town in Macedonia, in 384 B.C. His father, Nicomachus, was physician to Amyntas III, king of Macedonia [2], and so he was raised in the court of this prince with the greatest care and became a sort of companion to Philip [3], son of Amyntas and father of Alexander. Philip's mother especially had a great affection for Aristotle.

At the age of 16, he left Macedonia and was at Athens studying philosophy under Plato. The latter, who straightway recognized his genius, said that "he needed reins rather than spurs."

The claim is made, based on a letter written by Epicurus [4], that Aristotle dissipated his fortune at Athens and had to practice medicine and sell medicaments in order to survive. The fact of selling drugs is a possibility, for at that time the various areas of the art of healing were not separate, and physicians themselves prepared and sold the remedies they prescribed for their patients; but the letter by Epicurus is anything but authentic, and if it were, the glory of Aristotle would lose nothing by it.

During his sojourn at Athens, Aristotle received from Philip in 356 B.C. a letter conceived in these terms: "A son has been born to me. I thank the gods less for having given him to me than for having given him to me during the lifetime of Aristotle; for I hope that you will make him a king worthy of succeeding me and commanding the Macedonians."

Aristotle was only 28 years old at the time, a simple student of Plato's, and far from having the celebrity that he acquired later; but we must remember that he had spent a part of his youth in close company with Philip and in this way the prince had been able to appreciate the power of his mind.

Plato is thought to have been jealous over Philip's letter. Also, some authors report that Aristotle set up a school at Athens in opposition to that of his master, and that there resulted a coldness between them. This is likely, but it has not been definitely proved.

Aristotle attended Plato's lectures for 20 years and did not leave Athens until 346, when war broke out between Macedonia and the Athenians. He went to live close to his friend Hermeias [5], ruler of Atarneus in Mysia in Asia Minor. This prince died a victim of betrayal by the brother of Memno, general of the Greek troops, in the pay of Artaxerxes the king of Persia [6]; Aristotle sheltered Pythias, the sister of his friend, and married her [7]. At her death he paid her great honor; he was even accused of deifying her and of having vowed a cult for her very like the cult of the Athenians for Ceres. This story seems to have been an invention.

Aristotle went to Mytilene [8] after the death of Hermias and it was from there that in 343, Philip had him come to the court to begin tutoring Alexander, then 13 years old.

This education kept him busy for seven years, and we can say that never did so powerful a prince receive lessons from so fine a genius. But these lessons were not completely successful for Alexander, as they did not protect him from the deadly faults into which prosperity leads the majority of men [9].

When Alexander departed on his great expedition, Aristotle gave him for a companion and guide his kinsman and follower Callisthenes [10], who was worthy of so handsome a role. But his remonstrances and frankness importuned Alexander and he fell into disgrace. Callisthenes's enemies profited from the occasion by accusing him of treason and plotting, and Alexander had him put to death in a moment of fury. It is claimed that he had sent orders to Macedonia to subject Aristotle to the same fate but that Antipater [11], who was then governor of the country, did not execute his wish. It is a fact that Antipater, the friend of Aristotle, never contributed to his death. But on the other hand, there is no proof that Aristotle's death had been demanded of him.

According to some authors, Aristotle went with Alexander to Egypt; there is no proof of this assertion, either; all the evidence offered actually proves the contrary, for the descriptions of Egyptian animals, upon which the evidence is based, have not been made from nature and have evidently been drawn from Herodotus, with all their inaccuracy.

Shortly after the assassination of Philip in 336, Aristotle returned to Athens, and there, in a promenade planted with trees called the Lyceum [12], where young soldiers were drilled, he opened a school, which was not slow in becoming famous. He taught there twice each day; in the mornings he developed the more esoteric parts of his philosophy; in the evenings, he discussed the fundamentals of philosophy and subjects that did not require previous study. He taught like this for a dozen years, and during this time, he did not cease corresponding with Alexander. There was, however, between them a marked coldness over the murder of Callisthenes, and one sees that Alexander in some of his letters tries to wound him by praising the merits of Xenocrates [13], who presided over the Academy [14], the rival of the Lyceum. The hatred that Philip's son had for his master in the last years of his life was so well known that four or five hundred years later, Caracalla [15], who took pride in imitating Alexander the Great, pushed this folly to the point of expelling the Peripatetics [16] from Rome because they had been hated by the conqueror.

During his expedition, Alexander, who had acquired from Aristotle a taste for natural science, sent to his master all the remarkable productions of the countries he conquered, and each of his victories was thus a source of riches for science. In fact, one can see from the accuracy with which Aristotle describes several animals from India and Persia that he had the objects themselves before his eyes.

Not only was Aristotle aided by his pupil's conquests, he still received from him considerable sums of money: it cost more than three million in our own money for him to collect the materials for the *History* that made him immortal. Pliny [17] states that Aristotle kept several thousand men constantly busy, at Alexander's expense, hunting and fishing and making the observations that he needed.

Doubtless, such resources are immense, but the use that Aristotle made of them far surpasses the result one might have expected.

This astonishing genius not only served science by his observations and classifications; he made of his observations and classifications yet another eminent service when he created, still by means of Alexander's munificence, the first library ever established in antiquity.

In imitation of him, Ptolemy Lagus [18], who had been his pupil, founded the library at Alexandria [19], and later the one at Pergamum was established.

As long as Alexander was alive, the seeming protection that Aristotle received from him assured his tranquility, but as soon as the vanquisher of Asia was dead, the Athenians gave rein to the resentments that fear had restrained. Demagogues who confused in their aversion the king of Macedonia with his preceptor; sophists whose quibbles he had pulverized; Platonists whose philosophy he had abandoned at first, and later attacked; all these were leagued together to persecute him. They invented absurd fables in order to disparage him, such as, for example, his having been an accomplice of Alexander's assassins. They also brought forward against him the hierophant Eurymedon [20] to accuse him of impiety. But when Aristotle saw that the storm would not become dissipated, warned as he was by Socrates's example, he retired to Chalcis in Euboea [21] with most of his disciples, in order, he said, to spare the Athenians a new outrage upon philosophy. He died in this retreat shortly after leaving Athens. It was claimed that he threw himself into the Euripus, in despair that he could not understand the cause of the flux and reflux he had observed there, and he is said to have uttered upon this occasion the pun, *Since I cannot grasp thee, thou shalt grasp me.* A like anecdote is told of Empedocles, who was thought to have thrown himself into the crater of Etna, pronouncing the same words as Aristotle [22].

Aristotle in his will settled the fate of his children and his friends, and freed his slaves. For executors of his last will and testament he named Antipater, the king of Macedonia, and Theophrastus [23], his successor in the professorial chair at the Lyceum.

Among Aristotle's contemporaries were Democritus of Abdera, Hippocrates, Xenophon, and his master Plato.

Democritus was 86 years old when the founder of the Lyceum was born, but since he lived to 110, he was Aristotle's contemporary for 24 years.

Hippocrates was 76 years old when Aristotle was born, but lived to 104.

Xenophon was 61 when the preceptor of Alexander came into the world, and consequently was his contemporary for 29 years.

Finally, Plato, at first his master, and for the past 2,000 years and more his antagonist, was 45 years old when his pupil was born, and he lived for another 36 years.

It is worthwhile noting all these circumstances, because the direct or indirect communication that Aristotle must have had with the various sages whom we have just named doubtless had an influence on the development of his mind.

We have only an incomplete idea of the extent of Aristotle's knowledge, for one part of his work is entirely lost and the other has come down to us only in altered form. It is from Strabo [24], in the thirteenth book of his *Geography*, that we learn the various fates of Aristotle's books. He willed his library to Theophrastus, his favorite disciple and his successor at the Lyceum; Theophrastus entrusted it to Neleus [25], who transported it to Scepsis, a town in Mysia under the rule of Attalus, king of Pergamum [26]. The heirs of Neleus hid in an underground vault the works contained in this library, because at that time, Attalus was setting up a library on the model of Alexandria's, and so passionate a rivalry on the subject had arisen between him and King Ptolemy of Egypt that he was resorting to violence to obtain the volumes he desired. Aristotle's books remained buried in their cavern for 60 years [27], where they were partly destroyed by humidity. Apellicon of Teos [28] became their proprietor, for a considerable sum, and brought them to Athens, his homeland, and supplied the missing parts of the books with interpolations that did more harm than good, for I have been able to single out some of them.

When Sulla [29] took Athens, he found Aristotle's books and had them transported with great care to Rome. A grammarian named Tyrannion, a supporter of Aristotle's doctrine, was put in charge of making several copies. Andronicus the Rhodian [30], who supervised the publication, divided the works into chapters. This division was very imperfect; the specific titles rarely indicate correctly the subjects treated in the chapters. Moreover, the body of Aristotle's works needed to be distributed differently than was done.

Diogenes Laërtius[31] has preserved for us the titles of nearly 300 of Aristotle's books, but several very important works of his have not come down to us. We are missing eight books of anatomical descriptions accompanied by colored illustrations corresponding to the text by means of references. The second work we are lacking is a collection of divers objects belonging to the natural sciences and arranged alphabetically. This was a veritable dictionary of natural history, which probably contained all the individual observations that Aristotle summarized in his other works. It was composed of 38 scrolls and would have made a large volume in-quarto. The third loss, although foreign to our subject, is very great withal. It is a collection of constitutions from 158 independent states, which Aristotle had gathered for composing his *Politics*. These constitutions would have been an extremely valuable source to consult on the history of the Greek republics.

It would be outside our subject to examine those works of Aristotle that do not relate to the natural sciences. Nevertheless, I cannot dispense with informing you of them so that you may know the prodigious extent of their author's knowledge.

The first books of Aristotle treat of logic or psychology, and in fact it was natural that the study of human understanding should precede any other study, since it serves as the basis of our learning. These works contain the first explanation ever given of the rules of the syllogism, the procedure by which it is possible to discover whether the conclusion drawn from an argument is true or false. True, Plato had already used the syllogism in his *Dialogues*, but without explaining the mechanism, and, as it were, instinctively; Aristotle on the other hand treated it didactically.

After his *Logic* came his *Rhetoric* and *Poetics*. The rules he gives here are still excellent, because they rest upon observation. Rules that people have arbitrarily tried since as substitutes have one by one been abandoned as false or incomplete.

His *Ethics*, his *Politics*, and his *Economics* are also founded on observation, the first being based on the study of man, the others on the comparison of laws and facts. However, we notice in his Politics some ideas that we no longer share today, such as, for example, those on slavery. But these were generally received opinions at the time; all the efforts of Christianity, carried on over many centuries, were needed in order that less barbarous sentiments might prevail.

In his *Metaphysics*, where he treats of what it means to exist, Aristotle no longer uses in his writing the clarity that distinguishes his other works. The reason for this is twofold; first, the subject is more abstract, more profound; second, the author's ideas are less distinct, less precise. However, we do not find, even in metaphysics, Aristotle being surpassed by his successors; rather we find that it is his works on this science that have contributed the most to spreading his influence and causing it to dominate the schools of the Middle Ages.

Now we come to the works of Aristotle that ought most especially to fix our attention, the ones that discuss the physical sciences. There are eight volumes on the physical sciences per se, four on the heavens, one on meteorology in which he also speaks of mineralogy, one on colors, two on the generation and decay of bodies, that is, on the movement of dissolution and recomposition of organized beings, ten on the history of animals, four on their parts, one on their means of progression, two on their generation, and various essays on waking and sleeping.

In these different works, Aristotle uses the same method as in his Poetics, his Ethics, and his Politics; all general propositions that he expresses are inductions, resulting from observation and comparison of particular facts; he never states an *a priori* rule. Moreover, this procedure is a consequence of his theory on the origin of general ideas, which he gives as entirely human.

Plato, as we have found in analyzing the *Timaeus*, proclaims that general ideas have an existence of their own and they are innate in man, since man's soul possessed them when it was united with divinity, so that all general truths that it thinks to have discovered are only memories of its earlier notions. From this principle, it follows that the senses are completely useless in the acquisition of our knowledge, and we must keep them inactive in order thus to benefit the recall of ideas that we have received from divinity. Aristotle professes a contrary doctrine. He states as a rule that there are no innate ideas – divinity no doubt possesses essentially all general ideas, but as for man, he can acquire them only by means of abstraction, that is, by the comparison of individual facts in order to distinguish what they have in common and what in them is different. As facts cannot come to our intelligence except through the senses, he reasonably concludes that the action of the senses, or observation, is the true source of all knowledge. This basic principle, stated by Aristotle in his *Logic* and applied in his various works, is what has given his philosophy its special character.

Of all the works of Aristotle that we have named, the first, treating of *general physical sciences*, is the most imperfect, and it could not be otherwise, for in physical science any progress is difficult and excessively slow when facts occurring naturally are the only ones that can be studied. It is necessary to generate them at will, to repeat their manifestation often – in a word, to experiment – in order for science to progress rapidly and with certainty. Now, in Aristotle's time, experimentation was nearly impossible; the industrial arts were so undeveloped that they offered the scholar precious little help. Moreover, men possessed but very few observations; it was thus impossible for abstractions of very great generality to be constructed. Several principles stated by Aristotle have therefore been recognized as false or incomplete; but for his time, at least, they were based on observation and they summed up all known facts. For example, he had seen that solid bodies and liquid bodies fell to earth when they lost their support, that aeriform or gaseous bodies rose from the bottom of the water to its surface, and that a flame rose to the sky – he inferred from this that earth and water tended to descend and air and fire to rise. Today we know that these motions in opposite directions are the result of the same force, but it is only through observation of new facts that we have made this discovery that has demonstrated the inaccuracy of Aristotle's explanations. Still, naturalists are not yet in agreement on the question as to whether fire is or is not subject to the universal law of gravitation.

The remark that we have just made in regard to the fall or rise of bodies is applicable to the principle of the *horror of the void*, a principle for which Aristotle has been greatly reproached. Clearly, this principle was not, any more than the preceding one, conceived *a priori*, and was the result of generalizing from a fact when not all the details were known. If Aristotle had seen water in pumps not going past a height of 32 feet, or the mercury remaining at 28 inches in Toricelli's tube, doubtless by comparing the specific weights of the two liquids and the heights of their columns, he would have discovered, like Torricelli[32], and Pascal[33] before him, the true cause of the phenomenon that he attributed to the horror of the void, namely, the weight of the air. Also, before experimentation had shown the falsity of Aristotle's principle, it was just as logical to suppose that bodies had a tendency to seek the void, as to assume, as we do today, that bodies attract one another. Aristotle's induction has nothing irrational in it; it can only seem so to persons who insist on taking a figurative expression literally, as we do a host of other expressions that we use without difficulty, since language does not provide us with rigorous ones.

However that may be, Aristotle gave much more exact syntheses in the various branches of natural history than he did in physical science. Also, his writings on this science are the ones that offer to our admiration the greatest number of truths. The main one of these writings is his *History of Animals*, which I cannot read without being carried away by wonder. We cannot conceive how one man alone was able to gather and compare the multitude of individual facts that support the numerous general rules, the great quantity of aphorisms, contained in this work, and of which his predecessors never had any idea.

The *History of Animals* is not properly speaking a zoology, that is, a series of descriptions of various animals; rather it is a sort of general anatomy in which the author treats of the general principles of organization evinced by various animals, in which he points out their differences and similarities, employing the comparative examination of their organs, and in which he proposes the bases of wide classifications of the greatest accuracy.

The first volume describes the parts that make up the body of animals, not by species but by natural groups. It is evident that a work of this sort could result only from a profound knowledge of the details of animal organization. However, since Aristotle did not judge it necessary to form a zoological framework, some persons claimed that his work lacked method. I assure you, these persons had but a very superficial mind.

The beginning of the book we are talking about is somewhat separate from the rest and serves as an introduction. It is composed almost entirely of general rules, presented without development, in the form of aphorisms; but in a manner clear enough so that anyone can understand them and apply them to familiar objects. Aristotle's intention was, as he himself says, to inspire, by expounding a great number of remarkable results, an interest in the study of nature. Here are a few of those aphorisms, which, as we have said, imply observation and the comparison of an immense quantity of individual facts:

1° no terrestrial animal is fixed to the ground (this aphorism is perfectly true; the zoophytes that are fixed to the place where they develop are not terrestrial animals but aquatic beings);

2° no animal lacking feet has wings (this correct observation contradicts the existence of flying dragons, so much talked of before and after Aristotle, and which in reality are only fabulous animals);

3° all animals, without exception, have a mouth and the sense of touch (these two attributes are basic constituents of animality; nothing is more true that this principle, despite the extreme variety of shape and structure present in animals overall);

4° all winged insects having their stinger in the anterior part of their body have only two wings, as in the horsefly and the gnat – those having their stinger in the posterior part have four, as, for example, the ant.

How many observations he must have had to make in order to state propositions that are so general and so accurate! They imply a nearly universal examination of all species. How, especially, could one find *a priori* the last of these aphorisms, since the reason for the natural law that it expresses is still not known.

Aristotle, as early as his introduction, also expounds a zoological classification that leaves only a very few things for the centuries after him to do. His divisions and subdivisions of the animal kingdom are amazing for their precision and have almost all of them withstood science's subsequent acquisitions of knowledge.

He divides the animals into two large classes, animals that have blood and animals that do not; in other terms, he distinguishes, as we do, animals with red blood from animals with white. The former are the quadrupeds, the birds, snakes, fishes, and cetaceans. Although these last two classes both live in water and have some similarity in exterior form, Aristotle is far from confounding them, as do explorers in our own day who do not know natural history. He is no less informed than we are about the nature of cetaceans; he knows that these animals are warm-blooded, that their young are born live and are nourished with their breast milk. He also establishes among the quadrupeds a sharp distinction as to whether they are viviparous or oviparous. He remarks that the latter have a close analogy with snakes in their internal organization and integumentary system.

One sees that Aristotle's groups are formed in a quite natural manner, and that only their placement could be open to criticism.

Animals without blood, or with white blood according to our present knowledge, are divided into four classes: mollusks, crustaceans, testaceans, and insects.

This distribution is not altogether irreproachable, but it was maintained up until Linnaeus[34], whose classification is basically the same, and who subdivides the two sections of testaceans and insects, the first into mollusks and testaceans and the second into insects and crustaceans.

Aristotle fixes among the mollusks in particular the cuttlefish, the squid, the octopus, the nautilus, and calls to our attention a fact that was still denied only a short time ago, that this last animal is not attached to its shell as are the other testaceans. He briefly describes all the organs of the mollusks and mentions even their brain.

The subdivisions established by Aristotle for animals with white blood are better than his main divisions, although the latter certainly have excited our wonder. For example, his classification of the insects is the same as is found in Linnaeus's works. He divides insects according to whether they have wings or not, and of the first he sets up three suborders according to whether they have two or four naked wings or wings covered with horny sheaths. He then explains the genus, or the gathering of several species into one group, and he gives as an example the genus of solipeds that comprises the horse, the ass, and the wild mule of Syria (the hemionus)[35]. This genus is in fact one of the more distinct and one that we may cite the more justifiably.

After these generalities, Aristotle begins on the details of animal organization. He takes as his point of departure and for comparison, in his descriptions of the various organisms and in his nomenclature, the organization of the human body. The large regions and everything visible externally are the first object of his inspection. Then he examines the internal parts. But in this regard his ideas no longer have the same accuracy. Nevertheless, he recognizes well enough the broad characteristics of the organization, and even on some finer points he has made better observations than the majority of his successors. It is likely that he knew the function of the Eustachian tube, for, when refuting the opinion of Alcmeon – who maintained, as we have said, that goats breathe through their ears – he said that in fact there exists a connection between the ear and the throat but that it was not used in respiration. His first description is that of the brain; he affirms that this organ exists in all animals with red blood, but that among animals with white blood it is found only in the mollusks. This last statement is remarkable, for it is only in our time that it has been verified[36]. Man, according to Aristotle, is the animal whose brain is proportionally the most voluminous. The famous naturalist satisfactorily describes the membranes surrounding this organ. He also knows several of the nerves that lead to the eye and he indicates with some accuracy the origin and path of these nerves, which he calls the pores of the brain. But his neurological knowledge goes no further: he does not know the distribution and the functions of nerves; for him, as for his predecessors, these essential elements of organization are only tendons, ligaments – in a word, blank spots. Knowledge of the true nature of nerves was not acquired until later. Such knowledge is attributed to Herophilus[37] and to Erasistratus[38], his grandson and student.

Aristotle describes the veins and recognizes that they all come from the heart, where their main vessels end. He is in this regard quite superior to Hippocrates, whose own description seems to be a work of the imagination. Aristotle distinguishes the vena cava from the pulmonary vein. He also describes the aorta, from the heart to its division in the lower trunk; he calls it a sinewy, cartilaginous vein. But he does not recognize the function of this vein, although he was first to distinguish it from other vessels. He does not know that it contains blood in life, and this lack of knowledge extends to all the other arteries.

Nevertheless, he knows about the pulse, from which Hippocrates long before him drew conclusions about the treatment of disease.

Aristotle assumes that the trachea-artery continues to the heart, and consequently seems to believe that air penetrates it. Moreover, he attributes to this organ only three cavities, an error proving that at least he had looked into its structure. He then briefly treats of the lungs, diaphragm, stomach, omentum, liver, spleen, bladder, and the kidneys and their appendages. He says that the right kidney is placed higher than the left. And he assigns no other function to the lungs than the receiving of air to cool the blood.

These descriptions by Aristotle are incomplete and even incorrect in several respects; nevertheless, they have all been made *a posteriori*, that is, after having the seen the objects.

The author then passes on to animals as such. He describes first their members and remarks when he examines those of the elephant that the existence of the prehensile organ, called the trunk, had been necessitated by the length of the anterior legs of this animal and the placement of their joints, which would have rendered extremely difficult the action of drinking and taking up food from the ground.

He thinks as we do that this trunk is actually a nose. He also gives very interesting details on the mode of reproduction of the elephant, on its habits and characteristics, etc. Ctesias had already written about them, but he was far from knowing them as precisely as Aristotle, who has not been surpassed in this matter even by the moderns, for Buffon [39] was nearly always mistaken when he contradicted Aristotle, as is seen from observations recently made in India.

In considering animals according to the classification of their skin, Aristotle mentions among those having a mane the bonasus or aurochs [40], which lived in his time in Macedonia, and today is found only in the forests of Poland. Then he mentions three other animals of India, apparently unknown to any other naturalist before him. These animals are the *hippelaphus*, the *hippardium*, and the buffalo. The *hippelaphus*, or horse-deer, a deer with a mane [41], was found again a short time ago by Messieurs Diard [42] and Duvaucel [43]; the *hippardium*, or hunting tiger, was not so well known to us until a very few years ago, for Buffon did not see it in the royal menagerie when it was there. And it is known that the buffalo was not introduced into Europe until the time of the Crusades. Aristotle describes this animal with much exactitude: he tells its color and the direction of its horns, and remarks that it differs as much from the domestic bull as the boar differs from the pig.

Aristotle also knows and describes with great precision the two species of camel, one proper to Arabia, the other to Bactria. Knowledge of the latter clearly could not have come to him except through Alexander, for the Conqueror was the first of Greeks to have penetrated Bactria. The same remark applies to the elephant and the other three animals mentioned above; Aristotle owes his knowledge of them to Alexander, who had sent them to him from India.

After finishing with the subject of the coats of animals, the author of the *History of Animals* writes about horns, and he expresses some general propositions that observation later will entirely confirm. We shall cite some of them.

Every animal that has two horns has a cloven hoof; but the converse is not true, and so the camel has no horns, although it has a cloven hoof.

Every animal with two horns and a cloven hoof, and are lacking teeth in the upper jaw, belong to the order of ruminants, and conversely these three characteristics are found in every ruminant.

The horns are either hollow or solid; the former do not fall away; the latter are deciduous and are renewed each year.

Aristotle observed teeth as closely as horns. He describes very well their way of being renewed in man and in animals, and the different forms they have according to the kind of food peculiar to each species: In carnivores they are sharp and pointed, in herbivores they are level and shaped like grindstones. In some animals, two teeth project from their mouth and constitute a defense; but such teeth never coexist like this with horns.

The tusks of the female, in the elephant, are small and turned towards the ground, says Aristotle, whereas those of the males are larger and turned up at their extremity. This remark is true about the Asian elephants but not about the African. In the latter, the female's tusks have a conformation that is no different from that of the male's tusks. Ignorance of this fact could be put forward to refute the opinion of writers who claim that Aristotle accompanied Alexander in Egypt. For if in fact Aristotle had visited this country, it is not likely he would have committed the inadvertence of not stating the difference between the tusks of African elephants and those of the Asian. He doubtless would have also studied the hippopotamus, a poor description of which succeeds that of the elephant's teeth, the reason for such proximity being not exactly clear. I do not think its inclusion was due to Aristotle. This description of the hippopotamus, borrowed, furthermore, from Herodotus, might have been written in the margin of Aristotle's work by one of the early owners of the book, and then confounded with the text by some unintelligent copyist. We have many examples of such interpolations.

Aristotle ends his description of the viviparous quadrupeds with that of the monkeys, which he regarded as beings lying between these quadrupeds and man. He shows quite well the main lineaments of their organization, the structure of their hands, and he designates several of their species, some having a tail, others lacking one. He finally arrives at the oviparous quadrupeds, discusses the characteristics they have in common and the nature of their teguments. At this point he describes the Egyptian crocodile; he calls attention to the hardness of their scales, the shape and length of their teeth, the location of their hearing organ, and gives their principal habits.

Aristotle's observations of birds have been used as a basis for modern classifications, and one could almost say that nothing in this regard has been changed since his writings; for Brisson[44] does not classify the birds according to principles other than Aristotle's. He shows that their wings are analogous to the anterior members of quadrupeds. He then gives in detail the shape of their feet and notes the differences seen there. He points out that their eyes are provided with a third eyelid, and several of these animals, mainly those with a fleshy tongue, have the ability to pronounce the words of languages. His aphorisms prove that he has seen all the objects that he writes about, for it would be impossible to establish *a priori* such general rules as these, for example: "Birds with spurs never have hooked claws, and conversely." It is to his excellent method that Aristotle owes such astonishing results, almost at the birth of science.

He is all the more admirable in ichthyology, and it appears that in this science he had even more extensive knowledge than our own in some respects.

Although his goal was not to describe species but only to express general results, he introduces us, in various parts of his book, to 117 species of fishes. Some of the details that he reports on these animals are still regarded as doubtful, but from time to time we recognize the accuracy of even the details that had seemed most incredible. For example, Aristotle reports that a fish called *Phycis* (*Gobius niger* of Linnaeus) builds its nest like the birds[45]. The truth of this statement was always doubted; only recently, an Italian naturalist, Monsieur Olivi, has had occasion to verify it in a most positive way[46]. He saw the male, in the mating season, hollow out a hole in the mud, surround the hole with fucus[47] – make, in short, a true nest – and wait there for the female to lay her eggs there, and near which he remains until they are hatched. It is remarkable that Monsieur Olivi does not seem to have known that this fact had been affirmed by Aristotle, and that thus his observation was but a confirmation of an ancient one.

Moreover, Greece is a country extremely favorable for fishing; it has a multitude of gulfs and straits filled with a considerable quantity of fishes. In all eras, this circumstance has led the Greeks to devote themselves to doing research on fishes, and despite the contempt spread by Homer on this industry[48], it is seen to be honored within a few years of his death. The prejudice disappeared quickly, great fisheries were established, salted fish became the object of a very lucrative commerce. It is for this reason that the port of Byzantium, from which a considerable quantity of salted fish was shipped, received the name of the *Golden Horn*.

We have gone beyond the usual length of our meeting and shall finish the discussion of Aristotle's *History of Animals* in our next lesson.

NOTES

1. [Charles-Louis de Secondat, Baron de La Brède et de Montesquieu (born 18 January 1689, Château La Brède, near Bordeaux, France; died 10 February 1755, Paris), French political philosopher whose major work, *The Spirit of Laws*, published in 1748, was a major contribution to political theory (see Montesquieu (Charles-Louis de Secondat), *The Spirit of Laws* [by M. de Secondat, Baron de Montesquieu; with D'Alembert's analysis of the work; translated from the French by Nugent Thomas; new ed., revised by Prichard J. V.], Littleton (Colorado): F. B. Rothman, 1991, 2 vols).]
2. [Amyntas III (died 370/369 B.C.), king of Macedonia from about 393 to 370/369. His skillful diplomacy created a minor role for Macedonia in Greek affairs and prepared the way for its emergence as a great power under his son Philip II (ruled 359-336). Amyntas came to the throne during the disorders that plagued Macedonia after the death of the powerful king Archelaus (ruled *c.* 413-399). Amyntas soon had to fight off attacks by the Illyrians (of present-day Albania) and by the Chalcidian League, a confederation of cities of the Chalcidice peninsula, east of Macedonia. The threat from the latter was removed when intervention by Sparta led to the dissolution of the league in 379. Amyntas continued to maintain his independence by siding with the powers ascendant in Greece, including first Athens and then Thessaly, under its tyrant Jason of Pherae (ruled *c.* 385-370).]
3. [Philip II, or Philip of Macedon (born 382 B.C.; died 336, Asia Minor), 18th king of Macedonia (359-336 B.C.), who restored internal peace to his country and then, by 339, had gained domination over all Greece by military and diplomatic means, thus laying the foundations for its expansion under his son Alexander III the Great.]
4. [Epicurus (born 341 B.C., Samos, Greece; died 270, Athens), Greek philosopher, author of an ethical philosophy of simple pleasure, friendship, and retirement (see Epicurus, *Epicurus, the Extant Remains* [with short critical apparatus, translation and notes by Bailey Cyril], Oxford: Clarendon press, 1926, 432 p.) He founded schools of philosophy that survived directly from the 4th century B.C. until the 4th century A.D.]
5. [Hermeias of Atarneus, a Greek soldier of fortune, who first acquired fiscal and then political control of northwestern Asia Minor, as a vassal of Persian overlords. After a visit to the Athenian Academy he invited two of Plato's graduates to set up a small branch at Assus to help spread Greek rule as well as Greek philosophy to Asian soil. Aristotle came to this new intellectual center. To this period may belong the first 12 chapters of Book 7 of Aristotle's *Politics* (see Aristotle, *The Complete Works of Aristotle* [The revised Oxford translation, edited by Barnes Jonathan], Princeton (New Jersey): Princeton University Press, 1984, 2 vols). There he sketches the connection between philosophy and politics; namely, that the highest purpose of a city-state is to secure the conditions in which those who are capable of it can live the philosophical life. Such a life, however, lies only within the capacity of the Greeks, whose superiority qualifies them to employ the non-Greek tribal peoples as serfs or slaves for the performance of all menial labor. Thus, citizenship and service in the armed forces are considered to be the exclusive rights and duties of the Greeks. Aristotle's espousal of an enlightened oligarchy, nonetheless, actually constituted an advance over the political concepts flourishing at the time and it should be viewed in its context as a positive development in the establishment of the noble civilization created by the Greeks.]
6. [Artaxerxes II, see Lesson 6, note 27.]
7. [Aristotle was on good terms with his patron, Hermeias, and married his niece, Pythias. She bore Aristotle a daughter, whom he called by her mother's name. In the *Politics*, Aristotle prescribed the ideal ages for marriage – 37 for the husband and 18 for the wife. Because Aristotle was himself 37 at this time, it is tempting to guess that Pythias was 18. It is also possible that their own marital relations are reflected in his further, somewhat cryptic, observation: "As for adultery, let it be held disgraceful for any man or woman to be found in any way unfaithful once they are married and call each other husband and wife." In his will Aristotle ordered that "Wherever they bury me, there the bones of Pythias shall be laid, in accordance with her own instructions." Pythias did not live long, however; and after her death Aristotle chose another companion, Herpyllis (whether concubine or wife is uncertain), by whom he then had a son, Nicomachus. She outlived Aristotle, and he made ample and considerate provision for her in his will "in recognition of the steady affection she has shown me."]
8. [Mytilene, modern Greek Mitilíni, chief town of the island of Lesbos and of the *nomós* (department) of Lesbos, Greece.]
9. Aristotle was Greek and consequently hated the Persians, especially after the death of his friend Hermeias. Therefore, he did not deflect Alexander from his plans of conquest; but he made them serve civilization. [M. de St.-Agy.]
10. [Callisthenes of Olynthus (*c.* 360-327 B.C.), ancient Greek historian. Callisthenes was appointed to attend Alexander the Great as historian of his Asiatic expedition on the recommendation of his uncle and former tutor, Aristotle. Callisthenes offended Alexander by censuring him for the adoption of certain Oriental customs. He was subsequently accused of being privy to a conspiracy against Alexander and was thrown into prison, where he died. His death was commemorated by his friend Theophrastus

in *Callisthenes or a Treatise on Grief.* Callisthenes wrote a history of Greece from the peace of Antalcidas (386) to the Phocian War (355); a history of the Phocian War; an account of the Asiatic expedition; and other works, all of which have perished. It is known that he alluded to the story of Alexander's divine birth and may have been the first to do so.]

11. [Antipater (born *c.* 397 B.C., died 319), Macedonian general, regent of Macedonia (334-323) and of the Macedonian Empire (321-319) whose death signaled the end of centralized authority in the empire. One of the leading men in Macedonia at the death of Philip II in 336, he helped to secure the succession to the Macedonian throne for Philip's son, Alexander the Great, who upon departure for the conquest of Asia (334) appointed Antipater regent in Macedonia with the title of general in Europe.]
12. [Lyceum, Athenian school founded by Aristotle in 335 B.C. in a grove sacred to Apollo Lyceius. Owing to his habit of walking about the grove while lecturing his students, the school and its students acquired the label of Peripatetics (Greek *peri,* "around," and *patein,* "to walk"). The *peripatos* was the covered walkway of the Lyceum. Most of Aristotle's extant writings comprise notes for lectures delivered at the school as edited by his successors.]
13. [Xenocrates (died 314 B.C., Athens), Greek philosopher, pupil of Plato, and successor of Speusippus as the head of the Greek Academy, which Plato founded about 387 B.C. In the company of Aristotle he left Athens after Plato's death in 348/347, returning in 339 on his election as head of the Academy, where he remained until his death.]
14. [Academy, Greek Academeia, Latin Academia, in ancient Greece, the academy, or college, of philosophy in the northwestern outskirts of Athens, where Plato acquired property about 387 B.C. and used to teach. At the site there had been an olive grove, park, and gymnasium sacred to the legendary Attic hero Academus (or Hecademus). The designation academy, as a school of philosophy, is usually applied not to Plato's immediate circle but to his successors down to the Roman Cicero's time (106-43 B.C.) Legally, the school was a corporate body organized for worship of the Muses, the scholarch (or headmaster) being elected for life by a majority vote of the members. Most scholars infer, mainly from Plato's writings, that instruction originally included mathematics, dialectics, natural science, and preparation for statesmanship. The Academy continued until A.D. 529, when the emperor Justinian closed it, together with the other pagan schools.]
15. [Caracalla, byname of Marcus Aurelius Severus Antoninus Augustus, original name (until A.D. 196) Septimius Bassianus, also called (A.D. 196-198) Marcus Aurelius Antoninus Caesar (born 4 April A.D. 188, Lugdunum [Lyon], Gaul; died 8 April 217, near Carrhae, Mesopotamia), Roman emperor, ruling jointly with his father, Septimius Severus, from 198 to 211 and then alone from 211 until his assassination in 217. His principal achievements were his colossal baths in Rome and his edict of 212, giving Roman citizenship to all free inhabitants of the empire. Caracalla, whose reign contributed to the decay of the empire, has often been regarded as one of the most bloodthirsty tyrants in Roman history.]
16. [Peripatetics, see note 12, above.]
17. [Pliny the Elder, see Lesson 13, note 1.]
18. [Ptolemy I Soter (born 367/366 or 364 B.C., Macedonia; died 283/282, Egypt), the son of the nobleman Lagus, Macedonian general of Alexander the Great, who became ruler of Egypt (323-285 B.C.) and founder of the Ptolemaic dynasty, which reigned longer than any other dynasty established on the soil of the Alexandrian empire and only succumbed to the Romans in 30 B.C.]
19. [Library of Alexandria, the most famous library of classical antiquity. It formed part of the research institute at Alexandria in Egypt that is known as the Museum, or Alexandrian Museum. The Alexandrian museum and library were founded and maintained by the long succession of the Ptolemies in Egypt from the beginning of the third century B.C. (see the table to the next page). The library's initial organization was the work of Demetrius Phalereus, who was familiar with the achievements of the library at Athens. Both the museum and the library were organized in faculties, with a president-priest at the head and the salaries of the staff paid by the Egyptian king. A subsidiary "daughter library" was established about 235 B.C. by Ptolemy III in the Temple of Sarapis, the main museum and library being located in the palace precincts, in the district known as the Brucheium. It is not known how far the ideal of an international library – incorporating not only all Greek literature but also translations into Greek from the other languages of the Mediterranean, the Middle East, and India – was realized. It is certain that the library was in the main Greek; the only translation recorded was the Septuagint. The library's editorial program included the establishment of the Alexandrian canon of Greek poets, the division of works into "books" as they are now known (probably to suit the standard length of rolls), and the gradual introduction of systems of punctuation and accentuation. The compilation of a national bibliography was entrusted to Callimachus. Though now lost, it survived into the Byzantine period as a standard reference work of Greek literature. The museum and library survived for many centuries but were destroyed in the civil war that occurred under the Roman emperor Aurelian in the late third century A.D.; the "daughter library" was destroyed by Christians in A.D. 391.]

THE PTOLEMIES IN EGYPT FROM THE BEGINNING OF THE THIRD CENTURY B.C.

NAME	GREEK	BIRTH AND DEATH	REIGNED	COMMENTS
Ptolemy I Soter	Saviour	Born 367/366 or 364 BC, Macedonia; died 283/282, Egypt	323-285 BC	Macedonian general of Alexander the Great, who became ruler of Egypt and founder of the Ptolemaic dynasty, which reigned longer than any other dynasty established on the soil of the Alexandrian empire and only succumbed to the Romans in 30 BC.
Ptolemy II Philadelphus	Brother-loving	Born 308 BC, Cos; died 246	285-246 BC	Son of Ptolemy I Soter, king of Egypt, second king of the Ptolemaic dynasty, who extended his power by skillful diplomacy, developed agriculture and commerce, and made Alexandria a leading center of the arts and sciences.
Ptolemy III Euergetes	Benefactor	Fl. 246-221 BC		Macedonian king of Egypt, son of Ptolemy II; he reunited Egypt and Cyrenaica and successfully waged the Third Syrian War against the Seleucid kingdom.
Ptolemy IV Philopator	Loving His Father	Born *c.* 238 BC; died 205 BC	221-205 BC	Macedonian king of Egypt under whose feeble rule, heavily influenced by favorites, much of Ptolemaic Syria was lost and native uprisings began to disturb the internal stability of Egypt.
Ptolemy V Epiphanes	Illustrious	Born *c.* 210; died 180 BC	205-180 BC	Macedonian king of Egypt, son of Ptolemy IV, under whose rule Coele Syria and most of Egypt's other foreign possessions were lost.
Ptolemy VI Philometor	Loving His Mother	Fl. *c.* 180-145 BC		Macedonian king of Egypt, son of Ptolemy V and Cleopatra I, under whom an attempted invasion of Coele Syria resulted in the occupation of Egypt by the Seleucids. After Roman intervention and several ventures of joint rule with his brother, however, Ptolemy was able to reunite his realm.
Ptolemy VII Neos Philopator	Philopator, the Younger	Died 144 BC	About July to late August 145 BC	Younger son and co-ruler with Ptolemy VI, king of Egypt, whom he succeeded in 145 BC. Still a minor, he was the ward of his mother, who also served as his co-ruler. He was soon displaced by his uncle, Ptolemy VIII, who executed him the following year.
Ptolemy VIII Euergetes II, also called Physcon	Benefactor II	Died 116 BC	170-164, 145-131, and 129-116 BC	Macedonian king of Egypt who played a divisive role in trying to win the kingship, making himself subservient to Rome and encouraging Roman interference in Egypt. He ruled jointly with his brother, Ptolemy VI, in 170-164 BC and alone during the next year; he was king of Cyrenaica (in modern Libya) in 163-145, and sole ruler of Egypt from 145 to his death in 116, except for a brief exile in 131-129.

NAME	GREEK	BIRTH AND DEATH	REIGNED	COMMENTS
Ptolemy IX Soter II, byname Lathyrus	Saviour II	Fl. second-first century BC	116-110, 109-107, and 88-81 BC	Macedonian king of Egypt who, after ruling Cyprus and Egypt in various combinations with his brother, Ptolemy X, and his mother, Cleopatra III, widow of Ptolemy VIII, gained sole rule of the country in 88 and sought to keep Egypt from excessive Roman influence while trying to develop trade with the East.
Ptolemy X Alexander I		Died 88 BC	107-88 BC	Macedonian king of Egypt who, under the direction of his mother, Cleopatra III, ruled Egypt alternately with his brother Ptolemy IX and around 105 became involved in a civil war in the Seleucid kingdom in Syria.
Ptolemy XI Alexander II		Born *c.* 115, died 80 BC	80 BC	A son of Ptolemy X Alexander I, last fully legitimate Ptolemaic king of Egypt, who married Berenice III, Ptolemy IX Soter II's widow, in 80 BC, and joined her as co-ruler. Unable to coexist with the queen, who insisted on ruling alone, Ptolemy murdered her after about 19 days of joint rule. The people of Alexandria, who had greatly admired the queen, killed him in revenge.
Ptolemy XII Auletes, in full Ptolemy XII Theos Philopater Philadelphus Neos Dionysos Auletes	Flute Player	Born *c.* 112, died 51 BC	80-51 BC	Macedonian king of Egypt, whose quasi-legitimate royal status compelled him to depend heavily upon Rome for support for his throne (although known as a son of Ptolemy IX Soter II, the identity of his mother is not certain). During his reign Egypt became virtually a client kingdom of the Roman republic.
Ptolemy XIII Theos Philopator	God Loving His Father	Born 63; died 47 BC, near Alexandria	51-47 BC	Macedonian king of Egypt, a son of Ptolemy XII Auletes, and co-ruler with his famous sister, Cleopatra VII. He was killed while leading the Ptolemaic army against Julius Caesar's forces in the final stages of the Alexandrian War.
Ptolemy XIV Theos Philopator II	God Loving His Father	Born *c.* 59, died July 44 BC	47-44 BC	Macedonian king of Egypt, co-ruler with his elder sister, the famous Cleopatra VII, by whom he was reportedly killed in 44 to make way for Ptolemy XV Caesar (Caesarion), her son by Julius Caesar.
Ptolemy XV Caesar, in full, Ptolemy Philopator Philometor Caesar, byname Caesarion		Born June 47, died 30 BC	44-30 BC	King of Egypt, son of Julius Caesar and Cleopatra VII. Co-ruler with his mother, he was killed by Octavian, later the emperor Augustus, after her death in 30.

20. [Eurymedon, not to be confused with Eurymedon of a century earlier, one of the Athenian generals during the Peloponnesian War, who in 428 B.C. he was sent by the Athenians to intercept the Peloponnesian fleet, which was on the way to attack Corcyra.]
21. [Chalcis, modern Greek Khalkís, capital, *nomós* (department) of Euboea, on the island of Euboea, Greece, at the narrowest point (measured only in yards) of the Euripus (Evrípos) channel, separating Euboea from the Greek mainland and dividing the Gulf of Euboea into northern and southern gulfs.]
22. [Wilhelm Gottlieb] Tennemann [(born 1761, at Erfurt; died 1819, at Marburg) German historian of philosophy, whose great work is an eleven-volume history of philosophy, which he began at Jena and finished at the University of Marburg, where he was professor of philosophy from 1804 till his death; see Tennemann (Willem Gottlieb), *Geschichte der Philosophie von Wilhelm Gottlieb Tennemann*, Leipzig: Johann Ambrosius Barth, 1798-1819, 11 vols; *A manual of the history of philosophy* [translated from the German of Tennemann by Johnson Arthur], Oxford: D. A. Talboys, 1832, xi + 494 p.] says that probably Aristotle poisoned himself. Tennemann is mistaken, and I must say, since the occasion for it presents itself, that I have noticed other errors in this learned and laborious German. Therefore, he should be consulted only with caution. [M. de St.-Agy.]
23. [For Theophrastus, see Lesson 8, note 36.]
24. [Strabo, see Lesson 12, note 29.]
25. [The old story about Aristotle's treatises being lost for years when they were hidden by the heirs of Neleus of Scepsis has been challenged effectively by Gottschalk (Hans), "Aristotelian Philosophy in the Roman World from the Time of Cicero to the End of the Second Century AD", *Aufstieg und Niedergang der Römischen Welt*, vol. 36, n° 2, 1987, pp. 1079-1174.]
26. [Attalus I Soter ("Preserver") (born 269 B.C., died 197 B.C.), ruler of Pergamum from 241 to 197 B.C., with the title of king after about 230. He succeeded his uncle, Eumenes I (reigned 263-241), and by military and diplomatic skill created a powerful Pergamene kingdom.]
27. [Johann Jakob] Brucker [born 1696, died 1770] says 130 years [in his *Historia Critica Philosophiae, a mundi incunabulis ad nostrum usque aetatem deducta*, Leipzig: Breithopf, 1742-1744, 6 vols]. [M. de St.-Agy.]
28. [Apellicon of Teos (died c. 84 B.C.), a wealthy Greek book collector, who became an Athenian citizen. He had bought from the descendants of Neleus of Scepsis in the Troad the libraries of Aristotle and Theophrastus, which were in a damaged condition but might have contained the only copies of the Aristotelian treatises to survive. Apellicon is said to have published them with corrections and supplements. After his death, when Sulla captured Athens, the books were carried off to Rome where eventually they formed the basis of a famous edition by Andronicus of Rhodes (see note 30, below; Andronicus of Rhodes, *The paraphrase of an anonymous Greek writer (hitherto published under the name of Andronicus Rhodius) on the Nicomachean ethics of Aristotle* [translated from the Greek by Bridgman William], London: C. Whittingham, 1807, v-xviii + 478 p.)]
29. [Lucius Cornelius Sulla (Felix), (born 138 B.C.; died 78 B.C., at Puteoli or Pozzuoli, near Naples), victor in the first full-scale civil war in Roman history (88-82 B.C.) and subsequently dictator (82-79), who carried out notable constitutional reforms in an attempt to strengthen the Roman Republic during the last century of its existence. In late 82, he assumed the name Felix in belief in his own luck. In 88 Sulla set off for Greece in charge of the war against Mithradates. By the spring of 87 most of Greece was in his power, and after a long siege he captured Athens in 86. Mithradates's general was pursued into Boeotia and finally defeated in two battles in 86.]
30. [Andronicus of Rhodes, also called Andronicus Rhodius (fl. first century B.C.), Greek philosopher noted for his meticulous editing and commentary of Aristotle's works, which had passed from one generation to the next in such a way that the presumed quality of the original texts had been lost and much superfluous material added to many of the major treatises. Andronicus studied the original texts to sift out extraneous material and arranged them in an order that he thought reflected the workings of Aristotle's mind. After completing the editing, he wrote a treatise that covered four topics: a defense of his procedure, a biography of Aristotle, an exploration into the question of authenticity, and an examination of the Aristotelian system of thought (see note 28, above).]
31. [Diogenes Laërtius (fl. third century), Greek author noted for his history of Greek philosophy, the most important existing secondary source of knowledge in the field (see Athenaeus of Naucratis, *The Deipnosophists or Banquet of the Learned of Athenaeus* [literally translated by Yonge Charles Duke; with an appendix of poetical fragments rendered into English verse by various authors, and a general index], London: Henry G. Bohn, 1854, 2 vols). One of its traditional titles, *Peri bion dogmaton kai apophthegmaton ton en philosophia eudokimesanton* ("Lives, Teachings, and Sayings of Famous Philosophers"), indicates its great scope. The work is a compilation, the excerpts of which range from insignificant gossip to valuable biographical and bibliographical information, competent summaries of doctrines, and reproductions of significant documents such as wills or philosophical writings. Though he quoted hundreds of authorities, he knew most of them only by second hand;

his true sources have not been ascertained except in a few cases. The work itself consists of an introductory book and nine others presenting Greek philosophy as divided into an Ionian and an Italic branch (Books 2-7, 8) with "successions," or schools, within each and with "stray" philosophers appended (Books 9 and 10). In all extant manuscripts, the oldest of which belongs to the twelfth century, part of Book 7 is missing.]

32. [Evangelista Torricelli (born 15 October 1608, Faenza, Romagna; died 25 October 1647, Florence), Italian physicist and mathematician who invented the barometer and whose work in geometry aided in the eventual development of integral calculus. Inspired by Galileo's writings, he wrote a treatise on mechanics, *De Motu Gravium* (on the motion of fluids), which impressed Galileo (see "De Motu gravium", *in* Torricelli (Evangelista), *Opera geometrica*, Florentiae: typis Amatoris Masse & Laurentii de Landis, 1644; Berkeley (George), *De Motu and The Analyst* [a modern edition, with introductions and commentary; edited and translated by Jesseph Douglas M.], Dordrecht and Boston: Kluwer Academic Publishers, 1992, x + 230 p.) In 1641, Torricelli was invited to Florence, where he served the elderly astronomer as secretary and assistant during the last three months of Galileo's life. Torricelli was then appointed to succeed him as professor of mathematics at the Florentine Academy.]

33. [Blaise Pascal (born 19 June 1623, at Clermont-Ferrand, France; died 19 August 1662), a mathematician, physicist, religious philosopher, and master of French prose, laid the foundation for the modern theory of probabilities, formulated what came to be known as Pascal's law of pressure, and propagated a religious doctrine that taught the experience of God through the heart rather than through reason. The establishment of his principle of intuitionism had an impact on such later philosophers as Jean-Jacques Rousseau and Henri Bergson and also on the Existentialists (see Pascal (Blaise), *œuvres complètes* [édition présentée, établie et annotée par Le Guern Michel], Paris: Gallimard, 2004, 764 p.]

34. [Carolus Linnaeus, also called Carl Linnaeus, Swedish Carl Von Linné (born 23 May 1707, Råshult, Småland, Sweden; died 10 January, 1778, Uppsala), Swedish botanist and explorer who was the first to frame principles for defining genera and species of organisms and to create a uniform system for naming them (see Blunt (Wilfrid), *Linnaeus, the Compleat Naturalist* [with an introduction by Stearns William T.], Princeton; Oxford: Princeton University Press, 2001, 264 p.)]

35. [Hemionus or onager (*Equus hemionus onager*), a subspecies of the wild ass of Asia that ranged from northwest Iran to Turkmenistan. Pale-colored and small, it has a short erect mane and fairly large ears. It was domesticated in ancient times but was replaced by the domestic horse and donkey. It now is found in limited numbers and may be approaching extinction. The name onager is sometimes used for the Asian wild ass (*Equus hemionus*).]

36. Monsieur Cuvier claims, like Aristotle, that mollusks have a brain. Monsieur [Antoine Étienne Renaud Augustin] Serres [born 1786, died 1868] maintains the contrary in his *Anatomie comparée du cerveau [dans les quatre classes des animaux vertébres, appliquée a la physiologie et à la pathologie du système nerveux*, Paris: Chez Gabon & Compagnie, 1824-1827, 2 vols + atlas]. [M. de St.-Agy.]

37. [Herophilus (born *c.* 335 B.C., Chalcedon, Bithynia; died *c.* 280), Alexandrian physician who was an early performer of public dissections on human cadavers; and often called the father of anatomy.]

38. [Erasistratus of Ceos (fl. *c.* 250 B.C.), Greek anatomist and physician in Alexandria, regarded by some as the founder of physiology. Known especially for his studies of the circulatory and nervous systems, Erasistratus noted the difference between sensory and motor nerves, but thought that the nerves were hollow tubes containing fluid. He believed that air entered the lungs and heart and was carried through the body in the arteries, and that the veins carried blood from the heart to the various parts of the body. He correctly described the function of the epiglottis and the valves of the heart, including the tricuspid, which he named (Cole (Francis Joseph), *A History of Comparative Anatomy, from Aristotle to the Eighteenth Century*, London: Macmillan and Co Ltd, 1949, VIII + 524 p.; Wright (John P.) & Potter (Paul), *Psyche and Soma: Physicians and Metaphysicians on the Mind-Body Problem from Antiquity to Enlightenment*, Oxford: Clarendon Press; New York: Oxford University Press, 2000, XII + 298 p.]

39. [Georges-Louis Leclerc, Count (Comte) de Buffon, original name (until *c.* 1725) Georges-Louis Leclerc, or (*c.* 1725-1773) Georges-Louis Leclerc De Buffon (born 7 September 1707, Montbard, France; died 16 April 1788, Paris), French naturalist and philosopher, member of the French Academy, perpetual treasurer of the Academy of Science, fellow of the Royal Society of London, and member of most of the learned societies of Europe (Roger (Jacques), *Buffon, a Life in Natural History* [translated by Bonnefoi Sarah Lucille; edited by Williams L. Pearce], Ithaca (New York); London: Cornell University Press, 1997, XVII + 492 p.) At the age of 25, he inherited a considerable fortune from his mother and from this time onward he devoted himself to scientific study. In 1739, he became keeper of the Jardin du Roi and there began to collect materials for his great *Histoire naturelle, générale et particulière*, the first work to present the previously isolated and disconnected facts of natural

history in a popular and generally intelligible form. Passing through several editions and translated into various languages, the *Histoire naturelle* was first published in Paris in 44 quarto volumes between 1749 and 1804. The first fifteen volumes of this edition (1749-1767) were prepared with the help of Louis Jean Marie Daubenton (French naturalist who was a pioneer in the fields of comparative anatomy and paleontology, born 29 May 1716, Montbard, Côte d'Or, France; died 1 January 1800, Paris) and subsequently by Philibert Guéneau de Montbeillard (born 1720, died 1785), the abbé Gabriel Leopold Charles Aimé Bexon (born 1748, died 1784), and Charles Nicolas Sigisbert Sonnini de Manoncourt (born 1751, died 1812). The following seven volumes (1774-1789) form a supplement to the preceding; these were later followed by nine volumes on the birds (1770-1783) and five volumes on minerals (1783-1788). The remaining eight volumes, which complete this edition, appeared after Buffon's death, and include the reptiles, fishes, and cetaceans, completed by Bernard Germain Étienne de la Ville, the Comte de Lacepède (born 1756, at Agen; died 1826) and published in successive volumes between 1788 and 1804. A second edition was begun in 1774 and completed in 1804, in 36 volumes in quarto.]

40. [Aurochs, also spelled Auroch (*Bos primigenius*), extinct wild ox of Europe, family Bovidae (order Artiodactyla), from which cattle are probably descended. The aurochs survived in central Poland until 1627. The auroch was black, stood 1.8 m (6 feet) high at the shoulder, and had spreading, forward-curving horns. Some German breeders claim that since 1945 they have re-created this race by crossing Spanish fighting cattle with longhorns and cattle of other breeds. Their animals, however, are smaller and, though they resemble the aurochs, probably do not have similar genetic constitutions. The name aurochs has sometimes been wrongly applied to the European bison, or wisent (*Bison bonasus*).]

41. [*Hippelaphus* is the European red-deer, *Cervus elaphus hippelaphus*, the largest of the red deer and the largest and most important herbivorous species of Europe, weighing up to 300 kg, with a shoulder height of 1.4 m.]

42. [Pierre Médard Diard, a student of Cuvier, born at Saint-Laurent in 1794. In 1817, with Alfred Duvaucel (see note 43, below), Cuvier's step-son, he left for India where they made collections for the Museum. Later, in 1819, he went to Cochin China to collect plants on his own, ascended the Mekong, visited the ruins at Angkor, and then went to Malacca. At the end of 1824, he settled in Batavia where he collected for the Leiden museum. He died on Java in 1863, accidentally poisoned by the arsenic he used for scientific purposes (see Bauchot (Marie-Louise), Daget (Jacques) & Bauchot (Roland), "Ichthyology in France in the beginning of the 19th century: the *Histoire Naturelle des Poissons* of Cuvier (1769-1832) and Valenciennes (1794-1865)", *in* Pietsch (Theodore W.) & Anderson Jr (William D.) (eds), "Collection Building in Ichthyology and Herpetology", *American Society of Ichthyologists and Herpetologists*, Special Publication, n°3, 1997, pp. 27-80).]

43. [Alfred Duvaucel, son from Madame Cuvier's first marriage, a voyager-naturalist of the Museum, born in 1793. Given a scientific mission to India in 1817, he left France with Diard (see note 42, above). After a brief stay at Calcutta and Chandannagar, where he established a botanical garden, he left in 1818 for Sumatra and Java where he gathered collections that were later seized by the English East India Company at the behest of Sir Stanford Raffles. Much provoked by this incident, he returned to Calcutta, then departed again for Sumatra where he succeeded in making other collections for Cuvier. Returning to India, he collected fishes from the Ganges and its tributaries, and from Assam and Nepal. He died at Madras in 1825 of a fever contracted during his expedition (see Bauchot (Marie-Louise), Daget (Jacques) & Bauchot (Roland), "Ichthyology in France in the beginning of the 19th century...", *op. cit.*)]

44. [Mathurin Jacques Brisson, born at Fontenay-le-Comte on 30 April 1723, assisted René Antoine Ferchault de Réaumur in arranging his cabinets; later a member of the Académie des Sciences and professor of physical science at the Collège de Navarre, he died in Croissy near Paris on 23 June 1806. He began a general zoology under the title of *Le règne animal, divisé en neuf classes*, published at Paris in 1756, one volume in quarto. This first volume, which contains the quadrupeds and the cetaceans, was followed by an "ornithology" in six volumes in quarto, 1760. For more on Brisson, see Allen (Elsa G.), "The history of American ornithology before Audubon", *Transactions of the American Philosophical Society*, n. ser., vol. 41, n°3, 1951, pp. 386-591 (pp. 498-499).]

45. [*Gobius niger* Linnaeus, 1758, the black goby, widely distributed in the eastern Atlantic from Norway and the Baltic Sea to Mauritania, and the Mediterranean and Black seas, including Azov, the Suez canal and northern Gulf of Suez; also in the Azores, Madeira, and the Canary Islands. Attaining a maximum length of 17 cm, it spawns from May to August, the eggs laid inside a cavity, such as under loose rocks or the shells of larger mollusks. As with other gobies, the eggs are laid in a dense patch in a single layer, and guarded by the male.]

46. [Giuseppe Olivi (Italian naturalist, born 1769, died 1795) in his *Zoologia adriatica, ossia catalogo ragionato degli animali del golfo e delle lagune di Venezia*, published by the editor Bassano in Venice in 1792.]

47. [*Fucus*, also called Rockweed, genus of brown algae, common on rocky seacoasts and in salt marshes of northern temperate regions. Adaptations to its environment include bladder-like floats, disk-shaped holdfasts for clinging to rocks, and mucilage-covered blades for resisting desiccation and temperature changes. The plant is between 25 and 30 centimeters (9.8 to 11.8 inches) in total length; growth of the thallus is localized and occurs at the tip of forked shoots that arise from the holdfasts. The male and female reproductive organs may occur on the same or separate organisms; some species produce eggs and sperm all year long. *Fucus* is a perennial alga with a lifespan of up to four years. In Roman times it was the source of a brown facial cosmetic. Today *Fucus* species, along with kelp, are an important source of alginates – colloidal extracts with many industrial uses similar to those of agar.]

48. ["No man in Homeric times would eat fish when he could get meat" (book 4, line 369; see Homer, *Odyssey, Books I-XII* [with introduction, notes, etc. by Merry W. Walter; 2 pts. in 1: Pt. 1, Introduction and text; Pt. 2, Notes and index], Oxford: Clarendon Press, 1895, pt. 2, p. 57)].

ARISTOTE CONTEMPLANT LE BUSTE D'HOMÈRE
Huile sur toile réalisé en 1653 par le peintre Hollandais Rembrandt Harmenszoon van Rijn (1606-1669).

7 *Aristote et son* Histoire des animaux

Avant Aristote, la philosophie, entièrement spéculative, se perdait dans des abstractions dépourvues de fondemens ; la science n'existait pas. Il semble qu'elle soit sortie toute faite du cerveau d'Aristote comme Minerve, toute armée, du cerveau de Jupiter. Seul, en effet, sans antécédens, sans rien emprunter aux siècles qui l'avaient précédé, puisqu'ils n'avaient rien produit de solide, le disciple de Platon découvrit et démontra plus de vérités, exécuta plus de travaux scientifiques, en une vie de soixante-deux ans, qu'après lui vingt siècles n'en ont pu faire, aidés de ses propres idées, favorisés par l'expansion du genre humain sur la surface habitable du globe, par l'imprimerie, par la gravure, la boussole, la poudre à canon, l'alcool, et le concours de tant d'hommes de génie qui ont à peine pu glaner sur ses traces dans le vaste champ de la science.

Le premier, après Socrate, Aristote enseigna et suivit, mais sur une échelle bien autrement étendue, la méthode d'observation, et il plaça ainsi les sciences sur leur vrai terrain. Cette méthode, malgré les admirables résultats qu'elle produisit entre ses mains, fut longtemps méconnue ; mais enfin le XVIIe siècle la réhabilita, et en fit à tout jamais l'instrument le plus fécond et le plus certain des progrès des sciences naturelles.

Toutes les connaissances humaines, avant Aristote, étaient confondues en une seule science nommée philosophie, et les objets de ces connaissances composaient un seul grand tout nommé la nature. Aristote soumit ce grand tout à plusieurs divisions d'une haute importance, et avec lui commença ainsi l'analyse. Les sciences connues de son temps, la physique, la métaphysique, l'histoire naturelle, la chimie, la politique, la poétique, la théorie des arts, furent classées à part et devinrent des spécialités. Chacune de ces spécialités fut subdivisée d'après des analogies naturelles que celles qui avaient servi de bases aux premières divisions, et ainsi Aristote put se livrer avec netteté aux études les plus détaillées et les plus profondes. Il réunit ensuite les diverses parties de son travail, et en forma le plus grand corps de doctrine, le système le plus vaste qui ait jamais été produit. C'est un résultat unique de la toute-puissance de la patience qui recueille les détails, et du génie généralisateur qui fait sortir de leur rapprochement et de leur comparaison, les méthodes et les théories les plus élevées.

Tout étonne, tout est prodigieux, tout est colossal dans Aristote. Il ne vit que soixante-deux ans, et il peut faire des milliers d'observations d'une minutie extrême, et dont la critique la plus sévère n'a pu infirmer l'exactitude. Professeur public pendant le tiers de sa vie, chargé d'une éducation de prince qui dura sept ans, vivant le plus ordinairement au milieu du tumulte des cours, il écrit des centaines d'ouvrages sur les matières les plus variées, et tous sont d'une richesse de faits et d'une fécondité d'idées qui surpassent l'imagination.

Aristote était doué d'une invention inépuisable; son génie se révèle de toutes manières.

La quantité innombrable de ses notes et de ses documens scientifiques lui permettait à peine de s'y reconnaître; il imagine de les classer dans un ordre correspondant à celui des lettres de l'alphabet, et il invente ainsi la méthode des Dictionnaires.

Concevant que de simples descriptions anatomiques seraient obscures, il y ajoute des figures, et, le premier encore, il a l'idée de représenter aux yeux, par le secours du dessin, des détails d'organisation animale qui ne peuvent guère en effet être parfaitement compris autrement.

Toutes les fois que cet homme unique s'ouvre une nouvelle route, elle est scientifique, féconde en résultats importans, et elle fait éclater la justesse de son incomparable esprit. Ainsi, veut-il étudier la science des rapports des citoyens avec leur gouvernement, et établir une théorie politique, il abandonne la spéculation et consulte l'expérience. Il recueille et compare les constitutions de 158 états qui existaient de son temps. C'est cette excellente méthode qui nous a procuré l'*Esprit des Lois* de Montesquieu [1].

En résumé, on doit considérer Aristote comme un des plus grands observateurs qui ait jamais existé; mais, sans nul doute, il est le génie classificateur le plus extraordinaire que la nature ait produit.

Les circonstances favorables dans lesquelles il s'est trouvé placé peuvent seules expliquer comment il a pu suffire aux immenses ouvrages dont on lui est redevable. Nous allons, en conséquence, entrer dans quelques détails sur sa vie.

Aristote était né à Stagyre, petite ville de la Macédoine, en 384, avant Jésus Christ. Son père, Nicomaque, étant médecin d'Amyntas III, roi de Macédoine [2], il fut élevé à la cour de ce prince avec les plus grands soins, et il y devint en quelque sorte le compagnon de Philippe [3], fils d'Amyntas et père d'Alexandre. La mère de Philippe avait surtout une très-grande affection pour Aristote.

À seize ans, il quitta la Macédoine, et fut à Athène étudier la philosophie sous Platon. Celui-ci, qui reconnut sur le champ son génie, disait *qu'il avait plutôt besoin de rênes que d'éperons.*

On prétend, sur la foi d'une lettre d'Épicure [4], qu'Aristote, ayant dissipé sa fortune à Athènes, fut obligé d'y exercer la médecine, et de vendre des médicamens pour subsister. Le fait d'avoir vendu des drogues serait possible, car, comme alors les diverses parties de l'art de guérir n'étaient point séparées, les médecins préparaient eux-mêmes et vendaient les remèdes qu'ils avaient prescrits à leurs malades; mais la lettre d'Épicure n'est rien moins que authentique, et elle le serait, qu'on ne voit pas ce qu'en pourrait perdre la gloire d'Aristote.

Pendant son séjour à Athènes, Aristote reçut de Philippe, en 356, avant Jésus-Christ, une lettre conçue en ces termes : «Il m'est né un fils. Je remercie les dieux moins de me l'avoir donné, que de l'avoir fait naître du temps d'Aristote; car j'espère que vous en ferez un roi digne de me succéder et de commander aux Macédoniens.»

Aristote n'avait alors, que vingt-huit ans ; il était simple disciple de Platon, et bien loin d'avoir la célébrité qu'il acquit plus tard ; mais il faut se souvenir qu'il avait passé une partie de sa jeunesse dans l'intimité de Philippe, et qu'ainsi ce prince avait pu apprécier la puissance de son esprit.

Platon passe pour avoir été jaloux de la lettre de Philippe. Quelques auteurs rapportent aussi que Aristote éleva à Athènes une école contre celle de son maître, et que de ces diverses circonstances, il résulta entre eux du refroidissement. Le fait est vraisemblable ; mais il n'est pas bien prouvé.

Aristote suivit les leçons de Platon pendant vingt ans, et ne sortit d'Athènes qu'en 346, lorsque la guerre éclata entre la Macédoine et les Athéniens. Il se retira près de son ami Hermias[5], souverain d'Atarné en Mysie, dans l'Asie mineure. Ce prince étant mort victime d'une trahison de Mentor Rhodien, frère de Memnon, général des troupes grecques, à la solde d'Artaxerce, roi de Perse[6], Aristote recueillit Pythias, la sœur de son ami, et l'épousa ensuite[7]. À sa mort il lui rendit de grands honneurs ; on l'accusa même d'en avoir fait une divinité, et de lui avoir voué un culte analogue à celui dont Céres était l'objet chez les Athéniens. Cette histoire paraît controuvée.

Aristote était allé à Mytilène[8] après le meurtre d'Hermias ; et ce fut de là qu'en 343, Philippe le fit venir à sa cour pour commencer l'éducation d'Alexandre, alors âgé de treize ans.

Cette éducation l'occupa durant sept années, et l'on peut dire que jamais un prince si puissant ne reçut les leçons d'un si beau génie. Mais ces leçons ne profitèrent pas entièrement à Alexandre, elles ne le garantirent point des écarts funestes dans lesquels la prospérité entraîne la plupart des hommes[9].

Lorsqu'Alexandre était parti pour sa grande expédition, Aristote lui avait donné pour compagnon et pour guide, son parent et son disciple Callisthènes[10], qui était digne d'un si beau rôle. Mais ses représentations et sa franchise importunèrent Alexandre ; il tomba dans sa disgrâce. Les ennemis de Callisthènes profitèrent de cette circonstance pour l'accuser de trahison, de complots, et Alexandre le fit périr dans un moment de fureur. On prétend qu'il avait envoyé des ordres en Macédoine pour qu'on fît subir le même sort à Aristote ; mais que Antipater[11], qui gouvernait alors le pays, n'exécuta pas sa volonté. Antipater, l'ami d'Aristote, n'eût jamais en effet contribué à sa mort. Mais rien ne prouve au reste qu'elle lui ait été réellement prescrite.

Suivant quelques auteurs, Aristote aurait accompagné Alexandre jusqu'en Égypte ; rien ne prouve non plus cette assertion ; les prétendues preuves qu'on en donne attestent même le contraire, car les descriptions d'animaux égyptiens, sur lesquelles on s'appuie, n'ont point été faites d'après nature, et ont évidemment été extraites d'Hérodote, avec toute leur inexactitude.

Peu de temps après l'assassinat de Philippe, qui fut commis en 336, Aristote retourna à Athènes, et y ouvrit dans une promenade plantée d'arbres, nommée le Lycée[12], où l'on exerçait les jeunes soldats, une école qui ne tarda pas à devenir célèbre. Il y professait deux fois par jour ; le matin il développait les parties les plus élevées de sa doctrine ; le soir il exposait les élémens de la philosophie, et traitait des sujets qui n'exigeaient pas d'études antérieures. Il enseigna ainsi durant une douzaine d'années, et pendant ce temps, il ne cessa point de correspondre avec Alexandre. Cependant il y eut entre lui et ce prince un refroidissement marqué, au sujet du meurtre de Callisthènes, et on voit qu'Alexandre, dans quelques-unes de ses lettres, cherche à le blesser, en exaltant le mérite de Xénocrate [13], qui présidait l'école académique [14], rivale du Lycée. Cette haine qu'eut le fils de Philippe pour son maître, dans les dernières années de sa vie, était si connue, que quatre ou cinq cents ans plus tard, Caracalla [15], qui se piquait d'imiter Alexandre-le-Grand, poussa la folie jusqu'à chasser de Rome les péripatéticiens [16], parce qu'ils avaient été odieux à ce conquérant.

Pendant son expédition, Alexandre, qui avait reçu d'Aristote le goût des sciences naturelles, envoyait à son maître toutes les productions remarquables des pays qu'il soumettait, et chacune de ses victoires était ainsi une source de richesses pour la science. On voit en effet par l'exactitude avec laquelle Aristote décrit plusieurs animaux de l'Inde et de la Perse, qu'il a eu sous les yeux les objets eux-mêmes.

Aristote ne fut pas seulement aidé par les conquêtes de son élève ; il reçut encore de celui-ci des sommes considérables : il employa plus de trois millions de notre monnaie à recueillir les matériaux de l'Histoire qui l'a rendu immortel. Pline [17] rapporte qu'il occupait constamment, aux frais d'Alexandre, plusieurs milliers d'hommes pour chasser, pêcher et recueillir les observations dont il avait besoin.

Sans doute de pareilles ressources sont immenses, mais le parti qu'en a tiré Aristote dépasse infiniment le résultat qu'on pouvait en espérer.

Cet étonnant génie n'a pas seulement servi la science par ses observations et ses classifications ; il leur a encore rendu un service éminent, en formant, toujours au moyen de la munificence d'Alexandre, la première bibliothèque qui ait été établie dans l'antiquité.

À son imitation Ptolomée Lagus [18], qui avait été son élève, fonda la bibliothèque d'Alexandrie [19], et plus tard fut établie celle de Pergame.

Aussi long-temps qu'Alexandre vécut, l'apparente protection qu'Aristote en recevait, assura sa tranquillité ; mais dès que le vainqueur de l'Asie fut mort, les Athéniens donnèrent carrière aux ressentimens que la peur avait contenus. Les démagogues qui confondaient dans leur aversion le roi de Macédoine et son précepteur, les sophistes dont il avait pulvérisé les arguties, les platonistes dont il avait abandonné, puis attaqué la doctrine, tous ensemble se liguèrent pour le persécuter ; ils inventèrent des fables absurdes pour le déprimer, celle, par exemple, d'avoir été complice des assassins d'Alexandre. Ils suscitèrent aussi contre lui l'hiérophante Eurymédon [20], pour l'accuser d'impiété. Mais lorsqu'il vit que l'orage ne se dissipait pas, averti qu'il était par l'exemple de Socrate, il se retira à Chalcis en Eubée [21], avec la plus grande partie, de ses disciples, pour éviter aux Athéniens, disait-il, un nouvel attentat contre la philosophie. Il mourut dans cette retraite, peu de temps après avoir quitté Athènes. On a prétendu qu'il s'était jeté dans l'Euripe, désespéré de n'avoir pu comprendre la cause du flux et reflux qu'il y remarquait, et on lui attribue d'avoir prononcé dans cette occasion ce calembourg : *Puisque je ne puis te comprendre, tu me comprendras.*

C'est une fable comme celle qu'on débite sur Empédocle, qui se serait jeté dans l'Etna, en prononçant les mêmes paroles qu'Aristote [22].

Aristote avait réglé par son testament le sort de ses enfans, de ses amis, et donné la liberté à ses esclaves. Il avait nommé pour exécuteurs de ses dernières volontés Antipater, roi de Macédoine, et Théophraste [23], son successeur dans la chaire du Lycée.

Parmi les contemporains d'Aristote, on remarque Démocrite-d'Abdère, Hippocrate, Xénophon et Platon son maître.

Démocrite avait quatre-vingt-six ans, lorsque naquit le fondateur du Lycée ; mais comme sa vie se prolongea jusqu'à cent dix ans, il vécut encore vingt-quatre ans avec Aristote.

Hippocrate avait soixante-seize ans à la naissance d'Aristote, et il put le voir encore longtemps puisqu'il vécut jusqu'à cent quatre ans.

Xénophon était âgé de soixante-un ans, lorsque le précepteur d'Alexandre vint au monde, et par conséquent il fut son contemporain pendant vingt-neuf ans.

Enfin Platon, d'abord le maître d'Aristote, et depuis plus de deux mille ans son antagoniste, avait quarante-cinq ans lorsque son disciple naquit, et il vécut encore trente-six ans.

Il était utile de noter toutes ces coïncidences, parce que les communications directes ou indirectes qu'Aristote dut avoir avec les divers savans que nous venons de nommer, influèrent, sans aucun doute, sur le développement de son génie.

Nous n'avons qu'une idée incomplète de l'étendue des connaissances d'Aristote, car une partie de ses ouvrages est entièrement perdue, et l'autre ne nous est parvenue qu'altérée. C'est Strabon [24], dans le treizième livre de sa Géographie, qui nous apprend les fortunes diverses des livres d'Aristote. Il avait légué sa bibliothèque à Théophraste, son élève de prédilection, et son successeur au Lycée ; celui-ci la confia à Néléus [25] qui la transporta à Scepsis, ville de Mysie, soumise à Attale, roi de Pergame [26]. Les héritiers de Néléus cachèrent dans un souterrain les ouvrages dont cette bibliothèque était composée, parce qu'alors Attale formait une bibliothèque que sur le modèle de celle d'Alexandrie, et qu'une rivalité si passionnée s'était élevée à ce sujet entre lui et Ptolémée, roi d'Égypte, qu'il allait jusqu'à employer la violence pour obtenir les ouvrages qu'il désirait. Les livres d'Aristote restèrent durant soixante ans [27] ensevelis dans leur souterrain, où l'humidité en détruisit une partie. Apellicon de Théos [28], qui en devint propriétaire moyennant une somme considérable, les apporta à Athènes, sa patrie, et fit remplir les lacunes qu'ils présentaient, par diverses interpolations plus nuisibles qu'utiles, car j'ai pu en distinguer quelques-unes.

Lorsque Sylla [29] s'empara d'Athènes il y trouva les livres d'Aristote, et les fit transporter à Rome avec le plus grand soin. Un grammairien, appelé Tyrannion, partisan de la doctrine d'Aristote, fut chargé d'en faire plusieurs copies. Andronic-le-Rhodien [30], qui en surveillait la publication, les divisa en chapitres. Cette division est fort imparfaite ; les titres particuliers indiquent rarement avec exactitude les sujets dont traitent les chapitres. Il y aurait nécessité d'ailleurs de distribuer autrement qu'on ne l'a fait le corps des ouvrages d'Aristote.

Diogène Laërce [31] nous a conservé lés titres de près de trois cents livres d'Aristote ; mais plusieurs de ces ouvrages fort importans ne sont pas parvenus jusqu'à nous. Nous regrettons huit livres de descriptions anatomiques, accompagnées de figures coloriées qui correspondaient au texte par des renvois. Le second ouvrage dont nous soyons privés est un recueil de divers objets appartenant aux sciences naturelles, et distribué par ordre alphabétique. C'était un véritable dictionnaire histoire naturelle ; qui vraisemblablement contenait toutes les observations particulières qu'Aristote a résumées dans ses autres ouvrages. Il était composé de trente-huit rouleaux, et aurait pu former un fort volume in-quarto. La troisième perte que nous ayons faite, bien qu'étrangère à notre sujet, n'en est pas moins fort grande. Elle consiste en une collection des constitutions de cent cinquante-huit états indépendans, qu'Aristote avait recueillies pour la composition de sa *Politique*. Ces constitutions auraient été fort précieuses à consulter pour l'histoire dés républiques grecques.

Il serait excentrique à notre sujet d'examiner ceux des ouvrages d'Aristote qui ne sont pas relatifs aux sciences naturelles. Toutefois nous ne pouvons nous dispenser de vous les indiquer, pour vous faire connaître la prodigieuse étendue des connaissances de leur auteur.

Les premiers livres d'Aristote traitent de la logique ou de la psychologie, et il était naturel en effet que l'étude de l'entendement humain marchât avant toute autre étude, puisqu'elle sert de fondement à nos connaissances. Ces ouvrages renferment la première exposition qui ait été faite des règles du syllogisme, procédé au moyen duquel il est possible de découvrir si la conclusion d'un raisonnement est juste ou fausse, Platon, il est vrai, avait déjà employé le syllogisme dans ses Dialogues, mais c'était sans en exposer le mécanisme, et en quelque sorte instinctivement ; Aristote au contraire en a traité didactiquement.

À sa Logique succèdent sa Rhétorique et sa Poétique. Les règles qu'il y donne sont encore excellentes, parce qu'elles reposent sur l'observation. Celles que depuis on a voulu leur substituer d'une manière arbitraire ont été successivement abandonnées comme fausses ou incomplètes.

La Morale d'Aristote, sa Politique, son Économie sont également fondées sur l'observation ; la première sur l'étude de l'homme, et les autres sur des législations et des faits comparés. Toutefois on remarque dans sa Politique quelques idées que nous ne partageons plus aujourd'hui ; telles sont, par exemple, celles qui se rapportent à l'esclavage. Mais ces idées étaient alors si universellement admises, qu'il a fallu tous les efforts du christianisme, prolongés pendant plusieurs siècles, pour faire dominer des sentimens moins barbares.

Dans sa Métaphysique, où il traite de l'être comme existant essentiellement, Aristote ne présente plus dans l'expression la clarté qui distingue ses autres écrits. La cause en est double ; d'abord le sujet est plus abstrait, plus profond ; ensuite les idées de l'auteur sont moins nettes, moins précises. Cependant nous ne voyons pas que, même en métaphysique, Aristote ait été surpassé par ses successeurs ; il est au contraire à remarquer que ce sont ses travaux sur cette science qui ont le plus contribué à étendre son influence, et à le faire dominer dans les écoles du Moyen Âge.

Nous voici arrivés aux ouvrages d'Aristote qui doivent fixer plus spécialement notre attention, à ceux de ses travaux qui traitent des sciences physiques. Ils se composent de huit livres sur la physique proprement dite, quatre sur le ciel, un sur la météorologie, où il est aussi parlé de minéralogie, un sur les couleurs, deux sur la génération et la corruption des corps, c'est-à-dire sur le mouvement de dissolution et de recomposition des êtres organisés, dix sur l'histoire des animaux, quatre sur leurs parties, un sur leurs moyens de progression, deux sur leur génération et de plus divers traités sur la veille et le sommeil.

Dans ces différens ouvrages, Aristote emploie la même méthode que dans sa Poétique, sa Morale et sa Politique ; toutes les propositions générales qu'il exprime sont des inductions, résultant de l'observation et de la comparaison de faits particuliers ; jamais il ne pose une règle *à priori*. Cette marche, du reste, est une conséquence de sa théorie sur l'origine des idées générales auxquelles il donne une source toute humaine. Platon, comme nous l'avons fait voir en analysant le Timée, admet que les idées générales ont une existence propre, et qu'elles sont innées dans l'homme, parce que son âme les a possédées lorsqu'elle était unie à la divinité, de telle manière que toutes les vérités générales qu'elle croit découvrir ne sont que des réminiscences de ses notions antérieures. De ce principe il suit que les sens sont complètement inutiles à l'acquisition de nos connaissances, et qu'il faut les tenir dans l'inaction, pour favoriser ainsi le rappel des idées, que nous avions reçues de la divinité. Aristote professe une doctrine tout opposée. Il pose en principe qu'il n'y a point d'idées innées ; sans doute la divinité possède essentiellement toutes les idées générales, mais pour l'homme, il ne peut les acquérir que par voie d'abstraction, c'est-à-dire par la comparaison des faits particuliers, pour distinguer ce qu'ils ont de commun ou de différent ; et, comme les faits ne peuvent arriver à notre intelligence que par l'intermédiaire des sens, il en conclut avec raison que l'action des sens, ou l'observation, est la véritable source de toute connaissance. Ce principe essentiel, posé par Aristote dans sa Logique, et appliqué dans ses différens travaux, est ce qui a donné à sa philosophie un caractère particulier.

De tous les ouvrages d'Aristote que nous avons énumérés, le premier, qui traite de *physique générale*, est le plus imparfait, et il n'en pouvait être autrement, car en physique les progrès sont difficiles et excessivement lents, lorsque les faits qui se présentent naturellement sont les seuls que l'on puisse étudier. Il est nécessaire d'en faire naître à volonté, d'en répéter souvent la manifestation, en un mot d'expérimenter, pour que la science marche rapidement et avec sûreté. Or au temps d'Aristote l'expérimentation était à peu près impossible ; les arts industriels étaient si peu développés qu'ils n'offraient au savant que des secours à peu près nuls. On ne possédait d'ailleurs qu'un nombre très-faible d'observations ; il était ainsi impossible de s'élever à des abstractions d'une très grande généralité. Plusieurs principes posés par Aristote ont donc été reconnus faux ou incomplets ; mais de son temps du moins ils étaient basés sur l'observation, et résumaient tous les faits connus. Ainsi, par exemple, il avait vu que les corps solides et les corps liquides tombaient à terre lorsqu'ils perdaient leur appui, que les corps aériformes ou gazeux s'élevaient du fond de l'eau à sa surface, enfin que la flamme se dirigeait vers le ciel ; il en avait inséré que la terre et l'eau tendaient à descendre, et l'air et le feu à monter. Aujourd'hui nous savons que ces mouvemens en sens opposés sont le résultat d'une même force ; mais ce n'est qu'à l'observation de faits nouveaux que nous devons cette découverte, qui a démontré l'inexactitude des explications d'Aristote. Toutefois les physiciens ne se sont pas encore accordés sur la question de savoir si le feu est, ou non, soumis à la loi de la gravitation universelle.

La remarque que nous venons de faire, à l'égard de la chute ou de l'ascension des corps, est applicable au principe de *l'horreur du vide* qu'on a tant reproché à Aristote. Il est clair que ce principe n'a pas plus que le précédent été conçu *à priori*, et qu'il est le résultat de la généralisation d'un fait dont tous les détails n'étaient pas encore connus. Si Aristote eût vu l'eau ne pas dépasser dans les pompes une hauteur de trente-deux pieds, le mercure se soutenir à vingt-huit pouces dans le tube de Toricelli, sans doute, en comparant les pesanteurs spécifiques des deux liquides et les hauteurs de leurs colonnes, il aurait découvert, comme Torricelli [32], et Pascal auparavant [33], la véritable cause du phénomène qu'il attribuait à l'horreur du vide, c'est-à-dire la pesanteur de l'air. Au reste, avant que l'expérience eût démontré la fausseté du principe d'Aristote, il était tout aussi logique de supposer aux corps une tendance à se porter dans le vide, que d'admettre, comme nous le faisons aujourd'hui, qu'ils s'attirent mutuellement. L'induction d'Aristote n'a en elle-même rien d'irrationnel ; cela n'a pu sembler qu'à des personnes qui ont bien voulu entendre littéralement une expression figurée, comme le sont une foule d'autres dont nous nous servons sans difficulté, parce que le langage ne nous en fournit point de rigoureuses.

Quoi qu'il en soit, Aristote a donné des synthèses beaucoup plus exactes dans les diverses branches de l'histoire naturelle proprement dite, qu'il ne l'a fait en physique. Aussi ses écrits sur cette science sont-ils ceux qui offrent le plus de vérités à notre admiration. Le principal de ces écrits est son *Histoire des animaux*, que je ne puis lire sans être ravi d'étonnement. On ne saurait concevoir en effet comment un seul homme a pu recueillir et comparer la multitude de faits particuliers que supposent les nombreuses règles générales, la grande quantité d'aphorismes, renfermée dans cet ouvrage, et dont ses prédécesseurs n'avaient jamais eu l'idée.

L'*Histoire des animaux* n'est pas une zoologie proprement dite, c'est-à-dire une suite de descriptions des divers animaux, c'est plutôt une sorte d'anatomie générale, où l'auteur traite des généralités d'organisation que présentent les divers animaux, où il exprime leurs différences et leurs ressemblances, appuyé sur l'examen comparatif de leurs organes, et où il pose les bases de grandes classifications de la plus parfaite justesse.

Le premier livre décrit les parties qui composent le corps des animaux, non par espèces, mais par groupes naturels. Il est évident qu'un travail de cette nature n'a pu être que le résultat d'une connaissance approfondie des détails de l'organisation animale. Cependant comme Aristote n'a pas jugé nécessaire de former un cadre zoologique, quelques personnes ont prétendu que son ouvrage manquait de méthode. Assurément ces personnes n'avaient qu'un esprit très-superficiel.

Le commencement du livre dont nous parlons est en quelque sorte séparé du reste, et sert d'introduction. Il est composé presque tout entier de règles générales, présentées sans aucun développement, sous forme d'aphorismes ; mais d'une manière assez claire pour qu'il soit possible à chacun de les comprendre et d'en faire l'application aux objets qui lui sont connus. L'intention d'Aristote a été, comme il le dit lui-même, d'inspirer ainsi, par l'exposition d'un grand nombre de résultats remarquables, de l'intérêt pour l'étude de la nature.

Voici quelques-uns de ces aphorismes, qui supposent, comme nous l'avons dit, l'observation et la comparaison d'une immense quantité de faits particuliers.

1. Aucun animal terrestre n'est fixé au sol.

Cet aphorisme est parfaitement vrai. Les zoophytes, qui sont fixés au lieu où ils se développent, ne sont pas des animaux terrestres, mais des êtres aquatiques.

2. Aucun animal manquant de pieds n'a des ailes.

Cette juste observation est en opposition avec l'existence des dragons volans, dont on a tant parlé avant et depuis Aristote, et qui en réalité ne sont que des animaux fabuleux.

3. Tous les animaux, sans exception, ont une bouche et le sens du tact. Ces deux attributs sont essentiellement constitutifs de l'animalité.

Rien de plus vrai que ce principe, malgré l'extrême variété de forme et de constitution que présente l'ensemble des animaux.

4. Tous les insectes ailés, qui ont leur aiguillon à la partie antérieure du corps, n'ont que deux ailes, ainsi sont le taon, le cousin ; ceux dont l'aiguillon est placé à la partie postérieure en ont quatre, comme par exemple, la fourmi.

Que d'observations n'a-t-il pas fallu faire pour énoncer des propositions si générales et si exactes ! Elles supposent un examen presque universel de toutes les espèces. Comment surtout trouver *à priori* le dernier des aphorismes que nous venons de rapporter, puisque personne ne sait encore la raison de la loi naturelle qu'il exprime ?

Aristote, dès son introduction, expose aussi une classification zoologique qui n'a laissé que bien peu de choses à faire aux siècles qui sont venus après lui. Ses grandes divisions et subdivisions du règne animal sont étonnantes de précision, et ont presque toutes résisté aux acquisitions postérieures de la science.

Il divise les animaux en deux grandes classes, celle des animaux qui ont du sang, et celle des animaux qui n'en ont pas ; en d'autres termes, il distingue, comme nous, les animaux à sang rouge des animaux à sang blanc. Les premiers sont les quadrupèdes, les oiseaux, les serpens, les poissons et les cétacés. Bien que ces deux dernières classes vivent également dans l'eau, et présentent quelque ressemblance dans leur forme extérieure, Aristote est cependant loin de les confondre, comme le font encore de nos jours les voyageurs qui ne connaissent pas l'histoire naturelle. Il n'ignore pas plus que nous la nature des cétacés ; il sait que ces animaux sont à sang chaud, qu'ils mettent au monde des petits vivans et les nourrissent du lait de leurs mamelles. Il établit aussi parmi les quadrupèdes une distinction bien tranchée, résultant de ce qu'ils sont vivipares ou ovipares. Ceux-ci, fait-il remarquer, ont une grande analogie avec les serpens par leur organisation interne et leur système tégumentaire.

On voit que les groupes d'Aristote sont formés d'une manière très-naturelle, et que leur disposition seule pourrait donner prise à la critique.

Les animaux privés de sang, ou à sang blanc d'après nos connaissances actuelles, sont divisés en quatre classes : les mollusques, les crustacés, les testacés et les insectes.

Cette distribution, qui n'est pas irréprochable, s'est cependant maintenue jusqu'à Linnée[34], dont la classification du reste est au fond la même, puisqu'il subdivise ses deux coupes de testacés et d'insectes, la première en mollusques et en testacés, la seconde en insectes et en crustacés.

Parmi les mollusques, Aristote désigne particulièrement la seiche, le calmar, le poulpe, l'argonaute, et fait remarquer, ce que l'on niait encore il y a peu de temps, que ce dernier animal n'est pas attaché á sa coquille comme les autres testacés. Il décrit sommairement tous les organes des mollusques, et mentionne même leur cerveau.

Les subdivisions établies par Aristote, parmi les animaux à sang blanc, sont supérieures à ses divisons principales, bien que celles-ci aient déjà excité notre étonnement. Pour les insectes, par exemple, sa classification est celle que présentent les travaux de Linnée. Il divise les insectes suivant qu'ils ont des ailes ou qu'ils en sont privés, et forme des premiers trois sous-ordres suivant qu'ils ont deux ou quatre ailes nues ou des ailes recouvertes d'étuis cornés. Il explique ensuite ce que c'est qu'un genre, ou la réunion de plusieurs espèces en un même groupe, et il donne pour exemple le genre des solipèdes qui se compose du cheval, de l'âne et du mulet sauvage de Syrie (hemionos)[35]. Ce genre est en effet un des plus distincts, et celui que nous pourrions citer encore de préférence.

Après ces généralités, Aristote entre dans les détails de l'organisation animale. Il prend pour point de départ et pour terme de comparaison, dans ses descriptions des divers organismes, et dans sa nomenclature, l'économie du corps humain. Les grandes régions et tout ce qui peut se voir à l'extérieur sont d'abord l'objet de son examen. Il s'occupe ensuite des parties internes. Mais à cet égard ses idées n'ont plus la même exactitude. Néanmoins il connaît assez bien les grands traits de l'organisation, et on voit même que sur quelques points de détail, il a mieux observé que la plupart de ses successeurs. Il est probable qu'il a connu l'usage de la trompe d'Eustache, car, réfutant l'opinion d'Alcméon qui soutenait, comme nous l'avons dit, que les chèvres respiraient par les oreilles, il dit qu'en effet il existe une communication entre l'oreille et la gorge, mais qu'elle ne sert point à la respiration. Sa première description est celle du cerveau ; il affirme que cet organe existe chez tous les animaux à sang rouge, mais que parmi les animaux à sang blanc, il ne se rencontre que chez les mollusques. Cette dernière proposition est remarquable, car ce n'est que de nos temps qu'elle a été vérifiée[36]. L'homme, suivant Aristote, est l'animal dont le cerveau est proportionnellement le plus volumineux. L'illustre naturaliste décrit assez bien les membranes qui enveloppent cet organe. Il connaît aussi plusieurs des nerfs qui se rendent à l'œil, et indique assez exactement l'origine et le trajet de ces nerfs, qu'il nomme pores du cerveau. Mais ses connaissances névrologiques ne vont pas plus loin : il ignore la distribution et les fonctions des nerfs ; pour lui, comme pour ses prédécesseurs, ces élémens essentiels de l'organisation ne sont que des tendons, des ligamens, en un mot des parties blanches. La connaissance de la véritable nature des nerfs n'a été acquise que postérieurement. C'est à Hérophile[37] et à Érasistrate[38], son petit-fils et son élève, qu'elle est due.

Aristote décrit les veines et fait connaître qu'elles viennent toutes du cœur, auquel aboutissent leurs troncs principaux. Il est à cet égard bien supérieur à Hippocrate, dont la description semble être une œuvre d'imagination. Aristote distingue très bien la veine cave, de la veine pulmonaire. Il décrit, aussi l'aorte depuis le cœur jusqu'à sa division à la partie inférieure du tronc; il la nomme une veine nerveuse, cartilagineuse. Mais il ne connaît pas l'usage de cette veine, que le premier il distingue des autres vaisseaux. Il ignore qu'elle contient du sang durant la vie, et cette ignorance s'étend à toutes les autres artères. Néanmoins il connaissait le pouls, dont Hippocrate, long-temps avant lui, tirait des inductions pour le traitement des maladies.

Aristote suppose que la trachée-artère se prolonge jusqu'au cœur, et semble croire, en conséquence, que l'air y pénètre. Du reste il n'attribue à cet organe que trois cavités, erreur qui prouve au moins qu'il en avait regardé la structure. Il traite ensuite sommairement des poumons, du diaphragme, de l'estomac, de l'épiploon, du foie, de la rate, de la vessie, des reins et de leurs dépendances. Il fait remarquer que le rein droit est placé plus haut que le gauche. Enfin il ne suppose pas aux poumons d'autre fonction que celle de recevoir de l'air pour rafraîchir le sang.

Ces descriptions d'Aristote sont incomplètes et même fausses à plusieurs égards, mais toujours est-il qu'elles ont été faites *à posteriori*, c'est-à-dire après avoir vu les objets.

L'auteur passe ensuite aux animaux proprement dits. Il décrit d'abord leurs membres, et fait remarquer, lorsqu'il s'occupe de ceux de l'éléphant, que l'existence de l'organe de préhension, nommé trompe, était nécessitée par la longueur des jambes antérieures de cet animal, et la disposition de leurs articulations, qui lui auraient rendu extrêmement pénible l'action de boire et de prendre à terre ses alimens.

Il pense comme nous, que cette trompe est un véritable nez. Il donne du reste des détails très-intéressans sur le mode de reproduction de d'éléphant, sur ses mœurs, ses habitudes, etc. Ctésias en avait déjà parlé; mais il était loin de les connaître aussi exactement qu'Aristote, qui n'a pas même été dépassé à cet égard par les modernes, car Buffon[39] s'est presque toujours trompé en le contredisant, ainsi qu'il résulte des observations récentes faites dans les Indes.

Aristote, considérant les animaux sous le rapport de la distribution de leurs poils, cite, parmi ceux qui portent une crinière, le bonasus ou aurochs[40], qui vivait de son temps dans la Macédoine, et aujourd'hui ne se trouve plus que dans les forêts de la Pologne. Puis il mentionne trois autres animaux des Indes, dont il paraît qu'aucun naturaliste n'avait eu connaissance avant lui. Ces animaux sont *l'hippelaphe*, *l'hippardium* et le *buffle*. L'hippelaphe, ou cerf-cheval, cerf à crinière[41], a été retrouvé il y a peu de temps par MM. Diard[42] et Duvaucel[43]; l'hippardium, ou tigre chasseur, ne nous est aussi connu que depuis un faible nombre d'années, car Buffon ne l'a pas vu à la ménagerie royale où il a existé. Enfin on sait que le buffle n'a été introduit en Europe qu'au temps des croisades. Aristote décrit cet animal avec beaucoup d'exactitude: il désigne sa couleur et la direction de ses cornes, et remarque qu'il diffère autant du taureau domestique que le sanglier diffère du cochon.

Aristote connaît également et décrit avec beaucoup de précision les deux espèces de chameaux propres l'une à l'Arabie, l'autre à la Bactriane. La connaissance de celle-ci n'a pu évidemment lui venir que d'Alexandre, car ce conquérant est le premier de tous les Grecs qui ait pénétré dans la Bactriane. La même remarque s'applique à l'éléphant et aux trois autres animaux dont nous avons parlé il n'y a qu'un instant ; c'est à Alexandre, qui les lui avait envoyés de l'Inde, qu'Aristote en doit la connaissance.

Après avoir terminé ce qui se rapporte aux poils, l'auteur de l'*Histoire des animaux* traite des cornes, et il exprime à ce sujet des propositions générales que les observations postérieures ont entièrement confirmées. Nous en citerons quelques-unes.

Tout animal qui a deux cornes a le pied fourchu ; mais la réciproque n'est pas vraie, et ainsi le chameau ne porte pas de cornes, bien qu'il ait le pied fourchu.

Tous les animaux à deux cornes, qui ont le pied fourchu, et sont privés de dents à la machoire supérieure, appartiennent à l'ordre des ruminans, et réciproquement ces trois caractères sont réunis dans tous les ruminans.

Les cornes sont creuses ou solides. Les premières ne tombent pas ; les autres sont caduques et se renouvellent chaque année.

Aristote n'a pas observé les dents avec moins d'exactitude que les cornes. Il décrit très-bien leur mode de renouvellement dans l'homme et dans les animaux, et les différentes formes qu'elles présentent suivant le genre de nourriture des espèces : dans les carnivores elles sont tranchantes et pointues, dans les herbivores, plates et taillées en meule. Dans quelques animaux, deux de leurs dents se prolongent au-dehors de leur bouche et constituent des défenses ; mais ces dents ne coexistent jamais à cet état avec des cornes.

Les défenses de la femelle, chez l'éléphant, sont petites et dirigées vers la terre, dit Aristote, tandis que celles des mâles sont plus grandes et redressées à leur extrémité. Cette remarque est vraie quant aux éléphans d'Asie ; mais elle ne l'est pas pour ceux d'Afrique. Chez ces derniers, les défenses de la femelle ont une conformation qui ne diffère pas de celle des défenses du mâle. L'ignorance de ce dernier fait pourrait être alléguée pour repousser l'opinion des écrivains qui prétendent qu'Aristote a accompagné Alexandre en Égypte ; car si en effet Aristote avait visité cette contrée, il n'est pas vraisemblable qu'il eût commis l'inadvertance de ne pas remarquer la différence qui existe entre les défenses des éléphans d'Afrique et celles des éléphans d'Asie. Il aurait aussi, sans aucun doute, étudié l'hippopotame, dont une mauvaise description succède à celle des dents de l'éléphant, sans qu'on voie de raison à ce rapprochement. Je pense qu'il n'a point été fait par Aristote. Cette description de l'hippopotame, empruntée d'ailleurs à Hérodote, aura été écrite sur la marge de l'ouvrage d'Aristote par un de ses premiers possesseurs, et ensuite confondue avec le texte par quelque copiste peu intelligent. Nous avons beaucoup d'exemples d'interpolations semblables.

Aristote termine sa description des quadrupèdes vivipares par celle des singes, qu'il regarde comme des êtres intermédiaires à ces quadrupèdes et à l'homme. Il montre fort bien les principaux traits de leur organisation, la structure de leurs mains, et désigne plusieurs de leurs espèces, les unes ayant une queue, les autres en manquant. Il arrive enfin aux quadrupèdes ovipares, fait connaître les caractères qui leur sont communs et la nature de leurs tégumens. À cette occasion il décrit le crocodile d'Égypte ; il fait remarquer la dureté de ses écailles, la forme et la longueur de ses dents, la disposition de son organe de l'ouïe, et enfin fait connaître ses principales habitudes.

Les observations d'Aristote sur les oiseaux ont servi de base aux classifications modernes, et on pourrait presque dire que rien a cet égard n'a été changé depuis ses travaux, car Brisson[44] ne classe pas les oiseaux d'après d'autres principes que les siens. Il montre que leurs ailes sont les analogues des membres antérieurs des quadrupèdes. Il détaille ensuite la forme de leurs pieds, et note les différences qu'on y remarque. Il fait observer que leurs yeux sont pourvus d'une troisième paupière, et que plusieurs de ces animaux, principalement ceux dont la langue est charnue, ont la faculté de prononcer les mots des langues. Ses aphorismes prouvent qu'il a vu tous les objets dont il parle, car il serait impossible d'établir *à priori* des règles générales telles que celles-ci, par exemple : « Les oiseaux pourvus d'éperons n'ont jamais d'ongles crochus, et réciproquement. » C'est à son excellente méthode qu'Aristote doit des résultats aussi étonnans, presque à la naissance de la science.

Il est encore plus admirable en ichtyologie, et il paraît même qu'il avait dans cette science des connaissances plus étendues que les nôtres à quelques égards.

Bien que son but ne fût pas de décrire des espèces, mais seulement d'énoncer des résultats généraux, il nous fait cependant connaître, en divers endroits de son livre, cent dix-sept espèces de poissons. Plusieurs des particularités qu'il rapporte sur ces animaux sont encore regardées comme douteuses ; mais de temps à autre on reconnaît l'exactitude de celles même qui avaient paru le plus incroyables. Par exemple, Aristote rapporte qu'un poisson nommé *Phycis* (le *gobius niger* de Linné) fait son nid comme les oiseaux[45]. On avait toujours douté de l'exactitude de cette assertion ; tout récemment un naturaliste italien, M. Olivi, a eu occasion de la vérifier de la manière la plus positive[46]. Il a vu le mâle, au temps des amours, creuser un trou dans la vase ; entourer ce trou de fucus[47], former en un mot, un vrai nid, et y attendre la femelle qui y dépose ses œufs, et près desquels il reste jusqu'à ce qu'ils soient éclos. Il est remarquable que M. Olivi ne paraît pas avoir su que ce fait était attesté par Aristote, et qu'ainsi son observation n'était qu'une confirmation d'une observation fort ancienne.

Du reste, la Grèce est un pays extrêmement favorable à la pêche ; il y existe une multitude de golfes et de détroits qui sont remplis d'une quantité considérable de poissons. De tous temps cette circonstance a déterminé les Grecs à se livrer à la recherche des poissons, et malgré le mépris jeté par Homère sur cette industrie[48], on la voit en honneur peu d'années après sa mort. Le préjugé disparut rapidement, de grandes pêcheries s'établirent, et le poisson salé devint un objet de commerce très-lucratif. C'est pour cette raison que le port de Byzance, d'où on expédiait une quantité considérable de poissons salés, reçut le nom de *Corne dorée*.

La durée ordinaire de notre séance étant dépassée, nous terminerons dans la prochaine leçon, l'examen de l'*Histoire des animaux* d'Aristote.

NOTES

1. [Charles-Louis de Secondat, baron de La Brède et de Montesquieu (18 janvier 1689, Château La Brède près de Bordeaux – 10 février 1755, Paris), philosophe politique français dont l'œuvre principale, L'Esprit des Lois, publiée en 1748, représenta une contribution majeure à la théorie politique. *cf.* Montesquieu (Charles-Louis de Secondat), *De l'esprit des lois* [éd. établie par Versini Laurent], Paris : Gallimard, 1995, 2 vol., 1627 p. (Folio Essais ; 275-276).]
2. [Amyntas III (mort en 370/369 av. J.-C.), roi de Macédoine de *c.* 393 à 370/369. Sa virtuosité diplomatique valut à la Macédoine un rôle influent dans les affaires grecques, préparant son émergence en tant que superpuissance sous le règne de son fils Philippe II (entre 359 et 336). Amyntas monta sur le trône alors que la Macédoine était en proie aux désordres qui suivirent la mort du puissant roi Archélaos (au pouvoir de 413 à 399). Il dut bientôt repousser les attaques des Illyriens (de l'Albanie actuelle) et de la Ligue des Chalcidiens, une confédération de villes de la péninsule de Chalcidice, à l'est de la Macédoine. La menace représentée par ces derniers fut écartée lorsque l'intervention de Sparte provoqua la dissolution de la Ligue en 379. Amyntas conforta son indépendance en s'alliant avec les puissances montantes de la Grèce, Athènes comprise, pour commencer, puis la Thessalie, alors sous la tyrannie de Jason de Phères (au pouvoir de *c.* 385 à 370).]
3. [Philippe II, ou Philippe de Macédoine (382-336 av. J.-C., Asie Mineure), 18ème roi de Macédoine (359-336 av. J.-C.), il restaura la paix à l'intérieur de son pays et par la suite, en 339, acheva la conquête de toute la Grèce par des moyens militaires et diplomatiques. Il posa ainsi les jalons de l'expansion future de la Macédoine sous le règne de son fils Alexandre III le Grand.]
4. [Épicure (341 av. J.-C., Samos, Grèce-270, Athènes), philosophe grec, auteur d'une éthique du plaisir simple, de l'amitié et du détachement (voir Épicure, *Lettres et maximes* [texte établi et traduit avec une introduction et des notes par Conche Marcel ; 3e éd.], Paris : Presses Universitaires de France, 1992, 327 p.) Il fonda des écoles philosophiques qui subsistèrent du IVe siècle av. J.-C. au IVe siècle de notre ère.]
5. [Hermias d'Atarnée, mercenaire grec, fut le premier, au titre de vassal des suzerains perses, à prendre le contrôle d'abord financier – par l'impôt – puis politique du nord-ouest de l'Asie mineure. Après une visite à l'Académie athénienne, il invita deux des meilleurs élèves de Platon à en établir une petite « annexe » à Assus, au bord de la mer Égée, afin de contribuer à la diffusion de la loi et de la philosophie grecques en terre d'Asie. Ainsi Aristote rejoignit-il ce nouveau centre intellectuel. C'est de cette période que datent peut-être les douze premiers chapitres du livre 7 de la Politique d'Aristote (voir Aristote, *Politique. Tome III, 1ère partie : Livre VII* [texte établi et traduit par Aubonnet Jean], Paris : Les Belles Lettres, 2002, XXII + 390 p.) Il y esquisse le lien entre philosophie et politique ; à savoir que la plus noble mission d'une cité-État est d'assurer les conditions permettant à ceux qui en sont capables de mener une existence philosophique. Une telle existence, cependant, est uniquement accessible aux Grecs, que leur supériorité autorise à employer les peuples non-grecs comme serviteurs ou esclaves pour l'exécution de toutes les tâches contingentes. Ainsi la citoyenneté et le service militaire sont-ils considérés comme les droits et devoirs exclusifs des Grecs. Ce soutien d'Aristote à une oligarchie éclairée n'en constituait pas moins un progrès par rapport aux idées politiques qui florissaient à l'époque. Il faut le considérer, dans son contexte, comme une étape positive du développement d'une civilisation avancée, telle que les Grecs entendaient la créer.]
6. [Artaxerxès ou Artaxerce II, voir Leçon 6, note 27.]
7. [Aristote était en bons termes avec son protecteur, Hermias, et épousa sa nièce Pythias. Elle lui donna une fille qu'il nomma du même nom de Pythias. Dans sa Politique, Aristote prescrit l'âge idéal du mariage – 37 ans pour l'époux, 18 pour sa femme. Dans la mesure où il était alors lui-même dans sa trente-septième année, il est tentant d'imaginer que Pythias avait 18 ans. Il est aussi plausible de voir un reflet de leur propre relation conjugale dans cette observation ultérieure, quelque peu énigmatique : « Quant à l'adultère, qu'il soit tenu pour honteux, de la part de tout homme ou femme, de se trouver en quelque façon infidèle une fois mariés et nommés l'un pour l'autre mari et femme. » Dans son testament, Aristote ordonna : « Où que je sois enterré, les os de Pythias seront déposés, en accord avec ses propres instructions. » Pythias, toutefois, ne vécut pas longtemps. Après sa mort, Aristote choisit une autre compagne, Herpyllis (épouse ou concubine, nous l'ignorons), qui lui donnera un fils, Nicomaque. Elle survécut à Aristote qui avait pris, par testament, les mesures les plus généreuses à son égard, « en reconnaissance de l'affection constante qu'elle m'a témoignée ».]
8. [Mytilène, l'actuelle Mitilíni, capitale de l'île et du *nomós* (département) de Lesbos, Grèce.]
9. Aristote était Grec, et haïssait par conséquent les Perses, surtout depuis le meurtre de son ami Hermias, Il ne détourna donc point Alexandre de ses projets de conquêtes ; mais il les fit servir à la civilisation [M. de St.-Agy].
10. [Callisthène d'Olynthe (*c.* 360-327 av. J.-C.), historien grec. Il fut choisi, à ce titre, pour accompagner Alexandre le Grand dans sa campagne d'Asie, sur la recommandation de son oncle et ancien tuteur, Aristote. Callisthène offensa Alexandre en lui reprochant de vouloir adopter certaines coutumes orientales. Il fut dès lors accusé d'être mêlé à un complot contre Alexandre. Jeté en prison, il y mourut. Hommage lui fut rendu par son ami Théophraste dans *Callisthène ou Traité du Deuil*. Callisthène rédigea une histoire de la Grèce, depuis la paix d'Antalcide (386) jusqu'à la Troisième Guerre sacrée (355), une histoire de la Guerre sacrée, un récit de la campagne d'Asie et d'autres travaux dont aucun n'a

survécu. On sait qu'il fit allusion à la thèse de la naissance divine d'Alexandre et fut peut-être le premier à le faire.]

11. [Antipater (*c.* 397-319 av. J.-C.), général macédonien, régent de Macédoine (334-323) et de l'empire macédonien (321-319). Sa mort signa la fin d'une autorité impériale centralisée. Figure importante du régime, après la mort de Philippe II en 336 il aida Alexandre le Grand à succéder à son père sur le trône macédonien. Avant de partir à la conquête de l'Asie (334), Alexandre nomma Antipater régent de Macédoine et stratège d'Europe.]

12. [Le Lycée, école athénienne fondée par Aristote en 335 av. J.-C. dans un gymnase entouré de jardins et d'un bois consacré à Apollon Lycien. Aristote avait coutume d'enseigner à ses élèves en se promenant dans les allées (*peripatos*) couvertes du gymnase, aussi l'école philosophique et ses membres furent-ils nommés Péripatéticiens (du grec *peri*, «autour» et *patein*, «marcher»). La plupart des textes connus d'Aristote sont formés des notes préparées en vue de cet enseignement au Lycée, telles que ses successeurs les ont retranscrites.]

13. [Xénocrate (*c.* 396, Chalcédoine (actuelle Turquie) – 314 av. J.-C., Athènes), philosophe grec, élève de Platon et successeur de Speusippe à la tête de l'Académie fondée par Platon autour de 387 av. J.-C. Il avait quitté Athènes en compagnie d'Aristote après la mort de Platon en 348/347, pour y revenir en 339 et être élu recteur de l'Académie, où il demeura jusqu'à sa mort.]

14. [L'Académie, du grec *Academeia*, en latin *Academia*. L'école philosophique fondée dans les faubourgs du nord-ouest d'Athènes par Platon, sur un lieu dont il devint propriétaire vers 387 av. J.-C. et où il avait l'habitude d'enseigner. Le site était notamment constitué d'une oliveraie, d'un parc et d'un gymnase consacré au légendaire héros Académos (ou Hécadémos). D'une façon générale le terme d'Académie, pour désigner une école de philosophie, sera moins employé à propos de Platon et de ses premiers disciples que pour évoquer ses successeurs jusqu'à l'époque romaine et Cicéron (106-43 av. J.-C.). Sur le plan juridique, l'école se présentait comme une organisation dédiée à la vénération des Muses, dont le scolarque (ou recteur) était élu à vie par la majorité de ses membres. L'identité de la plupart des maîtres laisse à penser, si l'on en croit surtout les écrits de Platon, que l'instruction dispensée à l'Académie, dans les premiers temps, comprenait les mathématiques, la dialectique, les sciences naturelles et la préparation aux carrières d'État. L'Académie se perpétua jusqu'en 529 de notre ère, lorsque l'empereur Justinien la fera fermer en même temps que les autres écoles païennes.]

15. [Caracalla, surnom de Marcus Aurelius Severus Antoninus Augustus, appelé à l'origine Septimius Bassianus (jusqu'à 196 de notre ère), également nommé entre 196 et 198 Marcus Aurelius Antoninus Caesar (4 avril 188, Lugdunum [Lyon], Gaule-8 avril 217, Carrhes, Mésopotamie), empereur romain qui régna avec son père Septime Sévère de 198 à 211 puis seul de 211 jusqu'à son assassinat en 217. Son principal accomplissement, hors les immenses bains de Rome, reste l'édit de 212 qui accordait la citoyenneté romaine à tous les habitants libres de l'empire. Caracalla, dont le règne contribua à la décadence de l'empire, a souvent été considéré comme l'un des tyrans les plus sanguinaires de l'histoire romaine.]

16. [Péripatéticiens, voir note 12, ci-dessus.]

17. [Pline l'Ancien, voir Leçon 13, note 1.]

18. [Ptolémée Ier Soter (367/366 ou 364 av. J.-C., Macédoine – 283/282, Égypte), fils du noble Lagus, général macédonien d'Alexandre le Grand. Il dirigea l'Égypte (323-285 av. J.-C.) et fonda la dynastie ptolémaïque, qui régna plus longtemps que toute autre dynastie établie sur le sol de l'empire d'Alexandre et ne succomba que face aux Romains en 30 av. J.-C.]

19. [La bibliothèque d'Alexandrie, la plus célèbre bibliothèque de l'Antiquité. Elle faisait partie d'un important centre de recherches situé à Alexandrie, en Égypte, connu comme le Palais des Muses (Musée), ou Musée d'Alexandrie. Le musée et la bibliothèque d'Alexandrie furent fondés et entretenus par la longue lignée des Ptolémées d'Égypte, à partir du IIIe siècle av. J.-C. (voir tableau double page suivante). Le fonctionnement de la bibliothèque était l'œuvre de Démétrius de Phalère, familier des réalisations de la bibliothèque d'Athènes. Le musée et la bibliothèque étaient l'un et l'autre organisés en départements, dirigés par un président des études – et prêtre des Muses. Ses employés étaient payés par le souverain égyptien. Une seconde bibliothèque, le Sérapéion, parfois appelé «la bibliothèque fille», fut créée vers 235 av. J.-C. par Ptolémée III sur le site du temple de Sarapis. Le musée principal et la bibliothèque se trouvaient à proximité du palais, dans le quartier dit du Brucheion. On ignore jusqu'à quel point put être réalisé le rêve d'une bibliothèque internationale – accueillant non seulement l'ensemble des textes grecs mais aussi les traductions en grec d'ouvrages rédigés dans d'autres langues – méditerranéennes, moyen-orientales, indiennes. Il est certain que le contenu de la bibliothèque était principalement composé d'écrits grecs. La Septante était l'unique traduction recensée. Au programme «éditorial» de la bibliothèque figuraient l'établissement du canon alexandrin des poètes grecs, la répartition des œuvres en «livres» tels que nous les connaissons aujourd'hui (probablement pour épouser la longueur habituelle des rouleaux) et l'introduction progressive des systèmes de ponctuation et d'accentuation. La compilation d'un catalogue bibliographique national fut confiée à Callimaque : il est aujourd'hui perdu mais il traversa l'époque byzantine comme l'ouvrage de référence consacré à la littérature grecque. Le musée et la bibliothèque ont survécu jusqu'à leur destruction, plus particulièrement au cours de la guerre civile qui éclata sous le règne de l'empereur romain Aurélien, à la fin du IIIe siècle de notre ère (entre autres hypothèses couramment débattues pour expliquer l'anéantissement de cet ensemble unique). La «bibliothèque fille» fut détruite par les Chrétiens en 391.]

CHRONOLOGIE DES ROIS DE LA DYNASTIE PTOLÉMAÏQUE, AVEC DATES ET COMMENTAIRES.

NOM	TRADUCTION DU GREC	NAISSANCE/MORT	RÈGNE	COMMENTAIRES
Ptolémée Ier Sôter	Le Sauveur	Né en 367/366 ou 364 av. J.C. en Macédoine ; mort en 283/282 en Égypte	323-285 av. J.C.	Général Macédonien d'Alexandre le Grand qui devint souverain d'Égypte et fondateur de la dynastie ptolémaïque et dont le règne fut le plus long de toutes les autres dynasties établies sur le sol de l'empire d'Alexandre, ne tombant aux mains des Romains qu'en 30 av. J.C.
Ptolémée II Philadelphe	Époux de sa sœur	Né en 308 av. J.C. à Cos ; mort en 246	285-246 av. J.C.	Fils de Ptolémée Ier Sôter, roi d'Égypte, deuxième roi de la dynastie ptolémaïque ; il étendit son pouvoir grâce à une habile diplomatie, développa l'agriculture et le commerce, et fit d'Alexandrie un centre éminent des arts et des sciences.
Ptolémée III Evergètes	Le Bienfaiteur	*fl.* 246-221 av. J.C.		Roi macédonien d'Égypte, fils de Ptolémée II ; il réunifia l'Égypte et le Royaume de Cyrène et mena avec succès la Troisième Guerre de Syrie contre le Royaume des Séleucides.
Ptolémée IV Philopator	Aimant son Père	Né *c.* 238 av. J.C. ; mort en 205 av. J.C.	221-205 av. J.C.	Roi macédonien d'Égypte dont le règne médiocre et largement influencé par ses ministres conduisit à la perte de la Syrie Ptolémaïque et à des soulèvements populaires qui troublèrent la stabilité interne de l'Égypte.
Ptolémée V Épiphane	Illustre	Né *c.* 210 ; mort en 180 av. J.C.	205-180 av. J.C.	Roi macédonien d'Égypte, fils de Ptolémée IV, sous le règne duquel la Cœlé-Syrie et la plupart des possessions étrangères d'Egypte furent perdues.
Ptolémée VI Philometor	Aimant sa Mère	*fl. c.* 180-145 av. J.C.		Roi macédonien d'Égypte, fils de Ptolémée V et de Cléopâtre Ière, sous le règne duquel une tentative d'invasion de la Cœlé-Syrie aboutit à l'occupation de l'Égypte par les Séleucides. Après une intervention romaine, et plusieurs périodes de gouvernement partagé avec son frère, Ptolémée réussit à réunir son royaume.
Ptolémée VII Neos Philopator	Philopator le Jeune	Mort en 144 av. J.C.	Entre juillet et fin août 145 av. J.C.	Jeune fils et cosouverain avec Ptolémée VI, roi d'Égypte, auquel il succéda en 145 av. J.C. Encore mineur, il était sous la tutelle de sa mère, qui partagea également le gouvernement avec elle. Il fut rapidement détrôné par son oncle Ptolémée VIII qui l'exécuta l'année suivante.
Ptolémée VIII Evergètes II, également appelé Physcon	Le Bienfaiteur II	Mort en 116 av. J.C.	170-164, 145-131, et 129-116 av. J.C.	Roi macédonien d'Égypte qui joua un rôle dissident dans son effort à gagner le pouvoir, se mettant au service de Rome et encourageant l'ingérence romaine en Égypte. Il régna conjointement avec son frère Ptolémée VI entre 170 et 164 av. J.C. et seul l'année suivante ; il fut roi de Cyrène (Lybie moderne) en 163-145, et souverain unique de l'Égypte de 145 à sa mort en 116, mis à part un bref exil entre 131 et 129.

NOM	TRADUCTION DU GREC	NAISSANCE/MORT	RÈGNE	COMMENTAIRES
Ptolémée IX Soter II, de surnom Lathyrus	Le Sauveur II	*fl.* IIème-Ier siècle av. J.C.	116-110, 109-107, et 88-81 av. J.C.	Roi macédonien d'Égypte qui, après avoir gouverné Chypre et l'Égypte avec son frère Ptolémée X et sa mère Cléopâtre III, veuve de Ptolémée VIII, obtint le pouvoir unique du pays en 88 et essaya de protéger l'Égypte de l'influence romaine, tout en essayant de développer le commerce avec l'Orient.
Ptolémée X Alexandre Ier		Mort en 88 av. J.C.	107-88 av. J.C.	Roi macédonien d'Égypte qui, sous la direction de sa mère Cléopâtre III, gouverna l'Égypte en alternance avec son frère Ptolémée IV et, vers 105, fut impliqué dans une guerre civile avec le Royaume des Séleucides en Syrie.
Ptolémée XI Alexandre II		Né *c.* 115 ; mort en 80 av. J.C.	80 av. J.C.	Fils de Ptolémée X Alexandre Ier, dernier roi d'Égypte descendant légitime de la dynastie ptolémaïque, il épousa Bérénice III, la veuve de Ptolémée IX Sôter II, en 80 av. J.C. et partagea le pouvoir avec elle. Incapable de coexister avec la reine, laquelle voulait gouverner seule, Ptolémée l'assassina après 19 jours environ de règne partagé. Le peuple d'Alexandrie, qui aimait beaucoup la reine, se vengea en l'assassinant.
Ptolémée XII Aulète, ou Ptolémée XII Theos Philopater Philadelphus Neos Dionysos Aulète	Joueur de Flûte	Né *c.* 112 ; mort en 51 av. J.C.	80-51 av. J.C.	Roi macédonien d'Égypte dont le statut royal quasi-légitime l'incita à se reposer largement sur Rome pour la défense de son trône (bien qu'il soit le fils de Ptolémée IX Soter II, l'identité de sa mère est incertaine). Pendant son règne, l'Égypte devint pratiquement un royaume à la solde de la République Romaine.
Ptolémée XIII Theos Philopator	Dieu Aimant son Père	Né en 63 ; mort en 47 av. J.C. près d'Alexandrie	51-47 av. J.C.	Roi macédonien d'Égypte, fils de Ptolémée XII Aulète, et cosouverain avec sa célèbre sœur Cléopâtre VII. Il fut tué alors qu'il menait l'armée ptolémaïque contre les forces de Jules César vers la fin de la Guerre d'Alexandrie.
Ptolémée XIV Theos Philopator II	Dieu Aimant son Père	Né *c.* 59 ; mort en juillet 44 av. J.C.	47-44 av. J.C.	Roi macédonien d'Égypte, cosouverain avec sa sœur aînée la célèbre Cléopâtre VII, laquelle l'assassina en 44 pour faire place à Ptolémée XV César (Césarion), le fils qu'elle eut avec Jules César.
Ptolémé XV César, ou Ptolémée Philopator Philometor César, au surnom de Césarion		Né en juin 47 ; mort en 30 av. J.C.	44-30 av. J.C.	Roi d'Égypte, fils de Jules César et de Cléopâtre VII. Cosouverain avec sa mère, il fut tué par Octavien, futur empereur Auguste, après la mort de Cléopâtre en 30.

20. [Eurymède, à ne pas confondre avec l'Eurymède du siècle précédent, l'un des généraux de la Guerre du Péloponnèse, envoyé par Athènes, en 428 av. J.-C. pour intercepter la flotte ennemie qui se dirigeait vers Corcyre (l'actuelle Corfou).]
21. [Chalcis, en grec moderne Khalkís, capitale du *nomós* (département) d'Eubée, sur l'île d'Eubée, Grèce, située au point le plus étroit (seulement mesurable en mètres) du détroit de l'Europe (*Evrípos*). L'Europe sépare Eubée du continent grec et le golfe d'Eubée en deux zones, nord et sud.]
22. [Wilhelm Gottlieb] Tennemann [[(1761, Erfurt – 1819, Marburg), philologue allemand dont le grand œuvre est une histoire de la philosophie en onze volumes, qu'il entama à Iéna et acheva à l'Université de Marbourg où il enseigna la philosophie de 1804 jusqu'à sa mort. Voir Tennemann (Willem Gottlieb), *Geschichte der Philosophie von Wilhelm Gottlieb Tennemann*, Leipzig: Johann Ambrosius Barth, 1798-1819, 11 vol.; *Manuel de l'histoire de la philosophie* [traduit de l'Allemand de Tennemann par Cousin Victor; 2nde éd. corrigée et augmentée sur la cinquième et dernière éd. allemande], Paris: Ladrange, 1839, 2 vol.: XXIII + 392; 432 p.] dit que probablement Aristote s'empoisonna. Tennemann se trompe, et je dois dire, puisque l'occasion s'en présente, que j'ai remarqué d'autres erreurs dans ce savant et laborieux Allemand. Il faut donc ne le consulter qu'avec précaution [M. de St.-Agy].
23. [Pour Théophraste, voir Leçon 8, note 36.]
24. [Strabon, voir Leçon 12, note 29.]
25. [La vieille légende selon laquelle les traités d'Aristote auraient été perdus pendant des années parce qu'ils étaient détenus et cachés par les héritiers de Néléus de Scepsis a été efficacement contestée par Hans Gottschalk (voir Gottschalk (Hans), « Aristotelian Philosophy in the Roman World from the Time of Cicero to the End of the Second Century AD », *Aufstieg und Niedergang der Römischen Welt*, vol. 36, n° 2, 1987, pp. 1079-1174).]
26. [Attale Ier Soter (« Sauveur ») (269-197 av. J.-C.), souverain de Pergame de 241 à 197 av. J.-C., porta le titre de roi à partir de *c.* 230. Il succédait à son oncle Eumène Ier (qui régna de 263 à 241). Son talent militaire et diplomatique assura la puissance du royaume pergaménien.]
27. [Johann Jakob] Brucker [1696-1770] dit 130 ans [dans son *Historia Critica Philosophiae, a mundi incunabulis ad nostrum usque aetatem deducta*, Leipzig: Breithopf, 1742-1744, 6 vol.] [M. de St.-Agy].
28. [Apellicon de Théos (mort *c.* 84 av. J.-C.), riche bibliophile grec qui prit la citoyenneté athénienne. Il avait acquis auprès des descendants de Néléus de Scepsis, en Troade, les bibliothèques d'Aristote et de Théophraste, alors en mauvais état, mais susceptibles d'avoir abrité les seules copies préservées des traités d'Aristote. Apellicon les aurait fait publier, accompagnées de corrections et d'annexes. Après sa mort, lorsque Sylla s'empara d'Athènes, les livres furent emportés à Rome où ils finirent par servir de socle à l'édition célèbre réalisée par Andronique de Rhodes (voir note 30, ci-dessous; Andronique de Rhodes, *The paraphrase of an anonymous Greek writer (hitherto published under the name of Andronicus Rhodius) on the Nicomachean ethics of Aristotle* [trad. du Grec en Anglais par Bridgman William], Londres: C. Whittingham, 1807, v-xviii + 478 p.)]
29. [Lucius Cornelius Sulla (Felix), (né en 138, mort en 78 av. J.-C. à Cumes, près de Naples), vainqueur de la première guerre civile de grande envergure de l'histoire romaine (88-82 av. J.-C.), au terme de laquelle il fut nommé dictateur (82-79). Sylla réalisa plusieurs réformes constitutionnelles notables afin de renforcer la République, alors dans son dernier siècle d'existence. À la fin de 82, il se fit appeler Felix (l'aimé des dieux), par conviction envers sa bonne fortune. En 88 il partit en Grèce mener la guerre à Mithridate; au printemps suivant il avait déjà soumis la plus grande partie de la Grèce. Il prit Athènes après un long siège en 86 et poursuivra l'armée de Mithridate jusqu'en Béotie, en triomphant lors de deux batailles successives (en 86).]
30. [Andronique de Rhodes, également appelé Andronicus Rhodius (*fl.* premier siècle av. J.-C.), philosophe grec passé à la postérité pour sa publication minutieuse et ses commentaires des œuvres d'Aristote, dont le voyage à travers les générations laissait imaginer que la qualité originelle des premiers textes s'était quelque peu perdue en route et qu'un matériau superflu avait été ajouté à plusieurs traités majeurs. Andronique étudia les textes originaux pour en examiner la substance extrinsèque et les organisa selon un ordre reflétant à ses yeux le processus intellectuel suivi par Aristote. Quand il eut achevé cette édition, il rédigea un traité consacré à quatre thèmes: une défense de la procédure qu'il avait adoptée, une biographie d'Aristote, une réflexion sur la question de l'authenticité et une étude du système de pensée aristotélicien (voir note 28, ci-dessus).]
31. [Diogène Laërce (*fl.* IIIe siècle), auteur grec célèbre pour son histoire de la philosophie grecque, la source de connaissance secondaire la plus importante qui nous soit parvenue dans cette discipline (Athénée de Naucratis, *Les Deipnosophistes. Livres I et II* [texte établi et traduit par Desrousseaux Alexandre-Marie; avec le concours de Astruc Charles], Paris: Les Belles Lettres, 1956, LXXIII + 206 p.) L'un de ses ouvrages les mieux connus, *Peri bion dogmaton kai apophthegmaton ton en philosophia eudokimesanton* (« Vies, doctrines et sentences des philosophes illustres »), témoigne de sa large vision. Ce travail est une compilation qui mêle commérages insignifiants, précieuses informations biographiques et bibliographiques, synthèses expertes des doctrines et reproductions de documents révélateurs – testaments ou écrits philosophiques. Il cita des centaines de grands auteurs mais ne les connaissait

pour la plupart qu'indirectement. Sauf en de rares cas, ses véritables sources n'ont pas été certifiées. L'œuvre elle-même est constituée d'un livre introductif et de neuf autres livres présentant la philosophie grecque, divisée en branches ionienne et italique (Livres 2-7, 8), « successions » ou écoles comprises ; le Livre 9 est consacrés aux philosophes « isolés et sceptiques », le Livre 10 – particulièrement admiratif – à Épicure. Dans tous les manuscrits disponibles, dont le plus ancien remonte au XIIe siècle, il manque une partie du Livre 7.]

32. [Evangelista Torricelli (15 octobre 1608, Faenza, Romagne-25 octobre 1647, Florence), physicien et mathématicien italien qui inventa le baromètre. En géométrie, son travail contribua au développement ultérieur du calcul intégral. Inspiré par les écrits de Galilée, il rédigea un traité de mécanique, *De Motu Gravium* (« Sur le mouvement des fluides »). Galilée en fut impressionné (voir « De Motu gravium », *in* Torricelli (Evangelista), *Opera geometrica*, Florentiae : typis Amatoris Masse & Laurentii de Landis, 1644 ; Berkeley (George), *L'Analyste* [préf. et trad. de l'Anglais par Leroy André], Vendôme ; Paris : Presses Universitaires de France, 1937, XLIV + 80 p. ; Berkeley (George), *œuvres* [éd. publ. sous la dir. de Brykman Geneviève ; trad. de l'Anglais], Paris : Presses Universitaires de France, 1985-1987, 2 vol.) En 1641, Torricelli fut invité à Florence où il servit le vieil astronome à titre de secrétaire et d'assistant, pendant les trois derniers mois de la vie de Galilée. À sa mort Torricelli fut nommé mathématicien du Grand-duc de Toscane et choisi pour lui succéder à l'Académie de Florence.]

33. [Blaise Pascal (19 juin 1623, Clermont-Ferrand – 19 août 1662, Paris), mathématicien, physicien, philosophe, théologien et homme de lettres français. Il posa les fondations de la théorie moderne des probabilités, formula le théorème portant son nom sur la pression et soutint contre l'Eglise et les jésuites la diffusion du jansénisme, courant religieux qui, en substance, reliait l'expérience de Dieu (la grâce) au cœur de l'homme plus qu'à la seule raison. Sa réflexion sur l'intuition influencera plus tard des philosophes comme Jean-Jacques Rousseau et Henri Bergson, ainsi que la pensée existentialiste (voir Pascal (Blaise), *œuvres complètes* [édition présentée, établie et annotée par Le Guern Michel], Paris : Gallimard, 2004, 764 p.)]

34. [Carolus Linnaeus, ou Carl Linnaeus, Carl von Linné à la suite de son anoblissement (23 mai 1707, Råshult, Suède-10 janvier 1778, Uppsala, Suède), naturaliste et explorateur suédois. Il fut le premier à élaborer un cadre permettant de classifier les organismes vivants par règne, ordre, genre, espèces… et à créer à leur propos un système de nomenclature unique (voir Blunt (Wilfrid), *Linné, 1707-1778 : le prince des botanistes* [traduit de l'Anglais par Robert Françoise ; préface et notes de Aymonin Gérard Guy], Paris : Belin, 1986, 349 p.)]

35. [L'onagre ou hémione (*Equus hemionus onager*), une sous-espèce de l'âne sauvage d'Asie alors répandue du nord-ouest iranien jusqu'au Turkménistan. Il est de petite taille, avec une robe gris-pâle, une courte crinière dressée et d'assez grandes oreilles. Un temps domestiqué, il fut remplacé par le cheval et l'âne domestiques. Sa population est aujourd'hui limitée et pourrait approcher de l'extinction.]

36. Monsieur Cuvier prétend comme Aristote, que les mollusques ont un cerveau. Monsieur [Antoine Étienne Renaud Augustin] Serres [1786-1868] soutient le contraire dans son *Anatomie comparée du cerveau* [*dans les quatre classes des animaux vertébres, appliquée a la physiologie et à la pathologie du système nerveux*, Paris : Chez Gabon & Compagnie, 1824-1827, 2 vol. + atlas]. [M. de St.-Agy.]

37. [Hérophile (né vers 335 av. J.-C. à Chalcédoine, Bithynie ; mort vers 280). Médecin grec d'Alexandrie qui fut l'un des premiers à pratiquer en public des autopsies de cadavres humain. On fait souvent de lui le père de l'anatomie.]

38. [Erasistrate de Céos (ou de Julis) (*fl. c.* 250 av. J.-C.), médecin et anatomiste grec d'Alexandrie, considéré parfois comme le fondateur de la physiologie. Particulièrement réputé pour ses travaux sur les systèmes circulatoire et nerveux, Erasistrate remarqua la différence entre nerfs sensitifs et moteurs, mais pensait que les nerfs étaient des tubes à travers lesquels circulaient des fluides. Il pensait que l'air pénétrait dans les poumons et le cœur et circulait à travers le corps grâce aux artères, et que les veines, à partir du cœur, distribuaient le sang aux différentes parties de l'organisme. Il décrivit avec exactitude le fonctionnement de l'épiglotte et des valves cardiaques, y compris la valvule tricuspide, qu'il baptisa ainsi (Cole (Francis Joseph), *A History of Comparative Anatomy, from Aristotle to the Eighteenth Century*, Londres : Macmillan & Co Ltd, 1949, viii + 524 p. ; Wright (John P.) & Potter (Paul), *Psyche and Soma : Physicians and Metaphysicians on the Mind-Body Problem from Antiquity to Enlightenment*, Oxford : Clarendon Press ; New York : Oxford University Press, 2000, XII + 298 p.]

39. [Georges-Louis Leclerc, comte de Buffon (7 septembre 1707, Montbard-16 avril 1788, Paris), naturaliste et philosophe français, sociétaire de l'Académie française, trésorier perpétuel de l'Académie des Sciences, *fellow* de la *Royal Society of London* et membre de la plupart des cénacles savants européens (Roger (Jacques), *Buffon : un philosophe au jardin du roi*, Paris : Fayard, 1989, 645 p.) À l'âge de 25 ans il hérita par sa mère d'une colossale fortune et put se consacrer dès lors à la recherche scientifique. Nommé intendant du Jardin du Roi (l'actuel Jardin des plantes) en 1739, il commença à y rassembler le matériau nécessaire à sa grande *Histoire naturelle, générale et particulière*, le premier ouvrage à présenter sous une forme populaire et généralement accessible les éléments jusqu'alors isolés et disparates composant l'histoire naturelle. Après plusieurs éditions et des

traductions dans de nombreuses langues, l'*Histoire naturelle* fut publiée à Paris en 44 volumes in-quarto entre 1749 et 1804. La préparation des quinze premiers volumes de cette édition (1749-1767) bénéficia de l'aide de Louis Jean Marie Daubenton (naturaliste français, pionnier de l'anatomie comparée et de la paléontologie (29 mai 1716, Montbard, Côte d'Or – 1er janvier 1800, Paris) puis de celle de Philibert Guéneau de Montbeillard (1720-1785), de l'abbé Gabriel Léopold Charles Aimé Bexon (1748-1784) et de Charles Nicolas Sigisbert Sonnini de Manoncourt (1751-1812). Les sept volumes suivants (1774-1789) composaient un supplément aux précédents. Ils furent suivis plus tard par neuf volumes consacrés aux oiseaux (1770-1783) et cinq volumes aux minéraux (1783-1788). Les huit derniers volumes, qui complètent cette édition, parurent après la mort de Buffon ; intégrant les reptiles, les poissons et les cétacés, ils furent achevés par Bernard Germain Étienne de la Ville-sur-Illon, comte de Lacepède (1756, Agen – 1826, Épinay-sur-Seine) et publiés l'un après l'autre entre 1788 et 1804. Une seconde édition fut lancée en 1774 et terminée en 1804, composée de 36 volumes in-quarto.]

40. [L'auroch ou aurochs (*Bos primigenius*), variété éteinte de bœuf sauvage européen, de la famille des bovidés (ordre des Artiodactyles), probablement à l'origine des bovins contemporains. Certains aurochs ont survécu jusqu'en 1627 au centre de la Pologne. Noir, haut de quelque 1,80 m à l'épaule, l'auroch possédait de grandes cornes incurvées. Certains éleveurs allemands, depuis 1945, affirment avoir ressuscité l'espèce en croisant des taureaux de combat espagnols à longues cornes avec d'autres races de bovins. Leurs bêtes, toutefois, sont plus petites que l'auroch original, et même si elles lui ressemblent, elles n'ont probablement pas le même code génétique. Le nom d'auroch a parfois été attribué à tort au bison d'Europe, ou wisent (*Bison bonasus*).]

41. [*Hippelaphus* est le cerf élaphe d'Europe ou cerf rouge des Carpates, *Cervus elaphus hippelaphus*, le plus grand des cerfs rouges. Il s'agit également de la plus grande et de la plus importante espèce herbivore européenne. Il pèse plus de 300 kg, et atteint 1,40 m à l'épaule.]

42. [Pierre-Médard Diard, élève de Cuvier, né à Saint-Laurent en 1794. En 1817, en compagnie d'Alfred Duvaucel, beau-fils de Cuvier (voir note 43, ci-dessous), il part vers l'Inde rassembler des collections à l'intention du Muséum. En 1819 il se rend en Cochinchine pour y collecter des spécimens de végétaux, remonte le Mékong, visite les ruines d'Angkor puis rejoint Melaka en Malaisie. Fin 1824 il s'installe à Batavia où il collecte des spécimens pour le musée hollandais de Leyde. Il meurt à Java en 1863, accidentellement empoisonné par l'arsenic dont il usait à des fins scientifiques (voir Bauchot (Marie-Louise), Daget (Jacques) & Bauchot (Roland), « L'ichtyologie en France au début du XIXe siècle. *L'Histoire Naturelle des Poissons* de Cuvier et Valenciennes », *Bulletin du Muséum national d'Histoire naturelle*, 4ème série, section A, Zoologie, Biologie et Écologie animales, Paris, suppl. n°1, 1990, 142 p.)]

43. [Alfred Duvaucel, fils d'un premier mariage de Madame Cuvier, naturaliste et voyageur pour le compte du Muséum, né en 1793. Chargé d'une mission scientifique en Inde en 1817, il quitte la France en compagnie de Diard (voir note 42, ci-dessus). Après un court séjour à Calcutta et Chandernagor (Chandannagar), où il crée un jardin botanique, il se rend en 1818 à Sumatra et à Java où il réunit des collections que saisira la Compagnie anglaise des Indes orientales sur ordre de Sir Stanford Raffles, avec qui les deux Français viennent de se brouiller. Très contrarié par cet incident, Duvaucel repart à Calcutta puis à Sumatra où il réussit à collecter de nouvelles collections pour Cuvier. De retour en Inde, il rassemble des poissons du Gange et de ses affluents, puis d'Assam et du Népal. Il meurt en 1825, à Madras, d'une fièvre contractée pendant son voyage (voir Bauchot (Marie-Louise), Daget (Jacques) & Bauchot (Roland), « L'ichtyologie en France au début du XIXe siècle... », *op. cit.*)]

44. [Mathurin-Jacques Brisson, né à Fontenay-le-Comte le 30 avril 1723, aida René-Antoine Ferchault de Réaumur à organiser son cabinet ; devenu membre de l'Académie des Sciences et professeur de physique au collège de Navarre, il meurt à Croissy le 23 juin 1806. Il avait réalisé l'ébauche d'une zoologie universelle intitulée *Le règne animal, divisé en neuf classes*, publiée à Paris en 1756 sous la forme d'un volume in-quarto. Ce premier volume, composé des quadrupèdes et des cétacés, sera suivi en 1760 d'une *Ornithologie* en six volumes in-quarto. Pour en savoir plus sur Brisson, voir Allen (Elsa G.), « The history of American ornithology before Audubon », *Transactions of the American Philosophical Society*, nouvelle serie, vol. 41, n° 3, 1951, pp. 386-591 (pp. 498-499).]

45. [*Gobius niger* Linnaeus, 1758, le gobie noir, abonde dans l'Atlantique-Est, au large de la Norvège, en mer Baltique et jusqu'en Mauritanie, mais aussi en Méditerranée et dans la mer Noire, la mer d'Azov, le canal de Suez et le nord du golfe de Suez, sans oublier les Açores, Madère et les Canaries. Capable d'atteindre 17 cm en longueur, il fraie de mai à août et dépose ses œufs dans une cavité, par exemple sous un morceau de rocher ou la coquille d'un mollusque plus gros. À l'instar des autres gobies, ses œufs sont pondus en une seule fois dans un paquet dense, et gardés par le mâle.]

46. [Giuseppe Olivi (naturaliste italien, 1769-1795) dans sa *Zoologia adriatica, ossia catalogo ragionato degli animali del golfo e delle lagune di Venezia*, publiée par l'éditeur Bassano à Venise en 1792.]

47. [*Fucus*, également appelé goémon noir ou *rockweed*, variété d'algue brune commune sur les littoraux rocheux et dans les marais salants des régions tempérées du nord. Elle s'adapte à son environnement grâce à ses flotteurs

en forme de vessie, à son disque basal qui lui permet de s'accrocher aux rochers et aux vésicules riches en mucilages qui l'aident à résister à la dessiccation et aux changements de température. La plante mesure entre 25 et 30 centimètres (longueur totale) ; la croissance du thalle est localisée et se produit à l'extrémité des ramifications fourchues qui prennent naissance sur sa base. On peut retrouver les organes reproducteurs mâle et femelle sur des organismes identiques ou distincts. Certaines espèces produisent des œufs et du sperme tout au long de l'année. Le *Fucus* est une algue vivace qui peut vivre jusqu'à quatre ans. À l'époque romaine, elle était utilisée pour fabriquer un cosmétique facial brunissant. Aujourd'hui les différentes espèces de *Fucus*, avec le varech, représentent une source importante d'alginates, des colloïdes (gélifiants) aux nombreux usages industriels, semblables à ceux des agars (extraits des algues rouges).]

48. [« Aucun homme, au temps d'Homère, ne mangeait du poisson s'il avait de la viande à sa disposition » (Chant 4, ligne 369 ; voir Homère, *L'Odyssée* [publié sous la direction de Flobert Annette ; traduction et édition proposées par Jouanna Danielle], Paris : Bordas, 2003, 167 p.)]

METAMORPHOSIS
The life stages of a moth, male and female, shown associated with its plant host, a hand-colored copper engraving from Maria Sibylle Merian's *Metamorphosis Insectorum Surinamensium*, Leiden: Gerald Valck, 1714, pl. 11.

8 *Aristotle's* History of Animals *Continued*

We have spoken in a general manner about Aristotle's *History of Animals*, which, until the seventeenth century, was the only treatise on comparative anatomy.[1] We are now going to show what each part of this admirable work has that is most remarkable, and the astonishing perfection to which Aristotle brought several branches of zoological science.

In the "Treatise on the Senses," he discusses the animals that have the most sense organs and those that lack some of these organs. Among the animals having eyes he places the mole, which was thought at the time not to have any. He describes this rudimentary eye with precision, indicating the nerve that goes to it, and in his description may be clearly recognized the nerve of the fifth pair. Until our time it had been doubted, in spite of Aristotle's assertion, that the mole had eyes. But quite recently, his observation has been completely verified.[2]

Aristotle was also well aware of the sense organs of fishes. As for taste, he describes the fleshy palate in the carp. He then points out that fishes are not deaf, as his contemporaries believed, that they have a hearing organ and are capable of coming when called. Also, he found that insects are in possession of the faculty of understanding, and they even have the sense of smell, since they are repelled by certain odors and attracted by others.

In the "Treatise on the Voice," Aristotle clearly distinguishes true voice, which is produced by the expulsion of air from the lungs, from the noise imitating the voice made by certain animals. He describes on this occasion with great accuracy the musical apparatus of grasshoppers and cicadas, which operates only by percussion and friction. He speaks of the voice of the parrot and the disposition of the frog's tongue, which, instead of being fixed in back and free at the forward extremity, as in the majority of animals, has its base attached forward and its free tip turned towards the gullet.

The "Treatise on Waking and Sleep" presents very interesting ideas on the hibernation of some animals and on sleep in fishes. It would be very difficult for us to deliver an opinion on this latter point, seeing that we are far from possessing the means of observing that Aristotle no doubt had at his disposal. He was, as we have already pointed out, in circumstances that were singularly favorable.

The "Treatise on Generation" contains details striking for their accuracy and scope. Mentioned here are the membranes in which some mollusks envelop their eggs, and those of the cuttlefish and the octopus are described in particular. Aristotle explains the metamorphoses of insects, which consist in passing from the state of larva and chrysalis to arrive at their final form. He knows about incomplete metamorphoses in which the larva, differing from the insect only in its wings, acquires this apparatus of locomotion and undergoes but one metamorphosis. He speaks of insects that open up in the snow. But he believes in the system of spontaneous generation, upheld even today by certain backward naturalists. He thinks that when the constitutive elements are present in the necessary proportions and circumstances, living beings result. In Aristotle's time, this error was almost unavoidable; for we were disabused in this regard only by the microscope, which was not invented until long after Aristotle, as we shall have occasion to see.[3]

The history of the organization of the bees, so interesting and complicated, was not unknown to Aristotle. He notes that the insect known as the king could well be a female, or the queen, as some people in his time were claiming. He had observed that the queen's cell was larger than the rest, that this privileged being took nourishment that was more succulent and more abundant. This knowledge is evidence of a singularly attentive examination into all the constructions of the bee; it is all the more astonishing as, in Aristotle's time, glass was not so common that he might have used it to cover the hives, a procedure that greatly facilitates an examination of this sort. He also discusses the organization of the wasp, the hornet, the mason bees, and the bumblebee. He describes the peculiar case that envelops the larva of the frigane[4] and mentions the spiders that carry under their belly a packet containing their eggs. On the subject of animals higher than the insect, he establishes an entirely proper distinction between eggs in a hard envelope, such as those of the crocodile and the tortoise, and eggs in a flexible envelope, such as those of the snake. He states that although the latter animal bears live young, they still have eggs; but that these eggs, instead of hatching exteriorly, open up inside the snake. The stages of development in the chicken during incubation were perfectly well known to Aristotle; he describes them day by day. He names the heart as the first point that appears, then the veins leading to the upper and lower parts of the animal, and finally the allantoid vesicle, which soon envelops the whole fetus. We must not forget that these observations were made with the naked eye, and the slight errors that we notice come from the fact that Aristotle did not have, as we do now, the powerful help of magnifying glasses. Aristotle states, on the subject of fish eggs, that they have no allantoid membrane, nor do those of any animals that effect respiration through gills. Moreover, he holds the opinion of spontaneous generation for fishes as he does for insects, and bases his opinion on points explained differently today. He cites, for example, the multitude of small fishes seen to appear suddenly at certain riverbanks and which seem to spring from the mud under the sole influence of warmth and moisture. The Greeks called these fish *aphia*, which expresses the idea that the Greeks had about the mode of formation. In France, on the coast of Provence, the phenomenon mentioned by Aristotle often occurs and the inhabitants call the little fishes that appear suddenly by a name similar to the Greek, namely, nonnats, from the Latin *non nati.*[5] We now know that these "spontaneous generations" are due to the spawn of certain fishes, deposited beforehand in the mud, and the favorable atmospheric circumstances that effect hatching.[6] What Aristotle reports about [spontaneous generation in] eels is most assuredly incorrect; but we ourselves, despite Spallanzani's researches, have much to learn about this animal's reproduction.[7]

Aristotle indicates the changes resulting from age in animals and men, and on this occasion he gives excellent advice to mothers. He then concentrates on the habits of animals, their ways of life, and their instincts; points out the importance of their way of life, the importance of external circumstances, the climate, the seasons, the environment in which the different species live; and indicates the food that is appropriate to each species. What he tells about fishes is especially interesting and could be of great help if his nomenclature were better known to us.[8]

Regarding the seasons, he discusses their influence on the migration of birds; he writes of birds that migrate, the time they leave, the order they observe in flight. He is also interested in the migration of fishes, the mackerel, the tuna, and the sardine. He reports that legions of fishes leave the Black Sea and enter the Euxine.[9] He indicates their route through the Propontis[10] to the Archipelago. It seems he has observed them on the coast of Thrace, but mainly at Byzantium. He notices that the same fish has, at different times and according to the degree of its development, different names; for example, one called *cordyle* in the Black Sea, is called *pelamide* in spring, and is called the tuna when it reaches the Archipelago. At this point he mentions fishes that are not seen at all in winter, and also other animals, as, for example, the *boback* or Pontus rat, which appears only at certain times of the year.[11]

Aristotle even knew about the diseases of fishes, and in this regard his knowledge is much more extensive than our own.

In the description of various sorts of ingenuity in animals, he indicates the ruse employed by the anglerfish to attract the small fishes necessary to its survival; he says that for this purpose it deploys its long tentacles so as to look like worms.[12] He also indicates the trick of the cuttlefish, which, in order to elude the pursuit of an enemy, spreads a black liquid to screen itself from view. And again, he mentions the violent movements produced by the torpedo fish when about to be caught.[13] Turning to the insects, he pauses at some of them and especially at the spiders, which weave and spread with great skill webs for snaring flies, whose blood they love to suck. Birds are then the subject of his examination. He describes the different ways in which they build their nests, points out the species that do not build nests, and gives the history of the cuckoo, which lays its eggs in the nests of strangers.[14]

Aristotle then considers the docility of animals, whether they are more or less capable of being tamed. In this respect he enters into great detail on the lion, the camel, and even the dolphins.

You see, Messieurs, from this discussion, the richness and abundance of the topics treated in the *History of Animals*. It is assuredly one of the most admirable works that antiquity has left us, and one of the greatest monuments that the genius of man has raised to the natural sciences. Yet it presents a fault that diminishes somewhat its utility for us. Like all ancient naturalists, Aristotle seems to have believed that the names by which his world designated the animals would never change, and almost always he confines himself to naming the species without giving the description. The result is that it is extremely difficult in very many cases to recognize the animals that Aristotle is naming. He scarcely gave a description, as such, for the camel, the elephant, the crocodile, and the chameleon. A few other animals, I admit, are designated by characteristic traits and may be recognized, but ordinarily we have for clues to identification only a few circumstances of the life of the animal, or characteristics attributed to it. In order to recognize the animal we must collect the various passages where it is mentioned, and compare them with each other and with passages found in contemporary authors. We are even obliged to bring together passages taken from writers in a later era, but then we need to exercise great caution, for the meanings of terms vary greatly with time. Since the time of Aristotle, up until that of Athenaeus, the names underwent changes – all the more reason for their having changed between Aristotle's time and our own. However, the names of some animals have been kept with only slight modification by modern Greeks, and from the study of appellations still in use in present Greece one may as a consequence derive identifications that are not without value.

We possess a great number of translations of the *History of Animals*. The first, and one that is cited in error and most often, is by Theodore Gaza,[15] a Greek who went to Italy after Constantinople fell to the Turks, and who was not well versed in the knowledge of either Latin or natural history. This double ignorance caused him to insert word for word many passages from Pliny, passages that the latter had borrowed from Aristotle and which were incorrectly rendered. It appears, moreover, that Gaza had only a poor copy of the Greek text.

The Latin translation given by Julius-Caesar Scaliger in 1619 is much to be preferred to the one by the Greek author.[16] But the best of all is the one that Monsieur Schneider published in 1811, in Greek and in Latin.[17] This translation cost the author thirty years of work, and it brings together the advantage of a complete correction of the text and an informed and judicious critique.

France has a translation of the *History of Animals* in the vernacular; it is by Monsieur Camus.[18] The text when placed next to Scaliger's is nearly the same, and the French version is as good as one could expect from a man who was not a naturalist. But the notes, in which the author means to clarify the text, only muddle it and give wrong ideas about it. Camus borrowed these notes from some modern authors who did not have sufficient knowledge of natural history and the writings of Aristotle.

The other works of this great philosopher on natural history are much less correct, and very much less clear. They are full of discussions on the meaning of technical terms. The Greek language lent itself – as German does in our day – to these sorts of discussions. In reality, each scientific word in Greek is a short definition of the object referred to. Now, this definition can call to mind only the ideas conceived by its inventor about the observed object; therefore, when knowledge comes to be increased or is merely changed, the scientific word becomes the occasion of interminable discussions about its true meaning. Thus, Greek writers constantly explain their terms by means of infinite distinctions and sub-distinctions. Aristotle, I repeat, is to be reproached for this sometimes; but those of his works that exhibit this fault appear to be much earlier than the *History of Animals*, and are very likely preparatory writings.

This remark is especially applicable to his *Marvelous Tales*, which are scarcely more than random notes, but which yet are valuable in that they introduce us to many extracts from works that have been lost or destroyed. Beckmann brought out a fine edition of this in 1786.[19]

A book on plants has been attributed to Aristotle that does not seem to be his; very likely it is an apocryphal work.[20]

Aristotle served the sciences not only through his written works; he also contributed to their development and their propagation by the use he made of his high social position. As preceptor to Alexander he inspired in that young prince a taste for the natural sciences, and it was no doubt due to his counsels that the conqueror took with him on his expedition men schooled in these labors in which he participated. Without this precaution, the new invasion by the Greeks would have contributed no more to the progress of natural history than did the expedition of the Ten Thousand, and one would not have been able to substitute for the fabulous tales of Ctesias true reports written by educated men placed in the circumstances that were necessary for studying all things. Among the learned men who accompanied Alexander was Callisthenes, who, even before his departure, had written a treatise on plants, and one on anatomy in which he describes the interior of the eye far better than anyone before him. The fact that his observations in the Orient did not come down to us is due to the tragic death of this naturalist; but it is probable that up to the moment of his disgrace he maintained a continual correspondence with Aristotle, who was his kinsman and his master, and so in this way his studies were not entirely lost for science.

Moreover, the Greek conquests under Alexander have a character that is almost unique. Most of the great invasions that are preserved for us in historical accounts were the violence of half-savage hordes that, having precipitated themselves upon civilized nations, spread their ignorance and barbarity everywhere. But the expedition of Alexander shows us a people already very advanced in civilization, carrying light into the countries they penetrate and enriching themselves in return with all that the vanquished have that is beautiful and useful. It is during this expedition that the Greeks discovered the elephant, which would soon be employed with great success in the armies of various occidental princes. It is also during this conquest that they accepted peafowl, which excited the admiration of the Greeks with their striking plumage when displayed to them, in lieu of retribution. Finally, that same conquest procured parrots, the first discovered species having a name among naturalists that recalls the epoch of their introduction: *Psittacus alexandri*, a small green parrot with a scarlet collar, a long greenish-yellow tail, and a belly tinted with a green so light that it appears yellowish. [21]

Alexander's empire extended from the Adriatic Sea to the Indus River, but the scientific exploration carried out under his rule embraced a much larger area. When he had descended the Indus, he ordered his admiral Nearchus [22] to continue proceeding by sea and he assigned to him the philosopher Onesicritus. [23] The fleet entering a sea new to the Greeks, and sailing always westward, arrived at the port of Harmozie, [24] situated near the mouth of the Persian Gulf. On its voyage the fleet had many contacts with coastal peoples, and in the report of this voyage are several descriptions of plants and of terrestrial and aquatic animals observed at the landfalls. One finds in this narrative the description of the tree that produces cotton and a mention of the Indians' use of this fine soft down in their garments. One also finds the description of the royal or striped tiger, and of the whale, the jawbones of which were used by the coastal inhabitants in building their houses.

After the untimely death of Alexander in 324 B.C., his vast empire was dismembered by his lieutenants who fought one another over the pieces, and for a while there was extreme confusion. But soon, after Perdiccas was killed by his soldiers, and later when Antigonus[25] and his son Demetrius Poliorcetes[26] were defeated in Phrygia at the Battle of Ipsus,[27] three kingdoms were formed that seemed bound to survive for a while. Cassander[28] reigned in Macedonia, Seleucus in Syria and the neighboring countries, and Ptolemy in Egypt. The first of these kings seems to have been the only one who did not love science and letters. He ruled Greece in a military fashion, tyrannizing over Athens and suppressing the taste for scholarly pursuits. The conduct of the other two kings was quite different: they protected scholars and cultivated letters themselves with some success. Ptolemy, illegitimate son of Philip's mistress Arsinoe,[29] and consequently Alexander's half-brother, had been his captain; he wrote an account of the conquests, and it was from this account that Arrian[30] composed his history.

Ptolemy and Seleucus each founded a library like Aristotle's, their master, and perhaps according to advice they had received on the subject earlier. Before Aristotle, some private individuals had actually collected books for the purpose of diversion; but no one had any idea of the powerful help that the establishment of a library could provide for the study of the sciences, and consequently for their progress. It was Aristotle who first collected written works in order to refer to them as the need arose. His library, which seems to have been quite considerable, was combined with the library in Alexandria by Ptolemy, who had purchased it from Neleus.

The empire of Seleucus was more extensive that the other two; but it was soon divided and its fragments composed the kingdoms of Pontus, Cappodocia, Pergamum, Bactria, and Bithynia.

Ptolemy's kingdom was the most circumscribed, but on the other hand it was the most tranquil, and was soon to reach a high degree of prosperity under the influence of the conditions that had made Egypt a flourishing realm during the ancient dynasties. Certain conquests extended it somewhat to the south, and it was the richest country, the most industrious, and for a long time the best administered of all those that had been part of Alexander's vast empire. Ptolemy, whose reign lasted for thirty years, had established his library at Alexandria, a town that already announced its future grandeur as soon as it was born. He drew there the scholars of various countries and assured them of an honorable life, near the library, so that they could cultivate without hindrance the sciences and philosophy. The institution called the *Museum* was from the beginning favored by the rarest of circumstances, for, in addition to the enlightened protection by its founder and the help afforded by its immense library, it received numerous advantages from the geographical location of the place where it was established. In a short time, Alexandria became the center of commerce for all the peoples of the Mediterranean and of Arabia, Central Africa, Persia, and India; natural productions of every kind and travelers from every country flowed into Alexandria. The Museum's scholars were thus able to attain a rapid growth in the domain of the sciences. But note that this progress was a continuation of Greek science and not Egyptian, for the philosophers whom Ptolemy drew to Egypt came from Greece, and they brought with them knowledge much superior to Egypt's own, where foreign oppressors and domestic troubles had for a long time almost destroyed learning.

The son and successor of Ptolemy Lagus, Ptolemy Philadelphus, who began in 285 B.C. a reign of forty years, also protected the sciences with enlightened munificence. For tutor he had had Strato,[31] a disciple of Aristotle, surnamed the Naturalist because of his great application to natural history. Philadelphus, like his master, gave himself to this science with much ardor; of a peaceable nature and weak in health, he sought in study a compensation for the pleasures that the nature of his constitution forbade him. Strato had composed a work, which we no longer possess, on animals real and fabulous. Ptolemy Philadelphus was also interested in zoology and it is to him that we owe the first menagerie ever, and doubtless also the richest ever. In addition to having immense wealth at his disposal, he was situated so as to be able readily to procure the various animals of the globe. The commerce of Egypt with the African interior made it easy for him to obtain the animals of this country, which arrived over land or descended the Nile; those from Asia Minor and Europe came to him over the Mediterranean; and those from India by way of the Red Sea. The details preserved by history of a feast that he gave in honor of his father inform us of the abundance of his menagerie. Ptolemy Soter had traveled through India in following Alexander and the intention was to allude to his travels by representing on this occasion the triumph of Bacchus. The god's cortege presented such an unusual variety of animals that all the sovereigns of Europe would certainly not succeed in collecting one like it today. There were elephants, white deer of India, hartebeests, ostriches, and oryx harnessed to chariots. One saw camels laden with aromatics and other valuable products of the Orient; sheep from Ethiopia, panthers, ounces, leopards, rhinoceros, twenty-four lions of the largest size, and white bears. People were amazed for a long time by the presence of these last animals at Ptolemy's feast; knowing only those of the frozen seas, they wondered how the king of Egypt succeeded in bringing them from those parts. Monsieur Rüppell [32] some time ago cleared up this difficulty; he informed us that white bears are found in Lebanon, and it is most likely that Ptolemy's came from those mountains.

It may be imagined that this prince's menagerie was of great value to men devoted to the study of natural history. The menagerie was all the more useful to them since it had long been the custom in Egypt to raise within the temple precincts various species of animals, their ways being observed and their bodies embalmed after death. Science, then, already somewhat developed, was able to make new progress. Also, Alexandria possessed notable anatomists and zoologists during the reign of the Peripatetic philosophers.

But we must now retrace our steps and return to Athens, and follow the development of philosophy after the death of Aristotle, who lived, as I have said, until 322 B.C., the same year Demosthenes [33] ended his own life in order to avoid capture by Antipater. Before this time, the Macedonian yoke was already felt by Greece, but after the death of Aristotle and Demosthenes, Athens was in fact under the yoke of the king of Macedonia. However, since Athens kept its autonomy and internal administration, which placed it in almost the same situation as certain imperial towns later on in Germany, schools continued to flourish there, as much as the troubles permitted. These schools were the Academy, where Plato's ideas dominated; the Lyceum, where the Aristotelian method continued to be followed; and the Porch or Stoa, [34] begun by the Cynics.

The most famous of the philosophers of the Lyceum was Theophrastus, [35] who was fourteen years younger than Aristotle. He was born at Eresus on Lesbos, and is believed to have been a student of Plato's before entering the school of Aristotle, his friend and master. His original name was Tyrtamus. The name Theophrastus, which means *godly speaker*, was given him by the founder of the Lyceum because of his eloquence, which must have been considerable indeed since he is supposed to have had more than two thousand pupils. It is said that when Aristotle was asked about the successor he would prefer to have as director of his school, he indicated Theophrastus as his choice by calling for wine from Rhodes and wine from Lesbos and saying that the former was strong but the latter was sweeter, which seemed better to him. Now, Theophrastus was from Lesbos, as I have said, and his rival, Menedemus, [36] was from Rhodes.

Like his master, Theophrastus was persecuted; a certain Sophocles, [37] who was a praetor at the time, accused him of impiety, and Theophrastus was banished with other philosophers in 306 B.C. But he was soon recalled and his accuser underwent in his turn the punishment of exile.

Theophrastus, pressed by Ptolemy Lagus to come live at Alexandria, preferred to remain at Athens and direct the Lyceum. Gifted with a remarkable grace of speech, gentle of character, pure in his conduct, well intentioned and careful of his person, he was the object of affection and respect of all his countrymen. Therefore, when he died, at age 85 according to some authors, at 107 according to others, the entire populace of Athens followed his funeral procession. He bequeathed his house to his friends on condition that they would never sell it and would meet there to cultivate letters and philosophy. This is the first gift ever made to science by a private individual, and he imitated as much as he could the example given by Ptolemy Lagus while alive. Theophrastus also left his garden to his friends, where he had assembled a rather considerable number of plants, exotic and indigenous; but since glass was little known, and no one thought to use it to construct hot-houses, plants from the equatorial regions were in noticeably poor condition. There are gaps in Theophrastus's descriptions that are due only to the lack of this means of observation. However, Theophrastus's botanical garden was without doubt of great use to science, and we shall note that it is only to the school of Aristotle that such an establishment belongs, the first of all the botanical gardens that have been formed since.

Outside of his book of *Characters*, which was imitated by La Bruyère,[38] Theophrastus wrote a host of treatises, on plants, animals, minerals, etc. According to Diogenes Laërtius, who has preserved some of their titles, there were more than two hundred of these treatises. We possess the most important ones and some of the less important. They are all remarkable for their excellent method and their great wit, correctness, and grace of expression. We shall speak of them in our next meeting.

NOTES

1. [Comparative anatomy, the comparative study of the body structures of different species of animals in order to understand the adaptive changes they have undergone in the course of evolution from common ancestors (Cole (Francis Joseph), *A History of Comparative Anatomy, from Aristotle to the Eighteenth Century*, London: Macmillan and Co Ltd, 1949, viii + 524 p.) The field is largely confined to the study of the vertebrate animals. Modern comparative anatomy dates from the work of Pierre Belon (born 1517, near Le Mans, France; died April 1564, Paris; French naturalist whose discussion of dolphin embryos and systematic comparisons of the skeletons of birds and humans mark the beginnings of modern embryology and comparative anatomy), who in 1555 showed that the skeletons of humans and birds are constructed of similar elements arranged in the same way. From this humble beginning, knowledge of comparative anatomy advanced rapidly in the eighteenth century with the work of the Count de Buffon and Louis-Jean-Marie Daubenton (see Lesson 7, note 39), who compared the anatomies of a wide range of animals. In the early nineteenth century, Baron Georges Cuvier placed the field on a more scientific basis by asserting that animals' structural and functional characteristics result from their interaction with their environment. Cuvier also rejected the eighteenth-century notion that the members of the animal kingdom are arranged in a single linear series from the simplest up to humans. Instead Cuvier arranged all animals into four large groups (vertebrates, mollusks, articulates, and radiates) according to body plan (see Cuvier (Georges), *Leçons d'anatomie comparée*, Paris: Baudouin, 1800-1805, 5 vols (vol 1: *Organes du*

mouvement, XXXII + 522 p. et 4 tabl. en dépl.; vol. 2: *Organes des sensations*, XVI + 699 p.; vol. 3: *Première partie des organes de la digestion*, XXVIII + 560 p.; vol. 4: *Suite des organes de la digestion, ceux de la circulation, de la respiration et de la voix*, XII + 542 p.; vol. 5: *Organes de la génération et des secrétions excrémentielles ou des excrétions*, VIII + 368 p. et 52 pls); *Le règne animal distribué d'après son organisation, pour servir de base à l'histoire naturelle des animaux et d'introduction à l'anatomie comparée* [nouvelle édition, revue et augmentée], Paris: Déterville, 1829, 5 vols). Another great figure in the field was the mid-nineteenth-century British anatomist Sir Richard Owen, whose vast knowledge of vertebrate structure did not prevent him from opposing Charles Darwin's theory of evolution (Owen's monumental work was the *Descriptive and Illustrated Catalogue of the Physiological Series of Comparative Anatomy* published in 5 volumes between 1833-1840; see Owen (Richard S.), *The Life of Richard Owen, by his grandson Richard Owen* [with the scientific portions revised by Sherborn C. Davies and an essay on Owen's position in anatomical science by Huxley T. H.], London: J. Murray, 1894-1895, 2 vols; Rupke (Nicolaas A.), *Richard Owen, Victorian Naturalist*, New Haven (Connecticut): Yale University Press, 1994, xvii + 462 p.) Darwin (born 12 February 1809, Shrewsbury, England; died 19 April 1882, Down House, Downe, Kent, England) made extensive use of comparative anatomy in advancing his theory, and it in turn revolutionized the field by explaining the structural differences between species as arising out of their evolutionary descent by natural selection from a common ancestor (Darwin (Charles), *On the Origin of Species by Means of Natural Selection, or, The Preservation of Favoured Races in the Struggle For Life*, London: J. Murray, 1859, ix + 502 p.) Since Darwin's time, the study of comparative anatomy has centered largely on body structures that are homologous – *i.e.*, structures in different species that have the same evolutionary origin regardless of their present-day function. Such structures may look quite different and perform different tasks, but they can still be traced back to a common structure in an animal that was ancestral to both. For example, the forelimbs of humans, birds, crocodiles, bats, dolphins, and rodents have been modified by evolution to perform different functions, but they are all evolutionarily traceable to the fins of crossopterygian fishes, in which that basic arrangement of bones was first established. Analogous structures, by contrast, may resemble each other because they perform the same function, but they have different evolutionary origins and often a different structure, the wings of insects and of birds being a prime example of this. For a book-length history of comparative anatomy, see Cole (Francis Joseph), *A History of Comparative Anatomy*, *op. cit.*]

2. This verification was made three years ago by Monsieur [Étienne] Geoffroy-Saint-Hilaire ["On the vision of the mole", *Edinburgh New Philosophical Journal*, 1829, pp. 340-341; see Lesson 6, note 24]. [M. de St.-Agy.]
3. [The earliest simple microscopes used drops of water captured in a small hole to function as a magnifying lens. It is not clear when crude glass lenses first began to be employed, but by the seventeenth century Antonie van Leeuwenhoek (born 24 October 1632, Delft, Netherlands; died 26 August 1723, Delft), a Dutch scientist, had developed techniques for making good-quality ground lenses for simple microscopes (see Leeuwenhoek (Antoni van), *Antoni van Leeuwenhoek 1632-1723: studies on the life and work of the Delft scientist commemorating the 350th anniversary of his birthday* [edited by Palm Lodewijk C. & Snelders Henricus Adrianus Marie], Amsterdam: Rodopi, 1982, 209 p.) These were limited in magnifying power and were used primarily for botanical studies. The compound microscope, using an objective and an eyepiece, was first described in the sixteenth century, but all drawings of the period indicate very impractical arrangements of lenses. The first useful compound microscope was constructed in the Netherlands sometime between 1590 and 1608. Three spectacle makers – Hans Janssen, his son Zacharias (born 1580, died 1638), and Hans Lippershey (born 1570, Wesel, Germany; died September 1619, Middelburg, Netherlands) – have each received credit for the invention. This early microscope was limited by the use of very simple lenses, and the resolution was limited by blurring due to spherical aberration and chromatic aberration. For more on the early history of the development of the microscope, see Dobell (Clifford), *Antony van Leeuwenhoek and his "Little animals"* [being some account of the father of protozoology and bacteriology and his multifarious discoveries in these disciplines; collected, translated, and edited from his printed works, unpublished manuscripts, and contemporary records, by Dobell Clifford... published on the 300th anniversary of his birth], New York: Harcourt; Brace & company, 1932, vii + 435 p.; Ford (Brian J.), *Single Lens: The Story of the Simple Microscope*, New York: Harper & Row, 1985, x + 182 p.]
4. [Frigane, a kind of caddisfly of the trichopteran family Phryganeidae, the larvae of which, like other members of their order, construct cases (houses) of bits of leaves, twigs, sand grains, pebbles, or other materials, and principally live in swamps and lakes.]
5. [*Non nati*, meaning literally "not born."]
6. [The fish to which Cuvier refers is *Aphia minuta*, commonly called the transparent goby in English, but, to this day, called the "nonnat" in France (Wheeler (Alwyne C.), *Key to the Fishes of Northern Europe. A Guide to the Identification of More Than 350 Species* [illustrated by Stebbing Peter, maps drawn by Fraser Rodney F.], London: Frederick Warne, 1978, xix + 380 p.) It is widely distributed in the eastern Atlantic,

ranging from Norway to Morocco, and throughout the Mediterranean and Black Sea. A colorless, slender-bodied goby, it reaches a maximum length of 5.1 cm and lives in huge schools, in a variety of inshore and estuarine marine habitats, from the surface down to 70-80 m. It spawns from May to August, the females laying up to 2000 eggs in empty bivalve shells and other bottom debris. A so-called "annual" fish, individuals live for only a single year and die soon after spawning.]

7. [To explain the absence of freshwater eels (genus *Anguilla*) in a state of reproduction, Aristotle was convinced that they "proceed neither from pairing [of male and female] nor from the egg... their existence and sustenance is derived from rainwater" (*Historia animalium*, bk. 6, chap. 16). Spallanzani, among numerous others, attempted to resolve the problem without success in the French edition of his *Voyage dans les deux Siciles et dans quelques parties des Appenins* [tr. from Italian from Toscan G.; with notes by Faujas-de-St.-Fond], Paris: Maradan, 1800, 6 t. in 3 vols, originally published in Italian [*Viaggi alle due Sicilie e in alcune parti dell' appennino dell' abbate Lazzaro Spallanzani*, Pavia: Nella stamperia di Baldassare comini, 1792-1797, 6 vols]; there is also an English translation [*Travels in the two Sicilies, and some parts of the Apennines*, London: G. C. & J. Robinson, 1798, 4 vols]. Lazzaro Spallanzani (born 12 January 1729, Modena, Duchy of Modena; died 1799, Pavia, Cisalpine Republic), Italian physiologist who made important contributions to the experimental study of bodily functions and animal reproduction (see Spallanzani (Lazzaro), *Mémoires sur la respiration, par Lazare Spallanzani* [traduits en Français, d'après son manuscrit inédit, par Senebier Jean], Geneva: J. J. Paschoud, 1803, viii + 873 p.; *Rapports de l'air avec les êtres organisés ou traité de l'action du poumon et de la peau des animaux sur l'air, comme de celle des plantes sur ce fluide*, Geneva: J. J. Paschoud, 1807, 3 vols). His investigations into the development of microscopic life in nutrient culture solutions paved the way for the research of Louis Pasteur (born 27 December 1822, at Dole in eastern France; died 28 September 1895, Paris).]

8. [Aristotle knew and named as many as one hundred and seventeen species of fishes, but "what is most regrettable in this mass of such precise information is that the author did not suspect that the nomenclature used in his time would come to be obscure, and that he took no precaution to make recognizable the species about which he was writing. This is a general fault among ancient naturalists; one is almost obliged to guess the meanings of the names they used. Even tradition has changed and leads us into error: it is only by very laborious calculations and by bringing together and comparing the characteristics scattered among the authors that one succeeds in getting fairly positive results for some species, but we are still condemned to be ignorant of the majority of them" (Cuvier (Georges), "Tableau historique des progrès de l'ichtyologie, depuis son origine jusqu'à nos jours", *in* Cuvier (Georges) & Valenciennes (Achille), *Histoire Naturelle des Poissons*, Paris: Levrault, 1828, vol. 1, p. 23; *Historical Portrait of the Progress of Ichthyology, from Its Origins to Our Own Time* [edited and annotated by Pietsch Theodore W., translated from the French by Simpson Abby J.], Baltimore: Johns Hopkins University Press, 1995, p. 20).]

9. [What does Cuvier (or his editor M. de St.-Agy) mean here? The Black Sea and the Euxine are one and the same.]

10. [Propontis is an old name for the inland Sea of Marmara that partly separates the Asiatic and European parts of Turkey. It is connected through the Bosporus on the northeast with the Black Sea and through the Dardanelles on the southwest with the Aegean Sea.]

11. [*Boback* or Pontus rat, the *mus Ponticus* mentioned by Pliny as a fur-bearing animal, is commonly supposed, though without actual proof, to be the ermine, *Mustela erminea*.]

12. [Anglerfish, any of about 323 living species of marine fishes of the order Lophiiformes (but here Cuvier refers specifically to the monkfish of the Mediterranean, *Lophius piscatorius*; see Cuvier (Georges), "Sur le genre Chironectes Cuv. (*Antennarius*. Commers.)", *Mémoires du Muséum d'Histoire naturelle*, Paris, vol. 3, 1817, pp. 418-435; Caruso (John H.), "The systematics and distribution of the lophiid anglerfishes: II. Revisions of the genera *Lophiomus* and *Lophius*", *Copeia*, 1983, vol. 1, pp. 11-30). Anglers are named for their method of "fishing" for their prey. The foremost spine of the dorsal fin is located on the head and is modified into a "fishing rod" tipped with a fleshy, often worm-like "bait." Prey fishes that are attracted to this lure stray close enough for the anglerfish to swallow them (Pietsch (Theodore W.) & Grobecker (David B.), *Frogfishes of the world: systematics, zoogeography, and behavioral ecology*, Stanford (California): Stanford University Press, 1987, xxii + 420 p.) Often bizarre in form, anglerfishes are also characterized by small gill openings and by limb-like pectoral and (in some species) pelvic fins.]

13. [Torpedo, also called electric ray, numbfish, or crampfish, any of the rays of the families Torpedinidae, Narkidae, and Temeridae, named for their ability to produce electrical shocks (Hunter (John), "Anatomical observations on the torpedo", *Philosophical Transactions of the Royal Society of London*, vol. 63, 1774, pp. 481-489; Walsh (John), "Of the electric property of the torpedo. In a letter from John Walsh, Esq; F.R.S. to Benjamin Franklin, Esq; LL.D., F.R.S. Ac. R. Par. Soc. Ext., andc.", *Philosophical Transactions of the Royal Society of London*, vol. 63, 1774, pp. 461-480). They are found worldwide in warm and temperate waters. The electric organs, composed of modified muscle tissue, are in the disk, one on each side of the head. The shock from these organs is used

in defense, sensory location, and capturing prey. Electric shocks emitted reach 220 volts and are strong enough to fell a human adult. In ancient Greece and Rome, the shocks of *Torpedo nobiliana* were used as a treatment for gout, headache, and other maladies.]

14. [Cuckoo, any of numerous birds of the family Cuculidae (order Cuculiformes). The name usually designates some 60 arboreal members of the subfamilies Cuculinae and Phaenicophaeinae. In western Europe "cuckoo," without modifiers, refers to the most common local form, elsewhere cal led the common, or European, cuckoo (*Cuculus canorus*). The attribute for which the cuckoos are best known is the habit of brood parasitism, found in all of the Cuculinae and three species of Phaenicophaeinae. It consists of laying the eggs singly in the nests of certain other bird species to be incubated by the foster parents, who rear the young cuckoo.] Monsieur [Franz Joseph] Gall [born 9 March 1758, Tiefenbronn, Baden, Germany; died 22 August 1828, Paris; German anatomist and physiologist] claims that this bird does not hatch its eggs because it lacks the protuberance of maternal love (Gall (Franz Josef), *On the Functions of the Brain and of Each of its Parts, with Observations on the Possibility of Determining the Instincts, Propensities, and Talents, or the Moral and Intellectual Dispositions of Men and Animals, by the Configuration of the Brain and Head*, Boston: Marsh, Capen & Lyon, 1835, vol. 5, pp. 307-308). Other naturalists think that the shape of the cuckoo's stomach causes this singular characteristic. [M. de St.-Agy.]

15. [Theodorus of Gaza (born *c.* 1400, died in 1478), a Greek from Thessalonica who went to Italy in 1429, produced a translation of Aristotle's books on animals that appeared for the first time at Venice in 1476.]

16. [Julius-Caesar Scaliger also spelled Scaligeri (Giulio Cesare della Scala, born 23 April 1484, Riva, Republic of Venice; died 21 October 1558, Agen, France), French classical scholar of Italian descent who worked in botany, zoology, grammar, and literary criticism (see Hall (Vernon), *Life of Julius Caesar Scaliger (1484-1558)*, Philadelphia: American Philosophical Society, 1950, 170 p. He claimed to be a descendant of the Della Scala family, whose Latinized name was Scaligerus and who had ruled the Italian city of Verona during the two preceding centuries. His unfinished commentary on Aristotle was published at Toulouse in 1619, and one on Theophrastus in 1566.]

17. [Johann Gottlob Schneider (born 1750 at Kollmen, near Oscharz, just southeast of Leipzig; died at Breslau in 1822), German philologist and naturalist. He studied philology, especially the Greek classics, and natural history at universities in Leipzig (1769), Göttingen (1772), and finally Strasbourg, where he received his Doctor of Philosophy degree (1774). In 1776 he was appointed professor of philology at the University of Frankfurt (an der Oder), where he produced a large number of translations and commentaries on classical works (*e.g.*, see Aelian, *Aeliani de natura Animalium libri XVII* [edited by Johann Gottlob Schneider], Leipzig: E. B. Schwickerti, 1784; Aristote, *Aristotelis de animalibus historiae libri X: Graece et Latine; textum recensuit Ivl. caes. Scaligeri versionem; diligenter recognovit commentarium amplissimum indecesque locupletissimos adiecit Io. Gottlob Schneider, saxo* [edited by Johann Gottlob Schneider], Leipzig: Bibliopolio Hahniano, 1811, 4 vols). Schneider's studies in natural history were secondary to his literary work, but he made several significant contributions to zoology, the most important in ichthyology being his edition of Bloch's *Systema ichthyologiae* of 1801. For more on Schneider, see Adler (Kraig), "Contributions to the history of herpetology", *in Contributions to herpetology*, vol. 5, Oxford (Ohio): Society for the Study of Amphibians and Reptiles, 1989, p. 13).]

18. [Armand Gaston Camus (born 1740, died 1804), published a French edition in 1783, at Paris, two volumes in quarto (*Histoire des animaux d'Aristote, avec la traduction françoise, par M. Camus*).]

19. [*Marvelous tales* or *On Marvelous things heard*, included in the traditional *corpus aristotelicum* but one of several works that was certainly or probably not written by Aristotle; its spuriousness of has never been seriously contested (see Aristotle, *The Complete Works of Aristotle* [The revised Oxford translation, edited by Barnes Jonathan], Princeton (New Jersey): Princeton University Press, 1984, 2 vols). Beckmann, is Johann Beckmann (born 4 June 1739, at Hoya in Hanover; died 3 February 1811), German scientific author, who published *Aristotelis liber De Mirabilibus Auscultationibus explicatus a Joanne Beckmann*, Göttingen: Abrahami Vandenhoek, 1786, XVI + 450 p.]

20. [*On plants* belongs to the same category as *On Marvelous things heard*; its spuriousness has never been seriously contested (see note 19, above).]

21. [*Psittacus alexandri*, now generally placed in the genus *Psittacula*, the Moustached Parakeet, consisting of some eight subspecies, widely distributed from Pakistan to Indonesia.]

22. [Nearchus (died probably 312 B.C.), officer in the Macedonian army under Alexander the Great who, on Alexander's orders, sailed from the Hydaspes River in western India to the Persian Gulf and up the Euphrates River to Babylon. Earlier, in 333, Alexander had made Nearchus satrap (provincial governor) of the newly conquered Lycia and Pamphylia in Anatolia. Nearchus embarked on his expedition in 325, when Alexander descended the Indus River to the sea. He chronicled the journey in a detailed narrative, a full abstract of which is included in Arrian's *Indica* (second century A.D., one of the primary ancient historians of Alexander the Great; see Arrian, *Arrian: selected works* [revised text and

translation, with new introduction, notes, and appendixes by Brunt P. A.], Cambridge (Massachusetts): Harvard University Press, 1976-1983, 2 vols). Nearchus was unable to play any significant role in the struggles following Alexander's death in 323.]

23. [Onesicritus, or Onesicrates, of Aegina or Astypaleia, one of the writers on Alexander the Great (see Brown (Truesdell S.), *Onesicritus: A Study in Hellenistic Historiography*, Berkeley; Los Angeles: University of California Press, 1949, vii + 196 p. (University of California Publications in History; 39)). At an advanced age he became a pupil of Diogenes the Cynic, and gained such repute as a student of philosophy that he was selected by Alexander to hold a conference with the Indian Gymnosophists. When the fleet was constructed on the Hydaspes, Onesicritus was appointed chief pilot (in his vanity he calls himself commander), and in this capacity accompanied Nearchus on the voyage from the mouth of the Indus to the Persian gulf. He wrote a diffuse biography of Alexander (now mostly lost; see Pearson (Lionel Ignacius Cusack), *The Lost Histories of Alexander the Great*, New York: American Philological Association, 1960, xv + 275 p.), which in addition to historical details contained descriptions of the countries visited, especially India. After the king's death, Onesicritus appears to have completed his work at the court of Lysimachus, king of Thrace. Its historical value was considered small, it being avowedly a panegyric, and contemporaries (including even Alexander himself) regarded it as untrustworthy. Strabo (see Lesson 12, note 29) especially takes Onesicritus to task for his exaggeration and love of the marvelous. His *Para plus* (or description of the coasts of India) probably formed part of the work, and, incorporated by Juba II of Mauritania (Juba II of Numidia, born *c.* 52 B.C., died A.D. 23), a king of Numidia who later moved to Mauritania. His first wife was Cleopatra Selene II, the last Ptolemaic Monarch and daughter to Greek Ptolemaic Queen Cleopatra VII of Egypt and Roman triumvir Mark Antony), with the accounts of coasting voyages by Nearchus and other geographers, and circulated by him under the name of Onesicritus, was largely used by Pliny.]

24. [Harmozie, probably Hormuz; but this is a strait not a port, which links the Persian Gulf (west) with the Gulf of Oman and the Arabian Sea (southeast), and separates Iran (north) from the Arabian Peninsula (south).]

25. [Antigonus I Monophthalmus ("One-Eyed"), also called Antigonus I Cyclops (born 382 B.C.; died 301, Ipsus, Phrygia, Asia Minor, now in Turkey), Macedonian general under Alexander the Great who founded the Macedonian dynasty of the Antigonids (306 168 B.C.), becoming king in 306. An exceptional strategist and combat leader, he was also an astute ruler who cultivated the friendship of Athens and other Greek city-states.]

26. [Demetrius I Poliorcetes (born 336 B.C., Macedonia; died 283, Cilicia, now in Turkey), king of Macedonia from 294 to 288 B.C. Demetrius was the son of Alexander the Great's general Antigonus I Monophthalmus, in whose campaigns he commanded with distinction and whose empire, based in Asia, he attempted to rebuild. Unsuccessful against Ptolemy I Soter, satrap of Egypt, and against the Nabataeans, he liberated Athens from the Macedonian Cassander in 307 B.C. and in 306 decisively defeated Ptolemy at Salamis (Cyprus). From his unsuccessful siege of Rhodes (305) he won the title Poliorcetes ("the Besieger"). Recalled by his father from Greece, he fought in the Battle of Ipsus, in which his father was killed and lost much of his empire (301). Demetrius kept a foothold in Greece and in 294 reoccupied Athens and established himself as king of Macedonia, but in 288 he was driven out by his rivals Lysimachus and Pyrrhus. He finally surrendered to Seleucus I Nicator in Cilicia (285) and died there (283).]

27. [Battle of Ipsus, military engagement fought at Ipsus, Phrygia, in 301 B.C. between two camps of the "successors" of Alexander the Great, part of a struggle that accelerated the dismemberment of Alexander's empire begun after his death. In 302 a coalition representing Lysimachus, king of Thrace, Seleucus I Nicator of Babylon, Ptolemy I Soter of Egypt, and Cassander of Macedonia moved against Antigonus I Monophthalmus, king in Asia Minor, and his son Demetrius I Poliorcetes. Although the combined strength of Seleucus and Lysimachus in troops was only slightly inferior to the 70,000 foot soldiers and 10,000 horses of Antigonus, it was the allies' superiority in elephants that proved invaluable for victory. The elephants prevented Demetrius, who had pursued too far after defeating the opposing cavalry, from returning to rescue his father. Antigonus was killed, Demetrius fled, and Asia Minor was added to the dominions of Lysimachus.]

28. [Cassander (born *c.* 358 B.C.; died 297 B.C.), son of the Macedonian regent Antipater and king of Macedonia from 305 to 297. Cassander was one of the Macedonian generals who fought over the empire of Alexander the Great after his death in 323. After Antipater's death in 319, Cassander refused to acknowledge the new regent, Polyperchon. With the aid of Antigonus I Monophthalmus, ruler of Phrygia, Cassander seized Macedonia and most of Greece, including Athens (319-317). When Antigonus returned from the eastern provinces intending to reunite Alexander's empire under his own sovereignty, Cassander joined forces with Ptolemy I, Seleucus, and Lysimachus (rulers of Egypt, Babylon, and Thrace, respectively) to oppose him. Between 315 and 303 the two sides clashed frequently. Cassander lost Athens in 307 and his other possessions south of Thessaly in 303-302, but the defeat of Antigonus at the Battle of Ipsus in Phrygia (301) secured Cassander's control of Macedonia.]

29. [Arsinoe, related to the Macedonian Argead dynasty, was the mother of Ptolemy I Soter (born 367/366 or 364 B.C., died 283/282). Arsinoe's granddaughter, offspring of Ptolemy I Soter and Berenice I, became Arsinoe II (born *c.* 316 B.C., died July 270) when (*c.* 277 B.C.) she married her brother Ptolemy II Philadelphus (born 308 B.C., died 246) and after Arsinoe I (fl. early third century B.C.), the first wife of Ptolemy II Philadelphus, was banished as a result of the dynastic strife that followed the death of the first Ptolemy.]

30. [Arrian, see Lesson 14, note 16.]

31. [Straton of Lampsacus, Straton also spelled Strato, Latin Strato Physicus (died *c.* 270 B.C.), Greek philosopher and successor of Theophrastus as head of the Peripatetic school of philosophy (based on the teachings of Aristotle). Straton was famous for his doctrine of the void (asserting that all substances contain void and that differences in the weight of substances are caused by differences in the extension of the void), which served as the theoretical base for the Hellenistic construction of air and steam engines as described in Hero of Alexandria's work. An orthodox Aristotelian, Straton tempered his master's interpretation of nature with an insistence on causality and materialism, denying any theological force at work in the processes of nature. Straton's writings as a whole are lost.]

32. [(Wilhelm Peter) Eduard (Simon) Rüppell (born 20 November 1794, Frankfurt am Main; died 10 December 1884, Frankfurt am Main), German naturalist and explorer of northeastern Africa who is remembered as much for the zoological and ethnographical collections he brought back to Europe as for his explorations (Mearns (Barbara) & Mearns (Richard), *Biographies for birdwatchers, the lives of those commemorated in western Palearctic bird names* [illustrated by Rees Darren], London; San Diego: Academic Press, 1988, xx + 490 p.) He first went to Africa in 1817 and ascended the Nile River to its first set of cataracts (at Aswan, Egypt). Returning to Germany he completed his scientific training and then began his first expedition (1822-1827), crossing the Sudan from the Nubian Desert south to Kordofan in the central Sudan. On his second (1830-1834), he crossed Ethiopia from east to west, by way of the ruins of Adwa, to Lake Tana, which he mapped for the first time (see Rüppell (Eduard), *Neue wirbelthiere zu der fauna von Abyssinien gehörig, entdeckt und beschrieben von dr. Eduard Rüppell*, Frankfurt am Main: In commission bei S. Schmerber, 1835-1840, 4 vols). On his return he stayed at the then capital of Ethiopia, Gonder, where he put his collections in order and amassed an anthology of ancient Ethiopian manuscripts.]

33. [Demosthenes (died 413 B.C.), Athenian general who proved to be an imaginative strategist during the Peloponnesian War (Athens versus Sparta, 431-404).]

34. [On the model of Plato's Academy, the Athenian schools of philosophy – Aristotle's Lyceum, Epicurus's Garden, and the Porch (stoa), which gave its name to the Stoics – were brotherhoods in which the posts in both teaching and administration were passed from generation to generation as a kind of heritage.]

35. [Theophrastus (born *c.* 372 B.C., Eresus, Lesbos; died *c.* 287), Greek Peripatetic philosopher and pupil of Aristotle (see Sharples (Robert W.), *Theophrastus of Eresus. Sources for His Life, Writings, Thought, and Influence: Commentary. Volume 5, Sources on biology (human physiology, living creatures, botany: texts 328-435*, Leiden; New York: E. J. Brill, 1995, XVI-273 p.) He studied at Athens under Aristotle, and when Aristotle was forced to retire in 323 he became the head of the Lyceum, the academy in Athens founded by Aristotle. Under Theophrastus the enrollment of pupils and auditors rose to its highest point. He was one of the few Peripatetics who fully embraced Aristotle's philosophy in all areas of metaphysics, physics, physiology, zoology, botany, ethics, politics, and history of culture. His general tendency was to strengthen the systematic unity of those subjects and to reduce the transcendental or Platonic elements of Aristotelianism as a whole. Of his few surviving works, the most important are *Peri phyton historia* ("Inquiry into Plants") and *Peri phyton aition* ("Growth of Plants), comprising nine and six books, respectively (collectively known as the *Historia plantarum*; see Theophrastus, *De historia plantarum libri decem, græce and latine. In quibus textum græcum variis lectionibus, emendationibus, hiulcorum, supplementis: latinam gazæ versionem nova interpretatione ad margines: totum opus absolutissimis cum notis, tum*, Amsterdam: apud Henricum Laurentium, 1644, in-folio; *Recherches sur les plantes. Tome I: Livres I et II* [texte établi et traduit par Amigues Suzanne], Paris: Les Belles Lettres, 1988, LVIII + 143 p.; *Recherches sur les plantes. Tome V: Livre IX* [texte établi et traduit par Amigues Suzanne], Paris: Les Belles Lettres, 2006, LXX-397 p.) Of dubious origin are the smaller treatises attributed to him on fire, winds, signs of weather, scents, sensations, and other subjects. His notable *Charakteres* (many English translations) consists of 30 brief and vigorous character sketches delineating moral types derived from studies that Aristotle had made for ethical and rhetorical purposes; this work later formed the basis for La Bruyère (Jean de), *Les Caractères de Théophraste traduits du grec avec les caractères ou les mœurs de ce siècle*, Paris: Chez Estienne Michallet, 1688, 360 p.; *Les caractères de Théophraste, traduits du grec, avec Les caractères; ou Les mœurs de ce siècle* [texte établi, avec introduction, notes, relevé de variantes, glossaire et index par Garapon Robert], Paris: Garnier Frères, 1962, XLV + 622 p.; see note 38, below). In his ethical teachings, famous because of the

assaults of the Stoic philosophers, Theophrastus reiterated Aristotle's notion of a plurality of virtues with their relative vices and acknowledged a certain importance to external goods, which the Stoics held were mere luxuries for human life.]

36. [Menedemus of Eretria (born *c.* 339 B.C.; died *c.* 265), Greek philosopher who founded the Eretrian school of philosophy. During a military expedition in Megara, he began attending the lectures of Stilpon and later joined the school founded by Phaedo at Elis. He became the leader of the school and transferred it to Eretria, where it became known as the Eretrian school. An active participant in political affairs, he was forced into exile by his opponents and several years later committed suicide. He is not to be confused with Menedemus of Pyrrha, a member of the Academy in Plato's lifetime.]

37. [Another Sophocles, not to be confused with Sophocles (born about 496 B.C. at Colonus, a village outside the walls of Athens; died 406, Athens), the second of classical Athens' three great writers of tragedy, the younger contemporary of Aeschylus and the older contemporary of Euripides (see Lesson 4, note 19).

38. [Jean de La Bruyère (born August 1645, Paris; died 10/11 May 1696, Versailles), French satiric moralist who is best known for one work, *Les Caractères de Théophraste traduits du grec avec les caractères ou les mœurs de ce siècle* (1688), which is considered to be one of the masterpieces of French literature (for modern edition, see note 35, above.]

MÉTAMORPHOSE
Les phases de la vie d'un papillon : mâle et femelle présentés sur leur plante hôte. Détail d'une gravure extraite de Merian (Maria Sibylla), *Metamorphosis Insectorum Surinamensium*, Leiden: Gerald Valck, 1714, pl. 11.

8 *Aristote et l'*Histoire des animaux*, suite*

Nous avons parlé d'une manière générale de l'*Histoire des animaux* d'Aristote, qui fut jusqu'au XVIIe siècle le seul traité d'anatomie comparée[1]. Nous allons maintenant faire connaître ce que chacune des parties de cet admirable ouvrage contient de plus remarquable, et l'étonnante perfection à laquelle Aristote a porté plusieurs branches de la science zoologique.

Dans le *Traité des sensations*, il désigne les animaux qui ont le plus d'organes des sens, et ceux qui manquent de quelques-uns de ces organes. Parmi les animaux qui ont des yeux il place la taupe, que de son temps on croyait en être privée. Il décrit cet œil rudimentaire avec exactitude, indique le nerf qui s'y rend, et dans sa description on reconnaît clairement le nerf de la cinquième paire. Jusqu'à nos jours on avait douté, malgré l'assertion d'Aristote, que la taupe eût des yeux. Mais tout récemment son observation a été complètement vérifiée[2].

Aristote a également très-bien connu les organes des sens des poissons. À propos du goût, il décrit le palais charnu de la carpe. Il fait ensuite observer que les poissons ne sont pas sourds, comme le croyaient ses contemporains, qu'ils ont un organe de l'ouïe, et qu'ils se laissent appeler. Il avait reconnu aussi que les insectes jouissent de la faculté d'entendre, et qu'ils ont même le sens de l'odorat, puisqu'ils sont éloignés par certaines odeurs, et que d'autres les attirent.

Dans le *Traité de la voix*, Aristote distingue fort bien la voix réelle, qui est produite par l'expulsion de l'air répandu dans les poumons, du bruit imitant la voix, que font entendre certains animaux. Il décrit à cette occasion, avec beaucoup d'exactitude, l'appareil musical des sauterelles et des cigales, qui n'agit que par percussion et par frottement. Il parle de la voix du perroquet, et de la disposition de la langue des grenouilles, qui, au lieu d'être, comme dans la plupart des animaux, fixe en arrière et libre à l'extrémité antérieure, a sa base attachée en avant et la pointe libre dirigée vers le gosier.

Le *Traité de la veille et du sommeil* présente des notions fort intéressantes sur l'hivernation de plusieurs animaux, et sur le sommeil des poissons. Il nous serait très-difficile de porter un jugement sur ce dernier point, attendu que nous sommes fort éloignés de posséder les moyens d'observation qu'Aristote a sans doute eus à sa disposition. Il était, comme nous l'avons déjà fait observer, dans des circonstances naturelles, singulièrement favorables.

Le *Traité de la génération* renferme des détails étonnans par leur exactitude et leur étendue. On y trouve mentionnées les membranes dans lesquelles plusieurs mollusques enveloppent leurs œufs, et décrites particulièrement celles de la sèche et du poulpe. Aristote explique les métamorphoses des insectes, qui consistent à passer par l'état de larve et de chrysalide pour arriver à leur forme définitive. Il connaît les métamorphoses incomplètes, dans lesquelles la larve, qui ne diffère de l'insecte que par les ailes, acquiert cet appareil de locomotion, et ne subit ainsi qu'une seule métamorphose. Il parle d'insectes qui se développent dans la neige. Mais il admet le système de la génération spontanée, soutenu encore aujourd'hui par quelques naturalistes retardataires. Il pense que lorsque les élémens constitutifs se rencontrent dans les proportions et dans les circonstances nécessaires, il en résulte des êtres vivans. Au temps d'Aristote, cette erreur était presque inévitable ; car nous n'avons été détrompés à cet égard que par le microscope qui n'a été inventé que dans des temps fort postérieurs, comme nous aurons occasion de le voir [3].

L'histoire de l'économie des abeilles, qui est si intéressante et si compliquée, n'était point inconnue à Aristote. Il fait remarquer que celle des mouches qu'on appelle le roi, pourrait bien être une femelle, ou la reine, comme le prétendaient de son temps quelques personnes. Il avait fort bien observé que la cellule de la reine était plus grande que les autres, que cet être privilégié prenait une nourriture plus succulente et plus abondante. Cette connaissance témoigne d'un examen singulièrement attentif de toutes les constructions des abeilles; elle est d'autant plus étonnante, qu'au temps d'Aristote le verre était trop peu en usage pour qu'il ait pu le faire servir à recouvrir des ruches, procédé au moyen duquel on facilite beaucoup un examen de la nature de celui qu'il fit. Il traite aussi de l'économie des guêpes, des frêlons, des abeilles maçonnes et des bourdons. Il décrit l'étui singulier dans lequel s'enveloppe la larve de frigane [4], et mentionne les araignées qui portent sous le ventre un paquet contenant leurs œufs. Au sujet d'animaux supérieurs aux insectes, il établit une distinction fort juste entre les œufs à enveloppe dure, comme ceux des crocodiles et des tortues, et ceux à enveloppe flexible, comme les œufs des serpens. Il remarque que bien que ces derniers animaux mettent au monde des petits vivans, ils ont pourtant des œufs; mais que ces œufs, au lieu d'éclore extérieurement, s'ouvrent dans l'intérieur des serpens. Les phases de l'évolution du poulet pendant l'incubation étaient parfaitement connues d'Aristote; il les décrit jour par jour. Il nomme le cœur comme le premier point qui apparaisse, puis les veines, qui vont s'étendant vers les parties supérieures et inférieures de l'animal, enfin la vésicule allantoide, qui bientôt enveloppe tout le fœtus. Il ne faut pas oublier que ces observations ont été faites à l'œil nud, et que les légères erreurs qu'on y pourrait noter, proviennent de ce qu'Aristote n'avait pas comme nous l'avons maintenant, le puissant secours des verres amplifians. Aristote remarque, au sujet des œufs des poissons, qu'ils n'ont pas de membrane allantoïde, ainsi que ceux de tous les animaux dont la respiration s'effectue par des branchies. Du reste, il admet pour les poissons, de même qu'il l'avait admis pour les insectes, l'opinion de la génération spontanée, et il l'appuie sur des faits expliqués différemment aujourd'hui. Il cite, par exemple, cette multitude de petits poissons qu'on voit apparaître subitement sur certains rivages, et qui semblent être nés dans la vase sous les seules influences de la chaleur et de l'humidité. Les Grecs donnaient à ces poissons le nom d'*aphia* qui exprime l'idée qu'ils avaient de leur mode de formation. En France, sur les côtes de Provence, le phénomène mentionné par Aristote se reproduit souvent, et les habitants désignent par un nom analogue à celui des Grecs, les petits poissons qui ont apparu subitement ; ce nom est nonnats, formé du latin *non nati* [5]. Maintenant nous savons que ces générations presque instantanées sont dues au frai de certains poissons, déposé antérieurement sur la vase, et que des circonstances atmosphériques favorables ont fait éclore simultanément [6]. Ce qu'Aristote rapporte des anguilles n'est certainement pas exact ; mais nous-mêmes, malgré les recherches de Spallanzani, nous avons beaucoup à apprendre sur la reproduction de cet animal [7].

Aristote expose les changemens qui résultent de l'âge chez les animaux et chez l'homme, et à cette occasion il donne aux mères d'excellens conseils. Il s'occupe ensuite des mœurs des animaux, de leurs manières de vivre, de leurs instincts, fait ressortir l'influence de leur genre de vie, celle des circonstances extérieures, du climat, des saisons, du milieu dans lequel existent les différentes espèces, et désigne les alimens qui conviennent à chacune d'elles. Ce qu'il rapporte des poissons est surtout fort intéressant, et pourrait nous être d'une grande utilité, si sa nomenclature nous était mieux connue [8].

À propos des saisons, il traite de leur influence sur les migrations des oiseaux, parle de ceux de ces animaux qui voyagent, de l'époque à laquelle ils partent, et de l'ordre qu'ils observent dans leur vol. Il s'occupe aussi des migrations des poissons, de celles du maquereau, du thon, de la sardine. Il rapporte qu'il sort de la mer Noire des légions de poissons qui entrent dans le Pont-Euxin [9]. Il indique leur route à travers la Propontide [10] et jusqu'à l'Archipel. Il paraît qu'il les avait observées sur les côtes de la Thrace, et principalement à Byzance. Il fait remarquer que le même poisson reçoit à diverses époques, et selon son degré de développement, des noms différens, que par exemple, celui que l'on nomme cordyle dans le Pont-Euxin, reçoit au printemps le nom de pelamide, et enfin celui de thon lorsqu'il est arrivé dans l'Archipel. À cette occasion il parle des poissons qui ne se montrent point pendant l'hiver, et aussi d'autres animaux, comme, par exemple, le boback ou rat du Pont, qui apparaissent à certaines époques de l'année [11].

Aristote connaît jusqu'aux maladies des poissons, et à cet égard ses connaissances sont de beaucoup plus étendues que les nôtres [12].

Dans la description des divers genres d'industrie des animaux, il indique la ruse employée par la baudroie pour attirer les petits poissons nécessaires à son existence ; il dit qu'à cet effet elle déploie ses longues tentacules de manière à figurer des vers. Il indique aussi la ruse de la sèche, qui, pour se soustraire aux poursuites d'un ennemi, répand autour d'elle une liqueur noire, qui la fait perdre de vue. Il mentionne encore les commotions violentes que produit la torpille lorsqu'on veut la saisir [13]. Arrivé aux insectes, il s'arrête sur quelques-uns et particulièrement sur les araignées, qui fabriquent et tendent avec beaucoup d'habileté des toiles propres à enlacer les mouches, dont elles aiment à sucer le sang. Les oiseaux sont ensuite le sujet de son examen. Il expose les différentes manières dont ces êtres font leur nid, désigne les espèces qui n'en font point, et donne l'histoire du coucou qui va pondre dans un nid étranger [14].

Aristote enfin considère les animaux sous le rapport de leur docilité, de leur plus ou moins de susceptibilité d'être apprivoisés. Il entre, à cet égard, dans beaucoup de détails sur le lion, le chameau, et même sur les dauphins.

Vous voyez, messieurs, par cet exposé, quelle est la richesse et l'abondance des matières traitées dans l'*Histoire des animaux*. C'est assurément un des plus admirables ouvrages que l'antiquité nous ait laissés, et un des plus grands monumens que le génie de l'homme ait élevés aux sciences naturelles. Toutefois il présente un défaut qui en diminue beaucoup l'utilité pour nous. Comme tous les naturalistes anciens, Aristote semble avoir cru que les noms, par lesquels on désignait de son temps les animaux, ne changeraient jamais, et il se borne presque toujours à nommer les espèces, sans en faire la description. Il en résulte qu'il est extrêmement difficile, dans beaucoup de cas, de reconnaître les animaux qu'Aristote dénomme. Il n'a guère donné de description proprement dite que pour le chameau, l'éléphant, le crocodile et le caméléon. Quelques autres animaux sont à la vérité désignés par des traits caractéristiques et peuvent être reconnus, mais le plus ordinairement on n'a pour indications que quelques circonstances de la vie de l'animal, ou les propriétés qui lui sont attribuées ; pour le reconnaître il faut rapprocher les divers passages où il est mentionné, les comparer entre eux et avec ceux que renferment les auteurs contemporains ; on est même obligé de les rapprocher de passages extraits d'écrivains d'une époque postérieure, mais alors on a besoin d'une grande circonspection, car la signification des termes varie beaucoup avec le temps. Depuis celui d'Aristote, jusqu'au temps d'Athénée, les noms ont éprouvé des changemens ; à plus forte raison ont-ils dû changer depuis Aristote jusqu'à nos jours. Cependant le nom de quelques animaux s'est conservé avec de légères modifications, jusque chez les Grecs modernes, et de l'étude des appellations encore usitées dans la Grèce actuelle, on peut par conséquent tirer des indications qui ne sont pas sans valeur.

Nous possédons un grand nombre de traductions de l'*Histoire des animaux*. La première, celle que l'on cite à tort le plus souvent, est de Théodore Gaza [15], Grec qui passa en Italie après la prise de Constantinople par les Turcs, et qui n'était versé suffisamment, ni dans la connaissance du latin, ni dans celle de l'histoire naturelle. Cette double ignorance lui fit insérer littéralement dans sa traduction divers passages de Pline, que celui-ci avait empruntés à Aristote, et qui étaient inexactement rendus. Il paraît d'ailleurs que Gaza n'avait qu'une mauvaise copie du texte grec.

La traduction latine donnée par Jules-César Scaliger, en 1619, est de beaucoup préférable à celle de l'auteur grec [16]. Mais la meilleure de toutes est celle que M. Schneider a publiée en 1811, en grec et en latin [17]. Cette traduction a coûté trente années d'études à son auteur, et elle réunit à l'avantage d'une parfaite correction de texte, de savantes et judicieuses critiques.

La France possède une traduction, en langue vulgaire, de l'*Histoire des animaux*; elle est de M. Camus[18]. Le texte placé en regard est à peu près le même que celui de Scaliger, et la version française est aussi bonne qu'on pouvait l'attendre d'un homme qui n'était pas naturaliste. Mais les notes, où l'auteur se propose d'éclaircir le texte, ne sont propres qu'à l'embrouiller et à en donner de fausses idées. Camus avait emprunté ces notes à des auteurs modernes qui n'avaient pas une connaissance suffisante de l'histoire naturelle et des écrits d'Aristote.

Les autres ouvrages de ce grand philosophe, relatifs à l'histoire naturelle, sont beaucoup moins parfaits et surtout beaucoup moins clairs. Ils sont remplis de discussions sur le sens des termes techniques. La langue grecque prêtait, comme l'allemand le fait encore de nos jours, à ces sortes de discussions. En effet chaque mot scientifique y est une définition abrégée de l'objet exprimé; or cette définition ne peut rappeler que les idées conçues par son inventeur sur l'objet observé; lors donc que les connaissances viennent à se perfectionner, ou seulement à changer, le mot scientifique donne lieu à des discussions interminables sur sa véritable signification. Aussi les écrivains grecs expliquent-ils sans cesse leurs termes au moyen de distinctions et de sous distinctions infinies. Aristote est, je le répète, quelquefois reprochable à cet égard; mais ceux de ses ouvrages qui présentent ce défaut paraissent être de beaucoup antérieurs à l'*Histoire des animaux*, et ne sont vraisemblablement qu'un travail préparatoire.

Nous appliquons surtout cette remarque à ses *Récits merveilleux*, qui ne sont presque qu'un recueil de notes dépourvues d'ordre, mais qui cependant sont précieux en ce qu'ils nous font connaître divers extraits d'ouvrages égarés ou détruits. Beckmann en a donné une bonne édition en 1786[19].

On attribue à Aristote un livre sur les plantes, qui ne paraît pas être de lui; c'est vraisemblablement un ouvrage apocryphe[20].

Aristote ne servit pas les sciences par ses ouvrages seulement; il contribua encore à leur développement et à leur propagation, par l'usage qu'il fit de sa haute position sociale. Précepteur d'Alexandre, il inspira à ce jeune prince le goût des sciences naturelles, et ce fut sans doute par suite de ses conseils, que ce conquérant se fit accompagner dans son expédition, de savans aux travaux desquels il participait. Sans cette précaution, la nouvelle invasion des Grecs n'eût guère plus contribué aux progrès de l'histoire naturelle, que ne l'avait fait l'expédition des dix mille, et l'on n'aurait pu substituer aux récits fabuleux de Ctésias, des relations véritables, écrites par des hommes instruits et placés dans les circonstances nécessaires pour tout étudier. Parmi les savans qui accompagnaient Alexandre, on doit surtout distinguer Callisthènes, qui, déjà avant son départ, avait composé un ouvrage sur les plantes, et un autre sur l'anatomie, dans lequel l'intérieur de l'œil était beaucoup mieux décrit que ne l'avaient fait ses prédécesseurs. La mort tragique de ce naturaliste a empêché que le résultat de ses observations en Orient parvînt jusqu'à nous; mais il est vraisemblable que jusqu'au moment de sa disgrâce il entretint une correspondance suivie avec Aristote, qui était son parent et son maître, et qu'ainsi ses recherches n'ont pas été entièrement perdues pour les sciences.

Du reste, les conquêtes des Grecs sous Alexandre ont un caractère presque singulier. La plupart des grandes invasions, dont le souvenir est conservé par l'histoire, furent le fait de hordes demi-sauvages qui s'étant précipitées sur les nations policées, y répandirent l'ignorance et la barbarie. L'expédition d'Alexandre nous présente au contraire un peuple déjà fort avancé en civilisation, qui porte la lumière dans les contrées où il pénètre, et s'enrichit en retour de ce que les vaincus possèdent de beau et d'utile. C'est pendant cette expédition que les Grecs découvrirent les éléphans, qui bientôt furent employés avec beaucoup de succès dans les armées de divers princes d'Occident. C'est aussi pendant cette conquête qu'ils prirent des paons, dont l'éclatant plumage excita tellement l'admiration des Grecs, qu'ils leur furent montrés moyennant une rétribution. Enfin cette même conquête procura des perroquets dont la première espèce découverte porte, parmi les naturalistes, un nom qui rappelle l'époque de son introduction ; on la nomme *Psittacus Alexandri* : c'est une perruche verte à collier écarlate, à queue longue d'une jaune verdâtre, et nuancée sous le ventre d'un vert si tendre qu'il en paraît jaunâtre [21].

L'empire d'Alexandre s'étendait depuis la mer Adriatique jusqu'au-delà de l'Indus ; et cependant les explorations scientifiques qui furent faites sous son règne, embrassèrent un espace beaucoup plus considérable. Lorsqu'il eut descendu l'Indus, il ordonna à son amiral Néarque [22] de continuer d'avancer sur la mer, et il lui adjoignit le philosophe Onésicrite [23]. La flotte parcourant une mer nouvelle pour les Grecs, arriva, en cinglant toujours vers l'ouest, au port d'Harmozie [24], situé près de l'embouchure du Sinus Persique. Dans son voyage elle eut de nombreuses communications avec les peuplades établies sur la côte, et dans la relation de ce voyage, il existe plusieurs descriptions de plantes et d'animaux terrestres et aquatiques qui avaient été observés dans les lieux de descente. On remarque dans cette relation la description de l'arbre qui produit le coton, et la mention de l'usage que les Indiens font de ce duvet pour leurs vêtemens. On y remarque aussi la description du tigre royal, ou rayé ; et celle de la baleine dont les mâchoires étaient employées à la construction des maisons par quelques habitants du littoral.

Après la mort prématurée d'Alexandre, qui eut lieu en 324 avant Jésus-Christ, son vaste empire fut démembré par ses lieutenans qui s'en disputèrent les lambeaux, et il en résulta pendant quelque temps une confusion extrême. Mais bientôt Perdiccas ayant été tué par ses soldats, et plus tard Antigone [25] et son fils Démétrius Poliorcète [26] ayant été défaits en Phrygie, à la bataille d'Ipsus [27], il se forma trois royaumes qui paraissaient devoir subsister long-temps. Cassandre [28] régna en Macédoine, Séleucus en Syrie et dans les contrées voisines, Ptolomée en Égypte. Le premier de ces gouvernans paraît être le seul qui n'ait pas aimé les sciences et les lettres. Il domina militairement la Grèce, tyrannisa Athènes et y diminua le goût de l'étude. La conduite des deux autres rois fut fort différente : ils protégèrent les lettres et les cultivèrent eux-mêmes avec quelque succès. Ptolomée, fils d'Arsinoé [29] maîtresse de Philippe, par conséquent frère naturel d'Alexandre, avait été capitaine de ce dernier ; il écrivit la relation de ses conquêtes, et c'est d'après cette relation qu'Arrien[30] a composé son histoire.

Ptolomée et Séleucus fondèrent chacun une bibliothèque à l'instar de celle d'Aristote, leur maître, et peut-être d'après les conseils qu'ils en avaient reçus antérieurement. Avant Aristote quelques particuliers avaient bien rassemblé des livres comme moyen de distraction ; mais personne n'avait eu l'idée du puissant secours que fournirait pour l'étude des sciences, et par conséquent pour leurs progrès, l'établissement d'une bibliothèque. Ce fut Aristote qui le premier recueillit des ouvrages pour s'y reporter au besoin. Sa bibliothèque qui paraît avoir été très-considérable, fut réunie à celle d'Alexandrie par Ptolomée qui l'avait achetée de Néléus.

L'empire de Séleucus était plus étendu que les deux autres ; mais il fut bientôt divisé, et ses fragmens composèrent les royaumes de Pont, de Cappadoce, de Pergame, de Bactriane et de Bythinie.

Le royaume de Ptolomée était le plus circonscrit, mais en compensation il fut le plus tranquille, et il ne tarda pas à atteindre un grand degré de prospérité sous l'influence des causes qui avaient rendu l'Égypte florissante pendant le règne des anciennes dynasties. Des conquêtes l'étendirent un peu au midi, et il fut le pays le plus riche, le plus industrieux et pendant long-temps le mieux administré de tous ceux qui avaient fait partie du vaste empire d'Alexandre. Ptolomée, dont le règne dura trente ans, avait formé sa bibliothèque à Alexandrie, ville qui annonçait déjà sa grandeur future, bien qu'elle ne fît que de naître. Il y attira des savans de diverses contrées, et leur assura une existence honorable, près de la bibliothèque, afin qu'ils pussent cultiver sans entraves les sciences et la philosophie. Cette institution, qui reçut le nom de Musée, fut dès son origine favorisée par les circonstances les plus rares, car, outre la protection éclairée de son fondateur, et les secours de son immense bibliothèque, elle reçut de nombreux avantages de la position géographique du lieu où elle était établie. En peu de temps Alexandrie devint le centre du commerce de tous les peuples qui bordent la Méditerrannée, de l'Arabie, de l'Afrique centrale, de la Perse et de l'Inde ; il y affluait des productions naturelles de toutes espèces et des voyageurs de tous les pays. Les savans du Musée purent ainsi procurer un accroissement rapide au domaine des sciences. Mais nous devons remarquer que ces progrès furent une continuation de la science grecque et non point de la science égyptienne, car les philosophes attirés par Ptolomée venaient de la Grèce, et ils apportèrent en Égypte des connaissances supérieures de beaucoup à celles que possédait ce pays, où l'oppression étrangère et les troubles intérieurs avaient depuis long-temps presque anéanti les lumières.

Le fils et le successeur de Ptolomée Lagus, Ptolomée Philadelphe, qui commença, en 285 avant Jésus-Christ, un règne de quarante ans, protégea aussi les sciences avec une munificence éclairée. Il avait eu pour précepteur Straton[31], disciple d'Aristote, et surnommé le physicien, à cause de sa grande application à l'histoire naturelle. Philadelphe, comme son maître, se livra à cette science avec beaucoup d'ardeur : doué d'un caractère paisible et n'ayant qu'une faible santé, il cherchait dans l'étude une compensation aux plaisirs que la nature de sa constitution lui interdisait. Straton avait composé un ouvrage, que nous ne possédons plus, sur les animaux vrais et les animaux fabuleux. Ptolomée Philadelphe s'occupa aussi de zoologie, et c'est à lui qu'on doit la première ménagerie qui exista, et sans doute aussi la plus riche qu'on ait jamais connue. Outre les immenses richesses dont il pouvait disposer, il était placé de manière à se procurer facilement les divers animaux du globe : le commerce de l'Égypte avec l'intérieur de l'Afrique lui donnait la facilité d'obtenir les animaux de ce pays, qui venaient par terre ou descendaient le Nil ; ceux de l'Asie mineure et de l'Europe lui arrivaient par la Méditerrannée, et enfin ceux de l'Inde par la mer Rouge. Les détails, conservés par l'histoire, d'une fête qu'il donna en l'honneur de son père, peuvent nous faire connaître la richesse de sa ménagerie. Ptolomée Soter avait parcouru l'Inde à la suite d'Alexandre, et on voulait faire allusion à son voyage, en représentant dans la solennité le triomphe de Bacchus. Le cortège du dieu présentait une si rare variété d'animaux, que tous les souverains de l'Europe ne parviendraient certainement pas à en réunir une semblable aujourd'hui. Il y avait des éléphans, des cerfs blancs de l'Inde, des bubales, des autruches, des oryx attelés à des chars. On y voyait des chameaux chargés d'aromates et d'autres produits précieux de l'Orient ; on y remarquait des brebis d'Éthiopie, des panthères, des onces, des léopards, des rhinocéros, vingt-quatre lions de la plus grande taille, et enfin des ours blancs. Long-temps on a été étonné de la présence de ces derniers animaux dans la fête de Ptolomée ; ne connaissant que ceux des mers glaciales, on cherchait à expliquer comment le roi d'Égypte avait pu les faire venir de ces contrées. M. Rüppell[32] a éclairci depuis quelque temps cette difficulté ; il nous a appris qu'on trouve des ours blancs dans le Liban, et c'est sans doute de ces montagnes que venaient ceux de Ptolomée.

On conçoit que la ménagerie de ce prince fut d'un grand prix pour les hommes qui se livraient à l'étude de l'histoire naturelle. Elle leur fut d'autant plus utile que depuis long-temps l'usage était en Égypte d'élever dans l'intérieur des temples diverses espèces d'animaux, dont on pouvait observer les mœurs, et qu'on embaumait après leur mort. La science, déjà un peu développée, put donc faire de nouveaux progrès. Aussi Alexandrie posséda-t-elle des anatomistes et des zoologistes remarquables pendant le règne de la philosophie péripatéticienne.

Mais nous devons maintenant revenir sur nos pas pour retourner à Athènes, et y suivre le développement de la philosophie après la mort d'Aristote, qui survint, comme nous l'avons dit, en 322 avant Jésus-Christ, c'est-à-dire la même année que Démosthène[33] termina sa vie pour échapper aux recherches d'Antipater. Avant cette époque, le joug des Macédoniens pesait déjà sur la Grèce ; mais après la mort d'Aristote et de Démosthène, Athènes fut soumise de fait au roi de Macédoine. Cependant comme elle conserva son autonomie et son administration intérieure, ce qui la plaçait à peu près dans la même situation que certaines villes impériales d'Allemagne, il continua d'y avoir des écoles florissantes, autant que les troubles le permettaient. Ces écoles étaient l'Académie où règnaient les idées de Platon, le Lycée où on continuait de suivre la méthode d'Aristote, et enfin le Portique[34] qui provenait de la secte cynique.

Le plus célèbre des philosophes du Lycée était Théophraste[35], qui avait quatorze ans de moins qu'Aristote. Il était né à Erèse dans l'île de Lesbos, et on croit qu'il avait été élève de Platon, avant d'entrer à l'école d'Aristote, son ami et son maître. Il s'appelait originairement Tyrtame. Le nom de Théophraste, qui signifie parleur divin, lui avait été donné par le fondateur du Lycée à cause de son éloquence, qui en effet devait être fort remarquable, puisqu'il passe pour avoir eu plus de deux mille disciples. On rapporte que lorsqu'Aristote fut questionné sur le successeur qu'il préférerait avoir dans la direction de son école, il fit entendre que son choix se portait sur Théophraste, en demandant du vin de Rhodes et du vin de Lesbos, et en disant que le premier avait de la force, mais que le second avait plus de douceur et lui semblait meilleur. Or Théophraste était de Lesbos, comme nous l'avons dit, et son concurrent, qui s'appelait Ménédème[36], était de Rhodes.

Comme son maître, Théophraste fut persécuté ; un nommé Sophocle[37], qui était alors préteur, l'accusa d'impiété, et il fut exilé avec d'autres philosophes, l'an 306 avant notre ère. Mais il fut bientôt rappelé, et son accusateur subit à son tour la peine du bannissement.

Théophraste, pressé par Ptolomée Lagus de se fixer à Alexandrie, préféra rester à Athènes pour y diriger le Lycée. Doué d'une éloquence remarquable, doux de caractère, pur dans sa conduite, bienfaisant et soigneux de sa personne, il était l'objet de l'affection et du respect de tous ses compatriotes. Aussi, lorsqu'il mourut, à 85 ans suivant quelques auteurs, à 107 suivant d'autres, le peuple entier d'Athènes suivit-il son convoi. Il légua sa maison à ses amis, à condition qu'ils ne la vendraient jamais et s'y réuniraient pour cultiver les lettres et la philosophie. C'est le premier don qui ait été fait aux sciences par un particulier, et il imita ainsi, autant qu'il le put, l'exemple donné par Ptolomée Lagus pendant le cours même de sa vie. Théophraste laissa aussi à ses amis un jardin, dans lequel il avait rassemblé un nombre assez considérable de plantes exotiques et indigènes ; mais le verre n'étant pas assez connu pour qu'on eût l'idée de l'appliquer à la construction des serres, les végétaux des régions équatoriales y étaient dans une infériorité sensible. Les descriptions de Théophraste présentent des lacunes qui ne sont dues qu'à l'absence du même moyen d'observation. Cependant le jardin botanique de Théophraste fut sans aucun doute d'une grande utilité pour la science, et nous remarquerons que c'est encore à l'école d'Aristote qu'appartient cet établissement, le premier de tous ceux du même genre qui ont été formés depuis.

Théophraste, outre son livre des *Caractères*, qui a été imité par La Bruyère[38], a écrit une foule de Traités sur les plantes, sur les animaux, sur les minéraux, etc. Suivant Diogène Laërce, qui nous a conservé une partie de leurs titres, ces traités s'élèvent à plus de deux cents. Nous possédons les plus considérables et quelques-uns des moins important. Ils sont tous remarquables par une excellente méthode, beaucoup d'esprit, de justesse et d'élégance dans l'expression. Nous en traiterons dans la prochaine séance.

NOTES

1. [L'anatomie comparée est l'étude comparative de la structure morphologique de différentes espèces animales, afin de comprendre les modifications qu'elles ont dû subir pour s'adapter, au fil de leur évolution à partir d'ancêtres communs (Cole (Francis Joseph), *A History of Comparative Anatomy, from Aristotle to the Eighteenth Century*, Londres: Macmillan & Co Ltd, 1949, viii + 524 p.) Son champ se limite principalement à l'étude des vertébrés. L'anatomie comparée moderne remonte aux travaux de Pierre Belon (né en 1517 près du Mans, mort en avril 1564 à Paris ; naturaliste français dont la réflexion sur les embryons de dauphin et ses comparaisons systématiques avec des squelettes d'oiseaux et d'humains marquent les débuts de l'embryologie moderne et de l'anatomie comparée), qui montra en 1555 que les squelettes d'humains et d'oiseaux étaient composés d'éléments similaires disposés de manière identique. Sur la base de ces modestes prémices, la connaissance de l'anatomie comparée se développa rapidement au XVIIIe siècle grâce aux travaux du comte de Buffon et de Louis-Jean-Marie Daubenton (voir Leçon 7, note 39), qui comparèrent les formes anatomiques d'animaux nombreux et variés. Au début du XIXe siècle, le baron Georges Cuvier déplaça le débat sur un axe plus scientifique; il affirma que les caractéristiques structurelles et fonctionnelles des animaux résultaient de leur interaction avec l'environnement. Cuvier rejetait aussi l'idée, issue du XVIIIe siècle, selon laquelle les membres du règne animal étaient organisés suivant une série linéaire et unique allant du plus primitif aux humains. Cuvier classa, lui, tous les animaux en quatre groupes principaux (vertébrés, mollusques, articulés et rayonnés), d'après leur « plan d'organisation » morphologique (voir Cuvier (Georges), *Leçons d'anatomie comparée*, Paris : Baudouin, 1800-1805, 5 vol. (vol 1 : *Organes du mouvement*, XXXII + 522 p. et 4 tabl. en dépl. ; vol. 2 : *Organes des sensations*, XVI + 699 p. ; vol. 3 : *Première partie des organes de la digestion*, XXVIII + 560 p. ; vol. 4 : *Suite des organes de la digestion, ceux de la circulation, de la respiration et de la voix*, XII + 542 p. ; vol. 5 : *Organes de la génération et des secrétions excrémentielles ou des excrétions*, VIII + 368 p. et 52 pls) ; *Le règne animal distribué d'après son organisation, pour servir de base à l'histoire naturelle des animaux et d'introduction à l'anatomie comparée* [nouvelle édition, revue et augmentée], Paris : Déterville, 1829, 5 vol.) Sir Richard Owen (20 juillet 1804, Lancaster – 18 décembre 1892, Londres) est une autre figure importante de l'anatomie comparée. Au milieu du XIXe siècle, le Britannique, grand connaisseur des vertébrés, ne redouta pas de s'opposer à la théorie de Charles Darwin sur l'évolution (l'œuvre monumentale de Richard Owen est son *Descriptive and Illustrated Catalogue of the Physiological Series of Comparative Anatomy*, publié en cinq volumes entre 1833 et 1840 ; voir Owen (Richard S.), *The Life of Richard Owen, by his grandson Richard Owen* [with the scientific portions revised by Sherborn C. Davies and an essay on Owen's position in anatomical science by Huxley T. H.], Londres : J. Murray, 1894-1895, 2 vol. ; Rupke (Nicolaas A.), *Richard Owen, Victorian Naturalist*, New Haven (Connecticut) : Yale University Press, 1994, xvii + 462 p.) Darwin (12 février 1809, Shrewsbury – 19 avril 1882, Down House, Kent) fit un usage extensif de l'anatomie comparée pour développer sa théorie, et à son tour en bouleversa le paysage en expliquant les différences de structure séparant les espèces par leur évolution, selon une sélection naturelle, à partir d'un ancêtre commun (Darwin (Charles), *L'origine des espèces au moyen de la selection naturelle, ou La lutte pour l'existence dans la nature* [traduit sur l'édition anglaise définitive par Barbier Edmond], Paris: Librairie C. Reinwald ; Schleicher Frères, [186?], xxi + [1] + 604 p.) Depuis Darwin, l'étude de l'anatomie comparée s'est surtout centrée sur les structures morphologiques homologues – c'est-à-dire les structures de différentes espèces ayant évolué à partir de la même origine, indépendamment de leur fonction contemporaine. Deux structures anatomiques peuvent paraître très dissemblables et remplir des fonctions différentes, mais on constate qu'elles remontent à une même structure, chez un animal dont elles descendent l'une et l'autre. Ainsi les membres antérieurs des humains, des oiseaux, des crocodiles, des chauve-souris, des dauphins et des rongeurs ont été modifiés par l'évolution pour pouvoir assumer des fonctions différentes, mais on peut tous les faire remonter, à rebours de leur évolution, aux nageoires des poissons crossoptérygiens, où le même type d'ossature fut pour la première fois observé. Les structures analogues, à l'inverse, peuvent se ressembler étroitement car elles remplissent les mêmes fonctions, mais la source de leur évolution est différente – comme l'est souvent leur structure anatomique : les ailes des insectes et celles des oiseaux illustrent parfaitement cette distinction. Pour une histoire détaillée de l'anatomie comparée, voir Cole (Francis Joseph), *A History of Comparative Anatomy*, *op. cit.*]
2. Cette vérification a été faite, il y a trois ans, by Monsieur [Étienne] Geoffroy-Saint-Hilaire [« On the vision of the mole », *Edinburgh New Philosophical Journal*, 1829, pp. 340-341 ; voir Leçon 6, note 24]. [M. de St.-Agy.]
3. [Les premiers microscopes rudimentaires utilisaient des gouttes d'eau déposées dans un petit trou, qui servaient de lentille grossissante. On connaît mal la date d'utilisation des premières lentilles en verre brut, mais on sait qu'au XVIIe siècle, Antonie van Leeuwenhoek (24 octobre 1632, Delft, Pays-Bas-26 août 1723, Delft), un savant hollandais, était parvenu à élaborer une technique pour réaliser des lentilles de bonne qualité à base de terre (voir Leeuwenhoek (Antoni van), *Antoni van Leeuwenhoek 1632-1723 : studies on the life and work of the Delft scientist commemorating the*

350th anniversary of his birthday [édité en Anglais par Palm Lodewijk C. & Snelders Henricus Adrianus Marie], Amsterdam : Rodopi, 1982, 209 p.) Leur capacité de grossissement était limitée, aussi ne s'en servait-on à l'origine que dans le cadre d'observations botaniques. Le microscope composé, pourvu d'un objectif et d'un oculaire, a été décrit pour la première fois au XVIe siècle, toutefois les dessins datant de cette période révèlent une disposition très hasardeuse des lentilles. Le premier microscope composé efficace a été conçu aux Pays-Bas entre 1590 et 1608. L'invention a été attribuée à trois opticiens – Hans Janssen, son fils Zacharias (*c.* 1588 – *c.* 1631) et Hans Lippershey (1570, Wesel, Allemagne – septembre 1619, Middelbourg, Pays-Bas). Ce microscope précoce était limité par ses lentilles très grossières, et sa résolution affaiblie par le flou imputable à des défauts d'aberration sphérique et chromatique. Pour en savoir plus sur l'histoire des premiers microscopes, voir Dobell (Clifford), *Antony van Leeuwenhoek and his « Little animals »* [being some account of the father of protozoology and bacteriology and his multifarious discoveries in these disciplines; collected, translated, and edited from his printed works, unpublished manuscripts, and contemporary records, by Dobell Clifford... published on the 300th anniversary of his birth], New York : Harcourt ; Brace & company, 1932, vii + 435 p. ; Ford (Brian J.), *Single Lens : The Story of the Simple Microscope*, New York : Harper & Row, 1985, x + 182 p.]

4. [Le frigane est une variété de mouche caddis, trichoptère de la famille des phryganidés, dont les larves, comme les autres membres de cet ordre, se construisent une sorte de fourreau (une coque) à partir de feuilles, de brindilles, de grains de sable, de petits cailloux et autres matières légères ; elles vivent principalement dans les marais et des lacs.]
5. [*Non nati*, littéralement « non né ».]
6. [Le poisson auquel Cuvier fait allusion se nomme *Aphia minuta*, communément appelé gobie transparent en anglais, mais appelé « nonnat » en français (Wheeler (Alwyne C.), *Key to the Fishes of Northern Europe. A Guide to the Identification of More Than 350 Species* [illustrated by Stebbing Peter, maps drawn by Fraser Rodney F.], Londres : Frederick Warne, 1978, xix + 380 p.) Ce poisson est largement distribué dans l'océan Atlantique, de la Norvège au Maroc, et dans toute la Méditerranée et la mer Noire. Incolore et filiforme, le gobie peut atteindre une longueur maximum de 5,1 cm et vit en large groupes, dans un habitat maritime varié, des estuaires maritimes aux côtes, entre la surface et une profondeur de 70 à 80 mètres. La période de ponte du gobie s'étale de mai à août, les femelles frayant jusqu'à 2000 œufs dans des coquilles de bivalves vides et autres débris du fond des mers. Poisson que l'on qualifie d'« annuel », le gobie ne vit qu'une année et meurt peu après la ponte.]
7. [Pour expliquer l'absence d'anguilles d'eau fraîche (du genre *Anguilla*) en état de reproduction, Aristote était convaincu que « leur reproduction ne s'effectue ni par copulation [de male et femelle] ni par ovulation… leur existence et subsistance viennent de l'eau de pluie » (*Historia Animalium*, Livre 6, chapitre 16). Spallanzani, parmi tant d'autres, essaya de résoudre ce problème sans succès dans l'édition française de son œuvre *Voyages dans les Deux Siciles et dans Quelques Parties des Apennins* [traduits de l'italien par Toscan G ; avec des notes du cit. Faujas-de-St.-Fond],Paris : Maradan, 1800, 6 t. en 3 vols, publié d'abord en italien [*Viaggi alle due Sicilie e in alcune parti dell' appennino dell' abbate Lazzaro Spallanzani*, Pavia : Nella stamperia di Baldassare comini, 1792-1797, 6 vol.] Il existe également une traduction en anglais [*Travels in the two Sicilies, and some parts of the Apennines*, Londres : G. C. & J. Robinson, 1798, 4 vol.] Lazzaro Spallanzani (né le 12 janvier 1729 à Modène, Duché de Modène, mort en 1799 à Pavie, République Cisalpine), physiologiste italien qui apporta d'importantes contributions à l'étude expérimentale des fonctions corporelles et de la reproduction animale (voir Spallanzani (Lazare), *Mémoires sur la respiration, par Lazare Spallanzani* [traduits en Français, d'après son manuscrit inédit, par Senebier Jean], Genève : J. J. Paschoud, 1803, viii + 873 p. ; *Rapports de l'air avec les êtres organisés ou traité de l'action du poumon et de la peau des animaux sur l'air, comme de celle des plantes sur ce fluide*, Genève : J. J. Paschoud, 1807, 3 vol.) Ses recherches sur le développement de la vie microscopique dans les solutions de culture des substances nutritives ouvra la voie pour la recherche de Louis Pasteur (né le 27 décembre 1822 à Dole, dans l'Est de la France ; mort le 28 septembre 1895 à Paris).]
8. [Aristote connaissait et nomma pas moins de 117 espèces de poissons, mais « ce que l'on doit le plus regretter dans cette masse d'instructions si précieuses, c'est que l'auteur ne se soit pas douté que la nomenclature usitée de son temps pût venir à s'obscurcir, et qu'il n'ait pris aucune précaution pour faire reconnaître les espèces dont il parle. C'est le défaut général des naturalistes anciens ; on est presque obligé de deviner le sens des noms dont ils se sont servis ; la tradition même a changé, et nous induit souvent en erreur : ce n'est que par des combinaisons très-pénibles, et le rapprochement des traits épars dans les auteurs, qu'on parvient sur quelques espèces à des résultats un peu positifs; mais nous sommes condamnés à en ignorer toujours le plus grand nombre. » (Cuvier (Georges), « Tableau historique des progrès de l'ichtyologie, depuis son origine jusqu'à nos jours », *in* Cuvier (Georges) & Valenciennes (Achille), *Histoire Naturelle des Poissons*, Paris : Levrault, 1828, vol. 1, p. 23).]
9. [Que veut dire Cuvier ici (ou son éditeur M. de St.-Agy) ? La mer Noire et le Pont-Euxin sont une seule et même mer.]
10. [*Propontis* est l'ancien nom de la mer de Marmara qui partage en partie les zones européenne et asiatique de la Turquie. Elle communique au nord-est avec la mer Noire par le Bosphore, et au sud-ouest avec la mer Égée par le détroit des Dardanelles.]

11. [*Boback* ou rat Pontus; le *mus Ponticus* mentionné par Pline pour désigner un animal à fourrure serait, bien que sans preuve formelle, l'hermine, *Mustela erminea*.]

12. [Poisson pêcheur, qui désigne environ 323 espèces vivantes de poissons marins de l'ordre des Lophiiformes (mais ici Cuvier fait référence en particulier à la lotte de Méditerranée, *Lophius piscatorius*; voir Cuvier (Georges), « Sur le genre Chironectes Cuv. (*Antennarius.* Commers.) », *Mémoires du Muséum d'Histoire naturelle*, Paris, vol. 3, 1817, pp. 418-435; Caruso (John H.), « The systematics and distribution of the lophiid anglerfishes: II. Revisions of the genera *Lophiomus* and *Lophius* », *Copeia*, 1983, vol. 1, pp. 11-30). Le poisson pêcheur est ainsi nommé en raison de sa façon de « pêcher » sa proie. Il possède une épine érectile en avant sur la tête qui se transforme en « canne à pêche » pourvue d'un appât ressemblant souvent à un ver de consistance charnelle. Les proies qui sont attirées par cet appât s'approchent de près, ce qui permet au poisson-pêcheur de les avaler (Pietsch (Theodore W.) & Grobecker (David B.), *Frogfishes of the world: systematics, zoogeography, and behavioral ecology*, Stanford (Californie): Stanford University Press, 1987, xxii + 420 p.) Souvent de forme bizarre, les poissons pêcheurs se caractérisent également par de petites branchies et par des nageoires pectorales comme de petites mains, et (pour certaines espèces) de nageoires pelviennes.]

13. [Torpedo, également appelée raie électrique, ou torpille, décrit toutes les raies des familles Torpedinidae, Narkidae, et Temeridae, ainsi nommées en raison de leur capacité à produire des chocs électriques (Hunter (John), « Anatomical observations on the torpedo », *Philosophical Transactions of the Royal Society of London*, vol. 63, 1774, pp. 481-489; Walsh (John), « Of the electric property of the torpedo. In a letter from John Walsh, Esq; F.R.S. to Benjamin Franklin, Esq; LL.D., F.R.S. Ac. R. Par. Soc. Ext., andc. », *Philosophical Transactions of the Royal Society of London*, vol. 63, 1774, pp. 461-480). On les trouve dans les eaux chaudes et tempérées de toutes les régions du monde. Les organes électriques, composés de tissu musculaire modifié, se situent dans le disque, de chaque côté de la tête. Le choc produit par ces organes est utilisé comme défense, comme outil sensoriel de localisation, et pour capturer les proies. Le choc électrique atteint 220 volts et est suffisamment puissant pour assommer un humain. Dans la Grèce et la Rome Antiques, les chocs du *Torpedo nobiliana* étaient utilisés comme remède contre la goute, le mal de tête et autres maladies.]

14. [Coucou désigne les nombreux oiseaux de la famille des *Cuculidae* (de l'ordre des Cuculiformes). Le nom « coucou » désigne environ 60 membres arboricoles des sous-familles Cuculinae et Phaenicophaeinae. En Europe de l'Ouest, le nom « coucou » utilisé sans autre modificateur, se réfère à la forme la plus commune de l'espèce, appelée coucou gris ou coucou Européen (*Cuculus canorus*). Les coucous sont le plus connus pour leur pratique de parasitisme que l'on retrouve chez tous les *Cuculinae* et chez trois espèces de l'ordre des Phaenicophaeinae. Cette pratique consiste à pondre les œufs individuellement dans les nids d'autres d'oiseaux d'espèces différentes, lesquels deviennent parents adoptifs qui incuberont et élèveront le jeune coucou.] Monsieur [Franz Joseph] Gall [né le 9 mars 1758, à Tiefenbronn, Baden, Allemagne; mort le 22 août 1828, à Paris; anatomiste et physiologiste allemand] prétend que cet oiseau ne couve pas ses œufs, parce qu'il manque de la protubérance de l'amour maternel (voir Gall (Franz Josef), *On the Functions of the Brain and of Each of its Parts, with Observations on the Possibility of Determining the Instincts, Propensities, and Talents, or the Moral and Intellectual Dispositions of Men and Animals, by the Configuration of the Brain and Head*, Boston: Marsh, Capen & Lyon, 1835, vol. 5, pp. 307-308). D'autres naturalistes pensent que la forme de l'estomac du coucou est la cause de cette singularité. [M. de St.-Agy.]

15. [Theodore de Gaza (*c.* 1400-1478), citoyen grec de Thessalonique qui se rendit en Italie en 1429, et produisit une traduction des livres d'Aristote sur les animaux, qui apparurent pour la première fois à Venise en 1476.]

16. [Julius-Caesar Scaliger, également appelé Scaligeri (Giulio Cesare della Scala, né le 23 avril 1484 à Riva, République de Venise; mort le 21 octobre 1558 à Agen, France), savant classique français de descendance italienne; il étudia la botanique, la zoologie, la grammaire et la critique littéraire (voir Hall (Vernon), *Life of Julius Caesar Scaliger (1484-1558)*, Philadelphie: American Philosophical Society, 1950, 170 p.) Il prétend descendre de la famille Della Scala dont le nom en latin était Scaligerus, laquelle régna sur la ville italienne de Vérone pendant les deux siècles précédents. Son commentaire inachevé sur Aristote fut publié à Toulouse en 1619, et celui sur Théophraste en 1566.]

17. [Johann Gottlob Schneider (né en 1750 à Kollmen, près d'Oscharz, au sud-est de Leipzig; mort à Breslau en 1822), philologiste et naturaliste allemand. Il étudia la philologie, particulièrement les classiques grecs, et l'histoire naturelle à l'université de Leipzig (1769), Göttingen (1772), et finalement à Strasbourg, où il reçut son doctorat (1774). En 1776, il fut nommé professeur de philologie à l'université de Francfort (sur l'Oder) où il produisit un grand nombre de traductions et commentaires sur des ouvrages classiques (voir Élien, *Aeliani de natura Animalium libri XVII* [édité par Johann Gottlob Schneider], Leipzig: E. B. Schwickerti, 1784; Aristote, *Aristotelis de animalibus historiae libri X: Graece et Latine; textum recensuit Ivl. caes. Scaligeri versionem; diligenter recognovit commentarium amplissimum indecesque locupletissimos adiecit Io. Gottlob Schneider, saxo* [édité par Johann Gottlob Schneider], Leipzig: Bibliopolio Hahniano, 1811, 4 vol.) Les études de Schneider en histoire naturelle furent secondaires à son travail littéraire, mais il apporta plusieurs

contributions importantes à la zoologie, dont la plus importante fut en ichtyologie, avec son édition de l'œuvre de Bloch, *Système d'ichtyologie*, en 1801. Pour plus d'information sur Schneider, voir Adler (Kraig), « Contributions to the history of herpetology », *in Contributions to herpetology*, vol. 5, Oxford (Ohio) : Society for the Study of Amphibians and Reptiles, 1989, p. 13).]

18. [Armand Gaston Camus (1740-804) publia une édition française en 1783 à Paris, de deux volumes en quarto (*Histoire des animaux d'Aristote, avec la traduction françoise, par M. Camus.*)]

19. [*Récits merveilleux* inclus dans le corpus traditionnel d'Aristote fait partie d'un certain nombre d'ouvrages qui ne furent probablement pas écrits par Aristote ; cependant, son inauthenticité ne fut jamais vraiment contestée (voir *Histoire des animaux d'Aristote* [trad. Françoise de Camus Armand Gaston], Paris : Chez la Veuve Dessaint, 1783, p. xi). Beckmann, pour Johann Beckmann (né le 4 juin 1739, à Hoya (Hanovre) ; mort le 3 février 1811), auteur scientifique allemand, qui publia *Aristotelis liber De Mirabilibus Auscultationibus explicatus a Joanne Beckmann*, Göttingen : Abrahami Vandenhoek, 1786, XVI + 450 p.]

20. [*Des Plantes* fait partie de la même catégorie que *Récits merveilleux* ; son inauthenticité ne fut jamais vraiment contestée (voir note 19, ci-dessus).]

21. [*Psittacus alexandri*, ou Perruche à Moustache, fait partie du genre *Psittacula*, et comprend huit sous-espèces que l'on retrouve du Pakistan à l'Indonésie.]

22. [Néarque (mort probablement en 312 av. J.-C.) était un officier de l'armée Macédonienne sous Alexandre le Grand. Sous les ordres d'Alexandre le Grand, il navigua depuis la rivière Hydaspe à l'ouest de l'Inde jusqu'au golfe Persique et il remonta l'Euphrate jusqu'à Babylone. Auparavant, en 333, Alexandre nomma Néarque satrape (gouverneur) des nouvelles provinces récemment conquises de Lycie et Pamphylie en Anatolie. Néarque embarqua pour son expédition en 325, alors qu'Alexandre descendait la rivière Indus vers la mer. Il décrivit son voyage dans un récit détaillé, dont on peut en retrouver un résumé complet dans l'œuvre d'Arrien, *Indica* (IIe siècle après J.-C., un des principaux anciens historiens d'Alexandre le Grand ; voir Arrien, *Histoire d'Alexandre, l'anabase d'Alexandre le grand ; et l'Inde* [traduit du grec par Savinel Pierre], Paris : éd. de Minuit, 1984, 394 p.) Néarque ne joua aucun rôle significatif dans les batailles qui suivirent la mort d'Alexandre en 323.]

23. [Onésicrite, ou Onésicrate, d'Égine ou d'Astypale, l'un des écrivains d'Alexandre le Grand (voir Brown (Truesdell S.), *Onesicritus : A Study in Hellenistic Historiography*, Berkeley ; Los Angeles : University of California Press, 1949, vii + 196 p. (University of California Publications in History ; 39)). À un âge avancé, il devint l'élève de Diogène le Cynique, et atteint une telle réputation en tant qu'étudiant en philosophie qu'Alexandre le choisit pour organiser une conférence avec les Gymnosophistes Hindoux. Alors que la flotte était en construction sur l'Hydaspe, Onésicrite fut nommé premier pilote (mais par vantardise il s'appelait commandant). À ce titre, il accompagna Néarque lors de son voyage depuis l'embouchure de l'Indus jusqu'au golfe Persique. Il écrivit une biographie approfondie d'Alexandre (dont la plus grande partie ne nous est pas parvenue ; voir Pearson (Lionel Ignacius Cusack), *The Lost Histories of Alexander the Great*, New York : American Philological Association, 1960, xv + 275 p.), laquelle donnait, en plus des détails historiques, la description des pays qu'ils visitèrent, notamment de l'Inde. Après la mort du roi, il semblerait qu'Onésicrite finit son ouvrage à la cour du roi de Thrace, Lysimaque. Sa valeur historique fut considérée faible de par son caractère panégyrique, et ses contemporains (y compris Alexandre le Grand) le considérèrent de peu de fiabilité. Strabon (voir Leçon 12, note 29) critiqua sévèrement Onésicrite pour son exagération et son amour du merveilleux. Son « para plus » (description des côtes de l'Inde) fit certainement partie de son ouvrage et fut incorporé par Juba II de Mauritanie (Juba II de Numidie, 52 av. J.-C.-23 apr. J.-C.), roi de Numidie qui s'établit plus tard en Mauritanie. Sa première femme était Cléopâtre Sélène II, dernière reine Ptolémaïque, fille de Cléopâtre VII, reine d'Égypte de la dynastie Ptolémaïque, et de Marc Antoine, triumvir romain. Les récits de voyages de Néarque et autres géographes furent circulés sous le nom d'Onésicrite et mentionnés très souvent par Pline.]

24. [Harmozie, probablement Ormuz ; est un détroit, non pas un port, qui relie le golfe Persique (à l'ouest) au golfe d'Oman et à l'océan Indien (au sud-est), et sépare l'Iran (au nord) de la péninsule d'Arabie (au sud).]

25. [Antigone I Monophthalme (qui signifie « un œil »), aussi appelé Antigone I le Cyclope (382 av. J.-C. ; 301, Ipsos, Phrygie, Asie Mineure, maintenant en Turquie), général (306-168 av. J.-C.), il devint roi en 306. Stratégiste exceptionnel et chef de combat, il était aussi un dirigeant astucieux qui cultiva l'amitié d'Athènes et d'autres cités grecques.]

26. [Démétrius Ier Poliorcète (né en 336 av. J.-C. en Macédoine, mort en 283 av. J.-C., en Cilicie, aujourd'hui située en Turquie), roi de Macédoine de 294 à 288 av. J.-C. Démétrius était le fils du général d'Alexandre le Grand, Antigone I Monophtalme. Il commanda avec distinction les campagnes d'Alexandre le Grand et essaya de reconstruire son empire en Asie. Après son échec contre Ptolémée I Soter, satrape d'Égypte, et contre les Nabatéens, il libéra Athènes contre Cassandre de Macédoine en 307 av. J.-C. et en 306, il infligea une défaite décisive à Ptolémée Salamis (Chypre). Son surnom de Poliorcète (« assiégeur de villes ») lui vint de son siège de Rhodes (305). Rappelé par son père en Grèce il combattit à la Bataille d'Ipsos où il y perdit son père et une grande partie de son empire (301). Démétrius s'imposa en

Grèce et en 294, il occupa de nouveau Athènes et se déclara roi de Macédoine, mais en 288, il fut évincé par ses rivaux Lysimaque et Pyrrhus. Finalement il se rendit à Séleucus I Nicator en Cilicie (285) où il y mourut en 283.]

27. [Bataille d'Ipsos, engagement militaire qui eut lieu à Ipsos, Phrygie, en 301 av. J.-C. entre deux camps des « successeurs » d'Alexandre le Grand, bataille qui accéléra le démembrement de l'empire d'Alexandre commencé après sa mort. En 302, Lysimaque, roi de Thrace, Séleucos I Nicator de Babylone, Ptolémée I Soter d'Égypte, et Cassandre de Macédoine s'allièrent contre Antigone I Monophtalme, roi d'Asie Mineure, et son fils Démétrius Poliorcète. Bien que les forces armées réunies de Séleucos et Lysimaque ne furent que légèrement inférieures aux troupes d'Antigone, avec 70 000 soldats et 10 000 chevaux, ce fut la présence des éléphants de leurs alliés qui leur permit d'obtenir la victoire. Les éléphants empêchèrent Démétrius, parti au loin après avoir vaincu la cavalerie de l'ennemi, de retourner sauver son père. Antigone fut tué, Démétrius s'enfuit, et l'Asie Mineure fut attachée aux dominions de Lysimaque.]

28. [Cassandre (*c.* 358 av. J.-C. - 297 av. J.-C.), fils du régent Macédonien Antipater et roi de Macédoine de 305 à 297. Cassandre fut l'un des généraux qui combattit pour l'empire d'Alexandre le Grand après sa mort en 323. Après la mort d'Antipater en 319, Cassandre refusa de reconnaître le nouveau régent Polyperchon. Avec l'aide d'Antigone I Monophtalme, roi de Phrygie, Cassandre s'empara de la Macédoine et de la plus grande partie de la Grèce, y compris d'Athènes (319-317). Lorsqu'Antigone revint des provinces de l'Est dans l'espoir de réunifier l'empire d'Alexandre sous sa propre souveraineté, Cassandre s'allia avec Ptolémée I, Séleucos, et Lysimaque (dirigeants respectifs d'Égypte, de Babylone, et de Thrace) pour s'y opposer. Entre 315 et 303, les deux groupes se confrontèrent fréquemment. Cassandre perdit Athènes en 307, et ses autres possessions au sud de Thessalonique en 303-302, mais la défaite d'Antigone à la bataille d'Ipsos en Phrygie (301) donna le contrôle de la Macédoine à Cassandre.]

29. [Arsinoé, apparentée à la dynastie argéade, était la mère de Ptolémée Soter (367/366 ou 364 av. J.-C. ; 283/282). La petite-fille d'Arsinoé, fille de Ptolémée I Soter et Bérénice I, devint Arsinoé II (*c.* 316 av. J.-C. - juillet 270) lorsqu'elle épousa (*c.* 277 av. J.-C.) son frère Ptolémée II Philadelphe (308 av. J.-C.-246) après qu'Arsinoé I (*fl.* début du IIIe siècle av. J.-C.) la première femme de Ptolémée II Philadelphe, fut bannie à la suite des dissensions dynastiques qui suivirent la mort du premier Ptolémée.]

30. [Arrien, voir Leçon 14, note 16.]

31. [Straton de Lampsaque, aussi appelé Straton, nom Latin Strato Physicus (mort *c.* 270 av. J.-C.), philosophe grec et successeur de Théophraste à la tête de l'école péripatéticienne de philosophie (fondée sur les enseignements d'Aristote). Straton était connu pour sa doctrine du vide (il affirmait que toutes substances contiennent du vide et que les différences en poids des substances proviennent des différences de quantité du vide), ce qui servit de base théorique pour la construction helléniste des machineries fonctionnant à la vapeur et à l'air comprimé décrits par Héron d'Alexandrie. Aristotélicien orthodoxe, Straton tempéra l'interprétation de son maître sur la nature en insistant sur la causalité et le matérialisme, et en refusant d'admettre toute influence théologique dans l'œuvre de la nature. L'ensemble des écrits de Straton sont aujourd'hui perdus.]

32. [(Wilhelm Peter) Eduard (Simon) Rüppell (né le 20 novembre 1794 à Francfort sur le Maine ; mort le 10 décembre 1884 à Francfort sur le Main), naturaliste allemand et explorateur de l'Afrique du nord-est qui est reconnu autant pour ses collections zoologiques et ethnographiques qu'il rapporta d'Europe que pour ses explorations (Mearns (Barbara) & Mearns (Richard), *Biographies for birdwatchers, the lives of those commemorated in western Palearctic bird names* [illustré par Rees Darren], London ; San Diego : Academic Press, 1988, xx + 490 p.) Il se rendit tout d'abord en Afrique en 1817 et remonta le Nil jusqu'à la première série de cataractes (à Assouan en Égypte). De retour en Allemagne, il termina ses études scientifiques et partit pour sa première expédition (1822-1827), traversant le Soudan depuis le Désert de Nubie vers le sud jusqu'à Kordofan au centre du Soudan. Lors de sa deuxième expédition (1830-1834), il traversa l'Éthiopie d'est en ouest, en passant par les ruines d'Adowa, jusqu'au lac Tana, qu'il fut le premier à placer sur une carte (voir Rüppell (Eduard), *Neue wirbelthiere zu der fauna von Abyssinien gehörig, entdeckt und beschrieben von dr. Eduard Rüppell*, Frankfurt am Main : In commission bei S. Schmerber, 1835-1840, 4 vol.) À son retour, il resta à Gonder, alors capitale de l'Éthiopie, où il organisa ses collections et amassa une collection d'anciens manuscrits éthiopiens.]

33. [Démosthène (mort en 413 av. J.-C.), général Athénien qui fut un stratégiste ingénieux lors de la Guerre du Péloponnèse (Athènes contre Sparte, 431-404).]

34. [Sur le modèle de l'Académie de Platon, les écoles philosophiques athéniennes – le Lycée d'Aristote, le Jardin d'Épicure, et le Porche (Stoa), lequel donna son nom aux Stoïques – étaient des fraternités où les postes tant de l'enseignement que de l'administration se transmettaient de génération en génération, comme une sorte d'héritage.]

35. [Théophraste (né *c.* 372 av. J.-C. à Erésus, Lesbos ; mort *c.* 287), philosophe péripatéticien grec et élève d'Aristote (voir Sharples (Robert W.), *Theophrastus of Eresus. Sources for His Life, Writings, Thought, and Influence : Commentary. Volume 5, Sources on biology (human physiology, living creatures, botany : texts 328-435*, Leiden ; New York : E. J. Brill, 1995, XVI-273 p.). Il étudia à Athènes sous Aristote, et lorsqu'Aristote fut forcé de se retirer en 323, il prit la direction du Lycée,

l'académie d'Athènes fondée par Aristote. Sous Théophraste, le taux d'inscription des élèves et des auditeurs atteint son plus haut niveau. Il faisait partie des quelques péripatéticiens qui embrassait l'ensemble de la philosophie d'Aristote, dans tous les domaines, que ce soit de la métaphysique, de la physique, de la physiologie, de la zoologie, de la botanique, de l'éthique, de la politique, ou de l'histoire de la culture. Sa méthode consistait à renforcer l'unité systématique de ces sujets et d'atténuer les éléments transcendantaux ou Platoniques de l'Aristotélisme. Parmi les quelques œuvres qui nous restent, les plus importantes sont *Peri phyton historia* (« Recherche sur les Plantes ») et *Peri phyton aition* (« La Cause des Plantes »), composées respectivement de neuf et six livres (connus sous le nom de *Historia plantarum* ; voir Theophrastus, *De historia plantarum libri decem, græce and latine. In quibus textum græcum variis lectionibus, emendationibus, hiulcorum, supplementis : latinam gazæ versionem nova interpretatione ad margines : totum opus absolutissimis cum notis, tum*, Amsterdam : apud Henricum Laurentium, 1644, in-folio ; *Recherches sur les plantes. Tome I : Livres I et II* [texte établi et traduit par Amigues Suzanne], Paris : Les Belles Lettres, 1988, LVIII + 143 p. ; *Recherches sur les plantes. Tome V : Livre IX* [texte établi et traduit par Amigues Suzanne], Paris : Les Belles Lettres, 2006, LXX-397 p.) D'origine douteuse sont les traités de moindre envergure qui lui sont attribués sur le feu, les vents, les signes du temps, les odeurs, les sensations, et autres sujets. Son œuvre célèbre *Charakteres* (de nombreuses traductions existent en français) consiste en un recueil de trente descriptions courtes et dynamiques définissant les genres moraux basés sur les études qu'Aristote fit dans un but éthique et rhétoricien. Cet ouvrage servit plus tard de base pour *Les Caractères* de La Bruyère (Jean de), *Les Caractères de Théophraste traduits du grec avec les caractères ou les mœurs de ce siècle*, Paris : Chez Estienne Michallet, 1688, 360 p. ; *Les caractères de Théophraste, traduits du grec, avec Les caractères ; ou Les mœurs de ce siècle* [texte établi, avec introduction, notes, relevé de variantes, glossaire et index par Garapon Robert], Paris : Garnier Frères, 1962, XLV + 622 p. ; voir note 38 ci-dessous). Dans son enseignement sur l'éthique, célèbre pour l'attaque qu'il provoqua chez les Stoïques, Théophraste réitéra l'idée d'Aristote sur la pluralité des vertus et de leurs contraires, les vices, et il reconnut l'importance des biens extérieurs, lesquels étaient considérés par les Stoïques comme de simples luxes pour la vie humaine.]

36. [Ménédème d'Érétrie (*c.* 339 av. J.-C. – *c.* 265), philosophe grec qui fonda l'école d'Erétrie de philosophie. Lors d'une expédition militaire à Mégare, il commença à assister aux conférences de Stilpon et plus tard, il rejoignit l'école fondée par Phédon à Élis. Il devint le dirigeant de l'école et la transféra à Érétrie, où elle fut alors connue comme l'école d'Érétrie. Participant actif aux affaires politiques, il fut forcé à l'exil par ses opposants, et plusieurs années plus tard, il mit fin à sa vie. À ne pas confondre avec Ménédème de Pyrrhe, membre de l'Académie, contemporain de Platon.]

37. [Un autre Sophocle, à ne pas confondre avec Sophocle (né *c.* 496 av. J.-C. à Colone, village près d'Athènes ; mort en 406 à Athènes), le second des trois grands tragédiens classiques d'Athènes, le plus jeune contemporain d'Eschyle et le plus ancien contemporain d'Euripide (voir Leçon 4, note 19).]

38. [Jean de La Bruyère (né en 1645 à Paris ; mort le 10/11 Mai 1696 à Versailles), satiriste moraliste français connu pour son œuvre, *Les Caractères de Théophraste traduits du grec avec les caractères ou les mœurs de ce siècle* (1688), considéré comme l'un des chefs d'œuvre de la littérature française (pour une édition moderne, voir celle de Robert Garapon dans la note 35 ci-dessus.]

HISTORY OF PLANTS BY THEOPHRASTUS
Detail of the title page. A 1644 Greco-Latin illustrated edition, published by Johannes Bodaeus.

THEOPHRASTI ERESII
DE
HISTORIA PLANTARVM
LIBRI DECEM,
Græcè & Latinè.
In quibus
Textum Græcum variis Lectionibus, emendationibus, hiulcorum supplementis: Latinam GAZÆ versionem nova interpretatione ad margines: totum Opus absolutissimis cum Notis tum Commentariis: item rariorum Plantarum iconibus illustravit
IOANNES BODÆVS à STAPEL,
Medicus Amstelodamensis.
Accesserunt
IVLII CÆSARIS SCALIGERI,
in eosdem Libros Animadversiones:
ET
ROBERTI CONSTANTINI
Annotationes;
Cum
INDICE *locupletissimo.*

AMSTELODAMI

9 The Treatises of Theophrastus

Of the works of Theophrastus that have come down to us, the most important is his History of Plants. Its organization is the same as Aristotle's *History of Animals*. In imitation of this naturalist, Theophrastus treats first of plant parts, which he divides into roots, stems, branches, and offshoots. He says, however, that these various parts are not found in all plants; hence, it is quite reasonable to classify truffles and mushrooms, as one ought, with the plants.[1] He distinguishes in each plant part the bark, the wood, and the pith. He describes the exterior organs of plants, the flower, the peduncle, the leaf, the tendrils, and at the same time writes about galls, which are the result of attacks by insects. He then turns to the *flesh* or interior parts, that is, the parenchyma, fiber, veins, and juices.

Theophrastus, like Aristotle, always uses some sort of method for classifying the objects of his examination. But he does not succeed so well as his master and friend, the reason probably being that his task was more difficult to carry out, since the characteristics according to which plants can be divided into different classes are less visible to the eye than those adopted for the classification of animals. Theophrastus bases his division of plants only on their size and their consistency. Thus he arrives at the following four large classes, which were in use up until the Renaissance of letters and science: the *trees*, the *shrubs*, the *under-shrubs*, and the *grasses*.

Theophrastus points out the different qualities of the wood and the pith; he describes the various forms in which the root develops, and distinguishes the branching, fusiform, tuberous or bulbous forms; he gives examples of each of these forms.

He posits as a general principle that roots never penetrate the soil beyond the depth at which the heat of the sun is felt.

He classifies leaves according to their size, their shape, and their placement; he correctly observes that their under side has a much more vigorous faculty of absorbing than their upper side.

He mentions the organs of fructification; he distinguishes superior flowers from inferior flowers and enumerates the different kinds of seeds. He includes the means by which many plants are capable of reproduction, by roots, cuttings, and suckers. He then compares wild plants with cultivated and shows that the latter are not at all alternative forms of the first; that, for example, it is not true that barley can be changed into wheat through cultivation, as some ignorant people believe even today. He writes about the influence of soil and climate on the fecundity of plants, and many other circumstances that contribute to the same result: here he explains caprification, a means by which a better development of fruit of the wild fig-tree (*Caprificus*) is obtained,[2] and which consists in placing upon the tree tiny insects that enter the flower and fertilize the ovary.[3] Theophrastus also recounts how one succeeds in making female date-trees bear fruit; one need only shake some branches of the male date-tree over them.

This fact should have led him to the discovery of the sex of plants; but he had no idea of this, although he often applied the terms male and female to trees.

He mentions various palm-trees of the equatorial countries, among which we find a dichotomous, or forked-trunk, palm-tree that grows in Upper Egypt. Writing about forest trees, Theophrastus recounts the ways in which they are propagated at a distance; he cites as vehicles the winds, floods, etc. He distinguishes trees that grow on mountains and those that develop on the plains; he also distinguishes those that remain green and those that lose their leaves, and for several species he gives the season when such denudation occurs. In addition, he indicates the season when the sap mounts, and when there is fruit-bearing. He indicates the relative rapidity of each plant's development.

Theophrastus describes different species of trees, and among those in the warm countries one finds a *Mimosa*, which is the true acacia.[4] We also find a sensitive plant, different from the small species ordinarily cultivated in our greenhouses. We recognize several other species, for example the citron-tree, which he calls the spiny apple tree of Media,[5] and which he says cannot be eaten, but that the skin is used to perfume garments; then, the fig-tree of the Brahmans,[6] having branches turned towards the ground that become roots and in their turn grow new branches destined for the same transformation; the banana tree, having long leaves like the large plumes of ostriches; and the ebony-tree and the cotton-tree. This last shrub had been known since Alexander's conquests but was not yet imported into Greece.

Theophrastus writes about marine plants and places the sponges next to the fucus; however, he is not ignorant of the fact that they have some correlation with the animals. In writing of freshwater plants, he describes papyrus, which was of great use then at a time when parchment was still unknown. He also describes the lotus, a species of water lily quite common in the canals of Egypt.

He gives the length of life of plants and their diseases, the age at which trees are cut, the insects that consume plants, and on this occasion he describes the larva of the stag-beetle that lives under the bark of oaks. He notes that Corsica is the country where trees attain the greatest height.

In the sixth book of his *History*, Theophrastus writes about shrubs, bushes, and garden flowers; in the next book, about edible plants and some wild vegetables; in the eighth, about cereals and legumes; and we note that maize was known at the time. Finally, in the ninth book, Theophrastus mentions the juices provided by plants, such as myrrh, incense, tar, pitch, resin, and gum. He also mentions certain aromatics, such as cinnamon, and several medicinal plants, such as hellebore,[7] which in his day was more commonly used than it is by modern physicians.

This history of plants is in a manner of speaking an imitation of Aristotle's on animals, but it is far inferior to its model. However much wit and learning Theophrastus had, he still was far from having the genius of Aristotle; too, one does not find in his works those elegant and solid generalizations that we have admired in the works of his master. The classifications made by Theophrastus have given place to others, Linnaeus especially has effaced them; but almost all those by Aristotle are still to be found in science.

Nevertheless, the *History of Plants* is not a book without merit. The number of species mentioned in it comes to almost four hundred, a considerable number for the first work on botany. These species include a great number of forest trees, some fruit trees, almost all the edible plants, the cereals, and some vegetables from India that have been met with again only since the fifteenth century.

Theophrastus composed another work relating to botany; it is entitled *Treatise on the Causes of Plants*. But it is not, as one might believe from the title, an essay on plant physiology. In it the author writes about the influence of exterior circumstances upon plants, such as wind, water, and exposure. He describes several methods of agriculture and horticulture –for example, marcottage or layering– and he poses a number of questions that are not always easy to answer. He wonders why the fairest fruits do not always contain the best seeds and why wild fruit does not have so sweet a taste as fruit from cultivated trees. He then concentrates on physical questions relating to the animal kingdom: he seeks to know why animals commonly exhale a disagreeable odor, whereas plants generally send forth a pleasant one. He thinks that animals, contrary to plants, have a hot, dry constitution, and that they give off through evaporation a part of the superfluity of their food. On the whole, the natural science of Theophrastus is inferior to his master's.

But, like the latter, the author of the *History of Plants* did not confine himself to the study of only one branch of natural history; he composed several short, rather interesting treatises on zoology. In one, he increased knowledge of the productions of India; he writes of fishes that fly, of fishes that remain on the rocks when the sea withdraws, others that sojourn in the mud of ponds, like the loach, which was named *Cobitis fossilis* because it is sometimes found in dried silt.[8] He describes a very singular fish of India that leaves the water, which was recognized about twenty years ago by Monsieur Hamilton Buchanan.[9] This fish, known as *Ophicephalus*, usually lives in the Ganges, but it sometimes comes out and creeps over the grass for such a great distance and is found so far away from any stream of water that people think it fell from the sky.[10] According to Theophrastus, it resembles the mullet on account of the rounded shape of its head and the placement of its scales and the colors reflected in them. Modern naturalists are of the same opinion.

In another short essay on animals that change color, Theophrastus writes about the changes that the chameleon's skin undergoes, and he gives a rather good description of the reindeer, which was then thought capable of changing its color at will. But that is only a fable based on a false observation of nature; the change that occurs in the reindeer's coat is due to the seasons; in summer the coat is brown, in winter it becomes white; the latter color is actually better than the former for conserving heat.

In a third short work, on animals that appear suddenly, Theophrastus seems to reject the idea of spontaneous generation in frogs and toads, which cover the ground all at once after warm rains, and which in his time were believed to fall from the sky with the rain. He shows the same inclination regarding flies that appear in great quantities on putrefied substances, which people supposed, as did Aristotle, were engendered by the putrefaction itself. He writes in the same vein about field mice and several other animals. [11]

After his two works on botany, the most remarkable of Theophrastus's treatises is the one on *rocks*, which describes a great number of different kinds. He also wrote a work on mineralogy in which he dealt especially with metals; but this has not come down to us. Theophrastus thought that rocks were a product of the earth and that metals came from water. It would have been interesting to see the development of the latter opinion. [12] He establishes a kind of classification for rocks: he divides them first according to their hardness and cohesion; next, according to whether they are fusible; and he subdivides the latter into calcinable rocks and rocks unchanged by fire. He compares one with another the mineral substances that possess like properties, such as amber and the loadstone, which both have the power of attracting certain bodies. He discusses the uses of the touchstone, mentions the various ways of petrification, and points out waters that encrust.

From these generalities Theophrastus comes down to particular descriptions; he writes about the various kinds of marble, Parian marble, Pentelic marble from Mount Pentelicus near Athens, [13] the calcareous deposit known as alabaster, and several other calcareous materials used by the sculptors and architects of his time. He mentions pyrites or rocks that produce metals while burning like carbon. He speaks of coal and its various kinds, and compares amber, rightly, to a variety of this mineral produced in Liguria. [14] He calls attention to several pumice stones and names one of these the Lipari stone because it is found in abundance on that island; moreover, he is perfectly cognizant of their volcanic origin. He describes amianthus, [15] which resists the action of fire, and another material like rotten wood, which burns in flaring blazes when soaked with oil.

Theophrastus then discusses stones that can be engraved, and which are called precious, such as carbuncle, carnelian, jasper, and sapphire; he says that the last one has a blue foundation sprinkled with bits of gold; this description tells us that Theophrastus did not know the gemstone that we call sapphire, but rather lapis lazuli. He states, in writing about emeralds, that a king of Egypt received one from an Ethiopian prince that was four cubits high; with four of them an obelisk could be made. Up until fairly recently, people had doubted the accuracy of Theophrastus's story, and he himself does not seem to lend credence to it, for he remarks that the story is found only among the writings of the Egyptians; but about twenty years ago, Monsieur Lelièvre [16] found near Limoges emerald crystals, which, although lacking brilliance and transparency, yet were several feet long, and so one may believe that the Egyptian story was not invented. At any rate, the ancients often called by the name of emeralds the tourmalines and several other green stones. Theophrastus also knew other precious minerals, such as the hyacinth,[17] amethyst (which he designates by the name of Heraclea's stone), rock crystal, onyx (found in certain rocks by breaking them), agate (named after the river Achates),[18] and jasper (found in the sands of Bactria). Writing about Magnesian stone, which shines like silver and is used to make cups and bowls, Theophrastus carefully distinguishes it from loadstone; he states quite clearly that it does not attract; thus, it is not he who gave rise to the error of calling *magnetic* the phenomena produced by loadstone.

Neither did Theophrastus confuse pearls with precious stones. He says that the former are a product of a shellfish in the Indian Ocean.

In his time, organic remains were extracted from the earth, for he writes of fossil ivory, Armenian blue,[19] petrified reeds, etc.

When he writes about the use of mineral substances, he describes the procedures for making glass with sand; he names the various coloring substances used in painting, such as natural ochre, burnt ochre, verdigris,[20] vermilion, ceruse,[21] and cinnabar. In his day, the Phoenicians would usually seek this last substance in Spain, but it was also brought from Colchis, supposedly obtained by hitting with arrows the summit of the precipitous crags where it accumulated. This story was doubtless invented by traders so that they could demand a higher price from buyers. Also, Theophrastus knew of course that cinnabar, treated appropriately, produces mercury; he actually says so. Finally, he writes of the various kinds of clays and their uses, and of plaster, which was already used in molding figures and ornaments for the interiors of buildings.

You see, Messieurs, that Theophrastus laid the foundation of botany and mineralogy, as Aristotle had created zoology. It is under the influence and according to the excellent method of the latter that the natural sciences received great encouragement in the Lyceum, and attained in a few years a high degree of improvement in several regards. If the favorable impetus given by Aristotle had survived longer in the cause of science, if people had continued to collect facts as he did and compare them in order to draw inferences, science would probably have made the same progress then that it has made since Bacon,[22] under the influence of the Peripatetic method at last rescued from oblivion. But after the death of Theophrastus, Greece soon fell prey to political troubles, which broke the chain of progressive works of the human spirit. In Athens, it was all one could do to continue even in the speculative studies, which required no change of place, no research in the field. Most scholars took refuge in Alexandria. But even in the Museum, activities based on the influence and example of Aristotle soon dwindled. Some philosophers adopted the vague ideas that began to hold sway in the capital of Egypt; others, whether out of indolence or for some other reason, abandoned the method of direct observation. Perhaps the privilege of having at hand the rich library founded by Ptolemy contributed, too, to these deplorable results. Scholars, of course, wanted to know all those works that contained the labor of past generations, and instead of gathering new facts, they spent their time discussing the information found in books. On the other hand, from this work criticism was born; but one might say that at that moment it was premature. Scholars, emigrating from Greece and applying themselves in this way to the study of history, mathematics, poetry, and the arts, no longer cultivated the natural sciences, except in their dealings with medicine. There took shape a class of men, almost all belonging to the Peripatetic school, who were interested in botany not for itself – that is, not from a scientific viewpoint, with the aim of discovering the laws of the plant kingdom – but solely for determining which plants had juices that might be applied in the treatment of diseases. These men, who were called *rhizotomes*, were to a certain degree herbalists and were not treated with the same consideration as physicians; yet, they were on the whole very far from lacking general knowledge, and several of them rendered a service to science. Such were, for example, Euthydemus of Athens,[23] who was the first to cultivate the melon, the seeds of which had been brought from Persia or India; Clearchus,[24] who introduced the plum-tree; Phragas of Eresus[25] and others whose names have not been lost.

Physicians at this time devoted themselves to much more remarkable works. A hundred years before, anatomy did not exist; Hippocrates, as you know, since I have said it before, knew about the structure of the human body only that which was external and visible (which the artists, too, knew), and that which the treatment of wounds had given him an opportunity to observe. True, Alcmeon had acquired some idea about the internal structure of animals; but the absurd prejudices of his time had kept him from publishing and continuing his researches, and Heraclitus, who had conducted the same studies, was obliged to have recourse to burial grounds for skeletal remains. Science did not exist before Aristotle. It is he who, in a short time, through the study of comparative anatomy, acquired sufficiently accurate general knowledge of animal structure, and who actually distinguished, often with great accuracy, the difference in organization revealed by comparing one animal with another. This activity was pursued by physicians and applied to human beings. But it is to Egypt that men went who wanted to study human anatomy; the practice of embalming, which requires opening up the splanchnic cavities, had inevitably produced some idea of the disposition and shape of the principal viscera, and also it permitted making new observations. In Greece, on the other hand, it was impossible to acquire any anatomical instruction, however small; the mutilation of a cadaver for whatever purpose was considered an unspeakable profanation, a crime worthy of death.

When the Ptolemies were masters of Egypt [see Table pp. 236-237], the usefulness of traveling to this country, from the standpoint of anatomical studies, increased considerably. These enlightened sovereigns, desirous of achieving new developments in the sciences, allowed some Greek physicians to dissect cadavers. Protected thus by royal authority, they were no longer exposed to the fury of the people; but they became the object of atrocious calumnies: it was even said that they dissected living men.

The first Greek physician to go to Egypt to study anatomy was Praxagoras,[26] an Asclepiad from the island of Cos, a contemporary of Theophrastus, and probably also of Aristotle, whose disciple he must have been. It is he who called the branches of the aorta the arteries and clearly distinguished them from the veins. He revealed that after death the latter ordinarily contain blood but the arteries are completely empty. He also discovered that the arteries were the seat of the pulse. Hippocrates indeed, and even physicians long before him, consulted the pulse of patients to determine their condition; but it was without knowing where this movement resided: but Praxagoras, who discovered this, does not seem to have suspected the all-important phenomenon of the circulation of the blood.

Two other Greek physicians, Herophilus and Erasistratus, who lived principally in Egypt, soon surpassed Praxagoras.

Herophilus,[27] born in Chalcedon, belonged to the guild of Asclepiads. He had been a student of Praxagoras and became physician to the son of Ptolemy Lagus. He was first to distinguish nerves from ligaments, tendons, and other tissues that are confused with them, and he recognized their special function of being the organs of volition and sensation. The brain in particular fixed his attention: he gave a detailed description of several parts of this organ, for example the choroid plexuses,[28] the calamus scriptorius,[29] the curvature of the striated bodies, and the vascular arrangement that is still called Herophilus's *wine-press.*[30] He also described the internal membranes of the eye, the bone that supports the tongue, and the pulmonary vein, which he called the arterial vein. Also, he gave the name of duodenum to the part of the intestine that is still called that today. Finally, he discovered the isochronism of the beating of the heart and of the arteries. And so it seems that at the time he was close to reaching the important truth that made Harvey[31] famous; however, he did not see it, any more than did Praxagoras: so difficult is the simplest inference when it must come from received ideas.

Erasistratus,[32] the second of the Greek physicians whom we named, after the one who distinguished the arteries from the veins, was, like him, from the island of Cos.[33] For some time he was a follower of Aristotle, whose grandson he was,[34] and after Aristotle's death, he studied under Theophrastus. The first public school of medicine was opened by Erasistratus at Smyrna;[35] it lasted for more than four centuries. He became physician to Seleucus Nicator,[36] and everyone knows the proof he gave of his wisdom by discovering Antiochus's love for his stepmother Stratonice and finding a means of mending it.[37] He then left Syria and went to Alexandria where he studied human and animal anatomy with great enthusiasm. Aristotle had in a general way compared man's brain with that of animals; Erasistratus made a detailed study of this by comparing each part, one with the other. The fundamental discovery in physiology that all nerves communicate with the brain, either directly or through the spinal cord, dates back to him. Also, in opening up a young goat that had just sucked, he was the first to distinguish the milk ducts. He named them such because he was sure that the white liquid contained in them was the milk that the animal had extracted from its dam's teats.

Erasistratus had new ideas on the structure of the heart; he described its triglochid [*i.e.*, three-pointed] valves and thus approached a little nearer to Harvey's discovery – and that discovery, in turn, was heralded by Fabricius d'Aquapendente.[38] However, he was still far from surmising the existence of that great function, the circulation of the blood, for he believed that air entered the heart through the arteries and lungs, and he based his medical practice on that opinion.

Erasistratus and Herophilus were very learned in botany; but none of their works, either on that science or on the other branches of medicine, have survived. We owe our knowledge of them to Galen's [39] evidence.

While the savants at the Museum brought progress to the sciences of the cabinet, some travelers went great distances seeking enlightenment. Megasthenes, [40] for example, went to India at Nicator's behest, visited a king of that country named Sandrocottos, [41] and upon his return wrote a narrative of his travels, of which we possess only some fragments preserved by Strabo, Josephus, [42] Arrian, Aelianus, Athenaeus, [43] and others. He described several remarkable animals and plants, white monkeys with black faces, shellfish with pearls inside, bamboo of extraordinary dimensions, etc. Like all travel narratives that have come to us from ancient times, that of Megasthenes contains some fables. But in this case, we ought not refuse all credence to this author on account of all the other fabulist authors, for we might happen to deprive ourselves of sources of extremely useful information. We must only be careful not to confuse facts that the author declares to have seen with his own eyes with those that he reports as hearsay. Thus, Megasthenes says that there exist in India men whose feet are turned in the opposite direction from ours, heel forward and toes behind. This story is not a fable invented by the author, it is a legend that he found in the country, for the missionaries report that in the areas visited by Megasthenes, the people claim that evil spirits come sometimes to torment them at night and that these spirits have backward feet. Without Megasthenes's narrative we would not have known that this legend goes back more than two thousand years. This is a very interesting fact to discover about customs.

Also regarded as completely false was Megasthenes's report on the existence of several species of bears in the south of India. That would be wrong again: five or six years ago, three or four species of these animals were discovered there, among them the juggler's bear. [44]

You know that the first Lagids were powerful patrons of the sciences [see Table pp. 236-237]: Ptolemy Lagus founded the library at Alexandria, which contained 400,000 volumes; Philadelphus, his second son and successor, encouraged research in the natural sciences by cultivating them himself.

The third of the Ptolemies, Euergetes, [45] despite his great faults, protected science and the savants no less than did his predecessors; he greatly increased the library at Alexandria and left some memoirs. An inscription has been found at the frontier of Nubia recalling his Syrian expedition. It was in these wars that African elephants were used for the first time. He attributed his victories to these animals, superior in strength and courage to those of India, which were used by his enemy.

Philopator, [46] the fourth of the Ptolemies, after leading a very disorderly life, left to his son, [47] who was only five years old, a kingdom run by vice-ridden men and women. The Egyptian lords could not agree on a choice of regent and thought it suitable to refer the matter to the Romans. The latter sent them Marcus Lepidus;[48] but he soon was obliged to hand the tutelage over to Aristomenes of Acarnania,[49] who retained it until Epiphanes's majority. Scarcely had this young man taken the reins of state when new disorders, stirred up by the Romans, broke out, and then the sciences began to decline in Egypt.

Under the sixth of the Lagids, Ptolemy Philometor,[50] several rare works were purchased, but not all were authentic, far from it, and from this resulted new progress in criticism, which had begun with the founding of the library by Ptolemy Lagus.[51]

In addition to the naturalists we have discussed, the school at Alexandria had several scholars of a different order. Belonging to the school were Euclid, whose elements of geometry have had such long success; Eratosthenes, who was the first to attempt to measure a degree of the meridian in order to judge the diameter of the earth, and hence made the first attempt to map the globe; Conon the astronomer,[52] famous for having recognized in the night sky the star cluster called Berenice's Hair, which had been stolen from Venus's altar in the temple built by Philadelphus in honor of his wife Arsinoe; Hipparchus,[53] who flourished under Philometor, the sixth of the Lagids, and to whom we owe the discovery of the precession of the equinoxes, as well as the compiling of the first star catalog. This great astronomer alone contributed several centuries of progress to the science, for, after his death, astronomy remained fixed for three hundred years. Finally, we add to the learned men of Alexandria Aratus,[54] who wrote a poem on the constellations and another on anatomy conforming to Erasistrates's notions.

The seventh of the Ptolemies,[55] surnamed Physcon,[56] was vindictive, cruel, and dissipated. During his reign, scholars were obliged to leave Egypt, where they could not find the freedom of thought necessary to the progress of science. There resulted a sort of repetition of conditions as had existed before. At the time of the troubles brought about in Greece by war between Alexander's successors, scholars had gone to seek asylum in the kingdom of the first Ptolemy. The tyranny of Physcon now sent scholars to Greece. For subsistence they taught in the islands and on the continent, and thus good scholarship flourished there again for some time.

Physcon, who was the cause of the dispersal of philosophers from his kingdom, was not, however, a man without enlightenment, far from it indeed, for he had written a commentary on Homer, and a work on natural history in which he discussed the fishes of certain African rivers. It is he who first succeeded in breeding pheasants, which he had obtained from Media. They increased in numbers to the point where they might have been served as delicacies at table; but he wished to abstain from them as an excessive luxury. He reports that during a sojourn at Rome, he was amazed at the great number of peacocks there: they were already a very common bird in that city, although they had only been discovered, as you know, during Alexander's campaign.

At the time of the dispersal of the Alexandrians, the library at Pergamum, which had been established under Eumenes II,[57] grandson of Eumenes,[58] the founder of the realm, began to grow.

There was great rivalry in the matter of libraries between the kings of Egypt and Pergamum. Eumenes sought out all the good books and had them copied, using large amounts of papyrus from Egypt for this purpose. Ptolemy, who did not want to be surpassed, or even equaled, by any king in his love for science, forbade the exportation of papyrus. This interdiction resulted in the savants of Pergamum inventing a means of rendering the skin of sheep suitable for writing on – in other words, of making parchment (*carta pergamena*). This invention was of the highest usefulness; without it, most of the manuscripts from antiquity would have gone to ruin. Papyrus, formed from mere reed stems beaten and made flat, offered infinitely less resistance to the causes of destruction than did animal skins, and by the Renaissance of letters there existed scarcely any manuscripts on papyrus. Since then, some have been found with the mummies; but scarcely can one get any good from them. Eumenes had two hundred thousand volumes copied, a considerable number for the time.

After Physcon, Egypt had an even more barbarous prince. When the city of Thebes revolted against his government, Ptolemy Lathyrus[59] expelled its inhabitants, and razed its temples and palaces, until nothing remained but what he could not destroy. Scholars were also ill treated by him; he drove out the small number of them that still remained in Egypt. Yet, under his rule, the Peripatetic philosopher Agatharchides flourished.[60] This philosopher was from Cnidos, and was probably an Asclepiad. He lived nearly all his life in Egypt, and even served as tutor to Alexander II, the tenth of the Ptolemies.[61] The fragment of his writings preserved for us by Photius shows that he devoted himself with great success to the study of natural history; in it are descriptions of the various peoples who had settled the shores of the Red Sea, the sort of food they ate and their customs. On the Abyssinian coast were people who ate locusts, and others who ate the flesh of wild animals. The animals of these areas, and especially the ones that had been transported to Alexandria, are also described in Agatharchides's fragment. For example, he describes with a degree of accuracy the rhinoceros, the giraffe, which he calls *Camelo pardalis*, or camel-leopard,[62] the different varieties of monkeys, and a species of hyena called *crocotta*.[63] He also describes the guinea fowl. He mentions hot springs found in certain areas of Africa, and goldmines and the method of their exploitation.

In short, the fragment of Agatharchides is of great value to the natural history of Africa. This Peripatetic philosopher was the last naturalist of the Greek period at Alexandria. Science soon disappeared from Egypt, and that country hastened to fall under the dominion of the Romans, who held in esteem only knowledge applicable to the art of war. Nevertheless, we shall inquire into the state of the sciences among these people who became masters of the known world; but first we shall discuss works carried out in the midst of turbulent times in countries that had been notable in the cultivation of science. We shall begin our next lesson with this subject.

NOTES

1. [Although traditionally classified in the plant kingdom, truffles and mushrooms are no longer considered plants, but members of a separate kingdom, the Fungi or Mycota. Among the characters that argue strongly against a plant affinity are their heterotrophy, the nature of their reproductive structures, and the almost universal presence of chitin, which is also found in the skin of many invertebrate animals such as insects, in their walls. Within the division Mycota, the classes are further distinguished by variations of these characteristics, particularly those involving reproductive stages.]
2. [A reference to the caprifig (*Ficus carica sylvestris*), a wild, inedible fig, adapted to the egg-laying habits of the fig insect or fig wasp (genus *Blastophaga*), any member of the insect family Agaonidae, a group of tiny chalcid wasps of the order Hymenoptera. Fig wasps mature from eggs deposited inside the caprifig. The wingless male emerges from the gall in which he has developed, searches out a gall that contains a female, chews a hole in the gall, fertilizes the female, and dies within the fig. The female emerges from her gall – if fertilized, from the gnawed hole, or if unfertilized, from a hole of her own making – and proceeds toward the eye of the fig (the part opposite the stem end), because she must deposit her eggs in a second fig. Before she leaves her natal fig, she must pass by many male flowers, and she emerges covered with pollen. The female fig wasp's role in pollinating certain edible figs, especially Smyrna figs, is critical to the fig grower, as most economically valuable figs require fertilization to ripen. Though she cannot lay her eggs within the edible fig (she must lay them at the base of the pistil, and the pistils of cultivated figs are longer than her ovipositor), she carries with her the pollen that fertilizes the figs and causes them to ripen. Unfertilized females perform the same role in pollination.]
3. These insects do not have the ability themselves to fertilize; they are simply carriers of the pollen needed for fertilization. [M. de St.-Agy.]
4. [Mimosa, any member of a genus (*Mimosa*) of more than 450 plants in the mimosa family (Mimosaceae), native to tropical and subtropical areas throughout both hemispheres. They are so named from the movements of the leaves in certain species that "mimic" animal sensibility. Most Mimosa species are herbs or undershrubs; some are woody climbers; and a few are trees. They are often prickly. The leaves of most are bipinnate (*i.e.*, the leaflets of the feather-formed leaves, in turn, bear leaflets). The roots of some species are poisonous; others contain substances irritating to the skin. Mimosas give their name to the family Mimosaceae (order Fabales), whose members are characterized by small regular flowers with valvate corolla. Many species of the related genus *Acacia* are commonly but erroneously called mimosas.]
5. [Media, ancient country of northwestern Iran, generally corresponding to the modern regions of Azerbaijan, Kurdistan, and parts of Kermanshah. Media first appears in the texts of the Assyrian king Shalmaneser III (858-824 B.C.), in which peoples of the land of "Mada" are recorded (see Luckenbill (Daniel David), *Ancient Records of Assyria and Babylonia, vol. 1: Historical records of Assyria, from the earlist times to Sargon*, Chicago: University of Chicago Press, [c. 1926], 297 p.) The inhabitants came to be known as Medes.]
6. [The fig-tree of the Brahmans is the banyan (*Ficus benghalensis* or *F. indica*), an unusually shaped tree of the fig genus in the mulberry family (Moraceae) native to tropical Asia. Aerial roots that develop from its branches descend and take root in the soil to become new trunks. The banyan reaches a height up to 30 meters (100 feet) and spreads laterally indefinitely. One tree may in time assume the appearance of a very dense thicket as a result of the tangle of roots and trunks.]
7. [Hellebore, a member of either of two genera of poisonous herbaceous plants, *Helleborus* and *Veratrum*, some species of which are grown as garden ornamentals. *Helleborus*, of the buttercup family (Ranunculaceae), is composed of about 20 species of perennial herbs native to Eurasia. The genus *Veratrum*, of the lily family (Liliaceae), is composed of about 45 species, better-called false hellebores, that are native widely in damp areas of the Northern Hemisphere.]
8. [*Cobitis fossilis*, now known as *Misgurnus fossilis*, the European weatherfish (family Cobitidae), a yellowish fish about 25 centimeters long, banded and speckled with brown; like the similar Japanese weatherfish (*M. anguillicaudatus*), it is named for its heightened activity during periods of rapid change in barometric pressure, such as occur before a storm (see Erman (P.), "Untersuchungen über das Gas in der Schwimmblase der Fische, und über die Mitwirkung des Darmkanals zum Respirationsgeschäfte bei der Fischart *Cobitis fossilis* (Schlammpitzger)", *Annalen der Physik*, Leipzig, 1808, t. 30, pp. 113-160).]
9. [Francis Hamilton, formerly Buchanan (born 1762, died 1829), was a medical officer in the service of the East India Company, who traveled by order of the governor of India through Mysore, Canara, and Malabar in 1800 to study, among other things, the natural history of these countries. In 1822, he published at Edinburgh *An Account of the Fishes Found in the River Ganges and Its Branches*, in quarto, with an atlas of thirty-nine plates (for more on Hamilton, see Gudger (Eugene W.), "Pliny's Historia naturalis. The Most Popular Natural History Ever Published", *Isis*, n°6 (3), 1924, pp. 269-281; Mearns (Barbara) & Mearns (Richard), *Biographies for birdwatchers, the lives of those commemorated in western Palearctic bird names* [illustrated by Rees Darren], London; San Diego: Academic Press, 1988, xx + 490 p.)]

10. [Genus *Ophicephalus*, now considered a junior synonym of *Channa*, the snakeheads of the family Channidae; about 18 species of tropical freshwater fishes confined to southern Asia, with a elongate body, depressed head, with an accessory air-breathing apparatus in the gill chamber.]
11. It seems that Aristotle's opinions have stuck in the mind of certain learned men, for, one day when I was walking in Monsieur Azaïs's garden [Pierre Hyacinthe Azais, French philosopher, born 1766, died 1845], he pointed out to me a rather considerable heap of decomposed vegetable matter, under which he had placed a small vessel filled with distilled water, and in which he thought small animals would be created whole, by the action of heat alone upon the liquid's elements. I did not learn the results of the experiment, which was to last, I think, for a year; but at any rate I strongly doubt that the ingenious author of the *Explication universelle* obtained the success he expected. [M. de St.-Agy.] [Pierre-Hyacinthe Azaïs (born 1 March 1766, Sorèze, France; died 22 January 1845, Paris), French philosopher – not to be confused with his father of the same name, born 1743, died 1796, professor of music at Sorze and Toulouse, and composer of sacred music in the style of Gossec – whose optimism was rooted in the idea that human experience is imbued with a natural and harmonious balance between joy and sadness and that it is in this balance that meaning can be discovered. He advocated the idea in the work that first brought him fame, *Des compensations dans les destinées humaines*, Paris: Garnery & Leblanc, 1809, 3 vols. In a following work, *Système universel* (Paris: Garnery & Leblanc, 1809-1812, 8 vols), he further developed the same idea and related it to certain cosmological concepts. At the core of this voluminous work is the notion that all experience (past, present, and future) can be understood in terms of an interaction between expansive and compressive forces.]
12. If it is true – as Monsieur Longchamp announced that he discovered a few days ago – that some metals, iron, for example, are from hydrogen combined with a base, the opinion of Theophrastus would no longer be completely wrong [see Longchamp, "Théorie des acides hydrogénés", *Comptes rendus hebdomadaires des séances de l'Académie des Sciences*, Paris: Bachelier, 1835, p. 89]. [M. de St.-Agy.]
13. [Pentelic: of or pertaining to Mount Pentelicus, noting especially a variety of white marble resembling Parian, but denser and finer-grained, apparently inexhaustible quarries of which have from antiquity been worked in this mountain. The Parthenon, the Propylaea, and other Athenian monuments are built of it, and in it are carved the famous sculptures known as the Elgin marbles.]
14. [Liguria, the third smallest of the *regioni* of Italy, bordering the Ligurian Sea, in the northwestern part of the country. It comprises the *provincie* of Genoa, Imperia, La Spezia, and Savona.]
15. [Amianthus, sometimes called Earth flax or mountain flax, a soft silky variety of asbestos.]
16. ["In a mineralogical tour which Cit. Lelièvre, member of the Council of Mines has just made, he has discovered a quarry of emeralds, which are so abundant, that they are used in the country to pave the roads. They are found in the environs of Limoges mixed with granite, often without any regular form, and sometimes crystallized, but their colour and transparency are not beautiful" (see Mons (J. B. van), "(Découverte) De l'émeraude (en France) [extrait d'une lettre du citoyen Vauquelin au rédacteur]", *Journal de Chimie et de Physique, ou Recueil périodique des découvertes dans les sciences chimiques et physiques, tant en France que chez l'étranger*, vol. 2, 1802, p. 218; Nicholson (W.), "Discovery of the Emerald [The seven following articles are extracts of a letter of Cit. Vauquelin to Cit. Van Mons]", *Journal of Natural Philosophy, Chemistry and the Arts, Scientific News*, London, n°1, 1802, p. 238; Phillips (R.), "Varieties, literary and philosophical, including notices of works in hand, domestic and foreign", *The Monthly Magazine or, British Register*, vol. 29 (1), February 1810, p. 72).]
17. [Hyacinth, also spelled Jacinth, a red, orange, or yellow variety of the gemstone zircon.]
18. [The Achates River in Sicily where agate was probably first found.]
19. [Armenian blue or Armenian stone, the name given by the ancients to lapis-lazuli, a brilliant azure-blue gemstone.]
20. [Verdigris, a green or greenish blue poisonous pigment resulting from the action of acetic acid on copper and consisting of one or more basic copper acetates.]
21. [Ceruse is white lead, any of several white pigments used in exterior paints and containing inorganic compounds of lead.]
22. [Roger Bacon, see Lesson 23.]
23. [Euthydemus of Athens, not to be confused with Euthydemus (fl. late third century B.C.), king of Bactria who in 208 B.C. was attacked and eventually defeated by Antiochus III (born 242 B.C., died 87, near Susa, Iran), Seleucid king of the Hellenistic Syrian Empire from 223 B.C. to 187.]
24. [Clearchus (died 242 B.C.) Spartan officer, celebrated as the leader of the Ten Thousand (see Lesson 6, notes 25, 28). Sent in 410 to govern Byzantium, he made himself unpopular by his harsh discipline, and Alcibiades took the city in 408 B.C. Clearchus later returned and made himself virtual ruler, thereby incurring the anger of the Spartans, who forced him to leave (403). He sought refuge with Cyrus the Younger of Persia, who used him to recruit and later command the Greek mercenary force in support of Cyrus's claim to the throne. At Cunaxa, Clearchus fought boldly, but Cyrus's forces were defeated. After the battle he led the Greek force (the Ten Thousand) in retreat, but was lured into a conference by Tissaphernes and treacherously murdered. The story of the retreat was made famous by Xenophon.]

25. [The name Eresus or Eresos, which has its roots in mythology, is the ancient city of Greece where Theophrastus was born, but we have been unable to identify Phragas of Eresus.]
26. [Praxagoras of Cos, see note 27, below.]
27. [Herophilus (born *c.* 335 B.C., Chalcedon, Bithynia; died *c.* 280), Alexandrian physician who was an early performer of public dissections on human cadavers; and often called the father of anatomy. He wrote at least nine works, including a commentary on Hippocrates, a book for midwives, and treatises on anatomy and the causes of sudden death, all lost in the destruction of the library of Alexandria (A.D. 272). His most important contribution to clinical medicine was his development of the theory of the diagnostic value of the pulse. Although the pulse is referred to occasionally by earlier writers (for example, by Aristotle in his *Historia animalium*, bk. 3, chap. 19), it was Herophilos's teacher, Praxagoras (an influential figure of medicine in ancient Greek, born on the Greek island of Kos in about 340 BC.), who first restricted the pulse to a distinct group of vessels and held that it could be used as an indicator of disease. Herophilos corrected his master's teaching on several points, maintaining that the pulse is not an innate faculty of the arteries, but one they derive from the heart, and distinguishing the pulse not merely quantitatively, but also qualitatively from palpitations, tremors, and spasms, which are muscular in origin.]
28. [*Choroid plexus*, a collection of blood vessels in the walls of the lateral ventricles of the brain, which secretes about 70 percent of the cerebrospinal fluid produced by the central nervous system.]
29. [*Calamus scriptorius*, literally a writing-pen, the lower or posterior portion of the floor of the fourth ventricle of the brain, bounded on each side by the diverging *funiculi graciles*, the point where these come together below being likened to the point of a pen.]
30. [The wine-press of Herophilus, the confluence of the venous sinuses in the brain, more fully called *torcular Herophili*, the place in the meninges of the brain, at the internal occipital protuberance, where the sinus of the falx cerebri joins the lateral sinus of the tentorium cerebelli, and where other sinuses meet. This confluence of venous currents was supposed to exert some pressure on the circulation (whence the name).]
31. [William Harvey, see Lesson 16, note 26.]
32. [For Erasistratus, see Lesson 7, note 38.]
33. This is an error; he [Erasistratus] was from [the Aegean island of] Ceos. [M. de St.-Agy.]
34. [Lucien] Leclerc [born 1816] rejects this opinion. See his *Histoire de la médecine arabe* [Paris: Ernest Ledoux, 1876], vol. 1, p. 293. [M. de St.-Agy.]
35. [Smyrna, ancient Greek city, now Izmir, western Turkey, is one of the oldest cities of the Mediterranean world and has been of almost continuous historical importance during the last 5,000 years.]
36. [Seleucus I Nicator (born 358/354 B.C., Europus, Macedonia; died August/September 281, near Lysimachia, Thrace), Macedonian army officer, founder of the Seleucid kingdom. In the struggles following the death of Alexander the Great, he rose from governor of Babylon to king of an empire centering on Syria and Iran.]
37. [It is said that when Antiochus I Soter (see Lesson 1, note 19) fell sick, through love of Stratonice, the young wife of his father, the latter on the advice of the physician Erasistratus, resigned Stratonice to his son, and invested him with the government of Upper Asia, allowing him the title of king. On the death of his father, Antiochus succeeded to the whole of his dominions, but relinquished his claims to Macedonia on the marriage of Antigonus Gonatas to Phila, the daughter of Seleucus and Stratonice.]
38. [Hieronymus Fabricius ab Aquapendente (Girolamo Fabrici, born 20 May 1537, Acquapendente, Italy; died 21 May 1619, Padua), Italian surgeon, an outstanding Renaissance anatomist who helped found modern embryology. In his *De Venarum Ostiolis* ("On the Valves of the Veins"), published by Laurenti Pasquati in 1603 at Padua (and several later editions, *e.g.*, see Fabricius (Hyeronimus), *De venarum ostiolis* [facsimile edition of Hieronymus Fabricius, of Aquapendente with introduction, translation, and notes by Franklin Kenneth J.], Springfield, (Illinois): Charles C. Thomas, 1933), Fabricius gave the first clear description of the semilunar valves of the veins, which later provided Harvey (see Lesson 16, note 26) with a crucial point in his famous argument for circulation of the blood (Elliott (J. H.), "De venarum ostiolis, 1603, of Hieronymus Fabricius of Aquapendente 1533?-1619): A review", *Canadian Medical Association Journal*, vol. 31 (1), 1934, pp. 83-84; *The embryological treatises of Hieronymus Fabricius of Aquapendente. The Formation of the Egg and of the Chick [De Formatione Ovi et Pulli], The Formed Fetus [De Formato Foetu]*[a facsimile ed., with an introduction, a translation, and a commentary by Adelmann Howard Bernhardt], Ithaca; New York: Cornell University Press, 1942, 376 p.)]
39. [Galen of Pergamum, see Lesson 16.]
40. [Megasthenes (born *c.* 350 B.C.; died *c.* 290), ancient Greek historian and diplomat, author of an account of India, the *Indica*, in four books (Megasthenes, *Megasthenis indica / Fragmenta collegit commentationem et indices additit E[rwin] A[lexis] Schwanbeck*, Amsterdam: Adolf M. Hakkert, 1966, X + 196 p.) An Ionian, he was sent by the Hellenistic king Seleucus I on embassies to the Mauryan empire during the reign of the founding king Chandragupta (Sandrocottos in the Greek). Megasthenes gathered huge amounts of information about India and wrote a book (which is lost), many parts of which are preserved in the writings of Strabo, Arrian, and Diodorus. Though credulous and inaccurate, he gave the most complete account of India then

known to the Greek world (Bosworth (A. B.), "The historical setting of Megasthenes' *Indica*". *Classical Philology*, vol. 91, n°2, 1996, pp. 113-127).]

41. [Sandrocottos or Chandragupta, see note 40. above.]

42. [Flavius Josephus, original name Joseph Ben Matthias (born A.D. 37/38, Jerusalem; died *c.* A.D. 100, Rome), Jewish priest, scholar, and historian, best known for his valuable works on the Jewish revolt of 66-70 and on earlier Jewish history. His major books are *History of the Jewish War* (75-79), *The Antiquities of the Jews* (93), and *Against Apion* (see Josephus (Flavius), *A complete concordance to Flavius Josephus* [edited by Rengstorf Karl Heinrich], Leiden: Brill, 1973, 4 vols; *Josephus, the essential works: a condensation of Jewish antiquities and The Jewish war* [translated and edited by Maier Paul L.], Grand Rapids (Michigan): Kregel Publications, 1994, 416 p.; *Against Apion* [translation and commentary by Barclay John M. G.], Leiden; Boston: Brill, 2007 + lxxi + 430 p.)]

43. [Athenaeus (fl. *c.* A.D. 200; born Naukratis, Egypt), Greek grammarian and author of *Deipnosophistai* ("The Gastronomers"), a work in the form of an aristocratic symposium, in which a number of learned men, some bearing the names of real persons, such as Galen, meet at a banquet and discuss food and other subjects (Athenaeus of Naucratis, *The Deipnosophists or Banquet of the Learned of Athenaeus* [literally translated by Yonge Charles Duke; with an appendix of poetical fragments rendered into English verse by various authors, and a general index], London: Henry G. Bohn, 1854, 2 vols). It is in 15 books, of which 10 have survived in their entirety, the others in summary form. The value of the work lies partly in the great number of quotations from lost works of antiquity that it preserves, nearly 800 writers being quoted, and partly in the variety of unusual information it affords on all aspects of life in the ancient Greco-Roman world.]

44. [The Malayan bear or bruang, *Ursus malayanus*, is a small, black, close-haired species, with a white mark on the throat, with protrusile lips and slender tongue, capable of being taught a variety of amusing tricks in confinement.]

45. [Ptolemy III Euergetes (fl. 246-221 B.C.), Macedonian king of Egypt, son of Ptolemy II; he reunited Egypt and Cyrenaica and successfully waged the Third Syrian War against the Seleucid kingdom.]

46. [Ptolemy IV Philopator (born *c.* 238 B.C.; died 205 B.C.), Macedonian king of Egypt (reigned 221-205 B.C.), under whose feeble rule, heavily influenced by favorites, much of Ptolemaic Syria was lost and native uprisings began to disturb the internal stability of Egypt.]

47. [Ptolemy V Epiphanes (born *c.* 210; died 180 B.C.), Macedonian king of Egypt from 205 B.C. under whose rule Coele Syria and most of Egypt's other foreign possessions were lost.]

48. [Marcus Aemilius Lepidus (died 152 B.C.), Roman statesman who held the highest offices of the republic. As ambassador to Greece, Syria, and Egypt in 200, he delivered to Philip V an ultimatum warning Macedonia not to make war on any Greek state. Consul in 187 and 175, censor in 179, *pontifex maximus* from 180 onward, and princeps senatus from 179 to 152, Lepidus fought against the Ligurians, directed the construction of the Via Aemilia from Ariminum (Rimini) to Placentia (Piacenza), and led colonies to Mutina (Modena) and Parma. The district of northern Italy called Emilia still preserves his name.]

49. [Aristomenes of Acarnania, one time governor of Egypt in the name of Ptolemy V, condemned to death in 192 B.C. Acarnania was a district of ancient Greece bounded by the Ionian Sea, the Ambracian Gulf, Mount Thyamus, and the Achelous River.]

50. [Ptolemy VI Philometor (fl. *c.* 180-145 B.C.), Macedonian king of Egypt under whom an attempted invasion of Coele Syria resulted in the occupation of Egypt by the Seleucids. After Roman intervention and several ventures of joint rule with his brother, however, Ptolemy was able to reunite his realm.]

51. [Ptolemy Lagus is Ptolemy I Soter, founder of the Ptolemaic dynasty; see Lesson 7, note 18.]

52. [Conon of Samos (fl. *c.* 245 B.C., Alexandria), mathematician and astronomer whose work on conic sections (curves of the intersections of a right circular cone with a plane) served as the basis for the fourth book of the *Conics* of Apollonius of Perga (*c.* 262-190 B.C.) (see Apollonius of Perga, *Conica* [Text, context, subtext by Fried Michael N. and Unguru Sabetai], Leiden; Boston: Brill, 2001, XII + 499 p.)]

53. [Hipparchus of Rhodes, also spelled Hipparchos (born 190 B.C., at Nicaea, Bithynia; died after 120 B.C., probably Rhodes), Greek astronomer and mathematician who discovered the precession of the equinoxes, calculated the length of the year to within 6 1/2 minutes, compiled the first known star catalog, and made an early formulation of trigonometry (Hipparchus, *The geographical fragments of Hipparchus* [edited with an introduction and commentary by Dicks D. R.], London: University of London; Athlone Press, 1960, XI + 214 p.; Grasshoff (Gerd), *The history of Ptolemy's star catalogue*, New York: Springer-Verlag, 1990, ix + 347 p.)]

54. [Aratus (fl. *c.* 315-*c.* 245 B.C., Macedonia), Greek poet of Soli in Cilicia, best remembered for his poem on astronomy, *Phaenomena* (Aratus, *Phaenomena* [edited with introduction, translation, and commentary by Kidd Douglas], Cambridge; New York: Cambridge University Press, 1997, xxi + 590 p.) He resided at the courts of Antigonus II Gonatas, king of Macedonia, and Antiochus I of Syria. The *Phaenomena*, a didactic poem in hexameter, is his only completely extant work. Lines 1-757 versify a prose work on astronomy by Eudoxus of Cnidus (*c.* 390-*c.* 340), while lines 758-1154 treat of weather signs and show much likeness to Pseudo-Theophrastus' *De signis tempestatum*. The poem became immediately popular and provoked many commentaries, the most important of which is by Hipparchus (*c.* 150 B.C.)

and is still extant. In form, the *Phaenomena* belongs to the Alexandrian school, but the author's Stoicism adds a strong note of seriousness. It enjoyed a high reputation among the Romans. Cicero, Caesar Germanicus, and Avienus translated it; the two last versions and fragments of Cicero's survive. One verse from the opening invocation to Zeus has become famous because it was quoted by St. Paul (Acts, 17:28).]

55. [Ptolemy VII Neos Philopator (Greek: Philopator, the Younger) (died 144 B.C.), younger son and co-ruler with Ptolemy VI Philometor, king of Egypt, whom he succeeded in 145 B.C. Still a minor, he was the ward of his mother, who also served as his co-ruler. He was soon displaced by his uncle, Ptolemy VIII, who executed him the following year.]

56. [The name Physcon (Greek: "Potbellied") is wrongly attributed here – it correctly belongs to Ptolemy VIII Euergetes II.]

57. [Eumenes II (died 160/159 B.C.), king of Pergamum from 197 until his death. A brilliant statesman, he brought his small kingdom to the peak of its power and did more than any other Attalid monarch to make Pergamum a great center of Greek culture in the East.]

58. [Eumenes I (died 241 B.C.), ruler of Pergamum, in Mysia, from 263 to 241 who, in 262, liberated his city from the overlordship of the Seleucids, a dynasty founded in Syria by one of the successors of Alexander the Great. Eumenes succeeded his uncle Philetaerus in 263 and in the following year defeated the army of the Seleucid king Antiochus I near Sardis (the capital of Lydia), thereby establishing an independent city-state.]

59. [Ptolemy IX Soter II, byname Lathyrus (Greek: "Chickpea") (fl. second-first century B.C.), Macedonian king of Egypt (reigned 116-110, 109-107, and 88-81 B.C.) who, after ruling Cyprus and Egypt in various combinations with his brother, Ptolemy X Alexander I, and his mother, Cleopatra III, widow of Ptolemy VIII Euergetes II, gained sole rule of the country in 88 and sought to keep Egypt from excessive Roman influence while trying to develop trade with the East.]

60. [Agatharchides of Cnidos (fl. second century B.C.), a Greek historian and geographer who wrote a description of his travels to the Red Sea, information passed on to us through the writings of Strabo (see Lesson 12, note 29) (see Vincent (William), *The commerce and navigation of the ancients in the Indian Ocean*, London: printed for T. Cadell & W. Davies, 1807, 2 vols; Strabo, *The geography of Strabo* [with an English translation by Jones Horace Leonard; based in part upon the unfinished version of Sterrett John Robert Sitlington], New York: Putnam's Sons, 1917, 8 vols).]

61. [Ptolemy X Alexander (died 88 B.C.), Macedonian king of Egypt (reigned 107-88 B.C.) who, under the direction of his mother, Cleopatra III, ruled Egypt alternately with his brother Ptolemy IX Soter II and around 105 became involved in a civil war in the Seleucid kingdom in Syria.]

62. [To the Romans, the giraffe – *Giraffa camelopardalis*, a cud-chewing hoofed mammal, which, with the okapi, constitutes the family Giraffidae (order Artiodactyla) – was "camelopardalis" ("spotted camel"), a term that survived in English as "camelopard."]

63. [*Crocotta* or *Crocuta*, the spotted, or laughing hyena (*Crocuta crocuta*), one of three species of coarse-furred, doglike carnivores, of the family Hyaenidae, found in Asia and Africa and noted for their scavenging habits. The spotted hyena is the most robust and daring of the hyenas, and when food is scarce it has been known to attack sleeping people and to carry off young children.]

L'*HISTOIRE DES PLANTES* DE THÉOPHRASTE
Détail de la page titre. Édition gréco-latine illustrée de 1644 publiée par Johannes Bodaeus (© Bibliothèque centrale, MNHN).

9

Les traités de Théophraste

Des ouvrages de Théophraste qui sont arrivés jusqu'à nous le plus important est son *Histoire des plantes*. Le plan en est le même que celui de l'*Histoire des animaux* d'Aristote. À l'imitation de ce naturaliste, Théophraste traite d'abord des parties des végétaux, qu'il divise en racines, en tiges, branches et pousses. Il fait remarquer toutefois que ces diverses parties ne se retrouvent pas dans la totalité des plantes, et à cet égard il a d'autant plus raison qu'il classe, comme on doit le faire, les truffes et les champignons parmi les végétaux[1]. Il distingue dans chaque partie l'écorce, le bois et la moelle. Il décrit les organes extérieurs des plantes, la fleur, le pédoncule, la feuille, les vrilles, et parle en même temps des galles qui sont le résultat de la piqûre des insectes. Il traite ensuite des chairs ou parties intérieures, c'est-à-dire du parenchyme, du nerf, des veines et des sucs.

Théophraste emploie toujours à l'imitation d'Aristote, une espèce de méthode pour la classification des objets de son examen. Mais il réussit bien moins que son maître et son ami. La raison en est sans doute que sa tâche était plus difficile à remplir ; car les caractères d'après lesquels les végétaux peuvent être distribués en différentes classes, sont moins accessibles à nos yeux que ceux adoptés pour la classification des animaux. Théophraste fonde sa division des plantes sur leur grandeur et leur consistance seulement. Il arrive ainsi aux quatre grandes classes suivantes qui ont été adoptées jusqu'à la renaissance des lettres et des sciences : les *arbres*, les *arbrisseaux*, les *sous-arbrisseaux* et les *herbes*.

Théophraste fait connaître les différentes qualités du bois et de la moelle ; il décrit les formes diverses sous lesquelles la racine se développe, et distingue les formes rameuse, fusiforme, tuberculeuse ou bulbeuse ; il cite des exemples de chacune de ces formes.

Théophraste pose comme principe général, que les racines ne pénètrent jamais dans le sol au-delà de la profondeur à laquelle la chaleur du soleil est sensible.

Il divise les feuilles d'après leur grandeur, leur forme et leur position. Il observe avec justesse que leur face inférieure possède une faculté absorbante beaucoup plus énergique que leur face supérieure.

Théophraste fait mention des organes de la fructification ; il distingue des fleurs supères et des fleurs infères, et énumère les différentes espèces de semence. Il y ajoute les moyens de reproduction par racines, boutures et drageons, dont sont susceptibles plusieurs végétaux. Il compare ensuite les plantes sauvages et les plantes cultivées, et montre que celles-ci ne sont point des altérations des premières, que, par exemple, il n'est point vrai que l'orge ait pu être convertie en froment par le fait de la culture, ainsi que quelques ignorants le croient encore aujourd'hui. Il fait connaître les influences du sol et du climat sur la fécondité des plantes, et diverses autres circonstances qui concourent au même résultat : ainsi il explique la caprification, au moyen de laquelle on obtient un plus grand développement des fruits du figuier sauvage (*caprificus*) [2], et qui consiste à déposer sur l'arbre de très petits insectes qui, s'introduisant dans la fleur en fécondent l'ovaire [3]. Théophraste rapporte aussi comment on parvenait à faire fructifier les dattiers femelles ; il dit qu'il suffisait d'agiter sur eux des branches de dattiers mâles.

Ce fait aurait dû le conduire à la découverte des sexes dans les plantes ; cependant il n'en eut aucune idée, bien que souvent il applique aux arbres les termes de mâle et de femelle.

Il mentionne divers palmiers des contrées équatoriales, parmi lesquels on remarque un palmier dichotome ou à tige fourchue, qui croît dans la Haute-Égypte. Traitant des arbres forestiers, Théophraste rapporte par quelles voies, ils se propagent au loin ; il cite comme véhicules, les vents, les inondations, etc. Il distingue les arbres que nourrissent les montagnes, et ceux qui se développent dans les plaines ; il distingue aussi ceux qui ne cessent pas d'être verds et ceux qui perdent leur feuillage, et il fait connaître, pour plusieurs espèces, l'époque à laquelle cette dénudation survient. Il indique encore le temps où la sève monte, et celui de la fructification. Enfin il parle de la rapidité relative du développement de chaque plante.

Théophraste décrit différentes espèces d'arbres et parmi celles des pays chauds, on remarque un *mimosa*, qui est le véritable acacia [4]. On remarque encore une sensitive, qui diffère de la petite espèce cultivée dans nos serres le plus ordinairement. On reconnaît plusieurs autres espèces, par exemple, le citronnier, qu'il appelle pommier épineux de Médie [5], dont le fruit, dit-il, ne se mange pas, mais dont on emploie l'écorce à parfumer les vêtemens ; puis le figuier des Brahmes [6], dont les branches se dirigent vers la terre, et s'y transforment en racines qui, à leur tour, poussent de nouvelles branches destinées à la même transformation, le bananier, dont les longues feuilles imitent les grandes plumes d'autruche ; enfin l'ébénier et le cotonnier. Ce dernier arbuste était connu depuis les conquêtes d'Alexandre, mais il n'avait pas encore été importé en Grèce.

Théophraste parle des plantes marines, et place les éponges à côté des fucus ; cependant il n'ignore pas qu'elles ont plusieurs rapports avec les animaux. En traitant des plantes d'eau douce, il décrit le papyrus, qui était d'une si grande utilité à cette époque, où le parchemin était encore inconnu. Il décrit aussi le lotus, espèce de nymphœa fort commune dans les canaux de l'Égypte.

Il fait connaître la durée de la vie des plantes et leurs maladies, l'âge auquel on coupe les bois, les insectes qui rongent les plantes, et à cette occasion il décrit la larve du cerf-volant qui habite sous l'écorce des chênes. Il remarque que la Corse est le pays où les arbres atteignent la plus grande hauteur.

Théophraste parle, dans le sixième livre de son Histoire, des arbrisseaux, des arbustes, des fleurs de parterre ; dans le suivant, des plantes potagères et de quelques végétaux des champs ; dans le huitième, des céréales et des légumineuses ; et on remarque que le maïs était connu de son temps. Enfin dans le neuvième livre, Théophraste mentionne les sucs que fournissent les plantes, tels que la myrrhe, l'encens, le goudron, la poix, la résine, la gomme. Il parle aussi de quelques aromates, particulièrement de la cannelle, et de plusieurs plantes médicinales, par exemple, de l'ellébore[7], qui de son temps était beaucoup plus employé qu'il ne l'est par les médecins modernes.

Cette histoire des plantes est en quelque sorte une contr'épreuve de celle des animaux, mais elle est de beaucoup inférieure à son modèle. Si Théophraste avait beaucoup d'esprit et d'instruction, il était loin d'avoir le génie d'Aristote ; aussi ne trouve-t-on point dans son ouvrage ces belles et solides généralisations que nous avons admirées dans celui de son maître. Les classifications de Théophraste ont fait place à d'autres, Linnée surtout les a effacées ; mais celles d'Aristote sont encore presque tout entières dans la science.

Néanmoins l'*Histoire des plantes* n'est pas un livre sans mérite. Le nombre des espèces qui y sont mentionnées s'élève à près de quatre cents ; c'est un nombre considérable pour le premier ouvrage de botanique. Ces espèces comprennent une grande quantité d'arbres forestiers, plusieurs arbres à fruits, presque toutes les plantes potagères, les céréales et quelques végétaux des Indes qui n'ont été retrouvés que depuis le XVe siècle.

Théophraste a composé un autre ouvrage relatif à la botanique, il est intitulé : *Traité sur les causes des plantes*. Mais ce n'est pas comme on pourrait le croire d'après le titre, un traité de physiologie végétale. L'auteur y traite de l'influence des circonstances extérieures sur les plantes, telles que les vents, les eaux et l'exposition. Il décrit plusieurs procédés d'agriculture et d'horticulture, par exemple, la marcotte, et il se propose un certain nombre de questions qu'il n'est pas toujours facile de résoudre. Ainsi il se demande pourquoi les plus beaux fruits ne contiennent pas toujours les meilleures semences ; pourquoi les fruits sauvages n'ont pas une saveur aussi douce que ceux des arbres cultivés. Il s'occupe ensuite de questions de physique relatives au règne animal : il recherche pourquoi les animaux exhalent ordinairement une odeur désagréable, tandis que les plantes répandent généralement une odeur suave. Il pense que cette différence provient de ce qu'à l'inverse des plantes, les animaux sont d'une constitution chaude et sèche, et de ce qu'ils rendent par l'évaporation une partie du superflu de leurs alimens. En somme, la physique de Théophraste est inférieure à celle de son maître.

Mais, de même que celui-ci, l'auteur de l'*Histoire des plantes* ne s'est pas borné à l'étude d'une seule branche de l'histoire naturelle ; il a composé quelques petits traités de zoologie assez intéressans. Dans l'un d'eux il a étendu les connaissances que l'on avait sur les productions des Indes ; il parle des poissons qui volent, de ceux qui restent sur les rochers lorsque la mer se retire, d'autres qui séjournent dans la vase des étangs, comme la loche, et qu'on a nommée *Cobitis fossilis*, parce qu'on la rencontre quelquefois dans un limon desséché[8]. Il décrit un poisson des Indes fort singulier, qui sort de l'eau, et a été reconnu il y a une vingtaine d'années seulement par M. Hamilton Buchanan[9]. Ce poisson connu sous le nom d'ophicéphale, vit ordinairement dans le Gange, mais il s'en écarte quelquefois, en rampant sur l'herbe, à une si grande distance, et se rencontre tellement éloigné de toute espèce de cours d'eau, que le peuple le considère comme tombé du ciel[10]. D'après Théophraste il ressemble au muge par la forme arrondie de sa tête, la disposition de ses écailles et les couleurs qu'elles reflètent. C'est aussi ce que les naturalistes modernes ont reconnu.

Dans un autre petit traité sur les animaux qui changent de couleur, Théophraste parle des variations que subit la peau du caméléon, et il donne une assez bonne description du renne que de son temps on croyait susceptible de changer de couleur à volonté. Mais cela n'est qu'une fable basée sur une fausse observation de la nature ; le changement qui s'effectue dans le pelage du renne est un résultat des saisons ; l'été il est brun, et l'hiver il devient blanc ; cette dernière couleur est en effet plus favorable que l'autre à la conservation de la chaleur.

Théophraste, dans un troisième opuscule sur les animaux qui apparaissent subitement, parait vouloir rejeter la génération spontanée des grenouilles et des crapauds qui couvrent tout-à-coup la terre après des pluies chaudes, et que de son temps on croyait être tombés du ciel avec la pluie. Il montre la même disposition à l'égard des mouches qui naissent en quantité considérable sur les substances putréfiées, et que l'on supposait, comme Aristote l'avait fait, avoir été engendrées par la putréfaction elle-même. Il parle dans le même sens des souris des champs et de plusieurs autres animaux[11].

Après les deux ouvrages de Théophraste sur la botanique, le plus remarquable de ses traités est celui des *pierres*, qui décrit une grande quantité d'espèces. Théophraste avait encore composé un ouvrage de minéralogie où il traitait spécialement des métaux ; mais il n'est pas parvenu jusqu'à nous. Théophraste pensait que les pierres étaient un produit de la terre, et que les métaux avaient l'eau pour origine. Il aurait été curieux de voir le développement de cette dernière opinion[12]. Il établit une sorte de classification pour les pierres : il les divise d'après leur dureté et leur cohésion ; puis, suivant qu'elles sont ou ne sont pas fusibles ; et il subdivise ces dernières en pierres calcinables et en pierres inaltérables au feu. Il rapproche les unes des autres les substances minérales qui possèdent des propriétés semblables, comme l'ambre et l'aimant, dont la vertu est d'attirer à eux certains corps. Il fait les usages de la pierre de touche, mentionne les divers moyens de pétrification, et désigne les eaux incrustantes.

De ces généralités, Théophraste descend aux descriptions particulières, il parle des diverses espèces de marbre, du marbre de Paros, du marbre pentélique tiré du mont Pentélien, situé près d'Athènes[13], du dépôt calcaire connu sous le nom d'albâtre, et de plusieurs autres matières calcaires employées par les sculpteurs et les architectes de son temps. Il mentionne les pyrites ou pierres qui produisent des métaux en brûlant comme le charbon. Il parle de la houille et de ses diverses espèces et compare l'ambre, avec raison, à une variété de ce minéral que fournissait la Ligurie[14]. Il désigne plusieurs pierres ponces, et nomme l'une d'elles pierre de Lipari, parce qu'on en trouvait considérablement dans cette île ; du reste il connaît parfaitement leur origine volcanique. Il décrit aussi l'amiante[15], qui résiste à l'action du feu, et une autre matière semblable au bois pourri, qui brûle avec projection de flamme lorsqu'elle est imbibée d'huile.

Theophraste traite ensuite des pierres susceptibles d'être gravées et qu'on a nommées précieuses, telles que l'escarboucle, la cornaline, le jaspe, le saphir ; il dit que cette dernière présente un fond bleu parsemé de taches d'or : cette désignation nous apprend que Théophraste n'a point connu la gemme que nous nommons particulièrement saphir, mais seulement le lapis lazuli. Il rapporte, en parlant des émeraudes, qu'un roi d'Égypte en avait reçu d'un prince d'Éthiopie qui étaient hautes de quatre coudées ; avec quatre d'entre elles on avait pu faire un obélisque. Jusqu'à ces derniers temps on avait douté de l'exactitude du récit de Théophraste qui lui même ne paraît pas y avoir ajouté beaucoup de foi, car il fait remarquer qu'on le trouve consigné seulement dans les écrits des Égyptiens ; mais il y a une vingtaine d'années, M. Lelièvre[16] ayant trouvé près de Limoges des cristaux d'émeraudes, qui, sans égaler les dimensions de ceux du roi d'Égypte, et bien que dépourvus de brillant et de transparence, avaient pourtant plusieurs pieds de longueur, on peut croire que le récit égyptien n'est pas controuvé. Du reste les anciens donnaient souvent le nom d'émeraudes aux tourmalines et à plusieurs autres pierres vertes. Théophraste connaissait encore d'autres minéraux précieux, tels que l'hyacinthe[17], l'améthiste, qu'il désigne sous le nom de pierre d'Héraclée, le cristal de roche, l'onyx qu'on retire de certaines pierres en les cassant, l'agathe dont le nom est tiré de celui du fleuve Achates[18], et le jaspe qu'on trouve parmi les sables de la Bactriane. Théophraste en parlant de la pierre de magnésie qui a l'éclat de l'argent et dont on se servait pour faire des vases, la distingue très-bien de l'aimant ; il dit formellement qu'elle n'a point de propriété attractive ; ainsi ce n'est pas lui qui a occasionné l'erreur que l'on a commise en nommant magnétiques les phénomènes produits par l'aimant.

Théophraste n'a pas confondu non plus les perles avec les pierres précieuses. Il dit que les premières sont le produit d'un coquillage de la mer des Indes.

De son temps on avait extrait de la terre des débris organiques ; car il parle d'ivoire fossile, de bleu d'Arménie[19], de roseaux pétrifiés, etc.

Lorsqu'il traite de l'emploi des substances minérales, il décrit les procédés de la fabrication du verre avec le sable ; il désigne les diverses matières colorantes usitées en peinture, telles que l'ocre naturelle, l'ocre brûlée, le verdet gris, ou vert-de-gris[20], le vermillon, la céruse[21], le cinabre. De son temps les Phéniciens allaient ordinairement chercher cette dernière substance en Espagne ; mais on en tirait aussi de Colchide, qui passait pour avoir été obtenue à coups de flèches, du sommet des rochers escarpés où elle était accumulée. Cette fable avait sans doute été inventée par les marchands, afin de pouvoir demander aux acheteurs un prix plus élevé. Du reste Théophraste savait bien que le cinabre convenablement traité produit du mercure ; il le dit positivement. Enfin il parle des diverses espèces de marnes et de leurs usages, puis du plâtre que déjà l'on employait à mouler des figures et des ornements pour l'intérieur des habitations.

Vous voyez, messieurs, que Théophraste a fondé la botanique et la minéralogie comme Aristote avait créé la zoologie. C'est sous l'influence et d'après l'excellente méthode de ce dernier, que les sciences naturelles reçoivent un grand développement dans le Lycée, et atteignent en peu d'années un haut degré de perfection à plusieurs égards. Si l'heureuse impulsion donnée par Aristote eût survécu plus longtemps à sa cause ; si l'on eût continué de recueillir, comme lui, des faits et de les comparer pour en tirer des inductions, les sciences, sans aucun doute, auraient fait alors les progrès qu'elles ont faits depuis Bacon[22], sous l'influence de la méthode péripatéticienne enfin tirée de l'oubli. Mais après la mort de Théophraste, la Grèce fut bientôt en proie à des troubles politiques qui brisèrent la chaîne des travaux progressifs de l'esprit humain. C'est à peine si on put continuer à Athènes les études spéculatives qui n'exigent aucun déplacement, aucune recherche extérieure. Les savants se réfugièrent presque tous à Alexandrie. Mais même dans le Musée, l'activité qui était due à l'exemple et à l'influence d'Aristote se ralentit bientôt. Quelques philosophes adoptèrent les idées vagues qui commençaient à dominer dans la capitale de l'Égypte ; d'autres par indolence ou autrement abandonnèrent les observations directes. Peut-être la faculté de disposer de la riche bibliothèque fondée par Ptolomée contribua-t-elle aussi à ces déplorables résultats. On voulut connaître sans doute tous ces ouvrages qui renfermaient le travail des générations passées, et au lieu de recueillir des faits nouveaux, on employa son temps à discuter ceux que les livres rapportaient. À la vérité de ce travail naquit la critique ; mais on peut dire qu'alors elle était prématurée. Les savans, émigrés de la Grèce, appliqués donc à l'étude de l'histoire, des mathématiques, de la poésie et des arts, ne cultivèrent plus les sciences naturelles que dans leurs rapports avec la médecine. Il se forma une classe d'hommes, appartenant presque tous à l'école péripatéticienne qui ne s'occupèrent point de la botanique pour elle-même, c'est-à-dire dans des vues scientifiques, dans le but de découvrir les lois de la nature végétale, mais seulement pour distinguer les plantes dont les sucs pouvaient être appliqués au traitement des maladies. Ces hommes, qu'on appelait *rhizotomes*, étaient en quelque sorte des herboristes, et n'obtenaient pas une considération égale à celle qu'on avait pour les médecins ; cependant ils étaient, assez généralement, fort loin d'être dépourvus de connaissances générales, et plusieurs d'entre eux ont rendu des services à la science. Tels sont, par exemple, Euthydème d'Athènes[23], qui le premier cultiva le melon, dont la semence avait été apportée de la Perse ou de l'Inde ; puis Cléarque[24], qui introduisit le prunier ; Phragas d'Érèse[25] et quelques autres dont les noms n'ont pas été perdus.

Mais les médecins se livrèrent à cette époque à des travaux beaucoup plus remarquables. Un siècle auparavant l'anatomie n'existait point ; Hippocrate, comme vous le savez, puisque je l'ai dit précédemment, ne connaissait de la structure du corps humain que ce qui est visible à l'extérieur (ce que les artistes avaient remarqué comme lui), et que ce que le traitement des blessures lui avait fourni l'occasion d'observer. Alcméon, il est vrai, avait acquis quelques idées sur la structure interne des animaux ; mais les absurdes préjugés de son temps l'avaient empêché de les publier et de continuer ses recherches, et Héraclite, qui s'était livré aux mêmes études, avait été obligé de se réfugier au milieu des champs de repos pour se procurer quelques débris de squelettes. La science n'existait pas avant Aristote. C'est lui qui, par l'étude de l'anatomie comparée, acquit, en peu de temps, des connaissances générales assez exactes sur la structure animale, et qui même distingua souvent, avec beaucoup de justesse, la différence d'organisation que présente le passage d'un animal à un autre. Cette impulsion fut suivie par les médecins et appliquée à l'espèce humaine. Mais c'est en Égypte qu'allèrent les hommes qui voulurent étudier l'anatomie humaine ; la pratique des embaumemens, qui exige l'ouverture des cavités splanchniques, y avait nécessairement produit quelques notions sur la disposition et la forme des principaux viscères, et elle permettait d'ailleurs de faire de nouvelles observations. En Grèce, au contraire, il était impossible d'acquérir une instruction anatomique quelque peu étendue; la mutilation d'un cadavre dans un but quelconque, y passait pour une profanation horrible, pour un crime digne de mort.

Lorsque les Ptolomées furent maîtres de l'Égypte, l'utilité des voyages faits dans ce pays, en vue d'étudier l'anatomie s'accrut considérablement. Ces souverains éclairés, et désireux de procurer aux sciences de nouveaux développemens, permirent à plusieurs médecins grecs de disséquer des cadavres. Ainsi protégés par l'autorité royale, ils ne furent plus exposés à la violence du peuple; mais ils devinrent l'objet d'atroces calomnies: on alla jusqu'à les accuser d'avoir disséqué des hommes vivans.

Le premier médecin grec qui se soit rendu en Égypte pour étudier l'anatomie, est Praxagoras[26], asclépiade de l'île de Cos, contemporain de Théophraste, et probablement aussi d'Aristote, dont il aurait été le disciple. C'est lui qui a donné aux ramifications de l'aorte le nom d'artères et les a nettement distinguées des veines. Il a fait voir qu'après la mort celles-ci contiennent ordinairement du sang, et qu'au contraire les artères sont complètement vides. Il découvrit aussi que ces derniers vaisseaux étaient le siége du pouls. Hippocrate, à la vérité, et même des médecins de beaucoup antérieurs à lui, consultaient le pouls de leurs malades pour s'assurer de leur état; mais c'était sans avoir aucune idée sur le siége de ce mouvement: et Praxagoras, qui en fit la découverte, ne paraît pas même avoir soupçonné le phénomène capital de la circulation du sang.

Deux autres médecins grecs, Hérophile et Erasistrate, qui vécurent principalement en Égypte, surpassèrent bientôt Praxagoras.

Hérophile[27], né en Chalcédoine, appartenait à la famille des Asclépiades. Il avait été élève de Praxagoras, et devint médecin du fils de Ptolomée Lagus. Le premier il a distingué les nerfs des ligamens, des tendons et des autres tissus avec lesquels on les confondait, et il a reconnu leurs fonctions spéciales, celles d'être les organes de la volonté et des sensations. Le cerveau a particulièrement fixé son attention: il a décrit d'une manière détaillée plusieurs parties de cet organe, par exemple, les plexus choroïdes[28], le calamus scriptorius[29], la courbure des corps striés et cette disposition vasculaire qui porte encore aujourd'hui le nom de *pressoir* d'Hérophile[30]. Il a aussi décrit les membranes internes de l'œil, l'os qui supporte la langue, et la veine pulmonaire, à laquelle il a donné le nom de veine artérielle. Le nom de duodénum a de même été donné par lui à la partie de l'intestin que nous désignons encore par cette appellation. Enfin, il découvrît l'isochronisme des battemens du cœur et des artères. Il semble qu'alors il était bien près d'atteindre l'importante vérité qui a rendu Harvey[31] illustre; cependant il ne l'entrevit pas plus que Praxagoras: tant la plus simple induction est difficile lorsqu'elle sort des idées reçues.

Erasistrate[32], le second des médecins grecs que nous ayons nommés, après celui qui distingua les artères des veines, était, comme ce dernier, de l'île de Cos[33]. Il suivit pendant quelque temps les leçons d'Aristote, dont il était petit-fils[34], et, après la mort d'Aristote, il s'attacha à Théophraste. La première école publique de médecine fut ouverte par lui à Smyrne[35]; elle se perpétua pendant plus de quatre siècles. Devenu médecin de Séleucus Nicanor[36], chacun sait de quelle sagacité il fit preuve en découvrant l'amour d'Antiochus pour sa belle-mère Stratonice, et en trouvant le moyen de le guérir[37]. Il quitta ensuite la Syrie, et se rendit à Alexandrie, où il étudia l'anatomie humaine et celle des animaux, avec beaucoup d'ardeur. Aristote avait comparé d'une manière générale le cerveau de l'homme et celui des animaux; Érasistrate en fit une comparaison détaillée, en rapprochant chaque partie l'une de l'autre. C'est à lui que remonte la découverte fondamentale en physiologie, que tous les nerfs communiquent avec le cerveau, soit directement, soit par l'intermédiaire de la moelle épinière. En ouvrant un chevreau qui venait de têter, il distingua aussi, le premier, les vaisseaux lactés. Il les nomma ainsi parce qu'il était sûr que la liqueur blanche dont il les voyait remplis était le lait que l'animal avait extrait des mamelles de sa mère.

Érasistrate eut de nouvelles idées sur la structure du cœur; il en a décrit les valvules triglochides, et s'est approché ainsi un peu plus qu'Hérophile de la découverte de Harvey, préparée par celle de Fabricius d'Aquapendente[38]. Cependant il fut bien loin même de soupçonner la grande fonction de la circulation, car il croyait que l'air se rendait dans le cœur à travers les artères et les poumons, et il basait sa pratique médicale sur cette opinion.

Érasistrate et Hérophile étaient très-savans en botanique; mais aucun de leurs ouvrages, sur cette science et sur les autres branches de la médecine, n'est parvenu jusqu'à nous. Nous en devons la connaissance au témoignage de Galien[39].

Quelques voyageurs allèrent au loin chercher des lumières, pendant que les savans du Musée faisaient faire des progrès aux sciences de cabinet. Mégasthènes[40], par exemple, fut dans l'Inde par ordre de Nicanor, visita un roi de cette contrée nommé Sandrocottus[41], et à son retour écrivit une relation de son voyage, que nous ne possédons pas, mais dont quelques fragmens ont été conservés par Strabon, Josèphe[42], Arrien, Élien, Athénée[43] et autres. Plusieurs animaux ou plantes remarquables y sont décrits des singes blancs à face noire, des coquillages où se trouvent des perles, des bambous à dimensions extraordinaires, etc. Comme toutes les relations de voyages qui nous viennent des anciens, celle de Mégasthènes renferme plusieurs fables. Mais dans ce cas il ne faut pas refuser pour le reste toute confiance à l'auteur, car il arriverait fréquemment qu'on se priverait ainsi de sources d'informations fort utiles. Il faut seulement avoir le soin de ne pas confondre les faits que l'auteur déclare avoir vus avec ceux qu'il ne rapporte que comme des ouï-dire. Ainsi, Mégasthènes dit qu'il existe dans l'Inde des hommes dont les pieds ont une direction opposée à celle des nôtres, le talon est en avant et les doigts en arrière. Cette relation n'est pas une fable inventée par l'auteur, c'est une tradition qu'il a recueillie dans le pays, car des missionnaires rapportent que dans les contrées visitées par Mégasthènes, les peuplades prétendent que des génies malfaisans viennent quelquefois les tourmenter pendant la nuit, et que ces génies ont les pieds retournés. Sans le récit de Mégasthènes, nous n'aurions pas su que cette tradition remonte à plus de deux mille ans. C'est un fait moral très-curieux à constater.

On regardait aussi comme complètement fausse l'assertion de Mégasthènes, relative à l'existence dans le midi de l'Inde de plusieurs espèces d'ours. C'était encore à tort: depuis cinq ou six années, on y a découvert trois ou quatre espèces de ces animaux, entr'autres celle de l'ours jongleur[44].

Vous savez que les premiers Lagides favorisèrent puissamment les sciences [*cf.* tableau pp. 258-259] : Ptolomée Lagus fonda la bibliothèque d'Alexandrie, qui contenait quatre cent mille volumes ; Philadelphe, son second fils et son successeur, encouragea les recherches d'histoire naturelle en cultivant lui-même cette science.

Le troisième des Ptolomées, Évergètes[45], malgré de grands défauts, ne protégea pas moins les sciences et les savans que ses prédécesseurs ; il augmenta beaucoup la bibliothèque d'Alexandrie et laissa quelques mémoires. On a trouvé, sur les frontières de la Nubie, une inscription qui rappelle son expédition de Syrie. Ce fut dans ces guerres qu'il employa pour la première fois les éléphants d'Afrique. Supérieurs en force et en courage à ceux de l'Inde, dont son ennemi se servait, il attribua ses victoires à ces animaux.

Philopator[46], le quatrième des Ptolomées, après avoir vécu d'une manière très désordonnée, laissa à son fils Épiphane[47], âgé seulement de cinq années, un royaume conduit par des Hommes et des femmes de mauvaise vie. Les seigneurs égyptiens ne s'accordèrent pas sur le choix du régent : ils jugèrent convenable de sien rapporter à cet égard aux Romains. Ceux-ci leur envoyèrent Marcus Lepidus[48] ; mais bientôt il fut obligé de remettre sa tutelle à Aristomène d'Acarnanie[49], qui la conserva jusqu'à la majorité d'Épiphane. À peine ce jeune homme eut-il pris les rênes de l'état, que de nouveaux désordres, suscités par les Romains, éclatèrent, et alors les sciences commencèrent à déchoir en Égypte.

Sous le sixième des Lagides, Ptolomée Philométor[50], plusieurs ouvrages rares furent achetés, mais tous n'étaient pas authentiques, il s'en fallait, et de là résulta un nouveau développement de la critique, qui était née avec la bibliothèque fondée par Lagus[51].

Outre les naturalistes dont nous avons parlé, l'école d'Alexandrie eut alors et antérieurement plusieurs savans d'un autre ordre. C'est à elle qu'appartient Euclide, dont les élémens de géométrie ont obtenu un si long succès ; Eratosthènes, qui, le premier essaya de mesurer un degré du méridien, pour évaluer le diamètre de la terre, et fit ainsi le premier essai d'une carte du globe ; Conon[52], astronome, célèbre pour avoir reconnu dans le ciel la chevelure de Bérénice qui avait été dérobée à l'autel de Vénus, dans le temple élevé par Philadelphe en l'honneur de son épouse Arsinoé ; Hipparque[53], qui fleurit sous Philométor, le sixième des Lagides, et à qui nous devons la découverte de la précession des équinoxes, ainsi que le premier catalogue d'étoiles qui ait été composé. Ce grand astronome avait à lui seul fait faire à la science les progrès de plusieurs siècles, car après sa mort l'astronomie resta stationnaire pendant un espace de trois cents ans. Enfin, nous joindrons aux savans d'Alexandrie, Aratus[54], qui avait écrit un poème sur les constellations, et un autre sur l'anatomie conforme aux notions d'Erasistrate.

Le septième des Ptolomées[55], surnommé Physcon[56], fut vindicatif, cruel et débauché. Pendant son règne les savans furent obligés de quitter l'Égypte, parce qu'ils n'y trouvaient pas la liberté de penser, indispensable aux progrès de la science. Il en résulta une sorte de rétablissement de ce qui avait existé autrefois. Au temps des troubles occasionnés en Grèce par les guerres des successeurs d'Alexandre, les savans étaient allés chercher un asile dans le royaume du premier Ptolomée. La tyrannie de Physcon rendit d'autres savans à la Grèce. Pour subsister, ceux-ci y enseignèrent dans les îles et sur le continent, et ils y firent ainsi refleurir les bonnes études pendant quelque temps.

Physcon, qui occasionna la dispersion des savans de son royaume, n'était pourtant pas un homme dépourvu de lumières, il s'en fallait de beaucoup, car il avait commenté Homère, et avait composé un ouvrage d'histoire naturelle où il traitait des poissons de quelques-unes des rivières de l'Afrique. C'est lui qui, le premier, parvint à faire reproduire les faisans qu'il avait obtenus de Médie. Ils multiplièrent assez pour qu'il eût été possible d'en servir sur sa table; mais il voulut s'en abstenir comme d'un luxe excessif. Il rapporte que pendant un séjour à Rome, il fut étonné de la grande quantité de paons qui y existaient: déjà c'étaient des oiseaux fort communs dans cette ville, et cependant ils n'avaient été découverts, comme vous le savez, que pendant l'expédition d'Alexandre.

À l'époque de la dispersion des Alexandrins, la bibliothèque de Pergame, qui avait été fondée sous Eumène II[57], petit-fils d'Eumène[58], fondateur du royaume, commença à s'accroître.

Il s'établit à ce sujet entre les rois d'Égypte et ceux de Pergame, une extrême rivalité. Eumène recherchait et faisait copier tous les bons livres, et tirait pour ce travail beaucoup de papyrus d'Égypte. Ptolomée, qui ne voulait être surpassé, ni même égalé par aucun roi dans son amour de la science, défendit l'exportation du papyrus. Cette interdiction fit découvrir aux savans de Pergame le moyen de rendre les peaux de moutons propres à recevoir l'écriture, en d'autres termes de faire le parchemin (*carta pergamena*). Cette invention fut de la plus précieuse utilité, car sans elle la plupart des manuscrits de l'antiquité auraient été détruits. Le papyrus formé de simples tiges de roseau, battues et aplaties, offrait infiniment moins de résistance aux causes destructrices qu'une peau d'animal, et à la renaissance des lettres il n'existait presque plus de manuscrits de papyrus. Depuis lors on en a découvert quelques-uns dans les momies ; mais c'est à peine aussi si on a pu en tirer quelque parti. Le nombre de volumes que fit copier Eumène est considérable pour le temps; il s'élève à deux cent mille.

Après Physcon, l'Égypte eut un prince encore plus barbare que lui. La ville de Thèbes s'étant révoltée contre son gouvernement, Lathyre[59] en chassa les habitans, en fit raser les temples, les palais, et il n'y resta que ce qu'il ne put détruire. Les savans furent aussi très mal traités par lui ; il chassa le petit nombre de ceux qui étaient restés en Égypte. Toutefois, c'est sous son règne, que fleurit le péripatéticien Agatharchides[60]. Ce philosophe était de Gnide, et probablement Asclépiade. Il vécut presque toujours en Égypte, et servit même de tuteur à Alexandre II, le dixième des Ptolomées[61]. Le fragment de ses écrits qui nous a été conservé par Photius, nous apprend qu'il s'était livré avec beaucoup de succès à l'étude de l'histoire naturelle: on y trouve décrites les diverses nations qui s'étaient fixées sur les bords de la mer Rouge, le genre de nourriture qu'elles prenaient, et leurs mœurs. Les côtes de l'Abyssinie présentaient alors des peuples qui se nourrissaient de sauterelles, et d'autres qui mangeaient la chair des bêtes féroces. Les animaux des mêmes pays, et surtout ceux qui avaient été transportés à Alexandrie, sont aussi caractérisés dans le fragment d'Agatharchides. Il décrit, par exemple, avec assez d'exactitude, le rhinocéros, la giraffe, qu'il nomme *camelo pardalis*, ou chameau léopard[62], différentes variétés de singes, et une espèce de hyène nommée *crocotta*[63]. Il décrit aussi la pintade. Il mentionne des sources chaudes qu'on trouve en certaines contrées de l'Afrique, des mines d'or et le mode de leur exploitation.

En somme, le fragment d'Agatharchides est très précieux pour l'histoire naturelle de l'Afrique. Ce philosophe péripatéticien fut le dernier naturaliste de la période grecque à Alexandrie : les sciences disparurent bientôt de l'Égypte, et ce pays ne tarda pas à tomber sous la domination des Romains, qui n'estimaient guères que les connaissances applicables à l'art de la guerre. Nous rechercherons cependant quel était l'état des sciences chez ce dernier peuple qui devint le maître de l'univers connu ; mais auparavant nous parlerons de quelques travaux exécutés au milieu des troubles, dans les pays autrefois remarquables par la culture des sciences. Ce sera le sujet du commencement de notre prochaine séance.

NOTES

1. [Bien que classés traditionnellement dans le royaume des plantes, les truffes et les champignons ne sont plus considérés comme plantes, mais font désormais partie d'un règne distinct, celui des Fungi ou Mycètes. On trouve parmi les caractéristiques les distinguant du règne des plantes leur hétérotrophie, la nature de leurs structures de reproduction, et la présence presqu'universelle de chitine, que l'on trouve également dans la peau de nombreux animaux invertébrés tels que dans l'exosquelette des insectes. Le Règne Fongique se divise en différentes classes basées sur la variation de ces caractéristiques, en particulier celles concernant les modes de reproduction.]
2. [En référence à la figue commune (*Ficus carica sylvestris*), figue sauvage non comestible, adaptée à la méthode de pollinisation de l'insecte à figue ou guêpe lilliputienne nommé blastophage (du genre *Blastophaga*), qui comprend tous les membres de la famille des petites guêpes de l'ordre Hyménoptère. Les guêpes à figue naissent des œufs déposés à l'intérieur de la figue. Le mâle sans ailes émerge du sycone dans lequel il s'est développé, part à la recherche d'une figue femelle où il y créera un orifice pour y fertiliser la femelle. Il mourra ensuite à l'intérieur de la figue. La femelle émerge de la figue – si fécondée, par l'orifice créé par le mâle, ou si elle n'a pas été fécondée, par un orifice de sa fabrication – et se dirige vers l'ostiole (partie opposée de la tige) car elle doit déposer ses œufs dans une seconde figue. Avant de quitter sa figue natale, elle passera par de nombreuses fleurs mâles d'où elle en émergera couverte de pollen. Le rôle des blastophages femelles dans la pollinisation de certaines figues comestibles, en particulier la figue de Smyrne, est primordial pour le producteur de figues, car les figues les plus rentables nécessitent le processus de fécondation pour mûrir. Bien qu'elle ne soit pas capable de déposer ses œufs à l'intérieur de la figue comestible (elle doit les déposer à la base du pistil, et le pistil des figues cultivées sont plus longues que leur fécondateur), elle transporte avec elle le pollen qui servira à féconder les figues et les fera mûrir. Les femelles non-fécondées jouent le même rôle dans le processus de pollinisation.]
3. Ces insectes n'ont pas par eux-mêmes de propriété fécondante ; ils sont seulement porteurs du pollen nécessaire à la fécondation. [M. de St.-Agy.]
4. [Mimosa, nom qui désigne tout membre du genre (*Mimosa*) composé de plus de 450 plantes dans la famille du mimosa (Mimosacées), espèce native des zones tropicales et subtropicales des deux hémisphères. Le nom mimosa vient du mouvement des feuilles de certaines espèces qui « mimiquent » la sensibilité animale. La plupart des espèces de la famille du Mimosa sont herbacées ou arbustives ; certaines sont des plantes grimpantes, et quelques-unes sont des arbres. Ce sont des plantes souvent épineuses. Les feuilles de la plupart de ces espèces sont bipennées (feuilles en forme de plume à deux folioles). Les racines de certaines de ces espèces sont toxiques ; d'autres enferment des substances irritantes pour la peau. Les Mimosas donnent leur nom à la famille des Mimosacées (de l'ordre des Fabales) dont les membres se caractérisent par de petites fleurs de forme régulière à la corolle valvulée. De nombreuses espèces du genre Acacia sont communément, mais à tort, appelées mimosas.]
5. [Média, ancien pays du nord-ouest de l'Iran, correspondant aux régions modernes de l'Azerbaïdjan, du Kurdistan, et d'une partie du Kermanshah. Média est mentionné pour la première fois dans les annales du roi Assyrien Salmanazar III (858-824 av. J.-C.), lequel fait référence aux habitants du pays de « Mada » (voir Luckenbill (Daniel David), *Ancient Records of Assyria and Babylonia, vol. 1 : Historical records of Assyria, from the earlist times to Sargon*, Chicago : University of Chicago Press, [c. 1926], 297 p.) Ces habitants seront connus sous le nom des Mèdes.]
6. [Le figuier de Brahman est le figuier des Banyans (*Ficus benghalensis* ou *F. indica*), arbre de forme inhabituelle du genre *Figus*, de la famille des Moracées, native d'Asie tropicale. Les racines aériennes se développent en branches et prennent racine une fois qu'elles touchent terre pour devenir de nouveaux troncs. Le banian peut atteindre une hauteur de trente mètres et se propager au sol indéfiniment. Au fil du temps, un arbre peut donner l'apparence d'un fourré, de par son enchevêtrement de racines et de troncs.]

7. [Hellébore, membre d'un des deux genres de plantes herbacées toxiques, le *Helleborus* et le *Veratrum*, dont certaines espèces sont cultivées comme plantes décoratives dans les jardins. *Helleborus*, de la famille des boutons d'or Ranunculacées, comprend une vingtaine d'espèces de plantes perpétuelles natives d'Eurasie. Le genre Veratrum, de la famille des Liliacées, se compose d'environ quarante-cinq espèces, aussi appelées fausses hellébores, lesquelles sont principalement natives des zones humides de l'hémisphère nord].
8. [*Cobitis fossilis*, aujourd'hui connu sous le nom de *Misgurnus fossilis*, poisson d'eau douce Européen de la famille des Cobitidés, d'une couleur jaunâtre, de vingt-cinq centimètres de long, rayé et tâché de brun; comme le poisson d'eau douce japonais (*M. anguillicaudatus*), il est ainsi nommé pour son intense activité lors de périodes de changement rapide de pression barométrique, comme il peut se produire avant une tempête (voir Erman (P.), « Untersuchungen über das Gas in der Schwimmblase der Fische, und über die Mitwirkung des Darmkanals zum Respirationsgeschäfte bei der Fischart *Cobitis fossilis* (Schlammpitzger) », *Annalen der Physik*, Leipzig, 1808, t. 30, pp. 113-160.)]
9. [Francis Hamilton, également connu sous le nom de Hamilton-Buchanan (1762-1829), était un médecin au service de la Compagnie Anglaise des Indes Orientales, qui voyagea sous les ordres du gouverneur de l'Inde dans les régions de Mysore, Canara, et Malabar en 1800 pour étudier entre autres l'histoire naturelle de ces pays. En 1822, il publia à Edinbourg *L'Histoire des Poissons du Gange et de ses Affluents, in quarto, avec un atlas de trente-neuf planches* (pour plus d'information sur Hamilton, voir Gudger (Eugene W.), « Pliny's Historia naturalis. The Most Popular Natural History Ever Published », *Isis*, n° 6 (3), 1924, pp. 269-281; Mearns (Barbara) & Mearns (Richard), *Biographies for birdwatchers, the lives of those commemorated in western Palearctic bird names* [illustrated by Rees Darren], London; San Diego: Academic Press, 1988, xx + 490 p.)]
10. [Du genre *Ophicephalus*, aujourd'hui appelé *Channa*, tête de serpent de la famille des Channidés; ce genre comprend environ dix-huit espèces de poissons d'eau douce tropicaux que l'on trouve uniquement en Asie du sud-est. Pourvu d'un corps cylindrique et d'une tête allongée, il est muni de branchies qui lui permettent de respirer hors de l'eau.]
11. Il paraît que les opinions d'Aristote sont restées dans l'esprit de quelques savants, car un jour que je me promenais dans le jardin de M. Azaïs [Pierre Hyacinthe Azaïs, philosophe français, 1766-1845], il me fit remarquer un amas assez considérable de matières végétales décomposées, sous lesquelles il avait placé un petit vase rempli d'eau distillée, et dans lequel il pensait que de petits animaux seraient créés de toutes pièces, par la seule action de la chaleur sur les éléments du liquide. Je ne me suis pas informé du résultat de l'expérience qui devait durer, je crois, une année; mais malgré cela, je doute fortement que l'ingénieux auteur de l'Explication universelle ait obtenu le succès qu'il espérait. [M. de St.-Agy.] [Pierre-Hyacinthe Azaïs (né le 1er mars 1766 à Sorèze en France; mort le 22 janvier 1845 à Paris), philosophe français à ne pas confondre avec son père du même nom (1743-1796) professeur de musique à Sorèze et Toulouse, compositeur de musique sacrée dans le style de Gossec – dont l'optimisme se fondait sur la théorie que l'expérience humaine est imprégnée d'un équilibre naturel et harmonieux entre la foi et la tristesse, et que c'est dans cet équilibre que réside le sens de la vie. Il prêcha sa théorie dans l'ouvrage qui lui apporta la renommée, *Des compensations dans les destinées humaines* (Paris: Garnery & Leblanc, 1809, 3 vol.) Dans un ouvrage suivant, *Système universel* (Paris: Garnery & Leblanc, 1809-1812, 8 vol.), il continua à développer sa théorie en la rapprochant de certains concepts cosmologiques. Au centre de son ouvrage se trouve la notion que toute expérience (passée, présente, et future) s'explique par l'interaction entre deux forces, l'expansion et la compression.]
12. S'il est vrai, comme M. Longchamp a annoncé il y a quelques jours l'avoir découvert que plusieurs métaux, le fer par exemple, soient de l'hydrogène combiné avec une base, l'opinion de Théophraste ne serait plus complètement inexacts. [Voir Longchamp, «Théorie des acides hydrogénés», *Comptes rendus hebdomadaires des séances de l'Academie des Sciences*, Paris: Bachelier, 1835, p. 89]. [M. de St.-Agy.]
13. [Pentélique désigne une variété de marbre blanc ressemblant au marbre de Paros, mais plus dense et d'un grain plus fin, originaires du mont Pentélien dont les carrières apparemment inépuisables y furent exploitées sans interruption depuis l'antiquité. Le Parthénon, les Propylées, ainsi que d'autres monuments athéniens furent construits à partir de ce marbre blanc, et les célèbres sculptures connues sous le nom des marbres d'Elgin furent également sculptées dans ce marbre.]
14. [La Ligurie est la troisième plus petite région d'Italie, bordant la mer Ligure au nord-ouest de l'Italie. Cette région comprend les provinces de Gênes, Impéria, La Spezia et Savone.]
15. [Amiante, parfois appelé lin de pierre ou de terre, est une variété d'Asbestos à texture fibreuse.]
16. [« Lors d'un récent voyage d'exploration, le citoyen Lelièvre, membre du Conseil des Mines, fit la découverte d'une mine d'émeraudes, lesquelles sont tant abondantes qu'elles sont utilisées dans le pays pour paver les routes. On les trouve dans les environs de Limoges, mélangées au granit, souvent de forme irrégulière, et parfois cristallisées, mais leur couleur et leur transparence ne sont pas belles », (voir Mons (J. B. van), « (Découverte) De l'émeraude (en France) [extrait d'une lettre du citoyen Vauquelin au rédacteur] », *Journal de Chimie et de Physique, ou Recueil périodique des découvertes dans les sciences chimiques et physiques, tant en France que chez l'étranger*, vol. 2, 1802, p. 218; Nicholson (W.), « Discovery of the Emerald [7 articles extraits de la lettre du Cit. Vauquelin au Cit. Van Mons] », *Journal of Natural Philosophy, Chemistry and*

the Arts, Scientific News, London, n° 1, 1802, p. 238; Phillips (R.), « Varieties, literary and philosophical, including notices of works in hand, domestic and foreign », *The Monthly Magazine or, British Register*, vol. 29 (1), February 1810, p. 72).]

17. [Hyacinthe, aussi appelé Jacinthe, est une variété rouge, orange ou jaune de la pierre précieuse zirconium.]
18. [La rivière Achates en Sicile où l'agate fût probablement trouvée pour la première fois.]
19. [Pierre Arménienne ou pierre d'azur, nom donné par les anciens au lapis-lazuli, pierre précieuse de couleur bleu azur opaque.]
20. [Vert-de-gris, pigment toxique vert ou verdâtre provenant de l'action de l'acide acétique sur le cuivre, contenant un ou plusieurs acétates de cuivre.]
21. [La céruse aussi appelé blanc de plomb, est un pigment blanc à base de plomb utilisé dans les peintures destinées à un usage extérieur.]
22. [Roger Bacon, voir Leçon 23.]
23. [Euthydème d'Athènes, à ne pas confondre avec Euthydème (*fl.* à la fin du IIIe siècle av. J.-C.), roi de Bactrie qui, en 208 av. J.-C., fut attaqué et plus tard vaincu par Antioche III (242-187 av. J.-C., près de Susa, Iran), roi de l'Empire Hellénistique syrien de 223 à 187 av. J.-C.]
24. [Cléarque de Sparte (mort en 401 av. J.-C.), officier de l'armée spartiate, reconnu pour son rôle de commandeur des Dix Mille (voir Leçon 6, notes 25, 28). Envoyé en 410 pour gouverner Byzance, il se rendit impopulaire par sa discipline stricte, et Alcibiade prit possession de la cité en 408 av. J.-C. Cléarque y revint plus tard et s'y imposa comme gouverneur, ce qui provoqua la colère des Spartes, lesquels le forcèrent à partir (403). Il chercha refuge chez Cyrus le Jeune de Perse, qui l'utilisa pour recruter, et plus tard commander, l'armée mercenaire grecque en soutien à la revendication au trône de Cyrus. Lors de la bataille de Cunaxa, Cléarque combattit férocement, mais l'armée de Cyrus fut vaincue. À l'issue de la bataille, il conduisit la retraite de l'armée grecque (les Dix Mille) mais, appelé par Tissapherne pour une conférence, il y fut traîtreusement assassiné. L'histoire de la retraite fut rendue célèbre par Xénophon.]
25. [Le nom Erésus ou Erésos, qui tient ses racines de la mythologie, est l'ancienne ville de Grèce où Théophraste naquit, mais nous n'avons pu identifier Phragas d'Erésus.]
26. [Praxagore de Cos, voir note 27 ci-dessous.]
27. [Hérophile (né *c.* 335 av. J.-C. à Chalcédon en Bithynie; mort *c.* 280), médecin d'Alexandrie qui fut l'un des premiers médecins à pratiquer des dissections de cadavres humains; souvent appelé le père de l'anatomie. Il fut l'auteur d'au moins neuf textes, dont un commentaire sur Hippocrate, un livre pour sages-femmes, et des traités sur l'anatomie et sur les causes de mort subite, tous perdus dans la destruction de la bibliothèque d'Alexandrie (272 av. J.-C.). La contribution la plus importante qu'il apporta à la médicine clinique fut son développement de la théorie du pouls comme outil de diagnostic. Bien que le pouls soit mentionné de façon occasionnelle par d'anciens auteurs (par exemple Aristote dans son *Historia animalium*, livre 3, chapitre 19), c'est le professeur d'Hérophile, Praxagore (figure importante de la médicine dans la Grèce Antique, né sur l'Ile Grecque de Cos vers 340 av. J.-C.), qui fut le premier à limiter le pouls à un groupe distinct de vaisseaux particulier et à affirmer qu'il pouvait être utilisé comme indicateur de maladie. Hérophile rectifia l'enseignement de son maître sur plusieurs points, affirmant que le pouls n'est pas un élément faisant partie des artères, mais qu'il provient de l'activité cardiaque, et qu'il peut non seulement se distinguer quantitativement, mais également qualitativement, à partir de palpitations, tremblements et spasmes, qui sont d'origine musculaires.]
28. [Les *plexus choroïdes* sont un amas de vaisseaux sanguins capillaires situés dans les ventricules latéraux du cerveau, qui sécrètent environ soixante-dix pour cent du fluide céphalo-rachidien produit par le système nerveux central.]
29. [*Calamus scriptorius*, qui signifie stylo, sillon vertical médian du plancher du quatrième ventricule du cerveau, relié de chaque coté par les *funiculi graciles*, point de jonction ressemblant à la pointe d'un stylo.]
30. [Pressoir d'Hérophile, confluent des sinus du cerveau, aussi appelé *torcular Herophili*. Situé dans les méninges du cerveau, en regard de la protubérance occipitale interne, où les deux sinus transverses et autres sinus se rejoignent. La confluence des sinus veineux étaient censée exercer une pression sur la circulation (d'où le nom).]
31. [William Harvey, voir Leçon 16, note 26.]
32. [Pour Erasistrate, voir Leçon 7, note 38.]
33. C'est une erreur; il [Erasistratus] était de Céos [dans la mer Égée]. [M. de St.-Agy.]
34. [Lucien] Leclerc [né en 1816] rejette cette opinion. V. son *Histoire de la médecine* [Paris: Ernest Ledoux, 1876], t. I, p. 293. [M. de St.-Agy.]
35. [Smyrne, ancienne ville grecque, aujourd'hui Izmir, dans l'ouest de la Turquie, est l'une des villes les plus anciennes du monde méditerranéen et fut le centre d'événements d'importance historique presque sans interruption pendant les 5 000 dernières années.]
36. [Séleucus I Nicator (né en 358/354 av. J.-C., à Europus en Macédoine; mort en août/septembre 281 près de Lysimaque en Thrace), officier de l'armée macédonienne, fondateur du royaume de Séleucides. Dans les querelles qui suivirent la mort d'Alexandre le Grand, il devint, de gouverneur de Babylone, roi d'un empire s'étendant de la Syrie à l'Iran.]
37. [On raconte que lorsqu'Antioche I Soter (voir Leçon 1, note 19) tomba malade, pris de fièvre par la beauté de Stratonice, la jeune femme se son père. Celui-ci, sous les conseils du médecin Erasistrate, donna Stratonice à son fils, et l'investit du gouvernement d'Asie Majeure, lui donnant le titre de roi. À la mort de son père, Antioche succéda à la tête de l'ensemble de ses territoires, mais laissa la Macédoine à Antigone Gonate lorsqu'il épousa Phila, la fille de Séleucus et de Stratonice.]

38. [Hiéronyme Fabrice d'Aquapendente (Girolamo Fabrici, né le 20 mai 1537, à Acquapendente en Italie; mort le 21 mai 619, à Padoue), chirurgien italien, anatomiste remarquable de la Renaissance qui contribua au développement de l'embryologie moderne. Dans son ouvrage *De Venarum Ostiolis*, publié à Padoue en 1603 par Laurenti Pasquati (voir pour cela l'édition française du *De venarum ostiolis* [traduction française de Ravaute Jean; préface de Pariente Liliane], Paris: Louis Pariente, 1981, 1 vol.) Fabrice donna la première description des valvules semi-lunaires situées à l'intérieur des veines, ce qui permit plus tard à Harvey (voir Leçon 16, note 26) de défendre un point crucial dans sa thèse sur la circulation du sang (Elliott (J. H.), «De venarum ostiolis, 1603, of Hieronymus Fabricius of Aquapendente 1533?-1619): A review», *Canadian Medical Association Journal*, vol. 31 (1), 1934, pp. 83-84; *The embryological treatises of Hieronymus Fabricius of Aquapendente. The Formation of the Egg and of the Chick [De Formatione Ovi et Pulli], The Formed Fetus [De Formato Foetu]*[édition en *facsimile* avec introduction, commentaires et trad. en Anglais par Adelmann Howard Bernhardt], Ithaca; New York: Cornell University Press, 1942, 376 p.)]
39. [Galien de Pergame, voir Leçon 16.]
40. [Mégasthènes (né *c.* 350 av. J.-C.; mort *c.* 290), historien et diplomate de la Grèce Antique, auteur d'un récit sur l'Inde, l'*Indica*, en quatre volumes (Mégasthènes, Megasthenis indica / Fragmenta collegit commentationem et indices additit E[rwin] A[lexis] Schwanbeck, Amsterdam: Adolf M. Hakkert, 1966, X + 196 p.) Né en Ionie, il fut envoyé par le roi helléniste Séleucus I en ambassade auprès du roi Chandragupta Maurya (ou Sandrocottos). Mégasthènes assembla de nombreuses informations sur l'Inde et écrivit un livre (qui fut perdu), dont de nombreux extraits furent conservés dans les écrits de Strabon, Arrien, et Diodore. Bien que crédule et inexact, il donna la représentation la plus complète de l'Inde telle qu'elle était alors connue par le monde grec (Bosworth (A. B.), «The historical setting of Megasthenes' *Indica*». *Classical Philology*, vol. 91, n° 2, 1996, pp. 113-127).]
41. [Sandrocottos ou Chandragupta, voir note 40 ci-dessus.]
42. [Flavius Josèphe, nom d'origine Joseph Ben Matthias (né en 37/38 à Jérusalem; mort *c.* 100 à Rome), prêtre juif, érudit, historien, connu pour sa recherche sur la révolte juive de 66-70 et sur l'histoire juive ancienne. Ses ouvrages les plus importants sont *L'Histoire de la Guerre des Juifs* (75-79), *Les Antiquités Judaïques* (93), et *Contre Apion* (voir les éditions suivantes: Josèphe (Flavius), *Guerre des Juifs 1, Livre I* [texte établi et trad. par Pelletier André], Paris: Les Belles Lettres, 2003, 220 p.; *Les Antiquités juives. Volume IV, Livres VIII et IX* [établissement du texte, traduction et notes par Nodet Étienne], Paris: Éditions du Cerf, 2005, LXXXII + 208 p.; *Contre Apion* [éd. de Reinach Théodore; trad. du Grec ancien par Blum Léon], Paris: Les Belles Lettres, 2003, XXXIX + 243 p.)]
43. [Athénée (*fl. c.* 200 ap. J.-C.; né à Naucratis en Égypte), grammairien grec et auteur de *Deipnosophistai* («*Le Banquet des Sophistes*»), ouvrage présenté sous la forme d'un banquet réunissant un certain nombre d'hommes érudits dont certains portent le nom de personnes réelles, telle que Galun, lesquels discutent de gastronomie et autres sujets (Athénée de Naucratis, *Les Deipnosophistes. Livres I et II* [texte établi et traduit par Desrousseaux Alexandre-Marie; avec le concours de Astruc Charles], Paris: Les Belles Lettres, 1956, LXXIII + 206 p.) Cet ouvrage est composé de quinze livres, dont dix ont survécu dans leur intégralité, les autres sous forme de résumé. La valeur de cet ouvrage réside en partie dans le grand nombre de citations d'œuvres perdues de l'antiquité qu'il permet ainsi de sauvegarder, avec environ huit cent auteurs cités, ainsi que pour la diversité des informations inhabituelles qu'il décrit sur tous les aspects de la vie lors de l'antiquité Gréco-Romaine.]
44. [L'ours Malais ou bruan, *Ursus malayanus*, est une espèce de petit ours noir, à la fourrure rase montrant un collier blanc sur la gorge, des lèvres protubérantes, et une longue langue, capable d'apprendre un certain nombre de tours amusants en captivité.]
45. [Ptolémée III Evergètes (*fl.* 246-221 B.C.), pharaon d'Égypte macédonien, fils de Ptolémée II; il unifia l'Égypte et le royaume de Cyrène, et il entreprit avec succès la troisième guerre de Syrie contre le royaume Séleucide.]
46. [Ptolémée IV Philopator (*c.* 238-205 av. J.-C.), pharaon macédonien d'Égypte (au pouvoir de 221 à 205 av. J.-C.), sous le règne duquel, largement influencé par ses ministres, la plus grande partie de la Syrie Ptolémaïque fut perdue, et des insurrections du peuple commencèrent à troubler la stabilité intérieure de l'Égypte.]
47. [Ptolémée V Épiphane (*c.* 210-180 av. J.-C.), pharaon macédonien d'Égypte à partir de 205 av. J.-C. sous le règne duquel le Cœlé-Syrie et la plus grande partie des autres possessions étrangères d'Égypte furent perdues.]
48. [Marc Émile Lépide (mort en 152 av. J.-C.), homme d'état romain qui fut à la tête des plus hauts postes de la république. Alors qu'il était ambassadeur en Grèce, en Syrie, et en Égypte, il posa en l'an 200 un ultimatum à Philippe V, sommant la Macédoine de ne déclarer la guerre à aucun état grec. Consul en 187 et en 175, censeur en 179, *pontifex maximus* (haut prêtre romain) à partir de l'an 180, et Premier du Sénat (*princeps senatus*) de 179 à 152, Lépide combattit les Ligures, dirigea la construction de la Voie Emilienne entre Rimini et Plaisance, et conduisit les colonies à Modène et Parme. La région du nord de l'Italie appelée l'Emilie préserve ainsi son nom.]
49. [Aristomène d'Acarnanie, gouverneur d'Égypte sous Ptolémée V, condamné à mort en 192 av. J.-C. L'Acarnanie était une région de la Grèce Antique occidentale délimitée par la mer Ionienne, le Golfe Ambracique, le mont Thyamus, et le fleuve Achéloos.]
50. [Ptolémée VI Philométor (*fl. c.* 180-145 av. J.-C.), pharaon égyptien sous le règne duquel une invasion du Cœlé-Syrie donna lieu à l'occupation de l'Égypte par les Séleucides. Après l'intervention

romaine et plusieurs tentatives de co-gouvernement avec son frère, Ptolémée réussit à regrouper son royaume.]

51. [Ptolémée Lagos ou Ptolemée I Sôter, fondateur de la dynastie Ptolémaïque ; voir Leçon 7, note 18.]

52. [Conon de Samos (*fl. c.* 245 av. J.-C., Alexandrie), était un mathématicien et astronome grec dont la recherche sur les sections coniques (courbes planes algébriques) servit de base pour le quatrième livre de l'œuvre d'Apollonius de Perga, *Les Eléments des Coniques.* (*c.* 262-190 av. J.-C.) (voir Apollonius de Perge, *Coniques. Tome 2.3, Livres II et IV* [texte Grec et Arabe établi, trad. et commenté sous la direction de Rashed Roshdi ; éd. et trad. du texte Grec par Decorps-Foulquier Micheline et Federspiel Michel], Berlin ; New York : W. de Gruyter, 2010, XXX + 506 p.)]

53. [Hipparque de Rhodes, (né en 190 av. J.-C., à Nicée en Bithynie ; mort en 120 av. J.-C., probablement à Rhodes), était un astronome et mathématicien grec qui découvrit la précession des équinoxes, calcula la durée de l'année avec une marge d'erreur de six minutes et demie, réalisa la compilation d'un catalogue d'étoiles, et formula les premières tables de trigonométrie (Hipparque, *The geographical fragments of Hipparchus* [éd. avec introduction et commentaires de Dicks D. R.], Londres : University of London ; Athlone Press, 1960, XI + 214 p. ; Grasshoff (Gerd), *The history of Ptolemy's star catalogue*, New York : Springer-Verlag, 1990, ix + 347 p.)]

54. [Aratus ou Aratos de Soles en Cilicie (*fl. c.* 315-*c.* 245 av. J.-C., Macédoine), poète grec connu pour son poème sur l'astronomie, *Les Phénomènes* (Aratus, *Phénomènes* [texte établi, trad. en Français et comment. par Martin Jean], Paris : Les Belles Lettres, 1998, 2 vol. (Série grecque ; 389-390)). Il vécut à la cour d'Antigone II Gonatas, roi de Macédoine, ainsi qu'à celle d'Antioche I de Syrie. De ses œuvres, seul Les Phénomènes, poème didactique en hexamètre, est parvenu jusqu'à nous. Les vers 1 à 757 reflètent la recherche en astronomie d'Eudoxe de Cnide (*c.* 390-*c.* 340), et les vers de 758 à 1154 traitent des signes météorologiques et présentent de nombreuses similitudes au texte de Théophraste *De signis tempestatum*. *Les Phénomènes* devint immédiatement populaire et provoqua de nombreux commentaires, dont les plus importants, et lesquels sont parvenus jusqu'à nous, furent ceux d'Hipparque (*c.* 150 av. J.-C.). La forme du poème *Les Phénomènes* appartient à l'école d'Alexandrie, mais le stoïcisme de l'auteur y ajoute une note sérieuse. Il jouit d'une grande réputation parmi les romains. Cicéron, César Germanicus, et Avienus le traduisirent ; les versions de Germanicus et d'Avienus existent toujours dans leur totalité, ainsi que des extraits de la version de Cicéron. Un des vers dans l'invocation d'ouverture à Zeus fut rendu célèbre après qu'il fut cité par St Paul (Actes, 17 : 28).]

55. [Ptolémée VII Néos Philopator (mort en 144 av. J.-C.), fils cadet de Ptolémée VI Philométor, roi d'Égypte macédonien, auquel il succéda en 145 av. J.-C. alors qu'il était encore mineur ; il gouverna sous la tutelle de sa mère, et fut rapidement renversé par son oncle, Ptolémée VIII, qui l'exécuta l'année suivante.]

56. [Le nom Physcon (en grec, « le ventru ») est attribué ici à tort – ce surnom appartient en fait à Ptolémée VIII Evergète II.]

57. [Eumène II (mort en 160/159 av. J.-C.), fut roi de Pergame de 197 jusqu'à sa mort. Brillant homme d'état, il fit de sa cité une grande puissance. Il apporta à Pergame plus que tout autre homme d'état qui y régna et en fit un grand centre de la culture hellénistique en Asie Mineure.]

58. [Eumène I (mort en 241 av. J.-C.), fut souverain de Pergame de 263 à 241. En 262, il libéra sa cité des Séleucides, dynastie fondée en Syrie par l'un des successeurs d'Alexandre le Grand. Eumène succéda à son oncle Philétaire en 263 et l'année suivante, il vaincu l'armée du roi Séleucide Antioche I près de Sardes (capitale de Lydie), établissant ainsi l'indépendance de la cité.]

59. [Ptolémée IX Sôter II, surnommé Lathyre (en grec : « pois chiche ») (*fl.* IIe et Ie siècle av. J.-C.), roi d'Égypte macédonien (il régna de 116 à 110, de 109 à 107 et de 88 à 81 av. J.-C.) qui, après avoir gouverné sur Chypre et l'Égypte avec son frère Ptolémée X Alexandre Ier et sa mère, Cléopâtre III, veuve de Ptolémée VIII Evergète II, obtint la gouvernance unique du pays en 88 et essaya de protéger l'Égypte de l'influence romaine tout en développant le commerce avec l'Asie Mineure.]

60. [Agatharchide de Cnide (*fl.* IIe siècle av. J.-C.), était un historien et géographe grec qui écrivit une description de ses voyages à la mer Rouge, information qui nous est parvenue grâce aux écrits de Strabon (voir Leçon 12, note 29) (voir Vincent (William), *The commerce and navigation of the ancients in the Indian Ocean*, Londres : T. Cadell & W. Davies, 1807, 2 vol. ; Strabon, *Géographie. Tome IV, Livre VII / Strabon* [texte établi et traduit par Baladié Raoul], Paris : Les Belles Lettres, 2003, VIII + 335 p.)]

61. [Ptolémée X Alexandre (mort en 88 av. J.-C.), roi d'Égypte (il régna de 107 à 88 av. J.-C.) qui, sous la tutelle de sa mère Cléopâtre III, gouverna l'Égypte en alternance avec son frère Ptolémée IX Soter II. Vers 105, il participa à une guerre civile dans le royaume Séleucide en Syrie.]

62. [Les Romains pensaient que la girafe – *Giraffa camelopardalis*, mammifère ongulé artiodactyle et ruminant qui, avec l'okapi, constitue la famille des Giraffidae (de l'ordre Artiodactyla) – résultait de l'union entre un chameau et un léopard, d'où le nom « camelopardalis » (« chameau tacheté »).]

63. [*Crocotta* ou *Crocuta*, genre auquel appartient la hyène tâchetée ou rieuse (crocuta crocuta), est l'une des trois espèces de carnivores ressemblant à un gros chien à la fourrure épaisse de la famille des Hyaenidae, que l'on trouve en Asie et en Afrique, connue comme charognard. La hyène tâchetée est la plus grande et la moins farouche des hyènes. Lorsque la nourriture manque, elle n'hésite pas à attaquer des humains dans leur sommeil ou à enlever de jeunes enfants.]

4 The Roman World
Le monde romain

10 The Rise of Rome

We have seen that, as a consequence of the wars waged among Alexander's successors, the study of science was almost abandoned in Greece, Asia, and the Archipelago; that scholars took refuge in Alexandria, where a rich library was open to them and where the first Ptolemies provided them all sorts of favors; but that the last Lagids brought about through their tyranny the dispersal of many of the scholars; and that the Roman invasions completed the destruction in Egypt of the cultivation of the natural sciences, which required great expenditures.

To these two reasons for decline we shall add another, which turned minds in an entirely different direction.

At the founding of Alexandria, Alexander had settled in this city several Jews who remained there. Physcon later brought a much greater number. The religious beliefs of these foreigners impressed the Alexandrians, turning all minds towards speculative studies, and hence, Neoplatonism [1] was born and the observation of natural phenomena was abandoned.

The Alexandrian Library itself did not stay intact for long. To avoid experiencing the fate of Pompey, [2] basely murdered by orders from those who guided his protegé Ptolemy, Caesar [3] was obliged to burn the Alexandrian fleet. The fire spread to structures in the harbor, and reached the building where the books were deposited. At least that is the account that we find in Plutarch, [4] who was the first to write about the destruction of the Library at Alexandria, two hundred years after Caesar entered the city. One might confess some doubt about the truth of this story, for Pompey's conqueror, who left details about the danger he faced at Alexandria and about setting fire to the Egyptian fleet, says not a word about the destruction of either the buildings near the port or of the library. The poet Lucan, [5] who in the *Pharsalia* [6] recounts in his usual stately manner the danger for Caesar and the burning of the Egyptian fleet, is also completely silent about the destruction of the Alexandrian Library, which most surely could have furnished the subject of a grand bit of poetry.

To reconcile this negative evidence with Plutarch's account, it was supposed that the library was divided into two separate buildings, and that but one of these had been burned. In support of this supposition, it is said that, some years after the disaster testified to by

Plutarch, Antony,[7] with a view to remedying it, presented Cleopatra[8] with books collected by the kings of Pergamum. Claudius[9] enriched this establishment and the sciences shone with a new splendor. It would be this library, thus reconstituted by the Roman emperors, that, according to historians, was burned by Omar;[10] details are given of this act of vandalism that alone would lend credence to its reality. It is said, for example, that the number of books contained in the library was so considerable that it sufficed to heat the public baths for an entire month. But such details, and the fire itself attributed to Omar, are evidently a fable, for long before Omar, the Alexandrian Library no longer existed. Orosius,[11] who lived in the fourth century A.D., two hundred years before Omar, reports that he wasted his time visiting it, for he found only empty cupboards.[12]

Among the men who, in the midst of political troubles, contributed the most to delaying the decline of the sciences, we shall cite Attalus III, king of Pergamum, who was devoted to botany; Mithradates Eupator, king of Pontus; and Nicander, physician to the last king of Pergamum.

Mithradates Eupator,[13] besides knowing twenty-two foreign languages, was quite learned in botany; the giving of men's names to plants was conceived of in his honor. The rhizotome [herbalist] Crateuas[14] dedicated to him *Eupatorium* and *Mithradatea*.[15] The king of Pontus applied himself particularly to the study of poisons and antidotes: at that time the use of poison was so frequent that we ought not to be surprised that Mithradates was so taken up with these substances. He was also interested in pharmaceuticals, which was another way of attaining his goal, and he made a drug, named after himself, containing more than fifty-four plants.

Pompey got hold of the papers of this druggist and botanist king after his defeat, and claimed that in his scientific research he indulged in criminal experiments, that he had tested his poisons on men who died of them, and that he practiced magic.

Nicander,[16] both poet and physician, also made poisons the object of his studies, prompted in this regard, as had been Mithradates, by the extreme depravity of morals in his time, which led to the frequent use of poisons against one's enemies. Nicander was from Colophon and lived about 100 B.C. He left two poems, one of which, entitled *Theriaca*, is about venoms introduced externally; and the other, entitled *Alexipharmaca*, is about poisons ingested into the stomach.[17]

Theriaca is the first descriptive poem that we have from the ancients. In it, the author writes about animals that have a poisonous bite; he names twelve kinds of serpents and characterizes them well enough to be recognizable, such as, for example, the asp.[18] This was the serpent carried about by Egyptian conjurers, the one that was worshiped in that country and which the priests put round their head; it is also the serpent Cleopatra employed to kill herself. This animal is noted besides for the ability its neck possesses of becoming greatly inflated. Nicander tells about its encounters with the ichneumon.[19]

In the *Theriaca* we also recognize *Cerastes*[20] of ancient times, the viper with two small horns that inhabits sandy plains.

The ten other species are less easy to identify.

After serpents, Nicander mentions geckos,[21] then venomous spiders, and then nine sorts of scorpions, described well enough to be recognized, probably, if one went to look for them; what Nicander writes about them would be very good information for travelers.

In the *Alexipharmaca*, Nicander deals especially with poisonous plants and the effects of their juices in the stomach. One notices in this work many popular fables, but it is also noticeable that botany had made some progress. Plants not discussed by Theophrastus are pointed out for the first time, such as, for example, meadow saffron and aconite.[22] The author says that rats lick the roots of the latter plant. This assertion was long considered a fable, but recently its truth has been recognized.

The works of Nicander, and of Agatharchides, discussed earlier, are the last gleams of light from the Greek period: they are written without method or scientific goal.

The sciences later retrieved some luster, but then Egypt and the kingdom of Pergamum became completely subjected to Roman domination. Thus, it will henceforth be in the Roman Empire that we shall examine the development of the natural sciences. Before commencing this examination we are going to consider for an instant this famous people whose power now ruled all of the civilized Occident.

Rome was founded in 750 B.C., that is, more than 700 years after Danaüs and Cecrops had brought from Egypt into Greece the lights of civilization, 300 years after the Greeks had founded their colonies in Asia Minor, 100 years after their emigration to Italy, and 100 years also after the founding of Carthage. It was 80 years after the creation of Rome that relations were resumed between Greece and Egypt, 200 years after Rome's founding that Cyrus the king of Persia appeared, and 200 years after that, Alexander lived.[23]

At first ruled by kings, Rome drove them out in the year 504 B.C. and adopted a republican form of government. The Greeks, already quite civilized, occupied at the time the area around Naples. But Italy's interior was inhabited by indigenous peoples. The new republic founded by Brutus[24] soon conquered its neighbors. The Etruscans, Latins, and Volscians who had risen in arms against the republic in support of the Tarquin kings,[25] were one by one conquered; and when Alexander died as a consequence of his dissoluteness, almost all of Italy had been subdued. Two centuries later, *i.e.*, about 30 B.C., Rome, gradually spreading her conquests, had become master of the whole periphery of the Mediterranean and possessed vast territories in the interior of Asia, Africa, and Europe.

We are going to inquire into the learning of the Roman people before these conquests of the civilized world, and the means by which they received their learning.

The Phoenicians were no doubt the first to bring to the West the notions of science and commerce. At about the time of the Trojan War, they founded the town of Utica; later, in 883 B.C., they built the town of Carthage; and farther yet to the west but on the opposite shore of the Mediterranean, they established several trading centers on the Spanish coast. Their sciences, customs, and religion were spread through all these countries; but the Carthaginians seem to have been the most important depositary of Phoenician knowledge and customs.

What we know about this people represents them as not at all advanced in the speculative sciences, given to barbaric superstitions, and completely devoted to practical knowledge and especially to commerce. Our sources of knowledge in this regard are very few, for we possess but one sole Carthaginian work, the *Periplus of Hanno*, [26] which was made in Socrates's time, slightly before the time of Nearchus, [27] and which was cited by Aristotle. [28] The Greek translation that we have [29] tells us that Hanno passed the Pillars of Hercules, and that, navigating towards the south, he explored the coasts of Africa as far as Senegambia. Some of the tales contained in this travel narrative seem at first to be fabulous; but we think it is not entirely impossible to give a satisfactory explanation for them. For example, Hanno says he saw rivers of fire descending from the mountains in Africa. Probably this illusion was produced by the conflagration of ravines full of dry grasses, which, according to Bruce, [30] the African herdsmen were accustomed to burn during the rainy season in order to provide more tender grazing for their animals.

Hanno also says that he encountered men and women whose bodies were covered with hair, and that the sailors, capturing some of the latter to take back with them to Carthage, found them intractable: when they would caress them, they pinched, scratched, bit, and ended up dying from refusing all nourishment: Only their skins were brought back to Carthage by the mariners, and were hung in the Temple of Juno. It is quite likely that these so-called hairy women and men were actually large apes, such as one sees frequently on the coasts of Africa.

Another Carthaginian author in addition to Hanno has come to our attention in an indirect manner. At some indeterminate time, Magon [31] wrote twenty-eight books on agriculture. After the destruction of Carthage, Scipio the Younger [32] brought them back to Rome where they were translated into Latin by order of the senate. Later, a Greek translation was made. But these two translations were lost, and we only know the few fragments preserved by Columella. [33]

Thus, the Romans could receive but slight scientific knowledge from the Carthaginians. Moreover, the vicious wars waged between these two nations would destroy any intellectual influence the one might have on the other. But the Romans were able to learn through their contacts with the Etruscans, who had a quite remarkable religious and philosophical system, and among whom the sciences and arts had reached a rather high development.

The origin of this latter people is not known exactly; some authors think that it came from Lydia; [34] others that it came down from the Tyrrhenian hills, and after becoming settled, had contacts with the Greeks. [35] But what is certain, and remarkable, is that its existence goes back to the era of the great Egyptian emigrations, of which we spoke at the beginning of this history. At first, this people was extended as far as the Alps; but after being attacked by the Gauls, it fell back towards Tuscany, reached the Tiber, and thus became a neighbor of the Romans. It was to wage frequent wars against them, ending in its submission about 282 B.C.

The monuments and learning of the Etruscans, famous for their culture, show striking similarities with those of the Indians, Egyptians, and Babylonians. Like the Egyptians, the Etruscans were quite skilful in digging canals; also, their monuments were in the shape of the pyramid, as the tomb of Porsenna [36] proves, and one sees in the remains of the gigantic walls preserved at Volterra [37] that they were well versed in the art of construction. It even seems that the astonishing works known as the *Cloacae of Tarquin* [38] were built by them, which is true architectural progress, since the Egyptians never made vaults.

There are many similarities between the religion, or mythological system, of the Etruscans, and that of the Indians and the Egyptians. The Etruscans, like these people, were also ruled by castes that were sole possessors of the secret of the sciences and arts, which was handed down within the caste in a hereditary manner. It was from such noble Etruscans that the Romans learned the so-called science of augury. [39]

The Etruscan alphabet, like all of our alphabets, was derived from the Phoenician, but they did not take it from the Greek, for they used it in writing from right to left and they suppressed the short vowels, replacing them with dots, like the Hebrews and other oriental peoples. This difference proves that they had direct relations with the Orient at a time in the distant past.

But their finest works come after their contacts with the Greeks, for their decorations contain the mythological symbols of Greece.

If the Etruscans were, as it would seem, the first teachers of the Romans –who, following their example, adopted the social division of patron and clients, a different one from that of patrician and plebeian– it is also certain that they succeeded in communicating to the Romans but very feeble notions on natural history. They were best able to transmit ornithological knowledge to the Romans, for the use of divination based on the flight of birds had probably led the priests to observe the customs of these animals. Pliny reports several Etruscan names of birds, but he has difficulty in applying the names, which proves that in his time the augural priests had lost, as had everyone, knowledge about religious traditions.

The true instructors of the Romans in the sciences were the Greeks, but this did not come until much later, and incompletely then, although the Greeks had been settled on the coasts of Italy 700 years before Christ, and had kept in quite frequent contact with the mother country, which sent them learned men and received their own. The tardiness of civilization among the Romans, even though they sent embassies to Greece, was the result of the republic's policy of rejecting the arts and sciences as being liable to soften men and thus destroy the warrior morality of the republic.For several centuries Rome had no writer. It was more than five hundred years after the founding before the poet Ennius [40] appeared, the first that merits being cited; and even he was not born at Rome, but was originally from the town of Rudiae in Calabria, [41] and lived on Sardinia. This poet wrote annals in heroic verse and tragedies.

Fabius Pictor, [42] his contemporary and about the same age as he, is the first writer in prose whose work has been preserved.

Such paucity, and one might say such absence, of annalists among the first Romans is the reason for the obscurity enveloping the cradle of these people, and their history is scarcely more than an agreed-upon fable.

The first writer of Rome to write about the natural sciences is Cato the Censor.[43] He is also the first whose works have been preserved complete. Proof that previous writers had little value is that Cicero[44] cites Cato's work as the most ancient of Latin writings that deserve to be read. He wrote about agriculture, religion, morality, and history. On one of his expeditions, he visited a Pythagorean and acquired some knowledge of Greek letters; but his political ideas were not in any way affected by this, for, after returning to Rome, he gave a new proof of his aversion to science. When a dispute arose between Athens and Scio, these two cities agreed to submit to the arbitrage of the Romans, and to explain the case they sent to Rome three distinguished philosophers, Carneades,[45] head of the second Academy, Diogenes the Stoic,[46] and Critolaus,[47] head of the Lyceum. While the affair was being examined, these wise men gave discourses in public and lessons eagerly attended by the young men of Rome. Cato was so frightened by this innovation that he made the Roman senate agree to settle the Greeks' dispute promptly so that their ambassadors would no longer have an excuse for staying in the city. But when new ideas germinate in the mind, it is difficult to uproot them; thus, in spite of Cato's objections, the Romans soon gave themselves up to the study of Greek letters, and Cato himself, after having raised useless dikes against the flood, ended up surrendering to it, and, as we know, cultivated Greek in his old age.

The work we have by Cato is entitled *De re rustica*.[48] It is not very long and could at most make up one of our volumes in duodecimo. A regular system of agriculture is not to be found in it; it merely contains a description of everything relating to the exploitation of a country estate. The author tells how one ought to choose a farm; he gives rules of conduct regarding its steward and slaves. The latter rules are of a harshness bordering on atrocity, for he intends not only that slaves be locked up every night, but also that they be chained if there is the least reason to distrust them.

Cato then gives several details on household economy and some bizarre formulas or superstitions for veterinary medicine. He names the diseases of domestic animals, and for curing oxen he recommends combinations of words that are neither Greek nor Latin, the frequent repetition of which, according to him, has magical power. He describes the making of hams, sausages, etc.

Such, then, is the work of a great man who had had extended contact with a Pythagorean. But we should point out that the philosophers of this school, especially after its revival, themselves had a tendency to teach the mysterious influence of words almost as often as that of numbers.

Some years after the deputies Carneades, Diogenes, and Critolaus left Rome, the Romans extended their conquests into Greece. But they were still completely uneducated in the arts, for the Roman general Mummius,[49] upon bringing aboard his vessels paintings and statues of brass taken from the city of Corinth to use in his triumphal procession, warned the vessels' owners that if any of these objects were damaged or lost, they would have to replace them with like objects – of the same weight, if it were the statues of metal that were destroyed. Once the Romans were finally and definitively masters of Greece, this gross ignorance disappeared quickly. Athens especially contributed much towards giving them discernment and knowledge of the arts. Proof of the rapidity of their progress in this regard appears to us in the noticeable superiority of Varro's works over those of Cato.

Marcus Terentius Varro[50] was born in 116 B.C. He studied at Athens with his friend Cicero and dedicated to him his *Treatise on the Latin Language.*[51] Like Cicero, he was proscribed by Anthony, but he was more fortunate than his friend, since he succeeded in escaping death and lived to a very old age. He was reputed to be the most learned of the Romans: he was a poet, scholar, general, and even physician, for he was thought to have warded off an extremely virulent epidemic that was ravaging his army and the island of Corcyra [Corfu].

He composed in the form of a dialogue a work entitled, like Cato's, *De re rustica*, which is quite remarkable for its method and elegance.[52]

The first volume of this book is on agriculture in general and the nature of soils; the second, on domestic animals, their husbandry and the diseases affecting them; the third, on poultry-yard fowl.

One learns from the last book that peafowl were eaten at Roman tables. Romans had all our domestic birds, and also thrushes, which in our day are in a completely wild state.

Among the quadrupeds that were raised in enclosures were also animals that are now found only in our forests: the deer, the roe, the boar, and three kinds of hare – the common hare, the Spanish hare or coney, and the variable Alpine hare, which has a coat that turns white in winter.

The Romans even fattened dormice and snails in prodigious numbers for their table.

Finally, Varro reports that his compatriots raised in ponds different species of fishes that had been collected at enormous expense, a thing we could not possibly do again today.

This extravagance increased somewhat the knowledge of natural history.

Cicero, contemporary and friend of Varro, as great a philosopher as he was an admirable orator, scarcely touched on anything but the theoretical areas of philosophy in his works. Nevertheless, one finds in his *De naturâ deorum* passages dealing with the natural sciences.[53] In his dialogue he uses a Platonist who, in order to establish the existence of a Providence, uses some facts of natural history considered from the standpoint of final causes.

In the next session, we shall see some more authors who wrote about the natural sciences during the Roman republic, and then we shall come to those who were devoted to this subject under the emperors.

NOTES

1. [Neoplatonism, the last school of Greek philosophy, given its definitive shape in the third century A.D. by the one great philosophical and religious genius of the school, Plotinus (born A.D. 205, probably at Lyco, or Lycopolis, Egypt; died 270, Campania). The ancient philosophers who are generally classified as Neoplatonists called themselves simple "Platonists," as did the philosophers of the Renaissance and the seventeenth century whose ideas derive from ancient Neoplatonism.]
2. [Pompey the Great, Latin in full Gnaeus Pompeius Magnus (born 29 September 106 B.C., Rome; died 28 September 48 B.C., Pelusium, Egypt), one of the great statesmen and generals of the late Roman Republic, a triumvir (61-54 B.C.), the associate and later opponent of Julius Caesar. He was initially called Magnus (the Great) by his troops in Africa (82-81 B.C.)]
3. [Gaius Julius Caesar, see Lesson 11.]
4. [Plutarch, see Lesson 14, note 9.]
5. [Lucan, Latin in full Marcus Annaeus Lucanus (born A.D. 39, Corduba, now Córdoba, Spain; died 65, Rome), Roman poet and republican patriot whose historical epic, the *Bellum civile*, better known as the *Pharsalia* because of its vivid account of that battle, is remarkable as the single major Latin epic poem that eschewed the intervention of the gods (Lucan, *Pharsalia* [translated and with an introduction by Jane Wilson Joyce], Ithaca: Cornell University Press, 1993, xxix + 333 p.; see note 6, below).]
6. [The *Pharsalia*, Lucan's only extant poem, is an account of the war between Julius Caesar and Pompey, carried down to the arrival of Caesar in Egypt after the murder of Pompey, when it stops abruptly in the middle of the 10th book. Lucan was not a great poet, but he was a great rhetorician and had remarkable political and historical insight, though he wrote the poem while still a young man.]
7. [Mark Antony, also spelled Marc Anthony, Latin Marcus Antonius (born 82/81 B.C.; died August, 30 B.C., Alexandria), Roman general under Julius Caesar and later, after Caesar's death, triumvir (43-30 B.C.), who, with Cleopatra, queen of Egypt, was defeated by Octavian (the future emperor Augustus) in the last of the civil wars that destroyed the Roman Republic. Historically, Marcus Antonius was one of Caesar's most distinguished allies. After gaining distinction as a soldier, he became Caesar's consul in 44 B.C. In Shakespeare's *Julius Caesar*, the noble Antony delivers the funeral oration upon Caesar's death. His famous speech, beginning "Friends, Romans, countrymen, lend me your ears," eloquently and effectively turns the Roman populace against Brutus and his fellow conspirators, and with Octavius, Antony later defeats Brutus and Cassius at the Battle of Philippi.]
8. [Cleopatra VII Thea Philopator (Greek: Goddess Loving Her Father) (born 69 B.C.; died 30 August 30 B.C., Alexandria), Egyptian queen famous in history and drama, lover of Julius Caesar and later the wife of Mark Antony. She became queen on her father's death (51 B.C.), ruling successively with her two brothers Ptolemy XIII (51-47) and Ptolemy XIV (47-44) and her son Ptolemy XV Caesar (44-30). After the Roman armies of Octavian (the future emperor Augustus) defeated their combined forces, Antony and Cleopatra committed suicide, and Egypt fell under Roman domination. Her ambition no less than her charm actively influenced Roman politics at a crucial period, and she came to represent, as did no other woman of antiquity, the prototype of the romantic femme fatale.]
9. [Claudius, in full Tiberius Claudius Caesar Augustus Germanicus, original name (until A.D. 41) Tiberius Claudius Nero Germanicus (born 1 August 10 B.C., Lugdunum, Gaul; died 13 October A.D. 54), Roman emperor (A.D. 41-54), who extended Roman rule in North Africa and made Britain a province.]
10. [Caliph Omar of Damascus. As the legendary account goes, the Moslems invaded Egypt during the seventh century as their fanaticism carried them on conquests that would eventually form an empire stretching from Spain to India. There was not much of a struggle in Egypt and the locals found the rule of the Caliph to be more tolerant than that of the Byzantines before them. However, when a Christian called John informed the local Arab general that there existed in Alexandria a great Library preserving all the knowledge in the world he was perturbed. Eventually he sent word to Damascus where Caliph Omar ordered that all the books in the library should be destroyed because, as he said "they will either contradict the Koran, in which case they are heresy, or they will agree with it, so they are superfluous." Therefore, the books and scrolls were taken out of the library and distributed as fuel to the many bathhouses of the city.]
11. [Paulus Orosius (born probably Braga, Spain; fl. 414-417), defender of early Christian orthodoxy, theologian, and author of the first world history by a Christian: *Historiarum adversus paganos libri VII (Seven Books of Histories Against the Pagans* [translated by Deferrari Roy J.], Washington (D. C.): Catholic University of America Press, 1964, xxi + 422 p.) This book chronicles the history of the world from its creation through the founding and history of Rome up until A.D. 417. In it Orosius describes the catastrophes that befell mankind before Christianity, arguing against the contention that the calamities of the late Roman Empire were caused by its Christian conversion. Orosius's book enjoyed great popularity in the early European Middle Ages, but only its narrative covering the years after A.D. 378 has any value to modern scholars.]
12. One of the most distinguished scientists in Germany, Professor [Johann Gottlieb Gerhard] Buhle [German scholar

and philosopher, born 1763 at Brunswick, educated at Göttingen, died 1821], was the first to oppose successfully the widely received opinion about the burning of the Alexandrian Library [Buhle (Johann Gottlieb Gerhard), *Geschichte der neueren Philosophie*, Göttingen: J. G. Rosenbusch, 1800-1805, 6 vols]. [M. de St.-Agy.]

13. [Mithradates VI Eupator, byname Mithradates the Great (died 63 B.C., Panticapaeum, now in Ukraine), king of Pontus in northern Anatolia (120-63 B.C.). Under his energetic leadership, Pontus expanded to absorb several of its small neighbors and briefly contested Rome's hegemony in Asia Minor.]
14. [Crateuas, also spelled Cratevas (fl. first century B.C.), classical pharmacologist, artist, and physician to Mithradates VI, king of Pontus (120-63 B.C.). Crateuas's drawings are the earliest known botanical illustrations. His work on pharmacology was the first to illustrate the plants described; it also classified the plants and explained their medicinal use. The drawings that exist today and bear his name are copies, made about A.D. 500. Of the text of his book, only quotations by Pedanius Dioscorides, a Greek physician (born *c.* A.D. 40, died *c.* 90; see Lesson 12, note 62), are extant (see Dioscorides, *The Greek Herbal of Dioscorides* [illustrated by a Byzantine, A.D. 512; englished by John Goodyer, A.D. 1655; edited and first printed, A.D. 1933, by Gunther Robert T.; with three hundred and ninety-six illustrations], Oxford: Printed by J. Johnson for the author at the University Press, 1934, ix + 701 p.) All later pharmacology and medicine were influenced by Crateuas's work.]
15. [*Eupatorium*, a large genus of plants belonging to the family Compositae and containing about 600 species, nearly all American and found chiefly in tropical South America, the West Indies, and Mexico. They are mostly perennial herbs, but a few are annuals, and many of the tropical species are shrubby or treelike. Members of the genus typically bear large, showy clusters of purplish, pink, blue, or white flowers. *Mithradatea*, properly spelled *Mithridatea*, an old synonym of the genus *Tambourissa* (family Monimiaceae), but being confined to the island of Madagascar, this plant would have probably been unavailable to the ancients. Perhaps Cuvier is referring to *Mithridatium*, a synonym of *Erythronium* (family *Liliaceae*), about twenty species widely distributed in North America and Eurasia.]
16. [Nicander (second century B.C.), Greek poet, physician and grammarian, was born at Claros, near Colophon, where his family held the hereditary priesthood of Apollo. He flourished under Attalus III of Pergamum. He wrote a number of works both in prose and verse, of which two are preserved (Nicander, *Nicandri Theriacorum et Alexipharmacorum concordantia* [conscripsit Papthomopoulos Manolis, text in English/Greek], Hildesheim; New York: Olms-Weidmann, 1996, 431 p.) The longest, *Theriaca*, is a hexameter poem (958 lines) on the nature of venomous animals and the wounds they inflict. The other, *Alexipharmaca*, consists of 630 hexameters treating of poisons and their antidotes. In his facts Nicander followed the physician Apollodorus. Among his lost works may be mentioned: *A etolica*, a prose history of Aetolia; *Heteroeumena*, a mythological epic, used by Ovid in the *Metamorphoses* and epitomized by Antoninus Liberalis; *Georgica* and *Melissourgica*, of which considerable fragments are preserved, said to have been imitated by Virgil (Nicander, *Poems and poetical fragments* [edited, with a translation and notes by Gow Andrew Sydenham Farrar and Scholfield Alwyn Faber], Cambridge: Cambridge University Press, 1953, xi + 247 p.) The works of Nicander were praised by Cicero, imitated by Ovid, and frequently quoted by Pliny and other writers. His reputation does not seem justified; his works, as Plutarch says, have nothing poetical about them except the meter, and the style is bombastic and obscure; but they contain some interesting information as to ancient belief on the subjects treated.]
17. [For Nicander's *Theriaca* and *Alexipharmaca*, see note 16 above.]
18. [Asp, anglicized form of Aspis, a name used in classical antiquity for a venomous snake, probably the Egyptian cobra, *Naja haje*. It was the symbol of royalty in Egypt, and its bite was used for the execution of favored criminals in Greco-Roman times. Cleopatra is said to have killed herself with an asp.]
19. [Ichneumon, a species of mongoose, a small carnivorous mammal of the genus *Herpestes*, known to attack and kill poisonous snakes. They depend on speed and agility, darting at the head of the snake and cracking the skull with a powerful bite. They are not immune to venom, as popularly believed, nor do they seek and eat an herbal remedy if bitten.]
20. [*Cerastes*, a genus of venomous, desert-dwelling snakes of the viper family, Viperidae. There are two species, the horned viper (*Cerastes cerastes*), which usually has a spinelike scale above each eye, and the common, or Sahara, sand viper (*Cerastes vipera*), which lacks these scales. Both species are small (seldom more than 60 cm long), stocky, and broad-headed and are found in northern Africa and the Middle East.]
21. [Gecko, also spelled gekko, any lizard of the harmless but noisy family Gekkonidae, which contains about 80 genera and about 750 species. Geckos are small, usually nocturnal reptiles with a soft skin, a short, stout body, large head, and weak limbs often equipped with suction-padded digits. Most species are 3 to 15 cm (1.2 to 6 inches) long, including tail length (about half the total). They have adapted to habitats ranging from deserts to jungles. Many species frequent human habitations, and most feed on insects.]

22. [Meadow saffron or *Colchicum*, a genus of flowering plants of the family Liliaceae, consisting of about 30 species of herbs native to Eurasia; the swollen underground stem of *Colchicum autumnale* contains colchicine, a substance used to relieve the pain of gout. Aconite, any member of two genera of perennial herbs of the buttercup family (Ranunculaceae): *Aconitum*, consisting of summer-flowering poisonous plants (commonly called monkshood or wolfsbane), and *Eranthis*, consisting of spring-flowering ornamentals (winter aconite).]
23. [Cyrus II, byname Cyrus the Great, founder of the Achaemenian empire, was born between 590 and 580 B.C., either in Media, or more probably Persis, now in Iran; he died *c.*529, somewhere in Asia (for notes on Cyrus I, fl. late seventh century B.C., see Lesson 1, note 25; for Cyrus the Younger, born after 423 B.C., died 401, see Lesson 6, note 26). Alexander the Great was born in 356 B.C. and died in 323.]
24. [Marcus Junius Brutus, also called Quintus Caepio Brutus (born 85 B.C.; died 42, near Philippi, Macedonia, now in Greece), a leader of the conspirators who, with Gaius Cassius Longinus, assassinated the Roman dictator Julius Caesar in March 44 B.C. Five months after the assassination, Brutus and Cassius were forced by the Caesarian commander Mark Antony to leave Rome for Macedonia, where they raised an army against him. In February 43, the Senate granted them supreme command in the East. Brutus defeated the Caesarians under Octavian (later the emperor Augustus) in the first engagement of the Battle of Philippi, but his army was crushed by Antony and Octavian in a second encounter three weeks later (23 October 42). Recognizing that the republican cause was lost, he committed suicide.]
25. [The Tarquin kings, among the last kings of Rome: Lucius Tarquinius Priscus, original name Lucomo (fl. late seventh and early sixth century B.C.), traditionally the fifth king of Rome, accepted by some scholars as a historical figure and usually said to have reigned from 616 to 578. Lucius Tarquinius Superbus (fl. second half of the sixth century B.C.), the son or grandson of Tarquinius Priscus, traditionally the seventh and last king of Rome; his reign is dated from 534 to 509.]
26. [Hanno (fl. fifth century B.C.), a Carthaginian who conducted a voyage of exploration and colonization to the west coast of Africa sometime during the fifth century. Setting sail with 60 vessels holding 30,000 men and women, Hanno founded Thymiaterion (now Kenitra, Morocco) and built a temple at Soloeis (Cape Cantin, now Cape Meddouza). He then founded five additional cities in and around present Morocco, including Carian Fortress (Greek: Karikon Teichos) and Acra (Agadir). The Carian Fortress is perhaps to be identified with Essaouira on the Moroccan coast, where archaeological remains of Punic settlers have been found. Farther south he founded Cerne, possibly on the Río de Oro, as a trading post. He evidently reached the coast of present Gambia or of Sierra Leone and may have ventured as far as Cameroon. An account of his voyage was written in the temple of Baal at Carthage and survives in a tenth-century-A.D. Greek manuscript known as *Periplus of Hannon*, probably an ancient Greek translation from the Punic (see Hanno, *The Periplus of Hannon, King of the Karchedonians, concerning the Lybian Parts of the Earth beyond the Pillars of Herakles, which he dedicated to Kronos, the Greatest God, and to all the Gods Dwelling with Him* [edited by Simonides Constantin], London: Trübner & Co., 1864, 1 vol., [6] + 72 p.)]
27. The precise time of Hanno's voyage has not been agreed upon. Some authors give him a date much closer to the birth of Christ. [M. de St.-Agy.]
28. [Aristotle's mention of Hanno's *Periplus* (or circumnavigation) can be found in his *On Marvelous Things Heard*, chap. 37 (Aristotle, *The Complete Works of Aristotle* [The revised Oxford translation, edited by Barnes Jonathan], Princeton (New Jersey): Princeton University Press, 1984, 2 vols).]
29. [For an English translation of Hanno's *Periplus*, see *The Periplus of Hanno; a voyage of discovery down the west African coast, by a Carthaginian admiral of the fifth century B.C.* [translated from the Greek by Schoff Wilfred H.; with explanatory passages quoted from numerous authors], Philadelphia: Commercial Museum, 1912, 2 pl. + 3-27 + [1] p.]
30. [James Bruce (born 14 December 1730, Larbert, Stirling, Scotland; died 27 April 1794, Larbert), explorer who, in the course of daring travels in Ethiopia, reached the headstream of the Blue Nile, then thought to be the Nile's main source. The credibility of his observations, published in *Travels to Discover the Source of the Nile* (Bruce (James), *Travels to Discover the Source of the Nile in the Years 1768, 1769, 1770, 1771, 1772, and 1773*, Dublin: Printed by William Sleater, for P. Wogan, L. White, P. Byrne, W. Porter [and 9 others], 1790-1791, 6 vols; *Travels to Discover the Source of the Nile* [selected and edited with an introduction by Beckingham Charles Fraser], Edinburgh: University Press, 1964, 281 p. + 42 pls), was questioned in Britain, partly because he had first told the French court of his discoveries. Reports by later travelers, however, confirmed the accuracy of his account.]
31. [Magon or Mago (died *c.* 203 B.C.), a leading Carthaginian general during the Second Punic War (218-201 B.C.) against Rome. He was the youngest of the three sons of the Carthaginian statesman and general Hamilcar Barca. In the Second Punic War, Magon accompanied his brother Hannibal on the invasion of Italy and held key commands in the great victories of the first three years of that conflict. After the Carthaginian triumph at the Battle of Cannae (216), he was sent to Spain to fight alongside his other brother, Hasdrubal. There, in a battle at Ilipa (206), Magon was defeated by the Roman general Publius Cornelius Scipio (later known as Scipio Africanus). He stayed for several months in Gades (now

Cádiz) before carrying the war into Liguria in Italy. In 203, he was finally defeated in Cisalpine Gaul. He died of wounds on the return voyage to Carthage.]

32. [Scipio Africanus the Younger (born 185/184 B.C.; died 129 B.C., Rome), Roman general famed both for his exploits during the Third Punic War (149-146 B.C.) and for his subjugation of Spain (134-133 B.C.) He received the name Africanus and a "triumph" in Rome after his destruction of Carthage (146 B.C.)]

33. [Lucius Junius Moderatus Columella, see Lesson 12, note 46.]

34. [Lydia, ancient land of western Anatolia, extending east from the Aegean Sea and occupying the valleys of the Hermus and Cayster rivers. The Lydians were said to be the originators of gold and silver coins. During their brief hegemony over Asia Minor from the middle of the seventh to the middle of the sixth century B.C., the Lydians profoundly influenced the Ionian Greeks to their west.]

35. [The origin of the Etruscans has been a subject of debate since antiquity. Herodotus (see Lesson 7), for example, argued that the Etruscans descended from a people who invaded Etruria from Anatolia before 800 B.C. and established themselves over the native Iron Age inhabitants of the region, whereas Dionysius of Halicarnassus (fl. c.20 B.C.; Greek historian and teacher of rhetoric whose history of Rome, from its origins to the First Punic War, written from a pro-Roman standpoint but carefully researched, is the most valuable source for early Roman history; Dionysius, *Antiquités romaines* [text in French; ed. and transl. by Fromentin Valérie], Paris: Les Belles Lettres, 1998, XCIX + [1] + 291 + [9] p.) believed that the Etruscans were of local Italian origin. Both theories, as well as a third nineteenth-century theory, have turned out to be problematic, and today scholarly discussion has shifted its focus from the discussion of provenance to that of the formation of the Etruscan people.]

36. [Lars Porsenna (fl. the end of the sixth century B.C.), Etruscan king of Clusium (ancient Etruscan town on the site of modern Chiusi, in Tuscany, north-central Italy), who, according to ancient tradition, defeated the Romans, seized the city, and expelled its last king (the tyrannical Lucius Tarquinius Superbus whose reign is dated from 534 to 509; see note 25, above). But, before Porsenna could establish himself as monarch, he was forced to withdraw, leaving Rome kingless.]

37. [Volterra, town and episcopal see, in Pisa *provincia*, Tuscany, central Italy, northwest of Siena. As the ancient Velathri, it was one of the 12 cities of the Etruscan confederation. It supported Rome during the Second Punic War in 205 B.C., acquired Roman citizenship after the civil wars between Gaius Marius and Sulla (81-80 B.C.), and took the name Volaterrae. It became a free commune in the twelfth century and fell under the domination of the Medici family of Florence in 1361.]

38. [*Cloacae of Tarquin* or *Cloaca Maxima*: The term cloaca (a common sewer) is generally used in reference only to those spacious subterraneous vaults, either of stone or brick, through which the foul waters of Rome, as well as all the streams brought to the city by the aqueducts, finally discharged into the Tiber. But it also includes within its meaning any smaller drain, either wooden pipes or clay tubes, with which almost every house in the city was furnished to carry off its impurities into the main conduit. The whole city was thus intersected by subterraneous passages. The most celebrated of these drains was the *cloaca maxima*, the construction of which is ascribed to Tarquinius Priscus, and which was formed to carry off the waters brought down from the adjacent hills into the Velabrum and valley of the Forum.] [Lucius Priscus Tarquinius, the fifth king of Rome, according to the legends, succeeded Ancus Martius, 616, and died 578 B.C. Tarquinius Lucius Superbus was a grandson of the preceding. Tarquinius had married one of the daughters of Servius Tullius, but her sister, whose ambition resembled his own, by a series of horrid crimes, secured him as her husband, and urged him to murder her father to secure the throne in 534 B.C. Tarquinius reigned as a tyrant, but in the end it was the rape of Lucretia by his son, Sextus, that overthrew at once both him and the kingly rule in Rome. The date of the Regifuge or expulsion of the Tarquins was said to be 510 B.C.]

39. [Augury, prophetic divining of the future by observation of natural phenomena, particularly the behavior of birds and animals and the examination of their entrails and other parts, but also by scrutiny of man-made objects and situations. The term derives from the official Roman augurs, whose constitutional function was not to foretell the future but to discover whether or not the gods approved of a proposed course of action, especially political or military. Two types of divinatory sign, or omen, were recognized: the most important was that deliberately watched for, such as lightning, thunder, flights and cries of birds, or the pecking behavior of sacred chickens; of less moment was that which occurred casually, such as the unexpected appearance of animals sacred to the gods – the bear (Artemis), wolf (Apollo), eagle (Zeus), serpent (Asclepius), and owl (Minerva), for instance – or such other mundane signs as the accidental spilling of salt, sneezing, stumbling, or the creaking of furniture.]

40. [Quintus Ennius, (born 239 B.C., Rudiae, southern Italy; died 169 B.C.), epic poet, dramatist, and satirist, the most influential of the early Latin poets, rightly called the founder of Roman literature. His epic *Annales*, a narrative poem telling the story of Rome from the wanderings of Aeneas to the poet's own day (Ennius (Quintus), *The Annals of Quintus Ennius* [edited with introduction and commentary by Skutsch Otto], Oxford (Oxfordshire): Clarendon Press; New York:

Oxford University Press, 1985, xviii + 848 p.), was the national epic until it was eclipsed by Virgil's *Aeneid* (for a modern edition, see Virgil, *The Aeneid* [transl. by Lewis C. Day; with an introd. and notes by Griffin Jasper], Oxford: Oxford University Press, 1991, XXVII + 450 p.)]

41. [Calabria, *regione*, southern Italy, composed of the *province* of Catanzaro, Cosenza, Crotone, Reggio di Calabria, and Vibo Valentia. Sometimes referred to as the "toe" of the Italian "boot," Calabria is a peninsula of irregular shape, jutting out in a northeast-southwest direction from the main body of Italy and separating the Tyrrhenian and Ionian seas.]

42. [Quintus Fabius Pictor (fl. *c.*200 B.C.), one of the first Roman prose historians. A member of the Senate, he fought against the Carthaginians in the Second Punic War (218-201) and was sent on a mission to the Oracle of Delphi after the disastrous Roman defeat at Cannae (216). His history, now lost, was an account of the development of Rome from the earliest times. Fabius wrote it in Greek, partly because he sought to justify Roman policy to the Greeks. The later historians Polybius, Dionysius, and Livy all used Fabius's work as a source. Fragments of the history are published in Jacoby (Felix), *Fragmente der griechischen Historiker*, Leiden; New York: Brill, 1993, 3 vols.]

43. [Marcus Porcius Cato, byname Cato the Censor, or Cato the Elder (born 234 B.C., Tusculum, Latium; died 149), Roman statesman, orator, and the first Latin prose writer of importance (see note 48, below). He was noted for his conservative and anti-Hellenic policies, in opposition to the phil-Hellenic ideals of the Scipio family.]

44. [Marcus Tullius Cicero, English byname Tully (born 106 B.C., Arpinum, Latium, now Arpino, Italy; died 7 December 43 B.C., Formiae, Latium, now Formia), Roman statesman, lawyer, scholar, and writer who vainly tried to uphold republican principles in the final civil wars that destroyed the republic of Rome. His writings include books of rhetoric, orations, philosophical and political treatises, and letters (Cicero (Marcus Tullius), *Cicero in Twenty-eight Volumes*, London: W. Heinemann; Cambridge (Massachusetts): Harvard University Press, 1972). He is remembered in modern times as the greatest Roman orator and innovator of what became known as Ciceronian rhetoric.]

45. [Carneades (born 214? B.C.; died 129?), Greek philosopher who headed the New Academy at Athens when antidogmatic skepticism reached its greatest strength.]

46. [Diogenes of Babylon (born Seleucia, Mesopotamia; fl. second century B.C.), Greek Stoic philosopher remembered chiefly for his visit to Rome in 156-155 B.C., which served to arouse interest in the Stoic creed among the Romans. Diogenes studied in Athens under Chrysippus, the principal systematizer of Stoic philosophy, and succeeded Zeno of Tarsus as head of the Stoic school there. Panaetius, who founded Roman Stoicism, was one of his pupils.]

47. [Critolaus (fl. second century B.C.), Greek philosopher, a native of Phaselis in Lycia and a successor to Ariston of Ceos as head of the Peripatetic school of philosophy (followers of Aristotle). During his period of office he attempted to redirect the activities of the school back to its scientific and philosophical pursuits and away from the worldly preoccupations of his predecessors. Although his teachings were basically Peripatetic, he was in part influenced by the stoics. Thus, he defined the highest good in such a way as to declare pleasure to be an evil. Goods of the soul, he insisted, entirely outweighed those of the body. His writings exist only in fragments.]

48. [Cato's only surviving work is actually titled *De agri cultura (On Farming)*, a treatise on agriculture written about 160 B.C. *De agri cultura* is the oldest remaining complete prose work in Latin (Cato (Marcus Porcius), *On Farming / De agricultura* [a modern translation with commentary by Dalby Andrew], Blackawton: Prospect Books, 1998, 243 p.) It is a practical handbook dealing with the cultivation of grape vines and olives and the grazing of livestock, but it also contains many details of old customs and superstitions. More important, it affords a wealth of information on the transition from small landholdings to capitalistic farming in Latium and Campania.]

49. [Lucius Mummius (fl. mid-second century B.C.), Roman statesman and general who crushed the uprising of the Achaean League against Roman rule in Greece. As praetor in 153, Mummius defeated the rebellious Lusitanians in southwestern Spain; the following year he celebrated a triumph at Rome. As consul in 146, he was appointed commander of the war against the Achaean League. He defeated the Greek forces at Leucopetra on the Isthmus of Corinth and captured and destroyed Corinth. The Roman Senate then dissolved the Achaean League. Mummius's indifference to works of art and ignorance of their value is shown by his well-known remark to those who contracted for the shipment of the treasures of Corinth to Rome, that "if they lost or damaged them, they would have to replace them."]

50. [Marcus Terentius Varro (born 116 B.C., probably Reate, Italy; died 27 B.C.), Rome's greatest scholar and a satirist of stature, best known for his *Saturae Menippeae* ("Menippean Satires") (Varro (Marcus Terentius), *M. Terentii Varronis Saturarum Menippearum Fragmenta / edidit Raymond Astbury*, Leipzig: B. G. Teubner, 1985, XLII + 154 p.) He was a man of immense learning and a prolific author. Inspired by a deep patriotism, he intended his work, by its moral and educational quality, to further Roman greatness. Seeking to link Rome's future with its glorious past, his works exerted great influence before and after the founding of the Roman Empire (27 B.C.)]

51. [Dedicated to Cicero, Varro's *De lingua Latina* is of interest not only as a linguistic work but also as a source of valuable incidental information on a variety of subjects (Varro

(Marcus Terentius), *M. Terenti Varronis De lingua Latina libri / emendavit apparatu critico instruxit praefatus est Leonardus Spengel; Leonardo patre mortuo edidit et recognovit filius Andreas Spengel*, New York: Arno Press, 1979, xc + 286 p.) Of the original 25 books there remain, apart from brief fragments, only books 5-10, and even these contain considerable gaps.]

52. [Varro wrote about 74 works in more than 600 books on a wide range of subjects: jurisprudence, astronomy, geography, education, and literary history, as well as satires, poems, orations, and letters. The only complete work to survive is *De re rustica* ("*On Agriculture*"), a three-section work of practical instruction in general agriculture and animal husbandry, written to foster a love of rural life (see Varro (Marcus Terentius), *Varro on farming. M. Terenti Varronis rerum rusticarum libri tres* [tr. with introduction, commentary, and excursus by Storr-Best Lloyd], London: G. Bell and Sons, 1912, xxxi + 375 p.)]

53. [*De naturâ deorum* ("*On the nature of the gods*") 45 B.C. (Cicero (Marcus Tullius), *De natura deorum* [ed. by Van den Bruwaene Martin], Brussels: Latomus, 1970-1986, 4 vols; *Cicero in Twenty-eight Volumes*, London: W. Heinemann; Cambridge (Massachusetts): Harvard University Press, 1972).]

LA FONDATION LÉGENDAIRE DE ROME
Représentation de Romulus et Rémus de 1652 par Wenceslas Hollar, d'après l'œuvre de Giulio Romano. Format original : 12 x 16 cm.

10 La montée en puissance de Rome

Nous avons vu que par suite des guerres que se firent les successeurs d'Alexandre, l'étude des sciences fut presque abandonnée dans la Grèce, dans l'Asie et les îles de l'Archipel; que les savans se réfugièrent à Alexandrie, où une riche bibliothèque leur était ouverte, et où les premiers Ptolomées leur procuraient toutes sortes de faveurs; mais que les derniers Lagides occasionnèrent, par leur tyrannie, la dispersion d'une partie de ces savans, et qu'enfin les invasions romaines achevèrent de détruire, en Égypte, la culture des sciences naturelles qui exigent de grandes dépenses.

À ces deux causes de décadence nous en ajouterons une autre qui donna aux esprits une direction toute différente.

Dès le temps de la fondation d'Alexandrie, Alexandre avait placé dans cette ville plusieurs Juifs qui s'y fixèrent. Physcon en fit venir postérieurement un nombre beaucoup plus considérable. Les croyances religieuses de ces étrangers influèrent sur les Alexandrins, dirigèrent tous les esprits vers les études spéculatives, d'où naquit le néoplatonisme[1], et on abandonna ainsi l'observation des phénomènes naturels.

La bibliothèque d'Alexandrie elle-même ne resta pas long-temps intacte. Pour éviter de subir le sort de Pompée[2], lâchement assassiné par ordre de ceux qui dirigeaient son pupille Ptolomée, César[3] fut obligé de brûler la flotte des Alexandrins. L'incendie se communiqua aux bâtimens du port, et finit par atteindre l'édifice où les livres étaient déposés. Telle est du moins la relation que l'on trouve dans Plutarque[4], qui le premier a parlé de la destruction de la bibliothèque d'Alexandrie, deux cents ans après l'entrée de César dans cette ville. On pourrait admettre quelques doutes sur l'exactitude de cette relation, car le vainqueur de Pompée, qui a laissé des détails sur ses dangers à Alexandrie et sur l'incendie de la flotte égyptienne, ne dit pas un mot de la destruction des édifices voisins du port, ni de celle de la bibliothèque. Le poète Lucain[5], qui dans sa Pharsale[6] raconte avec la pompe qui le caractérise, les dangers de César, et l'incendie de 1a flotte égyptienne, est aussi complètement muet sur la destruction de la bibliothèque d'Alexandrie, qui assurément pouvait être le sujet magnifique morceau de poésie.

Pour concilier ces preuves négatives avec le récit de Plutarque, on a supposé que la bibliothèque était distribuée dans deux édifices séparés, et qu'un seul de ces édifices avait été brûlé. À l'appui de cette supposition, on rapporte que quelques années après le désastre attesté par Plutarque, Antoine[7], dans la vue d'y remédier, fit présent à Cléopâtre[8] des livres rassemblés par les rois de Pergame. Claude[9] aurait aussi enrichi cet établissement, et les sciences auraient brillé d'un nouvel éclat. Ce serait la bibliothèque, ainsi recomposée par les empereurs romains qui, selon les historiens, aurait été brûlée par Omar[10]; on donne même sur cet acte de vandalisme des détails qui, s'ils étaient seuls, pourraient faire croire à sa réalité : on dit, par exemple, que le nombre de livres dont se composait la bibliothèques était si considérable qu'il suffit à chauffer les bains de la ville pendant un mois entier. Mais ces détails, et l'incendie lui-même attribué à Omar, sont évidemment une fable, car long-temps avant Omar la bibliothèque d'Alexandrie n'existait plus. Orose[11], qui vivait au ive siècle de notre ère, c'est-à-dire deux cents ans avant Omar, rapporte que lorsqu'il fut pour la visiter, il ne trouva plus que des armoires vides[12].

Parmi les hommes qui, au milieu des troubles politiques, contribuèrent le plus à retarder la décadence des sciences, nous citerons Attale III, roi de Pergame, qui s'adonna beaucoup à la botanique; Mithridate Eupator[13], roi de Pont, et Nicandre, médecin du dernier roi de Pergame.

Mithridate Eupator, outre qu'il connaissait vingt-deux langues étrangères, était fort savant en botanique; ce fut en son honneur qu'on imagina de donner aux plantes des noms d'hommes. Le Rhizotome Cratéras[14] lui dédia l'*eupatorium* et le *mithridatea*[15]. Le roi de Pont s'était particulièrement appliqué à l'étude des poisons et des antidotes à cette époque l'usage des poisons était si fréquent qu'on ne doit pas s'étonner que Mithridate se soit beaucoup occupé de ces substances. Il s'occupa aussi de pharmacie, ce qui était un autre moyen d'atteindre son but, et composa une drogue désignée par son nom, dans laquelle il entre plus de cinquante plantes.

Pompée, qui s'empara des papiers de ce roi droguiste et botaniste, après sa défaite, a prétendu que dans ses recherches scientifiques il s'était permis des expériences criminelles, qu'il avait essayé ses poisons sur des hommes qui en étaient morts, et qu'il se livrait à la magie.

Nicandre, poète et médecin tout à la fois[16], fit aussi des poisons l'objet de ses études, déterminé à cet égard, comme l'avait été Mithridate, par l'extrême dépravation des mœurs de son temps, qui portait à en faire fréquemment usage contre ses ennemis. Nicandre était de Colophon, et vivait environ cent ans avant l'ère chrétienne. Il a laissé deux poèmes, dont l'un, intitulé *Theriaca,* est relatif aux venins qui s'introduisent par l'extérieur; et l'autre, intitulé *Alexipharmaca,* se rapporte aux poisons qui s'ingèrent dans l'estomac[17].

Le *Theriaca* est le premier poème descriptif qui nous soit resté des anciens. L'auteur y traite des animaux dont la morsure est venimeuse; il parle de douze espèces de serpents, et les caractérise assez pour qu'on puisse en reconnaître plusieurs, tel est, par exemple, l'aspic[18]; c'est le serpent que portaient les bateleurs de l'Égypte, celui qu'on adorait dans ce pays et dont les prêtres se ceignaient la tête, enfin c'est le serpent dont Cléopâtre se servit pour se donner la mort. Cet animal est encore remarquable par la faculté que possède son cou de se gonfler considérablement. Nicandre raconte ses combats avec l'ichneumon[19].

On reconnaît aussi dans le *Theriaca* le céraste[20], la vipère à deux petites cornes des anciens, qui habite les plaines de sable.

Les dix autres espèces sont moins faciles à reconnaître.

Après les serpens, Nicandre parle des geckos[21], puis des araignées venimeuses, et enfin de neuf espèces de scorpions décrites assez bien pour que probablement elles pussent être reconnues, si on faisait des recherches sur les lieux ; ce qu'en dit Nicandre serait une fort bonne indication pour les voyageurs.

Dans l'*Alexipharmaca* Nicandre traite plus spécialement des plantes vénéneuses et des effets de leurs sucs dans l'estomac.On remarque dans cet ouvrage beaucoup de fables populaires ; mais on y voit aussi que la botanique avait fait quelques progrès. Des plantes dont Théophraste n'avait point parlé y sont désignées pour la première fois ; tels sont, par exemple, le colchique et l'aconit[22]. L'auteur dit que les rats lèchent les racines de cette dernière plante. Long-temps cette assertion avait été tenue pour fabuleuse ; mais depuis peu on en a reconnu l'exactitude.

Les ouvrages de Nicandre et d'Agatarchides, dont nous avons parlé antérieurement, sont les dernières lueurs de la période grecque : ils sont écrits sans méthode et sans but scientifique.

Les sciences reprirent plus tard un peu d'éclat, lorsque l'Égypte et le royaume de Pergame furent complètement soumis à la domination romaine. Ce sera donc désormais dans l'empire romain que nous examinerons le développement des sciences naturelles. Avant d'entrer dans cet examen nous allons considérer un instant ce peuple fameux, dont la puissance dominait déjà toute la partie civilisée de l'occident.

Rome fut fondée sept cent cinquante ans avant Jésus-Christ, c'est-à-dire plus de sept cents ans après que Danaüs et Cécrops eurent apporté d'Égypte en Grèce quelques lueurs de civilisation, trois siècles après que les Grecs eurent fondé leurs colonies de l'Asie mineure, cent ans après leur émigration vers l'Italie, et un siècle aussi après la fondation de Carthage. Ce fut quatre-vingts ans après la création de Rome que les relations de la Grèce et de l'Égypte furent rétablies, deux cents ans après cette même création que parut Cyrus, roi de Perse, et enfin deux cents ans plus tard que vécut Alexandre[23].

D'abord soumise à des rois, Rome les chassa vers l'an 504 avant Jésus-Christ, et adopta le gouvernement républicain. Les Grecs, déjà fort civilisés, occupaient alors principalement le pays de Naples. Mais l'intérieur de l'Italie était habité par les aborigènes. La nouvelle république fondée par Brutus[24] eut bientôt soumis ses voisins. Les Étrusques, les Latins, les Volsques, qui s'étaient armés contre elle pour soutenir les Tarquins[25], furent successivement vaincus ; et lorsqu'Alexandre eut perdu la vie par suite de ses dérèglemens, presque toute l'Italie était subjuguée. Deux siècles plus tard, c'est-à-dire environ trente ans avant notre ère, Rome étendant de proche en proche ses conquêtes, était devenue maîtresse de tout le pourtour de la Méditerranée, et possédait de vastes territoires dans l'intérieur de l'Asie, de l'Afrique et de l'Europe.

Nous allons rechercher quelles étaient les connaissances du peuple romain, avant toutes ces conquêtes sur le monde civilisé, et par quelle voix il avait pu les recevoir.

Les Phéniciens, sans aucun doute, furent les premiers qui portèrent dans l'Occident quelques notions des sciences et du commerce. À une époque assez rapprochée de la guerre de Troie, ils fondèrent la ville d'Utique; plus tard en 883, ils élevèrent Carthage; et plus à l'ouest encore, mais de l'autre côté de la Méditerranée, ils établirent plusieurs centres de commerce sur la côte d'Espagne. Leurs sciences, leurs mœurs, leur religion se répandirent dans tous ces pays; mais les Carthaginois paraissent avoir été plus particulièrement dépositaires de leurs connaissances et de leurs usages.

Ce qu'on sait de ce dernier peuple nous le représente comme fort peu avancé dans les sciences spéculatives, livré à des superstitions barbares, et tout adonné aux connaissances pratiques et surtout au commerce. Nos sources de lumière à cet égard sont bien rares, car nous ne possédons qu'un seul ouvrage carthaginois, c'est le *Périple d'Hannon*[26], qui fut fait au temps de Socrate un peu avant celui de Néarque[27], et qu'on trouve cité dans Aristote[28]. La traduction grecque qui nous en est parvenue[29] nous apprend que Hannon dépassa les colonnes d'Hercule, et que, naviguant vers le midi, il explora les côtes d'Afrique jusqu'à la Sénégambie. Plusieurs des récits que contient ce voyage semblent d'abord fabuleux; mais il n'est pas impossible, suivant nous, d'en donner une explication satisfaisante. Ainsi Hannon dit avoir vu des fleuves de feu descendre des montagnes de l'Afrique. Probablement cette illusion fut produite par l'embrasement des ravins remplis d'herbes sèches, auxquelles, suivant Bruce[30], les pâtres africains ont coutume de mettre le feu à l'époque des pluies, afin de procurer à leur bétail un pâturage plus tendre.

Hannon dit aussi qu'il rencontra des hommes et des femmes dont le corps était couvert de poils, et que les matelots, ayant pris quelques-unes de ces dernières pour les emmener à Carthage, on les trouva intraitables: lorsqu'on voulait les caresser, elles pinçaient, elles égratignaient, mordaient, et finirent par mourir, faute de prendre des alimens: leurs peaux seules furent emportées à Carthage par les marins, et suspendues dans le temple de Junon. Il est très-probable que ces prétendus femmes et hommes velus n'étaient que de grands singes, tels qu'on en voit assez souvent sur les côtes d'Afrique.

Un auteur carthaginois, autre que Hannon, est parvenu à notre connaissance d'une manière indirecte. À une époque qu'il n'est pas possible de déterminer avec exactitude, Magon[31] écrivit vingt-huit livres sur l'agriculture. Après la destruction de Carthage, Scipion le jeune[32] les emporta à Rome, où ils furent traduits en latin par ordre du sénat. On en fit plus tard une traduction grecque. Mais ces deux traductions ont été perdues, et nous n'en connaissons que quelques fragmens conservés par Columelle[33].

Les Romains ne purent donc recevoir que de faibles lumières scientifiques des Carthaginois. D'ailleurs les guerres acharnées que ces deux peuples se firent auraient bientôt détruit l'influence intellectuelle de l'un sur l'autre.

Mais les Romains ont pu s'instruire par des communications avec les Étrusques, qui avaient un système religieux et philosophique très-remarquable, et chez qui les sciences et les arts avaient atteint un assez grand développement.

L'origine de ce dernier peuple n'est pas bien connue; quelques auteurs pensent qu'il était sorti de la Lydie[34]; d'autres, qu'il était descendu des monts Thyrréniens, et que depuis son établissement il avait eu des relations avec les Grecs[35]. Mais ce qu'il y a de certain et de remarquable, c'est que son existence remonte à l'époque des grandes émigrations égyptiennes, dont nous avons parlé au commencement de cette histoire. D'abord il s'était étendu jusqu'aux Alpes; mais attaqué par les Gaulois, il se replia vers la Toscane, arriva jusqu'au Tibre, et devenu ainsi proche voisin des Romains, il eut à soutenir contre eux de fréquentes guerres, qui amenèrent sa soumission vers l'an 282 avant Jésus-Christ.

Les monumens et les connaissances de ce peuple, célèbre pour son goût, présentent des rapports frappans avec ceux des Indiens, des Égyptiens et des Babyloniens. Comme les Égyptiens, les Étrusques étaient fort habiles dans l'art de creuser des canaux; leurs monumens étaient aussi de forme pyramidale, ainsi que l'atteste le tombeau de Porsenna[36], et on voit, par les restes de murs gigantesques conservés à Volterra[37], qu'ils connaissaient parfaitement l'art de construire. Il paraît même que les étonnans travaux connus sous le nom de *cloaques de Tarquin*[38] ont été bâtis par eux; ce qui constitue un véritable progrès architectural, puisque les Égyptiens n'ont jamais su former de voûtes.

La religion, ou le système mythologique des Étrusques présente également de grandes ressemblances avec celui des Indiens et des Égyptiens. Les Étrusques étaient aussi, comme ces peuples, dominés par des castes qui possédaient seules le secret des sciences et des arts, et se le transmettaient d'une manière héréditaire. Ce fut des nobles Étrusques que les Romains reçurent la prétendue science des augures[39].

L'alphabet étrusque, comme tous les nôtres, dérivait de celui des Phéniciens; mais ils ne le tenaient pas des Grecs, car ils s'en servaient en écrivant de droite à gauche, et supprimaient les voyelles brèves, remplacées depuis par des points, à la manière des Hébreux et des autres peuples orientaux. Cette différence prouve qu'ils avaient eu des relations directes avec l'Orient à des époques fort éloignées.

Mais leurs plus beaux ouvrages sont postérieurs à leurs communications avec les Grecs, car leurs dessins représentent les emblèmes mythologiques de la Grèce.

Si les Étrusques furent, comme il le paraît, les premiers instituteurs des Romains qui, à leur exemple, adoptèrent la division en patrons et en cliens, différente de celle des patriciens et des plébéiens, il est certain aussi qu'ils ne purent leur communiquer que de bien faibles notions d'histoire naturelle. Les connaissances ornithologiques étaient celles qu'ils devaient être le plus en état de leur transmettre, car l'usage de la divination au moyen du vol des oiseaux avait probablement conduit les prêtres à observer les mœurs de ces animaux. Pline rapporte plusieurs noms étrusques d'oiseaux, mais il éprouve de la difficulté à en faire l'application, ce qui prouve que de son temps les prêtres auguraux avaient perdu, comme partout ailleurs, l'intelligence des traditions religieuses.

Les véritables instituteurs des Romains dans les sciences ont été les Grecs, mais ils ne les ont instruits que fort tard, et incomplètement, bien qu'ils fussent établis sept cents ans avant Jésus-Christ sur les côtes d'Italie, et qu'ils entretinssent des relations très-fréquentes avec la mère patrie, qui leur envoyait ses savans et qui recevait les siens. Cette lenteur de civilisation chez les Romains, qui d'ailleurs envoyaient des ambassadeurs aux Grecs, fut le résultat de leur politique, qui repoussait les arts et les sciences comme des choses capables d'amollir les hommes, et par conséquent de détruire les mœurs guerrières de la république. Pendant plusieurs siècles Rome n'eut aucun écrivain. Ce fut plus de cinq cents ans après sa fondation que parut le poète Ennius[40], le premier qui mérite d'être cité ; encore n'était-il pas né à Rome ; il était originaire de la ville de Rudes, située dans la Calabre[41], et se retira en Sardaigne. Ce poète a écrit des annales en vers héroïques et des tragédies.

Fabius Pictor[42], son contemporain, et à peu près du même âge que lui, est le premier écrivain en prose dont l'ouvrage ait été conservé.

Cette rareté, et l'on pourrait dire cette absence d'annalistes chez les premiers Romains, est la cause de l'obscurité qui enveloppe le berceau de ce peuple, dont l'histoire n'est guère qu'une fable convenue.

Le premier écrivain de Rome qui ait écrit sur les sciences naturelles est Caton le censeur[43]. Il est aussi le premier dont on ait conservé un ouvrage complet ; et ce qui prouve le peu de valeur des écrits antérieurs, c'est que Cicéron[44] le cite comme le plus ancien des ouvrages latins qui méritent d'être lus. Il écrivit sur l'agriculture, sur la religion, sur la morale et sur l'histoire. Dans une de ses expéditions, ayant séjourné chez un pythagoricien, il avait acquis quelque connaissance des lettres grecques ; mais ses idées politiques n'en furent nullement affectées, car de retour à Rome il donna une nouvelle preuve de son aversion pour la science. Un différend s'étant élevé entre Athènes et Sycione, ces deux villes convinrent de s'en rapporter à l'arbitrage des Romains, et leur envoyèrent, pour leur exposer l'affaire, trois philosophes distingués, Carnéades[45], chef de la deuxième académie, Diogènes du Portique[46], et Critolaüs[47], chef du lycée. Pendant que leur affaire s'examinait, ces savans prononcèrent en public quelques discours, et donnèrent des leçons auxquelles toute la jeunesse de Rome se portait avec empressement. Caton fut tellement effrayé de cette innovation, qu'il obtint du sénat romain que le différend des Grecs serait promptement décidé, afin que leurs ambassadeurs n'eussent plus de prétexte pour rester dans la ville. Mais lorsque de nouvelles idées germent dans les intelligences, il n'est guère possible de les détruire ; aussi, malgré les empêchemens de Caton, les Romains se livrèrent-ils bientôt à l'étude des lettres grecques, et Caton lui-même, après avoir élevé de vaines digues contre le torrent, finit par s'y abandonner, et cultiva, comme on sait, beaucoup le grec dans sa vieillesse.

L'ouvrage que nous possédons de lui a pour titre *de Re rusticâ*[48]. Il n'est pas très-volumineux et pourrait tout au plus former un de nos in-12. On n'y trouve pas exposé de système régulier d'agriculture ; il contient seulement une description de tout ce qui se rapporte à l'exploitation d'une propriété rurale. L'auteur y dit comment on doit choisir une ferme ; il donne des règles de conduite à l'égard de son régisseur, et à l'égard de ses esclaves. Les dernières sont d'une âpreté qui va jusqu'à l'atroce, car, non-seulement il veut qu'on enferme ses esclaves toutes les nuits, mais encore qu'on les enchaîne, pour peu qu'il y ait sujet de méfiance contre eux.

Caton donne ensuite plusieurs détails d'économie domestique et des formules bizarres ou superstitieuses de médecine vétérinaire. Il désigne les maladies des animaux domestiques, et indique comme moyen de guérir les bœufs, des assemblages de mots qui ne sont ni grecs ni latins, et dont la répétition fréquente a, suivant lui, un pouvoir magique. Il décrit la manière de faire les jambons, les saucisses, etc.

Tel est l'ouvrage d'un grand homme qui avait eu des relations assez longues avec un pythagoricien. Mais nous devons faire observer que les philosophes de cette école, surtout depuis son renouvellement, avaient eux-mêmes une tendance à admettre l'influence mystérieuse des mots presque aussi bien que celle des nombres.

Quelques années après le départ de Rome des députés Carnéades, Diogènes, et Critolaüs, les Romains étendirent leurs conquêtes dans la Grèce. Mais ils étaient encore tout-à-fait ignorans dans les arts, car le général romain Mummius[49], ayant fait porter à bord de ses vaisseaux des statues d'airain et des tableaux qu'il avait pris dans la ville de Corinthe pour servir à son triomphe, menaça très-sérieusement les propriétaires des navires, si quelques-uns de ces objets étaient altérés ou perdus, de les obliger à en fournir de pareils, et de même poids, si c'étaient des statues de métal qui fussent détruites. Lorsque les Romains furent complètement et définitivement maîtres de la Grèce, cette ignorance grossière disparut bien vite : Athènes surtout contribua beaucoup à leur donner le goût et la connaissance des arts. La rapidité de leurs progrès à cet égard nous est attestée par la supériorité très-remarquable des ouvrages de Varron sur ceux de Caton.

Marcus Terentius Varron[50] était né cent seize ans avant Jésus-Christ. Il avait étudié à Athènes avec Cicéron, son ami, et il lui dédia son *Traité de la Langue Latine*[51]. Comme Cicéron, il fut proscrit par Antoine ; mais plus heureux que son ami, il parvint à éviter la mort et vécut jusqu'à un âge très-avancé. On le considère comme le plus instruit des Romains : il était poète, savant, général et même médecin, car il passe pour avoir fait disparaître une épidémie très-violente qui ravageait son armée et l'île de Corcyre.

Il a composé, sous forme de dialogue, un ouvrage intitulé, comme celui de Caton, *de Re rusticâ*, qui est très-remarquable pour sa méthode et son élégance[52].

Le premier livre de cet ouvrage traite de l'agriculture en général, et de la nature des terres ; le second, des animaux domestiques, de leur produit et des maladies qui les affectent ; le troisième, des oiseaux de basse-cour.

On voit par ce dernier livre que les paons étaient alors servis sur les tables des Romains. Ils avaient d'ailleurs tous nos autres oiseaux domestiques, et ils y avaient joint les grives, qui chez nous sont toutes à l'état sauvage.

Parmi les quadrupèdes qu'ils élevaient dans des enclos étaient aussi des animaux que nos bois seuls nous fournissent maintenant : le cerf, le chevreuil, le sanglier, et trois espèces de lièvres, le commun, le lièvre d'Espagne ou lapin, et le lièvre variable des Alpes dont le poil est blanc durant l'hiver.

Les Romains engraissaient encore pour leurs tables des loirs et même des limaçons qui parvenaient à un volume prodigieux.

Enfin Varron rapporte que ses compatriotes élevaient dans des viviers différentes espèces de poissons, qui y avaient été rassemblées au moyen de dépenses énormes, et qu'il nous serait impossible de renouveler aujourd'hui.

Ce luxe augmenta un peu les notions d'histoire naturelle.

Cicéron, le contemporain et l'ami de Varron, aussi grand philosophe qu'admirable orateur, n'a guère traité dans ses ouvrages que les parties spéculatives de la philosophie. Toutefois on rencontre dans son traité *de Naturâ deorum* quelques passages qui ont trait aux sciences naturelles[53]. Dans son dialogue il a introduit un platonicien qui, pour établir l'existence d'une providence, allègue plusieurs faits d'histoire naturelle considérés sous le point de vue des causes finales.

Dans la prochaine séance nous verrons encore quelques auteurs qui ont écrit sur les sciences naturelles, au temps de la république romaine, et ensuite nous passerons à ceux qui se sont occupés du même sujet sous les empereurs.

NOTES

1. [Le néoplatonisme est la dernière école de philosophie grecque, fondée au IIIe siècle apr. J.-C. par le grand génie philosophe et religieux de l'école, Plotin (né en 205 apr. J.-C., probablement à Lycopolis, en Égypte – mort en 270, en Campanie. Les anciens philosophes que l'on classifie en général de néoplatonistes s'appelaient eux-mêmes « Platonistes », tout comme les philosophes de la Renaissance et du XVIIe siècle dont les idées dérivaient de l'ancien Néoplatonisme.]
2. [Pompée le Grand, dont le nom complet en latin était Gnaeus Pompeius Magnus (né le 29 septembre 106 av. J.-C. à Rome; mort le 28 septembre 48 av. J.-C. à Péluse près d'Alexandrie en Égypte), fut l'un des grands généraux et hommes d'état de la dernière période de l'empire romain; il participa au premier triumvirat (61-54 av. J.-C.), et fut l'allié, et plus tard l'opposant, de Jules César. Ses troupes en Afrique lui donnèrent le surnom de Magnus (qui signifie Le Grand) (82-81 av. J.-C.)]
3. [Jules César, voir Leçon 11.]
4. [Plutarque, voir Leçon 14, note 9.]
5. [Lucain, en latin Marcus Annaeus Lucanus (né en 39 apr. J.-C. à Cordoue, en Espagne, mort en 65 à Rome), fut un poète romain et patriote républicain dont l'œuvre historique épique, *Bellum civile*, mieux connue sous le nom de *Pharsale* à cause de son récit réaliste de cette bataille, est exceptionnelle comme étant le seul poème épique latin où les dieux n'interviennent pas (Lucain, *La guerre civile: La Pharsale* [texte établi et traduit par Bourgery Abel], Paris: Les Belles Lettres, 1993-1997, 2 vol.; voir note 6 ci-dessous).]
6. [*Pharsale* est le seul poème qui subsiste de Lucain. Ce récit retrace la guerre entre Jules César et Pompée jusqu'à l'arrivée de César en Égypte après la mort de Pompée, et s'arrête brutalement au milieu du livre X. Lucain ne fut pas un grand poète, mais il était un rhétoricien d'une grande perspicacité historique et politique, bien qu'il écrivit ce poème alors qu'il était encore un jeune homme.]
7. [Marc Antoine, (82/81 av. J.-C.-août 30 av. J.-C., Alexandrie), général romain sous Jules César, et triumvir après la mort de Jules César (43-30 av. J.-C.), qui avec Cléopâtre, reine d'Égypte, fut vaincu par Octave (le futur empereur Auguste) pendant la dernière des guerres civiles qui détruisirent la République Romaine. Marc Antoine fut l'un des alliés les plus éminents de Jules César. Après s'être distingué comme soldat, il devint le consul de César en 44 av. J.-C. Dans l'œuvre de Shakespeare, *Jules César*, Antoine déclame l'oraison funèbre à la mort de César. Grâce à son célèbre discours insidieux qui commence par « Amis, Romains, citoyens, écoutez-moi », Marc Antoine réussit à retourner le peuple romain contre Brutus et ses acolytes. Plus tard, avec l'aide d'Octave, il vainquit Brutus et Cassius à la bataille de Philippes en Macédoine.]
8. [Cléopâtre VII Théa Philopator (en grec: déesse qui aime son père) (69 av. J.-C.-30 août 30 av. J.-C., Alexandrie), reine égyptienne célèbre pour son rôle historique et pour l'aspect mélodramatique de sa vie, maîtresse de Jules César, et plus tard, épouse de Marc Antoine. Elle devint reine à la mort de son père (51 av. J.-C.) et gouverna successivement avec ses deux frères Ptolémée XIII (51-47) et Ptolémée XIV (47-44),

ainsi qu'avec son fils Ptolémée XV César (44-30). Après la victoire romaine d'Octave (futur empereur Auguste) contre les forces unies d'Antoine et de Cléopâtre, tous deux se suicidèrent, et l'Égypte tomba sous la domination romaine. Son ambition autant que son charme influencèrent la politique romaine à un moment crucial, et elle devint l'emblème de la femme fatale romantique, comme aucune autre femme de l'antiquité ne sut le faire.]

9. [Claudius, ou Tiberius Claudius Caesar Augustus Germanicus, nom de naissance (jusqu'en 41 apr. J.-C.) Tiberius Claudius Nero Germanicus (né le 1er août 10 av. J.-C. à Lugdunum, Gaule – mort le 13 octobre 54 apr. J.-C.), empereur romain (41-54 apr. J.-C.) qui étendit le pouvoir romain sur l'Afrique du Nord et fit de l'Angleterre une province.]

10. [Calife Omar de Damascus. Si l'on en croit la légende, les Musulmans envahirent l'Égypte au VIIe siècle alors que leur fanatisme les emporta vers des conquêtes qui leur permirent de former un empire s'étalant de l'Espagne à l'Inde. L'Égypte ne se rebella que très peu, et le peuple préférait le mode de gouvernement du calife à celui des Byzantins qui les avaient envahis avant eux. Mais lorsqu'un chrétien appelé Jean informa le général arabe local de l'existence d'une grande bibliothèque à Alexandrie qui contenait tout le savoir du monde, ce général fut perturbé par la nouvelle. Il dépêcha l'information à Damascus où le calife Omar donna l'ordre de brûler tous les livres de la bibliothèque car, comme il l'expliqua, « soient ils contrediront le Coran, auquel cas ils sont un blasphème, soient ils seront en accord avec le Coran, auquel cas ils sont superflus. » C'est ainsi que tous les livres et les parchemins furent retirés de la bibliothèque et distribués aux nombreux bains de la ville pour y être utilisés comme combustible.]

11. [Paul Orose (en latin Paulus Orosius) (né probablement à Braga en Espagne ; *fl.* 414-417), théologien, fut le défenseur de la première église orthodoxe chrétienne et l'auteur de la première histoire universelle chrétienne : *Historiarum adversus paganos libri VII (Histoires : contre les païens. Tome III, Livre VII* [texte établi et traduit par Arnaud-Lindet Marie-Pierre], Paris : Les Belles Lettres, 1991, 217 p.) Ce livre raconte l'histoire universelle depuis sa création jusqu'à la fondation et l'histoire de Rome en 417 apr. J.-C. Dans ce livre, Orose décrit les catastrophes qui touchèrent l'humanité avant l'ère chrétienne, arguant que les calamités de la fin de l'Empire Romain n'étaient pas dues à la conversion chrétienne de Rome. Le livre d'Orose connut un grand succès pendant le Moyen Âge, mais seul le récit concernant la période post-378 apr. J.-C. présente un intérêt pour les hommes de lettres modernes.]

12. Un des scientifiques les plus renommés d'Allemagne [Johann Gottlieb Gerhard] Buhle [homme de lettres et philosophe allemand, né en 1763 à Brunswick, éduqué à Göttingen, mort en 1821], fut le premier à démentir avec succès la théorie communément établie concernant l'incendie de la Bibliothèque d'Alexandrie [Buhle (Johann Gottlieb Gerhard), *Geschichte der neueren Philosophie*, Göttingen : J. G. Rosenbusch, 1800-1805, 6 vol.] [M. de St.-Agy.]

13. [Mithridate VI Eupator, dont le surnom était Mithridate le Grand (mort en 63 av. J.-C. à Panticapée, aujourd'hui en Ukraine), fut roi du Pont au nord de l'Anatolie entre 120 et 63 av. J.-C. Sous son règne, le Royaume du Pont annexa plusieurs de ses états voisins et représenta une brève menace à l'hégémonie romaine en Asie Mineure.]

14. [Crateuas, ou Cratevas (*fl.* Ier siècle av. J.-C.), pharmacologue, artiste, et médecin de Mithridate VI, roi du Pont (120-63 av. J.-C.) Les dessins de Crateuas sont les plus anciennes illustrations botaniques connues à ce jour. Il fut le premier à illustrer les plantes dans ses travaux de pharmacologie. Il classifia également les plantes et expliqua leur utilisation médicale. Les illustrations qui subsistent aujourd'hui et portent son nom sont des copies, faites aux alentours de l'an 500. Il ne reste de ses textes que les citations faites par Pedanius Dioscorides, médecin grec (*c.* 40-90 apr. J.-C. ; voir Leçon 12, note 62 (voir Dioscorides, *The Greek Herbal of Dioscorides* [illustrated by a Byzantine, A.D. 512 ; englished by John Goodyer, A.D. 1655 ; edited and first printed, A.D. 1933, by Gunther Robert T. ; with three hundred and ninety-six illustrations], Oxford : Printed by J. Johnson for the author at the University Press, 1934, ix + 701 p.) La médecine et la pharmacologie bénéficièrent des travaux de Crateuas.]

15. [Eupatoire (*Eupatorium*), genre de plantes appartenant à la famille des Composées ou Astéracées et contenant environ 600 espèces, presque toutes américaines, que l'on trouve principalement en Amérique du Sud, dans les Antilles et au Mexique. Ce sont principalement des plantes herbacées vivaces, bien que quelques unes soient annuelles. Beaucoup de ces plantes que l'on trouve sous les tropiques sont de type buissonneux ou arbustif. Les plantes du genre *Eupatorium* portent en général de larges fleurons de couleur mauve, rose, bleue ou blanche. *Mithradatea* s'écrit correctement *Mithridatea*, ou *Mithridate*, ancien synonyme du genre *Tambourissa* (de la famille des Monimiacées). Cette plante se trouvant principalement sur l'Île de Madagascar, il est peu probable qu'elle ait été connue des hommes de l'Antiquité. Il se peut que Cuvier face ici référence au *Mithridatium*, synonyme de l'*Erythronium* (de la famille des *Liliaceae*), qui comprend une vingtaine d'espèces largement distribuées en Amérique du Nord et en Eurasie.]

16. [Nicandre (IIe siècle av. J.-C.), était un grammairien, poète, et médecin grec, né à Claros près de Colophon, où sa famille possédait la prêtrise héréditaire d'Apollon. Il vécut au temps d'Attale III de Pergame. Il fut l'auteur de nombreuses œuvres, tant en prose qu'en vers, dont deux nous sont parvenus (Nicandre, *Icandri Theriaca et Alexipharmaca* [Ioannes

Gorrhaeus latinis versibus reddidit; italicis vero qui nunc primum in lucem prodeunt Ant. Mar. Salvinius. Accedunt variantes codicum lectiones, selectae adnotationes, et graeca eutecni Sophistae metaphrasis..., curante Ang. Mar. Bandinio], Florentiae: Ex Officina Moückiana, 1764, [8] + 376 p.) La première, *Theriaca*, est un long poème de 958 vers héxamètres sur la nature des animaux vénimeux et les blessures qu'ils infligent. La seconde, *Alexipharmaca*, est un poème de 630 vers héxamètres sur les poisons et leurs antidotes. Les faits que Nicandre relate dans ses poèmes suivent le travail d'Apollodore. Parmi ses œuvres qui furent perdues, il convient de mentionner: *A etolica*, une histoire en prose de l'Étolie; *Heteroeumena*, une épopée mythologique utilisée par Ovide dans les Métamorphoses et personnifiée par Antoninus Liberalis; *Georgica et Melissourgica*, dont de nombreux fragments furent conservés, et que Virgile imita (Nicandre, *Poems and poetical fragments* [édition en langue Anglaise traduite et annotée par Gow Andrew Sydenham Farrar et Scholfield Alwyn Faber], Cambridge: Cambridge University Press, 1953, xi + 247 p.) Les œuvres de Nicandre furent glorifiées par Cicéron, imitées par Ovide, et souvent citées par Pline et d'autres auteurs. Sa réputation ne semble pas être justifiée; ses œuvres, selon Plutarque, n'ont rien de poétique si ce n'est le mètre, et le style est lourd et obscure; cependant elles contiennent des informations intéressantes sur les anciennes croyances concernant les sujets traités.]

17. [Theriaca et Alexipharmaca de Nicandre, voir note 16 ci-dessus.]

18. [Aspic, nom utilisé dans l'Antiquité pour désigner un serpent venimeux, probablement le cobra égyptien, *Naja haje*. C'était le symbole de la royauté en Égypte, et sa morsure était utilisée comme moyen d'exécution des criminels à l'époque gréco-romaine. On dit de Cléopâtre qu'elle utilisa un aspic pour se donner la mort.]

19. [L'Ichneumon est une espèce de mangouste, petit mammifère carnivore du genre *Herpestes*. Rapide et agile, il est connu pour sa capacité à attaquer et tuer les serpents venimeux. Pour cela, il se jette à leur tête et leur brise le crâne avec une morsure puissance. Contrairement à la croyance populaire, l'ichneumon n'est pas protégé contre le venin et lorsqu'il est mordu, il ne part pas à la recherche de plantes pour se soigner.]

20. [*Cerastes* est le genre de serpent venimeux de la famille des vipères, Viperidae, qui se rencontre dans le désert. Il en existe deux espèces, la vipère à cornes (*Cerastes cerastes*), qui en général a une écaille en forme de petite corne au dessus de chaque œil, et la vipère des sables ou du Sahara (*Cerastes vipera*), qui n'a pas ces écailles particulières. Ces deux espèces sont petites (rarement plus longues que 60 cm, trapues, à la tête large, et on les trouve en Afrique du Nord et au Moyen-Orient.]

21. [Gekko, ou gecko désigne les lézards de la famille inoffensive mais bruyante des Gekkonidae, qui contient environ 80 genres et 750 espèces. Les geckos sont de petits reptiles, en général nocturnes, à la peau douce, au corps petit et trapu, et à la tête assez grosse. Leurs pattes sont souvent dotées de doigts munis de ventouses. La plupart des espèces mesurent entre 3 et 15 centimètres de long, queue incluse (laquelle représente la moitié de la longueur totale). Les geckos se sont adaptés à un habitat diversifié, des déserts à la jungle. Beaucoup d'espèces fréquentent les habitations humaines, et la plupart se nourrissent d'insectes.]

22. [Le colchique, ou safran des prés, est un genre de plantes à fleurs de la famille des Liliacées qui comprend environ trente espèces de plantes herbacées natives d'Eurasie; la racine gonflée du *Colchicum autumnale* contient de la colchicine, substance utilisée pour soulager la crise de goutte. L'aconit décrit les membres de deux genres de plantes herbacées de la famille des Renonculacées: l'*Aconitum*, plante toxique qui fleurit l'été (aussi appelée tue-loup) et l'*Eranthis*, plante ornementale fleurissant au printemps (l'aconit d'hiver).]

23. [Cyrus II, aussi appelé Cyrus le Grand, fondateur de l'Empire Achéménide, naquit entre 590 et 580 av. J.-C., soit à Média, ou plus probablement en Perse, aujourd'hui l'Iran; il mourut vers 529, quelque part en Asie (pour les notes sur Cyrus I, qui vécut à la fin du VIIe siècle av. J.-C., voir Leçon 1, note 25; pour Cyrus le Jeune, né après 423 av. J.-C., mort en 401, voir Leçon 6, note 26). Alexandre le Grand naquit en 356 av. J.-C.; il mourut en 323.]

24. [Marcus Junius Brutus, également appelé Quintus Caepio Brutus (né en 85 av. J.-C.-mort en 42 près de Philippes en Macédoine, aujourd'hui en Grèce) fut à la tête des conjurés qui, avec Gaius Cassius Longinus, assassinèrent le dictateur romain Jules César en mars 44 av. J.-C. Cinq mois après l'assassinat, Brutus et Cassius furent forcés par Marc Antoine à quitter Rome pour la Macédoine, où ils levèrent une armée contre lui. En février 43, le Sénat lui conféra la commande suprême en Asie Mineure. Brutus vainquit l'armée de César sous Octavien (qui devint plus tard l'empereur Auguste) dans le premier engagement de la Bataille de Philippes, mais son armée fut écrasée par Marc Antoine et Octavien dans un deuxième engagement qui eut lieu trois semaines plus tard (23 octobre 42). Reconnaissant que la cause de la république était perdue, il se suicida.]

25. [Les rois Tarquins, dont Tarquin l'Ancien, Lucius Tarquinius Priscus, nom d'origine Lucomo, (*fl.* À la fin du VIIe siècle et au début du VIe siècle av. J.-C.) fut l'un des derniers roi de Rome, soit le cinquième. Certains hommes de lettres le considèrent comme une figure historique et on dit de lui qu'il régna de 616 à 578. Tarquin le Superbe, en latin Lucius Tarquinius Superbus (*fl.* deuxième moitié du VIe siècle av. J.-C.) fils ou petit-fils de Tarquinius Priscus, fut le septième et dernier roi de Rome. Il régna de 534 à 509.]

26. [Hannon (*fl.* ve siècle av. J.-C.), explorateur carthaginois qui mena un voyage de colonisation sur la côte ouest africaine pendant le ve siècle av. J.-C. Avec une flotte de soixante navires et 30 000 hommes et femmes à bord, Hannon s'en fut fonder la cité de Thymatérion (aujourd'hui Kénitra au Maroc) et construisit un temple à Soloent (Cap Cantin, soit le Cap Beddouza actuel). Il fonda ensuite cinq autres colonies dans le Maroc d'aujourd'hui et ses alentours. Ces colonies incluent le Mur de Carien (en grec : Karikon Teichos) et Acra (Agadir). Il se peut que le Mur de Carien soit en fait la forteresse d'Essaouira sur la côte marocaine ; des vestiges d'occupation punique y ont été découverts. Plus au sud, il fonda le comptoir de commerce de Cerné, au bord du fleuve qui semble être le Río de Oro. On sait qu'il atteignit la côte de Gambie ou de Sierra Leone d'aujourd'hui, et il se peut qu'il soit allé jusqu'au Cameroun. Un récit de son voyage fut transcrit sur une stèle dans le temple de Baal à Carthage et subsiste dans un manuscrit grec du xe siècle apr. J.-C. connu sous le nom de *Le Périple d'Hannon*, probablement une ancienne traduction grecque à partir de la version punique (voir Hannon, *Le périple d'Hannon* [texte en Français avec la trad. anglaise par Ramin Jacques], Oxford : British Archeological Reports, 1976, 121 p.)]
27. On n'est pas d'accord sur l'époque précise du voyage d'Hannon. Quelques auteurs lui donnent une date beaucoup plus rapprochée de la naissance de J.-C. [M. de St.-Agy.]
28. [Aristote mentionne *Le Périple d'Hannon* dans son œuvre, *Des Choses Merveilleuses*, chapitre 37 (voir l'édition anglaise d'Aristote : *The Complete Works of Aristotle* [traduction d'Oxford ; revue et éditée par Barnes Jonathan], Princeton (New Jersey) : Princeton University Press, 1984, 2 vol.)]
29. [Pour une traduction en français du *Périple d'Hannon*, voir Chateaubriand (François-René de), *œuvres complètes de M. le Vicomte de Chateaubriand, tomes 1-2 : Essai sur les révolutions*, Paris : Ladvocat, 1826, chapitre 35.]
30. [James Bruce (né le 14 décembre 1730 à Larbert, Stirling en Ecosse ; mort le 27 Avril 1794, Larbert), fut un explorateur qui, lors de voyages audacieux en Éthiopie, atteignit la source du Nil Bleu (alors considéré comme la source principale du Nil). La crédibilité de ses observations (publiées dans *Voyage aux sources du Nil, en Nubie et en Abyssynie : pendant les années 1768, 1769, 1770, 1771 & 1772* [traduit de l'anglais par Castera J. H.], Paris : Hotel de Thou, 1790-1792, 5 vol. + atlas) fut remise en cause par la Grande-Bretagne, principalement parce qu'il avait fait part de ses découvertes à la Cour de France avant d'en informer la Grande-Bretagne. Cependant, des rapports fournis par des voyageurs ultérieurs confirmèrent la véracité de ses observations.]
31. [Magon Barca ou Mago (mort *c.* 203 av. J.-C.), fut un général carthaginois d'importance majeure lors de la deuxième guerre Punique contre Rome (218-201 av. J.-C.). Il était le plus jeune des trois fils de l'homme d'état et général carthaginois, Hamilcar Barca. Lors de la seconde guerre punique, Magon accompagna son frère Hannibal dans la campagne d'Italie où il y occupa un poste de commandement important pendant les trois premières années de ce conflit. Après le triomphe carthaginois à la bataille de Canne (216), il fut envoyé en Espagne pour se battre auprès de son frère Hasdrubal. Magon fut vaincu à la bataille d'Ilipa (206) par le général romain Publius Cornelius Scipio (connu plus tard sous le nom de Scipion l'Africain). Il resta plusieurs mois à Gades (aujourd'hui Cadix) avant de poursuivre la guerre jusqu'à Liguria en Italie. En 203, il fut finalement battu en Gaule Cisalpine. Il mourut de ses blessures pendant son voyage de retour à Carthage.]
32. [Scipion l'Africain le Jeune (185/184-129 av. J.-C., Rome), général romain connu pour ses exploits lors de la troisième guerre Punique (143-149 av. J.-C.) et pour son envoûtement pour l'Espagne (134-133 B.C.). Il reçu le nom de « l'Africain » et un triomphe à Rome après sa destruction de Carthage (146 av. J.-C.)]
33. [Lucius Junius Moderatus Columella, voir Leçon 12, note 46.]
34. [Lydie, ancienne région occidentale d'Asie Mineure, située au bord de la mer Égée à l'est jusqu'aux vallées de l'Hermos et du Caÿstre. On dit des Lydiens qu'ils furent les inventeurs des pièces d'or et d'argent. Pendant leur brève période d'hégémonie sur l'Asie Mineure du milieu du viie au milieu du vi^e siècle av. J.-C., les Lydiens exercèrent une profonde influence sur la Grèce Ionienne de l'ouest.]
35. [L'origine des étrusques a été un sujet de débat depuis l'Antiquité. Hérodotus (voir Leçon 7) par exemple, maintenait que les Étrusques descendaient d'un peuple d'Anatolie qui envahit l'étrurie avant 800 av. J.-C. et s'y établit, s'imposant sur les autochtones de la région pendant l'âge de Fer. Denys d'Halicarnasse (*fl. c.* 20 av. J.-C. ; historien grec et professeur de rhétorique dont l'*Histoire de Rome*, de ses origines à la première guerre Punique, écrit d'un point de vue pro-romain mais basé sur des recherches approfondies, est la source la plus précieuse d'information concernant les origines de l'histoire de Rome ; Denys d'Halicarnasse, *Antiquités romaines* [texte établi et traduit par Fromentin Valérie], Paris : Les Belles Lettres, 1998, XCIX + [1] + 291 + [9] p.) quant à lui, pensait que les étrusques étaient d'origine locale italienne. Ces deux théories, ainsi qu'une troisième théorie émanant du xixe siècle, se sont avérées problématiques et la discussion des chercheurs se centre sur la formation du peuple étrusque, plutôt que sur sa provenance.]
36. [Lars Porsenna (*fl.* à la fin du vi^e siècle av. J. C.), roi étrusque de Clusium (ancienne ville étrusque située sur la ville moderne de Chiusi, en Toscanie, au centre-nord de l'Italie). Selon la tradition, il aurait battu les romains, saisi la ville, et renvoyé son dernier roi (le tyran Tarquin le Superbe qui régna de 534 to 509 ; voir note 25 ci-dessus), mais avant que Porsenna puisse s'établir comme monarque, il fut forcé de se retirer, laissant Rome sans roi.]

37. [Volterra, ville et siège épiscopal, dans la province de Pise en Toscane, au centre de l'Italie, au nord-ouest de Sienne. Appelée dans l'Antiquité Velhathri, Volterra était l'une des douze citées de la confédération étrusque. La ville soutint Rome lors de la seconde guerre punique en 205 av. J.-C., obtint la citoyenneté romaine après la guerre civile entre Gaius Marius et Sylla (81-80 av. J.-C.) et pris le nom de Volaterrae. Elle devint une commune libre au XIIe siècle et tomba sous la domination de la famille des Medici à Florence en 1361.]

38. [Les égoûts de Tarquin ou *Cloaca Maxima*. Le terme Cloaque (égoût) est utilisé en général pour désigner les longues voûtes souterraines, construites en pierres ou en briques pour évacuer les eaux sales de Rome et les eaux de pluie apportées à la ville par les aqueducs, et les déverser dans le Tibre. Le terme décrit également toute canalisation d'évacuation, qu'il s'agisse de conduite en bois ou de tube en argile, que l'on trouvait dans presque chaque maison de la ville afin d'évacuer les eaux sales vers la canalisation principale. La cité entière était ainsi entrecoupée de passages souterrains. La plus célèbre de ces canalisations fut la *cloaca maxima*, dont la construction est attribuée à Tarquin l'Ancien, et qui fut construite afin d'évacuer l'eau provenant des collines adjacentes du Vélabre et de la vallée du Forum.] [Tarquin l'Ancien (en latin Lucius Priscus Tarquinius), fut le cinquième roi de Rome qui, selon la légende, succéda à Ancus Marcius en 616 et mourut en 578 av. J.-C. Il était le grand-père de Tarquin le Superbe. Tarquin avait épousé une des filles de Servius Tullius, mais sa sœur, dont l'ambition était à l'égal de la sienne, réussit par une série de crimes épouvantables à faire de lui son mari, et le convainquit d'assassiner son père afin d'obtenir le trône en 534 av. J.-C. Tarquin régna en tyran, et ce fut le viol de Lucrèce par son fils Sextus qui finalement le mena à sa chute et qui mis fin à la monarchie de Rome. L'expulsion des Tarquins est traditionnellement datée de 510 av. J.-C.]

39. [Augure, divination prophétique du futur par l'observation de phénomènes naturels, particulièrement le comportement des oiseaux et des animaux, et l'observation de leurs viscères et autres parties corporelles, ainsi que par l'examen approfondi d'objets et de conjonctures. Le terme vient du nom « augurs » attribué aux ministres dont la fonction officielle n'était pas de prédire le futur mais de découvrir si les dieux approuvaient les plans d'action proposés, particulièrement en matière politique ou militaire. Deux genres de signes divinatoires, ou présages, étaient reconnus : le plus important était celui auquel on prêtait attention délibérément, comme les éclairs, le tonnerre, le vol et le cri des oiseaux, ou le picorage des poules sacrées ; de moindre importance était ce qui pouvait se produire de façon occasionnelle, tel que l'apparition inattendue d'animaux sacrés des dieux – l'ours (Artémis), le loup (Apollo), l'aigle (Zeus), le serpent (Asclépius), et le hibou (Minerve) – ou autres signes plus triviaux comme renverser du sel accidentellement, éternuer ; trébucher, ou le bruit de craquement d'un meuble.]

40. [Quintus Ennius, (né en 239 av. J.-C. à Rudiae, dans le sud de l'Italie ; mort en 169 av. J.-C.), poète épique, dramaturge et satiriste, il fut le plus influent des premiers poètes latins, appelé à juste raison le fondateur de la littérature latine. Son épopée intitulée *Les Annales de la République Romaine*, raconte l'histoire de Rome depuis l'errance d'Ennius jusqu'à l'époque de l'auteur (voir Ennius (Quintus), *The Annals of Quintus Ennius* [édition en langue Anglaise de Skutsch Otto avec introduction et commentaires], Oxford (Oxfordshire) : Clarendon Press ; New York : Oxford University Press, 1985, xviii + 848 p.) Ce fut l'épopée nationale jusqu'à ce qu'elle soit éclipsée par l'*Enéide* de Virgile (pour une édition récente *cf. L'Énéide* [éd. revue ; traduction de Rat Maurice ; présentation, notes, chronologie, lexique et dossier par Garcia Christine], Paris : Flammarion, 2008, 178 p.)]

41. [La Calabre est une région du sud de l'Italie composée des provinces de Catanzaro, Cosenza, Crotone, Reggio de Calabre, and Vibo Valentia. Située à la pointe de la botte de l'Italie, la Calabre est une péninsule de forme irrégulière, faisant saillie vers le nord-est et le sud-ouest et séparant les mers Tyrrhénienne et Ionienne]

42. [Quintus Fabius Pictor (*fl. c.* 200 av. J.-C.), fut l'un des premiers historiens romain à écrire en prose. Membre du Sénat, il combattit les Carthaginois lors de la deuxième guerre punique (218-201) et fut envoyé en mission à l'Oracle de Delphes après la défaite désastreuse de Cannes (216). Son œuvre, l'*Histoire de Rome*, aujourd'hui perdue, était un récit du développement de Rome depuis ses origines. Fabius l'écrivit en grec, en partie parce qu'il cherchait à justifier la politique romaine aux grecs. Les historiens Polybe, Dionysius et Livy qui lui succédèrent utilisèrent son texte comme source primaire. Des fragments de l'*Histoire* apparaissent dans l'œuvre de Jacoby (Felix), *Fragmente der griechischen Historiker*, Leiden ; New York : Brill, 1993, 3 vol.]

43. [Marcus Porcius Cato, de surnom Caton le Censeur, ou Caton le Vieux (né en 234 av. J.-C. à Tusculum, Latium ; mort en 149), homme d'état romain et orateur, il fut le premier auteur latin à écrire en prose (voir note 48, ci-dessous). Il était connu pour ses opinions conservatrices et anti-hellénistes, en opposition aux idéaux philhelléniques de la famille Scipion.]

44. [Cicéron, en latin Marcus Tullius Cicero (né en 106 av. J.-C. à Arpinum, Latium, aujourd'hui Arpino en Italie ; mort le 7 décembre 43 av. J.-C. à Formia, Latium), fut un homme d'état romain, juriste, érudit et écrivain qui essaya vainement de soutenir les principes républicains lors des dernières guerres civiles qui détruisirent la République de Rome. Il écrivit des livres de rhétorique, d'oraisons, de traités philosophiques et politiques, et des lettres (Cicéron (Marcus Tullius), *Œuvres complètes de Cicéron* [avec la trad. en Français ; publié

sous la direction de Nisard Désiré], Paris : Firmin-Didot, 1881-1882, 6 vol.) Il est reconnu aujourd'hui comme le plus grand orateur romain et le créateur de ce qui vint à être connu comme la rhétorique cicéronienne.]

45. [Carnéade (214 ? – 129 ? av. J.-C.), philosophe grec qui dirigea la Nouvelle Académie à Athènes à l'époque où le scepticisme antidogmatique était à son apogée.]

46. [Diogène de Babylone (natif de Séleucie en Mésopotamie ; *fl.* IIe siècle av. J.-C.), philosophe grec de l'école stoïcienne connu principalement pour sa visite à Rome en 156-155 av. J.-C., pendant laquelle il suscita l'intérêt des Romains pour la philosophie stoïcienne. Diogène étudia à Athènes sous Chrysippe, a qui l'on doit l'organisation des idées de la philosophie stoïcienne, et succéda à Zénon de Tarse comme recteur de l'école stoïcienne de Tarse. Panétius, qui fonda le stoïcisme romain, fut l'un de ses élèves.]

47. [Critolaos (*fl.* IIe siècle av. J.-C.), philosophe grec, natif de Phasélis en Lycie et successeur d'Ariston de Ceos comme recteur de l'école de philosophie péripatétique (disciples d'Aristote). À ce poste, il essaya de rediriger les activités de l'école vers des études scientifiques et philosophiques, et de s'éloigner des préoccupations mondaines de ses prédécesseurs. Bien que son enseignement ait été principalement basé sur la philosophie péripatétique, il fut également influencé par l'école stoïcienne. Ainsi sa définition du bien considérait le plaisir comme un mal. Selon sa théorie, les biens de l'esprit étaient, sans aucune exception, plus importants que les biens du corps. Ses écrits ne nous restent que sous forme de fragments.]

48. [La seule œuvre de Caton qui nous soit parvenue s'intitule en fait *De agri cultura* (« De l'Agriculture »), traité sur l'agriculture écrit aux alentours de 160 av. J.-C. *De agri cultura* est l'œuvre latine en prose complète la plus ancienne qui nous soit parvenue (Caton, *De l'agriculture* [éd. par Goujard Raoul], Paris : Les Belles Lettres, 2002, LVI + 342 p.) C'est un manuel pratique traitant de la culture des vignes et des olives, ainsi que du pâturage des animaux. Il contient aussi de nombreux détails sur les anciennes coutumes et superstitions de l'époque. Plus important encore, cet ouvrage est une source d'information incomparable sur la transition entre les petites propriétés et les exploitations agricoles de type capitaliste dans les régions du Latium et de Campanie.]

49. [Lucius Mummius (*fl.* moitié du IIe siècle av. J.-C.), était un homme d'état et général romain qui écrasa la rébellion de la Ligue achéenne contre la domination romaine en Grèce. En 153, alors prêteur, Mummius évinça la rébellion lusitanienne dans le sud-ouest de l'Espagne. L'année suivante, il célébra un triomphe à Rome. Consul en 146, il fut nommé commandeur de la guerre contre la Ligue achéenne. Il vainquit les forces grecques à Leucopètre dans l'isthme de Corinthe, et captura et détruisit Corinthe. Le Sénat romain dissout alors la Ligue achéenne. On peut reconnaitre l'indifférence de Mummius pour les œuvres d'art et leur valeur dans sa remarque bien connue qu'il fit à ceux chargés du transport des trésors de Corinthe vers Rome, « S'ils les perdent ou les abîment, ils devront les remplacer. »]

50. [Marcus Terentius Varron (né en 116 av. J.-C., probablement à Réate, en Italie ; mort en 27 av. J.-C.), fut le plus grand érudit romain, auteur prolifique et satiriste de renom, connu pour son œuvre *Saturae Menippeae* (« Les Satires de Ménippe ») (*cf.* Varron (Marcus Terentius), *M. Terentii Varronis Saturarum Menippearum Fragmenta / edidit Raymond Astbury*, Leipzig : B. G. Teubner, 1985, XLII + 154 p.) Inspiré par son profond patriotisme, il souhaitait que son œuvre, de par ses qualités morales et éducatives, serve la grandeur de Rome. Cherchant à lier le futur de Rome à son passé glorieux, ses œuvres exercèrent une forte influence avant et après la fondation de l'Empire Romain (27 av. J.-C.)]

51. [Dédié à Cicéron, l'œuvre de Varron *De lingua Latina* présente un intérêt non seulement comme ouvrage linguistique, mais également comme source d'information sur une grande variété de sujets (Varron (Marcus Terentius), *La Langue latine. T. II : livre VI* [trad. de Flobert P.], Paris : Les Belles Lettres, 1985, XLI + 228 p.) Des 25 livres d'origine, seuls nous sont parvenus les livres 5 à 10, cependant incomplets, ainsi que quelques fragments épars des autres livres.]

52. [Varron écrivit environ 74 textes dans plus de 600 livres sur une grande variété de sujets : la jurisprudence, l'astronomie, la géographie, l'éducation, l'histoire de la littérature, ainsi que des satires, poèmes, oraisons et lettres. La seule œuvre complète qui nous est parvenue est *De re rustica* (« De l'Agriculture »), un ouvrage en trois parties d'instruction pratique sur l'agriculture et sur l'élevage des animaux, qu'il écrivit pour promouvoir l'amour de la vie rurale (dans sa dernière traduction, voir Varron (Marcus Terentius), *Économie rurale* [texte établi, traduit et commenté par Heurgon Jacques & Guiraud Charles], Paris : Les Belles Lettres, 1978-1997, 3 vol.)]

53. [*De naturâ deorum* (*Sur la Nature des Dieux*) 45 av. J.-C. (*cf.* les traductions suivantes : Cicéron (Marcus Tullius), *La nature des dieux* [introduction, traduction et notes par Auvray-Assaya Clara], Paris : Les Belles Lettres, 2009, XXIV + 262 p. ; *Œuvres complètes de Cicéron* [avec la trad. en français ; publié sous la direction de Nisard Désiré], Paris : Firmin-Didot, 1881-1882, 6 vol.)]

AUROCHS Engraving from Riedinger (Johann Elias), *Entwurf einiger Thiere: nach dem Leben gezeichnet, samt beygefügten Anmerkungen*, Augsbourg: J. E. Riedinger, 1738-1755, 7 part. in 1 vol., pl. 38.

11 The Golden Age of Rome

We have seen that the scientific spirit of the Romans began to germinate during the sojourn made among them by the Greek philosophers Carneades, Diogenes, and Critolaus; that in an instant, made short by the severity of Cato, it overcame hindrances and promptly made its way into the works of Varro and Cicero to a rather remarkable degree of perfection.

Two contemporaries of these illustrious men also wrote works that deserve our examination: Caesar and Lucretius.

Julius Caesar was born in 98 B.C. In his youth he visited Greece, as was the fashion then among Romans of the nobility, and then he lived on Rhodes in order to study under Apollonius Molon.[1] He was younger than Cicero by six years but died four years before him. His works are well known to all men who are the least bit educated, but what is not so well known is that his *Commentaries*[2] contain the first notions ever held about the animals that dwelled in the forests of Germany in his time. Caesar had made incursions into that country after his conquest of the Gauls. He had been repelled vigorously, and after several battles, had crossed the Rhine again. It is the fruit of observations he made during this brief expedition that he recorded in his *Commentaries*. He describes the physical geography of Germany, the customs of its inhabitants, and the sorts of animals that lived then in the country. Among them were the elk, the reindeer, and the aurochs, all three of which have since disappeared from the regions where Caesar had observed them. The aurochs exists only in Lithuania, and the reindeer and elk are now found only in the north of Russia and Sweden. Knowledge of this emigration is of importance for natural history.

Caesar was gifted with quite powerful mental abilities. Despite his life as a warrior, he had acquired wide-ranging knowledge. Everyone knows that by his own studies in astronomy, as much as by those he had others carry out, he reformed the primitive calendar of Numa,[3] a reform that lasted until the sixteenth century, more than 1,500 years later, at which time it was corrected by Pope Gregory.[4]

Lucretius,[5] who was a contemporary of Cicero and Caesar, and only four years younger than the latter, is, among the writers of the republic, the one most devoted to the study of natural philosophy. He was born in 93 B.C. and had an untimely death at the age of 43. It is said that his reason was often altered by the effects of a philter that he was made to take when he was young,[6] and that he devoted his lucid moments to the composition of his poem entitled De *rerum natura*.

This work, which is a dogmatic presentation of the Epicurean philosophy, is especially remarkable for its vigor and the elegance of its style. Aside from the recurrence of rather harsh lines and the frequency of archaisms, the poem *On the Nature of Things* is most certainly one of the finest examples of Latin poetry: the invocation to the first canto, and in the fifth canto the development of society, are eternally wonderful pieces.

Lucretius not only treated the same subject matter as Epicurus, and adopted his principles; he also followed the same order as he. However, Lucretius is more thorough in some regards than his model: this is not surprising, since he is the last of the atomists and thus able to profit from all the preceding works of his school.

According to him, there exists in nature only atoms and the void. The atoms, brought together by the oblique movement they have had since the beginning, have formed our world and all beings subject to destruction.

The human soul is composed of the subtlest atoms that the body contains. At the moment of death, these atoms are reunited with the common mass, and thence enter into new combinations. Our sensations are produced by corpuscles emanating from external objects, and our very ideas are the result of the impression made by such corpuscles on our senses.

The world had a beginning and will have an end.[7] The sun, earth, and other stars are not gods; they are only combinations of atoms, subject to destruction like all other bodies.

Some of the aggregations formed by atoms coming together had only an ephemeral duration because they did not incorporate the conditions of existence necessary for maintaining life. The animated bodies that did possess all these conditions, including the faculty of reproduction, were the origin of the species that exist today.

Lucretius speaks of meteors in the last book of his poem, but without any accuracy; his physical science is as defective as his philosophy.

You see, Messieurs, that under the republic, the Romans little troubled themselves about natural history.

Under the emperors, more was written on this science, but the writings were scarcely more than compilations from the Greeks – they offer very little in the way of original observations. One may rightly be surprised at this, for never before had a people more means of observation than the Romans: you will be convinced of this when I tell you about their sumptuous meals, garments, buildings, and furnishings, and the immense numbers of animals that figured in their spectacles and in the triumphal processions of their generals.

At the beginning of the republic, and even several centuries after its establishment, institutions were generally not very favorable to any sort of studies. Roman simplicity of life was especially opposed to the cultivation of natural history, which is a very expensive science, as it requires much foreign travel, a means of transport for most animals, and large constructions suitable for receiving them. Trade might have brought progress to this science, as it provides a way of concentrating in one place the various productions of the globe. But for a long time the Romans were negligent of commerce. They had involved themselves in an early treaty, with the Carthaginians, not to sail beyond the strait that separates Sicily from the coast of Africa. In the year 405 from the founding of Rome, they renounced every sort of commerce with Africa and Sardinia. It was not out of ignorance that their government renounced these advantages, but rather it was a particular policy the object of which was to prevent the introduction of luxuries. The first silver coined into money did not appear in Rome until the year 472 from its founding, in 268 B.C. Before this, they used only copper money. During the last Macedonian war, they stripped a senator of his wealth because he possessed ten pounds of silver plate. It was only at the end of this war, in Paullus Aemilius's triumph,[8] that plates and vessels of gold were used for the first time.

But the Roman conquests that procured harvests of riches for the state did not delay in introducing luxury among private persons, and the luxury of some attained enormous magnitude. We shall cover here only that which relates to our subject, natural history. We shall speak about the luxury of the table, because this occasioned the transportation to Rome of a host of animals and exotic fruits, often quite rare, and at an excessively high cost. We shall then turn our attention to the luxury of clothing, for which pigments and precious stones were sought. Then we shall say a word about sumptuous buildings, which were supplied with various kinds of marble from Italy, Greece, and even Gaul. We shall conclude with the luxury of furnishings, which caused the most rare and most handsome of woods to be sought out.

At the time of the Second Punic War,[9] Fulvius Hirpinus[10] devised, for the luxurious table, the formation of parks containing quadrupeds. They called these enclosures *leporaria*,[11] because three kinds of hares, in particular, were raised there, the common, the Spanish, and the Alpine, which I have already mentioned to you, and the latter of which is extremely rare today. Nearly every species of wild beast in our forests, roe, deer, etc., was raised in these parks, besides the moufflon or wild sheep.

These animals lost their wild ways almost entirely; they were made accustomed to come at a given signal. One day, when Hortensius[12] was giving a dinner in one of his parks, he called for a trumpet to be sounded and the guests saw, not without astonishment, roe, deer, boars, etc., gathering round the pavilion where dinner was being served.

Servius Rullus[13] was the first to have an entire boar served up for his table.

Eight all at once were seen on Antony's table, at the time when he was part of the triumvirate.

The grey dormouse, a small animal that lives in the woods and keeps to holes in oak trees, was considered a very dainty dish by the Romans. They raised them in their parks, on chestnuts and acorns, and for hiding-places gave them specially shaped casks made of terra cotta.

Aviaries were invented by Laenius Strabo of Brundisium [14] for lodging those birds destined for food that could not be contained in the walls of the poultry-yard. It seems that Pliny meant to rebuke him for his invention when he said that Strabo showed us how to imprison animals that had the heavens for their abode.

Alexander, you may remember, had brought peafowl into Greece, where they were considered merely curious objects. Hortensius, the rival of Cicero, is the first who had them served up, at a banquet given on the occasion of his nomination to the position of augur. Such luxury was considered an extravagance at the time. But peacocks reproduce quite rapidly; you know how surprised Ptolemy Physcon was to see such a great number of them at Rome during his stay in the city. Commerce took a hand in this; a certain Aufidius Lucro [15] earned thirteen or fourteen thousand pounds from his occupation of raising peacocks. They were supplied at every dinner of any consequence: it was the turkey-with-truffles for Romans of the time. Hirtius Pansa, [16] who made the mistake of giving a feast without this obligatory dish, was considered a boor, a man without taste, and lost all consideration among distinguished gastronomes.

The Romans, like us, raised pigeons, and showed preference for certain varieties. Varro tells how, in his time, a pair of these birds cost two thousand sesterces, that is, about four hundred fifty francs.

Thrushes were also raised at Rome in large birdcages.

The first to offer the young of the stork at his table was Sempronius Lucus. [17]

Like us, the Romans raised geese, and used the same methods of fattening the liver of these fowl; but soon it became too easy to procure them, and hosts who wished to distinguish themselves served such things as ostrich brains and flamingo tongues. Also, pheasants were imported from Colchis, grouse from Phrygia, [18] and cranes from Melos. [19]

This sumptuousness in birds was yet surpassed by that in fishes. At a certain time during the republic, a Roman who had eaten fish would have been accused of an epicurism unworthy of a serious man. But the increase of wealth eventually caused such severity of manners to disappear, and Cato complains that in his time more money was paid for a fish than for a bullock. On the other hand, at that same time, the senator Gallonius [20] was treated as infamous by the senate and nearly lost his civil rank because of the unbridled luxury of his table at which sturgeons had been served.

It was Licinius Murena [21] who invented freshwater fish-ponds; he kept muraena in particular, and hence his cognomen *Murena*, which remained in his family. [22] Hortensius imitated him, whilst greatly surpassing him, and several other distinguished persons also followed his example.

It soon happened that one went beyond freshwater ponds, and devised salt-water ponds stocked with sole, dorado, trout, and various sorts of shellfish. Lucullus, [23] in order to bring water from the sea into the basins in his park, did not hesitate to cut through a mountain: this extravagance won for him from Pompey the nickname of *Xerxes togatus*. [24] Upon his death, the fishes in his ponds were found to be so abundant that, after Cato of

Utica,[25] the manager of his estate, enjoined its sale, they brought in a sum of nine hundred thousand francs. The sale of the fishes contained in Marius Irrius's[26] fish-ponds produced the same sum. Pliny reports that Caesar, planning to entertain the people of Rome, went to Irrius to obtain murenas and that the latter did not wish to sell him any but agreed to lend him six thousand of them. Varro says that he only lent him two thousand. But that is not all that surprises us about this story. Murenas were at that time the object of a sort of foolish and puerile competition as to who possessed the greatest number of them and cared for them the best. Hortensius treated his better than he did his slaves, and never had his own taken for his table; any that he served had been purchased in the market, which of course drew raillery upon him. It is said that he cried at the death of one of his fish. The orator Crassus[27] evinced more sorrow in a like case, as he even went into mourning. His colleague Domitius[28] reproached him for this in the senate. It would seem that they might also make a sort of toilette for these fishes, for it is claimed that Antonia[29] had a murena to which she attached earrings. But all these tender attentions are put in the shade by that of Vedius Pollio,[30] who sometimes fed his murenas live humans. One day when Augustus[31] was dining at the house of this Roman, he pardoned a young slave, condemned to be thrown alive into the fish-tank because he had had the clumsiness to break a precious urn during the meal.

Murenas were not alone in being greatly in demand at Rome: *Acipenser* was generally sold for more than a thousand drachmas; it was brought to the table only when preceded by trumpets. But this *Acipenser* was not the common sturgeon; it was the sterlet,[32] a small species with pointed snout inhabiting streams that empty into the Black Sea.

The mullet, or red mullet of Provence, which at Paris is called the *surmullet*,[33] was also sold at a high price. One of these fish, weighing four pounds, was sold for nine hundred-francs; another, for fifteen hundred francs; and during the reign of Tiberius,[34] three together cost six thousand francs.

The fashion for fishes went so far that, in order to eat them perfectly fresh, the Romans brought them live right into the dining hall by a salt-water channel leading from the seawater fish-pond and passing under the table. Thus they were caught before the eyes of the guests, and then only at the moment of being cooked. This costly custom is affirmed by a great number of trustworthy authors, and particularly by Seneca,[35] who made it a subject of invectives against the extravagance of the Romans.

Fattened snails were also highly esteemed at Rome. The same Fulvius Hirpinus who first established enclosures for quadrupeds also devised them for snails. Since these animals could not be retained by walls, he had the idea of surrounding the area with water where they were to be raised. They would withdraw into vessels of terra cotta placed on the ground, and were fattened with flour mixed with distilled wine. Pliny reports that they reached a prodigious size, some weighing as much as twenty-five pounds. It was probably not Italian snails that reached such a size, but those imported from distant countries, Africa, Illyria, and elsewhere.

Oysters were produced in enclosed small bodies of water for the first time by Sergius Aurata,[36] whose cognomen, like that of Licinius, is based on the name of a fish, the dorado.[37] At first, the most esteemed were those from the enclosures in Lake Lucrine;[38] then, those of Brindisi were the preferred ones; but even better oysters were obtained by enclosing the latter in Lake Lucrine.

It seems that during this era, of which we are discussing the domestic customs, fruit was not so much in demand as it was later: the cherry, which Lucullus imported from Cerasus, a town in Asia Minor, in 69 B.C., is the only new fruit introduced into Rome during this time.

The Romans delighted in rare perfumes, and this taste, developed to excess, resulted in an abundance at Rome of the most precious aromatics of the Orient.

The finery of their clothing was also excessive; they used purple in dyeing, and they gathered from foreign countries the rarest of textiles, pearls, and precious stones. The opal, for a while, was held in an esteem that bordered on delirium. One citizen preferred being proscribed to having to surrender a particularly beautiful opal to the dictator Sulla.

Their sumptuous furniture was no less refined than other luxuries. For a while, the wood of *citrus* was in fashion, and exorbitant prices were paid for it; but this citrus was not that of Theophrastus, the apple-tree of Media, or our citron-tree of today; rather, it seems to have been a kind of thuya,[39] originally from Cyrenaica.[40] The gnarls, or protuberances, of this conifer, especially when they are formed near the roots and reach a diameter of several feet, were particularly in demand. They resembled the eyes in the peacock's tail, the spots of the tiger or the panther, and bore these different names. Cethegus[41] paid fourteen hundred thousand sesterces[42] for a table thus embellished, and which did not have a single piece longer than four feet. Seneca also had such tables, costing enormous sums, and upon which perhaps he penned his invectives against luxury.

Pompey, after his victories over the pirates, brought ebony to Rome, and this wood too was used to build household goods.

Several kinds of marble were used to ornament buildings. Some came from quarries that have not yet been found again. Such are the *ancient* green and red marbles, so called because they are found only in ancient constructions. The search for them has had important results, for it has uncovered Pompeii.

The magnificence displayed at Rome in public festivals is even more astonishing than private luxury. It was a kind of point of honor to exhibit and kill more animals in the circuses than one's predecessors had done. I scarcely dare repeat the stories on this subject found in the ancient authors. And yet it is impossible to suspect them of exaggeration, for their evidence is unanimous; almost always they were eye-witnesses of the things they report, and one can hardly claim that they committed the useless sin of lying to their contemporaries. Studies carried out by Messieurs Beckmann[43] and Mongèz,[44] to which I shall add my own, reveal the species and the quantity of animals paraded or killed in the circus; these studies have not been driven by curiosity alone; they have had the goal of being of real use to several of the sciences we have been discussing in this course. It is, in fact, important for naturalists to determine the time of the first appearance of each animal, the country of its origin, and the number captured; for, without this knowledge, it could happen, for example, that the natural habitat of certain animals in ancient times be considered to be in the countries where their bones are found.

The first person who had exotic animals killed in a public festival at Rome was Curius Dentatus.[45] You remember that the first elephants to appear in Greece was during Alexander's expedition: Aristotle examined them and wrote about them in his history – much better than Buffon did, more than two thousand years later. These animals, and others that were brought later, were taken from Demetrius Poliorcetes[46] by Pyrrhus, king of Macedonia;[47] but when the latter was himself vanquished by the Romans, four of his war elephants came into Roman possession. They were paraded at Rome in Curius's triumphal procession, in 273 B.C., and then killed in public.

This was done with a view to abating the fear that these animals had inspired and showing that they could be killed despite their extraordinary strength. And again, the Romans no doubt did not wish to add elephants to their other means of attack, because this would have necessitated changes in the military strategies that had produced so many victories for them, nor did they wish to give elephants to their allies for fear of increasing their allies' strength. Therefore, they were obliged to destroy the elephants.

But it seems that the Roman people had a taste for bloody spectacle. Twenty-four years later, Metellus[48] had a hundred and forty-two African elephants killed by bow and arrow in the Circus at Rome, elephants that he had captured when he won a great battle over the Carthaginians. What is strange about this is that no one used their ivory, although its use was well known at Rome and its products were highly prized.[49]

In 186 B.C., some sixty years after Metellus's triumph, Marcus Fulvius,[50] in fulfilment of a vow he had made during the War of Aetolia,[51] paraded panthers and lions in the circus. These animals had perhaps been captured in Africa, but they could also have been taken from Macedonia or Asia Minor, where they still existed at that time.

The Roman people more and more took a liking to animal massacres, and Scipio Nasica[52] and Publius Lentulus[53] paraded forty bears, fifty-three panthers, and some elephants in the circus. Quintus Scaevola[54] was the first to stage a spectacle of forty lions in combat with men. Sulla showed a hundred lions with manes, that is, all adult males.

A more famous spectacle is the one put on by Aemilius Scaurus[55] while he was aedile,[56] 58 B.C. It was not only remarkable for the number of animals in it, but even more for the novelty of several of the animals. It was during these festivals that a hippopotamus appeared at Rome for the first time. There were also five live crocodiles, a hundred and fifty panthers, and what was more amazing, the bones of the animal that was considered to have threatened Andromeda and from which she was rescued by the bravery of Perseus.[57] The bones had been fetched from the coast of Palestine at Joppa, now called Jaffa. One of these bones was thirty-six feet long: most probably it was the jawbone of a whale. Others were vertebrae a foot and a half long.

In 55 B.C., Pompey inaugurated his Theatre by displaying in the circus a "cephus" of Ethiopia (a sort of monkey), a lynx, a rhinoceros (an animal unknown till then), twenty elephants attacking men, four hundred six panthers, and six hundred lions, three hundred fifteen of which were maned. Certainly, all the kings of Europe together could not succeed in assembling today such a number of these animals. Cicero, who had been present at these games, speaks of them with some disdain and says that the people ended up feeling sorry for the elephants.

In 48 B.C., Anthony showed lions harnessed to a chariot. Lions had been tamed before, but no one had yet put them to this use. The person considered to have been the first to tame a lion completely was a Carthaginian named Hanno. He had such an animal that followed him about in the city like a dog. His patience and talent were poorly rewarded, for they caused his banishment. The Carthaginians were afraid that a man who could tame a wild beast possessed some extraordinary power that he would perhaps use one day to render the Carthaginians themselves submissive.

In 46 B.C., Caesar staged games that seemed to be intended to surpass those of Pompey. In an amphitheater, which had been covered with awnings of purple, he showed four hundred maned lions, twenty elephants being attacked by five hundred foot soldiers, twenty others being attacked by five hundred horsemen, and, for the first time, several wild bulls attacking men. On the evening of the games, Caesar returned to his house preceded by elephants carrying torches.

We are aware of the immense fortune of the men who put on these spectacles, how the kings who were their allies hastened to please them, and the great number of singularly clever men whom they employed to capture animals or tame them; and in spite of that, we cannot help but be astonished at the huge number of wild beasts that were sacrificed at the Roman festivals. Clearly, lions and panthers were much more numerous then than they are today, even in the areas where they are most readily found.

Under the emperors, the profusion of animals killed in the festivals even increased, and reached truly frightful proportions.

An inscription in honor of Augustus, found at Ancyra,[58] states that he caused three thousand five hundred wild animals to perish in front of the people.

For one festival he had a conduit of water brought into the Circus of Flaminius[59] and thirty-six live crocodiles displayed in it, which other fierce animals then tore to bits. At the same festival, two hundred sixty-eight lions and three hundred ten panthers were killed, and for the first time a royal tiger in a cage was on view. There was also the spectacle of a serpent fifty cubits in length, a python from Africa.

Augustus, before becoming emperor, in his triumphal procession over Cleopatra, had a rhinoceros and a hippopotamus killed.

The art of taming animals was brought to the same degree of perfection as the capturing of them. In Germanicus's[60] triumph after his victories over the German tribes, there were elephants that had been trained to do rope dancing.

At a single festival, Caligula had four hundred bears and four hundred panthers killed.

At the dedication of the Pantheon, Claudius[61] displayed four live royal tigers. These animals are depicted in their true proportions in a mosaic pavement that has survived to our time. When this emperor learned that an enormous animal was found stranded in the port of Ostia,[62] he had his galleys attack it. This animal was probably an orca, a large species of dolphin.[63]

Like Germanicus, Galba[64] had a funambulatory elephant; this animal, carrying a Roman knight, went right up to the top of the theater on a tightrope. Such elephants were trained when they were very young, for they were actually born in Rome: Aelianus says so in speaking of Germanicus's elephants. Therefore, Buffon was wrong to claim that this animal is not able to reproduce in captivity. Moreover, Monsieur Corse[65] has firmly established that the contrary is possible, by keeping the elephants in a warm temperature and giving them nutritious food. But this was already known in Italy in Columella's time.

The popularity of animal shows persisted at Rome during the first four centuries of the empire.

Titus,[66] despite the little relish he had for such spectacles, but in conformity with the practice of his predecessors, put nine thousand animals on parade in the circus at the dedication of the Thermal baths. He showed cranes in combat with each other.

Domitian[67] put on the spectacle of a hunt by torchlight. A woman fought with a lion and threw it to the ground; an elephant, after fighting with a bullock and killing it, went to the emperor and knelt down. Also, a royal tiger killed a lion; some aurochs pulled chariots; and there was a two-horned rhinoceros, the existence of which has long been in doubt even though its image was engraved on Domitian's medals, and which Sparmann described in no uncertain manner sixty years ago.[68] Domitian himself contended with this rhinoceros.

Martial[69] devoted an entire book to the description of Domitian's games. His epigrams give some information of interest to naturalists.

Trajan,[70] after his quick victory over the Parthians, put on games that lasted for twenty-three days, in which, according to Dion Cassius,[71] eleven thousand domestic animals, or animals that were kept in cages, were put to death.

Hadrian[72] also had a great number of animals killed. But what the historians write about these festivities interests us much less than what is shown us in a mosaic that was constructed by his orders. This famous memorial, which was discovered at Palestrina (the ancient Praeneste), depicts the animals of Egypt and Ethiopia, each with its name written underneath. In the lower part, where the flooding of the Nile is depicted, are seen the crocodile and the ibis, and the hippopotamus, which is very accurately drawn, and yet, in spite of such help, Roman naturalists never gave any other description of it than the very imperfect one by Herodotus. This same part of the mosaic also shows the true ibis of the Egyptians, in regard to which naturalists had been mistaken.

The upper part shows, in the middle of the Ethiopian mountains, the giraffe, under the name of *nabis*, the name that Pliny sometimes gave to this animal, but which ordinarily he called a *camelo-pardalis*.[73] This part also shows monkeys and reptiles, in all about thirty animals, quite recognizable, and hence rendering their ancient nomenclature quite clear to us.

Antoninus Pius[74] also staged games, to be conformable to established custom. In these appeared hippopotamuses, crocodiles, strepsiceros,[75] elephants, and lions, and *crocottes* (hyenas)[76] that were different from the ones described by Agatharchides.

Marcus Aurelius[77] had a horror of circus combats.

But Commodus,[78] his son, loved them with unprecedented passion. He himself killed an elephant, a tiger, and a hippopotamus in the circus. He especially took delight in using crescent-headed arrows to cut off the heads of ostriches running after a lure set up for the purpose. Herodian,[79] who reports this story, says that the ostriches continued to run for some time after they were decapitated. I repeated this experiment on geese and in fact had a result similar to the one recorded in Herodian.[80]

Septimius Severus[81] for Caracalla's marriage exhibited four hundred animals, issuing suddenly out of a machine. Among them were bison and wild asses.

At the marriage of Elagabalus,[82] animals of every sort were paraded drawing chariots.

The Gordians surpassed all the above emperors with their assemblages.

The first emperor of this name[83] displayed as many as a thousand panthers in one day, a hundred dromedaries, and a thousand bears.

Gordianus III[84] exhibited hippopotamuses, sixty lions, ten tigers, thirty elephants, ten giraffes, ten elk, and thirty leopards.

Aurelian[85] fought and killed some elephants.

Probus[86] had trees planted in the circus and set free in this artificial forest more than a thousand ostriches, which took to running in all directions, and a great quantity of other kinds of animals.

Such games and exhibitions continued until the fall of the Western Roman Empire; and in spite of Constantine's prohibitions,[87] they took place under the Christian emperors. Theodorus[88] and Claudianus[89] put on animal shows in the circus. Even Justinian[90] in the sixth century exhibited thirty panthers and twenty lions in the amphitheater.

It is impossible not to be astonished that a country where so many animals had been brought together and destroyed during more than four consecutive centuries did not produce a single person to observe these animals and leave accurate descriptions of them. All the authors writing about zoology from the first to the fourth century A.D., including Pliny, copied slavishly what the Greek authors had written before the Roman conquest.

In the next meeting, we shall examine the reasons why the sciences made no progress in the Roman Empire.

NOTES

1. [Apollonius Molon, Greek rhetorician, who flourished about 70 B.C. He was a native of Alabanda and a pupil of Menecles.]
2. [See Caesar's *Commentaries on the Gallic and Civil Wars*, book 6, chaps. 25-28.]
3. [Numa Pompilius (fl. *c.* 700 B.C.), second of the seven kings who, according to Roman tradition, ruled Rome before the founding of the Republic (*c.* 509 B.C.) Numa is said to have reigned from 715 to 673. He is credited with the formulation of the religious calendar and with the founding of Rome's other early religious institutions, including the Vestal Virgins; the cults of Mars, Jupiter, and Romulus deified (Quirinus); and the office of *pontifex maximus.*]
4. [Gregory XIII, original name Ugo Boncompagni, or Buoncompagni (born 7 June 1502, Bologna, Romagna (Italy); died 10 April 1585, Rome, Papal States), pope from 1572 to 1585, who promulgated the Gregorian calendar and founded a system of seminaries for Roman Catholic priests.]
5. [Lucretius, in full Titus Lucretius Carus (fl. first century B.C.), Latin poet and philosopher known for his single, long poem, *De rerum natura* ("On the Nature of Things"). The poem is the fullest extant statement of the physical theory of the Greek philosopher Epicurus (born 341 B.C., at Samos, Greece; died 270, at Athens – Greek philosopher, author of an ethical philosophy of simple pleasure, friendship, and retirement); it also alludes to his ethical and logical doctrines (see Nichols (James H.), *Epicurean political philosophy: the De rerum natura of Lucretius*, Ithaca; London: Cornell university press, 1976, 216 p.; Godwin (John), *Lucretius*, London: Bristol Classical Press; Duckworth Press, 2004, 141 p.)]
6. Some authors say that this philter [a potion, drug, or charm credited with magical powers] was given to him [Lucretius] by a jealous mistress. This is a ridiculous story; but it is true that he killed himself, at the age of 43, in an access of madness. [M. de St.-Agy.]
7. The world as it is, of course, since its elements are indestructible. [M. de St.-Agy.]
8. [Paullus Macedonicus, Lucius Aemilius, Paullus also spelled Paulus (born *c.* 229 B.C., died 160), Roman general whose victory over the Macedonians at Pydna ended the Third Macedonian War (171-168 B.C.)]
9. [Second Punic War (218-201 B.C.), also called Second Carthaginian War, second in a series of wars between the Roman Republic and the Carthaginian (Punic) Empire that resulted in Roman hegemony over the western Mediterranean.]
10. [It was Fulvius Hirpinus who, according to Pliny the elder tells, first instituted snail preserves at Tarquinium, a Tuscan city not far from Rome, at about 50 B.C. There the snails were kept in enclosures and fed on grain meal and boiled wine until fat enough to eat. By a combination of careful breeding, selection and feeding very satisfactory results were obtained. During the expansion of the Roman Empire snail culture was introduced into the countries that came under its control.]
11. [*Leporaria*, in reference to any of several species of small gnawing mammals of the family Leporidae (rabbits and hares), order Lagomorpha.]
12. [Quintus Hortensius Hortalus (born 114 B.C., died 50 B.C.), Roman orator and politician, Cicero's opponent in the Verres trial. Delivering his first speech at age 19, Hortensius became a distinguished advocate. He was leader of the bar until his clash with Cicero while defending the corrupt governor Verres (70) cost him his supremacy. He became consul in 69 and later collaborated harmoniously with Cicero in a number of trials. His talents proved useful to the conservative senatorial aristocracy.]
13. [This is the same tribune Servius Rullus (or Publius Servilius Rullus), who in A.D. 65, proposed a new agrarian law, through which endeavored to reconstitute the public domain, without having recourse to confiscation. For this purpose, he proposed to sell the lands conquered in Asia, Africa, and Greece, and with the proceeds to purchase lands in Italy for distribution among the citizens. Cicero attacked this scheme in the speeches that have come down to us, which are masterpieces of eloquence. The people themselves were induced by them to reject the *rogatio*, or bill, advocated by Rullus. Three years later, Cicero supported the agrarian law proposed by Flavius. Its object was to purchase lands, and establish colonies on them, but it was not passed.]
14. [Marcus Laenius Strabo, an opulent and luxurious Roman, thought to have been the first to introduce aviaries on an extensive scale. He erected a splendid one at his villa near Brindisium (a town on the Adriatic, in the kingdom of Naples). Lucullus followed this example and constructed one at Tusculanam, which far surpassed the former in size and beauty. Varro, however, out shown them both in his ornithological buildings, and constructed an elegant and spacious aviary at this country hours near Casinum, which he described in his *De re rustica*, book 3, chapter 5 (see Lesson 10, notes 50, 52; see also Varro (Marcus Terentius),*Varro on farming. M. Terenti Varronis rerum rusticarum libri tres* [tr. with introduction, commentary, and excursus by Storr-Best Lloyd], London: G. Bell and Sons, 1912, xxxi + 375 p.; Buren (Albert William van) & Kennedy (R. M.), "Varro's Aviary at Casinum", *The Journal of Roman Studies*, vol. 9, 1919, pp. 59-66; Lutwack (Leonard), *Birds in Literature*, Gainesville (Florida): University Press of Florida, 1994, xiv + 286 p.)]
15. [Marcus Aufidius Lurco (or Lucro) was a Roman magistrate who lived in the first century B. C.]
16. [Hirtius Pansa, is apparently a reference to two individuals, not one: Aulus Hirtius (born *c.* 90, died *c.*43 B.C.) and Gaius Vibius Pansa Caetronianus (died 43 B.C.), both nominated at the same time by Caesar for the consulship of 43. Initially a

supporter of Mark Antony, Hirtius was successfully lobbied by Cicero, who was a personal friend, switched his allegiance to the senatorial party, and set out with an army to attack Antony, who was besieging Mutina. In concert with Octavian, Hirtius compelled Antony to retire, but in the fighting Hirtius was slain. He was honored with a public funeral, along with Gaius Vibius Pansa Caetronianus, who had been killed a few days earlier.]

17. [Sempronius Lucus is mentioned in the second book of satires of Horace (*Horace's Satires and Epistles* [translated by Fuchs Jacob; introd. by Anderson William S.], New York: Norton, 1977, xiv + 105 p.; see also Texier (abbé), *Dictionnaire d'orfèvrerie, de gravure et de ciselure chrétiennes: ou de la mise en œuvre artistique des métaux, des émaux et des pierreries*, Paris: J. P. Migne, 1857, p. 882; Jennison (George), *Animals for Show and Pleasure in Ancient Rome*, Philadelphia: University of Pennsylvania Press, 2005, xiv + 209 p.)]

18. [Phrygia, ancient district in west-central Anatolia, named after a people whom the Greeks called Phryges and who dominated Asia Minor between the Hittite collapse (twelfth century B.C.) and the Lydian ascendancy (seventh century B.C.) The Phrygians, perhaps of Thracian origin, settled in northwestern Anatolia late in the second millennium. Upon the disintegration of the Hittite kingdom they moved into the central highlands, founding their capital at Gordium and an important religious center at "Midas City" (modern Yazilikaya, Turkey).]

19. [Melos, modern Greek island of Mílos, most southwesterly of the major islands of the Greek Cyclades in the Aegean Sea.]

20. [For Gallonius, see the second book of satires of Horace (*Horace's Satires and Epistles* [translated by Fuchs Jacob; introd. by Anderson William S.], New York: Norton, 1977, xiv + 105 p.)]

21. [Consul in 151 B.C., Lucius Licinius Murena is said by Pliny to have invented fishponds, his cognomen deriving from the murenae or eels that he raised there (see Pliny (the elder), *Natural History* [ed. by Rackman H. with an English Translation in Ten Volumes], Cambridge (Mass.): Harvard University Press; London: W. Heinemann, 1940, vol. 3, p. 279; see also note 22, below).]

22. [Genus *Muraena*, any of 80 or more species of eels of the family Muraenidae. Moray eels occur in all tropical and subtropical seas, where they live in shallow water among reefs and rocks and hide in crevices. They differ from other eels in having small rounded gill openings and in generally lacking pectoral fins. Their skin is thick, smooth, and scale-less, while the mouth is wide and the jaws are equipped with strong, sharp teeth, which enable them to seize and hold their prey (chiefly other fishes) but also to inflict serious wounds on their enemies, including humans. They are apt to attack humans only when disturbed, but then they can be quite vicious. One species of moray, *Muraena helena*, found in the Mediterranean, was a great delicacy of the ancient Romans and was cultivated by them in seaside ponds (Jennison (George), *Animals for Show and Pleasure in Ancient Rome*, Philadelphia: University of Pennsylvania Press, 2005, xiv + 209 p.)]

23. [Lucius Licinius Lucullus (born *c.* 117 B.C., died 58/56), Roman general who fought Mithradates VI Eupator of Pontus from 74 to 66 B.C. After 63, following his retirement, he enjoyed a life of great extravagance. The adjective *Lucullan*, meaning "luxurious," derives from his name.]

24. [*Xerxes togatus*, Xerxes in a toga, a barbarian in a veneer of civilization. For Xerxes, see Lesson 4, note 42.]

25. [Cato of Utica is Marcus Porcius Cato Uticencis, byname Cato The Younger (born 95 B.C.; died 46, Utica, Africa, now in Tunisia), great-grandson of Cato the Censor and a leader of the Optimates (conservative senatorial aristocracy) who tried to preserve the Roman Republic against power seekers, in particular Julius Caesar.]

26. [Marius Irrius is Gaius Hirrius, the first person to have ponds solely for raising eels (see notes 21 and 22, above), supplied six thousand to Caesar for his triumphal banquets and eventually sold his estate for four million sesterces. After the death of Lucullus (see note 23, above), the same amount was paid just for the fish from his pond. The orator Quintus Hortensius, who lavished such care on his fishpond, is said to have wept when his favorite eel died. Another pet eel, kept there by Antonia, the niece of Augustus (see note 29, below), was adorned with earrings, which prompted some to visit and witness the spectacle (Aelian (Claudius), *On the Characters of Animals* [with an English Translation by Scholfield A. F.], London: Heinemann, 1958-1959, 3 vols).]

27. [Lucius Licinius Crassus (born 140 B.C., died 91), lawyer and politician who is usually considered to be one of the two greatest Roman orators before Cicero, the other being Marcus Antonius (born 143, died 87). Both men are vividly portrayed in Cicero's *De oratore* (55 B.C.) (see the edition revised and reprinted, Cambridge (Mass.): Harvard university press; London: W. Heinemann ltd., 1948, 2 vols).]

28. [Domitius is Gnaeus Domitius Calvinus, a Roman general, senator and consul (both in 53 B.C. and 40 B.C.) who was a loyal partisan of Caesar and Octavianus.]

29. [Antonia, one of the most prominent Roman women, celebrated for her virtue and beauty, the youngest daughter of Mark Antony (born 82/81 B.C., died 30 B.C.) and Octavia (born *c.* 69 B.C., died 11 B.C.) and the favorite niece of her mother's youngest brother Rome's first Emperor Augustus. She married Nero Claudius Drusus Germanicus (born 38 B.C., died 9 B.C.), the younger brother of Tiberius (who later became emperor) and commander of the Roman forces that occupied the German territory between the Rhine and Elbe rivers from 12 to 9 B.C.]

30. [Publius Vedius Pollio (died 15 B.C.) was a Roman equestrian of the 1st century B.C., and a friend of the Roman emperor Augustus, who appointed him to a position of authority in the province of Asia (Syme (Ronald), "Who was Vedius Pollio?", *Journal of Roman Studies*, 1961, vol. 51, pp. 23-30). In later life he became known for his luxurious tastes and cruelty to his slaves. When they displeased him, he had them fed to eels he maintained for that purpose. This was unacceptable even by Roman standards. When Vedius tried to apply this method of execution to a slave who broken a glass, Augustus, who was his guest at the time, not only prevented this, but had all his valuable glasses broken. This incident, along with Augustus's demolition of the massive villa he inherited after Vedius's death in 15 B.C., were frequently referred to in antiquity in discussions of ethics and of the public role of Augustus (*e.g.*, Seneca (Lucius Annaeus), *Moral Essays* [with an English translation by Basore John W.], London: W. Heinemann ltd; New York: G. P. Putnam's Sons, 1928, 3 vols).

31. [Augustus is Gaius Octavius (born 23 September 63 B.C., died 19 August A.D. 14), subsequently known as Gaius Julius Caesar Octavianus and still later as Augustus or Caesar Augustus, the first Roman emperor, following the republic, which had been finally destroyed by the dictatorship of Julius Caesar, his great-uncle and adoptive father.]

32. [Sterlet (*Acipenser ruthenus*), a valuable food fish that inhabits the Black and Caspian seas, is one of about 20 species of fishes of the family Acipenseridae (subclass Chondrostei), native to temperate waters of the Northern Hemisphere. Most species live in the sea and ascend rivers (possibly once in several years) to spawn in spring or summer; a few others are confined to fresh water. Several species provide caviar from eggs.]

33. [Surmullet or goatfish, any of about 50 species of marine fishes of the family Mullidae (order Perciformes). The largest goatfishes are about 60 cm (2 feet) long, but most are much smaller. Many species are edible and valued as food. One of the best known of these is the red surmullet, or red mullet (*Mullus barbatus*), of the Mediterranean, which was one of the most highly prized food fishes of the ancient Romans.]

34. [Tiberius, in full Tiberius Caesar Augustus, or Tiberius Julius Caesar Augustus, original name Tiberius Claudius Nero (born 16 November 42 B.C.; died 16 March A.D. 37, Capri, near Naples), second Roman emperor (A.D. 14-37), adopted son of Augustus, whose imperial institutions and imperial boundaries he sought to preserve. In his last years he became a tyrannical recluse, inflicting a reign of terror against the major personages of Rome.]

35. [Lucius Annaeus Seneca, see Lesson 12, note 47.]

36. [The oyster, which is widely distributed throughout the world, has been esteemed as an article of food from a very remote period. It was much prized by the Romans, who obtained it from their own waters, from the mouth of the Hellespont, and from the shores of Britain, where oysters were early discovered to be very abundant and of superior quality. From there they were imported during the winter packed in snow. According to Pliny, the propagation of oysters in artificial oyster pits was first introduced by the wealthy and luxurious patrician, Sergius Aurata, who derived much revenue from his oyster-beds at Baise, in the Bay of Naples. He was also the first to show the superiority of the shell-fish of the Lucrine lake to those of Britain, which his country men considered the finest (see Radcliffe (William), *Fishing From the Earliest Times*, London: John Murray, 1921, xvii + 478 p.)]

37. [Dorado (Spanish for "golden") is sometimes given to several related species of the genus *Salminus*, powerful game fishes of the freshwater family Characidae, found in South American rivers. It is also another name for the oceanic dolphinfishes of the family Coryphaenidae, but in this case, Cuvier is referring to a porgy or sea bream, any of about 100 species of marine fishes of the family Sparidae (order Perciformes).]

38. [Lucrine, in ancient geography, a small salt-water pond in Campania, Italy, nine miles west-northwest of Naples: the Roman Lacus Lucrinus, modern Lago Lucrino. It was famous for its oysters.]

39. [The thuya tree (pronounced tweeya), a thickly branched, aromatic, hardwood conifer closely related to cedar, grown only in Atlas mountain region of Morocco.]

40. [Cyrenaica, historic region of North Africa and until 1963 a province of the United Kingdom of Libya.]

41. [Cethegus, a reference to Gaius Cornelius Cethegus, a politician of the Roman republic who became proconsul in Spain in 200 B.C. and was elected Aedile in absence. In this office he arranged magnificent plays. During his consulate in 197 B.C. he fought successfully in Gallia Cisalpina against the Insubrians and Cenomanes and received a triumph. He was elected censor in 194 B.C. Along with Scipio Africanus and Marcus Minucius Rufus in 193 BC, he went as a commissioner to mediate an end to the war between Masinissa and Carthage.]

42. About three hundred thousand francs. [M. de St.-Agy.]

43. [see Beckmann (Johann), *A History of Inventions, Discoveries, and Origins* [translated from the German by Johnston William; 4th edition, carefully revised and enlarged by Francis William and Griffith F. W.], London: H. G. Bohn, 1846, 2 vols.]

44. [Mongez (Antoine), "Les animaux promenés ou tués dans le cirque", *Mémoires de l'Académie des Inscriptions et Belles-lettres*, tome X, 1833, pp. 360-460; see also Lecky (William Edward Hartpole), *History of European Morals from Augustus to Charlemagne* [3rd edition, revised], New York: D. Appleton, 1921, 2 vols.]

45. [Manius Curius Dentatus (died 270 B.C.), Roman general, conqueror of the Samnites and victor against Pyrrhus, king of Epirus (see note 47, below). Dentatus was born into a

plebeian family that was possibly Sabine in origin. As consul in 290 B.C., he gained a decisive victory over the Samnites, thereby ending a war that had lasted 50 years. The same year, he also reduced the Sabine insurgents to submission and granted them *civitas sine suffragio* ("citizenship without the right to vote"). In 284 he defeated the invading Senones. After Pyrrhus had returned from Sicily to Italy (275), Dentatus, once again consul, finally defeated him near Beneventum (now Benevento). Dentatus was consul for the fourth and last time in 274, the year he conquered the Lucanians. During his term as censor, 272, he began to build an aqueduct to carry the waters of the Anio River into the city but died before its completion. Later writers idealized Dentatus as a model of old Roman simplicity and frugality.]

46. [Demetrius I Poliorcetes (born 336 B.C., Macedonia; died 283, Cilicia, now in Turkey), king of Macedonia from 294 to 288 B.C. Demetrius was the son of Alexander the Great's general Antigonus I Monophthalmus, in whose campaigns he commanded with distinction and whose empire, based in Asia, he attempted to rebuild. Unsuccessful against Ptolemy I Soter, he liberated Athens from the Macedonian Cassander in 307 B.C. and in 306 decisively defeated Ptolemy at Salamis (Cyprus). From his unsuccessful siege of Rhodes (305) he won the title Poliorcetes ("the Besieger"). Recalled by his father from Greece, he fought in the Battle of Ipsus, in which his father was killed and lost much of his empire (301). Demetrius kept a foothold in Greece and in 294 reoccupied Athens and established himself as king of Macedonia, but in 288 he was driven out by his rivals Lysimachus and Pyrrhus. He finally surrendered to Seleucus I Nicator in Cilicia (285) and died there (283).]

47. [Pyrrhus (born 319 B.C.; died 272, Argos, Argolis), king of Hellenistic Epirus whose costly military successes against Macedonia and Rome gave rise to the phrase "Pyrrhic victory." His *Memoirs* and books on the art of war, now all lost, were quoted and praised by many ancient authors, including Cicero.]

48. [Lucius Caecilius Metellus (died 221 B.C.), Roman general during the First Punic War (264-241 B.C.). As consul in 251, Metellus decisively defeated the Carthaginian general Hasdrubal at Panormus (now Palermo, Sicily) by panicking the enemy's elephants. Thereafter the image of an elephant frequently appeared on coins issued by the Metelli family. Metellus held a second consulship in 247. He is said to have been blinded in 241 while rescuing the statue of Minerva from a fire in the temple of Vesta.]

49. The reason for this is that probably at Rome no one knew how to work ivory. It was being received from abroad already carved. [M. de St.-Agy.]

50. [Marcus Fulvius Nobilior, Roman general, who, when praetor (193 B.C.), served with distinction in Spain, and as consul in 159 he completely broke the power of the Aetolian League. On his return to Rome, Nobilior celebrated a triumph remarkable for the magnificence of the spoils exhibited. On his Aetolian campaign he was accompanied by the poet Ennius, who made the capture of Ambracia, at which he was present, the subject of one of his plays. For this Nobilior was strongly opposed by Cato the Censor, on the ground that he had compromised his dignity as a Roman general. Nobilior restored the temple of Hercules and the Muses in the Circus Flaminius, and endeavored to make the Roman calendar more generally known. He was a great enthusiast for Greek art and culture, and introduced many of its masterpieces into Rome, among them the picture of the Muses by Zeuxis from Ambracia.]

51. [The Aetolian War (191 B.C. – 189 B.C.) was fought between the Romans and their Achean and Macedonian allies, and the Aetolian League and their allies, the kingdom of Athamania. The Aetolians had invited Antiochus the Great to Greece, who after his defeat by the Romans had returned to Asia. This left the Aetolians and the Athamanians without any allies. With Antiochus out of Europe, the Romans and their allies attacked the Aetolians. After a year of fighting the Aetolians were defeated and forced to pay 1,000 talents of silver to the Romans.]

52. [Publius Cornelius Scipio Nasica (born 227 B.C., fl. 171 B.C.) (Nasica meaning "pointed nose") was a consul of ancient Rome in 191 B.C. He was a son of Gnaeus Cornelius Scipio Calvus. Sometimes referred to as Scipio Nasica the First to distinguish him from his son and grandson, he was a cousin of Scipio Africanus.]

53. [Publius Cornelius Lentulus, byname Sura (Latin: "Calf of the Leg") (died 5 December 63 B.C., Rome), a leading figure in Catiline's conspiracy (63 B.C.) to seize control of the Roman government.]

54. [It is not clear whether Cuvier was referring here to Quintus Mucius Scaevola, also called Augur (died 88 B.C.), prominent Roman jurist, or the latter's cousin Quintus Mucius Scaevola, also called Pontifex (died 82 B.C.), who founded the scientific study of Roman law.]

55. [Marcus Aemilius Scaurus (died after 52 B.C.), quaestor and proquaestor to Gnaeus Pompey in the third war (74-63) between Rome and King Mithradates of Pontus (in northeastern Anatolia); not to be confused with his father of the same name (born *c.* 162 B.C., died *c.* 89 B.C.), a leader of the Optimates (conservative senatorial aristocrats) and one of the most influential men in the Roman government about 100 B.C.]

56. [Aedile, Latin aedilis, plural aediles (from Latin *aedes*, "temple"), magistrate of ancient Rome who originally had charge of the temple and cult of Ceres.]

57. [Andromeda, in Greek mythology, beautiful daughter of King Cepheus and Queen Cassiope of Joppa in Palestine (called Ethiopia) and wife of Perseus. Cassiope offended

the Nereids by boasting that Andromeda was more beautiful than they, so in revenge Poseidon sent a sea monster to devastate Cepheus's kingdom. Since only Andromeda's sacrifice would appease the gods, she was chained to a rock and left to be devoured by the monster. Perseus flew by on the winged horse Pegasus, fell in love with Andromeda, and asked Cepheus for her hand. Cepheus agreed, and Perseus slew the monster. At their marriage feast, however, Andromeda's uncle, Phineus, to whom she had originally been promised, tried to claim her. Perseus turned him to stone with Medusa's head. Andromeda bore Perseus six sons and a daughter.]

58. [Ancyra, now Ankara, Turkey.]

59. [Gaius Flaminius (died 217 B.C.), Roman political leader who repeatedly challenged the authority of the Senate. A plebeian, he held the tribunate in 232. Despite the opposition of the Senate and (according to legend) of his own father, he won passage of a measure to distribute land among the plebeians. As consul in 223 he defeated the Insubres after disobeying a senatorial order; despite opposition from the Senate, he was granted a triumph by popular vote. Flaminius was the first governor of the Roman province of Sicily. During his censorship (220) he built the Circus Flaminius on the Campus Martius and constructed the Via Flaminia to Ariminum. In 218 he was one of the chief supporters of the Lex Claudia, which barred senators from engaging in commercial activities. His election to a second consulship for 217 reflected popular criticism of the Senate's conduct of the war against the invading Carthaginians under Hannibal.]

60. [Germanicus Caesar (born 15 B.C.; died A.D. 19, Antioch, Syria, now Antakya, Turkey), nephew and adopted son of the Roman emperor Tiberius (A.D. 14-37). He was a successful and immensely popular general who, had it not been for his premature death, would have become emperor.]

61. [Claudius, in full Tiberius Claudius Caesar Augustus Germanicus, original name (until A.D. 41) Tiberius Claudius Nero Germanicus (born 1 August 10 B.C., Lugdunum, Gaul; died 13 October A.D. 54), Roman emperor (A.D. 41-54), who extended Roman rule in North Africa and made Britain a province.]

62. [Ostia, modern Ostia Antica, Italy, ancient Roman town originally at the mouth of the Tiber but now about 4 miles (6 km) upstream; the modern seaside resort is about 3 miles (5 km) southwest of the ancient city. Ostia was a port of republican Rome and a commercial center under the empire (after 27 B.C.).]

63. [Orca or killer whale, also called Grampus (*Orcinus orca*), widely distributed whale of the family Delphinidae, found in all seas from the Arctic to the Antarctic.The largest of the oceanic dolphins, it attains a maximum length, in the male, of about 9.5 m (31 feet) and a weight of about 5,000 kg (11,000 pounds).]

64. [Galba, Latin in full Servius Galba Caesar Augustus, original name Servius Sulpicius Galba (born 24 December 3 B.C.; died 15 January A.D. 69, Rome), Roman emperor for seven months (A.D. 68-69). His administration was priggishly upright, though his advisers were allegedly corrupt.]

65. [see Corse (John), "Observations on the Manners, Habits, and Natural History, of the Elephant. By John Corse, Esq. Communicated by the Right Hon. Sir Joseph Banks, Bart. K.B.P.R.S.", *Philosophical Transactions of the Royal Society of London*, vol. 89, 1799, pp. 31-55.]

66. [Titus, in full Titus Vespasianus Augustus, original name Titus Flavius Vespasianus (born 30 December A.D. 39; died 13 September A.D. 81), Roman emperor (79-81), and the conqueror of Jerusalem in 70.]

67. [Domitian, Latin in full Caesar Domitianus Augustus, original name (until A.D. 81) Titus Flavius Domitianus (born 24 October A.D. 51; died 18 September A.D. 96, Rome), Roman emperor (A.D. 81-96), known chiefly for the reign of terror under which prominent members of the Senate lived during his last years.]

68. [Sparmann (Anders), *A voyage to the Cape of Good Hope, towards the Antarctic Polar Circle, round the world and to the country of the Hottentots and the Caffres, from the year 1772-1776* [based on the English editions of 1785-1786 published by Robinson, London / Anders Sparrman; ed. by Forbes Vernon Sigfried; tr. from the Swedish revised by Rudner J. & I.], Cape Town: Van Riebeeck Society, 1975-1977, 2 vols; see also Timbs (John), *Eccentricities of the Animal Creation* [with eight engravings], London: Seeley, Jackson and Halliday, 1869, 352 p.]

69. Martial, Latin in full Marcus Valerius Martialis (born 1 March A.D. 38-41, Bilbilis, Hispania; died *c.* 103), Roman poet who brought the Latin epigram to perfection and provided in it a picture of Roman society during the early empire that is remarkable both for its completeness and for its accurate portrayal of human foibles (Martial, *Epigrammata* [poems and translations of Fletcher Robert; ed. Woodward], Gainesville: University of Florida Press, 1970, x + 303 p.)]

70. [Trajan, Latin in full Caesar Divi Nervae Filius Nerva Traianus Optimus Augustus, also called (A.D. 97-98) Caesar Nerva Traianus Germanicus, original name Marcus Ulpius Traianus (born 15? September A.D. 53, Italica, Baetica, now in Spain; died 8/9 August 117, Selinus, Cilicia, now in Turkey), Roman emperor (A.D. 98-117), the first to be born outside Italy. He sought to extend the boundaries of the empire to the east (notably in Dacia, Arabia, Armenia, and Mesopotamia), undertook a vast building program, and enlarged social welfare.]

71. [Dion Cassius, also spelled Dio Cassius, in full Cassius Dio Cocceianus (born *c.* 150, Nicaea, Bithynia, now Iznik, Turkey; died 235), Roman administrator and historian, the author of *Romaika*, a history of Rome, written in Greek, that is a most important authority for the last years of the republic and the

early empire (see Cassius, *Dio's Roman History* [with an English translation by Cary Earnest, on the basis of the version of Foster Herbert Baldwin], London: W. Heinemann; New York: The Macmillan Co., 1914-1927, 9 vols; *The Roman History: the Reign of Augustus, Cassius Dio* [translated by Scott-Kilvert Ian; with an introduction by Carter John], Harmondsworth (England); New York: Penguin Books, 1986, 348 p.]

72. [Hadrian, also spelled Adrian, Latin in full Caesar Traianus Hadrianus Augustus, original name (until A.D. 117) Publius Aelius Hadrianus (born 24 January A.D. 76, Rome; died 10 July 138, Baiae, near Naples), Roman emperor (A.D. 117-138), the emperor Trajan's nephew and successor, who was a cultivated admirer of Greek civilization and who unified and consolidated Rome's vast empire.]

73. [*Camelo-pardalis*, see Lesson 9, note 62.]

74. [Antoninus Pius, in full Caesar Titus Aelius Hadrianus Antoninus Augustus Pius, original name Titus Aurelius Fulvius Boionius Arrius Antoninus (born 19 September 86, Lanuvium, Latium; died 7 March 161, Lorium, Etruria), Roman emperor from A.D. 138 to 161. Mild-mannered and capable, he was the fourth of the "five good emperors" who guided the empire through an 84-year period (96-180) of internal peace and prosperity. His family originated in Gaul, and his father and grandfathers had all been consuls.]

75. Strepsiceros, a kind of ruminant. [M. de St.-Agy.] [Strepsiceros or kudu, any of certain slender antelopes of the genus *Tragelaphus*, family Bovidae (order Artiodactyla). The greater kudu (*Tragelaphus strepsiceros*) lives in small groups in hilly bush country or open woods of eastern and southern Africa.]

76. [*Crocotta* or *Crocuta*, see Lesson 9, note 63.]

77. [Marcus Aurelius, in full Caesar Marcus Aurelius Antoninus Augustus, original name (until A.D. 161) Marcus Annius Verus (born 26 April A.D. 121, Rome; died 17 March 180, Vindobona [Vienna], or Sirmium, Pannonia), Roman emperor (A.D. 161-180), best known for his *Meditations* on Stoic philosophy (see Marcus Aurelius, *Meditations* [tr. by Long George], Buffalo (New York): Prometheus Books, 1991, 122 p.) For many generations in the West, Marcus Aurelius has symbolized the Golden Age of the Roman Empire.]

78. [Commodus, in full Caesar Marcus Aurelius Commodus Antoninus Augustus, original name (until A.D. 180) Lucius Aelius Aurelius Commodus (born 31 August 161, Lanuvium, Latium, now Lanuvio, Italy; died 31 December 192), Roman emperor from 177 to 192 (sole emperor after 180). His brutal misrule precipitated civil strife that ended 84 years of stability and prosperity within the empire.]

79. [Herodian or Herodianus of Syria (*c.* A.D. 170-240) was a minor Roman civil servant who wrote a colorful *Roman History* in eight books for the years 180 to 238 (see Herodian, *Herodian* [with an English translation by Whittaker Charles-Richard], Cambridge (Massachusetts): Harvard University Press, 1969-1970, 2 vols.) His work is not entirely reliable, although his relatively unbiased account of Elagabalus (see note 82, below) is more useful than that of Dio Cassius (see note 71, above). He was a Greek, though he ap-pears to have lived for a considerable period in Rome, but without holding any public office. From his work, which is still extant, we gather that he was still living at an advanced age in the reign of Gordianus III, who ascended the throne in 238. Beyond this nothing is known about his life.]

80. I have seen a cock running about after its head was cut off on the chopping block. What is more curious is that this animal, thus mutilated, headed towards the kitchen where it had been before being brought into the yard, and returned to it again after being pushed away a few paces. A magnetizer [it is curious that Magdeleine de Saint-Agy did not use the word "mesmerist," since German physician Franz Anton Mesmer's (born 1734, died 1815) system of therapeutics, known as mesmerism, the forerunner of the modern practice of hypnotism, must have been well known to him in 1840; see Mesmer (Franz Anton), *Mesmerism* [being the first translation of Mesmer's historic *Mémoire sur la découverte du magnétisme animal* to appear in English; with an introductory monograph by Frankau Gilbert], London: Macdonald, 1948, 63 p. in-8; *Memoir of F. A. Mesmer, doctor of medicine, on his discoveries, 1799* [translated by Eden Jerome], Mount Vernon (New York): Eden Press, 1957, xiii + 55 p.] at Paris, Dr. D*** de S***, said a while ago to an American friend of mine, Dr. B***, and me, that by strongly irritating a certain part of the body, one could sometimes see through that part. If Monsieur D*** had seen this cock, probably he would have explained its renewed direction towards the kitchen as due to the strong irritation given by the knife to its neck. [M. de St.-Agy.]

81. [Septimius Severus, in full Lucius Septimius Severus Pertinax (born 146, Leptis Magna, Tripolitania, now in Libya; died February 211, Eboracum, Britain, now York, England), Roman emperor from 193 to 211. He founded a personal dynasty and converted the government into a military monarchy. His reign marks a critical stage in the development of the absolute despotism that characterized the later Roman Empire.]

82. [Elagabalus, also spelled Heliogabalus, byname of Caesar Marcus Aurelius Antoninus Augustus, original name Varius Avitus Bassianus (born 204, Emesa, Syria; died 222), Roman emperor from 218 to 222, notable chiefly for his eccentric behavior.]

83. [Gordian I, Latin in full Marcus Antonius Gordianus Sempronianus Romanus Africanus (born *c.* 157, died April 238), Roman emperor for three weeks in March-April 238.]

84. [Gordian III, Latin in full Marcus Antonius Gordianus (born 225; died 244, Zaitha, Mesopotamia), grandson of Gordian I and nephew of Gordian II, he was Roman emperor from 238 to 244.]

85. [Aurelian, Latin in full Lucius Domitius Aurelianus (born *c.* 215; died 275, near Byzantium, now Istanbul, Turkey), Roman emperor from 270 to 275. By reuniting the empire, which had virtually disintegrated under the pressure of invasions and internal revolts, he earned his self-adopted title *restitutor orbis* ("restorer of the world").]
86. [Marcus Aurelius Probus (died 282), Roman emperor from A.D. 276 to 282. Fourth-century writers attest to his intense interest in agriculture. He encouraged the planting of vineyards in Gaul, Spain, and Britain and was evidently killed by troops who resented his strict discipline and their being detailed to agricultural reclamation work in the Balkans.]
87. [Constantine I, see Lesson 17, note 21.]
88. [Theodorus, is apparently Theodorus Lector, reader or clerk attached to the Church of St. Sophia of Constantinople in the early part of the sixth century A.D. (not to be confused with Theodorus of Cyrene, Greek mathematician of the fifth century B.C.). At the request of a friend he compiled in four books his *Historia Tripartita*, an epitome of the historians Socrates, Sozomen, and Theodoret, made up of excerpts from them. An imperfect copy of this work exists in manuscript but it has never been published.]
89. [Claudianus (*c.* A.D. 340–410), the last of the great Latin poets, born in Alexandria, Egypt. He went to Rome in A.D. 395, and obtained patrician dignity by favor of Stilicho. He wrote first in Greek, then in Latin. Several of his works have survived, notably his epic poem *De raptu Proserpinae* ("The Rape of Proserpine"), the work for which he was famed in the Middle Ages (see Claudianus, *De raptu Proserpinae* [edited with introduction, translation, and commentary by Gruzelier Claire], Oxford: Clarendon Press; New York: Oxford University Press, 1993, xxxi + 309 p.)]
90. [Justinian I, Latin in full Flavius Justinianus, original name Petrus Sabbatius (born 483, Tauresium, Dardania, probably south of modern Nis, Serbia, Yugoslavia; died 14 November 565, Constantinople, now Istanbul, Turkey), Byzantine emperor (527-565), noted for his administrative reorganization of the imperial government and for his sponsorship of a codification of laws known as the *Codex Justinianus* (534) (see Kunkel (Wolfgang), *An Introduction to Roman Legal and Constitutional History* [translated into English by Kelly J. M.], Oxford: Clarendon Press, 1966, X + 218 p.)]

AUROCHS DANS L'ARÈNE
Détail d'une gravure extraite de Riedinger (Johann Elias), *Entwurf einiger Thiere : nach dem Leben gezeichnet, samt beygefügten Anmerkungen*, Augsbourg : J.E. Riedinger, 1738-1755, 7 part. in 1 vol., pl. 38.

11

L'âge d'or de Rome

Nous avons vu que l'esprit scientifique des Romains commença à germer pendant le séjour que firent parmi eux les philosophes grecs Carnéades, Diogènes et Critolaüs; qu'un instant, comprimé par l'âpreté de Caton, il surmonta cet empêchement, et parvint promptement à un degré de perfection assez remarquable dans les ouvrages de Varron et de Cicéron.

Deux contemporains de ces hommes illustres ont aussi écrit des ouvrages qui méritent notre examen: ce sont César et Lucrèce.

Jules César naquit quatre-vingt-dix-huit ans avant Jésus-Christ. Dans sa jeunesse il visita la Grèce, comme c'était alors la mode parmi les Romains de distinction, et ensuite il se fixa à Rhodes, pour étudier sous Apollonius Molon[1]. Plus jeune que Cicéron, de six années, il mourut cependant quatre ans avant lui. Ses ouvrages sont connus de tout homme un peu lettré; mais ce qui l'est moins, c'est que ses *Commentaires*[2] renferment les premières notions que l'on ait eues sur les animaux qui, de son temps, habitaient les forêts de la Germanie. César avait fait une incursion dans cette contrée, après sa conquête des Gaules. Il avait été repoussé vigoureusement, et après quelques batailles, avait repassé le Rhin. C'est le résultat des observations qu'il fit pendant cette courte expédition, qu'il a consigné dans ses Commentaires. Il y fait connaître la constitution physique de la Germanie, les mœurs de ses habitans, et les espèces d'animaux qui vivaient alors dans ce pays. Parmi les animaux on remarque l'élan, le renne et l'aurochs, qui tous trois ont disparu, depuis long-temps, des contrées où César les avait observés. L'aurochs n'existe plus que dans la Lithuanie, et le renne et l'élan ne se trouvent maintenant que dans le nord de la Russie et de la Suède. La connaissance de cette émigration est très-intéressante pour l'histoire naturelle.

César était doué de facultés très-puissantes. Malgré l'activité de sa vie guerrière, il avait acquis des connaissances très-variées. Chacun sait que par ses propres travaux en astronomie, autant que par ceux qui furent faits sous sa direction, il réforma le calendrier barbare de Numa[3], réforme qui subsista jusqu'au XVIe siècle, c'est-à-dire plus de quinze cents ans, après lequel temps elle fut perfectionnée par le pape Grégoire[4].

Lucrèce[5], qui était le contemporain de Cicéron et de César, et seulement de quatre années plus jeune que ce dernier, est, des écrivains de la république, celui qui s'est le plus livré à l'étude de la philosophie naturelle. Il était né quatre-vingt-treize ans avant notre ère, et mourut prématurément à l'âge de quarante-trois ans. On rapporte que sa raison était souvent altérée par l'effet d'un philtre[6] qu'on lui avait fait prendre lorsqu'il était jeune, et qu'il consacrait ses momens de lucidité à la composition de son poëme intitulé *de Rerum naturâ*.

Cet ouvrage, qui présente une exposition dogmatique du système d'Épicure, est surtout remarquable par la vigueur et l'élégance du style. Abstraction faite de la répétition de vers un peu durs et d'un archaïsme trop fréquent, le poème *de la Nature des choses* est très-certainement un des plus beaux monumens de la poésie latine : l'invocation, au premier chant, au cinquième, le développement de la société, sont des morceaux à jamais admirables.

Lucrèce n'a pas seulement traité le même sujet qu'Épicure, et adopté ses principes ; il a encore suivi le même ordre que lui. Toutefois il est plus complet à quelques égards que son modèle : ce qui n'a rien d'étonnant, puisqu'il est le dernier des atomistes, et qu'il a pu, par conséquent, profiter de tous les travaux de son école.

Suivant lui, il n'existe dans la nature que des atomes et du vide. Les atomes, rapprochés par le mouvement oblique qu'ils ont de toute éternité, ont formé notre monde et tous les êtres susceptibles de destruction.

L'âme humaine est composée des atomes les plus subtils que le corps renferme. Au moment de la mort, ces atomes vont se réunir à la masse commune, pour entrer dans de nouvelles combinaisons. Nos sensations sont produites par des corpuscules émanant des objets extérieurs ; et nos idées elles-mêmes sont le résultat de l'impression de ces corpuscules sur nos sens.

Le monde a eu un commencement et aura une fin[7]. Le soleil, la terre et les autres astres ne sont point des dieux ; ce ne sont que des composés d'atomes soumis à la destruction comme tous les autres corps.

Plusieurs des agrégations formées par le rapprochement des atomes n'ont eu qu'une durée éphémère, parce qu'elles ne réunissaient pas les conditions d'existence indispensables au maintien de la vie. Les corps animés qui possédaient au contraire toutes ces conditions, en y comprenant la faculté de reproduction, ont été la source des espèces qui existent aujourd'hui.

Lucrèce parle des météores dans le dernier livre de son poème ; mais il n'en dit rien d'exact ; sa physique est aussi défectueuse que sa philosophie.

Vous voyez, messieurs, que sous la république, les Romains s'occupèrent peu d'histoire naturelle.

Sous les empereurs on écrivit davantage sur cette science ; mais les ouvrages n'y furent guère que des compilations grecques ; ils offrent fort peu d'observations originales. On pourrait à juste titre s'en étonner, car jamais aucun peuple n'avait eu plus que les Romains de moyens d'observer : vous allez vous en convaincre par l'exposition que je vais faire du luxe de leurs tables, de celui de leurs vêtemens, de leurs constructions, de leurs ameublemens, et par l'énumération de l'immense quantité d'animaux qui figurèrent dans leurs spectacles et servirent aux pompes triomphales de leurs généraux.

À l'origine de la république, et même plusieurs siècles après son établissement, les institutions étaient généralement peu favorables à tous les genres d'étude. La simplicité des mœurs s'opposait surtout à la culture de l'histoire naturelle, qui est une science fort dispendieuse, parce qu'elle exige des voyages lointains et nombreux, des moyens de transport pour la plupart des animaux, enfin de grands établissemens propres à les recevoir. Le commerce aurait pu procurer à cette science des développemens, en ce qu'il donne des moyens de concentrer dans un même lieu les diverses productions du globe. Mais pendant fort long-temps les Romains négligèrent le commerce. Ils s'étaient engagés par un premier traité, conclu avec les Carthaginois, à ne point naviguer au-delà du détroit qui sépare la Sicile des côtes d'Afrique. L'an 405 de la fondation de Rome, ils renoncèrent à toute espèce de commerce avec l'Afrique et la Sardaigne. Ce n'était point l'ignorance qui faisait renoncer leur gouvernement à ces avantages; mais une politique particulière, qui avait pour objet d'empêcher toute introduction de luxe. Le premier argent monnayé ne parut à Rome qu'en l'an 472 de sa fondation, deux cent soixante-huit ans avant Jésus-Christ. Auparavant on ne se servait que de monnaie de cuivre. Au temps de la dernière guerre de Macédoine, on destitua un sénateur parce qu'il possédait dix livres de vaisselle d'argent. Ce ne fut qu'à la fin de cette même guerre, dans le triomphe de Paul-Émile[8], qu'on employa pour la première fois de la vaisselle et des vases d'or.

Mais les conquêtes des Romains qui procurèrent à l'État des moissons de richesses, ne tardèrent pas d'introduire le luxe parmi les particuliers, et celui de quelques-unes d'entre eux atteignit un développement gigantesque. Nous n'en rapporterons que ce qui a trait à notre sujet, c'est-à-dire à l'histoire naturelle. Nous parlerons du luxe des tables, parce qu'il occasionna le transport à Rome d'une foule d'animaux et de quelques fruits étrangers, souvent fort rares, et d'un prix excessivement élevé. Nous nous occuperons ensuite du luxe des vêtemens, pour lequel on rechercha des matières colorantes et des pierres précieuses. Puis nous dirons un mot de celui des constructions, qui était alimenté par divers marbres de l'Italie, de la Grèce et même des Gaules. Nous terminerons par le luxe des ameublemens qui faisait rechercher les bois les plus rares et les plus agréables à la vue.

Au temps de la seconde guerre punique[9], Fulvius Hirpinus[10] inventa, pour le luxe des tables, la formation de parcs renfermant des quadrupèdes. On nommait ces enclos *leporaria*[11], parce qu'on y élevait surtout trois espèces de lièvres, le lièvre ordinaire, le lapin originaire d'Espagne, et le lièvre des Alpes, que je vous ai déjà nommé, et dont l'espèce est aujourd'hui extrêmement rare. On élevait encore dans ces parcs presque toutes les bêtes fauves de nos forêts, telles que le chevreuil, le cerf, etc., et de plus le moufflon ou la brebis sauvage.

Ces divers animaux avaient presque entièrement perdu leurs mœurs farouches; on les avait habitués à venir à un certain signal. Un jour qu'Hortensius[12] donnait à dîner dans un de ses parcs, il fit sonner de la trompette, et les convives ne virent pas sans étonnement les chevreuils, les cerfs, les sangliers se rassembler autour du pavillon où le dîner était servi.

Servius Rullus[13] est le premier qui fit servir sur sa table un sanglier entier.

On en vit huit à la fois sur la table d'Antoine, à l'époque de son triumvirat.

Le loir gris, petit animal qui vit dans les bois et se retire dans les trous de chênes, était regardé par les Romains comme un mets très-délicat. Ils en engraissaient dans leurs parcs avec des châtaignes et du gland, et leur donnaient pour lieu de retraite des tonneaux d'une forme particulière, construits en terre cuite.

Les volières furent inventées par Lemnius Strabo[14], de Brindes, pour loger ceux des oiseaux destinés à servir d'aliment, qui n'auraient pu être retenus par les murs d'une basse-cour. Il semble que Pline ait voulu lui reprocher son invention, en disant que c'est lui qui nous a enseigné à emprisonner les animaux qui avaient le ciel pour demeure.

Alexandre, comme vous le savez, avait apporté les paons en Grèce, où ils n'étaient regardés que comme des objets curieux. Hortensius, le rival de Cicéron, est le premier qui en ait fait servir un dans un banquet donné à l'occasion de sa nomination à la place d'Augure. On regarda alors ce luxe comme une extravagance. Mais les paons se multiplièrent très-rapidement, car vous savez que Ptolomée Physcon fut étonné de la grande quantité qu'il en vit à Rome pendant son séjour dans cette ville. L'industrie s'en était mêlée; un certain Aufidius Lucro[15] retirait treize ou quatorze mille livres du métier d'engraisseur de paons. On en servait dans tous les repas un peu distingués: c'était la dinde aux truffes des Romains de cette époque. Hirtius Pansa[16] qui commit la faute de donner un festin où ce mets obligé n'avait pas été servi, passa pour un ladre, pour un homme sans goût, et perdit toute considération parmi les gastronomes distingués.

Les Romains élevaient comme nous des pigeons, et donnaient aussi la préférence à de certaines variétés. Varron raconte qu'un couple de ces oiseaux fut payé, de son temps, deux mille sesterces, c'est-à-dire environ quatre cent cinquante francs.

On élevait aussi à Rome des grives que l'on tenait renfermées dans des volières.

Le premier qui fit servir des petits de cigogne sur sa table, est Sempronius Lucus[17].

Les Romains élevaient des oies comme nous, et employaient les mêmes moyens pour faire engraisser le foie de ces oiseaux; mais bientôt il fut trop aisé de s'en procurer, et ceux qui voulaient se distinguer faisaient servir sur leurs tables des cervelles d'autruche et des langues de flamant. On faisait aussi venir des faisans de la Colchide, des gangas de Phrygie[18], des grues de Melos[19].

Ce luxe extrême en oiseaux, fut pourtant dépassé par celui qu'on eut en poissons. À une certaine époque de la république, un Romain qui aurait mangé du poisson, aurait été taxé d'une friandise indigne d'un homme grave. Mais l'accroissement des richesses fit bientôt disparaître cette sévérité de mœurs, et Caton se plaint de ce que de son temps on donnait plus d'argent pour avoir un poisson que pour acheter un bœuf. Toutefois à cette même époque le sénateur Gallonius[20] fut traité d'infâme au milieu du sénat, et sur le point de perdre son rang, à cause du luxe effréné de sa table, où il faisait servit des esturgeons.

Ce fut Lucinius Murena[21] qui inventa les viviers d'eau douce; et comme il y conservait surtout des *murènes*, c'est de là que lui vint le surnom de *Murena*, qui depuis resta à sa famille[22]. Hortensius l'imita en le dépassant de beaucoup, et plusieurs autres personnages distingués suivirent aussi son exemple.

Il arriva bientôt qu'on ne se borna plus aux viviers d'eau douce, et qu'on en eut d'eau salée où l'on nourrissait des soles, des dorades, des truites et diverses espèces de coquillages. Lucullus[23], pour introduire l'eau de la mer dans un bassin de ses parcs, n'hésita pas à faire trancher une montagne: cette extravagance lui valut de la part de Pompée le surnom de *Xerxes togatus*[24]. À sa mort on trouva ses viviers si riches en poisson, que Caton d'Utique[25], en qualité de gérant de sa succession, ayant prescrit de le vendre, on en retira une somme de neuf cent mille francs. La vente du poisson contenu dans les viviers de Marius Irrius[26] produisit la même somme. Pline rapporte que César, voulant donner un festin au peuple de Rome, s'était adressé à cet Irrius pour avoir des murènes, et que ce dernier ne voulut pas lui en vendre, mais consentit à lui en prêter six mille. Varron dit qu'il lui en prêta seulement deux mille. Mais dans ce cas il y aurait encore sujet d'étonnement. Les murènes étaient alors l'objet d'une sorte d'émulation folle et puérile, et c'était à qui en posséderait le plus et les soignerait le mieux. Hortensius traitait les siennes mieux que ses esclaves, et jamais il n'en fesait prendre pour sa table; toutes celles qui lui étaient servies avaient été achetées au marché ; ce qui ne laissa pas de lui attirer quelques railleries. On dit qu'il pleura la mort d'un de ses poissons. L'orateur Crassus[27] témoigna plus de douleur dans un cas pareil, car on rapporte qu'il prit le deuil. Son collègue Domitius[28] lui en fit reproche dans le sénat. Il paraît qu'on fesait aussi quelquefois une sorte de toilette à ces poissons, car on prétend qu'Antonia[29] avait une murène à laquelle elle avait attaché des pendans d'oreilles. Mais toutes ces tendresses sont effacées par celle de Vedius Pollion[30] qui régala quelquefois ses murènes d'hommes vivans. Un jour qu'Auguste[31] dînait chez ce Romain, il gracia un jeune esclave qui avait été condamné à être jeté vivant dans le réservoir, parce qu'il avait eu la maladresse de briser un vase précieux pendant le repas.

Les murènes ne furent pas seules recherchées à Rome: on y vendait ordinairement l'*accipenser* plus de mille drachmes; il n'était porté sur la table que précédé de trompettes. Mais cet *accipenser* n'était pas l'esturgeon ordinaire; c'était le sterlet[32], petite espèce à museau pointu habitant les fleuves qui se perdent dans la mer Noire.

Le mule, ou rouget de Provence, qu'à Paris on nomme *surmulet*[33], était aussi d'un prix excessivement élevé. Un de ces poissons, pesant quatre livres, fut vendu neuf cents francs; un autre, quinze cents francs; et sous le règne de Tibère[34], trois ensemble furent payés six mille francs.

La recherche était devenue à Rome si excessive à l'égard des poissons, que pour les avoir parfaitement frais on les fesait venir vivans jusque dans la salle à manger, au moyen de courans d'eau salée qui partaient du vivier et passaient sous la table. On prenait ainsi les poissons sous les yeux des convives et seulement au moment de les faire cuire. Cet usage dispendieux est attesté par un grand nombre d'auteurs dignes de foi, et particulièrement par Sénèque[35] qui en a fait le sujet de déclamations contre le luxe des Romains.

Les escargots engraissés furent aussi très-estimés à Rome. Ce fut le même Fulvius Hirpinus qui avait fait faire, le premier, des parcs pour les quadrupèdes, qui en inventa aussi pour les escargots. Comme ces animaux n'auraient pu être retenus par des murs, il eut l'idée de faire entourer d'eau les lieux où on voulait les élever. Ils se retiraient dans des vases de terre cuite qu'on plaçait sur le sol, et ou les engraissait avec de la farine mêlée à du vin bouilli. Pline rapporte qu'ils arrivaient ainsi à un développement prodigieux, et qu'on en eut qui pesèrent jusqu'à vingt-cinq livres. Il est probable que ce n'étaient point les escargots d'Italie qui atteignaient à ce poids, mais ceux qu'on fesait venir des pays éloignés, de l'Afrique, de l'Illyrie et autres contrées.

Les huîtres furent parquées pour la première fois par Sergius Aurata[36], dont le surnom est, comme celui de Licinius, tiré du nom d'un poisson, la dorade[37]. Les huîtres les plus estimées furent d'abord celles des réservoirs du lac Lucrin[38]; ensuite on leur préféra celles de Brindes; mais on en obtint encore de meilleures en faisant parquer ces dernières dans le lac Lucrin.

Il paraît qu'à l'époque dont nous rapportons les usages domestiques, les fruits n'étaient pas aussi recherchés qu'ils l'ont été depuis lors: la cerise, que Lucullus apporta de Cérasonte, ville de l'Asie mineure, en 69 avant Jésus-Christ, est le seul fruit nouveau qui ait été introduit à Rome dans ce temps.

Les Romains estimaient beaucoup les parfums rares, et ce goût, développé à l'excès, faisait affluer chez eux les aromates les plus précieux de l'Orient.

Leur luxe en vêtemens fut aussi excessif; ils employaient la pourpre en teinture, et tiraient des pays étrangers les tissus les plus rares, les perles et les pierres précieuses. L'opale, à une certaine époque, jouissait d'une estime qui allait jusqu'au délire. Un citoyen aima mieux se laisser proscrire que d'en céder une fort belle au dictateur Sylla.

Le luxe des ameublemens n'était pas moins raffiné que les autres genres de luxe. Pendant un temps, le bois de citrus fut de mode, et on le payait des prix exorbitans; mais ce citrus n'était point celui de Théophraste, le pommier de Médie, et notre citronnier d'aujourd'hui; c'était, à ce qu'il paraît, une espèce de thuya[39], originaire de la Cyrénaïque[40]. Les loupes, ou protubérances de ce conifère, surtout lorsqu'elles s'étaient formées près des racines, et avaient atteint un diamètre de plusieurs pieds, étaient singulièrement recherchées. Elles représentaient les yeux de la queue du paon, les taches du tigre ou de la panthère, et portaient ces différens noms. Cethegus[41] paya quatorze cent mille sesterces[42] une table ainsi nuancée, et qui n'avait pas une seule pièce de quatre pieds de longueur. Sénèque avait aussi de ces tables qui avaient coûté des sommes énormes, et sur lesquelles peut-être il écrivait ses déclamations contre le luxe.

Pompée, après ses victoires sur les pirates, ayant apporté l'ébène à Rome, on employa aussi ce bois à construire divers meubles.

Plusieurs espèces de marbre servirent à l'ornement des édifices. Quelques-unes venaient de carrières qu'on n'a pas encore retrouvées. Tels sont le vert et le rouge *antiques*, ainsi qualifiés parce qu'on ne les rencontre que dans les constructions des anciens. Leur recherche a eu de bien importans résultats, puisque c'est elle qui a fait découvrir Pompeï.

La magnificence déployée à Rome dans les fêtes publiques, étonne encore plus que le luxe des particuliers. C'était une sorte de point d'honneur de faire paraître et tuer dans les cirques plus d'animaux que ses prédécesseurs. C'est à peine si j'ose reproduire les récits que renferment, à cet égard, les auteurs anciens. Pourtant il est impossible de les soupçonner d'exagération; car leur témoignage est unanime; presque toujours, ils ont été témoins oculaires des faits qu'ils rapportent, et on ne saurait admettre qu'ils eussent commis l'inutile faute de mentir à leurs contemporains. Les recherches de MM. Beckmann[43] et Mongèz[44], auxquelles j'ajouterai les miennes, font connaître les espèces et la quantité d'animaux qui furent promenés ou tués dans le cirque ; ces recherches n'ont pas été dirigées par la curiosité seule ; elles avaient un but d'utilité réelle pour plusieurs des sciences dont nous parlons dans ce cours. Il importait en effet aux naturalistes de connaître l'époque de la première apparition de chaque animal, le pays dont il est originaire, et le nombre qui en a été pris ; car, sans cette connaissance, il aurait pu arriver, par exemple, qu'on eût considéré comme habitation ordinaire de certains animaux, dans des temps plus éloignés, les pays où se serait rencontrée une grande quantité de leurs ossemens.

Le premier qui, dans une fête publique, fit tuer à Rome des animaux étrangers, est Curtius Dentatus [45]. Vous vous souvenez que les premiers éléphans ne parurent en Grèce que pendant l'expédition d'Alexandre. Aristote les examina, et en traita dans son histoire beaucoup mieux que Buffon ne le fit, plus de deux mille ans après lui. Ces animaux, et quelques autres amenés plus tard, furent pris à Démétrius Poliorcète [46] par Pyrrhus, roi de Macédoine [47] ; mais ce dernier ayant lui-même été vaincu par les Romains, quatre de ses éléphans de guerre passèrent en leur pouvoir. Ils furent promenés à Rome dans la pompe triomphale de Curlius, deux cent soixante-treize ans avant Jésus-Christ, et ensuite tués devant le peuple.

On avait alors en vue de diminuer la crainte que ces animaux avaient inspirée, et de faire voir qu'ils pouvaient être tués malgré leur force extraordinaire. D'un autre côté, les Romains ne voulaient sans doute pas joindre d'éléphans à leurs autres moyens d'attaque, parce qu'il aurait fallu changer des usages stratégiques qui leur avaient procuré beaucoup de victoires, et ils ne voulaient pas non plus les donner à leurs alliés, de peur d'accroître leur puissance. Ils étaient donc obligés de les détruire.

Mais il paraît que le peuple romain prit goût à ce spectacle sanglant. Vingt-quatre ans après, Métellus [48] fit tuer à coups de flèches, dans le cirque de Rome, cent quarante-deux éléphans d'Afrique, qu'il avait pris dans une grande bataille gagnée sur les Carthaginois. Ce qu'il y a de singulier, c'est qu'on n'utilisa pas leur ivoire, bien qu'on sût à Rome l'usage qu'on en pouvait faire, et que cette production y fût très-estimée [49].

Soixante et quelques années après le triomphe de Métellus, en 186 avant Jésus-Christ, Marcus Fulvius [50] pour s'acquitter d'un vœux qu'il avait fait pendant la guerre d'Étolie [51], fit paraître dans le cirque des panthères et des lions. Ces animaux avaient peut-être été pris en Afrique ; mais ils pouvaient aussi avoir été tirés de la Macédoine ou de l'Asie mineure, où il en existait encore à cette époque.

Le peuple romain prenant goût de plus en plus aux massacres d'animaux, Scipion Nasica [52] et Publius Lentulus [53] firent voir dans le cirque quarante ours, cinquante-trois panthères et plusieurs éléphans. Quintus Scevola donna [54], pour la première fois, le spectacle de quarante lions combattant contre des hommes. Sylla fit voir cent lions à crinière, *c'est-à-dire* tous mâles adultes.

Un spectacle plus célèbre est celui que donna Emilius Scaurus [55] pendant son édilité [56], cinquante-huit ans avant Jésus-Christ. Il était non-seulement remarquable par la quantité des animaux qui y figuraient, mais encore par la nouveauté de plusieurs d'entre eux. C'est dans ces fêtes qu'il parut à Rome, pour la première fois, un hippopotame. On y vit aussi cinq crocodiles vivans, cent cinquante panthères, et, chose qui étonna beaucoup plus, les os de l'animal auquel on disait qu'Andromède avait été exposée, et dont elle avait été préservée par le courage de Persée[57]. On était allé les prendre sur les côtes de la Palestine, à Jappé, maintenant Jaffa. Un de ces os avait jusqu'à trente-six pieds de longueur : c'était vraisemblablement une mâchoire de baleine. D'autres os étaient des vertèbres d'un pied et demi d'étendue.

En 55 avant notre ère, Pompée fit voir dans le cirque, pour l'inauguration de son théâtre, un céphus d'Éthiopie (espèce de guenon), un lynx, un rhinocéros inconnu alors, vingt éléphans combattant contre des hommes, quatre cent six panthères et six cents lions, dont trois cent quinze étaient à crinière. Assurément tous les rois de l'Europe réunis ne pourraient pas parvenir à rassembler maintenant un nombre égal de ces animaux. Cicéron, qui avait assisté à ces jeux, en parle avec assez de dédain, et rapporte que le peuple finit par avoir pitié des éléphans.

Quarante-huit ans avant Jésus-Christ, Antoine montra des lions attelés à un char. On en avait apprivoisé antérieurement ; mais on ne s'en était pas encore servi pour cet usage. Celui qui passe pour avoir le premier complètement asservi un lion, est un Carthaginois nommé Hannon ; il avait un animal de cette espèce qui le suivait en ville comme un chien. Sa patience et son habileté furent mal récompensées, car elles motivèrent son exil. Les Carthaginois craignirent qu'un homme qui avait su dompter un animal féroce, ne fût doué de quelque puissance extraordinaire, dont il se servirait peut-être un jour pour les asservir eux-mêmes.

En 46, avant notre ère, César donna des fêtes par lesquelles il sembla vouloir surpasser celles de Pompée. On y vit, dans un amphithéâtre qu'il avait fait couvrir de voiles de pourpre, quatre cents lions à crinière, vingt éléphans, qui furent attaqués par cinq cents fantassins, vingt autres qui le furent par cinq cents cavaliers, et, pour la première fois, plusieurs taureaux sauvages combattant contre des hommes. Le soir de la fête, César s'en fut chez lui, précédé par des éléphans qui portaient des lumières.

Nous savons l'immense fortune que possédaient les hommes qui donnaient ces spectacles, l'empressement que les rois leurs alliés mettaient à leur complaire, le grand nombre d'hommes singulièrement habiles qu'ils employaient à prendre des animaux ou à les apprivoiser, et, malgré cela, nous ne pouvons ne pas nous étonner de l'immense quantité de bêtes sauvages qui furent sacrifiées dans les fêtes romaines Il est évident qu'à cette époque les lions, les panthères étaient beaucoup plus nombreux qu'ils ne le sont aujourd'hui, même dans les contrées où ils se trouvent le plus.

Sous les empereurs, la profusion des animaux tués dans les fêtes s'augmenta encore, et atteignit des proportions vraiment effrayantes.

Une inscription en l'honneur d'Auguste, trouvée à Ancyre[58], nous fait connaître qu'il avait fait périr devant le peuple trois mille cinq cents bêtes fauves.

Pour une fête, il avait fait conduire de l'eau dans le cirque de Flaminius[59], et il y avait fait voir trente-six crocodiles vivans, que d'autres bêtes féroces avaient ensuite déchirés. Dans cette même fête on tua deux cent soixante-huit lions, trois cent dix panthères, et l'on vit, pour la première fois, un tigre royal renfermé dans une cage. On eut encore le spectacle d'un serpent de cinquante coudées ; c'était un python venu d'Afrique.

Auguste, avant d'être empereur, avait fait tuer dans son triomphe sur Cléopâtre, un rhinocéros et un hippopotame.

L'art d'apprivoiser les animaux était alors aussi perfectionné que celui de les prendre. Dans le triomphe de Germanicus[60] sur les Germains, on vit des éléphans qui avaient été dressés à danser sur la corde.

Caligula fit tuer, dans une seule fête, quatre cents ours et quatre cents panthères.

À la dédicace du Panthéon, Claude[61] fit montrer vivans quatre tigres royaux. Ces animaux sont représentés avec leurs proportions naturelles sur un pavé en mosaïque qui a été conservé jusqu'à nos temps. Le même empereur ayant appris qu'un énorme animal avait échoué dans le port d'Ostie[62], le fit combattre par ses galères. Il est probable que cet animal était un orca, grande espèce de dauphin[63].

Comme Germanicus, Galba[64] fit voir un éléphant funambule; cet animal monta, par une corde tendue, et chargé d'un chevalier romain, jusqu'au sommet du théâtre. Les éléphans ainsi dressés avaient été exercés fort jeunes, car ils étaient nés dans Rome même: Élien le dit positivement en parlant de ceux de Germanicus, Buffon avait donc tort de prétendre que cet animal n'était pas susceptible de se reproduire en captivité. M. Corse[65] a d'ailleurs fort bien établi que le contraire était possible, en tenant les éléphans dans une température chaude et en leur procurant une nourriture succulente. Mais, ce fait était déjà connu en Italie du temps de Columelle.

Le goût des spectacles d'animaux se maintint à Rome pendant les quatre premiers siècles de l'Empire.

Titus[66], malgré le peu de goût qu'il avait pour les spectacles de ce genre, fit paraître à la dédicace des Thermes, conformément aux usages de ses prédécesseurs, neuf mille animaux dans le cirque. Il y montra des grues combattant les unes contre les autres.

Domitien[67] donna le spectacle d'une chasse aux flambeaux. On y vit une femme attaquer un lion, qu'elle terrassa; un éléphant qui, après avoir combattu contre un bœuf et l'avoir tué, vint ployer les genoux devant l'empereur. On y vit aussi un tigre royal qui tua un lion; des aurochs traînant des chars; enfin un rhinocéros bicorne, animal dont on nia long-temps l'existence, bien qu'il soit gravé sur les médailles de Domitien, et que Sparmann nous a fait connaître d'une manière indubitable, il y a environ soixante ans[68]. Domitien combattit lui-même ce rhinocéros.

Martial[69] a consacré un livre entier à la description des jeux de Domitien. Ses épigrammes présentent plusieurs renseignemens curieux pour les naturalistes.

Trajan[70], après sa rapide victoire sur les Parthes, donna des jeux qui durèrent vingt-trois jours, et dans lesquels on mit à mort, suivant Dion Cassius[71], onze mille animaux domestiques, ou qui avaient été tenus renfermés.

Adrien[72] fit périr aussi un grand nombre d'animaux. Mais ce que les historiens rapportent de ses fêtes, nous intéresse beaucoup moins que ce que nous présente une mosaïque construite par ses ordres. Ce monument célèbre, qui a été découvert à Palestrine, l'ancienne Préneste, représente les animaux de l'Égypte et ceux de l'Éthiopie, accompagnés de leur nom écrit sous chacun d'eux.

Dans la partie inférieure, où l'inondation du Nil est figurée, on distingue le crocodile, l'ibis, l'hippopotame très-exactement dessiné et dont, malgré ce secours, les naturalistes romains n'ont jamais donné d'autre description que celle fort imparfaite d'Hérodote. Cette même partie de mosaïque a aussi fait connaître le véritable ibis des Égyptiens, à l'égard duquel les naturalistes s'étaient trompés.

La partie supérieure représente, au milieu des montagnes de l'Éthiopie, la girafe sons le nom de *nabis*, nom que Pline a donné quelquefois à cet animal, qu'ordinairement il nomme *camelo-pardalis*[73]. Cette partie représente encore des singes, des reptiles, en totalité une trentaine d'animaux qui sont fort reconnaissables et dont la nomenclature ancienne nous est ainsi clairement acquise.

Antonin-le-Pieux[74] donna aussi des jeux, pour se conformer à l'usage établi. Il y parut des hippopotames, des crocodiles, des strepsicéros[75], des éléphans, des lions, et des *cracottes* (hyènes)[76], différentes de celles décrites par Agatharchides.

Marc-Aurèle[77] eut en horreur les combats du cirque.

Mais Commode[78], son fils, les aima avec une fureur sans exemple. Il tua lui-même un éléphant, un tigre, un hippopotame. Il s'amusait surtout dans le cirque à couper avec des flèches; dont le fer avait la forme d'un croissant, la tête d'autruches qui couraient vers un appât préparé à dessein. Hérodien[79] qui rapporte ce fait, dit que les autruches continuaient de courir pendant quelques temps après avoir été décapitées. J'ai répété cette expérience sur des oies, et elle a en effet donné un résultat analogue à celui qui est consigné dans Hérodien[80].

Septime-Sévère[81], lors du mariage de Caracalla, fit sortir tout d'un coup d'une machine, quatre cents animaux, parmi lesquels on remarquait des bisons et des ânes sauvages.

Au mariage d'Héliogabale[82], on eut le spectacle d'animaux de toutes espèces traînant des chars.

Les rassemblemens des Gordiens surpassèrent tous ceux dont nous venons de parler.

Le premier empereur de ce nom[83] montra jusqu'à mille panthères en un seul jour, cent dromadaires, mille ours.

Gordien III[84] montra des hippopotames, soixante lions, dix tigres, trente éléphans, dix girafes, dix élans, trente léopards.

Aurélien[85] combattit et tua des éléphans.

Probus[86] fit planter des arbres dans le cirque, et on lâcha dans cette forêt artificielle plus de mille autruches qui se mirent à courir en tous sens, et une quantité considérable d'animaux de différentes espèces.

Ces jeux et ces exhibitions se continuèrent jusqu'à la destruction de l'empire d'occident; et, malgré les défenses de Constantin[87], on en vit sous les empereurs chrétiens. Théodore[88] et Claudien[89] donnèrent des spectacles d'animaux dans le cirque. Justinien[90] même, dans le VIe siècle, fit encore paraître dans l'amphithéâtre trente panthères et vingt lions.

Il est impossible de ne pas s'étonner que le pays où tant d'animaux furent rassemblés et détruits pendant plus de quatre siècles consécutifs, n'ait produit aucun homme qui ait observé ces animaux, et en ait laissé des descriptions exactes. Les écrivains qui se sont occupés de la zoologie, du premier au IVe siècle de notre ère, ont tous copié servilement, sans en excepter Pline, ce que les auteurs grecs avaient écrit avant la conquête romaine.

Dans la prochaine séance, nous examinerons les causes qui empêchèrent les sciences de faire des progrès dans l'empire romain.

NOTES

1. [Apollonius Molon, rhétoricien Grec, *c.* 70 av. J.-C. Natif d'Alabanda et élève de Ménéclès.]
2. [Voir Commentaires sur la Guerre des Gaules et sur les Guerres civiles écrit par César, tome 6, chapitres 25 à 28.]
3. [Numa Pompilius (*c.* 700 av. J.-C.), second des sept rois qui, selon la tradition romaine, régna sur Rome avant la fondation de la République (*c.* 509 av. J.-C.). Il semblerait que Numa ait régné de 715 à 673. On lui attribue la formulation du calendrier religieux ainsi que la fondation des premières institutions religieuses de Rome, y compris l'ordre des Vestales, les cultes de Mars, Jupiter, et Romulus déifié (Quirimus), ainsi que la prérogative religieuse de *Pontifex Maximus.*]
4. [Grégoire XIII, de son vrai nom Ugo Boncompagni, ou Buoncompagni (7 juin 1502, Bologne, Romagna (Italie)-10 avril 1585, Papauté de Rome), pape de 1572 à 1585, il promulgua le calendrier Grégorien et fonda un système de séminaires pour les prêtres de l'église catholique romaine.]
5. [Lucrèce, ou Titus Lucretius Carus (Ier siècle av. J.-C.), poète latin et philosophe connu pour son long et unique poème *De rerum natura* (« Sur la Nature des Choses »). Ce poème est l'exposition la plus complète de la doctrine du philosophe Grec Épicure (341 av. J.-C., Samos, Grèce-270 av. J.-C., Athènes – philosophe grec, auteur de la doctrine éthique du bonheur basée sur les plaisirs simples et l'amitié) ; il y parle également de ses doctrines de l'éthique et de la logique (voir Nichols (James H.), *Epicurean political philosophy : the De rerum natura of Lucretius*, Ithaca ; London : Cornell university press, 1976, 216 p. ; Godwin (John), *Lucretius*, London : Bristol Classical Press ; Duckworth Press, 2004, 141 p. ; Lucrèce, *De la nature* [texte établi, traduit et annoté par Ernout Alfred ; introduction et notes par Fontenay Elisabeth de], Paris : Les Belles Lettres, 2009, XXXV + 572 p.)]
6. Quelques auteurs rapportent que ce philtre [potion, drogue ou philtre aux pouvoirs magiques] lui [Lucrèce] fut donné par une maîtresse jalouse. C'est une fable ridicule ; mais il est vrai qu'il se tua, à quarante-trois ans, dans un accès de folie [M. de St.-Agy].
7. Le monde tel qu'il est, bien entendu, car ses élémens sont indestructibles [M. de St.-Agy].
8. [Paul Émile le Macédonien, ou Lucius Aemilius Paullus, s'écrit également Paulus (229-160 av. J.-C.), général romain dont la victoire à Pydna contre les Macédoniens mit fin à la troisième guerre macédonienne (171-168 av. J.-C.)]
9. [Deuxième guerre punique (218-201 av. J.-C.) également appelée Deuxième Guerre de Carthage, la seconde d'une série de guerres entre la République Romaine et l'Empire Carthaginois (Empire Punique) qui s'achevèrent par l'hégémonie Romaine sur la Méditerranée Occidentale.]
10. [Ce fut Fulvius Hirpinus qui, selon les dires de Pline l'Ancien, inventa les premières conserves d'escargots à Tarquin, ville toscane proche de Rome, aux environs de 50 av. J.-C. Les escargots y étaient gardés en enclos et nourris au grain et au vin chaud jusqu'à ce qu'ils atteignent maturité. Grace à un élevage sélectif de qualité et à une bonne alimentation, d'excellents résultats étaient obtenus. Lors de l'expansion de l'Empire Romain, l'élevage d'escargots fut introduit dans les pays conquis.]
11. [*Leporaria*, en référence aux différentes espèces de petits animaux rongeurs de la famille des Léporidés (lapins et lièvres), de l'ordre des Lagomorphes.]
12. [Quintus Hortensius Hortalus (114-50 av. J.-C.), orateur et politicien Romain, opposant de Cicéron dans le jugement de Verrès. Hortensius, qui délivra son premier discours à l'age de 19 ans, devint un avocat réputé. Il fut le maître des plaidoiries à Rome jusqu'à son désaccord avec Cicéron alors que sa défense de Verrès, gouverneur corrompu (70) lui coûta sa suprématie. Il devint consul en 69 et collabora alors en toute harmonie avec Cicéron sur un certain nombre d'affaires. Ses talents s'avérèrent utiles pour l'aristocratie conservatrice sénatoriale.]
13. [Il s'agit ici du même tribun Servius Rullus (ou Publius Servilius Rullus) qui, en 65 après J.-C., proposa une nouvelle loi agraire, dont l'objectif était de reconstituer le domaine public sans avoir recours à la confiscation. À cet effet, il proposa de vendre les terres conquises en Asie, en Afrique

et en Grèce, et avec les gains ainsi obtenus, d'acheter de nouvelles terres en Italie et les distribuer parmi les citoyens. Cicéron attaqua ce plan dans ses discours, lesquels sont de purs chefs d'œuvres d'éloquence parvenus jusqu'à nous.]

14. [Marcus Laenius Strabon, riche et opulent Romain. Connu pour être le premier à avoir introduit les volières à grande échelle. Il en construisit une magnifique dans sa villa près de Brindisi (ville de l'Adriatique, dans le royaume de Naples). Lucullus suivit son exemple et en construisit une a Tusculanam, qui surpassa de beaucoup celle de Strabon, tant en taille qu'en beauté. Varon, cependant, les surpassa tous deux avec la construction de ses bâtiments ornithologiques, notamment avec la construction d'une grande volière dans sa maison de campagne près de Casinum, qu'il décrit dans son ouvrage De re rustica, tome 3, chapitre 5 (voir Leçon 10, notes 50, 52; voir également Varron (Marcus Terentius), *Économie rurale* [texte établi, traduit et commenté par Heurgon Jacques & Guiraud Charles], Paris: Les Belles Lettres, 1978-1997, 3 vol.; Buren (Albert William van) & Kennedy (R. M.), «Varro's Aviary at Casinum», *The Journal of Roman Studies*, vol. 9, 1919, pp. 59-66; Lutwack (Leonard), *Birds in Literature*, Gainesville (Florida): University Press of Florida, 1994, xiv + 286 p.)]

15. [Marcus Aufidius Lurco (ou Lucro] était un sénateur romain qui vivait au premier siècle av. J.-C.]

16. [Hirtius Pansa, fait référence apparemment non pas à un, mais à deux individus: Aulus Hirtius (*c.* 90-*c.* 43 av. J.-C.) et Gaius Vibius Pansa Caetronianus (mort en 43 av. J.-C.), tous deux proposés en même temps par César pour le poste consulaire de 43. Bien qu'à l'origine il fut partisan de Marc Antoine, Hirtius, sous la pression de son ami Cicéron, transféra son allégeance au parti sénatorial et lança une attaque armée contre Antoine, lequel était en plein siège à Mutina. Avec l'aide d'Octavien, Hirtius força Antoine à se retirer, mais dans la bataille, Hirtius fut tué. Hirtius et Gaius Vibius Pansa Caetronianus, tué quelques jours auparavant, eurent droit aux honneurs de funérailles publiques communes.]

17. [Sempronius Lucus est mentionné dans le deuxième tome des Satires d'Horace (in *œuvres* [texte établi et trad. par. Villeneuve F.], Paris: Les Belles Lettres, 1959-1970, 3 vol.; voir également Texier (abbé), *Dictionnaire d'orfèvrerie, de gravure et de ciselure chrétiennes: ou de la mise en œuvre artistique des métaux, des émaux et des pierreries*, Paris: J. P. Migne, 1857, p. 882; Jennison (George), *Animals for Show and Pleasure in Ancient Rome*, Philadelphia: University of Pennsylvania Press, 2005, xiv + 209 p.)]

18. [Phrygie, ancienne région d'Anatolie Centrale et Occidentale, ainsi nommée d'après un peuple que les Grecs appelaient Phrygiens et qui dominèrent l'Asie Mineure entre la chute Hittite (XIIe siècle av. J.-C.) et l'accession au pouvoir des Lydiens (VIIe siècle av. J.-C.) Les Phrygiens, peut-être d'origine Thracienne, s'établirent dans le nord-ouest de l'Anatolie à la fin du deuxième millénaire. À la chute du royaume Hittite, ils partirent s'établir dans les hautes terres centrales, et fondèrent leur capital à Gordium ainsi qu'un centre religieux important à «Midas» (nom moderne Yazilikaya, Turquie).]

19. [Melos, île grecque connue aujourd'hui sous le nom de Milos, située au sud-ouest des Iles des Cyclades Grecques dans la mer Égée.]

20. [Pour Gallonius, voir le deuxième tome des Satires d'Horace (in *Œuvres* [texte établi et trad. par Villeneuve F.], Paris: Les Belles Lettres, 1959-1970, 3 vol.)]

21. [Consul en 151 av. J.-C., Pline attribua à Lucius Licinius Murena, consul en 151 av. J.-C., l'invention des viviers, et son nom dériverait de la murenae ou anguille qu'il y élevait (voir Pline l'ancien, *Histoire naturelle*, Paris: Les Belles Lettres, 1947-1985, 28 + 7 vol.; *Natural History* [ed. by Rackman H. with an English Translation in Ten Volumes], Cambridge (Mass.): Harvard University Press; London: W. Heinemann, 1940, vol. 3, p. 279; voir également note 22 ci-dessous).]

22. [Genre *Muraeninae*, couvrant les quatre-vingt espèces ou plus d'anguilles de la famille des Muraenidae. Les murènes se rencontrent dans les eaux tropicales et sous-tropicales, où elles vivent dans des eaux peu profondes parmi les récifs et les fonds rocheux, et se cachent dans les anfractuosités. Elles se diffèrent des autres anguilles de par leurs petites branchies de forme ronde, et de par l'absence de nageoires pectorales. Leur peau, dépourvue d'écailles, est lisse et épaisse, et leur large bouche est garnie de dents puissantes et pointues, ce qui leur permet de saisir et de tenir leur proie (principalement d'autres poissons) mais également d'infliger de sérieuses blessures à leurs ennemis, y compris aux humains. En général, elles n'attaquent les humains que lorsqu'on les dérange. Elles peuvent alors devenir très agressives. Une des espèces de murène, la Muraena Helena, que l'on trouve en Méditerranée, était un mets raffiné chez les anciens Romains, lesquels en faisaient l'élevage dans des bassins en bord de mer (Jennison (George), *Animals for Show and Pleasure in Ancient Rome*, Philadelphia: University of Pennsylvania Press, 2005, xiv + 209 p.)]

23. [Lucius Licinius Lucullus (*c.* 117 av. J.-C.-58/56), général Romain qui combattit Mithridate VI Eupator du Pont de 74 à 66 av. J.-C. Après qu'il eut pris sa retraite en 63, il jouit d'une vie de grand faste. L'adjectif *lucullan*, qui signifie en anglais «faste» est dérivé de son nom.]

24. [*Xerxes togatus*, Xerxès en toge, barbare sous couvert d'homme civilisé (Pour Xerxès, voir Leçon 4, note 2.]

25. [Caton d'Utique (Marcus Porcius Cato Uticencis) ou Caton le Jeune (95-46 av. J.-C.), Utique (Tunisie actuelle), arrière petit-fils de Caton l'Ancien et chef des Optimates (aristocratie conservatrice sénatoriale) qui essaya de protéger la République Romaine contre les hommes en quête de pouvoir, en particulier Jules César.]

26. [Marius Irrius ou Gaius Hirrius, la première personne à avoir construit des bassins dans le seul but d'élever des anguilles

(voir notes 21 et 22 ci-dessus); il fournit à César six mille anguilles pour ses banquets triomphaux. Plus tard, il vendit son patrimoine pour la somme de quatre millions de sesterces. Après la mort de Lucullus (voir note 23 ci-dessus), la même somme fût payée en paiement du poisson provenant de son bassin. On raconte que l'orateur Quintus Hortensius, qui prenait grand soin de ses poissons, sanglota lorsque son anguille favorite mourut. Une autre anguille, qui était l'animal familier d'Antonia, nièce d'Auguste (voir note 29 ci-dessous) portait des boucles d'oreilles, ce qui suscitait la visite de certains, curieux d'assister à ce spectacle (Élien, *La Personnalité des animaux* [traduit et commenté par Zucker Arnaud; postface de Bailly Jean-Christophe], Paris: Les Belles Lettres, 2001-2002, 2 vol.)]

27. [Lucius Licinius Crassus (né en 140 av. J.-C., mort en 91), avocat et politicien, considéré comme l'un des deux grands orateurs Romains avant Cicéron, l'autre étant Marc Antoine (143-87). Les deux hommes sont décrits de façon très réaliste dans l'ouvrage de Cicéron *De oratore* (55 av. J.-C.) (voir Ciceron (Marcus Tullius), *Discours. Tome I: Pour P. Quinctius, Pour Sex. Roscius d'Amérie, Pour Q. Roscius le comédien* [texte établi et traduit par Mirmont H. de la Ville de; avec notices juridiques de Cuq Édouard; 2e éd. rev. et corr. par Humbert Jules], Paris: Les Belles Lettres, 2002, XIII + 188 p.; *Discours. Tome XIV: Pour Sestius. Contre Vatinius* [texte établi et traduit par Cousin Jean;3e tirage corr. et augmenté], Paris: Les Belles Lettres, 2002, 299 p.; *Discours. Tome XV: Pour Caelius. Sur les provinces consulaires. Pour Balbus* [texte établi et traduit par Cousin Jean], Paris: Les Belles Lettres, 2002, 282 p.)]

28. [Domitius ou Gnaeus Domitius Calvinus, général romain, sénateur et consul (respectivement en 53 av. J.-C. et 40 av. J.-C.), partisan loyal de César et d'Octavien.]

29. [Antonia, une des femmes les plus importantes de Rome, célébrée pour sa vertu et sa beauté, était la sœur cadette de Marc Antoine (82/81-30 av. J.-C.) et d'Octave (*c.* 69-11 av. J.-C.), et la nièce préférée du frère cadet de sa mère, Auguste, premier empereur de Rome. Elle épousa Néron Claudius Drusus Germanicus (38-9 av. J.-C.), le frère cadet de Tibère (qui devint plus tard empereur), commandeur des forces romaines qui occupèrent les territoires germains entre le Rhin et l'Elbe entre 12 et 9 av. J.-C.]

30. [Publius Vedius Pollio (mort en 15 av. J.-C.) était un cavalier romain du Ier siècle av. J.-C. et ami de l'empereur Romain Auguste, lequel le nomma à une position d'autorité dans la province d'Asie (Syme (Ronald), «Who was Vedius Pollio?», *Journal of Roman Studies*, 1961, vol. 51, pp. 23-30). Dans les dernières années de sa vie, il fut connu pour ses goûts luxueux et sa cruauté envers ses esclaves. Lorsqu'il en était mécontent, il les jetait comme nourriture aux anguilles qu'il élevait dans ce seul but. Cette coutume était inacceptable, même pour les Romains. Lorsque Vedius essaya d'employer sa méthode d'exécution contre un esclave qui avait cassé un verre, Auguste, qui était son invité à ce moment là, non seulement l'en empêcha mais demanda également que tous ses verres de valeurs soient brisés. Cet incident, ainsi que la démolition de la villa dont Auguste avait hérité après la mort de Vedius en 15 av. J.-C., furent souvent relatés pendant l'antiquité lors de discussions sur l'éthique et le rôle public d'Auguste. (voir Sénèque, *œuvres complètes* [avec la traduction en français; publiées sous la direction de Nisard Désiré], Paris: Firmin Didot, 1885, IX + 874 p.)]

31. [Auguste est Gaius Octavius (23 septembre 63 av. J.-C.-19 août 14 apr. J.-C.), connu plus tard sous le nom de Gaius Julius Caesar Octavianus ainsi que sous le nom de Auguste ou César Auguste, premier empereur Romain après la chute de la République, laquelle fut finalement détruite par la dictature de Jules César, son grand-oncle et père adoptif.]

32. [Sterlet (*Acipenser ruthenus*), poisson comestible de valeur, qui habite la mer Noire et la mer Caspienne, fait partie d'un groupe d'environ une vingtaine d'espèces de poisson de la famille Acipenseridae (sous-classe Chondrostei), natif des eaux tempérées de l'hémisphère nord. La plupart de ces espèces vivent en mer et remontent les cours d'eau au printemps ou en été pour frayer (il semble que le frai ne se produise pas chaque année, mais seulement certaines années); d'autres vivent en eaux froides. Les œufs de plusieurs de ces espèces produisent du caviar.]

33. [Surmullet ou poisson benthique couvre environ 50 espèces de poissons marins de la famille des Mullidés (de l'ordre des Perciformes). Les plus grands de ces poissons mesurent environ 60 cm de long, mais la plupart sont beaucoup plus petits. Beaucoup de ces espèces sont comestibles et très appréciées. Une de ces espèces la plus connue est le rouget-barbet, ou mulet rouge (*Mullus barbatus*), de Méditerranée, qui était un des plats de la mer les plus appréciés des anciens Romains.]

34. [Tibère, ou Tibère César Auguste, ou encore Tibère Jules César Auguste, de nom de naissance Tibère Claude Néron (16 novembre 42 av. J.-C.-16 mars 37 apr. J.-C., Capri, près de Naples), second empereur romain (14-37 av. J.-C.), fils adoptif d'Auguste. Il s'employa à protéger les institutions et les frontières de l'empire. Pendant les dernières années de sa vie, il devint un tyran reclus, infligeant un règne de terreur sur les personnages principaux de Rome.]

35. [Lucius Annaeus Seneca, voir Leçon 12, note 47.]

36. [L'huître, largement disponible à travers le monde, fut considérée comme aliment comestible il y a bien longtemps. Elle était très appréciée des Romains qui la pêchaient dans leurs eaux territoriales, à l'embouchure du Hellespont et sur les côtes de Bretagne, où les huitres y étaient abondantes et de qualité supérieure. En hiver, elles étaient exportées, conservées dans la neige. Selon Pline, la reproduction des huîtres dans des bacs artificiels fut introduite pour la première fois par le riche patricien Sergius Aurata, lequel fit fortune grâce

à ses bacs à huîtres de Baise, dans la baie de Naples. Il fut également le premier à prouver la supériorité du coquillage provenant du lac de Lucrine par rapport à l'huître de Bretagne, laquelle était considérée par ses concitoyens comme la plus raffinée (voir Radcliffe (William), *Fishing From the Earliest Times*, London: John Murray, 1921, xvii + 478 p.)]

37. [Dorado (mot espagnol pour « doré ») est parfois utilisé pour désigner plusieurs espèces du genre *Salminus*, poissons d'eau douce robustes de la famille des Characidae, que l'on trouve dans les rivières d'Amérique du Sud. C'est également l'autre nom utilisé pour designer les poissons dauphins océaniques de la famille des Coryphaenidae, mais dans le cas présent, Cuvier fait référence à la daurade, qui fait partie de la famille des Sparidae (de l'ordre des Perciformes).]
38. [Lucrine, dans la géographie ancienne, est un petit lac d'eau salée situé dans la province de Campagne en Italie, à 13 kilomètres au nord-ouest de Naples; Lacus Lucrinus au temps de la Rome ancienne, aujourd'hui appelé lac Lucrine. Il était renommé pour ses huîtres.]
39. [L'arbre de Thuya (prononcé touilla), arbre aromatique à branchage épais de la famille des conifères proche du cèdre, qui pousse uniquement dans la province montagneuse de l'Atlas au Maroc.]
40. [Cyrénaïque, région historique d'Afrique du Nord, et depuis 1963, province de la Libye.]
41. [Cethegus, fait référence à Gaius Cornelius Cethegus, politicien de la République Romaine qui devint proconsul d'Espagne en 200 av. J.-C. et fut élu édile pendant son absence. Il exerça sa fonction avec succès. Pendant son consulat en 197 av. J.-C., il vaincu les Insubres et les Cénomans en Gaulle Cisalpine et reçut un triomphe pour ce succès. Il fut élu censeur en 194 av. J.-C. Avec Scipion l'Africain et Marcus Minucius Rufus, il participa aux efforts de négociation en vue de mettre fin à la guerre entre Massina et Carthage.]
42. À peu près trois cent mille francs. [M. de St.-Agy.]
43. [Voir Beckmann (Johann), *A History of Inventions, Discoveries, and Origins* [traduit de l'Allemand en Anglais par Johnston William; 4e éd. revue et enrichie par Francis William et Griffith F. W.], Londres: H. G. Bohn, 1846, 2 vol.]
44. [Mongez (Antoine), « Les animaux promenés ou tués dans le cirque », *Mémoires de l'Académie des Inscritions et Belles-lettres*, tome X, 1833, pp. 360-460; voir également Lecky (William Edward Hartpole), *History of European Morals from Augustus to Charlemagne* [3e éd. révisée], New York: D. Appleton, 1921, 2 vol.]
45. [Manius Curius Dentatus (mort en 270 av. J.-C.), général romain, vainqueur sur les Samnites et sur Pyrrhus, roi d'Épire (voir note 47 ci-dessous). Dentatus naquit dans une famille plébéienne probablement d'origine Sabine. Devenu consul en 290 av. J.-C., il remporta une victoire décisive sur les Samnites, mettant ainsi fin à une guerre de cinquante ans. La même année, il vaincu également les Sabins insurgés et reçut leur soumission. Il leur octroya alors « la citoyenneté sans le droit de vote » (*civitas sine suffragio*). En 284, il vaincu l'invasion des Sénones. Après que Pyrrhus soit revenu en Italie de Sicile (275), Dentatus, de nouveau consul, le battit enfin à Beneventum (appelé aujourd'hui Benevento). Dentatus fut consul pour la quatrième et dernière fois en 274, l'année où il conquit les Lucans. Lors de son mandat de censeur en 272, il commença à construire un aqueduc pour transporter les eaux de la rivière Anio vers la ville, mais il mourut avant la fin de son projet. Plus tard, les écrivains idéalisèrent Dentatus, le présentant comme modèle de simplicité et de frugalité de l'ancienne Rome.]
46. [Démétrius Ier Poliorcète (né en 336 av. J.-C. en Macédoine, mort en 283 av. J.-C., en Cilicie, aujourd'hui située en Turquie), roi de Macédoine de 294 à 288 av. J.-C. Démétrius était le fils du général d'Alexandre le Grand, Antigone I Monophtalme. Il commanda avec distinction les campagnes d'Alexandre le Grand et essaya de reconstruire son empire en Asie. Après son échec contre Ptolémée I Soter, il libéra Athènes contre Cassandre de Macédoine en 307 av. J.-C. et en 306, il infligea une défaite décisive à Ptolémée Salamis (Chypre). Son surnom de Poliorcète (« assiégeur de villes ») lui vint de son siège de Rhodes (305). Rappelé par son père en Grèce il combattit à la Bataille d'Ipsos lors de laquelle il perdit son père et une grande partie de son empire (301). Démétrius s'imposa en Grèce et en 294, il occupa de nouveau Athènes et se déclara roi de Macédoine, mais en 288, il fut évincé par ses rivaux Lysimaque et Pyrrhus. Finalement il se rendit à Séleucos I Nicator en Cilicie (285) où il y mourut en 283.]
47. [Pyrrhus (né en 319 av. J.-C. ; mort en 272, Argos, Argolis), roi d'Épire de la période hellénistique, dont les succès militaires lourds de conséquence contre la Macédoine et Rome donnèrent naissance à l'expression « une victoire à la Pyrrhus ». Ses Mémoires et ses livres sur l'art de la guerre, maintenant tous perdus, furent cités avec beaucoup d'éloge par de nombreux auteurs anciens, y compris par Cicéron.]
48. [Lucius Caecilius Metellus (mort en 221 av. J.-C.), général romain de la première guerre punique (264-241 av. J.-C.). Pendant son mandat de consul, en 251, Metellus vainquit le général Hasdrubal de l'armée de Carthagène à Panormus (aujourd'hui Palerme (Sicile) en déclenchant un mouvement de panique parmi les éléphants de l'ennemi. À la suite de cet événement, l'image d'un éléphant apparut fréquemment sur les pièces émises par la famille Metelli. Metellus eut la charge d'un deuxième mandat de consul en 247. On raconte qu'il devint aveugle en 241 alors qu'il essayait de sauver du feu la statue de Minerve dans le temple de Vesta.]
49. La raison de ce fait, c'est qu'à Rome on ne savait sans doute pas encore travailler l'ivoire. On le recevait de l'étranger tout sculpté [M. de St.-Agy].
50. [Marcus Fulvius Nobilior, général romain qui, alors qu'il était prêteur (193 av. J.-C.) servit avec distinction en Espagne.

Consul, en 159, il vainquit la ligue Étolienne. À son retour à Rome, Nobilior reçut un triomphe remarquable pour la magnificence du butin qu'il rapporta. Lors de sa campagne contre les Étoliens, il était accompagné du poète Ennius, qui utilisa la capture d'Ambracie, à laquelle il participa, comme le sujet d'une de ces pièces de théâtre. Caton le Censeur y fut fortement opposé, estimant que Nobilior y compromit sa dignité de général romain. Nobilior restaura le temple d'Hercule et les Muses du Cirque de Flaminius, et essaya de promouvoir la connaissance du calendrier romain. Passionné par l'art et la culture Grec, il fit découvrir nombre de ses chefs d'œuvre à Rome, parmi lesquels Les Muses de Zeuxis en provenance d'Ambracie.]

51. [La guerre contre les Étoliens (191 – 189 av. J.-C.) fut une guerre entre les Romains et leurs alliés Achéens et Macédoniens d'un coté, et la ligue Étolienne et leurs alliés du Royaume d'Athamanie de l'autre. Les Étoliens avaient invité Antioche le Grand à se rendre en Grèce, alors qu'après sa défaite contre les Romains, il était reparti pour l'Asie. Ce départ laissa les Étoliens et les Athamaniens sans alliés. Avec Antioche hors d'Europe, les Romains et leurs alliés attaquèrent les Étoliens. Après une année de combat, les Étoliens furent vaincus et forcés de payer 1 000 talents d'argent aux Romains.]

52. [Publius Cornelius Scipio Nasica (227-*fl.* 171 av. J.-C.) (Nasica signifie « nez pointu ») était un consul de l'ancienne Rome en 191 av. J.-C. Il était le fils de Gnaeus Cornelius Scipio Calvus. Parfois appelé Scipio Nasica le Premier, pour le différencier de son fils et de son petit-fils, il était le cousin de Scipion l'Africain.]

53. [Publius Cornelius Lentulus, de surnom Sura (en latin : « mollet ») (mort le 5 décembre 63 av. J.-C. à Rome), personnage capital dans la conspiration de Catilina (63 av. J.-C.) vouée à prendre le contrôle du gouvernement romain.]

54. [Il n'est pas clair si Cuvier fait ici référence à Quintus Mucius Scaevola, aussi appelé Augur (mort en 88 av. J.-C.), juriste romain éminent, ou au cousin de ce dernier, Quintus Mucius Scaevola, également appelé Pontifex (mort en 82 av. J.-C.), qui fonda l'étude scientifique de la loi romaine.]

55. [Marcus Aemilius Scaurus (mort après 52 ap. J.-C.), questeur et proquesteur du consul Gnaeus Pompeius pendant la troisième guerre (74-63) entre Rome et le roi Mithridate du Pont (en Anatolie du nord-est) ; à ne pas confondre avec son père du même nom (*c.* 162 - *c.* 89 av. J.-C.) chef des Optimates (aristocrates conservateurs sénatoriaux) et l'un des hommes les plus influents du gouvernement romain en 100 av. J.-C.]

56. [Édile, Latin aedilis (du latin *aedes*, « temple »), magistrat de l'ancienne Rome qui, à l'origine, avait la charge du temple et du culte de Cérès.]

57. [Andromède, dans la mythologie grecque, était la fille ravissante du roi Céphée et de la reine Cassiopée de Joppa en Palestine (appelé Éthiopie), et épouse de Persée. Cassiopée offensa les Néréides en vantant la beauté supérieure d'Andromède ; Poseïdon se vengea alors en envoyant un monstre des mers pour détruire le royaume de Céphée. Mais seul le sacrifice d'Andromède pouvant satisfaire les dieux, elle fut enchaînée à un rocher pour y être dévorée par le monstre. Persée chevauchant Pégase, son cheval ailé, tomba amoureux d'Andromède et demanda sa main à Céphée. Céphée accepta, et Persée tua le monstre. Cependant, lors de la cérémonie du mariage, Phinée, oncle d'Andromède à qui elle avait été promise, essaya de la réclamer. Persée le transforma en statue de pierre avec la tête de la Méduse. Andromède donna à Persée six fils et une fille.]

58. [Ancyra, aujourd'hui Ankara, Turquie.]

59. [Gaius Flaminius (mort en 217 av. J.-C.), chef politique romain qui ne cessa de défier l'autorité du Sénat. Plébéien, il fut tribun de la plèbe en 232. Malgré l'opposition du Sénat et (selon la légende) de son propre père, il réussit à faire passer une loi permettant la distribution de terres parmi les Plébéiens. Consul en 223, il vainquit les Insubres après avoir désobéi un ordre sénatorial ; malgré l'opposition du Sénat, le vote populaire lui fit un triomphe. Flaminius fut le premier gouverneur de la province romaine de Sicile. Pendant son mandat de censeur (220), il construisit le Cirque Flaminius sur le Champ de Mars à Rome et construisit la Voie Flaminia jusqu'à Ariminum. En 218, il fut l'un des fidèles partisans de la Loi Claudia, qui interdisait aux sénateurs de conduire des activités commerciales. Son élection à un deuxième mandat de consul en 217 fut le reflet de la critique populaire envers la façon dont le Sénat menait la guerre contre les Carthaginois envahisseurs sous le règne d'Hannibal.]

60. [Germanicus César (15-19 av. J.-C. à Antioche en Syrie, aujourd'hui Antakya, Turquie), neveu et fils adoptif de l'empereur romain Tibère (14-37 apr. J.-C.). Ce fut un général brillant et immensément populaire qui, s'il n'avait été emporté si prématurément, serait devenu empereur.]

61. [Claude, ou Tibère Claude César Auguste, vainqueur des Germains, initialement (jusqu'en 41 apr. J.-C.) Tibère Claude Néron Germanicus (né le 1er août 10 av. J.-C., à Lugdunum, Gaule ; mort le 13 octobre 54 ap. J.-C.), empereur romain (41-54 ap. J.-C.), qui étendit l'empire romain jusqu'en Afrique du Nord et fit de la Grande-Bretagne une province romaine.]

62. [Ostie, aujourd'hui Ostia Antica, Italie, ancienne ville romaine située à l'embouchure du Tibère ; elle se situe maintenant à six kilomètres en amont ; aujourd'hui, la cité touristique de bord de mer se trouve à environ cinq kilomètres au sud-ouest de l'ancienne ville. Ostie était le centre portuaire de Rome et un centre d'activité économique sous l'empire (après 27 av. J.-C.)]

63. [L'orque ou baleine tueuse, aussi appelée Grampus (*Orcinus orca*), baleine largement répandue de la famille des Delphinidés, que l'on trouve dans toutes les mers de l'Arctique à l'Antarctique. Le plus grand des dauphins océaniques, le

mâle peut atteindre une longueur maximum de 9,5 mètres et un poids d'environ cinq tonnes.]

64. [Galba, ou Servius Galba Caesar Augustus en latin, nom de naissance Servius Sulpicius Galba (24 décembre 3 av. J.-C. – 15 janvier ap. J.-C., Rome), empereur romain pendant sept mois (68-69 ap. J.-C.). Son administration était impartiale, bien que ses conseillers fussent corrompus.]

65. [Voir Corse (John), « Observations on the Manners, Habits, and Natural History, of the Elephant. By John Corse, Esq. Communicated by the Right Hon. Sir Joseph Banks, Bart. K. B. P. R. S. », *Philosophical Transactions of the Royal Society of London*, vol. 89, 1799, pp. 31-55.]

66. [Titus, ou Titus Vespasianus Augustus (latin), nom d'origine Titus Flavius Vespasianus (30 décembre 39 ap. J.-C. – 13 septembre 81 ap. J.-C.), empereur romain (79-81) et conquérant de Jérusalem en 70.]

67. [Domitien, ou Caesar Domitianus Augustus en latin, nom d'origine (jusqu'en 81 ap. J.-C.) Titus Flavius Domitianus (24 octobre 51 ap. J.-C. – 18 septembre 96 apr. J.-C., Rome), empereur romain (81-96 ap. J.-C.) connu particulièrement pour le règne de terreur sous lequel d'éminents membres du Sénat vécurent pendant les dernières années de sa vie.]

68. [Sparmann (André), *Voyage au Cap de Bon Espérance et autour du monde, avec le capitaine Cook, et principalement dans le pays des Hottentots et des Cafres* [tr. du Suédois par M. Letourneur, avec cartes, figure et planches en taille-douce], Paris : Buisson, 1787, 2 vol. in-4° ; voir aussi Timbs (John), *Eccentricities of the Animal Creation* [avec huit gravures], Londres : Seeley, Jackson & Halliday, 1869, 352 p.]

69. [Martial, ou Marcus Valerius Martialis en latin, (1er mars 38-41 ap. J.-C., Bilbilis, Hispania – *c.* 103), poète romain réputé pour ses épigrammes qu'il amena à la perfection, et pour ses portraits de la société romaine du début de l'empire, remarquables pour leur complétude et la véracité des descriptions des manières humaines (Martial, *Épigrammes* [éd. bilingue ; traduction nouvelle, trad. du latin et préfacé par Malaplate Jean], Paris : Gallimard, 1992, 243 p. (Poésie Gallimard ; 255)).]

70. [Trajan, ou Caesar Divi Nervae Filius Nerva Traianus Optimus Augustus en latin, aussi appelé (97-98 ap. J.-C.) Caesar Nerva Traianus Germanicus, nom de naissance Marcus Ulpius Traianus (né probablement le 15 septembre 53 ap. J.-C. à Italica en Bétique, Espagne actuelle ; mort le 8 ou 9 août 117 à Seliki en Cilicie, aujourd'hui en Turquie) empereur romain (98-117 ap. J.-C.), le premier à être né hors d'Italie. Il essaya d'étendre les frontières de l'empire à l'est (notamment en Dacie, Arabie, Arménie, et en Mésopotamie), il entreprit un vaste programme de construction, et augmenta l'aide sociale.]

71. [Cassius Dion, s'écrit aussi Dio Cassius, Cassius Dio Cocceianus en latin, (né *c.* 150, Nicée, Bithynie, aujourd'hui Iznik en Turquie ; mort en 235), gouverneur et historien romain, auteur de *Romaika, Histoire Romaine*, écrit en grec, considéré comme un ouvrage de référence sur les dernières années de la république et le début de l'empire (voir Cassius, *Histoire romaine de Dion Cassius* [traduite en français avec des notes critiques, historiques, etc., et le texte en regard, par Gros E. et Boisse V.], Paris : Firmin Didot, 1845-1870, 10 vol.)]

72. [Hadrien, ou Adrien, dont le nom complet en latin est Caesar Traianus Hadrianus Augustus. Son nom de naissance (jusqu'à l'année 117) était Publius Aelius Hadrianus (24 janvier 76 ap. J.-C., Rome - 10 juillet 138, Baïes, près de Naples). Empereur de Rome de 117 à 138), le neveu et successeur de l'empereur Trajan était un admirateur érudit de la civilisation grecque. Il unifia et consolida l'immense empire romain.]

73. [*Camelo-pardalis*, voir Leçon 9, note 62.]

74. [Antonin le Pieux, en latin Caesar Titus Aelius Hadrianus Antoninus Augustus Pius, nom d'origine Titus Aurelius Fulvius Boionius Arrius Antoninus (19 septembre 86, Lanuvium, Latium ; 7 mars 161, Lorium, Etrurie), empereur romain de 138 à 161 ap. J.-C. De tempérament doux et capable, il était le quatrième des « cinq bons empereurs » qui guidèrent l'empire dans une période de paix interne et de prospérité qui dura 84 ans (96-180). Sa famille était originaire de Gaule, et son père et son grand-père furent tous deux consuls.]

75. Espèce de ruminant. [M. de St.-Agy.] [Strepsiceros ou grand koudou, groupe d'antilopes appartenant au genre Tragelaphus, de la famille des Bovidés (de l'ordre des Artiodactyles). Le grand koudou (*Tragelaphus strepsiceros*) vit en petit groupe dans les terrains accidentés et les zones boisées d'Afrique de l'Est et du Sud.]

76. [*Crocotta* ou *Crocuta*, voir Leçon 9, note 63.]

77. [Marc Aurèle, ou Caesar Marcus Aurelius Antoninus Augustus ; nom d'origine (jusqu'en 161 ap. J.-C.) Marcus Annius Verus (26 Avril 121 ap. J.-C., Rome ; 17 Mars 180, Vindobona [Vienne], or Sirmium, Pannonia), empereur romain (161-180 ap. J.-C.), connu pour ses *Méditations* sur la philosophie stoïque (voir Marc Aurèle, *Pensées pour moi-même* [notes et commentaires de Pellegrin Pierre], Paris : Nathan, 2005, 190 p.) Pour de nombreuses générations occidentales, Marc Aurèle représenta le symbole de l'Âge d'Or de l'Empire Romain.]

78. [Commode, ou Caesar Marcus Aurelius Commodus Antoninus Augustus, nom d'origine (jusqu'en 180 ap. J.-C.) Lucius Aelius Aurelius Commodus (né le 31 août 161 à Lanuvium, Latium, aujourd'hui Lanuvio en Italie ; mort le 31 décembre 192), empereur romain de 177 à 192 (empereur plénipotentiaire après 180). Son règne brutal précipita les conflits sociaux et mit fin aux 84 ans de stabilité et de prospérité de l'empire.]

79. [Hérodien ou Herodianus de Syrie (*c.* 170-240 ap. J.-C.) était un fonctionnaire romain qui écrivit une *Histoire Romaine* pittoresque en huit tomes couvrant les années

180 à 238 (voir Hérodien, *Histoire des empereurs romains de Marc-Aurèle à Gordien III* [traduit et commenté par Roques Denis; postface de Canfora Luciano], Paris: Les Belles Lettres, 1990, 313 p.) Son œuvre n'est pas entièrement fiable, bien que son exposé relativement objectif d'Elagabale (voir note 82 ci-dessous) est plus utile que celle de Cassius Dion (voir note 71 ci-dessus). Il était d'origine grecque, bien qu'il semble avoir vécu une longue période de sa vie à Rome, mais sans y avoir eu des responsabilités officielles. De ses écrits qui nous sont parvenus, il semble qu'il aurait vécu jusqu'à un âge avancé, sous le règne de Gordien III, lequel accéda au trône en 238. Rien d'autre n'est connu de sa vie.]

80. J'ai vu un coq courir aussi après avoir eu la tête tranchée sur un billot. Ce qu'il y a de plus singulier, c'est que cet animal, ainsi mutilé, se dirigea vers la cuisine d'où on l'avait apporté dans une cour, et y revint, après en avoir été repoussé à quelques pas. Un magnétiseur [C'est curieux que Magdeleine de Saint-Agy n'ait pas utilisé le mot « mesmériseur », car la méthode thérapeutique connue sous le nom de mesmérisme, inventé par le médecin allemand Franz Anton Mesmer (1734-1815), et ancêtre de l'utilisation moderne de l'hypnotisme, devait lui être familier en 1840; voir Mesmer (Franz Anton), *Mémoire sur la découverte du magnétisme animal*, Genève; Paris: Didot le jeune, 1779, VI + 85 p. + [1] f. de pl. in-8; *Mémoire de F. A. Mesmer, docteur en médecine, sur ses découvertes*, Paris: chez Fuchs, an VII [1799], [2 f.] + xij + 110 + [2] p. in-8] de Paris, le docteur D*** de S***, disait il y a quelque temps à un Américain de mes amis, le docteur B***, et à moi, qu'en irritant fortement une partie du corps, on voyait quelquefois par cette partie. Si M. D*** avait vu mon coq, il est probable qu'il aurait expliqué sa direction renouvelée vers la cuisine, au moyen de la forte irritation que le couperet avait causée à son col [M. de St.-Agy].

81. [Septime Sévère, ou Lucius Septimius Severus Pertinax (né en 146 à Leptis Magna, en Tripolitaine, aujourd'hui la Libye; mort en février 211 à Eboracum en Grande-Bretagne, aujourd'hui York en Angleterre), empereur romain de 193 à 211. Il fonda une dynastie personnelle et convertit le gouvernement en une monarchie militaire. Son règne représenta une étape importante dans le développement du despotisme absolu qui caractérisa les derniers temps de l'Empire Romain.]

82. [Élagabale ou Héliogabale, ou Caesar Marcus Aurelius Antoninus Augustus, nom d'origine Varius Avitus Bassianus (né en 204 à Emèse en Syrie; mort en 222), empereur romain de 218 à 222, principalement connu pour son comportement excentrique.]

83. [Gordien I, ou Marcus Antonius Gordianus Sempronianus Romanus Africanus (*c.* 157-Avril 238), empereur romain pendant trois semaines en mars-avril 238.]

84. [Gordien III, ou Marcus Antonius Gordianus (225-244 à Zaitha en Mésopotamie), petit-fils de Gordien I et neveu de Gordien II, il fut empereur romain de 238 à 244.]

85. [Aurélien, ou Lucius Domitius Aurelianus (né *c.* 215-mort en 275, près de Byzance, aujourd'hui Istanbul en Turquie), empereur romain de 270 à 275. En réunifiant son empire, lequel s'était désagrégé sous la pression d'invasions et de révoltes internes, il obtint son titre, qu'il se choisit lui-même, de *restitutor orbis* (« restaurateur du monde »).]

86. [Marcus Aurelius Probus (mort en 282), empereur romain de 276 à 282. Certains auteurs du IVe siècle témoignent de son intérêt particulier pour l'agriculture. Il encouragea la plantation de vignobles en Gaule, en Espagne, et en Grande-Bretagne, et il fut tué par des soldats en représailles pour sa discipline et ses réprimandes sévères lors d'un projet de restauration agricole dans les Balkans.]

87. [Constantin I, voir Leçon 17, note 21.]

88. [Théodore, fait apparemment référence à Theodorus Lector, lecteur ou employé attaché à l'Église de Sainte Sophie de Constantinople dans la première partie du VIe siècle ap. J.-C. (à ne pas confondre avec Théodore de Cyrène, mathématicien grec du Ve siècle av. J.-C.) À la demande d'un ami, il compila en quatre volumes son *Historia Tripartita*, épitome des historiens Socrate, Sozomen, et Theodoret, composé d'extraits de leurs œuvres. Il existe une copie incomplète du manuscrit, lequel n'a jamais été publié.]

89. [Claudien (*c.* 340 - 410 ap. J.-C.), le dernier des grands poètes latins, né à Alexandrie en Égypte. Il se rendit à Rome en 395 ap. J.-C., et il fut élevé au rang de patricien par Stilicon. Il écrivit tout d'abord en grec, et ensuite en latin. Plusieurs de ses œuvres survécurent, notamment son poème épique *De raptu Proserpinae* (« Le rapt de Proserpine »), œuvre qui lui valut la célébrité au Moyen Âge (voir Claudien, *Œuvres. Tome I: Le rapt de Proserpine* [texte établi et traduit par Charlet Jean-Louis], Paris: Les Belles Lettres, 1991, XC + 188 p.)]

90. [Justinien I, ou Flavius Justinianus, nom d'origine Petrus Sabbatius (né en 483 à Tauresium en Dardanie, probablement au sud de la ville moderne de Nis en Serbie, Yougoslavie; mort le 14 novembre 565 à Constantinople, aujourd'hui Istanbul en Turquie), empereur byzantin (527-565), reconnu pour la réorganisation administrative du gouvernement impérial et pour son sponsorat du code de droit connu sous le nom de Code Justinien (534) (voir Kunkel (Wolfgang), *An Introduction to Roman Legal and Constitutional History* [trad. de l'Allemand en Anglais par Kelly J. M.], Oxford: Clarendon Press, 1966, X + 218 p.)]

TIBER RIVER IN ROMA
"Ancient Rome; Agrippina Landing with the Ashes of Germanicus" (detail). Oil on canvas of William Turner (1839).

12 The Roman Empire

When Augustus became absolute master of the Roman Empire, that state was spread from the Atlas chain to the Danube, and from the strait of Cadiz to the Euphrates, thus entirely covering the Mediterranean basin.

But then the speed of its growth began to diminish. To the east, its expansion was completely stopped by the Parthian empire, which had become a rival of Roman power and thus had made difficult any communication by land with India. We know of scarcely anyone but Apollonius of Tyana[1] who successfully undertook such a journey.

To the south, the progress of the Romans was also arrested; they withdrew even from Nubia and no longer ventured farther than Syene.

Although to the north they continued to expand, it was in spite of many obstacles, and these very conquests contributed later to hastening their downfall.

The main centers of science and letters were, in Augustus's time, Rome and Alexandria: the one, the capital of the empire, the seat of government; the other famous for its school and the splendid gifts of the Ptolemies. A few other cities, such as Athens and Pergamum, still had some institutions devoted to learning; but after the loss of their political importance, the taste for studies there underwent a noticeable change.

The first emperors did not establish the conditions necessary for the prospering of science and letters. Augustus encouraged only a few men of letters, and under his reign the sciences experienced no growth.

Tiberius, his successor, although possessing wit and knowledge, had a gloomy disposition, and was so jealous that those around him avoided calling attention to themselves, even in intellectual matters.

Caligula was an atrocious madman.

Claudius had some knowledge of the arts and sciences, but he was so weak in character and so timorous that nothing useful came of his good intentions.

Nero,[2] wishing to be the prime poet of his time, put to death those whom he judged to be his rivals; thus perished Lucan[3] and Petronius.[4]

Galba,[5] Otho,[6] and Vitellius[7] reigned only a short time.

Vespasian[8] was the first emperor actually to favor science and letters. When he ascended the throne, scientific foundations were so derelict, scholarship so neglected, that he had no means of reviving the latter except to endow chairs and remunerate professors, an expedient that had not been used before him. Peace reappeared under his rule; it was maintained under that of Titus, and it was during this calm that Pliny's great compilation was published.

But soon appeared Domitian and the world was once again plunged into bloody horrors.

So, actually, the sciences did not come to life again until the second century A.D., at which time everything took a different direction.

In Italy under the tyrant-emperors, there was a lack of personal safety and a dread of informers that led to the hiding of one's fortune and one's attainments, and this especially impeded the study of natural history, which, on account of the equipment required, would draw much more attention to oneself than studying the merely speculative sciences. In Egypt the condition of studies was scarcely more satisfactory: in particular, competition had lost its ardor in the establishments created by the Lagids, since these princes were no longer stimulating it. Priests, formerly the depositaries and interpreters of scholarly knowledge, no longer evinced anything but the most shameful ignorance. They still practiced their cult, but they had lost their knowledge of its symbolic meaning: all metaphysics had disappeared from it. Comparing them to the bonzes of Japan would give some idea of the degradation to which they had fallen. Strabo reports that most of them had become quacks, and that one of these priests, the one who accompanied Strabo on his journeys, talked gibberish like a St.-Simonist[9] when he was explaining the fundamental principles of the ancient Egyptian religion.

The Jews who had been established at Alexandria by Alexander himself, and the ones whom the first Ptolemies brought there in great numbers, had introduced into this country, as we have said, mystical ideas about divinity and worship. Mixed with the mystical ideas of the Christians, who were soon numerous in Egypt, these new notions directed minds towards the study of metaphysics and natural theology; and when combined with the philosophy of Plato, they gave birth to Neoplatonism, which was more sublime, according to some, than the philosophy of the Golden Age of Greece, but certainly less favorable to the development of the sciences of observation.

Most of the Peripatetics, moreover, were themselves becoming devoted to speculative works, and any who had continued to cultivate the natural sciences became the object of ridicule. Lucian[10] in his satirical dialogue entitled *Auction of Philosophers* makes fun of "these men who know everything, who can tell you the life expectancy of a fly, the length of a flea's jump, and the nature of the soul of oysters." One did not even stop at mockery: in the third century, Caracalla chased the Peripatetics out of Rome, under the pretext that Aristotle, the leader of their sect, had had a hand in the poisoning of Alexander.

These various conditions just mentioned, and perhaps others that a distance of eighteen centuries does not permit us to descry, opposed the progress of the sciences in the Roman Empire during the first two-thirds of the century when Christianity appeared. This whole time offers us no naturalist as such. One only finds historians, geographers who are almost entirely compilers, poets, agriculturists, and physicians. We are going to look over the works of each of these authors in order to extract from them that which is relative to our subject.

Under the reign of Augustus, this prince himself could be cited as being interested in the natural sciences; for it appears that he planned to form collections of natural history. Suetonius[11] tells us that Augustus had started to collect the so-called bones of giants that had been discovered on the island of Capri, and which were probably the fossil remains of elephants, similar to those that are still found in abundance in several areas of Italy.

Musa, physician to Augustus,[12] was a quite remarkable botanist, and the name *Musa sapientum*, given to the banana tree, was based upon his own.[13]

Euphorbus,[14] his brother, is also believed to have given his name to a plant that we still designate by his name today.[15] But it would seem that this opinion is not perfectly accurate; for Saumaise[16] noted that *Euphorbia* was named in a work by the poet Meleager,[17] who lived almost a century before Musa's brother.

The Homer of the Roman Empire, Virgil,[18] its greatest poet, includes in his works some natural-history facts. One finds in the fourth book of the *Georgics*,[19] in which he writes about bees, that he believes in the spontaneous generation of these animals. This was, as we have seen, a belief throughout antiquity; and the *Book of Judges* gives us another example where it records that Samson found bees in the mouth of the lion he had killed.[20] From picturesque epithets that Virgil often uses for the different plants that he mentions, it is possible to recognize them; we have no doubt about the *gladiolus*, the *delphinium*, a kind of lily, where one reads even the name *Ajax*; but his works do not otherwise hold any interest for the natural sciences: he writes nothing that adds to what was already known. However, one may consult about the scientific side of this great poet the work by Monsieur Paulet entitled *The Flora and Fauna of Virgil*.[21]

Ovid,[22] not well known as a naturalist, nonetheless deserves more of our attention than the author of the *Georgics*. He was 27 years younger than the latter; he was born in 43 B.C. He died in A.D. 17.

In his poem entitled *Halieuticon*, he speaks of completely new and very interesting things.[23] We have only 134 of the 550 lines that make up this poem; but this fragment alone contains the names of 53 fishes, almost all of them easy to recognize from the author's descriptions. Ovid describes the various means used by these animals to escape pursuit by other fishes, or escape fishermen's nets. He writes, for example, about the ink spread by the cuttlefish in order to hide from its enemies, and how the wrasses assist each other. We have noticed that among the fishes he names *Channa*, which fecundates itself,[24] and phycis, which builds a nest, in imitation of the birds.[25] Several passages in Pliny would have been inexplicable without the verses that we have from Ovid's little poem.

The historians and geographers of Augustus's century who wrote about natural history were Diodorus Siculus and Strabo.

Diodorus was born at Argyrium in Sicily, as his surname indicates. He traveled through many states in Europe and Asia, and he settled at Rome where he wrote a *Bibliotheca historica*, which is a sort of world history.[26] This work, written in Greek and continued up to 60 B.C., was divided into 40 books, of which only 15 have survived. The order followed is approximately the same adopted today in writing about the various countries that an author visits. The first books of his *Bibliotheca* are about the Orient, and are virtually the only ones that report observations of natural history. We have noted, in the description of India, the elephants of that country, and the rice, which had not as yet been discussed by any author. In Arabia, Diodorus described palm-trees, balm, and myrrh; various animals, such as the lion, the giraffe, the panther, and the ostrich; and several minerals, such as pure gold, rock crystal, and some other precious stones. The description of the Taprobane peninsula,[27] which comes after that of the productions of Arabia, gives rise to much doubt in the mind. His account of how this country had been discovered seems a bit fabulous, and he is entirely on mythological ground when he attributes to the Taprobane peninsula the producing of men whose limbs are flexible in all directions because their bones are cartilaginous. These men, according to Diodorus, have a mouth with two tongues and can express themselves in two dialects at once. This absurdity is probably the result of a misunderstanding: the author must have taken literally the metaphorical tale of some traveler. Another peculiar fact reported by Diodorus might have a reasonable explanation. He says that there exists in the same peninsula an animal made like a wheel, with four mouths, four feet, and a great number of arms. Perhaps he meant by this description the animal known as the medusa, which has somewhat the shape of a mushroom held up by long feet.[28]

In his account of the productions of Ethiopia, the only new information Diodorus gives is about the topaz mines. The rest is taken entirely from Agatharchides.

Strabo[29] wrote his works at Rome but he belongs to Greek literature: he was born at Amasia in Cappadocia in 50 B.C. and lived until the first years of Tiberius's rule, for he cites events in A.D. 17. Several of his masters subscribed to the Peripatetic philosophy, and it is no doubt to this circumstance in his youth that we may attribute the taste for practical things that we find in his works. After coming to Rome, he traveled in Asia, West Africa, and accompanied Cornelius Gallus[30] to Egypt, whose intimate friend he was. His writings bear witness to the unfortunate condition of the ancient monuments of Egypt in his time: they were scarcely less dilapidated than they are today. This destruction began with the Persian conquests, as we have already noted, and continued during domestic wars, especially under the reign of Lathyrus.[31] The temples had been almost completely knocked down, and any priests remaining had sunk to the lowest degree of degradation, surviving on superstitions.

The work of Strabo, entitled *Geography*, comprising 17 books, is of interest to naturalists and singularly remarkable for the orderliness that presided over its composition.[32] And yet he seems to have been neglected by all the Latin authors who came immediately after him. Neither Pliny nor Pomponius Mela[33] nor even Tacitus[34] ever mention him; which fact doubtless must be attributed to the absence of the printing press, without which the spread of knowledge takes place only with the greatest tardiness. This work of Strabo's has come down to us in its entirety, for the small lacunae we note in it seem to be the author's own doing.

He begins with an examination of the astronomical and geographical systems that had been proposed up to his time; and by this short analysis we come to know in some degree several ancient writings that have been lost. Then he commences to give individual descriptions, starting with Gibraltar and following the contours of the Mediterranean up to Libya (Barbary). Each of his descriptions contains details of political history and natural history. In speaking of Narbonnese Gaul (present-day Languedoc), he describes mullets buried in mud where they can live rather a long time, and for that reason are called fossils. He also writes about the plain near Arles that is covered with pebbles, and is today called the *Crau.*[35] Aristotle had already mentioned it in his *Meteorology*, and still more anciently, the phenomenon had been accounted for by so-called facts borrowed from mythology. Aeschylus, for example, said that Jupiter had dropped upon this plain a rain of stones in order to help Hercules in his battle with the Ligurians. However, the quite definite knowledge the ancients had of the *Crau*, and of details of other countries distant from them, proves that they made voyages not mentioned in histories, which probably had commerce for their object.

In the description of Provence, Strabo mentions the *mistral*, a cold wind still dreaded in that land.

Reaching the Alps he describes several animals found there; among them one definitely recognizes the elk, which today no longer exists except in deepest Lithuania, the north of Russia, and Sweden.

He speaks next of the islands of Italy and describes the island of Lipari and its volcanoes.[36]

Writing about Greece, he gives several indications that could help in finding the quarries where the ancients extracted their marble. He tells us that some very famous quarries existed in the vicinity of the Taygetus Mountains and near the Taenarum promontory.[37]

In the description of Scythia, which comes after Greece, Strabo speaks of a quadruped that he calls the *colos*, and which, according to him, uses its nostrils for a water reservoir. This animal is probably the saiga-antelope,[38] which has singularly rounded nostrils.

Turning back towards the Black Sea, Strabo visited Byzantium, and described the famous fisheries there, especially the tuna and mackerel fisheries. He also points out the route followed each year by the schools of fishes that contributed to the fisheries of Byzantium: leaving the Sea of Azov through the Cimmerian Bosporus, they would head towards Sinope and approach Chalcedon; then, encountering a great white rock where they would take fright, they would cross the strait and enter the port of Byzantium.

After this description, the author writes about countries in the East where he had traveled, such as Media and India, and since these countries are farther away from home than the ones he had already spoken of, he supposes that their productions are less familiar, or more curious, and so he goes more extensively into detail about them. He repeats everything important found in the works of Nearchus, Onesicritus, Megasthenes, and Aristobulus.[39] He is the first of the ancients to give us a description of sugar-cane, a reed, he says, that gives honey. He writes about cotton and silk, and thinks that the latter substance is, like the former, produced by the tree from which it is collected. This error survived until the second century A.D., Pausanias being the first to inform us that silk is the product of a caterpillar.

Strabo's statements about Babylonia, the Red Sea, and the part of Africa located to the south of Egypt, are, like his descriptions of India, only excerpts from earlier authors; he borrows much from Diodorus of Sicily, among others, who himself had borrowed from Agatharchides. When he writes about Egypt, it is from personal observation. He reports nothing very remarkable about the giraffe, the hartebeest, the elephant, the monkeys, the ichneumon; but his details on birds, and especially on the fishes of the Nile, are new and very interesting. He described fifteen or so of the latter clearly enough for Monsieur Geoffroy Saint-Hilaire[40] to identify similar ones for almost all of them in the Nile at the time of the Egyptian Expedition.[41]

At about the same time as Strabo there was another geographer, Pomponius Mela,[42] who wrote a short treatise in elegant style; but this work is so brief as to be of no help to naturalists.

A famous gastronome, Apicius,[43] produced a book that is of much more value to natural history. It is a sort of *Cuisinier Royal* or *Cuisinière Bourgeoise*, entitled *De obsoniis et condimentis et de arte coquinaria.*[44] There were three men at Rome by the name of Apicius, and all three were extraordinary gourmands. The first lived under Sulla's rule, the second under Augustus and Tiberius, and the third under Trajan. The second was the most famous, the prince of gourmands, who held sway over gastronomy at Rome and who is named in the works of Pliny, Juvenal, and Seneca. The aforementioned work was composed by him and he probably spent his whole life in producing it as we know it. Mankind has no memory of a person more devoted to gastronomy than he. It is said that when he heard of prawns being found in Africa that were larger than the ones he was accustomed to eat at Rome, he hired a ship expressly for going there to try them. When he arrived on shore, a large number of fishermen came to offer him the famous prawns that he had come to taste; but finding them not so nice as those in Italy, he embarked again immediately and returned to Rome. After lavishing the equivalent of two and a half million francs on his table, he found he had only about a half million left; this decay of his finances would have obliged him to forfeit some of his gastronomic activities; he could not envisage with composure such a future; he killed himself before losing his supremacy.

His work is divided into ten books; it includes many details on the mores and domestic customs of the Romans, and is of interest to naturalists because it contains the names of plants and animals then served up at meals. The description of the manner of preparing these substances is a great help in identifying them for us. Apicius's work would be worthy of a commentary by a naturalist.

The first book, on preserved foods, tells us that the Romans used a lot of honey. They also made frequent use of wine, vinegar, and strong seasonings such as cumin, coriander, and even absinthe. They also used pine nuts in many of their dishes, for example, in certain sausages; and today, in many parts of Italy, they are eaten in the same way.

The second book is on sauces and fried foods. The famous lobster sauce of our time is described therein.

The third book treats of vegetables and the cooking of them. In order to preserve their green color, a little saltpeter [potassium nitrate] was stirred into the water.

The fourth book is devoted to minced meats, pork sausages, and certain other preparations composed of organ meats, in particular the popular garum [a fish sauce], made from fish intestines soaked in brine.

The fifth book is about fruits and legumes that are only eaten cooked, for example, chestnuts, beans, peas, and lentils.

The sixth book is about birds. It describes how to boil ostrich and prepare the phoenicopterids or flamingos, cranes, parrots, and finally duck with turnips.

The seventh book teaches the preparation of dishes composed of animal organs and other parts, such as liver, kidneys, heart, feet, neck, commonly called *abattis.*[45]

The eighth book is on the manner of preparing game – boar, deer, goat, moufflon, hare, dormice. It contains at least 17 recipes for preparing suckling pig.

In the ninth book are described various sea foods – squid, spiny lobster, sea urchins, oysters, torpedo [electric ray], tuna, etc.

The tenth and last book is devoted to other fishes served on Roman tables.

Columella,[46] too, wrote a work that contained interesting details about ancient customs and home economics, but which is completely different from Apicius's book. It is entitled *De re rustica*, like the works by Varro and Cato, and is principally about agriculture. Its author discusses domestic animals. At the end of the eighth volume, about artificial fishponds, are descriptions of the rare fishes raised in them that are more detailed than Varro's descriptions. Gardens are the subject of the tenth volume.

Columella, who was Spanish, came to Rome during the reign of Claudius. Travel to the different parts of the Roman empire was easy at that time; people in the provinces flocked to the capital, many transactions were carried out between province and capital, and enlightened men came to live at the center of the empire. Strabo had come from Cappadocia, Diodorus from Sicily, and Columella from Spain.

The author we are going to discuss now is also from Spain. Seneca[47] was born at Cordova around A.D. 13. He studied philosophy under various masters, and ended up joining the school of the Stoics. At the time of Caligula,[48] he was exiled to Corsica, and was recalled from there by Agrippina,[49] who entrusted him with the education of her son Nero. He took advantage of this favorable opportunity by accumulating enormous wealth. At the age of 52, he perished at the command of his famous pupil. He left many writings on philosophy, morals, literature, and some areas of natural science. Although he is a great writer, he is reproached, and with reason, for the misuse of his imagination in changing the Latin style. In his time he was considered an outstanding natural philosopher; but we are going to see that this opinion was without foundation. He usually gets lost in his absurd explanations, and often he escapes difficulties by a play upon words.

His *Enquiries into nature* is the only work of his that is of interest to us; in it he writes about physical nature and objects of natural history.[50]

The first book is about igneous meteors seen in the atmosphere, halos or iridescent crowns around stars, rainbows; and all these phenomena are badly explained.

In the second book, he accepts Anaximander's opinion about thunder; he thinks it is the result of clouds knocking together; from this contact, according to him, comes the illumination that dazzles us, the noise we hear, and, finally, the thunderbolt, if the collision is powerful enough. He concludes from this explanation that the thunderbolt should not be regarded as an omen. And that is the best part of his meteorology.

Waters, springs in general, intermittent springs, are the subject of the third book. Seneca thinks to have explained the latter phenomenon by comparing it to the intermittent fever that affects humans. Writing about the goby that is found buried in mud,[51] he resolves the difficulty in an even more singular manner; he writes quite solemnly that since man goes underwater, fish may certainly go underground. Whilst on the subject of these fish, he writes about those that gastronomes in Rome bring right into their dining rooms, describing, with an air of self-conceit and a great deal of imagination, the wonderful variations in color that the red mullet undergoes in dying.[52] To better enjoy such a spectacle, people would place the fish in a glass vessel. Seneca rebukes the Romans for this barbarous pleasure; but from the picture he has given us, it can be seen that he had enjoyed the spectacle himself more than once. In the same book, he continues to write about water, floods, and of a final deluge that will annihilate all life.

In the fourth book, Seneca writes about the Nile, its periodic over-flowings, and identifies the cause. He repeats the idea that I acquainted you with at the beginning of this history, that Egypt is the product of the Nile's alluvions, and on this occasion he reviews several ancient geogonies.[53]

The sixth book is on the movements of the atmosphere, or the winds.

And the last is about comets, and the author considers them to be planets whose course we do not know because their revolution is longer, an idea that the Chaldeans had before him.

If Seneca the naturalist is also the author of the tragedies known under his name, he may be paid the honor of having predicted long in advance the discovery of America, for he said in the tragedy of Medea:[54] "A time will come when Thule will no longer be the farthest of known lands and when the ocean will reveal to us a new world."[55]

Certain physicians distinguished themselves at Rome in the study of the natural sciences during the first century A.D., and it is their writings that provide most of the documentation about these sciences. At that time in Rome there were more Greek physicians than Latin, and the former were more esteemed than the latter. The emperors almost always had Greek physicians. Thus, Celsus[56] is the only Latin physician we can cite. His treatise *De re medica*, in which he described with great talent a large number of diseases and medical treatments known at the time, contains some notions of natural history.

In the time of Cicero, there lived at Rome an Asclepiad who tried to introduce the philosophy of the Atomist school.

Themison,[57] his pupil, founded the school of *Methodists* in Rome, which aimed to explain by the laws of the physical world all the phenomena of life.

Andromachus,[58] Nero's physician, wrote a poem on theriac.[59]

But the most important of the physicians at this time is Aretaeus of Cappadocia,[60] who lived under Nero and must have been a contemporary of Pliny: he was the next great physician of antiquity after Hippocrates; he is even that great man's equal when it comes to the description of diseases. It is amazing that Pliny – who came shortly after him, and who was, as we have said, his contemporary – never cites him. It is even more astonishing that Galen does not mention him. These strange omissions prove the scarcity of libraries in this era, and that many illustrious men must have remained for centuries deprived of the honor due them for their genius.

Aretaeus belonged to the *Pneumatic* sect, which believed in the existence of an exhalation passing from the lungs into the heart and producing all the phenomena of life. He was a good anatomist and left us a fine description of the vena cava and the vena porta. However, he erred in some respects; for he has all the veins leaving the liver, an error all the more surprising since Aristotle knew these veins and wrote that they proceed from the heart.[61]

Among the physicians of that time, Dioscorides was undoubtedly the most renowned naturalist.[62] He lived under the reign of Nero and was a physician in the Roman army. He is the most thorough botanist of antiquity; he describes about six hundred plants, but of this number there are only a hundred and fifty whose species can be recognized. He may be superior in knowledge to Theophrastus, but he is quite inferior in his descriptions, and we are obliged to renounce identifying more than half of the plants he mentions. Moreover, he attributes a multitude of exaggerated and often imaginary properties to these plants. Meanwhile, Pliny copied his work in many of his own passages, and Galen praises him most highly. Up until the Renaissance – that is, for about fifteen centuries – his work was a classic in the schools of medicine. It had the honor of being printed in 1495,[63] and the Turks and Moors, who had translated it, still to this day have no other books on medicine. One can even truthfully say that this work is the most widespread in Western libraries. This astonishing success perhaps comes mostly from the beautiful wood engravings with which the Venice edition is embellished;[64] for these engravings permit us to recognize a great number of plants without having to study botany systematically.

In order to comment properly on the botanical works of Dioscorides, one would have to be transported to the very soil that nourishes the plants described by this author; also, peace would have to be restored in Greece. But the result of such effort would scarcely be more than an item of curiosity; for it is more than doubtful that the writings of Dioscorides could ever teach us anything about botany.

In the next meeting we shall examine the works of Pliny.

NOTES

1. [Apollonius of Tyana (fl. first century A.D., Tyana, Cappadocia), a Neo-Pythagorean who became a mythical hero during the time of the Roman Empire. Empress Julia Domna instructed the writer Philostratus the Athenian (second or third century A.D.) to write a biography of Apollonius, and it is speculated that her motive for doing so stemmed from her desire to counteract the influence of Christianity on Roman civilization (see Philostratus, *The life of Apollonius of Tyana, by Philostratus* [ed. and transl. by Jones Christopher P.], Cambridge (Mass.): Harvard University Press, 2005, 3 vols). The biography portrays a figure much like Christ in temperament and power and claims that Apollonius performed certain miracles. It is believed that most of the biography is based more on fiction than fact. Many of the pagans in the Roman Empire believed what was said in this work, and it kindled religious feeling in many of them. To honor and worship Apollonius, they erected shrines and other memorials.]

2. [Nero, in full Nero Claudius Caesar Augustus Germanicus, also called (A.D. 50-54) Nero Claudius Caesar Drusus Germanicus, original name Lucius Domitius Ahenobarbus (born 15 December A.D. 37, at Antium, Latium; died 9 June 68, Rome), the fifth Roman emperor (A.D. 54-68), stepson and heir of the emperor Claudius. He became infamous for his personal debaucheries and extravagances and, on doubtful evidence, for his burning of Rome and persecutions of Christians.]
3. [Lucan, see Lesson 10, note 5.]
4. [Gaius Petronius Arbiter, original name Titus Petronius Niger (died A.D. 66), reputed author of the *Satyricon*, a literary portrait of Roman society of the first century A.D. (see Petronius Arbiter, *The Satyricon* [translated, with an introduction by Arrowsmith William], Ann Arbor: University of Michigan Press,1959, xxiii + 218 p.)]
5. [Galba, Latin in full Servius Galba Caesar Augustus, original name Servius Sulpicius Galba (born 24 December 3 B.C.; died 15 January A.D. 69, Rome), Roman emperor for seven months (A.D. 68-69). His administration was priggishly upright, though his advisers were allegedly corrupt.]
6. [Otho, in full Marcus Otho Caesar Augustus, original name Marcus Salvius Otho (born A.D. 32; died 16 April 69, near Cremona, Venetia, Italy), Roman emperor from January to April 69.]
7. [Aulus Vitellius (born A.D. 15; died 69, Rome), Roman emperor, the last of Nero's three short-lived successors. Aulus was the son of the emperor Claudius' colleague as censor, Lucius Vitellius, who was also consul three times. Aulus himself became consul in A.D. 48 and proconsul in Africa (*c.* 61). He was appointed commander of the Lower German army in 68. In the midst of the disturbances following Nero's death, he was proclaimed emperor by his troops (2 January 69). He marched on Italy, and on April 16 the rival emperor Otho committed suicide. Vitellius entered Rome in July, but on 1 July a commander of the eastern legions, Vespasian, had also been proclaimed emperor. After Vespasian's troops defeated Vitellius's forces, Vitellius considered abdication; but his Praetorian Guard forbade such a move, and, when troops loyal to Vespasian entered Rome on 20 December, Vitellius was murdered with great barbarity by his own soldiers.]
8. [Vespasian, Latin in full Caesar Vespasianus Augustus, original name Titus Flavius Vespasianus (born 17? November A.D. 9, Reate [Rieti], Latium; died 24 June 79), Roman emperor (A.D. 69-79) who, though of humble birth, became the founder of the Flavian dynasty after the civil wars that followed Nero's death in 68. His fiscal reforms and consolidation of the empire generated political stability and a vast Roman building program.]
9. [Cuvier is referring here to a contemporary French socialist, Henri de Saint-Simon, in full Claude-Henri de Rouvroy, Comte de Saint-Simon (born 17 October 1760, Paris; died 19 May 1825, Paris), French social theorist and one of the chief founders of Christian socialism. In his major work, *Nouveau Christianisme: dialogues entre un conservateur et un novateur* (first published in 1825, Paris: Bossange, VIII + 91 p.), which he left unfinished, he proclaimed a brotherhood of man that must accompany the scientific organization of industry and society (see *Œuvres de Claude-Henri de Saint-Simon*, Paris: Éditions Anthropos, 1966, 6 vols).]
10. [Lucian, Greek Lucianos, Latin Lucianus, or Lucinus (born *c.* A.D. 120, Samosata, Commagene, Syria [now Samsat, Turkey]; died after 180, Athens), ancient Greek rhetorician, pamphleteer, and satirist, probably best known for his *Dialogues of the Gods* and *Dialogues of the Dead* (see *The works of Lucian of Samosata, complete with exceptions specified in the preface* [tr. by Fowler Henry Watson & Fowler Francis George,] Oxford: Clarendon Press, 1905, 4 vols).]
11. [Suetonius, in full Gaius Suetonius Tranquillus (born *c.* A.D. 69, probably Rome; died after 122), Roman biographer and antiquarian whose writings include *De viris illustribus* ("Concerning Illustrious Men"; see Suetonius, *Deeds of famous men* [a bilingual edition, translated and edited by Sherwin Jr Walter K.], Norman: University of Oklahoma Press, 1972, xvi + 206 p.), a collection of short biographies of celebrated Roman literary figures, and *De vita Caesarum* (*Lives of the Caesars* [translated with an introduction and notes by Edwards Catharine], Oxford; New York: Oxford University Press, 2000, xxxvii + 392 p.) The latter book, seasoned with bits of gossip and scandal relating to the lives of the first 11 emperors, secured him lasting fame.]
12. [Antonius Musa, a botanist and physician to Augustus, who in the year 23 B.C., when Augustus was seriously ill, cured the illness with cold compresses and became immediately famous. *Musa*, the plant genus that includes the banana, the plantain, and numerous other species, was apparently named after him (see note 13, below).]
13. [The banana family of plants, Musaceae, order Zingiberales, consists of two genera, *Musa* and *Ensete*, with about 50 species native to Africa, Asia, and Australia. The common banana (*Musa sapientum*) is a subspecies of the plantain (*Musa paradisiaca*). Both are important food plants.]
14. [Euphorbus, brother of Musa (see note 12, above) and physician to king Juba II of Numidia (see Lesson 8, note 23), after whom the plant *Euphorbia* was originally named (see note 15, below).]
15. [*Euphorbia*, large and variable genus of shrubs, trees, and herbaceous plants, in the spurge family (Euphorbiaceae), characterized by a milky sap. The genus, which contains some 1,500-1,600 species, is also commonly called spurge.]
16. [Claude de Saumaise, Latin Claudius Salmasius (born 15 April 1588, Semur-en-Auxois, France; died 3 September 1653, Spa, now in Belgium), French classical scholar who, by his scholarship and judgment, acquired great contemporary influence.]

17. [Meleager (fl. first century B.C.), Greek poet from Gadara in Syria, who compiled the first large anthology of epigrams. This was the first of the collections that made up what is known as the Greek Anthology. Meleager's collection contained poems by 50 writers and many by himself; an introductory poem compared each writer to a flower, and the whole was entitled *Stephanos* ("Garland"; see Meleager, *The poems of Meleager* [verse translations by Whigham Peter; introduction and literal translations by Jay Peter], Berkeley: University of California Press, 1975, 126 p.) He lived in Tyre and, in old age, on the Aegean island of Cos.]
18. [Virgil, in full Publius Vergilius Maro (born 15 October 70 B.C., at Andes, near Mantua, Italy; died 19 B.C., Brundisium, Italy) was regarded by the Romans as their greatest poet, an estimation that subsequent generations have upheld; his fame rests chiefly upon his national epic poem, the *Aeneid,* which tells the story of Rome's legendary founder and proclaims the Roman mission to civilize the world under divine guidance (Virgil, *The Aeneid* [translated into prose, with an introduction by Knight W. F. Jackson], Harmondsworth: Penguin Books, 1968, 366 p.) His reputation as a poet endures not only for the music and diction of his verse and for his skill in constructing an intricate work on the grand scale but because he embodied in his poetry aspects of experience and behavior of permanent significance.]
19. [The *Georgics,* composed between 37 and 30 B.C. (the final period of the civil wars), is a superb plea for the restoration of the traditional agricultural life of Italy (Virgil, *Virgil's Georgics* [a modern English verse translation by Bovie Smith Palmer], Chicago: University of Chicago Press; London: Cambridge University Press, 1956, xxx + 112 p.) In form it is didactic, but, as Seneca later said, it was written "not to instruct farmers but to delight readers." The practical instruction (about plowing, growing trees, tending cattle, and keeping bees) is presented with vivid insight into nature, and it is interspersed with highly wrought poetical digressions on such topics as the beauty of the Italian countryside and the joy of the farmer when all is gathered in.]
20. [*Book of Judges*, Chapter 14.]
21. [see Paulet (Jean-Jacques), *Flore et faune de Virgile; ou, Histoire naturelle des plantes et des animaux (reptiles, insectes) les plus intéressans à connaître, et dont ce poète a fait mention*, Paris: Chez Madame Huzard, 1824, xxiv + 159 p.]
22. [Ovid, Latin in full Publius Ovidius Naso (born 20 March 43 B.C., Sulmo, Roman Empire, now Sulmona, Italy; died A.D. 17, Tomis, Moesia, now Constanta, Romania), Roman poet noted especially for his *Ars amatoria* and *Metamorphoses* (Ovid, *The Metamorphoses* [a complete new version by Gregory Horace, with decorations by Gay Zhenya], New York: Viking Press, 1958, 461 p.; *Ars Amatoria Book 3* [edited with introduction and commentary by Gibson Roy K.], Cambridge (UK); New York: Cambridge University Press, 2003, x + 446 p.) His verse had immense influence both by its imaginative interpretations of classical myth and as an example of supreme technical accomplishment.]
23. [For Ovid's *Halieuticon* or *Halieutica*, see the edition by Richmond J. A., London: University of London; Athlone Press, 1962, xii + 120 p.]
24. [*Channa*, a reference to fishes of the hermaphroditic genus *Serranus*. Of the numerous hermaphroditic fishes in the Mediterranean (most of which belong to the families Serranidae, Sparidae, and Centracanthidae), the most likely one referred to by Ovid is *Serranus cabrilla* (which still bears the vernacular name *channos*; see Lejeune (P. J.), Boveroux (M.) & Voss (J.), "Observation du comportement reproducteur de *Serranus scriba* Linné (Pisces, Serranidae), poisson hermaphrodite synchrone", *Cybium*, 1980, serie 3, vol. 10, pp. 73-80).]
25. [Phycis, a Mediterranean species of the genus *Gobius* (perhaps *G. niger*) described by Aristotle (*Historia animalium*, bk 8, chap. 30) as the only marine fish that constructs a nest and deposits its spawn therein. Long considered a fable, the behavior was confirmed by the Venetian naturalist Giuseppe Olivi (1792) who added that the male digs a hole in the mud, lines it with various seaweeds, and guards the female during the act of oviposition, continuing to protect the fry well after the eggs hatch (see Magnhagen (Carin), "Conflicting demands in gobies: When to eat, reproduce, and avoid predators", *in* Huntingford (Felicity A.) & Torricelli (Patrizia) (editors), *Behavioural Ecology of Fishes, vol. 11*, Philadelphia: Harwood Academic Publishers, 1993, pp. 79-104).]
26. [Diodorus Siculus (fl. first century B.C., Agyrium, Sicily), Greek historian, the author of a universal history called *Bibliotheca historica,* who lived in the time of Julius Caesar and Augustus (Sacks (Kenneth S.), *Diodorus Siculus and the First Century*, Princeton (New Jersey): Princeton University Press, 1990, xi + 242 p.) His own statements make it clear that he traveled in Egypt during 60-57 B.C. and spent several years in Rome. The latest event mentioned by him belongs to the year 21 B.C. His history consisted of 40 books and was divided into three parts (see Diodorus Siculus, *Diodorus "On Egypt": Bibliotheca historica, Book I* [translated from the ancient Greek by Murphy Edwin], London; Jefferson (North Carolina): McFarland, 1985, xiv + 178 p.; *"The antiquities of Asia": Bibliotheca historica, Book II* [translated by Murphy Edwin], New Brunswick: New Transaction Publishers, 1989, xvii + 130 p.) The first treats of the mythic history of the non-Hellenic and Hellenic tribes to the destruction of Troy; the second ends with Alexander's death; and the third continues the history as far as the beginning of Caesar's Gallic War. The *Bibliotheca,* invaluable where no other continuous historical source has survived, supplies to some extent the loss of the works of earlier authors, from which it was compiled. Diodorus does not always quote his authorities, but in the books that have survived his most important sources for Greek history were

certainly Ephorus (for 480-340 B.C.) and Hieronymus of Cardia (for 323-302).]

27. [Taprobane, the ancient Greek name for Sri Lanka. Arabs referred to it as Serendib and later European mapmakers called it Ceylon, a name still used occasionally for trade purposes. It officially became Sri Lanka in 1972.]

28. [Medusa, in zoology, one of two principal body types occurring in members of the invertebrate animal phylum Cnidaria. It is the typical form of the jellyfish. The medusoid body is bell –or umbrella-shaped. Hanging downward from the center is a stalk-like structure, the manubrium, bearing the mouth at its tip. The mouth opens into the main body cavity, or enteron, which connects with radial canals extending to the outer rim of the bell. The medusa is a free-swimming form; it moves by rhythmic muscular contractions of the bell, providing a slow propulsive action against the water. The other principal body type of the adult cnidarian is the polyp, a stalked, sessile (attached) form.]

29. [Strabo (born 64/63 B.C., Amaseia, Pontus; died after A.D. 23?), Greek geographer and historian whose *Geography* is the only extant work covering the whole range of peoples and countries known to both Greeks and Romans during the reign of Augustus (27 B.C.-A.D. 14). Its numerous quotations from technical literature, moreover, provide a remarkable account of the state of Greek geographical science, as well as of the history of the countries it surveys (see note 32, below; Strabo, *The geography of Strabo* [with an English translation by Jones Horace Leonard. Based in part upon the unfinished version of Sterrett John Robert Sitlington], New York: Putnam's Sons, 1917, 8 vols).]

30. [Gaius Cornelius Gallus (born *c.* 70 B.C., Forum Julii, Gaul; died 26 B.C., Egypt), Roman soldier and poet, famous for four books of poems to his mistress "Lycoris" (the actress Volumnia, stage name Cytheris), which, in ancient opinion, made him the first of the four greatest Roman elegiac poets (see Becker (Wilhelm Adolf), *Gallus; or, Roman scenes of the time of Augustus* [with notes and excursuses illustrative of the manners and customs of the Romans, by Professor Becker Wilhelm Adolf, translated by the Rev. Metcalfe Frederick], 3rd ed., New York: D. Appleton, 1866, xxi + 535 p.)]

31. [Lathyrus is Ptolemy IX Soter II, Macedonian king of Egypt (reigned 116-110, 109-107, and 88-81 B.C.); see Lesson 9, note 59, above.]

32. [The first two books of Strabo's *Geography* (see note 29, above), in effect, provide a definition of the aims and methods of geography by criticizing earlier works and authors (Strabo, *The geography of Strabo* [with an English translation by Jones Horace Leonard. Based in part upon the unfinished version of Sterrett John Robert Sitlington], New York: Putnam's Sons, 1917, 8 vols). In books III to VI, Strabo described successively Iberia, Gaul, and Italy, for which his main sources were Polybius and Posidonius, both of whom had visited these countries; in addition, Artemidorus, a Greek geographer born around 140 B.C. and author of a book describing a voyage around the inhabited Earth, provided him with a description of the coasts and thus of the shape and size of countries. Book VII was based on the same authorities and described the Danube Basin and the European coasts of the Black Sea. Writing about Greece, in books VIII to X, he still relied upon Artemidorus, but the bulk of his information was taken from two commentators of Homer – Apollodorus of Athens (second century B.C.) and Demetrius of Scepsis (born around 205 B.C.) – for Strabo placed great emphasis on identifying the cities named in the Greek epic the *Iliad*. Books XI to XIV describe the Asian shores of the Black Sea, the Caucasus, northern Iran, and Asia Minor. Here Strabo made the greatest use of his own observations. India and Persia (Book XV) were described according to information given by the historians of the campaigns of Alexander the Great (356 to 323 B.C.), whereas his descriptions of Mesopotamia, Syria, Palestine, and the Red Sea (Book XVI) were based on the accounts of the expeditions sent out by Mark Antony (about 83 to 30 B.C.) and by the emperor Augustus, as well as on chapters on ethnography in Posidonius and on the book of a Red Sea voyage taken by the Greek historian and geographer Agatharchides (second century B.C.). Strabo's own memories of Egypt, supplemented by the writings of Posidonius and Artemidorus, provided material for the substance of Book XVII, which dealt with the African shores of the Mediterranean Sea and with Mauretania.]

33. [Pomponius Mela, see note 42, below.]

34. [Tacitus, in full Publius, or Gaius, Cornelius Tacitus (born *c.* A.D. 56; died *c.* 120), Roman orator and public official, probably the greatest historian and one of the greatest prose stylists who wrote in the Latin language. Among his works are the *Germania*, describing the Germanic tribes, the *Historiae* (*Histories*), concerning the Roman Empire from A.D. 69 to 96, and the later *Annals*, dealing with the empire in the period from A.D. 14 to 68 (see Tacitus (Cornelius), *The complete works of Tacitus: The annals. The history. The life of Cnaeus Julius Agricola. Germany and its tribes. A dialogue on oratory* [transl. from the Latin by Church Alfred John and Brodribb William Jackson; ed. and intro by Hadas Moses], New York: The Modern library,1942, xxv + 773 p.)]

35. [Crau, a flat, boulder-strewn tract lying east of the Rhône's main channel, stretching as far north as the Alpilles, a westward prong of the Alps.]

36. [Lipari Islands or Eolie Islands, also called Aeolian Islands, volcanic group in the Tyrrhenian Sea (of the Mediterranean) off the north coast of Sicily, Italy. The group, administered as part of Messina province, consists of seven major islands and several islets, with a total land area of 34 square miles (88 sq km), lying in a general "Y" shape, the base of the "Y" being the westernmost island, Alicudi, the northern tip

Stromboli, and the southern tip Vulcano. The other major islands are Lipari, Salina, Filicudi, and Panarea.]

37. [Taygetus or Taiyetos Mountains, a mountain range in the southern Peloponnese, Greece. The Taenarum (or Tainaron) promontory is Cape Matapan, the southern tip of the Peloponnese between the gulfs of Laconia and Messenia.]

38. [Saiga (*Saiga tatarica*), medium-sized hoofed mammal, family Bovidae (order Artiodactyla), that lives in herds in treeless steppe country. Once common from Poland to western Mongolia, it was greatly reduced by hunting and no longer exists in Eastern Europe. It was given complete protection by the Russian government in 1919 and since then has increased in numbers in Siberia. The most outstanding feature of the saiga is its swollen snout with downward-directed nostrils. The snout may serve to warm and moisten inhaled air, or it may be related to the animal's keen sense of smell.]

39. [Aristobulus I, also called Judas Aristobulus (died 103 B.C.), Hasmonean (Maccabean) Hellenized king of Judaea (104-103 B.C.). The son of Hyrcanus I, he broke his late father's will and seized the throne from his mother and jailed or killed his brothers. According to the historian Flavius Josephus, Aristobulus conquered the Ituraeans of Lebanon and forcibly converted them to Judaism. He was the first of his house to adopt the title of king (*basileus*).]

40. [Étienne Geoffroy Saint-Hilaire (born 1772, at Étampes; died 1844, Paris), was employed at the Jardin des Plantes in Paris as assistant attendant and demonstrator. In 1793, he was appointed professor of zoology at the Muséum and after the nomination of Lacepède to the chair of reptiles and fishes, he was made attendant of mammals and birds. From 1798-1799, he took part in the scientific expedition to Egypt with Napoleon Bonaparte's army (see note 41, below), bringing large collections back to France, including fishes from the Red Sea and the Nile, and in particular the bichir (*polyptère*), the discovery of which alone would have justified the expedition (Geoffroy Saint-Hilaire (Étienne), "Histoire naturelle et description anatomique d'un nouveau genre de poisson du Nil, nommé polyptère", *Annales du Muséum d'Histoire Naturelle*, Paris, vol. 1, 1802, pp. 57-68). In 1808, he was put in charge of a mission to Portugal, again bringing collections back to France, mostly from the Museum of Ajuda in Lisbon (Bauchot (Marie-Louise), Daget (Jacques) & Bauchot (Roland), "Ichthyology in France in the beginning of the 19th century: the *Histoire Naturelle des Poissons* of Cuvier (1769-1832) and Valenciennes (1794-1865)", *in* Pietsch (Theodore W.) & Anderson Jr (William D.) (eds), "Collection Building in Ichthyology and Herpetology", *American Society of Ichthyologists and Herpetologists*, Special Publication, n°3, 1997, pp. 27-80).]

41. [Egyptian Expedition: Napoleon's (born 15 August 1769, at Ajaccio on the island of Corsica; died May 1821 on the island of St. Helena) expedition to and short-lived conquest of Egypt in 1798 was the culmination of eighteenth-century interest in the East. The expedition was accompanied by a team of scholars who recorded the ancient and contemporary country, issuing in 1809-1828 the *Description de l'Égypte*, the most comprehensive study to be made before the decipherment of the hieroglyphic script. The Rosetta Stone, which bears a decree of Ptolemy V Epiphanes (see Lesson 9, note 47) in hieroglyphs, demotic, and Greek, was discovered during the expedition and was ceded to the British after the French capitulation; it became the property of the British Museum in London. This document greatly assisted the decipherment of Egyptian hieroglyphics, accomplished by Jean-François Champollion (born 23 December 1790, Figeac, France; died 4 March 1832, Paris; French historian and linguist who founded scientific Egyptology; see Lesson 2, note 27) in 1822.]

42. [Pomponius Mela (born Tingentera, Baetica, Roman Spain; fl. A.D. 43), author of the only ancient treatise on geography in classical Latin, *De situ orbis* ("A Description of the World"), also known as *De chorographia* ("Concerning Chorography"; see Mela (Pomponius), *Pomponius Mela's description of the world* [translated with an introduction by Romer Frank E.], Ann Arbor: University of Michigan Press, 1998, ix + 165 p.) Written about A.D. 43 or 44, it remained influential until the beginning of the age of exploration, 13 centuries later. Though probably intended for the general reader, Mela's geography was cited by Pliny the Elder in his encyclopedia of natural science as an important authority (Pliny (the elder), *Natural History* [ed. by Rackman H. with an English translation], Cambridge (Mass.): Harvard University Press; London: W. Heinemann, 1940, 10 vols).]

43. [Marcus Gavius Apicius, a famous gourmet of the ancient world and wealthy Roman merchant during the reign of Tiberius (A.D. 14-37). His colossal banquets eventually drove him to bankruptcy and suicide, but he is thought by some to have left behind a cookbook so prized that it has been preserved, in numerous editions, down to the twentieth century (but see note 44, below; Apicius, *Cookery and dining in imperial Rome* [a bibliography, critical review, and translation of the ancient book known as Apicius *de re coquinaria*, now for the first time rendered into English by Vehling Joseph Dommers, with a dictionary of technical terms, many notes, facsimiles of originals, and views and sketches of ancient culinary objects made by the author; with an introduction by Starr Frederick], New York: Dover Publications, 1977, xv + 301 p.)]

44. [*De obsoniis et condimentis et de arte coquinaria* (Victuals and seasonings and the art of cookery): a collection of Roman cookery recipes, usually thought to have been compiled in the late fourth or early fifth century A.D. and written in a language that is in many ways closer to Vulgar than to Classical Latin. In the earliest printed editions it was given the overall

title *De re coquinaria* ("On the Subject of Cooking"), and was attributed to an otherwise unknown "Caelius Apicius," an invention based on the fact that one of the two manuscripts is headed with the words "API CAE." The name Apicius had long been associated with excessive love of food, apparently from the habits of an early bearer of the name. The most famous individual given this name because of his reputation as a gourmet was Marcus Gavius Apicius, who is sometimes mistakenly asserted to be the author of the book (see Apicius, *Cookery and dining in imperial Rome*, *op. cit.*)]

45. [*Abattis* is offal: waste or by-product, the viscera and trimmings of a butchered animal removed in dressing.]

46. [Lucius Junius Moderatus Columella (born first century A.D., Gades, Spain), Roman soldier and farmer who wrote extensively on agriculture and kindred subjects in the hope of arousing a love for farming and a simple life. He became in early life a tribune of the legion stationed in Syria, but neither an army career nor the law attracted him, and he took up farming in Italy. The *De re rustica*, in 12 books, his second and fuller treatment of farming and country life, has survived, as has *De arboribus* ("On Trees"), which was part of an earlier work (see Columella (Lucius Junius Moderatus), *On agriculture* ["De re rustica" with a recension of the text and an English translation by Ash Harrison Boyd, Forster E. S. & Heffner Edward H.], Cambridge (Mass.), Harvard University Press, 1941-1955, 3 vols). Both are written in a lucid, nontechnical style (see also Columella (Lucius Junius Moderatus), *Of husbandry* [in twelve books, with his book concerning trees; translated into English, with several illustrations from Pliny, Cato, Varro, Palladius, and other ancient and modern authors], London: printed for A. Millar, 1745, xiv + [14] + 600 + [8] p.) which is an English translation of *De re rustica* and *De arboribus*.]

47. [Lucius Annaeus Seneca, byname Seneca the Younger (born *c.* 4 B.C., Corduba, Spain; died A.D. 65, Rome), Roman philosopher, statesman, orator, and tragedian. He was Rome's leading intellectual figure in the mid-first century A.D. and was virtual ruler with his friends of the Roman world between 54 and 62 during the first phase of the emperor Nero's reign.]

48. [Caligula, byname of Gaius Caesar, in full Gaius Caesar Germanicus (born 31 August A.D. 12, Antium, Latium; died 24 January 41, Rome), Roman emperor from 37 to 41, in succession to Tiberius, who effected the transfer of the last legion that had been under a senatorial proconsul (in Africa) to an imperial legate, thus completing the emperor's monopoly of army command. Accounts of his reign by ancient historians are so biased against him that the truth is almost impossible to disentangle.]

49. [Agrippina the Younger (born A.D. 15, died 59), mother of the Roman emperor Nero and a powerful influence on him during the early years of his reign (54-68).]

50. [see Seneca (Lucius Annaeus), *Quaestiones naturales* [translation by Clarke John; with notes on the treatise by Sir Geikie Archibald], London: Macmillan, 1910, liv + 368 p. and Motto (Anna Lydia), *Guide to the thought of Lucius Annaeus Seneca, in the extant prose works: Epistulae morales, the Dialogi, De Beneficiis, De Clementia, and Quaestiones naturales*, Amsterdam: A. M. Hakkert, 1970, xxiv + 237 p.]

51. [This goby found buried in the mud is probably the European mudminnow, *Umbra krameri*, an inhabitant of swamps and overgrown ponds and streams of eastern Europe, where in deoxygenated waters it will often thrive when all other fishes would have died (see Valenciennes (Achille), "Du genre Ombre (Umbra)", *in* Cuvier (Georges) & Valenciennes (Achille), *Histoire Naturelle des Poissons*, Paris; Strasbourg: F. G. Levrault, vol. 19, 1847, pp. 538-544, pl. 590; Wheeler (Alwyne C.), *Key to the Fishes of Northern Europe. A Guide to the Identification of More Than 350 Species* [illustrated by Stebbing Peter, maps drawn by Fraser Rodney F.], London: Frederick Warne, 1978, xix + 380 p.)]

52. [Red mullet, or red surmullet (*Mullus barbatus*), of the Mediterranean, one of the best known of some 50 species of goatfishes (elongate marine fishes of the family Mullidae, order Perciformes), and one of the most highly prized food fishes of the ancient Romans. Very similar is another European species, *Mullus surmuletus*.]

53. [Geogony, that branch of geology which relates to the theory of the earth's formation, and especially to the earlier stages of its development, and to its relations as a member of the solar system.]

54. [Medea, in Greek mythology, an enchantress who helped Jason, leader of the Argonauts, to obtain the Golden Fleece from her father, King Aeetes of Colchis. She was perhaps a goddess and had the gift of prophecy. She married Jason and used her magic powers and advice to help him. When Seneca wrote his *Medea*, there were already two famous versions of the Jason and Medea legend, the tragedy of Euripides and the later account of Jason, Medea, and the Argonauts by Apollonius of Rhodes (born early third century B.C., died after 246 B.C., an epic poet, scholar, and director of the Library of Alexandria) (see Seneca (Lucius Annaeus), *Medea* [with an introduction, text, translation and commentary by Hine Harry M.], Warminster: Aris & Phillips, 2000, 218 p.)]

55. [Known as "Columbus's Senecan Prophecy," perhaps no classical text was as inspirational to the navigators in the age of discovery as this:

Time shall in fine out breake
When Ocean wave shall open every Realme
The wandering World at will shall open lye,
And Thyphis will some newe founde Land Survay
Some travelers shall the Countries farre escrye,
Beyond small Thule, known farthest to this day.

(Seneca, *Medea*, lines 375-379, translated by John Studley, 1581; see Clay (Diskin), "Columbus' Senecan Prophecy", *American Journal of Philology*, vol. 113, n°4, 1992, pp. 617-620).]

56. [Aulus Cornelius Celsus (fl. first century A.D., Rome), one of the greatest Roman medical writers, author of an encyclopedia dealing with agriculture, military art, rhetoric, philosophy, law, and medicine, of which only the medical portion has survived. His *De re medica* or *De medicina,* now considered one of the finest medical classics, was largely ignored by contemporaries (Celsus (Aulus Cornelius), *De medicina* [with an English translation by Spencer W. G.], London: W. Heinemann Ltd; Cambridge (Mass.): Harvard University Press, 1935-1938, 3 vols). It was discovered by Pope Nicholas V (1397-1455) and was among the first medical works to be published (Celsus (Aulus Cornelius), *Cornelii Celsi De medicina liber incipit*, Florentiae: Nicolao [Laurentii] impressus, 1478, [392] unnumbered p.) after the introduction of the printing press.]

57. [Themison of Laodicea (fl. first century B.C.), a pupil of Asclepiades of Bithynia, is perhaps not the founder, but among a number of individuals associated with Methodism. In their dealings with medicine, the Methodists paid attention (in contrast to the Dogmatists and Empiricists) to the disease alone as opposed to the situation of the individual patient, *i.e.*, his medical history and personal situation. Thus, the disease alone dictates treatment (see Neuburger (Max), "An Historical Survey of the Concept of Nature from a Medical Viewpoint", *Isis*, vol. 35, n°1, 1944, pp. 16-28).]

58. [Andromachus, Nero's physician, like several Greek physicians before him, attempted to concoct anti-poisons by mixing small amounts of various toxic substances, which taken over a period of time was supposed to make one immune to their fatal effects. Under the name "Theriacum," his potion was described in pharmacopoeias for centuries up through the European Renaissance.]

59. [Theriac, an antidote to snake bites; also an antidote to poison compounded of many drugs and honey (see note 58, above).]

60. [Aretaeus of Cappadocia (fl. second century A.D.), Greek physician from Cappadocia who practiced in Rome and Alexandria, led a revival of Hippocrates's teachings, and is thought to have ranked second only to the father of medicine himself in the application of keen observation and ethics to the art. In principle he adhered to the pneumatic school of medicine, which believed that health was maintained by "vital air," or *pneuma*. Pneumatists felt that an imbalance of the four humors – blood, phlegm, choler (yellow bile), and melancholy (black bile) – disturbed the *pneuma,* a condition indicated by an abnormal pulse. In practice, however, Aretaeus was an eclectic physician, since he utilized the methods of several different schools.]

61. [According to Aristotle (in *Historia Animalium* and *De Patribus Animalium*; see Aristotle, *The Complete Works of Aristotle* [The revised Oxford translation, edited by Barnes Jonathan], Princeton (New Jersey): Princeton University Press, 1984, 2 vols) the heart has three chambers, and there are two significant vessels connected to it: the vena cava and the aorta; he does not mention the valves. The right chamber has the hottest blood and the most abundant blood; the left chamber has the coldest blood and the least abundant; finally the middle chamber has the purest and thinnest blood in the body and a medium quantity. He believed the heart to be the starting point of the veins (see Cole (Francis Joseph), *A History of Comparative Anatomy, from Aristotle to the Eighteenth Century*, London: Macmillan and Co Ltd, 1949, viii + 524 p.; Lonie (Iain Malcolm), "The paradoxical text 'On the heart,' Part I", *Medical History*, vol. 17, 1973, pp. 1-15; French (Roger Kenneth), "The thorax in history, 1. From ancient times to Aristotle", *Thorax*, vol. 33, 1978, pp. 10-18).]

62. [Pedanius Dioscorides (born *c.* A.D. 40, Anazarbus, Cilicia; died *c.* 90), Greek physician and pharmacologist whose work *De materia medica* (or Greek herbal) was the foremost classical source of modern botanical terminology and the leading pharmacological text for sixteen centuries. His travels as a surgeon with the armies of the Roman emperor Nero provided him an opportunity to study the features, distribution, and medicinal properties of many plants and minerals. Written in five books around the year 77, this work deals with approximately 1,000 simple drugs. Although the work may be considered little more than a drug collector's manual by modern standards, the original Greek manuscript, which was copied in at least seven other languages, describes most drugs used in medical practice until modern times and served as the primary text of pharmacology until the end of the 15th century (see Dioscorides, *The Greek Herbal of Dioscorides* [illustrated by a Byzantine, A.D. 512; englished by John Goodyer, A.D. 1655; ed. and first printed, A.D. 1933, by Gunther Robert T.; with three hundred and ninety-six illustrations], Oxford: Printed by J. Johnson for the author at the University Press, 1934, ix + 701 p.)]

63. [We have been unable to identify a 1495 edition of Dioscorides; perhaps Cuvier is referring to the earliest printing of this book in 1478, published by Johannes de Medemblick at Colle (Tuscany) and edited with commentary by Petrus de Abano].

64. [see Dioscorides, *De materia medica*, Venezia: Aldus Manutius, 1499, [380] unnumbered p.]

RIVES DU TIBRE À ROME
Romaines assistant au débarquement d'Agrippine et des cendres de Germanicus. Détail de l'œuvre du peintre Anglais William Turner (1775-1851). Huile sur toile de 1839.

12 L'Empire romain

Lorsque Auguste devint maître absolu de l'empire romain, cet État s'étendait de la chaîne de l'Atlas au Danube, et du détroit de Gadès à l'Euphrate, enveloppant ainsi, de toutes parts, le bassin de la Méditerranée.

Mais alors la rapidité de son accroissement commença à diminuer. Du côté de l'Orient, cette extension fut même entièrement empêchée par l'empire des Parthes, qui était devenu rival de la puissance romaine, et qui rendait ainsi fort difficile toute communication par terre avec les Indes. On ne connaît guère qu'Apollonius de Thyane[1] qui ait alors entrepris ce voyage avec succès.

Au Midi, la progression des Romains fut également arrêtée; ils se retirèrent même de la Nubie, et ne dépassèrent plus Syène.

Vers le Nord, à la vérité, ils continuèrent de s'accroître, mais ce fut à travers beaucoup d'obstacles, et ces conquêtes mêmes contribuèrent plus tard à hâter leur ruine.

Les centres principaux des sciences et des lettres étaient, au temps d'Auguste, Rome et Alexandrie: l'une, la capitale de l'empire, le siége du gouvernement; l'autre, célèbre par son école et les splendides dotations des Ptolomées. Quelques autres villes, comme Athènes et Pergame, avaient bien encore quelques fondations créées en faveur de l'enseignement; mais depuis la perte de leur importance politique, le goût de l'étude y avait subi une altération sensible.

Les premiers empereurs ne réunirent pas les conditions nécessaires à la prospérité des sciences et des lettres. Auguste encouragea seulement quelques littérateurs, et sous son règne les sciences ne reçurent aucun accroissement.

Tibère, son successeur, bien qu'ayant de l'esprit et des connaissances, fut d'un caractère sombre et tellement jaloux, que ceux qui l'entouraient évitaient de se distinguer, même par la culture de l'esprit.

Caligula fut un insensé atroce.

Claude avait quelque connaissance des arts et des sciences; mais il était tellement faible de caractère, si facile à effrayer, qu'il ne résulta rien d'utile de la bonté dé ses intentions.

Néron[2], voulant être le premier poète de son temps, envoyait au supplice ceux qu'il jugeait ses rivaux. Ainsi périrent Lucain[3] et Pétrone[4].

Galba[5], Othon[6], Vitellius[7], ne régnèrent que fort peu de temps.

Vespasien[8] fut le premier empereur qui réellement favorisa les sciences et les lettres. À son avènement au trône, les fondations scientifiques étaient tellement abandonnées, les études tellement négligées, qu'il n'eut d'autre moyen de relever ces dernières, que de fonder des chaires et de rétribuer des professeurs, expédient qu'avant lui on n'avait pas employé. Le calme reparut sous son règne ; il se maintint sous celui de Titus, et ce fut pendant ce repos que fut publiée la grande compilation de Pline.

Mais bientôt parut Domitien, et le monde fut de nouveau plongé dans de sanglantes horreurs.

Les sciences, en réalité, ne se ranimèrent donc que dans le second siècle de notre ère, où tout alors prit une direction différente.

Pendant qu'en Italie, sous les empereurs tyrans, l'absence de sécurité personnelle, la crainte des délations faisait cacher sa fortune, ses connaissances, et empêchait surtout de se livrer à l'étude de l'histoire naturelle qui, par l'appareil qu'elle exige, attire beaucoup plus l'attention que les sciences seulement spéculatives, l'état des études en Égypte n'était guère plus satisfaisant : l'émulation avait singulièrement perdu de son ardeur dans les établissements créés par les Lagides, depuis que la protection de ces princes ne l'excitait plus. Les prêtres, autrefois dépositaires et interprètes de la science, n'offraient alors que la plus honteuse ignorance. Ils exerçaient encore leur culte ; mais ils en avaient perdu la signification symbolique : toute métaphysique en avait disparu. En les comparant aux bonzes des Japonais, on a une idée assez exacte de la dégradation à laquelle ils étaient arrivés. Strabon rapporte que la plupart d'entre eux se livraient au métier de charlatan, et qu'un de ces prêtres, qui l'accompagnait dans ses voyages, était bafoué comme un saint-simonien[9], lorsqu'il exposait les principes fondamentaux de l'ancienne religion égyptienne.

Les Juifs placés à Alexandrie par Alexandre lui-même, et ceux que les premiers Ptolomées y amenèrent en plus grand nombre, avaient introduit dans ce pays, comme nous l'avons dit, des idées mystiques sur la divinité et sur le mode de lui rendre hommage. Mêlées à celles des chrétiens, qui furent bientôt nombreux en Égypte, ces idées nouvelles dirigèrent les esprits vers l'étude de la métaphysique et de la théologie naturelle ; et ensuite combinées avec la doctrine de Platon, elles donnèrent naissance au néoplatonisme, plus sublime, suivant quelques-uns, que la philosophie des beaux temps de la Grèce, mais assurément moins favorable au développement des sciences d'observation.

La plupart des Péripatéticiens s'étaient d'ailleurs livrés eux-mêmes à des travaux spéculatifs, et ceux qui avaient continué la culture des sciences naturelles étaient l'objet du ridicule. Lucien[10], dans son dialogue satirique, intitulé *les Philosophes à l'encan*, raille *ces hommes qui savent tout, qui connaissent la longévité d'une mouche, la longueur du saut d'une puce, et la nature de l'âme des huîtres*. On ne se borna pas même à des railleries : au IIIe siècle, Caracalla chassa de Rome les Péripatéticiens, sous prétexte qu'Aristote, le chef de leur secte, avait contribué à l'empoisonnement d'Alexandre.

Les diverses causes que nous venons d'exposer, et peut-être quelques autres qu'un éloignement de dix-huit siècles ne nous permet pas de distinguer, s'opposèrent au progrès des sciences dans l'empire romain, pendant les deux premiers tiers du siècle où parut le christianisme. Tout ce temps ne nous offre aucun naturaliste proprement dit. On n'y rencontre que des historiens, des géographes presque entièrement compilateurs, des poètes, des agronomes et des médecins. Nous allons parcourir les ouvrages de chacun de ces auteurs, pour en extraire ce qui se rapporte à notre sujet.

Sous le règne d'Auguste, on pourrait citer ce prince lui-même comme s'étant occupé des sciences naturelles ; car il paraît qu'il eut le projet de former des collections d'histoire naturelle. Suétone[11] nous apprend qu'il avait commencé à faire rassembler les prétendus os de géants qui avaient été découverts dans l'île de Caprée, et qui n'étaient très certainement que des débris fossiles d'éléphants, semblables à ceux que l'on rencontre encore abondamment dans plusieurs contrées de l'Italie.

Musa, le médecin d'Auguste[12], fut un botaniste assez remarquable et le nom de *Musa Sapientium*, donné au bananier, est tiré du sien[13].

Euphorbe[14], son frère, passe pour avoir aussi donné son nom à la plante que nous désignons encore aujourd'hui par ce nom propre[15]. Mais il paraîtrait que cette opinion n'est pas parfaitement exacte; car Saumaise[16] a remarqué que l'euphorbe est nommée dans un ouvrage du poète Méléagre[17], qui est antérieur de près d'un siècle au frère de Musa.

Le rival d'Homère, le plus grand poète de l'empire romain, Virgile[18], présente dans ses ouvrages plusieurs faits relatifs à l'histoire naturelle. On voit, par le quatrième livre des *Géorgiques*[19], où il traite des abeilles, qu'il admet la production spontanée de ces animaux. C'était, comme nous l'avons dit, l'opinion de toute l'antiquité; et le Livre des Juges nous en offre un autre exemple, lorsqu'il rapporte que Samson trouva des abeilles dans la bouche du lion qu'il avait tué[20]. Au moyen de l'épithète pittoresque que Virgile donne souvent aux différentes plantes qu'il nomme, il est possible de les reconnaître; on n'a aucun doute sur le *glayeul*, sur le *delphinium*, espèce de lys, où on lit jusqu'à un certain point le nom *d'Ajax*; mais ses ouvrages n'intéressent pas autrement les sciences naturelles: il n'y parle de rien qui ajoute à ce qu'on savait déjà. Au reste on peut consulter sur la partie scientifique de ce poète illustre, l'ouvrage de M. Paulet, ayant pour titre: *Flore et Faune de Virgile*[21].

Ovide[22], peu connu comme naturaliste, mérite cependant plus notre attention à ce titre que l'auteur des *Géorgiques*. Il avait vingt-sept ans de moins que ce dernier; il était né quarante-trois ans avant Jésus-Christ. Il mourut l'an 17 de notre ère.

Dans son poème intitulé *Halieuticon* il parle de faits complètement neufs et fort intéressans[23]. Nous n'avons que cent trente-quatre des cinq cent cinquante vers qui composaient ce poème; mais ce seul fragment contient les noms de cinquante-trois poissons presque tous faciles à reconnaître d'après les indications de l'auteur. Ovide décrit les divers moyens que ces animaux emploient pour se soustraire à la poursuite d'autres poissons, ou échapper aux filets des pêcheurs. Il parle, par exemple, de l'encre que la seiche répand derrière elle pour se dérober à la vue de ses ennemis, et de la manière dont les larves se secourent entre eux. Nous avons remarqué parmi les poissons qu'il désigne le *Channe*, qui se féconde lui-même[24], et le phycis, qui se construit un nid à l'instar des oiseaux[25]. Plusieurs passages de Pline auraient été inexplicables sans les vers qui nous sont restés du petit poème d'Ovide.

Les historiens et géographes du siècle d'Auguste, qui ont parlé d'histoire naturelle, sont Diodore de Sicile et Strabon.

Diodore était né à Argyrium, en Sicile, comme l'indique son surnom. Il parcourut plusieurs États de l'Europe et de l'Asie, et se fixa à Rome, où il écrivit une *Bibliothèque* lui est une espèce d'histoire universelle[26]. Cet ouvrage, écrit en grec et continué jusqu'à l'an 60 avant notre ère, était divisé en quarante livres, dont quinze seulement nous ont été conservés. L'ordre qui y est suivi cet à peu près celui qu'on adopterait encore maintenant en parlant des divers pays que l'auteur a visités. Les premiers livres de cette Bibliothèque traitent de l'Orient, et ils sont à peu près les seuls qui rapportent des faits d'histoire naturelle. Nous avons remarqué dans la description de l'Inde, les éléphants de cette contrée, et le riz, dont il n'avait encore été question dans aucun auteur. En Arabie Diodore a observé les palmiers, le baume, la myrrhe ; divers animaux, comme le lion, la girafe, la panthère, l'autruche ; et plusieurs minéraux, tels que l'or natif, le cristal de roche et quelques autres pierres précieuses. La description de la presqu'île de Taprobane[27], qui succède à celle des productions de l'Arabie, fait naître beaucoup de doute dans l'esprit. La manière dont l'auteur raconte que cette contrée a été découverte paraît assez romanesque, et il entre tout-à-fait sur le terrain de la fable lorsqu'il attribue à la presqu'île de Taprobane la production d'hommes dont les membres sont flexibles en tous sens, parce que leurs os sont cartilagineux. Ces mêmes hommes, suivant Diodore, ont la bouche pourvue de deux langues et peuvent s'exprimer en même temps en deux idiômes. Il est probable que cette absurdité est le résultat d'un malentendu : l'auteur aura pris à la lettre le récit métaphorique de quelque voyageur. Un autre fait singulier rapporté par Diodore pourrait peut-être recevoir une explication raisonnable. Il dit qu'il existe dans la même presqu'île un animal fait comme une roue, ayant quatre bouches, quatre pieds et un grand nombre de bras. Nous supposons qu'il a voulu parler dans cette description de l'animal connu sous le nom de méduse, qui a presque la forme d'un champignon soutenu par de longs pieds[28].

Dans sa relation des productions de l'Éthiopie, Diodore ne donne de renseignements nouveaux que sur les mines de topaze. Le reste est complètement tiré d'Agatharchide.

Strabon[29] a écrit ses ouvrages à Rome ; mais il appartient cependant à la littérature grecque : il était né à Amasée ville de Cappadoce, cinquante ans avant notre ère, et il vécut jusque sous les premières années de Tibère ; car il cite des événements de l'an 17 après Jésus-Christ. Plusieurs de ses maîtres suivaient la philosophie péripatéticienne, et c'est sans doute à cette circonstance de sa jeunesse qu'il faut attribuer le goût pour les choses positives qu'on remarque dans ses ouvrages. Après être venu à Rome, il voyagea en Asie, dans l'Afrique occidentale, et accompagna en Égypte Cornélius Gallus[30], avec lequel il était lié intimement. Ses écrits témoignent de l'état misérable où étaient de son temps les monuments de l'ancienne Égypte : c'est à peine s'ils étaient moins délâbrés qu'ils ne le sont aujourd'hui. Cette destruction avait commencé lors des conquêtes des Perses, comme nous l'avons vu, et s'était continuée pendant les guerres intestines, et surtout sous le règne de Latyre[31]. Les temples étaient presque entièrement renversés, et ce qui restait de prêtres, arrivé au dernier degré de la dégradation, ne vivait plus que de superstitions.

L'ouvrage de Strabon, qui porte le titre de Géographie, et qui se compose de dix-sept livres, est très intéressant pour les naturalistes, et singulièrement remarquable par la méthode qui a présidé à sa rédaction[32]. Cependant il paraît avoir été ignoré de tous les auteurs d'ouvrages latins qui ont paru immédiatement après lui. Pline, Pomponius Mela[33], et même Tacite[34], n'en parlent aucunement ; ce qu'il faut sans doute attribuer à l'absence de l'imprimerie, sans laquelle les connaissances ne se répandent qu'avec une extrême lenteur. Cet ouvrage de Strabon nous est parvenu dans la plus grande intégrité ; car les petites lacunes qu'on y remarque semblent être le fait de l'auteur lui-même.

Il commence par un examen des systèmes astronomiques et géographiques qui avaient été exposés jusqu'à son temps ; et par cette courte analyse on connaît jusqu'à un certain point plusieurs ouvrages anciens qui ont été perdus. Il entame ensuite des descriptions particulières, en partant de Gibraltar et suivant jusqu'à la Lybie (la Barbarie) le contour de la Méditerranée. Chacune de ses descriptions renferme des traits d'histoire politique et d'histoire naturelle. En parlant de la Gaule narbonnaise, le Languedoc actuel, il décrit les muges qu'on trouve enfouis dans la vase, où ils ont la faculté de vivre assez long-temps, et que, pour cette raison, on a nommés fossiles. Il parle aussi de la plaine couverte de cailloux, qui est située près d'Arles, et qu'on nomme aujourd'hui la *Crau*[35]. Déjà Aristote en avait fait mention dans sa Météorologie, et puis anciennement encore on avait rendu compte de ce phénomène par de prétendus faits empruntés à la mythologie. Eschyle, par exemple, avait dit que sans doute Jupiter fit tomber dans cette plaine une pluie de pierres pour secourir Hercule combattant les Liguriens. Au reste, la connaissance très positive que les anciens avaient de la Crau et de plusieurs autres particularités de pays lointains pour eux, prouve qu'ils faisaient des voyages dont l'histoire ne parle pas, et qui avaient sans doute le commerce pour objet.

Dans la description de la Provence, Strabon mentionne le *mistral*, ce vent si redouté encore dans le même pays, à cause de sa froideur.

Arrivé aux Alpes, il en décrit plusieurs animaux, et parmi eux on reconnaît positivement l'élan, qui aujourd'hui n'existe plus que dans le fond de la Lithuanie, dans le nord de la Russie et dans la Suède.

Il parle ensuite des îles de l'Italie, décrit celle de Lipari et ses volcans[36].

Traitant de la Grèce, il donne plusieurs indications qui pourraient faire retrouver les carrières d'où les anciens extrayaient leurs marbres. Il nous apprend qu'il existait des carrières très-renommées aux environs des monts Taygètes, et près du cap Ténare[37].

Dans la description de la Scythie, qui succède à celle de la Grèce, Strabon parle d'un quadrupède qu'il nomme *colos*, et qui, suivant lui, fait de ses narines un réservoir d'eau. Cet animal est sans doute la gazelle saïga[38], dont les narines sont en effet renflées d'une manière extraordinaire.

Revenu vers la mer Noire, Strabon visita Bysance, et il a décrit les pêches célèbres qu'on y faisait, particulièrement celles du thon et du maquereau. Il indique aussi la route que parcouraient chaque année les troupes de poissons qui alimentaient les pêches de Bysance : en sortant du Palus-Méotide, par le Bosphore Cimmérien, elles se dirigeaient vers Synope, s'approchaient de la Chalcédoine, puis, rencontrant à cette hauteur un gros rocher blanc, dont elles avaient peur, elles traversaient le détroit et arrivaient dans le port de Bysance.

Après cette description, l'auteur traite des pays qu'il avait laissés à l'Orient, tels que la Médie et les Indes, et comme ces contrées sont plus éloignées de sa patrie que celles dont il a déjà parlé, il suppose que leurs productions sont moins connues, ou plus intéressantes, et il entre en conséquence à leur égard dans des détails plus étendus. Il reproduit tout ce que renferment de plus important les ouvrages de Néarque, d'Onésicrite, de Mégasthènes, d'Aristobule[39]. Il donne la première description que nous présentent les anciens, de la canne à sucre, roseau, dit-il, qui donne du miel. Il parle du coton, de la soie, et pense que cette dernière substance est, comme l'autre, produite par l'arbre sur lequel on la recueille. Cette erreur subsista jusqu'au IIe siècle de l'ère chrétienne, et c'est Pausanias qui, le premier, a fait connaître par ses ouvrages que la soie est le produit d'une chenille.

Les relations de Strabon sur la Babylonie, le golfe Arabique, la partie d'Afrique située au midi de l'Égypte, ne sont, comme ses descriptions de l'Inde, que des extraits d'auteurs antérieurs ; il emprunte beaucoup, entre autres, à Diodore de Sicile, qui lui-même a puisé dans Agatharchides. Ce qu'il dit de l'Égypte est le résultat de ses observations personnelles. Il ne rapporte rien qui soit bien remarquable sur la girafe, le bubale, l'éléphant, les singes, l'ichneumon ; mais ses détails sur les oiseaux, et principalement sur les poissons du Nil, sont nouveaux et très intéressans. Il a désigné quinze ou seize de ces derniers assez clairement pour que M. Geoffroi Saint-Hilaire[40], au temps de l'expédition d'Égypte[41], ait pu retrouver dans le Nil presque tous leurs pareils.

À peu près à la même époque que Strabon, on rencontre un autre géographe, Pomponius Mela[42], qui a écrit un petit traité en style élégant ; mais cet ouvrage est tellement abrégé, que les naturalistes n'en peuvent retirer aucune utilité.

Un gastronome fort célèbre, Apicius[43], a produit un livre qui est beaucoup plus précieux pour l'histoire naturelle. C'est une espèce de *Cuisinier Royal* ou de *Cuisinière Bourgeoise*, intitulée *de Obsoniis et Condimentis et de Arte coquinariâ*[44]. Il y eut à Rome trois hommes du nom d'Apicius et tous trois d'une gourmandise extraordinaire : le premier vivait sous Sylla, le second sous Auguste et Tibère, le troisième sous Trajan. Le second est le plus fameux, c'était le prince des gourmands, celui qui portait à Rome le sceptre de la gastronomie, et qui est cité dans les écrits de Pline, de Juvénal, de Sénèque. L'ouvrage dont nous avons énoncé le titre il n'y a qu'un instant, a été composé par lui, et il est probable qu'il a employé toute sa vie à le rendre tel que nous le connaissons. On n'a pas gardé le souvenir d'un homme plus dévoué que lui à la gastronomie. On rapporte qu'ayant ouï dire qu'on trouvait en Afrique des crevettes plus grosses que celles qu'il mangeait à Rome, il frêta tout exprès un navire pour aller en goûter. Lorsqu'il fut arrivé à la côte, un grand nombre de pêcheurs vinrent lui offrir les fameuses crevettes qu'il venait pour savourer; mais ne les ayant pas trouvées plus belles que celles d'Italie, il revira de bord sur-le-champ et revint à Rome. Après avoir dépensé en prodigalités de table deux millions et demi de notre monnaie, il se trouvait n'avoir plus qu'environ un demi million; ce délabrement de finances l'aurait obligé à quelque dérogation gastronomique; il ne put envisager de sang-froid un pareil avenir; il se tua avant d'avoir perdu sa suprématie.

Son écrit est divisé en dix livres; il renferme beaucoup de détails sur les mœurs et les usages domestiques des Romains, et il intéresse les naturalistes en ce qu'il contient le nom des plantes et des animaux qu'alors on employait au service des tables. La description de la manière d'apprêter ces substances aide beaucoup à nous les faire reconnaître. L'ouvrage d'Apicius ne serait pas indigne d'être commenté par un naturaliste.

Le premier livre, où il est traité des conserves, nous apprend que les Romains y employaient beaucoup de miel. Ils faisaient aussi un fréquent usage de vin, de vinaigre, d'assaisonnemens très actifs, tels que le cumin, la coriandre et même absinthe. Ils employaient encore les pignons dans beaucoup de mets; on les faisait entrer par exemple dans certaines saucisses; et aujourd'hui, dans plusieurs parties de l'Italie, on en mange de la même manière.

Le deuxième livre traite des sauces et des fritures. La fameuse sauce aux homards s'y trouve déjà décrite.

Le troisième livre a pour objet les légumes et la manière de les faire cuire. Pour conserver leur couleur verte, on répandait dans l'eau un peu de nitre.

Le quatrième livre est consacré aux hachis, aux andouilles, à quelques autres préparations composées des issues des animaux, et en particulier au fameux garum que l'on faisait avec des intestins de poissons macérés dans de la saumure.

Dans le cinquième livre, il est question des fruits et légumes qui ne se mangent que cuits, comme par exemple les châtaignes, les fèves, les pois, les lentilles.

Le sixième livre traite des oiseaux. Il décrit la manière dont on fait bouillir l'autruche, celle dont on apprête les phénicoptères ou flamants, les grues, les perroquets, enfin le canard aux navets.

Le septième livre enseigne la préparation des mets qui se composent des issues des animaux, telles que le foie, les reins, le cœur, les pattes, le cou, etc., et qu'on nomme communément *abattis*[45].

Le huitième livre traite de la manière d'apprêter les quadrupèdes, le sanglier, le cerf, la chèvre, le mouflon, le lièvre, le loir. Il renferme jusqu'à dix-sept recettes pour la préparation du cochon de lait.

Dans le neuvième livre sont désignés divers produits de la mer, le calmar, la langouste, les oursins, les huîtres, la torpille, le thon, etc.

Le dixième et dernier livre est consacré aux autres poissons qu'on servait sur la table des Romains.

Columelle a écrit un ouvrage qui renferme aussi des détails intéressans sur les mœurs des anciens et sur leur économie domestique, mais qui du reste est complètement différent, de celui d'Apicius. Il est intitulé *De re rusticâ,* comme les ouvrages de Varron et de Caton, et est principalement consacré à l'agriculture. L'auteur y parle des animaux domestiques. À la fin du huitième livre, où il s'occupe des viviers artificiels, on trouve sur les poissons rares qu'on y élevait des indications plus complètes que celles de Varron. Les jardins sont le sujet du dixième livre.

Columelle[46], qui était Espagnol, vint à Rome pendant le règne de Claude. On pouvait alors voyager facilement dans les différentes parties de l'empire romain; les provinces affluaient vers la capitale; beaucoup d'affaires se traitaient entre elles, et les hommes éclairés venaient aussi s'établir au centre de l'empire: Strabon était venu de Cappadoce; Diodore, de la Sicile, et Columelle, d'Espagne, comme nous venons de le dire.

L'auteur dont nous allons vous entretenir maintenant était aussi d'Espagne. Sénèque[47] naquit à Cordoue, vers l'an 13 de l'ère chrétienne. Il étudia la philosophie sous différens maîtres, et finit par s'attacher à la secte des stoïciens. Au temps de Caligula[48] il fut exilé en Corse, et en fut rappelé par Agrippine[49], qui lui confia l'éducation de son fils Néron. Il profita de la faveur dont il jouissait pour accumuler des richesses énormes. À cinquante-deux ans il périt par ordre de son fameux élève. Il a laissé beaucoup d'écrits sur la philosophie, sur la morale, sur la littérature et sur quelques parties des sciences naturelles. Quoique grand écrivain, on lui reproche avec raison d'avoir abusé de son imagination pour altérer le style latin. Il était considéré dans son temps comme un physicien distingué; mais nous allons voir que c'était sans fondement. Il se perd ordinairement dans des explications absurdes, et souvent il élude les difficultés par des jeux de mots.

Ses *Questions naturelles* sont le seul ouvrage qui nous intéresse; il y traite de physique et de quelques objets d'histoire naturelle[50].

Le premier livre est relatif aux météores ignés qui paraissent dans l'atmosphère, aux halos ou couronnes irisées qui entourent les astres, à l'arc-en-ciel; et tous ces phénomènes sont mal expliqués.

Dans le deuxième livre il adopte l'opinion d'Anaximandre sur le tonnerre; il le regarde comme un résultat de la rencontre des nuages de leur frottement proviennent, suivant lui, l'éclair qui nous éblouit, le son que nous entendons, enfin la foudre, si la collision est assez puissante. Il conclut de cette application, que la foudre ne doit point être regardée comme un présage, et c'est ce qu'il y a de meilleur dans sa météorologie.

Les eaux, les sources en général, les fontaines intermittentes, sont le sujet du troisième livre. Sénèque croit avoir expliqué ce dernier phénomène en le comparant à la fièvre intermittente qui affecte les hommes. En parlant de ces gobius que l'on trouve enfouis dans la vase[51], il résout la difficulté d'une manière plus singulière encore ; il dit fort sérieusement que puisque les hommes vont sous l'eau, les poissons peuvent bien aller sous la terre. À l'occasion de ces poissons il parle de ceux que les gastronomes de Rome fesaient venir jusque dans les salles de repas, et il décrit avec complaisance et beaucoup d'imagination, les variations admirables de couleur que subit le rouget en expirant[52]. Afin de mieux jouir de ce spectacle on plaçait le poisson dans un vase de verre. Sénèque reproche aux Romains ce barbare plaisir ; mais à la peinture qu'il se plaît à en faire, on voit que lui-même se l'était donné plusieurs fois. Il continue dans le même livre de parler des eaux, des inondations, enfin d'un dernier déluge qui anéantira tous les êtres.

Dans le quatrième livre, Sénèque traite du Nil, de ses débordements périodiques, et en indique la cause. Il répète cette idée que je vous ai fait connaître au commencement de cette histoire, que l'Égypte est le produit des alluvions du Nil ; et à cette occasion il passe en revue plusieurs géogonies anciennes[53].

Le sixième livre traite des mouvements de l'atmosphère, ou des vents.

Enfin le dernier parle des comètes, et l'auteur les considère comme des planètes dont la course est moins bien connue, parce que leur révolution est plus longue, idée que les Chaldéens avaient eue avant lui.

Si Sénèque le naturaliste est aussi l'auteur des tragédies connues sous ce nom, on peut lui faire honneur d'avoir prédit long-temps à l'avance la découverte de l'Amérique, car il a dit dans la tragédie de Médée[54] : Un temps viendra ou Thulé ne sera plus la dernière des terres connues et où l'océan nous découvrira un nouveau monde[55].

Quelques médecins se distinguèrent à Rome dans l'étude des sciences naturelles, pendant le Ier siècle de notre ère, et ce sont leurs écrits qui fournissent le plus de documents sur ces sciences. Il y avait alors à Rome beaucoup plus de médecins grecs que de médecins latins, et ceux-là y étaient aussi plus estimés que les seconds. Les empereurs eurent presque toujours des médecins grecs. Aussi Celse[56] est-il le seul médecin latin que nous puissions citer. Son traité *De re medicâ,* où il décrit avec un grand talent une foule de maladies et les médicamens connus alors, présente quelques notions d'histoire naturelle.

Du temps de Cicéron vivait à Rome un Asclépiade qui cherchait à y introduire les principes de l'école atomistique.

Thémison[57], son élève, y fonda la secte des *Méthodistes,* qui avait pour objet d'expliquer par les lois de la physique tous les phénomènes de la vie.

Andromaque[58], médecin de Néron, écrivit un poëme sur la thériaque[59].

Mais le principal des médecins de l'époque que nous examinons est Arétée, de Cappadoce[60], qui vivait sous Néron, et dut être contemporain de Pline ; c'est le plus grand médecin de l'antiquité, après Hippocrate ; il égale même ce grand homme dans la description des maladies. Il est étonnant que Pline, qui écrivit peu de temps après lui et qui fut, comme nous l'avons dit, son contemporain, ne le cite aucunement. Il est encore plus étonnant que Galien n'en parle pas. Ces omissions singulières prouvent la rareté des bibliothèques à cette époque et combien d'hommes illustres pouvaient rester privés pendant des siècles de la réputation due à leur génie.

Arétée appartenait à la secte *Pneumatique*, qui admet l'existence d'un souffle passant des poumons dans le cœur, et produisant tous les phénomènes de la vie. Il était bon anatomiste et nous a laissé une description exacte de la veine cave et de la veine porte. Toutefois il a erré à quelques égards ; car il fait sortir toutes les veines du foie ; cette inexactitude est étonnante puisque Aristote savait et a écrit que ces veines partent toutes du cœur[61].

De tous les médecins du même temps, le plus grand naturaliste est sans aucun doute Dioscoride[62], qui vivait sous le règne de Néron et fut médecin dans les armées romaines. C'est le botaniste le plus complet de l'antiquité ; il a décrit environ six cents plantes ; mais de ce nombre il n'y en a pas cent cinquante dont on puisse reconnaître l'espèce. Si ses connaissances ont dépassé celles de Théophraste, il lui est fort inférieur pour les descriptions, et on doit renoncer absolument à déterminer plus de la moitié des plantes qu'il mentionne. Il attribue d'ailleurs à ces plantes une multitude de propriétés exagérées et souvent imaginaires. Cependant Pline l'a copié textuellement dans un grand nombre de passages, et Galien lui donne les plus grands éloges. Jusqu'à la renaissance des lettres, c'est-à-dire pendant environ quinze siècles, son ouvrage a été classique dans les écoles de médecine. Il eut les honneurs de l'impression en 1495[63], et les Turcs et les Maures qui l'ont traduit n'ont pas, aujourd'hui encore, d'autres livres de médecine. On peut même dire avec vérité que c'est aussi l'ouvrage qui est le plus répandu dans les bibliothèques de l'Occident. Ce succès étonnant vient peut-être beaucoup des belles gravures en bois dont l'édition de Venise est ornée[64] ; car ces gravures permettent de reconnaître un grand nombre de plantes sans qu'on soit obligé d'étudier la botanique méthodiquement.

Pour commenter convenablement les travaux botaniques de Dioscoride il faudrait se transporter sur le sol même où naissent les plantes décrites par cet auteur ; il faudrait aussi que la tranquillité fût rétablie en Grèce. Mais le résultat de ce travail ne serait guère qu'un objet de curiosité ; car il est plus que douteux que les écrits de Dioscoride puissent jamais Dans la prochaine séance nous examinerons les ouvrages de Pline.

NOTES

1. [Apollonius de Tyane (*fl.* Ier siècle apr. J.-C. à Tyane en Cappadoce), était un philosophe néopythagoricien qui devint un héros mythique pendant l'Empire Romain. L'impératrice Julia Domna commanda à l'écrivain Philostrate l'Athénien (IIe ou IIIe siècle apr. J.-C.) une biographie d'Apollonius. On raconte qu'elle fit cette demande poussée par le désir de contrecarrer l'influence du Christianisme sur la civilisation romaine (voir Philostrate, *Apollonius de Tyane : sa vie, ses voyages, ses prodiges* [trad. du grec par Chassang A. ; présentation et notes de Rachet Guy], Paris : Sand, 1995, 348 p.) La biographie le présente comme un personnage comparable au Christ, et affirme qu'Apollonius fit des miracles. Il semble que la majeure partie de cette biographie soit fictive. Mais au temps de l'Empire Romain, de nombreux païens crurent ce que cet ouvrage disait, ce qui raviva le sentiment religieux chez beaucoup d'entre eux. Ils édifièrent des sanctuaires et élevèrent des monuments pour l'honorer et le vénérer.]

2. [Néron, ou Nero Claudius Caesar Augustus Germanicus, également appelé Nero Claudius Caesar Drusus Germanicus (50-54 apr. J.-C.), de nom de naissance Lucius Domitius Ahenobarbus (né le 15 décembre 37 apr. J.-C. à Antium, Latium (Anzio, Italie d'aujourd'hui) ; mort le 9 juin 68 à Rome) fut le cinquième empereur romain (54-56 apr. J.-C., beau-fils et dauphin de l'empereur Claudius. Il se créa une mauvaise réputation en raison de ses débauches et de ses extravagances, de l'incendie de Rome qu'on lui attribua, bien que les preuves fussent incertaines, et des persécutions des Romains.]
3. [Lucain, voir Leçon 10, note 5.]
4. [Gaius Petronius Arbiter, de nom d'origine Titus Petronius Niger (mort en 66 apr. J.-C.), auteur célèbre du *Satyricon*, portrait littéraire de la société romaine du Ier siècle apr. J.-C. (voir Pétrone, *Satyricon* [traduction de Tailhade Laurent ; édition établie par Desbordes Françoise], Paris : Flammarion, 2007, 275 p.)]
5. [Galba, en latin Servius Galba Caesar Augustus, de nom d'origine Servius Sulpicius Galba (né le 24 décembre 3 av. J.-C. ; mort le 15 janvier 69 apr. J.-C. à Rome), empereur romain pendant sept mois (68-69 apr. J.-C.). Son administration était très stricte, bien que ses conseillers fussent corrompus.]
6. [Otho, en latin Marcus Otho Caesar Augustus, de nom d'origine Marcus Salvius Otho (né en 32 apr. J.-C. ; mort le 16 avril 69 près de Crémone, Venise, Italie), empereur romain de janvier à avril 69.]
7. [Aulus Vitellius (15-69 apr. J.-C., Rome), empereur romain ; il fut le dernier des trois successeurs de courte durée de Néron. Aulus était le fils de Lucius Vitellius, censeur sous l'empereur Claudius, qui fut également consul à trois reprises. Aulus devint également consul en 48 apr. J.-C. et proconsul en Afrique (*c.* 61). Il fut nommé commandant des légions de Germanie Inférieure en 68. Au beau milieu des troubles qui suivirent la mort de Néron, il fut proclamé empereur par ses troupes (2 janvier 69). Il marcha sur l'Italie, et le 16 avril, son rival l'empereur Otho se suicida. Vitellius marcha sur Rome en vainqueur en juillet, mais le 1er juillet, un commandant des légions de l'est, Vespasien, était également proclamé empereur. Après son échec devant les troupes de Vespasien, Vitellius pensa à abdiquer, mais sa garde prétorienne l'en dissuada, et lorsque les troupes de Vespasien marchèrent sur Rome le 20 décembre, Vitellius fut assassiné avec une grande brutalité par ses propres soldats.]
8. [Vespasien, en latin Caesar Vespasianus Augustus, de son nom d'origine Titus Flavius Vespasianus (né le 17? Novembre 9 apr. J.-C. à Réate [Rieti], Latium ; mort le 24 juin 79), empereur romain qui, bien que d'origine modeste, devint le fondateur de la dynastie des Flaviens après les guerres civiles qui suivirent la mort de Néron en 68. Ses réformes fiscales et sa consolidation de l'empire apportèrent la stabilité politique et produisirent un vaste programme de construction.]
9. [Cuvier fait ici référence à un socialiste contemporain français, Henri de Saint-Simon, dont le nom complet est Claude-Henri de Rouvroy, Comte de Saint-Simon (né le 17 octobre 1760 à Paris ; mort le 19 mai 1825 à Paris). Théoricien social français, il fut l'un des fondateurs du socialisme chrétien. Dans son œuvre inachevée *Nouveau christianisme : dialogues entre un conservateur et un novateur* (publié pour la première fois chez Bossange à Paris en 1825), il clamait que l'organisation scientifique de l'industrie et de la société devait mener à l'établissement d'une vraie fraternité entre les hommes (voir *Œuvres de Claude-Henri de Saint-Simon*, Paris : Éditions Anthropos, 1966, 6 vol.)]
10. [Lucien de Samosate, en grec Lucianos, en latin Lucianus ou Lucinus (né *c.* 120 apr. J.-C. à Samosate, Commagène en Syrie [de nos jours Samsat en Turquie] ; mort après 180 à Athènes), était un rhéteur grec, auteur de pamphlets, et satiriste, connu pour ses œuvres *Dialogues des Dieux* et *Dialogues des Morts* (voir Lucien de Samosate, *Œuvres complètes* [traduction avec notices et notes par Chambry Émile], Paris : Garnier frères, 1934, 2 vol.)]
11. [Suétone, en latin Gaius Suetonius Tranquillus (né *c.* 69 ap. J.-C., probablement à Rome ; mort après 122), historien biographe romain et antiquaire principalement connu pour ses œuvres *De viris illustribus* (« Des Hommes Illustres » dont seule subsiste la majeure partie de la dernière division consacrée aux grammairiens et aux rhéteurs, voir Suétone, *Grammairiens et rhéteurs* [texte établi et traduit par Vacher M.-C.], Paris : Les Belles Lettres, 2003, XCVIII + 282 p.), une collection de courtes biographies d'hommes littéraires illustres romains, et *De vita Caesarum* (*Vies des douze Césars* [texte établi et traduit par Ailloud Henri ; 3e éd., rev. et corr.], Paris : Les Belles Lettres, 1961-64, 3 vol.) Cet ouvrage, épicé de ragots et de scandales concernant la vie des onze premiers empereurs, lui assura la célébrité.]
12. [Antonius Musa, botaniste et médecin d'Auguste qui, en l'an 23 av. J.-C., alors qu'Auguste était gravement malade, le guérit de sa maladie avec des compresses froides, et devint immédiatement célèbre. Le genre de plantes *Musa*, lequel inclue la banane, le plantain, et de nombreuses autres espèces, fut apparemment nommé ainsi en son honneur (voir note 13 ci-dessous).]
13. [La famille des plantes de la banane, appelée Musaceae, de l'ordre des Zingiberales, comprend deux genres, le *Musa* et l'*Ensete*, et environ 50 espèces natives d'Afrique, d'Asie, et d'Australie. La banane commune (*Musa sapientum*) est une sous-espèce du plantain (*Musa paradisiaca*). Les deux espèces sont des plantes alimentaires substantielles.]
14. [Euphorbes, frère de Musa (voir note 12 ci-dessus) et médecin du roi Juba II de Numidie (voir Leçon 8, note 23), en

l'honneur duquel la plante Euphorbes fut nommée à l'origine (voir note 15 ci-dessous).]

15. [*Euphorbia* désigne le genre vaste et varié des buissons, arbres, et plantes herbacées de la famille des épurges (ou Euphorbiacées), caractérisés par un suc laiteux. Le genre, qui contient environ 1 500 à 1 600 espèces, est aussi communément appelé épurge.]

16. [Claude Saumaise, en latin Claudius Salmasius (né le 15 avril 1588 à Sémur-en-Auxois, France; mort le 3 septembre 1653 à Spa, aujourd'hui en Belgique), homme de lettres français dont la sagesse et l'imposante érudition exercèrent une forte influence chez ses contemporains.]

17. [Méléagre de Gadara, (*fl.* Ier siècle av. J.-C.), poète grec né à Gadara en Syrie, qui compila la première anthologie d'épigrammes, laquelle devint la première des collections qui devinrent ce qui est connu aujourd'hui comme l'Anthologie Grecque. La collection de Méléagre contenait un certain nombre de ses poèmes ainsi que ceux de cinquante autres auteurs. Un poème d'introduction comparait chaque poète à une fleur, et l'ensemble était intitulé «La Couronne» (*Stephanos*) (voir la libre traduction qu'en donne Louÿs (Pierre), *Œuvres complètes: Poésies de Méléagre*, Genève: Slatkine, 1929, tome I, pp. 123-126). Il vécut à Tyre et passa la dernière partie de sa vie sur l'île de Cos dans la mer Égée.]

18. [Virgile, en latin Publius Vergilius Maro (né le 15 octobre 70 av. J.-C. à Andes, près de Mantua en Italie; mort en 19 av. J.-C. à Brindisi, en Italie) fut considéré par les Romains comme leur plus grand poète, opinion qui fut maintenue au fil des siècles. Sa célébrité est principalement due à son épopée *L'Enéide*, qui raconte l'histoire légendaire du fondateur de Rome et proclame que la mission de Rome est de civiliser le monde sous les auspices divins (Virgile, *L'Énéide* [éd. revue; traduction de Rat Maurice; présentation, notes, chronologie, lexique et dossier par Garcia Christine], Paris: Flammarion, 2008, 178 p.) Sa réputation de grand poète perdure non seulement grâce au rythme, à l'élaboration de ses vers et à son habileté à créer une œuvre de grande envergure, mais également parce qu'il incarna dans sa poésie des aspects de la vie réelle intemporels.]

19. [Les Géorgiques, œuvre de Virgile composée entre 37 et 80 av. J.-C. (à la fin des guerres civiles), est une plaidoirie pour le retour à la vie traditionnelle agricole en Italie (*cf.* l'édition récente des *Géorgiques* [texte traduit par Saint-Denis Eugène de; introduction, notes et postface par Pigeaud Jackie], Paris: Les Belles Lettres, 1998, LI + 172 p.) La forme est didactique, mais, comme Sénèque le confia plus tard, cette œuvre fut écrite «non pas pour instruire les fermiers mais pour séduire les lecteurs». L'instruction pratique (sur l'art de l'agriculture, de l'arboriculture, de l'élevage de bétail, et de l'apiculture) démontre une connaissance profonde de la nature, et est entrecoupée de digressions poétiques et bucoliques sur des sujets tels que la beauté de la campagne italienne et la joie du fermier au moment de la récolte.]

20. [*Livre des Juges*, Chapitre 14.]

21. [Voir Paulet (Jean-Jacques), *Flore et faune de Virgile; ou, Histoire naturelle des plantes et des animaux (reptiles, insectes) les plus intéressans à connaître, et dont ce poète a fait mention*, Paris: Chez Madame Huzard, 1824, xxiv + 159 p.]

22. [Ovide, dont le nom complet en latin est Publius Ovidius Naso (né le 20 mars 43 av. J.-C. à Sulmo, aujourd'hui Sulmona, en Italie; mort en 17 apr. J.-C. à Tomis, l'actuelle Constanta en Roumanie), fut un poète romain particulièrement connu pour ses œuvres *L'Art d'Aimer* et *Les Métamorphoses* (*cf.* les éditions suivantes: *L'art d'aimer* [traduction de Bornecque Henry revue par Heuzé Philippe; texte annoté et questions par Alizon Aude, ... Tardiveau Christine], Paris: Les Belles Lettres; Hatier, 2009, 222 p.; *Les métamorphoses* [texte établi par Lafaye Georges; émendé, présenté et traduit par Sers Olivier], Paris: Les Belles Lettres, 2009, XXVII + 782 p.) Sa poésie eut beaucoup d'influence, tant par ses interprétations imaginaires des mythes classiques, que comme exemple de virtuosité.]

23. [Pour la traduction française des *Halieutiques* d'Ovide, voir le texte établi, traduit et commenté par Eugène de Saint-Denis, Paris: Les Belles Lettres, 1975, 78 p.]

24. [*Channe* fait référence aux poissons du genre hermaphrodite des Serrans (*Serranus*). Parmi les nombreux poissons hermaphrodites de Méditerranée (dont la plupart appartient aux familles des Serranidae, Sparidae, et Centracanthidae, il est probable que celui auquel se réfère Ovide est le Serran Commun (ou serran cabrille; voir Lejeune (P. J.), Boveroux (M.) & Voss (J.), «Observation du comportement reproducteur de *Serranus scriba* Linné (Pisces, Serranidae), poisson hermaphrodite synchrone», *Cybium*, série 3, vol. 10, 1980, pp. 73-80).]

25. [Phycis est une espèce de poisson de la Méditerranée faisant partie du genre *Gobius* (peut-être le gobie noir) décrit par Aristote (*Histoire des Animaux*, Livre 8, chapitre 30) comme étant le seul poisson marin à construire un nid et y déposer sa frai. Longtemps considéré comme fable, le comportement de ce poisson fut confirmé par le naturaliste vénitien Giuseppe Olivi (1792). Celui-ci ajouta que le mâle creuse un trou dans la boue, le couvre de différentes algues, protège la femelle pendant qu'elle dépose ses œufs, et continue à protéger les larves lorsque les œufs éclosent (voir Magnhagen (Carin), «Conflicting demands in gobies: When to eat, reproduce, and avoid predators», *in* Huntingford (Felicity A.) & Torricelli (Patrizia) (sous la dir.), *Behavioural Ecology of Fishes, vol. 11*, Philadelphie: Harwood Academic Publishers, 1993, pp. 79-104).]

26. [Diodore de Sicile ou Diodorus Siculus en latin (*fl.* Ier siècle av. J.-C. à Agyrium (Agirone) en Sicile), historien grec et auteur d'une histoire universelle intitulée *Bibliothèque Historique*, vécut sous Jules César et Auguste (Sacks (Kenneth S.), *Diodorus Siculus and the First Century*, Princeton (New Jersey) : Princeton University Press, 1990, xi + 242 p.) Ses écrits nous apprennent qu'il voyagea en Égypte entre 60 et 57 av. J.-C. et qu'il passa plusieurs années à Rome. Le dernier événement qu'il relata date de l'an 21 av. J.-C. Son ouvrage historique comprenait 40 livres et était divisé en trois parties (voir Diodore de Sicile, *Bibliothèque historique. Fragments. Tome II. Livres XXI-XXVI* [texte établi, traduit et commenté par Goukowsky Paul], Paris : Les Belles Lettres, 2006, XXXIV + 296 p. ; *Bibliothèque historique. Tome II. Livres II* [texte établi et traduit par Eck B.], Paris : Les Belles Lettres, 2003, LXXVI + 316 p.) La première partie traite de l'histoire mythique des tribus hellénistes et non-hellénistes jusqu'à la destruction de Troie, la seconde se termine à la mort d'Alexandre, et la troisième partie continue jusqu'au début de la Guerre des Gaules par Jules César. La *Bibliothèque Historique* de Diodore de Sicile est une source historique précieuse, compensant en partie la perte de textes d'auteurs anciens à partir desquels l'ouvrage fut préparé. Diodore ne cite pas toujours ses sources, mais dans les livres qui survécurent, il semble que ses sources les plus importantes concernant l'histoire grecque furent Éphore (pour la période de 480 à 340 av. J.-C.) et Hiéronyme de Cardie (pour la période entre 323 et 302).]
27. [Taprobane, ancien nom grec pour l'Île de Sri Lanka. Le monde arabe l'appelait Serendib et plus tard, les cartographes européens l'appelèrent Ceylan, nom que l'on utilise toujours dans le monde du commerce. L'île prit officiellement le nom de Sri Lanka en 1972.]
28. [La méduse (*medusa*), en zoologie, désigne l'une des deux morphologies que l'on trouve chez les membres du phylum animal invertébré des Cnidaires. C'est la forme typique que l'on trouve chez la méduse. Son corps a la forme d'une ombrelle ; du centre inférieur de cette ombrelle pend une structure ressemblant à une tige appelée le manubrium, à l'extrémité de laquelle se trouve la bouche. La bouche donne sur la cavité gastrale qui est reliée aux tentacules, lesquelles se prolongent vers le bas à l'extérieur de l'ombrelle. La méduse est la forme libre du phylum. Elle avance par contractions musculaires rythmiques de l'ombrelle, créant ainsi une lente action de propulsion dans l'eau. L'autre forme de cnidaire adulte est la forme fixe dite polype.]
29. [Strabon (né en 64/63 av. J.-C. à Amasée, dans la région du Pont (Turquie actuelle) ; mort après 23 apr. J.-C. ?), géographe et historien grec dont l'œuvre *Geographica* est le seul ouvrage couvrant la totalité des peuples et des pays connus par les Grecs et les Romains sous le règne d'Auguste (27 av. J.-C. - 14 apr. J.-C.) qui nous est parvenu. Ses nombreuses citations provenant d'ouvrages didactiques nous fournissent une remarquable description de la science de la géographie grecque de l'époque, ainsi que de l'histoire des pays qu'il étudie (voir note 32 ci-dessous ; Strabon, *Géographie. Tome IV, Livre VII* [texte établi et traduit par Baladié Raoul], Paris : Les Belles Lettres, 2003, VIII + 335 p.)]
30. [Gaius Cornelius Gallus (né *c.* 70 av. J.-C., Forum Julii en Gaule ; mort en 26 av. J.-C. en Égypte), était un soldat et poète romain, connu pour quatre livres de poèmes qu'il composa pour sa maitresse « Lycoris » (l'actrice Volumnia, nom de scène Cytheris), lesquels firent de lui, selon l'opinion publique de l'époque, le premier des quatre plus grands poètes lyriques romains (voir Becker (Wilhelm Adolf), *Gallus ; or, Roman scenes of the time of Augustus* [avec notes et *excursus* illustrant les us et coutumes des Romains, par le prof. Becker Wilhelm Adolf ; trad. de l'allemand en anglais par le révérend Metcalfe Frederick], 3e éd., New York : D. Appleton, 1866, xxi + 535 p.)]
31. [Lathyrus est Ptolémée IX Soter II, roi d'Égypte (il régna de 116 à 110, 109 à 107, et de 88 à 81 av. J.-C.) ; voir Leçon 9, note 59.]
32. [Les deux premiers tomes de l'encyclopédie *Géographica* (voir note 29 ci-dessus) nous donnent en effet une définition des objectifs et des méthodes de la géographie ainsi qu'une révision critique des livres d'auteurs antérieurs (pour une édition critique des livres disponibles de Strabon, *cf.* les 9 tomes publiés aux Belles Lettres). Dans les tomes III à VI, Strabon décrivit successivement la péninsule Ibérique, la Gaule, et l'Italie à partir des sources de Polybe et Posidonius, lesquels avaient visité ces pays ; de plus, Artémidore, géographe grec né vers 140 av. J.-C. et auteur d'un livre décrivant un voyage autour de la Terre habitée, lui fournit une description des côtes et de la forme et la taille de ces pays. Le tome VII fut écrit à partir des mêmes sources, et décrit le Bassin du Danube et les côtes européennes de la mer Noire. Strabon se basa également sur le travail d'Artémidore pour les tomes VIII à X sur la Grèce, mais sa source principale d'information vint de deux commentateurs d'Homer – Apollodore d'Athènes (IIe siècle av. J.-C.) et Démétrius de Scepsis (né vers 205 av. J.-C.) – car Strabon attachait beaucoup d'importance à la localisation des villes citées dans l'épopée grecque l'Iliade. Les tomes XI à XIV décrivent les côtes asiatiques de la mer Noire, le Caucase, le nord de l'Iran, et l'Asie Mineure. Pour ces volumes, Strabon utilisa beaucoup de ses propres observations. L'Inde et la Perse (Tome XV) furent décrits d'après les informations obtenues des historiens des campagnes d'Alexandre le Grand (356 à 323 av. J.-C.), et ses descriptions de la Mésopotamie, de la Syrie, de la Palestine, et de la mer Rouge (Tome XVI) furent écrits à partir des récits

des expéditions lancées par Marc Antoine (environ 83 à 30 av. J.C) et par l'empereur Auguste, ainsi qu'à partir des chapitres écrits par Posidonius sur l'ethnographie, et d'un récit de voyage à la mer Rouge entrepris par l'historien et géographe grec Agatharchides (IIe siècle av. J.-C.). Les souvenirs d'Égypte de Strabon, ainsi que les écrits de Posidonius et Artémidore, fournirent les sources du Tome XVII, lequel traite des côtes africaines de la Méditerranée et de la Mauritanie.]

33. [Pomponius Mela, voir note 42 ci-dessous.]

34. [Tacite, en latin Publius, or Gaius, Cornelius Tacitus (né *c.* 56 apr. J.-C.; mort *c.* 120), orateur et fonctionnaire romain, fut probablement le plus grand historien et l'un des plus grands écrivains de prose en langue latine. Parmi ses œuvres figurent *La Germanie*, ouvrage décrivant les tribus germaniques, *Histoire*, un traité sur l'Empire Romain de 69 à 96 apr. J.-C., et *Les Annales*, œuvre historique sur l'Empire Romain de 14 à 68 apr. J.-C. (*cf.* Tacite, *Les œuvres de Tacite, de la traduction [latine] de Nicolas Perrot d'Ablancourt* [éd. établie par Pietri Jean & Pesty Eric], Paris : Édition Ivrea, 2004, IX + 776 p.)]

35. [La Crau est une étendue plate couverte de cailloux située à l'est du delta du Rhône et s'étirant au nord jusqu'aux Alpilles, massif montagneux à l'ouest des Alpes.]

36. [Les îles Lipari ou îles Éoliennes sont un archipel volcanique dans la mer Thyrénienne, au large de la côte nord de la Sicile en Italie. L'archipel, qui fait partie de la province de Messine, est composé de sept îles principales et plusieurs îles plus petites, et couvre une superficie de 88 km^2. Les îles sont disposées en forme de « Y », la base du « Y » étant là où se situe Alicudi, l'île la plus occidentale, la pointe du nord, Stromboli, et celle du sud, Vulcano. Les autres îles principales sont Lipari, Salina, Filicudi, et Panarea.]

37. [Le Taygète est une chaîne de montagnes grecque, au sud du Péloponnèse. Le Cap Ténare, ou Cap Matapan est situé à l'extrème sud du Péloponnèse, entre le Golfe de Laconie et la Messénie.]

38. [Le saïga (*Saiga tatarica*) est un mammifère à sabots de taille moyenne de la famille des Bovidés (de l'ordre Artiodactyle) qui vit en troupeaux dans les steppes désertiques. Autrefois largement distribué de la Pologne à la Mongolie occidentale, le saïga (qui veut dire antilope en russe) fut victime de la chasse et est aujourd'hui une race disparue de l'Europe de l'Est. Le gouvernement russe lui attribua le statut d'espèce protégée en 1919 grâce auquel la population a pu augmenter en Sibérie. La particularité unique du saïga est son museau gonflé et ses narines pendantes. Il se peut que son museau serve à réchauffer et humidifier l'air qu'il respire, ou qu'il soit lié au sens aigu de l'odorat de cet animal.]

39. [Aristobule I, également appelé Judas Aristobule (mort en 103 av. J.-C.), fut roi de Judée descendant de la dynastie Hasmonéenne (des Machabées) de 104 à 103 av. J.-C.). Fils d'Hyrcan Ier, il ignora les dernières volontés de son père, évinça sa mère, s'empara du trône, et emprisonna ou tua ses frères. D'après l'historien Flavius Josèphe, Aristobule conquit les Ituréens du Liban et les força à se convertir au judaïsme. Il fut le premier de sa dynastie à adopter le titre de roi (*basileus* en ancien grec).]

40. [Étienne Geoffroy Saint-Hilaire (né en 1772, à Étampes ; mort en 1844 à Paris), travailla au Jardin des plantes à Paris comme sous-garde et assistant démonstrateur. En 1793, il fut nommé professeur de zoologie au Musée, et après la nomination de Lacepède à la chaire des reptiles et poissons, il fut en charge des mammifères et des oiseaux. De 1798 à 1799, il participa à l'expédition scientifique en Égypte avec l'armée de Napoléon Bonaparte (voir note 41 ci-dessous), et rapporta en France d'importantes collections de spécimens, dont des poissons provenant de la mer Rouge et du Nil. Un des spécimens qu'il rapporta fut le polyptère bichir, dont la découverte suffit à justifier à elle-seule cette expédition (Geoffroy Saint-Hilaire (Étienne), « Histoire naturelle et description anatomique d'un nouveau genre de poisson du Nil, nommé polyptère », *Annales du Muséum d'Histoire Naturelle*, Paris, vol. 1, 1802, pp. 57-68). En 1808, il fut chargé d'une mission au Portugal, dont il rapporta de nouvelles collections en France, la plupart provenant du musée d'Ajuda à Lisbonne (Bauchot (Marie-Louise), Daget (Jacques) & Bauchot (Roland), « L'ichtyologie en France au début du XIXe siècle. L'*Histoire Naturelle des Poissons* de Cuvier et Valenciennes », *Bulletin du Muséum national d'Histoire naturelle*, 4ème série, section A, Zoologie, Biologie et Écologie animales, Paris, suppl. n°1, 1990, 142 p.)]

41. [L'expédition d'Égypte par Napoléon (né le 15 août 1769 à Ajaccio en Corse ; mort en mai 1821 sur l'île de Sainte-Hélène) en 1798, et sa conquête du pays, bien que de courte durée, furent le point culminant de l'intérêt que l'on portait à l'Orient au XVIIIe siècle. De nombreux scientifiques se joignirent à l'expédition et en ramenèrent de nombreux rapports sur l'Égypte ancienne et contemporaine, lesquels leur permirent de publier en 1809-1828 la *Description de l'Égypte*, l'étude la plus complète à avoir jamais été faite avant le déchiffrement des hiéroglyphes. La pierre de Rosette, qui porte l'inscription d'un décret de Ptolémée V Épiphane (voir Leçon 9, note 47) en hiéroglyphe, démotique, et grec, fut découverte au cours de l'expédition et donnée aux anglais après la capitulation des Français ; cette stèle devint alors la propriété du *British Museum* de Londres. Ce décret fut une pièce-clef dans le déchiffrement des hiéroglyphes égyptiens par Jean-François Champollion (né le 23 décembre 1790 à Figeac en France ; mort le 4 mars 1832 à Paris ; historien et linguiste français qui fonda l'égyptologie scientifique en 1822 ; voir Leçon 2, note 27).]

42. [Pomponius Mela (né à Tingentera dans la province de Bétique, en Espagne romaine ; *fl.* en 43 apr. J.-C.) fut l'auteur du plus ancien traité de géographie en latin intitulé, *De situ orbis* (« Une Description du Monde »), également connu sous le nom de *De chorographia* (voir Mela (Pomponius), *Chorographie* [texte établi, traduit et annoté par Silberman A.], Paris : Les Belles Lettres, 1988, lxxiii + 346 p.) Écrit en 43 ou 44 apr. J.-C., cette œuvre resta l'ouvrage de référence jusqu'à l'âge de l'exploration, soit treize siècles plus tard. Bien que cette œuvre fut très certainement destinée au grand public, la géographie de Mela fut présentée par Pline l'Ancien dans son encyclopédie de sciences naturelles comme une source académique éminente (Pline l'ancien, *Histoire naturelle*, Paris : Les Belles Lettres, 1947-1985, 28 + 7 vol.)]

43. [Marcus Gavius Apicius, gastronome célèbre de l'Antiquité et riche marchand romain du temps de Tibère (14-37 apr. J.-C.) Ses banquets fastueux le menèrent à la faillite et au suicide, mais on lui attribue d'avoir écrit un livre de recettes tant apprécié qu'il fut conservé jusqu'au XXe siècle dans de nombreuses éditions (voir note 44 ci-dessous ; Apicius, *L'Art culinaire* [texte établi, traduit et annoté par André J.], Paris : Les Belles Lettres,1988, xxxii + 353 p.)]

44. [*De obsoniis et condimentis et de arte coquinaria* (« *Victuailles, Condiments, et l'Art de la Cuisine* ») est une collection de recettes de cuisine de l'Antiquité, qui semble avoir été compilée à la fin du IVe et au début du Ve siècle apr. J.-C. et écrite dans un latin plus souvent populaire que classique. Les premières éditions portaient le titre *De re coquinaria* (« De l'Art Culinaire »), et sont attribuées à un certain « Caelius Apicius », ceci reposant sur le fait que l'un des deux manuscrits portrait les mots « API CAE ». Le nom Apicius fut longtemps synonyme d'amoureux de la bonne chère, certainement en souvenir des habitudes d'un des premiers porteurs de ce nom. Le plus célèbre d'entre eux à porter ce surnom en honneur à sa gourmandise fut Marcus Gavius Apicius, à qui l'on attribue parfois, bien qu'à tort, l'écriture de ce livre (voir Apicius, *L'Art culinaire*, *op. cit.*)]

45. [Les *Abattis* sont les abats : viscères et chutes de viande restant après l'abattage et le découpage d'un animal.]

46. [Lucius Junius Moderatus Columella (né au Ier siècle apr. J.-C. à Gades en Hispanie Bétique), était un soldat et fermier romain qui écrivit de nombreux ouvrages sur l'agriculture et autres sujets semblables dans l'espoir de raviver l'amour de l'agriculture et de la vie simple de la campagne. Dans les premières années de sa vie, il fut tribun d'une légion stationnée en Syrie, mais il était intéressé ni par une carrière militaire, ni par le droit ; il devint donc agriculteur en Italie. Son ouvrage en douze volumes, *De re rustica*, lequel est le deuxième et le plus complet de ses traités sur l'agriculture et la vie bucolique, ainsi que son traité *De arboribus* (« Des Arbres ») qui faisait partie d'un ouvrage précédent (voir Columelle, *L'économie rurale* [traduction nouvelle par M. Du Bois Louis], Paris : C. L. F. Panckoucke, 1844-1845, 3 vol.), sont tous deux parvenus jusqu'à nous. Ces textes furent écrits dans un style réaliste et pratique.]

47. [Lucien Sénèque (en latin Lucius Annaeus Seneca), de surnom Sénèque le Jeune (né *c.* 4 av. J.-C. à Cordoue en Espagne ; mort en 65 apr. J.-C. à Rome), était à la fois un philosophe, un homme d'état, un orateur, et un dramaturge romain. Il fut le personage le plus important du monde intellectuel de Rome du milieu du ier siècle apr. J.-C., et fut un homme politique très influent entre 54 et 62 pendant les premières années du règne de l'empereur Néron, sous lequel lui et ses amis gouvernèrent quasiment le monde romain.]

48. [Caligula, dont le nom complet est Gaius Caesar Germanicus (né le 31 août 12 apr. J.-C. à Antium, Latium ; mort le 24 janvier 41 à Rome), succéda à Tibère comme empereur romain de 37 à 41, et fut celui qui transféra la dernière légion à être sous autorité sénatoriale (en Afrique) au légat impérial, donnant ainsi à l'empereur le monopole du commandement des armées. Les récits des historiens de l'Antiquité écrits sur son règne reflètent un tel parti-pris qu'il est presque impossible d'en discerner la vérité.]

49. [Agrippine la Jeune (née en 15 apr. J.-C., morte en 59), était la mère de l'empereur Néron sur lequel elle exerça une forte influence pendant les premières années de son règne (54-68).]

50. [*cf.* Sénèque, *Questions naturelles. Tome I, Livres I-III* [texte établi et traduit par Oltramare Paul ; 4e tirage revu et corrigé], Paris : Les Belles Lettres, 2003, xxxvi + 184 p. ; Motto (Anna Lydia), *Guide to the thought of Lucius Annaeus Seneca, in the extant prose works: Epistulae morales, the Dialogi, De Beneficiis, De Clementia, and Quaestiones naturales*, Amsterdam : A. M. Hakkert, 1970, xxiv + 237 p.]

51. [Ce gobie trouvé enfoui dans la vase est probablement le poisson-chien européen, *Umbra krameri*, lequel habite les marais, étangs et petits cours d'eau d'Europe de l'Est où il prospère dans les eaux sans oxygène, alors que bon nombre d'autres poissons y mourraient (voir Valenciennes (Achille), « Du genre Ombre (Umbra) », *in* Cuvier (Georges) & Valenciennes (Achille), *Histoire Naturelle des Poissons*, Paris ; Strasbourg : F. G. Levrault, vol. 19, 1847, pp. 538-544, pl. 590 ; Wheeler (Alwyne C.), *Key to the Fishes of Northern Europe. A Guide to the Identification of More Than 350 Species* [illustré par Stebbing Peter, cartes dessinées par Fraser Rodney F.], Londres : Frederick Warne, 1978, xix + 380 p.]

52. [Le rouget barbet (*Mullus barbatus*) de Méditerranée est l'espèce la plus connue parmi les 50 espèces de rougets (poissons d'eau de mer de forme allongée de la famille des Mullidae, de l'ordre des Perciformes), et l'un des mets les plus prisés des Romains de l'Antiquité. Le *Mullus surmuletus*

est une autre espèce européenne semblable au *Mullus barbatus* également appelée rouget barbet.]

53. [La géogonie est l'étude de la conception de l'origine de la terre, en particulier dans les premières phases de son développement, et de son rôle dans le système solaire.]

54. [Dans la mythologie grecque, Médée était une magicienne qui aida Jason, le commandant des Argonautes, à récupérer la Toison d'Or qui se trouvait en possession de son père, le roi Éétès de Colchide. Il se peut qu'elle fut une déesse et qu'elle ait eut le don de prophétie. Elle épousa Jason et utilisa ses pouvoirs magiques pour l'aider. Lorsque Sénèque écrivit son œuvre *Médée*, deux versions célèbres de la légende de Médée et Jason avaient déjà été écrites, la première étant la tragédie d'Euripide, la seconde étant *Les Argonautiques* d'Apollonius de Rhodes (né au début du IIIe siècle av. J.-C., mort après 246 av. J.-C., poète, homme de lettres et directeur de la Bibliothèque d'Alexandrie (voir Sénèque, *Tragédies Tome I: Hercule furieux - Les Troyennes - Les Phéniciennes - Médée - Phèdre* [texte établi et traduit par Chaumartin François-Régis], Paris: Les Belles Lettres, 2008, xviii + 266 p.)]

55. [Connu sous le nom de la « Prophétie de Sénèque sur Christophe Colomb », aucun texte classique n'inspira autant les navigateurs de l'âge de la découverte que celui-ci:

Un temps viendra au cours des siècles
Ou l'océan élargira la ceinture du globe
Pour découvrir à l'homme une terre immense et inconnue,
La mer nous révèlera de nouveaux mondes,
Et Thulé ne sera plus la borne de l'univers.

(Sénèque, *Médée* [trad. par Grelou E.], Paris: Panckoucke, 1834, vers 375-379.]

56. [Aulus Cornelius Celsus (*fl.* Ier siècle apr. J.-C., Rome), fut l'un des plus grands auteurs d'ouvrages de médecine. Il écrivit également une encyclopédie traitant des domaines de l'agriculture, de l'art militaire, de la rhétorique, de la philosophie, du droit, et de la médicine. Seule la partie concernant la médicine nous est parvenue. Son ouvrage *De re medica* ou *De medicina*, aujourd'hui considéré comme l'un des meilleurs classiques sur la médicine, fut largement ignoré par ses contemporains (Celse (Aulus Cornelius), *Traité de la médecine* [*De medicina* en huit livres; traduction nouvelle par M. Des Etangs], Paris: Didot, 1859. [3] + viii + 294 p.) Il fut découvert par le Pape Nicolas V (1397-1455) et fut l'un des premiers ouvrages de médecine à être publiés (Celse (Aulus Cornelius), *Cornelii Celsi De medicina liber incipit*, Florentiae: Nicolao [Laurentii] impressus, 1478, [392] p. non numérotées) après l'invention de la presse.]

57. [Thémison de Laodicée (*fl.* Ier siècle av. J.-C.), élève d'Asclépiade de Bithynie, ne fut peut-être pas le fondateur de la secte des Méthodistes, mais il en fit activement partie. En médicine, les Méthodistes ne tenaient compte que de la maladie, indépendamment du patient, de son passé médical et de sa situation personnelle (contrairement aux Dogmatiques et aux Empiriques). De ce fait, le traitement était déterminé uniquement par la maladie (voir Neuburger (Max), « An Historical Survey of the Concept of Nature from a Medical Viewpoint », *Isis*, vol. 35, n° 1, 1944, pp. 16-28).]

58. [Andromaque, médecin de Néron, essaya, comme plusieurs autres médecins grecs avant lui, de concocter des contrepoisons en mélangeant de faibles doses de différents ingrédients toxiques, lesquels étaient sensés apporter l'immunisation contre les effets mortels des poisons. Appelée « thériaque », sa potion fut décrite dans les pharmacopées au fil des siècles jusqu'à la Renaissance.]

59. [La thériaque est un antidote contre les morsures de serpents; c'est également un contrepoison composé de nombreux ingrédients et de miel (voir note 58 ci-dessus).]

60. [Arétée de Cappadoce (*fl.* IIe siècle apr. J.-C.) fut un médecin grec qui pratiqua la médicine à Rome et à Alexandrie. Il fut à l'origine de la résurgence des enseignements d'Hippocrate, et il se distingua, comme le fit le fondateur même de la médecine, par son attention à l'observation détaillée et par son éthique qu'il appliqua à la pratique médicale. Il suivit les principes de l'école de médecine « pneumatique » selon laquelle la santé provenait de « l'air vital » ou *pneuma*. Les pneumatiques pensaient qu'un déséquilibre entre les quatre humeurs corporelles – le sang, le phlegme, la bile jaune, et la bile noire – perturbait le *pneuma*, condition que l'on pouvait vérifier par un pouls anormal. Dans la pratique néanmoins, Arétée fut un médecin éclectique, utilisant les théories et pratiques médicales de plusieurs écoles différentes.]

61. [D'après Aristote (voir *Histoire des Animaux* [texte établi et traduit par Louis Pierre], Paris: Les Belles Lettres, 1964-1969, 3 vol.; *Parties des Animaux* [texte établi et traduit par Louis Pierre], Paris: Les Belles Lettres, 1956, xl + 193 p.), le cœur est composé de trois ventricules où deux vaisseaux importants s'y connectent: la veine cave et l'aorte; il ne mentionne pas les valves. Le ventricule droit a le sang le plus chaud et le plus abondant; le ventricule gauche a le sang le plus froid et le moins abondant; enfin, le ventricule du milieu a le sang le plus pur et le plus clair du corps, en quantité moyenne. Il pensait que le cœur était le point d'origine des veines (voir Cole (Francis Joseph), *A History of Comparative Anatomy, from Aristotle to the Eighteenth Century*, Londres: Macmillan & Co Ltd, 1949, viii + 524 p; Lonie (Iain Malcolm), « The paradoxical text 'On the heart,' Part I », *Medical History*, vol. 17, 1973, pp. 1-15; French (Roger Kenneth), « The thorax in history, 1. From ancient times to Aristotle, *Thorax*, vol. 33, 1978, pp. 10-18).]

62. [Pedanius Dioscoride (né en 40 apr. J.-C. à Anazarbe en Cilicie (Turquie actuelle; mort *c.* 90), fut un médecin et pharmacologiste grec dont l'œuvre *De materia medica* (« Sur les

Plantes Médicinales ») fut la source classique la plus avancée de la terminologie botanique moderne, et l'œuvre de référence en matière pharmacologique pendant seize siècles. Ses voyages comme chirurgien des armées de l'empereur romain Néron lui permirent d'étudier les caractéristiques, la distribution et les propriétés médicales de nombreux minéraux et plantes. Son ouvrage en cinq tomes écrit en l'an 77 traite d'environ 1 000 remèdes. Bien que son texte puisse être considéré aujourd'hui comme un simple recueil de remèdes, le manuscrit original grec, qui fut copié au moins en sept autres langues, décrit la plupart des médicaments utilisés dans la pratique médicale jusqu'aux temps modernes, et servit de texte de base en pharmacologie jusqu'à la fin du XVe siècle(voir Dioscorides, *The Greek Herbal of Dioscorides* [illustrated by a Byzantine, A.D. 512 ; englished by John Goodyer, A.D. 1655 ; edited and first printed, A.D. 1933, by Gunther Robert T. ; with three hundred and ninety-six illustrations], Oxford : Printed by J. Johnson for the author at the University Press, 1934, ix + 701 p.)]

63. [Nous n'avons pas réussi à identifier une édition de Dioscoride de 1495 ; peut-être Cuvier se réfère-t-il à la première édition de ce livre en 1478, publiée et commentée par Petrus de Abano chez Johannes de Medemblick à Colle (Toscane).]

64. [Voir Dioscoride, *De materia medica*, Venise : Aldus Manuce, 1499, [380] p. non numérotées.]

5

Pliny, his Contemporaries & Followers

Pline, ses contemporains & ses partisans

13 *Pliny and His* Natural History

The sciences, which could not be furthered during the disastrous reigns of the first emperors, finally began to be honored at Rome under the reign of Vespasian. This emperor backed the sciences with all his power; he instituted schools where the sciences were taught at the same time as philosophy. The desire for learning was still too feeble to hope that the schools could sustain themselves; Vespasian helped to propagate them with the state's resources; for the first time, under his reign, professors were paid a salary by the public treasury.

Pliny,[1] Vespasian's favored friend, wrote at this time his *Natural History*, a work no less famous among the Latins than Aristotle's is among the Greeks.

Pliny was born in A.D. 23, the ninth year of the reign of Tiberius. Two cities, Verona and Como, claim the honor of being the birthplace of this great naturalist. Many authors consider a phrase in which Pliny describes Catullus[2] as *conterraneus* as decisive in favor of Verona; but the word *conterraneus* means from the same province rather than the same city. Moreover, unvarying tradition from ancient times, recorded by St. Jerome (in the chronicle of Eusebius)[3] and in the life of Pliny attributed to Suetonius,[4] and which is of undoubted high antiquity, notes the birth of Pliny the Younger at Como; the vast possessions of his uncle in the environs of this city, and which later became the property of his nephew; and finally, the numerous ancient inscriptions found a short distance from this city relating to the members of the *Plinia* family – all these things prove beyond a doubt the existence of this family at Como, the high position it held in the province through the first century A.D., and the birth of Pliny the Elder at the city of Como or in a nearby domain.

Pliny traveled to Rome when he was quite young, during the reign of Tiberius. He also visited when Caligula was in power and Tiberius had retired to the island of Capri. His details about the gems of Lollia Paulina,[5] who was empress for a moment, caused people to say he was admitted in his youth to the court of Caligula; but perhaps he had only seen Lollia on a public occasion or on her travels to the environs of Rome. Under the reign of Claudius, Pliny attended a public combat between Roman troops and a monstrous fish (a cetacean) that had happened to be captured in the port of Ostia. But it seems that during these various excursions he remained unknown to the three emperors whom we have just named, as well as to Nero.

After having been to school to the philosopher Apion,[6] who flourished at Rome during Caligula's reign, Pliny traveled to Africa, and was thus able to write about that country from his own observations. He then took up the profession of a soldier and even reached a rather high rank in the cavalry. Under Lucius Pomponius[7] he commanded a legion in Germany, and at the same time exploring that country, was able to gather various facts about the North Sea. In his spare time he composed several works unrelated to natural history and which have not come down to us: such are an *Account of the wars in Germany*, the *Life of Pomponius Secundus*, a treatise on military art entitled *On hurling by the horseman*, several *Essays on grammar*, and a work on the *Wars of Judaea*. It is even claimed that he himself had been present in these wars, since he gives details on the many productions of Judea, and particularly on the balm-tree;[8] but these details are so deprived of accuracy that they themselves give the lie to the origin claimed for them.

Returning to Rome at the age of 30, Pliny litigated many cases in court under the reign of Claudius. He does not seem to have been employed under Nero; but towards the end of the latter's reign, he traveled to Spain, and to Narbonnese Gaul, which he described very well, in particular the fountain of Vaucluse.[9] Finally, under Vespasian, he spent his free time writing his *Natural history*, comprising 37 volumes, the material for which he had doubtless been collecting over a long period of time.[10] It is the only one of his works that is extant, but at least it is complete, except for copyist's errors. It seems that Pliny worked on this book during a great part of his life, especially during his retirement at Rome during the wars in Judea. He dedicated his history to Titus, who was not yet emperor, and his dedication is remarkable for its tone of familiarity and even facetiousness, which is proof of an intimate friendship between himself and the emperor and the emperor's son. Also, it is known that every morning, throughout the time of the Judean war, Pliny was admitted before sunrise to the emperor's presence, who would consult him on public affairs.

When Titus succeeded his father, Pliny was named to command the fleet at Misenum,[11] which was sent round the Mediterranean to destroy pirates, and it was during this command that he perished near Naples, having approached too close in order to observe the fearful eruption of Vesuvius that buried Pompeii and Herculaneum, in A.D. 79. Pliny was in Misenum at the time; he was told that an extraordinary phenomenon was visible on the horizon, like a cloud in the shape of a pyramid-like tree; he had himself transported towards the place whence this vapor arose, and disembarked at Resina.[12] From there he observed the phenomenon from close by, made note of its main characteristics, and retreated. The eruption no longer showed any sign of danger; he fell peacefully asleep. But he was soon warned that rocks and cinders were raining on the house where he was lying, that the courtyard was already filled with material thrown by Vesuvius; he arose and went out, shielding himself from the falling rocks with pillows or cushions. He thus arrived safe and sound upon the beach where he intended to board his ship again. But the sea was so rough he could not trust it; he was obliged to stay on the beach, and there he died, probably asphyxiated by cinders and sulphurous fumes, and a victim of his passion for natural history. He was only 56 years old.

He was certainly one of the most hard-working men who ever lived. His nephew, Pliny the Younger,[13] in a letter he wrote to Tacitus, gives astonishing details on the subject; he says that he was always reading or having himself read to, or writing or dictating. In the morning, in the evening, in the bath, on excursions, he was constantly accompanied by a reader and a secretary. There has come down to us 160 large volumes excerpted by him from writers he had read. These excerpts were highly esteemed by his contemporaries, for after Pliny's death, Largius Licinius[14] offered his nephew four hundred thousand sesterces for them.

Considered as naturalist, Pliny is far from having the genius of Aristotle, whom he often copied but does not seem to have always comprehended. Although writing in a more enlightened time than that of many of the ancient naturalists, he repeated uncritically all the absurd fables he found in their writings, as well as all those that were believed in his own time. It even appears that he had a special predilection for the fabulous. In addition, his work lacks order, method. Each science, considered separately, is totally bereft of any classification, except perhaps geography. Pliny must be considered an extraordinary compiler rather than a first-rate scholar. His work is a veritable Encyclopedia, as he himself calls it; to compose it, he consulted more than two thousand different works, and he cites the names of 480 authors, only forty of whom are extant. Without him, a multitude of diverse ideas, contained in books now lost, would not have come down to us. Also, many Latin terms are found only in his *History*, and without the history it would have been impossible to reconstruct the Latin language. From this immense work one may judge of the wealth of the ancient libraries and the scientific treasures that were lost to us through the invasions and depredations of barbarian hordes!

The first book of Pliny's history, in which it may be seen that he is a pantheist since he recognizes no God other than the world, is devoted to astronomy and meteorology. Some words about cosmogony or cosmography precede a dissertation on the elements, on God, and on the stars; next comes a theory about eclipses, about the scintillation of stars and lightning; after which he returns to the stars and wonders about their distances, thus constantly mixing two sciences that are distinct from and foreign to one another.

In the four books that follow, the author takes up geography. Europe, Africa, and Asia form natural divisions; but after reviewing the several countries of southern Europe in the order of Spain, Italy, and Greece, Pliny returns by way of the islands in the Aegean Sea, through Sarmatia, Scythia, Germany and the islands in the seas of Germany and Gaul, to Gaul and thence to eastern Spain and Lusitania. During the author's time, such a periplus of Europe could offer many advantages, but was there not a better order to follow? Finally, Pliny commits many errors of double usage: he often repeats, without noticing it, the same names altered by misspellings; he frequently contradicts himself because he is copying authors whose reasonings are based on opposed systems.

In the seventh volume begins natural history per se; that is, the body of knowledge that we designate today by that name. Zoology is presented first and takes us up through the eleventh book. Pliny commences by enumerating the varieties of the human species, and he adopts uncritically all the fables invented by the ancient travelers, who were much less truthful even than modern ones. He reports that there exist men without a mouth, others with the feet of an ostrich, and yet others whose ears are so voluminous that one ear may serve for a mattress and the other for a cover. His stories are merely a repetition of the fables of Ctesias and Agatharchides.

The seventh volume ends with a quite curious story of the invention of the arts. One sees in it how tardy Rome was in this regard. At the time of the decemvirs,[15] Rome did not yet possess any instrument for measuring time. Each day, when the sun appeared between two columns, a lictor would call out in the senate that it was noon; but when a cloud obscured the sun, it also robbed the Romans of their means of knowing the hour. It was not until a hundred years later that the clepsydra,[16] invented by Scipio Nasica, came into use at Rome, the year 595 after the founding of the city. Zoology *per se*, which begins in the eighth volume, is divided into two unequal parts; one part contains the enumeration and description of animals, the other, composing only a half-volume (eleventh book, from the forty-fourth to the one hundred and nineteenth number), is a true comparative anatomy or general zoology: but the subdivision of the first part into terrestrial and aquatic animals and animals that live in the air is insufficient; there needed to be a corresponding distribution for insects, which fill the first part of the eleventh book. You can guess the result of the arbitrary distribution adopted by Pliny: mammals and reptiles on the ground; mammals and birds in the air; mammals, fishes, crustaceans, annelids, reptiles, and zoophytes in the water. But scarcely a third were known by names of modern origin, and scarcely were the names that existed properly applied. For the orders, the families, the classes – in short, all the large sections of a kingdom – cannot be well defined until, through the philosophical determination of the importance of characteristics, one arrives at a good taxonomy. Hence, lobsters were called fishes, anguilliforms were taken for serpents or hydras, and the bat and the dragon were classified as birds. Only the cetaceans and amphibians give rise less often to such gross errors, and although occasionally the dolphins and whales are, as in Artedi[17] and in Gessner,[18] large fishes, Pliny usually calls them monsters (belluae).

However, it is essential to note here that our author is merely fulfilling the role of compiler and abridger and is not responsible for all the mistakes found in his work, and that only a part of them are attributable to him. Everyone knows perfectly well which part. Nothing is easier than seeing which factitious order or what disorder is found in the naturalists consulted by Pliny, and which disorder has no other cause than his ignorance or precipitancy.

But how has he carried out his role of abridger, compiler, and translator, as regards details, facts, and individual descriptions? It must be said flatly that Pliny is far from being irreproachable in this function. His choice of authors is not always felicitous, and he often prefers a ridiculous or childish explanation to a more reasonable one, a bizarre story to the simple truth. Thus the martichore,[19] the catoblepas[20] with the fatal glance, the monoceros,[21] the winged horses[22] are placed with honor next to the lion and the elephant. He speaks with complacency of a species of hyena that calls woodcutters by name in order to devour them, and he retails a thousand fables about the lynx. He copies Ctesias as readily as he does Aristotle, and takes great care not to suspect any symbolic meaning in the animals seen by Ctesias in the hieroglyphs at Persepolis. And oftentimes, he seems to have read at random anything presented to him without informing himself as to what was excellent in a field of knowledge, nor was he acquainted with recently published works; for he states as authoritative and accepted in his time absurdities thrashed to bits a century earlier by knowledgeable men in Alexandria and Greece. Then, since he usually has not seen what he is describing, he alters the sense, thinking only to modify the wording, and he becomes unintelligible or incorrect. Such errors are even more frequent when he translates from Greek into Latin, and especially when it is a matter of designating natural species: for the Greek word designating an animal in Aristotle he substitutes in his text a word that in Latin designates quite another. Finally, not only is the nomenclature of animals incomplete, but what is most important, the descriptions or rather signs or marks that he gives are nearly always insufficient for recognizing the animals and recovering their names, unless the names have been preserved by tradition; and it often happens that the names are not accompanied by the characteristics, which makes any determination impossible.

In the ninth book, one of the richest and most worthwhile, Pliny concentrates on aquatic animals. It appears that in the writing of it he profited from the accounts of several Greek or Roman voyagers. He presents interesting details about whales and the great cetaceans of the North Sea and the Mediterranean. One can see that in his time these animals entered the Gulf of Gascogne [the Bay of Biscay] and that the Basques appear to be the first to fish for them. When the whales, harassed by man, took refuge in the north, it was this people who pursued them, and many areas around Newfoundland bear the names of Basque localities, notably those around Bayonne. Also, the history of the science permits us to trace from century to century the whales as they flee before the onslaught of fishermen. In Juvenal's[23] time, as we can see in one of the poet's lines, the whales were no longer found except along the coasts of England. In a paragraph on serpents Pliny reports that a boa snake was captured by Regulus[24] near the river Bagrada.[25]

In the same book, he indicates the places where pearls were fished for in his time, and the places where the most valuable ones came from. On this occasion he speaks of the two famous pearls belonging to Cleopatra, appraised then at ten million sesterces. He also describes the various sorts of purple and the best procedures for dyeing wool in that color.

Pliny's tenth book is devoted to birds. It contains some interesting things and various curious anecdotes. He gives a description of the phoenix, a miraculous animal to which the ancients attributed the property of rising from its own ashes, but which is simply the hieroglyphic symbol of the sun.[26] He says that a phoenix was brought to Rome and displayed in the general assembly during the vote of censure of the emperor Claudius, in the year 800 of Rome [A.D. 47], and that the image of it still existed in his own time. But the description he gives is sufficient to show that the bird seen at Rome was a golden pheasant brought from Colchis. Pliny also speaks of a bird called the *tragopan*,[27] larger than the eagle, having two curved horns on the sides of its head and rust-colored plumage with purple head. For a long time, this bird was ranked among the fabulous animals; but today we are disabused in this regard and we know that the bird of which Pliny writes is the *Penelope satyra* of Gmelin,[28] the horned pheasant of Buffon, which lives in the mountains of northern India. Pliny says that it comes from Ethiopia, but India and Ethiopia were often confused as to their productions.

In this same book, Pliny mentions the birds of ill omen, and he reports on this occasion that the augurs had fallen into such ignorance that they themselves no longer knew what birds they ought to be using.

He places the peacock among the domestic birds used for the table, and he speaks of goose-livers as if they were quite common. Clearly, the Romans were no less advanced than we are in this part of the gastronomic science.

The first half of the eleventh book of Pliny's history treats of insects. The author begins with a description of the labors of the bees and their governance. Like the rest of the ancients, he calls the queen bee the king and he thinks that if the whole bee species were destroyed, it could be regenerated with the entrails of a recently killed ox, buried in decomposing matter.

In this same book are found the earliest correct ideas about silk. Pliny states that this substance was brought from a very distant country (probably from China). At first it was rare at Rome and only women made use of it. Men did not wear silk garments until the reign of Elagabalus.[29] Furthermore, Pliny tells us that at Rome there were several kinds of silk: the details he goes into tell us that people harvested silk produced by insects other than the insect that lives in the mulberry tree. We recognize some of these insects, but it would be interesting to know the others in order to ascertain the quality of their silk.

In the second half of the eleventh book, Pliny, as we have said, gives a comparative anatomy or general zoology. But it is quite inexact: Pliny affirms, for example, that men have more teeth than women. Everyone knows that is not so.

The books that follow, up to and including the nineteenth, deal with botany. The apparent order of this science was able to satisfy an era when classifications based on insignificant details or on certain extrinsic circumstances of place or use could only be artificial and sterile for science; but today we cannot accept a distribution of the plant kingdom into trees classed as exotic and perfumed, garden trees, forest trees, fruit-trees, trees that are sown; into grains, flax, legumes. Nor does Pliny present anything connected or complete about the life, the structure, or the tending of plants. Also, his descriptions or rather his information is almost always insufficient for recognition and for assigning names. Finally, he abounds with useless repetitions.

Pliny speaks first about the plane tree,[30] which was exported over the Ionian Sea to Diomedes's island for decorating that hero's tomb,[31] and was then brought to Sicily. He says that Dionysius the Elder[32] made it the marvel of his palace, and that these trees were so highly prized that they were watered with unmixed wine.

Pliny mentions ten kinds of gum.

He gives details on the various procedures used by the ancients in preparing papyrus, which was much lighter in weight than parchment, and he indicates the plant from which the best papyrus was made.

In discussing the grapevine he describes the processes by which wine was made and enumerates fifty kinds of hard wines, of which thirty-eight came from across the sea, from both Greece and Asia and even from Egypt; for in Pliny's time the environs of Alexandria, where no vine grows today, produced a highly esteemed wine. He names eighteen kinds of soft, or unfermented, wine, and sixty-six kinds of artificial wine.

In the fifteenth book, Pliny numbers fifteen kinds of olive-trees that provided oils of various qualities, and indicates the means of giving them particular flavors. He designates thirty kinds of apple-trees, six peach-trees, twelve plum-trees, forty-one pear-trees, twenty-nine fig-trees, and eleven walnut-trees – in short, a greater number than is known in our own day; eighteen kinds of chestnut-trees, nine cherry-trees; and, finally, thirteen kinds of laurel.

In book 16, in which the author discusses trees of the forest, or wild trees, he names thirteen kinds of oak and gives some details on the parasitic productions of that tree, particularly on the nutgall and its use. He also dwells on the root of the oak and its properties. Then he writes about the pine, about pitch and tar. He states that the ancients cultivated twenty-eight kinds of reeds, and he counts as many as twenty varieties of ivy, an astonishing number, which leads one to think that the ancients attributed to this plant special properties unknown in our day, for otherwise they would not have observed it with such minute attention.

Pliny attributes prodigious longevity to certain trees: he reports that in his time there were some that dated from an era before the city of Troy, and others before the founding of Athens.

In the seventeenth book, Pliny speaks of exposure of trees, about fertilizers, nurseries, grafting, diseases, irrigation, etc.

In the eighteenth book, he distinguishes eighteen kinds of cereal grains and discusses at great length everything pertaining to agriculture.

In the nineteenth book, we see that flax was a great object of commerce with the ancients, and that the Romans had all our vegetable-garden plants, except those that come from America.

Materia medica, or medicinals, begins with the twentieth volume and is divided into vegetable substances (eight books, from the twentieth to the twenty-seventh) and animal substances (from the twenty-eighth to the thirty-second book).

This portion of Pliny's works is poorly classified. The author constantly goes from a study arranged according to diseases, to a study arranged according to substances, next to a purely alphabetical order, and thence to a totally random therapeutics.

The twentieth volume contains the enumeration of garden plants, and information on their hygienic properties and on their various applications in medicine.

The beginning of the twenty-first book is devoted to plants whose merit is in their flower. On this occasion Pliny reports ancient use with respect to crowns and cites the flowers used to compose such crowns. He names twelve species of roses, four of lilies, three of narcissus, and many other flowers. He correctly noted the season of blossoming in these plants, and the idea came to him that the different times of the year might thus be recognized. What he says about this might be regarded as the source of the calendar in Linnaeus's *Flora*.[33]

The rest of the twenty-first book and those following, up to the twenty-eighth, are devoted to information on the therapeutic qualities of many other plants.

Almost all these vegetal properties are lost for us, for lack of being able to determine to which plants Pliny attributes them. But we might allow ourselves a certain amount of indifference in the matter. If Pliny is to be believed, there is not a single human indisposition for which nature has not prepared twenty different remedies, and unfortunately, for two hundred years after the Renaissance, physicians seemed to take delight in repeating these puerilities: Dioscorides and Pliny became the basis of a vast number of works filled with recipes that pedantry alone was able to keep alive for so long a time. But at last, true enlightenment has banished them from medicine.

The twenty-eighth to the thirty-third books of Pliny's history contain prescriptions for remedies taken from the animal kingdom.

At the beginning of this therapeutic, the author asks pardon of the reader, and rightly so, for the numerous extravagances he is about to impart.

Pliny may be reproached for not knowing how to determine with a quick and able glance what ought to be left out of his work and what ought to be kept, and so rendering his work worthy of posterity. Pliny did not possess this clever and judicious critical faculty, which sounds, weighs, and estimates at their proper value documents in which the true and the false are strangely mixed. Pliny was a man on a level with his generation, and no more.

Many of the remedies based on animals are lost for us because of insufficient information for recognizing the animals to which the author refers. But we may console ourselves for this loss as readily as we do for the loss of cures based on unrecognizable plants.

Among the remedies drawn from the animal kingdom, Pliny includes the garum, a sort of sauce that, judging from the recipe, must have been disgusting: it was made from the rotted intestines of fish. Pliny enumerates more than 300 remedies from aquatic animals: the mullet alone provides fifteen, the turtle sixty-six, the beaver the same number. Here I should like to note that the author is acquainted with 176 species of fishes, about 60 species more than Aristotle describes but far less than the number of fishes we now know, which comes to at least six thousand.[34]

Pliny himself observed almost nothing, and wrote, as we have said, only to repeat what his predecessors had written. In botany, for example, his knowledge is limited to what he had been able to observe in the botanical garden belonging to Antonius Castor,[35] a physician who lived for more than a hundred years without a sick day until his death, and who merits particular mentioning because he is the fourth philosopher of antiquity who had a botanical garden. Up until his time, only Theophrastus, King Mithradates, and King Attalus possessed such gardens. Pliny copied from Dioscorides the descriptions of all the plants that he had not been able to see in Castor's garden. However, he does not even mention Dioscorides among the writers who preceded him.

The practice of identifying substances by means of pictures was known in Pliny's time, but he states that paintings vary from copy to copy and soon become unrecognizable owing to the inaccuracy of the illustrators.

From the thirty-third to the last book of his natural history, Pliny discusses mineralogy and its related subjects, *materia medica* from minerals, and the fine arts. He gives some descriptions of the arts; several pieces on the fine arts and art in general are scattered about in the body of his work.

If we could only understand Pliny perfectly, we would discover some of the processes by which ancient industry created certain products that we have imitated only imperfectly.

In books thirty-three and thirty-four, Pliny discusses the various uses of gold, silver, copper, tin, iron, and bronze – especially the famous bronze of Corinthe,[36] greatly prized in ancient times.

He names the most esteemed sculptors, points out their masterpieces, the creators of which would otherwise have been unknown, and he gives a very curious history of the art.

He speaks of statues of iron and informs us that in his time there were forges and castings.

In the thirty-fifth book, in which he discusses the use of minerals in painting, medicine, and dyeing, Pliny describes sixteen different kinds of painting. Some of these we practice today: the artificial compounds themselves have not changed, such as ivory-black, and India ink, which could well be merely indigo. Pliny mentions in this book more than 300 paintings, and in this way presents the basis of a history of painting. He discusses pottery, the different procedures used in this industry, and the trade it occasions with foreign peoples.

The thirty-sixth book is devoted to marble and stone. The author describes the principal monuments and statues in marble. He also gives the names of their creators, and without this information we could not have known to whose skilful hands we owe the masterpieces that are extant.

The thirty-seventh and last book of Pliny's natural history treats of precious stones and stones that can be carved. He designates 235 kinds, but he probably included mere varieties in this number. Finally, he gives an account of the most famous and valuable engraved stones, such as those of Polycrates and King Pyrrhus, and lists the names of the most renowned engravers.

It can be seen that Pliny's work has much more value for the arts and artists than for naturalists, for without the documents provided by Pliny it would have been impossible to gain any proper notion about the history of the arts.

The number of editions of Pliny's history is considerable, as many as three hundred. We shall cite in particular the one published at Lyon by Dalechamp[37] in 1587; one by the Jesuit Father Hardouin[38] in 1685; one by Franzius,[39] published in ten volumes in 1791, and republished by Monsieur Lemaire[40] with important additions.

It would be very useful to have a commentary on Pliny by someone who would bring to it a profound knowledge of natural history, and of the different languages of the authors whom Pliny cites, and who would also possess wide knowledge of the different countries mentioned in this naturalist's work.

Saumaise[41] had begun this immense work in a commentary entitled *Exercitationes Plinianae in Solinum*, and which can be cited as a model for all commentaries; the author compares passages, corrects Pliny's references, and throughout shows evidence of excellent judgment as well as profound erudition. He was only wanting in more precise knowledge of natural history.

Another commentator quite useful to naturalists is Samuel Bochart,[42] a Protestant minister born at Caen in 1599. Under the title of *Hierozoïcon*,[43] he wrote a history of the animals mentioned in the Bible that is certainly one of the most learned works ever written on such an erudite subject. In it the author determines the meaning of every expression, and by comparing various passages he arrives at explanations that are almost always quite accurate and of great value. The knowledge we have acquired in recent times of the productions of India allows us to improve and complete his important work. Thanks to Monsieur Ajasson de Grandsagne[44] and to his learned collaborators, we now possess an annotated translation of Pliny, as accurate as is possible in our day.

In the next lesson we shall examine some authors who, although they are not naturalists, have some knowledge of natural history.

NOTES

1. [Pliny the Elder, Latin in full Gaius Plinius Secundus (born A.D. 23, Novum Comum, Transpadane Gaul, now in Italy), Roman savant and author of the celebrated *Natural History*, an encyclopaedic work of uneven accuracy that was an authority on scientific matters up to the Middle Ages (see Gudger (Eugene Willis), "The sources of the material for Hamilton-Buchanan's fishes of the Ganges, the fate of his collections, drawings and notes, and the use made of his data", *Journal and Proceedings of the Asiatic Society of Bengal*, new serie, vol. 29, n°4, 1924, pp. 121-136; Pliny (the elder), *Natural History* [ed. by Rackman H. with an English translation], Cambridge (Mass.): Harvard University Press; London: W. Heinemann, 1940, 10 vols). Pliny's last assignment was that of commander of the fleet in the Bay of Naples, where he was charged with the suppression of piracy. Learning of an unusual cloud formation – later found to have resulted from an eruption of Mt. Vesuvius – Pliny went ashore to ascertain the cause and to reassure the terrified citizens. He was overcome by the fumes resulting from the volcanic activity and died on 24 August 79, according to his nephew's report. Pliny was unmarried and was survived by his only sister.]
2. [Gaius Valerius Catullus (born *c.* 84 B.C., Verona, Cisalpine Gaul; died *c.* 54 B.C., Rome), Roman poet whose expressions of love and hatred are generally considered the finest lyric poetry of ancient Rome (see Hurley (Amanda Kolson), *Catullus*, London: Bristol Classical Press, 2004, 158 p.) In 25 of his poems he speaks of his love for a woman he calls Lesbia, whose identity is uncertain. Other poems by Catullus are scurrilous outbursts of contempt or hatred for Julius Caesar and lesser personages.]
3. [Saint Jerome, Latin in full Eusebius Hieronymus, pseudonym Sophronius (born *c.* 347, Stridon, Dalmatia; died 419/420, Bethlehem, Palestine), biblical translator and monastic leader, traditionally regarded as the most learned of the Latin Fathers. He lived for a time as a hermit, became a priest, served as secretary to Pope Damasus, and about 389 established a monastery at Bethlehem. His numerous biblical, ascetical, monastic, and theological works profoundly influenced the early Middle Ages (*Patristic scholarship: the edition of St. Jerome* [edited, translated, and annotated by Brady James F. & Olin John C.], Toronto; Buffalo: University of Toronto Press, 1992, 293 p.) He is known particularly for his Latin translation of the Bible, the Vulgate, and his translation of the *Chronicon* (*Chronicles*) written by the church historian Eusebius of Caesarea (also called Eusebius Pamphili, fl. fourth century, Caesarea Palestinae, Palestine).]
4. [Suetonius, in full Gaius Suetonius Tranquillus (born *c.* A.D. 69, probably Rome; died after 122), Roman biographer and antiquarian whose writings include *De viris illustribus* ("Concerning Illustrious Men"), a collection of short biographies of celebrated Roman literary figures, and *De vita Caesarum* (*Lives of the Caesars*). The latter book, seasoned with bits of gossip and scandal relating to the lives of the first 11 emperors, secured him lasting fame (Suetonius, *Suetonius* [with an English translation by Rolfe John Carew], Cambridge (Mass.); London: Harvard university press; London: W. Heinemann, 1951, 2 vols; *The twelve Caesars* [translated by Graves Robert], Baltimore: Penguin Books, 1957, 315 p.; see also Wallace-Hadrill (Andrew), *Suetonius: the scholar and his Caesars*, London: Duckworth, 1983, viii + 216 p.)]
5. [Lollia Paulina (died A.D. 49), a noble Roman woman who lived in the first century, who became quite rich as the heir to her relative's estates. She is mentioned in Pliny the Elder's *Natural history* as an example of ostentation, reportedly wearing a large share of her inheritance to a dinner party in the form of jewellery, worth some 40 million sestertius.]
6. [Apion (born *c.* 20 B.C. at the Siwa Oasis, died *c.* A.D. 45), Graeco-Egyptian grammarian, sophist, and commentator on Homer. He studied at Alexandria, and headed one of the deputations sent to Caligula (in 40) by the various Alexandrian communities following inter-communal riots that left many Greeks and Jews dead. He later settled at Rome and taught rhetoric until the reign of Claudius. He wrote several works, none of which has survived.]
7. [Lucius Pomponius Secundus was a Roman patrician who rose through the *cursus honorum* under a number of emperors in the first century A.D. to become a successful consul and military general.]

8. [Balm, any of several fragrant herbs of the mint family, particularly *Melissa officinalis,* also called balm gentle, or lemon balm, and cultivated in temperate climates for its fragrant leaves, which are used as a scent in perfumery, as a flavoring in such foods as salads, soups, sauces, and stuffings, and as a flavoring in liqueurs, wine, and fruit drinks. Balm was used in medicinal teas, as a diaphoretic, and in wine drinks by the Greeks and Orientals in ancient times.]
9. [Vaucluse, a *département* in Provence-Alpes-Côte-d'Azur region, southeastern France. The fountain of Vaucluse is the Sorgue River, which issues from underground in the form of a resurgent spring at the west end of the Plateau de Vaucluse, south of mont Ventoux, Fontaine-de-Vaucluse.]
10. [For Pliny's *Natural history*, see note 1, above.]
11. [Misenum, ancient port of Campania, Italy, located about 3 miles (5 km) south of Baiae at the west end of the Gulf of Puteoli (Pozzuoli). Until the end of the Roman Republic it was a favorite villa resort dependent on Cumae. Agrippa made the fine natural harbor into the main naval station of the Mediterranean fleet (31 B.C.). Pliny was stationed in Misenum, from which he witnessed (and wrote about) the eruption of Mount Vesuvius in A.D. 79.]
12. [Resina, now Ercolano, town, Napoli *provincia,* Campania *regione,* southern Italy. It lies at the western foot of Mount Vesuvius, on the Gulf of Naples, just southeast of the city of Naples. The medieval town of Resina was built on the lava stream left by the eruption of Vesuvius (A.D. 79) that destroyed the ancient city of Herculaneum, from which the present name is derived.]
13. [Pliny the Younger, Latin in full Gaius Plinius Caecilius Secundus (born A.D. 61 or 62, Comum, Italy; died *c.* 113, Bithynia, Asia Minor, now in Turkey), nephew of Pliny the Elder, Roman author, and administrator who left a collection of private letters of great literary charm, intimately illustrating public and private life in the heyday of the Roman Empire (see Pliny (the Younger), *Complete letters* [translated with an introduction and notes by Walsh P. G.], Oxford; New York: Oxford University Press, 2006, xl + 380 p.)]
14. [Largius (or Lartius) Licinius, a contemporary of the elder Pliny, a praetor in Spain, and subsequently the governor of one of the imperial provinces.]
15. [Decemvir (Latin: "ten men"), in ancient Rome, any official commission of 10. The designation is most often used in reference to *decemviri legibus scribundis,* a temporary legislative commission that supplanted the regular magistracy from 451 to 449 B.C. It was directed to construct a code of laws that would resolve the power struggle between the patricians and the plebeians. The first board of decemvirs ruled with moderation and prepared 10 tables of law in 451 B.C. A second board completed the laws of the Twelve Tables with two laws less favorable to the plebeians. In 449 B.C., when they became tyrannical, the decemvirs were forced to abdicate.]
16. [Clepsydra, also called water clock, an ancient device for measuring time by the gradual flow of water. One form, used by the North American Indians and some African peoples, consisted of a small boat or floating vessel that shipped water through a hole until it sank. In another form the vessel was filled with water that was allowed to escape through a hole, and the time was read from graduated lines on the interior measuring the level of the remaining water. It may have been an invention of the Chaldeans of ancient Babylonia; specimens from Egypt date from the fourteenth century B.C. In early specimens the graduations do not allow for the fact that, as the water escaped, pressure was reduced and the flow slowed down. The Romans invented a clepsydra consisting of a cylinder into which water dripped from a reservoir; a float provided readings against a scale on the cylinder wall. Clepsydras were used for many purposes, including timing the speeches of orators; as late as the sixteenth century, Galileo used a mercury clepsydra to time his experimental falling bodies.]
17. [Peter Artedi, his father a pastor, was born in the parish of Anunds in Angermanland in 1705. Destined for the church, he was sent in 1716 to the college of Härnösand, and in 1724 to the University of Uppsala, where his taste for alchemy led him to choose the field of medicine. It was there that Linnaeus met him in 1728 and formed a close friendship with him. Artedi left for London in 1734, and in 1735 came to Leiden to find his friend Linnaeus again, who introduced him to Albertus Seba (author of a great illustrated catalog of his cabinet of curiosities; see Seba (Albertus), *Locupletissimi rerum naturalium thesauri accurata descriptio, et iconibus artificiosissimis expressio, per universam physiees historiam: Opus, cui, in hoc rerum genere, nullum par exstitit - Ex toto terrarum orbe collegit, digessit, descripsit, et de pingendum curavit Albertus Seba*, Amstelaedami: apud Janssonio-Waesbergios [etc.], 1734-1765, 4 vols) as the man most capable of writing the part on fishes in the great description of Seba's cabinet. In the early hours of 28 September 1735, after an evening of socializing at the house of Seba, Artedi, at the age of thirty, drowned in one of the canals of Amsterdam. Through the intermediacy of Linnaeus, his *Ichthyologia* was published in 1738. For more on Artedi, see Lönnberg (Axel Johan Einar), *Peter Artedi* [a bicentenary memoir written on behalf of the Swedish Royal Academy of Science; translated by Harlock W. E.), Uppsala; Stockholm: Almqvist & Wiksells boktryckeri, 1905, 44 p.; Merriman (Daniel), "Peter Artedi–systematist and ichthyologist", *Copeia*, 1938, no. 1, pp. 33-39; "A rare manuscript adding to our knowledge of the work of Peter Artedi", *Copeia*, 1941, no. 2, pp. 64-69; Wheeler (Alwyne Cooper), "The life and work of Peter Artedi", *in* Wheeler (Alwyne Cooper) (ed.), *Petri Artedi Ichthyologia, Historiae Naturalis Classica*, Weinheim: J. Cramer, 1961, pp. vii-xxiii; "The sources of Linnaeus's knowledge of fishes", *Svenska Linnésällskapets Årsskrift*, Uppsala, 1978, pp. 156-211; "Peter Artedi, founder of modern ichthyology", *Proceedings of the Fifth Congress of European Ichthyologists*, Stockholm, 1987, pp. 3-10.]

18. [Conrad Gessner, Conrad also spelled Konrad (born 26 March 1516, Zürich; died 13 December 1565, Zürich), Swiss physician and naturalist, best known for his systematic compilations of information on animals and plants and probably the most knowledgeable naturalist of the sixteenth century. Among a multitude of other works, he produced a great monument in his *Historiae animalium* (1551-1587), printed in Zürich in five books, which are usually bound in three volumes in folio. An edition not so handsome but more complete was printed at Frankfurt in 1604; another appeared in 1620, as well as an abridgement titled *Nomenclator aquatilium animantium*, Zürich, 1560, with the same figures. For more on Gessner, see Gudger (Eugene Willis), "The five great naturalists of the sixteenth century: Belon, Rondelet, Salviani, Gesner and Aldrovandi: a chapter in the history of ichthyology", *Isis*, vol. 22, no. 1, 1934, pp. 21-40; Allen (Elsa G.), "The history of American ornithology before Audubon", *Transactions of the American Philosophical Society*, new serie, vol. 41, no. 3, 1951, pp. 386-591; Wellisch (Hans), "Conrad Gessner: a bio-bibliography", *Journal of the Society for the Bibliography of Natural History*, vol. 7, no. 2, 1975, pp. 151-247; Adler (Kraig), "Contributions to the history of herpetology", *in Contributions to herpetology, vol. 5*, Oxford (Ohio): Society for the Study of Amphibians and Reptiles, 1989, p. 13.]
19. [Martichore or manticore, a mythical animal first mentioned by Ctesias; see Lesson 6, note 37.]
20. [Catoblepas: this is perhaps the gnu or connochaetes, also called the wildebeest, either of two African antelopes of the genus *Connochaetes*, family Bovidae (order Artiodactyla).]
21. [Monoceros is the narwhal (*Monodon monoceros*), a small whale belonging to the family Monodontidae, found along coasts and, sometimes, in rivers throughout the *Arctic*. Mottled gray in color, the narwhal is usually about 3.5 to 5 m (11.5 to 16 feet) long. It lacks a dorsal fin and has only two teeth, both at the tip of the upper jaw. The left tooth develops in the male into a straight tusk protruding forward from the upper lip. This tusk, prized in medieval times as the fabled horn of the unicorn, grows up to 2.7 m (8.9 feet) in length and is grooved on the surface in a left-handed spiral.]
22. [The original winged horse was Pegasus, in Greek mythology, a winged horse that sprang from the blood of the Gorgon Medusa as she was beheaded by the hero Perseus. With Athena's (or Poseidon's) help, another Greek hero, Bellerophon, captured Pegasus and rode him first in his fight with the Chimera and later while he was taking vengeance on Stheneboea (Anteia), who had falsely accused Bellerophon. Subsequently Bellerophon attempted to fly with Pegasus to heaven but was unseated and killed, the winged horse becoming a constellation and the servant of Zeus. The story of Pegasus became a favorite theme in Greek art and literature, and in late antiquity Pegasus' soaring flight was interpreted as an allegory of the soul's immortality; in modern times it has been regarded as a symbol of poetic inspiration.]
23. [Juvenal, Latin in full Decimus Junius Juvenalis (born *c.* A.D. 55-60, Aquinum, Italy; died probably in or after 127), most powerful of all Roman satiric poets. Many of his phrases and epigrams have entered common parlance – for example, the common people, rather than caring about their freedom, are only interested in "bread and circuses" (*i.e.* food and entertainment); rather than for wealth, power, or children, men should pray for a "sound mind in a sound body"; and to the question of who can be trusted with power, "who will guard the guards themselves?"]
24. [Marcus Atilius Regulus (fl. third century B.C.), Roman general and statesman whose career, greatly embellished by legend, was seen by the Romans as a model of heroic endurance.]
25. [Bagrada, the Latin name for Wadi Majardah, main river of Tunisia. It rises in northeastern Algeria in the Medjerda Mountains and flows northeastward for 290 miles (460 km) to the Gulf of Tunis, draining an area of about 8,880 square miles (23,000 square km) before it enters the Mediterranean Sea.]
26. [Phoenix, in ancient Egypt and in classical antiquity, a fabulous bird associated with the worship of the sun. The Egyptian phoenix was said to be as large as an eagle, with brilliant scarlet and gold plumage and a melodious cry. Only one phoenix existed at any time, and it was very long-lived – no ancient authority gave it a life span of less than 500 years. As its end approached, the phoenix fashioned a nest of aromatic boughs and spices, set it on fire, and was consumed in the flames. From the pyre miraculously sprang a new phoenix, which, after embalming its father's ashes in an egg of myrrh, flew with the ashes to Heliopolis ("City of the Sun") in Egypt, where it deposited them on the altar in the temple of the Egyptian god of the sun, Re. A variant of the story made the dying phoenix fly to Heliopolis and immolate itself in the altar fire, from which the young phoenix then rose.]
27. [*Tragopan*, a kind of pheasant (genus *Tragopan*) found in Asia, species of which are among the world's most colorful birds. Male tragopans show a bright apron of flesh under the bill during courtship, and short fleshy horns, hence the name horned pheasants.]
28. [Johann Friedrich Gmelin (born 1748, Tübingen; died in 1804) of the same family as the explorers of Siberia (Johann Georg Gmelin, born 1709, died 1755; and his nephew Samuel Gottlieb Gmelin, born 1745, died 1774), professor of chemistry at Göttingen, author of a multitude of works, the most significant of which is the thirteenth edition of the *Systema naturae* (see Linnaeus (Carl von), *Systema naturae per regna tria naturae, secundum classes, ordines, genera, species, cum characteribus, differentiis, synonymis, locis. Editio decima tertia, aucta, reformata. Cura Jo. Frid. Gmelin. Georg*, Leipzig: Emanuel Beer, 1788-1793, 10 pts in 3 vols). For more on Gmelin and the thirteenth edition of the *Systema naturae*, see Gill (Theodore N.), "Arrangement of the families of fishes, or classes Pisces, Marsipobranchii, and Leptocardii", *Smithsonian*

miscellaneous collections, vol. 247, 1872, xlvi p.; Kohn (Alan J.), *A chronological taxonomy of Conus, 1758-1840*, Washington (D.C.): Smithsonian Institution Press, 1992, x + 315 p.]

29. [Elagabalus, byname Caesar Marcus Aurelius Antoninus Augustus, original name Varius Avitus Bassianus (born 204, Emesa, Syria; died 222), Roman emperor from 218 to 222, notable chiefly for his eccentric behaviour.]
30. [Plane tree, any of the ten species of the genus *Platanus*, the only genus of the family Platanaceae. These large trees are native in North America, eastern Europe, and Asia and are characterized by scaling bark; large, deciduous, usually palmately lobed leaves; and globose heads of flower and seed. The plane trees bear flowers of both sexes on the same tree but in different clusters. The sycamore maple (*Acer pseudoplatanus*), often called sycamore, plane, or mock plane, is distinct.]
31. [Diomedes, in Greek legend, one of the most respected leaders in the Trojan War. His famous exploits include the wounding of Aphrodite, the slaughter of Rhesus and his Thracians, and seizure of the Trojan Palladium, the sacred image of the goddess Pallas Athena that protected Troy. After the war Diomedes returned home to find that his wife had been unfaithful (Aphrodite's punishment) and that his claim to the throne of Argos was disputed. Fleeing for his life, he sailed to Italy and founded Argyripa (later Arpi) in Apulia, eventually making peace with the Trojans. He was worshipped as a hero in Argos and Metapontum. According to Roman sources, his companions were turned into birds by Aphrodite, and, hostile to all but Greeks, they lived on the Isles of Diomedes off Apulia.]
32. [Dionysius the Elder (born *c.* 430 B.C.; died 367), the great Tyrant of Syracuse from 405 who, by his conquests in Sicily and southern Italy, made Syracuse the most powerful Greek city west of mainland Greece. Although he saved Greek Sicily from conquest by Carthage, his brutal military despotism harmed the cause of Hellenism.]
33. [For Linnaeus's *Calendar of Flora*, see Stillingfleet (Benjamin), *Miscellaneous tracts relating to natural history, husbandry, and physick: To which is added* The calendar of flora [The second edition corrected and augmented with additional notes throughout, particularly on some of the English grasses, which are illustrated by copper plates; translated by Stillingfleet Benjamin], London: printed and sold by R. and J. Dodlsey [etc.], 1762, xxxi + [1] + 391 p. + 11 leaves of pls.]
34. [The estimated number of recognized extant species of fishes has now reached 31,362, distributed among 5,017 genera and 534 families; see Eschmeyer (William N.), Fricke (Ronald), Fong (Jon D.) & Polack (Dennis A.), "Marine fish diversity: history of knowledge and discovery (Pisces)", *Zootaxa*, no. 2525, 2010, pp. 19-50.]
35. [Antonius Castor, whose garden is said to have been laid out in imitation of the botanical gardens of Theophrastus and Mithradates.]
36. [Bronze of Corinthe, an alloy of gold, silver, and copper.]
37. [Jacques Dalechamp (born 1513, Caen; died 1588, Lyon), a learned French physician and botanist, who studied medicine and botany at Montpelier and admitted doctor in medicine in 1547. He published several elaborate translations of classical works, including Pliny's *Natural history* in 1587.]
38. [Jean Hardouin (born 22 December 1646, Quimper, France; died 3 September 1729, Paris), French Jesuit scholar who edited numerous secular and ecclesiastical works, most notably the texts of the councils of the Christian church.]
39. [Johan Georg Friedrich Franz (born 1737, died 1789), Leipzig scholar, probably best known for his *Scriptores physiognomoniae (... veteres ex recensione Camilli Pervsci et Frid. Sylbvrgii Graece et Latine recensvit, animadversiones Sylbvrgii et Dan. Gvil. Trilleri in Melampodem emendationes additit svasqve adspersit notas Iohannes Georgivs Fridericvs Franzivs,* Altenburg: Gottlob Emanuel Richter, 1780, xxxii + 508 + [20] p.)]
40. [Nicolaus Eligius Lemaire (born 1767, died 1832), French classical scholar, who published an edition of Pliny's *Natural history* between 1827 and 1832.]
41. [Claude de Saumaise, Latin Claudius Salmasius (born 15 April 1588, Semur-en-Auxois, France; died 3 September 1653, Spa, now in Belgium), French classical scholar who, by his scholarship and judgment, acquired great contemporary influence. He is best known for his *Exercitationes Plinianae in Solinum (Claudii Salmasii exercitationes de homonymis hyles iatricae nunquam antehac antehac ineditae, nec non De manna & saccharo*, Trajecti ad Rhenum: Apud Johannem vande Water, Johannem Ribbium, Franciscum Halma, & Guilielmum vande Water, 1689, [12] + 259 + 20 p.)]
42. [Samuel Bochart (born 1599, Caen, Basse-Normandie, northwestern France; died 1667), wrote *Geographia sacra, seu Phaleg (Samuelis Bocharti Geographia sacra, seu, Phaleg et Canaan, cui accedunt variæ dissertationes philologicæ, geographicæ, theologicæ, &c. anthehac ineditæ*, Lugduni Batavorum: Cornelium Boutesteyn & Jordanum Luchtmans, 1692, 4 pl. + 36 +[12] p. + 318 col. + 1 l. + col. 323-332 + col. 345-790 + [2] p. + col. 793-1312 + [60] p.), with several later editions.]
43. [See Bochart (Samuel), *Hierozoïcon, sive de Animalibus S. Scripturae, recensuit suis notis adjectis*, Leipzig: Rosenmüller, 1793, 3 vols.]
44. [Jean-baptiste François Étienne Ajasson de Grandsagne (born 1802, La Châtre, France; died 1845, Lyon), French naturalist and writer, who studied and translated works of ancient science. He devoted himself to publishing a popular encyclopaedia, an enterprise that exhausted his fortune and he died ruined in Lyon. His edition of Pliny (*Zoologie de Pline avec des recherches sur la détermination des espèces dont Pline a parlé...*, Paris: Panckoucke, 1829-1833, 20 vols), is enriched by many valuable notes by Cuvier and other eminent scientific and literary men of France.]

PLINE L'ANCIEN Gravure extraite de Thevet (André), *Les Vrais pourtraits et vies des hommes illustres grecz, latins et payens, recueilliz de leurs tableaux, livres, médalles antiques et modernes. Par André Thevet angoumoysin, premier cosmographe du Roy*, Paris : Veuve J. Kervert & G. Chaudière, 1584, vol. 2, p. 612.

13 *Pline et son* Histoire naturelle

Les sciences, qui n'avaient pu être cultivées pendant les règnes désastreux des premiers empereurs, commencèrent enfin d'être honorées à Rome sous le règne de Vespasien. Cet empereur les favorisa de toute sa puissance ; il institua des écoles où elles étaient enseignées en même temps que la philosophie. Le goût des études était encore trop faible pour qu'on pût espérer qu'elles se soutinssent par elles-mêmes : Vespasien aida à leur propagation avec les ressources de l'État ; on vit sous son règne, pour la première fois, des professeurs salariés par le trésor public.

Pline[1], favori et ami de Vespasien, écrivit alors son *Histoire Naturelle*, ouvrage qui n'est pas moins remarquable parmi les Latins que celui d'Aristote chez les Grecs.

Pline naquit l'an 23 de notre ère, la neuvième année du règne de Tibère. Deux villes, Vérone et Côme, se disputent l'honneur d'avoir vu naître ce célèbre naturaliste. Beaucoup d'auteurs regardent une phrase, dans laquelle Pline donne à Catulle[2] la qualification de *conterraneus*, comme décisive en faveur de la ville de Vérone ; mais le mot *conterraneus* signifie plutôt de même province que de même ville ; d'ailleurs la tradition constante de toute l'antiquité, consignée dans saint Jérôme (chronique d'Eusèbe)[3] et dans une vie de Pline attribuée à Suétone[4], et qui est très-certainement d'une haute antiquité ; la naissance de Pline le Jeune à Côme ; les vastes possessions que son oncle avait dans les environs de cette ville, et qui devinrent plus tard la propriété du neveu ; enfin, une foule d'inscriptions antiques trouvées à peu de distance de la même ville, inscriptions relatives à des membres de la famille *Plinia*, prouvent sans réplique et l'existence de cette famille à Côme, et son illustration dans la province jusqu'au Iᵉʳ siècle de l'ère chrétienne, et la naissance de Pline dans la ville même de Côme, ou dans un domaine voisin.

Pline vint fort jeune à Rome sous le règne de Tibère. Il y vint aussi sous le règne de Caligula pendant que Tibère était retiré à l'île de Caprée. Ses détails sur les pierreries de Lollie Pauline[5], un instant impératrice, ont fait dire qu'il fut admis dans sa jeunesse à la cour de Caligula ; mais peut-être vit-il plutôt Lollie dans une occasion solennelle, ou lorsqu'elle voyagea aux environs de Rome. Sous le règne de Claude, Pline assista à un combat public que les troupes romaines livrèrent à un poisson monstrueux (un cétacé), qui s'était laissé prendre dans le port d'Ostie. Mais il paraît que, dans ces divers voyages, il resta ignoré des trois empereurs que nous venons de citer, ainsi que de Néron.

Après avoir été élève du philosophe Apion[6], qui florissait à Rome sous le règne de Caligula, il voyagea d'abord en Afrique, et put ainsi écrire sur cette contrée d'après ses propres observations. Il prit ensuite la profession des armes, et parvint même à un grade assez élevé dans la cavalerie. Sous Lucius Pomponius[7], il commanda une légion en Germanie, visita en même temps cette contrée, et put recueillir diverses choses relatives à la mer du Nord. Il composa dans ses loisirs plusieurs ouvrages étrangers à l'histoire naturelle, et qui ne nous sont pas parvenus : ce sont un *Récit des guerres d'Allemagne*, la *Vie de Pomponius Secundus*, un traité relatif à l'art militaire, intitulé : *De Jaculatione equestri*, plusieurs traités de grammaire, et un ouvrage sur les guerres de Judée. On a même prétendu qu'il avait fait lui-même ces guerres, parce qu'il donne des détails sur plusieurs productions de la Judée, et particulièrement sur le baumier[8]; mais ces détails sont si dépourvus d'exactitude qu'ils démentent eux-mêmes l'origine qu'on leur attribue.

Revenu à Rome à trente ans, Pline y plaida plusieurs causes sous le règne de Claude. Il ne paraît pas qu'il ait pris d'emploi sous Néron ; mais vers la fin de son règne, il visita l'Espagne, la Gaule narbonnaise, qu'il a bien décrite, et particulièrement la fontaine de Vaucluse[9]. Enfin, sous Vespasien, il employa ses loisirs à écrire son *Histoire naturelle*, composée de trente-sept livres, et dont les matériaux étaient sans doute rassemblés depuis longtemps[10]. C'est le seul de ses ouvrages qui nous reste ; mais au moins il est complet, sauf erreur de copiste. Il paraît que Pline y travailla pendant une grande partie de sa vie, surtout pendant le repos qu'il eut à Rome lors des guerres de Judée. Il dédia cette histoire à Titus qui n'était pas encore empereur, et sa dédicace est remarquable par un ton de familiarité et même de plaisanterie qui prouve une grande intimité entre lui, l'empereur et son fils. On sait d'ailleurs que chaque matin, pendant tout le temps de la guerre de Judée, Pline était admis avant le lever du soleil auprès de l'empereur, qui le consultait sur les affaires publiques.

Lorsque Titus eut succédé à son père. Pline fut nommé au commandement de la flotte de Mysène[11], envoyée sur les côtes de la Méditerranée pour détruire les pirates, et ce fut pendant ce commandement qu'il périt aux environs de Naples, en allant observer de trop près la terrible éruption du Vésuve qui engloutit Pompéïa et Herculanum, l'an 79 de notre ère. Pline était alors à Mysène ; il fut prévenu qu'on percevait à l'horizon un phénomène extraordinaire, qui se présentait sous la forme d'un nuage disposé comme un arbre pyramidal ; il se fit transporter vers le lieu où paraissait cette vapeur, et débarqua à Résina[12]. De là il observa le phénomène d'assez près, en nota les principales phases et se retira. L'éruption ne présentait plus aucun caractère de danger ; il s'endormit tranquillement. Mais on l'avertit bientôt que les pierres et les cendres pleuvaient sur la maison où il reposait, que la cour était déjà remplie de ces matières lancées par le Vésuve ; il se leva et partit en se garantissant de la chute des pierres avec des oreillers ou coussins. Il arriva ainsi sain et sauf jusqu'au rivage où il avait dessein de s'embarquer. Mais la mer se trouva trop agitée pour qu'il pût s'y fier ; il fut obligé de rester sur le bord, et probablement il mourut à cette place, asphyxié par les cendres et le exhalaisons sulfureuses et victime de sa passion pour l'histoire naturelle. Pline était alors âgé de cinquante-six ans seulement.

Ce fut assurément l'un des hommes les plus laborieux qui aient existé. Son neveu, Pline le Jeune[13], dans une lettre qu'il écrivait à Tacite, donne sur ce sujet des détails presque incroyables; il dit qu'on le voyait toujours lisant ou se faisant lire, écrivant ou dictant. Le matin, le soir, au bain, en voyage, il était constamment accompagné d'un lecteur et d'un secrétaire. Il nous est resté cent soixante gros volumes extraits par lui des écrivains qu'il avait lus. Ces extraits furent très-estimés de ses contemporains, car Largius Licinius[14] en offrit, après la mort de Pline, quatre cent mille sesterces à son neveu.

Considéré comme naturaliste, Pline est loin d'avoir le génie d'Aristote, qu'il a copié souvent, mais qu'il paraît ne pas avoir toujours compris. Quoique écrivant à une époque plus éclairée que celle de quelques anciens naturalistes, il a accueilli avec peu de critique toutes les fables absurdes qui se trouvent dans leurs écrits et toutes celles encore qui étaient accréditées de son temps. Il semble même qu'il ait eu une prédilection particulière pour le fabuleux. Son ouvrage, d'ailleurs, manque d'ordre, de méthode. Chaque science considérée en elle-même y est, si l'on en excepte la géographie, totalement dépourvue de classification. Pline doit être plutôt considéré comme le plus extraordinaire des compilateurs que comme un savant de premier ordre. Son ouvrage est une véritable *Encyclopédie*, comme il l'appelle lui-même; pour le composer, il a consulté plus de deux mille ouvrages différens, et il cite les noms de quatre cent quatre-vingts auteurs, dont quarante à peine nous restent. Une foule de notions diverses, renfermées dans des livres perdus, ne seraient pas, sans lui, arrivées jusqu'à nous. Beaucoup de termes de latinité ne se trouvent aussi que dans son histoire, et sans elle il aurait été impossible de rétablir la langue latine. On peut juger, par cet immense travail, de la richesse des bibliothèques de l'antiquité, et des trésors scientifiques que les invasions et les destructions des Barbares nous ont fait perdre!

Le premier livre de l'histoire de Pline, où l'on voit qu'il est panthéiste, puisqu'il ne reconnaît d'autre Dieu que le monde, est consacré à l'astronomie et à la météorologie. Quelques mots de cosmogonie ou de cosmographie précèdent une dissertation sur les éléments, sur Dieu, sur les astres ; puis vient une théorie des éclipses, du scintillement des étoiles et de la foudre; après quoi il revient aux astres, dont il se demande les distances, mêlant ainsi sans cesse deux sciences distinctes et étrangères l'une à l'autre.

Dans les quatre livres suivants, l'auteur s'occupe de la géographie. L'Europe, l'Afrique, l'Asie, forment des divisions naturelles; mais après avoir passé en revue les diverses contrées de l'Europe méridionale dans l'ordre suivant: Espagne, Italie, Grèce, Pline revient par les îles de la mer Égée, par la Sarmatie, la Scythie, la Germanie et les îles des Océans germaniques et gaulois, à la Gaule, et de là à l'Espagne citérieure et à la Lusitanie. Du temps de l'auteur, ce périple de l'Europe pouvait offrir beaucoup d'avantages; mais n'y avait-il pas un meilleur ordre à suivre? Pline, enfin, commet beaucoup de doubles emplois; il répète plusieurs fois, sans s'en apercevoir, les mêmes noms altérés par une mauvaise orthographe ; il se contredit aussi fort souvent, parce qu'il copie des auteurs qui raisonnent d'après des systèmes contraires.

Au septième livre commence l'histoire naturelle proprement dite, c'est-à-dire l'ensemble des connaissances que nous désignons aujourd'hui par ce nom. La zoologie se présente la première, et nous conduit jusqu'au livre onze inclusivement.

Pline commence par une énumération des variétés de l'espèce humaine, et il adopte sans discernement toutes les fables inventées par les voyageurs anciens, beaucoup moins véridiques encore que les voyageurs modernes. Il rapporte qu'il existe des hommes sans bouche, d'autres qui ont des pieds d'autruche, d'autres, enfin, dont les oreilles sont si volumineuses, que l'une d'elles leur sert de matelas, et l'autre de couverture. Ses récits ne sont que la reproduction des fables de Ctésias et d'Agatharchide.

Ce septième livre est terminé par une histoire très-curieuse des inventions des arts. On y voit combien Rome fut tardive sous ce rapport. Au temps des décemvirs[15], elle ne possédait encore aucun instrument propre à mesurer le temps. Chaque jour, quand le soleil donnait entre deux colonnes, un licteur avertissait à haute voix le sénat qu'il était midi ; mais, si un nuage voilait le soleil, il enlevait aux Romains le moyen de savoir l'heure. Ce ne fut que cent ans plus tard que l'on fit usage, à Rome, de la clepsydre[16], inventée par Scipion Nasica, l'an de Rome 595.

La zoologie, proprement dite, qui commence dans le huitième livre, se présente partagée en deux masses inégales, l'une contient le dénombrement et la description des animaux ; l'autre, qui se compose d'un demi-livre seulement (onzième livre, du quarante-quatrième au cent dix-neuvième numéro), est une véritable anatomie comparée, ou zoologie générale ; mais la subdivision de la première partie en animaux terrestres, aquatiques, et aériens, est insuffisante ; il aurait fallu une division collatérale pour les insectes, qui remplissent la première partie du livre onze. On sent ce qu'il résulte de la distribution arbitraire adoptée par Pline : mammifères et reptiles sur la terre, mammifères et oiseaux dans les airs ; mammifères, poissons, crustacés, annélides, reptiles et zoophytes sous les eaux. Mais à peine le tiers de ces noms d'origine moderne était connu, et à peine aussi ceux qui existaient étaient appliqués à propos. Car les ordres, les familles, les classes, en un mot toutes les grandes sections d'un règne ne peuvent être bien définies que quand, grâce à la détermination philosophique de l'importance des caractères, on est arrivé à une bonne taxonomie. De là ces homards, nommés poissons, ces anguilliformes, pris pour des serpents et des hydres, la chauve-souris et le dragon, classés avec les oiseaux. Il n'y a guère que les cétacés et les amphibies qui donnent moins souvent lieu à ces erreurs grossières, et quoique de temps à autre les dauphins, les baleines soient, comme dans Artedi[17] et dans Gessner[18], de gros poissons, Pline ne les désigne ordinairement que par le mot monstres (*belluæ*).

Au reste, ce qu'il est essentiel de remarquer, c'est que notre auteur ne jouant ici que le rôle de compilateur et d'abréviateur, n'est point responsable de toutes les fautes observées dans son ouvrage, et qu'une partie seulement doit lui être attribuée. Tout le monde sent parfaitement laquelle. Rien n'est plus facile aussi que de voir quel ordre factice ou quel désordre appartient aux naturalistes consultés par Pline, et quel désordre n'a d'autre cause que son ignorance ou sa précipitation.

Mais, comment a-t-il rempli son rôle d'abréviateur, de compilateur, de traducteur, relativement aux détails, aux faits, aux descriptions individuelles ? Il faut le dire nettement, Pline est loin d'être irréprochable sous ces divers rapports. Il n'est pas toujours heureux dans le choix des auteurs, et il préfère souvent une explication ridicule on puérile à l'idée la plus raisonnable, une fable bizarre à la simple vérité. Aussi la martichore[19], le catoblépas[20], dont le regard est mortel, le monoceros[21], les chevaux ailés[22] figurent-ils avec honneur auprès du lion et de l'éléphant. Il parle avec complaisance des crocotes, espèces de hyènes qui appellent les bûcherons par leurs noms pour les dévorer, et il débite mille fables sur le lynx. Il copie Ctésias aussi volontiers qu'Aristote, et se garde bien de soupçonner un sens symbolique aux animaux vus par le premier dans les hiéroglyphes de Persépolis. Plus souvent encore on voit qu'il a lu au hasard tout ce qui s'est présenté, sans s'informer de ce qu'il y avait d'excellent en tous genres, et qu'il n'est pas au courant des ouvrages publiés ; car il donne comme admises, et même en vogue de son temps, des absurdités battues en ruine depuis un siècle par les savants d'Alexandrie et de la Grèce. Puis, comme ordinairement il n'a pas vu ce qu'il décrit, il altère le sens en croyant ne modifier que la rédaction, et il devient intelligible ou inexact. Ces erreurs sont plus fréquentes encore lorsqu'il traduit du grec en latin, et surtout lorsqu'il s'agit de la désignation des espèces naturelles : au mot grec désignant un animal dans Aristote, il substitue dans son texte un mot qui en latin désigne un autre être. Enfin, non-seulement la nomenclature des animaux est très incomplète, mais, ce qui est capital, les descriptions ou plutôt les indications qu'il en donne sont presque toujours insuffisantes pour les faire reconnaître et pour en retrouver les noms, à moins qu'ils n'aient été conservés par la tradition ; encore arrive-t-il souvent que les noms ne sont suivis d'aucun caractère, ce qui rend toute distinction impossible.

Dans le neuvième livre, l'un des plus riches et des plus précieux, Pline traite spécialement des animaux aquatiques. Il paraît que pour le rédiger, il a profité des récits de plusieurs voyageurs grecs ou romains. Il présente des détails curieux sur les baleines et les grands cétacés de la mer du Nord et de la Méditerranée. On voit que de son temps ces animaux venaient dans le golfe de Gascogne, et que les Basques paraissent être les premiers qui se soient livrés à leur pêche. Lorsque les baleines, tourmentées par l'homme, se réfugièrent vers le nord, ce fut encore le même peuple qui les y suivit, et les environs de Terre-Neuve portent presque tous des noms qui sont ceux de différentes localités du pays des Basques, notamment des environs de Bayonne. L'histoire de la science permet au reste de suivre de siècle en siècle les baleines fuyant devant les attaques des pêcheurs. Du temps de Juvénal[23], comme on peut le voir par un vers de ce poète, on ne les trouvait plus que sur les côtes de l'Angleterre. Dans un paragraphe sur les serpents, Pline rapporte qu'un serpent boa fut pris par Régulus[24] auprès du fleuve Bagrada[25].

Dans le même livre, il indique les lieux où l'on pêchait les perles de son temps, et ceux d'où venaient les plus estimées. À cette occasion il parle des deux fameuses perles de Cléopâtre, évaluées alors dix millions de sesterces. Il fait aussi connaître les diverses espèces de pourpre et les meilleurs procédés employés pour teindre la laine en cette couleur.

Le dixième livre de Pline est consacré aux oiseaux. On y trouve plusieurs choses intéressantes et diverses anecdotes curieuses. Pline y donne une description du phénix, animal fabuleux auquel les anciens attribuaient la propriété de renaître de ses cendres, et qui n'est que l'emblème hiéroglyphique du soleil[26]. Il rapporte qu'un phénix fut apporté à Rome et montré à l'assemblée du peuple pendant la censure de l'empereur Claude, l'an 800 de Rome, et que l'image en existait encore de son temps. Mais la description qu'il donne montre suffisamment que l'oiseau vu à Rome était un faisan doré apporté de la Colchide. Pline parle aussi d'un oiseau nommé *tragopan*[27], plus grand que l'aigle, ayant sur les tempes deux cornes recourbées, dont le plumage est couleur de rouille et la tête pourpre. On a rangé pendant longtemps cet oiseau parmi les animaux fabuleux ; mais aujourd'hui on est détrompé à cet égard. On sait que l'oiseau dont parle Pline est le *Peneclope satyra* de Gmelin[28], le faisan cornu de Buffon, qui vit dans les montagnes du nord de l'Inde. Pline, à la vérité, dit qu'il venait d'Éthiopie ; mais l'Inde et l'Éthiopie ont souvent été confondues, quant à leurs productions.

Dans ce même livre, Pline mentionne les oiseaux de mauvais augure, et il rapporte à cette occasion que les augures étaient tombés dans une telle ignorance, qu'ils ne reconnaissaient plus eux-mêmes les oiseaux dont ils devaient se servir.

Il place le paon au nombre des oiseaux domestiques employés pour la table, et il parle déjà des foies d'oie comme de choses fort communes. On voit que les Romains n'étaient pas moins avancés que nous dans cette partie de la science gastronomique.

La première moitié du onzième livre de l'histoire de Pline traite des insectes. L'auteur commence par une description des travaux des abeilles et de leur gouvernement. Comme toute l'antiquité, il nomme roi ce que nous appelons reine, et il pense que si l'espèce des abeilles était totalement détruite, on pourrait la reproduire avec le ventre d'un bœuf tué récemment et enterré dans des matières en décomposition.

Dans ce même livre on trouve les premières notions exactes sur la soie. Pline fait connaître que cette substance fut apportée d'un pays fort éloigné (probablement de la Chine). Elle fut d'abord fort rare à Rome, et les femmes seules en faisaient alors usage. Les hommes n'en portèrent en vêtements que sous le règne d'Héliogabale[29]. Au reste, Pline nous apprend qu'il y avait à Rome plusieurs sortes de soie : par les détails dans lesquels il entre, on voit que l'on récoltait la soie produite par des insectes autres que celui qui vit sur le mûrier. Nous connaissons quelques-uns de ces insectes ; mais il serait curieux de savoir quels étaient les autres, afin de s'assurer de la qualité de leur soie.

Dans la dernière moitié du onzième livre, Pline, comme nous l'avons dit, donne une anatomie comparée ou zoologie générale. Mais elle est fort inexacte : Pline affirme, par exemple, que les hommes ont plus de dents que les femmes. Tout le monde sait que cela n'est point.

Les livres suivans, jusqu'au dix-neuvième inclusivement, traitent de la botanique. L'ordre apparent de cette science pouvait satisfaire à une époque où les classifications fondées sur d'insignifiantes particularités ou sur quelques circonstances extrinsèques de lieux et d'usages ne pouvaient être qu'artificielles et stériles pour les sciences; mais aujourd'hui nous ne pouvons admettre une distribution du règne végétal en arbres exotiques et à parfums, en arbres de jardins, en arbres de forêts, en arbres à fruit, en arbres qu'on sème, en grains, en lin, on légumes. Pline ne présente non plus rien de lié, de complet sur la vie, l'organisation et l'éducation des plantes. Ses descriptions ou plutôt ses indications sont aussi presque toujours insuffisantes pour les faire reconnaître et en retrouver les noms. Enfin, il fourmille de répétitions et doubles emplois.

Pline parle d'abord du platane[30], qui fut exporté à travers la mer Ionienne, dans l'île de Diomède, pour orner le tombeau de ce héros[31], et qui fut ensuite transporté en Sicile. Il dit que Denys l'ancien[32] en faisait la merveille de son palais, et que de son temps on mettait les platanes à si haut prix, qu'on les arrosait avec du vin pur.

Pline mentionne dix espèces de gommes.

Il donne des détails sur les divers procédés employés par les anciens pour préparer le papyrus, qui était beaucoup plus léger que le parchemin, et il indique la plante d'où on tirait le papyrus le plus estimé.

En traitant de la vigne, il décrit les procédés à l'aide desquels on obtenait le vin, et compte jusqu'à cinquante espèces de vins généreux, dont trente-huit venaient d'outre-mer, tant de la Grèce que de l'Asie et même de l'Égypte; car du temps de Pline les environs d'Alexandrie, où il ne croît plus de vigne aujourd'hui, produisaient un vin fort estimé. Il nomme dix-huit espèces de vins doux et soixante-six espèces de vins artificiels.

Dans le livre quinzième, Pline compte quinze espèces d'oliviers qui fournissaient des huiles de diverses qualités, et il indique les moyens de leur donner des saveurs particulières. Il désigne trente espèces de pommiers, six de pêchers, douze espèces de pruniers, quarante et une de poiriers, vingt-neuf de figuiers, onze de noyers, c'est-à-dire un nombre plus grand que celui connu de nos jours; dix-huit espèces de châtaigniers, neuf de cerisiers; enfin treize espèces de lauriers.

Dans le livre seize, où l'auteur traite des arbres de forêts ou sauvages, il nomme treize espèces de chênes, et entre dans quelques détails sur les productions parasites de cet arbre, particulièrement sur la noix de galle et sur son emploi. Il s'occupe aussi de la racine du chêne et de ses propriétés. Il parle ensuite du pin, de la poix et du goudron. Il rapporte que les anciens cultivaient vingt-huit espèces de roseaux, et il compte jusqu'à vingt variétés de lierre, nombre étonnant qui fait penser que les anciens attribuaient à cette plante des vertus toutes particulières inconnues de nos jours; car autrement ils ne l'auraient pas observée avec une attention si minutieuse.

Pline attribue à certains arbres une longévité prodigieuse: il rapporte que de son temps il y en avait qui dataient d'une époque plus reculée que la ville de Troie, et d'autres d'un temps plus éloigné que celui de la fondation d'Athènes.

Dans le dix-septième livre, Pline parle des expositions qui conviennent aux arbres, des engrais et des pépinières, des greffes, des maladies des arbres, des irrigations, etc.

Dans le dix-huitième livre, il indique dix-huit espèces de céréales et traite très-longuement de tout ce qui a trait à l'agriculture.

Dans le dix-neuvième livre, on voit que le lin était un grand objet de commerce chez les anciens, et que les Romains avaient toutes nos plantes potagères, excepté celles qui nous sont venues d'Amérique.

La matière médicale commence avec le vingtième livre et se scinde en matière médicale végétale (huit livres, du vingtième au vingt-septième), et en matière médicale animale (du vingt-huitième au trente-deuxième livre).

Cette partie de l'ouvrage de Pline est mal distribuée. L'auteur y passe continuellement d'une étude par ordre de maladies à une étude par ordre de substances, puis à une étude purement alphabétique, et de là à une thérapeutique totalement fortuite.

Le vingtième livre contient l'énumération des plantes de jardin, l'indication de leurs propriétés hygiéniques et de leurs diverses applications en médecine.

Le commencement du vingt-unième livre est consacré aux plantes dont le mérite est dans la fleur. Pline, à cette occasion, rapporte les usages des anciens relativement aux couronnes et cite les fleurs dont ces couronnes étaient composées. Il nomme douze espèces de roses, quatre de lis, trois de narcisses, et un grand nombre d'autres fleurs. Il avait noté avec exactitude l'époque de la floraison de ces plantes, et l'idée lui était venue qu'on pourrait ainsi reconnaître les différentes parties de l'année. Ce qu'il dit à cet égard peut être considéré comme le germe du calendrier de *Flore* de Linnée[33].

Le reste du vingt-unième livre et les suivans, jusqu'au vingt-huitième, sont consacrés à l'indication des vertus thérapeutiques d'un grand nombre d'autres plantes.

Presque toutes ces propriétés de végétaux sont perdues pour nous, faute de pouvoir distinguer à quelles plantes Pline les attribue. Mais il nous est permis d'être assez indifférens à cet égard. À en croire Pline, il ne serait aucune incommodité humaine pour laquelle la nature n'eût préparé vingt remèdes différens, et malheureusement, pendant deux siècles après la renaissance des lettres, les médecins ont semblé se plaire à répéter toutes ces puérilités : Dioscorides et Pline ont fait le fond d'une infinité d'ouvrages remplis de recettes que la pédanterie seule a pu reproduire si longtemps. Mais enfin les véritables lumières les ont bannies de la médecine.

Le vingt-huitième livre de l'histoire de Pline et les suivans, jusqu'au trente-troisième, contiennent l'indication des remèdes tirés du règne animal.

Au commencement de cette thérapeutique, l'auteur demande, avec raison, pardon au lecteur des nombreuses extravagances qu'il va rapporter.

On peut reprocher à Pline de n'avoir pas su distinguer d'un coup-d'œil puissant et rapide ce qu'il fallait écarter de son ouvrage et ce qu'il fallait y admettre pour le rendre digne de la postérité. Pline ne possédait pas cette critique habile et judicieuse qui sonde, qui pèse, qui estime à leur juste valeur des documens dans lesquels le vrai et le faux sont bizarrement confondus. Pline était un homme tout juste au niveau de son siècle.

Une grande quantité des remèdes tirés des animaux est perdue pour nous faute d'indications suffisantes pour reconnaître les animaux desquels l'auteur dit qu'ils peuvent être tirés. Mais nous pouvons nous consoler de cette perte aussi aisément que de celle des remèdes attribués à des végétaux qui n'ont pas été reconnus.

C'est parmi les remèdes tirés du règne animal, que Pline place le garum, espèce de sauce qui paraît dégoûtante d'après sa recette : elle se faisait avec les intestins corrompus des poissons. Pline compte plus de trois cents remèdes provenant des animaux aquatiques : le mule seul en fournit quinze, la tortue soixante-six, le castor autant. À cette occasion nous ferons remarquer que l'auteur connaissait cent soixante-seize espèces de poissons, nombre supérieur de près de soixante à celui des espèces décrites par Aristote, mais infiniment éloigné du nombre de poissons que nous connaissons maintenant, puisqu'il ne s'élève pas à moins de six mille[34].

Pline n'avait presque rien vu par lui-même et n'a écrit, comme nous l'avons dit, que d'après ses prédécesseurs. En botanique, par exemple ses connaissances se bornaient à ce qu'il avait pu observer dans le jardin botanique d'Antonius Castor[35], médecin qui vécut plus de cent ans sans avoir eu de maladies avant sa mort, et qui mérite une mention particulière parce qu'il est le quatrième savant de l'antiquité qui ait eu un jardin botanique. Théophraste, le roi Mithridate et le roi Attale en avaient seuls possédé avant lui. Pline a pris dans Dioscorides les descriptions de toutes les plantes qu'il n'avait pu observer dans le jardin de Castor. Cependant il ne cite même pas Dioscorides parmi les auteurs qui ont écrit avant lui.

L'usage de faire connaître les substances par le moyen de la peinture était connu du temps de Pline ; mais il fait remarquer que les images variaient d'une copie à l'autre, et devenaient bientôt méconnaissables par suite de l'inexactitude des dessinateurs.

Du trente-troisième au dernier livre de son histoire naturelle, Pline traite de la minéralogie et de ses annexes, de la matière médicale minérale et des beaux arts. Il donne aussi quelques descriptions relatives aux arts ; plusieurs fragmens relatifs aux beaux arts et aux arts sont encore disséminés dans le corps de l'ouvrage.

Si l'on parvenait à entendre Pline parfaitement, on retrouverait quelques-uns des procédés à l'aide desquels l'industrie ancienne créait des produits que nous n'avons qu'imparfaitement imités.

Dans les livres trente-trois et trente-quatre, Pline traite des divers usages de l'or, de l'argent, du cuivre, de l'étain, du fer, de l'airain et surtout du fameux airain de Corinthe[36], si recherché de l'antiquité.

Il nomme les sculpteurs les plus estimés, désigne leurs chefs-d'œuvre, dont sans lui les auteurs auraient été ignorés, et il fait une histoire de l'art fort curieuse.

Il parle de statues de fer et fait connaître que de son temps il y en avait de forgées et de coulées.

Dans le trente-cinquième livre, où il traite de l'emploi des minéraux en peinture, en médecine et en teinture, Pline décrit seize espèces différentes de peinture. Plusieurs sont celles que nous pratiquons encore aujourd'hui : les compositions artificielles mêmes n'ont pas changé, comme le noir d'ivoire, et l'encre indienne qui pourrait bien n'être que l'indigo. Pline cite dans le même livre plus de trois cents peintres, et donne ainsi les premiers matériaux d'une histoire de la peinture. Il traite encore de la poterie, des divers procédés usités dans cette industrie et du commerce qu'elle occasionnait avec les étrangers.

Le livre trente-sixième est consacré aux marbres et aux pierres. L'auteur y décrit les principaux monuments et les principales statues de marbre. Il donne aussi le nom de leurs auteurs, et sans cette indication nous n'aurions pu savoir à quelles mains habiles nous devons les chefs-d'œuvre qui nous sont restés.

Le trente-septième et dernier livre de l'histoire naturelle de Pline traite des pierres précieuses et de celles qui peuvent être gravées. Il en désigne deux cent trente-cinq espèces ; mais il est probable qu'il comprenait dans ce nombre de simples variétés. Il donne enfin une histoire des pierres gravées les plus célèbres et les plus estimées, telles que celles de Polycrate et du roi Pyrrhus, et indique les noms des graveurs les plus renommés.

On voit que l'ouvrage de Pline est beaucoup plus précieux pour les arts et les artistes que pour les naturalistes proprement dits ; car sans les documens fournis par Pline, il nous aurait été impossible d'obtenir aucune notion juste sur l'histoire des arts.

Le nombre des éditions de l'histoire de Pline est considérable : on en compte jusqu'à trois cents. Nous citerons particulièrement celle qui fut faite à Lyon par Dalechamp[37], en 1587 ; celle du père Hardouin[38], jésuite, qui date de 1685 ; celle de Franzius[39], publiée en 10 volumes (1791), reproduite par M. Lemaire[40] avec des additions importantes.

Il serait fort important d'avoir un commentaire de Pline, fait par des hommes qui joindraient à une profonde connaissance de l'histoire naturelle, celle des différentes langues dans lesquelles ont écrit les auteurs cités par Pline, et de plus qui posséderaient des notions très étendues sur les différents pays dont il est parlé dans l'ouvrage de ce naturaliste.

Saumaise[41] avait entrepris cet immense travail dans un commentaire intitulé : *Exercilationes Plinianœ in Solinum*, et qui peut être cité comme un modèle à tous les commentateurs ; l'auteur y rapproche les passages, rectifie les citations de Pline, et fait toujours preuve d'un excellent jugement, ainsi que d'une profonde érudition. Il lui a manqué seulement des connaissances plus précises en histoire naturelle.

Un autre commentateur fort utile aux naturalistes est Samuel Bochart[42], ministre protestant, né à Caen en 1599. Sous le titre de *Hierozoïcon*[43], il a écrit une histoire des animaux dont il est parlé dans la Bible, et c'est certainement un des ouvrages les plus savants qui aient jamais été faits sur ces matières d'érudition. L'auteur y détermine le sens de toutes les expressions, et du rapprochement des divers passages fait sortir des explications presque toujours fort justes et d'un grand prix. Les connaissances que nous avons acquises dans ces derniers temps sur les productions des Indes nous ont donné des moyens pour perfectionner et compléter son important ouvrage. Grâce à M. Ajasson de Grandsagne[44] et à ses savans collaborateurs, nous possédons maintenant une traduction annotée de Pline, aussi exacte qu'il est possible de l'avoir actuellement.

Dans la prochaine séance nous examinerons des auteurs qui, sans être naturalistes, contiennent cependant diverses notions d'histoire naturelle.

NOTES

1. [Pline l'Ancien, en latin *Gaius Plinius Secundus* (né en 23 apr. J.-C. à Novum Comum (l'actuelle Côme), dans la Gaule Cisalpine, aujourd'hui en Italie), fut un savant romain, auteur de la célèbre *Histoire Naturelle*, encyclopédie de qualité inégale qui fut la référence en matières scientifiques jusqu'au Moyen Âge (voir Gudger (Eugene Willis), «The sources of the material for Hamilton-Buchanan's fishes of the Ganges, the fate of his collections, drawings and notes, and the use made of his data», *Journal and Proceedings of the Asiatic Society of Bengal*, nouvelle série, vol. 29, n°4, 1924, pp. 121-136; Pline l'ancien, *Histoire naturelle*, Paris: Les Belles Lettres, 1947-1985, 28 + 7 vol.) La dernière mission de Pline fut celle de commandant de la flotte dans la Baie de Naples, où il fut chargé de mettre fin à la piraterie. À la nouvelle de la formation d'un nuage inhabituel – qui s'avéra plus tard provenir de l'éruption du mont Vésuve – Pline se rendit à terre pour en apprendre la cause et rassurer les citoyens terrifiés. Selon le rapport de son neveu, il fut alors victime des émanations provenant de l'activité volcanique et mourut le 24 août 79. Pline était célibataire et seul lui survécut sa sœur unique.]
2. [Catulle, en latin *Gaius Valerius Catullus* (né *c.* 84 av. J.-C., à Vérone en Gaule Cisalpine; mort *c.* 54 av. J.-C. à Rome), fut un poète romain dont les expressions d'amour et de haine sont souvent considérées comme la poésie lyrique la plus raffinée de la Rome Ancienne (voir Hurley (Amanda Kolson), *Catullus*, Londres: Bristol Classical Press, 2004, 158 p.) Dans 25 de ses poèmes, il parle de son amour pour une femme qu'il nomme Lesbie, dont l'identité est incertaine. D'autres poèmes qu'il écrivit sont des élans de dédain ou de haine envers Jules César et d'autres personnages de moindre importance.]
3. [Saint Jérôme, en latin *Eusebius Sophronius Hieronymus*, (né *c.* 347, à Stridon en Dalmatie; mort en 419/420, à Bethléem en Palestine), traducteur de la Bible et homme de religion, considéré comme le plus érudit des Pères de l'Eglise. Il vécut pendant un certain temps en ermite, puis devint prêtre, fut ensuite le secrétaire du Pape Damase Ier, et en 389, il établit un monastère à Bethléem. Ses nombreux ouvrages bibliques, ascétiques, monastiques et théologiques influencèrent profondément le début du Moyen Âge (Jérome (Saint), *Lettres de saint Jérôme* [texte établi et traduit par Labourt Jérôme], Paris: Les Belles Lettres, 1949-1963, 8 vol.) Il est particulièrement connu pour sa traduction de la Bible en latin, la *Vulgate*, et sa traduction des *Chroniques*, écrit par l'historien ecclésiastique Eusèbe de Césarée (également appelé Eusebius Pamphili, fl. IVe siècle, Césarée en Palestine).]
4. [Suétone, en latin *Gaius Suetonius Tranquillus* (né *c.* 69 apr. J.-C., probablement à Rome; mort après 122), biographe et antiquaire romain dont les écrits incluent *De viris illustribus* («Des Hommes Illustres»), un recueil de courtes biographies d'hommes littéraires illustres de Rome, et *De vita Caesarum* («Vie des Douze Césars»). Ce livre, pimenté par des ragots et scandales des onze premiers empereurs, lui assura une célébrité immortelle (voir Suétone, *Vies des douze Césars* [texte établi et traduit par Ailloud Henri; 3e éd., rev. et corr.], Paris: Les Belles Lettres, 1961-64, 3 vol.; voir également *Grammairiens et rhéteurs* [texte établi et traduit par Vacher M.-C.], Paris: Les Belles Lettres, 2003, XCVIII + 282 p.; Wallace-Hadrill (Andrew), *Suetonius: the scholar and his Caesars*, Londres: Duckworth, 1983, viii + 216 p.)]
5. [Lollia Paulina (morte en 49 apr. J.-C.), fut une femme de la noblesse romaine qui vécut au Ier siècle et qui devint riche grace à l'héritage qu'elle reçut de sa famille. Pline l'Ancien la cite dans son œuvre *Histoire Naturelle* comme un exemple d'exubérance. On raconte que, lors d'un dîner auquel elle était invitée, elle portait sur elle une grande partie de son héritage en bijoux d'une valeur de quarante millions de sesterces.]
6. [Apion (né *c.* 20 av. J.-C. à l'Oasis de Siwa en Égypte, mort *c.* 45 apr. J.-C.), grammairien, commentateur d'Homère, et sophiste gréco-égyptien. Il étudia à Alexandrie et fut à la tête d'une des délégations qui furent envoyées auprès de Caligula (en 40) par les différentes communautés d'Alexandrie à la suite des révoltes meurtrières entre Grecs et Juifs. Il s'installa par la suite à Rome où il enseigna la rhétorique sous le règne de l'empereur Claude (Claudius). Il composa plusieurs ouvrages dont aucun ne survécut.]

7. [Lucius Pomponius Secundus fut un patricien romain qui s'éleva dans la hiérarchie au rythme de la Carrière des Honneurs (*cursus honorum*) sous le règne de plusieurs empereurs au Ier siècle apr. J.-C., et devint consul et général de l'armée.]
8. [Le Baume est une des herbes odorantes de la famille de la menthe, en particulier la mélisse officinale, également appelée citronnelle, cultivée dans les climats tempérés pour ses feuilles odorantes, lesquelles sont utilisées comme essence naturelle en parfumerie, comme assaisonnement culinaire pour les salades, soupes, sauces, et farces, et comme arôme dans les liqueurs, les vins et les boissons fruitées. Le baume était également utilisé comme tisane apaisante, et dans le vin au temps de l'Antiquité grecque et orientale.]
9. [Le Vaucluse est un département de la région de Provence-Alpes-Côte-d'Azur, dans le sud-est de la France. La Fontaine de Vaucluse est une résurgence qui sert de source à la Sorgue, et se situe à l'ouest du Plateau du Vaucluse, au sud du mont Ventoux, dans la localité de Fontaine de Vaucluse.]
10. [Sur l'*Histoire Naturelle* de Pline, *cf.* note 1 ci-dessus; *cf.* également l'édition complète en 35 volumes publiée par Les Belles Lettres de 1947 à 1985.]
11. [Misène, ancien port de la région de Campanie en Italie, situé à 5 kilomètres au sud de Baïes, à l'extrémité ouest du Golfe de Pouzzoles. Attaché à la ville de Cumes, ce fut un centre de villégiature très prisé jusqu'à la fin de la République Romaine. Agrippa y créa la base navale la plus importante de la flotte de la Méditerranée (en 31 av. J.-C.). Pline y séjourna; c'est de là qu'il assista et rapporta son témoignage sur l'éruption du mont Vésuve en 79 apr. J.-C.]
12. [Resina, aujourd'hui Ercolano, dans la province de Naples, dans la région de Campanie, au sud de l'Italie. La ville se situe au pied du mont Vésuve sur le Golfe de Naples, au sud-est de la ville. La ville médiévale de Résina fut construite sur la coulée de lave provenant de l'éruption du mont Vésuve, laquelle détruisit l'ancienne ville d'Herculanum, d'où le nom d'Ercolano.]
13. [Pline le Jeune, en latin Gaius Plinius Caecilius Secundus (né en 61 ou 62 apr. J.-C. à Comum en Italie; mort *c.* 113 en Bithynie, Asie Mineure, aujourd'hui la Turquie), était le neveu de Pline l'Ancien. Auteur et administrateur romain, il laissa derrière lui une collection de lettres privées d'un grand charme littéraire, illustrant de façon intime la vie publique et privée à l'apogée de l'Empire Romain (voir Pline le jeune, *Lettres* [texte établi et commenté par Zehnacker Hubert], Paris: Les Belles Lettres, 2009, 4 vol.)]
14. [Largius (ou Lartius) Licinius, contemporain de Pline l'Ancien, était prêteur en Espagne et devint par la suite le gouverneur d'une des provinces impériales.]
15. [Décemvir (qui signifie en latin : « dix hommes »), représentait, dans l'Antiquité Romaine, tout collège officiel composé de dix hommes. Ce terme est le plus souvent utilisé pour désigner le *decemviri legibus scribundis*, collège temporaire législatif composé de dix consuls qui remplaça la magistrature entre 451 et 449 av. J.-C. Son rôle fut de rédiger un code de loi destiné à résoudre la lutte pour le pouvoir entre les patriciens et les plébéiens. Le premier collège régna avec modération et rédigea dix tables de lois en 451 av. J.-C. Un deuxième collège compléta les lois des Douze Tables par deux lois qui furent moins favorables aux plébéiens. En 449 av. J.-C., alors qu'ils devenaient tyranniques, les décemvirs furent forcés à abdiquer.]
16. [La clepsydre, également appelée horloge à eau, est un ancien système permettant de mesurer le temps par l'écoulement progressif de l'eau. Celle utilisée par les Indiens d'Amérique du Nord et certaines tribus africaines était constituée d'un petit récipient flottant percé d'un trou par lequel l'eau s'infiltrait jusqu'à ce que le bateau coule. Un autre exemple était constitué d'un récipient rempli d'eau et pourvu d'un trou par lequel s'évacuait l'eau petit à petit; on y mesurait le temps grâce à des lignes graduées à l'intérieur du récipient, lesquelles mesuraient le niveau d'eau restante. Il semblerait que l'on doive cette invention aux Chaldéens d'ancienne Babylone; on a également retrouvé en Égypte des spécimens datant du XIVe siècle avant J.-C. Dans les premiers modèles, les graduations ne tenaient pas compte du fait que la pression diminuait au fur et à mesure que l'eau s'échappait, ralentissant ainsi l'écoulement. Les Romains inventèrent une clepsydre constituée d'un cylindre dans lequel l'eau tombait goutte à goutte à partir d'un réservoir; un flotteur permettait de lire les niveaux sur la paroi intérieure du cylindre. Les clepsydres étaient utilisées à des fins très diverses, notamment pour chronométrer les discours des orateurs; au XVIe siècle, Galilée utilisa une clepsydre à mercure pour mesurer ses expériences sur la chute des corps.]
17. [Pierre Artedi, dont le père était pasteur, naquit dans la paroisse d'Anunds en Angermanland (province du nord-est de la Suède) en 1705. Destiné à l'église, il fut envoyé en 1716 au collège d'Härnösand, et en 1724, à l'Université d'Uppsala, où son goût pour l'alchimie le conduisit à choisir la voie de la médecine. C'est là qu'il rencontra Linné en 1728 avec qui il partagea une amitié profonde. Artedi partit pour Londres en 1734, et en 1735, il se rendit à Leiden pour retrouver son ami Linné, lequel le présenta à Albertus Seba (auteur d'un impressionnant catalogue illustré de son cabinet de curiosités; voir Seba (Albertus), *Locupletissimi rerum naturalium thesauri accurata descriptio, et iconibus artificiosissimis expressio, per universam physiees historiam: Opus, cui, in hoc rerum genere, nullum par exstitit - Ex toto terrarum orbe collegit, digessit, descripsit, et de pingendum curavit Albertus Seba*, Amstelaedami : apud Janssonio-Waesbergios [etc.], 1734-1765, 4 vol.) comme étant l'homme le plus

qualifié pour écrire les textes décrivant les poissons dans le catalogue du cabinet de curiosités de Seba. À l'aube du 28 septembre 1735, après une soirée chez Seba, Artedi, à l'âge de 30 ans, se noya dans un des canaux d'Amsterdam. Grace à Linné, son *Ichtyologie* fut publié en 1738. Pour en savoir plus sur Artedi, voir Lönnberg (Axel Johan Einar), *Peter Artedi* [a bicentenary memoir written on behalf of the Swedish Royal Academy of Science; translated by Harlock W. E.), Uppsala; Stockholm: Almqvist & Wiksells boktryckeri, 1905, 44 p.; Merriman (Daniel), « Peter Artedi–systematist and ichthyologist », *Copeia*, 1938, n° 1, pp. 33-39; « A rare manuscript adding to our knowledge of the work of Peter Artedi », *Copeia*, 1941, n° 2, pp. 64-69; Wheeler (Alwyne Cooper), « The life and work of Peter Artedi », *in* Wheeler (Alwyne Cooper) (sous la dir.), *Petri Artedi Ichthyologia, Historiae Naturalis Classica*, Weinheim: J. Cramer, 1961, pp. vii-xxiii; « The sources of Linnaeus's knowledge of fishes », *Svenska Linnésällskapets Årsskrift*, Uppsala, 1978, pp. 156-211; « Peter Artedi, founder of modern ichthyology », *Proceedings of the Fifth Congress of European Ichthyologists*, Stockholm, 1987, pp. 3-10).]

18. [Conrad Gessner, s'écrit également Konrad (26 mars 1516-13 Décembre 1565, Zürich), était un médecin et naturaliste Suisse, connu pour ses compilations méthodiques et ordonnées d'information sur les animaux et les plantes, et probablement le naturaliste le plus instruit du XVIe siècle. Parmi les nombreuses œuvres qu'il écrivit, il produisit un ouvrage remarquable, *Histoire des Animaux* (1551-1587), publié à Zürich en cinq tomes, lesquels sont en général reliés en trois volumes. Une édition plus complète, mais moins belle, fut imprimée à Francfort en 1604; une autre édition parut en 1620, ainsi qu'une version abrégée intitulée *Nomenclature Animale Aquatique*, Zürich, 1650. Pour en savoir plus sur Gessner, voir Gudger (Eugene Willis), « The five great naturalists of the sixteenth century: Belon, Rondelet, Salviani, Gesner and Aldrovandi: a chapter in the history of ichthyology », *Isis*, vol. 22, n° 1, 1934, pp. 21-40; Allen (Elsa G.), « The history of American ornithology before Audubon », *Transactions of the American Philosophical Society*, nouvelle série, vol. 41, n° 3, 1951, pp. 386-591; Wellisch (Hans), « Conrad Gessner: a bio-bibliography », *Journal of the Society for the Bibliography of Natural History*, vol. 7, n° 2, 1975, pp. 151-247; Adler (Kraig), « Contributions to the history of herpetology », *in Contributions to herpetology, vol. 5*, Oxford (Ohio): Society for the Study of Amphibians and Reptiles, 1989, p. 13.]

19. [La martichore ou manticore est un animal légendaire dont la première description fut rapportée par Ctésias; voir Leçon 6, note 37.]

20. [Le catoblépas est probablement le gnou ou le connochaetes, l'une des deux antilopes africaines du genre *Connochaetes*, de la famille des Bovidés (de l'ordre des Artiodactyla).]

21. [Le monoceros est le narval (*Monodon monoceros*), petite baleine appartenant à la famille des Monodontidae, que l'on trouve le long des côtes, et parfois dans les rivières de l'Arctique. De couleur gris marbré, le narval mesure en général entre 3,5 et 5 mètres de long. Dépourvu d'un aileron dorsal, il est muni de deux dents situées à l'extrémité de la mâchoire supérieure. La dent de gauche se développe chez le mâle en une corne droite jaillissant de la lèvre supérieure. Cette corne torsadée, qui était considérée au Moyen Âge comme la corne de la licorne légendaire, peut atteindre 2,7 mètres de long.]

22. [Le premier cheval ailé fut Pégase, issu de la mythologie grecque. Il jaillit du sang de la gorgone Méduse alors qu'elle était décapitée par le héros Persée. Aidé par Athéna (ou Poséidon), Bellérophon, autre héros de la mythologie grecque, captura Pégase et le chevaucha pour combattre la Chimère, et plus tard, lorsqu'il se vengea de Sthénébée (Anteia) qui avait accusé à tort Bellérophon. Par la suite, Bellérophon essaya de s'envoler au paradis sur Pégase, mais il fut désarçonné de son cheval et tué. Le cheval ailé devint alors une constellation et le serviteur de Zeus. L'histoire de Pégase devint un thème favori dans l'art et la littérature grecs, et dans l'Antiquité, le vol de Pégase était interprété comme une allégorie à l'immortalité de l'âme; dans les temps modernes, il est perçu comme un symbole d'inspiration poétique.]

23. [Juvénal, ou Decimus Junius Juvenalis (né *c.* 55-60 apr. J.-C., Aquinum, Italie; mort *c.* 127), fut le plus véhément des poètes satiriques romains. Nombre de ses citations et de ses épigrammes sont entrés dans le langage courant – tels que, le peuple, plutôt que de s'inquiéter de sa liberté, est plus intéressé par « le pain et les jeux » (c'est à dire la nourriture et les loisirs); les hommes devraient prier pour « un esprit sain dans un corps sain » plutôt que pour la richesse, le pouvoir ou les enfants; et à la question « à qui peut-on confier le pouvoir ? », il répond, « qui garde ces gardiens ? »]

24. [Marcus Atilius Regulus (fl. IIIe siècle av. J.-C.), homme d'état et général romain dont la carrière, largement embellie par la légende, fut considérée par les Romains comme un modèle d'endurance héroïque.]

25. [Bagrada, nom latin de la Medjerda, principale rivière de Tunisie, prend sa source au nord-est de l'Algérie dans les montagnes de Medjerda et coule vers le nord-est pendant 460 kilomètres jusqu'au Golfe de Tunis, arrosant une surface d'environ 23 000 km2 avant d'atteindre la mer Méditerranée.]

26. [Le Phénix était, dans l'Ancienne Égypte et dans l'Antiquité, un oiseau légendaire associé au culte du soleil. Il est dit que le phénix égyptien était aussi grand qu'un aigle, au plumage écarlate et or, et un cri mélodieux. Il n'existait qu'un seul phénix à la fois, et sa longévité était remarquable – toutes les sources lui donnent une durée de vie d'un minimum de

500 ans. Alors que sa fin approchait, le phénix fabriquait un nid de branches et d'épices aromatiques, y mettait le feu, et s'y laissait emporter. Du bûcher jaillissait miraculeusement un nouveau phénix, lequel embaumait les cendres de son père dans un œuf de myrrhe et s'envolait pour Héliopolis («la Cité du Soleil») avec les cendres qu'il déposait sur l'autel du temple de Ra, dieu du soleil égyptien. Une autre version de l'histoire raconte que le phénix mourant s'envolait pour Héliopolis où il s'immolait sur l'autel, d'où le nouveau phénix apparaissait.]

27. [Le *Tragopan*, sorte de faisan (du genre *Tragopan*) que l'on trouve en Asie, fait partie des espèces d'oiseaux les plus colorés du monde. Les mâles développent sous le bec une excroissance charnue de couleur éclatante pendant la parade nuptiale, ainsi que de courtes cornes charnues, d'où le nom de faisan à corne.]

28. [Johann Friedrich Gmelin (né en 1748 à Tübingen; mort en 1804) fait partie de la même famille que les explorateurs de Sibérie (Johann Georg Gmelin, 1709-1755; et son neveu Samuel Gottlieb Gmelin, 1745-1774), professeur de chimie à Göttingen, auteur de nombreux ouvrages dont le plus important fut la treizième édition de *Systema naturae* (voir Linné (Carl von), *Systema naturae per regna tria naturae, secundum classes, ordines, genera, species, cum characteribus, differentiis, synonymis, locis. Editio decima tertia, aucta, reformata. Cura Jo. Frid. Gmelin. Georg*, Leipzig: Emanuel Beer, 1788-1793, 10 part. en 3 vol.) Pour plus d'information sur Gmelin et la treizième édition de *Systema naturae*, voir Gill (Theodore N.), «Arrangement of the families of fishes, or classes Pisces, Marsipobranchii, and Leptocardii», *Smithsonian miscellaneous collections*, vol. 247, 1872, xlvi p.; Kohn (Alan J.), *A chronological taxonomy of Conus, 1758-1840*, Washington (D.C.): Smithsonian Institution Press, 1992, x + 315 p.]

29. [Héliogabale, ou Caesar Marcus Aurelius Antoninus Augustus, nom de naissance Varius Avitus Bassianus (né en 204 à Emèse en Syrie; mort en 222), empereur romain de 218 à 222, connu particulièrement pour son comportement excentrique.]

30. [Le platane est une des dix espèces d'arbres du genre Platanus, le seul genre de la famille des Platanacées. Ces grands arbres sont originaires d'Amérique du Nord, d'Europe de l'Est, et d'Asie, et se caractérisent par leur écorce écaillée, leurs grandes feuilles caduques, en général de forme palmée, et par leurs fleurs réunies en capitules globuleux. Le platane porte des fleurs des deux sexes sur le même arbre, mais dans des capitules différents. L'érable sycomore (*Acer pseudoplatanus*), également appelé sycomore ou faux platane, est une espèce d'une famille différente.]

31. [Dans la légende grecque, Diomède fut l'un des commandants les plus respectés de la Guerre de Troie. Il compte parmi ses célèbres exploits la blessure d'Aphrodite, le massacre de Rhésus et des Thraciens, et la prise du Palladium de Troie, effigie de la déesse Pallas Athéna, protectrice de Troie. De retour chez lui après la guerre, Diomède découvrit que sa femme lui avait été infidèle (punition d'Aphrodite) et que son accession au trône était contestée. Il s'enfuit pour l'Italie et y fonda plus tard Argyripa (aujourd'hui Arpi) en Apulie. Il finit par faire la paix avec les Troyens, et fut vénéré comme héros à Argos et à Métapontum. Selon des sources romaines, Aphrodite transforma ses compagnons en hérons, et, hostiles envers tous à l'exception des Grecs, ils vécurent dans les îles Diomède au large d'Apulie.]

32. [Denys (ou Dionysios) l'Ancien de Syracuse (né *c.* 430 av. J.-C.; mort en 367), fut un tyran qui, à partir de l'an 405, grâce à ses conquêtes en Sicile et dans le sud de l'Italie, fit de Syracuse la ville grecque la plus puissante à l'ouest de la Grèce continentale. Bien qu'il réussit à protéger la Sicile grecque de l'attaque des Carthaginois, son despotisme militaire violent nuisit à la cause helléniste.]

33. [Sur le *Calendrier de la Flore* par Linné, voir Stillingfleet (Benjamin), *Miscellaneous tracts relating to natural history, husbandry, and physick: To which is added* The calendar of flora [2e édition corrigée et augmentée; trad. en anglais par Stillingfleet Benjamin], Londres: R. & J. Dodlsey [etc.], 1762, xxxi + [1] + 391 p. + 11 pl.]

34. [On estime aujourd'hui le nombre d'espèces de poissons existantes à 31362, réparties sur 5017 genres et 534 familles; voir Eschmeyer (William N.), Fricke (Ronald), Fong (Jon D.) & Polack (Dennis A.), «Marine fish diversity: history of knowledge and discovery (Pisces)», *Zootaxa*, n° 2525, 2010, pp. 19-50.]

35. [Antonius Castor, dont on dit de son jardin qu'il était la reproduction des jardins botaniques de Théophraste et Mithridate.]

36. [Bronze de Corinthe, alliage d'or, d'argent et de cuivre.]

37. [Jacques Dalechamp (né en 1513 à Caen; mort en 1588 à Lyon), médecin et botaniste érudit français qui étudia la médecine et la botanique à Montpellier, et reçut son diplôme de médecine en 1547. Il publia plusieurs traductions élaborées d'œuvres classiques, dont l'*Histoire Naturelle* de Pline en 1587.]

38. [Jean Hardouin (né le 22 décembre 1646 à Quimper en France; mort le 3 septembre 1729 à Paris), jésuite lettré français qui édita de nombreux ouvrages laïques et religieux, en particulier les textes des conciles de l'Église Catholique.]

39. [Johan Georg Friedrich Franz (né en 1737, mort en 1789), homme de lettres originaire de Leipzig, connu principalement pour son texte *Scriptores physiognomoniae (... veteres ex recensione Camilli Pervsci et Frid. Sylbvrgii Graece et Latine recensvit, animadversiones Sylbvrgii et Dan. Gvil. Trilleri in Melampodem emendationes additit svasqve adspersit notas Iohannes Georgivs Fridericvs Franzivs*, Altenburg: Gottlob Emanuel Richter, 1780, xxxii + 508 + [20] p.)]

40. [Nicolas-Eloi Lemaire (né en 1767, mort en 1832), était un homme de lettres classiques français qui publia une édition de l'*Histoire Naturelle* de Pline entre 1827 et 1832.]

41. [Claude de Saumaise, Claudius Salmasius en latin (né le 15 avril 1588 à Sémur-en-Auxois, en France; mort le 3 septembre 1653 à Spa en Belgique), était un homme de lettres classiques français qui, grâce à son érudition et son esprit d'analyse, exerça une forte influence auprès de ses contemporains. Il est surtout connu pour son œuvre *Exercitationes Plinianae in Solinum* (*Claudii Salmasii exercitationes de homonymis hyles iatricae nunquam antehac antehac ineditae, nec non De manna & saccharo*, Trajecti ad Rhenum : Apud Johannem vande Water, Johannem Ribbium, Franciscum Halma, & Guilielmum vande Water, 1689, [12] + 259 + 20 p.)]

42. [Samuel Bochart (né en 1599 à Caen (Basse-Normandie) au nord-ouest de la France; mort en 1667) écrivit *Geographia sacra, seu Phaleg* (*Samuelis Bocharti Geographia sacra, seu, Phaleg et Canaan, cui accedunt variæ dissertationes philologicæ, geographicæ, theologicæ, &c. anthehac ineditæ*, Lugduni Batavorum : Cornelium Boutesteyn & Jordanum Luchtmans, 1692, 4 pl. + 36 +[12] p. + 318 col. + 1 l. + col. 323-332 + col. 345-790 + [2] p. + col. 793-1312 + [60] p.), ainsi que plusieurs éditions ultérieures.]

43. [Voir Bochart (Samuel), *Hierozoïcon, sive de Animalibus S. Scripturae, recensuit suis notis adjectis*, Leipzig : Rosenmüller, 1793, 3 vol.]

44. [Jean-Baptiste François Étienne Ajasson de Grandsagne (né en 1802, La Châtre, France; mort en 1845 à Lyon), naturaliste et poète français qui étudia et traduisit des œuvres de science ancienne. Il se consacra à la publication d'une encyclopédie populaire, ce qui engloutit sa fortune. Il mourut ruiné à Lyon. Son édition de Pline (*Zoologie de Pline avec des recherches sur la détermination des espèces dont Pline a parlé* ..., Paris : Panckoucke, 1829-1833, 20 vol.), est enrichie par de nombreuses notes de grande valeur, écrites par Cuvier et par d'autres hommes scientifiques et littéraires éminents de France.]

THE ROMAN POET JUVENAL
Engraving by Wenceslas Hollar. Frontispiece from Juvenal, *Mores hominum* [The manners of men described in sixteen satyrs by Juvenal; tr. by Sir Robert Stapylton], London: [s. n.], 1660, 522 p.

14 The Roman Poets

Naturalists are not the only authors who hold knowledge about the natural sciences. As we have already seen, the poets often have very worthwhile notions, found even in their lightest works, such as satires and epigrams. Thus, the famous satire of Juvenal against the Egyptians contains important details about the luxury of clothing and the table.[1] A jest of the same poet leads us to an important inference: the writings of the ancient naturalists name no characteristic that permits us to determine with precision the species of fish called *Scomber*; some authors thought that this fish was quite large; on the other hand, Juvenal, in making fun of bad poets, whose writings he said were destined to be used to wrap scombers, pepper, and cinnamon, reveals *Scomber* as being rather small.[2]

The poet Martial devoted two books of his epigrams to the subject of the animals used in circus spectacles under Domitian. Details are found in these books that are not found anywhere else. They inform us that the glue with which only birds are caught nowadays was used then to capture bears;[3] they give details about a two-horned rhinoceros that threw bulls over its head in the circus as easily as the bulls themselves threw balloons into the air; they tell us that a striped tiger conquered a lion; and they give interesting information about bisons imported from Germany that were harnessed to chariots.

In a piece entitled *Scenia*,[4] Martial gives precepts for receiving one's guests properly. These precepts in verse, analogous to a short essay that Apicius wrote in prose, procured for their author the surname of *Coquus* [the Cook]. One concludes that the Romans dined on very rare quadrupeds, such as the oryx and the onagre or wild ass, and birds hard to find in our regions, such as the flamingo and the porphyrion.[5] In all, Martial gives interesting details on more than sixty kinds of animals.

Martial and Juvenal are the last two authors of the first century A.D., which ended with Domitian's reign, notable in history for its series of cruelties and assassinations.

Under the emperors that came after him – under Nerva,[6] Trajan, Hadrian, Antoninus, Marcus Aurelius – Rome and the rest of the civilized world enjoyed a long peace; for there were only a few hostilities at the borders. However, in spite of this prosperous tranquility, the sciences did not take wing as they should have done in such favorable circumstances. This absence of progress in the sciences was due to the sinister influence that preceding reigns had exerted on Roman morale. Under those reigns, science and wealth had been obliged to hide themselves; no outstanding name is found among the generals. When men who possess a great fortune cannot show their wealth in public, they contract habits of domestic debauchery, idle curiosity, or superstition. New contacts had brought from India new ideas, especially to Alexandria. Some philosophers believed themselves to be inspired and they persuaded others of this. Many adopted pantheism, some believing the world to be a manifestation, others the substance, of the Deity.[7] The neoplatonists sought new forms and tried to allegorize the pagan religion by considering all the gods of paganism to be daemons. The various philosophers were in agreement on the existence of intermediate beings called genies or daemons, and would have them play an important role in the scheme of things. Since these beings emanated directly from the godhead, why would they not be in communication with it? Men were, as you can see, at the gate of mysticism. They claimed that the genies or daemons must not be insensible to prayer, and these notions, combined with Judaism, resulted among the Jews in magic, in superstitious practices – in a word, that species of philosophy called Platonist *cabal*, which had as its fruit the so-called discovery of a means more or less mysterious or bizarre of communicating with daemons and rendering them propitious.

The history of the second century A.D. shows us the active minds of that era almost wholly occupied in seeking these different ways of communication. It would have been difficult to find a philosopher who consented to follow the natural paths of observation and experience: only the supernatural had any value. The rival sects disputed among themselves about miracles, bringing to bear every ruse, every charlatanism, by which they won over the people and even the nobility; he won who would spout the most fables, if we may judge by the marvels the philosophers reported about those whom they recognized as their leaders.

It was during this time that the thaumaturge Apollonius of Tyana flourished, whose life was so fertile in miracles. Also, one can get an exact idea of the astonishing mental state of the time by reading the works of Lucian.

But in the midst of such religious follies, morals had not improved. Mystical research went hand in hand with crime and numerous poisonings. Accusations were brought against the distinguished writers of this time. One of Hadrian's letters, preserved in a book by Plegon,[8] one of his freedmen, depicts with perfect truth the morale at Alexandria, the anarchy and disorder that existed there in religious and philosophical beliefs; in short, the extraordinary ferment agitating people's minds in the middle of that strange congeries of ideas. Alexandria, says Hadrian, is an extremely rich city, filled with a large and industrious population, and the center of an immense commerce. Everywhere one looks, one sees workshops and manufactories of every sort. The concourse in this city of the ancient beliefs of Egypt, those of Greek and Roman polytheists – variously interpreted by the different philosophical schools – and the Jewish and the Christian religions, has produced interminable discussions and a confusion of creeds and principles that defies description.

Not all the writers of this time are unworthy of our attention. Some of them escaped the unfortunate influences then predominating. Among these is Plutarch, the justly famous author of *Lives of Famous Men.*[9] Born in Boeotia at Chaeronea, he lived for nearly a hundred years and died under Antoninus in A.D. 140.

The title alone of several pieces among Plutarch's works on ethics reveals that the author meant to discuss questions of natural history. Other compositions, meant to deal with entirely different matters, nonetheless contain details of interest to naturalists.

In the *Book of Table Talk,*[10] for example, questions relative to botany are raised. The author wonders why resinous trees, upon which grafting ought to be so easy, cannot be profitably grafted; and why the fig tree, which has bitter sap, bears extremely sweet fruit.

In another book, entitled *The Very Animals Use Reason,*[11] Plutarch again addresses himself to natural history. He seeks to know which are cleverer and have more instinct, land or water animals, and he cites in the course of his discussion many curious traits; some are inaccurate or completely untrue, but they at least have the advantage of acquainting us with opinions held during the author's time, and of enabling us to judge of the progress that science has made since then.

We shall also cite among the essays of Plutarch those on *The Opinions of the Philosophers,*[12] *On Problems,*[13] and *On Isis and Osiris.*[14]

In the essay on Isis and Osiris, the author discusses the doctrine, the beliefs, of the ancient Egyptians. But the varying explanations he gives for the images sacred to the Egyptian religion clearly prove that the Egyptian priests had then fallen into the deepest ignorance and had totally lost the meaning of their allegories. Such is the only conclusion we can draw from the differing explanations offered by Plutarch for Osiris, Isis, or Typhon.[15]

The ethical works of Plutarch need a new translator, supporting such translation with commentaries, especially for the pieces relating to the natural sciences.

Flavius Arrianus,[16] principal historian of Alexander, governor of Cappadocia, consul and Roman general, and high priest of Ceres and Proserpine, followed his history with a work called *Indications,*[17] which contains a description of India, based on the written reports of Alexander's lieutenants, and a narrative of Nearchus's sea voyage.[18]

Appian of Alexandria[19] also contains facts relating to natural history; he gives various details on the elephants that were used in battle.

Pausanias,[20] the author of a *Travels in Greece*, so valuable to antiquaries, is also of great interest to naturalists. He provides much natural history information not found elsewhere. He speaks, as does Appian, of elephants in detail. And Apuleius,[21] author of *The Golden Ass*, presents details on natural history that are remarkable for their accuracy.

Apuleius was a Platonist with an insatiable curiosity; he joined every secret society and was initiated into every mystery. In order to learn the mysteries of Osiris, he ended up selling his clothes. The husband of a rich widow, he was accused of using magic to seduce her. This ridiculous accusation was based on his having been seen observing sea hares, large mollusks that played an important role in the practice of magic.[22] In his defense, Apuleius responded that in fact he had observed sea-hares but only with the aim of satisfying a completely harmless curiosity. The description that he gives of the tiny ossicles in the stomach of these animals proves that he had observed them as a naturalist, for this description is correct.[23]

Mistakenly attributed to Apuleius is a work entitled *De Nominibus et virtutibus herbarum*,[24] containing the description of a hundred and twenty plants, and a barbarous synonymy. This is a pseudonymous work from the Middle Ages.

An essay titled *Plinius de Re medica*, commonly designated by the title *Plinius Medicus*,[25] and another essay in bad verse on the efficacy of plants are erroneously attributed to Emilius Macer,[26] a poet who was a contemporary of Ovid. These two works also belong to the Middle Ages and are without value.

Here ends the literature in Latin. The works that we are now going to examine were written in Greek. The Latin language seems to have been abandoned at this point as a scholarly language and replaced by Greek.

It is remarkable that naturalists were not alone in abandoning the Latin language at this time. Religious writers and philosophers no longer wrote in it, and the Fathers of the Greek Church flourished long after those of the Latin Church had fallen into barbarism. It would be interesting to know what caused the premature decadence of a literature as young as was Latin literature, and the return to the Greek language, which, going back no further than Homer, already was nearly a thousand years old. We think this literary phenomenon can be explained by the constant civil disturbance to which Rome was subject. The parts farthest from the seat of the Roman empire, areas where the Greek language was common, were much less disturbed by the many causes that discomposed Rome and its Italian dependencies; thus, letters and natural science could develop there with more facility.

Also, the three principal authors of the second century A.D. who merit a more profound study for their works on the natural sciences used Greek. These authors are Athenaeus, Aelianus, and Oppian.

Athenaeus[27] seems to have lived under Marcus Aurelius. He was believed to have come after that time, since Oppian is found mentioned in the first two books of his works. But it seems certain that these two books are not by him. Athenaeus's work is entitled *A Banquet of Savants.*[28] The author imagines philosophers reclining at table in the house of a certain Larensius. As a new dish appears on the table, each guest tells what he knows about it. Artistically, the work of Athenaeus is detestable; but for naturalists it has a very real importance. As a compilation, in fact, it is the most valuable left us by antiquity. In it we find many long excerpts from authors nine-tenths of whom are lost to us today; and the fidelity with which extant passages of writers known to us are transcribed leads us to suppose that the author is generally correct in his other citations.

Athenaeus's work begins with a dissertation on renowned gastronomes. An anecdote that he repeats proves that in his time the art of disguising food was already quite well known. He tells that a gourmet king, Nicomedes of Bithynia,[29] asked his cook Soterides to prepare for him some fish fry known since Aristotle's time by the name of *nonnat*;[30] the cook was unable to procure any (it was in the middle of winter), but found a solution, with the king none the wiser, by cutting up turnips into pieces imitating nonnats and preparing them in the same manner as these small fish.

Athenaeus then speaks of wines and their properties, and the countries from which they came.

He also lists the various thermal waters known in his time and their properties; he speaks of the imbibers of waters, among whom he includes Demosthenes,[31] and claims that they had the gift of invention, according to various authors.

From his minute details, we can see that the order of the ancients' repasts was the inverse of the one we follow.

For the *propoma* – that is to say, before the guests are at table – fruits of different kinds were served.

At table, the meal began with mushrooms, truffles, onions, asparagus, figs – in a word, vegetables of every sort.

Apropos of figs, Athenaeus recounts that Herodotus of Lycia[32] says that of all the fruits figs are the most useful to man; he relates a passage from the twelfth book of Polybius[33] in which it is told that Philip, the father of Perseus,[34] short of food when he was traveling in Asia, was given figs by the people of Magnesia[35] to feed his army. Upon capturing Myonte[36] he gave the place and its territory to the Magnesians in repayment for their figs.

Athenaeus gives a special dissertation on lemons; he says they were cooked in honey and then made into a sort of lemonade. He also considers them a universal antidote. Formerly, these fruits were called apples of Media or apples of the Hesperides:[37] it is in Athenaeus that we find them designated for the first time by the name they have today.[38]

At a Roman meal, after fruit came shellfish, among which were many univalves. Limpets and sea urchins, which are still eaten today, were not disdained by the Romans, either. Apropos of sea urchins, one of the guests at Athenaeus's banquet reports that, according to Demetrius of Scepse, a certain Lacedaemonian[39] put a whole urchin in his mouth and devoured it, saying, "Detestable fish, now that I have you, I'll not let you go, but never again will I touch another like you."

Athenaeus's guests speak about the beauty of certain shellfish from the Indian Ocean, notably the nautilus. They discuss in turn the lobster and several other crustaceans.

They inform us that the *gnon*, a fish with a threatening appearance, gave rise to the myth of the Gorgons.[40] Thus, without their hints, we might not have recognized the spiny lobster.

At the time that Athenaeus was writing, fish were still highly esteemed at Roman tables; for he reports that, in order to prevent fish from being sold at too high a price, an ordinance was passed that required the merchants to remain standing. This unusual gastronomic law forced the merchants to sell their fish at a moderate price, out of exhaustion.

Athenaeus lists a total of ninety species of fishes, arranged alphabetically. Birds in Athenaeus are much less numerous than fishes, but his descriptions seem quite accurate. One of his descriptions, taken among others from Aristophanes,[41] by itself identifies for us a species of bird (the *attagane*) about which Buffon remained doubtful. A master says to his slave: "Get ready, I'm going to beat you; I'm going to make your back look like that of an *attagane*, a *grouse*."

This comparison is a sufficient indication that the bird called the attagane is the sand-grouse,[42] for it alone among the gallinaceous birds has a back covered with stripes, alternating yellow and blue – that is, rather like a man's back bruised by hard blows.

Besides these details of natural history, the work of Athenaeus contains interesting references to philosophy, eloquent discourse, poetry, physical science, medicine, botany, weaponry, sailing, and the architecture of the ancients. He describes the urns in use at their banquets and of the processes used to make them. We also find details about the extravagance in clothing and the conduct of those who wore the clothing. At the banquets of the ancient Greeks, we find that courtesans and girl flute players and dancers were an almost indispensable accessory.

Athenaeus is called the Varro and the Pliny of the Greeks; but Varro was more learned and less intemperate than Athenaeus. This writer is the last representative of the famed commentators of the Alexandrian school. After him we shall examine the works of Aelianus and Oppian, who are more exclusively naturalists.

NOTES

1. [Juvenal's sixteen satiric poems deal mainly with life in Rome under the much-dreaded emperor Domitian and his more humane successors Nerva (96-98), Trajan (98-117), and Hadrian (117-138). They were published at intervals in five separate books (see Juvenal, *Juvenal's satires, with The satires of Persius* [transl. by Gifford William; revised and annotated by Warrington John; intro by Rose H. J.], London: Dent, 1954, 230 p.) Book One, containing Satires 1-5, views in retrospect the horrors of Domitian's tyrannical reign and was issued between 100 and 110. Book Two, the single, enormous Satire 6, contains topical references to the year 115. The third Book, with Satires 7, 8, and 9, opens with praise of an emperor – surely Hadrian, who endowed a literary institute to assist deserving authors – whose generosity makes him the sole hope of literature. There is no datable allusion in Book Four, which comprises Satires 10-12. Book Five, made up of Satires 13, 14, 15, and 16, has two clear references to the year 127.]
2. [*Scomber*, the genus of mackerels, any of a number of swift-moving, streamlined food and sport fishes found in temperate and tropical seas around the world, allied to tunas in the family Scombridae (order Perciformes). The common mackerel (*Scomber scombrus*) of the Atlantic Ocean is an abundant and economically important species that is sometimes found in huge schools. It averages about 30 cm (12 inches) in length.]
3. [For Martial, see Lesson 11, note 69. Glue applied to the branches of trees to capture birds was often used in ancient times and even to the present day. The Romans produced the glue for trapping birds all over the empire from a parasitic plant named *Viscum album*. Dionisios Priants, who lived in Alexandria in the first half of the second century A.D., reported on hunting birds in the same way. In Europe, well into the twentieth century, the practice was widespread, the glue most often produced from holly or the European mountain ash. Another example comes from only a few years ago: "Birds caught by glue man. A man used glue to trap birds so he could keep them in his house, a court heard. RSPCA inspectors found poorly goldfinches at the home of Peter Luke Smith, in Edgely Drain Road, Peterborough. Smith was sentenced by Peterborough magistrates on Tuesday to 100 hours of community service and ordered to pay £500 costs" (BBC News, 15 April 2003).]
4. [*Scenia*, as used here by Cuvier's editor (and perhaps by Cuvier himself), is an error for *Xenia*, the title of the thirteenth book of Martial's epigrams, which treats of gifts or presents, such things usually presented to guests (see Martial, *Epigrammata* [poems and translations of Fletcher Robert; ed. Woodward], Gainesville: University of Florida Press, 1970, x + 303 p.)]
5. [Porphyrion, a large sort of gallinule, any of several species of marsh birds belonging to the rail family, Rallidae, in the order Gruiformes. Gallinules occur in temperate, tropical, and subtropical regions worldwide and are about the size

of bantam hens but with a compressed body like the related rails and coots. They are about 30 to 45 cm (12 to 18 inches) long, with long, thin toes that enable them to run over floating vegetation and with a prominent frontal shield (a fleshy plate on the forehead). Many species have brightly colored areas of plumage or skin.]

6. [Nerva, in full Nerva Caesar Augustus, original name Marcus Cocceius Nerva (born *c.* A.D. 30, died end of January 98), Roman emperor from 18 September 96 to January 98, the first of a succession of rulers traditionally known as the Five Good Emperors.]
7. [Cuvier is unclear here when he talks about philosophy. Roughly, the pantheists thought that God is the only substance, of which the material universe and man are only manifestations; that God and the universe are identical.]
8. [Plegon or Phlegon, a native of Tralles in Lydia and a freedman of the emperor Hadrian. Nothing is known of the events of his life and his dates are uncertain, although he probably lived to the middle of the second century A.D. Fragments of his works are all that remain, the longest belonging to a treatise called *De Mirabilibus*, a curious work divided into thirty-five chapters and containing a great many fables (see Phlegon, *Phlegon of Tralles' Book of Marvels* [translated with an introduction and commentary by Hansen William], Exeter: University of Exeter Press, 1996, xvi + 215 p.; Brisson (Luc), *Sexual Ambivalence: Androgyny and Hermaphroditism in Graeco-Roman Antiquity* [translated from the French by Lloyd Janet], Berkeley: University of California Press, 2002, xiv + 195 p.)]
9. [Plutarch, (born *c.* A.D. 46, Chaeronea, Boeotia, Greece; died after 119), biographer and author whose works strongly influenced the evolution of the essay, the biography, and historical writing in Europe from the 16th to the 19th century. Among his approximately 227 works, the most important are the *Bioi paralleloi* (*Parallel Lives*), in which he recounts the noble deeds and characters of Greek and Roman soldiers, legislators, orators, and statesmen (see Plutarch, *Plutarch's lives* [with an English translation by Perrin Bernadotte], London: W. Heinemann; Cambridge (Mass.): Harvard University Press, 1914-1926, 11 vols); and the *Moralia*, or *Ethica*, a series of more than 60 essays on ethical, religious, physical, political, and literary topics (Plutarch, *Plutarch's morals: theosophical essays* [translated by King Charles William], London: G. Bell & Sons, 1882, viii + 287 p.)]
10. [For Plutarch's *Book of Table Talk* or *Quaestiones convivales*, see Plutarque, *œuvres morales, tome IX: Propos de table* [texte établi et traduit par Fuhrmann François], Paris: Les Belles Lettres, 1972-1979, 2 vols.]
11. [*The Very Animals Use Reason*, or *On the use of Reason by Irrational Animals*, see Plutarch, *Essays* [translated by Waterfield Robin; introduced and annotated by Kidd Ian G.], London: Penguin Books; New York: Penguin Books USA, 1992, 430 p.]
12. [*The Opinions of the Philosophers* or *De Placitis philosophorum*, see Plutarque, *œuvres morales, tome XII, Deuxième partie: Opinions des Philosophes* [texte établi et traduit par Lachenaud Guy], Paris: Les Belles Lettres, 1993, 352 p.]
13. [*On Problems*, see Plutarque, *Œuvres morales, tome IX: Propos de table, op. cit.*]
14. [*On Isis and Osiris*, see Plutarch, *Plutarch's de Iside et Osiride* [edited with an introduction, translation and commentary by Griffiths John Gwyn], Cardiff: University of Wales, 1970, xviii + 648 p.]
15. [Typhon, in Greek mythology, the youngest son of Gaea (Earth) and Tartarus (of the nether world). He was described as a grisly monster with a hundred dragons' heads who was conquered and cast into the underworld by Zeus.]
16. [Flavius Arrianus or Arrian, Latin in full Flavius Arrianus (born Nicomedia, Bithynia, now Izmit, Turkey; died *c.* A.D. 180), Greek historian and philosopher who was the author of a work describing the campaigns of Alexander the Great (Arrian, *The campaigns of Alexander* [translated by Sélincourt Aubrey de; revised with a new introduction and notes by Hamilton J. R.], Harmondsworth: Penguin Books, 1971, 430 p.) Entitled *Anabasis*, presumably in order to recall Xenophon's work of that title (see Lesson 6, note 25), it describes Alexander's military exploits in seven books; an eighth, the *Indica*, tells of Indian customs and the voyage of Nearchus in the Persian Gulf.]
17. [Cuvier, or his editor, says *Indications*, but the title of Arrian's work is *Indica* (see note 16, above).]
18. [For Nearchus and his voyage, see Lesson 8, note 22.]
19. [Appian of Alexandria (fl. second century A.D.), Greek historian of the conquests by Rome from the republican period into the second century A.D. In addition to a lost autobiography, Appian wrote in Greek a *Romaica*, or history of Rome, in 24 books, arranged ethnographically according to the peoples (and their rulers) conquered by the Romans (Appian, *Appian's Roman history* [with an English translation by White Horace], London: W. Heinemann; New York: Macmillan, 1912-1913, 4 vols). The books that survive in complete form deal with Spain, Carthage, Illyria, Syria, Hannibal, Mithradates, and the Roman civil wars from the Gracchi onward. Extracts from other books survive in Byzantine compilations and elsewhere.]
20. [Pausanias (fl. A.D. 143-176; born Lydia, now in Turkey), Greek traveler and geographer whose *Periegesis Hellados* (*Description of Greece*) is an invaluable guide to ancient ruins (see Pausanias, *Description of Greece* [with an English translation by Jones William Henry Samuel], London: W. Heinemann; New York: G.P. Putnam's Sons, 1918, vol. 1; *Description of Greece* [with an English translation by Jones William Henry Samuel & Ormerod Henry Arderne], London: W. Heinemann; New York: G.P. Putnam's Sons, 1926, vol. 2). His *Description* takes the form of a tour of Greece starting from Attica. It is

divided into 10 books; the first book seems to have been completed after 143, but before 161. No event after 176 is mentioned in the work. His account of each important city begins with a sketch of its history; his descriptive narration follows a topographical order. He gives a few glimpses into the daily life, ceremonial rites, and superstitious customs of the inhabitants and frequently introduces legend and folklore. Works of art are his major concern: inspired by the ancient glories of Greece, Pausanias is most at home in describing the religious art and architecture of Olympia and Delphi. At Athens he is intrigued by pictures, portraits, and inscriptions recording the laws of Solon; on the Acropolis, the great gold and ivory statue of Athena; and, outside the city, the monuments of famous men and of Athenians fallen in battle. The accuracy of his descriptions has been proved by the remains of buildings in all parts of Greece. The topographical part of his work shows his fondness for the wonders of nature: the signs that herald the approach of an earthquake; the tides; the icebound seas of the north; and the noonday sun, which at the summer solstice casts no shadow at Syene (Aswan), Egypt.]

21. [Lucius Apuleius (born *c.* 124, Madauros, Numidia, near modern Mdaourouch, Algeria; died probably after 170), Platonic philosopher, rhetorician, and author remembered for *The Golden Ass*, a prose narrative that proved influential long after his death (Apuleius, *The Golden Ass of Lucius Apuleius* [translation by Adlington William; edited with an introduction by Darton F. J. Harvey], London: Privately printed for the Navarre Society Limited, 1924, 359 + [1] p.) The work, called *Metamorphoses* by its author, narrates the adventures of a young man changed by magic into an ass (Apuleius, *The Golden Ass, Being the Metamorphosis of Lucius Apuleius* [with an English translation by Adlington William; revised by Gaselee S.], London: William Heinemann Ltd.; New York: Macmillan, 1915, xxiv + 607 p.; see also Singer (Charles), "The Herbal in Antiquity and Its Transmission to Later Ages", *The Journal of Hellenic Studies*, vol. 47, no. 1, 1927, pp. 1-52).]

22. [Sea hare, any of a host of marine gastropods of the family Aplysiidae (subclass Opisthobranchia) that is characterized by a shell reduced to a flat plate, prominent tentacles (resembling rabbit ears), and a smooth or warty body. Sea hares eat large seaweeds. An example is the 10-centimeter (4-inch) spotted sea hare (*Aplysia dactylomela*), a ring-spotted green species living in grassy shallows of the Caribbean.]

23. ["Even among the ancient philosophers I do not find details of the peculiar nature of this fish [the sea hare], although it is extremely rare and highly noteworthy. For this is the only fish as far as I know, that is without bones in most of its body, but has twelve little bones in its stomach, joined and connected to each other and looking like the knucklebones of a pig" (Apuleius, *Apuleius: Rhetorical works* [translated and annotated by Harrison Stephen, Hilton John, and Hunink Vincent; edited by Harrison Stephen], Oxford; New York: Oxford University Press, 2001, vi + 225 p.) These so-called bones are the chitinous support for the gastric shield found in many mollusks (sometimes called a "gizzard"), used to grind food as an aid in digestion.]

24. [*De Herbis sive de Nominibus et virtutibus herbarum* (On Herbs, or The Names and Efficacies of Plants), an early work in botany, a copy of which, in Latin, said to have been written in the tenth century, is in the Bibliothèque Nationale in Paris (see Thompson (Charles John Samuel), *Mystery and Art of the Apothecary*, Kila (Montana): Kessinger Publishing, 2003, 316 p.)]

25. [*Plinius de Re medica* or *Plinius Medicus*, an early herbal sometimes attributed to Emilius Macer (see note 26, below; Singer (Charles), "The Herbal in Antiquity and Its Transmission to Later Ages", *op. cit.*)]

26. [Emilius (or Aemilius) Macer, poet and philosopher from Verona, contemporary of Ovid and friend of Virgil, said to have written a poem on birds, serpents, and on the virtues of plants, much of it copied from Nicander (see Lesson 10, note 16).]

27. [Athenaeus (fl. *c.* A.D. 200; born Naukratis, Egypt), Greek grammarian and author of *Deipnosophistai* ("The Gastronomers"), a work in the form of an aristocratic symposium, in which a number of learned men, some bearing the names of real persons, such as Galen, meet at a banquet and discuss food and other subjects (see Athenaeus of Naucratis, *The Deipnosophists or Banquet of the Learned of Athenaeus* [literally translated by Yonge Charles Duke; with an appendix of poetical fragments rendered into English verse by various authors, and a general index], London: Henry G. Bohn, 1854, 2 vols). It consists of 15 books, of which 10 have survived in their entirety, the others in summary form. The value of the work lies partly in the great number of quotations from lost works of antiquity that it preserves, nearly 800 writers being quoted, and partly in the variety of unusual information it affords on all aspects of life in the ancient Greco-Roman world.]

28. [*A Banquet of Savants* or "The Gastronomers", also known as the *Deipnosophistai* (see note 27, above).]

29. [Nicomedes IV (died 74 B.C.), the last king of Bithynia (ancient district in northwestern Anatolia, adjoining the Sea of Marmara, the Bosporus, and the Black Sea) who, little more than a Roman puppet, bequeathed his kingdom to the Romans in 74 B.C.]

30. [*Nonnat*, a common name for *Aphia minuta*, also known as the Transparent Goby, a small ray-finned fish of the family Gobiidae, found in European coastal waters from Norway to Morocco and in the Mediterranean and Black seas. It inhabits inshore and estuarine waters, over sand, mud and eelgrass, where it feeds on zooplankton, especially copepods, cirripede larvae, and mysids. It spawns in summer within empty bivalve shells.]

31. [Demosthenes (born 384 B.C., Athens; died 12 October 322, Calauria, Argolis), Athenian statesman, recognized as the greatest of ancient Greek orators, who roused Athens to oppose Philip of Macedon and, later, his son Alexander the Great. His speeches provide valuable information on the political, social, and economic life of 4th-century Athens.]
32. [Herodotus of Lycia, originally from Halicarnassus, in his "Geography" (Lesson 7; see also Godolphin (Francis Richard Borroum) (ed.), *The Greek historians* [The complete and unabridged historical works of Herodotus, translated by Rawlinson George; Thucydides, translated by Jowett Benjamin; Xenophon, translated by Dakyns Henry G. [and] Arrian, translated by Chinnock Edward J.; edited, with an introduction, revisions and additional notes, by Godolphin Francis R. B.], New York: Random house, [1942], 2 vols).]
33. [Polybius (born *c.* 200 B.C., Megalopolis, Arcadia, Greece; died *c.* 118), Greek statesman and historian who wrote of the rise of Rome to world prominence. The *Histories* on which his reputation rests consisted of 40 books, the last being indexes (Polybius, *The Histories of Polybius* [translated from the text of Hultsch F. by Shuckburgh Evelyn S.], London; New York: Macmillan, 1889, 2 vols). Books I-V are extant. For the rest there are various excerpts, including those contained in the collection of passages from Greek historians assembled in the 10th century and rediscovered and published by various editors from the 16th to the 19th century.]
34. [Philip, the father of Perseus, was Philip V (born 238 B.C.; died 179, Amphipolis, Macedonia), king of Macedonia from 221 to 179, whose attempt to extend Macedonian influence throughout Greece resulted in his defeat by Rome. Perseus (born *c.* 212 B.C.; died *c.* 165, Alba Fucens, near Rome), Philip's elder son, was the last king of Macedonia (179-168), whose attempts to dominate Greece brought on the final defeat of Macedonia by the Romans, leading to annexation of the region.]
35. [Magnesia ad Sipylum, city in ancient Lydia, just south of the Hermus (Gediz) River. Though lying in a rich district near prehistoric regions associated with Niobe and Tantalus, and itself going back to the 5th century B.C., it is of little importance except for the battle of winter 190/189 B.C., when the Romans under Lucius Scipio decisively defeated Antiochus III and threw him back permanently to the other side of the Taurus range.]
36. [Myonte, ancient Greek town of Ionia, on the Meander, one of twelve cities of the Ionian Confederation, encompassing the central part of the west coast of Asia Minor (currently Turkey) as well as the neighboring islands.]
37. [Hesperides (Greek: "Daughters of Evening"), in Greek mythology, clear-voiced maidens who guarded the tree bearing golden apples that Gaea gave to Hera at her marriage to Zeus. According to Hesiod, they were the daughters of Erebus and Night; in other accounts, their parents were Atlas and Hesperis or Phorcys and Ceto. They were usually three in number, Aegle, Erytheia, and Hespere (or Hesperethusa), but by some accounts were as many as seven. The golden apples were also guarded by the dragon Ladon, the offspring of Phorcys and Ceto. As Ladon is the name of an Arcadian river, Arcadia was possibly the original site of the garden. Heracles later either stole the apples or had Atlas get them for him. The golden apples that Aphrodite gave to Hippomenes before his race with Atalanta were from the garden of the Hesperides.]
38. [Cuvier's assertion that Athenaeus was well acquainted with the lemon (*Citrus limon*, a small tree or spreading bush of the rue family Rutaceae) is at odds with modern interpretation that the lemon was probably unknown to the ancient Greeks and Romans, but it was introduced into Spain and North Africa some time between the years A.D. 1000 and 1200. It was further distributed through Europe by the Crusaders, who found the fruit growing in Palestine. In 1494 the fruit was being cultivated in the Azores and shipped largely to England. The lemon was thought by the eighteenth-century Swedish botanist Linnaeus to be a variety of the citron (*Citrus medica*), though it is now known to be a separate species.]
39. [Lacedaemonian, originating from Sparta, ancient capital of the Laconia district of the southeastern Peloponnese, Greece, and capital of the present-day *nomós* (department) of Lakonía on the right bank of the Evrótas Potamós (river).]
40. [Gorgon, monster figure in Greek mythology. Homer spoke of a single Gorgon – a monster of the underworld. The later Greek poet Hesiod increased the number of Gorgons to three – Stheno (the Mighty), Euryale (the Far Springer), and Medusa (the Queen) – and made them the daughters of the sea god Phorcys and of his sister-wife Ceto. The Attic tradition regarded the Gorgon as a monster produced by Gaea, the personification of Earth, to aid her sons against the gods.]
41. [Aristophanes of Byzantium (born *c.* 257 B.C.; died 180 B.C., Alexandria), a Greek literary critic and grammarian who, after early study under leading scholars in Alexandria, was chief librarian there *c.* 195 B.C.]
42. [Attagane, the sand-grouse, any of 16 species of birds of Asian and African deserts, constituting the family Pteroclidae (or Pterocletidae) and usually treated as a suborder, Pterocletes, of the pigeon order, Columbiformes. According to some systems of classification, however, they belong subordinally near the plovers in the order Charadriiformes.]

LE POÈTE ROMAIN JUVENAL
Gravure de Wenceslas Hollar. Frontispice extrait de Juvenal, *Mores hominum* [The manners of men described in sixteen satyrs by Juvenal; trad. en anglais par Sir Robert Stapylton], Londres : [s. n.], 1660, 522 p.

14 Les poètes romains

Les naturalistes ne sont pas les seuls auteurs qui renferment des notions relatives aux sciences naturelles. Les poètes, comme nous l'avons déjà vu, en contiennent souvent de fort précieuses, et on en rencontre jusque dans leurs pièces les plus légères, telles que les satires et les épigrammes. Ainsi la fameuse satire de Juvénal contre les Égyptiens renferme des détails importans sur le luxe des vêtements et des repas[1]. Une seule plaisanterie du même poète conduit à une induction importante : les écrits des naturalistes anciens n'indiquent aucun caractère qui permette de déterminer avec précision l'espèce de poisson nommée *scomber* ; quelques auteurs avaient pensé que ce poisson était très-grand ; Juvénal, en plaisantant les mauvais poètes, dont il représente les écrits comme destinés à servir d'enveloppe au *scomber*, au poivre et à la canelle, fait voir que le *scomber* est au contraire un poisson peu volumineux[2].

Le poète Martial a consacré deux livres de ses épigrammes à parler des animaux qui parurent aux spectacles du cirque sous Domitien. On trouve dans ces livres des détails qu'on n'a pas rencontrés ailleurs. Ils nous apprennent que la glu avec laquelle on ne prend maintenant que de petits oiseaux servait alors à prendre des ours[3] ; ils donnent des détails sur un rhinocéros à deux cornes qui lançait dans le cirque des taureaux par dessus sa tête aussi facilement que les taureaux eux-mêmes lançaient des ballons en l'air ; ils font connaître qu'un tigre rayé fut vainqueur d'un lion, et donnent des indications intéressantes sur des bisons amenés de la Germanie, qui furent attelés à des chars.

Dans une pièce intitulée *Scenia*[4], Martial donne des préceptes pour recevoir ses hôtes convenablement. Ces préceptes envers, analogues au petit traité qu'Apicius écrivit en prose, procurèrent à leur auteur le surnom de *Coquus*. On y remarque que les Romains faisaient servir sur leurs tables des quadrupèdes fort rares, tels que l'oryx et l'onagre ou âne sauvage, et des oiseaux aussi fort difficiles à avoir dans nos climats, tels que le flamant et le porphyrion[5]. En somme, Martial présente des détails intéressans sur plus de soixante espèces d'animaux.

Martial et Juvénal sont les deux derniers écrivains du Ier siècle qui se termine par le règne de Domitien, signalé dans l'histoire par une suite de cruautés et d'assassinats.

Sous les empereurs qui lui succédèrent, sous Nerva[6], Trajan, Adrien, Antonio, Marc-Aurèle, Rome et le reste du monde civilisé jouirent d'une longue paix; car il n'y eut que quelques légères guerres à la frontière. Cependant, malgré cette tranquillité prospère, les sciences ne prirent pas l'essor qui aurait dû résulter de circonstances si favorables. Cette absence de progrès scientifiques doit être attribuée à l'influence funeste que les règnes précédens avaient exercée sur les mœurs des Romains. Sous ces règnes les sciences et les richesses avaient été obligées de se cacher; on ne rencontre aucun grand nom parmi les généraux. Lorsque les hommes possédant une grande fortune ne peuvent se montrer en public, ils contractent des habitudes de débauche intérieure, de vaine curiosité ou de superstition. Des communications nouvelles avaient apporté des Indes de nouvelles idées, surtout à Alexandrie. Plusieurs philosophes se crurent inspirés et le persuadèrent à d'autres. Un très-grand nombre adoptèrent le panthéisme et regardèrent le monde, les uns comme une expansion, les autres comme une production de la Divinité[7]. Les nouveaux platoniciens cherchèrent de nouvelles formes et essayèrent d'allégoriser la religion païenne en considérant tous les dieux du paganisme comme des démons. Ces divers philosophes étaient d'accord sur l'existence des êtres intermédiaires nommés génies ou démons, et ils leur faisaient jouer un grand rôle dans les choses de ce monde. En effet, puisque ces êtres émanaient directement de la divinité, pourquoi n'auraient-ils pas communiqué avec elle ? On était, comme on le voit, à la porte du mysticisme. On admit que les génies ou démons ne pouvaient pas être insensibles aux prières, et de ces idées, combinées avec le judaïsme, résultèrent parmi les juifs la magie, les pratiques superstitieuses, en un mot cette espèce de philosophie nommée *cabale* platonique qui eut pour résultat la prétendue découverte de moyens plus on moins mystérieux ou bizarres, pour communiquer avec les démons et se les rendre favorables.

L'histoire du IIe siècle de l'ère chrétienne nous représente les intelligences actives de cette époque presque toutes occupées à rechercher ces différens moyens de communication. Il eût été difficile de découvrir un philosophe qui eût consenti à suivre les voies naturelles de l'observation et de l'expérience: le surnaturel avait seul alors quelque prix. Les sectes rivales disputaient entre elles de miracles, mettaient en usage toutes les ruses, tout le charlatanisme avec lesquels on gagne le peuple et même les grands; c'était à qui débiterait le plus de fables, si l'on en juge par les merveilles que les philosophe racontaient de ceux qu'ils reconnaissaient pour chefs.

C'était alors que florissait le célèbre thaumaturge Apollonius de Thyanes, dont la vie fut si fertile en miracles. On peut au surplus se faire une idée exacte de l'état étonnant des esprits à cette époque, en lisant les écrits de Lucien.

Mais au milieu de toutes ces folies religieuses, les mœurs n'étaient pas devenues meilleures. Les recherches mystiques étaient accompagnées de crimes et d'empoisonnements nombreux. Des accusations furent portées contre des écrivains distingués de cette époque. Une lettre d'Adrien, conservée dans un livre de Phlégon[8], l'un de ses affranchis, peint avec une parfaite vérité l'état des esprits à Alexandrie, au temps dont je parle, l'anarchie et le désordre qui y existaient dans les croyances religieuses et philosophiques ; enfin, la fermentation extraordinaire qui agitait les esprits au milieu de cette confusion singulière d'idées. Alexandrie, dit Adrien, est une ville fort riche, remplie d'une population nombreuse et active, et le centre d'un immense commerce. À chaque instant on y rencontre des ateliers et des manufactures de toutes espèces. La réunion dans cette ville des anciennes croyances de l'Égypte, de celles du polythéisme grec et romain, interprétées diversement par les différentes écoles philosophiques, enfin de la religion juive et de la religion chrétienne, y produisent des discussions interminables et une confusion de croyances et de principes dont il est difficile de donner une idée.

Tous les écrivains de ce temps ne sont pourtant pas indignes de notre examen. Il en est quelques-uns qui échappèrent aux influences funestes alors prédominantes. De ce nombre est Plutarque, l'auteur justement célèbre de la *Vie des Hommes illustres*[9]. Né en Béotie, à Chéronée, il vécut près de cent ans, et mourut sous Antonin, cent quarante ans après Jésus-Christ.

Le titre seul de plusieurs des pièces qui entrent dans les œuvres morales de Plutarque annonce que l'auteur a eu l'intention d'y traiter des questions relatives à l'histoire naturelle. D'autres compositions, où il semble devoir s'occuper de sujets tout différens, n'en contiennent pas moins des détails intéressans pour les naturalistes.

Dans le *Livre des propos de table*[10], par exemple, sont agitées plusieurs questions relatives à la botanique. L'auteur se demande pourquoi les arbres résineux, sur lesquels l'opération de la greffe paraît devoir être si facile, ne peuvent pas être greffés utilement ; et pourquoi le figuier, dont le suc est âcre, porte des fruits d'une extrême douceur.

Dans un autre livre, ayant pour titre que les *Bêtes mêmes lisent de raison*[11], Plutarque s'occupe encore d'histoire naturelle. Il recherche quels sont les animaux qui ont le plus d'instinct, qui sont le plus rusés, si ce sont ceux de la terre ou ceux de l'eau, et il cite, dans le cours de sa discussion, divers faits curieux ; plusieurs sont inexacts ou tout-à-fait fabuleux, mais ils ont du moins cet avantage de nous faire connaître les opinions du temps de l'auteur, et de nous mettre à portée de juger des progrès que la science a faits depuis lors.

Nous citerons encore parmi les traités de Plutarque, ceux des *Opinions des philosophes*[12], des *Problèmes*[13], et enfin celui d'*Isis et d'Osiris*[14].

Dans le traité d'Isis et d'Osiris, l'auteur fait connaître la doctrine, les croyances des anciens Égyptiens. Mais la diversité des explications qu'il donne des images consacrées par la religion égyptienne, prouve évidemment que les prêtres d'Égypte étaient alors tombés dans la plus grossière ignorance, et qu'ils avaient totalement perdu le sens de leurs allégories. C'est la seule conclusion qu'il nous paraisse possible de tirer des différentes explications proposées par Plutarque sur Osiris, Isis ou Typhon[15].

Les œuvres morales de Plutarque ont besoin d'un nouveau traducteur qui appuie sa version de commentaires, principalement dans les morceaux relatifs aux sciences naturelles.

Flavius Arrianus[16], principal historien d'Alexandre, gouverneur de Cappadoce, consul et général romain, enfin grand prêtre de Cérès et de Proserpine, a fait suivre son histoire d'un ouvrage nommé en français *Indiques*[17], lui contient une description des Indes, tirée des relations écrites par les lieutenans d'Alexandre, et un récit du voyage maritime de Néarque[18].

Appien d'Alexandrie[19] contient aussi quelques faits qui se rattachent à l'histoire naturelle; il donne divers détails sur les éléphans qui étaient employés dans les batailles.

Pausanias[20], auteur d'un *Voyage dans la Grèce*, si précieux pour les antiquaires, est aussi fort intéressant pour les naturalistes. Il renferme plusieurs faits d'histoire naturelle qu'on ne trouve pas ailleurs. Il parle, comme Appien, des éléphans avec détail.

Enfin Apulée[21], l'auteur de l'*Âne d'Or*, présente des détails relatifs à l'histoire naturelle, qui sont remarquables par leur exactitude.

Apulée était un platonicien d'une curiosité insatiable; il s'était affilié à toutes les sociétés secrètes, et s'était fait initier à tous les mystères. Pour connaître ceux d'Osiris, il avait fini par vendre ses habits. Marié à une riche veuve, il fut accusé d'avoir employé des procédés de magie pour la séduire. Cette ridicule accusation était basée sur ce fait, qu'on l'avait vu observer des lièvres marins, gros mollusques qui jouaient un grand rôle dans les opérations magiques[22]. Dans sa défense, Apulée répondit qu'en effet il avait observé des lièvres marins, mais seulement dans le but de satisfaire une curiosité qui n'offrait rien de condamnable. La description qu'il donne de petits osselets existant dans l'estomac de ces animaux, prouve qu'il les avait observés en naturaliste, car cette description est exacte[23].

C'est à tort que l'on a attribué à Apulée un ouvrage intitulé: *De Nominibus et virtutibus her'barum*[24], contenant la description de cent vingt plantes, et une synonymie barbare. Cet ouvrage est d'un pseudonyme du Moyen Âge.

Un traité intitulé: *Plinius de Re medicâ*, qu'on désigne ordinairement sous le titre de *Plinius Medicus*[25], et un autre traité en mauvais vers, sur la vertu des plantes, sont aussi attribués à tort à un poète contemporain d'Ovide, Emilius Macer[26]. Ces deux ouvrages appartiennent également au Moyen Âge, et sont sans valeur.

Ici se termine la littérature latine. Les ouvrages que nous aurons désormais à examiner ont été écrits en grec. La langue latine paraît avoir été abandonnée à cette époque comme langue savante, et remplacée par celle des Grecs.

Il est remarquable que les savans ne furent pas les seuls qui abandonnèrent alors la langue latine. Les écrivains religieux et les philosophes ne la conservèrent pas davantage, et les Pères de l'église grecque fleurirent long-temps après l'époque où ceux de l'Église latine étaient tombés dans la barbarie. Il est intéressant de connaître les causes auxquelles doivent être attribuées la décadence prématurée d'une littérature aussi jeune que l'était alors la littérature latine et le retour à la langue grecque, qui, en ne remontant pas au-delà d'Homère, comptait déjà près de mille ans d'existence. Nous pensons que ce phénomène littéraire peut s'expliquer par l'agitation à laquelle Rome était presque toujours livrée. Les parties les plus éloignées du siége de l'empire romain, où la langue grecque était usitée, étaient beaucoup moins tourmentées par les diverses causes qui troublaient Rome et ses dépendances italiques ; les lettres et les sciences pouvaient donc s'y développer avec plus de facilité.

Aussi les trois auteurs principaux du second siècle de l'ère chrétienne, qui méritent une étude approfondie pour leurs travaux sur les sciences naturelles, employèrent-ils la langue grecque. Ces auteurs sont Athénée, Élien et Oppien.

Athénée[27] paraît avoir vécu sous Marc-Aurèle. On l'a cru postérieur à cette époque, parce que Oppien se trouve mentionné dans les deux premiers livres de son ouvrage. Mais il paraît certain que ces deux livres ne sont pas de lui. L'ouvrage d'Athénée a pour titre : *Banquet des Savans*[28]. L'auteur y suppose des philosophes réunis à dîner chez un nommé Larensius. Chacun des convives rapporte, à mesure qu'un mets nouveau paraît sur la table, ce qu'il sait de ce mets. Sous le rapport de l'art, l'ouvrage d'Athénée est détestable ; mais pour les naturalistes il est d'une importance réelle : c'est même, comme compilation, ce que l'antiquité nous a laissé de plus précieux. Nous y trouvons un très-grand nombre d'extraits fort étendus, d'auteurs dont les neuf dixièmes sont aujourd'hui perdus ; et la fidélité avec laquelle sont transcrits les passages des écrivains qui nous restent, nous permet de croire que l'auteur est généralement dans ses autres citations.

L'ouvrage d'Athénée commence par une dissertation sur les gastronomes les plus célèbres. Une anecdote qu'il rapporte prouve que, de son temps, l'art de déguiser les mets était déjà fort connu. Il raconte qu'un roi gourmet, Nicomède, roi de Bithynie[29], ayant demandé à son cuisinier Sotéride de lui apprêter de ce frai de poisson, connu dès le temps d'Aristote, sous le nom de *nonnat*[30], le cuisinier, qui n'avait pu s'en procurer (c'était au milieu de l'hiver), trouva le moyen d'en faire, sans que le roi s'en aperçût, avec des raves coupées par morceaux, imitant les nonnats, et préparées de la même manière que ces petits poissons.

Athénée parle ensuite des vins, de leurs propriétés, et des pays d'où ils provenaient.

Il cite aussi les différentes eaux thermales connues de son temps, et leurs propriétés ; il parle des buveurs d'eau, parmi lesquels il place Démosthènes[31], et il leur donne le don de l'invention, en s'appuyant sur divers auteurs.

On voit, par les détails très-circonstanciés qu'il donne sur les repas des anciens, que l'ordre de ces repas était l'inverse de celui que nous suivons.

Au *propoma*, c'est-à-dire avant que les convives fussent à table, on leur servait des fruits de différentes espèces.

À table, le service commençait par des champignons, des truffes, des oignons, des asperges, des figues, en un mot par des végétaux de toutes espèces.

À l'occasion des figues, Athénée raconte que Hérodote de Lycie[32] fait voir que de tous les fruits, les figues sont les plus utiles aux hommes ; il rapporte un passage du douzième livre de Polybe[33], où il est dit que Philippe, père de Persée[34], manquant de vivres lorsqu'il faisait des excursions dans l'Asie, reçut des Magnésiens[35], des figues pour nourrir son armée.

Ayant pris Myonte[36], il donna cette place et son territoire aux Magnésiens en récompense de leurs figues.

Athénée contient une dissertation spéciale sur les citrons; il rapporte qu'on les faisait cuire dans du miel et qu'on en préparait ainsi une sorte de limonade. Il les considère aussi comme un antidote universel. Autrefois ces fruits étaient nommés pommes de Médie, pommes des Hespérides[37]: c'est dans Athénée qu'on les trouve désignés pour la première fois par le nom qu'ils ont maintenant[38].

Aux fruits succédaient, sur une table romaine, des coquillages, parmi lesquels il y avait beaucoup d'univalves. Les patelles et les oursins qui se mangent encore aujourd'hui n'étaient pas non plus dédaignés des Romains.

Un des convives du banquet d'Athénée rapporte, à l'occasion des oursins, que suivant Démétrius de Scepse, un Lacédémonien[39] mit un oursin tout entier dans sa bouche et le croqua en disant: « Détestable poisson, puisque je te tiens je ne te lâcherai pas, mais de ma vie je ne toucherai à tes semblables. »

Les convives d'Athénée parlent de la beauté de certains coquillages de la mer des Indes, notamment de celui de l'Argonaute. Ils passent en revue les homards et plusieurs autres crustacés.

Ils nous apprennent que le *gnon*, poisson à figure très-sinistre, a donné naissance à la fable des Gorgones[40]. Enfin, sans leurs indications, il n'aurait pas été possible de reconnaître la langouste.

À l'époque où écrivait Athénée, le poisson était encore fort recherché pour les tables romaines; car il rapporte qu'on imagina, pour empêcher qu'il ne fût vendu à un prix trop élevé, d'ordonner que les marchands seraient obligés de se tenir debout. Cette singulière loi gastronomique forçait les marchands, par la lassitude, à céder leur poisson pour un prix modéré.

Athénée parle en total de quatre-vingt-dix espèces de poissons tous rangés par ordre alphabétique. Les oiseaux indiqués dans Athénée sont beaucoup moins nombreux que les poissons; mais ses citations paraissent fort exactes. L'une d'elles, entre autres, extraite d'Aristophane[41], a seule fait reconnaître une espèce d'oiseau (l'*attagane*) sur laquelle Buffon avait conservé des doutes. Un maître dit à son esclave: « Prends garde, je te frapperai; je te rendrai le dos semblable à celui d'un *attagane*, d'un *tétras.* »

Cette comparaison indique suffisamment que l'oiseau nommé attagane est le ganga[42]; car il est le seul oiseau, appartenant aux gallinacés, qui ait le dos couvert de raies alternativement jaunes et bleues, c'est-à-dire à peu près semblable à celui d'un homme contus par des coups violens.

Outre ces détails relatifs à l'histoire naturelle, l'ouvrage d'Athénée contient des renseignemens intéressans sur la philosophie, l'éloquence, la poésie, la physique, la médecine, la botanique, les armes, la marine et l'architecture des anciens. On y trouve la description des vases dont ils se servaient dans leurs banquets, et celle des procédés employés pour fabriquer ces vases. On y rencontre encore des détails relatifs au luxe des vêtemens et aux mœurs de ceux qui les portaient. On voit que dans les banquets des anciens grecs, les courtisanes, les joueuses de flûte, les danseuses étaient un accessoire presque indispensable.

Athénée est, comme on l'a dit, le Varron et le Pline des Grecs ; mais Varron était plus savant et présente moins de désordre qu'Athénée. Cet écrivain est le dernier type des fameux commentateurs de l'école d'Alexandrie. Après lui nous examinerons les ouvrages d'Élien et d'Oppien, qui sont plus exclusivement naturalistes.

NOTES

1. [Les seize poèmes satiriques de Juvénal traitent principalement de la vie à Rome sous le règne de Domitien, empereur craint de tous, et sous le règne de ses successeurs de caractère plus humain, Nerva (96-98), Trajan (98-117), et Hadrien (117-138). Ces satires furent publiées en cinq livres échelonnés sur les années (voir Juvenal, *Satires* [texte établi par Labriolle Pierre de & Villeneuve François ; émendé, présenté et traduit par Sers Olivier], Paris : Les Belles Lettres, 2002, xxvii + 341 p.) Les satires I à V du Livre Un, étudient rétrospectivement les horreurs du règne tyrannique de Domitien et parurent entre 100 et 110. Le Livre Deux contient uniquement la volumineuse satire VI, laquelle traite de certains sujets concernant l'an 115. Le Livre Trois contient les satires VII, VIII, et IX, et débute avec un hommage à l'empereur – probablement Hadrien, lequel aida à la création d'un institut littéraire pour aider les auteurs méritants – dont la générosité fait de lui la seule source d'espoir pour la littérature. Nous ne pouvons dater la parution du Livre Quatre, lequel comprend les satires X à XII. Le Livre Cinq, composé des satires XIII à XVI, fait référence à deux reprises à l'année 127.]
2. [Le *scomber* est le genre qui désigne le maquereau, poisson au corps fuselé que l'on pêche dans les eaux tempérées et tropicales du monde entier, appartenant à la même famille des Scombridae (de l'ordre des Perciformes) que le thon. Le maquereau commun (*Scomber scombrus*) de l'océan Atlantique est une espèce abondante et une ressource économique importante que l'on trouve parfois en bancs de grande taille. Le maquereau mesure environ trente centimètres de long.]
3. [Sur Martial, voir Leçon 11, note 69. Le système consistant à appliquer de la colle sur les branches des arbres pour capturer des oiseaux était souvent utilisé dans l'Antiquité et s'utilise toujours de nos jours. Les Romains produisaient la colle pour piéger les oiseaux dans tout l'Empire, à partir de la plante parasite appelée le gui (*Viscum album*). Dionisios Priants, qui vécut à Alexandrie dans la première moitié du IIe siècle apr. J.-C., raconte qu'il chassait les oiseaux de cette façon. En Europe, au milieu du XXe siècle, la pratique était toujours de coutume, avec de la colle provenant soit du gui, soit du sorbier. Un autre exemple prouve un usage encore plus récent : « Des oiseaux piégés par de la colle. Un homme utilisa de la colle pour piéger des oiseaux, ceci afin qu'il puisse les garder dans sa maison, selon la cour. Des inspecteurs du RSPCA ont trouvé de pauvres moineaux au domicile de Peter Luke Smith, à Edgely Drain Road, Peterborough. Smith fut condamné par la cour de Peterborough à 100 heures de travaux d'utilité publique et à une amende de £500 (BBC News, 15 avril 2003) ».]
4. [*Scenia*, utilisé ici par l'éditeur de Cuvier (et peut-être par Cuvier lui-même) est une erreur d'orthographe. Il s'agit en fait de *Xenia*, titre du treizième livre des épigrammes de Martial, lequel traite des cadeaux et autres présents que l'on offrait en général aux invités. (voir Martial, *Épigrammes* [éd. bilingue ; traduction nouvelle, trad. du latin et préfacé par Malaplate Jean], Paris : Gallimard, 1992, 243 p.)]
5. [Porphyrion, espèce de gallinule ou poule d'eau appartenant à la famille des Rallidae, de l'ordre des Gruiformes. Les gallinules vivent dans les régions tempérées, tropicales et sous-tropicales du monde entier, et sont de la taille de la poule naine (ou poule Bantam) mais au corps plus compact, comme la foulque. Elles mesurent entre 20 et 45 centimètres de long et sont munies de longs doigts fins qui leur permettent de courir sur la végétation flottante. Elles sont également pourvues d'une large plaque frontale, et certaines portent un plumage, ou certaines parties de leur plumage, de couleur vive.]
6. [Nerva, dont le nom complet est Nerva Caesar Augustus, nom de naissance Marcus Cocceius Nerva (né en 30 apr. J.-C., mort à la fin de janvier 98), empereur romain du 18

septembre 96 à janvier 98. Il fut le premier de la série de gouverneurs connue sous le nom des Cinq Bons Empereurs.]

7. [Cuvier n'est pas clair ici quand il parle de philosophie. De manière succincte, les panthéistes croient que Dieu est la seule entité existante, dont l'univers matériel et l'homme en sont seulement les manifestations, et que Dieu et l'univers sont identiques.]

8. [Phlégon, originaire de Tralles en Lydie, affranchi de l'empereur Hadrien. On ne connait rien de sa vie et les dates sont incertaines, bien qu'il soit probable qu'il ait vécu au milieu du IIe siècle apr. J.-C. Il ne nous reste que des fragments de ses œuvres, dont le plus long est un traité intitulé *De Mirabilibus* («Le livre des merveilles»), un ouvrage curieux, divisé en trente-cinq chapitres et contenant de nombreuses fables (voir Phlegon, *Phlegon of Tralles' Book of Marvels* [trad. anglaise avec introduction et commentaires de Hansen William], Exeter: University of Exeter Press, 1996, xvi + 215 p.; Brisson (Luc), *Le sexe incertain, androgynie et hermaphrodisme dans l'antiquité greco-romaine*, 2e éd., Paris: Les Belles Lettres, 2008, 192 p.)]

9. [Plutarque (né *c.* 46 apr. J.-C. à Chéronée en Béotie (Grèce); mort après 119), biographe et auteur dont les œuvres exercèrent une forte influence sur l'évolution de l'essai, de la biographie et des récits historiques en Europe entre le XVIe et le XIXe siècle. Parmi ses 227 ouvrages, les plus importants sont *Bioi paralleloi* («Les Vies Parallèles»), dans lequel il raconte les bonnes actions et les personnalités des soldats, législateurs, orateurs, et hommes d'état grecs et romains (voir Plutarque, *Les vies* [texte établi et traduit par Flacelière Robert, Chambry Émile & Juneaux Marcel], Paris: Les Belles Lettres, 1964-1983, XV tomes + tome XVI (index); et *La Morale* ou *L'Ethique*, une série de plus de 60 essais sur des sujets tels que l'éthique, la religion, la physique, la politique et la littérature (voir Plutarque, *Œuvres morales*, Paris: Les Belles Lettres, 1972-1993, 15 vol.)]

10. [Sur *Le Livre des Propos de Table (Quaestiones convivales)* de Plutarque, voir *Œuvres morales, tome IX: Propos de table* [texte établi et traduit par Fuhrmann François], Paris: Les Belles Lettres, 1972-1979, 2 vol.]

11. [*Les Bêtes Même Lisent de Raison*, voir Plutarque, *Œuvres morales*, Paris: Les Belles Lettres, 1972-1993, 15 vol.]

12. [*Opinions des Philosophes*, ou «De Placitis philosophorum», voir Plutarque, *Œuvres morales, tome XII, deuxième partie: Opinions des Philosophes* [texte établi et traduit par Lachenaud Guy], Paris: Les Belles Lettres, 1993, 352 p.]

13. [*Problèmes*, voir Plutarque, dans ses *Œuvres morales, tome IX: Propos de table, op. cit.*]

14. [Sur *Isis et Osiris*, voir Plutarque, *œuvres morales, tome V: Isis et Osiris* [texte établi et traduit par Froidefond C.], Paris: Les Belles Lettres, 2003, 437 p.]

15. [Dans la mythologie grecque, Typhon est le plus jeune fils de Gaïa (la Terre) et de Tartare. Il est décrit comme un monstre horrible aux cent têtes de dragons qui fut capturé et envoyé aux enfers par Zeus.]

16. [Flavius Arrianus ou Arrien (né à Nicomédie, en Bithynie, aujourd'hui Izmit en Turquie; mort *c.* 180 apr. J.-C.), historien et philosophe grec, auteur d'un ouvrage relatant les campagnes d'Alexandre le Grand (Arrien, *Histoire d'Alexandre, l'anabase d'Alexandre le grand; et l'Inde* [traduit du grec par Savinel Pierre], Paris: éd. de Minuit, 1984, 394 p.) Intitulé *Anabase*, probablement en mémoire de l'œuvre de Xénophon du même titre (voir Leçon 6, note 25), il décrit les exploits militaires d'Alexandre en sept livres; un huitième livre, l'*Indica*, parle des coutumes indiennes et du voyage de Néarque dans le Golfe Persique.]

17. [Cuvier, ou son éditeur, donnent le nom d'*Indications*, mais le titre de l'œuvre d'Arrien est *Indica* (voir note 16 ci-dessus).]

18. [Sur Néarque et son voyage, voir Leçon 8, note 22.]

19. [Appien d'Alexandrie (fl. IIe siècle apr. J.-C.), historien grec qui raconta les conquêtes de Rome à partir de l'ère de la République jusqu'au iie siècle apr. J.-C. Appien écrivit également une autobiographie qui fut perdue, et l'histoire de Rome en grec, *Romaica*, en 24 livres organisés par nation et décrivant les peuples (et leurs gouverneurs) conquis par les Romains (Appien, *Histoire romaine*, Paris: Les Belles Lettres, 1993-2010, 10 tomes). Les livres qui nous sont parvenus dans leur totalité couvrent l'Espagne, Carthage, l'Illyrie, la Syrie, Hannibal, Mithridate, et les guerres civiles à Rome à partir de l'ère des Gracques. Des extraits des autres livres ont survécu dans des compilations byzantines et dans d'autres ouvrages.]

20. [Pausanias (fl. 143-176 apr. J.-C.; né à Lydie, aujourd'hui en Turquie), voyageur et géographe grec dont l'œuvre *Periegesis Hellados* («Description de la Grèce») est un guide d'une valeur inestimable sur les ruines anciennes (Pausanias, *Description de la Grèce. Tome VII. Livre VII: L'Achaïe* [texte établi par Casevitz Michel; traduit et commenté par Lafond Yves], Paris: Les Belles Lettres, 1999, LXXXVI + 261 p.; *Description de la Grèce: Tome I. Livre I, L'Attique* [texte établi par Casevitz Michel; introduit et traduit par Pouilloux Jean; commenté par Chamoux François], Paris: Les Belles Lettres, 2002, XLVI + 311 p.) Son œuvre *Description* est construite à la manière d'un guide de voyages autour de la Grèce au départ d'Attique. L'ouvrage est divisé en dix livres; le premier semble avoir été terminé après 143, mais avant 161. Aucun événement après l'an 176 n'est mentionné dans l'ouvrage. La présentation de chaque cité importante commence avec un portrait de son histoire; la narration descriptive suit un ordre topographique. Il donne quelques aperçus de la vie quotidienne, des rites

cérémoniaux, et des habitudes superstitieuses des habitants, et il présente fréquemment des légendes et folklores locaux. Les œuvres d'art sont une de ses principales préoccupations : inspiré par les anciennes gloires de Grèce, Pausanias est en terrain connu lorsqu'il décrit les œuvres d'art religieux et l'architecture d'Olympe et de Delphes. À Athènes, il est intrigué par les portraits et inscriptions relatant les lois de Solon ; à l'Acropole, par la grande statue d'or et d'ivoire d'Athéna ; et hors de la cité, par les monuments d'hommes célèbres et d'Athéniens morts au combat. Les fouilles archéologiques effectuées dans de nombreux sites historiques grecs ont prouvé la véracité de ses descriptions. La partie topographique de son ouvrage montre son goût pour les merveilles de la nature : les signes annonçant un tremblement de terre ; les marées ; les mers glacées du nord ; et le soleil de midi, lequel, lors du solstice d'été, ne porte aucune ombre à Syène (Assouan) en Égypte).]

21. [Apulée, ou Lucius Apuleius en latin (né *c.* 124 à Madaure en Numidie, près de la ville moderne de M'daourouch en Algérie ; mort probablement après 170), philosophe platonique, rhétoricien, et auteur connu pour son œuvre *L'Âne d'Or*, roman en prose qui resta influent bien après sa mort. *L'Âne d'Or*, également appelé *Les Métamorphoses* par son auteur, raconte les aventures d'un jeune homme transformé en âne par la magie (voir Apulée, *L'Âne d'or, Les métamorphoses* [trad. par Puccini-Delbey Géraldine], Paris : Arléa, 2008, 342 p.) ; voir aussi Singer (Charles), « The Herbal in Antiquity and Its Transmission to Later Ages », *The Journal of Hellenic Studies*, vol. 47, n° 1, 1927, pp. 1-52).]

22. [Un lièvre marin désigne tout gastéropode marin de la famille des Aplysiidae (de la sous-classe Opisthobranchia) sans coquille, pourvu de tentacules proéminentes (ressemblant à des oreilles de lapin), et un corps lisse ou verruqueux. Les lièvres marins mangent des algues marines. Un exemple en est le lièvre marin tacheté, d'une longueur de dix centimètres, espèce de couleur verte à taches que l'on trouve sur les fonds peu profonds des Caraïbes.]

23. [« Même chez les anciens philosophes, je ne trouve aucun détail concernant la nature unique de ce poisson [le lièvre marin], bien qu'il soit extrêmement rare et très remarquable. Car il est, à ma connaissance, le seul poisson dont le corps soit presque entièrement dépourvu d'ossature, à part douze petites arêtes situées dans son estomac, liées les unes aux autres et ressemblant aux articulations d'un cochon » (Apulée, *Apuleius: Rhetorical works* [trad. en anglais et annoté par Harrison Stephen, Hilton John & Hunink Vincent; édité par Harrison Stephen], Oxford ; New York : Oxford University Press, 2001, vi + 225 p.) Ces soi-disant arêtes faites de chitine se trouvent chez de nombreux mollusques (aussi appelé gésier), et permettent le broyage de la nourriture, participant ainsi au processus de digestion.]

24. [*De Herbis sive de Nominibus et virtutibus herbarum* (« Sur les Herbes, les Noms, et les Vertus des Plantes »), un ouvrage ancien sur la botanique dont une copie en latin, qui semblerait avoir été écrite au xe siècle, se trouve à la Bibliothèque Nationale de Paris (voir Thompson (Charles John Samuel), *Mystery and Art of the Apothecary*, Kila (Montana) : Kessinger Publishing, 2003, 316 p.)]

25. [*Plinius de Re medica ou Plinius Medicus* est un ancien traité sur les plantes parfois attribué à Emilius Macer (voir note 26 ci-dessous ; Singer (Charles), « The Herbal in Antiquity and Its Transmission to Later Ages », *op. cit.*)]

26. [Emilius (ou Aemilius) Macer, poète et philosophe originaire de Vérone, contemporain d'Ovide et ami de Virgile, on dit de lui qu'il écrivit un poème sur les oiseaux, les serpents, et les vertus des plantes, copié sur Nicandre (voir Leçon 10, note 16).]

27. [Athénée (fl. *c.* 200 apr. J.-C. ; né à Naucratis en Égypte), grammairien grec et auteur de *Deipnosophistai* (« Les Gastronomes »), ouvrage mettant en scène une rencontre aristocratique entre hommes érudits, dont certains portent le nom d'hommes connus tels que Galien, autour d'un banquet pendant lequel ils discutent de nourriture et d'autres sujets (voir Athénée de Naucratis, *Les Deipnosophistes. Livres I et II* [texte établi et traduit par Desrousseaux Alexandre-Marie ; avec le concours de Astruc Charles], Paris : Les Belles Lettres, 1956, LXXIII + 206 p.) Il est composé de 15 livres dont 10 nous sont parvenus dans leur totalité, et les autres sous forme de résumés. La valeur de cet ouvrage réside principalement dans le nombre élevé de citations d'œuvres perdues de l'antiquité qu'il permet ainsi de conserver, avec 800 auteurs ainsi cités. Il est également remarquable pour la diversité des informations inhabituelles qu'il fournit sur tous les aspects de la vie du monde de l'Antiquité Gréco-romaine.]

28. [*Le Banquet des Savants* ou *Les Gastronomes*, également connu sous le nom de *Deipnosophistai* (voir note 27 ci-dessus).]

29. [Nicomède IV (mort en 74 av. J.-C.), dernier roi de Bithynie (ancienne région du nord-ouest de l'Anatolie, attenant la mer de Marmara, le Bosphore, et la mer Noire), qui, comme un pantin au service de Rome, céda son royaume aux Romains en 74 av. J.-C.]

30. [*Nonnat*, nom usuel du gobie transparent (*Aphia minuta*), petit poisson aux nageoires lumineuses de la famille des Gobiidae que l'on trouve dans les eaux côtières européennes de la Norvège au Maroc, et dans la mer Méditerranée et la mer Noire. Il vit dans les eaux côtières et les estuaires, sur le sable, la vase, et la zostère marine, et se

nourrit de plancton, en particulier de copépodes, de larves de cirripèdes, et de mysidés. La frai a lieu en été, à l'intérieur de coquilles vides de bivalves.]

31. [Démosthène (né en 384 av. J.-C. à Athènes; mort le 12 octobre 322 à Calaurie, Argolis), homme d'état athénien, reconnu comme le plus grand des orateurs grecs de l'Antiquité, qui provoqua Athènes à s'opposer à Philippe de Macédoine, et plus tard, son fils Alexandre le Grand. Ses discours sont une source d'information remarquable sur la vie politique, sociale, et économique d'Athènes au IVe siècle av. J.-C.]

32. [Hérodote de Lycie, originaire d'Halicarnasse, dans sa *Géographie* (Leçon 7; voir également Hérodote, *Œuvres complètes* [introduction de Romilly Jacqueline de; texte présenté, traduit et annoté par Barguet Andrée], Paris: Gallimard, 1964, 1904 p. (Bibliothèque de la Pléiade; 176)).]

33. [Polybe (né *c.* 200 av. J.-C., à Megalopolis en Arcadie, Grèce; mort *c.* 118), homme d'état et historien grec, auteur d'ouvrages sur la montée au pouvoir de Rome jusqu'à sa domination des pays civilisés du monde. *Les Histoires*, sur lequel repose sa réputation, comportait 40 livres, dont le dernier était l'index. Les Livres I à V nous sont parvenus dans leur totalité. Les autres livres nous sont parvenus sous forme d'extraits, y compris ceux qui firent partie du recueil d'extraits provenant d'historiens grecs et assemblés au Xe siècle, lesquels furent redécouverts et publiés par divers éditeurs entre le XVIe et le XIXe siècle (*cf.* l'édition française de Polybe, *Histoires: Livres I-XVI* [texte établi et traduit par Pédech Paul (Livres I-II, V, XII); texte établi par Foucault Jules de, revue et traduit par Éric Foulon et commenté par Molin Michel (Livres III-IV, X); texte établi et traduit par Weil R. avec la collaboration de Nicolet C. (Livres VI-IX, XI); texte établi par Foulon Eric et trad. par Weil Raymond avec la collab. de Cauderlier Patrice (Livres XIII-XVI)], Paris: Les Belles Lettres, 2003-2004, 10 t.)]

34. [Philippe, le père de Persée, était Philippe V (né en 238 av. J.-C.; mort en 179 à Amphipolis, Macédoine), roi de Macédoine de 221 à 179, dont les tentatives d'expansion de l'influence macédonienne en Grèce le conduisit à sa défaite par Rome. Persée (né *c.* 212 av. J.-C.; mort *c.* 165 à Alba Fucens près de Rome), fils ainé de Philippe, fut le dernier roi de Macédoine (179-168). Il essaya vainement de dominer la Grèce mais fut vaincu par les Romains, ce qui conduisit à l'annexion de la Macédoine par les Romains.]

35. [Magnésie du Sipyle, ville de l'ancienne Lydie (dans la Turquie d'aujourd'hui), au sud de la rivière d'Hermus (Gediz). Bien que cette ville se situe dans une région riche proche de sites préhistoriques que l'on associe à Niobe et Tantalus, et qu'elle date du Ve siècle av. J.-C., Magnésie du Sipyle n'a pas une grande importance historique, excepté pour la bataille de l'hiver 190/189 av. J.-C., pendant laquelle les Romains sous le règne de Lucius Scipion rencontrèrent une victoire décisive contre Antioche III, le renvoyant définitivement de l'autre côté de la chaîne du Taurus.]

36. [Myonte, ancienne ville grecque d'Ionie, sur le Méandre, une des douze cités de la Confédération Ionienne, couvrant le centre de la côte ouest de l'Asie Mineure (la Turquie d'aujourd'hui) ainsi que les îles avoisinantes.]

37. [Dans la mythologie grecque, les Hespérides sont les Nymphes du Couchant, jeunes filles à la voie douce, gardiennes du pommier aux pommes d'or que Gaïa offrit à Héra lorsqu'elle épousa Zeus. Selon Hésiode, elles étaient les filles d'Erébus et de la Nuit; d'autres légendes racontent que leurs parents étaient Atlas et Hespéris, ou Phorcys et Céto. On en compte traditionellement trois, Aéglé, Erythie, et Hespérie, bien que certaines légendes en mentionnent jusqu'à sept. Les pommes d'or étaient également gardées par le dragon Ladon, progéniture de Phorcys et Céto. Ladon étant le nom d'une rivière arcadienne, il se peut qu'Arcadia soit le nom original du jardin. Plus tard, Héraclès vola les pommes, ou il demanda à Atlas de les voler pour lui. Les pommes d'or qu'Aphrodite donna à Hippomène avant sa course contre Atalante provenaient du jardin des Hespérides.]

38. [L'assertion de Cuvier qu'Athénée connaissait bien le citron (Citronnier, petit arbre ou buisson de la famille des Rutacées) contredit l'interprétation moderne qui veut que le citron n'était probablement pas connu des Grecs et des Romains, mais qu'il fut introduit en Espagne et en Afrique du Nord quelque part entre les années 1 000 et 1 200 apr. J.-C. Il fut distribué à travers l'Europe par les Croisés, lesquels découvrirent le fruit en Palestine. En 1494, le citron était cultivé dans les Açores et exporté en grande quantité vers l'Angleterre. Le botaniste suédois Linné du XVIIIe siècle pensait que le cédrat (*Citrus medica*) était une variété de citron, bien que l'on sache aujourd'hui qu'il s'agit de deux espèces différentes.]

39. [Lacédémone, ou Sparte, est l'ancienne capitale de la région de Laconie dans le sud-est du Péloponnèse en Grèce, et capitale du département moderne de Laconie sur la rive droite de l'Eurotas (rivière).]

40. [Dans la mythologie grecque, les Gorgones sont des créatures malfaisantes. Homère ne mentionne qu'une seule Gorgone, un monstre de l'enfer. Le poète grec Hésiode augmenta le nombre des Gorgones à trois – Sthéno («la puissante»), Euryale («grand domaine»), et la Méduse («la reine») – et fit d'elles les filles des divinités marines Phorcys et sa femme-sœur Céto. La tradition Attique considérait la

Gorgone comme un monstre créé par Gaïa, la terre personnifiée, afin d'aider ses fils à lutter contre les dieux.]

41. [Aristophane de Byzance (né *c.* 257 av. J.-C. ; mort en 180 av. J.-C. à Alexandrie), critique littéraire et grammairien grec qui, après avoir étudié sous la direction de maîtres érudits à Alexandrie, fut mis en charge de la bibliothèque *c.* 195 av. J.-C.]

42. [L'attagane, ou tétras (ou gelinotte), fait partie des seize espèces d'oiseaux des déserts asiatiques et africains de la famille des Pteroclidae (ou Pterocletidae), et est en général considérée comme un sous-ordre, le Pterocletes, de l'ordre du pigeon, Columbiformes. Cependant, selon certains systèmes de classification, l'attagane appartient, au même rang que le pluvier, à l'ordre des Charadriiformes.]

Pl. XXVII. T. 2. P. 327.

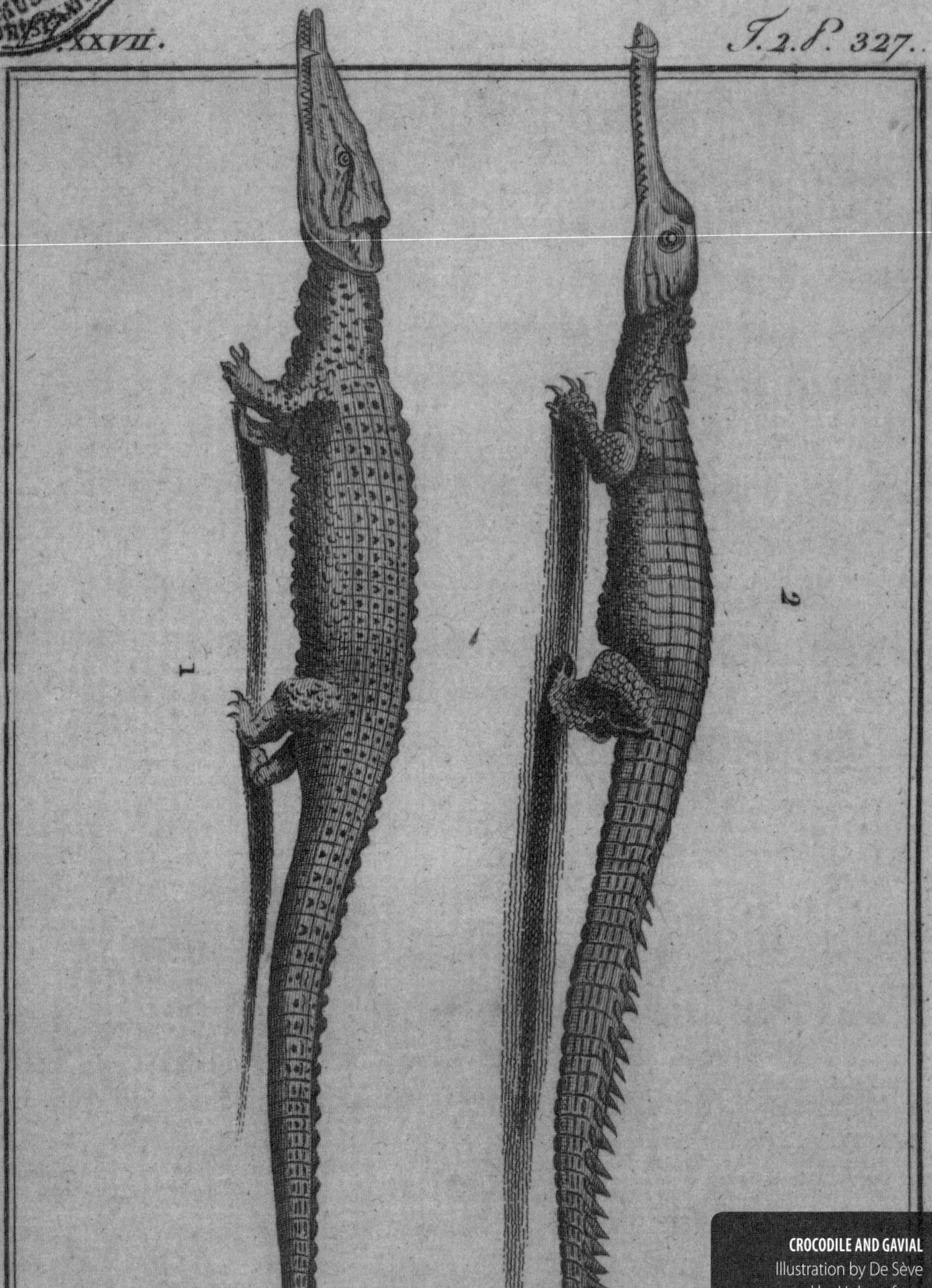

De Seve del.

1. LE CROCODILE du nil.
2. LE GAVIAL

CROCODILE AND GAVIAL
Illustration by De Sève engraved by Hubert, from Buffon (Georges-Louis Leclerc de) & Daudin (François-Marie), *Histoire naturelle, générale et particulière, t. 79: Reptiles* [new ed.], Paris: Imprimerie de F. Dufart, 1802, pl. 27, p. 327.

15 Aelian of Praeneste and Oppian of Anazarbus

Aelian (Claudius Prenestinus) was from Praeneste, Italy.[1] The date of his birth and details of his life are not known. The fragments of his writings, which are mentioned by Oppian, only prove that he came before this naturalist. He is sometimes confused with a professor of rhetoric of the same name, who lived under Commodus.

The work by Aelian entitled *On the Nature of Animals* is valuable for the same reason as the work by Athenaeus, namely, as a collection of information and excerpts from lost authors.[2] Aelian announces, at the beginning, that he will follow no particular method, in order to add more variety to his book; but he carries too far his relish for variety, for, even taking into account his announcement, it is impossible to imagine the lack of method, the extreme disorder that his composition presents: no other known work offers such a jumble. Thus, in the first chapter of the first book, he speaks of herons; in the second chapter of the same book, he discusses the parrotfish; in the third, the mullet; in the fourth, he speaks again about the parrotfish; in the sixth, he relates examples of the friendship between animals and man; in another, he speaks of the hunter Nicias's dogs,[3] then of the drone-bee, the water-ox, the song of the cicadas, etc.

Aelian imbibed some of his details from travelers' narratives that are no longer extant. He cites a hundred and thirty-three authors, almost all lost, some of whom would be unknown were it not for him, for they are mentioned nowhere else. Aelian adds much to our knowledge of the animals of Asia and Africa. He speaks of some animals in the valleys of Thebes; he mentions a gallinaceous bird with brilliant plumage and a crest like that of the peacock, which has been seen almost in our own time. He mentions the ox with a tail like a horse's, originally from Tibet, which provided the Turks with their standards, the pashas' honorific insignias. In his time the Indians made flyswatters of these tails.

From among the rare animals he mentions I shall cite the sea hare –the mollusk that Apuleius was accused of observing for criminal purposes– the long-tailed Indian sheep, and the white elephant.

In speaking of the turtle, Aelian reports that its head survives long after being detached from its trunk; that if the hand is brought before its eyes, it blinks; that if the hand is brought before the mouth, it bites.

All in all, Aelian knew seventy species of quadrupeds, among which one notes the hornless ox;[4] the gazelle, which he describes well; the catoblepas,[5] to which the ancients attributed fabulous properties that I have already mentioned; the spiny mouse,[6] which Aristotle stated as being found in Egypt, but Aelian places it in Libya. Up until the end of the eighteenth century, this animal had not been found, either in Egypt or in Libya; but the naturalists accompanying the French expedition to the former of these two countries[7] found it there, conformably with Aristotle's information.

Aelian also refers to the horned boar, which was not found again until after the Renaissance. This animal lives in the most distant regions of the Indies: we call it the babirusa.[8] It does not have real horns, but its tusks are so long and backward curved that they have the appearance of horns.

Finally, Aelian speaks of a monster that he calls an onocentaur[9] and which must have appeared as a combination of a man-like shape and the shape of an ass. Aelian does not say that he saw such a monster, but it is less rare than he seems to believe. One observes it in the class of quadrupeds whenever the lower jaw of one of these animals has been atrophied for some reason or other before the birth of the fetus. The absence of the lower jaw gives the head of the animal a more or less striking resemblance to the face of a man. I myself have seen a calf showing such a resemblance. It seems that in Claudius's time, one was brought to Rome and was preserved in honey. These caprices or rather disturbances of nature, reappearing in the Middle Ages, gave rise to belief in bestial unions and brought about cruel condemnations that are no longer permitted now that science has explanations for such anomalies.

Aelian names somewhat more birds than quadrupeds. There are a hundred and nine bird species in his history, but only seventy-three of them have been well known to us for a long time; others are the subject of doubt, and still others have only recently been recognized. Among the latter are the ruffs, great bearded vultures that in mythology were the companions of Memnon changed into birds, and which returned each year at the beginning of autumn to give battle upon the tomb of the hero Memnon.[10] The ruffs are in fact well known under the name of combat birds[11] and every year they engage in mortal combat for the possession of their females.

We shall also cite the hoopoe,[12] a bird of India easy to tame, and which, from the time of Homer, amused and delighted princes. The kings of India, according to Aelian, delighted in carrying a hoopoe around on their hand, and the Brahmans made it the subject of an extraordinary tale analogous to the one by Aristophanes on larks. These two fables are probably the same one, transported from India to Greece.

Aelian describes fifty species of reptiles, several of which are quite remarkable. He informs us that the Ganges produces two species of crocodiles, and that one of them has a horn upon its snout. Up until our own time, no one believed in the existence of such a crocodile. Nevertheless, thirty years ago, a crocodile with a long snout much like the one described by Aelian was discovered, but its characteristic trait, the horned part, was not in evidence. It was only a few years ago that Messieurs Diard and Duvaucel finally found a crocodile with a fleshy, horned protuberance, which the individuals discovered thirty years earlier had lacked, probably by accident.[13]

Aelian reports several things about serpents that will probably be verified. However, he must not be taken literally, for he often bases his writings on the Greeks, who were not naturalists and who expressed themselves in a vague manner.

Aelian's work abounds in fishes. He names about a hundred and thirty, seventy of which are described with fair accuracy. Some are described for the first time in his work, such as the diodon or archer, which is armed with long spines and which we call the spiny globefish;[14] the *citharaedus*,[15] which has the shape of a lyre; the anchovy, a small fish with a mouth that opens farther back than the eyes. Aelian imparts many interesting and valuable details about the habits of fishes to us, who are not particularly advanced in this sort of knowledge. The Greeks' geographical situation made such research quite easy.

Aelian names sixty kinds of insects, twenty of which belong to the crustaceans. Only twenty-five or twenty-six insects are well described. He names thirty mollusks or shellfishes, of which twenty are known to us.

Aelian is the first to mention the pearls of Brittany. Before Aelian, only those of the Indian Ocean were known.[16] Today we are still finding in the sea around Scotland pearls of the sort first mentioned by Aelian. Pearls are also found in a species of mussel that lives in the North Sea. Linnaeus proposed to prick this mollusk in order to force it to produce pearls,[17] and in fact such objects are the result of an injury to the shellfish that are capable of producing them.

Monsieur Ajasson de Grandsagne[18] and I have prepared a new edition of Aelian's work.[19] The chapters are placed in a better sequence, and the method of modern science will attempt to replace the chaos of the Greek compiler.

The first critic of Aelian, Pierre Alby,[20] who had been sent to the Levant by Francis I,[21] attempted to do what Monsieur de Grandsagne and I have just undertaken; but he did not give the Greek text, which was needful.

We are now going to examine the works of Oppian.[22]

This naturalist-poet was born towards the end of the reign of Marcus Aurelius [emperor A.D. 161-180], at Anazarbus, the capital of Cilicia. His father was Agesilas and his mother Zenodota. Agesilas was one of the most distinguished members of the senate at Anazarbus, not so much for his birth as for his love of letters and philosophy. While young, Oppian had already gone through the round of sciences that the Greeks called the encyclopedia, when his father suddenly lost his fortune and was reduced to indigence. The emperor Septimius Severus,[23] having only recently ascended the throne that he had conquered, had come to Anazarbus; all the senators hastened to go pay him their respects. Only Agesilas had neglected this duty that circumstances seemed to require of him. The emperor was annoyed at such indifference, which probably appeared to him to be a secret rebuke for his usurpation, and he despoiled Agesilas of all of his property and banished him to the island of Meleda[24] in the Adriatic Sea. Oppian followed his father to this island, and it was there that he wrote his two poems on hunting and one on fishing. He went to Rome to present his poems to Severus and his son Antoninus Caracalla,[25] both of whom loved the chase and fishing. This homage of a poet was so well received that the emperor allowed the poet to ask for anything he wanted. Oppian thought only of his father; but in addition to pardon for the father, the emperor granted the son a gold stater for each line of verse, which, according to *Suidas*,[26] came to twenty thousand. But he did not enjoy his glory and prosperity for long: hardly had he returned to his country when a fearful plague ravaged the city of Anazarbus and carried off our naturalist-poet in the prime of life: he was but thirty years old. His fellow citizens raised a magnificent tomb upon which they placed his statue and a highly flattering inscription.

The works of Oppian were three in number, as I have said: One is entitled *Halieutica* and is about fishing; the second is entitled *Cynegetica* and is about hunting the quadrupeds; the third was entitled *Ixeutica* and is about capturing birds. The poetry of these works is considered very beautiful, especially the *Halieutica*.

Only the Halieutics and the Cynegetics are extant; furthermore, the fourth canto of the latter poem is incomplete and the fifth is completely lost. The Ixeutics are not extant.

The Cynegetics is the third essay of that name that antiquity has left us on the subject of the chase.[27] Oppian begins the first canto of his poem with a dedication to Severus, Antoninus Caracalla, and Caracalla's mother Domna,[28] whom he poetically calls the Venus of Assyria. He then invokes Diana, and in a dialogue with the poet Diana indicates to him the subject of his cantos.

Oppian describes the different kinds of horses known in his time, and he places in the first rank, for swiftness and elegance of conformation, the horses of Iberia, present-day Spain. One sees from his descriptions that the horse-types of his time did not differ from those that we have today. However, he brings up a variety of horse that we ought to notice because of the singular manner by which he claims it had been obtained. It was called the oryx,[29] which resembled the zebra on account of the stripes of opposite colors that covered its body, and was produced by presenting a white horse before the eyes of a mare at the moment when she was with a black stallion. The imagination of the mare was thus one of the two causes of the melange of black and white.

After horses, Oppian describes the various races of dogs known in his time and their characteristics.[30]

In his second canto, he points out the animals that one could hunt, and mentions the bison, in addition to the moufflon or wild sheep. The latter animal, which is no longer found except in Sardinia and Corsica, lived then in Italy. Oppian also describes the oryx as if it were the gazelle. He says that its horns are pointed like darts and he does not adopt the error of certain other authors who claimed that the oryx had only one horn.

He mentions another oryx with four horns. These singular characteristics were long regarded as being fictitious, but such an animal was discovered three or four years ago and described by a foreign general.[31]

In the third canto of his poem, Oppian says that he saw at Rome a black lion of prodigious size that had come from Ethiopia to Libya and had been presented to the emperor. He distinguishes two types of panthers and two of acmons; the latter are probably the Arctic fox. He describes the ichneumon[32] and the way it attacks the crocodile, and the giraffe, which he thinks is the result of the mingling of two different species, the panther and the camel. And he describes the ostrich, which he also thinks came from combining two entirely different species, the sparrow and the camel. Thus, in the writings of the ancients, the fabulous is always mixed in with the factual.

In the fourth canto, Oppian gives details on the various types of hunting practiced in his time; he describes the equipment that each type requires, such as nets, machines, and weapons. Although in verse,[33] all such details are very useful in informing us of the methods of the chase employed by the ancients.

We are now going to examine the *Halieutics.*[34] This work has not received a verse translation, we only have prose translations.

In the first canto, the author announces that he is going talk about the courtships, the habits, the antipathies, and the means of defense of fishes, and the procedures that men follow to capture them. Then he invokes Neptune, and the sea itself and the lower gods that inhabit it. Next he commences the development of his subject by naming the places where one may find each kind of fish: he names a kind that is found only on sand-banks, one that lives in mud, one that seeks algae, one that keeps in the open sea, one that lives near rivers, and those that live only among rocks or in holes, where one must go to capture them.

Naming the parrotfish as one of the fishes that live on rocks covered with plants, Oppian remarks that this is the only fish with a voice. We know that fishes cannot have a voice as such. Yet some observers claim to have heard certain fishes producing a sound resembling a voice.

Oppian in discussing cetaceans includes all the large animals that live in the sea, such as the sea lions and whales. We now apply the name cetacean only to the warm-blooded mammals that live in the sea.

In speaking of reproduction in fishes, Oppian reports in all seriousness an ancient fable about the marine eel and the viper. He claims that the viper goes to the seashore at a certain time, deposits its venom upon a rock, and calls to the marine eel; the eel immediately leaves the waters and when their courting is finished, the viper retrieves its venom and returns to its customary abode. But there are very few fables of this sort in Oppian.

Towards the end of the first canto, he talks about the fishes that have young born live, and he gives details about the care the young are given. Some species –for example, the dolphins– go so far as to put their young in their mouth.[35]

In his second canto, Oppian describes the habits of fishes, and the means they use in attacking and for self-defense. He describes quite well the torpedo's ability to benumb, and he declares that the effects of this ability strike the fisherman through his line. The line is, in fact, a good conductor of the electricity released by the torpedo.[36]

Oppian well describes the ploy used by the anglerfish to catch fish. He says that it emits from its mouth slender filaments that resemble worms and it waves them about. When a fish, deceived by appearance, comes close to seize the anglerfish's filaments, the latter draws them gradually back to its mouth, until the fish, which is following the moving prey, comes close enough for the anglerfish to seize.[37] Oppian calls the anglerfish a fishing-frog.

In a very poetic segment, this author explains how certain shrimps or lobsters avenge themselves upon the *bard*[38] that devours them. When they are seized by that voracious animal, they raise a kind of saw that is located on their heads, and they rip the palate of their enemy in passing through its mouth. The predator, carried away by its gluttony, continues to eat, but ends up succumbing to the torments of the injuries caused by the saw on each shrimp.

Oppian claims that the sea ox[39] is a fish of great size and an object of fear to fishermen, who are often victims of its ruse. Its ruse consists in suddenly covering the victim with darkness by rushing upon the face so as to shut out all light. This sea ox is a large species of ray, about twelve or even fifteen feet long, quite well described by Risso.[40] Everything that Oppian says about it is perfectly correct.

Oppian also describes correctly the poisonous stinger that a fish called the pastinaque[41] carries on its tail, and which the ancients used in arming the tip of their arrows.

Finally, he ends the second canto with an encomium on the mullet,[42] which he represents as the symbol of virtue and innocence because it never attacks other fishes and lives only on algae and mud. Such innocence and virtue come from the fact that the mullet has no teeth.

The third canto of Oppian's poem is devoted to describing four different kinds of fisheries and the procedures used in his time. The use of some of these procedures has produced the results indicated by the author.

Oppian knew a multitude of details, also accurate, about fishes. He says that the mullet jumps over nets, which necessitates the use of lateral nets. He reports that the sea wolf[43] digs in the sand and passes under the net. Other fishes cut the fisherman's line. The torpedo gives an electric charge so violent that often the line escapes from the hand holding it. When the cuttlefish[44] senses a predator nearby, it spreads about itself a liquid so black that the predator loses sight of it.

In describing the bait that is needed, and which is almost always fish, Oppian has enabled us to determine several fish species that were much in doubt. For example, certain naturalists had supposed that the anthias[45] was a golden red fish of considerable size in the Mediterranean; but Oppian, by indicating that this fish was used as bait for catching the *bard*,[46] makes it fairly evident that this was a small fish. However, since Oppian includes very large animals among the fishes that can be used as bait, some doubt yet remains about the identity of the anthias.

The author describes the rather curious fishery for this fish. The fisherman had to begin by taming it, by throwing food to it for several days, and only after he had thus trained the fish to come to him could he cast his nets to some purpose.

The fishery for swordfish, a fish with a long sword, also presents curious details. To approach this fish, the fishermen constructed small boats having the appearance of swordfish, out of swordfish parts such as the sword or jaw of the animal. The swordfish, thinking it sees its own species, allows itself to be approached, and when the fishermen have surrounded the fish, they strike it with tridents until it is unable to flee. Today, tridents are still used in capturing this fish, but torches are used to attract it. This method is used in Sicily.

After such fishery details, Oppian discusses fish migrations. The ancients believed that the tuna came from the ocean into the Mediterranean through the Strait of Gibraltar. We now know that this fish descends to the bottom and reappears in spring; but, too, we know that it sometimes comes from the Black Sea by way of the Dardanelles.

Since fishing for these fish was the object of a considerable industry in Oppian's time, men with well-trained eyes were employed in detecting shoals of tuna from afar and announcing their approach. Such men, called thynnoscopes,[47] climbed up the highest hills or cliffs to carry out their task, and as soon as they had given the signal, nets were spread that caught a great number of tuna.

In his fourth canto, Oppian discusses the methods of attracting fishes other than those he had already spoken of, and describes how fishes try to escape from the snares set for them. He speaks at length and in detail of the loyalty among the parrotfishes. He asserts that when one of them is caught on a line, the others swim round and attempt to disengage their fellow by chewing at the line; if one is caught in a net, they seize it by the tail and pull with all their strength. For capturing the parrotfish, mullet, and cuttlefish, fishermen used the female.

According to Oppian, the octopus leaves the water and comes upon the shore when olive-tree branches are placed there. Such a characteristic would merit research to verify its truth.

Also, the sargus, a kind of mullet, is attracted by goats.

The children in our poet's time used a singular method of catching eels: they would toss a long intestine into the water and wait until an eel had swallowed a large part of it; they would inflate the intestine by blowing on the end they were holding, and then they could pull up the animal, which could no longer disengage itself from the swollen intestine.

In order to capture the sciaena,[48] fishermen would startle it; then it would throw itself upon the rocks, where they could capture it by hand.

Drugs were often used to benumb the fishes. The one most often employed for this purpose was clay impregnated with the juice of the cyclamen root.[49] This substance would produce a state of torpor in fishes, thus permitting the fisherman to capture them with ease.

Oppian describes in the fifth canto the fisheries that were dangerous, in that they often required men to fight with the fish bodily.

He makes the accurate observation that when the sea turtle is on land, it cannot move if turned over on its back and may be left in this position as long as one wishes, without fear that it will escape.

Oppian describes combats with dogfish[50] called panthers because of the spots on their bodies, and on this occasion he speaks of enormous cetaceans capable of endangering small boats.

He ends his poem with a description of fishing for shellfish on the bottom of the sea. This fishery exposes the divers to the danger of being devoured by large fishes; but the ancients were well acquainted with the locations that were dangerous and those that were not. Oppian remarks that divers could go without fear wherever fishes lived that he called *sacred*, such fishes having, according to the opinion of the time, the power to keep dangerous fishes away. His remark is accurate; only his reason for it is false and completely superstitious. If one may penetrate with safety the waters where so-called sacred fishes live, it is not because they have the true power of chasing away fishes that are harmful; it is simply because such fish, like plaice and sole, are very weak and cannot survive in waters inhabited by the vigorous, mischievous fishes that man must avoid.

The number of fishes mentioned by Oppian in the course of his poem comes to about one hundred and sixty. On some he gives information that it would be well to verify.

Oppian is the last writer of antiquity that merits the title of naturalist. After him the list of original authors ends; we find nothing but a few fragments of little value or copies of published works. Physicians are the only authors that offer us any writings of noteworthy importance; since medicine is a necessary science, its progress is never interrupted. In closing the history of the natural sciences during the second century A.D., we shall examine from a scientific standpoint the works of the greatest physician of the Roman Empire, Galen, one of the most remarkable men of antiquity. Galen was a great anatomist, pathologist, and physiologist; he cultivated medical science in all of its branches, and many discoveries belong to him. He did not limit himself, as did Hippocrates, to collecting or keeping notes on diseases; well versed in philosophy, he had a profound knowledge of the different systems professed in his time. For extent and depth of insight, and for generalizing, he is the only man of Roman antiquity that can be ranked beside Aristotle.

In our next session, we shall examine the works of Galen.

NOTES

1. [Aelian, Latin in full Claudius Aelianus (born *c.* 170, Praeneste, near Rome; died *c.* 235), Roman author and teacher of rhetoric, who spoke and wrote so fluently in Greek –in which language his works were written– that he was nicknamed *Meliglottos* ("Honey-tongued"). Aelian was an admirer and student of the writings of Plato, Aristotle, Isocrates, Plutarch, Homer, and others, and his own works preserve many excerpts from earlier writers. Aelian is chiefly remembered for his *On the Nature of Animals* (see note 2, below).]
2. [Aelians's *Natura animalium or On the Nature of Animals*, contains curious moralistic stories of birds and other animals, often in the form of anecdote, folklore, or fable (Aelian (Claudius), *On the Characters of Animals* [with an English Translation by Scholfield A. F.], London: Heinemann, 1958-1959, 3 vols). His work set a pattern that continued in bestiaries and medical treatises through the Dark Ages. His *Various History* relates anecdotes of men and customs and miraculous events (Aelian (Claudius), *Historical miscellany* [edited and translated by Wilson N. G.], Cambridge: Harvard University Press, 1997, 514 p.) Fragments of other works survive.]
3. [Nicias or Nikias (born 470, died 413 B.C.) an Athenian general and politician who, from his father, inherited a large fortune, which he invested in the silver mines at Attica's Mt. Laurium. By reason of his wealth, Nicias was naturally integrated into the aristocratic party, from which he did all his politics. After Pericles's death, in 429 B.C., Nicias became this party's leader, rivaling Cleon's popular party. In 421 B.C., Nicias was the sole agent for the Peace of Nicias, bringing Athens into peace with the belligerent Sparta, after ten years of ferocious Peloponnesian War. Then, for limited time, all Athenians believed that Nicias had been their savior until, imposing his own plans, the so controversial aristocrat Alcibiades decided restarting the war (see Plutarch, *Nicias and Alcibiades* [newly translated with introduction and notes, by Perrin Bernadotte], New York: C. Scribner's Sons, 1912, [ix] + xi + 335 p.)]
4. [Ox, strictly speaking, is the Saxon name for the males of domesticated cattle (*Bos taurus*), but in a zoological sense the term includes not only the extinct wild ox of Europe but likewise bovine animals of every description, that is to say true oxen, bison and buffaloes. In the typical oxen, as represented by the existing domesticated breeds and the extinct aurochs, the horns are long and prominent, placed on an elevated crest at the very vertex of the skull. Short-horned and hornless breeds are a modern derivative from cattle of the same general type. Modern hornless breeds are of interest in demonstrating how easily the horns can be eliminated, thus perhaps indicating a hornless ancestry.]
5. [Catoblepas, see Lesson 13, note 20.]
6. [Spiny mouse (genus *Acomys*), any of 18 species of large-eared rodents, family Muridae (order Rodentia), characterized by the hard, spiny hairs of their backs. Spiny mice are sand-colored, reddish brown, or grayish and are about 10 centimeters (4 inches) long, excluding the long, scaly tail. Spiny mice are found in rocky or sandy areas of Africa and southwestern Asia. They are herbivorous, feeding primarily on grain and plants, and in some areas they live near or with humans.]
7. [Egyptian Expedition, see Lesson 12, note 41.]
8. [Babirusa, a kind of pig (*Babyrousa babirussa*).]
9. [Onocentaur: originating during the middle ages, a variation of the centaur. Instead of being part horse and part man, the onocentaur is part donkey and part man.]
10. [Memnon, in Greek mythology, son of Tithonus (son of Laomedon, legendary king of Troy) and Eos (Dawn) and king of the Ethiopians. He was a post-Homeric hero, who, after the death

of the Trojan warrior Hector, went to assist his uncle Priam, the last king of Troy, against the Greeks. He performed prodigies of valor but was slain by the Greek hero Achilles. According to tradition, Zeus, the king of the gods, was moved by the tears of Eos and bestowed immortality upon Memnon. His companions were changed into birds, called Memnonides, that came every year to fight and lament over his grave. The combat between Achilles and Memnon was often represented by Greek artists, and the story of Memnon was the subject of the lost *Aethiopis* of Arctinus of Miletus (fl. *c.* 650 B.C.)]

11. [The Ruff (*Philomachus pugnax*), a medium-sized wading bird, usually considered to be the only member of its genus. Migratory by nature, they winter in southern and western Europe, Africa, and India. They are highly gregarious, but during breeding, which usually takes place in bogs, marshes, and wet meadows, the males actively court females and display a high degree of aggression towards other resident males.]
12. [Hoopoe (*Upupa epops*), strikingly crested bird found from southern Europe and Africa to southeastern Asia, the sole member of the family Upupidae of the roller order, Coraciiformes. About 28 centimeters (11 inches) long, it is pinkish brown on the head and shoulders, with a long, black-tipped, erectile crest and black-and-white barred wings and tail. The hoopoe takes insects and other small invertebrates by probing the ground with its long, down-curved bill. Some systems of classification recognize one other species (*U. africana*), found from Ethiopia to South Africa.]
13. [For Diard and Duvaucel, see Lesson 7, notes 42-43. The long-snouted gavial, or gharial (*Gavialis gangeticus*), a species similar to the crocodile, is found in a number of large rivers, including the Ganges and Brahmaputra and their tributaries.]
14. [Spiny globe or porcupine fish, any of the spiny, shallow-water fishes of the family Diodontidae, found in seas around the world, especially the species *Diodon hystrix*. They are related to the puffers and, like them, can inflate their bodies when provoked. Porcupine fishes are short and broad-bodied, with large eyes, beaklike teeth, and skins set with spines, hence the name. These spines are short and permanently erect in some species, such as the burrfishes of the genus *Chilomycterus*. In the others, such as those of the genus *Diodon*, the spines lie against the body except when the fish is inflated.]
15. [*Citharaedus*, a name used by Aelian (Book 11, Chap. 23) for the Emperor Angelfish (*Pomacanthus imperator*), a large colorful fish that inhabits coral reef communities throughout the Indo-west Pacific (see Günther (Albert Charles Lewis), *Catalogue of the acanthopterygian fishes in the collection of the British Museum, volume 2*, London: British Museum, 1860, xxi + 548 p.)]
16. We ought to take notice of the fact that Pliny speaks of the pearls of Brittany in his *Natural history* (see Lesson 13, note 1). [M. de St.-Agy.]
17. [Linnaeus (see Lesson 7, note 34) was the first to discover a way to culture a perfectly round pearl (Blunt (Wilfrid), *Linnaeus, the Compleat Naturalist* [with an introduction by Stearns William T.], Princeton; Oxford: Princeton University Press, 2001, 264 p.) By inserting a small, T-shaped piece of silver wire into a freshwater mussel, he caused a tiny irritant granule to be held away from the shell so the nacre could build up around it. In 1762, he later sold his patent to a local merchant for the equivalent of about $3,000, but the man made no attempt to establish a Swedish pearl industry.]
18. [Ajasson de Grandsagne, see Lesson 13, note 44.]
19. [Ajasson de Grandsagne's edition of Aelian, with contributions from Cuvier, was published in twenty volumes by Panckoucke in Paris between 1829 and 1833.]
20. [Pierre Alby is Pierre Gilles or Gyllius, born at Alby in 1490, traveled in Italy, and was sent to the Levant by Francis I. Obliged for lack of support to join the army of Soliman II, he bought his way out again, returned by way of Hungary and Germany, and died in Rome at the house of the Cardinal d'Armagnac in 1555. His little treatise *De gallicis et latinis nominibus piscium massiliensium* was written before his travels to the Levant and was first printed in 1533 as a summary chapter to his excerpts from Aelian (see *Ex Aeliani historia per Petrum Gyllium latini facti, itemque ex Porphyrio, Heliodoro, Oppiano, tum eodem Gyllio luculentis accessionibus aucti libri XVI de vi et natura animalium: eiusdem Gyllii liber unus de Gallicis et Latinis nominibus piscium*, Lugduni: Gryphius, 1533, [14] + 598 p. + [5]; *Ex Aeliani historia per Petrum Gyllium Latini facti, itemque ex Porphyrio, Heliodoro, Oppiano, tum eodem Gyllio luculentis accessionibus aucti libri 16. De ui & natura animalium. Eiusdem Gyllij liber unus, De Gallicis & Latinis nominibus piscium*, Lugduni: apud Seb. Gryphium, 1535, 599 p., in 4°).]
21. [Francis I, also called (until 1515) Francis of Angoulême, French François d'Angoulême (born 12 September 1494, Cognac, France; died 31 March 1547, Rambouillet), king of France (1515-1547), the first of five monarchs of the Angoulême branch of the House of Valois. A Renaissance patron of the arts and scholarship, a humanist, and a knightly king, he waged campaigns in Italy (1515-16) and fought a series of wars with the Holy Roman Empire (1521-1544).]
22. [According to modern interpretation, Oppian is the name of the authors of two (or three) didactic poems in Greek hexameter, formerly identified, but now generally regarded as two different persons: Oppian of Corycus (or Anazarbus) in Cilia (fl. in the reign of Marcus Aurelius, emperor A.D. 161-180), who wrote a poem on fishing, the *Halieutica*, and dedicated it to Aurelius and his son Commodus (see *Oppian's Halieuticks of the nature of fishes and fishing of the ancients in V. books* [translated from the Greek by Jones John, with an account of Oppian's life and writings, and a catalogue of his fishes], Oxford: Printed at the Theater, 1722, 232 p.); and Oppian of Apamea (or Pella) in Syria who wrote a poem on hunting, the *Cynegetica*, dedicated to the emperor Caracalla (so it must have been written after 211; see Oppian, *Oppiani poemata de venationes et piscatione cum interpretatione Latina et Scholiis, Tomus I: "Cynegetica"*

[ed. by Belin de Ballu Jacques-Nicolas], Argentorati: Bibliopolii Academici, 1786, xliv + 366 + [2] p. + 2 pls). A third poem, on bird-hunting, the *Ixeutica*, also attributed to an Oppian, is lost.]

23. [Septimius Severus, in full Lucius Septimius Severus Pertinax (born 146, Leptis Magna, Tripolitania, now in Libya; died February 211, Eboracum, Britain, now York, England), Roman emperor from 193 to 211. He founded a personal dynasty and converted the government into a military monarchy. His reign marks a critical stage in the development of the absolute despotism that characterized the later Roman Empire.]

24. [Meleda, one of some eleven major islands that fringe the Dalmatian coast of Croatia.]

25. [Caracalla, also spelled Caracallus, byname of Marcus Aurelius Severus Antoninus Augustus, original name (until A.D. 196) Septimius Bassianus, also called (A.D. 196-198) Marcus Aurelius Antoninus Caesar (born 4 April A.D. 188, Lugdunum, Gaul; died 8 April 217, near Carrhae, Mesopotamia), Roman emperor, ruling jointly with his father, Septimius Severus (see note 23, above), from 198 to 211 and then alone from 211 until his assassination in 217. His principal achievements were his colossal baths in Rome and his edict of 212, giving Roman citizenship to all free inhabitants of the empire. Caracalla, whose reign contributed to the decay of the empire, has often been regarded as one of the most bloodthirsty tyrants in Roman history.]

26. [*Suidas* or *Suda*, a massive tenth- or eleventh-century encyclopedic dictionary that was the first such work to be completely arranged alphabetically. It had no effect on the plan of later encyclopedias, but its contents included so much useful information that it has retained its importance as a source throughout the succeeding centuries (see on line: *Suda Lexicon* [Byzantine lexicography, published by the Stoa Consortium (managing editors: Finkel Raphael *et al.*; senior editor: Whitehead David], Lexington (Kentucky): Stoa Consortium: http://www.stoa.org/sol/).]

27. [The three ancient essays titled *Cynegetica* are attributed to Oppian (see Oppian, *Oppiani poemata de venationes et piscatione cum interpretatione Latina et Scholiis, Tomus I: "Cynegetica"* [ed. by Belin de Ballu Jacques-Nicolas], Argentorati: Bibliopolii Academici, 1786, xliv + 366 + [2] p. + 2 pls), Faliscus Grattius (Roman poet of the time of Augustus; see Grattius (Faliscus), *Cynegeticon libri I quae supersunt* [text Latin with transl. in French; ed. by Verdière Raoul], Wetteren (Belgique): Universa, 1964, 2 vols), and Marcus Aurelius Olympius Nemesianus (Roman poet, a native of Carthage, fl. *c.* A.D. 283; see Nemesianus (Marcus Aurelius Olympius), *Les Cynégétiques de Némésien: édition critique*, Antwerpen: De Sikkel, 1937, 9-65 + [1] p. + 3 pls).

28. [Julia Domna (died 217), second wife of the Roman emperor Septimius Severus (reigned 193-211) and a powerful figure in the regime of his successor, the emperor Caracalla. Julia was a Syrian (Domna being her Syrian name) and was the daughter of the hereditary high priest Bassianus at Emesa (now Homs) in Syria and elder sister of Julia Maesa. Domna gathered about her in Rome a group of philosophers and other intellectuals whose activities are best known through the writings of Philostratus. After Severus's death the murderous rancour of her two sons, the joint emperors Caracalla and Geta, culminated in the assassination of Geta by Caracalla in her presence (212). When Caracalla (reigned 211-217) was on campaign, he left her in control of most of the civilian administration. On the news of his murder in 217 she is said to have starved herself to death, either voluntarily or on the orders of the new emperor, Macrinus.]

29. [Oryx (genus *Oryx*), any of four large antelopes (family Bovidae, order Artiodactyla) living in herds on deserts and dry plains of Africa and Arabia. Oryxes are stocky animals 102-120 cm (40-47 inches) tall at the shoulder. They have a mane and a tufted tail and have dark patches on the face and forehead, a dark streak on either side of the eye, and dark markings (varying with the species) on the body and legs.]

30. He speaks only of dogs that run after and capture their prey. It does not seem that in his time dogs were trained to *fix* game until their masters came up to kill it, or to start game so as to be chased or killed on the wing. This kind of chase, which is now the most popular and the most pleasurable, does not seem to have been known to Oppian [M. de St.-Agy.]

31. [The four-horned oryx or antelope (*Tetracerus quadricornis*), also known as the chousingha, found primarily in India, is the only antelope with horns –two on the crown of its head, and a smaller pair set just above its eyes. The species was formally described in the scientific literature in 1816 by French zoologist Henri Marie Ducrotay de Blainville (born 1777, died 1850), but the identity of the "foreign general" is unknown.]

32. [Ichneumon, small carnivorous mammal, a species of mongoose, any of numerous small carnivores of the civet family (Viverridae) found in Africa, Asia, and southern Europe. There are more than 40 species, belonging to about 15 genera. The typical, most common, and probably best-known mongooses belong to the genus *Herpestes*. This genus contains about 10 species, among which is the ichneumon (*Herpestes ichneumon*) of Africa and southern Europe.]

33. Like Buffon [see Lesson 7, note 39], [Charles-Louis de Secondat, baron de La Brède et de] Montesquieu [French political philosopher, born 18 January 1689, Château La Brède, near Bordeaux, France; died 10 February 1755, Paris], and other famous men, Cuvier does not seem to care for poetry. This feeling is also seen in his response to Monsieur [Alphonse] de Lamartine [French poet and statesman, born 21 October 1790, Mâcon, France; died 28 February 1869, Paris] at his election [in 1830] to the Académie Française. [M. de St.-Agy.]

34. [For an English translation of Oppian's *Halieutics*, see *Oppian's Halieuticks of the nature of fishes and fishing of the ancients in V. books* [translated from the Greek by Jones John, with an account of Oppian's life and writings, and a catalogue of his fishes], Oxford: Printed at the Theater, 1722, 232 p.; *Oppian Colluthus Tryphiodorus* [with an English translation by Mair Alexander William], London: William Heinemann Ltd; New York: G. P. Putnam's Sons, 1928, lxxx + 635 p.]

35. [Of parental care in dolphins, Oppian wrote:

Now all the viviparous denizens of the sea love and cherish their young but diviner than the dolphin is nothing yet created.
For indeed they were aforetime men and lived in cities along with mortals, but by the devising of Dionysus they exchanged the land for the sea and put on the form of fishes; but even now the righteous spirit of men in them preserves human thoughts and human deeds. For when the twin offspring of their travail come into the light, straightaway, soon as they are born, they swim and gambol round their mother and enter within her teeth and linger in the maternal mouth; and she for her love suffers them and circles about her children gaily and exulting with great joy

(see *Oppian Colluthus Tryphiodorus* [with an English translation by Mair Alexander William], London: William Heinemann Ltd; New York: G. P. Putnam's Sons, 1928, pp. 269-271.)]
36. [Torpedo, see Lesson 8, note 13.]
37. [Anglerfish, see Lesson 8, note 12.]
38. [*Le bard*: Cuvier probably means *bar*, the sea wolf, *Dicentrarchus labrax*.]
39. [The sea ox or *bœuf marin* is the manta ray of the Mediterranean, *Mobula mobular*.]
40. [Joseph Antoine Risso (born 1777, Nice; died 1845, Nice), pharmacist and professor at Nice, he became professor of physical sciences and natural history at the Lycée Impérial in 1813, professor of botany at the medical-surgical school of Nice in 1814, and professor of mineralogical chemistry and botany at the preparatory school of medicine and pharmacology, which he established at Nice in 1832. In ichthyology, his major work is *Ichthyologie de Nice, ou histoire naturelle des poissons du Département des Alpes Maritimes*, Paris: F. Schoell, 1810, xxxvi + 388 p. For more on Risso's life and work, see Monod (Théodore) & Hureau (Jean-Claude), "Essai de bibliographie de Risso", *in* Monod (Théodore) & Hureau (Jean-Claude), *Antoine Risso (1777-1845), volume publié à l'occasion du bicentenaire de sa naissance*, n° spécial des *Annales du Muséum d'histoire naturelle, Nice*, vol. 5, 1977 [1978], pp. 159-163; Vayrolatti (François Edmond), Gasiglia (Roger), Hureau (Jean-Claude) & Monod (Théodore), "Biographie. Un pharmacien nicois. Antoine Risso (1777-1845): sa vie, son œuvre", *in* Monod (Théodore) & Hureau (Jean-Claude), *Antoine Risso..., op. cit.*, pp. 7-26.]
41. [Pastinaque or stingray, any of a number of flat-bodied rays noted for the long, sharp spines on their tails. They are sometimes placed in a single family, Dasyatidae, but often separated into two families, Dasyatidae and Urolophidae. Stingrays are disk-shaped and have flexible, tapering tails armed, in most species, with one or more saw-edged, venomous spines.]
42. [Mullet, any of the abundant, commercially valuable schooling fishes of the family Mugilidae (order Perciformes). Mullets number fewer than 100 species and are found throughout tropical and temperate regions. They generally inhabit salt water or brackish water and frequent shallow, inshore areas, commonly grubbing about in the sand or mud for microscopic plants, small animals, and other food. They are silvery fishes 30-90 cm (1-3 feet) long, with large scales; relatively stocky, cigar-shaped bodies; forked tails; and two distinct dorsal fins, the first containing four stiff spines. Many have strong, gizzard-like stomachs and long intestines capable of handling a largely vegetarian diet. The common or striped mullet (*Mugil cephalus*), cultivated in some areas because of its rapid growth rate, is a well-known species found worldwide.]
43. [The sea wolf or *loup marin* is probably *Dicentrarchus labrax* (see note 38, above).]
44. [Cuttlefish, any of several marine cephalopods of the order Sepioidea, related to the octopus and squid and characterized by a thick, internal, calcified shell called the cuttlebone. The approximately 100 species of cuttlefish range between 2.5 and 90 centimeters (1 to 35 inches) and have somewhat flattened bodies bordered by a pair of narrow fins. All species have eight arms and two longer tentacles that are used in capturing prey and can be withdrawn into two pouches. Suction disks are located on the arms and on expanded pads at the tips of the tentacles.]
45. [*Anthias anthias*, a small ray-finned fish of the eastern tropical Atlantic and Mediterranean, well known for its bright reddish orange coloration.]
46. [*Le bard*, see note 38, above.]
47. [Thynnoscopes, or tuna towers, used since ancient times for spotting schools of tuna and giving instructions to the fishermen waiting below.]
48. [*Sciaena*, a genus of drums, also called Croakers, any of about 160 species of fishes of the family Sciaenidae (order Perciformes); drums are carnivorous, generally bottom-dwelling fishes. Most are marine, found along warm and tropical seashores. Comparatively few inhabit temperate or fresh waters. Most are noisemakers and can "vocalize" by moving strong muscles attached to the air bladder, which acts as a resonating chamber, amplifying the sounds.]
49. [*Cyclamen*, a genus of about 15 species of flowering perennial herbs of the primrose family (Primulaceae) that are native to the Middle East and southern and central Europe. The florist's cyclamen (*Cyclamen persicum*), the best-known species, is notable as an indoor plant cultivated for its attractive white to pink to deep red flowers.]
50. [Dogfish, any of several small sharks of the families Squalidae, Scyliorhinidae, and Triakidae. Panthers are probably spotted dogfishes of the family Scyliorhinidae, which include the larger spotted dogfish, or nursehound (*Scyliorhinus stellarius*), which grows to about 150 cm long, and the lesser spotted dogfish (*S. cuniculus*), which is about 90 cm long. Both of these common, brown-spotted sharks are caught and sold as food.]

CROCODILE ET GAVIAL

Illustration de De Sève (gravée par Hubert) extraite de Buffon (Georges-Louis Leclerc de) & Daudin (François-Marie), *Histoire naturelle, générale et particulière, t. 79 : Reptiles* [n^lle éd.], Paris : Imprimerie de F. Dufart, 1802, pl. 27, p. 327.

15 Élien de Préneste et Oppien d'Anazarbe

Élien (Claudius-Prenestinus) était originaire de la Grande-Palestrée, en Italie[1]. On ignore l'époque de sa naissance et les particularités de sa vie. Les fragmens de ses écrits, qui sont cités par Oppien, prouvent seulement qu'il était antérieur à ce naturaliste. Il a été quelquefois confondu avec un professeur de rhétorique du même nom, qui vivait sous Commode.

L'ouvrage d'Élien intitulé : *De la Nature des Animaux*, est précieux au même titre que celui d'Athénée, c'est-à-dire comme recueil de faits et d'extraits d'auteurs perdus[2]. Élien annonce, en commençant, qu'il ne s'astreindra à aucun ordre bien rigoureux, afin de jeter plus de variété dans son livre ; mais il a beaucoup trop usé de son goût pour la variété car, même en tenant compte de sa déclaration, il est impossible de se faire une idée de l'absence de méthode, du désordre extrême que présente sa composition : aucun ouvrage connu n'offre un pareil pêle-mêle. Ainsi, dans le premier chapitre du livre premier, il parle des hérons ; dans le deuxième chapitre du même livre, il s'occupe du scare ; dans le troisième, du muge ; dans le quatrième, il reparle du scare ; dans le sixième, il rapporte des exemples de l'amitié des animaux pour l'homme ; dans un autre, il parle des chiens du chasseur Nicias[3], puis du bourdon, du bœuf marin, du chant des cigales, etc.

Élien a puisé plusieurs des détails qu'il donne dans des récits de voyageurs qui ne sont pas parvenus jusqu'à nous. Les auteurs qu'il cite sont au nombre de cent trente-trois, presque tous perdus, et plusieurs n'auraient pas été connus sans lui, car ils ne sont mentionnés nulle part. Élien ajoute beaucoup à nos connaissances sur les animaux de l'Asie et de l'Afrique. Il parle de quelques animaux des vallées de Thèbes ; il cite une espèce de gallinacée à plumage brillant, à huppe semblable à celle du paon, qui a été déterminée presque de nos jours. Il nomme le bœuf à queue de cheval et originaire du Thibet, qui fournit aux Turcs les étendards, insignes honorifiques des pachas. De son temps les Indiens faisaient de ces queues des chasse-mouches.

Parmi les animaux rares qu'il mentionne, je citerai le lièvre marin, ce mollusque dont l'observation fit mettre Apulée en accusation ; la brebis indienne à longue queue et l'éléphant blanc.

Élien, en parlant de la tortue, rapporte que sa tête vit long-temps après avoir été détachée du tronc ; que si on approche la main de ses yeux, elle les ferme ; que si on approche la main très-près de sa bouche, elle mord la main.

En total, Élien a connu soixante-dix espèces de quadrupèdes, parmi lesquels on remarque le bœuf sans cornes[4]; la gazelle, qu'il décrit très-bien; le catoblépas[5], auquel les anciens attribuaient des propriétés fabuleuses dont je vous ai entretenus; la souris épineuse[6], dont a parlé Aristote et qu'il plaçait en Égypte; mais Élien la place en Lybie. Jusque vers la fin du XVIIIe siècle, cet animal n'avait été trouvé ni en Égypte ni en Lybie; mais les naturalistes attachés à l'expédition des Français dans le premier de ces deux pays[7], l'y ont retrouvée conformément aux indications d'Aristote.

Élien nomme aussi le sanglier à cornes, qui n'a été retrouvé que depuis la renaissance des lettres. Cet animal habite les contrées les plus éloignées des Indes: nous le nommons babyroussa[8]. Il n'a pas réellement de cornes, mais ses défenses sont tellement développées et recourbées qu'elles en offrent toute l'apparence.

Enfin Élien parle d'un monstre qu'il appelle onocentaure[9], et qui devait présenter une combinaison des formes de l'homme et de celles de l'âne. Élien ne dit pas avoir vu ce monstre, mais il est moins rare qu'il paraît le croire. On l'observe dans la classe des quadrupèdes toutes les fois que la mâchoire inférieure de l'un de ces animaux a été atrophiée par une cause quelconque, avant la naissance du fœtus. L'absence de mâchoire inférieure donne à la figure de l'animal une ressemblance plus ou moins frappante avec le visage de l'homme. J'ai moi-même vu un veau qui présentait cette ressemblance. Il paraît que du temps de Claude on en apporta un à Rome, et qu'il fut conservé dans du miel. Ces jeux ou plutôt cette perturbation de la nature, reproduite dans le Moyen Âge, a fait supposer des unions grossières, et a motivé des condamnations cruelles que la science ne permettrait plus aujourd'hui qu'elle explique ces anomalies.

Élien nomme un peu plus d'oiseaux que de quadrupèdes. On en compte cent neuf espèces dans son histoire; mais soixante-treize seulement nous sont connues parfaitement et depuis longtemps; d'autres sont le sujet de doutes; d'autres enfin n'ont été reconnues que dernièrement. Parmi celles-ci nous citerons les paons de mer, grands vautours barbus que la fable dit être les compagnons de Memnon[10] changés en oiseaux[11], et qui, suivant la fable encore, revenaient chaque année, au commencement de l'automne, se livrer des combats sur la tombe du héros que nous venons de nommer. Les paons de mer sont en effet bien connus sous le nom d'oiseaux de combat, et tous les ans ils se battent à outrance pour la possession de leurs femelles.

Nous citerons encore la huppe[12], oiseau des Indes, facile à apprivoiser, et qui faisait, dès le temps d'Homère, l'amusement et les délices des princes. Les rois des Indes, suivant Élien, se plaisaient beaucoup à porter une huppe sur la main, et les bracmanes en ont fait le sujet d'une histoire extraordinaire analogue à celle qu'Aristophane rapporte sur les alouettes. Ces deux fables sont probablement la même fable transportée de l'Inde dans la Grèce.

Élien décrit cinquante espèces de reptiles, au nombre desquels plusieurs sont très-remarquables. Il fait connaître que le Gange produit deux espèces de crocodiles, et que l'une d'elles porte une corne sur le museau. Jusque dans nos temps on avait refusé de croire à l'existence de cette espèce de crocodile. On avait bien découvert, il y a trente ans, un crocodile à long museau ressemblant beaucoup à celui désigné par Élien ; mais on n'y avait pas trouvé cette partie cornée, caractéristique de son espèce. Ce n'est que depuis quelques années que MM. Diard et Duvaucel ont enfin retrouvé un crocodile à proéminence charnue et cornée, dont s'étaient trouvés privés, par quelque accident, les premiers individus de la même espèce découverts il y a trente ans par les naturalistes[13].

Élien rapporte sur les serpens plusieurs choses qui probablement se vérifieront. Cependant il ne faudrait pas prendre à la lettre ce qu'il dit, car il écrit souvent d'après des Grecs qui n'étaient pas naturalistes et qui s'exprimaient d'une manière très-vague.

Élien est très-riche en poissons. Il en nomme environ cent trente, dont soixante-dix sont déterminés avec assez d'exactitude. Plusieurs sont décrits par lui pour la première fois : tels sont le diodoné, ou l'archer, qui est armé de longues épines et que nous nommons orbe épineux[14] ; le *citharœdus*[15], qui a la forme d'une lyre ; l'anchois, petit poisson qui a la bouche fendue au-delà des yeux. Élien donne sur les poissons beaucoup de détails de mœurs très-intéressants et très-précieux pour nous qui sommes peu avancés dans ce genre de connaissances. La position des Grecs leur avait singulièrement facilité cette sorte d'étude.

Élien nomme soixante espèces d'insectes, parmi lesquelles vingt appartiennent aux crustacés. Vingt-cinq ou vingt-six insectes seulement sont bien déterminés. Il nomme trente mollusques ou coquillages, dont vingt nous sont connus.

Élien est le premier qui parle des perles de Bretagne. Avant lui on ne connaissait que celles de la mer des Indes[16]. Aujourd'hui on trouve encore dans les mers d'Écosse des perles du genre de celles mentionnées par Élien pour la première fois. On trouve aussi des perles dans une espèce de moule qui habite la mer du Nord. Linnée a proposé de piquer ce mollusque pour le forcer à produire des perles[17] ; et en effet ces objets sont le résultat d'une blessure faite aux coquillages qui sont susceptibles de leur donner naissance.

M. Ajasson de Grandsagne[18] et moi avons préparé une nouvelle édition de l'ouvrage d'Élien[19]. Les chapitres y seront replacés dans un ordre meilleur, et la méthode qui caractérise la science moderne essaiera de remplacer le chaos du compilateur grec.

Le premier critique d'Élien, Pierre Alby[20], qui fut envoyé dans le Levant par François Ier[21], avait essayé ce que nous venons d'entreprendre, M. de Grandsagne et moi ; mais il ne donna pas le texte grec, ce qui était nécessaire.

Nous allons maintenant examiner les ouvrages d'Oppien[22].

Ce poète naturaliste naquit vers la fin du règne de Marc-Aurèle, à Anazarbe, capitale de la Cilicie. Son père se nommait Agésilas et sa mère Zénodote. Agésilas était un des membres les plus distingués du sénat d'Anazarbe, moins encore par sa naissance que par son amour pour les lettres et la philosophie. Le jeune Oppien avait déjà parcouru le cercle des sciences que les Grecs appelaient encyclopédie, lorsque son père perdit subitement sa fortune et fut précipité dans l'indigence. L'empereur Septime Sévère[23], monté depuis peu de temps sur le trône qu'il avait conquis, était venu à Anazarbe ; tous les sénateurs s'étaient empressés d'aller au-devant de lui pour lui présenter leurs hommages. Le seul Agésilas avait négligé ce devoir que les circonstances semblaient lui prescrire. L'empereur, irrité de cette indifférence qui lui parut peut-être un reproche secret à son usurpation, dépouilla Agésilas de tous ses biens, et l'exila dans l'île de Mélite (aujourd'hui Mélédé[24]) formée par la mer Adriatique. Oppien suivit son père dans cette île, et ce fut là qu'il écrivit ses deux poèmes sur la chasse et son poëme sur la pêche. Il fut à Rome les présenter à Sévère et à son fils Antonin Caracalla[25] qui aimaient beaucoup la chasse et la pêche. Cet hommage du poète fut si bien reçu que l'empereur lui permit de demander tout ce qui lui plairait. Oppien ne pensa qu'à son père; mais, outre la grâce de celui-ci, l'empereur fit donner au poète une statère d'or pour chacun de ses vers, lesquels, suivant *Suidas*[26], s'élevaient à vingt mille. Mais il ne jouit pas long-temps de sa gloire et de sa prospérité: à peine était-il revenu dans sa patrie, qu'une peste terrible ravagea la ville d'Anazarbe et emporta notre poète naturaliste à la fleur de son âge: il n'avait guère alors plus de trente ans. Ses concitoyens lui élevèrent un tombeau magnifique sur lequel ils placèrent sa statue avec une inscription extrêmement flatteuse.

Les ouvrages d'Oppien étaient au nombre de trois, comme nous l'avons dit: l'un est intitulé: *Alieutiques*, et traite de la pêche; le second a pour titre: *Cynégétiques*, et est relatif à la chasse des quadrupèdes; le troisième était intitulé: *Ixeutiques*, et avait pour objet la chasse des oiseaux. La poésie de ces ouvrages passe pour être fort belle, surtout celle des *Alieutiques*.

Il ne nous reste que les *Alieutiques* et les *Cynégétiques*; encore le quatrième chant de ce dernier poème est-il incomplet, et le cinquième totalement perdu. Depuis long-temps les *Ixeutiques* n'existent plus.

Les *Cynégétiques* sont le troisième traité de chasse que l'antiquité nous ait laissé sous ce titre[27]. Oppien commence le premier chant de son poëme par une dédicace à Sévère, à Antonin Caracalla et à sa mère Domna[28], qu'il appelle poétiquement la Vénus d'Assyrie. Il invoque ensuite Diane, et, dans un dialogue avec elle, celle-ci lui indique le sujet de ses chants.

Oppien décrit les différentes espèces de chevaux qui étaient connues de son temps, et il place au premier rang, pour la vitesse et pour l'élégance des formes, les chevaux de l'Ibérie, l'Espagne actuelle. On voit au reste, par ses descriptions, que les espèces de son temps ne différaient pas de celles que nous possédons aujourd'hui. Toutefois il signale une variété de chevaux que nous devons faire remarquer à cause de la singulière manière dont l'auteur prétend qu'ils étaient obtenus. On les nommait orynges[29]; ils ressemblaient au zèbre par les raies de couleurs opposées dont ils avaient le corps couvert, et s'obtenaient en plaçant un cheval blanc sous les yeux d'une jument, au moment où on lui procurait un étalon noir. L'imagination de la mère était ainsi une des deux causes qui produisaient le mélange des couleurs noire et blanche.

Oppien décrit, après les chevaux, les diverses races de chiens connues de son temps et leurs qualités diverses[30].

Dans son deuxième chant, où il désigne les animaux que l'on peut chasser, il nomme le bison, ainsi que le mouflon ou mouton sauvage. Ce dernier animal, qui ne se trouve plus que dans la Sardaigne et dans la Corse, vivait alors en Italie. Oppien décrit aussi l'oryx de manière à faire croire qu'il s'agit de la gazelle. Il dit que ses cornes sont pointues comme des dards, et il n'adopte point l'erreur de certains auteurs qui ont prétendu que l'oryx n'avait qu'une corne[31]. Il signale encore un oryx à quatre cornes. Ces caractères singuliers ont été regardés comme fabuleux pendant long-temps ; mais l'animal qui les porte a été retrouvé il y a trois ou quatre ans et décrit par un général étranger.

Dans le troisième chant de son poëme, Oppien dit qu'il a vu à Rome un lion noir d'une grosseur prodigieuse, qui était passé de l'Éthiopie dans la Lybie, et qui fut présenté à l'empereur. Il distingue deux espèces de panthères et deux espèces d'acmons[32] ; ceux-ci sont peut-être l'isatis. Il décrit l'ichneumon et la manière dont il attaque le crocodile ; la girafe, qu'il regarde comme le résultat du mélange de deux espèces différentes, la panthère et le chameau. Enfin il décrit l'autruche, qu'il considère aussi comme provenant du mélange de deux espèces fort différentes, le passereau et le chameau. Le fabuleux, chez les anciens, est ainsi toujours mêlé au vrai.

Dans le quatrième chant, Oppien donne des détails sur les diverses chasses pratiquées de son temps ; il décrit tous les objets qu'exige chacune d'elles, tels que filets, engins, armes, etc. Quoique en vers[33], tous ces détails sont fort utiles pour nous faire connaître les moyens de chasse qu'employaient les anciens.

Nous allons maintenant examiner les *Alieutiques*[34]. Cet ouvrage n'a pas été traduit en vers ; nous n'en avons que des versions en prose.

Dans le premier chant, l'auteur annonce qu'il va faire connaître les amours, les mœurs, les antipathies, les moyens de défense des poissons, et les procédés que les hommes mettent en usage pour les prendre. Il invoque ensuite Neptune, la mer elle-même et les dieux inférieurs qui l'habitent. Puis il commence le développement de son sujet par l'indication des lieux où l'on peut trouver chaque espèce de poissons : il indique celle qui ne se trouve que sur les bancs de sable, celle qui vit dans la vase, celle qui recherche les algues, celle qui se tient en pleine mer, celle qui vit près des fleuves ; enfin celles qui ne vivent que sur les rochers ou dans des trous où il faut les aller prendre.

En nommant le scare comme l'une des espèces qui vivent sur les roches couvertes de plantes, Oppien fait remarquer que ce poisson est le seul qui ait une voix. On sait que les poissons ne peuvent pas avoir de voix proprement dite. Cependant des observateurs prétendent avoir entendu quelques poissons produire un son qui y ressemble.

Oppien en traitant des cétacées comme tous les grands animaux qui habitent la mer, tels que les lions marins, les baleines, etc. Maintenant nous ne donnons le nom de cétacées qu'aux mammifères à sang chaud qui vivent dans la mer.

Lorsqu'il parle du mode de reproduction des poissons, Oppien rapporte sérieusement une fable de l'antiquité sur la murène et la vipère. Il prétend que la vipère va à une certaine époque sur les bords de la mer, dépose son venin sur une pierre et appelle la murène ; celle-ci, dit-il, ne tarde pas à sortir des eaux, et lorsque leurs amours sont finis, la vipère reprend son venin, et retourne dans sa demeure habituelle. Mais il y a très-peu de fables de cette espèce dans Oppien.

Il indique vers la fin de son premier chant, les poissons dont les petits naissent vivants, et il donne des détails sur les soins dont ceux-ci sont l'objet. Quelques espèces, comme celle des dauphins, vont jusqu'à mettre leurs petits dans leur bouche[35].

Dans son deuxième chant, Oppien décrit les mœurs des poissons, et les moyens qu'ils emploient soit pour s'attaquer, soit pour se défendre. Il décrit très-bien le pouvoir engourdissant de la torpille, et dit formellement que les effets de ce pouvoir atteignent le pêcheur par l'intermédiaire de sa ligne. Celle-ci est en effet un très-bon conducteur de l'électricité dégagée par la torpille[36].

Oppien décrit très-bien la ruse qu'emploie la baudroie pour atteindre des poissons. Il dit qu'elle laisse sortir de sa bouche de petits filamens qui ressemblent à des vers, et qu'elle agite fréquemment. Lorsque les poissons, trompés par l'apparence, s'approchent pour saisir les filamens de la baudroie, celle-ci les retire peu à peu vers sa bouche, jusqu'à ce que les poissons, qui suivent leur proie dans son mouvement, soient assez rapprochés d'elle pour qu'elle puisse les saisir[37]. Oppien nomme la baudroie grenouille pêcheresse.

Dans un morceau fort poétique cet auteur explique comment certaines crevettes ou écrevisses de mer se vengent du *bard*[38] qui les dévore. Lorsqu'elles sont saisies par cet animal vorace, elles dressent une espèce de scie qu'elles portent sur la tête, et déchirent le palais de leur ennemi en passant dans sa bouche. Celui-ci, emporté par son avidité, continue de manger; mais il finit par succomber aux tourmens que lui font éprouver les déchirures produites par la scie de chaque crevette.

Oppien représente le bœuf marin[39] comme un poisson de très-grande taille, et fort redoutable aux pêcheurs, qui souvent sont victimes de sa ruse. Celle-ci consiste à jeter tout-à-coup dans l'obscurité le plongeur dont le poisson veut faire sa proie en se précipitant sur son visage de manière à lui dérober la lumière. Ce bœuf marin est une grande espèce de raie très-bien décrite par Risso[40] et qui a jusqu'à 12 et même 15 pieds de longueur. Tout ce qu'en rapporte Oppien est parfaitement exact.

Oppien décrit encore exactement l'aiguillon venimeux qu'un poisson, nommé pastinaque[41], porte sur la queue, et dont les anciens armaient la pointe de leurs flèches.

Enfin, il termine son deuxième chant par un éloge du muge[42], qu'il représente comme l'emblême de la vertu et de l'innocence, parce qu'il n'attaque jamais les autres poissons, et ne vit que d'algues et de limon. Cette innocence et cette vertu viennent de ce que le muge n'a pas de dents.

Le troisième chant du poëme d'Oppien est consacré à la description de quatre différens genres de pêche, et à celle des procédés mis en usage de son temps. Plusieurs de ces procédés ayant été employés ont procuré les résultats indiqués par l'auteur.

Oppien connaissait sur les poissons une foule de particularités aussi très-exactes. Il dit que le muge saute par dessus les filets, ce qui oblige à faire des filets latéraux. Il rapporte que le loup marin[43] creuse le sable et passe par dessous le filet. D'autres poissons coupent la ligne du pêcheur. La torpille donne une décharge électrique si violente que souvent la ligne échappe à celui qui la tient. La sèche[44], lorsqu'elle s'aperçoit qu'on veut la prendre, répand autour d'elle une liqueur si noire qu'on la perd de vue aussitôt.

Oppien en décrivant les amorces dont il faut se servir, et qui sont presque toujours des poissons, nous a mis à portée de déterminer plusieurs espèces sur lesquelles il existait beaucoup de doute. Ainsi par exemple quelques naturalistes avaient supposé que l'anthias[45] était un poisson rouge doré de la Méditerranée, à dimensions considérables ; mais Oppien indiquant que ce poisson sert d'amorce pour prendre le *bard*[16], rend à peu près évident qu'il est de petite étendue. Toutefois, comme parmi les poissons qui peuvent servir d'appât, Oppien place des animaux très-grands, il reste encore quelques doutes sur la détermination de l'anthias.

L'auteur décrit la pêche assez curieuse de ce poisson. Il fallait commencer par l'apprivoiser, en lui jetant à manger pendant plusieurs jours, et c'était seulement après que le pêcheur l'avait ainsi habitué à venir vers lui, qu'il pouvait jeter utilement ses filets.

La pêche du xiphias, poisson à longue épée, présente aussi des particularités curieuses. Pour s'approcher de ce poisson, les pêcheurs construisaient avec des parties d'autres individus de la même espèce, telles que l'épée, ou le museau de l'animal, de petites barques ayant l'apparence du xiphias. Celui-ci, croyant voir des animaux de son espèce, se laissait approcher, et lorsque les pêcheurs l'avaient ainsi environné de toutes parts, ils le frappaient à coups de trident, jusqu'à ce qu'ils l'eussent mis hors d'état de fuir. Aujourd'hui on se sert encore de tridents pour la pêche de ce poisson ; mais on l'attire avec des flambeaux. Ce moyen est employé en Sicile.

Après ces détails de pêche, Oppien traite des migrations des poissons. Les anciens croyaient que le thon venait de l'Océan dans la Méditerranée par le détroit de Gibraltar. On sait aujourd'hui qu'il se retire au fond des eaux, et reparaît au printemps ; mais il est également certain qu'il vient quelquefois des thons de la mer Noire, par les Dardanelles.

Comme la pêche de ces poissons était l'objet d'une industrie considérable, on employait du temps d'Oppien, des hommes à vue très-exercée pour découvrir de loin les troupes de thons, et avertir de leur arrivée. Ces hommes, nommés thynnoscopes[47], montaient pour remplir leur mission sur les collines ou les rochers les plus élevés, et aussitôt qu'ils avaient donné le signal convenu, on tendait des filets dans lesquels on prenait un nombre considérable de thons.

Dans son quatrième chant, Oppien indique des moyens à attirer les poissons autres que ceux dont il a déjà parlé, et fait connaître comment les poissons essaient de se soustraire aux piéges qui leur ont été tendus. Il parle fort en détail de l'amitié que les scares portent aux individus de leur espèce. Il assure que quand l'un d'eux est pris à la ligne, les autres tournent autour et s'efforcent de le dégager en rongeant la ligne ; s'il est pris dans un filet ils le saisissent par la queue, et le tirent de toutes leurs forces. Les pêcheurs se servaient d'une femelle pour prendre les scares, les céphalées, les seiches.

Suivant Oppien, le poulpe quitte la mer et vient jusque sur le rivage, lorsqu'on y dépose des branches d'olivier. Cette particularité mériterait qu'on cherchât à s'assurer de sa réalité.

Les sarges, espèce de muge, sont aussi, suivant Oppien, attirés par les chèvres.

Les enfans du temps de notre poète employaient un moyen singulier pour pêcher l'anguille : ils jetaient dans l'eau un long boyau, et attendaient qu'une anguille en eût avalé une grande partie ; alors ils gonflaient cet intestin en soufflant dans l'extrémité qu'ils tenaient, et tiraient à eux l'animal qui ne pouvait plus se dégager du boyau gonflé.

Pour prendre la sciène[48], on commençait par l'effrayer ; elle se jetait alors dans les rochers, où les pêcheurs la saisissaient à la main.

On employait souvent du temps d'Oppien des drogues propres à engourdir les poissons. Le plus souvent on se servait pour cet objet d'argile imprégnée de suc de racine de cyclame[49]. On parvenait avec cette substance à produire chez les poissons un état de torpeur qui permettait aux pêcheurs de les prendre fort aisément.

Oppien décrit dans son cinquième chant les pêches qui présentent des dangers, en ce qu'elles exigent que les hommes se battent souvent corps à corps avec les poissons.

Il fait remarquer fort exactement que quand la tortue de mer est à terre, elle ne peut plus se mouvoir si on la place sur le dos, et que l'on peut la laisser dans cette position aussi longtemps que l'on veut, sans craindre qu'elle s'échappe.

Oppien décrit les combats qu'on livrait aux squales[50] nommés panthères à cause des taches qu'ils ont sur le corps, et il parle à cette occasion d'énormes cétacées capables de mettre en danger les petits bâtimens.

Il termine son poëme par la description de la pêche des coquillages que l'on va chercher au fond des eaux. Cette pêche expose les plongeurs au danger d'être dévorés par les gros poissons ; mais les anciens connaissaient très-bien les localités dangereuses et celles qui ne l'étaient pas. Oppien fait remarquer que l'on peut plonger sans crainte dans tous les lieux où vivent les poissons qu'il nomme *sacrés*, ceux-ci ayant, suivant l'opinion de son temps, la vertu de faire fuir les poissons dangereux. La remarque d'Oppien est exacte ; son explication seule est fausse et toute superstitieuse. Si l'on peut pénétrer avec sécurité dans les eaux où vivent les poissons prétendus sacrés, ce n'est pas parce qu'ils ont réellement la vertu de chasser ceux qui sont nuisibles ; c'est tout simplement parce que ces poissons sacrés étant très-faibles, comme les plies et les soles, par exemple, ils ne pourraient subsister dans des lieux qui seraient habités par les animaux méchants et robustes dont l'homme doit éviter la rencontre.

Le nombre des poissons nommés par Oppien dans le cours de son poëme, s'élève à près de cent soixante. Il fait sur plusieurs des remarques qu'il serait bon de vérifier.

Oppien est le dernier écrivain de l'antiquité qui mérite le titre de naturaliste. Après lui se trouve close la liste des auteurs originaux ; on ne trouve plus que quelques fragmens de peu de valeur ou des copies d'ouvrages déjà publiés. Les médecins sont les seuls auteurs qui nous offriront encore des travaux d'une importance remarquable, parce que la médecine n'étant pas une science de luxe, n'est jamais interrompue dans sa marche. Pour terminer l'histoire des sciences naturelles pendant le IIe siècle de l'ère chrétienne, nous examinerons les travaux du plus grand médecin de l'empire romain, de Galien, l'un des hommes les plus remarquables de l'antiquité, sous le rapport scientifique. Galien était grand anatomiste, grand pathologiste et grand physiologiste ; il avait cultivé la science médicale dans toutes ses branches, et beaucoup de découvertes lui appartiennent. Il ne s'était pas borné, comme Hippocrate, à rassembler ou à tenir des notes sur les maladies ; très-versé dans la philosophie, il connaissait parfaitement les différens systèmes professés de son temps. Pour l'étendue et a profondeur des vues, pour les généralisations, c'est le seul homme de l'antiquité romaine qui puisse être placé à côté d'Aristote.

Dans la prochaine séance, nous examinerons les travaux de Galien.

NOTES

1. [Élien, en latin Claudius Aelianus (né *c.* 170 à Préneste près de Rome; mort *c.* 235), auteur romain et professeur de rhétorique dont le talent d'orateur et d'écrivain en langue grecque était si exceptionnel - langage dans lequel ses ouvrages furent écrits - qu'on le surnomma *Meligottos* (« à la langue de miel »). Élien était un admirateur et étudiant des écrits de Platon, Aristote, Isocrate, Plutarque, Homère, et d'autres auteurs, et ses œuvres préservent de nombreux extraits provenant d'anciens auteurs. Élien est connu principalement pour son œuvre *De la Nature des Animaux* (voir note 2 ci-dessous).]
2. [*De la Nature des Animaux*, écrit par Élien, contient des histoires moralistes curieuses sur les oiseaux et autres animaux, souvent sous la forme d'anecdote, de folklore, ou de fable (*cf.* précisément *La Personnalité des animaux* [traduit et commenté par Zucker Arnaud; postface de Bailly Jean-Christophe], Paris : Les Belles Lettres, 2001-2002, 2 vol.) Son œuvre servit de modèle utilisé dans les bestiaires et les traités médicaux jusqu'au début du Moyen Âge. Son œuvre *Histoire Variée* raconte des anecdotes sur les hommes, les coutumes, et les événements miraculeux (pour une traduction contemporaine, *cf.* Élien, *Histoire Variée* [traduction de Lukinovich Alessandra & Morand Anne-France], Paris : Les Belles Lettres, 1991, xxvi + 268 p.) Il nous reste également des fragments d'autres textes qu'il écrivit.]
3. [Nicias ou Nikias (470-413 av. J.-C.) était un général et homme politique athénien qui hérita de son père une large fortune, laquelle il investit dans les mines d'argent du mont Laurium en Attique. De par sa richesse, Nicias était membre du parti aristocratique au sein duquel il exerça sa carrière politique. Après la mort de Périclès en 429 av. J.-C., Nicias devint le chef de ce parti, rivalisant ainsi avec le parti populaire de Cléon. En 421 av. J.-C., on doit à Nicias la fin de la Guerre du Péloponnèse après dix ans de conflit féroce avec les belligérants spartiates (Paix de Nicias). Pendant un certain temps à la suite de la paix, tous les Athéniens considérèrent Nicias comme leur sauveur, jusqu'à ce qu'Alcibiade, aristocrate controversé, imposa ses propres plans et décida de relancer la guerre (voir Plutarque, *Vies, tome VII : Cimon-Lucullus, Nicias-Crassus* [texte établi et traduit par Flacelière Robert & Chambry Émile], Paris : Les Belles Lettres, 2003, 508 p.)]
4. [Le bœuf désigne le mâle du bétail bovin (*Bos taurus*), mais au sens zoologique, le terme bovin (*Bos taurus*) inclut non seulement le taureau sauvage d'Europe, mais aussi tout bovin aux caractéristiques différentes tel que le taureau, le bison ou le buffle. Chez le taureau, que ce soit chez les races domestiques existantes ou chez les aurochs aujourd'hui disparus, les cornes sont longues et proéminentes, situées sur une crête élevée au sommet du crâne. Les races à cornes courtes ou sans cornes sont des dérivées modernes du bétail du même genre. Ces races sans cornes sont intéressantes car elles montrent qu'il est facile d'éliminer les cornes, prouvant peut-être ainsi une ascendance sans cornes.]
5. [Catoblépas, voir Leçon 13, note 20.]
6. [La souris épineuse (du genre *Acomys*), désigne les 18 espèces de rongeurs à longues oreilles de la famille des Muridés (de l'ordre Rodentia) caractérisés par les poils courts et épineux de leur dos. Les souris épineuses sont de couleur beige, brune, rousse, ou grise, et mesurent environ dix centimètres de long, sans compter la longue queue dépourvue de poil. On trouve la souris épineuse dans les zones rocheuses ou sableuses d'Afrique et d'Asie du Sud-Ouest. Ce sont des herbivores, se nourrissant principalement de graines et de plantes, et dans certaines régions, elles vivent dans l'environnement des humains.]
7. [Expédition Égyptienne, voir Leçon 12, note 41.]
8. [Babirusa, genre de cochon (*Babyrousa babirussa*).]
9. [Onocentaure : variation du centaure, datant du Moyen Âge. Au lieu d'être moitié homme, moitié cheval, l'onocentaure est moitié âne, moitié homme.]

10. [En mythologie grecque, Memnon est le fils de Tithon (fils de Laomédon, roi légendaire de Troie) et d'Eos (l'Aurore), et il fut roi des Éthiopiens. Il fut un héros post-homérique qui, après la mort du guerrier troyen Hector, partit aider son oncle Priam, le dernier roi de Troie, contre les grecs. Il combattit courageusement, mais fut tué par le héros grec Achille. Selon la tradition, Zeus, le roi des dieux, attendri par les larmes d'Eos, concéda l'immortalité à Memnon. Ses compagnons furent changés en oiseaux que l'on appelle les *Memnonides*, lesquels venaient chaque année combattre et se lamenter sur sa tombe. Le combat entre Achilles et Memnon a souvent été représenté par les artistes grecs, et l'histoire de Memnon fut le sujet de l'*Éthiopide*, œuvre aujourd'hui perdue d'Arctinos de Milet (fl. *c.* 650 av. J.-C.)]

11. [Le chevalier combattant (*Philomachus pugnax*) est un échassier de taille moyenne, considéré en général comme le seul membre de son genre. Oiseau migrateur, il passe l'hiver en Europe du Sud et de l'Ouest, en Afrique et en Inde. Ces oiseaux sont très grégaires, mais pendant la saison de reproduction, qui a lieu dans les marais, marécages et prairies humides, les mâles courtisent activement les femelles et sont agressifs envers les autres mâles.]

12. [La huppe fasciée (*Upupa epops*), est un oiseau pourvu d'une huppe remarquable sur la crête de son crâne que l'on trouve du Sud de l'Europe et de l'Afrique jusqu'en Asie du Sud-Est. C'est le seul membre de la famille Upupidae de l'ordre des Coraciiformes. Long d'environ 18 centimètres, il est de couleur brun-rosé sur la tête et les épaules, avec une longue huppe érectile à la pointe noire sur le crâne, et les ailes et la queue rayées noir et blanc La huppe fasciée se nourrit d'insectes et d'autres petits animaux invertébrés en forant le sol avec son long bec courbé. Certains systèmes de classification reconnaissent une autre espèce, la huppe africaine, que l'on trouve de l'Éthiopie à l'Afrique du Sud.]

13. [Diard et Duvaucel, voir Leçon 7, notes 42-43. Le gavial du Ganges au long museau (*Gavialis gangeticus*) est une espèce semblable au crocodile que l'on trouve dans certains grands fleuves comme le Gange, le Brahmapoutre, et leurs affluents.]

14. [Le poisson porc-épic désigne tous les poissons épineux de la famille des Diodontidae vivant dans les eaux peu profondes du monde, en particulier l'espèce *Diodon hystrix* (porc-épic boubou). Ils sont de la même famille que les diodons, lesquels gonflent leur corps lorsqu'ils se sentent en danger. Les poissons porc-épic sont petits et massifs, avec de grands yeux, des dents en forme de bec, et la peau couverte d'épines, d'où son nom. Ces épines sont courtes et permanentes chez certaines espèces telles que le porc-épic rayé du genre *Chilomycterus*. Chez d'autres espèces, comme celles du genre *Diodon*, les épines s'aplatissent le long du corps sauf lorsque le poisson se gonfle.]

15. [*Citharaedus*, nom utilisé par Élien (Livre 11, Chapitre 23) pour désigner l'ange de mer impérial (*Pomacanthus imperator*), poisson coloré de longue taille habitant dans les coraux du Pacifique et de l'Océan Indien (voir Günther (Albert Charles Lewis), *Catalogue of the acanthopterygian fishes in the collection of the British Museum, volume 2*, Londres: British Museum, 1860, xxi + 548 p.)]

16. Nous devons faire remarquer que Pline parle des perles de Bretagne dans son *Histoire naturelle* [M. de St.-Agy.]

17. [Linné (voir Leçon 7, note 34) fut le premier à découvrir une façon de cultiver une perle parfaitement ronde (Blunt (Wilfrid), *Linné, 1707-1778: le prince des botanistes* [traduit de l'anglais par Robert Françoise; préface et notes de Aymonin Gérard Guy], Paris: Belin, 1986, 349 p.) En insérant un fil d'argent en forme de T dans une moule d'eau fraiche, une minuscule granule se crée, autour de laquelle se développe la nacre, sans toucher la coquille. En 1762, il vendit son invention à un marchand local pour l'équivalent de la somme de 3000 $, mais l'homme ne fit aucun effort pour établir une industrie perlière en Suède.]

18. [Ajasson de Grandsagne, voir Leçon 13, note 44.]

19. [L'édition d'Élien par Ajasson de Grandsagne annotée par Cuvier, fut publiée en 20 volumes par Panckoucke à Paris entre 1829 et 1833.]

20. [Pierre d'Albi, ou Pierre Gilles ou Gyllius, né à Albi en 1490, voyagea en Italie et fut envoyé en Orient par François Ier. Faute de soutien, il fut obligé de joindre l'armée de Soliman II avant de pouvoir rentrer en Europe par la Hongrie et l'Allemagne. Il mourut à Rome chez le Cardinal d'Armagnac en 1555. Son traité *De gallicis et latinis nominibus piscium massiliensium* fut écrit avant ses voyages en Orient et fut imprimé pour la première fois en 1533 comme chapitre supplémentaire à ses extraits tirés d'Élien (voir *Ex Aeliani historia per Petrum Gyllium latini facti, itemque ex Porphyrio, Heliodoro, Oppiano, tum eodem Gyllio luculentis accessionibus aucti libri XVI de vi et natura animalium: eiusdem Gyllii liber unus de Gallicis et Latinis nominibus piscium*, Lugduni: Gryphius, 1533, [14] + 598 p. + [5]; *Ex Aeliani historia per Petrum Gyllium Latini facti, itemque ex Porphyrio, Heliodoro, Oppiano, tum eodem Gyllio luculentis accessionibus aucti libri 16. De ui & natura animalium. Eiusdem Gyllij liber unus, De Gallicis & Latinis nominibus piscium*, Lugduni: apud Seb. Gryphium, 1535, 599 p., in 4°).]

21. [François Ier, aussi appelé (jusqu'en 1515) François d'Angoulême (né le 12 septembre 1494 à Cognac, France; mort le 31 mars 1547, à Rambouillet), roi de France (1515-1547), fut le premier de cinq monarques de la dynastie d'Angoulême de la maison des Valois. Humaniste et mécène des arts et de l'érudition de l'époque de la Renaissance, il fut aussi un roi chevaleresque, mena des campagnes en Italie (1515-1516), et combattit une série de guerres avec l'Empire Romain (1521-1544).]

22. [Selon l'interprétation moderne, Oppien est le nom officiellement authentifié des auteurs de deux (ou trois) poèmes grecs didactiques en héxamètres que l'on attribue aujourd'hui à deux personnes différentes : Oppien de Corycos (ou Oppien d'Anazarbe) en Cilicie (fl. sous le règne de Marc Aurèle, empereur de 161 à 180 apr. J.-C., lequel écrivit un poème sur la pêche, *Les Halieutiques*, dédié à Aurèle et son fils Commode (voir Oppien, *Les Halieutiques* [trad. du grec par Limes J.-M. du poëme d'Oppien, où il traite de la pêche et des mœurs des habitans des eaux], à Paris : chez Lebégue, imprimeur-libraire, 1817, 396 p. ; et Oppien d'Apamée (ou Oppien de Syrie, qui écrivit un poème consacré à la chasse, *Les Cynégétiques*, dédié à l'empereur Caracalla (il fut donc écrit après 211 ; voir Oppien, *Oppiani poemata de venationes et piscatione cum interpretatione Latina et Scholiis, Tomus I : «Cynegetica»* [éd. latine de Belin de Ballu Jacques-Nicolas], Argentorati [à Strasbourg] : Bibliopolii Academici, 1786, xliv + 366 + [2] p. + 2 pl.) Un troisième poème sur la chasse aux oiseaux, aujourd'hui perdu, est également attribué à l'un des Oppien.]

23. [Septime Sévère (*Lucius Septimius Severus Pertinax*) (né en 146, à Leptis Magna, Tripolitaine, aujourd'hui la Libye ; mort en février 211 à Eboracum, Grande-Bretagne, aujourd'hui York, en Angleterre), empereur romain de 193 à 211. Il fonda une dynastie personnelle et convertit le gouvernement en une monarchie militaire. Son règne marque une étape décisive dans le développement du despotisme absolu qui caractérisa l'Antiquité Tardive.]

24. [Meleda (Mljet) est l'une des sept îles principales qui bordent la côte dalmatienne de Croatie.]

25. [Caracalla, également appelé Caracallos (Marcus Aurelius Severus Antoninus Augustus), nom de naissance (jusqu'en 196 apr. J.-C.) Septimius Bassianus, également appelé entre 196 et 198 apr. J.-C. Marc Aurèle Antoine César (né le 4 avril 188 apr. J.-C. à Lugdunum (aujourd'hui Lyon), Gaule ; mort le 8 avril 217 près de Carrhes en Mésopotamie), empereur romain qui régna conjointement avec son père Septime Sévère (voir note 23 ci-dessus), puis seul entre 211 et 217, lorsqu'il fut assassiné. Ses principaux accomplissements furent les bains de Rome, et son édit de 212 donnant la citoyenneté romaine à tous les habitants libres de l'empire. Caracalla, dont le règne contribua à la chute de l'empire, fut longtemps considéré comme l'un des règnes les plus sanglants de l'histoire de Rome.]

26. [La Souda (ou *Suidas*) est un dictionnaire encyclopédique imposant du xe ou xie siècle, qui fut le premier ouvrage d'une telle envergure à être organisé entièrement de manière alphabétique. Il n'eut aucun effet sur l'organisation des futures encyclopédies, mais son contenu incluait un tel nombre d'informations utiles qu'il a toujours été considéré comme un ouvrage de référence au fil des siècles qui suivirent (voir *Suidae Lexicon* [pars I-II-III-IV-V ; trad. en latin ; éd. par Adler Ada], Stuttgart : Teubner, 1967-1971, 5 vol.)]

27. [Les trois anciens essais intitulés *Les Cynégétiques* sont attribués à Oppien (voir Oppien, *Oppiani poemata de venationes et piscatione cum interpretatione Latina et Scholiis, Tomus I : «Cynegetica»* [éd. latine de Belin de Ballu Jacques-Nicolas], Argentorati [à Strasbourg] : Bibliopolii Academici, 1786, xliv + 366 + [2] p. + 2 pl.), à Faliscus Grattius (poète romain du temps d'Auguste ; voir Grattius (Faliscus), *Cynegeticon libri I quae supersunt* [texte bilingue latin et français ; éd. par Verdière Raoul], Wetteren (Belgique) : Universa, 1964, 2 vol.) et à Marcus Aurelius Olympius Nemesianus, dit Némésien (poète romain originaire de Carthage, fl. *c.* 283 apr. J.-C. ; voir *Les Cynégétiques de Némésien : édition critique*, Antwerpen : De Sikkel, 1937, 9-65 + [1] p. + 3 pl.]

28. [Julia Domna (morte en 217), fut la seconde femme de l'empereur romain Septime Sévère (au pouvoir de 193 à 211) et une personnalité puissante pendant le régime de son successeur, l'empereur Caracalla. Julia était Syrienne (Domna étant son nom syrien) et était la fille du haut prêtre Bassianus à Émèse (aujourd'hui Homs) en Syrie, et la sœur aînée de Julia Maesa. Domna rassembla autour d'elle un groupe de philosophes et autres intellectuels dont les activités sont connues par les écrits de Philostrate. Après la mort de Sévère, la rancœur meurtrière de ses deux fils, les empereurs Caracalla et Geta, se termina par l'assassinat de Geta par Caracalla en la présence de Domna (212). Lorsque Caracalla (au pouvoir entre 211 et 217) partit en campagne, il la laissa en charge de la plupart de l'administration civile. Lorsqu'elle apprit le meurtre de son fils Caracalla, on raconte qu'elle se laissa mourir de faim, soit volontairement, soit sous les ordres du nouvel empereur Macrinus.]

29. [Orynge (du genre *Oryx*) désigne une des quatre antilopes de grande taille (de la famille des Bovidés, de l'ordre des Artiodactyles) qui vivent en troupeaux dans les déserts et les plaines arides d'Afrique et d'Arabie. Les orynges sont des animaux massifs, de 102 à 120 centimètres de hauteur à l'épaule. Ils ont une crinière et une queue touffue, et des taches sombres sur la face et le front, une mèche sombre de chaque coté de l'œil, et des marques sombres (différentes selon les espèces) sur le corps et les pattes.]

30. Il ne parle que de chiens courants et qui prennent leur proie. On ne voit pas que de son temps on eût dressé des chiens à arrêter le gibier jusqu'à ce que leurs maîtres vinssent le tuer au gîte ou le faire partir pour le tirer à la course ou au vol. Cette chasse, qui est la plus usitée et la plus agréable de toutes maintenant, ne paraît pas avoir été connue d'Oppien. [M. de St.-Agy.]

31. [L'oryx à quatre cornes ou l'antilope tétracère (*Tetracerus quadricornis*), aussi connue sous le nom de choushinga, que l'on trouve principalement en Inde, est la seule antilope à avoir des cornes – deux sur le haut du crane, et deux plus petites juste au dessus des yeux. L'espèce fut officiellement décrite dans la littérature scientifique en 1816 par

le zoologiste français Henri Marie Ducrotay de Blainville (1777-1850), mais l'identité du «général étranger» est inconnue.]

32. [Acmon, petit mammifère carnivore, espèce de mangouste, l'un des nombreux petits carnivores de la famille de la civette (Viverridae) que l'on trouve en Afrique, en Asie, et an Europe du Sud. Il en existe plus de 40 espèces appartenant à environ 15 genres. La mangouste la plus typique, la plus courante, et probablement la mieux connue appartient au genre *Herpestes*. Ce genre contient environ dix espèces de mangoustes, parmi lesquelles l'acmon (*Herpestes ichneumon*) d'Afrique et d'Europe du Sud.]

33. Comme Buffon [voir Leçon 7, note 39], [Charles-Louis de Secondat, baron de La Brède et de] Montesquieu [philosophe politique français, né le 18 janvier 1689 à Château La Brède, près de Bordeaux, France ; mort le 10 février 1755 à Paris], et plusieurs autres hommes célèbres, Cuvier ne paraît pas estimer la poésie. Ce sentiment se laisse aussi entrevoir dans sa réponse à M. [Alphonse] de Lamartine [poète et homme d'état français, né le 21 octobre 1790 à Mâcon, France; mort le 28 février 1869 à Paris], lors de sa réception [en 1830] à l'Académie française. [M. de St.-Agy.]

34. [Pour une traduction française des *Halieutiques* d'Oppien, voir l'édition suivante: *Les Halieutiques* [trad. du grec par Limes J.-M. du poëme d'Oppien, où il traite de la pêche et des mœurs des habitans des eaux], à Paris: chez Lebégue, imprimeur-libraire, 1817, 396 p.]

35. [Sur les soins parentaux des dauphins, Oppien écrivit:

> *Tous les animaux des mers, qui sont vivipares, ont un amour extrême pour leur progéniture, et la défendent avec courage.*
>
> *Rien ne tient plus du prodige que l'histoire des dauphins, soit qu'ils aient fait autrefois partie de l'espèce humaine, soit qu'ils aient habité dans des villes avec des hommes; que cédant ensuite aux conseils de Bacchus, ils aient changé leur élément pour celui des mers en revêtant la forme des poissons. Ils en ont conservé cette douce urbanité dans leurs mœurs, dont toutes leurs actions portent l'empreinte. Lorsque deux dauphins jumeaux, fruit ordinaire de leur hymen, sont venus au jour, ils ne se quittent pas ; ils sont toujours sautant et nageant autour de leur mère : ils passent à travers ses dents dans sa bouche et y restent sous l'abri protecteur de son palais. Cette mère leur prodigue de son côté ses douces caresses, s'agite sans cesse autour d'eux, ivre d'orgueil et de joie ...*

(*in* Oppien, *Les Halieutiques* [trad. du grec par Limes J.-M. du poëme d'Oppien, où il traite de la pêche et des mœurs des habitans des eaux], à Paris: chez Lebégue, imprimeur-libraire, 1817, p. 76).]

36. [Torpille, voir Leçon 8, note 13.]

37. [Baudroie, voir Leçon 8, note 12.]

38. [*Le bard* : Cuvier parle probablement ici du bar, ou loup marin, *Dicentrarchus labrax*.]

39. [Le boeuf marin est la raie manta de la mer Méditerranée, *Mobula mobular*.]

40. [Joseph Antoine Risso (1777-1845, Nice), pharmacien et professeur à Nice. Il devint professeur de physique et d'histoire naturelle au Lycée Impérial en 1813, professeur de botanique à l'école de médecine et de chirurgie de Nice en 1814, et professeur de chimie des minéraux et de botanique à l'école préparatoire de médicine et de pharmacie qu'il créa à Nice en 1832. En ichthyologie, son ouvrage principal fut l'*Ichthyologie de Nice, ou histoire naturelle des poissons du Département des Alpes Maritimes*, Paris: F. Schoell, 1810, xxxvi + 388 p. Pour plus d'information sur la vie et l'œuvre de Risso, voir Monod (Théodore) & Hureau (Jean-Claude), «Essai de bibliographie de Risso», *in* Monod (Théodore) & Hureau (Jean-Claude), *Antoine Risso (1777-1845), volume publié à l'occasion du bicentenaire de sa naissance*, n° spécial des *Annales du Muséum d'histoire naturelle, Nice*, vol. 5, 1977 [1978], pp. 159-163; Vayrolatti (François Edmond), Gasiglia (Roger), Hureau (Jean-Claude) & Monod (Théodore), «Biographie. Un pharmacien nicois. Antoine Risso (1777-1845): sa vie, son œuvre», *in* Monod (Théodore) & Hureau (Jean-Claude), *Antoine Risso...*, *op. cit.*, pp. 7-26.]

41. [La pastinaque désigne une des raies au corps plats remarquables par leur longues épines pointues situées sur leur queue. Elles sont parfois classées dans une famille unique, les Dasyatidés, mais elles sont souvent séparées en deux familles distinctes, les Dasyatidés et les Urolophidae. La raie pastinaque a un corps circulaire et des queues flexibles armées, pour la plupart des espèces, d'un ou de plusieurs aiguillons venimeux au bord en dents de scie.]

42. [Le muge désigne les poissons abondants et à haute valeur commerciale de la famille des Mugilidae (de l'ordre Perciformes). On compte un peu moins de cent espèces de muges, lesquelles vivent dans les régions tropicales et tempérées du monde. Ils vivent en général dans les eaux salées ou saumâtres, et fréquentent les zones côtières peu profondes où ils forent le sable ou la vase à la recherche de plantes microscopiques, de petits animaux, et autre nourriture. Ce sont des poissons argentés de 30 à 90 centimètres de long, couverts de larges écailles; leur corps est massif, en forme de cigare, à la queue fourchue, et pourvu de deux nageoires dorsales distinctes, dont la première contient quatre arêtes raides. Beaucoup ont un estomac solide, comme un gésier, et de longs intestins capables de supporter un régime principalement végétarien. Le muge rayé (*Mugil cephalus*), élevé dans certaines régions à cause de son taux de croissance rapide, est une espèce connue que l'on trouve dans le monde entier.]

43. [Le loup marin est probablement le *Dicentrarchus labrax* (voir note 38 ci-dessus).]

44. [La seiche est un céphalopode marin de l'ordre des Sepiodiés, apparentée à la pieuvre et à l'encornet, et caractérisée par une coquille calcifiée épaisse interne appelée l'os de seiche. Les cent espèces de seiche mesurent entre 2,5 et 90 centimètres et leur corps aplati est bordé de chaque côté par une paire de nageoires étroites. Toutes les espèces ont dix tentacules, huit courts et deux longs, qui servent à capturer leurs proies et qui peuvent se rétracter dans deux sacs. Des ventouses se trouvent le long et à l'extrémité des tentacules.]

45. [*Anthias anthias*, ou barbier commun, est un petit poisson aux nageoires développées que l'on trouve dans les eaux tropicales de l'Atlantique et de la Méditerranée, connu pour sa couleur rouge-orangée très vive.]

46. [*Le bard*, voir note 38 ci-dessus.]

47. [Thynnoscopes, ou tours à thon, utilisés depuis l'Antiquité pour repérer les bancs de thon de haut, et pour donner des instructions aux pêcheurs situés plus bas.]

48. [La *sciène*, ou le maigre, également appelé «grogneur», du genre *Sciaena*, est un poisson perciforme carnassier de la famille des Sciaenidae qui vit généralement au fond de la mer. La plupart vivent dans les eaux marines chaudes et tropicales. Comparativement, peu habitent les eaux tempérées ou les eaux fraiches. La plupart sont capables de faire du bruit et peuvent «vocaliser» en remuant leurs muscles puissants attachés à la vessie natatoire qui agit comme chambre de résonnance, amplifiant ainsi les sons.]

49. [*Cyclamen*, genre regroupant 15 espèces environ de plantes vivaces florissantes de la famille des Primulaceae, natives du Moyen-Orient, d'Europe Centrale et d'Europe du Sud. Le cyclamen du fleuriste (*Cyclamen persicum*), l'espèce la mieux connue, est remarquable comme plante d'intérieur cultivée pour ses fleurs charmantes de couleur blanche, rose et rouge profond.]

50. [Le squale désigne l'un des petits requins des familles Squalidae, Scyliorhinidae, et Triakidae. Le nom panthère désigne probablement le squale à tâches de la famille Scyliorhinidae, laquelle comprend la grande roussette (*Scyliorhinus stellarius*), qui peut atteindre une longueur de 1,50 mètre de long, et la petite roussette (*Scyliorhinus cuniculus*), longue de 90 centimètres environ. Ces deux types de requins bruns à tâches sont pêchés et vendus comme ressource alimentaire.]

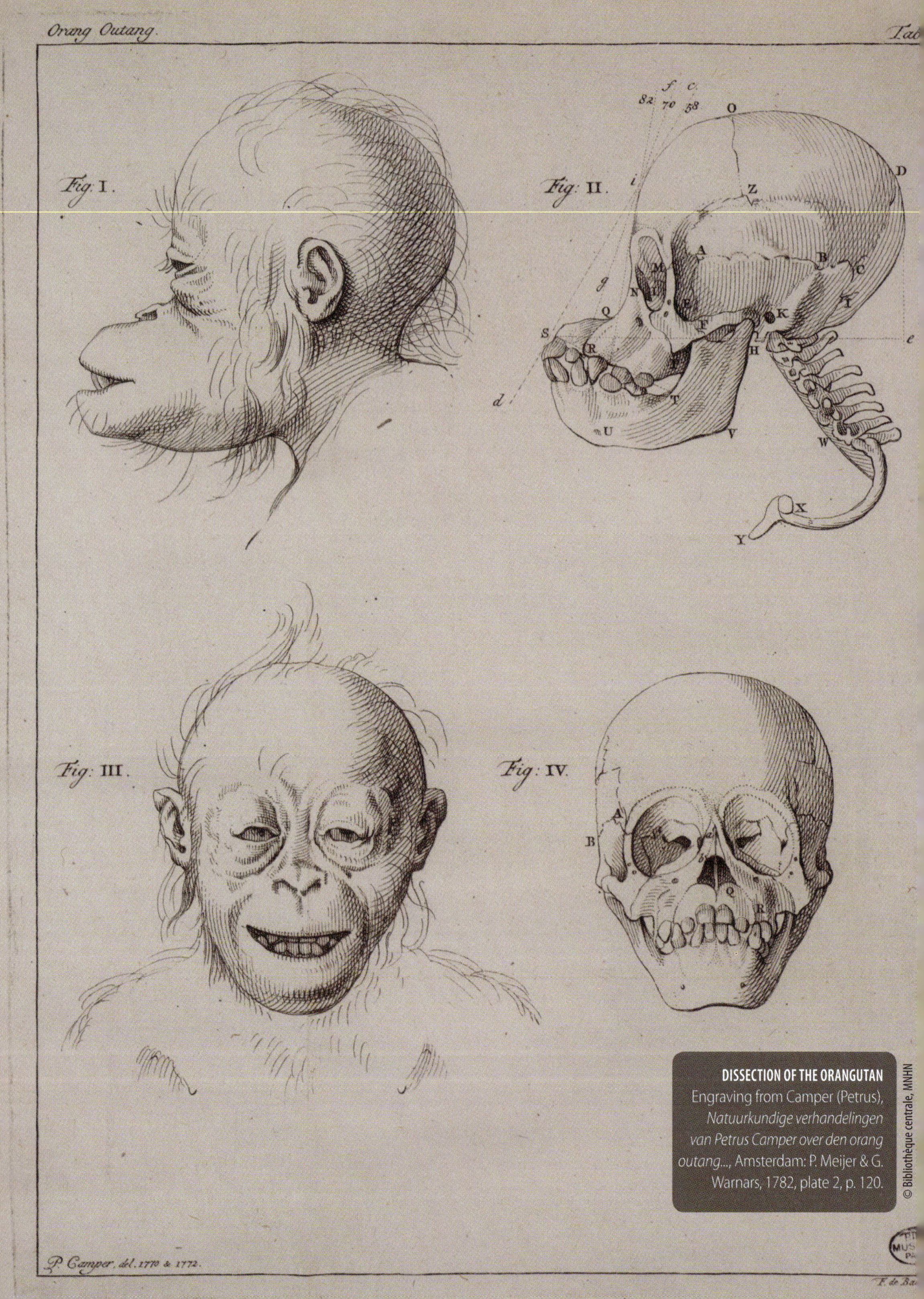

DISSECTION OF THE ORANGUTAN
Engraving from Camper (Petrus), *Natuurkundige verhandelingen van Petrus Camper over den orang outang...*, Amsterdam: P. Meijer & G. Warnars, 1782, plate 2, p. 120.

16 Galen of Pergamum

Galen was born in 131, during the reign of Hadrian, in the city of Pergamum, famous for its temple to Aesculapius and formerly the seat of a kingdom where there were rich libraries and where the sciences were held in some favor. Nico, Galen's father, possessed a considerable fortune and an extensive knowledge of philosophy, astronomy, geometry, and especially architecture, the latter being his principal occupation. He was the first tutor of his son, whom he named *Galen* because of his gentleness; next, he entrusted him to the most distinguished masters of the time for instructing him in philosophy and literature.

From the school of the Stoics, where Galen first studied, he went successively to the Platonic, the Epicurean, and the Peripatetic schools. In his writings he sometimes opposes Epicureanism and Stoicism. But he was especially attached to the Peripatetics, without, however, blindly following their principles. We may think of him as the last of the famous followers of Aristotle's doctrine. It was in this school that he imbibed the dialectic power that later made him so formidable to his opponents.

Galen was only seventeen years old when his father, a believer in dreams, had a dream that convinced him that his son should study medicine. At the age of 21, Galen wrote books on the medical art. At the age of 22, having lost his father, he went to Smyrna where he attended the lectures of Pelops.[1] Next he went to Corinth to hear a physician named Numisianus,[2] who was promulgating the philosophy of Quintus,[3] a famed anatomist who had died without having written anything. An eager student, Galen questioned each of Quintus's pupils and wrote down everything he learned about this physician's discoveries. He even included in his own works all the ideas he had collected in this way and indicated their source. Always enticed by his passion for science, Galen visited the places whence came the most prized medicaments. In Lycia he visited the jet mines,[4] in Palestine he saw asphalt.[5] In Egypt, and especially at Alexandria, he studied anatomy; but he acquired no great notions there about that important branch of medicine. Those who were then in charge of carrying out embalmings almost completely neglected the study of anatomy, and Galen saw only a few human skeletons.

He often traveled on foot in order to see more things and make more observations. The diversity of languages was no obstacle to his instructing himself on his travels, for he knew all the Greek dialects, and the Latin, Ethiopean, and Persian languages.

At the age of 28, he returned to Pergamum and was appointed by a chief priest to the unusual office of physician to the gladiators. A sedition that arose in the city caused him to leave for Rome, where he began to teach a class in anatomy that brought him much celebrity; but soon persecuted by physicians envious of his talent, he was obliged to leave Rome at the very moment when an epidemic broke out: he was accused of cowardice quite unjustly for his departure in this emergency. He traveled again, seeking instruction, visited zinc- and copper-sulphate mines, substances used in medicine in his time.[6] In Judea he examined the balm-tree, and in Lemnos[7] he saw the quarries for sigillary earth.[8] He realized that this substance, very inaccurately described, was merely an ordinary clay.

At the age of 38, Galen was summoned to Aquilea[9] by the emperors Lucius Verus[10] and Marcus Aurelius to combat an epidemic that had broken out among the Roman soldiers. Following Galen's advice, Verus set out for Rome, but died before reaching his destination.

Marcus Aurelius did not take Galen with him to the German wars; he left him with his son Commodus, who was quite delicate in health. It was claimed that Galen did not stay with the prince who had been confided to his care because he recognized that prince's malicious nature; according to the same authors, Galen returned to his own country and died there in A.D. 200 at the age of 69. However, it appears that he was again at Rome before his death, for we read in his *Treatise on Theriac*[11] that he compounded this remedy for the emperor Severus.

Galen had the rare good fortune of enjoying the glory that his genius deserved; in his lifetime he was considered the ideal great physician. All through the Middle Ages he also reigned unopposed. He was copied and recopied during the fourteenth, fifteenth, and sixteenth centuries by every author that wrote about medicine, as Dioscorides and Pliny were by those who applied themselves to *materia medica* or natural history.

The Arabians had no other Greek physician than Galen, whom they translated into Arabic. He was their only guide in anatomy, and they never knew anything more than Galen in that science, because the prejudices of the people did not permit the dissecting of the human body.

When we consider how unfavorable were Galen's circumstances for the development of the natural sciences, we cannot but be surprised at the progress he brought to anatomy and physiology. He enriched these two sciences with a multitude of truths, the germ of which was not perceptible in the writings of his predecessors, or if such authors had also discovered these truths, they exposed them in works that have not come down to us.

Galen tells us that, in his day, Erasistratus was the most important authority on anatomy: thus, he most often refers to him, whether to correct his errors or to confirm his ideas.

In the midst of his extremely active life, Galen found the means to write almost five hundred scrolls, which would have furnished enough material for eighty octavo volumes. These writings were so prized that they were deposited in the Temple of Peace;[12] but this very precaution was fatal for them: the Temple of Peace burned down under the reign of Commodus[13] and a portion of Galen's writings was destroyed. Fortunately, the number of those that remain to us is still considerable.

Galen drew up a catalogue of his books for indicating the sequence in which his books were to be read, and he divides them into four classes. He advises reading his treatise on *Sects*[14] first, in order to become acquainted with all the philosophies; for otherwise, it could transpire that the reader would accept as true certain propositions of a philosophy that would be shown as false by a different philosophy.

Then he wants us to proceed to the study of anatomy and physiology; next, to studies in hygiene, pathology, semeiotics or prognostics and therapeutics; finally, one should read his various works on Hippocrates.

Galen wrote a total of 182 works. But since it is not our object to give a course in medicine, we shall discuss only those works that relate to the natural sciences as such.

In anatomy, Galen wrote several treatises about bones, muscles, nerves, veins, arteries, the organ of sight, the uterus, and the sense of smell, and other special treatises that are included in his great work entitled *The Anatomical Administrations.*[15] Only nine of the fifteen volumes that make up this work have come down to us. The work is admirable for the shrewd details and numerous proofs of the physiological observations that the author must have made.

It is also evident in this work that the study of anatomy was going through extreme difficulties in Galen's time. The dissection of adult subjects was almost impossible. Only a few physicians found the means of dissecting infants that had been allowed to die from exposure. Surgeons in the army in Germany sometimes opened up enemy corpses found on the field of battle, but without lasting results for the science of anatomy.

It does not seem that Galen personally practiced the dissection of human cadavers, since he does not say so anywhere. But he had seen some human bones that had emerged from burial as a consequence of landslides; he even had the advantage of possessing the body of a criminal that had been left exposed to the vultures. But he does not seem to have been able to preserve the skeleton.

Galen advises the student to practice dissection upon animals having an organization that approximates that of man, in order to carry out, as far as possible, the observations that cannot be made on man himself. He identifies as especially useful for dissection an animal with a round head and short canine teeth, which Camper[16] believed was the orangutan, but which we think is the magot,[17] a common African species that when young actually has a round head and short canines.

Galen had only the scalpel and the forceps for dissecting. Moreover, the art of injections was unknown in his time, as was the preservation of bodies in liquids. The distillation of wine in order to extract spirits was not yet practiced. Sketching was the only means of accurately showing the objects of which the study of anatomy had revealed the structure or function.

In the first five volumes of *The Anatomical Administrations*, Galen discusses the muscles. His descriptions are rather brief but very clear. Obviously, they are on the ape and not on man. Every time he describes muscles that differ in man from the ape, it is clear that his description is of the ape's muscles. The same applies to osteology. Galen teaches that the upper jaw is composed of four bones. This number is in fact correct for the ape, but not for man, whose jaw has only two bones. Again, in his description of the sacrum, Galen enumerates fewer bones than there are in man's sacrum, but his description applies quite accurately to the ape.

However, the bones of the wrist present an exception: Galen describes them as they exist in man.

In the sixth volume of the *Administrations*, the author writes about the organs of digestion. In it, there are perfectly correct observations of comparative anatomy. He gives a description of the digestive organs in apes, bears, horses, and the ruminants, and he classifies such organs according to the analogy they present with those in man. In particular, he describes the teeth with great accuracy and confirms Aristotle's observation that all animals lacking incisors in the upper jaw have multiple stomachs.

Galen claims that the elephant has a gall bladder. Naturalists long disagreed over this, but it has been recognized that Galen was right. But he should have pointed out that in the elephant the location of the bladder is different from its location in other quadrupeds.

In his seventh volume, he is intent on proving that the heart is not a muscle and that its tissue differs from that of the other muscles; he is strongly opposed to physicians who held a contrary opinion, and yet it was they who were right. Galen in the same volume gives the historical account of a dissection of an elephant at Rome that he attended. He says that before the body was opened up, he had asserted that within would be found a double heart, like that of all animals that breath air, whereas other physicians thought that the heart would be triple, in accordance with Aristotle's opinion.

In the eighth volume, in which he continues to write about the organs of respiration, or rather, organs that are found inside the thorax, Galen shows himself to be a practiced experimentalist. Haller[18] admired the skill with which he could cut the recurrent [laryngeal] nerves when he wanted to demonstrate their influence on the voice. His experiments had been carried out on the young male boar and he had noticed that the voice of this animal was much diminished when one of the recurrent nerves had been cut, and that its voice was extinguished entirely when both such nerves were cut. Galen made many experiments on the perforation of the thorax, and his skill had become such that he was able to take out an animal's ribs without injuring its pleura. In recent times, Monsieur Richerand[19] succeeded in carrying out the same operation on a man afflicted with a cancer. Similar experiments have also been made in our day in the interests of physiology.

In the ninth volume of his *Anatomical Administrations*, in which he treats of the brain and the spinal marrow, Galen describes the brain with accuracy, particularly the *septum lucidum*,[20] and the aqueduct named after Sylvius,[21] falsely, since Galen was the first to describe it.

As we have said, the final six volumes of the *Anatomical Administrations* are lost. We can get an approximate idea of them only by consulting separate essays in which the author had occasion to repeat descriptions that he had given in the six volumes that are missing.

We are now going to examine a work by Galen entitled *On the Uses of the Parts of the Body of Man.*[22] The author wrote it in Rome at the age of 36, while he was at the court of Marcus Aurelius as physician to his son Commodus. This work, which comprises seventeen volumes, is one of the most perfect of ancient works and can be considered a long and excellent application of the principle of final causes. It was written under the influence of religion, for in it the author says, "I compose a hymn in honor of the Creator." He seeks, in fact, to prove that each part of the human body is formed according to a plan conceived by a supreme intelligence and that each part is perfectly appropriate for its use. For proof of this he presents, first, the conformation of the human hand, and, in fact, it would be difficult to imagine an organ that had a more obvious destined use. Galen points out the enormous difference between a man's hand and that of the ape. He shows that the latter is incapable of making the subtle movements that the human hand can. The fingers and the thumb of the ape are out of proportion; either the former are too long or the latter is too short. The superiority of these instruments alone gives man supremacy over all the other animals.

Galen next examines the conformation of the foot. He notes that man's foot differs greatly from the foot of other animals; man's foot does not permit him to climb trees with ease –unlike the ape, which is pedimanous [foot-handed]– but rests flat on the ground and gives him a sufficiently firm base for standing erect. Thus, man does not have the ape's need to use the anterior limbs for holding up the body; he uses his arms for other purposes.

In the sixth volume, Galen gives a perfectly accurate description of the heart. He was well acquainted with its valves, as well as the coronary arteries; he describes with accuracy the part of the heart known as the foramen ovale,[23] which ought to have been given his name, as it was he who first described it with certainty. It was also he who first formulated this truth: that, without exception, all warm-blooded animals have a double heart [four-chambered], and, contrariwise, all cold-blooded animals have a single heart, that is, a heart composed of a single auricle and a single ventricle.

Nevertheless, what Galen writes about the heart is not always so accurate. For example, he is mistaken when he places the heart in the middle of the breast, which is what he had always seen in animals; and he is equally mistaken when he proclaims as true such propositions as that the pulmonary artery carries to the heart a nourishing liquor, and that the vein penetrates it with air. Such errors come from the fact that he had no idea of the circulation of the blood.

His theory of respiration, explained in the seventh volume, is no different from Aristotle's theory or the theory of all antiquity; he believes the introduction of air into the lungs is meant to cool the blood, which is precisely the opposite of the theory we are led to by our knowledge of chemistry.

The eighth and ninth books are on the brain and nerves. Galen's description of the brain shows that he had carried out research on that organ. For example, he knew about alternate movements of elevation and lowering in the brain and knew that they were based on respiration. He was mistaken only about their cause; he attributed them to the introduction of a certain quantity of air into the ventricles, whereas they are actually produced by the flowing of blood into and out of the cerebral cavity.

Again, it is to Galen that we are indebted for the first accurate description of the optic layers, and knowledge of the membranes covering the brain. True, he claims that the *rete mirabile*, which is found only in animals, is to be found in man's brain, but this error results from the fact that it was impossible for him to dissect human cadavers. This error and many others are excusable in Galen, since he would not have committed them had he had our present-day opportunities of dissecting all sorts of bodies.

Galen describes accurately the sinuses of the brain and the pairs of nerves leading from that organ, but he causes some confusion in writing about the path of the nerves. Yet, he realizes that these cords all lead either to the brain or to the spinal marrow. He thinks that the nerves leading to the brain minister to sensation, and those ending in the spinal marrow minister to locomotion.

In the tenth volume, in which he writes about the eyes, Galen again makes excellent application of the great principle of final causes. He shows that the organ of sight is obviously constructed so as to direct light upon a particular nerve and that the retina is such a nerve, expanded. He gives an exact anatomy of the lachrymal points and ducts. But clearly it is still in animals –this time in sheep– that Galen studied the eye, for he includes among the muscles of this organ the choanoid,[24] which does not exist in man.

The eleventh book of the *Uses of the Parts* is devoted to the external parts of the head. The author correctly notes that the temporal muscles for moving the lower jaw are always suited to the toughness of the materials that each animal must eat to nourish itself, and that it is in man that these same muscles are the least developed in comparison with size of body.

The shape of teeth led Galen to make similar remarks. He observes that this shape varies with the species and that it is always found in harmony with the other parts of the organs of nutrition, and with the general organization of the animal.

In his twelfth book, Galen again finds matter for reflection that favors the principle of final causes. It seems evident to him that the articulation of the head upon the trunk is the result of a plan preconceived and realized in order to arrive at a definite purpose; for no other mode of articulation could have harmonized so perfectly with the conformation of man's feet and hands; nor could any other animal have its head placed as a man's head is, without causing a more or less unwonted fatigue.

The thirteenth volume of the *Uses of the Parts* treats of the spinal marrow and the nerves leading from it.

The fourteenth is devoted to the organs of reproduction.

The fifteenth lists the differences between the adult and the fetus.

In the sixteenth, the author writes about the general distribution of the nerves, arteries, and veins, and he describes these vessels as well as it was possible to do in an era when the art of injections was yet unknown.

We now know that the arteries are full of blood in life and that they are empty only in death. In the time of Galen, physicians, who in their dissections always found the arteries empty, believed that arteries contained air in life. Galen, on the other hand, maintained that the function of the arteries was to contain blood and not air. By making two ligatures in an artery, he had demonstrated this important truth; for the artery, opened up between these two ligatures, ejected blood immediately. He thus became certain that there was blood in the vessel before it was opened up, and that the blood was not drawn there by the wound to the artery, as was supposed by the physicians of his time.

Moreover, Galen demonstrated that the heart, too, contains blood and not air.

We wonder why Galen –so enlightened on many points about the great question of the circulation of blood; knowing that the arteries by nature are, like the veins, filled with blood, and that the beats of the heart are isochronous with those of the arteries; sufficiently acquainted with the structure of the heart; gifted with a highly philosophic mind, a fine generalizing mind, going back to causes much more often than Hippocrates –did not make the discovery that immortalized Fabricius d'Aquapendente[25] and Harvey.[26] Perhaps his erroneous opinion on the origin of the veins, which he believed all came from the liver, was the source of the ignorance in which he remained regarding the circulation of the blood.

Galen also describes in the sixteenth volume of his work on the *Uses of the Parts* the origin of the optic nerves, and their discovery is due to him.

His seventeenth volume contains general considerations meant to display the usefulness of this whole work and to show the existence of a supreme, intelligent creator.

As we have already said, this work is incontestably one of the finest of ancient times, for its general completeness and for its details; it sets its author next to Aristotle.

Galen composed several other less extensive treatises. Although they each contain some new and interesting truths, we do not think it necessary to list them.

In his piece on *Hippocrates's Opinions*,[27] Galen is the first to maintain that the intellectual faculties are located in the head, and he opposes in this instance the opinion of the Stoics, who would place such faculties in the heart.

The essay on *The Natural Faculties*[28] teaches the function of the kidneys, which Galen had discovered in an ingenious and completely conclusive way, by tying off the ureters. The same essay contains erroneous opinions about the structure of muscles. In it, the author claims that contraction in these organs is effected mainly at their extremity. He thinks that the tendon is a combination of nerve and tendinous parts wherein lies exclusively the contractile faculty. Today, we know that precisely the contrary is true.

Those who wish to have a complete idea of Galen's physiological knowledge must not fail to study his treatise *De Locis Affectis* (on the areas affected in each disease).[29] In it, one sees that this great physician knew that the spinal marrow is the site of certain paralyses. He records an observation in which he applied to the back some remedies meant to cure a paralysis of the hand that resulted from a fall. But, in general, Galen assigns too much importance to the classification of temperaments based on his four principal humors –blood, bile, black bile, and lymph.[30]

Galen's writings on hygienics and *materia medica* are of interest to naturalists because they contain details on various natural substances. Moreover, the principles of his therapeutics are quite simple. If a disease seems to him to be produced by an excess of humidity, he counteracts it with remedies that he calls dry; and likewise he applies humid remedies for diseases that are due to an excess of dryness. He prescribes cold for diseases resulting from an excess of heat, and vice versa.

Everyone knows about Galen's bizarre pharmacy: that he placed among his medications a multitude of simples collected almost as it were at random, or according to fallacious theories, and which cancel each other out. Such a strange congeries does not mean that we cannot find in it some interesting information for naturalists.

The same applies to his essay on *The Faculties of Aliments*.[31] In this piece, divided into three books, Galen indicates the nutritive substances that are easy to digest and those that are digested with more difficulty. The first book is devoted to food derived from wheat, other gramineous plants, and certain legumes. Such information is interesting in that we learn which gramineous plants were known to the ancients.

In the second book, Galen writes about fruit, mushrooms, and herbs such as spinach. It is seen by this book that the ancients had quite extensive knowledge about the care that must be given to trees.

In the third book, Galen lists the characteristics of nutriment derived from the animal kingdom. His information has permitted us to distinguish in particular several species of fishes.

In summary, Galen merits our admiration as a naturalist and a physician. He did everything that was possible to do at the time when he lived.

Aristotle's genius is doubtless superior to Galen's in the speculative sciences, since Aristotle devoted himself especially to the study of philosophy and Galen concentrated on medicine.

But Galen far surpasses Aristotle as an anatomist, physiologist, and physician. He is the last true anatomist that the ancient world produced, as Oppian is its last naturalist.

How does it happen that, after the impetus given to the sciences by Galen five hundred years after Aristotle, the sciences were almost abandoned by every active intelligence in the ensuing centuries? We shall search for the causes of this intellectual phenomenon in the next meeting.

NOTES

1. [Pelops, a student of Numisianus, and later teacher of anatomy at Smyrna during the time of Galen; not to be confused with Pelops from Greek mythology, the son of Tantalus and the grandson of Zeus, who, when he was a boy, was cut into pieces by his father, his flesh stewed in a cauldron, and served as a feast for the gods.]
2. [Numisianus, a student of Quintus and teacher of Pelops, who taught anatomy at Corinth. He is said to have written valuable books on anatomy as well as commentaries on some of the works of Hippocrates, but all his works are now lost (see Grmek (Mirko D.) & Gourevitch (Danielle), "L'École médicale de Quintus et de Numisianus", *in* Sabbah (Guy) (ed.), *Études de médecine romaine*, Saint-Étienne: Publications de l'Université de Saint-Étienne, 1989, pp. 43-60 (Mémoires; VIII)).]
3. [Quintus, a teacher of Numisianus, described by Galen, who was usually not prone to praising physicians other than himself, as the "best physician of his time" (see Galen, in his *De praenotione ad Posthumum, part 6 of Claudii Galeni Opera Omnia, volume 14* [ed. by Kühn Karl Gottlob], Cambridge: Cambridge University Press, 2011, 808 p.) Quintus did not dissect human cadavers but, according to the practice of the time, performed dissection (most often vivisection) on animals that were considered anatomically close to man, like monkeys, pigs, and goats.]
4. [Jet is a semi-precious gemstone of organic origin. The name is derived from the Greek *Lithos Gagates*, which translates as "Stone of Gagas." Gagas was a town in Asia Minor (Turkey). This name passed into old French as *Jaiet*, and into English as *Jet*. Jet was formed from wood that fell into stagnant water and which then became fossilized in much the same way as coal was made. The wood originally came from trees similar to the modern day Monkey Puzzle or *Araucaria*. The original "wood-like" structure of Jet is revealed under the microscope, sometimes to the extent that the annual growth rings of the trees can be seen.]
5. [Asphalt, a solid or very dense, highly viscous form of bitumen (any natural compound consisting of hydrogen and carbon) derived from liquid petroleum, either by evaporation of the lighter, more volatile fraction under atmospheric conditions or by metamorphism occurring deep within the Earth's crust.]
6. [Zinc sulphate, or white vitriol, is used in medicine as an astringent and a tonic, and in larger doses as an emetic. In overdoses it acts as an irritant poison. Copper sulphate, or blue (sometimes called Roman) vitriol, is made on an enormous scale, and is used in … medicine, chiefly as a feeble escharotic for exuberant granulations, and as a local stimulant.
7. [Lemnos, modern Greek Limnos, isolated Greek island in the Aegean Sea, midway between Mount Áthos (in northeastern mainland Greece) and the Turkish coast, in the *nomós* (department) of Lesbos.]
8. [Sigillary earth, a fine soft clay used to make impressions in the production of seals.]
9. [Aquilea, a town in the province of Friuli in northeastern Italy, bordering Helvetia and Croatia, and not far from the Adriatic coast, well known for its Roman ruins.]
10. [Lucius Verus, in full Lucius Aurelius Verus (born 15 December 130, died 169), Roman emperor jointly (161-169) with Marcus Aurelius. Though he enjoyed equal constitutional status and powers, he did not have equal authority, nor did he seem capable of bearing his share of the responsibilities.]
11. [*Treatise on Theriac* or *De antidotis libri duo*, see Galen, *De antidotis libri duo, a Ioanne Gvinterio Andernaco nvnc primum latinitate donati. Eiusdem Galeni de remedijs paratu facilibus liber vnus, eodem Ioanne Guinterio Andernaco interprete*, Parisiis: Apud Simonem Colinaeum, 1533, [14] + 94 p.]
12. [Temple of Peace: Pax, in Roman religion, was the personification of peace, probably recognized as a deity for the first time by the emperor Augustus, in whose reign much was made of the establishment of political calm. An altar of Pax Augusta (the Ara Pacis) was dedicated in 9 B.C. and a great temple of Pax completed by the emperor Vespasian in A.D. 75.]
13. [Commodus, Roman emperor from 177 to 192; see Lesson 11, note 78.]

14. [In the history of Greek medicine three main schools or sects were notable, namely the empiricists, the dogmatists, and the methodists. Different opinions and arguments of these sects can best be seen in two works of Galen: "On Medical Sects for Students" and "On Medical Experience" (see Galen, *Œuvres complètes* [transl. in French by Garofalo Ivan & Debru Armelle], Paris: Les Belles Lettres, 2000-2008, 8 vols).]
15. [*On Anatomical Procedures* or *De anatomicis administrationibus*, see Galen, *On Anatomical Procedures* [transl. with an introduction and notes by Singer C.], London; New York: Oxford University Press, 1956, xxvi + 289 p.]
16. [Petrus Camper (born 1722, Leiden; died 1789 at The Hague), anatomist, full of genius, and perhaps the man most responsible for making the study of comparative anatomy interesting. Because of his provocative discoveries, became professor at Franeker in 1749, at Amsterdam in 1755, at Gröningen in 1763, and member of the state council of federated provinces of the Netherlands in 1787. He published no great work, but we have a multitude of memoirs by him, included among those of the principal academies. After his death, his son, Adriaan Gilles Camper (born 1759, died 1820), published his anatomical descriptions of the elephant (1802; see Bruggen (Adolph Cornelis van) & Pieters (Florence F. J. M.), "Notes on a drawing of Indian elephants in red crayon by Petrus Camper (1786) in the archives of the Rijksmuseum van Natuurlijke Histoire", *Zoologische Mededelingen*, Leiden, vol. 63, n°19, 1990, pp. 255-266.) and the whale (1820), based on his notes and sketches.]
17. [Magot, the Barbary ape (*Macaca sylvana*), tailless, terrestrial macaque found in bands in Algeria, Morocco, and on the Rock of Gibraltar. The Barbary ape is about 60 centimeters (24 inches) long and has light yellowish-brown fur and a naked, pale-pink face. It is the only wild monkey in Europe and may have been taken westward during the Muslim Arab territorial expansion of the Middle Ages. According to legend, British dominion will end when the Barbary ape is gone from the British-held Rock of Gibraltar.]
18. [Albrecht von Haller (born 16 October 1708, Bern; died 12 December 1777, Bern), Swiss biologist, the father of experimental physiology, who made prolific contributions to physiology, anatomy, botany, embryology, poetry, and scientific bibliography (see Siegrist (Christoph), *Albrecht von Haller*, Stuttgart: J. B. Metzlersche, 1967, 70 p.)]
19. [Balthasar Anthelme Richerand (born 4 February 1779, Belley; died 23 January 1840, Villenesnes), French surgeon and physiologist, who wrote *Elements of Physiology*, an English edition of which was published in 1803 (see Emlen (Samuel), "History of the excision of a portion of the ribs and pleura; by M. Richerand, Principal Surgeon of the Hospital St. Louis", *The Journal of foreign medical science and literature*, vol. 9, n°33, 1819, pp. 44-47 [extracted from the *London Medical and Physical Journal* for October 1818]).]
20. [Septum lucidum (also called the septum pellucidum) is a thin, triangular, vertical membrane that separates the anterior horn of the left and right lateral ventricles of the brain.]
21. [Franciscus Sylvius (born 15 March 1614, Hanau, Germany; died 15 November 1672, Leiden, Netherlands), physician, physiologist, anatomist, and chemist who is considered the founder of the seventeenth-century iatrochemical school of medicine, which held that all phenomena of life and disease are based on chemical action. His studies helped shift medical emphasis from mystical speculation to a rational application of universal laws of physics and chemistry. Sylvius has been credited with the discovery (1641) of the deep cleft (Sylvian fissure) separating the temporal (ventral), frontal, and parietal (posterodorsal) lobes of the brain.]
22. [*cf.* Galen, *On the Usefulness of the Parts of the Body (De Usu Partium)* [translated from the Greek, with an introduction and commentary by May Margaret Tallmadge], Ithaca (New York): Cornell University Press, 1967, 2 vols.]
23. [Foramen ovale, an opening in the partition between the two upper chambers (atria) of the heart that is normal before birth and that normally closes at birth or shortly thereafter.]
24. [Choanoid, a funnel-shaped, applied particularly to a hollow muscle attached to the ball of the eye in many reptiles and mammals.]
25. [Hieronymus Fabricius ab Aquapendente, see Lesson 9, note 38.]
26. [William Harvey (born 1 April 1578, Folkestone, Kent; died 3 June 1657, Roehampton, Essex), a leading English physician of the first half of the 17th century who achieved fame by his conclusive demonstration of the true nature of the circulation of the blood and the function of the heart as a pump. Functional knowledge of the heart and the circulation had remained almost at a standstill ever since the time of the Greco-Roman physician Galen –1,400 years earlier. Harvey's courage, penetrating intelligence, and precise methods were to set the pattern for research in biology and other sciences for succeeding generations, so that he shares with William Gilbert, investigator of the magnet, the credit for initiating accurate experimental research throughout the world.]
27. [For Galen and Hippocrates, see Coxe (John Redman), *The Writings of Hippocrates and Galen* [epitomised from the Original Latin translations, by Redman John], Philadelphia: Lindsay & Blakiston, 1846, 681 p.)]
28. [see Galen, *On the Natural Faculties* [with an English translation by John Arthur], London: W. Heinemann; New York [etc.]: D. Appleton and Company, 1916, iv + 339 + [1] p.]
29. [*On the Affected Parts* or *De Locis Affectis*, see *Galen on the affected parts* [translation from the Greek text with explanatory notes by Siegel Rudolph E.], Basel; New York: S. Karger, 1976, x + 233 p.]

30. [The oldest known classification of temperaments is considerably more than 2,000 years old, and the names associated with that classification are still in daily use. It originated with a Greek medical school known as the Hippocratic School, and was based on a theory about the varying proportions of four juices or "humors" in the body. The four liquids were alleged to be blood, yellow bile, black bile, and phlegm. Accordingly, as one or another of these four liquids preponderates, there results the *sanguine* temperament (blood), *choleric* temperament (yellow bile), the *melancholic* temperament (black bile), or the *phlegmatic* temperament. The sanguine temperament is quick, predisposed to pleasant emotions, but weak, and inclined to change quickly from one interest to another. The choleric temperament is predisposed to anger, and emotionally quick and strong. The melancholic temperament is predisposed to sad emotions, slow and weak. The phlegmatic temperament is slow, lacking in vivacity, but calm and strong. The terms for the temperaments were introduced in the Middle Ages by an Arab physician. In antiquity, the four humors of the body were thought to be analogous to the four world-elements in philosophy, earth, air, fire, and water.]

31. [see Galen, *On the properties of foodstuffs* [*De alimentorum facultatibus* / Galen; introduction, translation, and commentary by Powell Owen; with a foreword by Wilkins John], Cambridge; New York: Cambridge University Press, 2003, xxvi + 206 p.]

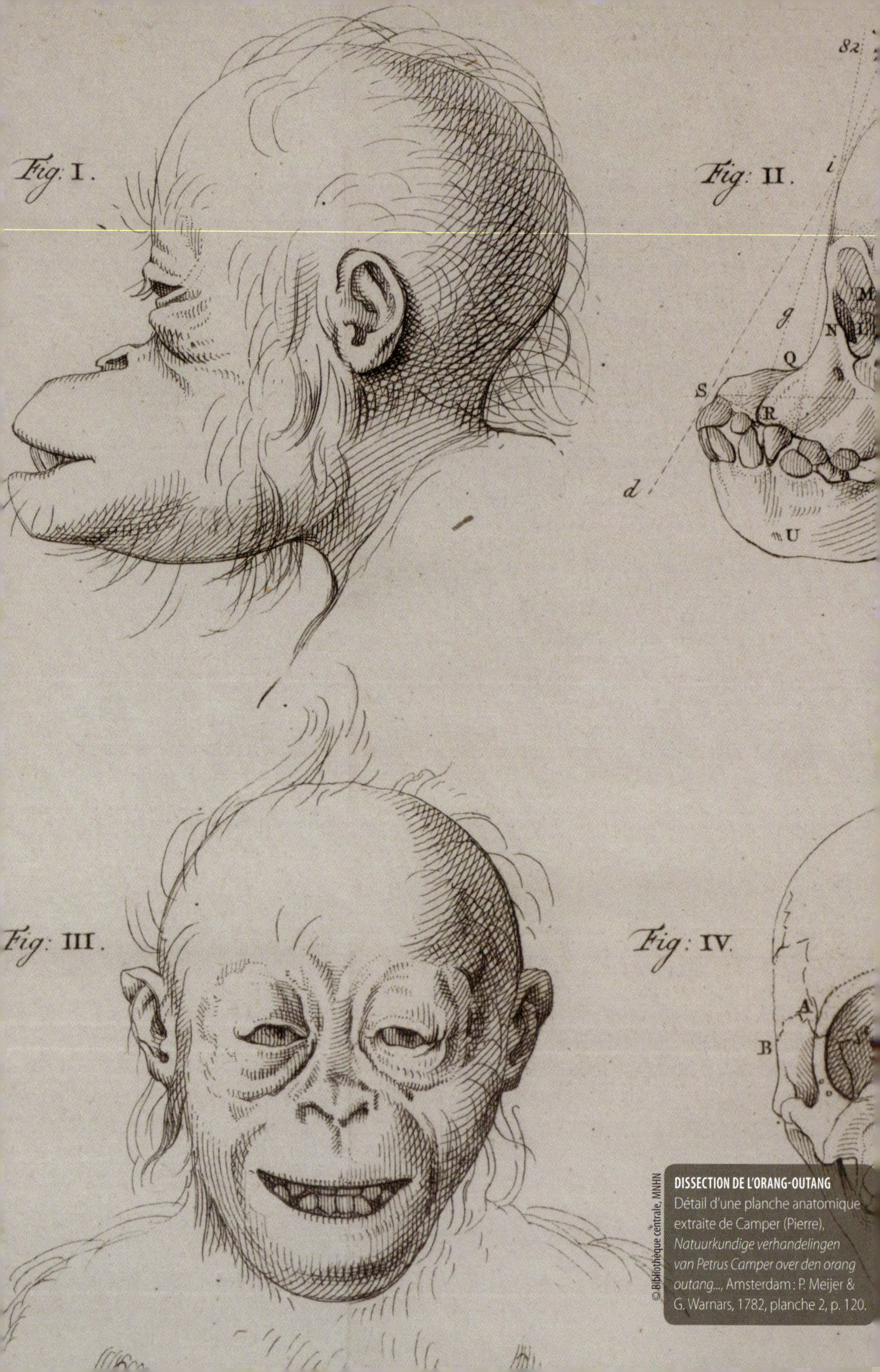

DISSECTION DE L'ORANG-OUTANG
Détail d'une planche anatomique extraite de Camper (Pierre), *Natuurkundige verhandelingen van Petrus Camper over den orang outang...*, Amsterdam : P. Meijer & G. Warnars, 1782, planche 2, p. 120.

16 Galien de Pergame

Galien naquit en 131, sous le règne d'Adrien, dans la ville de Pergame, fameuse par son temple d'Esculape, et autrefois le siège d'un royaume où il existait de riches bibliothèques et où les sciences avaient conservé quelque faveur. Le père de Galien, qui se nommait Nicon, jouissait d'une fortune considérable et possédait des connaissances étendues en philosophie, en astronomie, en géométrie et surtout en architecture, dont il faisait sa principale occupation. Il fut le premier précepteur de son fils, qu'il nomma *Galien* à cause de sa douceur ; ensuite il le confia aux maîtres les plus distingués de son temps pour qu'ils lui enseignassent la philosophie et les belles-lettres.

De l'école des stoïciens dans laquelle Galien étudia d'abord, il passa successivement dans celles des académiciens, des épicuriens et des péripatéticiens. Il combattit quelquefois dans ses ouvrages l'épicuréisme et le stoïcisme. Mais il s'attacha spécialement à la secte péripatéticienne, sans cependant en suivre aveuglément les principes. On peut le considérer comme le dernier des sectateurs célèbres de la doctrine d'Aristote. C'est dans cette école surtout qu'il puisa cette force de dialectique qui dans la suite le rendit si redoutable à ses antagonistes.

Galien n'avait que dix-sept ans lorsque son père, qui croyait aux songes, en eut un par suite duquel il se décida à faire étudier la médecine à son fils. À vingt-un ans Galien écrivit quelques livres sur l'art médical. À vingt-deux ans, ayant perdu son père, il se rendit à Smyrne, où il entendit les leçons de Pélops[1]. Il alla ensuite à Corinthe pour suivre l'enseignement d'un médecin, nommé Numisianus[2], qui développait alors la doctrine de Quintus[3], anatomiste fameux qui était mort sans avoir rien écrit. Ardent dans ses études, Galien questionnait tous les élèves de Quintus, et notait tout ce qu'il apprenait des découvertes de ce médecin. Il a même consigné dans ses ouvrages toutes les notions qu'il avait ainsi recueillies, et il en indique la source. Toujours sollicité par la passion de la science, Galien visita les lieux d'où provenaient les médicamens les plus renommés. Il vit en Lycie des mines de jayet[4], et observa l'asphalte en Palestine[5]. En Égypte, et principalement à Alexandrie, il étudia l'anatomie ; mais il n'y acquit pas de grandes notions sur cette branche importante de la médecine. Les personnes qui étaient alors chargées de la fonction des embaumemens négligeaient beaucoup l'étude de l'anatomie, et il ne vit qu'un ou deux squelettes humains.

Galien voyageait souvent à pied, afin de mieux voir et de multiplier ses observations. La diversité des langues n'était pas un obstacle à ce qu'il s'instruisît en voyageant ; car il connaissait tous les dialectes de la langue grecque, la langue latine, l'éthiopienne et la persane.

À vingt-huit ans il retourna à Pergame, et fut nommé par le pontife au singulier emploi de médecin des gladiateurs. Une sédition survenue dans la ville, le fit partir pour Rome, où il ouvrit des cours d'anatomie qui lui donnèrent beaucoup de célébrité ; mais bientôt persécuté par les médecins envieux de son talent, il fut obligé de quitter Rome au moment où une épidémie venait d'y éclater : son départ dans cette circonstance l'a fait taxer de lâcheté fort injustement. Il voyagea de nouveau pour s'instruire, visita les mines qui donnaient les sulfates de zinc et de cuivre employés de son temps en médecine[6]. En Judée il étudia le baumier, et vit à Lemnos[7] les carrières d'où l'on tirait la terre sigillée[8]. Il reconnut que cette substance, fort inexactement décrite, n'était qu'une argile ordinaire.

À trente-huit ans. Galien fut appelé à Aquilée[9] par les empereurs Lucius Verus[10] et Marc-Aurèle, pour combattre une épidémie qui avait éclaté parmi les troupes romaines. Verus s'étant mis en route pour Rome, d'après le conseil de Galien, mourut avant d'être arrivé à sa destination.

Dans ses guerres contre les Germains, Marc-Aurèle n'emmena pas Galien avec lui ; il le laissa auprès de son fils Commode, qui n'avait qu'une santé très-délicate. On a prétendu que Galien n'était pas resté au près du prince qui lui avait été confié, parce qu'il avait reconnu son mauvais naturel ; suivant les mêmes auteurs, il serait retourné dans sa patrie, et il y serait mort l'an 200, âgé de soixante-neuf ans. Cependant il paraît qu'il fut encore à Rome avant sa mort, car on lit dans son Traité de la Thériaque[11], qu'il composa ce remède pour l'empereur Sévère.

Galien eut le rare bonheur de jouir de toute la gloire que son génie méritait ; de son vivant il fut regardé comme l'idéal du grand médecin. Durant tout le Moyen Âge, il régna aussi sans contradiction. Il fut copié et recopié pendant les XIVe, XVe et XVIe siècles par tous les auteurs qui écrivirent sur la médecine, comme Dioscoride et Pline le furent par ceux qui s'occupèrent de matière médicale ou d'histoire naturelle.

Les Arabes n'ont pas eu de médecin grec autre que Galien, qu'ils ont traduit en arabe. Il a été leur seul guide en anatomie, et ils n'ont jamais rien su de plus que lui dans cette science, parce que les préjugés de leur nation ne leur permettaient pas de se livrer aux dissections du corps humain.

Lorsque l'on considère combien les circonstances au milieu desquelles Galien était placé furent peu favorables au développement des sciences naturelles, on ne peut que s'étonner des progrès qu'il a fait faire à l'anatomie et à la physiologie. Il a enrichi ces deux sciences d'une foule de vérités dont on n'aperçoit aucun germe dans les écrits de ses prédécesseurs, ou si ces auteurs les avaient aussi découvertes, ils les avaient exposées dans des ouvrages qui ne sont pas arrivés jusqu'à nous.

Galien nous apprend que, de son temps, Erasistrate était l'auteur le plus suivi pour l'anatomie : aussi est-ce de lui qu'il s'occupe le plus souvent, soit pour rectifier ses erreurs, soit pour confirmer ses opinions.

Au milieu de sa vie extrêmement active, Galien trouva le moyen d'écrire près de cinq cents rouleaux qui auraient pu fournir la matière de quatre-vingts volumes in-8°. Ces écrits étaient si estimés qu'on les déposa dans le Temple de la Paix[12] ; mais cette précaution même leur fut fatale : le Temple de la Paix ayant été incendié sous le règne de Commode[13], une partie des écrits de Galien fut détruite. Heureusement le nombre de ceux qui nous restent est encore considérable.

Dans le catalogue que Galien a fait lui-même pour indiquer l'ordre de la lecture de ses livres, il les divise en quatre classes. Il conseille de lire d'abord son traité des *Sectes*[14], afin de connaître tous les systèmes ; car autrement il pourrait arriver qu'on admît comme vérités, certaines propositions d'un système dont la fausseté serait démontrée par un système différent.

Ensuite il veut qu'on passe à l'étude de l'anatomie et de la physiologie ; puis à celles de l'hygiène, de la pathologie, de la séméiotique ou des pronostics et de la thérapeutique ; enfin qu'on lise ses divers ouvrages sur Hippocrate.

La totalité des écrits de Galien s'élève à cent quatre-vingt-deux. Mais comme nous n'avons pas pour objet de faire un cours de médecine, nous ne nous occuperons que de ceux qui sont relatifs aux sciences naturelles proprement dites.

En anatomie, Galien a écrit plusieurs traités sur les os, sur les muscles, les nerfs, les veines, les artères, l'organe de la vue, l'utérus, l'odorat, et d'autres traités particuliers qui sont renfermés dans son grand ouvrage intitulé : *Des Administrations anatomiques*[15]. Neuf seulement des quinze livres qui composaient cet ouvrage sont arrivés jusqu'à nous. On y admire la sagacité des détails et les preuves nombreuses des observations physiologiques qu'a dû faire l'auteur.

On y voit aussi que l'étude de l'anatomie éprouvait au temps de Galien des difficultés extrêmes. La dissection des sujets adultes était alors presque impossible. Quelques médecins seulement trouvaient le moyen de disséquer des enfants qu'on avait laissé expirer dans les lieux où ils avaient été exposés. Les chirurgiens de l'armée de Germanie ouvraient quelquefois le corps d'ennemis trouvés sur le champ de bataille ; mais c'était toujours sans résultat important pour la science de l'anatomie.

Il ne paraît pas que Galien ait pratiqué personnellement la dissection des cadavres humains, car il ne le dit nulle part. Mais il avait vu quelques ossements d'hommes, sortis de leur sépulture par suite de l'éboulement des terres qui les couvraient ; il avait même eu l'avantage de posséder le corps d'un malfaiteur qu'on avait laissé exposé aux vautours. Mais il ne paraît pas qu'il ait pu conserver son squelette.

Galien conseille de se livrer à la dissection des animaux dont l'organisation se rapproche le plus de celle de l'homme, afin de suppléer autant que possible aux observations qu'il n'est pas possible de faire sur l'homme même. Il indique particulièrement comme utile à disséquer une espèce d'animal à tête ronde et à canines peu saillantes, que Camper[16] avait cru être l'orang-outang, mais que nous pensons être le magot[17], espèce commune d'Afrique, qui, dans sa jeunesse, a en effet la tête ronde et les canines peu saillantes.

Galien n'avait pour disséquer d'autres instruments que le scalpel et les pinces. Du reste on ignorait de son temps l'art des injections, ainsi que celui de la conservation des corps dans des liquides. La distillation du vin pour en retirer l'eau-de-vie n'était pas encore pratiquée. Le dessin était le seul moyen qu'on eût pour faire connaître avec exactitude les objets dont l'anatomie avait découvert ou la structure ou la fonction.

Dans les cinq premiers livres des *Administrations anatomiques*, Galien traite des muscles. Les descriptions qu'il en donne sont un peu courtes, mais elles sont fort claires. On reconnaît bien qu'elles ont été faites d'après le singe, et non sur l'homme. Toutes les fois qu'il décrit des muscles qui diffèrent chez l'homme et chez le singe, on voit que sa description s'applique aux muscles du singe. La même remarque se fait en ostéologie. Galien enseigne que la mâchoire supérieure est composée de quatre os. Ce nombre est en effet exact, quant au singe; mais il ne l'est pas pour l'homme, dont la mâchoire n'est composée que de deux os. Dans sa description du sacrum, Galien énumère aussi moins d'os qu'il n'y en a dans le sacrum de l'homme; mais sa description s'applique au singe fort exactement.

Toutefois le carpe présente une exception: Galien le décrit tel qu'il existe chez l'homme.

Dans le sixième livre des *Administrations*, l'auteur traite des organes de la digestion. On y remarque des observations parfaitement justes d'anatomie comparée. Il donne une description des organes de la digestion chez les singes, les ours, les chevaux, les ruminans, et classe ces organes d'après l'analogie qu'ils lui ont présentée avec ceux de l'homme. Il décrit surtout les dents avec beaucoup d'exactitude, et confirme cette observation d'Aristote, que tous les animaux qui n'ont pas d'incisives à la mâchoire supérieure, ont plusieurs estomacs.

Galien admet dans l'éléphant une vésicule biliaire. Les naturalistes en avaient contesté pendant long-temps l'existence; mais on a reconnu que Galien avait raison. Seulement il aurait dû faire observer que chez les éléphans la vésicule est placée autrement que chez les autres quadrupèdes.

Dans son septième livre, où il insiste beaucoup pour prouver que le cœur n'est pas un muscle et que sa chair est différente de celle des autres muscles, il combat vivement l'opinion des médecins qui étaient d'un avis contraire, et pourtant ils avaient raison. Galien, dans le même livre, fait l'historique de la dissection d'un éléphant à laquelle il avait assisté à Rome. Il dit qu'avant l'ouverture du corps il avait assuré que l'on y trouverait un cœur double semblable à celui de tous les animaux qui respirent l'air, tandis que d'autres médecins avaient pensé que le cœur serait triple, conformément à une opinion exprimée par Aristote.

Dans le huitième livre, où il continue de traiter des organes de la respiration ou plutôt de ceux qui sont renfermés dans le thorax, Galien se montre expérimentateur fort exercé. Haller[18] admirait l'adresse avec laquelle il savait couper les nerfs récurrens lorsqu'il voulait prouver l'influence qu'ils exercent sur la voix. Ses expériences avaient été faites sur le verrat, et il avait remarqué que la voix de cet animal diminuait beaucoup quand un des nerfs récurrens avait été coupé, et qu'elle s'éteignait entièrement lorsqu'ils avaient été coupés tous les deux. Galien avait fait beaucoup d'expériences sur la perforation du thorax, et son adresse était parvenue jusqu'à enlever des côtes à un animal sans léser sa plèvre. Dans ces derniers temps M. Richerand[19] est parvenu à faire la même opération sur un homme affecté d'un cancer. Des expériences analogues ont été faites aussi de nos jours dans l'intérêt de la physiologie.

Galien, dans le neuvième livre de ses Administrations anatomiques, où il traite du cerveau et de la moelle épinière, décrit très-exactement le cerveau, particulièrement le *septum lucidum*[20], et l'aqueduc faussement nommé de Sylvius[21], puisqu'il a été décrit pour la première fois par Galien.

Comme nous l'avons dit, les six derniers livres des *Administrations anatomiques* sont perdus. On ne peut s'en faire une idée approximative qu'en consultant quelques traités particuliers dans lesquels l'auteur a eu occasion de reparler des descriptions qu'il avait faites dans les six livres que nous regrettons.

Nous allons maintenant examiner un écrit de Galien, intitulé *de l'Usage des parties du corps humain*[22]. L'auteur le composa à Rome, à l'âge de trente-six ans, pendant qu'il était à la cour de Marc-Aurèle, en qualité de médecin de son fils Commode. Cet ouvrage, qui se compose de dix-sept livres, est l'un des plus parfaits de l'antiquité, et peut être considéré comme une longue et excellente application du principe des causes finales. Il fut écrit sous une influence religieuse ; car, l'auteur y dit : « Je compose une hymne en l'honneur du Créateur ». Il cherche, en effet, à prouver surtout que chaque partie du corps humain est formée sur un plan conçu par une intelligence supérieure, et qu'elle est parfaitement appropriée à son usage. Il en donne pour première preuve la conformation de la main de l'homme, et il serait difficile, en effet, d'imaginer un organe qui paraîtrait plus évidemment destiné à son usage. Galien fait voir l'énorme différence qui existe entre la main de l'homme et celle du singe. Il montre que celle-ci est incapable de faire les mouvemens délicats que la main de l'homme exécute. Les doigts et le pouce du singe sont mal proportionnés, les premiers sont trop longs ou l'autre est trop court. La seule supériorité de ces instruments donne à l'homme la prééminence sur tous les animaux.

Galien examine ensuite la conformation du pied. Il remarque que celui de l'homme diffère beaucoup du pied de tous les autres animaux ; le pied de l'homme ne lui permet pas, comme celui du singe, qui est un pied-main, de grimper aisément sur les arbres ; mais il pose à plat sur le sol et fournit à l'homme une base suffisamment solide pour se tenir debout. L'homme ainsi n'a pas besoin de se servir, comme le singe, de ses membres antérieurs pour soutenir son corps ; il emploie ses bras à un autre usage.

Dans le sixième livre, Gallien donne du cœur une description parfaitement exacte. Il connaît très-bien ses valvules, ainsi que les veines coronaires ; il décrit avec exactitude la partie du cœur qu'on nomme trou de Botal[23], et à laquelle on aurait dû donner le nom de Galien, puisque c'est lui qui le premier l'a fait connaître d'une manière certaine. C'est aussi lui qui a le premier formulé cette vérité, sans exception ; que le cœur est double chez tous les animaux à sang chaud, et simple, au contraire, c'est-à-dire composé d'une seule oreillette et d'un seul ventricule, chez tous les animaux à sang froid.

Néanmoins ce que Galien dit du cœur n'est pas toujours également exact. Ainsi il se trompe lorsqu'il place le cœur au milieu de la poitrine, comme il l'avait toujours vu chez les animaux ; et il se trompe encore lorsqu'il énonce, comme véritables, ces propositions, que l'artère pulmonaire porte au cœur un suc nourricier, et que la veine y fait pénétrer de l'air. Ces erreurs viennent de ce qu'il n'avait aucune idée de la circulation du sang.

Sa théorie de la respiration, exposée dans le septième livre, ne diffère pas de celle d'Aristote, de celle de toute l'antiquité ; il croit l'introduction de l'air dans les poumons destinée à rafraîchir le sang, ce qui est précisément le contraire des conséquences auxquelles nous conduisent nos connaissances chimiques.

Le huitième et le neuvième livre traitent du cerveau et des nerfs. On voit par la description que Galien donne du cerveau qu'il avait fait sur cet organe plusieurs découvertes. Ainsi, il connaissait très-bien ses mouvemens alternatifs d'élévation et d'abaissement, et savait qu'ils étaient subordonnés à la respiration. Il se trompait seulement sur leur cause ; il les attribuait à l'introduction d'une certaine quantité d'air dans les ventricules ; tandis qu'ils ne sont produits que par l'afflux du sang dans la cavité cérébrale, et par la sortie du sang de cette même cavité.

C'est encore à Galien que nous devons la première description exacte qui ait été faite des couches optiques, et la connaissance des enveloppes de cerveau. À la vérité il place dans le cerveau de l'homme le *rete mirabile*, qui ne se trouve que dans les animaux ; mais c'est encore là une suite de l'impossibilité où il fut de disséquer des cadavres humains. Cette erreur, comme beaucoup d'autres, est excusable, parce que Galien ne l'aurait pas commise s'il avait eu les facilités que nous avons maintenant pour disséquer toutes espèces de corps.

Galien décrit exactement les sinus du cerveau et les paires de nerfs qui sortent de cet organe ; seulement il fait quelque confusion en parlant du trajet des nerfs. Du reste, il savait parfaitement que ces cordons aboutissent tous, soit au cerveau, soit à la moelle épinière. Il pensait que les nerfs qui se rendent au cerveau servaient aux sensations, et que ceux qui aboutissent à la moelle épinière servaient à la locomotion.

Dans le dixième livre, où il traite des yeux, Galien fait de nouveau une excellente application du grand principe des causes finales. Il fait voir que l'organe de la vue est évidemment construit pour diriger la lumière sur un nerf déterminé, et que la rétine est ce nerf épanoui. Il donne une anatomie exacte des points et des conduits lacrymaux. Mais évidemment c'est encore sur les animaux, sur le mouton, cette fois, que Galien a étudié l'œil, car il met au nombre des muscles de cet organe, le conaoïde[24] qui n'existe pas dans l'homme.

Le onzième livre de l'*usage des parties* est consacré aux parties extérieures de la tête. L'auteur y fait remarquer avec justesse que les muscles temporaux destinés à mouvoir la mâchoire inférieure, sont toujours proportionnés à la ténacité des substances dont chaque animal est obligé de se nourrir, et que c'est chez l'homme que ces mêmes muscles ont le moins de développement comparativement à sa taille.

La forme des dents fait faire à Galien des remarques analogues. Il observe que cette forme varie comme les espèces, et qu'elle se trouve toujours en harmonie avec les autres parties des organes de la nutrition, et avec l'ensemble de l'organisation animale.

Dans son douzième livre, Galien trouve encore matière à des réflexions favorables au principe des causes finales. Il lui paraît évident que l'articulation de la tête sur le tronc est le résultat d'un plan préconçu et réalisé pour arriver à un but déterminé ; car aucun autre mode d'articulation n'aurait pu s'harmoniser aussi parfaitement avec la conformation des pieds et des mains de l'homme, et aucun autre animal non plus ne pourrait avoir la tête placée comme l'est celle de l'homme, sans qu'il en résultât une gêne plus ou moins fatigante.

Le treizième livre de l'*usage des parties*, traite de la moelle épinière et des nerfs qui en sortent.

Le quatorzième livre est consacré aux organes de la reproduction.

Le quinzième montre les différences qui existent entre l'adulte et le fœtus.

Dans le seizième, l'auteur traite de la distribution générale des nerfs, des artères et des veines, et il décrit ces vaisseaux aussi bien qu'il était possible de le faire à une époque où l'art des injections était encore ignoré.

Nous savons maintenant que durant la vie les artères sont pleines de sang, et qu'après la mort seulement elles sont vides. Du temps de Galien les médecins qui, dans leurs dissections, avaient toujours trouvé les artères vides, croyaient que durant la vie elles contenaient de l'air. Galien, contrairement à cette opinion, soutient que la fonction des artères est de contenir du sang et non pas de l'air. Au moyen de deux ligatures faites à une artère, il avait démontré cette vérité importante ; car l'artère, ouverte au milieu de ces deux ligatures, avait laissé jaillir du sang immédiatement. Il devenait ainsi certain que le sang était contenu dans le vaisseau avant son ouverture, et qu'il n'y était pas attiré par la lésion de l'artère, comme le prétendaient les médecins de son temps.

Galien démontre d'ailleurs que le cœur contient aussi du sang et non pas de l'air.

Ainsi éclairé sur plusieurs points de la grande question de la circulation du sang ; sachant que les artères sont, comme les veines, naturellement pleines de sang, que les battements du cœur sont isochrones avec ceux des artères ; connaissant suffisamment la structure du cœur, on s'étonne que Galien, doué d'un esprit très-philosophique, très-généralisateur, et remontant aux causes beaucoup mieux qu'Hippocrate, n'ait pas fait la découverte qui a immortalisé Fabricius d'Aquapendente[25] et Harvey[26]. Peut-être son opinion erronée sur l'origine des veines, qu'il croyait venir toutes du foie, est-elle la cause de l'ignorance où il est resté sur la circulation du sang.

Galien a décrit encore, dans le seizième livre de son ouvrage sur l'usage des parties, l'origine des nerfs optiques, et c'est à lui que la découverte en est due.

Son dix-septième livre contient des réflexions générales destinées à faire voir l'utilité de tout l'ouvrage et l'existence d'une intelligence suprême et créatrice.

Comme nous l'avons dit déjà, cet ouvrage est sans contredit l'un des plus beaux de l'antiquité par la perfection de son ensemble et de ses détails ; il place son auteur à côté d'Aristote.

Galien a composé plusieurs autres traités de peu d'étendue. Bien qu'ils contiennent tous quelques vérités nouvelles et intéressantes, nous ne pensons pas devoir en donner une liste.

Dans son écrit sur les *Opinions d'Hippocrate*[27], Galien soutient pour la première fois, que les facultés intellectuelles ont leur siége dans la tête, et il combat à cette occasion l'opinion des stoïciens, qui plaçaient ces facultés dans le cœur.

Le traité des *Facultés naturelles*[28] fait connaître l'usage des reins, que Galien avait découvert d'une manière ingénieuse et tout-à-fait concluante, en faisant la ligature des uretères.

Le même traité contient des opinions erronées sur la structure des muscles. L'auteur y énonce que la contraction de ces organes s'effectue principalement à leur extrémité. Il pense que le tendon est un mélange de parties nerveuses et tendineuses, dans lequel réside exclusivement la faculté contractile. Nous savons, aujourd'hui, que c'est précisément le contraire qui est la vérité.

Ceux qui veulent avoir une idée complète des connaissances physiologiques de Galien, ne peuvent se dispenser d'étudier son traité de *Locis affectis*[29] (des lieux affectés dans chaque maladie). On y remarque que ce grand médecin savait que la moelle épinière est le siège de certaines paralysies. Il rapporte une observation dans laquelle il appliqua sur le dos des remèdes qu'il destinait à guérir une paralysie de la main, survenue à la suite d'une chute. Mais, en général, Galien accorde beaucoup trop d'importance à la division des tempéraments fondée sur ses quatre humeurs principales : le sang, la bile, l'atrabile et la lymphe[30].

Les ouvrages de Galien sur l'hygiène et la matière médicale intéressent les naturalistes, parce qu'ils contiennent des détails sur diverses substances naturelles. Du reste, les principes de sa thérapeutique sont fort simples. Si une maladie lui paraît produite par un excès d'humidité, il y oppose des remèdes qu'il nomme secs ; et réciproquement il applique des remèdes humides contre les maladies qui sont attribuées à un excès de sécheresse. Il oppose aussi le froid aux affections résultant de l'excès du chaud et réciproquement.

Chacun connaît la bizarre pharmacie de Galien : on sait qu'il faisait entrer dans ses médicaments une multitude de simples rassemblés pour ainsi dire au hasard, ou d'après des théories fautives, et qui se détruisent mutuellement. Ce singulier mélange n'empêche pas qu'on n'y trouve quelques détails intéressants pour les naturalistes.

Il en est de même de son *Traité sur les Facultés des Aliments*[31]. Dans cet écrit, divisé en trois livres, Galien indique les substances nutritives qui sont de facile digestion, et celles qui se digèrent difficilement. Le premier livre est consacré aux aliments tirés du blé, des autres graminées et de quelques légumes. Ces indications sont intéressantes, en ce qu'elles nous font connaître les graminées qui étaient connues des anciens.

Dans son deuxième livre, Galien traite des fruits, des champignons et des herbes, telles que les épinards, par exemple. On voit par ce livre que les anciens avaient des connaissances fort étendues sur les soins qu'il fallait donner aux arbres.

Dans le troisième livre, Galien indique les propriétés des aliments qui sont tirés du règne animal. Ses indications ont permis de déterminer surtout plusieurs espèces de poissons.

En résumé, Galien mérite notre admiration comme naturaliste et comme médecin. Il a fait tout ce qu'il était possible de faire au temps où il vivait.

Aristote est sans aucun doute un génie supérieur à Galien dans les sciences spéculatives, parce qu'Aristote s'était livré surtout à l'étude de la philosophie, et que Galien ne s'était adonné qu'à celle de la médecine.

Mais Galien surpasse de beaucoup Aristote comme anatomiste, comme physiologiste et comme médecin. Il est le dernier anatomiste véritable que l'antiquité ait produit, comme Oppien en est le dernier naturaliste.

Comment se fait-il qu'après le développement donné aux sciences par Galien cinq cents ans après Aristote, ces sciences aient été presque abandonnées par toutes les intelligences actives des siècles suivants ? Nous rechercherons les causes de ce phénomène moral dans la prochaine séance.

NOTES

1. [Pélops, étudiant de Numisianus, et plus tard professeur d'anatomie à Smyrne au temps de Galien ; à ne pas confondre avec Pélops de la mythologie grecque, fils de Tantale et petit-fils de Zeus qui, alors qu'il était enfant, fut découpé en morceaux par son père, et servi aux dieux comme festin.]
2. [Numisianus, étudiant de Quintus et professeur de Pélops qui enseigna l'anatomie à Corinthe. On dit de lui qu'il écrivit des livres de valeur sur l'anatomie et qu'il commenta certains ouvrages d'Hippocrate, mais aucune de ses œuvres ne nous est parvenue (voir Grmek (Mirko D.) & Gourevitch (Danielle), « L'École médicale de Quintus et de Numisianus », *in* Sabbah (Guy) (sous la dir.), *Études de médecine romaine*, Saint-Étienne : Publications de l'Université de Saint-Étienne, 1989, pp. 43-60 (Mémoires ; VIII)).]
3. [Quintus, professeur de Numisianus, que Galien – bien que prônant rarement l'éloge des médecins autres que lui-même – considérait comme le « meilleur médecin de son temps » (*cf.* De praenotione ad Posthumum, *in* Galien (Claude), *Œuvres complètes* [selon le plan de Jouanna Jacques & Boudon Véronique ; trad. par Garofalo Ivan & Debru Armelle], Paris : Les Belles Lettres, 2000-2008, 8 vol.) Quintus ne pratiqua pas de dissections de cadavres humains, mais selon la pratique de l'époque, il effectua des dissections (la plupart du temps des vivisections) d'animaux considérés proches de l'homme, tels que les singes, les cochons, et les chèvres.]
4. [Le jayet, ou jais, est une pierre semi-précieuse d'origine organique. Son nom provient du grec Lithos Gagates, qui signifie « Pierre de Gagas ». Gagas était une ville d'Asie Mineure (Turquie). Ce nom devint en français jayet et en anglais jet. Le jayet se forme à partir de bois tombé dans l'eau stagnante qui s'est fossilisé, de la même manière que la lignite. Le bois provenait à l'origine d'arbres semblables au pin du Chili d'aujourd'hui (Araucaria). La structure d'origine du jais, semblable au bois, peut s'observer au microscope ; s'ils sont présents, on peut même parfois y voir les anneaux de croissance de l'arbre.]
5. [L'asphalte est une forme de bitume solide ou très dense, fortement visqueux dérivé du pétrole liquide, soit par évaporation de son composant le plus léger et le plus volatile se produisant sous certaines conditions atmosphériques, soit par métamorphose créée profondément dans les couches de la Terre.]
6. [Le sulfate de zinc ou vitriol blanc, est utilisé en médicine comme astringent et tonique, et à dose plus élevée, comme vomitif. Pris en overdose, il agit comme un poison irritant. Le sulfate de cuivre, ou vitriol bleu (parfois appelé vitriol romain) est fabriqué à grande échelle et est utilisé en médecine, principalement comme substance corrosive pour éliminer les granulations excessives, et aussi comme stimulant local.]
7. [Lemnos, en grec moderne Limnos, est une île isolée grecque de la mer Égée, à mi-chemin entre le mont Athos (au nord-est de la Grèce) et la côte turque, dans le département de Lesbos.]
8. [La terre sigillée est une argile fine utilisée pour faire des estampilles dans la production de sceaux.]
9. [Aquilée est une ville de la région du Frioul-Vénétie au nord-est de l'Italie, bordant la Suisse et la Croatie, non loin de la côte Adriatique, connue pour ses ruines romaines.]

10. [Lucius Verus, nom complet Lucius Aurelius Verus (né le 15 décembre 130, mort en 169), co-empereur romain avec Marc Aurèle (161-169). Bien qu'il jouisse du même statut et des mêmes pouvoirs constitutionnels, il n'eut pas la même autorité et il ne sembla pas capable d'assumer sa part de responsabilités.]
11. [Traité de la Thériaque ou De antidotis libri duo, voir Galien (Claude), *De antidotis libri duo, a Ioanne Gvinterio Andernaco nvnc primum latinitate donati. Eiusdem Galeni de remedijs paratu facilibus liber vnus, eodem Ioanne Guinterio Andernaco interprete*, Parisiis: Apud Simonem Colinaeum, 1533, [14] + 94 p.]
12. [Temple de la Paix : Pax, en religion romaine, était la personnification de la paix, probablement reconnue pour la première fois comme déesse par l'empereur Auguste, pendant le règne duquel beaucoup fut fait pour l'établissement du calme politique. Un autel en honneur à Pax Augusta (l'Autel de la Paix ou Ara Pacis) fut édifié en 9 av. J.-C. et un grand Temple de la Paix fut construit par l'empereur Vespasien en 75 apr. J.-C.]
13. [Commode, empereur romain de 177 à 192 ; voir Leçon 11, note 78.]
14. [Dans l'histoire de la médecine grecque, trois écoles ou sectes furent importantes, les empiriques, les dogmatiques, et les méthodiques. On peut comparer les différentes opinions et points de vue de chacune de ses sectes dans deux des ouvrages de Galien, *Des Sectes aux Étudiants* et *De la Méthode Thérapeutique* (voir Galien (Claude), *Œuvres complètes* [selon le plan de Jouanna Jacques & Boudon Véronique ; trad. par Garofalo Ivan & Debru Armelle], Paris : Les Belles Lettres, 2000-2008, 8 vol.)]
15. [*cf. Administrations anatomiques de Clavde Galien. Traduictes fidelement du Grec en François, par M. Iaques Dalechamps, docteur en Medicine, & lecteur ordinaire de chirurgie à Lyon*, Lyon : Benoist Rigaud Libraire imprimeur, 1572, [8] + 224 p.]
16. [Pierre Camper (né en 1722 à Leiden ; mort en 1789 à La Haye), brillant anatomiste, et peut-être l'homme à qui l'on doit de rendre l'étude de l'anatomie comparative intéressante. Grâce à ses découvertes provocatrices, il devint professeur à Franeker en 1749, à Amsterdam en 1755, et à Groninguen en 1763 ; il fut également membre du conseil d'état des provinces unies des Pays-Bas en 1787. Il ne publia aucune œuvre de grande valeur, mais il nous reste de nombreux essais qu'il écrivit, lesquels font partie des principales académies. Après sa mort, son fils Adriaan Gilles Camper (1759-1820), publia ses descriptions anatomiques de l'éléphant (1802 ; voir Bruggen (Adolph Cornelis van) & Pieters (Florence F. J. M.), « Notes on a drawing of Indian elephants in red crayon by Petrus Camper (1786) in the archives of the Rijksmuseum van Natuurlijke Historie », *Zoologische Mededelingen*, Leiden, vol. 63, n° 19, 1990, pp. 255-266.) et de la baleine (1820), lesquelles reposent sur ses notes et illustrations.]
17. [Le magot, ou macaque berbère (*Macaca sylvana*), est un macaque sans queue vivant en groupes en Algérie, au Maroc, et sur le Rocher de Gibraltar. Le macaque berbère mesure environ 60 centimètres de long, son long pelage est de couleur ocre-fauve et son visage est sans poil, de couleur rose pale. C'est le seul singe sauvage d'Europe et il se peut qu'il ait été apporté vers l'ouest lors de l'expansion territoriale musulmane arabe du Moyen Âge. La légende raconte que le dominion britannique se terminera lorsque le magot disparaitra de Gibraltar.]
18. [Albrecht von Haller (16 octobre 1708-12 décembre 1777, Berne), biologiste Suisse, père de la physiologie expérimentale ; il apporta d'importantes contributions à la physiologie, l'anatomie, la botanique, l'embryologie, la poésie et la science (voir Siegrist (Christoph), *Albrecht von Haller*, Stuttgart : J. B. Metzlersche, 1967, 70 p.)]
19. [Balthasar Anthelme Richerand (4 février 1779, Belley ; 23 janvier 1840, Villenesnes), chirurgien et physiologiste français, auteur de l'ouvrage *Les Nouveaux Éléments de Physiologie*, dont une édition anglaise fut publiée en 1803 (voir Emlen (Samuel), « History of the excision of a portion of the ribs and pleura ; by M. Richerand, Principal Surgeon of the Hospital St. Louis », *The Journal of foreign medical science and literature*, vol. 9, n° 33, 1819, pp. 44-47 [extrait du *London Medical and Physical Journal* d'octobre 1818]).]
20. [Septum lucidum (également appelé le septum pellucidum) est une fine membrane triangulaire dans le cerveau qui sépare le corps calleux du corps du fornix.]
21. [Franciscus Sylvius (né le 15 mars 1614 à Hanau en Allemagne ; mort le 15 novembre 1672 à Leiden, aux Pays-Bas), médecin, physiologiste, anatomiste, et chimiste considéré comme le fondateur de la pensée iatrochimique en médicine au XVIIe siècle, laquelle considérait que les processus chimiques jouaient un rôle important dans les phénomènes du corps humain et des maladies. Ses études permirent à la médecine d'évoluer depuis des spéculations mystiques vers une application rationnelle des lois universelles de la physique et de la chimie. On doit à Sylvius la découverte, en 1641, de la fissure (fissure de Sylvius) séparant le lobe ventral, le lobe frontal et le lobe pariétal du cerveau.]
22. [*De Usu Partium*, *cf.* Galien (Claude), *De l'Usage des Parties du Corps Humain, Livres XVII* [traduicts fidellement du Grec en François par Dalechamps Jacques], Lyon : Guillaume Rouillé, 1566, 1007 p.]
23. [Le foramen ovale, autrefois appelé trou de Botal, est un orifice entre les deux oreillettes du cœur durant la vie fœtale, qui se referme normalement au moment de la naissance, ou peu après.]
24. [Conaoïde (ou conoïde) décrit une forme en entonnoir, appliquée en particulier au muscle creux attaché au globe oculaire chez de nombreux reptiles et mammifères.]

25. [Hieronymus Fabricius ab Aquapendente, voir Leçon 9, note 38.]
26. [William Harvey (né le 1er avril 1578 à Folkestone, Kent; mort le 3 juin 1657 à Roehampton, Essex), médecin anglais de renom de la première moitié du XVIIe siècle qui atteint la célébrité par la démonstration de sa théorie sur la vraie nature de la circulation du sang et sur la fonction de pompage du cœur. La connaissance fonctionnelle du cœur et de la circulation sanguine n'avait pas évoluée depuis le temps du médecin gréco-romain Galien, 1400 ans plus tôt. Le courage, l'intelligence, et la précision des méthodes d'Harvey devinrent un modèle de référence pour la recherche en biologie et autres sciences des générations qui suivirent. On lui doit, ainsi qu'à William Gilbert, chercheur de l'aimant, le début de la recherche expérimentale dans le monde.]
27. [Sur Galien et Hippocrate, voir Coxe (John Redman), *The Writings of Hippocrates and Galen* [version latine abrégée traduite par Redman John], Philadelphie : Lindsay & Blakiston, 1846, 681 p.]
28. [voir Galien (Claude), *Œuvres médicales choisies, volume 2 : Des facultés naturelles, des lieux affectés, de la méthode thérapeutique, à glaucon* [édition de Pichot André], Paris : Gallimard, 1997, 350 p. (Tel ; 236).]
29. [*De Locis Affectis*, voir Galien (Claude), *Œuvres médicales choisies, volume 2 : Des facultés naturelles, des lieux affectés, de la méthode thérapeutique, à glaucon* [édition de Pichot André], Paris : Gallimard, 1997, 350 p. (Tel ; 236).]
30. [La plus ancienne des classification des tempéraments que l'on connait a plus de 2000 ans, et les noms que l'on trouve dans cette classification sont encore utilisés aujourd'hui. Cette classification date de l'école de médecine grecque connue sous le nom de l'École d'Hippocrate, et reposait sur une théorie concernant les proportions variantes des quatre humeurs du corps : le sang, la bile, l'atrabile et la lymphe. Les tempéraments variaient selon la prépondérance de l'une ou l'autre humeur ; le tempérament sanguin (sang), cholérique (bile jaune) ; mélancolique (bile noire), ou phlegme (lymphe). Le tempérament sanguin est vif, prédisposé aux émotions agréables, mais faible et enclin à changer rapidement d'un intérêt à un autre. Le tempérament cholérique est prédisposé à la colère, vif et solide du point de vue émotionnel. Le caractère mélancolique est lent, manquant de vivacité, mais calme et solide. La terminologie concernant les caractères fut présentée par un médecin arabe au temps du Moyen Âge. Dans l'Antiquité, on pensait que les quatre humeurs du corps étaient similaires aux quatre éléments de la terre trouvés en philosophie, la terre, l'air, le feu, et l'eau.]
31. [*Traité sur les Facultés des Aliments* ou *De alimentorum facultatibus*, *cf.* l'édition ancienne Galien (Claude), *Des choses nutritives* [contenant trois livres, trad. en françois par... Jehan Masse], Paris : Michel Fezandat pour Vivant Gaultherot, 1552, [8-] + 260 + [-4] ff., in-16.]

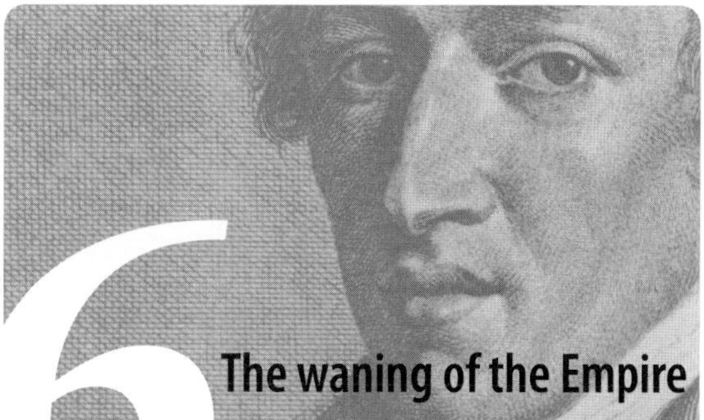

6 The waning of the Empire
Le déclin de l'Empire

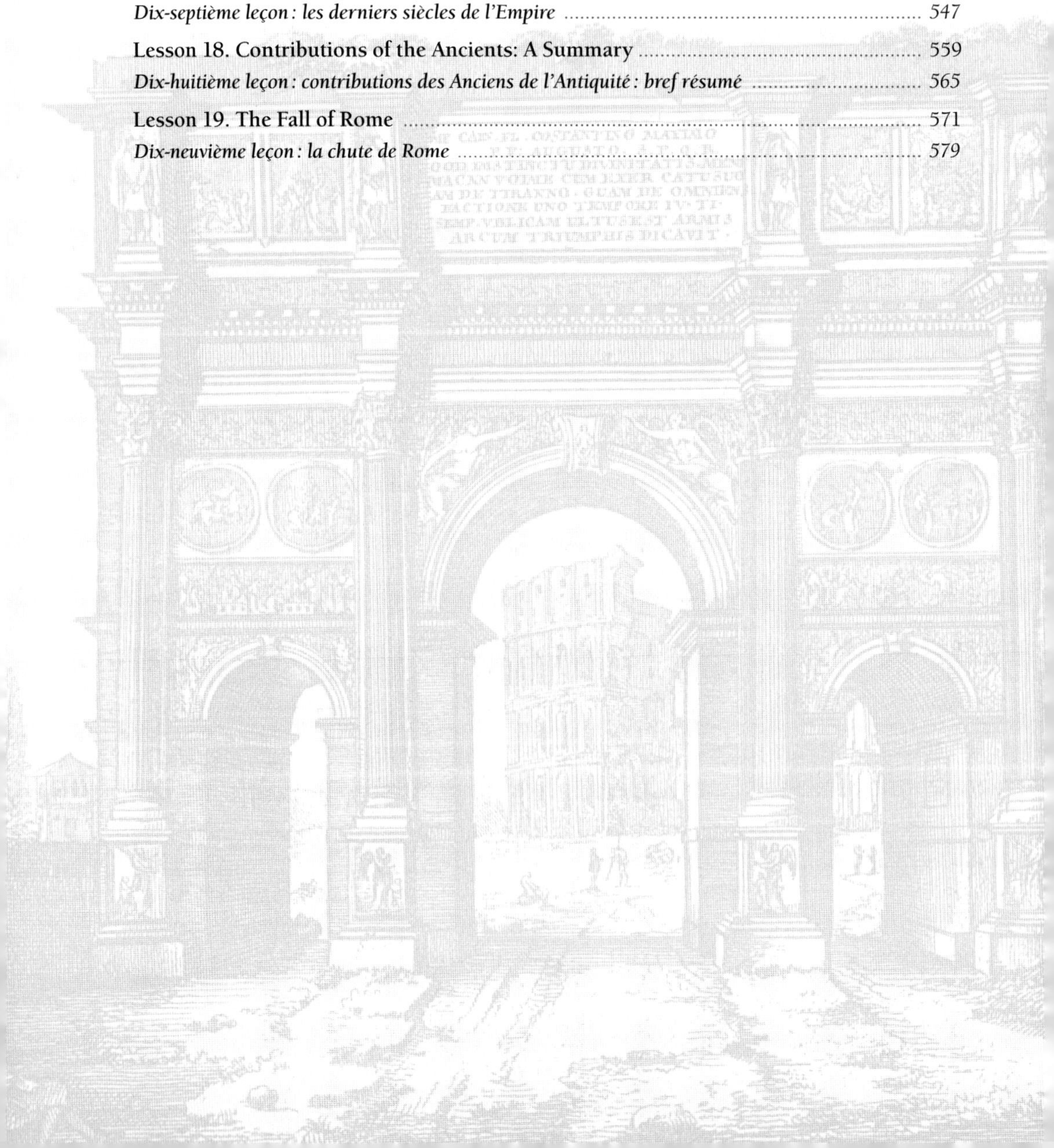

17 The Last Centuries of the Empire

We have found scarcely any original author in the second century. Athenaeus, Aelian, and Oppian, although of interest, are mere compilers. Galen alone was an observer and graced the natural sciences with discoveries. But after his death all progress ceased, and we must traverse many fruitless centuries before finding further scientific riches.

The third century possessed no author of any importance. The authors I am about to cite did not write about the natural sciences *per se*; it is in works of a different sort that they give us details relative to these sciences, but details intermingled with many fables.

This absence of notable authors is to be attributed to three causes, which we are going to discuss.

Trajan, Hadrian, Antoninus, and Marcus Aurelius had brought peace to the world; but unfortunately, they had not taken steps to make Roman prosperity lasting; they had established neither an orderly right of succession in the empire nor institutions for protecting the people.

Upon the death of Marcus Aurelius, and after the disastrous reign of Commodus, the history of the Roman Empire is nothing but a series of disturbances and bloody rebellions for a whole century. Scarcely had an emperor mounted the throne when he was massacred by his soldiers; and the latter would sell the empire to a newly elected one, only to subject him, too, forthwith, to the fate of his predecessor.

In the space of a century, twenty-seven or twenty-eight emperors sat upon the throne; in other words, the average rule of a princeps was no longer than three or four years. Out of this great number of rulers, only three died of illness; all the rest were slain by the soldiers or perished at war.

At the end of the third century, Diocletian[1] finally succeeded in containing these turbulent legions that unmade their emperors as readily as they made them. Under his rule the empire soon regained its early splendor. The Gauls, Africans, Egyptians, and English, rising up at various times, were all brought back to obedience to the Roman Empire: even the Persians were conquered. There was great success outside Rome, and an administration all the happier within; laws both humane and wise and which are still seen in the Justinian Code;[2] Rome, Milan, Autun, Nicomedia, and Carthage embellished by Diocletian's generosity; all these things brought Diocletian the respect and affection of the East and the West, to the extent that 240 years after his death, the calendar was still reckoned from the first year of his reign, as formerly it had been reckoned from the foundation of Rome.

Diocletian had no qualms in taking on a partner in his rule, in the person of a soldier of fortune like himself; it was his friend Maximian.[3]

He had already created two Caesars; the first was another Maximian, surnamed Galerius,[4] who had been a sheep herder. The second Caesar was of noble birth; this was Constantius Chlorus,[5] grandnephew, through his mother, of the emperor Claudius II.[6] But Diocletian knew well how to be master of his associates and he always made them respect him and even be of accord with each other. These princes, called Caesars, were, in the main, merely his foremost subjects: we see that he was like an absolute master in his treatment of them; for when Galerius Caesar was defeated by the Persians and had come to Mesopotamia to give him an account of his defeat, Diocletian left him to walk a mile following his chariot and did not receive Galerius back into his good graces until he had paid the price for his mistake and misfortune.

Diocletian fell ill after a reign of twenty years, and realizing he was weak, gave to the world the first example of abdication from power. He recovered his health and lived another nine years, in honor as well as in peace in his retirement at Salona,[7] in the place of his birth. Pressed to re-ascend the throne after his abdication, he preferred the tranquility of his life to ruling the world.

After his reign, political revolutions were less frequent, but other conditions kept the sciences from progressing, and it is especially in the intellectual ferment produced by the struggle waged to establish Christianity that we must look for these causes.

During the first century, Christian ideas became widespread especially in the worker class, to which they offered consolation. The Apostles, and the Early Fathers of the Church as well, those designated by the name *apostolical*, took as the subject of their preachings only moral principles, enunciated in language that was both simple and clear so as to be perfectly understood by the men they were addressing.

But in the second century, and especially in the third, the state of things changed. Christianity began to penetrate the upper classes of society. Consequently, its defenders had to modify their language and use the weapons of philosophy itself in order to combat the philosophical ideas that were an obstacle to them in the social classes they wished to win over. Thenceforth, a very active struggle began between the partisans of Christianity and the Neoplatonists, who used allegory in defending themselves against the new religious ideas. The heat of metaphysical discussions was such that it diverted minds away from the study of the natural sciences, which required travel, meticulous research, and special apparatus. On both sides, all educated minds were absorbed in the important dispute that was to determine the beliefs of a large part of the globe, and cause paganism gradually to go down in defeat.

After Christianity became established, it was not in the nature of things that its proponents immediately abandon the abstract philosophical ideas to which they owed their triumph and return at once to studies of another kind. They continued to march in the same direction. Their aversion for all that smacked of the ancient beliefs extended to any writings pertaining to the secular sciences, and this of course resulted in great losses for these sciences.

The three main causes that seem to us to have contributed to the decline of the sciences in the last centuries of the Empire were (1) civil unrest, (2) the struggle that was waged between paganism and Christianity, and (3) Christian aversion for everything to do with paganism. In addition to these three causes were the invasions by the barbarians, which succeeded in rendering any scholarship utterly impossible.

Yet, some works containing passages relative to the natural sciences were written during this long agony of the human spirit. We are going to try to give you some idea of them.

The principal one of these works in the third century is *The Life of Apollonius of Tyana* by Philostratus,[8] a Pythagorean and native of Lemnos. This philosopher enjoyed great favor with the emperor Severus, and particularly with his wife, the empress Julia,[9] who loved rhetoric and at whose bidding he composed his history. For this work Philostratus made use especially of notes written by a certain Damis,[10] a disciple of Apollonius and companion of his travels.

Apollonius was one of a few philosophers who traveled by land to India. Philostratus recorded in the life of this renowned thaumaturge, who was made an opponent to Jesus Christ, many new observations, particularly on elephants, which, he says, vary somewhat, according as they come from the mountains, the marshes, or the plains. According to Apollonius, the ivory of the marsh elephants is ashen in color and full of knots that make it difficult to be worked. The ivory of the mountain elephants is very white and easy to work, but small in volume. The best ivory is that of the plains elephants; it is very white, large in dimensions, and very easy to turn. The Indians say that the marsh elephants are stupid and those of the mountains are ill-natured, but those of the plains are gentle and docile, and they dance and leap to the sound of the flute.

It is unlikely that in India Apollonius saw still living one of the elephants that had served Porus[11] against Alexander four centuries earlier. Nonetheless, Philostratus reports that his travelers saw near the town of Taxila[12] an elephant that the inhabitants perfumed and ornamented with ribbons because it had been taken from Porus by Alexander and consecrated to the sun by him because of its valor in combat. Around its tusks this animal had rings of gold upon which was engraved in Greek the following inscription: *Alexander, son of Jupiter, has consecrated Ajax to the sun*. Ajax was the name that Alexander gave the elephant.

Otherwise, everything Philostratus recounts about the habits and the docility of elephants and the care they give their young is quite correct.

What he says about the similarity of the productions of the Indus and the Nile is also true. One finds in both rivers the crocodile and the lotus. However, it is not certain that the hippopotamus has ever existed in the Indus.

Philostratus correctly designates various fishes found in the tributaries of the Indus. But he uncritically includes the description of a mythological fish, which he says is called the peacock because, like the bird of the same name, it has a blue crest, scales of many colors, and a tail the color of gold.

He also speaks of white camels and the rhinoceros of India; the latter's horn was used in making drinking vessels which the inhabitants of the country attributed with neutralizing poison; the person who drank from them was protected from sickness for that day. These vessels were reserved for kings, who were, however, not immortal.

Philostratus also reports that Apollonius found a woman who was white from her feet to her breast, and black the rest of her body. He noted that this woman had been consecrated to the Venus of India.

Finally, he mingles with other fables some curious details on the habits of monkeys, and says they were given the task of cultivating pepper for human beings.[13]

After Philostratus, the only authors of the third century that merit our attention are two poets –Nemesianus of Carthage and Titus Calpurnius, his pupil.

Nemesianus[14] was highly esteemed at the court of Numerianus,[15] who also was devoted to poetry. Under the reign of this prince, from 282 to 284, he published a poem on the hunt, of which only 325 lines remain. It contains details on various breeds of dogs, among them the dogs of Sparta called molosses,[16] and the dogs of Brittany, similar to those called bassets today. We have seen in Oppian that this breed was already well known in his day.

Nemesianus also distinguishes the horses of Iberia, or the Andalusians,[17] a remarkable breed that has lasted to the present day.

Nemesianus wrote another poem, this one on bird hunting, but we have only twenty-eight lines from it, in which he mentions woodcock and grouse.

Titus Calpurnius[18] composed elegies, which were published during the reign of Carinus.[19] Only the seventh is of interest to naturalists. In it the author describes public games in which were displayed white hares and the babiroussa horned boar of Java,[20] an animal still regarded in recent times as fabulous. He also speaks of a bullock with hump and mane, which is evidently the bison. And he reports having seen bears fighting with seals at these games.

You can see that the natural sciences can glean almost nothing from the works of the third century. Of the three authors we have mentioned, two were poets. We should note that, at this time when the decline of letters was no less evident than the decline of science, poetic style was sustained far better than prose style. This peculiarity is noticeable in all similarly decadent eras.

The fourth century, which we are now going to explore, was even poorer than the third in the productions of science.

Christianity at this time had made numerous important conquests in the Roman Empire: Constantine[21] himself submitted to the law of Christ; but in adopting the new religion he did not completely destroy paganism. All thinking persons were occupied in either furthering

Christian beliefs or combating them. Therefore, among the few works on the subject of the sciences, not a single one was written without a theological purpose –for example, the works by the archbishop Eustathius of Antioch, by St. Ambrose, archbishop of Milan, by the bishop Nemesius of Emesa in Mesopotamia, and by the bishop Epiphanius of Cyprus.

Eustathius,[22] who was removed from church office during the controversy on Arianism,[23] published a work on natural history entitled *Commentary on the Hexaëmeron*,[24] organized according to the order of Creation, in which he discusses various physical questions on the nature of sunlight. He gives details on birds, quadrupeds, and fishes, but all these details are taken from Aristotle, Aelian, or Oppian. The only fact that comes from him is the first designation of the gazelle under the name of antholops [antelope].

Saint Ambrose,[25] who was born in 340 and died in 397, also wrote on the Hexahemeron, or the Creation in six days, organized like the one by Eustathius but written in a different spirit. He writes about animals only to uncover symbols and to develop certain moral principles that do not always come directly from the Gospel. He gives the names of some fishes.

Nemesius[26] wrote a short treatise on human physiology, taken almost entirely from Galen. He desired the reader to admire the Divine Providence evident in every part of the human body.

Epiphanius,[27] the last of the theological writers of the fourth century mentioned above, is a rather ludicrous naturalist. He wrote *A Commentary on the Physiologist who wrote about every kind of Animal and Bird*, in which is found a multitude of invented facts, about which he gives himself over to bizarre reflections. We shall cite only one of them, to give an idea of the rest. He asserts (contrary to truth) that the lion effaces its own tracks with its tail, finding in this so-called fact an emblem for the care that Jesus Christ takes to hide his ways!

In the absence of all original composition, and in a century so fruitless for the sciences, we are happy to encounter a collection of some value, namely, that of Oribasius.[28] Oribasius was physician to the emperor Julian[29] and collected into one work many treatises on medicine. He was careful to indicate the names of the authors from whom he borrowed; it can be seen that he knew many works that are no longer extant and about which we know nothing except Oribasius's excerpts.

In a chapter on fish as food, this physician gives excerpts from a certain Xenocrates, thought to be the second of the Platonic philosophers. This opinion is erroneous, since the extracts found in Oribasius speak of fishes of the Tiber, which the Greek philosopher would certainly not have mentioned. The Xenocrates cited by Julian's physician was probably another Roman physician, who is otherwise unknown to us.

The twenty-fifth book of Oribasius's work contains an abridgement of Galen's *Anatomy*, which was printed separately for convenience in studying.

Veges[30] and Gargilius[31] left two treatises on the veterinarian art, but we shall not go into these because of their mediocrity.

Likewise, a treatise on agriculture by Rutilius Taurus Aemilianus Palladius[32] was written in a barbarous style and published under the same title as the one by Columella on the same subject: *De re rustica*. It would be a waste of time to look for something of interest in these three works.

But in the same century we find a work that merits our attention, the poem by Decius Magnus Ausonius on *The Moselle*.[33] The author wrote it at Trèves.

He had been professor of rhetoric, first at Bordeaux, then at Rome; in the latter city he became the tutor of the emperor Gratian,[34] and ended up being named consul.

In his poem, as the title indicates, he describes the fishes that inhabit the Moselle. Fourteen species are named in the poem that were virtually unknown to Aristotle.

Ausonius is the first author to mention such fishes as the common trout, the salmon-trout, and the barbel. Moreover, his descriptions of the silurus and the pike are much more nearly accurate than those given previously.

The style of the poem on the Moselle is superior to the style of works in prose of the same epoch, which confirms again our remark about poets in an era of decadence being better able to sustain their style than are writers of prose.

Ammianus Marcellinus[35] is barbarous in style but his work is commendable for its energy and great love of truth, and for several interesting descriptions regarding Egypt.

In Saint Augustine,[36] the most renowned of the Church Fathers, who lived from 354 to 430, one also finds some details of interest to the natural sciences. This writer mentions fishes and some fossil remains that he believed to be the bones of giants. In particular, he speaks of having seen at Hippo[37] a tooth forty times the size of an ordinary one. It was probably a mastodon tooth. It is not without interest to learn that in Augustine's time, the remains of fossilized mastodons were found in Africa.

The same author's essay on generation contains details of physiology that are not without merit.

Macrobius (Aurelius Ambrosius Theodosius) wrote two works that are of some importance for the history of science.

Macrobius[38] was a Greek and lived at the court of Theodosius the Younger,[39] where he fulfilled duties analogous to those of high chamberlain. He was a Platonist and had not abandoned the beliefs of the pagans. His two works are a commentary on the *Dream of Scipio* and the *Saturnalia*.[40] The first contains an account of ancient opinions on astronomy. The second resembles Athenaeus's work. The author of this one also imagines that various philosophers have gathered together for a banquet and there they converse about divers subjects. This work furnishes information on the scientific opinions of the ancients that has not been found elsewhere.

Macrobius's style is inferior, since he is not writing in his own language, but the organization of his book is superior to Athenaeus's, and his personae speak with less pedantry.

We are coming to an era of turmoil when barbarian invasions occurred in nearly all quarters of the Roman Empire. The customs, sciences, and literature of the ancients disappeared at this time in a common calamity. Therefore, we have only three more authors to mention before ending our examination of those belonging to antiquity *per se*.

The first is Sidonius Apollinaris,[41] who was born at Lyon and became bishop of Clermont in Auvergne.

He wrote letters in a style that was more elegant than usual in his time, in which he described the country estate he owned in Auvergne. He speaks of a small lake that it included and of the hills that rose near its edge. The various details he gives are valuable information on the topography of the country at the time he was writing.

One of the letters of Sidonius Apollinaris to Saint Mamers[42] led to the belief that in Auvergne in the fifth century there were active volcanos. In this letter the bishop writes about the assistance he lavished on the inhabitants of his diocese "when the fires were blazing on the summit of the mountains and on the roofs of the houses." But unfortunately, this passage is not clear enough for us to decide with certainty whether the flames he mentions were the result of volcanic eruptions or the result of fires that were often set by the barbarians in those times of widespread disorder.

The second author whom we are going to examine is Paulus Orosius,[43] priest of Tarragona in Catalonia and pupil of Saint Augustine.

He wrote at Augustine's urging a *General History*, in seven books, in which are found scientific facts written in a barbarous style. But what makes it of value to us is that it contains a definite vindication of the caliph Omar,[44] who was long thought to have been the destroyer of the Library at Alexandria. Orosius claims to have visited this library and seen its completely empty shelves; the Library had been sacked two centuries earlier by the Arabian nomads. Consequently, Omar could only have burned the building that had once contained the books of the Alexandrian Library and not the books themselves.

The last author who wrote under Roman domination whom we are going to discuss is Martianus Capella,[45] an African who wrote around the year 490 a bad poem entitled *The Wedding of Philology with Mercury*. In it he writes about the *seven liberal arts*; it is in this work that we find the origin of the division of studies adopted by the universities. The master of arts was formerly one who knew the seven liberal arts.[46] The number seven was connected with the philosophy of the Pythagoreans, in which it played an important role. Pythagoreans perceived groups of seven everywhere: seven planets, seven metals, etc.

If after this epoch the sciences long remained uncultivated, the barbarians are not to be blamed for their extinction. The sciences destroyed themselves by the religious turn they took. Studious minds abandoned natural philosophy for speculative studies not founded upon the literature of the golden age, and humanity thus reverted to barbarianism.

We are now going to span the many barren centuries that came before new efforts of the human spirit resuscitated the sciences and brought progress to them. For although the barbarians did not destroy the sciences, they certainly retarded their advance. The Christians contributed towards producing the same result by destroying the writings of the pagans. Only a portion was saved by a few of the monasteries.

We are going to see how humanity at last emerged from such dense shadows. At the next meeting we shall commence this enquiry.

NOTES

1. [Diocletian, Latin in full Gaius Aurelius Valerius Diocletianus, original name Diocles (born A.D. 245, Salonae?, Dalmatia, now Solin, Croatia; died 316, Salonae), Roman emperor (284-305), who restored efficient government to the empire after the near anarchy of the third century. His reorganization of the fiscal, administrative, and military machinery of the empire laid the foundation for the Byzantine Empire in the East and temporarily shored up the decaying empire in the West. His reign is also noted for the last great persecution of the Christians.]
2. [Code of Justinian, Latin Codex Justinianeus, formally *Corpus Juris Civilis* ("Body of Civil Law"), the collections of laws and legal interpretations developed under the sponsorship of the Byzantine emperor Justinian I from A.D. 529 to 565. Strictly speaking, the works did not constitute a new legal code. Rather, Justinian's committees of jurists provided basically two reference works containing collections of past laws and extracts of the opinions of the great Roman jurists. Also included were an elementary outline of the law and a collection of Justinian's own new laws.]
3. [Maximian, Latin in full Marcus Aurelius Valerius Maximianus (born Sirmium, Pannonia Inferior; died 310), Roman emperor with Diocletian from A.D. 286 to 305. Born of humble parents, Maximian rose in the army, on the basis of his military skill, to become a trusted officer and friend of the emperor Diocletian, who made him caesar in 285 and augustus the following year.]
4. [Galerius, in full Gaius Galerius Valerius Maximianus (born near Serdica, Thrace, now Sofia, Bulgaria; died 311), Roman emperor from 305 to 311, notorious for his persecution of Christians. Galerius was born of humble parentage and had a distinguished military career. On 1 March 293, he was nominated as caesar by the emperor Diocletian, who governed the Eastern part of the empire. When Diocletian abdicated on 1 May 305, Galerius became augustus (senior emperor) of the East, ruling the Balkans and Anatolia.]
5. [Constantius I Chlorus ("The Pale"), original name Flavius Valerius Constantius (died summer 306, Eboracum, Britain, now York, North Yorkshire, England), Roman emperor and father of Constantine I the Great. As a member of a four-man ruling body (tetrarchy) created by the emperor Diocletian, Constantius held the title caesar from 293 to 305 and caesar augustus in 305-306.]
6. [Claudius II Gothicus, original name Marcus Aurelius Valerius Claudius (born May 214, Dardania, Moesia Superior; died 270, Sirmium, Pannonia Inferior), Roman emperor in 268-270, whose major achievement was the decisive defeat of the Gothic invaders (hence the name Gothicus) of the Balkans in 269.]
7. [Salona or Solin, a town on the Dalmatian Coast, near modern Split, Croatia, founded by Greeks who began to settle there as early as the 4th century.]
8. [By citing a "native of Lemnos," Cuvier indicates Philostratus the Lemnian (born *c.* A.D. 190) but he means to refer to Flavius Philostratus the Athenian (born *c.* A.D. 170; died *c.* 245), ancient Greek writer who studied at Athens and some time after 202 entered the circle of the philosophical Syrian empress of Rome, Julia Domna (see Lesson 15, note 28). On her death he settled in Tyre. He wrote the *Gymnasticus* (a treatise dealing with athletic contests); a life of the Pythagorean philosopher Apollonius of Tyana; *Bioi sophiston* ("Lives of the Sophists"), treating both the classical Sophists of the fifth century B.C. and later philosophers and rhetoricians; a discourse on nature and law; and the epistles ("Love Letters"), of which one forms the basis of the English poet Ben Jonson's "Drink to Me Only with Thine Eyes" (see Philostratus, *Philostratus and Eunapius; the lives of the Sophists*, London: W. Heinemann; New York: G. P. Putnam's Sons, 1922, 595 p.; *The life of Apollonius of Tyana* [the Epistles of Apollonius and the Treaties of Eusebius with an English translation by Conybeare F. C.], Cambridge (Mass.): Harvard University Press, 1948-1950, 2 vols; *Philostratos über Gymnastik* [translated by Jüthner Julius], Amsterdam: B. R. Grüner, 1969, 336 p.; *The life of Apollonius of Tyana* [edited and translated by Jones Christopher P.], Cambridge (Mass.): Harvard University Press, 2005, 3 vols].
9. [Julia Domna, see Lesson 15, note 28.]
10. [Damis was an (alleged) student and lifelong companion of Apollonius of Tyana (see Lesson 12, note 1), the famous Pythagorean philosopher and teacher who lived in the late first and early second centuries A.D.]
11. [Porus (fl. fourth century B.C.), Indian prince who ruled the region between the Hydaspes (Jhelum) and Acesines (Chenab) rivers at the time of Alexander III the Great's invasion (327-326 B.C.) of the Punjab. Unlike his neighbor, Ambhi, the king of Taxila (Taksashila), Porus resisted Alexander. But with his elephants and slow-moving infantry bunched, he was outmatched by Alexander's mobile cavalry and mounted archers in the battle of the Hydaspes. Impressed by his techniques and spirit, Alexander allowed him to retain his kingdom and perhaps even ceded some conquered areas to him. Thereafter a supporter of Alexander, Porus held the position of a Macedonian subordinate ruler when he was assassinated, sometime between 321 and 315 B.C., by Eudamus's agents after the death of Alexander.]
12. [Taxila, ancient city of northwestern India, the ruins of which are about 22 miles (35 kilometers) northwest of Rawalpindi, Pakistan. Its prosperity in ancient times resulted from its position at the junction of three great trade routes: one from eastern India described by a Greek writer, Megasthenes, as the "Royal Highway," the second from western Asia, and the third from Kashmir and Central Asia.]
13. Here is the explanation of the fable: At certain locations in the Caucasus inaccessible to man, and where there are

caves inhabited by monkeys, grow many pepper trees. The Indians collect clusters from the trees that are within reach and toss them into small, designated heaps as if they were of no value. The monkeys in the caves see the actions of the Indians and come out at night and do likewise: they pick clusters from the pepper trees and toss them upon the prepared heaps. The men return the following morning and carry off an abundant harvest of pepper that has cost them no labor. [M. de St.-Agy.]

14. [Marcus Aurelius Olympius Nemesianus (fl. *c.* A.D. 280), Roman poet born in Carthage who wrote pastoral and didactic poetry. Of his surviving works are four eclogues and an incomplete poem on hunting (*Cynegetica*). Two small fragments on bird catching (*De aucupio*) are also generally attributed to him (see Nemesianus (Marcus Aurelius Olympius), *Les Cynégétiques de Némésien: édition critique*, Antwerpen: De Sikkel, 1937, 9-65 + [1] p. + 3 pls; *The Eclogues of Calpurnius Siculus and M. Aurelius Olympius Nemesianus* [with introduction, commentary, and appendix by Keene Charles Haines], Hildesheim: G. Olms, 1969, 211 p.; *Œuvres de Némésien* [ed. and transl. by Volpilhac Pierre], Paris: Les Belles Lettres, 1975, 153 p.; *The Eclogues and Cynegetica of Nemesianus* [edited with an introduction and commentary by Williams Heather J.], Leiden: E. J. Brill, 1986, 197 p.) The four eclogues are in the Virgilian tradition and are also influenced by Calpurnius (see note 18, below). They are purely imitative and of conventional form and imagery, yet they are attractive because of their smooth diction and melodious movement. The *Cynegetica* gives instruction about dogs, horses, and hunting equipment; it is a gracefully written piece in the literary genre of Virgil's *Georgics* and of the *Cynegetica* of Grattius (see Virgil, *Georgics* [A new verse translation by Lembke Janet], New Haven: Yale University Press, 2005, xxiv + 114 p.; Grattius, *Cynegeticon quae supersunt; cum prolegomenis, notis criticis, commentario exegetico* [edidit Enk Petrus Johannes], Hildesheim; New York: G. Olms, 1976, 153 p.)]

15. [Numerian, Latin in full Marcus Aurelius Numerius Numerianus (died 284), Roman emperor 283-284. He succeeded his father, Carus, in the summer of 283, in the midst of a war with the Sasanians. Numerian was emperor in the East, and his brother, Carinus, ruled the West. Numerian led the army home but contracted a disabling eye disease. Late in 284, after the army had reached the Bosporus, Numerian was found dead. His father-in-law, Aper, who had assumed command, was accused of his murder and executed, and the throne passed to Diocletian, commander of the household guards.]

16. [Molosses or Molossus, an extinct breed of large working dog used as a guard and fighting dog in England for more than 2,000 years. Dogs of this type are found in European and Asian records dating back to 3000 B.C. The Roman invaders of England sent the mastiff to compete in the arenas of ancient Rome, where the dog was pitted against bears, lions, tigers, bulls, other dogs, and human gladiators. The breed also fought in the later bull-baiting and bear-baiting rings of England.]

17. [Andalusian, any of a breed of horses of Spanish origin that have a high-stepping gait.]

18. [Titus Calpurnius Siculus (fl. *c.* A.D. 60), Roman poet, author of seven pastoral eclogues (Calpurnius, *The Eclogues of Calpurnius Siculus and M. Aurelius Olympius Nemesianus* [with introduction, commentary, and appendix by Keene Charles Haines], Hildesheim: G. Olms, 1969, 211 p.) The *Eclogues* are in the tradition of Virgil, whose influence on Calpurnius is pervasive. Although they contain some contemporary subject matter and references, they add nothing new to the development of Latin literature.]

19. [Carinus, in full Marcus Aurelius Carinus (died 285, on the Margus River, Moesia Superior, now Morava River, Serbia), Roman emperor from A.D. 283 to 285.]

20. [Babiroussa or babirusa (*Babirousa babyrussa*), wild East Indian swine, family Suidae (order Artiodactyla), of Celebes and the Molucca islands. The stout-bodied, short-tailed babirusa stands 65-80 cm (25-30 inches) at the shoulder. It has a rough, grayish hide and is almost hairless. Its most notable feature is the exaggerated development of the upper and lower canine teeth, or tusks, of the male. Those of the upper jaw grow upward from their bases so that they pierce the skin of the muzzle and curve backward, eventually almost touching the forehead.]

21. [Constantine I (born on 27 February, probably in the later A.D. 280s, at Naissus, modern Nis, Yugoslavia; died 22 May 337, Nicomedia), the first Roman emperor to profess Christianity (about A.D. 312), not only initiated the evolution of the empire into a Christian state but also provided the impulse for a distinctively Christian culture that prepared the way for the growth of Byzantine and Western medieval culture.]

22. [Saint Eustathius of Antioch, also called Eustathius the Great (born Side, Pamphylia; died *c.* 337, possibly in Thrace; feast day: Western Church, 16 July; Eastern Church, 21 February), bishop of Antioch who opposed the followers of the condemned doctrine of Arius at the Council of Nicaea. Eustathius was bishop of Beroea (*c.* 320) and became bishop of Antioch shortly before the Council of Nicaea (325). The intrigues of the pro-Arian Bishop Eusebius of Caesarea (see Lesson 2, note 24) led to Eustathius's deposition by a synod at Antioch (327/330) and banishment to Thrace by the Roman emperor Constantine the Great. The resistance of his followers in Antioch created a Eustathian faction (surviving until *c.* 485) that developed into the Meletian Schism, a split in the Eastern Church over the doctrine of the Trinity.]

23. [Arianism, see note 22, above.]

24. [*Commentary on the Hexaëmeron* or *On the Six Days of Creation*; see Eustathius, *Ancienne version latine des neuf homélies sur l'Hexaéméron de Basile de Césarée* [edited by Mendieta Émmanuel Amand de et Rudberg Stig Y.], Berlin: Akademie-Verlag, 1958, lxiv + 132 p.]
25. [Saint Ambrose, Latin Ambrosius (born *c.* A. D. 339, Augusta Treverorum, Belgica, Gaul; died 397, Milan; feast day 7 December), bishop of Milan, biblical critic, and initiator of ideas that provided a model for medieval conceptions of church-state relations. His literary works have been acclaimed as masterpieces of Latin eloquence, and his musical accomplishments are remembered in his hymns. Ambrose is also remembered as the teacher who converted and baptized St. Augustine of Hippo, the great Christian theologian, and as a model bishop who viewed the church as rising above the ruins of the Roman Empire.]
26. [Nemesius of Emesa (fl. late fourth century), Christian philosopher, apologist, and bishop of Emesa (now Hims, Syria) who was the author of *Peri physeos anthropou* ("On the Nature of Man"), the first known compendium of theological anthropology with a Christian orientation . The treatise considerably influenced later Byzantine and Medieval Latin philosophical theology (see Nemesius, *The nature of man: A learned and usefull tract written in Greek by Nemesius, surnamed the philosopher; sometime Bishop of a city in Phœnicia, and one of the most ancient Fathers of the Church* [englished, and divided into sections, with briefs of their principall contents: by Wither Geo], London: Printed by M[iles] F[lesher] for Henry Taunton in St. Dunstans Churchyard in Fleetstreet, 1636, [42] + 661 [*i.e.* 659] + [1] p.; Telfer (William) (ed.), *Cyril of Jerusalem and Nemesius of Emesa*, Philadelphia: Westminster Press, 1955, 466 p.)]
27. [Saint Epiphanius of Constantia (born *c.* 315, Palestine; died May 403, at sea; feast day 12 May), bishop noted in the history of the early Christian Church for his struggle against beliefs he considered heretical. His chief target was the teachings of Origen, a major theologian in the Eastern Church. The harsh attacks by Epiphanius, who considered Origen more a Greek philosopher than a Christian, did much to discredit Epiphanius's principles.]
28. [Oribasius (born *c.* 320, died *c.* 400) was a Greek medical writer and the personal physician of the Roman emperor Julian the Apostate (see note 29, below). He studied at Alexandria under Zeno of Cyprus before joining Julian's retinue. He was involved in Julian's coronation in 361, and remained with the emperor until Julian's death in 363. In the wake of this event, Oribasius was banished to foreign courts for a time, but was later recalled by the emperor Valens.]
29. [Julian, byname Julian the Apostate, Latin Julianus Apostata, original name Flavius Claudius Julianus (born A.D. 331/332, Constantinople; died 26/27 June 363, Ctesiphon, Mesopotamia), Roman emperor (A.D. 361-363), nephew of Constantine the Great, and noted scholar and military leader who was proclaimed emperor by his troops. A persistent enemy of Christianity, he publicly announced his conversion to paganism (361), thus acquiring the epithet "the Apostate."]
30. [Veges, is Publius Flavius Vegetius Renatus, a writer of the Later Roman Empire. Nothing is known of his life or station beyond what he tells us in his two surviving works: *Epitoma rei militaris* (also referred to as *De Re Militari*; see Vegetius, *Epitome of Military Science* [translated with notes and introduction by Milner N. P.], Liverpool: Liverpool University Press, 1993, xxx + 152 p.), and the lesser-known *Digesta Artis Mulomedicinae*, a guide to veterinary medicine, which dates to *c.* 430-435 (Vegetius, *Digestorum artis mulomedicine libri* [translated by Lommatzsch E.], Leipzig: B. G. Teubner, 1903, xiii + 342 + [2] p.)]
31. [Gargilius is Gargilius Martialis who wrote an essay on veterinary surgery entitled *Curae Bourn ex Corpore Gargilii Martialis* of which only a short corrupt fragment has survived. It was published by Johan Matthias Gesner (German classical scholar and schoolmaster, born 1691, died 1761; not to be confused with Conrad Gessner, born 1516, died 1565; see Lesson 13, note 18) in his *Scriptores Rei Rusticae Veteres Latini* of 1735.]
32. [Rutilius Taurus Aemilianus Palladius, usually called just Palladius, was a Roman writer of the fourth century A.D. He is best known for his book on agriculture *Opus agriculturae* (sometimes known as *De Re Rustica*), a fourteen-part treatise on farming that gives detailed instructions, month-by-month, for the typical activities of a year on a Roman farm (see Palladius, *Traité d'agriculture* [ed. and transl. in French by Martin René], Paris: Les Belles Lettres, 1976, lxvii + 209 p.) Most of the book is in prose, with the last part, titled "De Insitione" *(On Fruit Trees)*, written in elegiac verse.]
33. [Decius Magnus Ausonius (born *c.* 310, Burdigala, Gaul, now Bordeaux, France; died *c.* 395, Burdigala), Latin poet and rhetorician interesting chiefly for his preoccupation with the provincial scene of his native Gaul. Ausonius left few works of any consequence. His longest poem, on the Mosella (Moselle) River, has flashes of an almost Wordsworthian response to nature, with descriptions of the changing scenery as the river moves through the country (Ausonius, *Ausonius* [with an English translation, by White Hugh G. Evelyn], London: W. Heinemann; New York: G. P. Putnam's sons, 1919-1921, 2 vols).]
34. [Gratian, Latin in full Flavius Gratianus Augustus (born 359, Sirmium, Pannonia, now Sremska Mitrovica, Yugoslavia; died 25 August 383, Lugdunum, Lugdunensis, now Lyon, France), Roman emperor from 367 to 383.]
35. [Ammianus Marcellinus (born *c.* 330, Antioch, Syria, now Antakya, Turkey; died 395, Rome), last major Roman historian, whose work continued the history of the later Roman Empire to 378.]

36. [Saint Augustine (in Latin, Augustinus), bishop of Hippo in Roman Africa from 396 to 430, and the dominant personality of the Western Church of his time, is generally recognized as having been the greatest thinker of Christian antiquity. His mind was the crucible in which the religion of the New Testament was most completely fused with the Platonic tradition of Greek philosophy; and it was also the means by which the product of this fusion was transmitted to the Christendoms of medieval Roman Catholicism and Renaissance Protestantism.]
37. [Hippo, an ancient port on the coast of North Africa, located near the modern town of Annaba (formerly Bône) in Algeria, was probably first settled by Carthaginians in the fourth century B.C. Under Roman control it was first made a *municipium* (a community that exercised partial rights of Roman citizenship) and later a *colonia* (Roman settlement with full rights of citizenship). The city's most important personage, later a Father of the Church, St. Augustine (see note 36, above), was bishop there from A.D. 395 to 430.]
38. [Aurelius Ambrosius Theodosius Macrobius (fl. *c.* A.D. 400), Latin grammarian and philosopher whose most important work is the *Saturnalia*, the last known example of the long series of symposia headed by the *Symposium* of Plato (*cf.* Macrobius, *The Saturnalia* [translated with an introduction and notes by Davies Percival Vaughan], New York: Columbia University Press, 1969, x + 560 p.; Plato, *Symposium* [edited by Dover Kenneth], Cambridge; New York: Cambridge University Press, 1980, x + 185 p.)]
39. [Theodosius II (born 10 April 401, Constantinople, now Istanbul, Turkey; died 28 July 450), Eastern Roman emperor from 408 to 450. He was a gentle, scholarly, easily dominated man who allowed his government to be run by a succession of relatives and ministers.]
40. [The *Saturnalia* (see note 38, above), which is dedicated to Macrobius's son Eustachius, purports to give an account of discussions in private houses on the day before the *Saturnalia* and on three days of that festival. Macrobius's commentary on Cicero's *Somnium Scipionis* ("The Dream of Scipio") from the *De Republica*, is a Neoplatonic work in two books (see Macrobius, *Commentary on the Dream of Scipio* [translated with an introduction and notes by Stahl William Harris], New York: Columbia University Press, 1952, xi + 278 p.) Of a third work by Macrobius entitled *De differentiis et societatibus Graeci Latinique verbi* ("On the Differences and Similarities Between Greek and Latin Words") only fragments remain (Macrobius, *Macrobii Theodosii, de verborum Graeci et Latini differentiis vel societatibus excerpta, a cura di Paolo De Paolis*, Urbino: QuattroVenti, 1990, lxv + 198 p.)]
41. [Sidonius Apollinaris, Gaius (or Caius) Sollius Modestus Apollinaris Sidonius or Saint Sidonius Apollinaris (born 5 November *c.* 430, died *c.* August 489), poet, diplomat, bishop, said to be the single most important surviving author from fifth-century Gaul (see Goldberg (Eric J.), "The Fall of the Roman Empire Revisited: Sidonius Apollinaris and His Crisis of Identity", *Essays in History*, vol. 37, 1995, pp. 1-15).]
42. [We have been unable to identify Saint Mamers.]
43. [Paulus Orosius (born probably Braga, Spain; fl. 414-417), defender of early Christian orthodoxy, theologian, and author of the first world history by a Christian. Early in 416 Augustine asked him to compose a historical apology of Christianity, *Historiarum adversus paganos libri VII* (*Seven Books of Histories Against the Pagans*; see Orosius (Paulus), *Seven Books of Histories Against the Pagans* [translated by Deferrari Roy J.], Washington (D. C.): Catholic University of America Press, 1964, xxi + 422 p.) This book chronicles the history of the world from its creation through the founding and history of Rome up until A.D. 417. In it Orosius describes the catastrophes that befell mankind before Christianity, arguing against the contention that the calamities of the late Roman Empire were caused by its Christian conversion. Orosius's book enjoyed great popularity in the early European Middle Ages, but only its narrative covering the years after A.D. 378 has any value to modern scholars.]
44. [Omar or Umar I, in full Umar ibn Al-Khattab (born *c.* A.D. 586, Mecca, Arabia, now in Saudi Arabia; died 3 November 644, Medina, Arabia), successor of Abu Bakr and second Muslim caliph (634-644), under whom Arab armies conquered Mesopotamia and Syria and began the conquest of Iran and Egypt.]
45. [Martianus Minneus Felix Capella (fl. late fourth and early fifth century A.D.), a native of North Africa and an advocate at Carthage whose prose and poetry was of immense cultural influence down to the late Middle Ages. Capella's major work was written perhaps about A.D. 400 and certainly before 439 (Capella (Martianus), *A philosophical and literary commentary on Martianus Capella's De nuptiis Philologiae et Mercurii book 1* [ed. by Danuta Shanzer], Berkeley: University of California Press, 1986, 237 p.) Its overall title is unknown. Manuscripts give the title *De nuptiis Philologiae et Mercurii* to the first two books and entitle the remaining seven *De arte grammatica, De arte dialectica, De arte rhetorica, De geometrica, De arithmetica, De astrologia*, and *De harmonia*.]
46. [Formerly in the universities the seven *liberal arts* were the Roman trivium, grammar, logic, and rhetoric; and the Pythagorean quadrivium, arithmetic, music, geometry, and astronomy.]

ARC DE CONSTANTIN
Planche III extraite du chapitre « Antiquités » de l'*Encyclopédie* de Diderot & d'Alembert (volume 1 de 1762).

17 Les derniers siècles de l'Empire

Nous n'avons trouvé dans le IIe siècle presque aucun auteur original. Athénée, Élien, Oppien, quoique intéressants, ne sont que des compilateurs. Galien seul fut observateur, et enrichit les sciences naturelles de plusieurs découvertes. Mais après sa mort tout progrès cessa, et nous aurons à traverser bien des siècles stériles avant de découvrir quelque richesse scientifique.

Le IIIe siècle ne possède aucun auteur de quelque importance. Ceux que je vais citer n'ont pas écrit sur les sciences naturelles proprement dites ; c'est dans des ouvrages d'un autre genre qu'ils nous donnent quelques détails relatifs à ces sciences, encore sont-ils mêlés de beaucoup de fables.

Cette absence d'auteurs remarquables doit être attribuée aux trois causes que nous allons indiquer.

Trajan, Adrien, Antonin, Marc-Aurèle avaient bien donné la paix au monde ; mais malheureusement ils n'avaient pris aucune mesure propre à rendre durable la prospérité de l'État romain ; ils n'avaient établi ni ordre régulier de successibilité à l'empire, ni institutions protectrices des peuples.

Après la mort de Marc-Aurèle, après le règne désastreux de Commode, on ne voit dans l'histoire de l'Empire romain, pendant tout un siècle, qu'une succession de troubles et de révolutions sanglantes. À peine les empereurs sont-ils montés sur le trône qu'ils sont massacrés par leurs soldats ; puis ceux-ci vendent l'empire à un nouvel élu pour lui faire bientôt éprouver le sort de son prédécesseur.

Dans l'espace d'un siècle, vingt-sept ou vingt-huit empereurs passèrent ainsi sur le trône ; c'est-à-dire que chaque prince, terme moyen, ne régna pas plus de trois ou quatre ans. Dans ce grand nombre de souverains, trois seulement moururent de maladie, tous les autres furent massacrés par les soldats, ou périrent à la guerre.

À la fin du IIIe siècle, Dioclétien[1] parvint enfin à contenir ces légions turbulentes, qui défaisaient leurs empereurs avec autant de facilité qu'elles les faisaient. L'empire reprit bientôt sous lui sa première splendeur. Les Gaulois, les Africains, les Égyptiens, les Anglais, soulevés en divers temps, furent tous remis sous l'obéissance de l'Empire : les Perses même furent vaincus. Tant de succès au dehors, une administration encore plus heureuse au dedans ; des lois aussi humaines que sages, et que l'on voit encore dans le Code Justinien[2] ; Rome, Milan, Autun, Nicomédie, Carthage, embellies par sa munificence ; tout lui concilia le respect et l'amour de l'Orient et de l'Occident, au point que deux cent quarante ans après sa mort on comptait encore et l'on datait de la première année de son règne, comme on comptait auparavant depuis la fondation de Rome.

Il n'avait pas craint de se donner un collègue à l'Empire dans la personne d'un soldat de fortune comme lui ; c'était Maximien Hercule[3], son ami.

Il avait encore créé deux Césars ; le premier était un autre Maximien, surnommé Galerius[4], qui avait d'abord gardé des troupeaux. Le second César était d'une naissance distinguée ; c'était Constance Chlore[5], petit neveu par sa mère de l'empereur Claude II[6]. Mais Dioclétien avait su être tellement le maître de ses associés, qu'il les avait toujours obligés à le respecter, et même à vivre unis entre eux. Ces princes, avec le nom de Césars, n'étaient au fond que ses premiers sujets : on voit qu'il les traitait en maître absolu ; car, lorsque le César Galerius, ayant été vaincu par les Perses, vint en Mésopotamie lui rendre compte de sa défaite, il le laissa marcher l'espace d'un mille auprès de son char, et ne le reçut en grâce que quand il eut réparé sa faute et son malheur.

Dioclétien, étant tombé malade après un règne de vingt années, et se sentant affaibli, donna au monde, pour la première fois, l'exemple de l'abdication de l'Empire. Après avoir recouvré la santé, il vécut encore neuf ans aussi honoré que paisible dans sa retraite de Salone[7], le lieu de sa naissance. Pressé de remonter sur le trône après son abdication, il avait préféré la tranquillité de sa vie à l'Empire de la terre.

Après son règne, les révolutions politiques furent moins fréquentes ; mais d'autres causes empêchèrent les sciences de progresser. C'est surtout dans la fermentation intellectuelle produite par la lutte engagée pour l'établissement du christianisme que nous devons chercher ces causes.

Pendant le Ier siècle les idées chrétiennes s'étaient surtout répandues dans la classe ouvrière, à laquelle elles offraient des consolations. Les apôtres, de même que les premiers pères de l'Église, ceux qu'on a désignés par le nom d'*apostoliques*, ne prenaient alors pour sujets de leurs indications que des principes de morale énoncés dans un langage à la fois simple et clair, afin d'être parfaitement compris des hommes auxquels ils s'adressaient.

Mais dans le IIe siècle, et surtout dans le troisième, cet état de choses changea. Le christianisme commença de pénétrer dans les classes supérieures de la société. Ses défenseurs doivent en conséquence modifier leur langage et employer les armes de la philosophie elle-même pour combattre les idées philosophiques qui leur faisaient encore obstacle dans une partie des classes qu'ils voulaient convaincre. Une lutte très-active s'engagea dès lors entre les partisans du christianisme et les nouveaux platoniciens, qui allégorisaient pour se défendre contre les nouvelles idées religieuses. L'ardeur des discussions spéculatives fut telle, qu'elle détourna les esprits de l'étude des sciences naturelles, qui exigent des voyages, des recherches minutieuses et un certain appareil. Dans les deux partis, toutes les intelligences cultivées furent absorbées par la querelle importante qui devait décider des croyances d'une partie du globe, et faire disparaître peu à peu le paganisme vaincu.

Le christianisme étant enfin constitué, il n'était pas dans la nature des choses que ses propagateurs abandonnassent immédiatement les idées abstraites et philosophiques auxquelles ils devaient leur triomphe, pour revenir aussitôt à des études d'un autre genre. Ils continuèrent donc de marcher dans la même direction. L'aversion qu'ils avaient pour tout ce qui se rattachait aux anciennes croyances, s'étendit jusqu'aux écrits qui traitaient des sciences profanes, et il en résulta nécessairement de grandes pertes pour ces sciences.

Les trois causes principales qui nous paraissent avoir contribué à la décadence des sciences dans les derniers siècles de l'Empire sont donc 1° les troubles civils ; 2° la lutte qui s'engagea entre le paganisme et le christianisme ; 3° l'aversion des chrétiens pour tout ce qui venait du paganisme.

À ces trois causes se joignit ensuite l'invasion des barbares, qui acheva de rendre toute étude sérieuse absolument impossible.

Toutefois quelques ouvrages où se rencontrent des passages relatifs aux sciences naturelles, furent écrits pendant cette longue agonie de l'esprit humain. Nous allons essayer de vous en donner une idée.

Le principal de ces ouvrages du IIIe siècle est *la Vie d'Apollonius de Thyanes*, écrite par Philostrate[8], pythagoricien, natif de Lemuos. Ce philosophe jouissait à Rome d'un grand crédit auprès de l'empereur Sévère, et particulièrement de sa femme, l'impératrice Julie[9], qui aimait beaucoup la rhétorique, et par ordre de laquelle il composa son histoire. Il se servit surtout pour ce travail de notes écrites par un nommé Damis[10], disciple d'Apollonius et compagnon de ses voyages.

Apollonius fut du petit nombre des philosophes qui firent par terre le voyage de l'Inde. Philostrate a consigné dans la vie de ce thaumaturge célèbre qu'on opposait à Jésus-Christ, un assez grand nombre d'observations nouvelles, particulièrement sur les éléphants, qu'il dit varier à certains égards, selon qu'ils sont originaires des montagnes, des marais ou de la plaine. L'ivoire des éléphants de marais est, suivant Apollonius, livide et plein de nœuds qui le rendent difficile à travailler. L'ivoire des éléphants de montagnes est fort blanc et propre à être travaillé ; mais il est d'un petit volume. Le meilleur est celui des éléphants de plaine ; il est fort blanc, de grandes dimensions et très-facile à tourner. Les Indiens disent que les éléphants de marais sont stupides ; que ceux de montagnes sont méchants ; mais que ceux de la plaine sont doux et dociles, qu'ils dansent et sautent au son de la flûte.

Il est peu probable qu'Apollonius ait vu dans l'Inde, encore vivant, un des éléphants qui avaient servi Porus[11] contre Alexandre quatre siècles auparavant. Cependant Philostrate rapporte que ses voyageurs ont vu près de la ville de Taxilla[12] un éléphant que les habitants parfumaient et ornaient de bandelettes, parce qu'il avait été pris à Porus par Alexandre, et consacré par celui-ci au soleil, à cause de sa valeur dans les combats. Cet animal avait autour des défenses des anneaux d'or sur lesquels était gravée en grec cette inscription : *Alexandre, fils de Jupiter, a consacré Ajax au soleil.* Ajax était le nom qu'Alexandre avait donné à l'éléphant.

Du reste, tout ce que Philostrate raconte des mœurs, de la docilité des éléphants, et des soins qu'ils prennent de leurs petits, est parfaitement exact.

Ce qu'il dit de la similitude des productions de l'Indus et du Nil est également vrai. On trouve dans ces deux fleuves des crocodiles et le lotus. Toutefois il n'est pas certain que l'hippopotame ait jamais existé dans l'Indus.

Philostrate désigne avec exactitude divers poissons que l'on trouve dans les affluents de l'Indus. Mais il y mêle la description d'un poisson fabuleux nommé paon, parce qu'il a, dit-il, comme l'oiseau de ce nom, une crête bleue, des écailles de plusieurs couleurs et la queue couleur d'or.

Il parle aussi de chameaux blancs et du rhinocéros de l'Inde, dont la corne servait à faire des vases auxquels les habitants du pays attribuaient la propriété de neutraliser les poisons et de préserver de maladie le jour où on y avait bu. Ces vases étaient réservés pour les rois, et cependant ils n'étaient pas immortels.

Philostrate rapporte encore qu'Apollonius trouva une femme qui était blanche depuis les pieds jusqu'au sein, et noire sur le reste du corps. Il fait observer que cette femme était consacrée à la Vénus des Indes.

Enfin il entremêle d'autres fables des détails curieux sur les mœurs des singes, auxquels il attribue le soin de cultiver le poivre pour les hommes [13].

Après Philostrate, les seuls auteurs du IIIe siècle qui méritent d'être cités, sont deux poètes : Nemesianus [14], de Carthage, et Titus Calpurnius, son élève.

Nemesianus était très-estimé à la cour de Numérien [15], qui s'occupa aussi de poésie. Sous le règne de ce prince, de 282 à 284, il publia un poème sur la chasse, dont trois cent vingt-cinq vers seulement nous sont parvenus. On y trouve quelques détails sur divers variétés de chiens, entre autres, sur les chiens de Sparte nommés mollosses [16], et sur les chiens de Bretagne, semblables à ceux qu'on désigne aujourd'hui sous le nom de bassets. Nous avons vu dans Oppien que cette race était déjà très-connue de son temps.

Nemesianus cite aussi avec distinction les chevaux d'Ibérie, ou andaloux [17], dont la race remarquable s'est également maintenue jusqu'à présent.

Nemesianus avait écrit un autre poème sur la chasse au vol ; mais il ne nous en reste que vingt-huit vers, où sont mentionnés la bécasse et le coq de bruyère.

Titus Calpurnius [18] a composé des élégies, qui furent publiées sous le règne de Carin [19]. La septième seule intéresse les naturalistes. L'auteur y décrit des jeux publics où avaient paru des lièvres blancs, et le babyroussa [20] que dans ces derniers temps on regardait encore comme un animal fabuleux. Il y parle aussi d'un bœuf à bosse et crinière, qui est évidemment le bison. Enfin il rapporte avoir vu dans les mêmes jeux, des ours combattant contre des phoques.

Vous voyez que les sciences naturelles n'ont presque rien à glaner dans les ouvrages du IIIe siècle. De trois auteurs que nous avons cités, deux étaient poètes. Nous ferons remarquer qu'à cette époque, où la décadence de la littérature n'est pas moins évidente que celle des sciences, le style des poètes se soutient pourtant beaucoup mieux que celui des prosateurs. Cette singularité se remarque à toutes les époques de décadence du même genre.

Le IVe siècle, que nous allons maintenant explorer, est encore plus pauvre que le troisième en productions scientifiques.

Le christianisme, à cette époque, avait déjà fait d'importantes et de nombreuses conquêtes dans l'empire romain : Constantin [21] lui-même s'était rangé sous la loi du Christ ; mais en adoptant la nouvelle religion, il n'avait pas détruit complétement le paganisme. Toutes les intelligences actives étaient occupées soit à développer, soit à combattre les croyances chrétiennes. Aussi parmi les ouvrages peu nombreux qui ont trait aux sciences, n'en trouve-t-on pas un qui ne soit écrit dans un but théologique. Tels sont ceux d'Eustathius, archevêque d'Antioche, de saint Ambroise, archevêque de Milan, de Nemesius, évêque d'Émèse en Mésopotamie, et d'Épiphane, évêque de Chypre.

Eustathius[22], déposé à l'occasion des querelles de l'arianisme[23], a publié sons le titre de *Commentaire de l'Hexahemeron*[24], un ouvrage d'histoire naturelle, distribué selon l'ordre de la création, dans lequel il traite diverses questions de physique à l'occasion de la nature de la lumière produite par le soleil. Il donne quelques détails sur les oiseaux, les quadrupèdes et les poissons ; mais tous ces détails sont tirés d'Aristote, d'Élien ou d'Oppien. Le seul fait qui lui appartient, c'est qu'il désigne pour la première fois la gazelle sous le nom d'antholops.

Saint Ambroise[25], qui naquit en 340 et mourut en 397, a aussi écrit un ouvrage sur l'Hexahemeron, ou la Création des six jours, divisé comme celui d'Eustathius, mais dans un esprit différent. Il ne s'occupe des animaux que pour y chercher des allégories et développer quelques principes de morale, qui ne sortent pas toujours directement de l'Évangile. Il nomme quelques poissons.

Nemesius[26] a écrit un petit traité sur la physiologie humaine, qui est presque tout emprunté à Galien. Son but a été de faire admirer la Providence divine à propos de chaque partie du corps humain.

Épiphane[27], le dernier auteur théologien du IVe siècle que nous ayons à citer, est un naturaliste presque ridicule. Il a écrit un *Commentaire sur le physiologue qui a parlé de chaque genre d'animaux et d'oiseaux*, où se trouvent une foule de faits controuvés, et à propos desquels il se livre à des réflexions bizarres. Nous n'en citerons qu'une pour donner une idée des autres. Il assure (contre la vérité) que le lion efface avec sa queue les traces de ses pas, et Épiphane remarque dans ce prétendu fait un emblême du soin que prend Jésus-Christ de cacher ses voies !

En l'absence de toute composition originale, et dans un siècle si stérile pour les sciences, on est heureux de rencontrer un recueil de quelque valeur. C'est à Oribase[28] que nous le devons. Oribase était médecin de l'empereur Julien[29], et il a réuni en un seul ouvrage un grand nombre de traités sur la médecine. Comme il a eu le soin d'indiquer les noms des auteurs auxquels il a fait des emprunts, on remarque qu'il connaissait beaucoup d'ouvrages dont la plupart ne sont pas parvenus jusqu'à nous ; nous n'en savons encore que ce qu'Oribase en a extrait.

Dans un chapitre sur les aliments tirés des poissons, ce médecin donne des extraits d'un nommé Xénocrate, qu'on a prétendu être le second des philosophes platoniciens. Cette opinion est erronée, car il est question dans les extraits laissés par Oribase de poissons du Tibre, dont le philosophe grec n'aurait certainement pas fait mention. Le Xénocrate cité par le médecin de Julien était sans doute un autre médecin de Rome, qui ne nous est pas connu autrement.

Le vingt-cinquième livre de l'ouvrage d'Oribase contient un abrégé de l'anatomie de Galien, que l'on a imprimé séparément, parce qu'il est commode pour l'étude.

Végèce[30] et Gargilius[31] ont laissé deux traités sur l'art vétérinaire ; mais nous n'en parlerons pas autrement, à cause de leur médiocrité.

Nous ferons de même à l'égard d'un traité d'agriculture de Palladius Rutilius Taurus Æmilianus[32], qui est écrit d'un style barbare, et fut publié sous le même titre que celui de Columelle sur le même sujet : *de Re Rusticâ*. Ce serait perdre son temps que de chercher quelque chose d'intéressant dans ces trois ouvrages.

Mais dans le même siècle nous trouvons un ouvrage qui mérite notre attention; c'est le poème de Decius Magnus Ausonins sur la Moselle[33]. L'auteur l'écrivit à Trêves.

Il avait été professeur de rhétorique d'abord à Bordeaux, ensuite à Rome; il devint dans cette dernière ville précepteur de l'empereur Gratien[34], et finit par être nommé consul.

Il décrit dans son poème, comme l'indique le titre, les poissons qui habitent la Moselle. On y remarque quatorze espèces qui avaient été presque entièrement inconnues à Aristote.

Ausonius est le premier auteur qui ait parlé, par exemple, de la truite commune, de la truite saumonée et du barbeau. Les descriptions qu'il fait d'ailleurs du silure et du brochet sont beaucoup plus exactes que celles qui avaient été données avant lui.

Le style du poème sur la Moselle est supérieur à celui des ouvrages en prose de la même époque; ce qui confirme encore la remarque que nous avons eu occasion de faire, qu'aux époques de décadence les poètes se soutiennent beaucoup mieux que les prosateurs.

Ammien Marcellin[35] est barbare de style; mais son ouvrage se recommande par son énergie, par son grand amour de la vérité, et par quelques descriptions intéressantes relatives à l'Égypte.

Dans saint Augustin,[36] le plus célèbre des pères de l'Église, et qui vécut de 354 à 430, on trouve aussi quelques détails intéressant les sciences naturelles. Cet écrivain parle de quelques poissons et d'ossements fossiles qu'il croyait être des os de géants. Il dit, particulièrement, avoir vu à Hippone[37] une dent quarante fois grande comme une dent ordinaire. C'était probablement une dent de mastodonte. Il n'est pas sans intérêt de savoir que du temps de saint Augustin on trouvait en Afrique des débris de mastodontes fossilisés.

Le traité du même auteur sur la génération contient quelques détails de physiologie qui ne sont pas sans mérite.

Macrobe (Aur.-Ambroise-Théodose) a écrit deux ouvrages qui sont de quelque importance pour l'histoire des sciences.

Macrobe[38] était grec et vivait à la cour de Théodose le jeune[39], où il remplissait des fonctions analogues à celles de grand-chambellan. Il était platonicien et n'avait pas abandonné les croyances du paganisme. Ses deux ouvrages sont: un *Commentaire du songe de Scipion* et un écrit intitulé: *Saturnales*[40]. Le premier contient une exposition des opinions des anciens sur l'astronomie. Le second ressemble à celui d'Athénée. L'auteur y suppose aussi que divers philosophes sont réunis dans un banquet et s'y entretiennent de divers sujets. Cet ouvrage fournit, sur les opinions scientifiques des anciens, des renseignements qu'on n'a pas trouvés ailleurs.

Le style de Macrobe est mauvais, l'auteur n'écrivant pas dans sa langue; mais la composition de son livre est supérieure à celle d'Athénée, et les personnages qu'il fait parler sont aussi moins pédants que ceux de ce dernier auteur.

Nous approchons d'une époque de confusion où s'effectuèrent presque de tous côtés les invasions des barbares dans l'empire romain. Les mœurs, les sciences, les lettres antiques disparurent alors dans un naufrage commun. Aussi n'avons-nous plus que trois auteurs à citer pour terminer l'examen de ceux qui appartiennent à l'antiquité proprement dite.

Le premier est Sidoine Apollinaire[41], né à Lyon, et évêque de Clermont en Auvergne.

Il a écrit des lettres d'un style plus élégant que celui de son époque, et dans lesquelles il décrit la campagne possédait en Auvergne. Il y parle d'un petit lac qui y était compris et des montagnes qui s'élevaient près de ses bords. Les divers détails qu'il donne sont des renseignements précieux sur la topographie du pays à l'époque où il a écrit.

Une des lettres de Sidoine Apollinaire à saint Mamers[42] a fait croire qu'il y avait en Auvergne, au ve siècle, des volcans en activité. Cet évêque parle dans cette lettre des secours qu'il prodigua aux habitants de son diocèse *lorsque les flammes brillaient sur le sommet des montagnes et sur les toits des maisons*. Mais malheureusement ce passage n'est pas assez clair pour qu'on puisse décider avec certitude si les flammes dont il y est parlé étaient le résultat d'éruptions volcaniques ou celui des incendies que les barbares allumaient alors trop souvent dans ces temps de désordre général.

Le second auteur que nous ayons à examiner est Paul Orose[43], prêtre de Tarragone en Catalogne, et élève de saint Augustin.

Il a écrit à l'instigation de celui-ci une Histoire générale, en sept livres, dans laquelle se trouvent quelques faits scientifiques écrits d'un style barbare. Mais ce qui la rend précieuse pour nous c'est qu'elle contient une justification positive du calife Omar[44], que pendant long-temps on avait considéré comme le destructeur de la bibliothèque d'Alexandrie. Orose déclare avoir visité cette bibliothèque et en avoir vu les rayons absolument vides ; ils avaient été saccagés deux cents ans auparavant par les Sarrasins. Omar n'a pu brûler par conséquent que le bâtiment qui contenait les livres de la bibliothèque d'Alexandrie, et non ces livres eux-mêmes.

Le dernier des auteurs qui ait écrit sous la domination romaine et que nous ayons à examiner, est Martianus Capella[45], africain, qui a écrit, vers l'an 490, un mauvais poème intitulé : *Noces de la philologie avec Mercure*. Il y traite *des Sept arts libéraux*, et c'est dans cet ouvrage qu'on trouve l'origine de la division des études, adoptée dans les universités. Le maître ès-arts d'autrefois, était celui qui connaissait les sept arts libéraux.[46] Ce nombre de sept tenait aux idées des pythagoriciens, chez lesquels il a joué un grand rôle. Ils distinguaient partout des groupes de sept : sept planètes, sept métaux, etc.

Si à partir de l'époque où nous voici arrivés les sciences restèrent long-temps sans culture, il ne faut pas accuser les barbares de leur extinction. Les sciences se sont détruites d'elles-mêmes par la tournure religieuse qu'elles ont prise. Les esprits cultives ont abandonné les sciences physiques pour des études spéculatives qui n'étaient pas appuyées sur les beaux siècles de la littérature, et l'humanité est ainsi retombée dans la barbarie.

Nous allons traverser maintenant bien des siècles stériles avant que de nouveaux efforts de l'esprit humain ressuscitent les sciences et leur fassent faire quelques progrès. Car si les barbares n'ont pas détruit les sciences, ils ont du moins beaucoup retardé leur marche. Les chrétiens ont concouru à produire le même résultat en détruisant les livres des païens. Quelques monastères seulement en conservèrent une partie.

Nous verrons comment l'humanité est enfin sortie de l'épaisseur de ces ténèbres. Dans la prochaine séance nous commencerons cette recherche.

NOTES

1. [Dioclétien, de son nom complet *Gaius Aurelius Valerius Diocletianus*, nom d'origine Dioclès (né en 245 apr. J.-C. à Salone ? en Dalmatie, aujourd'hui Solin en Croatie ; mort en 316, Salone), fut un empereur romain (284-305) qui restaura un gouvernement efficient à l'empire après la période quasi-anarchique du IIIe siècle. Sa réorganisation de l'administration générale, fiscale et militaire de l'empire servit de fondation à l'Empire Byzantin oriental, et étaya temporairement l'empire décadent de l'ouest. Son règne fut également connu pour la dernière grande persécution anti-chrétienne.]
2. [Code Justinien, en latin *Codex Justinianeus*, officiellement appelé *Corpus Juris Civilis* (« Loi Civile »), est le recueil des lois et des interprétations légales développées sous le règne de l'empereur byzantin Justinien Ier de 529 à 565 apr. J.-C. Ces textes ne constituèrent pas réellement un nouveau code légal, il s'agissait plus exactement de deux ouvrages de référence mis en page par un comité de juristes sous le règne de Justinien, lesquels ouvrages comprenaient un recueil de lois anciennes et d'extraits des opinions de grands juristes romains. Ces ouvrages incluaient également les grandes lignes de la loi romaine ainsi que les nouvelles lois de Justinien.]
3. [Maximien, nom complet en latin *Marcus Aurelius Valerius Maximianus* (né à Sirmium, en Pannonie Inférieure (aujourd'hui Stremska Mitrovica en Serbie) mort en 310), empereur romain avec Dioclétien de 286 à 305 apr. J.-C. D'origine modeste, Maximien s'éleva dans l'armée grâce à ses talents militaires, et devint un officier de confiance et ami de l'empereur Dioclétien, lequel fit de lui un César (empereur romain adjoint) en 285, et Auguste (empereur) l'année suivante.]
4. [Galère, de son nom complet Gaius Galerius Valerius Maximianus (né près de Serdica, Thrace, aujourd'hui Sofia en Bulgarie ; mort en 311), empereur romain de 305 à 311, connu pour sa persécution des chrétiens. D'origine modeste, Galère se fit remarquer par sa carrière militaire. Le 1er mars 293, il fut nommé César par l'empereur Dioclétien, gouverneur de l'empire oriental. Lorsque Dioclétien abdiqua le 1er mai 305, Galère devint Auguste (empereur) de l'Est, gouvernant les Balkans et l'Anatolie.]
5. [Constance Ier, dit Constance Chlore (le pâle), de son nom d'origine Flavius Valerius Constantius (mort l'été de l'année 306 à Eboracum en Grande-Bretagne, aujourd'hui York, Yorkshire, Angleterre), empereur romain et père de Constantin Ier le Grand. Membre de la tétrarchie composée de quatre gouverneurs et créée par l'empereur Dioclétien, Constance porta le titre de César de 293 à 305, et de César Auguste en 305-306.]
6. [Claude II le Gothique, de son nom d'origine Marcus Aurelius Valerius Claudius (né en mai 214 à Dardanie en Mésie Supérieure ; mort en 270 à Sirmium, en Pannonie Inférieure), empereur romain en 268-270 dont le couronnement de sa carrière fut sa victoire décisive contre les envahisseurs Gothiques (d'où le nom de Gothicus) originaires des Balkans en 269.]
7. [Salona ou Solin, ville de la côte dalmatienne, près de la ville moderne de Split, en Croatie, fondée par les grecs qui commencèrent à s'y établir dès le IVe siècle.]
8. [Bien que Cuvier mentionne « natif de Lemnos », il fait référence non pas à Philostrate de Lemnos (né *c.* 190 apr. J.-C.) mais à Flavius Philostrate l'Athénien (né *c.* 170 apr. J.-C. ; mort *c.* 245), ancien écrivain grec qui étudia à Athènes et qui, après l'an 202, fit partie du cercle philosophique de l'impératrice syrienne de Rome, Julia Domna (voir Leçon 15, note 28). À sa mort, il s'établit à Tyre. Il écrivit « Sur la Gymnastique » *Gymnasticus* (traité sur les compétitions athlétiques) ; une vie du philosophe pythagoricien Apollonius de Tyane ; « Vie des Sophistes » (*Bioi sophison*) un essai à la fois sur les sophistes classiques du Ve siècle av. J.-C. et sur les philosophes et rhétoriciens plus récents ; un discours sur la nature et la loi ; et les épîtres (« Lettres d'Amour »), dont l'un servit de base au poète anglais du XVIe siècle Ben Jonson pour son poème « Bois à ma Santé, Seulement avec Tes Yeux » (voir Philostrate, *Philostratus and Eunapius ; the lives of the Sophists*, London : W. Heinemann ; New York : G. P. Putnam's Sons, 1922, 595 p. ; *Traité sur la gymnastique* [texte grec accompagné d'une traduction en regard et de notes par Daremberg Charles], Paris : F. Didot frères, fils & Cie, 1858, xxiii + 99 p. ; *Apollonius de Tyane : sa vie, ses voyages, ses prodiges* [trad. du grec par Chassang A. ; présentation et notes de Rachet Guy], Paris : Sand, 1995, 348 p.]
9. [Julia Domna, voir Leçon 15, note 28.]
10. [Damis fut un (prétendu) étudiant et ami de longue date d'Apollonius de Tyane (voir Leçon 12, note 1), le célèbre philosophe et professeur pythagoricien qui vécut à la fin du Ier et au début du IIe siècle apr. J.-C.]
11. [Porus (*fl.* IVe siècle av. J.-C.), prince indien qui gouverna la région située entre les rivières Jhelum et Chenab pendant l'invasion du Panjab par Alexandre III le Grand (327-326 B.C.) Contrairement à son voisin Ambhi, roi de Taxila (Taksashila), Porus résista à Alexandre. Mais avec ses éléphants et son infanterie avançant ensemble d'un rythme lent, Porus était battu d'avance devant la cavalerie mobile et les archers à cheval d'Alexandre lors de la bataille de l'Hydaspe. Impressionné par ses techniques et son courage, Alexandre lui permit de garder son royaume, et il se peut qu'il lui céda également quelques terres qu'il avait conquises. Devenu partisan d'Alexandre, Porus occupa ensuite la position de gouverneur adjoint de Macédoine jusqu'à son assassinat, commandité par Eudamus après la mort d'Alexandre entre 321 et 315 av. J.-C.]
12. [Taxila est une ville de l'Antiquité du nord-ouest de l'Inde, dont les ruines se situent à 35 kilomètres au nord-ouest de Rawalpindi au Pakistan. La prospérité dont elle jouit pendant l'Antiquité reposa sur sa position géographique, à la jonction de trois grandes routes du commerce : l'une venant de l'est de l'Inde, décrite par un auteur grec, Mégasthène, comme « la Voie Royale », la deuxième venant de

l'Asie occidentale, et la troisième venant de Cachemire et d'Asie Centrale.]

13. Voici l'explication de cette fable : Sur des points du Caucase inaccessibles aux hommes, et où se trouvent des antres habités par des singes, naissent beaucoup de poivriers. Les Indiens cueillent les grappes de ceux de ces arbres qui sont à leur portée et les jettent comme une chose inutile sur de petites places qu'ils ont préparées. Les singes, de leurs antres, voient les mouvements des Indiens ; ils viennent la nuit les répéter ; ils détachent les grappes des poivriers et les jettent aussi sur les petites places où les Indiens en ont déjà jeté. Ceux-ci reviennent le lendemain matin et emportent une abondante récolte de poivre qui ne leur a coûté aucun travail. [M. de St.-Agy.]

14. [Marcus Aurelius Olympius Nemesianus (Némésien) (*fl. c.* 280 apr. J.-C.), poète romain originaire de Carthage, auteur de poésie bucolique et didactique. Parmi les œuvres qu'il nous reste de lui se trouvent quatre églogues et un poème inachevé sur la chasse (*Les Cynégétiques*). On lui attribue également deux petits fragments sur la chasse aux oiseaux (*De aucupio*) (voir Némésien (Marc-Aurèle), *Les Cynégétiques de Némésien : édition critique*, Antwerpen : De Sikkel, 1937, 9-65 + [1] p. + 3 pl. ; *The Eclogues of Calpurnius Siculus and M. Aurelius Olympius Nemesianus* [trad. en anglais avec introduction, commentaires et annexe de Keene Charles Haines], Hildesheim : G. Olms, 1969, 211 p. ; *Œuvres de Némésien* [texte établi et traduit par Volpilhac Pierre], Paris : Les Belles Lettres, 1975, 153 p. ; *The Eclogues and Cynegetica of Nemesianus* [trad. en anglais avec introduction et commentaires de Williams Heather J.], Leiden : E. J. Brill, 1986, 197 p.) Ses quatre églogues sont dans la tradition de Virgile et furent également influencées par Calpurnius (voir note 18 ci-dessous). Bien qu'elles soient imitatives et conventionnelles dans la forme et l'imagerie, elles sont agréables de par leur mouvement mélodieux et leur formulation régulière. *Les Cynégétiques* donne des informations sur les chiens, les chevaux, et l'équipement de chasse ; c'est un texte écrit avec beaucoup de grâce, dans le style littéraire des *Géorgiques* de Virgile et des *Cynégétiques* de Grattius (*cf.* Virgile, *Géorgiques* [texte traduit par Saint-Denis Eugène de ; introduction, notes et postface par Pigeaud Jackie], Paris : Les Belles Lettres, 1998, li + 172 p. ; Grattius, *Cynegeticon quae supersunt ; cum prolegomenis, notis criticis, commentario exegetico* [edidit Enk Petrus Johannes], Hildesheim ; New York : G. Olms, 1976, 153 p.)]

15. [Numérien, en latin Marcus Aurelius Numerius Numerianus (mort en 284), empereur romain de 283 à 284. Il succéda à son père Carus l'été de l'année 283, au milieu d'une guerre avec les Sassanides. Numérien était empereur à l'est, et son frère Carin gouvernait l'ouest. Numérien ramena son armée au pays, mais il contracta une maladie oculaire débilitante. Vers la fin de l'année 284, après que l'armée ait atteint le Bosphore, Numérien fut retrouvé mort. Son beau-père, Aper, qui assurait la commande de l'armée, fut accusé de son meurtre et executé. Le trône revint à Dioclétien, commandant de la garde impériale.]

16. [Molosse, race disparue de chien de grande stature, utilisé comme chien de garde et comme chien de combat en Angleterre pendant 2 000 ans. Les chiens de ce genre sont mentionnés dans les archives européennes et asiatiques depuis plus de 3 000 ans. Les envahisseurs romains en Angleterre envoyaient le mastiff dans les arènes de Rome où le chien était jeté en combat contre les ours, les lions, les tigres, les taureaux, d'autres chiens et des gladiateurs. Cette race combattit également dans les arènes de combat d'Angleterre contre les taureaux et les ours.]

17. [Andaloux représente la race de chevaux d'origine espagnole à la démarche hautaine.]

18. [Titus Calpurnius Siculus (*fl. c.* A.D. 60), poète de langue latine, auteur de sept églogues bucoliques (Calpurnius Siculus, *Les Églogues choisies de Calpurnius* [traduites librement en vers français avec le texte et des remarques], Bordeaux : impr. de G. Gounouilhou, 1868, 139 p.) *Les Églogues* sont dans la tradition de Virgile, dont l'influence sur Calpurnius est omniprésente. Bien qu'ils contiennent certaines références contemporaines, ils n'apportent rien de nouveau au développement de la littérature latine.]

19. [Carin, de son nom complet Marcus Aurelius Carinus (mort en 285 sur la rivière Margus, en Mésie Supérieure, aujourd'hui la rivière Morava en Serbie), empereur romain de 283 à 285 apr. J.-C.]

20. [Babiroussa (*Babirousa babyrussa*), cochon sauvage d'Indonésie, de la famille des Suidés (de l'ordre Artiodactyla), des îles des Célèbes et de Malacca. Le babiroussa au corps trapu et à la queue courte mesure de 65 à 80 cm au collet. Sa peau est dure et grise, et dépourvue de poil. Il se caractérise principalement par ses canines ou défenses largement développées chez le mâle. La paire supérieure est plus développé, recourbée vers l'arrière et perçant la peau du museau, allant presque jusqu'à toucher son front.]

21. [Constantin Ier (né le 27 février, probablement à la fin des années 280 apr. J.-C., à Naissus, aujourd'hui Nis en Serbie ; mort le 22 mai 337 à Nicomédie), fut le premier empereur à se convertir au christianisme (vers 312 apr. J.-C.). Il amorça l'introduction du christianisme dans l'empire et lança le mouvement de la culture chrétienne qui ouvrit le chemin de l'expansion des cultures médiévales byzantine et occidentale.]

22. [Saint Eustathe d'Antioche, aussi appelé Eustathe le Grand (né à Side en Pamphylie ; mort *c.* 337, probablement à Thrace ; saint fêté le 16 juillet ; dans l'église orthodoxe, le 21 février), évêque d'Antioche qui s'opposa aux partisans de la doctrine interdite d'Arius lors du Concile de Nicée. Eustathe fut évêque de Bérée (*c.* 320) et devint évêque d'Antioche peu avant le Concile de Nicée (325). Les intrigues de l'évêque pro-arien Eusèbe de Césarée (voir Leçon 2, note 24) menèrent à la déposition d'Eustathe par le synode d'Antioche (327/330) et à son bannissement de Thrace par l'empereur romain Constantin le Grand. La résistance de ses partisans à Antioche qui

créèrent une faction Eustathienne (laquelle survécut jusqu'en 485 environ), se termina par le Schisme de Mélitios, scission au sein de l'église orthodoxe sur la doctrine de la Trinité.]

23. [Arianisme, voir note 22 ci-dessus.]

24. [Sur les *Commentaires de l'Hexahemeron* ou *Des Six Jours de la Création*, voir Eustathe, *Ancienne version latine des neuf homélies sur l'Hexaéméron de Basile de Césarée* [éd. critique avec prolégomènes et tables par Mendieta Émmanuel Amand de et Rudberg Stig Y.], Berlin : Akademie-Verlag, 1958, lxiv + 132 p.]

25. [Saint Ambroise, en latin Ambrosius (né *c.* 339 apr. J.-C., à Trèves, Gaule ; mort en 397 à Milan ; fête célébrée le 7 décembre), évêque de Milan, critique biblique, il fut l'initiateur des idées qui servirent de base à l'établissement des relations église-état au Moyen Âge. Ses ouvrages littéraires furent acclamés comme chefs d'œuvre d'éloquence en langue latine, et ses talents en matière de musique se remarquent dans les hymnes qu'il créa. On lui attribue également la conversion et le baptême de Saint Augustin d'Hippone, le grand théologien chrétien, et il est considéré comme un évêque exemplaire qui vit l'Église s'élever des ruines de l'Empire Romain.]

26. [Némésius d'Émèse (*fl.* à la fin du IVe siècle), philosophe chrétien, apologiste, et évêque d'Émèse (aujourd'hui Homs en Syrie), il fut l'auteur de *Peri physeos anthropou* (« De la Nature de l'Homme »), premier recueil connu d'anthropologie théologique présentant une orientation chrétienne. Son traité eut une grande influence sur la théologie philosophique latine byzantine et médiévale (voir Némésius, *De la nature de l'homme* [traduit pour la première fois du grec en français / par Thibault J. B.], Paris : Hachette, 1844, xv + 276 p. ; Telfer (William) (sous la dir), *Cyril of Jerusalem and Nemesius of Emesa*, Philadelphia : Westminster Press, 1955, 466 p.)]

27. [Saint Épiphane de Salamine (*Epiphanus Constantiensis*) (né *c.* 315 en Palestine ; mort en mer en mai 403 ; fête célébrée le 12 mai), évêque connu dans l'histoire des débuts de l'Église Chrétienne pour sa lutte contre les croyances qu'il considérait hérétiques. Il cibla principalement les enseignements d'Origène, théologien influent de l'Église d'Orient. Les attaques d'Épiphane, lequel considérait Origène plus comme un philosophe grec qu'un chrétien, contribuèrent à discréditer les principes d'Épiphane.]

28. [Oribase (*c.* 320-*c.* 400), médecin et écrivain grec, était le médecin personnel de l'empereur Julien l'Apostat (voir note 29 ci-dessous). Il étudia à Alexandrie sous Zénon de Chypre avant de rejoindre l'escorte de Julien. Il participa au couronnement de Julien en 361, et resta près de l'empereur jusqu'à la mort de Julien en 363. À la suite de cet événement, Oribase fut exilé pendant un certain temps, avant d'être rappelé plus tard par l'empereur Valens.]

29. [Julien, nom complet Julien l'Apostat, en latin Julianus Apostata, dont le nom de naissance est Flavius Claudius Julianus (né en 331/332 apr. J.-C. à Constantinople ; mort le 26/27 juin 363 à Ctésiphon en Mésopotamie), empereur romain (361-363 apr. J.-C.), neveu de Constantin le Grand, érudit et chef militaire de renom qui fut proclamé empereur par ses troupes. Ennemi obstiné de la chrétienté, il annonça publiquement sa conversion au paganisme (361), obtenant ainsi son nom de « l'Apostat ».]

30. [Végèce est Publius Flavius Vegetius Renatus, auteur datant de l'Empire Romain tardif. On ne connait rien de sa vie ou de son statut, si ce n'est ce qu'il nous dit dans ses deux ouvrages : *Epitoma rei militaris* (également appelé *De Re Militari* ; voir Végèce, *Les institutions militaires* [présentation et notes de François Reyniers ; introduction par Nachin L.], Paris : Berger-Levrault, 1948, lxviii + 176 p.), et le texte moins connu *Digesta Artis Mulomedicinae*, guide de médecine vétérinaire datant de *c.* 430-435 (Végèce, *Digestorum artis mulomedicine libri* [trad. par Lommatzsch E.], Leipzig : B. G. Teubner, 1903, xiii + 342 + [2] p.), œuvres qui sont parvenues jusqu'à nous.]

31. [Gargilius est Gargilius Martialis qui écrivit un essai sur la chirurgie vétérinaire intitulé *Curae Bourn ex Corpore Gargilii Martialis* dont seulement un court fragment abîmé a survécu. Il fut publié par Johan Matthias Gesner (érudit classique allemand et maître d'école, 1691-1761 ; à ne pas confondre avec Conrad Gessner, 1516-1565 ; voir Leçon 13, note 18) dans son œuvre *Scriptores Rei Rusticae Veteres Latini* of 1735.]

32. [Rutilius Taurus Aemilianus Palladius, appelé habituellement Palladius, était un auteur romain du IVe siècle apr. J.-C. Il est connu pour son livre sur l'agriculture *Opus agriculturae* (parfois connu sous le nom de *De Re Rustica*), traité en quatorze parties sur la vie à la ferme, présentant en détail les instructions, mois par mois, des activités typiques d'une année dans une ferme à Rome (voir Palladius, *Traité d'agriculture* [texte établi, traduit et commenté par Martin René], Paris : Les Belles Lettres, 1976, lxvii + 209 p.) La plus grande partie du livre est en prose, mais la dernière partie, intitulée « De Insitione » *(Des Arbres Fruitiers)*, est écrite en vers élégiaques.]

33. [Decius Magnus Ausonius (né *c.* 310, à Burdigala, Gaule, aujourd'hui Bordeaux, France ; mort *c.* 395, à Burdigala), poète et rhétoricien de langue latine digne d'intérêt principalement pour sa passion de la scène provinciale de sa Gaule native. Ausonius ne nous a laissé aucune œuvre de qualité remarquable. Son plus long poème, sur le fleuve de la Moselle, présente presque la nature à la manière du poète romantique anglais William Wordsworth (1770-1880), avec des descriptions du paysage changeant au fil du fleuve à travers la campagne (Ausone, *Œuvres complètes* [traduit du latin par Pomier Charles ; révision du texte par Germain Yves], Clermont-Ferrand : Paleo, 2006, 263 p.)]

34. [Gratien, en latin Flavius Gratianus Augustus (né en 359, Sirmium, Pannonie, aujourd'hui Sremska Mitrovica en Serbie ; mort le 25 août 383 à Lugdunum, aujourd'hui Lyon, France), empereur romain de 367 à 383.]

35. [Ammien Marcelllin (*Ammianus Marcellinus*) (né *c.* 330 à Antioche en Syrie, aujourd'hui Antakya, Turquie ; mort en 395 à

Rome), dernier historien de premier plan romain, dont le travail couvrit l'histoire de l'Empire Romain tardif jusqu'en 378.]

36. [Saint Augustin (en latin, Augustinus), évêque d'Hippone en Afrique romaine de 396 à 430, personnalité majeure de l'Église Occidentale de l'époque; il est en général reconnu comme l'un des plus grands penseurs de l'Antiquité chrétienne. Il fut le creuset de la pensée qui fusionna le christianisme à la tradition philosophique platonique. Il fut ainsi à l'origine du système de pensée (augustinisme) qui fut transmis à la chrétienté du catholicisme médiéval romain et au protestantisme de la Renaissance.]

37. [Hippone, ancien port de la côte d'Afrique du Nord, situé près de la ville moderne d'Annaba (ancienne Bône) en Algérie, fut probablement établi par les Carthaginois au IVe siècle av. J.-C. Sous le contrôle des Romains, la ville fut d'abord une municipalité (*municipium*) (communauté qui jouissait de certains droits accordés aux citoyens de l'Empire Romain) et ensuite une colonie (*colonia*) (territoire romain jouissant de tous les droits de citoyenneté). Le personnage le plus important de la ville, lequel devint plus tard un Père de l'Eglise, fut Saint Augustin (voir note 36 ci-dessus), il y fut évêque de 395 à 430.]

38. [Macrobe, ou Aurelius Ambrosius Theodosius Macrobius (*fl. c.* 400 apr. J.-C.), grammairien et philosophe de langue latine dont l'œuvre principale est *Saturnales*, dernier exemple connu d'une longue série d'ouvrages sous forme de réunions dans la lignée du *Banquet* de Platon (*cf.* Macrobe, *Les Saturnales* [trad. nouvelle avec introd. et notes par Bornecque Henri et Richard François], Paris: Garnier frères, 1938, 2 vol.; Platon, *Le Banquet* [texte établi et traduit par Vicaire Paul; préface de Steiner Georges; notes de L'Yvonnet François], Paris: Les Belles Lettres, 2010, xxxii + 176 p.)]

39. [Théodose II (né le 10 avril 401 à Constantinople, aujourd'hui Istanbul en Turquie; mort le 28 juillet 450), empereur romain d'Orient de 408 à 450. Ce fut un homme érudit, gentil, et facilement influençable, qui laissa son gouvernement être dirigé par une succession de membres de sa famille et de ministres.]

40. [*Les Saturnales* (voir note 38 ci-dessus), dédiée au fils de Macrobe Eustache, prétend donner un compte-rendu des discussions qui eurent lieu dans des maisons privées la veille des Saturnales, et pendant les trois jours du festival. Le commentaire de Macrobe sur *Le Rêve de Scipion* de Cicéron dans *De la République*, est une œuvre néo-platonique en deux tomes (voir Macrobius, *Commentaire au Songe de Scipion* [texte établi, traduit et commenté par Armisen-Marchetti Mireille], Paris: Les Belles Lettres, 2001-2003, 2 vol.) Il ne reste que des fragments d'un troisième texte écrit par Macrobe, intitulé *De differentiis et societatibus Graeci Latinique verbi* («Des Différences et Similitudes entre les Mots Grecs et Latins») (Macrobius, *Macrobii Theodosii, de verborum Graeci et Latini differentiis vel societatibus excerpta, a cura di Paolo De Paolis*, Urbino: QuattroVenti, 1990, lxv + 198 p.)]

41. [Sidonius Apollinaris, Gaius (ou Caius) Sollius Modestus Apollinaris Sidonius ou Saint Sidoine Apollinaire (né le 5 novembre *c.* 430, mort *c.* août 489), poète, diplomate, et évêque, il est considéré comme l'auteur le plus important de la Gaule du Ve siècle (voir Goldberg (Eric J.), «The Fall of the Roman Empire Revisited: Sidonius Apollinaris and His Crisis of Identity», *Essays in History*, vol. 37, 1995, pp. 1-15).]

42. [Nous n'avons pu identifier Saint Mamers.]

43. [Paul Orose (né probablement à Braga en Espagne; *fl.* 414-417), défenseur de l'église orthodoxe chrétienne, théologien, et auteur de la première histoire du monde à être écrite par un chrétien. En 416, Augustin lui demanda d'écrire une apologie historique du christianisme, *Historiarum adversus paganos libri VII* (voir Orose (Paul), *Histoires: contre les païens. Tome III, Livre VII* [texte établi et traduit par Arnaud-Lindet Marie-Pierre], Paris: Les Belles Lettres, 1991, 217 p.) Ce livre raconte l'histoire du monde depuis sa création jusqu'à la fondation et l'histoire de Rome jusqu'en 417 apr. J.-C. Orose y décrit les catastrophes qui échurent à l'humanité avant le christianisme, essayant de prouver ainsi que les calamités du Bas-Empire Romain n'étaient pas dues à la conversion chrétienne. Le livre d'Orose jouit d'une grande popularité au début du Moyen Âge en Europe, mais seul son récit couvrant les années postérieures à 378 apr. J.-C. présente un intérêt aux érudits modernes.]

44. [Omar ou Umar I, de son nom complet Umar ibn Al-Khattab (né *c.* 586 apr. J.-C. à La Mecque, Arabie Saoudite d'aujourd'hui; mort le 3 novembre 644 à Medina, en Arabie Saoudite), successeur d'Abu Bakr et deuxième calife musulman (634-644), sous lequel les armées arabes conquirent la Mésopotamie et la Syrie, et commencèrent la conquête de l'Iran et de l'Égypte.]

45. [Martianus Minneus Felix Capella (*fl.* à la fin du IVe et au début du Ve siècle apr. J.-C.), originaire d'Afrique du Nord et défenseur à Carthage, dont la prose et la poésie furent d'une grande influence culturelle jusqu'au Moyen Âge. L'œuvre principale de Capella fut écrite peut-être vers 400 mais certainement avant 439 apr. J.-C. (Capella (Martianus), *Les noces de Philologie et de Mercure, tome VII, livre VII: L'arithmétique* [texte établi et traduit par Guillaumin Jean-Yves], Paris: Les Belles Lettres, 2003, cvi + 151 p.) Le titre de son œuvre complète est inconnue, mais les manuscrits indiquent comme titre des deux premiers tomes *De la Philologie et Mercure*, et des sept autres *De l'Art Grammatical*, *De l'Art de la Dialectique*, *De l'Art de la Rhétorique*, *De la Géométrie*, *De l'Arithmétique*, *De l'Astrologie*, et *De l'Harmonie*.]

46. [Au Moyen Âge, les sept arts libéraux enseignés à l'université étaient le trivium romain, soit la grammaire, la rhétorique, et la logique; et le quatrivium de Pythagore, l'arithmétique, la musique, la géométrie, et l'astronomie.]

THE SCULPTURE GALLERY
Engraving by the French artist Auguste Blanchard (1819-1898) after the Dutch painter Lawrence Alma-Tadema (1836-1912). Illustration first published by Pilgeram & Lefevre (editors in New York) in 1877.

18 Contributions of the Ancients: A Summary

Having arrived at the end of the history of the sciences in ancient times, we shall cast a general and rapid glance back upon the knowledge they had acquired.

The works of the ancients in the natural sciences span no more than five and a half centuries. After Aristotle and Theophrastus, these sciences made almost no progress. Only the medical sciences experienced continual progress, since men always have need of medicine. We have shown the external conditions that were so readily opposed to the development of the natural sciences: first, there was the decline of the Ptolemies, resulting in that of the school at Alexandria. Later, it was the overextension of the Roman Empire, the lack of interest in the sciences on the part of the conquerors of the world, the constant tumults that occasioned the excessive development of Roman military might, and the struggle to establish Christianity, which directed all intellectual activity towards the speculative studies.

We shall show other causes harmful to scientific progress. We shall call such causes *internal*, but before explaining them we shall take a fair inventory of what the ancients knew.

In general natural philosophy, the ancients had but the rough ideas that Thales brought back from Egypt. True, Aristotle had conceived of a system of natural philosophy based on what is called *occult causes*; but this system was extremely defective, and one can see by Seneca's *Questiones* that it gave rise to ridiculous explanations.

Geometry had made great progress among the ancients. Statics and hydrostatics were well developed in the areas to which Archimedes[1] had applied geometry. But the ancients made no application of this science to natural philosophy as such. The art of experimentation, moreover, was unknown to them. They were not versed in reducing a phenomenon to its simplest elements, and deducing cause from effect.

Chemistry was completely unknown to them, for although the Egyptians knew how to dye fabrics and were very clever in the art of working metals, they had no theory of the whole and no knowledge of simple substances. They possessed only artisans' procedures. However, it is to Egypt, as you know, that the discovery of chemistry is attributed; this science originally was called the science of Egypt.

The ancients had fairly extensive ideas about mineralogy, but their ideas were, so to speak, only external [superficial]. They knew a great many stones, soils, and minerals, and they put them to wide use; but such substances received no classification whatever from them and they did not even know the principal constituents.

In botany, they described about six hundred species of plants: all of our edible plants and fruit-trees were known to them. They employed far more plants in their medicines than we do; but the ancients cannot be praised for this, for they attributed to many plants properties that were merely fictitious.

The ancients had some inkling of plant physiology; they knew that certain plants could not reproduce except with the help of other plants, but they were far from the theory of the sexes that we apply now to all plants save the cryptogams;[2] they had no clear idea of the true mode of plant fertilization. Plants were classified according to the properties attributed to them, and their nomenclature was not fixed. The ancients confined themselves to giving plants the names common at the time, and since such names varied with century and country, much confusion has resulted about the identity of the plants mentioned in ancient botany.

In zoology the same lack of order exists. The ancients never had a fixed nomenclature. Aristotle established large classes, to which probably no change will be made; but his successors failed to subdivide his classes into genera or species.

The only science that was carried further by the ancients than by the moderns is agriculture: many practices were known to them that would be useful for us to adopt.

In anatomy, too, they had rather extensive knowledge; they gave a good description of the bones and passably good ones of the muscles and viscera. Arteries and veins were less well known to them, and the lymphatic vessels were unknown to Aristotle.

In physiology they were not well advanced; they had no precise idea of the circulation of the blood, nor of respiration. A few philosophers had glimpsed but only vaguely the analogy between the latter function and combustion. They did not know the exact nature of the sense organs, nor how the sense organs were acted upon externally. They had no idea about the delicate parts of the organs, but they knew the uses of the larynx, the liver, and the stomach.

In medicine they had some knowledge of the course of diseases, and several described with accuracy the principal symptoms of diseases.

Such, then, is the knowledge of the natural sciences possessed by the ancients.

We are now going to indicate the internal causes that we said were obstacles to the development of these sciences. In the first rank of these causes, we must place the lack of method, of classification, of fixed nomenclature.

The ancients designated species only by the names in common use at the time, and they never fixed the meaning of such names by indicating characteristics rooted in the nature of the objects. Moreover, since the resource of printing or engraving was wanting, it was often impossible to recognize a species by its name alone.

The absence of collections, and indeed the impossibility of forming them, is a second internal cause of the slow progress of the sciences among the ancients. Not knowing the procedures for distillation, they had neither spirits nor alcohol. Consequently, they had no means of preserving for very long the objects of natural history.

They also lacked knowledge of the procedure for making transparent glass, and even clear glass was extremely rare.[3] This substance was not generally known until much later; for it was at the end of the fifteenth century that the city of Vienna[4] was mentioned as remarkable for its glass.

Neither did the ancients know how to stuff dead animals; they were content to hang the objects of curiosity they wished to preserve in the temples, without prior preparation. It was in a temple that Pausanias saw the wild boar that was said to be that of Calydon.[5] It was also in a temple that Hanno hung the skins of the apes that he had taken from the coast of Africa and which he believed to be wild women. The skin of Regulus's boa snake and the tusks of king Massinissa's[6] elephants were kept in the same way.

Yet the ancients were sometimes observed using honey or brine to hinder the decomposing of certain objects. For example, honey was used for preserving the body of Alexander the Great, and brine for preserving the body of Mithradates. But such procedures were entirely insufficient.

In antiquity, it was difficult to acquire instruction; one could succeed in doing this only at a great expenditure of time and money. The ancient naturalists all made long and costly voyages. Herodotus went to the borders of Arabia to examine the skeletons of dragons devoured by ibises –or, actually, the bones of serpents cast up by the Nile. Like Pythagoras, Apollonius of Tyana traveled to India. One can imagine that such travels were within the means of only a few men. Therefore, the march of the sciences, as we have said, was very slow.

The first person who had the idea or the means of forming a collection of natural history objects is Apuleius. This innovation seemed so strange in his time that it became one of the main counts in the charge of magic brought against him. In his defense on this head, he declared that he had intended to judge for himself the wonders of Providence instead of relying on his father's and his nurse's tales in this regard.

Today we can consult collections of accurate engravings in libraries and public cabinets. The ancients did not have this advantage. Aristotle had actually included in his works some drawings done by hand; but we have seen that they could not be preserved. There exist some copies of Dioscorides containing pen and ink drawings, but they are extremely rough and most of them could not be used to identify with any accuracy the plants they are supposed to represent. Moreover, these handmade illustrations, besides being expensive, are necessarily altered from one copy to another on account of the carelessness or the lack of ability of the copyists. The art of engraving, which remedied these problems, in Europe dates only from the end of the Middle Ages. The artistic genius that in antiquity presided over painting, sculpture, and architecture was evidently of no utility to the natural sciences.

The development of the sciences was also hindered in antiquity by the absence of the means of observation. The microscope and the magnifying glass had not yet been invented, and without these instruments –which, like printing, date from the last years of the Middle Ages– we would still be, like the ancients, in ignorance of a new and almost infinite world, and it would be impossible for us to know the many delicate structures not visible to the naked eye.

In addition, the ancients did not know about injecting cadavers; they seem only to have insufflated the viscera, and occasionally the veins, in order to examine their shape. They lacked the resource of chemical reagents for learning about the intimate composition of bodies.

Far from wondering about the slow progress of the sciences in antiquity, we ought rather to offer praise for the remarkable work accomplished in so little time and with so few means, since there was neither fixed nomenclature, nor collections, nor drawings, nor optical instruments, nor acquaintance with the procedures of injecting cadavers. Only two or three men created and brought to near perfection the divers sciences known to the ancients. Aristotle, Hippocrates, and Theophrastus alone were sufficient for such astonishing works. After them the sciences remained at a standstill until the end of the second century A.D. But then Galen appeared and this great man effected new progress in several sciences. After his death, the decline of practical knowledge began and lasted until the barbarian invasions destroyed not only the Roman Empire, but also letters, science, and the whole civilization of antiquity.

Today we are going to give you an idea of these barbarian peoples.

The human species is composed of several principal races that are subdivided into families or secondary races.

The name of Caucasian has been given to the race that inhabits Europe and the part of the Indian continent lying on this side of the Ganges. From its origin this primitive race was subdivided into several families:

1°. The Semitic family, to which belong the tribes that speak languages analogous to Hebrew, such as Arabic, Syriac, and Ethiopian.

2°. The Indian family, whose original language was Sanskrit, and from whom come most of the tribes of Europe; the people that it comprises can be divided into the Pelasgians and the Latins.

3°. The Slavonian family, distributed in the east of Europe and divided among Bohemia, Poland, and Russia.

4°. The Teutonic family, which occupies the northern regions of Europe, such as Sweden, Denmark, Germany, and England.

The Greeks began under Alexander the conquest of the Indian and Semitic families.

The Roman Empire brought them almost entirely under its sway. But its power always failed when confronting the Teutonic peoples, who occupied Germany and the countries to the north and east of that region. These peoples maintained their independence up until the time they succeeded in invading the empire that had often invaded them.

Caesar had tried twice to bring Roman arms into their land, twice he had passed the Rhine; but his genius and military talents always failed before the valor of the ancient Germans.

The attempts by Augustus and Tiberius against these peoples were no more successful. Under the first of these emperors, the army of Varus[7] was exterminated in Germania.

Trajan, who was more fortunate, passed the Lower Danube and established Roman might in Dacia;[8] but the Germans, sensing the importance of this event, changed their social habits. Instead of remaining divided into small tribes, as they had been up until then, they united into large confederations in order to repulse the Roman invasion. By A.D. 200 there existed on the upper Rhine the confederation of Germans; in 237, that of the Franks on the Lower Rhine; in 286, that of the Saxons on the coasts of the Baltic. In 220 there was formed in Poland and southern Russia the confederation of Goths, which constituted a vast empire, separated into two realms by the Dnieper; to the east was that of the Ostrogoths; to the west, the Visigoths; farther to the north and east were the Suevi and the Vandals.

These mighty peoples threatened the Roman Empire as early as the middle of the third century. It resisted, through its auxiliary forces, for a century and a half; but during this long period of time, its enemies were learning the arts of war and they soon succeeded in penetrating and becoming established in its every province.

We shall continue in our next meeting this examination of the Roman Empire and the peoples that attacked it.

NOTES

1. [Archimedes (born *c.* 290-280 B.C., Syracuse, Sicily; died 212 or 211 B.C., Syracuse), the most famous ancient Greek mathematician and inventor. He probably spent some time in Egypt early in his career, but he resided for most of his life in Syracuse, where he was on intimate terms with its king, Hieron II. Archimedes published his works in the form of correspondence with the principal mathematicians of his time, including the Alexandrian scholars Conon of Samos and Eratosthenes of Cyrene. He played an important role in the defense of Syracuse against the siege laid by the Romans in 213 B.C. by constructing war machines so effective that they long delayed the capture of the city. But Syracuse was eventually captured by the Roman general Marcus Claudius Marcellus in the autumn of 212 or spring of 211 B.C., and Archimedes was killed in the sack of the city.]
2. [Cryptogam, any of the spore-bearing plants also known as pteridophytes. The name pteridophyte, no longer used in systematic taxonomy, is derived from Greek words meaning feather plant. In earlier classifications, the Pteridophyta included the club mosses, horsetails, ferns, and various fossil groups. In more recent classifications, pteridophytes and spermatophytes (seed-bearing plants) are placed in the division, or phylum, Tracheophyta.]
3. [The Egyptians possessed an amazing knowledge of metallurgy. They used tin oxide to make white opaque glass; turquoise blue came from the use of copper, and the same metal was employed for red and green glass. Transparent glass was rare at the time, not only because it would have been difficult to make without knowledge of decolorizing agents, but equally because transparency was unnecessary. Glass was used almost exclusively for personal adornment and, because of the difficulty and expense of manufacturing it, was considered equal in value to the natural gems, with which it was frequently combined.]
4. [Vienna? Surely Cuvier, or his editor, means to say Venice.]
5. [Calydon, ancient Aetolian town in Greece, located on the Euenus (Évinos) River about 6 miles (9.5 km) east of modern Mesolóngion. According to tradition, the town was founded by Calydon, son of Aetolus; Meleager and other heroes hunted the Calydonian boar there; and Calydonians participated in the Trojan War.]
6. [Massinissa, also spelled Masinissa (born *c.* 240 B.C., died 148), ruler of the North African kingdom of Numidia, and an ally of Rome in the last years of the Second Punic War (218-201). His influence was lasting because the economic and political development that took place in Numidia under his rule provided the base for later development of the region by the Romans.]
7. [Publius Quintilius Varus (died A.D. 9), Roman general whose loss of three legions to Germanic tribes in the Battle of the Teutoburg Forest caused great shock in Rome and stemmed Roman expansion beyond the Rhine River.]
8. [Dacia, in antiquity, the area of the Carpathian Mountains and Transylvania, in present north-central and western Romania.]

LA GALERIE DE SCULPTURE
Gravure de l'artiste français Auguste Blanchard (1819-1898) d'après le peintre hollandais Lawrence Alma-Tadema (1836-1912). Illustration publiée pour la première fois par Pilgeram & Lefevre en 1877.

18 Contributions des Anciens de l'Antiquité : bref résumé

Arrivés à la fin de l'histoire des sciences chez les anciens, nous allons jeter, sur les connaissances qu'ils avaient acquises, un coup d'œil général et rapide.

Les travaux des anciens sur les sciences naturelles n'embrassent pas plus de cinq siècles et demi. Après Aristote et Théophraste ces sciences ne firent presque aucun progrès. Il n'y eut que les sciences médicales qui éprouvèrent un perfectionnement continu, parce que les hommes ont toujours besoin de la médecine. Nous avons fait connaître les causes extérieures qui s'opposèrent si promptement au développement des sciences naturelles : ce fut d'abord la dégradation des Ptolomées d'où résulta celle de l'école d'Alexandrie. Plus tard ce furent l'étendue démesurée de l'empire romain, l'éloignement des vainqueurs du monde pour les sciences, les troubles continuels que produisit parmi eux le développement excessif de la puissance militaire, enfin la lutte occasionnée par l'établissement du christianisme qui dirigea toute l'activité intellectuelle vers les études spéculatives.

Nous ferons connaître d'autres causes qui furent nuisibles aux progrès scientifiques. Nous nommerons ces causes *intérieures*, mais nous ne les exposerons qu'après avoir fait l'inventaire approximatif de ce que savaient les anciens.

En physique générale les anciens n'eurent guère que les idées grossières apportées d'Égypte par Thalès. Aristote avait bien imaginé un système de physique fondé sur ce qu'on nomme des *causes occultes* ; mais ce système était extrêmement défectueux, et on peut voir dans les *questions* de Sénèque les explications ridicules auxquelles il a donné lieu.

La géométrie avait fait de grands progrès chez les anciens. La statique et l'hydrostatique y avaient été fort développées dans les parties auxquelles Archimède[1] avait appliqué la géométrie. Mais les anciens n'avaient fait aucune application de cette dernière science à la physique proprement dite. L'art d'expérimenter leur était d'ailleurs inconnu. Ils ne savaient pas réduire un phénomène à ses plus simples éléments, et déduire la cause de l'effet.

La chimie leur était complètement inconnue ; car bien que les Égyptiens sussent teindre les étoffes, et fussent très-habiles dans l'art de travailler les métaux, ils n'avaient aucun ensemble théorique et aucune connaissance des substances simples. Ils ne possédaient que des procédés d'ouvriers. Cependant c'est à l'Égypte, comme vous le savez, qu'on attribue la découverte de la chimie ; cette science, originairement, était nommée science d'Égypte.

Les notions des anciens, en minéralogie, étaient assez étendues ; mais, si l'on peut s'exprimer ainsi, elles n'étaient qu'extérieures. Ils connaissaient beaucoup de pierres, de terres, de minerais, et ils en faisaient un grand emploi ; mais toutes ces substances n'avaient reçu d'eux aucun classement, et ils n'en connaissaient pas même les principes constituants.

En botanique ils ont indiqué environ six cents espèces de plantes : toutes nos potagères et nos arbres fruitiers leur étaient connus. Leur médecine employait beaucoup plus de plantes que la nôtre ; mais on ne peut en faire un sujet d'éloges pour les anciens ; car ils attribuaient à un grand nombre de végétaux des vertus qui n'étaient que fabuleuses.

Les anciens avaient quelque pressentiment de la physiologie végétale ; ils savaient que certaines plantes ne pouvaient se reproduire qu'avec le concours d'une autre plante ; mais ils étaient loin de la théorie des sexes que nous appliquons maintenant à tous les végétaux, les cryptogames exceptés[2] ; ils n'avaient aucune idée nette du vrai mode de fécondation des plantes. Ils ont classé les végétaux d'après les propriétés qu'ils leur attribuaient, et ils n'ont jamais eu de nomenclature fixe. Ils se bornaient à donner le nom que les plantes avaient de leur temps ; et comme ce nom a varié avec les siècles et les pays, il en est résulté beaucoup de confusion dans les plantes citées par les anciens botanistes.

En zoologie le même désordre existe. Les anciens n'ont jamais eu de nomenclature fixe. Aristote avait fait de grandes divisions auxquelles on ne changera rien probablement ; mais ses successeurs ne subdivisèrent point ses classes en genres ni en espèces.

La seule science que les anciens aient portée plus loin que les modernes, est l'agriculture ; ils connaissaient un grand nombre de pratiques qu'il serait utile de leur emprunter.

En anatomie ils avaient aussi des connaissances assez étendues : ils ont bien décrit les os, assez bien les muscles et les viscères. Les artères et les veines leur étaient moins connues, et les vaisseaux lymphatiques étaient ignorés d'Aristote.

En physiologie ils étaient fort peu avancés ; ils n'eurent aucune idée exacte ni de la circulation du sang, ni de la respiration. Quelques philosophes avaient seulement entrevu, d'une manière vague, l'analogie qui existe entre cette dernière fonction et la combustion. Ils ne connaissaient pas exactement la nature des organes des sens, ni les moyens extérieurs d'agir sur eux. Ils n'avaient pas de notions sur les parties délicates des organes ; mais ils connaissaient les usages du larynx, du foie et de l'estomac.

En médecine ils connaissaient assez bien la marche des maladies, et plusieurs d'entre eux ont décrit avec exactitude les principaux symptômes qu'elles présentent.

Telles sont les connaissances que possédaient les anciens sur les sciences naturelles.

Nous allons maintenant indiquer les causes intérieures que nous avons dit avoir été des obstacles au développement de ces sciences.

Au premier rang de ces causes nous devons placer l'absence de méthode, de classification, de nomenclature fixe. Les anciens désignaient seulement les espèces par les noms usités de leur temps, et ne fixaient jamais la signification de ces noms par l'indication de caractères pris dans la nature des objets. Comme d'ailleurs la ressource de la gravure leur manquait, il a été souvent impossible de reconnaître l'espèce désignée par son nom seulement.

Le défaut de collections, et même l'impossibilité d'en former, est une cause intérieure de la lenteur du progrès des sciences chez les anciens. Ne connaissant pas les procédés de la distillation, ils n'avaient ni eau-de-vie ni alcool. Ils n'avaient par conséquent aucun moyen de conserver longtemps des objets d'histoire naturelle.

Ils manquaient aussi de la connaissance des procédés au moyen desquels on fabrique le verre blanc, et le verre ordinaire était même fort rare chez eux[3]. Cette substance ne fut généralement connue que fort tard ; car à la fin du XVe siècle on citait la ville de Vienne[4] comme remarquable par ses vitrages.

Les anciens ne savaient pas non plus empailler les animaux morts ; ils se bornaient à suspendre dans les temples, et sans leur avoir fait subir de préparation, les objets curieux qu'ils voulaient conserver. Ce fut dans un temple que Pausanias vit le sanglier qu'on disait être celui de Calydon[5]. Ce fut aussi dans un temple que Hannon suspendit les peaux des singes qu'il avait pris sur la côte d'Afrique, et qu'il croyait être des femmes sauvages. Enfin la peau du serpent boa de Régulus et les défenses d'éléphants du roi Massinissa[6] furent conservées de la même manière.

Toutefois on remarque que les anciens employèrent quelquefois le miel et la saumure pour empêcher la décomposition de certains objets. Ainsi on employa du miel pour conserver le corps d'Alexandre-le-Grand, et de la saumure pour conserver celui de Mithridate. Mais ces procédés étaient tout à fait insuffisants.

Dans l'antiquité il était donc fort difficile d'acquérir de l'instruction ; on n'y pouvait parvenir qu'avec beaucoup de temps et de dépenses. Les naturalistes anciens ont tous fait des voyages fort longs et fort dispendieux. Hérodote fut jusqu'aux confins de l'Arabie pour examiner des squelettes de dragons dévorés par des ibis, ou plutôt des serpents dont le Nil avait rejeté les ossements. Après Pythagore, Apollonius de Thyanes fit le voyage des Indes. On conçoit que de tels voyages n'étaient à la portée que d'un très-petit nombre d'hommes. Aussi les sciences, comme nous l'avons dit, marchèrent-elles fort lentement.

Le premier qui eut l'idée ou les moyens de former une collection d'objets d'histoire naturelle, est Apulée. Cette innovation parut si étrange de son temps qu'on en fit un des chefs de l'accusation de magie qui fut portée contre lui. Dans sa défense sur ce point, il déclara qu'il avait voulu apprécier par lui-même les merveilles de la Providence, au lieu de s'en rapporter à cet égard aux récits de son père ou de sa nourrice.

Aujourd'hui nous pouvons consulter des collections de gravures très-exactes dans les bibliothèques et dans les cabinets publics. Les anciens n'avaient pas cet avantage. Aristote avait bien joint à ses ouvrages quelques figures faites à la main ; mais nous avons vu qu'elles ne purent être conservées. Il existe quelques exemplaires de Dioscoride, dans lesquels se trouvent des figures faites à la plume ; mais elles sont toutes fort grossières, et le plus grand nombre ne pourrait servir à déterminer avec exactitude les plantes qu'elles sont censées représenter. D'ailleurs ces figures manuscrites, outre qu'elles occasionnaient une grande dépense, s'altéraient nécessairement d'une copie à une autre par suite de la négligence ou de l'inhabileté des dessinateurs. L'art de la gravure, qui a remédié à ces inconvénients, ne date, en Europe. que de la fin du moyen âge. Le génie des arts, qui présidait chez les anciens à la peinture, à la sculpture et à l'architecture, n'a été évidemment d'aucune utilité aux sciences naturelles.

Les dernières causes qui retardèrent, dans l'antiquité, le développement de ces sciences, furent l'absence de plusieurs moyens d'observation. Le microscope et la loupe n'étaient point encore inventés, et sans ces instruments, qui datent, comme la gravure, des dernières années du Moyen Âge, nous serions encore, comme les anciens, dans l'ignorance d'un monde nouveau et presque infini, et il nous aurait été impossible de connaître beaucoup de structures délicates qui échappent à nos yeux.

Nous ajouterons que l'antiquité ne savait pas injecter les cadavres ; qu'on y paraît avoir seulement insufflé les viscères, quelquefois les vaisseaux, pour en examiner la forme. Les anciens enfin manquaient de la ressource des réactifs chimiques pour connaître la composition intime des corps.

Loin de nous étonner de la lenteur du progrès des sciences dans l'antiquité, nous lui devons plutôt des louanges pour les travaux remarquables qu'elle a accomplis en si peu de temps et avec si peu de moyens, puisqu'elle n'avait ni nomenclature fixe, ni collections, ni figures, ni instruments d'optique, ni connaissance des procédés d'injection des cadavres. Ce sont deux ou trois hommes seulement qui ont créé et presque perfectionné les diverses sciences que connaissaient les anciens. Aristote, Hippocrate et Théophraste ont seuls suffi à ces étonnants travaux. Après eux, les sciences restèrent stationnaires jusqu'à la fin du IIe siècle de notre ère. Mais alors Galien parut, et ce grand homme fit faire à plusieurs sciences de nouveaux progrès. Après sa mort, la décadence des connaissances positives commença et se prolongea jusqu'à l'époque où les invasions des barbares détruisirent, en même temps que l'empire romain, les lettres, les sciences et toute la civilisation de l'antiquité.

Nous allons aujourd'hui vous donner une idée de ces peuples barbares.

L'espèce humaine est composée de plusieurs races principales, qu'on a subdivisées en familles ou races secondaires.

Le nom de race caucasique a été donné à celle qui habite l'Europe et une partie du continent indien, située en deçà du Gange. Dès l'origine, cette race primitive fut subdivisée en plusieurs familles :

1° La famille sémitique, à laquelle appartiennent les nations qui parlent des langues analogues à l'hébreu, comme l'arabe, le syriaque, l'éthiopien, etc. ;

2° La famille indienne, dont la langue originaire est le *sanscrit*, et d'où proviennent la plupart des nations de l'Europe ; les peuples qu'elle comprend pourraient être divisés en Pélagiens et en Latins ;

3° La famille esclavonne, distribuée à l'orient de l'Europe, et répartie en Bohême, en Pologne et en Russie ;

4° Enfin, la famille teutonique qui occupe les régions septentrionales de l'Europe, telles que la Suède, le Danemarck, l'Allemagne, l'Angleterre, etc.

Les Grecs avaient commencé, sous Alexandre, la conquête des familles indienne et sémitique.

L'empire romain les réunit presque entièrement sous sa domination. Mais sa puissance échoua toujours devant les peuples teutoniques, qui occupaient l'Allemagne et les pays situés au nord et à l'est de cette région. Ces peuples se maintiennent indépendants jusqu'au temps où ils parvinrent à envahir l'empire romain qui les avait souvent attaqués.

César avait essayé deux fois de porter les armes romaines chez eux, deux fois il avait passé le Rhin ; mais son génie et ses talents militaires échouèrent toujours contre la valeur des Germains.

Les tentatives d'Auguste et de Tibère contre ces peuples ne furent pas moins inutiles. Sous le premier de ces empereurs, l'armée de Varus[7] fut exterminée dans la Germanie.

Trajan, plus heureux, passa le Bas-Danube et établit dans la Dacie[8] la domination romaine ; mais les Germains, sentant toute l'importance de cet événement, changèrent leurs habitudes sociales. Au lieu de rester divisés en petites tribus comme ils l'avaient été jusque là, ils se réunirent en grandes confédérations, afin de repousser l'invasion romaine. Dès l'an 200 de notre ère, existait sur le Haut-Rhin la confédération des Allemands ; en 237, celle des Francs sur le Bas-Rhin ; en 286, celle des Saxons sur les côtes de la Baltique. En 220, s'était formée, dans la Pologne et la Russie méridionale, la confédération des Goths qui constituaient un vaste empire, séparé en deux royaumes par le Dnieper ; à l'orient, était celui des Ostrogoths ; à l'occident, celui des Visigoths ; plus au nord et à l'orient, se trouvaient les Suèves et les Vandales.

Ces peuples puissants menaçaient, dès le milieu du IIIe siècle, l'empire romain. Il résista, à force d'auxiliaires, pendant un siècle et demi ; mais, pendant ce long espace de temps, ses ennemis s'instruisirent dans l'art de la guerre, et ils parvinrent bientôt à pénétrer et à s'établir dans toutes ses provinces.

Nous continuerons, dans la prochaine séance, cet examen de l'empire romain et des peuples qui l'attaquèrent.

NOTES

1. [Archimède (né *c.* 290-280 av. J.-C. ; mort en 212 ou 211 av. J.-C., Syracuse, Sicile), est le plus célèbre des mathématiciens et des inventeurs grecs de l'Antiquité. Il séjourna probablement en Égypte pendant sa carrière, mais il vécut la plupart de sa vie à Syracuse, où il était très proche du roi Hiéron II. Archimède publia ses ouvrages sous la forme de lettres avec les mathématiciens les plus importants de son temps, y compris les érudits Alexandre Conon de Samos et Ératosthène de Cyrène. Il joua un rôle important dans la défense de Syracuse lors du siège infligé par les Romains en 213 av. J.-C. en construisant des machines de guerre si efficaces qu'elles permirent de retarder la prise de Syracuse pendant une longue période. Mais Syracuse fut finalement conquise par le général romain Marcus Claudius Marcellus en automne 212 ou au printemps de l'année 211 av. J.-C., et Archimède fut tué lors de l'attaque de la ville.]
2. [Les cryptogames sont les végétaux à spores également connus sous le nom de ptéridophytes. Le nom ptéridophyte, tombé en désuétude en taxonomie systématique, provient des mots grecs signifiant plante à plume. Dans les classifications anciennes, la division des ptéridophytes incluait la mousse, la prêle, la fougère, et d'autres groupes fossiles différents. Dans les classifications plus récentes, les ptéridophytes et les spermatophytes (plantes à graines) sont placés dans la division, ou phylum, des Tracheophyta.]
3. [Les Égyptiens possédaient une connaissance extraordinaire de la métallurgie. Ils utilisaient l'oxyde ferrique pour fabriquer du verre blanc opaque ; le bleu turquoise provenait du cuivre, et le même métal était utilisé pour le verre rouge et vert. Le verre transparent était rare à cette époque, non seulement parce qu'il aurait été difficile de le fabriquer sans la connaissance des agents de décoloration, mais aussi parce que la transparence n'était pas nécessaire. Le verre était presque exclusivement utilisé pour la décoration personnelle, et, à cause de la difficulté et du coût de fabrication, on lui attribuait une valeur égale à celle des pierres précieuses, avec lesquelles il était souvent combiné.]
4. [Vienne ? Cuvier ou son éditeur parlait sûrement de Venise.]
5. [Calydon est une ancienne cité d'Étolie, en Grèce, située sur la rivière Evinos, à 9,5 kilomètres à l'est de la ville moderne de Missolonghi. On raconte que la ville fut fondée par Calydon, fils d'Étole ; Méléagre et d'autres héros y chassaient le sanglier de Calydon ; ses habitants participèrent à la Guerre de Troie.]
6. [Massinissa, s'écrit également Masinissa (*c.* 240 av. J.-C.-148), gouverneur du royaume nord-africain de Numidie, allié de Rome dans les dernières années de la Deuxième Guerre Punique (218-201). Son influence perdura car le développement économique et politique qui se produisit en Numidie sous son règne servit de base au développement futur de la région par les Romains.]
7. [Publius Quintilius Varus (mort en 9 apr. J.-C.), général romain dont la perte de trois légions romaines par les Germains lors de la Bataille de Teutoburg causa un immense choc à Rome et bloqua l'expansion romaine au-delà du Rhin.]
8. [La Dacie, dans l'Antiquité, était un territoire de la région des montagnes des Carpates et de la Transylvanie, dans l'actuelle Roumanie de l'ouest et du centre-nord.]

SACK OF ROME BY THE VISIGOTHS
Oil on canvas (1890) by the French academic painter Joseph-Noël Sylvestre (1847-1926).

19 The Fall of Rome

A now famous event had brought about the first incursions of the Germanic peoples into the Roman Empire. About A.D. 375, a people from the easternmost part of Asia attacked the Goths[1] of southern Russia, destroyed them, and took over their territory. It was not known then where these new barbarians had come from, designated by the name of *Huns*, and who later devastated all the regions of Europe. The terror they spread and their fearful aspect lent credence to the story that they were the issue of the congress of demons with women of certain regions in northern Asia. But the history of China has enlightened us about the origin of these people. It informs us that they were Tartars, with whom the Chinese had been in communication since 200 B.C., and who, after being conquered by the Chinese or by the Moguls around A.D. 93, had wandered from land to land for almost three centuries. After this time, they found themselves at the Volga and chased the Goths out of the country that now is southern Russia.

The Goths who escaped the Tartar arms petitioned the emperor Valens,[2] who reigned in the East, and received his permission to pass the Rhine[3] and to settle in territories of the Empire. They were allowed into Moesia, today called Bulgaria; but they soon revolted against their new master and advanced to Adrianople,[4] where Valens, in fighting them, was defeated and killed: the Goths burned him and the town to which he had retreated.

Gratian, the son of Valentinian,[5] tried to subdue these barbarians but could not do so.

Theodosius, being more masterful, checked them but allowed them to remain in Moesia as before their revolt. They remained there in peace throughout the reign of this prince.

At his death, the empire would ultimately become the portion of his two sons who were still infants. Honorius,[6] named emperor of the Western Roman Empire, was entrusted to the care of Stilicho;[7] Arcadius,[8] emperor of the Eastern Roman Empire, had Rufinus[9] for tutor and master.

Rufinus made use of criminal intrigues to place himself at the head of the two parts of the empire; but Stilicho resisted him like a man of genius and honor.

Alaric,[10] king of the Visigoths,[11] entered Greece at the urging of Rufinus and ravaged that noble country. He met Stilicho in battle there, who defeated him and chased him into Arcadia[12] where he let him go and even conferred on him the governing of Illyria.[13] This act of Stilicho's was thought to be treasonous.

In 406, when Alaric recommenced hostilities and attacked Rome, Stilicho repulsed him again. But, despite this good service, Honorius, before whom Stilicho had been calumniated, had him put to death in 408. Honorius could not replace such an able minister; Stilicho was the only man who could have saved the Empire.

The year after his death, Alaric and the Visigoths captured Rome and sacked it. Ataulphus,[14] fiercer than Alaric, pillaged Rome again, destroyed its monuments and was planning to abolish the Roman name, when he captured Placidia,[15] the emperor's sister. This captive princess, whom he married, succeeded in pacifying him, and the Goths, formerly known as the Getae,[16] treated with the Romans.

Spain was then in the possession of the Visigoths and Suevi,[17] who dominated it until 712, when it fell to the Saracens.

About 420, the Burgundians, a Germanic people, occupied the vicinity of the Rhine, where gradually they took over the country that today bears their name.

The Franks, intent upon opening up Gaul for themselves, passed the Rhine in 418 and settled in Belgium.

The Lombards took over the north of Italy.

The Angles or English and the Saxons occupied Great Britain, gave it their name, and established several kingdoms there.

Thus, in the fifth century, all the Germanic peoples had left their original abode.

In 495, the Romans ended up losing Gaul to the victories of Clovis.[18] The latter also won the battle of Tolbiac[19] against the Alamanni.[20] After a victorious battle in which he killed Alaric the king of the Visigoths by his own hand, Clovis added Toulouse and Aquitaine to his kingdom.

In 527, Belisarius[21] and Narses[22] quelled the Persians, discomfited the Ostrogoths and Vandals, and returned Africa, Italy, and Rome to their master; however, the emperor, jealous of their glory but wishing no part in their labors, kept impeding them more than he assisted them.

After a long war, Childebert[23] and Chlotar,[24] sons of Clovis, conquered the kingdom of Burgundy. Some time afterwards, while Belisarius was vigorously attacking the Ostrogoths, their possessions in Gaul were abandoned to the French. France was extended then far beyond the Rhine. Its principal parts were Neustria, or western France, and Austrasia, or eastern France; but the princes' portions, which composed a kingdom for each, kept France from being united under one rule.

In 555, Narses, who had wrested Italy from the Goths, defended it against the French, and won a complete victory over Bucelin,[25] the general of the Austrasian troops. In spite of all these successes, Italy remained not long in the hands of the emperor. Under Justin the Younger,[26] nephew of Justinian, and after the death of Narses, the kingdom of Lombardy was founded by Alboin.[27] He took Milan and Pavia; Rome and Ravenna barely escaped his hand; and the Lombards caused the Romans to suffer extreme ills. There was little succor for Rome from its emperors, whom the Avars (a Scythian nation), the Saracens (Arabian tribes), and the Persians, more than anyone else, tormented from every side in the East.

Such, then, is a succinct account of the warlike movements made by the enemies of the Roman Empire in the provinces up to the end of the sixth century.

The relations that existed at the time of the barbarian invasions between the conquering people and the conquered, immediately after the conquest, are remarkable in several regards.

No tribe aspired to absolute power (as had happened elsewhere), not even in the country it invaded: it usually was content to become incorporated into the might of the Roman Empire. Thus, the chiefs of the various Germanic peoples long recognized the emperor as their sovereign, and we still possess decrees by the Roman emperors delegating authority to the first Frankish kings over Gaul.

To be sure, the barbarians as subjects were extremely intractable, always ready to rise up against their master, who despised and oppressed his conquered subjects. And yet, no doubt the remains of veneration that they still had for the Empire, however dismembered they had made it, contributed within certain limits to keeping them from destroying that which still survived of ancient civilization. Moreover, for a fairly long time before the conquest, the Franks, and several Germanic nations as well, had been in direct contact with the Romans, who called them to their aid. From the fourth century, the Frankish leaders played an important role in the army and at the court of the emperors of the Western Empire, as did the Goths at the court in Constantinople.

Fortunately, the peoples invading the Roman Empire were not animated by any religious fanaticism; they professed no cult to which they wished to subject the conquered, or even to which they themselves were attached. As a consequence, they accepted without difficulty the Christian religion, which was at that time acknowledged throughout the Empire. This disposition to adopt a new cult was favorable to the preservation of the books that were the storehouse of accumulated knowledge; for the clergy had placed the libraries in the churches, and the barbarians respected these precious depots.

The early effects of the invasion were therefore less disastrous to the sciences than was the prolonged rule by barbarian princes, who accorded them no protection, and under whose sway no one devoted to letters or the sciences could hope for favor.

The retaining of Latin as the common language of educated persons in the various provinces of the Western Empire was another fact of great use to the sciences; one might say it protected them from total extinction. It may be considered as resulting from the authority exerted over Europe by the bishops of Rome, the recognized leaders of the Christian Church. These bishops, who later were called popes, used Latin in the liturgy and it thus became the language of all ecclesiastics –that is to say, all men who then possessed any literary or scientific knowledge. Without this means of communication between educated men, no doubt the development of civilized knowledge would have been interrupted much more quickly and completely; for the languages of the various peoples speaking Latin at the end of Roman rule, soon after the barbarian invasions, were changed everywhere and became transformed into different idioms having but faint resemblances among them.

Only one people had retained its original language under Roman domination and would not allow any alteration to penetrate its language after the barbarian invasions; this was the nation of Armoricans,[28] a remnant of which inhabits our ancient province of Brittany and still speaks a Celtic language.

In the era we are speaking of occurred the establishment of monasteries.

India had always had places destined to receive men who wished to separate themselves from the world and devote themselves to the practice of a contemplative life, as often happens in warm climates. Palestine, too, from early times had religious solitaries belonging to the Essene sect.[29] The first Christian recluses, imitators of the Essenes, appeared in Egypt in the fourth century and rather quickly gave rise to communities that troubled the Alexandrian church.

It was not until the sixth century that the practice of the solitary life was introduced into the West. Saint Benedict[30] founded the first monastery in our land on Monte Cassino in 543; it is from this religious establishment that the Benedictine order arose.

After that, religious communities multiplied with a rapid advance that is not surprising if it is remembered that these establishments were the only places where one could hope to find any repose in the midst of the turbulence of the time. Religious ideas were not the only motivation for living in these asylums. In particular, men who had a taste for studies gathered there, and books were preserved there in the early times with more security than in the churches. But it would be wrong to believe that they were preserved there until the Renaissance. After a few centuries, the monks had become rich, and with other desires having replaced the desire for studies, they so neglected the conservation of the various manuscripts in their care that by the end of the Middle Ages, scarcely any were left in existence. If the discovery of printing had been delayed by another hundred years, probably almost all ancient works would have been lost.

In some countries, particular circumstances delayed by several centuries the destruction of the sciences. Ireland's isolated situation, for example, preserved it from barbarian invasions better than many other lands in Europe were able to protect themselves, and this island persevered in the cultivation of letters several centuries after the other countries had ceased to do so. Also, when Charlemagne[31] tried in the ninth century to rekindle the light of science in the West, it was from Ireland that he brought clerics to teach in the schools of his empire. Unfortunately, the great man's efforts did not produce the result he hoped for; letters degenerated again under his unworthy successors. During the tenth and eleventh centuries, ignorance became so wide and deep that there was not in the entire West a single monk capable of writing in an acceptable manner the story of an event.

We shall see later how the sciences came back to life for a while in the thirteenth century, an epoch remarkable for a great intellectual movement, and how this movement, interrupted in the fourteenth century by political disturbances that shook all of Europe, was resumed in the fifteenth century, under the influence of more favorable conditions, and has experienced no further interruption.

In the Eastern Empire, the decay of the sciences was neither so rapid nor so complete as in the West. The reason for this is that the former empire suffered much less than the latter from invasion by the Germanic peoples. On the other hand, it suffered in the seventh century a violent attack that robbed it of some of its provinces; but Constantinople, although besieged, was not harmed by this conquest.

Constantinople did not suffer fearful ravages until the thirteenth century, when it was seized by the Crusaders. These fanatics destroyed many libraries there. But books were brought back and when the Turks finally captured this capital, it still possessed many books, which were carried off by the Greeks to the people of the West just in time (the fifteenth century) for the books to contribute to the Renaissance of letters and sciences that was being unfolded by many other conditions as well. Therefore, it was at Constantinople that both the Roman Empire and the remains of ancient civilization were preserved. As in the West, the sciences and letters here were not destroyed; they continued to survive, although languishing and waning since the early centuries of the Christian era.

This Empire of the East, as we have said, had early been attacked by Slavs, Arabians, and people of Chinese and Turkish origins, who, century after century, were dismembering it. But such peoples had to continue a struggle of a thousand years before they succeeded in destroying it completely. The Slavs, who descended on the East like the Germanic nations in the West, captured several provinces and settled in them; they founded in eastern Europe establishments that we shall not consider for the moment, because these people made no contribution to progress in science until much later. However, we shall need to speak of the empire founded by the Saracens. These people cultivated the sciences and letters, and brought progress to them that merits our attention.

Consequently, we shall pursue the development of the sciences during the Middle Ages (1) in the empire of Byzantium or Constantinople, where the Greek language was used and where the sciences although neglected did not experience sudden and total interruption as they did in the West; (2) in the empire of the Arabians, or Saracens, where the Arabic language was used; and (3) in the nations arising from the dismemberment of the Western Roman Empire, and which had Latin for a scientific language.

NOTES

1. [Goths, member of a Germanic people whose two branches, the Ostrogoths and the Visigoths, for centuries harassed the Roman Empire. According to their own legend, reported by the mid-sixth-century Gothic historian Jordanes, the Goths originated in southern Scandinavia and crossed in three ships under their king Berig to the southern shore of the Baltic Sea, where they settled after defeating the Vandals and other Germanic peoples in that area. Tacitus states that the Goths at this time were distinguished by their round shields, their short swords, and their obedience toward their kings. Jordanes goes on to report that they migrated southward from the Vistula region under Filimer, the fifth king after Berig and, after various adventures, arrived at the Black Sea.]
2. [Valens (born *c.* 328, died 9 August 378), Eastern Roman emperor from 364 to 378. He was the younger brother of Valentinian I, who assumed the throne upon the death of the emperor Jovian (17 February 364). On 28 March 364, Valentinian appointed Valens to be co-emperor. Valens was assigned to rule the Eastern part of the empire, while Valentinian took the throne in the West. Soon Valens was challenged by the pagan Procopius, who had himself proclaimed emperor in Constantinople (September 365). When Valens marched from Antioch to confront the usurper, Procopius was deserted by many of his troops; on 27 May 366, he was betrayed and put to death.]
3. [Valens, in his war on the Visigoths (see note 11, below), who were threatening to invade Thrace, crossed the Danube (not the Rhine) in May 367, devastating the Visigothic territories (in modern Romania).]
4. [Battle of Adrianople (9 August A.D. 378), fought at present Edirne, in European Turkey, resulting in the defeat of a Roman army commanded by the emperor Valens at the hands of the Germanic Visigoths led by Fritigern and augmented by Ostrogothic and other reinforcements. It was a major victory of barbarian horsemen over Roman infantry and marked the beginning of serious Germanic inroads into Roman territory.]

5. [Valentinian I, Latin in full Flavius Valentinianus (born 321; died 17 November 375, Brigetio, Pannonia Inferior), Roman emperor from 364 to 375 who skillfully and successfully defended the frontiers of the Western Empire against Germanic invasions.]
6. [Honorius, in full Flavius Honorius (born 9 September 384, died 15 August 423), Roman emperor in the West from 393 to 423, a period when much of the Western Empire was overrun by invading tribes and Rome was captured and plundered by the Visigoths. The younger son of Theodosius I (emperor 379-395) and Aelia Flacilla, Honorius was elevated to the rank of augustus by Theodosius on 23 January 393, and became sole ruler of the West at age 10, upon his father's death (17 January 395). His brother Arcadius (see note 8, below) was the Eastern emperor.]
7. [Flavius Stilicho, master of soldiers who exercised power during the first half of Honorius's reign. In 398, the emperor married Stilicho's daughter Maria. When Maria died he married her younger sister, Thermantia, but terminated the union after Stilicho was executed on suspicion of treason in August 408.]
8. [Arcadius (born 377, died *c.* 408), Eastern Roman emperor conjointly with his father, Theodosius I, from 383 to 395, then solely till 402, when he associated his son Theodosius II with his own rule. Frail and ineffectual, he was dominated by his ministers, Rufinus, Eutropius, and Anthemius. His empire was a prey to the Goths, and his consort Eudoxia abetted the persecution of the patriarch St. John Chrysostom.]
9. [Rufinus, in full Flavius Rufinus (died 27 November 395, Constantinople), minister of the Eastern Roman emperor Arcadius (ruled 383-408) and rival of Stilicho, the general who was the effective ruler of the Western Empire. The conflict between Rufinus and Stilicho was one of the factors leading to the official partition of the empire into Eastern and Western halves.]
10. [Alaric (born *c.* 370, Peuce Island, now in Romania; died 410, Cosentia, Bruttium, now Cosenza, Italy), chief of the Visigoths from 395 and leader of the army that sacked Rome in August 410, an event that symbolized the fall of the Western Roman Empire.]
11. [Visigoths, member of a division of the Goths (see note 1, above). One of the most important of the Germanic peoples, the Visigoths separated from the Ostrogoths in the fourth century A.D., raided Roman territories repeatedly, and established great kingdoms in Gaul and Spain.]
12. [Arcadia, mountainous region of the central Peloponnesus of ancient Greece. The pastoral character of Arcadian life together with its isolation partially explains why it was represented as a paradise in Greek and Roman bucolic poetry and in the literature of the Renaissance.]
13. [Illyria, northwestern part of the Balkan Peninsula, inhabited from about the tenth century B.C. onward by the Illyrians, an Indo-European people. At the height of their power the Illyrian frontiers extended from the Danube River southward to the Adriatic Sea and from there eastward to the Sar Mountains.]
14. [Ataulphus (died 415, Barcelona), chieftain of the Visigoths from 410 to 415 and the successor of his brother-in-law Alaric. In 412 Ataulphus led the Visigoths, who had recently sacked Rome (410), from Italy to settle in southern Gaul. Two years later he married the Roman princess Galla Placidia (sister of the emperor Honorius), who had been seized at Rome. Driven from Gaul, he retreated into Spain early in 415 and was in that year assassinated at Barcelona. The fifth-century historian Paulus Orosius records Ataulphus's statement that his original aim had been to overthrow the Roman Empire, but that later, recognizing the inability of his people to govern an empire, he desired to bolster Roman power by means of Gothic arms. His vision of an empire revitalized through a barbarian alliance was not realized.]
15. [Aelia Galla Placidia (born *c.* 390, died 27 November 450), Roman empress, the daughter of the emperor Theodosius I (ruled 379-395), sister of the Western emperor Flavius Honorius (ruled 393-423), wife of the Western emperor Constantius III (ruled 421), and mother of the Western emperor Valentinian III (ruled 425-455). Captured in Rome when the city fell to the Goths in 410, she was carried off to Gaul and married (414) to the Visigothic chieftain Ataulphus, who was assassinated in 415. In 416 Galla Placidia was restored to the Romans, and the following year she was married to Constantius. She adorned Ravenna with a number of churches; the small chapel usually –though wrongly– known as the Mausoleum of Galla Placidia contains some of the finest examples of early Byzantine mosaics.]
16. [Getae, an ancient people of Thracian origin, inhabiting the banks of the lower Danube region and nearby plains. First appearing in the sixth century B.C., the Getae were subjected to Scythian influence and were known as expert mounted archers and devotees of the deity Zalmoxis. Although the daughter of their king became the wife of Philip II of Macedon in 342 B.C., the Macedonians under Philip II's son Alexander crossed the Danube and burned the Getic capital seven years later. Getic technology was influenced by that of the invading Celts in the fourth and third centuries B.C. Under Burebistas (fl. first century B.C.), the Getae and nearby Dacians formed a powerful but short-lived state. By the middle of the following century, when the Romans had gained control over the lower Danube region, thousands of Getae were displaced, and, not long thereafter, references to the Getae disappeared from history. Later writers wrongly gave the name Getae to the Goths.]
17. [Suevi, also spelled Suebi, a group of Germanic peoples, including the Marcomanni and Quadi, Hermunduri, Semnones, and Langobardi (Lombards). The Alemanni were also part of the Suevi tribal group, which gave its name to the German principality of Swabia. In the late first century A.D. most of the Suevi lived around the Elbe River. Dislodged by the Huns, some Suevi crossed the Rhine River and in 409 entered Spain, settling mainly in the northwest (Gallaecia). By 447, under their king Rechila, the Suevi had spread over the Roman provinces of Lusitania and Baetica. Although the Suevi entered Spain as pagans, their king Rechiar came to the throne as a Christian in 448. He was later defeated by the Visigoths under Theodoric II in 456. Remnants of the Suevi survived under Maldras (reigned 456-460) and rival kings until about 585, when the kingdom was annexed to the Visigothic state.]

18. [Clovis I (born *c.* 466; died 27 November 511, Paris), Merovingian founder of the Frankish kingdom that dominated much of Western Europe in the early Middle Ages.]
19. [The Battle of Tolbiac or Tulpiacum was fought between the Franks under Clovis I and the Alamanni, traditionally set in A.D. 496. The site of battle is usually given as Zülpich, North Rhine-Westphalia, about 60 km east of the present German-Belgian frontier, which is not implausible. The Franks were successful at Tolbiac and established their hegemony over the Alamanni (see note 20, below).]
20. [Alamanni, also spelled Alemanni, a Germanic people first mentioned in connection with the Roman attack on them in A.D. 213. In the following decades, their pressure on the Roman provinces became severe; they occupied the Agri Decumates *c.* 260, and late in the fifth century they expanded into Alsace and northern Switzerland, establishing the German language in those regions. In 496 they were conquered by Clovis and incorporated into his Frankish dominions.]
21. [Belisarius (born *c.* 505, Germania, Illyria? died March 565), Byzantine general, the leading military figure in the age of the Byzantine emperor Justinian I (527-565). As one of the last important figures in the Roman military tradition, he led imperial armies against the Sasanian empire (Persia), the Vandal kingdom of North Africa, the Ostrogothic regime of Italy, and the barbarian tribes encroaching upon Constantinople.]
22. [General Narses (born *c.* 478, Armenia; died 573, probably Rome or Constantinople), Byzantine general under Emperor Justinian I; his greatest achievement was the conquest of the Ostrogothic kingdom in Italy for Byzantium in 553 A.D.]
23. [Childebert I (born *c.* 498; died 23 December 558, Paris), Merovingian king of Paris from 511, who helped to incorporate Burgundy into the Frankish realm. Childebert was a son of Clovis I and Clotilda. He received lands in northwestern France, stretching from the Somme down to Brittany, in the partition of his father's kingdom in 511; to these he added part of the kingdom of Orléans in the 520s (by the murder of his brother Chlodomer's young heirs), part of the kingdom of Burgundy in 534 (by conquest, with his brother Chlotar I), and Provence in 537 (by treaty). After a campaign in 531 against the Visigoths, who still held the coastal strip between the Rhône and the Pyrenees, he invaded Spain itself in 542 in alliance with Chlotar; although the expedition had no great success, he did bring back with him the tunic of the martyred St. Vincent, housing this in a new foundation at Paris that came to be called Saint-Germain-des-Prés. Childebert left no sons, and his lands were taken over by Chlotar on his death.]
24. [Chlotar I (born *c.* 500; died late 561, Compiègne, France), Merovingian king of Soissons from 511 and of the whole Frankish kingdom from 558, who played an important part in the extension of Frankish hegemony. The youngest of Clovis I's sons, Chlotar shared in the partition of his father's kingdom in 511, receiving the old heartlands of the Salian Franks in modern northern France and Belgium. After the death of his brother, Clodomir, in 524, he murdered his nephews and shared the kingdom of Orléans with his two remaining brothers, Childebert I and Theodoric I. The deaths without heirs of the latter's grandson, Theodebald, in 555 and of Childebert in 558 brought all the Frankish lands finally under Chlotar's sway.]
25. [Bucelin and his brother Leutharis, Alamanni generals in the court of Theudibald, king of the Franks, entered Italy with 75,000 men to oppose the army of Narses. Many Goths throughout Italy regarded them as delivers, but others deemed the Romans preferable, as masters, to the Franks, and among those who held this view was Aligern, commander of the still uncaptured fortress of Cumae, who presented the keys of that town to Narses. Leutharis and his army were destroyed by a disease exacerbated by the bad climate, and Bucelin was completely defeated by Narses near Capua.]
26. [Justin II (died 4 October 578), Byzantine emperor (from 565) whose attempts to maintain the integrity of the Byzantine Empire against the encroachments of the Avars, Persians, and Lombards were frustrated by disastrous military reverses. A nephew and close adviser of the Byzantine emperor Justinian I, Justin II became emperor in November 565 following his uncle's death.]
27. [Alboin (died 28 June 572, Verona, Lombardy), king of the Germanic Lombards whose exceptional military and political skills enabled him to conquer northern Italy. Having swept through Venice, Milan, Tuscany, and Benevento, Alboin established Pavia, on the Ticino River, as the capital of the newly created Lombard kingdom in 572. According to tradition, Alboin was assassinated by order of his wife Rosamund after he had forced her to follow the Lombard custom of drinking from the skull of her slain father.]
28. [Armorica, also spelled Aremorica, Latin name for the northwestern extremity of Gaul, now Brittany. In Celtic, Roman, and Frankish times Armorica also included the western part of what later became Normandy. In Julius Caesar's time it was the home of five principal tribes, the most important being the Veneti. Under the Roman Empire it formed part of the province of Gallia Lugdunensis, but it was never thoroughly Romanized. It received many Celtic immigrants from the British Isles in the fifth century, during the time of the Saxon invasion.]
29. [Essene, member of a religious sect or brotherhood that flourished in Palestine from about the second century B.C. to the end of the first century A.D. The New Testament does not mention them and accounts given by Josephus, Philo of Alexandria, and Pliny the Elder sometimes differ in significant details, perhaps indicating a diversity that existed among the Essenes themselves.]
30. [Saint Benedict of Nursia (born *c.* 480, Nursia, Kingdom of the Lombards; died *c.* 547; feast day 11 July, formerly 21 March), founder of the Benedictine monastery at Monte Cassino and father of Western monasticism; the rule that he established became the norm for monastic living throughout Europe. In 1964, in view of the work of monks following the Benedictine Rule in the evangelization and civilization of so many European countries in the Middle Ages, Pope Paul VI proclaimed him the patron saint of all Europe.]
31. [Charlemagne, see Lesson 21, note 36.]

LE SAC DE ROME PAR LES WISIGOTHS
Huile sur toile réalisé en 1890 (197 x 130 cm) par le peintre académique français Joseph-Noël Sylvestre (1847-1926).

19 La chute de Rome

Un événement parfaitement connu avait occasionné les premières excursions des peuples germaniques dans l'empire romain. Vers l'an 375 de notre ère, un peuple, venu de la partie la plus orientale de l'Asie, avait attaqué les Goths[1] de la Russie méridionale, les avait détruits, et s'était fixé sur leur territoire. On ignorait alors d'où venaient ces nouveaux barbares, désignés par le nom de *Huns*, et qui, plus tard, dévastèrent toutes les régions de l'Europe. La terreur qu'ils répandaient et leur extrême laideur donnèrent crédit à une fable qui les présentait comme issus du commerce des démons avec les femmes de certaines régions du nord de l'Asie. Mais l'histoire de la Chine nous a éclairés sur l'origine de ces peuples. Elle nous a fait connaître que c'étaient des Tartares, avec lesquels les Chinois étaient en relation deux cents ans avant Jésus-Christ, et qui, vaincus par ce dernier peuple ou par les Mogols. vers l'an 93 de notre ère, avaient erré de pays en pays pendant près de trois siècles. Après ce temps, ils s'étaient trouvés sur les bords du Volga, et avaient chassé les Goths des contrées qui forment aujourd'hui la Russie méridionale.

Ceux de ce dernier peuple qui échappèrent aux armes des Tartares, demandèrent à l'empereur Valons[2], alors régnant en Orient, et en obtinrent la permission de passer le Rhin[3], et de se fixer sur les terres de l'empire, ne furent reçus dans la Mœsie, aujourd'hui nommée Bulgarie ; mais bientôt ils se révoltèrent contre leur nouveau maître, et ils s'avancèrent jusqu'à Andrinople[4], où Valens, qui combattait contre eux, fut vaincu et tué : les Goths le brûlèrent dans un village où il s'était retiré.

Gratien, fils de Valentinien[5], essaya de réduire ces barbares ; mais il ne put y parvenir.

Théodose fut plus puissant, il les dompta ; et cependant il leur permit d'habiter la Mœsie, comme avant leur révolte. Ils y restèrent en paix pendant tout le règne de ce prince.

À la mort de celui-ci, l'empire devint définitivement le partage de ses deux fils encore enfants. Honorius[6], nommé empereur d'Occident, fut confié aux soins de Stilicon[7] ; Arcadius[8], empereur d'Orient, eut Rufin[9] pour tuteur et pour maître.

Ce dernier fit usage de criminelles intrigues pour se mettre à la tête des deux parties de l'empire ; mais Stilicon lui résista toujours en homme de génie et d'honneur.

Alaric[10], roi des Visigoths[11], entra dans la Grèce, à l'instigation de Ruffin, et ravagea cette contrée célèbre. Il y fut combattu par Stilicon, qui le défit et le chassa jusqu'en Arcadie[12]; mais là il le laissa échapper et lui confia même le gouvernement de l'Illyrie[13]. Cet acte de Stilicon fut présenté comme une trahison.

En 406, Alaric ayant recommencé les hostilités et attaqué Rome, Stilicon le repoussa de nouveau. Mais, malgré ce nouveau service, Honorius, auprès de qui on l'avait calomnié, le fit mettre à mort en 408. Honorius ne sut pas remplacer un si habile ministre; Stilicon était le seul homme qui eût pu sauver l'empire.

L'année qui suivit sa mort, Alaric et les Visigoths s'emparèrent de Rome et la saccagèrent Ataulphe[14], plus furieux qu'Alaric, pilla Rome de nouveau, en détruisit les monuments et songeait à abolir le nom romain, lorsqu'il prit Placidie[15], sœur de l'empereur. Cette princesse captive, qu'il épousa, parvint à l'adoucir, et les Goths, autrefois appelés Gètes [16], traitèrent avec les Romains.

L'Espagne était alors possédée par les Visigoths et les Suèves[17], qui y dominèrent jusqu'en 712, temps auquel elle tomba sous la puissance des Sarrasins.

Vers 420, les Bourguignons, peuples germains, occupèrent le voisinage du Rhin, d'où peu à peu ils gagnèrent le pays qui porte encore leur nom.

Les Francs, résolus à faire de nouveaux efforts pour s'ouvrir les Gaules, passent le Rhin en 418 et s'établissent en Belgique.

Les Lombards possèdent le nord de l'Italie.

Les Angles ou Anglais et les Saxons occupent la Grande-Bretagne, à laquelle ils ont donné leur nom, et où ils ont fondé plusieurs royaumes.

Ainsi, au ve siècle, tous les peuples germains étaient sortis de leur demeure primitive.

En 495, les Romains achevèrent de perdre les Gaules par les victoires de Clovis[18]. Celui-ci gagna aussi sur les Allemands la bataille de Tolbiac[19]. Par celle où il tua de sa propre main Alaric[20], roi des Visigoths, Toulouse et l'Aquitaine furent jointes à son royaume.

En 527, Bélisaire[21] et Narsès[22] réprimèrent les Perses, défirent les Ostrogoths et les Vandales, rendirent à leur maître l'Afrique, l'Italie et Rome; mais l'empereur, jaloux de leur gloire, sans vouloir prendre part à leurs travaux, les embarrassait toujours plus qu'il ne leur donnait d'assistance.

Après une longue guerre, Childebert[23] et Clotaire[24], enfants de Clovis, conquirent le royaume de Bourgogne. Quelque temps après, et pendant que Bélisaire attaquait si vivement les Ostrogoths, ce qu'ils avaient dans les Gaules fut abandonné aux Français. La France s'étendait alors beaucoup au delà du Rhin. Ses principales parties étaient alors la Neustrie, c'est-à-dire la France occidentale, et l'Austrasie ou la France orientale; mais les partages des princes, qui faisaient un royaume pour chacun d'eux, empêchaient qu'elle ne fût réunie sous une même domination.

En 555, Narsès, qui avait ôté l'Italie aux Goths, la défendit contre les Français, et remporta une pleine victoire sur Bucelin[25], général des troupes d'Austrasie. Malgré tous ces avantages, l'Italie ne resta guère aux empereurs. Sous Justin II[26], neveu de Justinien, et après la mort de Narsès, le royaume de Lombardie fut fondé par Alboin[27]. Il prit Milan et Pavie ; Rome et Ravenne se sauvèrent à peine de ses mains, et les Lombards firent souffrir aux Romains des maux extrêmes. Rome fut mal secourue par ses empereurs, que les Avares, nation scythique, les Sarrasins, peuples d'Arabie, et les Perses, plus que tous les autres, tourmentaient de tous côtés en Orient.

Tel est succinctement le récit des courses guerrières que les ennemis de l'empire romain firent dans ses provinces jusque vers la fin du VIe siècle.

Les relations qui existèrent, à l'époque de l'invasion des barbares, entre les peuples vainqueurs et les peuples vaincus, immédiatement après la conquête, sont remarquables à plusieurs égards.

Chaque tribu barbare n'aspirait pas à un empire absolu (comme il est arrivé ailleurs), même dans le pays qu'elle envahissait : elle se bornait ordinairement à se faire incorporer par la force à l'empire romain. Les chefs des diverses peuplades germaines reconnurent ainsi pendant long-temps l'empereur pour leur souverain, et l'on possède encore des actes des empereurs romains qui délèguent aux premiers rois francs l'autorité dans les Gaules.

À la vérité les barbares étaient des sujets fort indociles, toujours prêts à se soulever contre leur maître, méprisant et opprimant ses sujets vaincus. Cependant on ne saurait douter que le reste de vénération qu'ils avaient encore pour l'empire, tout démembré qu'il eût été par eux, n'ait contribué, dans de certaines limites, à les empêcher de détruire ce qui surnageait encore de la civilisation antique. D'ailleurs, assez long-temps avant la conquête, les Francs, de même que plusieurs des nations germaniques, avaient été en relation directe avec les Romains, qui les appelaient à leur secours. Dès le IVe siècle, les chefs des Francs jouaient un rôle important à l'armée et à la cour des empereurs d'Occident, comme les Goths à la cour de Constantinople.

Fort heureusement les nations qui envahirent l'empire romain n'étaient animées d'aucun fanatisme religieux ; elles ne professaient aucun culte qu'elles voulussent faire admettre par les vaincus, ou même auquel elles fussent attachées. Elles acceptèrent par conséquent, sans difficulté, la religion chrétienne, qui était, à cette époque, admise dans la totalité de l'empire. Cette disposition à adopter un nouveau culte fut favorable à la conservation des livres où étaient déposées les connaissances déjà acquises ; car le clergé ayant placé les bibliothèques dans les églises, les barbares respectèrent partout ces dépôts précieux.

Les premiers effets de l'invasion furent donc moins funestes aux sciences que la domination prolongée de princes barbares, qui ne leur accordaient aucune protection, et sous l'empire desquels les hommes adonnés aux lettres ou aux sciences ne pouvaient espérer aucune position heureuse.

La conservation de la langue latine comme langue commune aux personnes instruites des diverses provinces de l'empire d'occident fut un autre fait très-utile aux sciences ; on peut dire qu'il les préserva d'une extinction totale. Il doit être considéré comme le résultat de la domination exercée sur l'Europe entière par les évêques de Rome, reconnus chefs de l'Église chrétienne. Ces évêques, qui, plus tard, reçurent le nom de papes, employaient le latin dans la liturgie, et il devint ainsi la langue de tous les ecclésiastiques, c'est-à-dire de presque tous les hommes qui possédaient alors quelques connaissances littéraires ou scientifiques. Sans ce moyen de correspondance entre les hommes instruits, il est indubitable que le développement des connaissances humaines aurait été interrompu d'une manière beaucoup plus subite et plus complète; car la langue des peuples divers qui, vers la fin de la domination romaine, parlaient le latin, ne tarda pas, après l'invasion des barbares, à s'altérer partout et à se transformer en différents idiômes qui n'avaient plus entre eux que des rapports assez éloignés.

Un seul peuple avait conservé son langage primitif sous la domination romaine, et n'y laissa pénétrer aucune altération après l'invasion des barbares ; c'était le peuple des Armoricains[28], dont une partie habite notre ancienne province de Bretagne, et qui parle encore aujourd'hui la langue celtique.

À l'époque dont nous nous occupons se rattache l'établissement des monastères.

De tout temps l'Inde avait eu de ces lieux destinés à recevoir les hommes qui voulaient se séparer du monde pour se livrer aux habitudes d'une vie contemplative, comme il arrive souvent dans les pays chauds. La Palestine avait eu aussi, de fort bonne heure, des solitaires religieux appartenant à la secte des Esséniens[29]. Les premiers solitaires chrétiens, imitateurs des Esséniens, parurent en Égypte au IVe siècle, et donnèrent même assez vite naissance à des sociétés qui troublèrent l'église d'Alexandrie.

Dans le VIe siècle seulement, l'usage de la vie solitaire s'introduisit en Occident. Saint Benoît fonda, sur le mont Cassin, l'an 543 de notre ère, le premier monastère de nos contrées; c'est de cet établissement religieux qu'est sorti l'ordre des Bénédictins[30].

Depuis lors les communautés religieuses se sont multipliées avec une rapidité et dans une progression qui ne surprendra pas, si l'on remarque que ces établissements étaient les seuls lieux où l'on pût espérer de trouver quelque repos au milieu des troubles de l'époque. Les idées religieuses n'étaient pas les seuls motifs qui déterminassent à habiter ces asiles. Les hommes qui avaient le goût de l'étude s'y réunissaient surtout, et les livres y furent ainsi conservés, dans les premiers temps, beaucoup plus sûrement encore que dans les églises. Mais on aurait tort de croire qu'ils y furent conservés jusqu'à la renaissance des lettres et des sciences. Après quelques siècles, les moines étant devenus riches, d'autres goûts remplacèrent celui de l'étude, et ils négligèrent tellement de conserver les divers manuscrits dont ils étaient possesseurs, qu'à la fin du Moyen Âge, il n'en existait presque plus; si la découverte de l'imprimerie avait été faite seulement deux siècles plus tard, il est probable que presque tous les ouvrages anciens auraient été détruits.

Dans quelques pays, des circonstances particulières contribuèrent à retarder de plusieurs siècles la destruction des sciences. La situation isolée de l'Irlande, par exemple, la préservant des invasions des barbares plus que n'en étaient défendues la plupart des autres contrées de l'Europe, cette île continua la culture des lettres plusieurs siècles après les autres pays. Aussi, lorsqu'au IXᵉ siècle. Charlemagne[31] essaya de rallumer dans l'Occident le flambeau des sciences, ce fut à l'Irlande qu'il emprunta des ecclésiastiques pour professer dans les écoles de son empire. Malheureusement les efforts de ce grand homme ne produisirent pas le résultat qu'il en avait espéré ; les lettres dégénérèrent de nouveau sous ses indignes successeurs. Pendant les Xᵉ et XIᵉ siècles, l'ignorance était devenue si profonde et si générale qu'il n'y avait pas dans tout l'Occident un seul moine qui fût capable d'écrire d'une manière supportable le récit d'un événement.

Nous ferons voir plus tard comment les sciences reprirent un peu de vie au xiiie siècle, époque remarquable par un grand mouvement intellectuel; et comment ce mouvement, interrompu dans le XIVᵉ siècle par les troubles politiques qui agitèrent alors toute l'Europe, recommença au XVᵉ siècle, sous l'influence de circonstances plus favorables, pour ne plus éprouver d'interruption.

Dans l'empire d'Orient, la décadence des sciences ne fut pas si rapide et si complète que dans l'empire d'Occident. La raison en est que le premier de ces empires souffrit beaucoup moins que l'autre de l'invasion des peuples germaniques. À la vérité, il eut à supporter, au VIIᵉ siècle, une violente attaque qui lui enleva une partie de ses provinces; mais Constantinople, quoique assiégée, ne fut pas atteinte par cette conquête.

Constantinople ne souffrit d'horribles ravages qu'au XIIIᵉ siècle, lorsqu'elle fut prise par les croisés. Ces fanatiques y détruisirent un grand nombre de bibliothèques. Mais on y rapporta des livres, et lorsque les Turcs s'emparèrent définitivement de cette capitale, elle en possédait encore un grand nombre qui fut apporté par les Grecs aux peuples de l'Occident, à l'époque (le XVᵉ siècle) où ils vinrent très à propos contribuer à la renaissance des lettres et des sciences, que plusieurs autres circonstances tendaient aussi à développer. Ce fut donc à Constantinople que se maintinrent et l'empire romain et les restes de la civilisation ancienne. Comme en Occident, les sciences et les lettres n'y furent pas détruites; elles continuèrent d'y subsister, bien que languissantes et décroissant toujours depuis les premiers siècles de l'ère chrétienne.

Cet empire d'Orient, ainsi que nous l'avons fait voir, avait cependant été attaqué de bonne heure par les Slaves, par les Arabes, par des peuples d'origine chinoise et d'origine turque, qui de siècle en siècle l'avaient démembré. Mais il leur fallut continuer une lutte de mille années pour arriver à le détruire complétement. Les Slaves, qui s'étaient rués sur l'Orient comme les nations germaniques sur l'Occident, s'emparèrent de plusieurs provinces et s'y fixèrent; ils fondèrent à l'Orient de l'Europe des établissements dont nous ne nous occuperons pas maintenant, parce que ces peuples n'ont concouru que très-tard à l'avancement des sciences. Mais nous aurons à nous entretenir de l'empire fondé par les Sarrasins. Ces peuples cultivèrent les sciences et les lettres, et leur firent faire des progrès qui méritent notre attention.

En conséquence, nous suivrons dans le Moyen Âge le développement des sciences : 1° dans l'empire de Byzance ou de Constantinople, où la langue grecque était employée, et où les sciences, languissantes à la vérité, n'éprouvèrent pourtant pas d'interruption brusque et totale comme en Occident ; 2° dans l'empire fondé par les Arabes, ou Sarrasins, dans lequel la langue arabe était usitée ; 3° chez les nations qui sortirent du démembrement de l'empire d'Occident, et qui avaient le latin pour langue savante.

NOTES

1. [Les Goths faisaient partie des peuples germaniques et étaient divisés en deux branches, les Ostrogoths et les Wisigoths, lesquels harassèrent pendant des siècles l'Empire Romain. Selon leur propre légende, rapportée par l'historien gothique de la moitié du VIe siècle Jordanès, les Goths étaient originaires du sud de la Scandinavie, et à bord de trois bateaux, ils traversèrent la mer du Nord sous la commande de leur roi Berig jusqu'à la côte sud de la mer Baltique, là où ils s'établirent après avoir vaincu les Vandales et d'autres peuples germaniques de la région. Tacite raconte que les Goths en ce temps là se distinguaient par leurs boucliers de forme ronde, leurs épées courtes, et leur obéissance envers leurs rois. Jordanès raconte également qu'ils émigrèrent vers le sud dans la région de la Vistule sous Filimer, cinquième roi après Berig, et qu'après de nombreuses aventures, ils arrivèrent finalement à la mer Noire.]
2. [Valens (né *c.* 328, mort le 9 août 378), empereur byzantin de 364 à 378. Il était le frère cadet de Valentinien I, qui assuma le trône jusqu'à la mort de l'empereur Jovien (17 février 364). Le 28 mars 364, Valentinien le nomma coempereur et lui confia le gouvernement de la partie orientale de l'empire, Valentinien gardant la partie occidentale de l'empire. Peu après, Valens fut défié par le païen Procope, lequel s'était proclamé empereur à Constantinople (septembre 365). Lorsque Valens marcha sur Antioche pour confronter l'usurpateur, Procope fut abandonné par ses troupes ; le 27 mai 366 il fut trahi et mis à mort.]
3. [Valens, lors de la guerre contre les Wisigoths (voir note 11 ci-dessous), lesquels menaçaient d'envahir Thrace, traversa non pas le Rhin mais le Danube en mai 367, détruisant les territoires wisigoths (Roumanie d'aujourd'hui).]
4. [La Bataille d'Andrinople (9 août 378 apr. J.-C.), qui eut lieu à l'emplacement de la ville moderne d'Edime en Turquie Occidentale, se termina par la défaite de l'armée romaine, commandée par l'empereur Valens, devant les Wisigoths conduits par Fritigern, et renforcés par les Ostrogoths et autres troupes. Ce fut une victoire écrasante des cavaliers barbares sur l'infanterie romaine, qui marqua le début d'une série de sérieuses intrusions germaniques en territoire romain.]
5. [Valentinien Ier, en latin Flavius Valentinianus (né en 321 ; mort le 17 novembre 375, à Brigetio en Pannonie Inférieure), empereur romain de 364 à 375 qui réussit avec beaucoup d'habileté à défendre les frontières de l'empire occidental contre les invasions germaniques.]
6. [Honorius, de son nom complet en latin Flavius Honorius (né le 9 septembre 384 ; mort le 15 août 423), empereur romain d'Occident de 393 à 423, période pendant laquelle une grande partie de l'empire occidental fut renversé par les tribus envahissantes, et Rome fut capturée et mise à sac par les Wisigoths. Fils cadet de Théodose Ier (empereur 379-395) et d'Aelia Flacilla, Honorius fut élevé au rang d'Auguste par Théodose le 23 janvier 393, et devint gouverneur unique de l'empire occidental à l'âge de 10 ans, à la mort de son père le 17 janvier 395. Son frère Arcadius (voir note 8 ci-dessous) était gouverneur de l'empire d'orient.]
7. [Flavius Stilicon, général et régent de l'empire occidental pendant la première moitié du règne d'Honorius. En 398, l'empereur épousa Marie, la fille de Stilicon. Lorsque Marie mourut, il épousa sa jeune sœur, Thermantia, mais il mit fin à cette union après l'exécution de Stilicon, accusé de trahison en août 408.]
8. [Arcadius (377-*c.* 408), empereur d'orient régnant avec son père Théodose Ier de 383 à 395, puis seul jusqu'en 402. Il associa ensuite son fils Théodose II à son gouvernement. D'allure chétive et de caractère inefficace, il fut dominé par ses ministres Rufin, Eutrope, et Anthemius. Son empire fut la proie des Goths, et son épouse Eudoxie encouragea la persécution du patriarche de Constantinople, Saint Jean Chrysostome.]
9. [Rufin, de son nom complet en latin Flavius Rufinus (mort le 27 novembre 395 à Constantinople), ministre de l'empereur d'orient Arcadius (qui régna de 383 à 408) et rival de Stilicon, général qui fut le véritable gouverneur de l'empire

occidental. Le conflit entre Rufin et Stilicon fut l'un des facteurs qui contribua à la scission de l'empire entre l'orient et l'occident.]

10. [Alaric (né *c.* 370, à Peuke (dans le delta du Danube), aujourd'hui en Roumaine ; mort en 410 à Cosenza, Bruttium, aujourd'hui Cosenza en Italie), chef des Wisigoths à partir de 395 et chef de l'armée qui mis Rome à sac en août 410, événement qui symbolisa la chute de l'empire occidental romain.]

11. [Wisigoths, peuple germanique faisant partie des Goths (voir note 1, ci-dessus). Un des peuples germaniques les plus importants, les Wisigoths se séparèrent des Ostrogoths au IVe siècle apr. J.-C., attaquant sans cesse les territoires romains, et établissant des royaumes puissants en Gaule et en Espagne.]

12. [Arcadie, région montagneuse du centre du Péloponnèse de la Grèce Antique. Le caractère bucolique de la vie arcadienne et son isolation explique en partie pourquoi Arcadie fut représentée comme un paradis dans la poésie bucolique grecque et romaine et dans la littérature de la Renaissance.]

13. [Illyrie, territoire du nord-ouest de la péninsule des Balkans, habité par les Illyriens, peuple Indo-Européen, depuis le Xe siècle av. J.-C. À l'apogée de son pouvoir, les frontières de l'Illyrie s'étendaient du Danube vers le sud jusqu'à la mer Adriatique, et vers l'est jusqu'au massif montagneux Sar.]

14. [Ataulphe (mort en 415 à Barcelone), chef des Wisigoths de 410 à 415 et successeur de son beau-frère Alaric. En 412, Ataulphe conduisit les Wisigoths, lesquels avaient récemment pillé Rome (410), vers le sud de la gaule pour qu'ils s'y établissent. Deux ans plus tard, il épousa la princesse romaine Galla Placidia (sœur de l'empereur Honorius) laquelle avait été enlevée à Rome. Chassé de Gaule, il se retira en Espagne au début de l'année 415, année où il fut assassiné à Barcelone. L'historien du Ve siècle Paul Orose raconte qu'Ataulphe voulait renverser l'Empire Romain, mais que plus tard, reconnaissant l'incapacité de son peuple à gouverner un empire, il voulut soutenir le pouvoir romain par une alliance avec les Goths. Sa vision d'un empire revitalisé grâce à une alliance barbare ne vit jamais le jour.]

15. [Aelia Galla Placidia (né *c.* 390, morte le 27 novembre 450), impératrice romaine, fille de l'empereur Théodose Ier (au pouvoir de 379 à 395), sœur de l'empereur d'Occident Flavius Honorius (au pouvoir de 393 à 423), épouse de l'empereur d'Occident Constance III (au pouvoir en 421), et mère de l'empereur de l'Occident Valentinien III (au pouvoir de 425 à 455). Capturée à Rome lorsque la ville tomba devant les Goths en 410, elle fut capturée et enlevée en Gaule, et mariée au chef Wisigoth Ataulphe, lequel fut assassiné en 415. En 416, Galla Placidia fut rendue aux Romains, et l'année suivante, elle épousa Constance. Elle fit construire plusieurs églises à Ravenne ; la petite chapelle connue en général, bien qu'à tort, comme le Mausolée de Galla Placidia, contient quelques uns des exemplaires les plus remarquables de mosaïques byzantines.]

16. [Les Gètes sont un peuple de l'Antiquité originaire de Thrace, qui habitaient les rives de la région du Bas-Danube et des plaines avoisinantes. Apparaissant pour la première fois au VIe siècle avant J.-C., les Gètes subirent l'influence des Scythes et étaient connus pour leur cavalerie montée et pour leur vénération de Zalmoxis. Bien que la fille de leur roi devint la femme de Philippe II de Macédoine en 342 av. J.-C., les Macédoniens, sous le règne du fils de Philippe II, Alexandre, traversèrent le Danube et brûlèrent la capitale des Gètes sept ans plus tard. La technologie des Gètes fut influencée par celle des Celtes, lesquels les envahirent au IVe et IIIe siècle av. J.-C. Sous Burebistas (*fl.* Ier siècle av. J.-C.), les Gètes et leurs voisins les Daces formèrent un état puissant, mais de courte durée. Au milieu du siècle suivant, lorsque les Romains gagnèrent le contrôle de la région du Bas-Danube, des milliers de Gètes furent déplacés, et peu de temps après, les Gètes disparurent de l'histoire. Les écrivains ultérieurs donnèrent à tort le nom de Gètes aux Goths.]

17. [Les Suèves, également appelés Suèbes, étaient un groupe de tribus germaniques comprenant les Marcomans, les Quades, les Hermundures, les Semnones, et les Lombards. Les Allemands faisaient également partie de la tribu des Suèves, lesquels donnèrent son nom à la principauté germaine de Suève. À la fin du Ier siècle apr. J.-C., les Suèves vivaient aux alentours de la rivière Elbe. Chassés par les Huns, un certain nombre de Suèves traversèrent le Rhin, et en 409, pénétrèrent en Espagne, s'installant principalement au nord-ouest (en Galicie). En 447, sous le règne de leur roi Rechila, les Suèves s'étaient établis sur les provinces romaines de Lusitanie et de Bétique. Bien que les Suèves fussent païens lorsqu'ils arrivèrent en Espagne, leur roi Rechila était chrétien lorsqu'il devint roi en 448. Il fut vaincu plus tard par les Wisigoths sous Théodore II en 456. Le royaume des Suèves survécut sous Maldras (au pouvoir de 456 à 460) et sous le règne d'autres rois rivaux jusqu'en 585 environ, période à laquelle le royaume fut finalement annexé à l'état wisigoth.]

18. [Clovis Ier (né *c.* 466 ; mort le 27 novembre 511 à Paris), mérovingien fondateur du royaume des Francs, lequel domina la plus grande partie de l'Europe Occidentale au début du Moyen Âge.]

19. [Bataille de Tolbiac combattue entre les Francs sous Clovis Ier et les Allemands, que l'on situe le plus souvent en 496 apr. J.-C. à Zülpich, dans la région nord du Rhin-Westphalie,

à 60 kms environ à l'est de la frontière actuelle entre l'Allemagne et la Belgique, ce qui n'est pas impossible. Les Francs gagnèrent la Bataille de Tolbiac et établirent leur hégémonie devant les Allemands (voir note 20 ci-dessous).]

20. [Allemands, peuple germanique mentionné pour la première fois lorsqu'ils furent victime d'une attaque romaine en 213 apr. J.-C. Dans les années qui suivirent, ils firent de plus en plus pression sur les provinces romaines; ils occupèrent les Champs Décumates (sud-ouest de la Germanie) en 260 environ, et à la fin du ve siècle, ils s'étendirent sur l'Alsace et le nord de la Suisse, établissant ainsi la langue allemande dans ces territoires. En 496, ils furent conquis par Clovis et incorporés dans les territoires francs.]

21. [Bélisaire (né *c.* 505, en Germanie, Illyrie? Mort en mars 565), général Byzantin, homme militaire de valeur sous le règne de l'empereur byzantin Justinien Ier (527-565). L'un des derniers personnages importants à suivre la tradition militaire romaine, il conduisit ses armées contre l'empire sassanide (en Perse), le royaume vandale d'Afrique du Nord, le régime ostrogoth d'Italie, et les tribus barbares menaçant Constantinople.]

22. [Général Narsès (né *c.* 478 en Arménie; mort en 573, probablement à Rome ou a Constantinople), général sous l'empereur Justinien Ier; sa plus grande réussite fut la conquête du royaume ostrogoth en Italie pour l'empire byzantin en 553 apr. J.-C.]

23. [Childebert Ier (né *c.* 498; mort le 23 décembre 558 à Paris), roi Mérovingien de Paris à partir de 511, il aida à incorporer la Bourgogne dans le royaume franc. Childebert était le fils de Clovis Ier et de Clotilde. Lors du partage du royaume de son père en 511, il reçut des territoires dans le nord-ouest de la France, de la Somme à la Bretagne; il y ajouta le royaume d'Orléans dans les années 520 (grâce à l'assassinat des héritiers de son frère Clodomir), une partie du royaume de Bourgogne en 534 (par conquête, avec son frère Clotaire Ier), et la Provence en 537 (par traité). Après une campagne en 531 contre les Wisigoths, lesquels occupaient toujours la bordure côtière entre le Rhône et les Pyrénées, il envahit l'Espagne en 542 en alliance avec Clotaire; bien que l'expédition ne fût pas un grand succès, il ramena cependant avec lui la tunique du martyr Saint Vincent, qu'il déposa dans une église qu'il fit édifier à Paris connue plus tard sous le nom de Saint-Germain-des-Prés. Childebert ne laissa aucun fils et à sa mort, Clotaire s'appropria ses terres.]

24. [Clotaire Ier (né *c.* 500; mort à la fin de l'année 561 à Compiègne en France), roi Mérovingien de Soissons à partir de 511 et de la totalité du royaume des Francs à partir de 558, il joua un rôle important dans l'extension de l'hégémonie française. Fils cadet de Clovis Ier, Clotaire reçut en partage une partie du royaume de son père en 511, les territoires lui revenant couvrant les terres anciennes des Francs Saliens, dans la région nord de la France d'aujourd'hui et la Belgique. Après la mort de son frère Clodomir en 521, il assassina ses neveux et partagea le royaume d'Orléans avec ses deux frères Childebert Ier et Théodore Ier. La mort sans héritier de ses petits-fils Théodebald en 555 et Childebert en 558 permit de réunir tous les territoires francs sous la domination de Clotaire.]

25. [Bucelin et son frère Leutharis, généraux allemands à la cour de Theudibald, roi des Francs, pénétrèrent en Italie avec 75 000 hommes pour combattre l'armée de Narsès. De nombreux Goths en Italie les considérèrent comme leurs sauveurs, mais d'autres préféraient les Romains aux Francs, notamment Aligem, commandeur de la forteresse de Cumée, laquelle n'avait pas encore été capturée. Aligem remit les clés de la ville fortifiée à Narsès. Leutharis et son armée furent détruits par la maladie, empirée par le mauvais temps, et Bucelin fut complètement vaincu par Narsès près de Capoue.]

26. [Justin II (mort le 4 octobre 578), empereur byzantin (à partir de 565) dont les efforts pour maintenir l'intégrité de l'empire byzantin face aux attaques des Avars, des Perses et des Lombards, furent compromis par des revers militaires désastreux. Neveu et conseiller proche de l'empereur byzantin Justinien Ier, Justin II devint empereur en novembre 565 à la mort de son oncle.]

27. [Alboin (mort le 28 juin 572 à Vérone en Lombardie), roi des Lombards Germaniques dont les exceptionnels talents en matières militaire et politique lui permirent de conquérir l'Italie du nord. Après avoir balayé Venise, Milan, la Toscane et Benevento, Alboin établit Pavie, sur la rivière Ticino, comme la capitale du nouveau royaume de Lombardie, récemment créé en 572. On raconte qu'il fut assassiné sous les ordres de sa femme Rosemonde, après qu'il l'ait forcée à suivre la coutume lombarde de boire dans le crâne de son défunt père.]

28. [Armorique, région du nord-ouest de la Gaule, aujourd'hui la Bretagne. Au temps des Celtes, des Romains et des Francs, l'Armorique incluait également la partie ouest de ce qui devint plus tard la Normandie. Au temps de Jules César y vivaient cinq tribus, la plus importante étant les Vénètes. Sous l'Empire Romain, l'Armorique appartenait à la province de Gallia Lugdunensis, mais elle ne devint jamais vraiment romaine. La région accueillit de nombreux immigrants celtes provenant des Îles britanniques au ve siècle pendant l'invasion saxonne.]

29. [Essénien, membre d'une secte religieuse ou d'une fraternité qui prospéra en Palestine du IIe siècle avant J.-C. jusqu'à la fin du Ier siècle apr. J.-C. Aucune mention les concernant n'apparait dans le Nouveau Testament, et les récits de Josèphe, Philon d'Alexandrie et Pline l'Ancien diffèrent

largement, ce qui pourrait indiquer une diversité tribale parmi les Essènes.]

30. [Saint Benoît de Nursie (né *c.* 480 à Nursie, dans le royaume des Lombards ; mort *c.* 547 ; fête célébrée le 11 juillet, auparavant fêtée le 21 mars), fondateur du monastère bénédictin du mont Cassin et du monachisme occidental ; les règles qu'il établit devinrent la norme de la vie monastique en Europe. En 1964, en reconnaissance de l'œuvre d'évangélisation et de civilisation de tant de pays européens pendant le Moyen Âge, le Pape Paul VI le proclama saint patron de toute l'Europe.]

31. [Charlemagne, voir Leçon 21, note 36.]

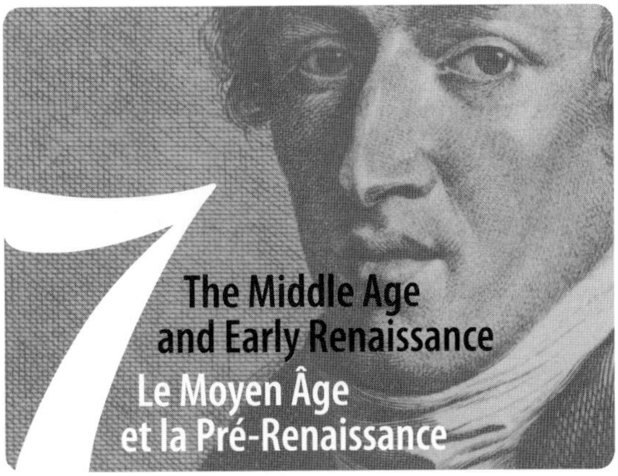
7
The Middle Age
and Early Renaissance
Le Moyen Âge
et la Pré-Renaissance

20 The Byzantine Empire

The first of the Byzantine authors is Saint Cyril,[1] patriarch of Alexandria from 412 to 443. We have his brief work on plants and animals.

A physician named Aëtius[2] also wrote a short book on natural history. The arrangement of its subject conforms to the order that Genesis gives to the Creation. The author wrote with the theological aim that we have noted in Eustathius and Saint Ambrose; all of his thinking relates to religion. This work is of little importance and scarcely merits being mentioned.

Towards the middle of the seventh century, a deacon named George Pisides composed a poem of which we possess some 1,800 lines.[3] At that time all writings were, in the final analysis, courses in theology. Pisides's poem is also based on the Creation in six days and can be considered an imitation of the book of Job. With descriptions of real animals, the author, who is actually a compiler, mingles a multitude of fables. After discussing the elephant, the camel, and other real species, he describes the mythical griffin,[4] a winged monster so prodigiously strong that it flew away with an ox. For the first time, the bird that the Arabians call the *roc* is mentioned,[5] and its tradition has since remained among them. And he speaks of the silkworm as of an object of contempt: he wonders that men should avail themselves of the apparel of a worm.

Photius,[6] named patriarch of Constantinople in 857 and who died in 886, is one of the most remarkable men produced by the Greek Empire. It was he who affected the schism between the Greek and Latin Churches and made the patriarchs of Constantinople the rivals of the bishops of Rome. It cannot be denied that he was greatly learned; the book he has left us, entitled *Bibliotheca*,[7] is a stunning proof of this. It is a collection of numerous excerpts from the books he had read. He begins each extract with the words *I have read a certain book*, and for each book he gives carefully detailed selections that are very valuable for ancient literature. The number of authors whose important passages he records comes to a hundred and sixty-seven. A hundred of these authors are known to us and we have thus been able to confirm the accuracy of Photius's excerpts.

We naturalists have taken very little from the work of this famous patriarch. We are only obliged to him for what is known of the work of Ctesias and Agatharchides, whom I mentioned to you earlier. It is owing to Photius, too, that we have extracts from the narratives of

Damatius,[8] a Platonist philosopher. This philosopher is of interest to us in that he speaks of the hippopotamus and the crocodile.

Among the Byzantine authors we find an emperor, Constantine Porphyrogenitus,[9] *born in the purple*, and who owes his surname to such a circumstance, rare in his day. This unfortunate prince was very learned; he was engaged in everything that had to do with useful knowledge. His treatise on *The Administration of the Empire*[10] is very interesting; in it are found many curious details about the provinces that made up this empire, and on the ceremonies then in use. Also in it is extensive information on the Slav peoples who occupied the east of Europe. Without Constantine's writings, we would not have this knowledge. His treatise contains the story of the first Russian empress's conversion to Christianity, the baptism of her people, and her first visit to Constantinople.

Another work carries the name of Constantine Porphyrogenitus, a treatise on agriculture, which he had Cassianus Bassus[11] compile. This treatise is entitled *Geoponics*[12] and its arrangement is very like that of the works of Columella and Varro on the same subject. It is merely a compilation but a noteworthy one in that it acquaints us with names and excerpts of more than thirty ancient authors who also wrote on agriculture. The Carthaginian Mago,[13] for example, who flourished about 140 B.C., and who wrote twenty-eight books on agriculture, is cited in it. This work was all that Scipio preserved for himself from the spoils of Carthage. The senate had it translated into Latin by Cassius Dionysius,[14] a writer from Utica; it was also translated into Greek and abridged by Diophanes of Nicaea[15] in Bithynia. These two translations are lost.

The treatise by Cassianus Bassus also contains an extract from Juba,[16] the king of Mauritania who wrote on various subjects relating to natural history. Cassianus Bassus reports that, among other things, he had written about wine and the harvesting of grapes, olives and their oil, the evergreen trees of the forests, and the raising of animals. He also reports that when Juba was writing about the preparation of food, he mentioned the famous garum, a sauce made from the intestines of certain fishes, especially the mackerel, which were placed between layers of salt and condensed after fermenting.

The last of the Byzantine authors of the Middle Ages is Manuel Phyleus of Ephesus,[17] who lived during the thirteenth century. He wrote a short work, dedicated to Michael Palaeologus,[18] entitled *On the Nature of Animals.*[19] This book is composed of a series of short stanzas, in each of which the author writes about a different animal; it is a sort of abridgement in verse of Aelian. This work is almost useless for science.

We can see from our examination of the Byzantine authors that they added nothing to the knowledge possessed by the ancients.

However, they had one merit –namely, that of having opened up a new direction for the human spirit by laying the foundations of chemistry, which is today one of the more highly developed branches of physical science.

We have seen that the ancient Egyptians knew some practical procedures, some formulas for chemical compounds used in the arts. But everything leads us to believe that they had no theory of chemistry, nothing that might be considered formal knowledge of the reciprocal action of the various substances with which they were familiar. If, at the commencement of the Middle Ages, it was believed that the Egyptians had possessed a deep and mysterious science of chemistry, it was mainly because, at that time, the chemical knowledge of ancient Egypt had been completely forgotten. Secondly, because Egypt's monuments were covered with strange characters and bizarre symbols, the meaning of which seemed forever lost, it was supposed that this country of impenetrable ceremonial language must have possessed a deep understanding of the various branches of human science.

Under the influence of such beliefs, the first Byzantine authors who obtained new results by studying the reactions of bodies presented their results under the name of Hermes, whom the Egyptians considered the inventor of the sciences, and who is the same as the Thoth of the Greeks and the Mercury of the Latins; they claimed to possess the secret science of the ancient Egyptians and went so far as to ascribe to Hermes himself the works they had written.

Alchemy was originally designated by the name of *hermetical science*, and we have seen that the word *chemistry* indicates the country where that science was first studied, since *Chem* or *Chim* is the ancient name for Egypt; but it does not seem that the transmutation of metals into gold was attempted in that country. It is in the Byzantine authors that this is mentioned for the first time; Pliny did not mention it, nor did the other compilers of whom I have spoken. Suidas, who wrote in the tenth century, is the first author who writes of the art of transforming metal, an art that he calls *chemia*. He claims that this skill was learned from the ancient Egyptians and that they had written down its description in books that Diocletian had caused to be burned; but Suidas is the only one who speaks of these so-called facts. The same author, preoccupied as he is with the loss of the secret of transforming metal, claims that the fabulous Jason's Golden Fleece was actually a book containing the revelation of the true way of making gold. This is Suidas's own assertion; nevertheless, it is brought up elsewhere, but not under the name of chemistry.

It seems that as early as the seventh century the Byzantines began to carry out chemical experiments. A host of works composed at Constantinople on the new science of chemistry was ascribed to Hermes. But their style indicates clearly that they were written by the monks of the eighth, ninth, and tenth centuries. Most of these works still exist as manuscripts in various European libraries; Paris, Vienna, and Munich possess many of them. Baron Aretin[20] claims to have found in one of these books at Munich the secret of making Greek fire,[21] that dreadful weapon that produced a fire that could not be extinguished except by vinegar and other substances that are not always at hand. Greek fire was of great utility to the Byzantines: with its aid they were able to repulse the Arabians, who had carried their conquests as far as Constantinople and had laid siege to that city. The Byzantines attached great importance to the secret of making Greek fire, and Constantine Porphyrogenitus forbade his son ever to reveal the secret to the Turks. This secret was so well guarded that it was finally lost. To this day we do not know it, for I do not think Baron Aretin left us the formula, which he said he had found in the Hermetical books.[22] Of all the manuscripts we possess from this time, there is not one that contains information of any advantage to us today. But this does not mean that the experiments described in these books were of no use to the progress of a science that had just been born, and although it erred in seeking a goal impossible of attainment, the science still provided results valuable for the time. We should preserve as elements of interest for the history of the science the manuscripts containing the research results of the first Byzantine authors; but their publication would be useless, for no advantage would result from it. It is even probable that most of the results recorded in the so-called Hermetical manuscripts are erroneous; for the falsifiers who published them under spurious names probably also imposed spuriousness upon the matter of these books. Most of the titles are strange and reveal either their authors' superstitious ideas or their intention of deceiving the public. Here are some of the titles: *Emerald table*, *Physical coloring*, *Coloring of the sun and moon*, *Coloring of precious stones*, etc. Not all such books were published under the name of Hermes: some were ascribed to Agathodemon;[23] to Moses, who is represented as a great chemist because he liquefied the golden calf to be drunk by the Israelites; to Democritus, Aristotle, Theophrastus, Cleopatra, Porphyry,[24] and Iamblichus.[25] All these attributions are entirely false, for no passage in these works –nor even a mention of these works– can be found among the ancient writers.

To the Byzantines alone belongs the search for the transmutation of metal, a secret vainly sought, but the search gave rise to important results, for our metallic chemistry owes its origin to the vain efforts of the alchemists. However, the Arabians are the first to attribute to the substance that was claimed capable of changing metals into gold the much more precious virtue of being a universal panacea, a remedy for all diseases. According to the alchemists, all metals were combinations of one sole substance –the metal itself– and the various foreign bodies that altered its purity. To the extent that these bodies were present, combined in larger or smaller proportions, the metal was more or less base. The Arabians said that, of all the metals, gold was the one in which the heterogeneous admixture was the least. In fact, perhaps for some alchemists gold was the elementary metal, metal pure and simple.

This doctrine, although admittedly quite erroneous, relied, like the majority of errors uttered by cultivated men, on the observation of actual facts. Metals are hardly ever found in the ground in the state of purity required for their use in the arts. They are usually extracted from their stratum in the form of ore; in other words, they are combined with various foreign substances from which they must be separated before they can be used. Now, since alchemists were thinking that every ore contained an identical metal, and that if like results were not obtained from every ore, any difference was due to the pure metal's having been combined in a greater or smaller proportion with foreign matter that altered its original nature, the idea must have occurred to them to look for an agent active enough to refine the various metals completely, whatever their combination, and also to separate from inferior metals the elements that prevented them from being pure gold. Next, they had the idea that a substance capable of isolating matter that altered the purity of metals must also be capable of purging the human body of the morbific principle that disturbed the action of its organs –in a word, it would produce in man healthful effects.

The Arabian physicians reasoned thus, and their error, although supported only by a mere play upon words, plagued medicine until recent times.

The Arabians, originating in the country that bears their name, from the very beginning led a life of wandering on their wide sandy plains sparsely strewn with oases. However, along the coast, some better-favored valleys contained cities and seaports. It was in one of these cities, of course, that Muhammad[26] was born, a speculative soul who had some knowledge of the religions, of Christianity, which had become widespread, of Judaism, which is still there, and of Sabaism, or star worship, the latter being at the time the most widespread of all in the cities of the coast. Christianity seemed to him difficult to understand, and Judaism difficult of observance. Towards the beginning of the seventh century, he established a new religion, disencumbered of all that had seemed to him puerile in the others. At first he was expelled; but he returned triumphant and was soon at the head of an immense army, raised with a swiftness that can only be compared to the alacrity with which the Mogul hordes would be united. On the other hand, nothing is easier than collecting an army from among those nomadic peoples, who have all the qualities necessary for making excellent soldiers.

Muhammad preached with enthusiasm the religion he said had been revealed to him, and he soon conquered all of Arabia. One of the precepts imposed on those who adopted his religion was the obligation of bringing all peoples under its yoke by the sword. And yet, those who persisted in their ancient beliefs might be permitted free exercise of their worship and the possession of property, provided that they submitted to paying a tax to the true believers and that they accepted the rank of rayas.[27] But such as these were soon oppressed, in spite of the guarantees given them. The Arabians, converted to Muhammadanism, extended their dominion with frightening rapidity and seized several provinces of the Byzantine Empire. Their conquests took on a peculiar character that fundamentally distinguished them from conquests by the Germanic nations in the Western Empire. The Germanic peoples were neighboring tribes that were sometimes enemies, sometimes allies, and the empire that they broke up had been growing weak for a long time. The conquerors of the Eastern Empire were savages that, having suddenly left their deserts, rushed upon civilized peoples and invaded them with the suddenness of a flood.

Muhammad retreated to Medina in 622 and died in 632; hence, ten years was all he had needed to conquer the whole of Arabia. Only eight years after his death, that is, by the third caliphate, the empire of the Arabians was immense. These people soon brought their armies under the walls of Constantinople, which, as we have said, saved itself by Greek fire. Under Abu Bakr,[28] the successor of Muhammad, they penetrated Syria as far as the fertile plains of Damas. The caliph Omar, who took the title of emperor at the death of Abu Bakr, subjugated the richest lands of Syria, and Mesopotamia, Judea, and Egypt; after bloody battles he entered Persia and began to bring down the throne. In 713, the Arabians conquered Spain; in 714, Georgia; and in 732, they reached France and occupied Languedoc, where they were defeated by Charles Martel.[29] That prince's historic victory saved Europe from their invasions, and after that epoch, the caliphs lost their power. This weakening was especially hastened by an internal revolution that resulted in the caliphate's passing from the Ommiad dynasty to Abul Abbas,[30] founder of the Abbasid dynasty. The latter family and its partisans underwent fearful struggles against the defenders of the dethroned dynasty and followers of Ali.[31]

The caliphate was dismembered on all sides. The Saracens of Spain formed a separate empire that was governed by a caliph in Cordova. Independent caliphates also sprang up in Egypt and in various parts of Africa.

By 832, the caliphs had become completely degenerate. Shut away in their seraglios, they had at their service Tartars who had settled near the Caspian Sea and who did not hesitate to treat them as the Praetorian guard had treated the Roman emperors, giving them power to rule or taking it away from them, according to caprice. Some of the Tartar chiefs were appointed provincial governors and became independent in their province. Such political situations occurred, for example, in Syria and Egypt. Finally, in 933, the last of the caliphs, deposed by the Turkish military, was reduced to begging his bread at the gate of the great mosque in Baghdad. Afterwards, the power of the caliphs of Baghdad was religious only and stayed that way until 1358. The caliphate of Egypt was maintained until the sixteenth century, but then it was utterly destroyed and its power was conferred upon the Grand Turk –by some of the Musulmans,[32] at any rate, for they do not all regard this prince as the head of their religion.

The sciences were long uncultivated by the Arabians; only the eight or ten Abbasid caliphs protected the sciences; the Ommiads, who reigned before them, were too busy with their conquests to attend to the sciences, and later, when the conquests were ended, they were too weak to aid in the development of the human spirit.

The Arabians had found education widespread in Egypt and in some parts of Persia. As early as the third century, a medical school, founded by the Greeks, was flourishing in Persia; but it was especially on account of the persecution carried out against the Nestorians that the sciences had been spread in the latter country. Nestorius[33] was bishop of Constantinople about the year 428. He professed that Mary was the mother of Christ but refused to consider her the mother of God. His followers were many, but after his opinion was condemned in 431, he and his followers were persecuted and were forced to leave their homeland. They took refuge in Persia, for that was the only country where they might escape persecution. The rigorous measures taken against them did not succeed, for there are still many Nestorians throughout Asia. During their Persian exile, the Nestorians founded many schools, which were highly successful and which the Arabians found flourishing when they made their conquest of Persia.

In 529, new inroads by the sciences took place in the East. When Justinian abolished the philosophical schools of Athens and Alexandria and was persecuting the pagans, the Platonists decided to leave the empire, and they retired to Persia: Seven philosophers –Diogenes, Hermias,[34] Eulalius,[35] Priscian,[36] Damascius,[37] Isidore,[38] and Simplicius– united in friendship and adhering to the ancient beliefs, went to King Chosroes[39] and asked for protection.

Among the scientific establishments founded in Persia by the Nestorians, their medical schools are especially noteworthy in that they served as models for all those that exist today in Europe. Before the founding of these schools, the medical profession had been completely free and anyone believing himself capable of practicing the profession could do so without opposition by the government. In the public schools established by the Nestorians, the students took courses and submitted to obligatory examinations. These schools alone had the right to grant a certificate, without which no one could practice medicine.

Muhammad himself praised the knowledge of the Nestorians; his physician and friend, Hareth-ebn Keldat,[40] was a Nestorian. It was also the Nestorians who separated medicine from pharmaceutics; in antiquity, as you know, physicians were also pharmacists and surgeons. The Nestorians, by creating pharmacists as such, set up a code that was to serve as a rule for preparing medicines; thus, it is entirely to them that we are obliged for the first seeds of the medical policy that exists in our time.

The Nestorians did not remain in Persia; they became spread throughout the East and penetrated even into China. The proof of their sojourn in the latter country is in an inscription that the Jesuits found there, the authenticity of which was mistakenly denied in the past century.

The Nestorians are undoubtedly the principal teachers of the Arabians. They translated into Syriac[41] the most important works of antiquity, notably those by Aristotle and Galen. Syriac was more accessible to the Arabians than Greek, since Syriac is an Arabic dialect. Several of these Syriac versions were then translated into Arabic by order of the early Abbasids; but such translations of translations are liable to cause many errors, and in fact they are rife with inaccuracies. Further alterations were produced later by Albertus Magnus[42] and other authors of the thirteenth century, when they retranslated for Western nations Arabic versions already so remote from the originals. Owing to such diverse translations, the West's knowledge of Aristotle, Theophrastus, and Galen was at fourth hand, while the true text of these authors was rotting in abbatial libraries.

Almanzor,[43] who reigned from 753 to 775 and founded Baghdad, established a university in that city and made it the center of the sciences. In the execution of his projects he followed the advice of his physician, George Batiseka,[44] a Nestorian from Syria. Baghdad harbored at this time more than six thousand scholars.

The most famous of the successors of Muhammad, Harun ar-Rashid,[45] who was caliph from 786 to 809, kept artists at his court that were far superior to those of his contemporary, Charlemagne, for whom he professed the greatest respect. He sent embassies to this king of France, and made a gift to him of the first wheeled clock seen in the West; he also sent him the first elephant in France. This elephant was put to great use by naturalists, who for a long time stubbornly denied the existence of fossil bones: every time elephant bones were uncovered in France, they said that the bones were those of the animal sent by Harun; if this were the case, the caliph's elephant would have had to be multiplied like the Five Loaves.

From 813 to 833, Mamum,[46] one of Harun's sons, carried the love of science to the point of making war on the emperor of Constantinople in order to force him to send professors and written works. It was under the reign of this caliph that the Arabians became versed in all the sciences known to the Greeks.

Motawakhel,[47] who established a library at Alexandria, seems to have been the last Arabian leader who had a liking for the sciences and was favorable towards them. They underwent great development, but two essential things were lacking -dissection and drawing. In the eyes of the Musulmen, it was a crime to touch a corpse other than to bury it; they believed that the soul escaped from the body gradually as the body became decomposed, and so they rejected with horror an activity such as dissection that violently detached the soul from the body. The most zealous claimed it was a sin to draw a portrait of any man or woman, and even of an animal: "What shalt thou say to this fish," said they, "on the day of judgment when it asks thee for its soul?" Thus, the Arabians knew nothing of anatomy except what they learned from the translations of Galen. However, one of their authors, Abdalla-Tif,[48] happened to see an entombed skeleton that had been exposed by a landslide, and it occurred to him to rectify two erroneous opinions of Galen about the number of bones composing the jaw and about the sternum.

Chemistry, which, unlike anatomy and zoology, was not hindered by religious prejudices, made rather remarkable progress among the Arabians. They enriched this science with a number of valuable data. They also made progress in botany, medicine, and even geography, since they explored regions that had been unknown to the Greeks. Finally, if astronomy were not outside our plan of study, we would discuss several discoveries made in this science by the Arabians.

NOTES

1. [Saint Cyril of Alexandria (born *c.* 375; died 27 June 444; Western feast day 27 June Eastern feast day 9 June), Christian theologian and bishop active in the complex doctrinal struggles of the fifth century. He is chiefly known for his campaign against Nestorius, bishop of Constantinople, whose views on Christ's nature were to be declared heretical. Cyril was named a doctor of the church in 1882.]
2. [This Aëtius is probably Aëtius Amidenus or Aëtius of Amida, court physician of Justinian I, who wrote a medical encyclopedia called the *Sixteen Medical Books* or *Tetrabibloi* (see Aëtius, *The gynaecology and obstetrics of the 6th century, A. D.* [translated from the Latin edition of Cornarius, 1542, and fully annotated by Ricci James V.], Philadelphia: Blakiston, 1950, xiii + 215 p.; *Aetii medici*

graeci Contractae ex veteribus medicinae tetrabiblos, hoc est quaternio, id est libri universales quatuor, singuli quatuor sermones complecte[n]tes, ut sint in summa quatuor sermonum quaterniones, id est sermones XVI. per Janum Cornarium ..., Basileae: [impensis Hier. Frobenii, et Nic. Episcopii], 1542, [6] + 932 + [30] f.), which documents the medical knowledge of the Late Antique period, drawing on previous medical authors, including Galen (see Lesson 16, above) and the encyclopedia of Oribasius (born *c.* 320, died *c.* 400; a Greek medical writer and the personal physician of the Roman emperor Julian the Apostate; see Oribasius, *Dieting for an emperor* [a translation of books 1 and 4 of Oribasius's Medical compilations with an introduction and commentary by Grant Mark], Leiden; New York: Brill, 1997, xii + 388 p.)]

3. [George the Pisidian, Greek Georgios Pisides (fl. early seventh century), Byzantine epic poet, historian, and cleric whose classically structured verse was acclaimed as a model for medieval Greek poetry, but whose arid, bombastic tone manifested Hellenism's cultural decline. George's major work, the *Hexaëmeron* ("Of Six Days"), a rhapsody on the beauty of creation and the Creator's wisdom, was popularized through translations into Armenian and Slavic languages (see George the Pisidian, *Patrologiae cursus completus* [edited by Migne Jacques Paul & Hamman Adalbert-Gautier], Paris: Garnier Frères, 1958, 5 vols (Series Latina; Supplementum)). Other writings included the moralistic elegy *De vanitate vitae* ("On the Vanity of Life"), in the manner of the Old Testament book of Ecclesiastes; a "Hymn to the Resurrection," celebrating Christ's triumph over life and death; and, to support Heraclius's religious politics, a metrical polemic, "Against Wicked Severus," attacking the patriarch of Antioch and leader of the independent Syrian Monophysite Church. With his impeccable style and fluidity of expression, George was compared to the fifth-century-B.C. Greek tragedian Euripides. Although he enjoyed the reputation of being perhaps the outstanding Byzantine poet of the iambic form, his obvious imitation of classical Greek authors and his pretentious imagery evoked negative reactions from later critics.]
4. [Griffin, composite mythological creature with a lion's body (winged or wingless) and a bird's head, usually that of an eagle. The griffin was a favorite decorative motif in the ancient Middle Eastern and Mediterranean lands. Probably originating in the Levant in the second millennium B.C., the griffin had spread throughout western Asia and into Greece by the fourteenth century B.C. The Asiatic griffin had a crested head, whereas the Minoan and Greek griffin usually had a mane of spiral curls. It was shown either recumbent or seated on its haunches, often paired with the sphinx; its function may have been protective.]
5. [Roc, gigantic legendary bird, said to carry off elephants and other large beasts for food. It is mentioned in the famous collection of Arabic tales, *The Thousand and One Nights*, and by the Venetian traveler Marco Polo, who referred to it in describing Madagascar and other islands off the coast of eastern Africa. According to Marco Polo, Kublai Khan inquired in those parts about the roc and was brought what was claimed to be a roc's feather, which may really have been a *Raphia* palm frond.]
6. [Saint Photius (born *c.* 820, Constantinople, now Istanbul, Turkey; died probably 6 February 891, Bordi, Armenia; canonized in the tenth century; feast day 6 February), patriarch of Constantinople (858-867 and 877-886), defender of the autonomous traditions of his church against Rome and leading figure of the ninth-century Byzantine renascence.]
7. [For the *Bibliotheca*, see Photius, *The library of Photius* [translated by Freese John Henri], London: Society for promoting Christian knowledge; New York: Macmillan Co, 1920, 243 p.]
8. [Damatius is apparently Marcus Damatius Urbanus, but we can find no reference to the hippopotamus or crocodile attributable to him in the works of Photius.]
9. [Constantine VII Porphyrogenitus, also called Constantine VII Flavius Porphyrogenitus (born September 905, Constantinople, now Istanbul, Turkey; died 9 November 959), Byzantine emperor from 913 to 959. His writings are one of the best sources of information on the Byzantine Empire and neighboring areas.]
10. [Constantine VII's *Administration of the Empire or De administrando imperio* treated of the Slavic and Turkic peoples (see Constantine VII, *De administrando imperio / Constantine Porphyregenitus* [new revised edition; Greek text edited by Moravcsik Gy; english translation by Jenkins R. J. H.], Washington D.C.: Dumbarton Oaks Center for Byzantine Studies, 1985, ix + 341 p.) He also wrote *De ceremoniis aulae Byzantinae*, a description of the elaborate ceremonies that made the Byzantine emperors priestly symbols of the state (Constantine VII, *Le Livre des cérémonies / Constantin VII Porphyrogénète* [texte établi et traduit par Vogt Albert], Paris: Les Belles Lettres, 1967, 4 vols.)]
11. [Cassianus Bassus, called Scholasticus (lawyer), one of the *geoponici*, a group of writers who focused on agricultural subjects, who lived at the end of the sixth or the beginning of the seventh century. The original Greek texts of his writings have been lost, but some of the contents have survived as part of a collection entitled *Geoponica*, completed about the year 950 and dedicated to the emperor Constantine VII Porphyrogenitus (see note 9, above). In addition, a seventh century Middle Persian translation and two different Arabic language translations of the eighth and ninth centuries, respectively, have also survived.]

12. [The *Geoponics* of Cassianus Bassus is a collection of agricultural literature, compiled at the end of the sixth or beginning of the seventh century. Revised about 950 by as unknown writer, it was later translated and published in 1805-1806.]
13. [Mago, also spelled Magon (died *c.* 203 B.C.), a leading Carthaginian general during the Second Punic War (218-201 B.C.) against Rome. He was the youngest of the three sons of the Carthaginian statesman and general Hamilcar Barca. In the Second Punic War Mago accompanied his brother Hannibal on the invasion of Italy and held key commands in the great victories of the first three years of that conflict. After the Carthaginian triumph at the Battle of Cannae (216), he was sent to Spain to fight alongside his other brother, Hasdrubal. There, in a battle at Ilipa (206), Mago was defeated by the Roman general Publius Cornelius Scipio (later known as Scipio Africanus). He stayed for several months in Gades (now Cádiz) before carrying the war into Liguria in Italy. In 203 he was finally defeated in Cisalpine Gaul. He died of wounds on the return voyage to Carthage.]
14. [Cassius Dionysius (fl. 88 B.C., Utica, now in Tunisia), ancient North African writer on botany and medicinal substances, best known for his Greek translation of the great 28-volume treatise on agriculture by the Carthaginian Mago (Columella, called Mago; sometimes described as the father of agriculture). The work was highly esteemed and widely used by the Romans in a Latin translation prepared after the destruction of Carthage in 146 B.C. Cassius reduced the work to 20 volumes and added material from Greek sources. The Punic and Latin texts of Mago's treatise are lost, and the contents of this work are now known only by surviving fragments of Cassius' translation (see Mahaffy (John Pentland), "The work of Mago on agriculture", *Hermathena*, vol. 7, 1890, pp. 29-35). Cassius also wrote an original treatise on roots, and an illustrated pharmacopoeia is ascribed to him.]
15. [Diophanes of Nicaea or Diophanes the Bithynian, an ancient Greek agricultural writer of the first century B.C., native of or associated with the city of Nicaea in Bithynia (northwestern Anatolia).]
16. [Juba II (born *c.* 50 B.C., died *c.* A.D. 24), son of Juba I and king of the North African states of Numidia (29-25 B.C.) and Mauritania (25 B.C.-A.D. 24). Juba also was a prolific writer in Greek on a variety of subjects, including history, geography, grammar, and the theatre.]
17. [In Greek mythology, Phyleus was a son of King Augeas of Elis and father of Meges, but we have been unable to identify this thirteenth-century Manuel Phyleus of Ephesus.]
18. [Michael IX Palaeologus (born *c.* 1277; died 12 October 1320, Thessalonica, Byzantine Empire), Byzantine co-emperor with his father, Andronicus II, from 1295 who, despite his efforts in fighting the Turks and in resisting the encroachments of the Catalan mercenaries, was unable to reverse the decline of the empire. In 1303, Byzantium employed as mercenaries the Catalan Company, led by Roger de Flor, which soon began attacking and robbing Byzantines and Turks alike. Hoping to get rid of them, Michael arranged the murder of Roger de Flor in the imperial palace in April 1305. The Catalans then rebelled and ravaged the countryside of Thrace for several years before moving on to Thessaly. Michael died before his father and, thus, never reigned as sole emperor.]
19. [*On the Nature of Animals*: we have been unable to identify this work; see note 17, above.]
20. [Johann Christoph Baron von Aretin (born 2 December 1773, Ingolstadt; died 24 December 1824, Munich), German journalist, historian, librarian and lawyer, and one of the most fascinating and controversial figures of ninteenth century Bavaria. He was a member of the academies in both Munich and Göttingen, an aggressive anti-Austrian, and anti-Prussian pamphletist. A notorious womanizer in his student days in Wetzlar, he had already made a name for himself as a firebrand and sympathizer both of the French Revolution and the radical Illuminati before coming to the Court Library in Munich in 1802.]
21. [Greek fire, a combustible composition the constituents of which are supposed to have been asphalt, niter, and sulfur. It would burn on or under water, and was used with great effect in war by the Greeks of the Eastern Empire, who kept its composition secret for several hundred years. Upon the conquest of Constantinople the secret came into the possession of the Mohammedans, to whom it rendered repeated and valuable service.]
22. [Hermetical books or Hermetic writings, also called Hermetica, works of revelation on occult, theological, and philosophical subjects ascribed to the Egyptian god Thoth (Greek: Hermes Trismegistos or Hermes the Thrice-Greatest), who was believed to be the inventor of writing and the patron of all the arts dependent on writing. The collection, written in Greek and Latin, probably dates from the middle of the first to the end of the third century A.D. It was written in the form of Platonic dialogues and falls into two main classes: "popular" Hermetism, which deals with astrology and the other occult sciences; and "learned" Hermetism, which is concerned with theology and philosophy.]
23. [Agathodemon, also Agathodaimon or Agathodaemon, a good spirit or demon that was worshipped by the ancient Egyptians, with the shape of a serpent and a human head. The flying serpents or dragons venerated by ancient peoples were also called Agathodemons, or good genies.]
24. [Porphyry, original name Malchus (born *c.* 234, Tyre [modern Sur, Lebanon] or Batanaea [in modern Syria]; died *c.* 305, Rome?), Neoplatonist Greek philosopher, important both as an editor and as a biographer of the philosopher Plotinus

and for his commentary on Aristotle's *Categories*, which set the stage for medieval developments of logic and the problem of universals (see Porphyry, *On Aristotle's categories* [translated by Strange Steven K.], London: Duckworth, 1992, 185 p.; *Neoplatonic saints: the lives of Plotinus and Proclus by their students* [translated with a commentary by Edwards Mark], Liverpool: Liverpool University Press, 2000, lx + 150 p.) Boethius's (Anicius Manlius Severinus Boethius, born A.D. 470-475, died 524; Roman scholar, Christian philosopher, and statesman) Latin translation of the introduction (*Eisagoge*) became a standard medieval textbook (Porphyry, *Porphyry introduction* [translated with a commentary by Barnes Jonathan], Oxford; New York: Oxford University Press, 2003, xxvi + 415 p.)]

25. [Iamblichus (born *c.* A.D. 250, Chalcis, Coele Syria, now in Lebanon; died *c.* 330), Syrian philosopher, a major figure in the philosophical school of Neoplatonism and the founder of its Syrian branch.]

26. [Muhammad, in full, Abu al-Qasim Muhammad ibn 'Abd Allah ibn 'Abd al-Muttalib ibn Hashim (born *c.* 570, Mecca; died 8 June 632, Medina), the founder of Islam and regarded by Muslims as the last messenger and prophet of God. Muslims do not believe that he was the creator of a new religion, but the restorer of the original, uncorrupted monotheistic faith of Adam, Abraham, and others. They see him as the last and the greatest in a series of prophets.]

27. [Rayas, low social ranking, for example, a non-Moslim subject of the Ottoman Empire.]

28. [Abu Bakr, also called As-Siddiq (Arabic: "The Upright") (born *c.* 573, died 23 August 23, 634), Muhammad's closest companion and adviser, who succeeded to the Prophet's political and administrative functions, thereby initiating the office of the caliphate. On Muhammad's death (8 June 632), the Muslims of Medina resolved the crisis of succession by accepting Abu Bakr as the first *khalifat rasul Allah* ("successor of the Prophet of God," or caliph). In his rule (632-634), he suppressed the tribal political and religious uprisings known as the *riddah* ("apostasy"), thereby bringing central Arabia under Muslim control. Then by undertaking direct expansion from Arabia into Iraq and Syria, he began the Muslim conquests.]

29. [Charles Martel (born *c.* 688; died 22 October 741, Quierzy-sur-Oise, France), mayor of the palace of Austrasia (the eastern part of the Frankish kingdom) from 715 to 741. He reunited and ruled the entire Frankish realm and stemmed the Muslim invasion at Poitiers in 732. His byname, Martel, means "the hammer."]

30. [Abul Abbas or Abu al-'Abbas as-Saffah (born 722; died 754, Al-Anbar, Iraq), Islamic caliph (reigned 749-754), first of the Abbasid dynasty, which was to rule over eastern Islam for approximately the next 500 years. The Abbasids were descended from an uncle of Muhammad and were cousins to the ruling Umayyad (or Ommiad) dynasty. The Umayyads were weakened by decadence and an unclear line of succession, and they enjoyed little popular support, prompting the Abbasids to declare open revolt in 747. When Abu al-'Abbas assumed the caliphate in 749, he began a campaign of extermination against the Umayyads, the Alids, other Abbasid leaders who had become too popular, and all other claimants to power. He named himself as-Saffah, "the blood-shedder," because of his savage attacks. He established a firm legal and dynastic base for the Abbasids. His successor moved the caliphate to Baghdad.]

31. [Ali, in full Ali Ibn Abu Talib (born *c.* 600, Mecca; died January 661, Kufah, Iraq), son-in-law of Muhammad, the prophet of Islam, and fourth caliph (successor to Muhammad), reigning from 656 to 661. The question of his right to the caliphate resulted in the only major split in Islam (into Sunnah and Shi'ah branches). He is revered by the Shi'ah as the only true successor to the Prophet.]

32. [Musulmans, an archaic term for Muslims, also Mohammedans or Mohammetans, those who practice the religion of Islam.]

33. [Nestorius (born late fourth century A.D., Germanicia, Syria Euphratensis, Asia Minor, now Maras, Turkey; died *c.* 451, Panopolis, Egypt), early bishop of Constantinople whose views on the nature and person of Christ led to the calling of the Council of Ephesus in 431 and to Nestorianism, one of the major Christian heresies. A few small Nestorian churches still exist.]

34. [Hermias of Atarneus, Aristotle's father-in-law. He is first mentioned as a slave to Eubulus, a Bythnian banker who ruled Atarneus (an ancient city in the region of Aeolis, Asia Minor). Hermias eventually won his freedom and inherited the rule of Atarneus. Due to his policies, his control expanded to other neighboring cities such as Assos, in Asia Minor. In his youth, Hermias had studied philosophy in Plato's Academy. It was there, that he first met Aristotle. After Plato's death in 347 BC, Xenocrates and Aristotle traveled to Assos under the patronage of Hermias. Aristotle founded his first philosophical school there and eventually married Pythias, Hermias's daughter or niece. After Hermias's death, Aristotle dedicated a statue in Delphi and composed a hymn to virtue in Hermias's honor.]

35. [Eulalius (died 423), antipope from December 418 to April 419. He was an archdeacon set up against Pope St. Boniface I by a clerical faction. The rivalry that ensued led to the first interference of the temporal authorities in papal elections. Both the Pope and the Antipope were asked by Emperor Honorius to leave Rome pending a council's decision, but Eulalius (the imperial favorite) imprudently returned to perform the Holy Week services at the Lateran. For this defiance of the Emperor's orders, he was rejected and exiled to the Campania, where he died in obscurity.]

36. [Priscian, Latin in full Priscianus Caesariensis (fl. *c.* A.D. 500, born Caesarea, Mauritania, now Cherchell, Algeria), the best known of all the Latin grammarians, author of the *Institutiones grammaticae*, which had a profound influence on the teaching of Latin and indeed of grammar generally in Europe (see Luhtala (Anneli), *Grammar and Philosophy in Late Antiquity, a study of Priscian's sources*, Amsterdam; Philadelphia: John Benjamins, 2005, x + 171 p.)]
37. [Damascius (born *c.* A.D. 480, died *c.* 550), Greek Neoplatonist philosopher and last in the succession of Platonic scholars at the Greek Academy at Athens, which was founded by Plato about 387 B.C. A pupil and close friend of the Greek philosopher Isidore of Alexandria, whose biography he wrote, Damascius became head of the Academy about 520 and was still in office when the Christian emperor Justinian closed it, along with other pagan schools, in 529. Damascius, with six other members of the Academy, went to Persia to serve the court of King Khosrow I. By a clause in the treaty of 533 between Justinian and Khosrow, however, the scholars were allowed to return to Athens, where they found the attitude toward philosophy to be more congenial than at the Persian court.]
38. [Isidore of Alexandria, Greek philosopher and one of the last of the Neoplatonists, who lived in Athens and Alexandria toward the end of the fifth century A.D. He became head of the school in Athens in succession to Marinus, who followed Proclus. His views alienated the chief members of the school and he was compelled to resign his position to Hegias. He is known principally as the teacher of Damascius the Syrian (Neoplatonist philosopher, born *c.* 480, died *c.* 550), whose testimony in his *Life of Isidorus* presents Isidorus in a very favourable light as a man and a thinker (see Damascius, *Das Leben des Philosophen Isidoros von Damaskios aus Damaskos* [Wiederhergestellt, übersetzt, und erklärt von Rudolf Asmus], Leipzig: Meiner, 1911, xvi + 224 p.) It is generally admitted, however, that he was rather an enthusiast than a thinker; reasoning with him was subsidiary to inspiration, and he preferred the theories of Pythagoras and Plato to the unimaginative logic and the practical ethics of the Stoics and Aristotelians. He seems to have given loose rein to theosophical speculation and attached great importance to dreams and waking visions, on which he used to expatiate in his public discourses.]
39. [King Chosroes or Khosrow I, byname Khosrow Anushirvan (Persian: "Khosrow of the Immortal Soul"), or Khosrow the Just (died A.D. 579), Persian king who ruled the Sasanian empire from 531 to 579 and was remembered as a great reformer and patron of the arts and scholarship.]
40. [We have not been able to identify Hareth-ebn Keldat.]
41. [Syriac, a writing system used by the Syriac Christians from the first century A.D. until about the fourteenth century. A Semitic alphabet, Syriac was an offshoot of a cursive Aramaic script. It had 22 letters, all representing consonants, and was generally written from right to left, although occasionally vertically downward. Diacritical marks to represent vowels were introduced in the last half of the first millennium A.D.; several systems of vocalization existed, some patterned after that of Arabic, some using small Greek letters above or below the line.]
42. [Saint Albertus Magnus, see Lesson 23, note 1.]
43. [Almanzor is Abu Ja'far Abdallah ibn Muhammad al-Mansur (born 712, died 775), the second Abbasid Caliph. He was born at al-Humaymah, the home of the 'Abbasid family after their emigration from the Hejaz in 687-688. In 762, he founded as new imperial residence and palace city Madinat as-Salam, which became the core of the Imperial capital Baghdad.]
44. [We have not been able to identify George Batiseka.]
45. [Harun ar-Rashid, in full Harun ar-Rashid ibn Muhammad al-Mahdi ibn al-Mansur al-'Abbasi (born February 766/March 763, Rayy, Iran; died 24 March 809, Tus), fifth caliph of the Abbasid dynasty (786-809), who ruled Islam at the zenith of its empire with a luxury in Baghdad memorialized in *The Thousand and One Nights* (a collection of stories compiled over thousands of years by various authors, translators, and scholars; see *The thousand and one nights; or, Arabian nights entertainments* [translated by Lane Edward William, with wood engravings from original designs by Harvey William], New York: C. Scribner's sons 1930, viii + 1388 p.)]
46. [Mamum or al-Ma'mun, in full Abu al-'Abbas 'Abd Allah al-Ma'Mun ibn ar-Rashid (born 786, Baghdad; died August 833, Tarsus, Cilicia), seventh Abbasid caliph (813-833), known for his attempts to end sectarian rivalry in Islam and to impose upon his subjects a rationalist Muslim creed.]
47. [For Motawakhel or Mutawwakil (died 861), caliph of Baghdad, see Kennedy (Hugh), *When Baghdad ruled the Muslim world: the rise and fall of Islam's greatest dynasty*, Cambridge (Massachusetts): Da Capo, 2005, 376 p.]
48. [Abdalla-Tif, Abdallatif, or Abd-Ul-Latif (born 1162, Baghdad; died 1231, Baghdad), a celebrated physician and traveler, and one of the most voluminous writers of the East. A memoir of Abdalla-Tif, written by himself, has been preserved with additions by Ibn-Abu-Osaiba (Ibn abī Usaibia), a contemporary. From that work we learn that the higher education of the youth of Baghdad consisted principally in a minute and careful study of the rules and principles of grammar, and in their committing to memory the whole of the Koran, a treatise or two on philology and jurisprudence, and the choicest Arabian poetry. After attaining to great proficiency in that kind of learning, Abdalla-Tif applied himself to natural philosophy and medicine. To enjoy the society of the learned, he went first to Mosul (1189), and afterwards to Damascus. With letters of recommendation from Saladin's vizier, he visited Egypt, where the wish he had

long cherished to converse with Maimonides, "the Eagle of the Doctors," was gratified. He afterwards formed one of the circle of learned men whom Saladin gathered around him at Jerusalem. He taught medicine and philosophy at Cairo and at Damascus for a number of years, and afterwards, for a shorter period, at Aleppo. His love of travel led him in his old age to visit different parts of Armenia and Asia Minor, and he was setting out on a pilgrimage to Mecca when he died at Bagdad in 1231. Abdalla-Tif was undoubtedly a man of great knowledge and of an inquisitive and penetrating mind. Of the numerous works (mostly on medicine) ascribed to him, one only, his graphic and detailed *Account of Egypt* (in two parts), has survived. The manuscript, discovered by Edward Pococke the Orientalist, and preserved in the Bodleian Library, contains a vivid description of a famine caused, during the author's residence in Egypt, by the Nile failing to overflow its banks. It was translated into Latin by Professor White of Oxford in 1800, and into French, with valuable notes, by Silvestre de Sacy in 1810 (see Abd al Latif, *Relation de l'Égypte, par Abd-Allatif (suivie de) divers extraits d'écrivains orientaux, (et d'un) État des provinces et des villages de l'Égypte dans le XIVe siècle: le tout traduit de l'arabe et enrichi de notes historiques et critiques, par M. Silvestre de Sacy*, Paris: Imprimerie impériale, chez Treuttel et Würtz, 1810, xxiv + 752 p.)]

GRIFFON OU GRYPHON

Détail de la planche 49 extraite de Jonston (Jan), *Historiæ naturalis de quadrupetibus* [sic] *libri* ..., Francfort : ad Moenum impensa Matthæi Meriani, 1650, 6 part. en 4 vol.

20 L'Empire byzantin

Le premier des auteurs byzantins est saint Cyrille[1], qui fut patriarche d'Alexandrie, de 412 à 443. Nous avons de lui un petit ouvrage sur les plantes et les animaux.

Un médecin, nommé Aëtius[2], a aussi écrit un petit livre sur l'histoire naturelle. Le sujet en est disposé conformément à l'ordre que la Genèse donne à la création. L'auteur a écrit dans le but théologique que nous avons remarqué dans Eustathius et saint Ambroise ; toutes ses réflexions se rapportent à la religion. Du reste, cet ouvrage est peu important et mérite à peine d'être cité.

Vers le milieu du VIIe siècle, un diacre, appelé Georges Pisides, composa un poème dont nous ne possédons que dix-huit cents vers[3]. À cette époque tous les ouvrages finissaient presque comme un cours de théologie. Le poème de Pisides est basé aussi sur la création des six jours, et peut être considéré comme une parodie du livre de Job. À la description d'animaux réels, l'auteur, qui n'est qu'un compilateur, mêle une foule de fables. Après avoir parlé de l'éléphant, du chameau et d'autres espèces existantes, il décrit le fabuleux griffon[4], monstre ailé, d'une force si prodigieuse qu'il enlevait un bœuf. Pour la première fois, il mentionne l'oiseau que les Arabes nomment *roc*[5], et dont la tradition est restée parmi eux depuis cet ouvrage. Il parle enfin du ver à soie comme d'un objet de mépris. Il s'étonne que les hommes se servent de l'habillement d'un ver.

Photius[6], qui fut nommé patriarche de Constantinople en 857 et mourut en 886, est un des hommes les plus remarquables qu'ait produits l'empire grec. Ce fut lui qui consomma le schisme de l'Église grecque et de l'Église latine, et rendit les patriarches de Constantinople rivaux des évêques de Rome. On ne saurait lui contester un grand savoir ; l'ouvrage qu'il a laissé, sous le titre de *Bibliothèque*[7], en est une preuve éclatante. C'est un recueil de nombreux extraits de livres qu'il avait lus. Il commence chacun de ses extraits par ces mots : *J'ai lu tel livre*, et il donne de chaque ouvrage des morceaux fort détaillés et très-précieux pour la littérature ancienne. Le nombre des auteurs dont il rapporte les passages les plus remarquables est de cent soixante-sept. Cent de ces auteurs nous sont connus, et nous avons pu ainsi nous assurer de la fidélité des extraits de Photius.

Pour nous, naturalistes, nous avons eu peu à prendre dans l'ouvrage de ce célèbre patriarche. Nous lui devons seulement ce que nous possédons de Ctésias et d'Agatharchides, dont je vous ai entretenu antérieurement. C'est à Photius aussi que nous sommes redevables d'extraits des récits de Damatius[8], philosophe platonicien. Ce philosophe nous intéresse, en ce qu'il parle de l'hippopotame et du crocodile.

Parmi les auteurs byzantins nous trouvons un empereur, c'est Constantin Porphyrogénète[9], né dans la pourpre, et qui doit son surnom à cette circonstance si rare alors. Ce prince malheureux était fort savant ; il s'était occupé de tout ce qui avait trait aux connaissances utiles. Son *Traité de l'Administration de l'Empire*[10] est très-intéressant ; on y trouve beaucoup de détails curieux sur les provinces qui faisaient partie de cet empire et sur les cérémonies qui étaient alors en usage. On y rencontre aussi des renseignements fort étendus sur les nations slaves qui occupèrent l'orient de l'Europe. Sans l'ouvrage de Constantin, nous n'aurions pas ces notions. Enfin le traité de Porphyrogénète renferme l'histoire de la conversion au christianisme de la première impératrice russe, ainsi que du baptême de son peuple et de la première visite qu'elle fit à Constantinople.

Un autre ouvrage se rattache au nom de Constantin Porphyrogénète, c'est un *Traité d'Agriculture* qu'il fit composer par Cassianus Bassus[11]. Ce traité est intitulé *Géoponiques*[12], et sa disposition est à peu près celle des ouvrages de Columelle et de Varron sur la même matière. C'est simplement une compilation ; mais elle est intéressante, en ce qu'elle fait connaître les noms et donne des extraits de plus de trente auteurs anciens qui ont aussi écrit sur l'agriculture. Le Carthaginois Magon[13], par exemple, qui florissait vers 140 avant Jésus-Christ, et qui avait écrit vingt-huit livres sur l'agriculture, s'y trouve cité. Cet ouvrage était tout ce que Scipion avait conservé pour lui des dépouilles de Carthage. Le sénat le fit traduire en latin par Cassius Dionysius[14], écrivain d'Utique ; il fut aussi traduit en grec et abrégé par Diophane de Nicée[15], en Bythinie. Ces deux traductions sont perdues.

Le traité de Cassianus Bassus contient aussi un extrait de Juba[16], ce roi de Mauritanie qui avait écrit sur différents sujets relatifs à l'histoire naturelle. Cassianus Bassus rapporte, entre autres choses, ce qu'il avait écrit sur les vins et les vendanges, sur les olives et les huiles, sur les arbres verts des forêts, et sur l'éducation des animaux. Il rapporte encore, à l'occasion de la préparation des aliments, ce qu'il a écrit sur le fameux garum, sauce qui se faisait avec des intestins de plusieurs poissons, et surtout avec ceux du maquereau que l'on plaçait entre des lits de sel, et que l'on comprimait après les avoir fait fermenter.

Le dernier des auteurs byzantins qui appartienne au Moyen Âge proprement dit est Manuel Phylée[17], d'Éphèse, qui vivait vers le XIIIe siècle. Il a écrit un petit ouvrage, dédié à Michel Paléologue[18], qui à pour titre : *de la Nature des Animaux*[19]. Ce livre se compose d'une suite de petites stances, dans chacune desquelles l'auteur traite d'un animal différent ; c'est une espèce d'abrégé d'Élien, mis en vers. Ce travail est à peu près insignifiant pour la science.

De l'examen que nous venons de faire des auteurs byzantins, il résulte qu'ils n'ont rien ajouté aux connaissances que possédait l'antiquité.

Toutefois ils ont eu un mérite, c'est celui d'avoir ouvert une nouvelle route à l'esprit humain, en posant les premiers fondements de la chimie, qui est aujourd'hui une des branches les plus développées de la science de la nature.

Nous avons vu que les anciens Égyptiens possédaient des procédés pratiques, des recettes de compositions chimiques qu'ils employaient dans les arts. Mais tout nous porte à croire qu'ils n'avaient aucune théorie chimique, rien qui pût être considéré comme un corps de doctrine sur l'action réciproque des diverses substances qu'ils connaissaient. Si, au commencement du Moyen Âge, on crut que les Égyptiens avaient possédé une science profonde et mystérieuse en chimie, c'est, d'abord, qu'à cette époque les connaissances chimiques de l'ancienne Égypte étaient complétement oubliées ; et ensuite que ses monuments étant couverts de caractères singuliers, d'emblêmes bizarres, dont la signification paraissait devoir rester ignorée à tout jamais, on supposait que cette nation, impénétrable dans son langage monumental, avait dû posséder des connaissances très-profondes dans les diverses branches de la science humaine.

Sous l'influence de ces idées, les premiers auteurs byzantins qui obtinrent des résultats nouveaux en étudiant l'action réciproque des corps, présentèrent ces résultats sous le nom d'Hermès, que les Égyptiens regardaient comme l'inventeur des sciences, et qui est le même que le Thot des Grecs et le Mercure des Latins ; ils prétendirent posséder la science secrète des anciens Égyptiens, et furent jusqu'à attribuer à Hermès lui-même les ouvrages qu'ils avaient composés.

L'alchimie était en effet désignée anciennement sous le nom de *Science hermétique,* et nous avons vu que le mot *chimie* indique le pays où cette science fut d'abord cultivée, puisque *Chem* ou *Chim* est l'ancien nom de l'Égypte ; mais il ne paraît pas que l'on se soit occupé dans cette contrée de la transmutation des métaux en or. C'est dans les auteurs byzantins qu'il en est parlé pour la première fois ; il n'en est fait mention ni dans Pline ni dans les autres compilateurs dont je vous ai entretenus. Suidas, qui écrivait au xe siècle, est le premier auteur qui parle de l'art de transformer les métaux, art qu'il nomme *chemia.* Il prétend que cet art était connu des anciens Égyptiens, et qu'ils en avaient consigné la description dans des livres que Dioclétien aurait fait brûler ; mais il est le seul qui parle de ces faits fort douteux. Le même auteur, tout préoccupé de la perte du secret de la transmutation des métaux, prétend que la célèbre toison d'or de Jason était un livre qui contenait la révélation des moyens propres à faire de l'or. Cette assertion appartient à Suidas. Toutefois, il en est question ailleurs, mais pas sous le nom de chimie.

Il paraît que dès le viie siècle, les Byzantins commencèrent à pratiquer des expériences chimiques. Une foule d'ouvrages, composés vers ce temps à Constantinople sur cette science nouvelle de la chimie, sont attribués à Hermès. Mais leur style indique clairement qu'ils ont été écrits par des moines des viiie, ixe et xe siècles. La plupart de ces ouvrages existent encore manuscrits dans diverses bibliothèques d'Europe ; celles de Paris, de Vienne, de Munich en possèdent un grand nombre. Le baron d'Arétin[20] prétend avoir trouvé à Munich, dans quelques-uns de ces livres, le secret de la composition du feu grégeois[21], ce feu redoutable qui produisait un incendie qu'on ne pouvait éteindre qu'avec du vinaigre et quelques autres substances qu'on n'a pas toujours à sa disposition. Le feu grégeois fut d'une grande utilité aux Byzantins : avec son aide, ils purent repousser les Arabes, qui portèrent leurs conquêtes jusqu'à Constantinople et assiégèrent cette ville. Les Byzantins attachaient une grande importance au secret de la composition du feu grégeois, et Constantin Porphyrogénète défendit à son fils de le jamais communiquer aux Turcs. Ce secret fut si bien gardé qu'il finit par être perdu. Nous l'ignorons encore aujourd'hui, car le baron d'Arétin ne nous a pas laissé, je crois, la recette qu'il dit avoir trouvée dans les livres hermétiques[22]. De tous, les manuscrits du même temps que nous possédons, il n'en est aucun qui contienne des connaissances dont nous puissions aujourd'hui tirer quelque avantage. Mais cela n'empêche que les expériences qui sont décrites dans ces livres n'aient été utiles au progrès d'une science qui ne venait que de naître, et qui, tout en s'égarant à la recherche d'un but impossible à atteindre, a pourtant fourni des résultats précieux dans leur temps. On doit conserver, comme des éléments intéressants pour l'histoire de la science, les manuscrits qui renferment le résultat des recherches des premiers auteurs byzantins; mais il serait inutile de les publier, car il n'en résulterait maintenant aucun avantage. Il est même assez probable que le plus grand nombre des résultats consignés dans les manuscrits prétendus hermétiques sont erronés; car les faussaires qui les publièrent sous des noms supposés en ont sans doute aussi imposé quant au fond de ces livres. La plupart de leurs titres sont bizarres, et font connaître ou les idées superstitieuses qu'avaient leurs auteurs, on l'intention de ceux-ci de tromper la multitude. Voici quelques-uns de ces titres: *Table d'émeraude*, *Teinture physique*, *Teinture du soleil et de la lune*, *Teinture des pierres précieuses*, etc. Tous ces livres n'ont pas été publiés sous le nom d'Hermès; quelques-uns ont été attribués à Agathodémon[23], à Moïse, qui est représenté comme un grand chimiste, parce qu'il a liquéfié le veau d'or pour le faire boire aux Israélites; d'autres sont attribués à Démocrite, à Aristote, à Théophraste, à Cléopâtre, à Porphyre[24], à Jamblique[25]. Mais toutes ces allégations sont entièrement fausses; car on ne trouve aucun passage des ouvrages de ces auteurs ni même de citations de leurs livres dans les anciens écrivains.

Aux Byzantins appartient bien la recherche de la transmutation des métaux, secret qui, quoique inutilement cherché, donna pourtant lieu à des résultats intéressants, car notre alchimie métallique doit sa naissance aux vains efforts des alchimistes; mais les Arabes sont les premiers qui attribuèrent à la prétendue substance propre à changer les métaux en or, la vertu beaucoup plus précieuse d'être une panacée universelle, un remède contre toutes les maladies. Suivant les alchimistes, tous les métaux étaient des combinaisons d'une seule et même substance, considérée comme le métal proprement dit, avec divers corps étrangers qui en altéraient la pureté. Suivant que ces corps existaient, combinés en plus ou moins grande proportion, le métal était plus ou moins grossier. L'or était de tous les métaux, suivant eux, celui où le mélange hétérogène était le moins considérable. Peut-être même, pour quelques alchimistes, l'or était-il le métal élémentaire, le métal tout-à-fait pur.

Cette doctrine, quoique assurément fort erronée, reposait pourtant, comme la plupart des erreurs qui ont été émises par des hommes cultivés, sur l'observation de faits réels. Les métaux, en effet, ne sont presque jamais trouvés dans la terre en cet état de pureté qui est nécessaire pour leur emploi dans les arts. C'est ordinairement sous forme de minerai qu'ils sont extraits de leur gîte, c'est-à-dire qu'alors ils sont combinés avec diverses substances étrangères, dont il faut les séparer, pour qu'ils puissent être employés. Or, les alchimistes pensant que tout minerai contenait un métal identique, et que, si l'on n'obtenait pas de tous des résultats semblables, cette différence provenait de ce que le métal pur y était combiné en plus ou moins grande proportion avec les matières étrangères qui altéraient sa nature primitive, l'idée avait dû venir à ces alchimistes de chercher un agent assez actif pour épurer complétement les divers métaux, quelle que fût la combinaison dans laquelle ils étaient engagés, et aussi pour séparer des métaux inférieurs les éléments qui les empêchaient d'être de l'or pur. L'idée leur vint ensuite qu'une substance capable d'isoler les matières qui altéraient la pureté des métaux, devrait également purger le corps humain de tous les principes morbifiques qui troublent l'action de ses organes, en un mot produire toujours dans l'homme des effets salutaires.

C'est ainsi que raisonnèrent les médecins arabes, et leur erreur, qui ne repose que sur une espèce de jeu de mots, a pourtant infesté la médecine jusqu'à ces derniers temps.

Les Arabes, originaires du pays qui porte leur nom, ont mené de tout temps une vie errante dans leurs immenses plaines de sable, parsemées de quelques oasis. Toutefois, le long de la côte, des vallées plus heureuses renfermaient des villes et des ports de mer. C'est dans une de ces villes, comme chacun sait, que naquit Mahomet[26], esprit spéculateur qui avait quelque connaissance des religions, du christianisme, qui était alors fort répandu, du judaïsme, qui existe encore, et du sabéisme, ou culte des astres, qui était autrefois le plus répandu dans les villes de la côte. Le christianisme lui paraissait difficile à entendre, et le judaïsme difficile à observer. Vers le commencement du VIIe siècle, il établit une nouvelle religion, débarrassée de tout ce qui lui avait paru puéril dans les autres. D'abord il fut chassé ; mais il revint triomphant et fut bientôt à la tête d'une armée immense, levée avec une rapidité qui ne peut être comparée qu'à celle de la réunion des armées des chefs mogols. Rien, du reste, n'est plus facile que de composer une armée parmi ces peuples nomades, qui ont toutes les qualités nécessaires pour faire d'excellents soldats.

Mahomet prêcha avec enthousiasme la religion qu'il disait lui avoir été révélée, et il eut bientôt conquis l'Arabie entière. Un des préceptes de sa religion impose à ceux qui l'ont adoptée l'obligation d'y soumettre par le fer toutes les nations. Cependant on peut permettre à celles qui persistent dans leurs anciennes croyances le libre exercice de leur culte et la possession de leurs biens, pourvu qu'elles se soumettent à payer tribut aux vrais croyants et qu'elles acceptent la condition de rajas[27]. Mais ceux-ci furent bientôt opprimés, malgré les garanties qui leur avaient été données. Les Arabes, convertis à l'islamisme, étendirent leur domination avec une rapidité effrayante, et s'emparèrent de plusieurs provinces de l'empire de Byzance. Leurs conquêtes présentent un caractère particulier qui les distingue essentiellement de celles des nations germaniques dans l'empire d'Occident. Ces nations étaient des voisins qui avaient été tantôt ennemis, tantôt auxiliaires, et l'empire qu'ils démembrèrent était affaibli de longue main. Les conquérants de l'empire d'Orient étaient des peuples sauvages, qui, sortis tout-à-coup de leurs déserts, se précipitèrent sur des nations civilisées et les envahirent avec la rapidité d'un torrent.

Mahomet s'était retiré à Médine en 622, et il mourut en 632; dix ans lui suffirent par conséquent pour conquérir toute l'Arabie. Huit ans seulement après sa mort, c'est-à-dire dès le troisième califat, l'empire des Arabes était déjà immense. Ces peuples portèrent bientôt leurs armes jusque sous les murs de Constantinople, qui, comme nous l'avons dit, fut préservée par le feu grégeois. Sous Abu-Beker[28], successeur de Mahomet, ils pénétrèrent en Syrie jusque dans les fertiles plaines de Damas. Le calife Omar, qui prit le titre d'empereur à la mort d'Abu-Beker, soumit la partie la plus riche de la Syrie, la Mésopotamie, la Judée et l'Égypte; après des batailles sanglantes, il entra en Perse et commença à en ébranler le trône. En 713, les Arabes avaient conquis l'Espagne, en 714, la Géorgie; enfin, en 732, ils avaient pénétré en France, et occupaient le Languedoc, où ils furent défaits par Charles-Martel[29]. La victoire mémorable que ce prince remporta sur eux préserva l'Europe de leurs invasions, et, depuis cette époque, les califes perdirent de leur puissance. Cet affaiblissement fut surtout produit par une révolution intérieure qui eut pour résultat de faire passer le califat de la dynastie des Ommiades à celle d'Abul-Abbas[30], d'où on a tiré le nom d'Abassides. Cette dernière famille et ses partisans eurent à soutenir des luttes effroyables contre les défenseurs de la dynastie détrônée et les sectateurs d'Ali[31].

Le califat fut d'ailleurs démembré de tous côtés. Les Sarrasins d'Espagne formèrent un empire particulier, qui était gouverné par un calife résidant à Cordoue. Des califats indépendants se formèrent aussi en Égypte et en diverses autres parties de l'Afrique.

Dès l'an 832, les califes étaient entièrement dégénérés. Renfermés dans leurs sérails, ils avaient à leur service des Tartares qui s'étaient établis sur les bords de la mer Caspienne et qui ne tardèrent pas à les traiter comme les prétoriens avaient traité les empereurs romains, leur donnant le commandement ou le leur ôtant selon leur caprice. Quelques-uns des chefs de ces Tartares furent nommés gouverneurs de province et s'y rendirent indépendants. Ces faits politiques se produisirent, par exemple, en Syrie et en Égypte. Enfin, en 933, le dernier des califes, déposé par la milice turque, fut réduit, pour vivre, à mendier à la porte de la grande mosquée de Bagdad. Depuis lors la puissance des califes de Bagdad fut seulement religieuse, et elle subsista ainsi jusqu'en 1358. Les califes d'Égypte furent conservés jusqu'au XVIe siècle. Mais, à cette époque, le califat fut entièrement détruit, et son pouvoir attribué au grand Turc, du moins par une partie des Musulmans[32], car ils ne regardent pas tous ce prince comme chef de leur religion.

Les sciences ne furent pas cultivées long-temps chez les Arabes; les huit ou dix premiers califes abassides les protégèrent seuls; les Ommiades, qui régnaient avant eux, étaient trop occupés de leurs conquêtes pour ne pas négliger les sciences, et lorsque plus tard ces conquêtes furent terminées, ils étaient trop faibles pour aider au développement de l'esprit humain.

Les Arabes avaient trouvé l'instruction répandue en Égypte et dans plusieurs parties de la Perse. Dès le IIIe siècle de notre ère, une école de médecine, fondée par les Grecs, florissait en Perses; mais ce fut surtout par suite de la persécution exercée contre les Nestoriens, que les sciences se répandirent dans ce dernier pays. Nestorius[33] était évêque de Constantinople, vers l'an 428. Il admettait que Marie était mère du Christ ; mais il refusait de la considérer comme mère de Dieu. Ses partisans furent nombreux ; mais son opinion ayant été condamnée en 431, il fut persécuté, lui et ses sectateurs, et ils furent tous forcés de quitter leur patrie. Ce fut en Perse qu'ils se réfugièrent, car c'était le seul pays où ils pussent éviter la persécution. Les rigueurs dont ils furent l'objet ne réussirent pas, car un grand nombre de Nestoriens sont encore répandus dans l'Asie. Pendant leur exil en Perse les Nestoriens fondèrent de nombreuses écoles, qui eurent beaucoup de succès et que les Arabes trouvèrent florissantes lorsqu'ils firent la conquête de la Perse.

En 529, une nouvelle irruption des sciences eut lieu en Orient. Justinien ayant supprimé les écoles philosophiques d'Athènes et d'Alexandrie et persécuté les païens, les philosophes platoniciens prirent le parti de sortir de l'empire, et ce fut encore en Perse qu'ils se retirèrent : sept philosophes unis d'amitié, Diogène, Hermias[34], Eulalius[35], Priscien[36], Daumascius[37], Isidore[38] et Simplicius, partisans des anciennes croyances, furent demander protection au roi Chosroès[39].

Parmi les établissements scientifiques fondés en Perse par les Nestoriens, leurs écoles de médecine sont surtout remarquables, en ce qu'elles ont servi de modèle à toutes celles qui existent aujourd'hui en Europe. Jusqu'à la fondation de ces écoles, la profession de médecin avait été complétement libre, et tout homme se croyant capable de l'exercer, pouvait le faire sans que le gouvernement s'y opposât. Dans les écoles publiques établies par les Nestoriens, les élèves subissaient, après avoir suivi les cours, des examens qui étaient obligatoires. Ces écoles avaient seules le droit de délivrer un certificat sans lequel personne ne pouvait pratiquer la médecine.

Mahomet lui-même a vanté le savoir des Nestoriens ; son médecin et son ami, Hareth-ebn Keldat[40], était nestorien. Ce furent aussi les Nestoriens qui séparèrent la médecine de la pharmacie ; dans l'antiquité, comme on sait, les médecins étaient tout à la fois pharmaciens, chirurgiens et médecins. Les Nestoriens, en créant des pharmaciens proprement dits, composèrent un code pour servir de règle à la préparation des médicaments ; de sorte que c'est entièrement à eux que nous devons les premiers germes de la police médicale en vigueur de notre temps.

Les Nestoriens ne restèrent pas dans la Perse ; ils se répandirent dans tout l'Orient et pénétrèrent même en Chine. La certitude de leur séjour dans ce pays résulte d'une inscription que les jésuites y trouvèrent et dont on a eu tort de nier l'authenticité dans le dernier siècle.

Les Nestoriens sont très-certainement les principaux instituteurs des Arabes. Ils traduisirent en syriaque[41] les ouvrages les plus estimés de l'antiquité, notamment ceux d'Aristote et de Galien. Le syriaque était plus accessible aux Arabes que le grec, parce que le premier de ces idiômes est un dialecte de l'arabe. Plusieurs de ces versions syriaques furent ensuite traduites en arabe par ordre des premiers Abassides ; mais ces traductions de traductions ont dû nécessairement occasioner beaucoup d'erreurs, et en effet elles présentent un grand nombre d'inexactitudes. D'autres altérations furent produites plus tard par Albert-le-Grand[42] et autres auteurs du XIIIe siècle, lorsqu'ils retraduisirent pour les nations de l'Occident les versions arabes, déjà si éloignées des originaux. Au moyen de ces diverses traductions, l'Occident ne connut Aristote, Théophraste et Galien que de quatrième main, alors que le texte même de ces auteurs pourrissait dans les bibliothèques des abbayes.

Almanzor[43], qui régna de 753 à 775 et avait fondé Bagdad, y établit une université et en fit le centre des sciences. Il avait reçu, pour l'exécution de ses projets, les conseils de son médecin Georges Batiseka[44], nestorien, de Syrie. Bagdad renfermait à cette époque plus de six mille savants.

Le plus célèbre des successeurs de Mahomet, Haroun-al-Raschild[45], qui fut calife de l'an 786 à l'an 809, avait à sa cour des artistes très-supérieurs à ceux que possédait Charlemagne, son contemporain, pour lequel il professait la plus grande estime. Il envoya des ambassadeurs à ce roi de France, et lui fit présent de la première horloge à roue qui ait été vue dans l'Occident; il lui envoya aussi le premier éléphant qu'on ait eu en France. Les naturalistes, qui pendant long-temps se sont obstinés à nier l'existence des ossements fossiles, ont fait jouer un grand rôle à cet éléphant: toutes les fois que l'on découvrait en France des ossements d'éléphant, ils disaient que c'étaient ceux de l'animal de même espèce envoyé par Haroun; pour que leur explication fût vraie, il eût fallu que l'éléphant de ce calife se fût multiplié comme les cinq pains.

De 813 à 833, Mamûm[46], l'un des fils d'Haroun, porta l'amour des sciences jusqu'à faire la guerre à l'empereur de Constantinople pour le forcer à lui envoyer des professeurs et des ouvrages. Ce fut surtout sous le règne de ce calife que les Arabes s'instruisirent de toutes les sciences connues des Grecs.

Motawakhel[47], qui établit une bibliothèque à Alexandrie, paraît avoir été le dernier chef des Arabes qui ait eu du goût pour les sciences et les ait favorisées. Elles auraient pu recevoir de très-grands développements; mais deux choses essentielles leur ont manqué, la dissection et le dessin. Aux yeux des musulmans, c'est un crime de toucher un cadavre autrement que pour lui donner la sépulture; ils croient que l'âme s'échappe du corps à mesure que celui-ci se détruit, et ils repoussent par conséquent avec horreur une action qui, comme la dissection, détacherait violemment l'âme du corps. Les plus zélés prétendent que c'est un péché de faire un portrait d'homme ou de femme, et même celui d'un animal: *Que répondras-tu à ce poisson*, disent-ils, *au jour du jugement quand il te demandera son âme*. Les Arabes ne surent donc d'anatomie que ce qu'ils en apprirent dans les traductions de Galien. Toutefois un de leurs auteurs, mais un seul, Abdalla-Tif[48], qui avait vu par hasard un squelette sorti de son sépulcre par suite d'un éboulement de terre, eut l'idée de rectifier deux points erronés des opinions de Galien sur le nombre des os qui composent la mâchoire et sur le sternum.

La chimie, que les préjugés religieux n'arrêtèrent pas comme l'anatomie et la zoologie, fit chez les Arabes des progrès assez remarquables. Ils enrichirent cette science d'un grand nombre de faits précieux. Ils firent faire aussi des progrès à la botanique, à la matière médicale et même à la géographie, car ils explorèrent des régions qui n'étaient pas connues des Grecs. Enfin, si l'astronomie n'était en dehors du plan de notre travail, nous aurions à parler de plusieurs découvertes faites en cette science par les Arabes.

NOTES

1. [Saint Cyrille d'Alexandrie (né *c.* 375; mort le 27 juin 444; fête célébrée le 27 juin (église catholique), ou le 9 juin (église orthodoxe), théologien chrétien et évêque qui participa activement aux luttes doctrinales du ve siècle. Il est connu principalement pour sa campagne contre Nestorius, évêque de Constantinople, dont les idées sur la nature du Christ furent considérées hérétiques. Cyrille fut nommé Docteur de l'Église en 1882.]
2. [Cet Aëtius est probablement Aëtius Amidenus ou Aëtius d'Amida, médecin de la cour de Justinien I[er], lequel écrivit une encyclopédie médicale intitulée *Les Six Livres de Médecine* ou *Tetrabibloi* (voir Aëtius, *Aetii medici graeci Contractae ex veteribus medicinae tetrabiblos, hoc est quaternio, id est libri universales quatuor, singuli quatuor sermones complecte[n]tes, ut sint in summa quatuor sermonum quaterniones, id est sermones XVI. per Janum Cornarium...*, Basileae: [impensis Hier. Frobenii, et Nic. Episcopii], 1542, [6] + 932 + [30] f.), ouvrage qui documente la connaissance médicale de la fin de l'Antiquité, se basant sur des auteurs d'ouvrages de médecine antérieurs comme Galien (voir Leçon 16 ci-dessus) et l'encyclopédie d'Oribase (né *c.* 320, mort *c.* 400; auteur grec de médecine et médecin particulier de l'empereur romain Julien l'Apostat; voir *Œuvres d'Oribase* [texte grec en grande partie inédit collationné sur les manuscrits, traduit pour la première fois en français par les Drs Bussemaker et Daremberg], Paris: Imprimerie nationale, 1851-1876, 6 vol.)]
3. [Georges Pisides ou Georges le Pisidien, en grec Georgios Pisides (*fl.* au début du viie siècle, auteur byzantin de poèmes épiques, historien et homme d'église dont les vers de structure classique furent acclamés comme modèle de poésie médiévale grecque, mais dont le ton emphatique et sec attestèrent du déclin culturel hellèniste. L'œuvre principale de Georges, l'*Hexaëmeron* («Des Six Jours»), rhapsodie sur la beauté de la création et la sagesse du Créateur, fut rendue populaire grâce aux traductions en arménien et en langue slave (voir Georges le Pisidien, *Patrologiae cursus completus* [édité par Migne Jacques Paul & Hamman Adalbert-Gautier], Paris: Garnier Frères, 1958, 5 vol. (Series Latina; Supplementum)). D'autres œuvres qui lui sont attribuées incluent l'élégie moraliste *De vanitate vitae* («De la Vanité de la Vie»), à la manière du Livre des Ecclésiastes de l'Ancien Testament; un «Hymne à la Résurrection» célébrant le triomphe du Christ sur la vie et la mort; et, en soutien à la politique religieuse d'Héraclius, une polémique métrique, «Contre Sévère le Diabolique», attaquant ainsi le patriarche d'Antioche et chef de l'église indépendante syrienne monophysite. Grâce à son style parfait et à sa fluidité d'expression, George fut comparé au tragédien grec du ve siècle av. J.-C. Euripide. Bien qu'il jouît de la réputation d'être peut-être le poète byzantin de style iambique d'exception, son imitation évidente des auteurs classiques grecs et son imagination prétentieuse lui valurent des réactions négatives de la part de critiques ultérieurs.]
4. [Le griffon ou grype est une créature de la mythologie au corps de lion (avec ou sans ailes) et à la tête d'oiseau, en général celle d'un aigle. Le griffon était un motif de décoration favori dans les territoires anciens du Moyen-Orient et de la Méditerranée. Probablement originaire de l'Orient du iie siècle av. J.-C., le griffon se répandit dans les territoires d'Asie Occidentale jusqu'en Grèce où on le retrouve au ive siècle av. J.-C. Le griffon d'Asie avait une crête sur le crâne, alors que le griffon minoen et grec avait en général une crinière bouclée. Il était représenté soit couché, soit assis, souvent apparié au sphinx; il avait peut-être un rôle de protecteur.]
5. [Le Roc, oiseau légendaire gigantesque, dont on raconte qu'il pouvait attraper des éléphants et d'autres animaux de grande taille comme nourriture. On le retrouve dans le recueil de contes arabes *Les Mille et Une Nuits*, et dans les textes de l'explorateur vénitien Marco Polo, qui en parle dans ses descriptions de Madagascar et d'autres îles au large de la côte d'Afrique de l'Est. Selon Marco Polo, Kublai Khan s'enquit de l'existence du Roc dans ces régions et on lui apporta une plume soit disant de Roc, mais qui pouvait être une feuille de palmier du Raphia.]
6. [Saint Photius (né *c.* 820, à Constantinople, aujourd'hui Istanbul en Turquie; mort probablement le 6 février 891 à Bordi en Arménie; canonisé au xe siècle; fêté le 6 février), patriarche de Constantinople (858-867 et 877-886), défenseur des traditions autonomes de son église contre Rome et personnage éminent de la renaissance byzantine du ixe siècle.]
7. [Sur la *Bibliothèque*, voir Photius, *Bibliothèque* [texte établi et traduit par Henry René], Paris: Les Belles Lettres, 1959-1977, 8 vol. + 1 vol. d'index].
8. [Damatius désigne semble-t-il Marcus Damatius Urbanus, mais nous n'avons pu trouver aucune référence concernant l'hippopotame ou le crocodile que Photius lui attribue.]
9. [Constantin VII Porphyrogénète, également appelé Constantin VII Flavius Porphyrogénète (né en septembre 905 à Constantinople, aujourd'hui Istanbul en Turquie; mort le 9 novembre 959), empereur byzantin de 913 à 959. Ses écrits sont une des meilleures sources d'information sur l'empire byzantin et les régions avoisinantes.]
10. [*L'Administration de l'Empire* ou *De administrando imperio* de Constantin VII traitait des peuples slaves et turques (voir Constantine VII, *De administrando imperio / Constantine Porphyregenitus* [nouvelle édition; texte grec édité par Moravcsik Gy; trad. en anglais par Jenkins R. J. H.], Washington D.C.: Dumbarton Oaks Center for Byzantine Studies, 1985, ix + 341 p.) Constantin écrivit également *De ceremoniis aulae*

Byzantinae, une description des cérémonies élaborées qui firent des empereurs byzantins des symboles religieux de l'État (Constantine VII, *Le Livre des cérémonies / Constantin VII Porphyrogénète* [texte établi et traduit par Vogt Albert], Paris : Les Belles Lettres, 1967, 4 vol.)]

11. [Cassianus Bassus, surnommé *Scholasticus* (homme de loi), était l'un des géoponiques, groupe d'auteurs de la fin du VIe et du début du VIIe siècle qui s'intéressèrent principalement aux sujets agricoles. Ses textes originaux en langue grecque furent perdus, mais un certain nombre de ses écrits survécut grâce au recueil intitulé *Les Géoponiques*, terminé en 950 et dédié à l'empereur Constantin VII Porphyrogénète (voir note 9 ci-dessus). De plus, une traduction du VIIe siècle en perse et deux traductions en arabe datant respectivement du VIIIe et du IXe siècle ont également survécu.]

12. [*Les Géoponiques* de Cassianus Bassus sont une collection de textes sur l'agriculture, compilés à la fin du VIe ou au début du VIIe siècle. Revisitée en l'an 950 par un auteur inconnu, elle fut ensuite traduite et publiée en 1805-1806.]

13. [Magon, également Mago (mort *c.* 203 av. J.-C.), éminent général carthaginois de la Deuxième Guerre Punique (218-201 av. J.-C.) contre Rome. Il était le plus jeune des trois fils de l'homme d'état et général Hamilcar Barca. Pendant la Deuxième Guerre Punique, Magon accompagna son frère Hannibal à la campagne d'Italie, et occupa des postes clés lors des grandes victoires des trois premières années de ce conflit. Après le triomphe de Carthage lors de la Bataille de Canne (216), il fut envoyé en Espagne pour se battre auprès de son frère Hasdrubal. Lors de la Bataille d'Ilipa en 206, Magon fut vaincu par le général romain Publicus Cornelius Scipio (connu plus tard sous le nom de Scipion l'Africain). Il séjourna plusieurs mois à Gades (Cadix d'aujourd'hui) avant de continuer la guerre en Ligurie en Italie. Il fut finalement vaincu en 203 en Gaule Cisalpine. Il mourut de ses blessures pendant son voyage de retour vers Carthage.]

14. [Cassius Dionysus (*fl.* 88 av. J.-C., Utica, aujourd'hui en Tunisie), auteur de l'Antiquité, originaire d'Afrique du Nord, qui écrivit sur la botanique et sur les substances médicinales, principalement connu pour sa traduction grecque du traité agronome en 28 volumes écrit par Magon le Carthaginois (Columelle, appelé Magon ; décrit parfois comme le père de l'agriculture). Son ouvrage fut tenu en haute estime et largement utilisé par les Romains dans une traduction en latin préparée après la destruction de Carthage en 146 av. J.-C. Cassius réduisit l'ouvrage à 20 volumes et ajouta d'autres textes issus de sources grecques. Les textes en punique et en latin du traité de Magon furent perdus, et le contenu de son œuvre est aujourd'hui connu grâce aux fragments de la traduction de Cassius qui ont survécu (voir Mahaffy (John Pentland), « The work of Mago on agriculture », *Hermathena*, vol. 7, 1890, pp. 29-35). Cassius écrivit également un traité original sur les racines, et on lui attribue également une pharmacopée illustrée.]

15. [Diophane de Nicée ou Diophane de Bithynie, ancien auteur grec du Ier siècle av. J.-C., originaire de Nicée en Bithynie (au nord-ouest de l'Anatolie) qui écrivit un traité sur l'agriculture.]

16. [Juba II (né *c.* 50 av. J.-C., mort *c.* 24 apr. J.-C.), fils de Juba Ier et roi des états de Numidie (29-25 av. J.-C.) et de Mauritanie (25 av. J.-C.-24 apr. J.-C.) en Afrique du Nord. Juba fut également un auteur prolifique en langue grecque qui écrivit sur une variété de sujets, notamment l'histoire, la géographie, la grammaire et le théâtre.]

17. [Dans la mythologie grecque, Phyleus était le fils du roi Augeas d'Élis et le père de Mégès, mais nous n'avons pu identifier ce Manuel Phylée d'Éphèse du XIIIe siècle.]

18. [Michel IX Paléologue (né *c.* 1277 ; mort le 12 octobre 1320 à Thessalonique, Empire Byzantin), empereur byzantin, co-souverain avec son père Andronic II à partir de 1295 qui, malgré ses efforts contre les Turques et les mercenaires catalans, fut incapable d'éviter le déclin de l'empire. En 1303, Byzance employa comme mercenaires la Compagnie catalane commandée par Roger de Flor, qui commença peu après à attaquer et à voler les Byzantins et les Turcs. Espérant se débarrasser d'eux, Michel organisa le meurtre de Roger de Flor dans le palace impérial en avril 1305. Les Catalans se rebellèrent alors et ravagèrent la campagne de Thrace pendant plusieurs années avant de partir pour Thessalie. Michel mourut avant son père, et de ce fait ne régna jamais comme empereur unique.]

19. [De la Nature des Animaux : nous n'avons pu identifier cet ouvrage ; voir note 17 ci-dessus.]

20. [Johann Christoph Baron d'Aretin (né le 2 décembre 1773 à Ingolstadt ; mort le 24 décembre 1824 à Munich), journaliste, historien, bibliothécaire, et juriste allemand. Il fut l'un des personnages les plus fascinants et controversés de la Bavière du XIXe siècle. Membre des académies de Munich et de Göttingen, il fut l'auteur virulent de pamphlets contre l'Autriche et la Prusse. Célèbre coureur de jupons pendant ses années d'études à Wetzlar, il s'était déjà fait un nom comme provocateur et comme sympathisant à la fois de la Révolution Française et de l'organisation radicale Illuminati avant de rejoindre la Bibliothèque Juridique de Munich en 1802.]

21. [Feu grégeois, mélange combustible constitué de bitume, de naphte et de souffre. Il pouvait brûler sur l'eau ou sous l'eau, et fut utilisé par les Grecs de manière efficace lors des guerres contre l'Empire Oriental. Les Grecs en gardèrent la composition secrète pendant de nombreux siècles. Lors de la conquête de Constantinople, les arabes s'en emparèrent, et l'utilisèrent à leur avantage à maintes reprises.]

22. [Les recueils hermétiques, également appelé *Hermetica*, sont un recueil de traités sur des sujets mystiques, théologiques, et philosophiques, attribués à la divinité égyptienne Thot (en grec : Hermès Trismégiste ou Hermès Trois

Fois Très Grand), que l'on considérait comme l'inventeur de l'écriture et le patron de tous les arts liés à l'écriture. Le recueil, écrit en grec et en latin, date probablement du milieu du Ier siècle au IIIe siècle apr. J.-C. Il fut écrit sous la forme de dialogues Platoniciens et se divise en deux catégories : l'hermétisme populaire, traitant d'astrologie et des sciences occultes ; et l'hermétisme cultivé, qui traite de théologie et de philosophie.]

23. [Agathodémon, also Agathodaimon or Agathodaemon, bon génie à la forme de serpent et à la tête humaine, vénéré par les anciens Égyptiens. Les serpents volants ou dragons qui étaient vénérés par les anciennes civilisations étaient également appelés Agathodémons, ou bon génies.]

24. [Porphyre de Tyr, nom d'origine Malchos (né *c.* 234 à Tyr [ville moderne de Sur au Liban] ou en Batanie [dans la Syrie moderne] ; mort *c.* 305, Rome ?), philosophe grec néoplatonicien, personnage important à la fois en tant que biographe du philosophe Plotin, et pour son commentaire sur les *Catégories* d'Aristote, qui servit de base pour les développements de la logique et le problème des universaux (voir Porphyre, *Commentaire aux « Catégories » d'Aristote* [édition critique, traduction française, introduction et notes par Bodéüs Richard], Paris : J. Vrin, 2008, 484 p. ; *Vie de Plotin, tome 2 : Études d'introduction* [texte grec et trad. française, commentaire, notes complémentaires, bibliogr. par Brisson Luc, Cherlonneix Jean-Louis, Goulet-Cazé Marie-Odile...], Paris : J. Vrin, 1992, 780 p.) La traduction en langue latine de l'introduction (*Eisagoge*) écrite par Boèce (Anicius Manlius Severinus Boethius, né en 470-475 apr. J.-C. ; mort en 524 ; érudit romain, philosophe chrétien, et homme public) devint un texte de référence du Moyen Âge (Porphyre, *Porphyry introduction* [trad. en anglais et commentaires de Barnes Jonathan], Oxford ; New York : Oxford University Press, 2003, xxvi + 415 p.)]

25. [Jamblique (*Iamblicos*) (né *c.* 250 apr. J.-C. à Chalcis en Syrie, aujourd'hui au Liban ; mort *c.* 330), philosophe syrien, personnage majeur de l'école philosophique néoplatonicienne, et fondateur de sa branche syrienne.]

26. [Mahomet, de son nom complet, Abu al-Qasim Muhammad ibn 'Abd Allah ibn 'Abd al-Muttalib ibn Hashim (né *c.* 570 à la Mecque ; mort le 8 juin 632 à Médine), fondateur de l'Islam et considéré par les musulmans comme le dernier messager et prophète de Dieu. Les musulmans ne croient pas qu'il fut le créateur d'une nouvelle religion, mais plutôt qu'il restaura la foi monothéiste originale d'Adam, d'Abraham, et d'autres prophètes. Ils le considèrent comme le dernier et le plus grand des prophètes.]

27. [Rayas, bas statut social, par exemple un sujet de l'Empire Ottoman non-musulman.]

28. [Abu Bakr, également appelé As-Siddiq (en arabe : « Le Droit ») (né *c.* 573, mort le 23 août 634), le compagnon le plus proche et conseiller de Mahomet, lequel succéda au prophète dans ses fonctions administratives et politiques, créant ainsi le poste de calife. À la mort de Mahomet (8 juin 632), les musulmans de Médine résolurent le problème de succession en acceptant Abu Bakr comme le premier *khalifat rasul Allah* (« successeur du prophète de Dieu » ou calife). Pendant son règne (632-634), il mit fin aux révoltes religieuses et politiques des tribus, connues sous le nom de *riddah* (« apostat »), amenant ainsi l'Arabie Centrale sous contrôle musulman. Il entreprit ensuite une expansion directe de l'Arabie vers l'Irak et la Syrie, commençant ainsi les conquêtes musulmanes.]

29. [Charles Martel (né *c.* 688 ; mort le 22 octobre 741 à Quierzy-sur-Oise, France), maire du palace d'Austrasie (région est du royaume des Francs) de 715 à 741. Il réunit et régna sur l'ensemble du royaume des Francs, et bloqua l'invasion arabe à Poitiers en 732. Son nom Martel signifie « marteau ».]

30. [Abul Abbas ou Abu al-'Abbas as-Saffah (né en 722 ; mort en 754 à Al-Anbar, Irak), calife islamique (il régna de 749 à 754), premier de la dynastie des Abbassides, laquelle régna sur l'Islam oriental pendant environ 500 ans. Les Abbasides descendaient d'un oncle de Mahomet et étaient cousins de la dynastie au pouvoir Umayyade. Les Umayyades furent affaiblis par la décadence et par leur ligne de succession floue ; ils ne jouirent que d'un faible soutien populaire, ce qui mena les Abbassides à la révolte en 747. Lorsqu'Abu al-'Abbas assuma le califat en 749, il commença une campagne d'extermination contre les Umayyades, les Alides, et autres chefs Abbassides qui étaient devenus trop populaires, ainsi que tous les prétendants au pouvoir. Il se nomma as-Saffah, « le sanguinaire » à cause de ses attaques sauvages. Il établit une base légale et dynastique pour les Abbassides. Son successeur transféra le Califat à Bagdad.]

31. [Ali, nom complet Ali Ibn Abu Talib (né *c.* 600 à La Mecque ; mort en janvier 661, Koufa en Irak), gendre de Mahomet, le prophète de l'Islam, et quatrième calife (successeur de Mahomet), il régna de 656 à 661. La question de son droit légitime au califat conduisit à la seule séparation de l'Islam (entre les sunnites et les chiites). Il est reconnu par les chiites comme le seul vrai successeur du Prophète.]

32. [Les Musulmans sont ceux qui pratiquent la religion de l'Islam.]

33. [Nestorius (né à la fin du IVe siècle apr. J.-C. en Germanicie, en Asie Mineure, aujourd'hui Maras en Turquie ; mort *c.* 451 à Panopolis (Akhmim, en Haute-Égypte), patriarche de Constantinople dont les idées sur la nature et la personne du Christ conduisirent à la convocation du Concile d'Éphèse en 431, et au Nestorianisme, une des principales hérésies chrétiennes.]

34. [Hermias d'Atarnée, beau-père d'Aristote. Il est mentionné pour la première fois comme esclave d'Eubulus, un banquier de Bythinie, gouverneur d'Atarnée (ancienne ville de

la région d'Eolis en Asie Mineure). Hermias gagna plus tard sa liberté et hérita du règne d'Atarnée. Il étendit ensuite son pouvoir aux villes avoisinantes telles qu'Assos en Asie Mineure. Dans sa jeunesse, Hermias étudia la philosophie à l'Académie de Platon. C'est là qu'il rencontra Aristote pour la première fois. À la mort de Platon en 347 av. J.-C., Xénocrate et Aristote voyagèrent vers Assos sous le patronage d'Hermias. Aristote y fonda sa première école philosophique et épousa ensuite Pythias, la fille ou la nièce d'Hermias. Après la mort d'Hermias, Aristote lui dédia une statue à Delphes et composa un hymne en son honneur.]

35. [Eulalius (mort en 423), antipape de décembre 418 à avril 419. Archidiacre, il s'éleva contre le pape Saint Boniface Ier au sein d'une faction cléricale. La rivalité qui s'ensuivit mena à la première ingérence des autorités de l'époque dans les élections papales. L'empereur Honorius demanda au pape et à l'antipape de quitter Rome dans l'attente d'une décision du concile, mais Eulalius (le favori impérial) revint imprudemment à Rome pour célébrer la messe de la Semaine Sainte à l'église du Latran. Pour avoir transgressé aux ordres de l'empereur, il fut renvoyé et exilé en Campanie, où il mourut dans l'obscurité.]

36. [Priscien, de son nom complet en latin Priscianus Caesariensis (*fl. c.* 500 apr. J.-C., né à Césarée, aujourd'hui Cherchell en Algérie), le plus connu des grammairiens de langue latine, auteur d'une grammaire, *Institutiones grammaticae*, qui eut une profonde influence sur l'enseignement du latin et de la grammaire en général en Europe (voir Luhtala (Anneli), *Grammar and Philosophy in Late Antiquity, a study of Priscian's sources*, Amsterdam ; Philadelphie : John Benjamins, 2005, x + 171 p.)]

37. [Damascius (né *c.* 480 apr. J.-C., mort *c.* 550), philosophe néoplatonicien grec, il fut le dernier du groupe d'érudits platoniciens de l'Académie Grecque à Athènes, laquelle fut fondée par Platon en 387 av. J.-C. Élève et ami proche du philosophe grec Isidore d'Alexandrie, dont il écrivit la biographie, Damascius devint directeur de l'Académie en 520 environ et occupait toujours ce poste lorsque l'empereur chrétien Justinien la ferma, en même temps que d'autres écoles païennes, en 529. Damascius, en compagnie de six autres membres de l'Académie, partirent pour la Perse pour servir à la cour du roi Chosroès Ier. Cependant, grâce à une clause contenue dans le traité signé en 533 entre Justinien et Chosroès, les hommes de lettres furent autorisés à retourner à Athènes, où ils trouvèrent l'attitude envers la philosophie plus agréable qu'à la cour de Perse.]

38. [Isidore d'Alexandrie, philosophe grec, et l'un des derniers néoplatoniciens, il vécut à Athènes et à Alexandrie vers la fin du ve siècle apr. J.-C. Il succéda à Marinus, lui-même successeur de Proclus, à la direction de l'école d'Athènes. Ses idées différaient de celles des principaux membres de l'école et il fut forcé de démissionner de sa position en faveur d'Hégias. Il est connu principalement comme professeur de Damascius le Syrien (philosophe néoplatonicien, né *c.*480, mort *c.*550), dont le témoignage dans son texte « Vie d'un Isidore » présente Isidore d'une manière très positive, tant en temps que personne que comme penseur (voir Damascius, « La vie d'Isidore ou Histoire de la philosophie », *in* Proclus le Philosophe, *Commentaire sur le Parménide, suivi d'une traduction de La Vie d'Isidore ou Histoire de la philosophie de Damascius* [traduit par Chaignet Anthelme-Édouard], Paris : E. Leroux, 1900-1903, 3 vol.) On reconnait cependant qu'il fut plus un homme passionné qu'un penseur ; la raison pour lui était secondaire à l'inspiration, et il préférait les théories de Pythagore et de Platon à la logique plate et la moralité des Stoïciens et des Aristotéliciens. Il semble qu'il ait donné libre cours à la spéculation théosophique et qu'il ait attaché une grande importance aux rêves et aux visions en stage éveillé, qu'il utilisait pour élaborer ses discours publics.]

39. [Roi Chosroès or Khosrow Ier, de son nom complet Khosrow Anushirvan (en langue persane : « Âme Immortelle »), ou Khosrow le Juste (mort en 579 apr. J.-C.), roi de Perse qui gouverna l'empire sassanide de 531 à 579, connu comme un grand réformateur et protecteur des arts et de l'érudition.]

40. [Nous n'avons pu identifier Hareth-ebn Keldat.]

41. [Syriaque, système d'écriture utilisé par les chrétiens syriaques du Ier siècle apr. J.-C. au XIVe siècle. Le syriaque était un dialecte d'araméen à l'alphabet sémitique. Il contenait 22 lettres, uniquement des consonnes, et s'écrivait en général de droite à gauche. Des signes diacritiques utilisés pour représenter les voyelles furent ajoutés dans la deuxième moitié du Ier siècle apr. J.-C. ; plusieurs systèmes de vocalisation existaient, certains basés sur l'arabe, d'autres utilisant des petites lettres grecques au dessus et en dessous de la ligne.]

42. [Saint Albert le Grand, voir Leçon 23, note 1.]

43. [Almanzor est Abu Ja'far Abdallah ibn Muhammad al-Mansur (né en 712, mort en 775), deuxième calife Abbaside. Il naquit à al-Humaymah, résidence de la famille Abbasside après leur immigration de Hejaz en 687-688. En 762, il fonda la ville de Madinat as-Salam comme nouvelle résidence impériale, cité qui devint le centre de la capitale impériale Bagdad.]

44. [Nous n'avons pu identifier George Batiseka.]

45. [Harun ar-Rashid, de son nom complet Harun ar-Rashid ibn Muhammad al-Mahdi ibn al-Mansur al-'Abbasi (né en février 766/mars 763 à Rayy en Iran ; mort le 24 mars 809 à Tus), cinquième calife de la dynastie Abbasside (786-809) qui gouverna sur l'Islam depuis son palais luxueux de Bagdad immortalisé dans *Les Contes des Mille et Une Nuits* (recueil d'histoires écrites par différents auteurs, traducteurs, et érudits, compilées sur une période de plusieurs milliers d'années ; voir *Les Mille et Une Nuits* [contes arabes, tr. par

Galland ; éd. illus. par les meilleurs artistes français et étrangers, rev. sur l'éd. princeps de 1704, augm. d'une dissertation sur les Mille et une nuits, par le baron Silvestre de Sacy], Paris : E. Bourdin & cie, 1839-1840, 3 vol.)]

46. [Mamum ou al-Ma'mun, de son nom complet Abu al-'Abbas 'Abd Allah al-Ma'Mun ibn ar-Rashid (né en 786 à Bagdad ; mort en août 833 à Tarse en Cilicie), septième calife Abbasside (813-833), connu pour ses efforts à mettre fin aux rivalités sectaires en Islam et imposer sur ses sujets un *credo* rationaliste musulman.]

47. [Sur Motawakhel ou Mutawwakil (mort en 861), calife de Bagdad, voir Kennedy (Hugh), *When Baghdad ruled the Muslim world: the rise and fall of Islam's greatest dynasty*, Cambridge (Massachusetts) : Da Capo, 2005, 376 p.]

48. [Abdalla-Tif, Abdallatif, ou Abd-Ul-Latif (né en 1162 à Bagdad ; mort en 1231 à Bagdad), médecin et explorateur reconnu, et l'un des écrivains orientaux les plus prolifiques. Un mémoire d'Abdalla-Tif, écrit par lui-même, et annoté par un contemporain, Ibn-Abu-Osaiba (Ibn abī Usaibia), a été conservé. Nous apprenons par cet ouvrage que l'éducation supérieure des jeunes de Bagdad consistait principalement en l'étude attentive et détaillée des règles et des principes de grammaire, dans la mémorisation de l'intégralité du Coran, d'un ou deux traités de philologie et de jurisprudence, et de pièces choisies de poésie arabe. Après avoir atteint une expertise approfondie dans ce genre d'études, Abdalla-Tif s'employa à étudier la philosophie et la médecine. Afin de jouir de la compagnie d'autres érudits, il partit à Mosul (1189), et ensuite à Damas. Muni de lettres de recommandation du vizir de Saladin, il visita l'Égypte, où son rêve de converser avec Maïmonide, « l'Aigle de la Synagogue » se concrétisa. Il forma ensuite un cercle d'érudits dont il s'entoura à Jérusalem. Il enseigna la médecine et la philosophie au Caire et à Damas pendant un certain nombre d'années, et ensuite, pendant une période plus courte, à Aleppo. Devenu âgé, son amour des voyages le conduisit en Arménie et en Asie Mineure. Il mourut à Bagdad en 1231, alors qu'il se préparait à partir en pèlerinage pour La Mecque. Abdalla-Tif était sans aucun doute un homme de grande érudition et un esprit curieux et perçant. Parmi les nombreuses œuvres (principalement de médecine) qui lui sont attribuées, une seulement nous est parvenue, son *Récit d'Égypte* (narration détaillée et imagée en deux parties). Le manuscrit, découvert par l'orientaliste Edward Pococke, et conservé à la Bibliothèque Bodléienne (Oxford) contient une description intense d'une famine causée par la sécheresse du Nil, alors que l'auteur vivait en Égypte. Le texte fut traduit du latin par Professeur White d'Oxford en 1800, et en français, accompagné de notes précieuses, par Silvestre de Sacy en 1810 (voir Abd al Latif, *Relation de l'Égypte, par Abd-Allatif* [suivie de divers extraits d'écrivains orientaux, (et d'un) État des provinces et des villages de l'Égypte dans le XIVe siècle : le tout traduit de l'arabe et enrichi de notes historiques et critiques, par M. Silvestre de Sacy], Paris : Imprimerie impériale, chez Treuttel et Würtz, 1810, xxiv + 752 p.)]

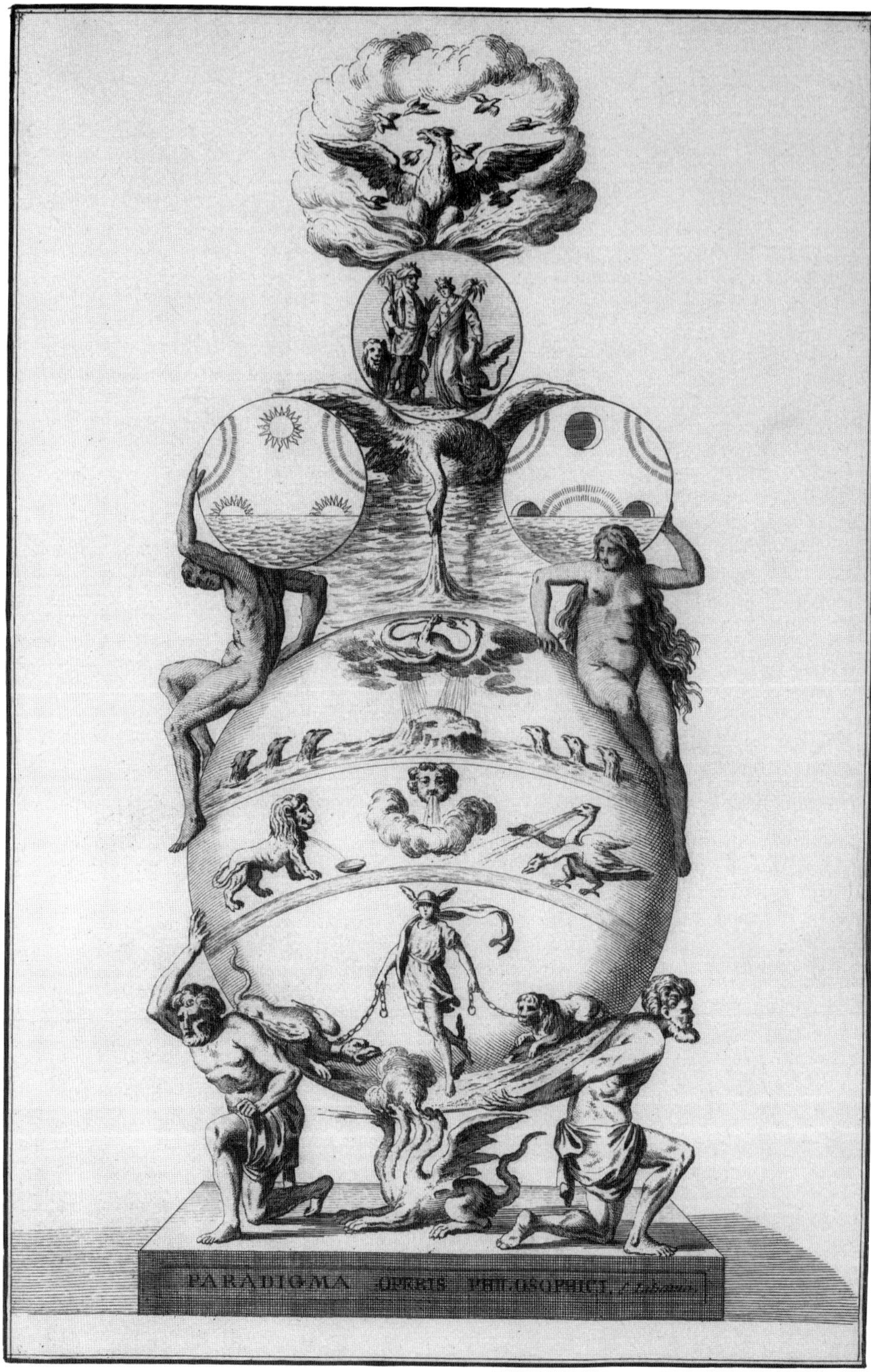

EMBLEM OF THE WORK OF THE PHILOSOPHER'S STONE From the Encyclopedia of Diderot & d'Alembert (volume 3, plate XVIII, 1763).

21 The Arabians and Latin Speaking Nations

The first of the learned Arabians to acquire celebrity was Ghebert-ibn-Moussa-Djaffa-al-Sufi.[1] Alchemists called him King Geber. He wrote several essays, entitled *Research into the Property of Metals*, *On the Art of Making Gold and Silver*, and *On the Philosopher's Stone*. As one may well imagine, Geber did not tell how to make gold, but he did reveal some important experiments and useful methods of causing various substances to react with one another.

It is to him we owe the art of distillation, then unknown in the West but probably long practiced in India –at least it would seem so from a passage in Strabo where he speaks of a liqueur that the Indians made from rice. The word alembic,[2] which was invented by Geber, is Arabic, as is the word alcohol. We also owe to Geber our knowledge of corrosive sublimate, composed of chlorine and mercury [mercuric chloride], a violent poison used with great success in certain maladies. He also discovered nitric acid.

None of the mineral acids were known to the ancients. The Arabians discovered *aqua regia*, an active mixture of two acids, hydrochloric and nitric, which has the property of dissolving gold; the infernal stone, or silver nitrate, a substance extremely important in itself and for its chemical properties, which are of great avail in surgery; red precipitate of mercury; and several other chemical compounds of lesser value.

One can see by these various discoveries the importance of the science the Arabians called alchemy, a science that was offering a new path to the observers of nature, since the ancients had had no idea of transformations produced by combining one body with another.

The Arabians enriched the field of medicine with many pharmaceutical preparations. Syrups, juleps, naphtha,[3] and bezoar[4] are all still designated by the names given them by the Arabians when they introduced these substances into medicine. These preparations became known in Europe through the Arabian schools in Spain, whence they were introduced by Jewish physicians into France, Germany, and Italy.

Upon exploring areas unknown to the ancients, the Arabians made valuable discoveries in botany. Until then, only violent purgatives were known, such as hellebore[5] and other drastics. The Arabians brought about a complete revolution in medicine by using black currant,[6] senna,[7] and tamarind.[8] Medicine is also indebted to the Arabians for jujubes[9] and myrobalans.[10]

Mesue the Elder[11] is the most ancient of the Arabian authors whose medical works are known to us. He was a Syrian Nestorian, and physician to Harun ar-Rashid, who entrusted him with the education of his son. It is through Rhazes[12] that the fragments of his writings have come down to us.

Honein, son of Assac,[13] was a student in the Nestorian school, who lived in 804; he translated at Harun-ar-Rashid's command, from Syriac into Arabic, the works of Hippocrates and Galen. This physician is especially famous for having refused to supply a caliph with a poison he demanded.

Another Nestorian, Serapion the Elder,[14] originally from Syria, lived in the same century but we do not know exactly when. He has left us almost nothing in the way of science.

The first Arabian physician to publish a complete work untranslated is Rhazes-Abbeker-Mehamed-Rhazi;[15] he was superintendent of the hospital of Baghdad and was considered one of the most able physicians of his nation. He died in 923. The work we have under his name seems to have been put together from his lectures by one of his students; at least, that is what it seems to be, from the lack of order and the frequent gaps apparent in it. He speaks at length about the useful plants of India, Persia, and Syria that were unknown to the ancients. In this book we find the description of small pox, a dread disease, communicated to the West by the Arabians, and a sad price to pay for the benefits of the new medicine propagated by that nation.

Around 1002, Serapion the Younger, surnamed *Aggregator*,[16] wrote a book entitled *De Simplicibus*, in which he follows Dioscorides in describing Greek plants, and many plants that were observed later on Indian soil.

Avicenna,[17] one of the princes of Arabian physicians and a very distinguished philosopher, was born in 978 at Bukhara in the northeast of Persia. It is said that his memory was so prodigious that at the age of 12 he knew the Koran by heart. He studied in Baghdad under Mesue the Elder. He became the sultan's physician and minister and fulfilled the highest duties. He was banished after falling from favor, and took refuge with an apothecary where he hid himself for some time working as an assistant pharmacist. Eventually, he slipped away to Ispahan[18] to the caliph who ruled in that city. The date of his death is uncertain, sometime between 1036 and 1050. It is thought that he died a victim of his own obstinacy in insisting on treating himself in his final illness.

Avicenna studied the botany of Bactria and Sogdiana,[19] regions rich in medicinal plants and where the *asafoetida* grows,[20] which he was the first to recognize.

His principal work, entitled *The Rule*,[21] was introduced into Spain when the Ommiads established an independent caliphate there; his work was followed in the schools of Cordova during the tenth and eleventh centuries. Spain, which was under Arabian domination, enjoyed at that time a civilization much superior to that of the rest of Europe. The medical schools of Cordova especially had a tremendous reputation; from every part of the East, from Baghdad, Cairo, Persia, scholars went there for instruction.

Avicenna's writings were brought from Cordova to Montpellier by the Jews, who founded the famous medical school of that city, using the Arabian school as a model. From Montpellier Avicenna's works spread throughout the rest of Europe, notably in Italy and France.

Avicenna belonged to the Peripatetics and left a translation into Arabic of his master Aristotle. He is the most extraordinary of all the Arabian philosophers.

We shall end our examination of the eastern Arabian authors with Mesue the Younger of Baghdad.[22] He was a Christian but was never persecuted for his beliefs, for the Arabians at that time were still far from the intolerance that would be introduced into Mohammedanism after the invasion of the Turkish hordes. Mesue went to Cairo, which had become the residence of a special caliphate, and became the Fatimite caliph's physician. He died in 1015. His work entitled *De re medica* was translated first by Mundinus,[23] then by Sylvius, and served as a manual in all the schools of Europe until the Renaissance. Today he is almost completely forgotten.

The school at Cordova maintained its brilliant reputation for a long time; even Christian princes went there to be treated, in particular a king of Leon[24] who had himself transported there for treatment by Arabian physicians.

Among such physicians, we should note the following: Alboulc-Alza-Kaaris,[25] who died in 1122; Avenzoar-Ibn-Ror,[26] born at Seville, physician to the king of Morocco after having been his preceptor (at that time the kings of Morocco governed part of Spain); Averroes,[27] a student of Avenzoar and who was high judge at Cordova and high sheik –that is, religious leader: he possessed wide knowledge and taught philosophy, medicine, surgery, and law; Ibn Taitor of Malaga,[28] who traveled throughout the East and settled at Cairo, where the caliph made him his minister (in Haller's judgment, he was the best of the Arabian botanists); and Abdalla-Tif,[29] who lived at the end of the twelfth century and the beginning of the thirteenth. Abdalla-Tif's work was translated into French by Monsieur de Sacy;[30] included in his writings on Egypt are descriptions of plants and animals of that country that are more accurate than any recorded by the ancient authors, especially the description of the hippopotamus. Abdalla-Tif took care, after having examined a skeleton opportunely rescued from a collapsed tomb, to correct some errors overlooked by Galen on human osteology.

This Arabian physician also left several commentaries on the ancients.

We have finished our history of the natural sciences in antiquity and have shown them as continuing in the Byzantine empire, where they languished, with no sudden interruption, until the fifteenth century; and have also shown how the sciences were introduced among the Arabians, who preserved them from the eighth to the thirteenth centuries and cultivated several of them with success. Now we shall follow these same sciences in the different nations that rose from the ruins of the Western empire.

In the seventh century, the Germanic peoples had definitively established their dominion over all of Western Europe. The Franks possessed not only the territory that composes present-day France, but also almost all of Germany, so that the region called *Francia* comprised all of Gaul and southern and middle Germania. Italy was occupied by the Lombards, England by the Saxons.

These divers peoples –united by the same religious faith, under the spiritual sway of the bishop of Rome, and possessed of some instruction, including the Latin language, fortunately preserved by the popes in the liturgy– may be counted as one nation as regards the sciences. Men who pursued the sciences in the West in the Middle Ages communicated with ease among themselves: they traveled and they settled, as it were with indifference, in one or another part of Europe.

The religious orders, which were multiplying then in Europe, contributed mightily to this ease of communication, which produced a sort of unity in the scientific world.

As you recall, Saint Benedict in 543 founded the first monastic order in the West. After that, convents sprang up everywhere. All had libraries, schools, permanent copyists; arising from one head, who lived at Monte Cassino, all worked in one and the same spirit. For the space of two centuries, not a single author is found that did not belong to one of these monastic orders.

The first author of the Middle Ages is Saint Isidore,[31] whom one might also consider the last writer of antiquity. He was named bishop of Seville in 601, died in 636, and wrote under the domination of the Visigoths. His work is entitled *Etymologicon, sive de Originibus*, a kind of systematic dictionary arranged by subject matter –anatomy, physiology, zoology, geography, mineralogy, agriculture. In it he writes a little about many things, in a highly superficial way and not very judiciously. The author is only an unscholarly compiler. In fact, his work is mentioned in the history of sciences only as a reminder of the ignorance of the times in which he lived. However, the volume on metals contains some rather interesting documents, including the description of procedures employed at the time for making glass. The *Etymologicon* of Saint Isidore, despite its being of little value, was used for instruction in the schools until the twelfth century.

At the beginning of the eighth century, there was wide devastation; science obtained from tyranny no sort of favor. If a few monks were devoted to scholarship, it was entirely from motives of religion and piety.

Ireland led an existence apart and was the sole region of Europe where, in those times, ignorance did not increase. It had not been subjected to Roman domination; also, as we have mentioned, it was free from barbaric invasions, kept at a distance by its geographical location. Missioners carried the Christian religion to Ireland.

In France, for the duration of the dynasty of Clovis,[32] the crown was not inherited through right of primogeniture. As each king died, the country was divided among his several children into as many kingdoms, the reuniting of which would, however, form one nation, a sort of federated state.

The same mode of succession was maintained throughout the reign of the Merovingian race, which ended in a series of indolent rulers.

The frequent struggles that arose between the palace ministers and their Merovingian masters were scarcely conducive to the spreading of science. Gregory of Tours[33] is in a way worse than the writers who preceded him, and yet one finds in his narratives a certain coherence and a sufficient progression. But in Frédégaire[34] and the writers after him, one finds only frightful Latin and insufficient ability to record a fact. Thus, the successors of Alexander are a thousand times better known to us than are those of Clovis.

Accordingly, all that remained of antiquity slowly disappeared under the dynasty of the Merovingians, and it was not until after the usurpation by Pepin[35] and Charles Martel placed the palace ministers on the throne that the desire to emulate the ancients was reborn in France.

The happy impetus produced by these two kings was prodigiously seconded by Charlemagne,[36] one of the greatest geniuses to have ruled the Franks. This prince united under his empire Saxony and Italy, and under his rule the Frankish monarchy surpassed in power and extent every monarchy since established in Europe.

It has been said, according to Eginhart,[37] that Charlemagne, the protector of learning, was so ignorant that he could not even read; the passage supporting this assertion has clearly been misinterpreted. The same Eginhart informs us that Charlemagne spoke very good Latin in his responses to the embassies sent to him. Moreover, it is certain that he strove constantly to resume the thread of civilized knowledge. In this regard, Germany owes him much; there, he spread the sciences in lands where they had never penetrated before.

Charlemagne founded schools the length and breadth of his vast empire, and in places where they could survive –in monasteries and cathedrals. Every rich monastery was to maintain at its expense a free school, and the canons were responsible for teaching courses in the cathedrals. After conquering the Lombards, he founded schools at Bremen and Hamburg that still bear his name.

Charlemagne concerned himself especially with France. Recognizing that the Italians were superior in music, he brought in singing masters from Italy. It was in the latter country that he encountered Alcuin,[38] an English ecclesiastic and student of an Irish monk named Beda.[39] Alcuin aided Charlemagne in establishing many schools and institutions of use to the sciences and letters, and particularly in forming an academy that met at Paris in the very palace of the king, and of which the king himself was a member. Each member of this academy chose as a device for himself the name of a person in antiquity. Charlemagne had taken the name of David. It was also under Alcuin's direction that the king of France established at Paris many public schools outside the convent walls.

Charlemagne's correspondence with Alcuin offers numerous proofs of that prince's love for the sciences. We have a letter of his in which he complains of negligent copyists and the mistakes they made on manuscripts.

Charlemagne's efforts to bring about the conversion of the Saxons would also favor the spread of enlightenment.

Such care for the sciences, especially the founding of so many schools, caused Charlemagne to be considered the founder of universities, but this opinion, although widely held, is quite erroneous: the numerous schools opened under the reign of Charlemagne were no different from those that had existed before him; they were isolated schools where students were taught according to the ancient method of the *trivium* and the *quadrivium*, which together composed the seven liberal arts.[40] Schools of this sort, however numerous they may be, do not make up a university. Such an institution results only from the establishment of a common discipline for all the schools, from the uniting of the schools under a single, special jurisdiction, and from the obtaining of promotion after certain examinations. Now, none of this existed in the schools in the West until the thirteenth century. The title of Master of Arts was unknown in Charlemagne's time. During his reign and afterwards, until the thirteenth century, jurisdiction of the schools was accorded to bishops and heads of convents, and no regular method was set up to ascertain the students' knowledge.

If Charlemagne's successors had profited from his momentum, it is likely that they would have rekindled interest in the sciences in the West, the interruption would not have been so long, and the thread of tradition would have been taken up again in an age when the totality of ancient works was still extant.

Such was not the case, unfortunately for humanity. Louis the Pious[41] fell victim to the ambition of his sons, who divided his lands among them. Lothaire,[42] to whose lot Italy fell, acknowledged that all instruction had been extinguished in that country, where he himself had founded some schools. The rest of Europe was in no better plight: several Councils were needed to rule against the ordination of priests who could not read the catechism. If the clergy had descended to such a degree of ignorance, one can imagine what the rest of the population was like. The kings' capitularies [or ordinances], which are virtually the only records we have from this epoch, reveal the degree to which barbarianism had been carried. And yet, we find in some written records certain notions of interest for the sciences; we have already mentioned the one that prescribed the method of farming in the crown's domains, evidence that the productions of our soil at that time differed little from those of today.

Charlemagne died in 814. The Norman invasions in several areas of Europe, and those of the Danes in England, contributed greatly in the ninth century to Europe's reversion to barbarianism.

The strife and violence accompanying the decline of feudal institutes increasingly deepened the shadows that covered Europe and almost entirely destroyed the cultivation of science and letters.

NOTES

1. [Ghebert-ibn-Moussa-Djaffa-al-Sufi, or Jabir ibn Hayyan, Abu Musa (born *c.* 721, Tus, Iran; died *c.* 815, Kufah, Iraq), alchemist known as the "father of Arab chemistry." Shortly after Jabir was born, his father was beheaded for the part he played in a plot by the Abbasids to depose the Umayyad dynasty. Jabir was sent to Arabia, where he became a member of the Shi'ite sect. Apparently, he studied most branches of learning, including medicine. After the Abbasids defeated the Umayyads, Jabir became a court physician to the Abbasid caliph Harun ar-Rashid. Jabir was a close friend of the sixth Shi'ite imam, Ja'far ibn Muhammad, whom he gave credit for many of his scientific ideas. More than 2,000 works are attributed to Jabir. The Muslim Isma'iliyah sect published a large body of alchemical and mystical works under his name. In the fourteenth century a Spanish alchemist placed the name Geber (the Latinized form of Jabir) on his own manuscripts, possibly to attribute them to Jabir and thus gain greater authority.]
2. [Alembic, an apparatus used in distillation.]
3. [Naphtha, any of various volatile, highly flammable liquid hydrocarbon mixtures used chiefly as solvents and diluents and as raw materials for conversion to gasoline. Naphtha was the name originally applied to the more volatile kinds of petroleum issuing from the ground in the Baku district

of Azerbaijan and Iran. As early as the first century A.D., naphtha was mentioned by the Greek writer Dioscorides and the Roman writer Pliny the Elder. Alchemists used the word principally to distinguish various mobile liquids of low boiling point, including certain ethers and esters.]

4. [Bezoar, also called bezoar stone, any of various calculi found chiefly in the gastrointestinal organs and formerly believed to possess magical properties, especially as an antidote for certain poisons.]
5. [Hellebore, a member of either of two genera of poisonous herbaceous plants, *Helleborus and Veratrum,* some species of which are grown as garden ornamentals.]
6. [Black currant, a shrub of the genus *Ribes* of the gooseberry family (Grossulariaceae), the piquant, juicy berries of which are used chiefly in jams and jellies, but also in lozenges, for flavoring, and are occasionally fermented.]
7. [Senna, any of several plants, especially of the genus *Cassia,* in the pea family (Fabaceae), mostly of subtropical and tropical regions. Many are used medicinally; some yield tanbark used in preparing leather. Some sennas are among the showiest flowering trees.]
8. [Tamarind (*Tamarindus indica*), an evergreen tree, of the pea family (Fabaceae), native to tropical Africa. It is widely cultivated in other regions as an ornamental, and for its edible fruit widely used in the Orient in foods, beverages, and medicines.]
9. [Jujube, either of two species of small, spiny trees of the genus *Ziziphus* (family Rhamnaceae) and their fruit. Most are varieties of the common jujube (*Z. jujuba*), native to China, where they have been cultivated for more than 4,000 years.]
10. [Myrobalan, the dried astringent fruit of an East Indian tree (genus *Terminalia* of the family Combretaceae) used primarily in tanning and in inks.]
11. [Mesue the Elder is Yuhanna ibn Masawaih, also written Ibn Masawaih or Masawaiyh (born 777; died 857, Samarra), an Assyrian physician from the Academy of Gundishapur. The son of a pharmacist and physician from Gundishapur, he came to Baghdad and studied under Jabril ibn Bukhtishu. Later, he became director of a hospital in Baghdad where he composed medical treatises on a number of topics, including ophthalmology, fevers, headache, melancholia, diatetics, the testing of physicians, and medical aphorisms. It is said that he regularly held an assembly of some sort, where he consulted with patients and discussed subjects with pupils, attracting a wide audience.]
12. [Rhazes, see note 15, below.]
13. [Honein, son of Assac (died 873), physician, philosopher, historian, grammarian, and lexicographer, who was among a number of Nestorians who enjoyed the favor of the caliphs of Baghdad and well known among Christians and Muslims for their medical works and their translations into Syriac and Arabic of the works of Dioscorides, Hippocrates, Galen, and Paul of Agima.]
14. [Serapion the Elder is Yahya ibn-Sarafyun, of the second half of the ninth century, a Christian physician who wrote two medical compilations in Syriac. One of these was translated into Latin by Gerard of Cremona (born 1113 or 1114, died 1187) as *Practica sive breviarium* sometime before 1187. Its last book, which dealt with antidotes, was very popular during the period.]
15. [Rhazes or Ar-Razi, in full Abu Bakr Muhammad ibn Zakariya' Ar-Razi (born *c.* 865, Rayy, Persia, now in Iran; died 923, Rayy), a celebrated alchemist and Muslim philosopher who is also considered to have been the greatest physician of the Islamic world. Rhazes's two most significant medical works are the *Kitab al-Mansuri,* which he composed for the Rayy ruler Mansur ibn Ishaq and which became well known in the West in Gerard of Cremona's twelfth-century Latin translation; and *Kitab al-hawi,* the "Comprehensive Book," in which he surveyed Greek, Syrian, and early Arabic medicine, as well as some Indian medical knowledge.]
16. [Serapion the Younger, surnamed Aggregator, one of the most important mediaeval botanists and a chief source of Arabic plant knowledge. He formed in his writings a link between the Greek world of thought and that of the caliphate. Several editions of his *Liber Serapionis aggregatus in medicinis simplicibus* appeared in the fifteenth century (for example, see Serapion the Younger, *Liber Serapionis aggregatus in medicinis simplicibus*, Milan: Antonius Zarotus, 1473, [373 p.])]
17. [Avicenna, Arabic Ibn Sina, in full Abu 'Ali Al-Husayn Ibn 'Abd Allah Ibn Sina (born 980, Bukhara, Iran; died 1037, Hamadan), Iranian physician, the most famous and influential of the philosopher-scientists of Islam (see Siraisi (Nancy G.), *Avicenna in Renaissance Italy: The Canon and Medical Teaching in Italian Universities after 1500*, Princeton (New Jersey): Princeton University Press, 1987, xii + 410 p.) He was particularly noted for his contributions in the fields of Aristotelian philosophy and medicine. He composed the *Kitab ash-shifa'* ("Book of Healing"), a vast philosophical and scientific encyclopedia (Avicenna, *The metaphysics of The healing: a parallel English-Arabic text* [translated, introduced, and annotated by Marmura Michael E.], Provo (Utah): Brigham Young University Press, 2005, xxvii + 441 p.), and the *Canon of Medicine,* which is among the most famous books in the history of medicine (Avicenna, *The general principles of Avicenna's Canon of medicine* [ed. by Mazhar H. Shah], Karachi: Naveed Clinic, 1966, 499 p.)]
18. [Ispahan, city in the district of Jabal, Persia, situated on the Zendarud River. The Jews are said to have founded Ispahan, declaring that it was built by the captives whom Nebuchadnezzar transported thither after he had taken Jerusalem.]
19. [Sogdiana, ancient country of Central Asia centering on the fertile valley of the Zeravshan River, in modern Uzbekistan. Excavations have shown that Sogdiana was probably settled between 1000 and 500 B.C. and that it then passed under Achaemenian rule. It was later attacked by Alexander

the Great and may have been included in the Bactrian Greek kingdom until the invasions of Shaka and Yüeh-chih peoples in the second century B.C. Sogdiana remained a prosperous center until the Mongol invasions. Under the Samanid dynasty (ninth-tenth century A.D.) it was an eastern focal point of Islamic civilization.]

20. [Asafetida, gum resin prized as a condiment in India and Iran, where it is used to flavor curries, meatballs, and pickles. It has been used in Europe and the United States in perfumes and for flavoring. Acrid in taste, it emits a strong onion-like odor because of its organic sulfur compounds. It is obtained chiefly from the plant *Ferula foetida* of the family Apiaceae (Umbelliferae).]

21. [*The Rule* or *Canon of Medicine* (*al-Qanun fi at-tibb*) is the most famous single book in the history of medicine in both East and West (see note 17, above). It is a systematic encyclopedia based for the most part on the achievements of Greek physicians of the Roman imperial age and on other Arabic works and, to a lesser extent, on Avicenna's own experience (his own clinical notes were lost during his journeys).]

22. [Mesue the Younger, in full, Masawaih al-Mardini, compiled a large dispensatory that was immensely popular in mediaeval Europe. For centuries it remained the standard work on the subject.]

23. [Mondino dei Luzzi, also called Raimondino dei Liucci, or Mundinus (born *c.* 1270, Bologna, Italy; died *c.* 1326, Bologna), Italian physician and anatomist whose *Anathomia Mundini* (written in 1316; first printed in 1478) was the first European book written since classical antiquity that was entirely devoted to anatomy and was based on the dissection of human cadavers (see Wickersheimer (Ernest) (ed.), *Anatomies de Mondino dei Luzzi et de Guido de Vigevano*, Paris: Droz, 1926, 91 p. + 16 pls, in-4). It remained a standard text until the time of the Flemish anatomist Andreas Vesalius (born 1514, died 1564).]

24. [Leon, Spanish León, medieval Spanish kingdom. Leon proper included the cities of León, Salamanca, and Zamora –the adjacent areas of Vallodolid and Palencia being disputed with Castile, originally its eastern frontier. The kings of Leon ruled Galicia, Asturias, and much of the country of Portugal before Portugal gained independence about 1139.]

25. [We have been unable to identify Alboulc-Alza-Kaaris.]

26. [Ibn Zuhr, in full Abu Marwan 'Abd Al-Malik Ibn Abi Al-'Ala` Zuhr, also called Avenzoar or Abumeron (born *c.* 1090, Seville; died 1162, Seville), one of medieval Islam's foremost thinkers and the greatest medical clinician of the western caliphate. An intensely practical man, he disliked medical speculation; for that reason, he opposed the teachings of the Persian master physician Avicenna.]

27. [Averroës, medieval Latin Averrhoës, also called Ibn Rushd, Arabic in full Abu Al-Walid Muhammad Ibn Ahmad Ibn Muhammad Ibn Rushd (born 1126, Córdoba; died 1198, Marrakech, Almohad Empire), influential Islamic religious philosopher who integrated Islamic traditions and Greek thought. At the request of the caliph Ibn at-Tufayl he produced a series of summaries and commentaries on most of Aristotle's works and on Plato's *Republic*, which exerted considerable influence for centuries (see Averroës, *Averroës' commentary on Plato's Republic* [edited with an introduction, translation and notes by Rosenthal E. I. J.], Cambridge: Cambridge University press, 1956, xii + 337 p.; *Averroës' three short commentaries on Aristotle's "Topics," "Rhetoric," and "Poetics"* [edited and translated by Butterworth Charles E.], Albany: State University of New York Press, 1977, xi + 206 p.)]

28. [Ibn (or Ebor) Taitor of Malaga, Arab botanist who traveled in to Asia to study plants and eventually becoming a minister of the Caliph at Cairo.]

29. [Abdalla-Tif, see Lesson 20, note 48.]

30. [Isaac-Louis Le Maistre de Sacy (born 1613, died 1684), an important figure in the Jansenist religious movement in France, a member of the Arnauld family. Le Maistre de Sacy, also a student and follower of Saint-Cyran, was ordained in 1649. He became the confessor to the nuns and *solitaires* of Port-Royal and was held in high esteem by the Jansenists as a spiritual director. He is best remembered, however, as the principal author of the translation of the New Testament known as the *Nouveau Testament de Mons* (see Le Maistre de Sacy (Isaac-Louis), *Le Nouveau Testament de notre Seigneur Jesus-Christ, traduit en françois sur la Vulgate, par Monsieur Le Maistre de Saci...*, Paris: Guillaume Desprez & Jean Desessartz, 1717, xii + 706 + [2] p., in-12).]

31. [Saint Isidore of Seville, Latin Isidorus Hispalensis (born *c.* 560, Cartagena or Seville, Spain; died 4 April 636, Seville; canonized 1598; feast day 4 April), theologian, last of the Western Latin Fathers, archbishop, and encyclopedist, whose *Etymologies,* an encyclopedia of human and divine subjects, was one of the chief landmarks in glossography (the compilation of glossaries) and was for many centuries one of the most important reference books (Isidore of Seville, *Etymologies, Livre II: Rhétorique et dialectique* [transl. in french and notes by Marshall Peter K.], Paris: Les Belles Lettres, 1983, 186 p.)]

32. [Dynasty of Clovis, the Merovingian line of Frankish kings, 486-751, which dominated much of western Europe in the early Middle Ages (see Lesson 19, notes 18, 23, 24).]

33. [Saint Gregory of Tours, original name Georgius Florentius (born 30 November 538/539, Augustonemetum, Aquitaine; died 594/595, Tours, Neustria; feast day 17 November), bishop and writer whose *Historia Francorum* (*History of the Franks*) is a major source for knowledge of the sixth-century Franco-Roman kingdom (see Gregory of Tours, *Histoire des Francs* [tr. from latin to french by Latouche Robert], Paris: Les Belles Lettres, 1963, 2 vols) The complicated political situation of that period actively involved Gregory himself in numerous political events and in open dispute with the king. He also

wrote *Lives of the Fathers*, seven books of miracles, and a commentary on the Psalms (Gregory of Tours, *Les livres des miracles et autres opuscules de Georges Florent Grégoire, évêque de Tours*, Paris: J. Renouard, 1857-1864, 4 vols; *Lives of the Fathers* [translated with an introduction by James Edward], 2nd ed., Liverpool: Liverpool University Press, 1991, xxv + 143 p.)]

34. [Frédégaire, Latin Fredegarius (fl. seventh century A.D.), the supposed author of a chronicle of Frankish history composed between 658 and 661. All the extant manuscripts of this chronicle are anonymous, and the attribution of it to "Fredegarius" dates from the edition of it by Claude Fauchet (French historian and antiquary, born 3 July 1530, died January 1602) published in 1579 (see Fauchet (Claude), *Les antiquitez gauloises et françoises, augmentées de trois livres, contenans les choses advenues en Gaule et en France, jusques en l'an 751...*, Paris: J. Perier, 1599, 2 part. in 1 vol., -in-8; *Les Antiquitez et histoires gauloises et françoises, contenant l'origine des choses advenues en Gaule et es annales de France, depuis l'an du monde MMMCCCL jusques l'an IXCLXXXVII de Jésus Christ*, Genève: P. Marceau, 1611, 125 p.) The author set a fairly detailed history of his own times in the framework of a universal chronicle, drawing, for early Merovingian times, on information derived from the *Historia Francorum* of Gregory of Tours (see note 33, above), which ends at the year 591, three years before Gregory's death.]

35. [Pepin III, byname Pepin the Short (born *c.* 714; died 24 September 768, Saint-Denis, Neustria, now in France), the first king of the Frankish Carolingian dynasty and the father of Charlemagne. A son of Charles Martel, Pepin became sole de facto ruler of the Franks in 747 and then, on the deposition of Childeric III in 751, king of the Franks. He was the first Frankish king to be anointed –first by St. Boniface and later (754) by Pope Stephen II.]

36. [Charlemagne, also called Carolus Magnus or Charles the Great (born 2 April, probably in 742; died 28 January 814, Aachen, northwestern Germany), as king of the Franks (768-814) conquered the Lombard kingdom in Italy, subdued the Saxons, annexed Bavaria to his kingdom, fought campaigns in Spain and Hungary, and, with the exception of the Kingdom of Asturias in Spain, southern Italy, and the British Isles, united in one super-state practically all the Christian lands of western Europe. In 800 he assumed the title of emperor. (He is reckoned as Charles I of the Holy Roman Empire, as well as Charles I of France.) Besides expanding its political power, he also brought about a cultural renaissance in his empire. Although this *imperium* survived its founder by only one generation, the medieval kingdoms of France and Germany derived all their constitutional traditions from Charles's monarchy. Throughout medieval Europe, the person of Charles was considered the prototype of a Christian king and emperor.]

37. [Eginhart, also spelled Eginhard or Einhard (born *c.* 770, Maingau, Franconia; died 14 March 840, Seligenstadt, Franconia), Frankish historian and court scholar whose writings are an invaluable source of information on Charlemagne and the Carolingian Empire.]

38. [Alcuin (born *c.* 732, in or near York, Yorkshire, England; died 19 May 804, Tours, France), Anglo-Latin poet, educator, and cleric who, as head of the Palatine school established by Charlemagne at Aachen, introduced the traditions of Anglo-Saxon humanism into western Europe. He was the foremost scholar of the revival of learning known as the Carolingian Renaissance. He also made important reforms in the Roman Catholic liturgy and left more than 300 Latin letters that have proved a valuable source on the history of his time (see Alcuin, *Alcuin of York, c. A.D. 732 to 804: his life and letters* [translated from the Latin; ed. by Allott Stephen], York: William Sessions Ltd., 1974, x + 174 p.)]

39. [Saint Bede the Venerable, Bede also spelled Baeda, or Beda (born 672/673, traditionally Monkton in Jarrow, Northumbria; died 25 May 735, Jarrow; canonized 1899; feast day 25 May), Anglo-Saxon theologian, historian, and chronologist, best known today for his *Historia ecclesiastica gentis Anglorum* ("Ecclesiastical History of the English People"), a source vital to the history of the conversion to Christianity of the Anglo-Saxon tribes (see Bede the Venerable, *Bede's Ecclesiastical history of the English people* [a historical commentary by Wallace-Hadrill John Michael], Oxford: Clarendon Press; Oxford; New York: Oxford University Press, 1988, xxxv + 299 p.)]

40. [The seven liberal arts, see Lesson 17, note 46.]

41. [Louis I, byname Louis the Pious (born 778, Chasseneuil, near Poitiers, Aquitaine; died 20 June 840, Petersaue, Germany), son of the Frankish ruler Charlemagne; he was crowned as co-emperor in 813 and became emperor in 814 on his father's death. Twice deprived of his authority by his sons (Lothair, Pepin, Louis, and Charles), he recovered it each time (830 and 834), but at his death the Carolingian Empire was in disarray.]

42. [Lothaire I (born 795; died 29 September 855, Abbey of Prüm, Germany), Frankish emperor whose attempt to gain sole rule over the Frankish territories was checked by his brothers. Ruler in Italy from 822, Lothair was crowned emperor by Pope Paschal I in 823. In 833 discontent with the rule of Louis the Pious ended in a revolt of the three elder sons, led by Lothair, and Lothair replaced the deposed Louis. Louis was restored to power the following year, however, and Lothair's rule was restricted to Italy.]

EMBLÈME DU TRAVAIL DE LA PIERRE PHILOSOPHALE
Planche XVIII extraite du chapitre « Chimie » de l'*Encyclopédie* de Diderot & d'Alembert (volume 3 de 1763).

21 Les Arabes et les nations latines

Le premier des savants arabes qui ait acquis de la célébrité est Chebert-Aben-Moussa-Djuffa-al-Sophi[1]. Les alchimistes l'appellent le roi Ghebert. Il a écrit plusieurs traités intitulés : *Recherches sur les Propriétés, des Métaux ; de l'Art de faire de l'Or et de l'Argent : de la Pierre philosophale.* Comme on le pense bien, Ghebert n'a pas donné le moyen de faire de l'or ; mais il a fait connaître plusieurs expériences importantes et des moyens précieux : de faire agir diverses substances les unes sur les autres.

C'est à lui que l'on doit l'art de la distillation, inconnu alors dans l'Occident, mais qui était probablement pratiqué depuis long-temps dans les Indes : c'est du moins ce qui semble résulter d'un passage de Strabon, où il parle d'une liqueur que les Indiens tiraient du riz. Le nom de l'alambic[2], qui fut inventé par Ghebert, est arabe, ainsi que celui de l'alcool.

On doit encore à Ghebert la connaissance du sublimé corrosif, composé de chlore et de mercure, et poison violent employé avec beaucoup de succès dans certaines maladies. Enfin il découvrit l'acide nitrique.

Aucun des acides minéraux n'était connu des anciens. Les Arabes trouvèrent *l'eau régale*, mélange actif de deux acides, l'acide hydrochlorique et l'acide nitrique, qui a la propriété de dissoudre l'or ; la pierre infernale ou le nitrate d'argent, substance fort importante par elle-même et par ses propriétés chimiques, qui sont d'une grande utilité en chirurgie ; le précipité rouge de mercure et plusieurs autres composés chimiques d'une moindre valeur.

On voit par ces diverses découvertes combien prit tout-à-coup d'importance la science que les Arabes nommaient alchimie, et qui offrait une nouvelle voie aux observateurs de la nature. Car les anciens n'avaient eu aucune idée des transformations produites par la combinaison des corps entre eux.

Les Arabes enrichirent la médecine d'un nombre considérable de préparations pharmaceutiques. Les sirops, les juleps, le naphte[3], le bezoard[4] sont encore désignés par les noms que leur donnèrent les Arabes lorsqu'ils les introduisirent dans la médecine. La connaissance de leurs préparations fut répandue en Europe par les écoles arabes de l'Espagne, d'où elles furent portées par les médecins juifs en France, en Allemagne, en Italie.

En explorant des régions inconnues des anciens, les Arabes y firent en Botanique de précieuses découvertes. Avant eux on ne connaissait que des purgatifs violents, tels que l'ellébore[5] et autres drastiques du même genre. Ils effectuèrent une révolution complète dans la médecine, en employant la casse[6], le séné[7], le tamarin[8]. C'est à eux aussi que la médecine est redevable des jujubes[9] et des myrobolans[10].

Mésué (le vieux)[11] est le plus ancien des auteurs arabes dont les œuvres médicales nous soient connues. Il était Syrien Nestorien, et fut médecin d'Haroun al-Raschild, qui lui confia l'éducation de son fils. C'est par Rhazès[12] que nous ont été transmis les fragments de ceux de ses écrits que nous possédons.

Honain[13], fils d'Assac, élève aussi de l'école des Nestoriens, et qui vivait en 804, traduisit, par ordre d'Haroun-al-Raschild, du syriaque en arabe, les œuvres d'Hippocrate et celles de Galien. Ce qui a surtout rendu célèbre ce médecin arabe est le refus qu'il fît à un calife, d'un poison qu'il lui demandait.

Sérapion (le vieux)[14], originaire de Syrie et Nestorien, vivait aussi dans le même siècle que le médecin précédent, mais on ne sait pas précisément à quelle époque. Il n'a presque rien laissé concernant les sciences.

Le premier des médecins arabes qui ait publié un ouvrage complet non traduit, est Rhazès-Abbeker-Mehamed-Rhazi[15], qui fut inspecteur de l'hôpital de Bagdad et passe pour avoir été l'un des plus habiles médecins de sa nation. Il mourut en 923. L'ouvrage qui nous a été transmis sous son nom, paraît avoir été recueilli à ses leçons par un de ses élèves ; c'est du moins ce que fait penser le peu d'ordre qui y règne et les lacunes fréquentes qu'on y remarque. Il y est longuement parlé des végétaux utiles de l'Inde, de la Perse et de la Syrie, que n'avaient pas connus les anciens. On y rencontre la description de la petite-vérole, maladie terrible, communiquée à l'Occident par les Arabes, et qui est une triste compensation des avantages de la nouvelle médecine propagée par cette nation.

Vers 1002, Sérapion (le jeune), surnommé *Aggregator*[16], écrivit un livre intitulé : *de Simplicibus*, dans lequel il traite, d'après Dioscoride, des plantes grecques et de la plupart de celles qui avaient été observées plus tard sur le sol indien.

Avicenne[17], l'un des princes de la médecine arabe et philosophe très-distingué, naquit en 978 à Bouchor, au nord-est de la Perse. On rapporte que sa mémoire était si puissante qu'à l'âge de douze ans il savait tout le Coran par cœur. Ce fut à Bagdad, sous Mesué (le vieux), qu'il fit ses études. Il devint médecin et ministre du sultan et remplit le emplois les plus élevés. Ayant été exilé après être tombé en défaveur, il se cacha chez un apothicaire, où il resta quelque temps en qualité de garçon pharmacien. Il s'échappa de là, et se rendit à Ispahan[18] auprès du calife, qui régnait dans cette ville. L'époque de sa mort est incertaine. On la fixe à 1036 et à 1050. On assure qu'il fut victime de son obstination à vouloir se traiter lui-même dans sa dernière maladie.

Avicenne étudia la botanique de la Bactriane, de la Sogdiane[19], régions fertiles en plantes médicinales et où croît l'*assa-fœtida*[20], qu'il a fait connaître le premier.

Son principal ouvrage, intitulé *la Règle*[21], fut apporté en Espagne lorsque les Ommiades y eurent établi un califat indépendant ; il fut suivi dans les écoles de Cordoue, pendant les Xe et XIe siècles. L'Espagne, dominée par les Arabes, jouissait, alors d'une civilisation supérieure de beaucoup à celle du reste de l'Europe. Les écoles médicales de Cordoue avaient surtout une réputation colossale ; de toutes les parties de l'Orient, de Bagdad, du Caire, de la Perse, les savants y venaient chercher de l'instruction.

Les livres d'Avicenne furent portés de Cordoue à Montpellier par les juifs qui fondèrent la célèbre école médicale de cette ville, à l'instar de celle des Arabes. De Montpellier ils furent répandus dans le reste de l'Europe, notamment en Italie et en France.

Avicenne appartenait à la secte des Péripatéticiens, et a laissé une traduction arabe de son maître Aristote. Il est le philosophe le plus remarquable parmi les Arabes.

Nous terminerons l'examen des auteurs arabes orientaux par Mesué, dit le jeune, de Bagdad[22]. Il était chrétien, mais il ne fut aucunement persécuté pour ses croyances, car les Arabes étaient bien loin alors d'avoir l'intolérance qui s'est introduite dans le mahométisme après l'invasion des hordes turques. Mesué s'étant rendu au Caire, qui était devenu le siège d'un califat particulier, y fut médecin du calife Fatimite. Il mourut en 1015. Son ouvrage intitulé : *de Re Medica*, a été traduit d'abord par Mundinus[23], ensuite par Sylvius, et a servi de manuel dans toutes les écoles de l'Europe, jusqu'à la renaissance des lettres. Aujourd'hui il est presque complétement oublié.

L'école de Cordoue conserva pendant un temps assez long sa brillante renommée ; les princes chrétiens eux-mêmes s'y rendaient pour s'y faire traiter, et on cite surtout un roi de Léon[24] qui s'y transporta pour suivre le traitement des médecins arabes.

Parmi ces médecins, nous devons faire remarquer les suivants : Alboulc-Alza-Kaaris[25], qui mourut en 1122 ; Abenzoar-Ebn-Ror[26], né à Séville, et qui fut médecin du roi de Maroc après avoir été son gouverneur (à cette époque les rois de Maroc gouvernaient une partie de l'Espagne) ; Averroès[27], élève d'Abenzoar, qui fut grand-juge à Cordoue et grand-check, c'est-à-dire chef de la religion : il possédait des connaissances très-variées, et enseignait à la fois la philosophie, la médecine, la chirurgie et le droit ; Ebn Taitor, de Malaga[28], qui avait parcouru tout l'Orient et s'était fixé au Caire, où le calife l'avait fait son ministre : au jugement de Haller, il était le plus savant des botanistes arabes ; enfin Abdalla-Tif[29], qui fleurissait à la fin du XIIe siècle et au commencement du treizième, et dont l'ouvrage a été traduit en français par M. de Sacy[30] : dans ce qu'il a écrit sur l'Égypte, on trouve des descriptions de plantes et d'animaux de ce pays plus exactes que celles qui avaient été faites par les anciens auteurs ; on peut citer surtout celle de l'hippopotame. Abdalla-Tif eut le mérite, après avoir examiné un squelette tiré par hasard d'un sépulcre éboulé, de redresser quelques erreurs échappées à Galien sur l'ostéologie de l'homme.

Ce même médecin arabe a laissé encore plusieurs commentaires sur les anciens.

Maintenant que nous avons terminé l'histoire des sciences naturelles dans l'antiquité, que nous les avons montrées se perpétuant dans l'empire de Byzance, où elles languirent, sans interruption brusque, jusqu'au XVe siècle ; que nous avons fait voir aussi comment elles se sont introduites chez les Arabes, qui les conservèrent du VIIIe siècle au XIIIe, et en cultivèrent plusieurs avec succès, nous allons suivre ces mêmes sciences dans les différents États qui furent formés des débris de l'empire d'Occident.

Au VIIe siècle, les nations germaniques avaient définitivement établi leur domination sur toute l'Europe occidentale. Les Francs possédaient, non-seulement le territoire qui forme la France actuelle, mais encore presque toute l'Allemagne, de manière que ce qu'on nommait alors *Francia* comprenait toute la Gaule et la Germanie méridionale et moyenne. L'Italie était occupée par les Lombards, l'Angleterre par les Saxons.

Ces divers peuples, réunis par la même croyance religieuse, sous la domination spirituelle de l'évêque de Rome, et chez lesquels tous les hommes doués de quelque instruction, comprenaient la langue latine, heureusement conservée par les papes dans la liturgie, peuvent être considérés comme une seule nation sous le rapport des sciences. Les hommes qui, au Moyen Âge, cultivaient les sciences dans l'Occident, communiquaient facilement entre eux : ils voyageaient, ils s'établissaient presque indifféremment dans l'une ou l'autre des parties de l'Europe.

Les ordres religieux, qui se propagèrent alors en Europe, contribuèrent puissamment à cette facilité de communication qui produisit une sorte d'unité dans le monde savant.

Ce fut, comme on se le rappelle sans doute, saint Benoît qui, en 543, fonda le premier ordre monastique de l'Occident. Depuis lors, un grand nombre de couvents s'élevèrent de toutes parts. Tous eurent des bibliothèques, des écoles, des copistes permanents ; tous, relevant d'un même chef, qui résidait au mont Cassin, travaillaient dans un même esprit. Pendant l'espace de deux siècles, on ne rencontre pas un seul auteur qui n'ait appartenu à quelqu'un de ces ordres monastiques.

Le premier auteur du Moyen Âge est saint Isidore[31], qu'on pourrait aussi regarder comme le dernier écrivain de l'antiquité. Nommé évêque de Séville en 601, il mourut en 636. Il écrivit donc sous la domination des Visigoths. Son ouvrage est intitulé : *Étymologicon, sive de Originibus*. C'est une espèce de dictionnaire raisonné, disposé ainsi par ordre de matières : anatomie, physiologie, zoologie, géographie, minéralogie, agriculture. Il y est un peu parlé de toutes ces choses, mais d'une manière très-superficielle et peu judicieuse. L'auteur n'est qu'un compilateur très-peu instruit. À vrai dire, on ne parle de son ouvrage dans l'histoire des sciences que comme d'un monument de l'ignorance des temps où il vivait. Toutefois, le livre relatif aux métaux contient quelques documents assez curieux : on y trouve la description des procédés employés, à l'époque où il fut écrit, pour fabriquer le verre. L'Étymologicon de saint Isidore, malgré son très-peu de valeur, servit cependant à l'enseignement des écoles jusqu'au XIIe siècle.

Au commencement du VIIIe siècle survinrent des dévastations générales ; les sciences n'obtinrent de la tyrannie aucune espèce de faveur : si quelques moines se livrèrent à l'étude, c'était uniquement dans des vues religion et de dévotion.

L'Irlande, qui alors avait une existence particulière, est la seule région de l'Europe où dans ces temps l'ignorance n'augmenta pas. Elle n'avait pas été soumise à la domination romaine, elle fut aussi exempte, comme nous l'avons dit, des invasions des barbares, qui en furent d'ailleurs éloignés par sa position géographique. Des missionnaires y portèrent la religion chrétienne.

En France, pendant la durée de la dynastie de Clovis[32], la couronne ne fut pas héréditaire par droit de primogéniture. À la mort de chaque roi, le pays était partagé entre ses enfants en autant de royaumes dont la réunion devait former pourtant une seule nation, une sorte d'État fédératif.

Le même mode de succession fut maintenu pendant la durée de la race des Mérovingiens, qui se termina par la série des rois fainéants.

Les luttes fréquentes qui s'élevèrent entre les maires du palais et leurs maîtres n'étaient guère propres à la propagation des sciences. Déjà Grégoire de Tours[33] (écrivain du VIe siècle) est plus mauvais que les écrivains qui l'avaient précédé. Cependant on trouve encore dans ses récits quelque suite et des développements suffisants; mais dans Frédégaire[34] (du VIIIe siècle) et les écrivains postérieurs, on ne trouve plus qu'un latin effroyable et des idées insuffisantes au récit d'un événement. Aussi les successeurs d'Alexandre nous sont-ils mille fois mieux connus que ceux de Clovis.

Tout ce qui était resté de l'antiquité s'effaçait donc peu à peu sous la dynastie des Mérovingiens, et ce ne fut qu'après l'époque où l'usurpation de Pepin[35] et de Charles-Martel plaça les maires du palais sur le trône que l'on vit renaître en France quelque émulation.

L'heureuse impulsion produite par ces deux rois fut prodigieusement secondée par Charlemagne[36], l'un des plus grands génies qui aient régné sur les Francs. Ce prince réunit sous son empire la Saxe et l'Italie, et sous son règne la monarchie des Francs surpassait en puissance et en étendue toutes celles qui depuis ont été établies en Europe.

On a dit, d'après Eginhart[37], que Charlemagne, ce protecteur des sciences, était si ignorant qu'il ne savait pas même lire; le passage sur lequel on a appuyé cette assertion a évidemment été mal interprété. Le même Eginhart nous apprend que Charlemagne parlait très-bien le latin dans ses réponses aux ambassadeurs qui lui étaient envoyés. Du reste, il est certain qu'il s'efforça constamment de renouer le fil des connaissances humaines. L'Allemagne, sous ce rapport, lui dut beaucoup; il y répandit les sciences dans des contrées où elles n'avaient jamais pénétré.

Charlemagne fonda des écoles dans toute l'étendue de son vaste empire, et les établit où elles pouvaient l'être, c'est-à-dire dans les monastères et les cathédrales. Tout monastère riche dut entretenir à ses frais une école gratuite, et les chanoines étaient tenus de faire des cours dans les cathédrales. Après avoir conquis les Lombards, il fonda à Brême et à Hambourg des écoles qui portent son nom.

Charlemagne s'occupa particulièrement de la France: ayant reconnu la supériorité des Italiens pour la musique, il fit venir des maîtres de chant de l'Italie. Ce fut dans ce pays qu'il rencontra Alcuin[38], ecclésiastique anglais, élève d'un moine irlandais appelé Beda[39]. Alcuin seconda Charlemagne dans l'établissement d'un grand nombre d'écoles et d'institutions utiles aux sciences et aux lettres, particulièrement dans la formation d'une académie qui se réunissait à Paris dans le palais même du roi, et dont ce prince était membre. Chacune des personnes de cette académie s'était choisi, en guise de devise, le nom d'un personnage de l'antiquité. Charlemagne avait pris celui de David. Ce fut aussi sous la direction d'Alcuin que le roi de France établit à Paris un grand nombre d'écoles publiques en dehors des couvents.

La correspondance de Charlemagne avec Alcuin offre de nombreuses preuves de l'amour de ce prince pour les sciences. On possède une lettre de lui dans laquelle il se plaint de la négligence des copistes et des fautes qu'ils commettaient sur les manuscrits.

Les efforts que fit Charlemagne pour opérer la conversion des Saxons devaient aussi favoriser la propagation des lumières.

Tous ces soins pour les sciences, l'établissement de tant d'écoles surtout ont fait regarder Charlemagne comme le fondateur des universités ; mais cette opinion, si généralement répandue, est complétement erronée : les nombreuses écoles ouvertes sous le règne de Charlemagne ne différaient pas de celles qui existaient avant lui ; c'étaient des écoles isolées, dans lesquelles on enseignait, suivant l'ancienne méthode, le *triduum* et le *quadrivium*, dont l'ensemble comprenait les sept arts libéraux[40]. Des écoles de cette nature, quelque nombreuses qu'elles soient, ne forment pas une université. Une pareille institution ne résulte que de l'établissement d'une discipline commune à toutes les écoles, de leur réunion sous une juridiction unique et spéciale, et de l'obtention de grades après des épreuves déterminées. Or, tout cet ensemble n'exista dans les écoles de l'Occident qu'au XIIIe siècle. Le titre de maître ès-arts n'était pas même connu du temps de Charlemagne. Sous son règne et après lui, jusqu'au XIIIe siècle, la juridiction des écoles fut accordée aux évêques et aux chefs des couvents, et on n'établit aucun moyen régulier de s'assurer du savoir des écoliers.

Si les successeurs de Charlemagne avaient profité de l'impulsion qu'il avait donnée, ils auraient vraisemblablement rallumé le goût des sciences dans l'Occident ; l'interruption eût été moins longue, et le fil des traditions eût été repris à une époque où la totalité des ouvrages de l'antiquité devait encore exister.

Il n'en fut pas ainsi, malheureusement pour l'humanité. Louis-le-Débonnaire[41] fut victime de l'ambition de ses fils, qui se partagèrent ses États. Lothaire[42], à qui l'Italie était échue, avoue que toute instruction était éteinte dans ce pays, où il fonda cependant lui-même quelques écoles. Le reste de l'Europe n'était pas dans un meilleur état : plusieurs conciles furent obligés de défendre qu'on ordonnât prêtre celui qui ne savait pas lire le catéchisme. Si le clergé était descendu à ce degré d'ignorance, qu'on juge de ce qu'était le reste de la population. Les capitulaires des rois, qui sont à peu près les seuls monuments que nous ayons de cette époque, montrent jusqu'où la barbarie était alors portée. Toutefois, on rencontre dans quelques-uns des notions intéressantes pour les sciences ; nous avons déjà parlé de celui qui prescrit le mode de culture des domaines de la couronne, et qui prouve qu'à cette époque les productions de notre sol différaient peu de ce qu'elles sont aujourd'hui.

Charlemagne mourut en 814. Les invasions des Normands dans plusieurs contrées de l'Europe, et celles des Danois en Angleterre, contribuèrent puissamment, au IXe siècle, à replonger l'Europe dans la barbarie.

Les luttes et les violences qui accompagnèrent la décadence des institutions féodales épaissirent progressivement les ténèbres qui couvraient l'Europe, et détruisirent presque entièrement la culture des sciences et des lettres.

NOTES

1. [Ghebert-ibn-Moussa-Djaffa-al-Sufi, ou Jabir ibn Hayyan, Abu Musa (né *c.* 721 à Tous en Iran ; mort *c.* 815 à Koufa en Irak), alchimiste connu comme le « père de la chimie arabe ». Peu après la naissance de Jabir, son père fut décapité pour le rôle qu'il joua dans le complot organisé par les Abbassides destiné à mettre fin à la dynastie Umayyade. Jabir fut envoyé en Arabie où il devint membre de la secte chiite. Apparemment il étudia la plupart des disciplines du savoir, y compris la médecine. Après que les Abbassides aient renversé les Umayyades, Jabir devint médecin à la cour du calife Abbasside Haroun al-Rashid.

Jabir était un ami intime du sixième imam chiite Jafar ibn Mohammed, à qui il doit beaucoup de ses idées scientifiques. On attribue à Jabir l'écriture de plus de deux mille ouvrages. La secte musulmane des Ismaéliens publia sous son nom un grand nombre d'œuvres alchimiques et mystiques. Au XIVe siècle, un alchimiste espagnol apposa le nom Geber (forme latine de Jabir) sur ses propres manuscrits, peut-être dans le but que ses œuvres soient attribuées a Jabir, obtenant ainsi une plus grande autorité en matière académique.]

2. [L'alambic est un appareil utilisé dans le processus de distillation.]
3. [Le naphte est un liquide minéral volatile inflammable utilisé principalement comme solvant et comme diluant, et comme matière première dans la fabrication de l'essence. Le naphte désignait à l'origine les affleurements de pétrole provenant du sous-sol de la région de Baku en Azerbaïdjan et en Iran. Le naphte est mentionné dès le Ier siècle apr. J.-C. par l'écrivain grec Dioscoride et l'écrivain romain Pline l'Ancien. Les alchimistes utilisaient ce mot principalement pour distinguer différents liquides au point d'inflammation faible, comme certains éthers et esters.]
4. [Le bézoard, également appelé la pierre de bézoard, désigne les calculs que l'on trouve principalement dans les organes gastro-intestinaux, auxquels on attribuait autrefois des propriétés magiques, notamment celle d'être un antidote à certains poisons.]
5. [L'ellébore ou hellébore désigne l'un des deux genres de plantes herbacées vénimeuses, l'*Helleborus* et le *Veratrum*, dont certaines espèces sont cultivées comme plantes ornementales.]
6. [La casse, arbuste du genre *Ribes* de la famille de la groseille à maquereau (Grossulariaceae), baie fruitée et piquante utilisée dans les confitures et les gelées, dans la fabrication de pastilles, comme arôme, et parfois fermentée.]
7. [Le séné désigne les plantes, principalement du genre *Cassia*, de la famille des légumineuses (Fabaceae), que l'on trouve dans les régions sous-tropicales et tropicales. Il est utilisé comme plante médicinale; certaines de ces plantes produisent une écorce riche en tanin utilisée dans la préparation des cuirs. Certains sénés sont parmi les arbres les plus fleurissants qu'il soit.]
8. [Le tamarin (*Tamarindus indica*), arbre à feuillage persistant de la famille des légumineuses (abaceae) originaire d'Afrique tropicale. Il est largement cultivé dans d'autres régions comme plante ornementale, et utilisé en Orient pour son fruit comestible dans des plats et boissons, et dans la médecine.]
9. [Le jujubier désigne l'une des deux espèces de petit arbre épineux du genre *Ziziphus* (de la famille des Rhamnacées) et leur fruit le jujube. La plupart de ces arbres sont des variétés du jujubier commun (*Z. jujuba*), originaire de chine, où on les cultive depuis plus de 4000 ans.]
10. [Le myrobolan est le fruit séché astringent d'un arbre originaire d'Inde orientale (du genre *Terminalia* de la famille Combretacée) utilisé principalement comme tannin et dans les encres.]
11. [Mésué le Vieux est Yuhanna ibn Masawaih, également écrit Ibn Masawaih ou Masawaiyh (né en 777; mort en 857 à Samarra), médecin assyrien de l'Académie de Gundishapur. Fils d'un pharmacien et médecin originaire de Gundishapur, il se rendit à Bagdad où il étudia auprès de Jabril ibn Bukhtishu. Il devint plus tard directeur d'un hôpital à Bagdad où il écrivit de nombreux traités de médecine sur un certain nombre de sujets, notamment sur l'ophtalmologie, les fièvres, les maux de tête, la mélancolie, la diététique, la vérification de la compétence des médecins, et les aphorismes médicaux. On raconte qu'il organisait régulièrement des consultations, pendant lesquelles il examinait des patients et discutait de leurs cas avec ses élèves ; ce genre de consultations attirait une large audience.]
12. [Rhazès, voir note 15 ci-dessous.]
13. [Honain, fils d'Assac (mort en 873), médecin, philosophe, historien, grammairien, et lexicographe, qui comptait parmi les Nestoriens à jouir des faveurs des califes de Bagdad, également reconnus parmi les chrétiens et les musulmans pour leurs œuvres médicales et leurs traductions en syriaque et en arabe des œuvres de Dioscoride, d'Hippocrate, de Galien, et de Paul d'Agime.]
14. [Sérapion le Vieux est Yahya ibn-Sarafyun, médecin chrétien de la seconde moitié du IXe siècle qui écrivit deux compilations médicales en syriaque. L'une d'elles fut traduite en latin par Gérard de Crémone (né en 1113 ou en 1114, mort en 1187) sous le titre de *Practica sive breviarium* avant 1187. Cet ouvrage qui traitait des antidotes, fut très populaire de son vivant.]
15. [Rhazès ou Ar-Razi, de son nom complet Abu Bakr Muhammad ibn Zakariya' Ar-Razi (né *c.* 865 à Rayy en Perse, aujourd'hui en Iran; mort en 923 à Rayy), alchimiste de renom et philosophe musulman considéré également comme le plus grand médecin du monde islamique. Les deux œuvres les plus importantes de Rhazès sont *Kitab al-Mansuri*, qu'il écrivit pour le dirigeant Rayy Mansur ibn Ishaq et qui fut rendu célèbre en occident grâce à la traduction latine du XIIIe siècle de Gérard de Crémone; et *Kitab al-hawi*, somme médicale couvrant les médecines grecque, syrienne et arabe, ainsi que certaines connaissances médicales indiennes.]
16. [Sérapion le Jeune, surnommé Aggregator, fut l'un des botanistes les plus importants du Moyen Âge, et un expert en plantes arabes. Dans ses écrits, il établit un lien entre le monde de la pensée grecque et celui du califat. Plusieurs éditions de son œuvre *Liber Serapionis aggregatus in medicinis simplicibus* parurent au XVe siècle (voir Sérapion le Jeune, *Liber Serapionis aggregatus in medicinis simplicibus*, Milan: Antonius Zarotus, 1473, [373 p.])]
17. [Avicenne, en arabe Ibn Sina, nom complet Abu 'Ali Al-Husayn Ibn 'Abd Allah Ibn Sina (né en 980 à Bukhara en Iran; mort en 1037, Hamadan), médecin iranien, considéré comme le plus célèbre et le plus reconnu des philosophes-scientifiques de l'Islam (voir Mazliak (Paul), *Avicenne et Averroès. Médecine et Biologie dans la civilisation de l'Islam*, Paris: Vuibert; Adapt, 2004, 250 p.; Siraisi (Nancy G.), *Avicenna in Renaissance Italy: The Canon and Medical Teaching in Italian Universities after 1500*, Princeton (New Jersey): Princeton University Press, 1987, xii + 410 p.) Il fut particulièrement reconnu pour ses contributions dans les domaines de la philosophie aristotélicienne et de la médecine. Il composa *Kitab ash-shifa'* («Livre des Guérisons»), encyclopédie philosophique et scientifique (Avicenne, *La métaphysique du Shifâ* [trad. de l'arabe

par Anawati Georges C.], Paris : Vrin, 1978-1985, 2 vol.), et le *Canon de la Médecine*, qui est l'un des livres les plus connus dans l'histoire de la médecine (Avicenne, *Canon medicinae ; De Viribus cordis* [trad. de l'arabe par Crémone Gérard de & Villeneuve Arnaud de], Venise : Petrus Maufer et socii, 1486, 6 part. [500 f.], in-4).]

18. [Ispahan, ville de la région de Jabal en Perse, située sur la rivière Zendarud. On attribue la fondation de cette ville aux prisonniers juifs qui y furent envoyés par Nebuchadnezzar après sa prise de Jérusalem.]

19. [Sogdiane, ancienne région d'Asie Centrale située dans la vallée fertile de la rivière Zeravchan, dans l'Ouzbékistan moderne. Des excavations révèlent que Sogdiane fut probablement habitée entre 1000 et 500 av. J.-C. et qu'elle passa ensuite sous le pouvoir des Achéménides. Elle fut ensuite attaquée par Alexandre le Grand et il se peut qu'elle fit partie du royaume grec de Bactrie jusqu'aux invasions des peuples Shaka et Yüeh-chih au IIe siècle av. J.-C. Sogdiane resta un centre prospère jusqu'aux invasions mongoles. Sous le règne des Samanides (IXe-Xe siècle apr. J.-C.) Sogdiane fut un point central de la civilisation islamique orientale.]

20. [L'assa-fœtida, ou ase fétide, est une résine très appréciée comme condiment en Inde et en Iran, où elle est utilisée pour aromatiser les currys, les boulettes de viande et les saumures. On l'utilise également en Europe et aux États-Unis dans les parfums et comme épice. De gout âcre, elle dégage une forte odeur d'oignon à cause de ses composés sulfuriques organiques qu'elle contient. Elle provient principalement de la plante *Ferula foetida* de la famille Apiaceae (Umbelliferae).]

21. [*La Règle*, ou le *Canon de la Médecine (al-Qanun fi at-tibb)* est le livre le plus connu dans l'histoire de la médecine, autant en Orient qu'en Occident (voir note 17 ci-dessus). C'est une encyclopédie systématique basée principalement sur les découvertes des médecins grecs de l'empire romain, et sur d'autres œuvres arabes, ainsi que dans une moindre mesure, sur l'expérience personnelle d'Avicenne (ses notes cliniques furent perdues pendant ses voyages).]

22. [Mésué dit le Jeune, de son nom complet, Masawaih al-Mardini, compila une pharmacopée qui devint immédiatement populaire dans l'Europe Médiévale et demeura pendant des siècles l'œuvre de référence sur le sujet.]

23. [Mondino dei Luzzi, également appelé Raimondino dei Liucci, ou Mundinus (né *c.* 1270 à Bologne en Italie ; mort *c.* 1326 à Bologne), médecin et anatomiste italien dont le texte *Anathomia Mundini* (écrit en 1316 ; première impression en 1478) fut le premier livre d'anatomie reposant sur la dissection des cadavres humains à avoir été écrit en Europe depuis l'Antiquité (voir Wickersheimer (Ernest) (sous la dir.), *Anatomies de Mondino dei Luzzi et de Guido de Vigevano*, Paris : Droz, 1926, 91 p. + 16 pls, in-4). Ce texte fut le texte de référence jusqu'au temps de l'anatomiste flamand Andreas Vesalius (1514-1564).]

24. [León était un royaume médiéval d'Espagne. Le Royaume de León comprenait les villes de León, Salamanque et Zamora – les régions avoisinantes de Valladolid et de Palence étant disputées par la Castille, frontière d'origine du côté est. Les rois de León régnaient sur la Galice, les Asturies, et une grande partie du Portugal avant que le Portugal ne gagne son indépendance en 1139 environ.]

25. [Nous n'avons pu identifier Alboulc-Alza-Kaaris.]

26. [Ibn Zuhr, de son nom complet Abu Marwan 'Abd Al-Malik Ibn Abi Al-'Ala` Zuhr, également appelé Abenzoar ou Abumeron (*c.* 1090-1162, Séville), l'un des plus grands penseurs de l'Islam médiéval, et le plus grand des médecins cliniques du califat occidental. Homme au sens extrêmement pratique, il détestait les hypothèses médicales, raison pour laquelle il s'opposa aux enseignements du maître de médecine perse Avicenne.]

27. [Averroès, en latin médiéval Averrhoës, également appelé Ibn Rushd, de son nom complet en arabe Abu Al-Walid Muhammad Ibn Ahmad Ibn Muhammad Ibn Rushd (né en 1126, à Cordoue ; mort en 1198 à Marrakech, Empire des Almohades), philosophe religieux islamique influent qui combina les traditions islamiques à la pensée grecque. À la demande du calife Ibn at-Tufayl, il produisit une série de résumés et de commentaires sur la plupart des œuvres d'Aristote et sur la *République* de Platon, lesquels exercèrent une influence considérable pendant les siècles qui suivirent (voir Averroès, *Averroës' commentary on Plato's Republic* [éd. anglaise avec introduction, traduction et notes par Rosenthal E. I. J.], Cambridge : Cambridge University press, 1956, xii + 337 p. ; *Commentaire moyen à la « Rhétorique » d'Aristote* [introd. générale, éd. critique du texte arabe, trad. française, commentaires et tables par Aouad Maroun], Paris : J. Vrin, 2002, 3 vol.)]

28. [Ibn (ou Ebor) Taitor de Malaga, botaniste arabe qui voyagea en Asie pour étudier les plantes. Il devint ensuite ministre du calife au Caire.]

29. [Abdalla-Tif, voir Leçon 20, note 48.]

30. [Isaac-Louis Le Maistre de Sacy (1613-1684), personnage important du mouvement religieux janséniste de France, membre de la famille Arnauld. Le Maistre de Sacy, également étudiant et disciple de Saint-Cyran, fut ordonné en 1649. Il devint confesseur des nonnes et des Solitaires de Port-Royal, et les Jansénistes avaient en lui la plus haute estime comme dirigeant spirituel. On le connait mieux cependant pour sa traduction du Nouveau Testament connue sous le nom du *Nouveau Testament de Mons* (*cf.* Le Maistre de Sacy (Isaac-Louis), *Le Nouveau Testament de notre Seigneur Jésus-Christ, traduit en françois sur la Vulgate, par Monsieur Le Maistre de Saci...*, à Paris : chez Guillaume Desprez & Jean Desessartz, 1717, xii + 706 + [2] p., in-12).]

31. [Saint Isidore de Séville, en latin Isidorus Hispalensis (né *c.* 560 à Carthagène ou Séville en Espagne ; mort le 4 avril 636 à Séville ; canonisé en 1598 ; fêté le 4 avril), théologien, le dernier des Pères Latins Occidentaux, archevêque, et encyclopédiste dont l'*Étymologie*, encyclopédie sur des sujets d'ordres humains et divins, fut l'un des piliers dans le domaine de la lexicologie, et resta pendant des siècles l'un des livres de référence les plus importants (Isidore de Séville, *Étymologies, Livre II : Rhétorique et dialectique* [trad. et notes de Marshall Peter K.], Paris : Les Belles Lettres, 1983, 186 p.)]

32. [Dynastie de Clovis, la branche mérovingienne des rois Francs (486-751) qui domina la plus grande partie de l'Europe Occidentale dans les débuts du Moyen Âge (voir Leçon 19, notes 18, 23, 24).]

33. [Saint Grégoire de Tours, nom d'origine Georgius Florentius (né le 30 novembre 538/539, Augustonemetum, Aquitaine; mort 594/595, Tours, Neustrie; fêté le 17 novembre), évêque et écrivain dont l'œuvre *Historia Francorum* (*Histoire des Francs*) est une source majeure d'information sur le royaume Franco-Romain du VIe siècle (voir Grégoire de Tours, *Histoire des Francs* [tr. du latin par Latouche Robert], Paris: Les Belles Lettres, 1963, 2 vols). La situation politique compliquée de cette période mena Grégoire à s'impliquer activement dans de nombreux événements politiques et à s'opposer au roi. Il écrivit également *Les Vies des Pères*, sept livres de miracles, et un commentaire sur les Psaumes (*cf.* Grégoire de Tours, *Les livres des miracles et autres opuscules de Georges Florent Grégoire, évêque de Tours*, Paris: J. Renouard, 1857-1864, 4 vol.; *La vie des Pères; La gloire des confesseurs* [traduit du latin par Bordier Henri; révisé par Sicard Pierre], Clermont-Ferrand: Paléo, 2006, 250 p.)]

34. [Frédégaire, en latin Fredegarius (*fl.* VIIe siècle apr. J.-C.), auteur présumé d'une chronique de l'histoire des Francs écrite entre 658 et 661. Tous les manuscrits qui nous restent de cette chronique sont anonymes, et la référence faite à «Fredegarius» comme auteur date de l'édition de Claude Fauchet (historien et antiquaire français, né le 3 juillet 1530, mort en janvier 1602) publiée en 1579 (*cf.* Fauchet (Claude), *Les antiquitez gauloises et françoises, augmentées de trois livres, contenans les choses advenues en Gaule et en France, jusques en l'an 751...*, Paris: J. Perier, 1599, 2 part. en 1 vol., -in-8; *Les Antiquitez et histoires gauloises et françoises, contenant l'origine des choses advenues en Gaule et es annales de France, depuis l'an du monde MMMCCCL jusques l'an IXCLXXXVII de Jésus Christ*, Genève: P. Marceau, 1611, 125 p.) L'auteur présente une histoire assez détaillée de son époque sous la forme d'une chronique universelle, prenant comme base d'information pour décrire les temps mérovingiens l'*Historia Francorum* de Grégoire de Tours (voir note 33 ci-dessus), laquelle se termine en 591, trois ans avant la mort de Grégoire.]

35. [Pépin III, de son surnom Pépin le Bref (né *c.* 714; mort le 24 septembre 768 à Saint-Denis, en Neustrie, aujourd'hui en France), premier roi des Francs de la dynastie des Carolingiens et père de Charlemagne. Fils de Charles Martel, Pépin devint gouverneur des Francs en 747, et en 751, après l'éviction de Childéric III, il devint roi des Francs. Il fut le premier roi des Francs à recevoir le sacrement royal – tout d'abord par Saint Boniface, ensuite (en 754) par le Pape Stéphane II.]

36. [Charlemagne, également appelé Carolus Magnus ou Charles le Grand (né le 2 avril, probablement en 742; mort le 28 janvier 814 à Aachen, au nord-ouest de l'Allemagne), alors roi des Francs (768-814) conquis le royaume Lombard en Italie, soumit les Saxons, annexa la Bavière à son royaume, combattit des campagnes en Espagne et en Hongrie, et unifia toutes les terres chrétiennes de l'Europe de l'Ouest en un grand empire, à l'exception du Royaume des Asturies en Espagne, du sud de l'Italie, et des Îles Britanniques. En l'an 800, il reçut le titre d'empereur (Il est connu comme Charles Ier du Saint Empire, ainsi que comme Charles Ier de France). Outre l'expansion de son pouvoir politique, il apporta également à son empire une renaissance culturelle. Bien que son «empire» ne le survécut que le temps d'une génération, les royaumes médiévaux de France et d'Allemagne tirèrent toutes leurs traditions constitutionnelles de la monarchie de Charlemagne. Dans toute l'Europe médiévale, Charlemagne était considéré comme le modèle de roi et d'empereur chrétien.]

37. [Eginhart, s'écrit également Eginhard ou Einhard (né *c.* 770, Maingau, Franconie; mort le 14 mars 840, Seligenstadt, Franconie), historien des Francs et homme de lettres à la cour dont les écrits sont une source d'information sur Charlemagne et sur l'Empire Carolingien d'une valeur inestimable.]

38. [Alcuin (né *c.* 732, à York, ou près de York, Yorkshire, Angleterre; mort le 19 mai 804 à Tours, France), poète anglo-latin, éducateur et homme d'église qui, alors qu'il occupait le poste de directeur de l'école Palatine établie par Charlemagne à Aachen, introduisit les traditions humanistes anglo-saxonnes en Europe de l'Ouest. Il fut l'homme de lettres le plus engagé de la renaissance culturelle connue comme la Renaissance Carolingienne. Il apporta également d'importantes réformes dans la liturgie catholique de Rome et laissa plus de 300 lettres en latin, lesquelles se sont avérées être une source d'information de valeur sur l'histoire de son temps (voir Alcuin, *Alcuin of York, c. A.D. 732 to 804: his life and letters* [trad. du latin en anglais; éd. par Allott Stephen], York: William Sessions Ltd., 1974, x + 174 p.)]

39. [Saint Béde le Vénérable, Béda également appelé Baeda (né en 672/673, probablement à Monkton (Jarrow), en Northumbrie; mort le 25 mai 735 à Jarrow; canonisé en 1899; fêté le 25 mai), théologien anglo-saxon, historien, et chronologiste, connu aujourd'hui pour son *Historia ecclesiastica gentis Anglorum* («Histoire Ecclésiastique du Peuple Anglais»), source d'information capitale dans l'histoire de la conversion des tribus anglo-saxonnes à la Chrétienté (*cf.* Bède le Vénérable, *Histoire ecclésiastique du peuple anglais* [introduction et notes par Crépin André; texte critique par Lapidge Michael; traduction par Monat Pierre et Robin Philippe], Paris: Cerf, 2005, 3 vol.)]

40. [Les Sept Arts Libéraux, voir Leçon 17, note 46.]

41. [Louis Ier, de son nom Louis le Pieux (né en 778 à Chasseneuil, près de Poitiers en Aquitaine; mort le 20 juin 840 à Petersaue en Allemagne), fils du roi des Francs Charlemagne; il fut couronné coempereur en 813 et devint empereur unique à la mort de son père en 814. Dépossédé de son autorité à deux reprises par ses fils (Lothaire, Pépin, Louis, et Charles), il récupéra le pouvoir à chaque fois (830 et 834), mais à sa mort, l'Empire Carolingien était en déroute.]

42. [Lothaire Ier (né en 795; mort le 29 septembre 855, Abbaye de Prüm en Allemagne), empereur des Francs dont les efforts pour gagner le règne absolu sur les territoires Francs furent contrecarrés par ses frères. Gouverneur en Italie à partir de 822, Lothaire fut couronné empereur par le Pape Pascal Ier en 823. En 833, mécontent du règne de Louis le Pieux, Lothaire et ses frères mirent fin au règne de Louis, Lothaire prenant possession du trône. Néanmoins, Louis fut remis au pouvoir l'année suivante, et le pouvoir de Lothaire se limita alors à l'Italie.]

THE BATTLE OF NICEA (A.D. 1096-1097)
Illustration by Gustave Doré, engraved by Doms, from Michaud (Joseph F.), *History of the Crusades* [illustrated with one hundred grand compositions by Gustave Doré, engraved by Bellenger, Doms, Gusman, Jonnard, Pannemaker, Pisan, Quesnel], Philadelphia: G. Barrie, 1896, vol. 1, following p. 64.

22 The Crusades

In the eleventh century, Europe received little enlightenment except from the Arabians in Spain. Most of the Christians who sought instruction, especially in medicine, attended their schools. Gerbert the archbishop of Reims, one of the great men of the century, and who became pope under the name of Sylvester II,[1] had studied at Cordova. Through him, Christians were introduced to the use of Arabic numerals, so convenient for calculating. But we must point out that the Arabians were not the inventors of these numerals, as might be inferred from the name generally given them; rather, this invention is due to the Indians, among whom these numerals were in evidence from earliest antiquity. Gerbert, like all learned men, was accused of magic; but he succeeded in triumphing over his enemies, and his learning, which nearly cost him his life, carried him to the supreme pontificate.

The Arabian schools were far too famous not to become the model for schools established later in France and elsewhere. By the eleventh century, Paris had schools held by secular priests and even by laymen. In particular, medical schools were founded. The Benedictines opened a medical school at Monte Cassino; but the earliest and most celebrated one was at Salerno, near Naples. In 984, a bishop of Verdun went there purposely to be treated. The story is that a Moor, a Jew, and a Latin founded this school, but it should not be taken literally; it is probably meant only to refer to the triple influence under which the school was founded. The first university was established at Salerno –that is to say, it was at Salerno that the first uniting of schools took place under the direction of a single, special authority. In 1075, Constantine the African[2] published various Greek and Latin translations there. The famous *Regimen Sanitatis*,[3] containing rules of hygiene written in verse, dates from 1100. In the course of the twelfth century, the Norman kings instituted at Salerno rules in imitation of the Arabian schools, which schools themselves had received theirs from the Nestorians.

After the school at Salerno, the school of medicine at Montpellier is the oldest of the schools that enjoyed fame among the Christians. Its administration was half French, half Spanish. A host of Jewish physicians brought Arabian enlightenment to it from Spain. In the twelfth century, almost all royal physicians were Jewish; the people, who feared and at the same time admired their learning, little doubted that the princes who died in their care were victims of some poison or other. Jewish physicians, almost all of them travelers, rendered great service to science by propagating the information they gathered in various lands. The setting up of corporations [merchant guilds] and their wardens dates back to them.

The Crusades brought about ever more numerous and more informative relations with the East, and we shall see that these enterprises –which had such a disastrous result, considering their original aim– contributed in various ways to the progress of civilization and the improvement of the sciences.

Under the early caliphs, the Saracens had threatened to invade all Europe. They conquered Spain; they were even setting foot on the soil of France, when Charles Martel[4] saved Europe at Saltz. After that, the power of the Arabians went into decline. The caliphate was dismembered and the degenerate caliphs were surrounded by powerful enemies –the Christians in Spain, and in Persia the Turks, who had wrested several provinces from them. Such was the state of affairs at the time of the first Crusade. This great movement of Christianity against Islamism, therefore, was not caused by the need for protection from the danger of an invasion by the infidels. This danger had not existed for a long time; the desire to facilitate Christian pilgrimages to the Holy Sepulcher was the only motive driving the European peoples to take up the distant and perilous wars called the Crusades. However, we must add to that the need to get rid of a considerable quantity of the poor, whose plight was real and who were assembling in a numerous host and beginning to alarm the nobility.

As long as Jerusalem was in the power of the Arabians, their tolerance had made easy enough the pious visits of the Christians to the Holy Land. But under the domination of the Turks, such travels became quite difficult. It was the vivid picture given by the pilgrims, and especially by Peter the Hermit,[5] of the harassments and cruelties inflicted upon them by the Turks that caused all Europe to rise up against the latter.

The First Crusade took place in 1099. It was the only crusade that attained its goal: Palestine was conquered, the kingdom of Jerusalem established, and the Holy Sepulcher set free. But this kingdom of Jerusalem, small, weak, and far from the West, was soon attacked by the vanquished Turks. Each time it was in danger, the Christian princes made new efforts to succor it, which produced further crusades. The Second Crusade, which took place under Louis VII[6] and Coradin,[7] in 1147, outside of the taking of Edessa by Coradin, was without effect. The third was undertaken when Saladin[8] captured Jerusalem and invaded the entire kingdom founded by the First Crusaders with the exception of the town of Acre.[9] The fourth took place in 1204 under Philippe-Auguste.[10] The crusaders, instead of proceeding to Palestine, turned towards Constantinople, seized it and founded the Latin empire of Constantinople, which lasted for sixty years. In 1248, Saint Louis[11] attacked Egypt at the head of a new crusade (the fifth). He understood perfectly well that the only way of ensuring the existence of the kingdom of Jerusalem was to conquer Egypt. The Crusades had a most deplorable ending; however, they gained for Europe a much more accurate knowledge of the countries traversed and had a most felicitous influence on the development of Western literature. Scarcely another work can be found in which more noble, more exalted sentiments reign than those expressed in the works of William of Tyre:[12] he is especially admirable when compared with the writers of the previous century.

The Crusades had another very important result, the weakening of the power of the great vassals; in proportion to this weakening, central power increased. The nobles, ruined by these enormously expensive wars, increasingly enfranchised communities in order to procure money for themselves. It was especially upon the cities of Italy that the crusades bestowed the greatest benefits. Such foreign enterprises, requiring costly maritime expeditions, gave rise to an immense commerce in which Venice, Genoa, Pisa, etc., took part, and which re-established between East and West the relations that had been interrupted by the barbarian onslaught. The inhabitants of the Italian towns, made rich by their commerce, took an interest in the sciences that burgeoned throughout the twelfth and thirteenth centuries.

Superstition was not alone in profiting from the increase in power that the crusades brought the pope and the clergy: men of letters obtained a position of independence. We are going to examine some developments on this head.

The opinion became widely held in Christendom that the world would end exactly one thousand years after the birth of Jesus Christ; and many people had given their goods to the Church to be certain of saving their souls. If the end of the world had occurred, I am not too sure what the Church expected to do with the gifts it had received; but the end did not occur and the Church found itself in possession of immense wealth. Its benefices were thenceforth the object of widespread ambition: Clergy and laymen vied for them, and often the great lords succeeded in having them conferred on their creatures. Already, under the palace ministers, Charles Martel had set this dangerous example, and the possession of benefices was thereafter a permanent cause of quarreling between the clergy and the secular power. It would have been extremely unfortunate for science and letters if ignorant, barbarian nobles had succeeded in getting hold of the goods of the clergy. Now, the crusades, by diminishing the power of the great lords and augmenting that of the popes, gave the latter the ability of efficaciously protecting the clergy, and the interests of the scholars withal. The popes soon were also powerful enough to protect the people effectively against the greed of each new emperor, who, on coming to Rome to be crowned, did not fail to levy taxes. The enfranchisement of the leaders of the Germanic nations was linked to that of the peoples of Italy: the princes profited from all wars incurred by the emperors by getting out from under their sway more and more.

No doubt an infinity of circumstances counteracted and complicated the principal interests debated in such wars; but in the final analysis, the growth of papal power was directly bound with the emancipation of the German princes, on one hand, and on the other, with the establishment of the sovereignty of the Italian republics. Judging according to this view the two notorious parties of the Guelphs and the Ghibellines,[13] one clearly recognizes that the Guelphs, who supported the popes, actually were fighting in behalf of the true interests of Italy. The establishment of the sovereignties of Germany, and especially of Italy, was also quite useful in multiplying the centers of government. Every capital, if it possesses wealth, necessarily attracts a body of scholars, men of letters, and artists, and thus becomes a center of instruction that spreads enlightenment to the other parts of the state.

Two sorts of establishments benefited from the impetus favoring science and letters that the Crusades impressed upon minds. In the thirteenth century, the universities were founded by ordinances that brought certain school bodies under a special, independent jurisdiction. These ordinances were of great use to science in that they added to the power of and respect for persons who cultivated the sciences.

In 1158, Frederick Barbarossa[14] authorized a law by which scholars would be brought before ecclesiastical tribunes, *unless they preferred to be judged by their professors*. It was this ordinance of 1158 that set up the universities in Bologna, where Irnerius[15] taught law, and in several other Italian cities. After that, one sees universities taking form in all cities having even modestly renowned schools of law, medicine, theology, or literature. The University of Paris goes back to the year 1200, during the reign of Philippe-Auguste. Also introduced with the universities was the use of licenses, which conferred upon those who obtained them the right to teach. At first, people were made to pay for the licenses; but Alexander III[16] forbade this abuse and ordered that the licenses be conferred without charge on all who merited them.

The popes contributed, as it concerned their interests, to the establishment of the universities; they granted apostolic privileges widely, which were indispensable to graduates seeking ecclesiastical benefices.

University students, each one according to the rank he had obtained, could, as the saying went, *fix their choice* on this or that field of learning. Any benefice that did not include the *cure of souls* could be granted them.

In 1238, there was a university of law and medicine at Salerno;
in 1229, the university of Oxford was founded;
in 1336, that of Pisa;
in 1347, that of Prague;
in 1389, that of Cologne.

Latin Europe composed as it were a single nation.

I should like to point out that one would be mistaken about the etymology of the word *university* to think that it had some connection with the great number of subjects sometimes taught in the universities. At the University of Montpellier, only medicine was taught; the word *university* merely meant *corporation*; there were "universities" of cobblers.

The establishment of scientific and literary universities brought about the orders of mendicant friars.[17] Observing that the old monastic orders, which had become excessively rich, were neglecting scholarship, the clergy feared lest instruction be taken entirely from its grasp, and had the idea of establishing new orders for the purpose of preserving the superiority that it had had until then in science and letters. To avoid the recurrence of the problem that it meant to remedy, the clergy based the new orders on poverty, directing them to live on public alms.

And so, in 1208, Francis of Assisi[18] founded the order of Franciscans or Cordeliers,[19] whence arose at the beginning of the sixteenth century the order of Capuchins.[20] Eight years later, in 1216, Saint Dominic[21] founded the order of Dominicans or Preaching Friars, for traveling through the countryside where the secular priests were too ignorant to instruct the people. These Preaching Friars, meeting at Paris at the church of Saint Jacques, were called Jacobins.

Men with a scientific bent hastened to enter the mendicant orders, and the other wealthier orders were virtually neglected. The Franciscans were the first to distinguish themselves; many undertook voyages that had a beneficial effect on the progress of the sciences.

But the bad must too often be taken with the good. The Dominicans, who rendered many a service to the sciences, introduced into France the infamous inquisition during the Albigensian war.[22] Fortunately, this institute did not last long in our country, and went to carry out all its horrors in unhappy Spain.

The Mongolian and Tartar conquests in the East were also the occasion of very instructive travels. Genghis Khan[23] led these nomadic peoples and made conquests that were the equal of those by Mahomet several centuries before. His wars began in 1212, and by 1227 his son[24] reigned over Mongolia, Tartary, and all of northern China. Möngke,[25] one of Genghis's successors, completed the conquest of China. Before the end of the thirteenth century, his successors were masters of Persia and all of Russia, where they reduced the princes to a cruel subjugation, and they had penetrated as far as Silesia.

These events, which took place while Europe was occupied with the Crusades, naturally drew the attention of the Christians; they believed they might consider the Tartars –the enemies of their enemies– as allies. The popes especially bent their efforts towards establishing relations with them and converting them. Many Europeans profited from this state of affairs by traveling into regions unknown until then. It was a Cordelier named Jean Duplan-Carpin[26] who, in 1246, made the first of such journeys; he was sent by Pope Innocent IV[27] to Karakorum.[28] In the thirty-seventh volume of the works of Vincent de Beauvais[29] one finds the narrative of this voyage, which constitutes the first observations by Europeans of the peoples situated beyond the Caspian Sea. The following year, Asselin[30] was sent to the Tartar general who commanded in Persia; we have his narrative also.

From these contacts with the Tartars resulted a singular enterprise. Venice was then the West's center of trade with India and the East. In this city there was a distinguished family of wealthy traders by the name of Polo. Several of its members fancied visiting these countries that so preoccupied Europeans. They made several journeys to the Khan of the Tartars and went as far as northern China. The first reports that we have about China came to us from one of these Polos –Marco Polo.[31] His narratives, written from memory in the prison at Genoa, but in good faith, were far from meriting the distrust and incredulity that welcomed them. Marco Polo was mistakenly called *the greatest of liars*; people absolutely refused to believe what he wrote about the flourishing state of Chinese cities.

The travels of Marco Polo are dated 1252.

In 1253, Saint Louis[32] also wished to have contact with the Tartars and to convert them. He sent to Möngke Khan a Cordelier named Guillaume Picard,[33] who wrote a highly exact account of every part of Tartary that he had crossed. He reports having encountered in Tartary some Nestorian Christians, whose presence there was tolerated, and he found at the court of Möngke a jeweler whom he had known in Paris.

In 1300, a new narrative about the East was published.[34]

In 1332, John Mandeville[35] wrote about his travels in these countries.

It was impossible for the princes of Europe not to participate in the intellectual movement that characterized the century we are examining. Thus we see princes protecting the sciences and even cultivating them; we must cite especially the emperor Frederick II and Saint Louis, his contemporary.

Frederick[36] reigned from 1210 to 1250, warring against the popes and restricting their power, which was then excessive. He was falsely accused and excommunicated, but his courage and his talents never flagged. He had found perhaps the sole practicable method of getting possession of the Holy Land, to which Christians attached so great a price –namely, obtaining it through treaty; but it was precisely his attempts in this endeavor that drew down upon him the popes' persecutions.

Frederick was highly cultured: he wrote verse in Provençal, an idiom derived from Latin, then in use in the south of France, in Italy, and in Spain, and from which arose, through modifications, the various tongues spoken today in these three countries. Frederick II had Aristotle's works translated into Latin and ordered them taught throughout his dominions. By another quite remarkable ordinance, this prince permitted the dissection of one human corpse every five years. The revival of anatomy dates from this ordinance.

Frederick II imported many animals to Europe, including a giraffe.

He wrote a treatise on falconry entitled *De arte venandi cum avibus*;[37] the Latin in this work, although rather poor, is good enough for an emperor overwhelmed as he was with duties and cares. The work is especially remarkable for being the first of the Middle Ages containing the observation of nature. Frederick describes several birds quite well. His description of the pelican is correct. He is the first to write accurately about birds of the chase. The art of falconry, little known in ancient times, originated in Arabia and Syria, on the great plains where the flight of birds can be followed on horseback. Such hunting was for a long time the noblest of all.

Saint Louis, like Frederick, was no great author, but he protected the sciences and letters. He made laws full of wisdom that brought about the return to order needed for progress in the sciences; he established the royal bailiwicks, which was the first blow brought against the power of the turbulent nobles. From such various ameliorations in the administration of France resulted the founding of the Sorbonne and the college of surgeons in Paris. The university included medical teaching in its jurisdiction, and medical doctors issued from its schools; but they were all ecclesiastics, and since the Church abhorred blood, they could none of them practice surgery, not even bleedings. Therefore, these doctors had to have under them men especially charged with carrying out operations; such men were necessarily in a subordinate position, in a sort of servitude to the doctors; their status was raised by the establishing of the college of surgeons.

After this, surgeons enjoyed somewhat more respect, and progress in education brought about equality between the professions of medicine and surgery that had existed in antiquity, or, to put it more accurately, made medicine and surgery one and the same science as they had been of old; for the ancients never made distinctions between the various branches of the art of healing: Hippocrates and Galen were at the same time physicians and surgeons, and even pharmacists.

Thus, in the thirteenth century the sciences acquired various ways of progressing. Then, there were Albert the Great[38] and Saint Thomas Aquinas.[39] There occurred at this time a kind of renaissance of letters and sciences, and the human spirit was treading a path somewhat like the one we found in Greece. Speculative philosophy was first applied to solving theological questions, for scholastic philosophy, the principal reason for establishing the universities, had long preceded the universities. As early as the eleventh century, and all through the twelfth, questions about the nature and origin of ideas were heatedly argued in the schools, and two different solutions were presented, directly related to those proposed in Greece –namely, Plato on one hand, Aristotle on the other.

Those scholastics were called *realists* who believed, with Plato, that ideas have a real existence of their own, that they exist outside the human mind –in short, that they are true *entities*. Those scholastics who on the other hand believed, with Aristotle, that general ideas are abstractions only, the result of the workings of the mind, which deduces them from sensation, and who saw in ideas names only, were called *nominalists*.[40]

These two sects of realists and nominalists fought heatedly with each other, and since they could call to their aid both civil and ecclesiastical authority, their arguments spawned disturbances that had never been produced in Greece by the rival schools of Plato and Aristotle. The sect that was winning would persecute the opposing sect. Most often it was the nominalists who persecuted the realists. The pope issued a bull forbidding the reading of Aristotle. Several laws made the same prohibition. The nominalists had their turn later, when it was ordered that Aristotle and only Aristotle would be taught in the schools. This contradiction in the opinions of authority shows that it is dangerous and ludicrous for authority to intervene in quarrels like those between the realists and the nominalists.

NOTES

1. [Sylvester II, original name Gerbert of Aurillac (born *c.* 945, near Aurillac, Auvergne, France; died 12 May 1003, Rome), French head of the Roman Catholic church (999-1003), renowned for his scholarly achievements, his advances in education, and his shrewd political judgment. Gerbert remains the dominating figure of the late 10th century for modern scholars, who are concerned especially with more precise dating of his letters and a more detailed understanding of his political roles, his teaching (especially in logic, dialectic, mathematics, and astronomy), his transmission of Arabic learning, his relations with Otto III, his papacy, and his influence on later ages.]

2. [Constantine the African, Latin Constantinus Africanus (born *c.* 1020, Carthage or Sicily; died 1087, monastery of Monte Cassino, near Cassino, Principality of Benevento, now in Italy), medieval medical scholar who initiated the translation of Arabic medical works into Latin, a development that profoundly influenced Western thought. Constantine's most important accomplishment was his introduction to the West of Islam's extensive knowledge of Greek medicine, represented principally by his *Pantechne* ("The Total Art"), which was an abbreviated version of the *Kitab al-maliki* ("The Royal Book") by the tenth-century Persian physician *`Alī ibn al-`Abbās*, or Haly Abbas (see Constantine the African *& `Alī ibn al-`Abbās al-Maǧūsī, the* Pantegni *and related texts* [edited by Burnett Charles and Jacquart Danielle], Leiden; New York: E. J. Brill, 1994, ix + 364 p.) Constantine also translated Arabic editions of works by the Greek physicians Hippocrates and Galen. These translations were the first works that gave the West a view of Greek medicine as a whole.]
3. [*Regimen Sanitatis Salernitanum* ("Salernitan Guide to Health"), of uncertain date and of composite authorship, is the best-known work of the Salernitan school, the first organized medical school in Europe established at Salerno, in southern Italy. The *Regimen*, written in verse, has appeared in numerous editions and has been translated into many languages (see *Regimen sanitatis Salernitanum; a poem on the preservation of health in rhyming Latin verse*, Oxford: D. A. Talboys, 1830, xix + 199 p.; *The school of Salernum, Regimen sanitatis Salerni* [the English version by Harington John], Salerno: Ente Provinciale per il Turismo, 1966, 92 p.]
4. [Charles Martel (born 23 August 686, died 22 October 741) was proclaimed Mayor of the Palace, ruling the Franks in the name of a titular King, and proclaimed himself Duke of the Franks and by any name was *de facto* ruler of the Frankish Realms. He expanded his rule over all three of the Frankish kingdoms: Austrasia, Neustria, and Burgundy. Martel was born in Herstal, in present-day Belgium, the illegitimate son of Pippin the Middle and his concubine Alpaida (or Chalpaida). He is best remembered for winning the Battle of Tours in 732, which has traditionally been characterized as an event that saved Europe from the Islamic expansionism that had conquered Iberia.]
5. [Peter the Hermit, French Pierre l'Ermite (born *c.* 1050, probably Amiens, France; died 8 July 1115, Neufmoustier, near Huy, Flanders), ascetic, monastic founder, considered one of the chief stimulators in the launching of the First Crusade.]
6. [Louis VII, byname Louis the Younger, French Louis Le Jeune (born *c.* 1120; died 18 September 1180, Paris), Capetian king of France who pursued a long rivalry, marked by recurrent warfare and continuous intrigue, with Henry II of England. Louis might have defeated Henry if he had made concerted attacks rather than weak assaults on Normandy in 1152. Anglo-Norman family disputes saved Louis's kingdom from severe incursions during the many conflicts that Louis had with Henry between 1152 and 1174. Louis was helped by the quarrel (1164-1170) between Henry and Thomas Becket, archbishop of Canterbury, and a revolt (1173-1174) of Henry's sons. Suger, abbot of Saint-Denis, who acted as regent in 1147-1149 while Louis was away on the Second Crusade, is the primary historian for Louis's reign.]
7. [Coradin, better known as Conrad III (born 1093; died 15 February 1152, Bamberg, Germany, Holy Roman Empire), German king from 1138 to 1152, the first king of the Hohenstaufen family.]
8. [Saladin, Arabic in full Salah Ad-Din Yusuf ibn Ayyub ("Righteousness of the Faith, Joseph, Son of Job") (born 1137/1138, Tikrit, Mesopotamia; died 4 March 1193, Damascus), Muslim sultan of Egypt, Syria, Yemen, and Palestine, founder of the Ayyubid dynasty, and the most famous of Muslim heroes. In wars against the Christian crusaders, he achieved final success with the disciplined capture of Jerusalem (2 October 1187), ending its 88-year occupation by the Franks. The great Christian counterattack of the Third Crusade was then stalemated by his military genius.]
9. [On 2 October 1187, following a siege of Jerusalem by Saladin that had begun on 20 September 1187, Balian of Ibelin (born early 1140s, died 1193) surrendered the city. Saladin then allowed the citizens to leave by paying a ransom, but those who could not pay were eventually sold into slavery. With the defeat of Jerusalem it signaled the end of the first Kingdom of Jerusalem, and Europe responded to this defeat in 1189 by launching the Third Crusade.]
10. [Philip II, byname Philip Augustus, French Philippe-Auguste (born 21 August 1165, Paris; died 14 July 1223, Mantes), the first of the great Capetian kings of medieval France (reigned 1179-1223), who gradually reconquered the French territories held by the kings of England and also furthered the royal domains northward into Flanders and southward into Languedoc.]
11. [Saint Louis, see note 32, below.]
12. [William of Tyre (born *c.* 1130, Syria; died 1185, Rome), Franco-Syrian politician, churchman, and historian who produced two major works. The first, *Gesta orientalium principum* ("Acts of the Eastern Kingdoms"), a history of the Arab East, has been lost; but his second work, *Historia rerum in partibus transmarinis gestarum* ("History of Matters Done in Foreign Parts"), a history of the Latin kings of Jerusalem, has been preserved (William of Tyre, *La continuation de Guillaume de Tyr* [text in French published by Morgan Margaret Ruth], Paris: Librairie orientialiste P. Geuthner, 1982, 220 p.; *The conquest of Jerusalem and the Third Crusade* [sources in translation by Edbury Peter W.], Brookfield: Ashgate Publishing Co., 1998, 196 p.) It is a scholarly account of the history of the Latin East from 614 to 1184.]

13. [Guelph and Ghibelline, Guelph also spelled Guelf, members of two opposing factions in German and Italian politics during the Middle Ages. The split between the Guelphs, who were sympathetic to the papacy, and the Ghibellines, who were sympathetic to the German (Holy Roman) emperors, contributed to chronic strife within the cities of northern Italy in the thirteenth and fourteenth centuries.]
14. [Frederick I, byname Frederick Barbarossa (Italian: Redbeard) (born *c.* 1123; died 10 June 1190, Kingdom of Armenia), duke of Swabia (as Frederick III, 1147-1190) and German king and Holy Roman emperor (1152-1190), who challenged papal authority and sought to establish German predominance in western Europe. He engaged in a long struggle with the cities of northern Italy (1154-1183), sending six major expeditions southward. He died while on the Third Crusade to the Holy Land.]
15. [Irnerius, also spelled Guarnerius, or Warnerius (born *c.* 1055, Bologna; died in or after 1125), one of the scholars who revived Roman legal studies in Italy and the first of a long series of noted legal glossators and teachers of law (late eleventh-middle thirteenth century) at the University of Bologna.]
16. [Alexander III original name Rolando Bandinelli (born *c.* 1105, Siena, Tuscany; died 30 August 1181, Rome), pope from 1159 to 1181, a vigorous exponent of papal authority, which he defended against challenges by the Holy Roman emperor Frederick Barbarossa and Henry II of England.]
17. [Mendicant, member of any of several Roman Catholic religious orders who assumes a vow of poverty and supports himself or herself by work and charitable contributions. The mendicant orders surviving today are the Dominicans, Franciscans, Augustinians (Augustinian Hermits), Carmelites, Trinitarians, Mercedarians, Servites, Minims, Hospitalers of St. John of God, and the Teutonic Order.]
18. [Saint Francis of Assisi, Italian San Francesco d'Assisi, baptized Giovanni, renamed Francesco, original name Francesco di Pietro di Bernardone (born 1181/1182, Assisi, Duchy of Spoleto; died 3 October 1226, Assisi; canonized 15 July 1228; feast day 4 October), founder of the Franciscan orders and leader of the church reform movements of the early thirteenth century. His fraternal charity, consecration to poverty, and dynamic leadership drew thousands of followers and made him one of the most venerated religious figures. He is (with Catherine of Siena) the principal patron saint of Italy.]
19. [Franciscans or Cordeliers, members of a Christian religious order founded in the early thirteenth century by Saint Francis of Assisi. The members of the order strive to cultivate the ideals of the order's founder. The Franciscans actually consist of three orders. The First Order comprises priests and lay brothers who have sworn to lead a life of prayer, preaching, and penance. The Second Order consists of cloistered nuns who belong to the Order of Saint Clare and are known as Poor Clares. The Third Order consists of religious and lay men and women who try to emulate Saint Francis's spirit by performing works of teaching, charity, and social service. Congregations of these religious men and women are numerous all over the Roman Catholic world. The Franciscans are the largest religious order in the Roman Catholic Church. They have contributed a total of 98 saints and six popes to the church.]
20. [Capuchins, members of the Order of Friars Minor Capuchin, an autonomous branch of the Franciscan order of religious men, begun as a reform movement in 1525 by Matteo da Bascio (born *c.* 1495, Bascio, Papal States; died 6 August 1552, Venice), who wanted to return to a literal observance of the rule of St. Francis of Assisi and to introduce elements of the solitary life of hermits. The Capuchins were noted for their heroic ministry during the dreadful epidemics that plagued Europe and elsewhere from the sixteenth to the eighteenth century. They have been actively engaged in missionary and social work.]
21. [Saint Dominic, Spanish in full Santo Domingo de Guzmán (born *c.* 1170, Caleruega, Castile; died 6 August 1221, Bologna, Romagna; canonized 3 July 1234; feast day 8 August), founder of the Order of Friars Preachers (Dominicans), a religious order of mendicant friars with a universal mission of preaching, a centralized organization and government, and a great emphasis on scholarship.]
22. [Albigensian War or Crusade: the Albigenses, also called Albigensians, the heretics –especially the Catharist heretics– of twelfth-thirteenth-century southern France. It is difficult to form any very precise idea of the Albigensian doctrines because present knowledge of them is derived from their opponents and from the very rare and uninformative Albigensian texts which have come down to us. What is certain is that, above all, they formed an antisacerdotal party in permanent opposition to the Roman church and raised a continued protest against the corruption of the clergy of their time. The first Catharist heretics appeared in Limousin between 1012 and 1020. Protected by William IX, duke of Aquitaine, and soon by a great part of the southern nobility, the movement gained ground in the south, and in 1119 the Council of Toulouse in vain ordered the secular powers to assist the ecclesiastical authority in quelling the heresy. The movement maintained vigorous activity for another 100 years, until Innocent III (original name Lothair of Segni, born 1160/61, died 16 July 1216; pope from 1198 to 1216, under whom the medieval papacy reached the height of its prestige and power) ascended the papal throne. At first he tried pacific conversion but at last (1209) ordered the Cistercians to preach the crusade against the Albigenses. This implacable war, the Albigensian Crusade, which threw the whole of the nobility of the north of

France against that of the south and destroyed the brilliant Provençal civilization, ended, politically, in the Treaty of Paris (1229), which destroyed the independence of the princes of the south but did not extinguish the heresy, in spite of the wholesale massacres of heretics during the war. The Inquisition, however, operating unremittingly in the south at Toulouse, Albi, and other towns during the thirteenth and fourteenth centuries, succeeded in crushing it.]

23. [The Mongol Temüjin or Temuchin (born 1155, in 1162, the date favored today in Mongolia, or in 1167; died 18 August 1227), known to history as Genghis Khan (Chinggis, or Jenghiz, Khan), was a warrior and ruler of genius who, starting from obscure and insignificant beginnings, brought all the nomadic tribes of Mongolia under the rule of himself and his family in a rigidly disciplined military state. He then turned his attention toward the settled peoples beyond the borders of his nomadic realm and began the series of campaigns of plunder and conquest that eventually carried the Mongol armies as far as the Adriatic Sea in one direction and the Pacific coast of China in the other, leading to the establishment of the great Mongol Empire.]

24. [Genghis's son, who succeeded his father in 1229, was Ögödei, also spelled Ogadai, Ogdai, or Ugedei (born 1185, Mongolia; died 1241, Karakorum, Mongolia). The first ruler of the Mongols to call himself *khagan* ("great khan"), he greatly expanded the Mongol Empire.]

25. [Möngke, also spelled Mangu (born 1208, Mongolia; died 1259, Szechwan, China), grandson of Genghis Khan and heir to the great Mongol empire. Elected great khan in 1251, he was the last man who held this title to base his capital at Karakorum, in central Mongolia. Under his rule the city achieved an unprecedented splendor, and the Mongol Empire continued to expand at a rapid rate. Its territory became so large and diverse that Möngke was the last great khan capable of exerting real authority over all the Mongol conquests.]

26. [Jean Duplan-Carpin is Giovanni da Pian del Carpini: with hopes of ultimately converting the Mongols to Christianity, Pope Innocent IV (see note 27, below) sent friars to "diligently search out all things that concerned the state of the Tartars" and to exhort them "to give over their bloody slaughter of mankind and to receive the Christian faith." Among others, Carpini in 1245 went forth to follow these instructions. Traveling the great caravan routes from southern Russia, north of the Caspian and Aral seas and north of the Tien Shan (Tien Mountains), Carpini eventually reached the court of the Emperor at Karakorum. Carpini returned confident that the Emperor was about to become a Christian.]

27. [Pope Innocent IV, original name Sinibaldo Fieschi (born end of the twelfth century, Genoa; died 7 December 1254, Naples), one of the great pontiffs of the Middle Ages (reigned 1243-1254), whose clash with Holy Roman emperor Frederick II formed an important chapter in the conflict between papacy and empire. His belief in universal responsibility of the papacy led him to attempt the evangelization of the East and the unification of the Christian churches.]

28. [Karakorum, ancient capital of the Mongol empire, whose ruins lie on the upper Orhon River in north-central Mongolia. The site of Karakorum may have been first settled about 750. In 1220 Genghis Khan, the great Mongol conqueror, established his headquarters there and used it as a base for his invasion of China.]

29. [Vincent of Beauvais (born *c.* 1190, Beauvais?, France; died 1264, Paris), French scholar and encyclopedist whose *Speculum majus* ("Great Mirror") was probably the greatest European encyclopedia up to the eighteenth century (*cf.* Lusignan (Charles), *Préface au* Speculum majus *de Vincent de Beauvais: réfraction et diffraction*, Montréal: Bellarmin; Paris: J. Vrin, 1979, 146 p.) The original *Speculum majus* consisted of three parts, historical, natural, and doctrinal. A fourth part, the *Speculum morale* ("Mirror of Morals"), was added in the fourteenth century by an unknown author. An immense undertaking, the work covered all of Western human history from the Creation to the time of Louis IX, summarized all natural history and science known to the West, and provided a thorough compendium on European literature, law, politics, and economics. The final synthesis of the three sections included 80 books, an enormous project for a single scholar.]

30. [Asselin is apparently Pierre Ascelin, a Franciscan who was sent to Mongolia by the Pope in about 1260.]

31. [Marco Polo (born *c.* 1254, Venice, or Curzola, Venetian Dalmatia, now Korcula, Croatia; died 8 January 1324, Venice), Venetian merchant, adventurer, and outstanding traveler, who journeyed from Europe to Asia in 1271-1295, remaining in China for 17 of those years, and whose *Il milione* ("The Million"), known in English as the *Travels of Marco Polo,* became a geographical classic (Marco Polo, *The book of Ser Marco Polo, the Venetian: concerning the kingdoms and marvels of the East* [edited with an introduction by Parks George Bruner], New York: Book League of America, 1927, xxxiii + 392 p.)]

32. [Saint Louis is Louis IX (born 25 April 1214, Poissy, France; died 25 August 1270, near Tunis; canonized 11 August 1297, feast day 25 August), king of France from 1226 to 1270, the most popular of the Capetian monarchs. He led the Seventh Crusade to the Holy Land in 1248-1250 and died on another crusade to Tunisia.]

33. [We have been unable to further identify Guillaume Picard.]

34. [This new narrative of 1300 about the East cannot be further traced.]

35. [Sir John Mandeville (fl. fourteenth century), purported author of a collection of travelers's tales from around the world, *The Voyage and Travels of Sir John Mandeville, Knight,*

generally known as *The Travels of Sir John Mandeville*. The tales are selections from the narratives of genuine travelers, embellished with Mandeville's additions and described as his own adventures (see Mandeville (Jean de), *The book of John Mandeville* [an edition of the Pynson text, with commentary on the defective version by Kohanski Tamarah], Tempe (Arizona): Arizona Center for Medieval and Renaissance Studies, 2001, lviii-132 p.)]

36. [Frederick II (born 26 December 1194, Jesi, Ancona, Papal States; died 13 December 1250, Castel Fiorentino, Apulia, Kingdom of Sicily), king of Sicily (1197-1250), duke of Swabia (as Frederick VI, 1228-1235), German king (1212-1250), and Holy Roman emperor (1220-1250). A Hohenstaufen and grandson of Frederick I Barbarossa, he pursued his dynasty's imperial policies against the papacy and the Italian city states; and he also joined in the Sixth Crusade (1228-1229), conquering several areas of the Holy Land and crowning himself king of Jerusalem (reigning 1229-1243).]

37. [Frederick's most important work, *De arte venandi cum avibus* (The Art of Hunting with Birds), is a standard work on falconry, but based entirely on his own experimental research (Frederick II, *De arte venandi cum avibus* [Ms Pal Lat. 1071, Biblioteca Apostolica Vaticana; commentary volume, introduction and elucidative description of the facsimile edition by Willemsen Carl Arnold], Graz: Akademische Druck-u. Verlagsanstalt, 1969, 2 vols).]

38. [For Albert the Great, see Lesson 23.]

39. [Saint Thomas Aquinas (born in 1224 or 1225, at Roccasecca, near Aquino, on the road from Rome to Naples; died 7 March 1274, at the Cistercian abbey of Fossanova, Italy), a Christian philosopher who developed his own conclusions from Aristotelian premises, notably in the metaphysics of personality, creation, and Providence; a theologian responsible in his two masterpieces, the *Summa theologiae* and the *Summa contra gentiles*, for the classical systematization of Latin theology; and a poet who wrote some of the most gravely beautiful eucharistic hymns in the church's liturgy (see Thomas Aquinas, *On the truth of the Catholic faith* [translated, with an introduction and notes, by Pegis Anton C.], Garden City (New York): Doubleday, 1955, 1 vol.; *The cardinal virtues: Aquinas, Albert, and Philip the Chancellor* [translated by Houser R. E.], Toronto: Pontifical Institute of Mediaeval Studies, 2004, ix + 256 p.) Although many modern Roman Catholic theologians do not find St. Thomas altogether congenial, he is nevertheless recognized by the Roman Catholic Church as its foremost Western philosopher and theologian.]

40. [In other words, "realism," as contrasted with "nominalism," holds that universals –which, here, Cuvier calls "ideas"– are real, and more real than the particulars of sense experience. In this sense, Plato was a realist. "Nominalism" is the view that only particulars are real and that universals are but observable likenesses among the particulars of sense experience; "ideas" are not real at all, but merely the *names* of likenesses shared by certain particulars.]

LA BATAILLE DE NICÉE (1096-1097 après J. C.)
Illustration de Gustave Doré, gravée par Doms, extraite de Michaud (Joseph F.), *History of the Crusades* [illustré de cent dessins de Gustave Doré, gravés par Bellenger, Doms, Gusman, Jonnard, Pannemaker, Pisan, Quesnel], Philadelphie : G. Barrie, 1896, vol. 1, après p. 64.

22 Les Croisades

Au XIe siècle l'Europe ne recevait guère de lumières que des Arabes d'Espagne. La plupart des chrétiens qui cherchaient à s'instruire, surtout en médecine, se rendaient dans leurs écoles. Gerbert, archevêque de Reims, l'un des grands hommes du siècle, et qui devint pape sous le nom de Sylvestre II[1], avait fait ses études à Cordoue. C'est par lui que fut introduit chez les chrétiens l'usage des chiffres arabes, si commodes pour les calculs. Mais nous devons faire remarquer que les Arabes ne sont point les inventeurs de ces chiffres, comme l'indique le nom qu'on leur donne généralement ; l'invention de ces chiffres est due aux Indiens, chez qui on les trouve jusque dans l'antiquité la plus reculée. Gerbert, comme tous les hommes instruits, fut accusé de magie ; mais il parvint à triompher de ses ennemis, et son savoir, qui avait failli lui devenir funeste, le porta au souverain pontificat.

Les écoles des Arabes avaient une supériorité trop remarquable, pour qu'elles ne devinssent pas le modèle de celles qui furent établies plus tard en France et ailleurs. Dès le XIe siècle Paris eut des écoles tenues par des séculiers et même par des laïques. On établit surtout des écoles de médecine. Les Bénédictins en ouvrirent une au mont Cassin ; mais la plus célèbre et la plus ancienne des écoles médicales fut celle de Salerne, près Naples. Dès 984, un évêque de Verdun y fut exprès pour se faire traiter. Ce furent, dit-on, un Maure, un Juif et un Latin qui fondèrent cette école ; mais il ne faut pas prendre cette tradition à la lettre ; elle ne constate probablement que la triple influence sous laquelle l'école fut établie. La première université fut établie à Salerne, c'est-à-dire que c'est là qu'eut lieu la première réunion d'écoles dirigées par une seule autorité spéciale. En 1075, Constantin l'Africain[2] y publia différentes traductions grecques et latines. Le fameux, *Regimen Sanitatis*,[3] qui contient des règles d'hygiène, rédigées en vers, est de l'an 1100. Dans le cours du XIIe siècle, les rois normands donnèrent à l'école de Salerne des règlements imités des écoles arabes, qui, elles-mêmes, avaient reçu les leurs des Nestoriens.

L'école de médecine de Montpellier est, après celle de Salerne, la plus ancienne des écoles qui ont obtenu de la célébrité parmi les chrétiens. Le régime en était moitié français et moitié espagnol. Un grand nombre de médecins juifs y apportaient d'Espagne toutes les connaissances des Arabes. Au XIIe siècle, presque tous les médecins des Princes étaient juifs ; le peuple, qui redoutait et admirait tout à la fois leur savoir, ne manquait guère de supposer que les princes qui avaient succombé entre leurs mains étaient victimes de quelques poisons. Les médecins juifs, presque tous voyageurs, rendaient de grands services à la science, en propageant les lumières qu'ils avaient recueillies dans divers pays. C'est à eux que remonte l'établissement des jurandes et des corporations.

Les croisades procurèrent des rapports bien plus nombreux et bien plus instructifs encore avec l'Orient, et nous verrons que ces entreprises, qui eurent un résultat si funeste, à ne considérer que le but dans lequel elles furent tentées, contribuèrent diversement au progrès de la civilisation et au perfectionnement des sciences.

Sous les premiers califes, les Sarrasins avaient menacé d'envahir toute l'Europe. Ils avaient conquis l'Espagne; ils étaient même entrés sur le sol de la France, lorsque Charles-Martel[4] sauva l'Europe à Saltz. Depuis lors la puissance des Arabes n'avait fait que décroître. Le califat avait été démembré, et les califes dégénérés étaient entourés d'ennemis puissants, des chrétiens en Espagne, et en Perse des Turcs, qui leur avaient enlevé plusieurs provinces. Tel était l'état des choses à l'époque de la première croisade. Ce grand mouvement de la chrétienté contre l'islamisme n'eut donc pas pour cause la nécessité de se soustraire au danger d'une invasion des infidèles. Depuis long-temps ce danger n'existait plus; le désir de faciliter le pélerinage des chrétiens au Saint-Sépulcre fut le seul mobile qui fit entreprendre aux nations de l'Europe cette guerre lointaine et périlleuse nommée croisade. Toutefois il y faut joindre la nécessité où l'on se trouvait alors de se débarrasser d'une quantité considérable de malheureux dont le besoin était un véritable fléau, et qui, se rassemblant par troupes nombreuses, commençaient à inquiéter la noblesse.

Aussi long-temps que Jérusalem était restée au pouvoir des Arabes, la tolérance de ces peuples avait laissé assez de facilité aux pieux voyages des chrétiens à la Terre-Sainte. Mais sous la domination des Turcs, ces voyages devinrent très-pénibles. Ce fut le tableau éloquent que firent les pélerins, et surtout Pierre l'Ermite[5], des vexations et des cruautés exercées sur eux par les Turcs, qui souleva toute l'Europe contre ces derniers.

La première croisade se fit en 1099. Ce fut la seule qui atteignit son but: la Palestine fut conquise, le royaume de Jérusalem fondé et le Saint-Sépulcre affranchi. Mais ce royaume de Jérusalem, petit, faible et éloigné de l'Occident, fut bientôt attaqué par les Turcs vaincus. Chaque fois qu'il fut en danger les princes chrétiens firent de nouveaux efforts pour le secourir, ce qui produisit les autres croisades. La seconde, qui eut lieu sous Louis VII[6] et Coradin[7], en 1147, à la suite de la prise d'Edesse par Coradin, n'eut aucun résultat. La troisième fut entreprise lorsque Saladin[8] eut conquis Jérusalem, et envahi la totalité du royaume fondé par les premiers croisés, à l'exception de la ville d'Acre[9]. La quatrième eut lieu en 1204 sous Philippe-Auguste[10]. Les croisés, au lieu d'aller alors en Palestine, se dirigèrent sur Constantinople, s'en emparèrent et fondèrent l'empire latin de Constantinople, qui dura soixante ans. En 1248, saint Louis[11] attaqua l'Égypte à la tête d'une nouvelle croisade (la cinquième). Il avait parfaitement compris que le seul moyen d'assurer l'existence du royaume de Jérusalem était de conquérir l'Égypte. Mais la guerre eut la fin la plus déplorable. Toutefois, elle procura à l'Europe une connaissance beaucoup plus exacte des pays parcourus et influa de la manière la plus heureuse sur le développement de la littérature de l'Occident. Il est difficile de lire un ouvrage où règnent des sentiments plus nobles, plus élevés que ceux qui sont exprimés dans Guillaume de Tyr[12] : on ne saurait trop d'admirer surtout lorsqu'on le compare à ceux qui ont été écrits un siècle plus tôt.

Les croisades eurent un autre résultat fort important ; ce fut l'affaiblissement de la puissance des grands vassaux ; le pouvoir central s'accrut en proportion de cet affaiblissement. D'un autre côté, les seigneurs, ruinés par ces guerres énormément dispendieuses, multiplièrent les affranchissements des communes pour se procurer de l'argent. Ce fut surtout sur les villes d'Italie que les croisades répandirent les plus grands bienfaits. Ces entreprises lointaines, nécessitant de grandes expéditions maritimes, donnèrent naissance à un commerce immense, auquel prirent part surtout Venise, Gênes, Pise, etc., et qui rétablit entre l'Orient et l'Occident des relations interrompues depuis la conquête des barbares. Les habitants des villes d'Italie, enrichis par leur commerce, prirent pour les sciences un goût qui se développa pendant toute la durée du XIIe et du XIIIe siècle.

La superstition ne profita pas seule de l'accroissement de puissance que les croisades procurèrent au pape et au clergé : les gens de lettres obtinrent une position indépendante ; nous allons entrer à cet égard dans quelques développements.

L'opinion s'était répandue dans toute la chrétienté que le monde devait finir juste mille ans après la naissance de Jésus-Christ ; et beaucoup de personnes avaient donné leurs biens à l'Église pour assurer le salut de leur âme. Si la fin du monde devait arriver, je ne sais trop ce que l'Église prétendait faire des dons qu'elle recevait ; mais la fin du monde n'arriva pas, et l'Église se trouva en possession de richesses immenses. Ses bénéfices furent dès lors un objet d'ambition générale : clercs et laïcs se les disputèrent, et souvent les seigneurs parvinrent à les faire accorder à leurs créatures. Déjà, sous les maires du palais, Charles-Martel avait donné ce dangereux exemple, et la possession des bénéfices fut depuis lors une cause permanente de querelles entre le clergé et la puissance séculière. Il aurait été extrêmement malheureux pour les sciences et les lettres que les nobles ignorants et barbares eussent réussi à s'emparer des biens du clergé. Or les croisades, en diminuant le pouvoir des seigneurs, et en augmentant celui des papes, donnèrent à ceux-ci la possibilité de protéger efficacement le clergé et avec lui les biens des lettrés. Ils ne tardèrent pas à être aussi assez puissants pour protéger utilement les peuples contre l'avarice de chaque nouvel empereur, qui, en venant se faire couronner à Rome, ne manquait pas de lever des impôts. L'affranchissement des chefs des nations germaniques était lié à celui des peuples d'Italie, qui profitaient de toutes les guerres que s'attiraient les empereurs pour se soustraire de plus en plus à leur domination.

Sans doute une infinité de circonstances venaient croiser et compliquer les intérêts principaux débattus dans les guerres dont nous parlons ; mais, en définitive, l'accroissement de la puissance des papes fut directement lié avec l'émancipation des princes d'Allemagne, d'une part, et de l'autre avec l'établissement de la souveraineté des républiques d'Italie. En jugeant d'après cette vue les deux partis si célèbres des Guelfes et des Gibelins[13], on reconnaît clairement que les Guelfes, qui tenaient pour les papes, combattaient réellement en faveur des vrais intérêts de l'Italie. L'établissement des souverainetés de l'Allemagne et surtout de l'Italie fut aussi très-utile, en multipliant les centres de gouvernement. Chaque capitale, surtout si elle possède quelque richesse, attire nécessairement une réunion de savants, d'hommes de lettres et d'artistes, et devient ainsi un foyer d'instruction qui répand les lumières dans les autres parties de l'État.

Deux sortes d'établissements recueillirent les fruits du mouvement que les Croisades imprimèrent aux esprits en faveur des lettres et des sciences. Au XIIIe siècle, les universités furent établies par les ordonnances qui assujettirent certaines réunions d'écoles à une juridiction spéciale et indépendante. Ces ordonnances furent très-utiles aux sciences, en ce qu'elles augmentèrent le pouvoir et la considération des personnes qui les cultivaient.

En 1158, Frédéric Barberousse[14] donna une constitution par laquelle les écoliers étaient rendus justiciables des tribunaux ecclésiastiques, *à moins qu'ils ne préférassent se faire juger par leurs professeurs*. Ce fut surtout cette ordonnance de 1158 qui constitua les universités à Bologne, où Hirnerius[15] enseigna le droit, ainsi que dans plusieurs autres villes d'Italie. Dès lors, on vit se former des universités dans toutes les villes où existaient des écoles un peu célèbres de droit, de médecine, de théologie ou de littérature. Celle de Paris remonte à l'an 1200, temps où régnait Philippe-Auguste. Avec les universités s'introduisit l'usage des licences qui conféraient le droit d'enseignement à ceux qui les avaient obtenues. D'abord on fit payer ces licences ; mais Alexandre III[16] en défendit cet abus, et ordonna que les licences fussent accordées sans rétribution à tous ceux qui les mériteraient.

Les papes contribuèrent, en ce qui les regardait, à l'établissement des universités ; ils leur accordèrent partout les privilèges apostoliques, qui étaient indispensables pour que les gradués puissent prétendre aux bénéfices ecclésiastiques.

Les écoliers des universités, chacun suivant le grade qu'il avait obtenu, pouvaient, comme on le disait alors, *jeter leur dévolu* dans telle ou telle sphère. Tous les bénéfices qui n'emportaient pas *charge d'âmes* pouvaient leur être concédés.

En 1238, il y avait à Salerne une université de droit et de médecine ;

En 1229, fut constituée celle d'Oxford ;

En 1336, celle de Pise ;

En 1347, celle de Prague ;

En 1389, celle de Cologne.

L'Europe latine formait, pour ainsi dire, alors une seule nation.

Je ferai remarquer que l'on se tromperait sur l'étymologie du mot *université*, si l'on pensait qu'elle eût quelque rapport avec le grand nombre de connaissances qui étaient quelquefois enseignées dans les universités. Dans l'université de Montpellier on n'enseignait que la médecine ; université signifiait seulement *corporation ;* il y a eu des universités de cordonniers.

L'établissement des universités scientifiques et littéraires produisit celui des ordres mendiants[17]. Le clergé, remarquant que les anciens ordres monastiques, devenus excessivement riches, négligeaient l'étude, craignit que l'instruction ne lui échappât tout-à-fait, et il imagina l'établissement de nouveaux ordres destinés à maintenir la supériorité qu'il avait eu jusque là dans les lettres et dans les sciences. Pour éviter le renouvellement de l'inconvénient auquel il voulait remédier, il fonda les nouveaux ordres sur la pauvreté, en leur prescrivant de vivre de la charité publique.

Ainsi, en 1208, François d'Assises[18] établit l'ordre des Franciscains ou Cordeliers[19] ; d'où sortit, au commencement du XVIe siècle, l'ordre des Capucins[20]. Huit ans après, en 1216, saint Dominique[21] fonda l'ordre des Dominicains ou Frères prêcheurs, destinés à parcourir les campagnes, où les prêtres séculiers étaient si ignorants qu'ils ne pouvaient communiquer au peuple aucune instruction. Ces Frères prêcheurs, qui se réunissaient à Paris dans l'église Saint-Jacques, reçurent le nom de Jacobins.

Une foule d'hommes qui avaient le goût de la science s'empressèrent d'entrer dans les ordres mendiants, et les ordres riches furent presque négligés. Les Franciscains se distinguèrent les premiers ; plusieurs d'entre eux entreprirent des voyages qui eurent une très-heureuse influence sur le progrès des sciences.

Mais le mal est trop souvent à côté du bien. Les Dominicains, qui rendirent tant de services aux sciences, introduisirent en France l'infâme inquisition à l'occasion des Albigeois.[22] Heureusement cette institution ne subsista pas long-temps dans notre pays, et fut développer toutes ses horreurs sur la malheureuse Espagne.

Les conquêtes que firent en Orient les Mongols et les Tartares donnèrent lieu aussi à des voyages fort instructifs. Gengis-Kan[23] fit à la tête de ces peuples nomades des conquêtes qui valurent celles que Mahomet avait faites quelques siècles auparavant. Ses guerres avaient été commencées en 1212, et dès 1227 son fils[24] régnait sur la Mongolie, la Tartarie et tout le nord de la Chine. Mengko[25], l'un des successeurs de Gengis-Khan, acheva la conquête de la Chine. Avant la fin du XIIIe siècle, ses successeurs étaient maîtres de la totalité de la Perse, de toute la Russie, dont ils réduisirent les princes à un assujettissement très-dur, et avaient pénétré jusque dans la Silésie.

Ces événements, qui se passèrent dans le temps même où l'Europe était tout occupée des croisades, fixèrent naturellement l'attention des Chrétiens ; ils crurent pouvoir considérer comme des alliés les Tartares ennemis de leurs ennemis. Les papes surtout firent tous leurs efforts pour établir des relations avec eux et les convertir ensuite. Un grand nombre d'Européens profitèrent de cet état de choses pour faire des voyages dans des régions jusque là inconnues. Ce fut un cordelier, appelé Jean Duplan-Carpin[26] qui, en 1246, fit le premier de ces voyages ; il était envoyé par le pape Innocent IV[27] près de Kacouck.[28] On trouve dans le trente-septième livre de l'ouvrage de Vincent de Beauvais[29] la relation de ce voyage, qui contient les premières connaissances que les Européens aient eues sur les nations situées au-delà de la mer Caspienne. L'année suivante, Asselin[30] fut envoyé vers le général tartare qui commandait en Perse ; nous possédons aussi sa relation.

De ces rapports établis avec les Tartares, il résulta une entreprise singulière. Venise était alors le point central du commerce de l'Occident avec l'Inde et l'Orient. Dans cette ville se distinguait une riche famille de négociants, du nom de Paolo. Plusieurs de ses membres imaginèrent d'aller visiter ces pays, dont on s'occupait beaucoup en Europe. Ils firent plusieurs voyages auprès du Kan des Tartares, et allèrent jusque dans la Chine septentrionale. Les premières relations que nous ayons eues de la Chine nous ont été laissées par un de ces Paolo, appelé Marco Paolo[31]. Ses récits, faits de mémoire, dans la prison de Gênes, mais avec bonne foi, étaient loin de mériter la défiance et l'incrédulité qui les accueillit. On appela à tort Marco Paolo *le plus grand des menteurs*; on refusait absolument de croire à ce qu'il rapportait de l'état florissant des villes chinoises. Les voyages de Marco Paolo sont de 1252.

En 1253, saint Louis[32] voulut aussi avoir des rapports avec les Tartares et les convertir. Il envoya vers Mengko-Kan un cordelier appelé Guillaume Picard[33], qui a écrit une relation très-exacte de toute la partie de la Tartarie qu'il avait traversée. Il rapporte avoir rencontré dans la Tartarie des chrétiens nestoriens qu'on y tolérait, et il se trouva à la cour de Mengko avec un orfèvre qu'il avait connu à Paris.

En 1300, une nouvelle relation sur l'Orient fut publiée[34].

En 1332, Jean de Mandeville[35] écrivit un voyage fait dans les mêmes contrées.

Il était impossible que les princes de l'Europe ne participassent pas au mouvement intellectuel qui caractérise le siècle que nous explorons. Aussi voyons-nous des princes protéger les sciences et même les cultiver; nous devons citer surtout l'empereur Frédéric II et saint Louis, son contemporain.

Frédéric[36] régna de 1210 à 1250, toujours en guerre contre les Papes, dont il limita la puissance alors excessive. Il fut calomnié et excommunié, mais son courage et ses talents ne se démentirent jamais. Il avait peut-être trouvé le seul moyen praticable d'acquérir la possession de la Terre-Sainte, à laquelle les chrétiens attachaient alors un si grand prix: c'était de l'obtenir par des traités; or ce furent précisément les tentatives qu'il fit dans ce but qui lui attirèrent une partie des persécutions des Papes.

Frédéric était très-lettré: il fit des vers en provençal, idiôme, comme l'on sait, dérivé du latin, usité alors dans le midi de la France, l'Italie et l'Espagne, et qui donna naissance, en se modifiant, aux diverses langues parlées aujourd'hui dans ces trois pays. Frédéric II fit traduire Aristote en latin, et ordonna qu'on l'enseignât dans tous ses États. Par une autre ordonnance, très-remarquable, ce prince permit que l'on disséquât un corps humain tous les cinq ans. De cette ordonnance date la renaissance de l'anatomie.

Frédéric II fit venir plusieurs animaux en Europe, entre autres une girafe.

Il écrivit un traité sur la fauconnerie, intitulé: *de arte Venandi cum Avibus*[37]; le latin de cet ouvrage est assez mauvais, mais en définitive très-bon pour un empereur aussi accablé que lui d'affaires et de soucis. Il est surtout très-remarquable, en ce que c'est le premier du Moyen Âge dans lequel on soit revenu à l'observation de la nature. Frédéric décrit fort bien quelques oiseaux. Sa description du pélican est très exacte. Il est le premier qui ait bien fait connaître les oiseaux de chasse. L'art de la fauconnerie, peu connu des anciens, est originaire de l'Arabie et de la Syrie; il naquit dans ces grandes plaines où l'on peut suivre à cheval le vol des oiseaux. Cette chasse fut pendant long-temps la plus noble de toutes.

Saint Louis, comme Frédéric, ne fut pas auteur; mais il protégea beaucoup les lettres et les sciences. Il fit des lois pleines de sagesse, qui préparèrent le retour à l'ordre indispensable au progrès des sciences ; il établit les bailliages royaux, qui furent le premier coup porté à la puissance turbulente des seigneurs. De ces diverses améliorations dans l'administration de la France, résultèrent l'établissement de la Sorbonne et celui du collège des chirurgiens de Paris. L'université comprenait dans sa juridiction l'instruction médicale, et les docteurs médecins sortaient de ses écoles ; mais ils étaient tous ecclésiastiques, et comme l'Église abhorre le sang, ils ne pouvaient pratiquer aucune opération, pas même les saignées. Il fallait donc que ces médecins eussent sous eux des hommes spécialement chargés des opérations ; ces derniers étaient nécessairement dans une position subalterne, dans une espèce de servitude à l'égard des médecins ; leur condition fut relevée par l'établissement du collège de chirurgie.

À partir de cette création, les chirurgiens jouirent d'un peu plus de considération, et le progrès des lumières ramena enfin entre la profession de médecin et celle de chirurgien l'égalité qui existait dans l'antiquité, ou, pour parler plus exactement, fit de la médecine et de la chirurgie une seule et même science, comme cela avait lieu primitivement ; car les anciens n'ont jamais distingué les diverses branches de l'art de guérir : Hippocrate et Galien étaient à la fois médecins, chirurgiens et même pharmaciens.

Ainsi, dans le XIIIe siècle les sciences obtinrent divers moyens de développement. C'est alors qu'existaient Albert-le-Grand[38], saint Thomas-d'Aquin[39]. Il y eut cette époque comme une espèce de renaissance des lettres et des sciences, et l'esprit humain y suivit une marche toute semblable à celle que nous avons remarquée dans la Grèce. La philosophie spéculative fut d'abord appliquée à la solution de questions théologiques, car la philosophie scolastique, objet principal de l'établissement des universités, avait précédé de beaucoup leur institution. Dès le XIe siècle et pendant toute la durée du douzième, les questions relatives à la nature et à l'origine des idées furent discutées dans les écoles avec une extrême chaleur, et on en donna deux solutions différentes, qui se rattachaient directement à celles qu'avaient proposées dans la Grèce, d'une part, Platon, de l'autre, Aristote.

On désigna sous le nom de *réalistes* ou *réaux* ceux des scolastiques qui croyaient, avec Platon, que les idées ont une existence propre ; qu'elles sont une réalité en dehors de l'esprit, en un mot de véritables *entités*. Ceux au contraire qui pensaient, avec Aristote, que les idées générales ne sont que des abstractions, qu'un résultat du travail de l'esprit qui les déduit à l'occasion des sensations, ceux enfin qui n'y voyaient qu'une dénomination, furent appelés *nominaux*.[40]

Ces deux sectes de réalistes et de nominaux s'attaquèrent avec la plus grande vivacité ; et comme elles pouvaient appeler à leur secours l'autorité civile et l'autorité ecclésiastique, leurs discussions produisirent des troubles que n'avaient pu faire naître dans la Grèce les écoles rivales de Platon et d'Aristote. La secte qui avait la force pour elle persécuta la secte opposée. Le plus souvent ce furent les nominaux qui persécutèrent les réalistes. Le pape défendit par une bulle la lecture d'Aristote. Plusieurs ordonnances firent la même défense. Les nominaux eurent leur tour plus tard, et il fut prescrit d'enseigner exclusivement dans les écoles la doctrine d'Aristote. Cette contradiction dans les idées de l'autorité montre qu'il est dangereux et ridicule pour elle d'intervenir dans les querelles de la nature de celles des réalistes et des nominaux.

NOTES

1. [Sylvestre II, nom d'origine Gerbert d'Aurillac (né *c.* 945, près d'Aurillac en Auvergne, France ; mort le 12 mai 1003 à Rome). Il dirigea l'Église Catholique Romaine de France de 999 à 1003. Il est connu pour son érudition, ses innovations en matière d'éducation, et son sens politique avisé. Gerbert reste le personnage dominant du la fin du xe siècle pour les hommes de lettres modernes, lesquels sont particulièrement intéressés par une connaissance plus précise des dates auxquelles il écrivit ses lettres, ainsi que par une connaissance plus détaillée de ses rôles politiques, de ses enseignements, particulièrement en logique, dialectique, mathématiques, et astronomie, ainsi que de la langue arabe, de ses relations avec Otto III, sa papauté, et son influence ultérieure.]
2. [Constantin l'Africain, en latin Constantinus Africanus (né *c.* 1020, à Carthage ou en Sicile ; mort en 1087 au monastère de mont Cassin, près de Cassin, dans la Principauté de Benevento, aujourd'hui en Italie), érudit en médicine du Moyen Âge qui entreprit la traduction d'œuvres médicales arabes en latin, ce qui influença profondément la pensée occidentale. L'œuvre la plus importante de Constantin fut son introduction auprès du monde occidental de l'énorme connaissance en médicine grecque en Islam, particulièrement grâce à son ouvrage *Pantechne* (« L'Art Total »), lequel était une version abrégée de *Kitab al-maliki* (« Le Livre Royal ») écrit par le médecin perse du xe siècle Ali ibn al-'Abbas, ou Haly Abbas (*cf.* Constantine the African *& `Alī ibn al-`Abbās al-Maǧūsī, the* Pantegni *and related texts* [edited by Burnett Charles and Jacquart Danielle], Leiden ; New York : E. J. Brill, 1994, ix + 364 p.) Constantin traduisit également des éditions arabes d'œuvres écrites par les médecins grecs Hippocrate et Galien. Ces traductions furent les premiers ouvrages à donner à l'Occident une image de l'ensemble de la médecine grecque.]
3. [*Regimen Sanitatis Salernitanum* (« Manuel de Salerne sur la Santé »), d'une date incertaine et aux auteurs multiples, est l'ouvrage le plus célèbre de l'école de Salerne, laquelle fut la première école médicale organisée en Europe, établie à Salerne, dans le sud de l'Italie. *Regimen Sanitatis*, écrit en vers, apparut dans de nombreuses éditions et a été traduit dans de nombreuses langues (*cf. Regimen sanitatis Salernitanum ; a poem on the preservation of health in rhyming Latin verse*, Oxford : D. A. Talboys, 1830, xix + 199 p. ; *The school of Salernum, Regimen sanitatis Salerni* [version anglaise par Harington John], Salerno : Ente Provinciale per il Turismo, 1966, 92 p.]
4. [Charles Martel (né le 23 août 686, mort le 22 octobre 741) fut proclamé Maire du Palais, dirigeant les Francs au même titre qu'un roi, avant de se proclamer Duc des Francs, devenant ainsi souverain de facto du Royaume des Francs. Il étendit son pouvoir au trois royaumes des Francs : l'Austrasie, la Neustrie, et la Bourgogne. Charles Martel, fils illégitime de Pépin le Jeune et de sa concubine Alpaïde (ou Chalpaïde), naquit à Herstal, dans la Belgique d'aujourd'hui. On le connaît surtout pour avoir gagné la Bataille de Poitiers en 732, événement qui sauva l'Europe de l'expansion islamique qui avait déjà conquis la péninsule ibérique.]
5. [Pierre l'Ermite, (né *c.* 1050, probablement à Amiens en France ; mort le 8 juillet 1115 à Neufmoustier, près d'Huy dans les Flandres), ascète, fondateur monastique, considéré comme l'un des principaux acteurs dans la décision de lancer la Première Croisade.]
6. [Louis VII, ou Louis le Jeune, (né *c.* 1120 ; mort le 18 septembre 1180 à Paris), roi de France de la dynastie des Capétiens qui entretint une rivalité de longue durée avec le roi Henry II d'Angleterre, marquée par des guerres successives et des intrigues continuelles. Louis aurait pu battre Henry s'il avait organisé ses attaques plutôt que de lancer de faibles assauts sur la Normandie en 1152. Les disputes familiales anglo-normandes sauvèrent le royaume de Louis de graves incursions pendant les nombreux conflits qui se produisirent entre 1152 et 1174. Louis fut aidé par la querelle (1164-1170) entre Henry et Thomas Becket, archevêque de Canterbury, et la révolte (1173-1174) des fils d'Henry. Suger, moine de Saint-Denis et régent en 1147-1149 lors de l'absence de Louis pendant la Deuxième Croisade, est l'historien principal du règne de Louis.]
7. [Coradin, mieux connu sous le nom de Conrad III (né en 1093 ; mort le 15 février 1152 à Bamberg, en Allemagne, Saint Empire), roi allemand de 1138 à 1152, premier roi de la famille des Hohenstaufen.]
8. [Saladin, en arabe Salah Ad-Din Yusuf ibn Ayyub (« Rectitude de la Foi, Joseph, Fils de Job ») (né en 1137/1138 à Tikrit en Mésopotamie ; mort le 4 mars 1193 à Damas), sultan musulman d'Égypte, de Syrie, du Yémen et de Palestine, fondateur de la dynastie Ayyubide, et le plus célèbre des héros musulmans. Pendant les guerres contre les croisés chrétiens, il obtint la conquête finale grâce à la capture disciplinée de Jérusalem (2 octobre 1187), mettant ainsi fin à 88 ans d'occupation par les Francs. La grande contre-attaque chrétienne lancée par la Troisième Croisade fut bloquée grâce à son génie militaire.]
9. [le 2 octobre 1187, conséquence du siège de Jérusalem entrepris par Saladin le 20 septembre 1187, Balian d'Ibelin (*c.* 1140-1193) rendit les clés de la ville. Saladin permit alors aux citoyens de partir en s'acquittant d'une rançon, et ceux qui ne pouvaient payer furent soumis à l'esclavage. La chute de la ville sainte mit un terme au premier royaume de Jérusalem, et l'Europe répondit à cette défaite en lançant la troisième croisade en 1189.]
10. [Philip II, de son nom Philippe Auguste (né le 21 août 1165 à Paris ; mort le 14 juillet 1223 à Mantes), fut le premier des grands rois Capétiens de la France médiévale (il régna de

1179 à 1223). Petit à petit il réussit à reconquérir les territoires français occupés par les rois d'Angleterre, et il étendit le royaume vers le nord avec la Flandre, et le sud avec le Languedoc.]

11. [Saint Louis, voir note 32 ci-dessous.]

12. [Guillaume de Tyr (né *c.* 1130 en Syrie, mort en 1185 à Rome), politicien franco-syrien, homme d'église et historien qui produisit deux ouvrages importants. Le premier *Gesta orientalium principum* (« Actes des Royaumes d'Orient »), une histoire de l'Arabie Orientale, a été perdue, mais son second ouvrage, *Historia rerum in partibus transmarinis gestarum* (« Histoire d'Outremer »), histoire des rois latins de Jérusalem, nous est parvenu. C'est un ouvrage de référence sur l'histoire des États Latins d'Orient de 614 à 1184 (*cf.* Guillaume de Tyre, *Histoire des croisades*, Paris : J.-L.-J. Brière, 1824, 3 tomes ; *La continuation de Guillaume de Tyr* [publié par Morgan Margaret Ruth], Paris : Librairie orientialiste P. Geuthner, 1982, 220 p. ; *Chronique du royaume franc de Jérusalem de 1095 à 1184* [*Historia rerum in partibus transmaris gestarum* ; adapté au français moderne par Métais Geneviève & Métais René], Paris : L'intermédiaire des chercheurs et curieux, 1999, 2 vol.)]

13. [Les Guelfes et les Gibelins étaient deux partis politiques opposés en Allemagne et en Italie pendant le Moyen Âge. Le désaccord entre les Guelfes, partisans de la papauté, et les Gibelins, fidèles aux empereurs allemands du Saint-Empire, contribua aux conflits chroniques des villes du nord de l'Italie au XIIIe et au XIVe siècle.]

14. [Frédéric Ier, ou Frédéric Barberousse (*Barbarossa* en Italien) (né *c.* 1123 ; mort le 10 juin 1190 dans le royaume d'Arménie), Duc de Souabe (comme Frédéric III, 1147-1190) et roi allemand et empereur du saint-empire (1152-1190), qui contesta l'autorité papale et chercha à établir la prédominance allemande en Europe de l'Ouest. Il engagea un long combat avec les villes du nord de l'Italie (1154-1183), où il lança six expéditions de grande envergure. Il mourut lors de la Troisième Croisade en Terre Sainte.]

15. [Hirnerius, également appelé Guarnerius, ou Warnerius (né *c.* 1055 à Bologne ; mort en 1125 ou peu après), fut l'un des hommes de lettres qui relança les études du droit romain en Italie, et le premier d'une longue série d'écrivains de glossaires de renom et d'enseignants de droit (fin du XIe - moitié du XIIIe siècle) à l'Université de Bologne.]

16. [Alexandre III, de son nom d'origine Rolando Bandinelli (né *c.* 1105 à Sienne en Toscane ; mort le 30 août 1181 à Rome), pape de 1159 à 1181, défenseur vigoureux de l'autorité papale, qu'il défendit contre les attaques de l'empereur du Saint-Empire Frédéric Barberousse et Henry II d'Angleterre.]

17. [Les ordres mendiants sont des ordres religieux de l'église catholique qui ont fait vœu de pauvreté et subviennent à leurs besoins par leur travail et la charité. Les ordres mendiants qui existent encore de nos jours sont les Dominicains, les Franciscains, les Augustins (Ermites), les Carmes, les Trinitaires, les Mercédaires, les Servites, les Minimes, les Hospitaliers de Saint Jean de Dieu, et l'Ordre Teutonique.]

18. [Saint François d'Assise, en Italien San Francesco d'Assisi, baptisé Giovanni, puis Francesco, de son nom d'origine Francesco di Pietro di Bernardone (né 1181/1182 à Assise, dans le Duché de Spoleto ; mort le 3 octobre 1226 à Assise ; canonisé le 15 juillet 1228 ; fêté le 4 octobre), fondateur de l'ordre des Franciscains et à l'origine des mouvements réformateurs de l'église du début du XIIIe siècle. Sa charité fraternelle, son vœu de pauvreté, et ses qualités de dirigeant attirèrent des milliers de sympathisants et firent de lui l'un des personnages religieux les plus vénérés. Il est le saint le plus important d'Italie (avec Catherine de Sienne).]

19. [Les Franciscains ou Cordeliers sont les membres de l'ordre religieux chrétien fondé au début du XIIIe siècle par Saint François d'Assise. Les membres de cet ordre s'efforcent de cultiver les idéaux du fondateur de l'ordre. Les Franciscains sont formés en fait de trois ordres. Le Premier Ordre comprend les prêtres et les frères laïques qui ont prêté le serment de vivre une vie de prière, d'évangélisation et de pénitence. Le Deuxième Ordre comprend les nonnes récluses de l'Ordre de Sainte Clarisse et connues également sous le nom de *Filles de la Passion*. Le Tiers-Ordre est composé d'hommes et de femmes religieux et laïques qui essaient d'imiter l'esprit de Saint François en effectuant des tâches d'enseignement, de charité, et de service social. Les congrégations de ces hommes et de ces femmes religieux sont nombreux dans le monde catholique. Les Franciscains sont l'ordre religieux le plus conséquent de l'Église Catholique. Ils ont apporté à l'église un total de 98 saints et six papes.]

20. [Les Capucins sont les membres de l'ordre des Frères Mineurs Capucins, branche indépendante de l'ordre des frères franciscains, issu d'un mouvement de réforme en 1525 lancé par Matteo da Bascio (né *c.* 1495 à Bascio, États pontificaux ; mort le 6 août 1552 à Venise), lequel voulait revenir à l'observance littérale des règles de Saint François d'Assise et introduire également des éléments de la vie solitaire des ermites. Les Capucins sont connus pour leur ministère héroïque lors des terribles épidémies qui ravagèrent l'Europe et d'autres régions du XVIe au XVIIIe siècle. Ils participent activement à la mission évangélique et à l'aide sociale.]

21. [Saint Dominique, en espagnol Santo Domingo de Guzmán (né *c.* 1170 à Caleruega en Castille ; mort le 6 août 1221 à Bologne, Romagna ; canonisé le 3 juillet 1234 ; fêté le 8 août), fondateur de l'ordre des frères prêcheurs des Dominicains, ordre religieux mendiant dont la mission universelle est de prêcher, pourvu d'une organisation et d'un gouvernement centralisé, et attachant beaucoup d'importance à l'érudition.]

22. [Guerre des Albigeois, ou Croisade contre les Albigeois : Les Albigeois, appelés également les hérétiques – en particulier les hérétiques cathares – du XIIe et du XIIIe siècles dans le sud

de la France. Il est difficile d'avoir une idée très précise des doctrines des Albigeois car la connaissance actuelle que nous en avons provient de leurs opposants ainsi que de très rares textes albigeois qui nous sont parvenus et qui ne nous fournissent que très peu d'information. Cependant, ce qui est certain est qu'ils formèrent un parti anti-sacerdotal en opposition permanente à l'Église Romaine, et qu'ils se battirent contre la corruption du clergé de leur époque. Les premiers hérétiques cathares apparurent dans le Limousin entre 1012 et 1020. Protégés par Guillaume IX, Duc d'Aquitaine, et par une grande partie de la noblesse du sud, le mouvement gagna de l'ampleur dans le sud, et en 1119, le Concile de Toulouse ordonna en vain aux pouvoirs séculiers d'aider les autorités religieuses dans leur lutte contre l'hérésie. Le mouvement maintint une activité vigoureuse pendant encore cent ans, jusqu'à ce qu'Innocent III (nom d'origine Lothaire de Sègne, né en 1160/61, mort le 16 juillet 1216; pape de 1198 à 1216, sous l'autorité duquel la papauté médiévale atteint l'apogée de son prestige et de son pouvoir) devint pape. Il essaya tout d'abord d'avoir recours à la conversion pacifique avant d'ordonner aux Cisterciens de partir en croisade contre les Albigeois (1209). Cette guerre implacable, appelée la Croisade des Albigeois, confronta la noblesse du nord de la France à celle du sud, et détruisit la brillante civilisation provençale. Elle se termina par le Traité de Paris en 1229, lequel mit fin à l'indépendance des princes du sud, mais ne réussit pas à mettre un terme à l'hérésie, malgré les massacres d'hérétiques qui eurent lieu pendant la guerre. L'Inquisition cependant, opérant sans relâche à Toulouse, Albi et dans d'autres villes du sud de la France, réussit à l'écraser.]

23. [Le Mongol Temüjin ou Temudjin (né en 1155, en 1162, date préférée aujourd'hui en Mongolie, ou en 1167; mort le 18 août 1227) connu en histoire comme Gengis Khan (Cinggis, ou Jenghiz, Khan), était un guerrier et souverain de génie qui, après avoir débuté dans l'obscurité, unit toutes les tribus nomades de Mongolie sous sa domination et celle de sa famille dans un état militaire à la discipline très stricte. Il tourna ensuite son attention vers les peuples sédentaires établis au delà de son domaine nomade, et il entreprit une vague de campagnes de pillage et de conquête qui emmena les armées mongoles jusqu'à la mer Adriatique d'un coté et la côte pacifique de Chine de l'autre, aboutissant à la création du grand Empire Mongol.]

24. [Le fils de Gengis, qui succéda à son père en 1229, était Ögödei, également appelé Ogadai, Ogdai, ou Ugedei (né en 1185 en Mongolie; mort en 1241 à Karakorum en Mongolie). Premier souverain des Mongols à se désigner lui-même comme *khagan* (« grand khan »), il étendit beaucoup l'Empire Mongol.]

25. [Möngke, appelé également Mangu (né en 1208 en Mongolie; mort en 1259 à Sichuan en Chine), petit-fils de Gengis Khan et héritier du grand Empire Mongol. Élu grand khan en 1251, il fut le dernier homme à ce titre à baser sa capitale à Karakorum, dans le centre de la Mongolie. Sous sa domination, la ville atteignit une splendeur sans précédent, et l'Empire Mongol continua à s'étendre rapidement. Son territoire devint si grand et si varié que Möngke fut le dernier grand khan capable d'exercer une réelle autorité sur la totalité des territoires conquis Mongols.]

26. [Jean Duplan-Carpin est Giovanni da Pian del Carpini : dans l'espoir de convertir les Mongols au christianisme, le pape Innocent IV (voir note 27 ci-dessous) envoya des moines dans des régions lointaines pour « apprendre tout ce qu'il y avait à savoir sur les Tartares » et les convaincre d'« abandonner leur massacre de l'humanité et de recevoir la foi chrétienne ». En 1245, Carpin suivit ces instructions et s'en alla vers des terres lointaines. Voyageant le long des grandes routes des caravanes du sud de la Russie, du nord de la mer Caspienne et de la mer Aral, et au nord des montagnes Tien, Carpin atteignit finalement la cour de l'empereur à Karakorum. Carpin revint convaincu que l'empereur était sur le point de devenir chrétien.]

27. [Pape Innocent IV, de son nom d'origine Sinibaldo Fieschi (né à la fin du XIIe siècle à Gênes; mort le 7 décembre 1254 à Naples), l'un des grands papes du Moyen Âge (il régna de 1243 à 1254), dont les affrontements avec l'empereur du Saint Empire Frédéric II formèrent un important chapitre dans le conflit entre la papauté et l'empire. Sa croyance en la responsabilité universelle de la papauté le conduisit à lancer une campagne d'évangélisation dans l'Est, et d'unification des églises chrétiennes.]

28. [Karakorum, ancienne capitale de l'Empire Mongol, dont les ruines reposent au bord de la rivière Orhon, dans le centre nord de la Mongolie. Il semple que l'origine de Karakorum remonte à l'année 750. En 1220 Gengis Khan, le grand conquérant Mongol, y établit son quartier général et en fit sa base pour son invasion de la Chine.]

29. [Vincent de Beauvais (né *c.* 1190, Beauvais ? en France ; mort en 1264 à Paris), homme de lettres français et encyclopédiste dont l'œuvre *Speculum majus* (« le Grand Miroir ») fut probablement la plus grande encyclopédie qui exista en Europe jusqu'au XVIIIe siècle (*cf.* Lusignan (Charles), *Préface au* Speculum majus *de Vincent de Beauvais : réfraction et diffraction*, Montréal : Bellarmin ; Paris : J. Vrin, 1979, 146 p.) L'œuvre originale *Speculum Majus* se composait de trois traités, « le Miroir de l'Histoire », « le Miroir de la Nature », et « le Miroir de la Doctrine ». Une quatrième partie, « le Miroir de la Morale », fut ajoutée au XIVe siècle par un auteur inconnu. Ouvrage de grande envergure, cette encyclopédie couvrait l'histoire humaine depuis sa création jusqu'au temps de Louis IX, compilait la connaissance occidentale en histoire naturelle et en sciences, et fournissait un recueil sur la littérature, le droit, la politique, et l'économie d'Europe. Ce

Speculum en trois parties comprenait 80 livres, un énorme projet pour un seul écrivain.]

30. [Asselin est apparemment Pierre Ascelin, un Franciscain qui fut envoyé en Mongolie par le Pape en 1260 environ.]

31. [Marco Polo (né *c.* 1254 à Venise (Italie) ou à Korcula (Croatie) ; mort le 8 janvier 1324 à Venise), marchant vénitien, aventurier, et explorateur extraordinaire qui voyagea d'Europe en Asie entre 1271 et 1295, séjournant en Chine pendant 17 ans, et dont le texte *Il Milione* (« Le Livre des Merveilles »), connu sous le titre de « Le Livre de Marco Polo » devint un classique de la géographie (Marco Polo, *Le Devisement du monde, Tome VI et dernier : Livre d'Ynde ; retour vers l'Occident* [sous la direction de Ménard Philippe ; édité par Boutet Dominique, Delcourt Thierry & James-Raoul Danièle], Genève : Droz, 2009, cxxxviii + 404 p.)]

32. [Saint Louis est Louis IX (né le 25 avril 1214 à Poissy en France ; mort le 25 août 1270 près de Tunis ; canonisé le 11 août 1297, fêté le 25 août), roi de France de 1226 à 1270, il fut le plus populaire des rois capétiens. Il conduisit la Septième Croisade en Terre Saine entre 1248 et 1250 et mourut lors d'une autre croisade en Tunisie.]

33. [Nous n'avons pu identifier Guillaume Picard.]

34. [Nous n'avons pu retrouver aucune information sur cette relation sur l'Orient de 1300.]

35. [De Mandeville (*fl.* XIVe siècle) auquel on attribue l'écriture d'une série de récits de voyages autour du monde, intitulé *Le Livre des Merveilles du Monde.* Cet ouvrage est une compilation de récits de réels voyageurs, embellis par ses propres ajouts et décrits comme ses propres aventures (voir Mandeville (Jean de), *Le livre des merveilles du monde* [édition critique par Deluz Christiane], Paris : CNRS éditions, 2000, 528 p.)]

36. [Frédéric II (né le 26 décembre 1194 à Jesi près d'Ancône, États pontificaux ; mort le 13 décembre 1250 à Castel Fiorentino, Apulie, Royaume de Sicile), roi de Sicile (1197-1250), duc de Souabe (comme Frédéric VI, 1228-1235), roi allemand (1212-1250), et empereur du Saint Empire (1220-1250). Membre de la dynastie des Hohenstaufen et petit-fils de Frédéric Ier Barberousse, il poursuivit la politique impériale de sa dynastie contre la papauté et les cités-états de l'Italie ; il participa également à la Sixième Croisade (1228-1229), conquérant plusieurs régions de la Terre Sainte et se couronnant lui-même roi de Jérusalem (au pouvoir entre 1229 et 1243).]

37. [L'œuvre la plus importante de Frédéric est *De arte venandi cum avibus* (« De l'Art de Chasser au Moyen des Oiseaux »), manuel de fauconnerie reposant entièrement sur sa propre recherche expérimentale (Frederick II, *De arte venandi cum avibus* [traduction en vieux français ; édition critique du second livre, d'après tous les manuscrits, par Holmér Gustaf], Stockholm : Almqvist & Wiksell ; Paris : J. Thiebaud, 1960, 330 p.)]

38. [Sur Albert le Grand, voir Leçon 23.]

39. [Saint Thomas d'Aquin (né en 1224 ou 1225, à Roccasecca, près d'Aquino, entre Rome et Naples ; mort le 7 mars 1274, à l'Abbaye cistercienne de Fossanova en Italie), philosophe chrétien qui développa ses propres conclusions à partir de la pensée aristotélicienne, notament sur les sujets de la métaphysique de la personnalité, de la création et de la Providence. Auteur entre autres de deux chefs d'œuvres, *Summa theologiae* (« Somme Théologique ») et *Summa contra gentiles* (« Somme Contre les Gentils »), on lui doit également la systématisation classique de la théologie latine. Il fut également l'auteur des plus beaux hymnes eucharistiques de la liturgie chrétienne (voir Thomas d'Aquin, *Somme théologique, 2a-2æ, questions 47-56, La prudence* [traduction, notes et appendices par Deman Thomas], 3e éd., Paris : Éditions du Cerf, 2006, x + 554 p. ; *Somme théologique, 1a-2æ, questions 1-5, La béatitude* [traduction française, notes et appendices par Pinckaers S.], N^lle^ éd., Paris : Éditions du Cerf, 2001, 384 p. ; *Somme contre les gentils : livre sur la vérité de la foi catholique contre les erreurs des infidèles* [traduction inédite par Aubin Vincent, Michon Cyrille & Moreau Denis], Paris : Flammarion, 1999, 4 vol.) Bien que de nombreux théologiens modernes de l'Église Catholique ne considèrent pas Saint Thomas d'Aquin comme un personnage sympathique, il est cependant reconnu par l'Église Catholique comme le plus important de ses philosophes théologiens occidentaux.]

40. [En d'autres termes, le réalisme, comparé au nominalisme, considère que les universaux – appelés ici *idées* par Cuvier – existent réellement, plus encore que l'expérience des sensations. Dans ce sens, Platon était un réaliste. Le « nominalisme » est la théorie qui veut que seul le particulier existe et que les universaux ne soient que des similitudes observables parmi les particuliers des sensations ; les « idées » ne sont pas du tout réelles, elles ne sont que les noms attribués à des similitudes partagées par certains particuliers.]

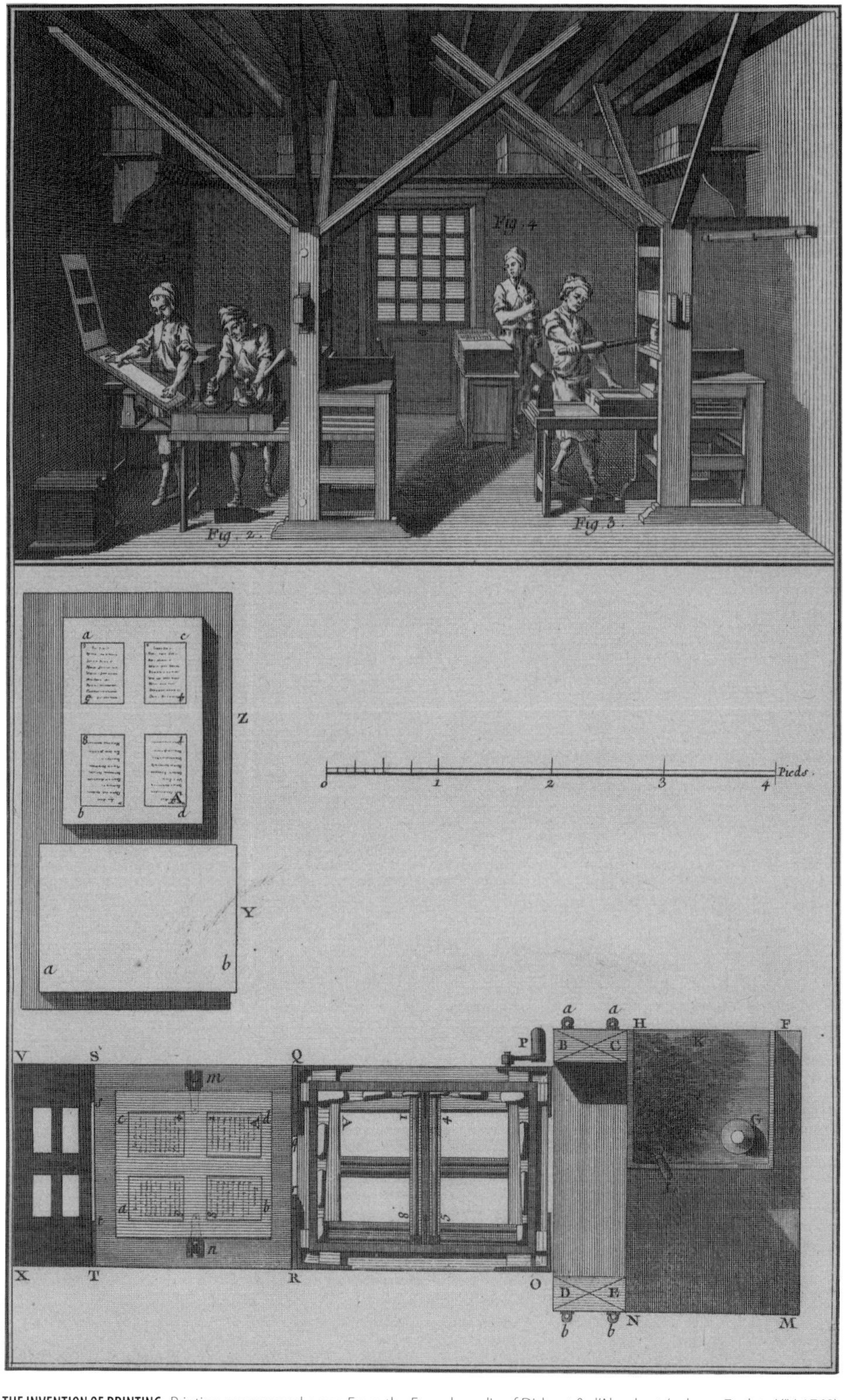

THE INVENTION OF PRINTING Printing process and press. From the Encyclopedia of Diderot & d'Alembert (volume 7, plate XIV, 1769).

23 Albert the Great and Roger Bacon, Inventions and Discoveries

All the distinguished writers of the thirteenth century belonged to the mendicant orders, which should not surprise us since it was only in the monasteries that men who loved learning could peacefully devote themselves to it and have at hand all the facilities they needed. Often the head of a convent had at his disposal several hundred young monks working for him. It was thus that Albert the Great[1] succeeded in composing twenty-two in-folio volumes. This writer, like the majority of the monks who distinguished themselves in this era, was descended from a noble and powerful family, that of the counts of Bolstein.[2] He was born in 1193 in Swabia and studied at Padua, which possessed then a celebrated school, later a university. He came to Paris where he taught in 1218-1219 the philosophy of Aristotle, although it was forbidden to do so. His courses had a prodigious success, for several thousand students attended them, coming to the university of Paris from every part of Europe. Every convent received scholars sent to it by its communities in foreign countries. Since no hall was large enough to accommodate the crowd that pressed round Albert, his lectures were given outside in the square called *Place Maubert*, a contraction of *Maître Aubert*, the name by which the learned professor was known.

In 1221, Albert entered the Order of Dominicans or Jacobins and was appointed provincial of the order at Cologne. Later, he was elevated at Rome to one of the most eminent functions in the papal court, the rank of master of the holy palace. The censorship of books throughout Christendom was then among the duties of this functionary. Albert was next named bishop of Ratisbon; he attended the Council of Lyon and returned to his convent where he died at the age of 87 in 1280.

His mind was very subtle, and in this regard one can only compare him to the Arabian philosophers.

Remembrance of his wide knowledge is preserved in popular memory but disfigured by a host of superstitious traditions. We need hardly say that his written works have no connection with the ridiculous writings published under the title *Works of Albert the Great and the Small.*[3]

The stories retailed about him are proof only of his popularity. It is said, for example, that one time he invited William the count of Holland and king of the Romans[4] to Twelfth-Day dinner,[5] and changed winter into summer to welcome him; a display of flowers and fruit upon the table disappeared as soon as the meal was ended. It was also said in all seriousness that he constructed a head that answered any questions addressed to it; it even muttered to itself, to the point that Saint Thomas Aquinas, Albert's pupil, annoyed by the babbling head, broke it.

Virtually everything Albert wrote about physical science was taken from Aristotle, at least as regards general statements, and the little that is his own is of no value. However, he writes about rocks fallen from the sky and he brooks no doubt about the truth of this phenomenon. He asks what are the causes to which such an effect may be attributed, and reviews all the explanations that have since been offered as a reason: either it may be assumed that these rocks have been thrown up by volcanoes in eruption on the globe, or that they have been formed in the upper regions of the atmosphere, or even that they have fallen from the moon.[6]

Albert's writings on animals are also borrowed from Aristotle, as regards generalities. He adds information communicated by the Arabians, and information procured for Europeans on the animals of the North by the fur trade that was carried on with the peoples of Russia and Tartary through Germany. The Greeks and the Romans had not had occasion to participate in such commerce, their climates being too warm for them to need furs. Albert speaks of falconry, following the work of Frederick II, and he gives details that were new for the time on the fishes of the North Sea, in particular on whales and herring. He tells us that herrings were salted, which refutes the received opinion that salting dates only from the fourteenth century.

Albert also published a book in five parts entitled *De Mineralibus et Rebus Metallicis.*[7] He acquired his information on this subject principally from the works of the alchemists who preceded him.

The most remarkable man of the thirteenth century is Roger Bacon,[8] who was born in 1214 of an eminent family. He lived in England under Henry III[9] and Edward I,[10] and in France, where he attended Albertus Magnus's lectures, under Louis VIII[11] and Louis IX. In 1240, he became a Franciscan at Paris, and then became professor at Oxford.

In the middle of a century that never dreamed of shaking off the yoke of authority, he alone arrived through the power of his intellect at the idea of basing science not upon authority but upon observation and the investigation of nature through experiment. Such an idea did not fail to give scandal: nevertheless, he found a way to get his students to adopt it and he inspired in them such conviction that they paid him more than 2,000 pounds sterling, the equal today of more than 100,000 francs, to help cover the costs of his experiments. It was not long before so original and bold a spirit attracted persecution: the general of the Cordeliers condemned him to life in prison on bread and water.

In 1266, Pope Clement IV[12] had him released and even requested his written works. Bacon wrote his *Opus majus*[13] for this pontiff, who died in 1268. That same year, the general of his order sent him back to prison. But this same general, when he himself became pope, under the name of Nicholas IV,[14] set Bacon free again.

This great man died in 1292 or 1294. The very monks who had persecuted him during his life gave him after death the title of *doctor mirabilis*, which he certainly deserved. However, they did not canonize him.

At his death, Bacon left 50 or 60 works. Yet the Cordeliers avoided publishing them; they were so fearful that his works were tainted with magic or witchcraft that they kept them nailed shut at the top of their libraries so that no one would be able to read them. Some of these works still exist only in manuscript.

The *Opus majus*, which was not printed until much later, is full of curious new things, but it is not exempt from the errors of the time. In spite of the genius of its author, it is still the work of a monk. Thus, if he uncovers the properties of convex lenses, the application that comes first to his mind is to make spectacles for facilitating the reading of the early Church Fathers. In his astronomical discoveries he sees only a means of arriving at the proper date for celebrating the movable feasts.

But occasionally his independence, his impatience with the yoke of authority, carry him too far: he even says that if he were the master, he would burn the works of the ancients in order to force the men of his time to do their own work. Such words must be considered hyperbolic and that Bacon did not mean them literally. The delivery he made to Pope Clement IV of his book included a book of the instruments he had invented. He pursued one theory and then another to explain the properties of convex and concave lenses. He describes in an entirely new way the microscope, a convex lens to be used in observing small objects. Of course he also spoke of the telescope, even the reflecting telescope; he asserts that with such an instrument one can distinguish objects situated at great distances, and he even exaggerates the distances. The application he made of this instrument to observing the heavens led him to call for the reform of the calendar, which would be carried out under Pope Gregory[15] in the sixteenth century. This fact alone suffices to show how far Bacon's genius elevated him above his century. The scholar also writes in this work about the feasibility of propelling carriages or vessels by an interior mechanism to which the force of the wind is applied. Judging by what he wrote on this subject, we might think that he had had a presentiment of the great discovery of our own century, the application of steam to the means of transportation.

In his treatise entitled *Speculum Alchemiae*,[16] Bacon writes about gunpowder, both the composition and the properties of which he was most certainly familiar. He records that by properly employing a saltpeter mixture and enclosing it and setting fire to it in a confined space, one can produce astounding effects, both in the great masses it becomes possible to move, and in the noise produced thereby. By using this composition one would be able, he said, to bring down entire cities. He attempts to explain the story of Gideon[17] terrifying the Midianites with earthen pitchers by claiming that the pitchers were burst by gunpowder. It is remarkable that in Bacon's time the use of gunpowder was common; children would enclose it in parchment and then set fire to it. Hence, gunpowder was used for petards[18] a century before anyone had the idea of using it in warfare.

Bacon holds the same opinions about alchemy as do the Arabian authors. He believes that every metal is made up of a metallic principle and a sulphurous principle, the latter complicating and altering the former. The art of preparing metals consists in ridding them of the sulphurous principle. This theory is, of course, analogous to the phlogiston theory.[19]

Mercury is the correct remedy for metals; it purges them of their impurities in the same way that medicinal remedies cure the human body. If one succeeds in completely purging the metal, one obtains gold. Thus, Bacon was involved in the error of his century relative to the chimera of the transformation of metals. This illusion ought not to lessen the admiration due his genius, for he was the true founder of experimental physical science, and if the human spirit did not immediately follow the path he laid down, it was because he was too far ahead of his time; moreover, the turmoils that were vexing the several states of Europe in the fourteenth century halted the progress of the sciences.

The most voluminous of Bacon's writings is the *Treatise on the forces of nature and the nullity of magic.*[20] Living in a century when many phenomena were being explained by magic, he thought rightly that it would be useful to show that most effects attributed to a supernatural power were but the result of the laws of nature, some of which were not yet known.

Gunpowder, which, as I said earlier, was mentioned by Bacon, and which was putatively discovered by a German monk named Berthold Swartz,[21] contributed to the revival of the sciences only in that it gave to centralized power the means of ending feudal anarchy. Other inventions had a more direct influence upon the progress of the human spirit. The first of these is rag paper: heretofore, papyrus or parchment was used for writing: but the former had ceased to be imported into Europe since the beginning of the Middle Ages, and the latter was excessively high in price. The high price of parchment brought about a deplorable abuse; in some convents, the monks took to scraping ancient manuscripts and using the parchment for copying missals. Many precious works were completely destroyed in this way.

In recent times, we have succeeded in recovering from certain manuscripts of antiquity the original characters erased by the monks, and we are able once again to read in its entirety Cicero's essay on the *Republic*, which Monsieur Villemain[22] has translated.

The oldest manuscript written on hemp-content paper that we possess is from 1318. But before that time, there was paper made from cotton, which was introduced into Europe after the travels of Marco Polo.

The printing press dates only from the beginning of the fifteenth century; however, as early as the mid-twelfth, we knew how to print wood engravings, along with a few lines of writing. There exists an engraving made at Haarlem in 1441 with a rather extensive caption around it. On this engraving the city of Haarlem bases its claim of inventing the printing press. But a simple engraving of writing, made with immovable letters, does not constitute the inventing of the printing press. It is movable characters that constitutes such an invention, the most important invention of any for the progress of science and letters. Now, the idea of movable characters belongs to Johannes Gutenberg,[23] born at Mainz in 1400, and is found recorded in a contract concluded with a merchant at Strasbourg for the joint use of several inventions. Mentioned in this contract is the printing press with wooden, movable type.

The same Gutenberg entered into a partnership in 1443 with a wealthy goldsmith named Johann Fust.[24] Together they printed a bible by means of movable metal type. Fust then went into partnership with a certain Schöffer,[25] who invented in 1445 the letter-punch with which the matrix was formed for casting the metal characters. The invention of printing was thus complete; the means was found of delivering to the public a book for a hundredth part of the price at which manuscripts were sold. Fust was so delighted with Schöffer's invention that he gave the worker his daughter in marriage.

The invention of the printing press was quick to achieve perfection. The editions of the fifteenth century are already quite acceptable. Fust and Schöffer brought to Paris in 1466 several examples of the works they had printed; they kept their discovery a secret and sold their books as works by hand. When it was noticed that the books all looked alike, it was thought that they were the product of sorcery. But the decrease in the price of books effected by the printing press made it possible to copy books in a short time and in unprecedented numbers.

The fall of Constantinople to the Turks spread abroad in the West the manuscripts remaining of the ancient authors just when the invention of printing allowed ease in multiplying copies at a moderate price.

The Greek Empire, dismembered by the caliphs' conquests, succumbed at the same time, in 1452, to the even more vigorous attacks by the Turks. These peoples were quite different from the Saracens who invaded part of the Eastern Empire. The Turks had no love of letters, poetry, or the sciences; they arrived with all the barbarity of the most complete ignorance. Hence, all men who studied the sciences fled Constantinople for the West with their books, which they copied and translated for their livelihood. It is to these that the West owes its knowledge of the ancients, for what had remained of ancient learning in the West amounted to very little. The feeble efforts of Petrarch[26] and Boccaccio[27] at the beginning of the fourteenth century to procure such knowledge had only served to prove its rarity, to render more valuable the remains of antiquity, and to cause more care to be exercised in preserving what remained. Nevertheless, in the short interval before the Renaissance began, works were still disappearing. Petrarch possessed Cicero's essay on the *Republic* and the one on *Fame*: the former was, as I mentioned, found on a parchment; the latter is probably lost forever.

Thus, it was from Constantinople that nearly all manuscripts came. The Greeks themselves exercised a good influence on the spirit of the West; for the East, although given over to the most puerile theological disputes, had always preserved the love of literature. It exists there today, at least in the upper social classes.

Copperplate engraving, so indispensable to the progress of natural history, dates from about the same time as the printing press, the former preceding the latter by only a few years.

Copper plates are the invention of the goldsmiths. They engraved on urns figures of incised lines, which they made visible by filling the lines with a blackish metallic amalgam. It appears that some goldsmiths got the notion of making prints from these figures, which were called *nigella*, in French *nielle* [niello]. In the method of engraving on copper, the cultivation and propagation of the sciences had a very present, material help. By then, alcohol and clear glass were the means of preserving natural history objects: the microscope made it possible to extend the domain of science to objects invisible to the naked eye; engraving could reproduce with fidelity the shapes and colors of objects, and printing procured indefinite duration for all the products of man's intelligence.

Also, it was in the fifteenth century, so rich in discoveries and inventions, that we began to make use of the compass. The Chinese had knowledge of this instrument more than a thousand years before Christ, and it appears that this knowledge was introduced into the West in the twelfth or thirteenth century, or, at least it would seem so, according to a passage in the *Roman de la Rose*,[28] unless the passage was interpolated. But it is certain that the compass was not applied to navigation until the fifteenth century; sea voyages made prodigious progress then, when a means of identifying the cardinal points of the horizon became assured.

The Portuguese were the first to make geographic discoveries; they sailed along the coast of Africa, and, continuing their explorations from 1400 to 1500, they sailed farther and farther, made a considerable number of geographic discoveries, and found the sea route to India.

But in that length of time, a greater discovery had been made: Christopher Columbus[29] had reached land in America. Starting with information based on the knowledge at this time of the spherical shape of the earth, and combining that with the ideas Marco Polo had expressed about the size of India and China, which he believed to be much greater than they really are, this great man Christopher Columbus resolved to go directly to India and China by sailing west. According to calculations based upon Marco Polo's travel narrative, a few days of smooth sailing should suffice for this great voyage. Columbus was so taken up with this idea that when he reached the island of Santo Domingo, he had no doubt that he was in the country of Japan mentioned by Marco Polo.

One can imagine what an influence the contact established with America must have had on the activity of the human spirit at this moment when the sciences had just acquired so many new methods of observation.

Everything was new in America: the plants, the animals, even the zones of the globe [?]. Speculators and scholars were vying with one another in this new theater. The sixteenth and seventeenth centuries saw the completion of the discovery of America and the creation of a new body of science.

This discovery dates from 1492. Perhaps it was better for the progress of humanity that it did not take place sooner. If the discovery of the New World had not been preceded by a return to classical Greek and Roman literature, if the new information that it brought to Europe had arrived at a time when the human spirit was chained to the yoke of authority, perhaps the call to observation would have been abandoned for the call to quibbling.

But at the end of the fifteenth century, the mind of man was near to being emancipated by the Reformation. England, Holland, half of Germany, and most of Switzerland and Hungary had already withdrawn from papal authority; all Russia confessed the Greek religion. Of course this struggle of religious beliefs produced wars and countless calamities, but mankind gained thereby the freedom of thought.

NOTES

1. [Saint Albert the Great, Latin Albertus Magnus, byname Albert of Cologne, or Doctor Universalis (born *c.* 1200, Lauingen an der Donau, Swabia, Germany; died 15 November 1280, Cologne; canonized 16 December 1931; feast day 15 November), Dominican bishop and philosopher best known as a teacher of St. Thomas Aquinas and as a proponent of Aristotelianism at the University of Paris. He established the study of nature as a legitimate science within the Christian tradition. By papal decree in 1941, he was declared the patron saint of all who cultivate the natural sciences. He was the most prolific writer of his century and was the only scholar of his age to be called "the Great"; this title was used even before his death.]
2. [Bolstein is an error for Holstein. The Counts of Holstein and Schauenburg were titles of the Holy Roman Empire. The dynastic family came from Schauenburg near Rinteln (district Schaumburg) on the Weser in Germany. Together with its ancestral possessions in Bückeburg and Stadthagen, the family of Schauenburg ruled the County of Schauenburg and Holstein (in today's German Federal State of Schleswig-Holstein).]
3. [For *Works of Albert the Great and the Small*, see Petit (Albert), *Secrets merveilleux de la magie naturelle & cabalistique du Petit Albert, traduite exactement sur l'original Latin, intitulé Alberti Parvi Lucii Libellus de mirabilibus naturae arcanis; enrichi de figures mistérieuses & de la maniére de les faire*, Lyon: Héritiers de Beringos Fratres, 1743, 240 p.; *Le Grand et Le Petit Albert. Les Secrets de la Magie Naturelle et Cabalistique* [foreword by Husson Bernard], Paris: Éditions Pierre Belfond, 1970, 271 p.]
4. [William, also called William of Holland, German Wilhelm von Holland (born 1228; died 28 January 1256, near Hoogwoude, Holland), German king from 3 October 1247, elected by the papal party in Germany as antiking in opposition to Conrad IV (born 25 April 1228, died 21 May 1254) and subsequently gaining general recognition. As William II he was also count of Holland, succeeding his father, Count Floris IV, in 1234.]
5. [Twelfth-Day dinner or Twelfth Night, the evening preceding Epiphany (from the Greek *epiphaneia*, "manifestation"), a festival celebrated on 6 January; one of the three principal and oldest festival days of the Christian Church (including Easter and Christmas). It commemorates the first manifestation of Jesus Christ to the Gentiles, represented by the Magi, and the manifestation of his divinity, as it occurred at his Baptism in the Jordan River and at his first miracle at Cana in Galilee.]
6. This last opinion was repeated by Monsieur Arago, but supported by arguments different from those of Albertus Magnus. It is now abandoned. [M. de St.-Agy.] [Arago is François Arago, in full, Dominique-François-Jean Arago (born 26 February 1786, Estagel, Roussillon, France; died 2 October 1853, Paris), French physicist who discovered the principle of the production of magnetism by rotation of a nonmagnetic conductor. He also devised an experiment that proved the wave theory of light and engaged with others in research that led to the discovery of the laws of light polarization.]
7. [*De Mineralibus et Rebus Metallicis* or *On minerals and metallic materials*, see Albertus Magnus, *De Mineralibus et Rebus Metallicis*, Coloniae: Apud I. Birckmannum & T. Baumium, 1569, 391 + [11] p.]
8. [Roger Bacon, byname Doctor Mirabilis (born *c.* 1220, Ilchester, Somerset, or Bisley, Gloucester, England; died 1292, Oxford?), English Franciscan philosopher and educational reformer who was a major medieval proponent of experimental science. Bacon studied mathematics, astronomy, optics, alchemy, and languages. He was the first European to describe in detail the process of making gunpowder, and he proposed flying machines and motorized ships and carriages. Bacon (as he himself complacently remarked) displayed a prodigious energy and zeal in the pursuit of experimental science; indeed, his studies were talked about everywhere and eventually won him a place in popular literature as a kind of wonder worker. Bacon therefore represents a historically precocious expression of the empirical spirit of experimental science, even though his actual practice of it seems to have been exaggerated.]
9. [Henry III (born 1 October 1207, Winchester, Hampshire, England; died 16 November 1272, London), king of England from 1216 to 1272. In the 24 years (1234-1258) during which he had effective control of the government, he displayed such indifference to tradition that the barons finally forced him to agree to a series of major reforms, the Provisions of Oxford (1258).]
10. [Edward I, byname Edward Longshanks (born 17 June 1239, Westminster, Middlesex, England; died 7 July 1307, Burgh by Sands, near Carlisle, Cumberland), son of Henry III and king of England in 1272-1307, during a period of rising national consciousness. He strengthened the crown and Parliament against the old feudal nobility. He subdued Wales, destroying its autonomy; and he sought (unsuccessfully) the conquest of Scotland. His reign is particularly noted for administrative efficiency and legal reform. He introduced a series of statutes that did much to strengthen the crown in the feudal hierarchy. His definition and emendation of English common law has earned him the name of the "English Justinian."]
11. [Louis VIII, byname Louis the Lion, or the Lion-Heart (born 5 September 1187, Paris; died 8 November 1226, Montpensier, Auvergne, France), Capetian king of France from 1223 who spent most of his short reign establishing royal power in Poitou and Languedoc.]
12. [Pope Clement IV, original French name Gui Foulques, Italian Guido Fulcodi (born Saint-Gilles, Languedoc; died 29 November 1268, Viterbo, Papal States), pope from 1265 to

1268. An eminent jurist serving King St. Louis IX of France, Guido was ordained priest when his wife died *c.* 1256. He subsequently became bishop of Le Puy in 1257, archbishop of Narbonne in 1259, and cardinal in 1261. While on a diplomatic mission to England, he was elected pope in absentia on 5 February 1265, and consecrated 10 days later.]

13. [The *Opus majus* was an effort to persuade the pope of the urgent necessity and manifold utility of the reforms that he proposed. But the death of Clement in 1268 extinguished Bacon's dreams of gaining for the sciences their rightful place in the curriculum of university studies.]

14. [Nicholas IV, original name Girolamo Masci (born 30 September 1227, near Ascoli Piceno, Papal States; died 4 April 1292, Rome), pope from 1288 to 1292, the first Franciscan pontiff. He joined the Franciscans when young and became their minister for Dalmatia. In 1272 Pope Gregory X sent him to Constantinople, where he took part in effecting a brief reunion with the Greeks. From 1274 to 1279 he was minister general of the Franciscans, and in 1281 Pope Martin IV made him cardinal bishop of Palestrina, Italy. He was elected on 22 February 1288 to succeed Pope Honorius IV, after the papacy had been vacant for almost 11 months.]

15. [Pope Gregory or Gregory XIII, see Lesson 11, note 4.]

16. [Bacon is the ascribed author of the alchemical manual *Speculum Alchemiae*, which was first published in Latin in 1541; translated into French as Le Miroir d'Alquimie in 1557, and into English as *The Mirror of Alchimy* in 1597 (see Bacon (Roger), *Le miroir d'alquimie. Traduict de Latin en François, par un gentilhomme du D'aulphiné* [*i.e.* Nicolas Barnaud], Lyon: Macé Bonhomme, 1557, 4 pts. in 1 vol.; *The mirror of alchimy* [composed by the thrice-famous and learned fryer, Roger Bachon, sometimes fellow of Martin Colledge: and afterwards of Brasen-nose Colledge in Oxenforde. Also a most excellent and learned discourse of the admirable force and efficacie of art and nature, written by the same author. With certaine other treatises of the like argument], London: Printed [by Thomas Creede] for Richard Olive, 1597, 84 p.; see also *The mirror of alchimy* [composed by the thrice-famous and learned fryer, Roger Bachon, edited by Linden Stanton J.], New York: Garland Pub., 1992, lviii + 144 p.)]

17. [Gideon, a judge and hero-liberator of Israel whose deeds are described in the Book of Judges. The author apparently juxtaposed two traditional accounts from his sources in order to emphasize Israel's monotheism and its duty to destroy idolatry. Accordingly, in one account Gideon led his clansmen of the tribe of Manasseh in slaying the Midianites, a horde of desert raiders; but, influenced by the cult of his adversaries, he fashioned an idolatrous image from the booty and induced Israel into immorality. In the parallel version he replaced the idol and altar of the local deity Baal with the worship of Yahweh, the God of Israel, who consequently inspired Gideon and his clan to destroy the Midianites and their chiefs as a sign of Yahweh's supremacy over Baal. The story is also important for showing the development of a monarchy in Israel under Gideon's son Abimelech.]

18. [Petard, a firework that explodes with a loud report.]

19. [Phlogiston, in early chemical theory, hypothetical principle of fire, of which every combustible substance was in part composed. In this view, the phenomenon of burning, now called oxidation, was caused by the liberation of phlogiston, with the dephlogisticated substance left as an ash or residue. The phlogiston theory was discredited by Antoine Lavoisier (born 25 August 1743, died 8 May 1794 by guillotine) between 1770 and 1790. He studied the gain or loss of weight when tin, lead, phosphorus, and sulfur underwent reactions of oxidation or reduction (deoxidation); and he showed that the newly discovered element oxygen was always involved. Although a number of chemists –notably Joseph Priestley (born 13 March 1733, died 6 February 1804), one of the discoverers of oxygen– tried to retain some form of the phlogiston theory, by 1800 practically every chemist recognized the correctness of Lavoisier's oxygen theory.]

20. [*De mirabili potestate artis et naturae* or *Treatise on the forces of nature and the nullity of magic*; see Bacon (Roger), *Frier Bacon his discovery of the miracles of art, nature, and magick faithfully translated out of Dr. Dees own copy by T. M. and never before in English*, London: Printed for Simon Miller, 1659, [12] + 51 + [7] p.; *Roger Bacon's letter concerning the marvelous power of art and of nature and concerning the nullity of magic* [translated from the Latin by Tenney L. Davis, together with notes and an account of Bacon's life and work], Easton (Pennsylvania): Chemical Pub. Co., 1923, 76 p.]

21. [Berthold der Schwarze, also called Berthold Schwarz (fl. fourteenth century), German monk and alchemist who, probably among others, discovered gunpowder (*c.* 1313). The only evidence consists of entries of dubious authenticity in the town records of Ghent (now in Belgium). Little is known of his life, though he appears to have been a cathedral canon in Konstanz about 1300 and a teacher at the University of Paris during the 1330s. He is sometimes credited with being the first European to cast bronze cannon.]

22. [Abel-François Villemain (born 9 June 1790, Paris; died 8 May 1870, Paris), French politician and writer. Educated at the Lycée Louis-le-Grand, he became assistant master at the Lycée Charlemagne, and subsequently at the École Normale. In 1812 he gained a prize from the Academy with an essay on Michel de Montaigne. Under the restoration he was appointed, first, assistant professor of modern history, and then professor of French eloquence at the Sorbonne. Here he delivered a series of literary lectures which had an extraordinary effect on his younger contemporaries. His edition of Cicero's *Republic* was published in 1823.]

23. [Johannes Gutenberg, in full Johann Gensfleisch Zur Laden Zum Gutenberg (born the last decade of the fourteenth

century, Mainz, Germany; died probably 3 February 1468, Mainz), German craftsman and inventor who originated a method of printing from movable type that was used without important change until the twentieth century. The unique elements of his invention consisted of a mold, with punch-stamped matrices (metal prisms used to mold the face of the type) with which type could be cast precisely and in large quantities; a type-metal alloy; a new press, derived from those used in wine making, papermaking, and bookbinding; and an oil-based printing ink. None of these features existed in Chinese or Korean printing, or in the existing European technique of stamping letters on various surfaces, or in woodblock printing.]

24. [Johann Fust (born *c.* 1400, Mainz, Germany; died 30 October 1466, Paris, France), early German printer, financial backer of Johannes Gutenberg (the inventor of printing in Europe), and founder, with Peter Schöffer, of the first commercially successful printing firm. A prominent goldsmith, Fust lent Gutenberg 800 guilders in 1450 to perfect his movable-type printing process. An additional 800 guilders was lent about two years later. Gutenberg's 42-line Bible and his 1457 Psalter were almost finished, but Fust sued in 1455 for 2,026 guilders to recover his money with interest. The court found in Fust's favor, and Gutenberg lost his invention and equipment.]

25. [Peter Schöffer (born 1425?, Gernsheim, Hesse; died 1502, Mainz), German printer who assisted Johannes Gutenberg and later opened his own printing shop. Schöffer studied in Paris, where he supported himself as a copyist, and then became an apprentice to Gutenberg in Mainz. He entered the printing business as the partner of Gutenberg's creditor, Johann Fust, whose daughter he later married. The best-surviving examples of his craftsmanship are the 1457 Mainz Psalter and the 1462 48-line Bible. The Psalter was the first printed book to give the date and place of printing and the printers' names. Schöffer cast the first metallic type in matrices and used it for the second edition of the Vulgate Bible. By the time of his death he had printed more than 300 books.]

26. [Petrarch, Italian in full Francesco Petrarca (born 20 July 1304, Arezzo, Tuscany, Italy; died 18/19 July 1374, Arquà, near Padua, Carrara), Italian scholar, poet, and Humanist whose poems addressed to Laura, an idealized beloved, contributed to the Renaissance flowering of lyric poetry. Petrarch's inquiring mind and love of classical authors led him to travel, visiting men of learning and searching monastic libraries for classical manuscripts. He was regarded as the greatest scholar of his age.]

27. [Giovanni Boccaccio (born 1313, Paris; died 21 December 1375, Certaldo, Tuscany, Italy), Italian poet and scholar, best remembered as the author of the earthy tales in the *Decameron* (see Boccaccio (Giovanni), *Decameron* [transl. by Payne John, revised and annotated by Singleton Charles Southward], Berkeley: University of California Press, 1982, 3 vols, xx + 948 p.) With Petrarch he laid the foundations for the humanism of the Renaissance and raised vernacular literature to the level and status of the classics of antiquity.]

28. [*Roman de la Rose* ("Romance of the Rose"), one of the most popular French poems of the later Middle Ages (see Lorris (Guillaume de) & Meun (Jean de), *Le Roman de la Rose* [transl. in modern French by Lanly André], Paris: Honoré Champion, 1971-1976, 5 vols). Modeled on Ovid's *Ars amatoria* (*c.* 1 B.C.; *Art of Love*; see Ovid, *Ars Amatoria Book 3* [edited with introduction and commentary by Gibson Roy K.], Cambridge (UK); New York: Cambridge University Press, 2003, x + 446 p.), the poem is composed of more than 21,000 lines of octosyllabic couplets and survives in more than 300 manuscripts. Nothing is known of the author of the first 4,058 lines except his name, Guillaume de Lorris (a village near Orléans). This section, which was written about 1230, is a charming dream allegory of the wooing of a maiden, symbolized by a rosebud, within the bounds of a garden, representing courtly society.]

29. [Christopher Columbus, master mariner and navigator (born about August/October 1451, Genoa, Italy; died 20 May 1506, Valladolid, Spain), the eldest son of Domenico Colombo, a Genoese wool worker and small-time merchant, and Susanna Fontanarossa, his wife. Columbus is widely thought to have been the first European to sail across the Atlantic Ocean and make landfall on the American continent. He made four voyages across the Atlantic under the sponsorship of Ferdinand and Isabella, the Catholic Monarchs of Aragon, Castile, and Leon in Spain. On the first and second voyages (3 August 1492 - 15 March 1493, and 25 September 1493 - 11 June 1496) Columbus sighted the majority of the islands of the Caribbean and established a base in Hispaniola (now divided into Haiti and the Dominican Republic). On the third voyage (30 May 1498 - October 1500) he reached Trinidad and Venezuela and the Orinoco River delta. On the fourth (9 May 1502 - 7 November 1504) he returned to South America and sailed from Cape Honduras to the Mosquito Coast of Nicaragua, Costa Rica, Veragua, and Panama. Although at first full of hope and ambition, an ambition partly gratified by his title "Admiral of the Ocean Sea," awarded to him in April 1492, and by the grants enrolled in the Book of Privileges (a record of his titles and claims), Columbus died a disappointed man. He was removed from the governorship of Hispaniola in 1499, his chief patron, Queen Isabella, died in 1504, and his efforts to recover his governorship of the "Indies" from King Ferdinand were, in the end, unavailing. In 1542, however, the bones of Columbus were taken from Spain to the Cathedral of Santo Domingo in Hispaniola (now the Dominican Republic), where they may still lie.]

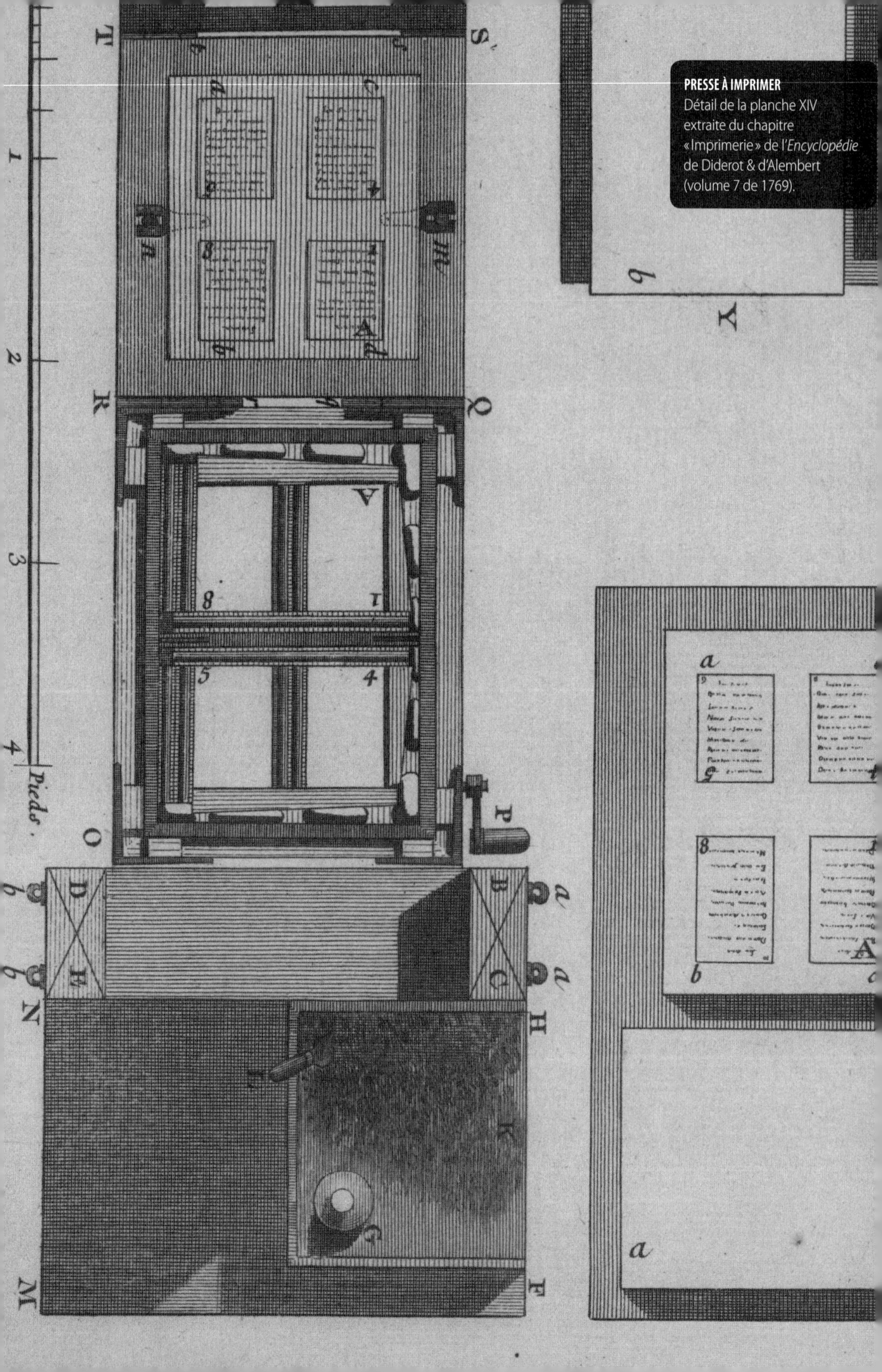

PRESSE À IMPRIMER
Détail de la planche XIV extraite du chapitre « Imprimerie » de l'*Encyclopédie* de Diderot & d'Alembert (volume 7 de 1769).

23 Albert le Grand et Roger Bacon, inventions et découvertes

Tous les écrivains distingués du XIIIe siècle ont appartenu aux ordres mendiants ; et on ne doit pas s'en étonner, car c'était seulement dans les monastères que les hommes qui avaient le goût de l'étude pouvaient s'y livrer tranquillement, et trouver toutes les facilités dont ils avaient besoin. Souvent le chef d'un couvent avait sous ses ordres plusieurs centaines de jeunes moines qui travaillaient pour lui. Ce fut ainsi qu'Albert-le-Grand[1] parvint à composer vingt-deux volumes in-folio. Cet écrivain était, comme la plupart des moines qui se distinguèrent à cette époque, issu d'une famille noble et puissante, celle des comtes de Bolstein[2]. Il était né en 1193 dans la Souabe, et fit ses études à Padoue, qui possédait alors une école célèbre, érigée depuis en université. Il vint à Paris, où il enseigna, en 1218 et 1219, la philosophie d'Aristote, bien qu'elle y fût alors interdite. Ses cours eurent un succès prodigieux, plusieurs milliers d'élèves les suivaient ; car on venait alors étudier à l'université de Paris de toutes les parties de l'Europe. Chaque couvent recevait les écoliers qui lui étaient adressés par les communautés des pays étrangers. Comme aucune salle n'était assez vaste pour recevoir la foule qui se pressait autour d'Albert, il faisait ses leçons en plein air, sur la place qui a été nommée *place Maubert*, par contraction de *maître Aubert*, nom sous lequel on désignait le savant professeur.

En 1221, Albert entra dans l'ordre des dominicains ou jacobins, et fut nommé provincial de l'ordre à Cologne. Plus tard il fut élevé, à Rome, à l'une des fonctions les plus éminentes de la cour du pape, au grade de maître du sacré palais. La censure des livres de toute la chrétienté entrait alors dans les attributions de ce fonctionnaire. Albert fut ensuite nommé évêque de Ratisbonne ; il assista au concile de Lyon, et rentra dans son couvent, où il mourut âgé de quatre-vingt-sept-ans, en 1280.

Son esprit était très-subtil, et, sous ce rapport, on ne saurait guère lui comparer que les philosophes arabes.

Le souvenir de son vaste savoir s'est conservé dans la mémoire du peuple, mais défiguré par une foule de traditions superstitieuses. Il est inutile de dire que ses ouvrages n'ont aucun rapport avec les écrits ridicules qu'on a publiés depuis sous le titre *d'Œuvres du grand et du petit Albert.*[3]

Les fables qu'on a débitées sur son compte ne prouvent que sa célébrité populaire. On raconte, entre autres choses, qu'ayant invité à dîner un jour des Rois[4] Guillaume comte de Hollande et roi des Romains[5], il changea l'hiver en été pour le mieux recevoir, et fit servir sur la table des fleurs et des fruits qui disparurent aussitôt que le repas fut terminé. On a aussi écrit sérieusement qu'il avait construit une tête qui répondait à toutes les questions qu'on lui adressait, et qui parlait même toute seule, si bien que saint Thomas-d'Aquin, son élève, importuné du babil de cette tête, la brisa.

Presque tout ce qu'Albert a écrit sur la physique est tiré d'Aristote, du moins pour les généralités, et le peu qui lui est propre est de nulle valeur. Il parle cependant des pierres tombées du ciel, et n'élève aucun doute sur la réalité de ce phénomène. Il recherche quelles sont les causes auxquelles on peut l'attribuer, et passe en revue toutes les explications qui ont été reproduites depuis pour en rendre raison : il examine si on peut admettre que ces pierres ont été lancées par les volcans qui brûlent sur le globe, ou si elles ont été formées dans les hautes régions de l'atmosphère, ou bien encore si elles ne seraient pas tombées de la lune[6].

Ce qu'Albert a écrit sur les animaux est également, quant aux généralités, emprunté à Aristote. Il y joint les connaissances communiquées par les Arabes et celles que le commerce des pelleteries qui se faisait avec les peuples de la Russie et de la Tartarie, par l'intermédiaire de l'Allemagne, avait procurées aux Européens sur les animaux du Nord. Les Grecs et les Romains n'avaient pas eu occasion de se livrer à ce commerce, leurs climats étant trop chauds pour qu'ils eussent besoin de fourrures. Albert parle de la fauconnerie suivant l'ouvrage de Frédéric II, et il donne des détails alors nouveaux sur les poissons de la mer du Nord, particulièrement sur les baleines et les harengs. Il nous apprend que l'on salait de son temps les harengs, ce qui réfute l'opinion accréditée que la salaison ne date que du XIVe siècle.

Albert a aussi publié un livre intitulé : de *Mineralibus et Rebus Metallicis*[7], en cinq parties. Il en a puisé la matière principalement dans les ouvrages des alchimistes qui l'avaient précédé.

L'homme le plus remarquable du XIIIe siècle est Roger Bacon[8], qui naquit en 1214, d'une famille considérable. Il vivait en Angleterre sous Henri III[9] et Édouard Ier[10] ; et en France, où il suivit les leçons d'Albert-le-Grand, sous Louis VIII[11] et Louis IX. En 1240 il se fit cordelier à Paris, et fut ensuite professeur à Oxford.

Au milieu d'un siècle où personne avant lui n'avait pensé à secouer le joug de l'autorité, il s'éleva seul par la force de son génie à l'idée de fonder la science sur l'observation et d'interroger la nature par des expériences. Cette idée ne manqua pas de causer un grand scandale : il trouva pourtant moyen de la faire adopter par ses élèves, et il leur communiqua une telle conviction, qu'il obtint d'eux la valeur de plus de 2 000 livres sterlings qui représenteraient aujourd'hui plus de 100 000 fr. de notre monnaie, pour subvenir aux frais de ses expériences. Un esprit aussi original et aussi hardi ne pouvait manquer de s'attirer des persécutions : le général des cordeliers le condamna à une prison perpétuelle et au pain et à l'eau.

En 1266 le pape Clément IV[12] le fit mettre en liberté, et lui demanda même ses ouvrages. Bacon écrivit pour ce pontife, qui mourut en 1278, son *Opus majus*[13]. La même année le général de son ordre le fit remettre en prison. Mais ce même général, étant lui-même devenu pape sous le nom de Nicolas IV[14], rendit la liberté à Bacon.

Ce grand homme mourut en 1292 ou 1294. Les mêmes moines qui l'avaient persécuté pendant sa vie lui donnèrent, après sa mort, le titre de docteur admirable, que certainement il avait bien mérité. Cependant ils ne le canonisèrent pas.

Bacon laissa à sa mort cinquante ou soixante ouvrages. Les cordeliers évitèrent toujours de les publier ; ils craignaient même si fort qu'ils ne fussent entachés de magie ou de sorcellerie, qu'ils les tenaient cloués à la partie supérieure de leurs bibliothèques pour que personne ne pût les lire. Plusieurs de ces ouvrages n'existent encore qu'en manuscrits.

L'*Opus majus*, qui ne fut imprimé que très-tard, est rempli de choses curieuses et nouvelles : mais il n'est cependant pas exempt des défauts du temps. Malgré le génie de son auteur, c'est encore un ouvrage de moine. Ainsi, s'il découvre la propriété des verres convexes, l'application qui le frappe c'est qu'on en pourra faire des lunettes qui faciliteront la lecture des vieux Pères. Dans ses découvertes astronomiques il ne voit qu'un moyen de connaître l'époque à laquelle il convient de célébrer les fêtes mobiles.

Mais quelquefois son indépendance, son impatience du joug de l'autorité, l'emporte trop loin : il va jusqu'à dire que s'il était le maître, il brûlerait les ouvrages des anciens pour forcer les hommes de son temps à travailler eux-mêmes. Il faut croire que ce langage est hyperbolique et que Bacon était bien loin de l'entendre à la lettre. L'envoi qu'il fit de son livre au pape Clément IV était accompagné de celui des instruments qu'il avait imaginés. Il se livre à diverses théories pour expliquer les propriétés des verres convexes et des verres concaves. Il décrit d'une manière tout-à-fait neuve le microscope, loupe convexe destinée à observer les petits objets. Il est très-certain qu'il parle aussi du télescope, même du télescope à réflexion ; il assure qu'avec cet instrument on peut distinguer des objets placés à d'immenses distances, et il exagère même ces distances. L'application qu'il fit de cet instrument à l'observation du ciel le conduisit à demander la réforme du calendrier, qui fut faite sous Grégoire[15], au XVIe siècle. Ce seul fait suffit à faire connaître combien le génie de Bacon l'avait élevé au-dessus de son siècle. Ce savant parle aussi dans le même ouvrage de la possibilité de faire mouvoir des chariots ou des vaisseaux par un mécanisme intérieur auquel on pourrait appliquer la force du vent. Dans ce qu'il dit à ce sujet, on croit reconnaître qu'il avait eu un pressentiment de la grande découverte de notre siècle, l'application de la vapeur aux moyens de transport.

Dans son traité intitulé : *Speculum Alchimiæ*[16], Bacon parle de la poudre à canon, dont il est très-certain qu'il a connu la composition et les propriétés. Il rapporte qu'en employant convenablement une composition de salpêtre, et l'enfermant et l'enflammant dans un espace étroit, on peut produire des effets énormes, soit pour les masses qu'il devient possible de soulever, soit pour le bruit qui en résulte. En employant cette composition on pourrait, dit-il, renverser des villes entières. Il cherche à expliquer par cette découverte l'histoire de Gédéon[17] effrayant les Madianites avec des vases de terre que la poudre à canon faisait éclater. Ce qui pourra étonner, c'est que du temps de Bacon l'usage de la poudre était vulgaire ; les enfants s'amusaient à en enfermer dans du parchemin et y mettaient ensuite le feu. Ainsi on employa la poudre à faire des pétards[18] un siècle avant le temps où l'on eut l'idée de l'appliquer à la guerre.

Les opinions de Bacon sur l'alchimie sont celles des auteurs arabes. Il admet que tous les métaux sont formés d'un principe métallique et d'un principe sulfureux qui complique et altère le premier. L'art de préparer les métaux consiste à les débarrasser du principe sulfureux. Cette théorie est, comme on le voit, analogue à celle du phlogistique[19]. Le mercure est le véritable remède des métaux; il les purge de leurs impuretés, comme les remèdes de la médecine guérissent le corps humain. Si on parvenait à purger les métaux complètement, on obtiendrait de l'or. Ainsi, Bacon partageait l'erreur de son siècle relativement à la chimère de la transformation des métaux. Cette illusion ne doit pas affaiblir l'admiration due à son génie, car il fut le véritable fondateur de la physique expérimentale, et si l'esprit humain n'entra pas sur-le-champ dans la voie qu'il lui traça, c'est qu'il avait trop devancé son siècle, et que d'ailleurs les troubles dont furent agités les différents États de l'Europe, dans le cours du XIVe siècle, arrêtèrent le développement des sciences.

Le plus volumineux des écrits de Bacon est le *Traité sur les forces de la nature et la nullité de la magie*[20]. Vivant dans un siècle où l'on expliquait une foule de phénomènes par la magie, il pensa avec raison qu'il serait utile de montrer que la plupart des effets qu'on attribuait à un pouvoir surnaturel, n'étaient que le résultat des lois de la nature, dont plusieurs n'étaient pas encore connues.

La poudre à feu, dont parle Bacon, comme je l'ai dit il n'y a qu'un instant, et dont la découverte fut attribuée à un moine allemand nommé Berthold Swartz[21], n'a contribué au renouvellement des sciences qu'en donnant à la puissance centrale le moyen de mettre un terme à l'anarchie féodale. D'autres inventions ont influé plus directement sur le développement de l'esprit humain. La première est celle du papier de chiffons: jusque là on s'était servi pour écrire de papyrus ou de parchemin: mais l'un avait cessé d'être importé en Europe depuis le commencement du Moyen Âge, et l'autre, le parchemin, était d'un prix excessif. Cette cherté donna même lieu à un abus déplorable; dans plusieurs couvents, des moines imaginèrent de gratter d'anciens manuscrits pour y copier des missels. Beaucoup d'ouvrages précieux furent ainsi complètement détruits.

Dans ces derniers temps, on est parvenu à faire reparaître sur quelques manuscrits de l'antiquité les anciens caractères effacés par les moines, et on a pu relire tout le traité de la *République* de Cicéron, que M. Villemain[22] a traduit.

Le plus ancien manuscrit que nous possédions, écrit sur du papier de chiffons de chanvre, est de 1318. Mais avant cette époque on possédait du papier de coton, dont l'usage avait été introduit en Europe à la suite des voyages de Marco Paolo.

L'imprimerie ne date que du commencement du XVe siècle; cependant, dès le milieu du douzième, on savait tirer des gravures en bois, autour desquelles on imprimait même quelques lignes d'écriture. Il existe une gravure faite à Harlem en 1441, autour de laquelle on lit une légende assez étendue. C'est sur cette gravure que la ville de Harlem appuie ses prétentions à l'invention de l'imprimerie. Mais une simple gravure d'écriture, faite avec des lettres immobiles, ne constitue pas l'invention de l'imprimerie. Ce sont les caractères mobiles qui constituent cette invention, la plus importante de toutes pour le progrès des lettres et des sciences. Or, l'idée des caractères mobiles appartient à Jean Guttemberg[23], né à Mayence en 1400, et se trouve consignée dans un traité conclu avec un marchand de Strasbourg exploiter ensemble plusieurs inventions. Dans ce traité est mentionnée l'imprimerie avec des caractères en bois et mobiles.

Le même Guttemberg s'associa en 1443 un riche orfèvre appelé Jean Fust[24]. Ils imprimèrent ensemble une bible, au moyen de caractères mobiles métalliques. Fust s'associa ensuite un nommé Scheffer[25], qui inventa, en 1445 le poinçon avec lequel on forma la matrice pour couler les caractères métalliques. L'invention de l'imprimerie fut ainsi complète ; on sut le moyen de livrer au public un ouvrage pour la centième partie du prix auquel se vendaient les manuscrits. Fust avait été si enchanté de l'invention de Scheffer, son ouvrier, qu'il lui donna sa fille en mariage.

L'imprimerie est l'invention qui arriva le plus vite à la perfection. Les éditions du XVe siècle sont déjà très-satisfaisantes. Fust et Scheffer apportèrent à Paris en 1466 plusieurs exemplaires des ouvrages qu'ils avaient imprimés ; ils ne firent pas connaître leur découverte, et vendirent leurs livres comme s'ils avaient été faits à la main. Lorsqu'on eut marqué qu'ils se ressemblaient tous, le peuple s'imagina qu'ils étaient un produit de la sorcellerie. Mais la baisse que l'imprimerie occasionna dans le prix des livres, fit qu'ils se multiplièrent en peu de temps dans une proportion dont jamais on n'avait eu d'exemple.

La prise de Constantinople par les Turcs répandit dans l'Occident les manuscrits qui restaient des auteurs anciens, au moment même où l'invention de l'imprimerie donnait la facilité d'en multiplier les copies à un prix très-modéré.

L'empire grec, démembré par les conquêtes des califes, succomba aussi dans les mêmes temps, en 1452, aux attaques encore plus vigoureuses des Turcs. Ces peuples étaient bien différents de ce qu'avaient été les Sarrazins, lorsqu'ils envahirent une partie de l'empire d'Orient. Ils n'avaient point comme eux le goût des lettres, de la poésie, des sciences ; ils arrivaient avec toute la barbarie de l'ignorance la plus complète. Aussi tous les hommes qui cultivaient les sciences s'enfuirent-ils de Constantinople en Occident avec leurs livres, dont ils faisaient des copies et des traductions pour vivre. C'est à eux que l'Occident doit la connaissance des anciens ; car ce qui en était resté parmi nous se réduisait à peu de chose. Les efforts impuissants qu'avaient faits, au commencement du XIVe siècle, Pétrarque[26] et Bocace[27] pour s'en procurer, n'avaient servi qu'à en constater la rareté, qu'à faire mieux apprécier les débris de l'antiquité, et à faire conserver avec plus de soin ceux qui existaient encore. Cependant quelques ouvrages disparurent encore dans le court intervalle s'écoula jusqu'à la renaissance des lettres. Pétrarque possédait le traité *de la République* de Cicéron et celui *de la Gloire* : le premier de ces traités a été, comme nous l'avons dit, retrouvé sur un parchemin ; le deuxième est probablement perdu pour toujours.

Ce fut donc de Constantinople que sortirent presque tous les manuscrits. Les Grecs exercèrent par eux-mêmes une heureuse influence sur l'esprit général de l'Occident ; car l'Orient, bien que livré aux discussions théologiques les plus puériles, avait pourtant conservé le goût de la bonne littérature. Il y subsista toujours, du moins dans les hautes classes de la société.

La gravure en taille douce incisée sur cuivre, si indispensable aux progrès de l'histoire naturelle, date à peu près de la même époque que l'imprimerie ; elle ne la précéda guère que de quelques années.

L'invention des planches en cuivre est due aux orfèvres. Ils gravaient sur les vases des figures en creux qu'ils rendaient visibles en les remplissant d'un mélange métallique noirâtre.

Il paraît que plusieurs eurent en même temps l'idée de tirer des empreintes de ces figures, que l'on désignait sous le nom de *nigella*, en français *nielle*. Au moyen de la gravure en cuivre on posséda l'un des secours matériels nécessaires à la culture et à la propagation des sciences. Déjà l'alcool et le verre blanc étaient des moyens de conserver les objets d'histoire naturelle : le microscope permettait d'étendre le domaine de la science sur des êtres imperceptibles à l'œil nu ; la gravure pouvait reproduire avec fidélité les formes et les couleurs des objets : enfin l'imprimerie procurait une durée indéfinie à toutes les productions de l'intelligence.

Ce fut donc dans le XVe siècle, si fécond en découvertes et en inventions, que l'on commença à faire usage de la boussole. Les Chinois connaissaient cet instrument plus de mille ans avant Jésus-Christ, et il paraît que la connaissance en fut introduite dans l'Occident du XIIe au XIIIe siècle : c'est du moins ce qui résulterait d'un passage du *roman de la Rose*[28], s'il n'a pas été interpolé. Mais il est certain qu'on ne l'appliqua à la navigation que dans le XVe siècle ; les voyages maritimes prirent alors un développement prodigieux dès qu'on eut ainsi un moyen assuré de reconnaître les points cardinaux de l'horizon.

Ce furent les Portugais qui firent les premières découvertes géographiques ; ils longèrent la côte d'Afrique, et, continuant leurs explorations de 1400 jusqu'à 1500, ils s'avancèrent de plus en plus, firent une quantité considérable de découvertes géographiques, et trouvèrent le chemin des Indes par mer.

Mais dans cet espace de temps, une plus grande découverte avait été faite : Christophe Colomb[29] avait atteint le sol de l'Amérique. Partant des données que fournissaient les connaissances de son temps sur la forme sphérique de la terre, et les combinant avec les idées que Marco Paolo avait exprimées sur l'étendue de l'Inde et de la Chine, qu'il supposait du reste beaucoup plus grandes qu'elles ne le sont réellement, ce grand homme résolut de se rendre directement dans ces contrées par l'Occident. D'après des calculs appuyés sur la relation de Marco Paolo, quelques jours de navigation heureuse devaient suffire pour ce grand voyage. Colomb était tellement préoccupé de cette idée que lorsqu'il aborda à l'île Saint-Domingue, il ne douta pas qu'il ne fût au Japon dont Marco Paolo avait fait mention.

On sent quelle influence dut avoir sur le mouvement des esprits la communication établie avec l'Amérique au moment où les sciences venaient d'acquérir tant de nouveaux moyens d'observation.

Tout était nouveau en Amérique : les plantes, les animaux, et même les couches du globe. Les spéculateurs, les savants se portèrent à l'envi sur ce nouveau théâtre. Les XVIe et XVIIe siècles virent compléter la découverte de l'Amérique et créer un nouveau corps de science.

Cette découverte date de 1492. Peut-être fut-il heureux pour les progrès de l'humanité qu'elle n'ait pas été faite plus tôt. En effet, si elle n'eût pas été précédée par un retour à la bonne littérature grecque et latine ; si les nouvelles connaissances qu'elle procura à l'Europe étaient arrivées dans un temps où tous les esprits étaient enchaînés sous le joug de l'autorité, peut-être eût-on abandonné la voix de l'observation pour celle de l'ergotage.

Mais à la fin du XVe siècle, l'esprit humain était en grande partie émancipé par la réforme. L'Angleterre, la Hollande, la moitié de l'Allemagne, la plus grande partie de la Suisse et de la Hongrie s'étaient déjà soustraites à l'autorité du pape ; la totalité de la Russie professait la religion grecque. Sans doute cette lutte de croyances religieuses produisit des guerres et des malheurs innombrables ; mais le genre humain y gagna la liberté de penser.

NOTES

1. [Saint Albert le Grand, en latin Albertus Magnus, de son nom Albert de Cologne, ou « Docteur Universel » (né *c.* 1200, Lauingen an der Donau en Souabe, Allemagne ; mort le 15 novembre 1280 à Cologne ; canonisé le 16 décembre 1931 ; fêté le 15 novembre), évêque dominicain et philosophe, il fut le professeur de Saint Thomas d'Aquin et défenseur de l'aristotélicisme à l'Université de Paris. Il permit à l'étude de la nature de devenir une science légitime au sein de la tradition chrétienne. Par décret papal en 1941, il fut déclaré le saint patron des défenseurs des sciences naturelles. Il fut l'écrivain le plus prolifique de son siècle et il fut le seul savant de son époque à être surnommé « le Grand », ce surnom lui ayant été attribué de son vivant.]
2. [Bolstein apparaît ici par erreur à la place d'Holstein. Les Comtes d'Holstein et de Schauenburg étaient des titres du temps du Saint Empire. La dynastie venait de Schauenburg près de Rinteln (dans la région de Schaumburgsur la Weser en Allemagne. La famille des Schauenburg régnait sur leurs possessions ancestrales de Bückeburg et de Stadthagen ainsi que sur les Comtés de Schauenburg et d'Holstein (dans l'état fédéral allemand actuel de Schleswig-Holstein).]
3. [Sur les Œuvres d'Albert le Grand et Albert le Petit, voir Petit (Albert), *Secrets merveilleux de la magie naturelle & cabalistique du Petit Albert, traduite exactement sur l'original Latin, intitulé Alberti Parvi Lucii Libellus de mirabilibus naturae arcanis ; enrichi de figures mistérieuses & de la manière de les faire* [nouvelle éd., corr. & augm.], Lyon : Héritiers de Beringos Fratres, 1743, 240 p. ; *Le Grand et Le Petit Albert : Les Secrets de la Magie Naturelle et Cabalistique* [préface de Husson Bernard], Paris : Éditions Pierre Belfond, 1970, 271 p.]
4. [Dîner du Douzième Jour ou du Douzième Soir, soirée précédant l'Épiphanie (du grec *epiphaneia*, « apparition »), fête célébrée le 6 janvier ; l'une des trois fêtes les plus anciennes et les plus importantes de l'église chrétienne (avec Pâques et Noël). Cette fête commémore la première apparition de Jésus-Christ aux rois mages, et la manifestation de sa divinité, telle qu'elle se produisit lors de son baptême dans le Jourdain, et lors de son premier miracle à Cana en Galilée.]
5. [Guillaume de Hollande, en allemand Wilhelm von Holland (né en 1228 ; mort le 28 janvier 1256, près de Hoogwoude, dans les Pays-Bas), roi allemand à partir du 3 octobre 1247, élu par le parti papal comme antiroi, en opposition à Conrad IV (né le 25 avril 1228, mort le 21 mai 1254), son titre fut par la suite pleinement reconnu. Comme Guillaume II, il fut également comte de Hollande, succédant à son père, le Comte Florent IV, en 1234].
6. Cette dernière opinion a été reproduite par M. Arago, mais appuyée sur d'autres arguments que ceux d'Albert. Elle est maintenant abandonnée [M. de St.-Agy.] [Arago est François Arago, de son nom complet, Dominique-François-Jean Arago (né le 26 février 1786 à Estagel, Roussillon, France ; mort le 2 octobre 1853 à Paris), physicien français qui découvrit le principe de production de magnétisme par rotation d'un conducteur non-magnétique. Il inventa également une expérience qui prouva la théorie ondulatoire de la lumière et il participa avec d'autres scientifiques à des travaux de recherche qui menèrent à la découverte des lois de polarisation de la lumière.]
7. [*De Mineralibus et Rebus Metallicis* ou *Des Minéraux et des Matériaux Métalliques*, *cf.* Albert le Grand, *De Mineralibus et Rebus Metallicis*, Coloniae : Apud I. Birckmannum & T. Baumium, 1569, 391 + [11] p. ; *Le Monde minéral* [présentation, traduction et commentaires par Angel Michel], Paris : Les Éditions du Cerf, 1995, 448 p.]
8. [Roger Bacon, surnommé Docteur Mirabilis (né *c.* 1220, Ilchester, Somerset, ou Bisley, Gloucester, Angleterre ; mort en 1292, Oxford ?), philosophe franciscain anglais et réformateur en éducation, il fut un partisan actif de la science expérimentale. Bacon étudia les mathématiques, l'astronomie, l'optique, l'alchimie, et les langues étrangères. Il fut le premier européen à décrire en détail le procédé de fabrication de la poudre à feu, et il suggéra des machines volantes, et des bateaux et chariots à moteur. Bacon (comme il le remarquait lui-même) faisait preuve d'une énergie et d'un zèle extraordinaires dans ses activités de science expérimentale ; ses études en effet lui valurent d'être connu de tous et lui permirent de devenir populaire comme un scientifique capable de faire des merveilles. Bacon est donc l'expression précoce de l'esprit de la méthode scientifique, même si dans la réalité il fit moins usage de cette méthode qu'on a pu le raconter.]
9. [Henry III (né le 1er octobre à Winchester, Hampshire, Angleterre ; mort le 16 novembre 1272 à Londres), roi d'Angleterre de 1216 à 1272. Durant les 24 ans (1234-1258) pendant lesquels il eut contrôle effectif du gouvernement, il démontra une telle indifférence à la tradition que les barons finirent par le forcer à accepter une série de réformes importantes, les Provisions d'Oxford (1258).]
10. [Edouard Ier, de son nom Edward Longshanks (né le 17 juin 1239 à Westminster, Middlesex, Angleterre ; mort le 7 juillet 1307, Burgh by Sands, près de Carlisle, Cumberland), fils d'Henry III et roi d'Angleterre de 1272 à 1307, période caractérisée par un développement de la conscience nationale. Il affirma le pouvoir de la couronne et du Parlement contre l'ancienne noblesse féodale. Il assujettit le Pays de Galles,

détruisant son autonomie ; et il essaya (vainement) de conquérir l'Écosse. Son règne est réputé pour son efficacité administrative et ses réformes légales. Il introduisit une série de lois qui permirent de consolider la couronne dans la hiérarchie féodale. Sa définition du droit commun anglais et les corrections qu'il y apporta lui valurent le surnom de « Justinien Anglais ».]

11. [Louis VIII, de son surnom Louis le Lion, ou Cœur de Lion (né le 5 septembre 1187 à Paris ; mort le 8 novembre 1226, Montpensier, Auvergne, France), roi de France capétien à partir de 1223 qui passa la plupart de son court règne à établir le pouvoir royal en Poitou et dans le Languedoc.]

12. [Pape Clément IV, de nom d'origine français Gui Foulques, en italien Guido Fulcodi (né à Saint-Gilles, Languedoc ; mort le 29 novembre 1268, Viterbo, dans les États pontificaux) pape de 1265 à 1268. Eminent juriste au service du roi Saint Louis IX de France, Guido fut ordonné prêtre au décès de sa femme *c.* 1256. Il devint ensuite évêque du Puy en 1257, archevêque de Narbonne en 1259, et cardinal en 1261. Alors qu'il était en mission diplomatique en Angleterre, il fut élu pape *in absentia* le 5 février 1265, et consacré 10 jours plus tard.]

13. [L'« Œuvre Majeure » (*Opus majus*) fut écrite dans le but de persuader le pape de l'urgente nécessité et des nombreuses utilités des réformes qu'il proposait. Mais la mort de Clément en 1268 mit fin aux rêves de Bacon de donner aux sciences leur juste place dans l'enseignement universitaire.]

14. [Nicolas IV, de son nom d'origine Girolamo Masci, ou Jérôme d'Ascolie (né le 30 septembre 1227 près d'Ascoli Piceno dans les États pontificaux ; mort le 4 avril 1292 à Rome), pape de 1288 à 1292, il fut le premier pontife franciscain. Il joignit les Franciscains lorsqu'il était jeune et devint leur ministre en Dalmatie. En 1272, le pape Grégoire X l'envoya à Constantinople où il participa à une brève réunion avec les Grecs. De 1274 à 1279, il fut ministre général des Franciscains, et en 1281, le pape Martin IV le nomma cardinal évêque de Palestrina en Italie. Il fut élu pape le 22 février 1288, succédant au pape Honorius IV, après que la papauté soit restée sans pape pendant près de onze mois.]

15. [Pape Grégoire ou Grégoire XIII, voir Leçon 11, note 4.]

16. [Bacon est l'auteur présumé du manuel d'alchimie intitulé *Speculum Alchemiae*, lequel fut publié pour la première fois en latin en 1541 ; il fut traduit en français sous le titre *Le Miroir d'Alchimie* en 1557, et en anglais (*The Mirror of Alchimy*) en 1597 (*cf.* Bacon (Roger), *Le miroir d'alquimie. Traduict de Latin en François, par un gentilhomme du D'aulphiné* [*i.e.* Nicolas Barnaud], Lyon : Macé Bonhomme, 1557, 4 pts. en 1 vol. ; *The mirror of alchimy, composed by the thrice-famous and learned fryer, Roger Bachon, sometimes fellow of Martin Colledge : and afterwards of Brasen-nose Colledge in Oxenforde. Also a most excellent and learned discourse of the admirable force and efficacie of art and nature, written by the same author. With certaine other treatises of the like argument*, Londres : Impr. [par Thomas Creede] pour Richard Olive, 1597, 84 p. ; pour une édition contemporaine *cf. Miroir d'alchimie* [textes trad. du latin en français par Poisson Albert], Milan : Archè, 1974, 93 p.)]

17. [Gédéon, juge et héros libérateur d'Israël dont les actions sont décrites dans le Livre des Juges. Apparemment, l'auteur juxtaposa deux récits traditionnels afin de mettre en valeur le monothéisme d'Israël et son devoir de détruire l'idolâtrie. L'un des récits raconte que Gédéon incita les hommes de sa tribu Manassé à assassiner les Madianites, horde de pillards du désert, mais, influencé par le culte de ses adversaires, il fit fondre à partir de l'or du butin un objet qui devint une idole et conduisit Israël à l'immoralité. La deuxième version de l'histoire remplace l'idole et l'autel de la déité locale Baal avec le culte de Yaveh, Dieu d'Israël, lequel inspira Gédéon et son clan à détruire les Madianites et leurs chefs comme signe de la suprématie de Yaveh sur Baal. L'histoire est également importante pour l'information qu'elle apporte sur le développement de la monarchie en Israël sous le fils de Gédéon, Abimelech.]

18. [Pétard, feu d'artifice qui explose bruyamment.]

19. [La théorie du phlogistique est une théorie chimique obsolète qui affirmait que tous les matériaux inflammables contenaient une substance combustible, le phlogiston. Ainsi, le phénomène de combustion, que l'on appelle aujourd'hui oxydation, provenait du dégagement du phlogiston, laissant la substance « déphlogistifiée » sous forme de centre ou résidu. La théorie phlogistique fut discréditée par Antoine Lavoisier (né le 25 août 1743, mort guillotiné le 8 mai 1794) entre 1770 et 1790. Il étudia le gain ou la perte de poids lorsque l'étain, le plomb, le phosphore et le sulfure subissent une réaction d'oxydation ou de désoxydation ; il montra que l'oxygène, élément récemment découvert, était toujours impliqué dans la combustion. Bien qu'un certain nombre de chimistes – notamment Joseph Priestley (né le 13 mars 1733, mort le 6 février 1804), l'un des découvreurs de l'oxygène – essayèrent de conserver une certaine partie de la théorie phlogistique, pratiquement tous les chimistes de l'après 1800 reconnurent l'exactitude de la théorie de l'oxygène de Lavoisier.]

20. [*De mirabili potestate artis et naturae* ou *Le Traité sur les Forces de la Nature et la Nullité de la Magie* ; voir Bacon (Roger), *De l'admirable pouuoir et puissance de l'art, & nature : ou est traicté de la pierre philosophale* [trad. en ancien françois par Girard de Tournus Jacques], Lyon : Macé Bonhomme, 1557, 95 p.]

21. [Berthold der Schwarze, également appelé Berthold Schwarz (*fl.* XIVe siècle), moine allemand et alchimiste qui découvrit, probablement avec d'autres, la poudre à canon (*c.* 1313). La seule évidence que l'on a sont des références, bien que d'authenticité douteuse, annotées dans les registres de la ville de Gand (aujourd'hui en Belgique). On sait peu de choses de sa vie, bien qu'il semble qu'il ait été chanoine à la cathédrale de Constance en 1300 environ, et professeur à l'université de Paris dans les années 1330. On lui attribue parfois d'avoir été le premier européen à avoir coulé un canon en bronze.]

22. [Abel-François Villemain (né le 9 juin 1790 à Paris ; mort le 8 mai 1870 à Paris), politicien et écrivain français. Après avoir poursuivi ses études au Lycée Louis-le-Grand, il devint professeur suppléant au Lycée Charlemagne, et ensuite à l'École Normale. En 1812, il gagna un prix de l'Académie Française pour son essai sur Michel de Montaigne. Sous la Restauration, il fut nommé tout d'abord professeur assistant d'histoire moderne,

et ensuite professeur de rhétorique française à la Sorbonne. Il y délivra une série de conférences littéraires qui eurent un effet extraordinaire sur ses jeunes contemporains. Son édition de *La République* de Cicéron fut publiée en 1823.]

23. [Jean Gutenberg, de son nom complet Johann Gensfleisch Zur Laden Zum Gutenberg (né pendant la dernière décennie du XIVe siècle à Mayence en Allemagne ; mort probablement le 3 février 1468 à Mayence), artisan allemand et inventeur de la presse à imprimer qui fut utilisée sans grand changement jusqu'au XXe siècle. Les éléments particuliers de son invention consistaient en un moule avec une matrice des caractères mobiles en métal, qui permettait une impression précise et en grande quantité ; un alliage métallique ; une nouvelle presse, basée sur la presse à vin, la presse à papier et la reliure ; et une encre à imprimer à huile. Aucun de ces éléments n'existait dans l'imprimerie chinoise ou coréenne, ou dans la technique européenne d'estampillage de lettres sur surfaces variées, ou dans l'impression sur bois.]

24. [Jean Fust (né *c.* 1400 à Mayence en Allemagne ; mort le 30 octobre 1466 à Paris, France), imprimeur allemand, financier associé de Gutenberg (l'inventeur de la presse à imprimer en Europe), et fondateur, avec Pierre Schöffer, de la première imprimerie commerciale à succès. Riche orfèvre, Fust prêta à Gutenberg 800 guildes en 1450 pour lui permettre de mettre au point sa presse à imprimer mobile. Il lui prêta 800 guildes supplémentaires deux ans plus tard. La Bible à 42 lignes de Gutenberg et son Psautier de 1457 étaient presque terminés lorsque Fust porta Gutenberg devant les tribunaux dans le but de récupérer son prêt avec intérêt. La cour trancha en faveur de Fust, et Gutenberg perdit son invention et son matériel.]

25. [Pierre Scheffer (né en 1425 ? à Gernsheim, Hesse ; mort en 1502 à Mayence), imprimeur allemand qui aida Jean Gutenberg et ouvrit plus tard sa propre imprimerie. Scheffer étudia à Paris, où il travailla comme copiste, avant de devenir apprenti de Gutenberg à Mayence. Il débuta dans l'activité commerciale de l'imprimerie comme associé de Jean Fust, créditeur de Gutenberg, dont il épousa plus tard la fille. Les plus beaux exemples qui nous soient parvenus de son artisanat sont le Psautier de Mayence de 1457 et la Bible à 48 lignes de 1462. Le Psautier fut le premier livre imprimé à indiquer la date et le lieu d'impression et le nom des imprimeurs. Scheffer moula les premiers caractères en matrices qu'il utilisa pour la seconde édition de la Bible. Il imprima ainsi plus de 300 livres.]

26. [Pétrarque, en italien Francesco Petrarca (né le 20 juillet 1304, Arezzo, Toscane, Italie ; mort le 18 ou 19 juillet 1374 à Arque, près de Padoue, Carrare, Italie), érudit italien, poète et humaniste dont les poèmes adressés à Laure, une bien-aimée idéalisée, contribuèrent à l'épanouissement de la poésie lyrique de la Renaissance. L'esprit curieux de Pétrarque et son amour des auteurs classiques le conduisirent à voyager à la rencontre d'hommes de savoir et à la recherche de manuscrits classiques dans les bibliothèques monastiques. Il fut considéré comme le plus grand érudit de son époque.]

27. [Giovanni Boccace (né en 1313 à Paris ; mort le 21 décembre 1375, Certaldo, Toscane, Italie), poète et homme de lettres italien, connu comme l'auteur du recueil de nouvelles le *Décameron*. Comme Pétrarque, il établit les fondations de l'humanisme de la Renaissance et éleva la littérature vernaculaire au niveau de prestige des classiques de l'antiquité (*cf.* Boccace (Jean), *Le Décaméron* [traduction nouvelle et postface de Clerico Giovanni ; préface de Laurens Pierre ; dossier de Laurens Claude & Laurens Pierre], Paris : Gallimard, 1995, 1056 p.)]

28. [Le *Roman de la Rose* est l'un des poèmes français les plus célèbres de la fin du Moyen Âge (voir Lorris (Guillaume de) & Meun (Jean de), *Le Roman de la Rose* [traduction en francais moderne par Lanly André], Paris : Honoré Champion, 1971-1976, 5 vol.) Basé sur le modèle d'Ovide *Ars amatoria* (*c.* 1 av. J.-C. ; *L'Art de l'Amour* ; voir Ovide, *L'art d'aimer* [traduction de Bornecque Henry revue par Heuzé Philippe ; texte annoté et questions par Alizon Aude (...) Tardiveau Christine], Paris : Les Belles Lettres ; Hatier, 2009, 222 p.), le poème est composé de plus de 21 000 lignes de couplets de huit syllabes et survécut dans plus de 300 manuscrits. On ne sait rien de l'auteur des 4 058 premiers vers si ce n'est son nom, Guillaume de Lorris (village près d'Orléans). Cette partie, écrite en 1230 environ, est une charmante allégorie à la cour faite à une jeune fille, symbolisée par un bouton de rose, dans l'enceinte d'un jardin, lequel représente la société chevaleresque.]

29. [Christophe Colomb, marin et navigateur (né entre août et octobre 1451 à Gênes en Italie ; mort le 20 mai 1506 à Valladolid en Espagne), fils aîné de Domenico Colombo, tisserand et commerçant originaire de Gênes, et de Susanna Fontanarossa, sa femme. On considère Christophe Colomb comme le premier Européen à avoir traversé l'Océan Atlantique et à avoir découvert le continent américain. Il traversa quatre fois l'Atlantique grâce au soutien financier de Ferdinand et Isabelle, les rois catholiques d'Aragon, de Castille et de León en Espagne. Lors de ses deux premiers voyages (3 août 1492 - 15 mars 1493, et 25 septembre 1493 - 11 juin 1496) Christophe Colomb découvrit la plupart des îles des Caraïbes et il établit une base à Hispaniola (aujourd'hui divisée entre Haïti et la République Dominicaine). Lors de son troisième voyage (30 mai 1498 - octobre 1500) il atteignit Trinidad, le Vénézuéla et le delta de la rivière Orinoco. Lors de son quatrième voyage (9 mai 1502 - 7 novembre 1504) il retourna en Amérique du sud et navigua depuis le Cap Honduras jusqu'à la Côte Moustique du Nicaragua, le Costa Rica, Veragua, et Panama. Bien qu'à ses débuts il fut plein d'espoir et d'ambition, ambition satisfaite en partie par son titre d'« Amiral des Mers » qu'on lui attribua en avril 1492, ainsi que les prérogatives financières et gouvernementales qui lui furent octroyées et enregistrées dans le Livre des Privilèges (registre de ses titres et des prérogatives), Christophe Colomb mourut déçu. On lui retira les fonctions de gouverneur d'Hispaniola en 1499, sa bienfaitrice principale, la Reine Isabelle, mourut en 1504, et ses efforts pour récupérer le gouvernement des Antilles des mains du Roi Ferdinand furent en vain. Néanmoins, en 1542, les ossements de Christophe Colomb furent rapatriés d'Espagne vers la Cathédrale de Saint Domingue à Hispaniola (aujourd'hui en République Dominicaine) où il repose toujours à ce jour.]

8 Summary
Résumé

24 Antiquity and the Middle Ages: A Summary

Before starting our discussion of the Renaissance of letters and sciences,[1] a rebirth so well prepared by the discoveries and inventions of the fourteenth and fifteenth centuries, I shall present a summary of the works of antiquity and the Middle Ages.

The total number of years devoted to the sciences is no more than four thousand, and in fact, it is no more than two thousand, if one considers only the eras that have left us actual records.

Born in India, the sciences spread to Egypt, Chaldea, and Persia, where they seem to have made good progress, at least in regard to their practical application. The ancient Egyptians invented land measurement; they could transform minerals into glass; they had some notion of natural history and anatomy; mechanics was well developed among them, as well as stereotomy;[2] like us they made enamel, earthenware, porcelain, and they could compound the most solid and brilliant colors; and medicine is thought to have originated in Egypt. On the other hand, all their learning was bound up in a metaphysical and pantheistic theory that the priests did not communicate to the people except by symbols that were unintelligible to the people. This part of the cult was the only part known to the many colonies that left Egypt about 1500 B.C. The colonies we know anything about were those that were led by Moses, Cecrops, Danaus, and Cadmus. The Egyptian symbols, transported into Greece without being explained there, gave birth in that country to a religion no longer symbolic, and the sciences, now outside the temples, were able to develop freely. However, almost a thousand years went by before Greece had philosophers who were truly interested in the sciences. About the year 600 B.C., two important revolutions occurred in Egypt that finally opened up that country to foreigners, and the Greeks, with their taste for the sciences, hastened to the land from which their first lawgivers had come and where they hoped to gather more extensive knowledge. Thales was the first to teach in Greece the philosophy he had gone to imbibe in the temples of Egypt. Pythagoras imitated him a short time later and founded his philosophical doctrine on principles clearly originating in Egypt. The learning that the Greek philosophers borrowed from Egypt was not great, but when spread abroad in a nation where no hereditary sacerdotal caste had exclusive right to it, it developed into something great.

The advance of the sciences in Greece was at first slow and impeded; none of their branches were the object of concentrated study. The philosophers wrote embracing the universality of the sciences. Now, such general studies could but bring about erroneous systems, founded only upon a few particular truths generalized by their authors. Each school in Greece had its own system, and mystical ideas were beginning to rule everywhere when Socrates called attention to the emptiness of such subtleties and led men's minds back to what one might call the philosophy of common sense.

His disciple Plato founded a philosophical school on which the musings of the Pythagoreans exerted a baneful influence. Although Plato disregarded the only method by which true progress can be affected in the sciences, we must start with his *Timaeus* in order to establish the chronology of the works of the human spirit in the natural sciences.

The intellectual impetus given Greece by Aristotle was much more powerful than that given by Plato. This vast genius produced an almost complete system for all the sciences –physical science, astronomy, zoology, botany, and others. He embraced the whole, made note of all things, and merited the title of the father of science by creating and practicing the true method proper for its rapid and sustained progress. This method is the method of observation, which was restored to learned men nineteen centuries later by Bacon. The immortal works of Aristotle were written in 350 B.C. and they enriched science with an innumerable quantity of facts; the human spirit was thus set on the path to unbounded improvement. However, except for Theophrastus, who applied the Aristotelian method to botany, Aristotle had no successor able to continue his work.

After Aristotle came the school of Alexandria, where the Ptolemies [*cf.* table pp. 236-237] attracted the elite of the Greek scholars; but the works of this school had literature, history, and criticism for their principal object, and with the exception of anatomy, which made true progress through their efforts, the natural sciences were neglected by the Alexandrians. The same applies to Asia Minor.

After Rome conquered Egypt, the sciences began to be cultivated there again, but despite the ease with which naturalists traveled in an empire that comprised almost all the civilized world, the first two centuries of the Christian era produced only compilers. The sinister effect of the reigns of Caligula and Nero brought to earth the flight of the human mind. One lone man, Galen, produced original works; he alone has a place next to Aristotle; he extended the boundaries of nearly every natural science, devoting himself especially to anatomy, zoology, and medicine.

The third century of our era was turbulent and filled with anarchy. Soon afterwards, the efforts of all men of genius were taken up by the struggle between Christianity and paganism, and when order and calm were finally restored, the chain of scholarly work was too utterly broken to be renewed. Theology had invaded everything, and all the ingenuity of the Greek spirit was lost in mystical disputes. The few books of this time that dealt with natural history considered the science only from the standpoint of theology, or else merely cited facts, chosen uncritically, as allegories.

Throughout the Roman Empire, science in the fourth, fifth, and sixth centuries was a deplorable spectacle of progressive decadence. In the sixth century, the barbarian invasion of the Western Empire took place.

In the Middle Ages, which began with the definitive establishing of the Germanic nations in the Western Empire and ended in the fifteenth century, we have followed the history of the sciences in its threefold direction: 1° In the Byzantine Empire, where the language was Greek; 2° among the European nations, which, brought together by unity of religious belief under the spiritual dominion of the bishop of Rome, kept the Latin language; and 3° with the Arabians.

The sciences continued to languish in the East, amid religious quarrels. Nevertheless, chemistry was born there, amid the chimeras of alchemy.

Byzantium, sole possessor of the deposit of manuscripts from antiquity, exerted a felicitous influence on the rebirth of science after the fall of Constantinople.

Barbarian conquests plunged the peoples of the West into the most profound ignorance. For one moment Charlemagne relit the flame of enlightenment, but his unworthy successors let it die out.

In the tenth, eleventh, and twelfth centuries, the shadows of ignorance became more and more dense; the point was reached where not a single monk in Europe was able to write a chronicle in an intelligible manner.

In the thirteenth century, a timely movement brought human intellects back to life. Albert the Great and his pupil Arnauld de Villeneuve[3] revived the love for science by their extraordinary erudition and the publication of their many works. Roger Bacon even made some attempts, although premature, in the sciences; he weakened the yoke of authority and tried to render the experimental method triumphant; but his century was not able to follow in his footsteps, and the discoveries with which this great man enriched the sciences were not utilized until several centuries later.

The founding of the mendicant orders and of the universities and the organizing of the Crusades in Europe instigated a tremendous movement in the human spirit, and in a short time caused it to make an advance that perhaps no other effect could have made so rapidly.

At the end of the thirteenth century, therefore, everything seemed to be in place for a happy revolution in the sciences. But Europe in the course of the fourteenth century was in turmoil due to many different reasons, and the movement of the human spirit was arrested. It recommenced in the sixteenth century, this time more rapidly and better directed, thanks to the promise of liberty introduced by the Reformation.

Although their progress in the natural sciences had been little noted, the Arabians exerted some influence on the people of Europe after the settlement of their first conquests. They applied themselves to the sciences with great ardor. They received instruction in the lands of the Byzantine Empire they had subjugated, and especially from the Nestorians and other votaries of dissident opinions whom the intolerance of the Byzantines forced into exile. They successfully cultivated the newly born chemistry; they invented procedures for distillation and divers metallurgical operations. The science of botany is obliged to them for its progress, and they enriched the *materia medica* with a great number of totally new acquisitions.

But they made no contribution to zoology or anatomy; their religion was entirely opposed to the cultivation of these sciences.

For three centuries, the ninth, tenth, and eleventh, the Arabian schools in Spain reached their highest degree of prosperity. The Jews, and even some Christians, came to Spain from every direction in Europe to study medicine. But towards the end of the twelfth century, the empire of the caliphs was dismembered and was fundamentally weak, and the sciences ceased to be cultivated there.

The remarkable epoch of the Renaissance in Europe was made possible by a happy concurrence of external events characterized by inventions and discoveries that were a powerful aid in the progress of the human spirit. The application of the compass to navigation produced the discoveries by the Portuguese in the East. The invention of engraving and the printing press, the application of clear glass to constructing optical instruments, the use of the same substance for enclosing the cabinets containing objects of natural history, the practice of preserving such objects in wine spirits, all furnished the means for progress of which antiquity had been deprived.

Learned men of the fifteenth century at first busied themselves with works of erudition. They reproduced and commented upon the works of the ancients. Later on, bolder and more independent spirits included in their commentaries a few new observations, and, with the number of these increasing, the sciences took on a development that we shall tell you about in our next meetings.

Our goal in this history has been to demonstrate a fundamental truth that dominates all of science, and that, as you will see, springs forth from scholarly work in every era – namely, that the boldest, the most ingenious philosophical systems and speculations are of no use to the sciences, whereas facts well observed constitute lasting gains and assure their authors an honorable rank among the benefactors of humanity. Aristotle, Theophrastus, Galen, and several others have left us monuments that still have their place in our general knowledge after more than twenty centuries, whereas the turbulences of Descartes,[4] risen almost in our own time, are already completely forgotten.

NOTES

1. [For Cuvier's discussion of the Renaissance of letters and sciences, see Cuvier (Georges), *Histoire des Sciences Naturelles, depuis leur Origine jusqu'à nos Jours, chez tous les Peuples connus* [professée au Collège de France, par Georges Cuvier; complétée, rédigée, annotée et publiée par M. Magdeleine de Saint-Agy], Paris: Fortin, Masson & Cie, 1841, vol. 2, 558 p.]
2. [Stereotomy, the science or art of cutting solids into certain figures and sections, to be used in industry and construction.]
3. [Arnauld de Villeneuve or Arnold of Villanova (born 1238, died 1311 or 1313), a doctor, alchemist, theologist, and famous astrologer of the thirteenth century. Regarded as the most eminent doctor of his century, thoroughly versed in medicine, chemistry, astrology and in theology, he was fluent in Latin, Hebrew, Arabic. At Montpellier where he taught, all of Europe came to hear his lessons in medicine and surgery.]
4. [René Descartes, Latin Renatus Cartesius (born 31 March 1596, La Haye, now Descartes, France; died 11 February 1650, Stockholm) is known as the father of modern philosophy. A seventeenth-century French mathematician, scientist, and philosopher, he was one of the first to oppose scholastic Aristotelianism. He began by methodically doubting knowledge based on authority, the senses, and reason, then found certainty in the intuition that, when he is thinking, he exists; this he expressed in the famous statement "I think, therefore I am." He developed a dualistic system in which he distinguished radically between mind, the essence of which is thinking, and matter, the essence of which is extension in three dimensions. Descartes's metaphysical system is intuitionist, derived by reason from innate ideas, but his physics and physiology, based on sensory knowledge, are mechanistic and empiricist.]

ALLÉGORIE DES SCIENCES
« Allegorie op de Wetenschappen ». Huile sur toile du peintre Néerlandais Gérard de Lairesse (1641-1711).

24 L'Antiquité et le Moyen Âge : un résumé

Avant de passer au temps de la renaissance des lettres et des sciences[1], si bien préparée par les découvertes et les inventions des XIVe et XVe siècles, je présenterai un résumé des travaux de l'antiquité et du Moyen Âge.

La totalité des années consacrées aux sciences ne dépasse pas quatre mille ans ; et même elle n'est réellement que de deux mille ans, si l'on veut seulement considérer les temps dont il reste des monuments positifs.

Nées dans l'Inde, les sciences se répandirent en Égypte, en Chaldée, en Perse, où elles paraissent avoir fait d'assez grands progrès, au moins quant à leur application pratique. Les anciens Égyptiens inventèrent l'arpentage ; ils surent transformer des minéraux en verre ; ils eurent quelques notions d'histoire naturelle et d'anatomie ; la mécanique était chez eux assez développée, ainsi que la stéréotomie[2] ; ils fabriquaient nos émaux, notre faïence, nos porcelaines, et savaient composer toutes les couleurs les plus solides et les plus brillantes ; enfin la médecine passe pour être née en Égypte. Du reste, toutes leurs connaissances étaient liées par une théorie métaphysique et panthéistique que les prêtres ne communiquaient au peuple que sous des emblêmes inintelligibles pour lui. Cette partie du culte fut la seule que connaissaient les nombreuses colonies qui sortirent de l'Égypte environ quinze cents ans avant notre ère. Celles de ces colonies sur lesquelles nous avons quelques notions sont les colonies de Moïse, de Cécrops, de Danaüs et de Cadmus. Les emblêmes égyptiens, transportés dans la Grèce sans y être expliqués, donnèrent naissance dans ce pays à une religion qui n'avait plus rien d'emblématique, et la science, sortie des temples, put se développer librement. Cependant près de mille ans se passèrent avant que la Grèce eût des philosophes qui s'occupassent réellement des sciences. Mais vers l'an 600, deux révolutions importantes survenues en Égypte ouvrirent enfin ce pays aux étrangers, et les Grecs, chez qui le goût des sciences s'était développé, se portèrent avec empressement vers les lieux d'où étaient venus leurs premiers législateurs, et où ils espéraient recueillir des connaissances plus étendues. Thalès fut le premier qui fit connaître dans la Grèce la philosophie qu'il était allé puiser dans les temples de l'Égypte. Pythagore limita peu de temps après, et fonda sa doctrine philosophique sur des principes dont l'origine égyptienne est évidente. Les connaissances que les philosophes grecs puisèrent en Égypte étaient peu importantes ; mais, ayant été répandues chez une nation où aucune caste sacerdotale héréditaire ne pouvait s'en emparer exclusivement, elles se développèrent largement.

La marche des sciences dans la Grèce fut d'abord lente et embarrassée ; aucune de leurs branches n'y fut l'objet d'études exclusives. Les philosophes embrassaient dans leurs travaux l'universalité des sciences. Or, des études aussi générales ne pouvaient donner lieu qu'à des systèmes erronés, appuyés seulement sur quelques vérités particulières généralisées par leurs auteurs. Chaque école de la Grèce avait son système, et les idées mystiques commençaient à dominer partout, lorsque Socrate fit sentir la vanité des subtilités, et ramena les esprits à ce qu'on pourrait appeler la philosophie du bon sens.

Son disciple Platon fonda une école philosophique dans laquelle les rêveries de la secte pythagoricienne exercèrent une influence funeste. Mais bien que Platon ait méconnu la seule méthode qui puisse faire de véritables progrès aux sciences, c'est pourtant de son Timée qu'on doit partir pour établir la chronologie des travaux de l'esprit humain sur les sciences naturelles.

L'impulsion intellectuelle donnée à la Grèce par Aristote fut bien autrement puissante que celle de Platon. Ce vaste génie a produit un système presque complet sur toutes les sciences : sur la physique, l'astronomie, la zoologie, la botanique. Il embrassa tout, il distingua toutes choses, et mérita le titre de fondateur des sciences, en créant et pratiquant la véritable méthode propre à leur faire des progrès rapides et soutenus. Cette méthode est la méthode d'observation, à laquelle Bacon ne fit que ramener les esprits dix-neuf siècles plus tard. Les immortels travaux d'Aristote furent exécutés 350 ans avant Jésus-Christ, et ils enrichirent la science d'une innombrable quantité de faits ; l'esprit humain fut ainsi placé dans la voie d'un perfectionnement illimité. Cependant, si l'on excepte Théophraste, qui appliqua la méthode d'Aristote à la botanique, ce dernier philosophe n'eut point de successeur digne de continuel ses travaux.

Après lui s'éleva l'école d'Alexandrie ; des Ptolomées [*cf.* tableau pp. 258-259] y attirèrent l'élite des savants de la Grèce ; mais les travaux de cette école eurent principalement pour objet la littérature, l'histoire et la critique ; et, si l'on excepte l'anatomie, qui fit de véritables progrès par leurs soins, les sciences naturelles furent très-peu cultivées par les Alexandrins. Il en fut de même dans l'Asie-Mineure.

Lorsque Rome eut conquis l'Égypte, les sciences commencèrent à y être cultivées ; mais, malgré la facilité qu'avaient les naturalistes de voyager dans un empire qui comprenait à peu près la totalité du monde civilisé, les deux premiers siècles de l'ère chrétienne ne fournirent que des compilateurs. L'influence funeste des règnes de Caligula et de Néron empêcha l'élan de l'esprit humain. Un seul homme, Galien, produisit des ouvrages originaux ; lui seul se plaça près d'Aristote, et recula les bornes de presque toutes les sciences naturelles ; il s'occupa plus spécialement de l'anatomie, de la zoologie et de la médecine.

Le IIIe siècle de notre ère fut rempli de troubles et d'anarchie. Bientôt après les efforts de tous les hommes de génie furent absorbés par la lutte qui s'engagea entre le christianisme et le paganisme, et quand l'ordre et le calme furent enfin rétablis, la chaîne des études se trouva trop complétement rompue pour pouvoir être renouée. La théologie avait tout envahi, et toute la finesse de l'esprit grec se perdit dans des arguties mystiques. Le peu de livres de cette époque dans lesquels il est question d'histoire naturelle, ne la considèrent que sous un point de vue théologique, ou bien ne citent des faits choisis sans critique que comme des allégories.

Dans la totalité de l'empire romain les sciences présentèrent, pendant les IVe, V^e^ et VIe siècles, le spectacle déplorable d'une décadence progressive. Dans le VIe siècle eut lieu l'envahissement de l'empire d'Occident par les Barbares.

Dans le Moyen Âge, qui commence à l'établissement définitif des nations germaniques dans l'empire d'Occident et finit au XVe siècle de notre ère, nous avons suivi l'histoire des sciences dans sa triple direction : 1° dans l'empire de Byzance, dont le grec était la langue ; 2° parmi les nations européennes, qui, réunies par l'unité des croyances religieuses sous la domination spirituelle de l'évêque de Rome, conservèrent la langue latine ; 3° chez les Arabes.

Les sciences continuèrent de languir en Orient, au milieu des querelles religieuses. Toutefois la chimie y prit naissance au milieu des rêveries de l'alchimie.

Byzance, possédant seule le dépôt des manuscrits anciens, exerça la plus heureuse influence sur la renaissance des sciences après la prise de Constantinople.

La conquête des Barbares plongea les peuples d'Occident dans l'ignorance la plus profonde. Un moment Charlemagne ralluma le flambeau des lumières ; mais ses indignes successeurs le laissèrent s'éteindre.

Dans les Xe, XIe et XIIe siècles, les ténèbres de l'ignorance s'épaissirent de plus en plus ; on en vint au point qu'il ne se trouvait pas en Europe un seul moine capable d'écrire une chronique d'une manière intelligible.

Au XIIIe siècle un mouvement heureux ranima les esprits. Albert-le-Grand et son élève Arnauld de Villeneuve[3] ramenèrent le goût des sciences par leur érudition extraordinaire et la publication de leurs volumineux travaux. Roger Bacon fit même, dans les sciences, des efforts prématurés ; il secoua le joug de l'autorité, et voulut faire triompher la méthode expérimentale ; mais son siècle n'était pas en état de le suivre, et les découvertes mêmes dont ce grand homme enrichit la science ne furent utilisées que quelques siècles après.

L'établissement des ordres mendiants, celui des universités et les croisades imprimèrent en Europe un mouvement prodigieux à l'esprit humain, et lui firent faire en peu de temps des progrès qu'aucune autre cause peut-être n'aurait pu rendre aussi rapide.

À la fin du XIIIe siècle dont paraissait donc disposé pour une heureuse révolution dans les sciences. Mais le cours du XIVe siècle ayant été dans toute l'Europe rempli de troubles divers, le mouvement de l'esprit humain fut arrêté. Il ne reprit qu'au XVIe siècle, plus rapide et mieux dirigé, grâce à l'esprit de liberté introduit par la réformation.

Bien que les progrès des Arabes dans les sciences naturelles proprement dites eussent été assez peu marqués, ils exercèrent cependant une assez grande influence sur les peuples de l'Europe après l'établissement de leurs premières conquêtes. Ils s'appliquèrent aux sciences avec beaucoup d'ardeur. Ils reçurent l'instruction des parties de l'empire de Byzance qu'ils soumirent, et surtout des nestoriens et des autres sectateurs des opinions dissidentes que l'intolérance des Byzantins força de s'expatrier. Ils cultivèrent avec succès la chimie naissante ; ils inventèrent les procédés de la distillation et diverses opérations métallurgiques. La botanique leur fut redevable de quelques progrès, et ils enrichirent la matière médicale d'un grand nombre d'acquisitions tontes nouvelles.

La zoologie et l'anatomie ne reçurent d'eux aucun perfectionnement ; leur religion s'opposait entièrement à ce qu'ils cultivassent ces sciences.

Pendant trois siècles, les neuvième, dixième et onzième, les écoles arabes d'Espagne arrivèrent à leur plus haut degré de prospérité. Les juifs et même quelques chrétiens s'y rendaient de tous les points de l'Europe pour étudier la médecine. Mais vers la fin du XIIe siècle, l'empire des califes étant démembré et affaibli de toutes parts, les sciences cessèrent d'y être cultivées.

L'époque mémorable de la renaissance des lettres en Europe fut préparée par un heureux concours d'événements extérieurs et caractérisée par plusieurs inventions et découvertes qui aidèrent puissamment le développement de l'esprit humain. L'application de la boussole à la navigation produisit les découvertes des Portugais dans le Levant. L'invention de la gravure et celle de l'imprimerie, l'application du verre blanc à la construction des instruments d'optique, l'emploi de la même substance pour la clôture des armoires où sont déposés les objets d'histoire naturelle, l'usage de l'esprit de vin pour la conservation de ces mêmes objets, fournirent tous les moyens de progrès dont l'antiquité avait été privée.

Les savants du XVe siècle s'occupèrent d'abord de travaux d'érudition. Ils reproduisirent et commentèrent les ouvrages des anciens. Plus tard, des esprits plus hardis, plus indépendants, joignirent à leurs commentaires quelques observations nouvelles, et, le nombre en augmentant peu à peu, les sciences prirent enfin un développement que nous vous ferons connaître dans les prochaines séances.

Notre but, dans cette histoire, a été surtout de démontrer cette vérité fondamentale qui domine toute la science, et qui, comme vous le verrez, jaillit de l'étude de toutes les époques, c'est que les systèmes, les spéculations les plus hardies et les plus ingénieuses passent sans utilité pour les sciences, tandis que les faits bien observés constituent des acquisitions durables et assurent à leurs auteurs un rang honorable parmi les bienfaiteurs de l'humanité. Aristote, Théophraste, Galien et quelques autres nous ont laissé des ouvrages qui entrent encore dans l'ensemble de nos connaissances après plus de vingt siècles, tandis que les tourbillons de Descartes[4], nés presque dans nos temps, sont déjà complétement oubliés.

NOTES

1. [Sur la discussion de Cuvier à propos de la Renaissance des lettres et des sciences, voir Cuvier (Georges), *Histoire des Sciences Naturelles, depuis leur Origine jusqu'à nos Jours, chez tous les Peuples connus* [professée au Collège de France, par Georges Cuvier ; complétée, rédigée, annotée et publiée par M. Magdeleine de Saint-Agy], Paris : Fortin, Masson & Cie, 1841, vol. 2, 558 p.]
2. [La stéréotomie est la science ou l'art de découper des matières solides en différents volumes en vue de leur assemblage, que l'on utilise dans l'industrie et la construction.]
3. [Arnauld de Villeneuve (né en 1238, mort en 1311 ou 1313), docteur, alchimiste, théologien, et astrologue célèbre du XIIIe siècle. Considéré comme le docteur le plus éminent de son siècle, particulièrement érudit en médecine, chimie, astrologie et en théologie, il parlait couramment le latin, l'hébreu et l'arabe. À Montpellier où il enseigna, l'Europe entière vint écouter ses leçons de médecine et de chirurgie.]
4. [René Descartes (né le 31 mars 1596, La Haye, aujourd'hui Descartes en France ; mort le 11 février 1650 à Stockholm) est connu comme le père de la philosophie moderne. Mathématicien, scientifique, et philosophe du XVIIe siècle, il fut l'un des premiers à s'opposer à l'idéologie aristotélicienne. Il commença par mettre en doute de façon méthodique toute connaissance basée sur l'autorité, les sens, et la raison, et en vint à la conclusion que lorsqu'il pensait, il existait, d'où la fameuse expression « je pense, donc je suis ». Il développa un système dualistique dans lequel il fit une distinction radicale entre l'esprit, dont l'essence est la pensée, et la matière, qui est une substance étendue en trois dimensions. Le système métaphysique de Descartes est basé sur l'intuition, issue par raisonnement d'idées innées, mais son mécanisme physiologique et physique, basée sur la connaissance sensorielle, est empirique.]

Acknowledgements

Among the people who have generously given their help to this project we thank especially Professor Jane Gregory, Reader in Science and Technology Studies at University College London, for allowing us to quote directly from her unpublished manuscript *Georges Cuvier: Science, the State, and the People*, a copy of which has been placed in the Bibliothèque Centrale du Muséum national d'Histoire naturelle, Paris. Thanks are also extended to Philippe Taquet, Professor Emeritus at the Muséum national d'Histoire naturelle and Vice-President of the Académie des sciences, for his excellent foreword; and to Beatrice Marx and Éric Andret for their expert translation of the English annotations into French. At the Service des Publications scientifiques du Muséum national d'Histoire naturelle, we express our sincere thanks to Christian Érard who first provided the encouragement to pursue this project; to Laurence Bénichou and Jean-Marc Drouin, who recognized the importance of producing an English version of Cuvier's work; and finally to others among the publishing team: Denis Lamy, Albéric Girard and Bernadette Gottini-Charles.

Parmi les personnes qui ont apporté leur aide généreuse à ce projet, nous tenons à remercier en particulier le professeur Jane Gregory, maître de conférence à l'University College de Londres, pour nous avoir autorisé à citer son manuscrit inédit Georges Cuvier: Science, the State, and the People, dont une copie a été déposé à la Bibliothèque centrale du Muséum national d'Histoire naturelle de Paris. Nos remerciements s'adressent également à Philippe Taquet, Professeur émérite au Muséum national d'Histoire naturelle et vice-président de l'Académie des sciences, pour son excellente préface ; à Beatrice Marx et Éric Andret pour leur traduction française de l'appareil critique. Nous exprimons notre sincère reconnaissance au service des Publications scientifiques du Muséum national d'Histoire naturelle. Tout particulièrement à Christian Érard qui le premier nous a encouragé à poursuivre ce projet ; à Laurence Bénichou et Jean-Marc Drouin qui reconnurent l'importance de publier une version bilingue des Leçons de Cuvier. Et pour finir, nous remercions les membres de la rédaction d'Archives : Denis Lamy, Albéric Girard et Bernadette Gottini-Charles.

Appel (Toby A.), *The Cuvier-Geoffroy Debate: French Biology in the Decades before Darwin*, New York; Oxford: Oxford University Press, 1987, 305 pp + 16 pl.

Bauchot (Marie-Louise), Daget (Jacques) & Bauchot (Roland), "L'ichtyologie en France au début du XIXe siècle. L'*Histoire Naturelle des Poissons de Cuvier et Valenciennes*", *Bulletin du Muséum national d'Histoire naturelle*, 4ème série, section A, Zoologie, Biologie et Écologie animales, Paris, suppl. n° 1, 1990, 142 p.

Bauchot (Marie-Louise), Daget (Jacques) & Bauchot (Roland), "Ichthyology in France in the beginning of the 19th century: the *Histoire Naturelle des Poissons* of Cuvier (1769-1832) and Valenciennes (1794-1865)", *in* Pietsch (Theodore W.) & Anderson Jr (William D.) (eds), "Collection Building in Ichthyology and Herpetology", *American Society of Ichthyologists and Herpetologists*, Special Publication, n° 3, 1997, pp. 27-80)

Blainville (Henri-Marie Ducrotay de), *Cuvier et Geoffroy St Hilaire: Biographies Scientifique*, Paris: Librairie J. B. Baillière & fils, 1890, vi + 446 p.

Bornbusch (Alan H.), "Lacepède and Cuvier: a comparative case study of goals and methods in late eighteenth- and early nineteenth century fish classification", *Journal of the history of biology*, vol. 22, n° 1, 1989, pp. 141-161.

Bourdier (Franck), "Notice biographique sur Georges Cuvier", *in* Gillispie (Charles Coulston) (ed.), *Dictionary of scientific biography*, New York: Charles Scribner's Sons, vol. 3, 1971, pp. 521-528.

Brianchon (Jean-François), "La jeunesse de Cuvier 1749-1795", *Recueil des publications de la Société nationale havraise d'études diverses*, t. 41-42, 1876, pp. 1-21; 22-66.

Bultingaire (Léon), "Iconographie de Georges Cuvier", *Archives du Museum*, 6e serie, t. 9, 1932, pp. 1-12.

Coleman (William), *Georges Cuvier, Zoologist; a study in the history of evolution theory*, Cambridge (Massachusetts): Harvard University Press, 1964, x + 212 p.

Cowan (Charles F.), "Cuvier's *Règne animal*, first edition", *Journal of the Society for the Bibliography of Natural History*, vol. 5, n°3, 1969, p. 219.

Cuvier (Georges), *Historical Portrait of the Progress of Ichthyology, from Its Origins to Our Own Time* [edited and annotated by Pietsch Theodore W.; translated from the French by Simpson Abby J.], Baltimore: Johns Hopkins University Press, 1995, xxiv + 366 pp.

Daudin (Henri), *Études d'histoire des sciences naturelle, II: Cuvier et Lamarck. Les Classes Zoologiques et l'idée de Série Animale, 1790-1850,* Paris: Félix Alcan, 1926, 2 vols, 460 pp. + 338 pp.

Debard (Jean-Marc), "La famille et la jeunesse de Georges Cuvier à Montbéliard (1769-1784)", *in Actes du Symposium paléontologique Georges Cuvier... à l'occasion du cent cinquantième anniversaire de la mort de Georges Cuvier, du 25 octobre au 28 octobre 1982 au Musée du Château, Montbéliard,* Montbéliard: [s. n.], 1983, pp. 107-141.

Dujarric de la Rivière (René), *Cuvier: sa vie, son œuvre*, Paris: J. Peyronnet, 1969, 117 p. + [7] pl. (Les Maîtres de la biologie).

Duvernoy (Georges-Louis), *Notice historique sur les ouvrages et la vie de M. le baron Cuvier*, Strasbourg; Paris: F. G. Levrault, 1833, 172 p.

Eigen (Edward A.), "Overcoming first impressions: Georges Cuvier's types", *Journal of the History of Biology*, vol. 30, n°2, 1997, pp. 179-209.

Flourens (Pierre), *Analyse raisonnée des Travaux de Georges Cuvier précédée de son éloge historique,* Paris: Paulin, 1841, [ii] + 287 p.

Flourens (Pierre), "Mémoir of Cuvier" [English translation by Alexander C. A.], *Smithsonian Institution Annual Report for the year 1868*, 1869, pp. 121-140.

Flourens (Pierre), *Histoire des Travaux de Georges Cuvier*, Berlin: Nabu Press, 2010, 310 p.

Flourens (Pierre), "History of the works of Cuvier" [English translation by Alexander C. A.], *Smithsonian Institution Annual Report for the year 1868*, 1869, pp. 141-165.

Forster (Johann Reinhold), *Manuel pour servir à l'histoire naturelle des oiseaux, des poissons, des insects et des plantes; où sont expliqués les termes employés dans leurs descriptions, et suivant la méthode de Linné; traduit du Latin de J. Reinhold Forster: augmenté d'un mémoire de Murray sur la conchyliologie, traduit de la même langue, et de plusieurs additions considérables extraites des ouvrages des Cit. Lacépède, Jussieu, Lamarck, Cuvier, etc. Par J. B. F. Léveillé, Médecin de l'École de Paris, etc.*, Paris: Villier, an VII [1799], xxiv + 436 p.

Jardine (William), "Memoir of Cuvier", *in* Jardine (William) (ed.), *The Natural History of the Felidae* [illustrated by thirty-eight plates, coloured, and numerous woodcuts; with memoir of Cuvier], Edinburgh: W. H. Lizars and Stirling and Kenny, 1834, pp. 17-58.

Laurillard (Charles Léopold), *Éloge de M. le Baron Cuvier, par C.-L. Laurillard, conservateur du Cabinet d'anatomie au Muséum d'Histoire naturelle de Paris. Discours couronné par l'Academie des sciences, belles-lettres et arts de Besançon, dans sa séance du 24 Aout 1833*, Paris; Strasbourg: F.-G. Lévrault, 1833, 76 p.

Lee (Sarah), *Mémoires sur M. Le Baron Georges Cuvier par Mistress Lee, traduits de l'anglais par M. Théodore Lacordaire*, Paris: Fournier, 1833, 369 p.

Outram (Dorinda), "The language of natural power: the 'Eloges' of Georges Cuvier and the public language of nineteenth century science", *History of Sci*ence, vol. xvi, 1978, pp. 153-178.

Outram (Dorinda), *The letters of Georges Cuvier: A summary calendar of manuscript and printed materials preserved in Europe, the United States of America, and Australasia*, [s. l.]: Chalfont St. Giles, 1980, [3] + 102 p. (British Society for the History of Sciences Monograph; 2).

Outram (Dorinda), *Georges Cuvier: vocation science and authority in post-revolutionary France,* Manchester; Dover: Manchester University Press, 1984, 299 p.

Pasquier (Étienne-Denis), *Éloge de M. le Baron Georges Cuvier*, Ann Arbor (Michigan): University of Michigan Library, 2009, 68 p.

Pietsch (Theodore W.), "The manuscript materials for the *Histoire Naturelle des Poissons*, 1828-1849: Sources for understanding the fishes described by Cuvier and Valenciennes", *Archives of Natural History*, vol. 12, n° 1, 1985, pp. 59-108.

Roule (Louis), *Cuvier et la science de la nature*, Paris: E. Flammarion, 1926, 246 p. (L'histoire de la nature vivante d'après l'œuvre des grands naturalistes français; 3).

Rudwick (Martin J. S.), *Georges Cuvier, Fossil Bones, and Geological Catastrophes: New Translations and Interpretations of the Primary Texts*, Chicago: University Of Chicago Press, 1998 318 p.

Smith (Jean Chandler), *Georges Cuvier: An Annotated Bibliography of His Published Works*, Washington; London: Smithsonian Institution Press, 1993, xx + 251 p.

Taquet (Philippe), “Cuvier, Buckland, Mantell et les dinosaures”, *in Actes du Symposium paléontologique Georges Cuvier... à l'occasion du cent cinquantième anniversaire de la mort de Georges Cuvier, du 25 octobre au 28 octobre 1982 au Musée du Château, Montbéliard*, Montbéliard: [s. n.], 1983, pp. 525-538.

Taquet (Philippe), “Georges Cuvier, ses liens scientific européens”, *in Montbéliard sans Frontières, Colloque International de Montbéliard, 8 et 9 Octobre 1993, Hôtel Beurnier-Rossel, Montbéliard (France)*, Montbéliard: Société d'Émulation de Montbéliard, 1993, pp. 287-309.

Taquet (Philippe), *Georges Cuvier: naissance d'un génie*, Paris: Odile Jacob, 2006, 539 p.

Newspaper articles and condensed reporting on the Cuvier's Lessons

The compilations of Cuvier's lectures published in various newspapers and journals are based on those of Jean Chandler Smith (1993: 108-112) in her annotated bibliography of Cuvier's works: "Cours d'histoire des sciences naturelles", *Le Globe*, Paris, 1829 December 30, pp. 825-827; 1830 January 6, pp. 12-14; 1830 January 13, pp. 26-28; 1830 January 20, pp. 44-46; 1830 January 27, pp. 58-60; 1830 February 3, pp. 79-80; 1830 February 10, pp. 92-94; 1830 February 19, pp. 17-18; 1830 February 21, pp. 25-27; 1830 February 27, pp. 49-52; 1830 March 3, pp. 73-76; 1830 March 13, pp. 105-108; 1830 March 22, pp. 141-144; 1830 April 19, pp. 249-252; 1830 April 26, pp. 277-279; 1830 April 28, pp. 285-287; 1830 May 4, pp. 309-311; 1830 May 7, pp. 321-322; 1830 May 20, pp. 373-376; 1830 May 23, pp. 384-388; 1830 May 29, pp. 409-411; 1830 June 6, pp. 438-439; 1830 June 23, pp. 507-509; 1830 July 25, pp. 633-635.
Also published in a more condensed reporting in *Le Temps*, Paris. This version includes Cuvier's final lecture in the series, presented in 1832, which is not found in other newspaper publications: "Cours de M. Cuvier, Histoire des sciences naturelles": 1829 December 16, cols. 733-740; 1829 December 20, cols. 783-789; 1829 December 24, cols. 829-838; 1829 December 27, cols. 856-860; 1829 December 28, cols. 865-871; 1829 December 30, cols. 892-899; 1830 January 3, cols. 943-948; 1830 January 6, cols. 976-981; 1830 January 8, cols. 997-1002; 1830 January 10, cols. 1021-1026; 1820 January 11, cols. 1033-1039; 1830 January 13, cols. 1057-1062; 1830 January 16, cols. 1093-1098; 1830 January 18, cols. 1117-1121; 1830 January 20, cols. 1141-1147; 1830 January 21, cols. 1160-1166; 1830 January 22/23, cols. 1172-1178; 1830 January 24, cols. 1184-1188; 1830 January 29, cols. 1243-1248; 1830 February 1, cols. 1275-1280; 1830 February 4, cols. 1311-1316; 1830 February 7, cols. 1347-1351; 1830 February 10, cols. 1383-1389; 1830 February 17, cols. 1472-1478; 1830 February 20, cols. 1509-1514; 1830 February 21, cols. 1519-1525; 1830 March 1, cols. 1616-1621; 1830 March 3, cols. 1635-1640; 1830 March 10, cols. 1719-1725; 1830 March 15, cols. 1781-1784; 1830 March 21, cols. 1851-1856; 1830 March 26, cols. 1918-1921; 1830 March 27, cols. 1923-1925; 1830 April 14, cols. 2127-2134; 1830 April 18, cols. 2183-2186; 1830 April 20, cols. 2202-2207; 1830 April 22, cols. 2230-2234; 1830 April 23, cols. 2239-2245; 1830 April 25, cols. 2264-2269; 1830 April 26, cols. 2271-2276; 1830 April 28, cols. 2298-2305; 1830 April 29, cols. 2312-2316; 1830 May 1, cols. 2331-2334; 1830 May 2, cols. 2348-2352; 1830 May 5, cols. 2384-2390; 1830 May 9, cols. 2432-2438; 1830 May 13, cols. 2479-2485; 1830 May 19, cols. 2554-2558; 1830 May 23, cols. 2597-2604; 1830 May 27, cols. 2648-2544 [*i.e.*, 2654]; 1830 May 30, cols. 2682-2688; 1830 June 2, cols. 2708-2714; 1830 June 6, cols. 2753-2759; 1830 June 12, cols. 2824-2830; 1830 June 19, cols. 2912-2917; 1830 June 21, cols. 2935-2942; 1830 June 24, cols. 2969-2975; 1830 June 27, cols. 3007-3013; 1830 July 1, cols. 3054-3060; 1830 July 9, cols. 3147-3153; 1830 July 17, cols. 3246-3253; 1831 Feb. 13 (485), cols. 6617-6619; 1831 April 25 (555), cols. 8072-8073; 1831 May 1 (559), cols. 8191-8193; 1831 May 13 (571), cols. 8413-8415; 1831 June 14 (604), cols. 8964-8970; 1831 June 24 (614), cols. 9095-9103; 1831 July 20 (640), cols. 9489-9497; 1832 June 5 (961), cols. 14, 445-14, 454.

Another condensed reporting of the lectures appeared in *Le National*, Paris: "Cours de M. Cuvier au Collège de France, Histoire des sciences naturelles": 1830 January 1: 1-2; 1830 January 7: 1-3; 1830 January 8: 2-3; 1830 January 17: 1-3; 1830 January 27: 1-3; 1830 February 6: 2-4; 1830 February 11: 1-3; 1830 February 26: 1-2; 1830 March 8: 1-3; 1830 March 31: 1-2; 1830 April 15: 2-4; 1830 May 6: 1-3.
Still another appeared in *L'Universel*, Paris: *Cours sur l'histoire des sciences naturelles, Par M. le Baron Cuvier (Au Collège de France)*: 1829 December 17, p. 67; 1830 January 18, pp. 191-192; 1830 January 30, pp. 235-236; 1830 February 6, pp. 263-264; 1830 February 26, pp. 343-344; 1830 March 9, pp. 387-388; 1830 March 22, pp. 438-439; 1830 April 24, pp. 567-568; 1830 May 11, p. 44. Condensations and extracts also appeared in *Revue encyclopédique*: "Cours d'histoire des sciences naturelles", 1830 July/September, vol. 47, pp. 5-24.
Some of the lectures were translated into English: "Course of Lectures on the History of the Natural Sciences" by Baron Cuvier, *Edinburgh Journal of Natural and Geographical Science*: October 1829/March 1830, vol. 1, pp. 457-461; April 1830/September 1831, vol 2, pp. 51-55, 132-140, 213-222, 285-292, 369-372, 446-451; n.s. 1 [*i.e.*, vol. 3], pp. 20-26, 89-96 ("...[we] present to our readers a series of abstracts of these lectures, ... which will be condensed in each successive Number..." [*Edinburgh Journal*, vol. 1, p. 457]. "... the reports ... being drawn from *Le Globe* newspaper, must be viewed in the light of mere epitomes of the eloquent details that compose the course of M. Cuvier; but from a comparison with still more abstracted reports contained in the *Revue encyclopédique*, we feel authorized in considering that we give a sufficiently extensive view of the subject" (*Edinburgh Journal*, vol. 3, p. 20)]. "Lectures on the History of the Natural Sciences" by Baron Cuvier, *Edinburgh New Philosophical Journal*: October, 1829/March, 1830, vol. 8, pp. 326-349, vol. 9, pp. 41-83, vol. 10, pp. 49-58 ["Of these highly interesting lectures, at present delivering in Paris, we shall in this and succeeding no's. give such as will interest our readers. The reports we now publish are held by some of our friends now attending these lectures to be correct" (*Edinburgh New Philosophical Journal,* vol. 8: footnote, p. 326)].
Others were translated into German: Vorlesungen über die Geschichte der Naturwissenschaften Von dem Baron Cuvier, *Notizen aus dem Gebiete der Natur- und Heilkunde*, Erfurt, 1829 [published in 1830?], vol. 26, n°10, cols. 145-150, 292-295 (this reporting cites as its source *L'Universel*, 18 January 1830).

Articles de presse et comptes-rendus des leçons de Cuvier

Les compilations des leçons de Cuvier qui furent publiées dans de nombreux journaux et publications scientifiques sont basées sur celles de Jean Chandler Smith (1993: 108-112) dans sa bibliographie annotée des ouvrages de Cuvier: «Cours d'Histoire des Sciences Naturelles», Le Globe, *Paris, 30 Décembre 1829, pp. 825-827; 6 janvier 1830, pp. 12-14; 13 janvier 1830, pp. 26-28; 20 janvier 1830, pp. 44-46; 27 janvier 1830, pp. 58-60; 3 février 1830, pp. 79-80; 10 février 1830, pp. 92-94; 19 février 1930, pp. 17-18; 21 février 1830, pp. 25-27; 27 février 1830, pp. 49-52; 3 mars 1830, pp. 73-76; 13 mars 1830, pp. 105-108; 22 mars 1830, pp. 141-144; 19 avril 1830, pp. 249-252; 26 avril 1830, pp. 277-279; 28 avril 1830, pp. 285-287; 4 mai 1830, pp. 309-311; 7 mai 1830, pp. 321-322; 20 mai 1830, pp. 373-376; 23 mai 1830, pp. 384-388; 29 mai 1830, pp. 409-411; 6 juin 1830, pp. 438-439; 23 juin 1830, pp. 507-509; 25 juillet 1830, pp. 633-635.*

Ces cours furent également publiés dans une version plus condensée dans Le Temps, *Paris. Cette version inclut le derniers cours de la série, présenté en 1832, lequel n'existe dans aucune autre publication: «Cours de Mr. Cuvier, Histoire des sciences naturelles»; 16 décembre 1829, cols. 733-740; 20 décembre 1829, cols. 783-789; 24 décembre 1829, cols. 829-838; 27 décembre 1829, cols. 856-860; 28 décembre 1829, cols. 865-871; 30 décembre 1829, cols 892-899; 3 janvier 1830, cols. 943-948; 6 janvier 1830, cols. 976-981; 8 janvier 1830, cols 997-1002; 10 janvier 1830, cols. 1021-1026; 11 janvier 1820, cols. 1033-1039; 13 janvier 1830, cols. 1057-1062; 16 janvier 1830, cols. 1093-1098; 18 janvier 1830, cols 1117-1121; 20 janvier 1830, cols. 1141-1147; 21 janvier 1830, cols. 1160-1166; 22/23 janvier 1830, cols. 1172-1178; 24 janvier 1830, cols. 1184-1188; 29 janvier 1830, cols. 1243-1248; 1er février 1830, cols. 1275-1280; 4 février 1830, cols. 1311-1316; 7 février 1830, cols. 1347-1351; 10 février 1830, cols. 1383-1389; 17 février 1830, cols. 1472-1478; 20 février 1830, cols. 1509-1514; 21 février 1830, cols. 1519-1525; 1er mars 1830, cols. 1616-1621; 3 mars 1830, cols. 1635-1640; 10 mars 1830, cols 1719-1725; 15 mars 1830, cols. 1781-1784; 21 mars 1830, cols. 1851-1856; 26 mars 1830, cols. 1918-1921; 27 mars 1830, cols. 1923-1925; 14 avril 1830, cols. 2127-2134; 18 avril 1830, cols. 2183-2186; 20 avril 1830, cols. 2202-2207; 22 avril 1830, cols. 2230-2234; 23 avril 1830, cols. 2239-2245; 25 avril 1830, cols. 2264-2269; 26 avril 1830, cols. 2271-2276; 28 avril 1830, cols. 2298-2305; 29 avril 1830, cols. 2312-2316; 1er mai 1830, cols. 2331-2334; 2 mai 1830, cols. 2348-2352; 5 mai 1830, cols. 2384-2390; 9 mai 1830, cols. 2432-2438; 13 mai 1830, cols. 2479-2485; 19 mai 1830, cols. 2554-2558; 23 mai 1830, cols. 2597-2604; 27 mai 1830, cols. 2648-2544* (i.e., *2654); 30 mai 1830, cols. 2682-2688; 2 juin 1830, cols. 2708-2714; 6 juin 1830, cols. 2753-2759; 12 juin 1830, cols. 2824-2830; 19 juin 1830, cols. 2912-2917; 21 juin 1830, cols. 2935-2942; 24 juin 1830, cols. 2969-2975; 27 juin 1830, cols. 3007-3013; 1er Juillet 1830, cols. 3054-3060; 9 juillet 1830, cols. 3147-3153; 17 juillet 1830, cols. 3246-3253; 13 février 1831 (485), cols. 6617-6619; 25 avril 1831 (555), cols. 8072-8073; 1er mai 1831 (559), cols 8191-8193; 13 mai 1831 (571), cols. 8413-8415; 14 juin 1831 (604), cols. 8064-8970; 24 juin 1831 (614), cols. 9095-9103; 20 juillet 1831 (640), cols. 9489-9497; 5 juin 1832 (961), cols. 14, 445-14, 454.*

Une version condensée des cours de Cuvier parut également dans Le National, *Paris sous le titre: «Cours de Mr. Cuvier au Collège de France, Histoire des Sciences Naturelles»: 1er janvier 1830, 1-2;*

7 janvier 1830, 1-3; 8 janvier 1830, 2-3; 17 janvier 1830, 1-3; 27 janvier 1830, 1-3; 6 février 1830, 2-4; 11 février 1830, 1-3; 26 février 1830, 1-2; 8 mars 1830, 1-3; 31 mars 1830, 1-2; 15 avril 1830, 2-4; 6 mai 1830, 1-3.

Une autre version fut également publiée dans L'Universel, *Paris: «Cours sur l'Histoire des Sciences Naturelles, par Mr. Le Baron Cuvier (Au Collège de France)». 17 décembre 1829, p. 67; 18 janvier 1830, pp. 191-192; 30 janvier 1830, pp. 235-236; 6 février 1830, pp. 263-264; 26 février 1830, pp. 343-344; 9 mars 1830, pp. 387-388; 22 mars 1830, pp. 438-439; 24 avril 1830, pp. 567-568; 11 mai 1830, p. 44. Des extraits et contractions de ses cours parurent également dans la* Revue Encyclopédique*: «Cours d'Histoire des Sciences Naturelles», juillet/septembre, vol. 47, pp. 5-24.*

*Certains de ses cours furent traduits en anglais: «Cours sur l'Histoire des Sciences Naturelles» par Mr. Le Baron Cuvier, et parurent dans l'*Edinburgh Journal of Natural and Geographical Science*; Octobre 1829/mars 1830, vol. 1, pp. 457-461; n.s. 1 [vol. 3], pp. 20-26, 89-96 («...[nous] présentons à nos lecteurs une série d'extraits de ces cours qui seront condensés dans chaque numéro à paraitre...» [*Edinburgh Journal*, vol. 1, p. 457]. «... les rapports... tirés du journal* Le Globe, *doivent être regardés comme de simples épitômes des détails éloquents qui composent les cours de Mr. Cuvier; mais comparé aux rapports encore plus condensés présentés par la* Revue Encyclopédique, *nous pensons être en droit de penser que nous donnons une présentation suffisamment élaborée du sujet»* (Edinburgh Journal, *vol. 3, p. 20)]. «Cours sur l'Histoire des Sciences Naturelles» par Mr. Le Baron Cuvier,* Edinburgh New Philosophical Journal*: octobre 1820/mars 1830, vol. 8, pp. 326-349, vol. 9, pp. 41-83, vol. 10, pp. 49-58 [«nous présenterons dans ce numéro et dans les numéros à paraître de notre journal les cours fascinants actuellement présentés à Paris pour l'intérêt de nos lecteurs. Certains de nos amis qui assistent à ces conférences confirment que les rapports que nous publions sont corrects»* (Edinburgh New Philosophical Journal, *vol. 8: note de bas de page, p. 326).*

D'autres cours furent traduits en Allemand: Vorlesungen über die Geschichte der Naturwissenschaften Von dem Baron Cuvier, Notizen aus dem Gebiete der Natur- und Heilkunde, *Erfurt, 1829 [publié en 1830?], vol. 26, n°10, cols. 145-150, 292-295 (cette publication cite comme source* L'Universel, *18 janvier 1830).*

Illustrations

Credits

Bibliothèque centrale
Muséum national d'Histoire naturelle Paris
pages 45, 110, 120, 132, 146, 296, 312, 358, 376, 430, 444, 482, 494, 508, 520, 534, 546, 590, 604, 618, 628, 662, 672

Distribution RMN
Archives Alinari Forence
pages 162, 176

University libraries
University of Washington Seattle
pages 48, 62, 76, 92, 264, 280, 638, 650

Index

When several versions of the same name appear, we refer to the patronym used by Cuvier
Page numbers in italics refer to the French text

En cas de dénominations multiples, nous renvoyons au patronyme utilisé par Cuvier
Les folios en italique renvoient à la partie française de l'ouvrage

A

B

C

D

F

G

H

I

J

K

L

M

N

O

P

Q-R

T

U-V

W

X-Y-Z

Date de distribution : mars 2012
Distribué le 19 mars 2012
Achevé d'imprimer en mars 2012 par Bialec 54000 Nancy, France
Dépôt légal : mars 2012
N° d'impression : 77606